工程建设标准宣贯培训系列丛书

建筑工程施工质量验收统一标准
解读与资料编制指南

——依据 GB 50300－2013 及各专业验收规范编写

《建筑工程施工质量验收统一标准》GB 50300－2013 编制组
北京建科研软件技术有限公司　　　　　　　　　　　　主编

中国建筑工业出版社

图书在版编目（CIP）数据

建筑工程施工质量验收统一标准解读与资料编制指南——依据GB 50300－2013及各专业验收规范编写/《建筑工程施工质量验收统一标准》GB 50300—2013编制组，北京建科研软件技术有限公司主编．—北京：中国建筑工业出版社，2014.7

（工程建设标准宣贯培训系列丛书）

ISBN 978-7-112-16487-5

Ⅰ．①建… Ⅱ．①建… ②北… Ⅲ．①建筑工程-工程验收-质量标准-中国-指南②建筑工程-工程验收-资料-编制说明-中国-指南

Ⅳ．①TU711-62

中国版本图书馆CIP数据核字（2014）第037672号

　　本书是建筑工程质量验收依据的《建筑工程施工质量验收统一标准》GB 50300－2013（以下简称《统一标准》）和相关专业验收规范的配套用书，编制的目的是为广大工程质量技术管理人员提供帮助，帮助他们学好、用好《统一标准》，掌握验收用表的填写规定。

　　本书共12章。第1章首先介绍了《工程建设标准体系》，介绍了体系建立的目的、体系的架构及系列质量验收规范的具体内容，并对国内外施工质量规范做了比较。第2章对《统一标准》修订情况做了介绍，介绍了修订的法律依据、修订过程、主要修订内容和章节设置，介绍了《统一标准》的发展过程和主要任务，并对主要条文做了详细的解读，对通用验收表格做了范例和详尽的填写依据及说明。第3章到第12章，依次对地基与基础、主体结构、建筑装饰装修、屋面、给水排水及供暖、通风与空调、建筑电气、智能建筑、建筑节能、电梯十大分部工程的专业验收检验批表格进行了分类梳理，并提供了表格、验收依据说明。

　　本书具有较强的操作性和实用性，内容覆盖全部建筑施工质量验收管理工作，本书可供建筑业从事施工技术、施工管理、质量验收、质量监督、监理、咨询等工程技术人员及大专院校相关专业师生参考使用。

　　责任编辑：何玮珂　孙玉珍
　　责任设计：李志立
　　责任校对：张　颖　刘　钰

工程建设标准宣贯培训系列丛书
建筑工程施工质量验收统一标准解读与资料编制指南
——依据 GB 50300－2013 及各专业验收规范编写
《建筑工程施工质量验收统一标准》GB 50300－2013 编制组
北京建科研软件技术有限公司　　　　　　　　　主编

*

中国建筑工业出版社出版、发行（北京西郊百万庄）
各地新华书店、建筑书店经销
北京红光制版公司制版
北京富生印刷厂印刷

*

开本：880×1230毫米　1/16　印张：60½　插页：2　字数：1950千字
2014年5月第一版　　2017年3月第六次印刷
定价：**198.00**元（含光盘）
ISBN 978-7-112-16487-5
（25307）

本 书 编 委 会

主编单位：《建筑工程施工质量验收统一标准》GB 50300－2013 编制组

北京建科研软件技术有限公司

参编单位：中国建筑科学研究院

北京市建设工程安全质量监督总站

《建筑地基基础工程施工质量验收规范》GB 50202 编制组

《砌体结构工程施工质量验收规范》GB 50203 编制组

《混凝土结构工程施工质量验收规范》GB 50204 编制组

《钢结构工程施工质量验收规范》GB 50205 编制组

《木结构工程施工质量验收规范》GB 50206 编制组

《屋面工程质量验收规范》GB 50207 编制组

《地下防水工程质量验收规范》GB 50208 编制组

《建筑地面工程施工质量验收规范》GB 50209 编制组

《建筑装饰装修工程质量验收规范》GB 50210 编制组

《建筑给水排水及采暖工程施工质量验收规范》GB 50242 编制组

《通风与空调工程施工质量验收规范》GB 50243 编制组

《建筑电气工程施工质量验收规范》GB 50303 编制组

《智能建筑工程质量验收规范》GB 50339 编制组

《建筑节能工程施工质量验收规范》GB 50411 编制组

《电梯工程施工质量验收规范》GB 50310 编制组

江苏省苏中建设集团股份有限公司

北京城建亚泰建设集团有限公司

南通华新建工集团有限公司

北京万兴建筑集团有限公司

主　　编：邸小坛　陶　里　丁　胜　王玉恒
副 主 编：黄卫东　郝　毅　钱　红　唐小卫
参编人员：张元勃　高新京　李耀良　张昌叙　李冬彬　贺贤娟
　　　　　祝恩淳　郝玉柱　霍瑞琴　王　华　熊　伟　宋　波
　　　　　张耀良　傅慈英　赵晓宇　陈凤旺　韩天平　张建华
　　　　　周士勋　杨　琳　郭　敏　王伟超　刘海争　董佳节
　　　　　费　恺　王　清　间元元　杨　俊　丁　俊　帅宏军
　　　　　王连明　金　英　刘晓斌　曲秀梅　杨　涛　李　心
　　　　　于连合　杜仲达　谷兴宏　钟德文　何　荧　黄国龙
　　　　　徐存柱　任秀辉　王长津　徐教宇　车丽丽

前　　言

　　建筑工程质量验收是工程建设质量控制的一个重要环节，它包括工程施工质量的中间验收和工程的竣工验收两个方面。通过对工程建设中间环节和最终成果的质量验收，从进场检验、过程控制、资料核查直至竣工验收等方面进行工程项目的质量把关，以确保达到建设单位所要求的功能和使用目标，实现建设投资的经济效益和社会效益。工程项目的竣工验收，是项目建设程序的最后一个环节，是全面考核项目建设成果，检查设计与施工质量，确认项目能否投入使用的重要步骤。竣工验收的顺利完成，标志着项目建设阶段的结束和生产使用阶段的开始。尽快完成竣工验收工作，对促进项目的早日投入使用，发挥投资效益，有着非常重要的意义。建筑工程质量验收必须符合《建筑工程施工质量验收统一标准》GB 50300 和相关专业验收规范的规定。

　　《建筑工程施工质量验收统一标准》是根据原建设部《关于印发〈2007〉年工程建设标准制订、修订计划（第一批）的通知》（建标［2007］125 号）的要求，由中国建筑科学研究院会同有关单位在原标准的基础上修订而成。修订过程中，编制组广泛调查，认真总结，引入统计学的原理和概念，根据建筑行业的发展需要，对原标准进行了补充和完善，并与各专业验收规范充分沟通、协调。

　　新版本《建筑工程施工质量验收统一标准》GB 50300 - 2013（以下简称《统一标准》）已发布，于2014 年 6 月 1 日在全国开始实施。相关专业验收规范已陆续修订、发布，配套实施。《统一标准》和相关专业验收规范是建筑工程质量验收工作的执行依据，给出了建筑工程质量验收的具体项目、方法和判定标准，对实现建筑工程质量验收工作的标准化具有重要意义。

　　《统一标准》发布后，各地施工企业、管理单位等纷纷咨询《统一标准》条文的解释、质量验收执行的具体要求等相关问题。为了更好地宣传、贯彻、执行该《统一标准》，给广大工程技术人员提供具体指导和帮助，《统一标准》主编单位中国建筑科学研究院与北京建科研软件技术有限公司联合各专业验收规范主编单位，根据系列验收规范的修订内容，共同编写本书，作为《统一标准》实施的配套用书。

　　本书特点十分显著：第一，实用性强，指导广大工程技术人员科学开展建筑工程质量验收工作，对谁来验收、如何验收、依据什么、如何判定、资料如何填写等问题给予明确的说明；第二，依据翔实、充分，可以迅速查阅与《统一标准》及专业验收规范相关的规范条文；第三，内容丰富，不仅对重点条文全部做了解读，还做了新旧标准的对比，分析了标准变化的原因；第四，权威性高，本书由《统一标准》及各专业验收规范的主要编写人员编写，对《统一标准》的解读较为正确和深刻；第五，有专门的管理软件与之配套，软件研制单位具有多代管理软件研发经验，软件在部分省市已经几代升级，功能强大，用户可以直接安装使用，方便可靠。

　　本书是广大工程技术人员学习、贯彻《统一标准》的指导用书，也是工程建设各方管理人员的重要参考工具，还可作为工程质量管理的培训教材。

　　本书在编写过程中，得到了各地、各相关单位和专家的大力支持和帮助，在此谨致衷心的感谢和敬意。

　　由于本书作者在各自的工作岗位上承担着繁忙的管理任务，编写时间较短，涉及专业较多，加之水平所限，错漏之处，敬请同行提出宝贵意见，以便再版时改进。

目　录

**第4章 主体结构分部工程检验批表格和
验收依据说明** ……………………… 170

第1章 《工程建设标准体系》简介

中国工程建设标准规范数量众多，为有效的管理现有标准及规划标准发展方向，达到最佳的标准化效果，各行业各部门，根据自身特点，在一定范围内，基于标准规范间的内在联系及特性，建立起一系列标准的有机整体，从而可以协调标准之间的关系，避免重复和矛盾，还可以对内容单一、类似的标准实施合并，对过时的标准废止，实现动态管理标准的目的。例如交通运输部建立的《公路工程标准体系》，工业和信息化部建立的《电子工程建设标准体系》、水利部的《水利工程建设标准体系》等。

住房和城乡建设部（以下简称住房城乡建设部）也建立了行业标准体系。住房城乡建设部主持研究和编制的是《工程建设标准体系》（城乡规划、城镇建设、房屋建筑部分）（以下简称《标准体系》），对城乡建设领域的有关标准进行管理。

标准体系按一定规则排列，主要包括标准体系框图、标准体系表和项目说明三部分。

1.1 《标准体系》建立的目的

1.1.1 对国家和行业标准规范进行宏观管理

建筑行业的标准数量众多，涉及各个专业，标准数量动态变化，每年有几十本标准制订、修订，政府主管部门需要对标准进行宏观管理，管理是多角度的，首先按专业划分，掌握每个专业领域有哪些标准；其次按状态划分，确定每本标准处于"现行有效"、"编制或修订"、还是"待编"状态；第三按重要性划分，根据标准内容、编制目的区分"重要标准"和"一般标准"，分别统计标准的数量和所占比例。

1.1.2 规划标准规范的发展方向

国家通过标准规范实现对行业发展方向的引领，倡导使用有前景的新技术、新材料、新方法，促进科技成果的工程应用，使研究成果能够及时转化为生产力，对行业需要但尚未编制的标准以"待编"的形式体现。近年来针对建筑隔震、钢板剪力墙等技术的研究日臻成熟，部分工程已开始试点应用，将《建筑隔震设计规范》、《钢板剪力墙技术规程》等设定为待编标准，促进科技成果的应用。

国家大力倡导的节能、环保、使用高强材料等政策也需要通过编制相应的标准规范来落实的，对工程建设项目在规划、设计、验收等环节提出新的、更高的要求。相继发布了《公共建筑节能设计标准》、《建筑节能工程施工质量验收规范》、《民用建筑太阳能热水系统应用技术规范》、《绿色建筑评价标准》等标准，填补多项节能标准的空白。

为工程建设领域中能源、资源的节约和合理利用，实施了《建筑与小区雨水利用工程技术规范》、《污水再生利用工程设计规范》、《节水灌溉工程技术规范》、《粉煤灰混凝土应用技术规范》、《钢铁工业资源综合利用设计规范》等标准。

1.1.3 协调标准之间的关系，避免重复和矛盾

各标准之间并不是完全独立的，有些标准之间内容重叠，如缺乏沟通会出现重复、矛盾的情况。例如《建筑装饰装修工程质量验收规范》与《玻璃幕墙工程技术规范》都有关于幕墙验收的内容和要求，如果存在明显不一致就会影响规范的使用。另外，设计、施工、验收等环节也不是完全独立的，也需要相互关联、互相协调。例如设计类规范要根据国内施工质量的平均水平考虑恒荷载分项系数的取值，验

收类规范确定验收合格指标时也会考虑实际的施工技术水平。因此标准体系重要作用之一就是协调各标准之间的关系，避免重复和矛盾，有利于标准的实施。

1.1.4 促进标准的新陈代谢

每本标准都不是永恒存在的，都有自身的生命周期，对落后的技术、方法，标准应定期淘汰，对内容单一、类似的标准应实施合并，住房城乡建设部每年都组织标准复审。例如 2013 年住房城乡建设部废止了《工业厂房墙板设计与施工规程》JGJ 2-79 等 7 本行业标准和《稳定土拌和机》CJ/T 5018-1994 等 141 本产品标准。

1.1.5 供业内技术人员使用

《标准体系》编制后正式印刷出版，向社会发布，国内的企业、科研机构、高校等单位向主管部门申报标准时可以参考使用，了解行业发展方向，申报《标准体系》中的待编标准，可以提高申报的成功率。

1.2 《标准体系》的架构

目前的《标准体系》共包含 1375 本标准，划分为 20 个专业，具体专业划分如下：

（1）城乡规划专业

（2）城乡工程勘察测量专业

（3）城镇公共交通专业

（4）城乡道路与桥梁专业

（5）城乡给水排水专业

（6）城乡燃气专业

（7）城镇供热（冷）专业

（8）市容环境卫生专业

（9）风景园林专业

（10）城乡与工程防灾专业

（11）建筑设计专业

（12）建筑地基基础专业

（13）建筑结构专业

（14）建筑环境与设备专业

（15）建筑电气专业

（16）建筑施工安全专业

（17）建筑施工质量专业

（18）建筑维护加固与房地产专业

（19）信息技术应用专业

（20）城市轨道交通专业

上述专业划分是比较全面的，包括城乡建设的所有领域，体现了城市功能正常运转、保证居民生活对基本建设的各项需求。同时，这些专业还体现了对建筑物的全寿命技术要求，从建筑物建设前期的规划、勘察设计，到建筑物正式修建的施工、验收，建筑物投入使用后，还包括维修、改造方面的内容。这里所说的维修指使用中对房屋正常的维护，包括对屋面、墙面渗漏的处理，对电梯、空调等设备的日常维修保养等；改造主要是指对建筑物某些功能的提升，从投资层面而言比维修要大。建筑物最终将失去使用价值，被废弃拆除，也有相关的标准要求。

与施工有关的专业为"施工质量专业",位于《标准体系》第17章,包括"施工技术"、"检测技术"、"施工质量验收"、"施工项目管理"、"建筑材料"5个领域。"施工质量验收"相关标准位于《标准体系》第17章第4节,由此可以清晰的了解施工质量验收系列标准规范在整个《标准体系》中所处的位置。

《标准体系》无论哪个专业,体系的架构都是相同的,都是按照基础标准、通用标准和专用标准3个层次进行管理,以施工质量专业为例,《标准体系》架构见图1.2。

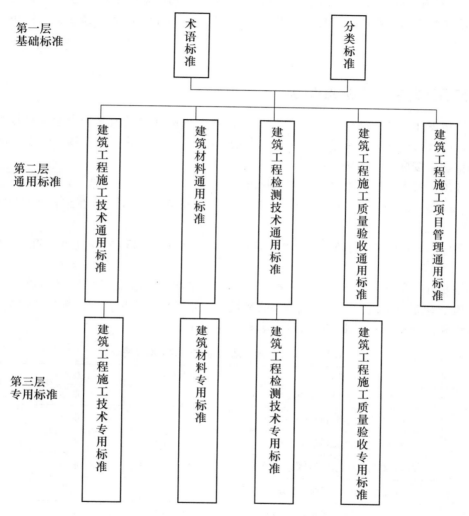

图1.2 《标准体系》架构图

其中基础标准是指在某一专业范围内作为其他标准的基础并普遍适用,具有广泛指导意义的术语、符号、计量单位、图形、模数、基本分类、基本原则等的标准,如《建筑材料术语标准》等。这些标准是指导标准编制的标准,是主要给编标准的人采用,目的是对标准用词规范化、术语化,统一词语和符号的使用。

通用标准是标准体系的主干,针对某一类标准化对象制订的覆盖面较大的共性标准。它可作为制订专用标准的依据。如通用的安全、卫生与环保要求,通用的质量要求,通用的设计、施工要求与试验方法以及通用的管理技术等。对于"建筑工程施工质量验收"领域来说,通用标准相应于验收的分部、子分部工程,例如《建筑装饰装修工程质量验收规范》、《建筑电气工程施工质量验收规范》属于分部工程,《混凝土结构施工质量验收规范》、《钢结构工程施工质量验收规范》属于子分部工程,本书主要介绍的《建筑工程施工质量验收统一标准》也属于通用标准。

专用标准是标准体系的支干，针对某一具体标准化对象或作为通用标准的补充、延伸制订的专项标准。它的覆盖面一般不大。如某种工程的勘察、规划、设计、施工、安装及质量验收的要求和方法，某个范围的安全、卫生、环保要求，某项试验方法，某类产品的应用技术以及管理技术等。同样对于"建筑工程施工质量验收"领域来说，专用标准相应于验收的子分部、分项工程，例如《塑料门窗工程技术规程》、《钢筋焊接及验收规程》等。

根据标准的重要性，住房城乡建设部还要求为每项标准注明权重，包括重要标准和一般标准。

《标准体系》编制的过程与标准相同，由主管部门组织编制，编制单位经过调查研究、分析比较形成初稿，在一定时间内向行业内征求意见，根据收集到的意见进行修改形成报批稿，经主管部门审批后向社会发布。

1.3 建筑施工质量专业标准体系

建筑施工质量专业是《标准体系》20个专业中包含技术标准数量最多的专业，总数122项，其中现行标准65项（在修订19项，待修订46项）、在编标准48项、待编标准9项。体现了国家对建筑工程施工质量的重视。按标准层次统计：

基础标准3项，其中现行标准2项；待编标准1项。

通用标准49项，其中现行标准28项（在修订9项，待修订19项）；在编标准14项；待编标准7项。

专用标准70项，其中现行标准35项（在修订10项，待修订25项）；在编标准34项；待编标准1项。

本标准体系是开放型的，技术标准的名称、内容和数量均可根据需要而适时调整。

建筑施工质量专业中建筑工程施工质量验收领域包含基础标准1项，通用标准13项，专用标准18项。为加强认识和便于使用，列出这些标准的名称，见表1.3。

表1.3 建筑工程施工质量验收领域标准体系表

标准层次	标准名称	现行标准	权重	备注
基础标准	建筑工程施工质量术语标准		重要	待编
通用标准	建筑工程施工质量验收统一标准	GB 50300-2013	重要	现行
	地基与基础施工质量验收规范	GB 50202-2001	重要	修订
	砌体结构工程施工质量验收规范	GB 50203-2011	重要	现行
	混凝土结构施工质量验收规范	GB 50204-2002	重要	修订
	钢结构工程施工质量验收规范	GB 50205-2002	重要	修订
	木结构工程施工质量验收规范	GB 50206-2012	重要	现行
	屋面工程施工质量验收规范	GB 50207-2012	一般	现行
	建筑装饰装修工程质量验收规范	GB 50210-2001	重要	修订
	给水排水及采暖质量验收规范	GB 50242-2002	重要	修订
	通风与空调工程施工质量验收规范	GB 50243-2002	重要	修订
	建筑电气工程施工质量验收规范	GB 50303-2002	重要	修订
	智能建筑工程施工质量验收规范	GB 50339-2013	重要	现行
	电梯工程施工质量验收规范	GB 50310-2002	重要	现行
	建筑节能工程施工质量验收规范	GB 50411-2007	重要	修订

续表 1.3

标准层次	标准名称	现行标准	权重	备注
专用标准	烟囱工程施工及验收规范	GB 50078－2008	一般	现行
	人民防空工程施工及验收规范	GB 50134－2004	一般	现行
	土方与爆破工程施工及验收规范	GB 50201－2012	一般	现行
	地下防水工程施工质量验收规范	GB 50208－2002	一般	现行
	建筑地面工程施工质量验收规范	GB 50209－2010	一般	现行
	建筑防腐蚀工程施工质量验收规范	GB 50224－2010	一般	现行
	铝合金结构工程施工质量验收规范	GB 50576－2010	一般	现行
	钢管混凝土工程施工质量验收规范	GB 50628－2010	一般	现行
	钢筋混凝土筒仓施工与质量验收规范	GB 50669－2011	一般	现行
	防静电工程施工与质量验收规范	GB 50944－2013	一般	现行
	空间网格结构技术规程	JGJ 7－2010	一般	现行
	轻骨料混凝土结构技术规程	JGJ 12－2006	一般	现行
	钢筋焊接及验收规程	JGJ 18－2012	一般	现行
	钢结构高强度螺栓连接技术规程	JGJ 82－2011	一般	现行
	塑料门窗工程技术规程	JGJ 103－2008	一般	现行
	钢筋机械连接技术规程	JGJ 107－2010	一般	现行
	型钢混凝土组合结构技术规程	JGJ 138－2001	一般	现行
	铝合金门窗工程技术规范	JGJ 214－2010	一般	现行
	密肋复合板结构技术规程	JGJ/T 275－2013	一般	现行
	建筑消能减震技术规程	JGJ 297－2013	一般	现行
	混凝土结构后锚固技术规程	JGJ 145－2013	一般	现行
	建筑基坑支护技术规程	JGJ 120－2012	一般	现行
	清水混凝土应用技术规程	JGJ 169－2009	一般	现行
	逆作复合桩基技术规程	JGJ/T 186－2009	一般	现行
	索结构技术规程	JGJ 257－2012	一般	现行
	轻型钢结构住宅技术规程	JGJ 209－2010	一般	现行
	住宅室内装饰装修施工质量验收规范	JGJ/T 304－2013	一般	现行
	园林绿化工程施工及验收规范	CJJ 82－2012	一般	现行

1.4 国内外施工质量规范的比较

随着建筑工程技术的发展，新材料和新工艺的出现，要求建筑结构施工技术与之相适应。城市建设的发展和地下空间的开发等，对施工及验收提出了更高的要求。因此国内外均非常注重建筑工程技术的研究开发及新技术的应用。

1.4.1 国外工程质量规范现状

世界各国对建筑工程施工质量均比较重视，已建立了建筑工程质量验收标准或建筑工程质量评定标准，比如新加坡的《工程质量标定标准》（CONQVAS），围绕建筑工程质量所采用的材料和构配件也制订了材料检验标准和相应的检测方法标准。同时，由于建筑工程由多道工序和众多构件、设备组成的，现场抽样检测能较好地评价工程的实际质量。为了确定工程是否安全和是否满足功能要求，各国制定了建筑工程现场抽样检测标准。

建筑施工技术及验收方法在各国差异较大，根据不同国家和地区的经济、传统、经验各具特色，总的说来，国外标准突出设计原则，强调为建筑物的安全和正常使用提供可靠性较高的基本条件，突出试验与评价的统一性，重视地区及企业经验，倡导新材料、新技术与新工艺的推广应用。

欧、美、日等发达国家和地区，对建筑物的安全性、使用性能和环境保护的要求是通过法规提出的，突出其强制性，处罚力度很大，违反者将面对巨额罚款甚至司法审判；技术标准一般由行业协会组织编制，大多数属于推荐性的，并非强制执行。因此对工程的施工首先要求符合技术法规，其次要求符合技术标准。

主要应用地方性的标准规范，例如美国有全国统一的试验标准，但无全国性的设计、施工规范，设计、施工规范由各州自行制定。欧洲有统一的地基基础规范，但主要是一些原则性的规定，对具体问题要求由各国根据各自情况自行制定标准。

国外工程的设计人责任权利较大，对工程质量施行总负责制，工程质量出现问题，设计人要承担重要责任，取消执业资质甚至接受司法审判。因此设计人对工程质量十分重视，严格把关工程质量，跟踪工程建设的全过程，一些具体的验收指标由设计人直接提出，强调施工效果要体现设计意图，经设计人认可才能进行后续施工，否则要求返工重做。建设方还会委托咨询公司负责技术层面的工作，把关设计质量、施工质量，跟踪进度、支付工程款，类似我国的代建公司。

1.4.2 国内工程质量规范现状

中国工程建设领域规范门类齐全、专业划分细致，建筑物从规划、勘察、设计、施工到使用、改造各环节都具备相应的标准规范。标准层次齐全，包括国家标准、行业标准、协会标准、地方标准和企业标准。目前使用率较高的是国家标准、行业标准。近几年各省市加大了地方标准的编制力度，但总体水平不高，抄袭国标、行标的现象比较明显。国家标准、行业标准有共同的主管部门，规范编制期间由主管部门组织协调，基本克服了验收规范之间相互交叉和不一致的状况。

在质量验收规范的发展过程中，实现了施工技术和质量验收的分离，以及检验和评定的分离，现行的《建筑工程施工质量验收统一标准》和相配套的专业验收规范形成了比较完整的验收规范体系。

在建筑工程施工质量验收中，对施工过程的质量控制及其所形成的质量控制资料的完整性非常重视。这些质量控制资料有施工过程的每道工序完成后的检验评定和交接检验，也有进场材料的检验，施工过程中的见证试验等。涉及建筑工程质量的进场材料、构配件检验标准先后进行了制订和修订。

建筑工程施工质量的实体检验，涉及地基基础和结构安全以及主要功能的抽样检验，能够较客观和科学地评价单体工程施工质量是否达到规范要求的结论。由于 20 世纪 80 年代的检验评定标准着重于外观和定性检验，对抽样检验和定量检验的要求没有涉及，致使建筑工程现场抽样检验标准发展不快。随着建筑工程检验技术、方法和仪器研制的进展，这方面的技术标准逐步得到了重视，已制订了相应的现场检测技术标准，如《砌体工程现场检测技术标准》、《玻璃幕墙工程质量检验标准》和《建筑结构检测技术标准》等。

1.4.3 现行规范存在的问题

相比较而言，我国标准规范数量多，但法律法规还不完善、不健全，还有很多空白和漏洞，有些领域由于法律法规的缺失影响标准规范的执行力度。近年来，国家对施工安全、建筑节能比较重视，政府部门三令五申，出台了一些政策性文件，但对建筑物的功能、环保方面还重视不足，各专业在施工中的质量通病还是很多，工程竣工后往往因裂缝、渗漏、尺寸偏差等产生纠纷；建筑材料、施工措施不够环保，导致污染环境的事件屡屡发生。

建筑工程的施工技术和操作工艺涉及多道工序的技术依据，影响施工质量，20 世纪 90 年代，对这些施工技术的总结均反映在系列工程施工及验收规范中。20 世纪末期，形成了以"强化验收"为核心的质量验收体系，认为需要重点把关施工结果，加强验收环节，而对施工操作的要求可以适当放宽，根据施工单位的经验和技术积累，发挥积极性、主动性、创造性，按照各自的企业技术标准执行，原有的工程施工及验收规范均被废止，相应的施工技术体系规范没有及时编制，导致一段时间内施工操作依据应用混乱，在一定程度上影响了工程质量。21世纪初，行业主管部门注意到国内大部分中小施工单位不具备制定企业施工规范的技术能力，根据我国施工企业的现状，为了搞好建筑工程的施工质量控制，把建筑工程施工技术和操作工艺部分形成一个新的建筑工程施工技术标准体系，目前《智能建筑工程施工规范》GB 50606－2010、《通风与空调工程施工规范》GB 50738－2011、《混凝土结构工程施工规范》GB 50666－2011、《木结构工程施工规范》GB/T 50772－2012、《钢结构工程施工规范》GB 50755－2012已发布实施，《建筑地基基础施工规范》、《砌体结构工程施工规范》等正在编制。

现在我国的建筑材料专用标准体系存在系统不健全、缺乏整体性和系统性等问题。如混凝土材料专业，没有对混凝土材料的分类、命名和定义标准，只是参照国外或按习惯分类，而且由于管理体制、行业划分等原因，存在多头管理、分散管理的情况，技术标准体系比较凌乱。例如建筑钢材属于中国冶金总公司管辖，水泥属于中国建材总公司管辖等，一些细分的标准，谁下手快就归谁，没有章法。所以现有标准在一些领域内尚不健全，缺乏整体性和系统性。

涉及地基基础、结构安全和主要使用功能的现场抽样检验，是建筑工程施工质量验收的重要组成部分，已编制了一些相应的标准，但尚未形成较完善的标准体系，同时，存在着比较分散等问题，如混凝土结构中混凝土强度的检测方法标准就有6本之多。因此，对涉及地基基础、结构安全和主要功能的现场抽样检验标准在标准体系中提出了相应的建议。如已发布实施的《混凝土结构现场检测技术标准》、《钢结构现场检测技术标准》将常用的和较成熟的检测方法合并，解决了检测方法标准过多和分散等问题。目前对地基基础的检测尚未形成一本系统的规范。同时，对外墙外保温及隔声等涉及建筑功能现场检测的内容也需要编制相应规范。

1.4.4 对验收规范的改进

建筑工程施工质量验收规范中的专用标准需要进一步配套，对内容相近或重复的标准进行合并。例如，目前《塑料门窗安装及验收规程》修订为《塑料门窗工程技术规程》，对于铝合金门窗的安装和验收还有《铝合金门窗工程技术规范》，可以把上述两本标准及钢、木等材料的门窗技术标准合并，统一编制《门窗工程技术规程》，用于各类门窗安装的施工技术、操作工艺及质量控制。

建筑施工过程贯穿建筑物及其功能从无到有的全过程，涉及结构、装修、通风与空调等诸多专业，而一些技术规程本身也涉及计算方法、设计原则、施工工艺、质量验收及使用维护等环节。因此，为避免遗漏或重复，各专业间需要加强协调配合。

应根据建筑施工的需要，对建筑材料进行分类、定义，制定完整的标准体系，然后根据体系有系统地编制有关建筑施工所需的建筑材料的标准。建筑材料专业标准体系分为专业基础标准，包括各大类建筑材料的分类标准和术语标准等；通用标准，包括各大类建筑材料的基本性能标准、基本性能的试验方法标准和基本性能的评定方法标准；专用标准，包括各种建筑材料所用的原材料性能标准、试验方法标准、性能评定方法标准，各种建筑材料的性能标准、试验方法和性能的评定方法，各种建筑材料的技术应用规程、规范等。

第 2 章 《统一标准》修订情况介绍

2.1 《统一标准》修订的法律依据

目前标准编制特别重视法律依据，这是借鉴国外的先进经验，比较切合实际。有法律、法规为依据的标准规范执行力度更大，否则只有规范规定，没有法律、法规支撑，规范条文很难严格执行，规范执行力度较差。

《建筑法》和《建设工程质量管理条例》（以下简称《条例》）是本标准编制的法律依据。《建筑法》于 1997 年 11 月 1 日第八届全国人大常务委员会第二十八次会议通过。《条例》于 2000 年 1 月 10 日经国务院第二十五次常务会议通过。

《条例》第一条：为了加强对建设工程质量的管理，保证建设工程质量，保护人民生命和财产安全，根据《建筑法》制定本条例。其中的"保证建设工程质量"是《条例》的基本规定，这也是工程质量验收的根本目的，所以说系列验收规范与《条例》的基本目的是一致的。

《条例》第二条：凡在中华人民共和国境内从事建设工程的新建、扩建、改建等有关活动及实施对建设工程质量监督管理的，必须遵守本条例。这一条明确了系列验收规范的对象，是新建、扩建、改建工程，不包括改造类工程，也不包括因设计质量和使用不当导致的工程问题。因此，对既有建筑物进行性能改造的工程不能直接采用验收规范的要求。

新建项目属于过去未有的，完全是新建造的项目；扩建项目属于为扩大原有产品的生产能力或效率，为增加新的生产能力而增建的主要生产车间或工程项目，很多工程其实也属于新建项目，只不过项目依托于原有工程；改建项目属于为提高生产效益，改进产品性能或质量，对原有设备、工艺进行技术改造的项目，对建筑物而言，一般会改变用途，例如由办公楼改商场等；改造项目一般不改变原有使用功能，主要目的是提升建筑物的性能，包括结构抗震加固改造、节能改造、空调设备改造、电气增容改造等。

改造项目完工后也需要验收，因此部分专业编制了相应的验收规范，例如《建筑结构加固工程施工质量验收规范》，字面上看也是施工质量验收规范，内容模仿《统一标准》的划分方式，包括检验批、分项工程。但该规范主要用于既有结构遭受灾害或计划改造而进行的加固，因此属于"建筑维护加固与房地产专业"，不属于"建筑施工质量专业"，因此其中的分项、分部工程划分未纳入本标准。

例如北京 2011～2015 年开展的老旧住宅楼抗震加固与节能改造，涉及的住宅建筑面积约 1500 万平方米，通过墙体增设夹板墙、圈梁、构造柱进行结构抗震性能改造；通过增加外墙保温层，拆除原有钢窗、木窗，更换节能效果较好的塑钢窗、铝合金窗等进行节能改造。这些工程属于典型的改造工程，验收时不能直接使用本体系的验收规范，为此北京市专门编制了地方文件，用于改造工程验收。

《条例》第三条：建设单位、勘察单位、设计单位、施工单位、工程监理单位依法对建设工程质量负责。本条确定了建设工程的责任主体，五个单位分别对建筑工程的质量负担相应的责任，工程施工质量的责任主要由施工单位、监理单位承担。

《条例》第四条：县级以上人民政府建设行政主管部门和其他有关部门应当加强对建设工程质量的监督管理。本条指出了监管部门的职责，以政府层面对工程质量施行必要的监督，当然这属于本标准应当规定的内容。

2.2 《统一标准》发展过程

《统一标准》由来已久，是建筑行业历史最悠久的标准之一，标准前身可追溯到 1966 年，最早的标准为《建筑安装工程质量检验评定标准》GBJ 22－66，后来历经《建筑安装工程质量检验评定标准》TJ 301－74、《建筑安装工程质量检验评定统一标准》GBJ 300－88、《建筑工程施工质量验收统一标准》GB 50300－2001，标准大约每间隔 10 余年修订一次。

2001 版标准相对 88 版标准实现了一个飞跃，重要的变化有三个方面：

（1）实现验收与评定的分离

从标准名称上就可以看出区别，取消了评定，变检验为验收。把验收和评优分开，突出了合格验收，如果建设单位需要，再根据《建筑工程施工质量评价标准》进行工程评优。一般的工程只要求验收合格，这样做可以突出重点，简化验收过程，明确验收的目的。

（2）提出了检验批的概念

检验批概念的提出，细化了验收的对象，以便及时发现质量问题并进行整改。实施 10 几年以来运行情况良好，没有出现原则性问题，本次标准修订继续沿用并强化检验批的验收。

（3）实现施工与验收的分离

早期的验收规范类名称大多为施工及验收规范，施工操作及验收要求掺杂在一起，使标准体系较为混乱，标准修订过程中体现"强化验收"，将施工操作的内容剥离，另行编制各专业的施工规范，指导具体的施工操作，使标准体系更加健全。

2.3 《统一标准》修订过程

本标准是根据原建设部《关于印发〈2007 年工程建设标准制订、修订计划（第一批）〉的通知》（建标［2007］125 号）的要求，由中国建筑科学研究院会同有关单位对《建筑工程施工质量验收统一标准》GB 50300－2001 修订而成。标准编制组由 14 人组成，包括政府主管部门、建设、施工、监理、设计、检测、科研单位 7 个领域。相比 2001 版标准，编制组成员代表的行业领域更加全面，目的是使各领域均派有代表，维护各领域的合法权益。标准编制人员名单见表 2.3-1。

表 2.3-1　《统一标准》编制人员

姓名	职称	工作单位	行业领域
邸小坛	研究员	中国建筑科学研究院	科研单位
陶里	教授级高工	中国建筑科学研究院	检测单位
宋波	教授级高工	中国建筑科学研究院	科研单位
李丛笑	教授级高工	中国建筑科学研究院	科研单位
高新京	高工	北京市建设工程安全质量监督总站	主管部门
袁欣平	高工	深圳市建设工程质量监督总站	主管部门
张元勃	教授级高工	北京市建设监理协会	监理单位
张晋勋	教授级高工	城建集团总公司	施工单位
罗璇	高工	深圳市科源建设集团有限公司	施工单位
汪道金	教授级高工	中国新兴建设开发总公司	施工单位
葛兴杰	高工	浙江宝业建设集团有限公司	建设单位
吕洪	高工	金融街控股股份有限公司	建设单位
李伟兴	高工	同济大学建筑设计研究院	设计单位
林文修	教授级高工	重庆市建筑科学研究院	检测单位

因为《统一标准》是各专业验收规范编制的统一准则，各专业验收规范需要与《统一标准》配套使用，在标准编制过程中，与专业验收规范主编单位密切沟通、联系，重要的标准编制会议均邀请专业验收规范主编人员参加，共同讨论标准条文，为《统一标准》与专业验收规范的协调统一打下良好基础。

住房城乡建设部对标准的审查很重视，要求参加审查的委员在专业、领域、地域三方面覆盖全面，首先，所从事的专业要包括地基、结构、装修、电气、空调以及施工管理等；其次，代表的领域要包括政府主管部门、建设、施工、监理等单位；第三，人员要来自东北、西北、华北、华东、西南、华南等地区。审查委员名单几经修改，最终确定由 17 人组成的标准审查委员会，审查委员名单见表 2.3-2。

表 2.3-2　《统一标准》审查专家名单

姓名	职称	专业	工作单位	行业
杨嗣信	教授级高工	质量管理	北京建工集团原总工	施工单位
王鑫	教授级高工	质量管理	北京市住建委	主管部门
李明安	教授级高工	质量管理	京兴建筑监理公司	监理单位
张树君	教授级高工	建筑设计	中国建筑设计研究院	设计单位
宋义仲	教授级高工	结构工程	山东省建筑科学研究院	检测、科研单位
李耀良	教授级高工	地基基础	上海市基础工程公司	施工单位
张昌叙	教授级高工	砌体结构	陕西省建筑科学研究设计院	检测、科研单位
贺贤娟	教授级高工	钢结构	中冶建筑研究总院有限公司	监理单位
霍瑞琴	教授级高工	屋面、防水	山西省建筑工程总公司	施工单位
张耀良	教授级高工	空调	上海市安装工程有限公司	施工单位
孙述璞	教授级高工	智能建筑	清华同方股份有限公司	科研单位
肖家远	高工	设计与管理	深圳万科企业有限公司	建设单位
祝恩淳	教授	木结构	哈尔滨工业大学	科研单位
傅慈英	教授级高工	电气	浙江开元安装集团有限公司	施工单位
路戈	教授级高工	质量管理	戴瑞思建筑监理公司	监理单位
王庆辉	教授级高工	给排水	辽宁省建筑科学研究院	检测、科研单位
付建华	教授级高工	质量管理	重庆市建设工程监督站	主管部门

2.4　《统一标准》的主要任务

各专业验收规范以技术内容为主，详细规定了各项验收工作的检查项目、抽样数量、检查方法、使用仪器、合格判定等要求。《统一标准》篇幅不多，技术内容较少，主要规定的是工程验收的原则要求。《统一标准》是制订建筑工程验收的统一准则，提出了验收工作的共性要求，由各专业验收规范遵照执行。同时《统一标准》还起到协调各专业验收规范的作用，避免规范间的重复和矛盾，对施工中常见的问题给出统一的解决方案，与专业验收规范之间有明确的任务分工。《统一标准》的主要任务如下：

2.4.1　工程验收的划分方式

目前各专业验收规范都是按照检验批、分项工程、分部工程的方式验收，因此没有必要由每本规范分别规定工程验收的划分方式，现在的方式是在《统一标准》中说明，规定划分原则和方法，由各专业验收规范执行。

2.4.2　单位工程的验收要求

对检验批、分项、分部工程中具体项目的验收要求由各专业验收规范规定，各分部工程都完工后且分别验收合格,形成一个独立的单位工程,单位工程的验收要求不能由某一专业验收规范规定,需要由《统一标准》规定。

2.4.3 验收的程序和组织形式

质量验收的各个环节,包括检验批、分项、分部工程等,验收时由哪个单位组织、哪些单位参加,对验收参加人员提出的资格要求,也属于各专业验收规范共性的要求,需要由《统一标准》规定。

2.4.4 重要的原则规定

如进场检验、见证检验、复检等的原则规定由《统一标准》做出,而具体的抽检项目、数量、合格要求由专业规范规定,体现了《统一标准》与各专业验收规范间的分工。

2.4.5 检验批抽样方案

虽然建筑工程涉及的专业众多,检验批的验收项目总计有近百项,但抽样方案的基本要求和方法却有着共同的特性,《统一标准》列举了常用的抽样方法,对验收时常用的计数抽样最小抽样量进行规定,用于各专业验收规范检验批抽样。

2.4.6 常用验收表格的基本格式

验收记录表格是各层次质量验收的成果体现,在验收中十分重要,资料缺失将影响下一环节的验收。单位工程竣工后,这些资料还要整理齐全,作为工程竣工备案的必要条件,大部分资料需要归档长期保存。规定常用验收表格的格式是《统一标准》的重要任务之一,本标准规定了检验批、分项、分部、单位工程验收表格的基本格式。

2.4.7 其他情况的处理

工程验收时对常规问题各专业验收规范规定的都很明确,没什么争议,大家都会按部就班地去做,但遇到非正常的情况,如何处理,也需要有明确规定。《统一标准》针对验收过程中可能会遇到的一些非正常的情况,给出处理的原则要求,包括存在质量问题、资料缺失、使用新技术等情况。

2.5 《统一标准》主要修订内容

通过本次修订,解决实际验收工作中存在的一些问题,填补漏洞和空白,把2001版标准执行过程中遇到的一些常见情况给出明确规定。《统一标准》修订还需要考虑承上启下,把握好新旧版本标准的衔接,原则性要求的变化不宜过大,不成熟和有争议的内容不能纳入标准,标准修订的主要内容如下:

（1）提出可适当调整抽样复验、试验数量的规定;

（2）提出制定专项验收要求的规定;

（3）增加检验批最小抽样数量的规定;

（4）增加建筑节能分部工程,增加铝合金结构、土壤源热泵系统等子分部工程;

（5）修改结构、电气、空调等分部中的分项工程划分;

（6）增加计数抽样方案的一次、二次抽样判定方法;

（7）增加工程竣工预验收的规定;

（8）规定勘察单位应参加单位工程验收;

（9）增加质量控制资料缺失时,应进行相应检验的规定;

（10）修改各项验收表格。

2.6 《统一标准》的章节设置

修订后的《统一标准》章节设置维持 2001 版标准的方式，包括"总则"、"术语"、"基本规定"、"质量验收的划分"，"质量验收"、"验收的程序和组织"，共 6 章。标准包含 8 个附录，分别为：

附录 A 施工现场质量管理检查记录

附录 B 建筑工程的分部工程、分项工程划分

附录 C 室外工程的划分

附录 D 一般项目正常检验一次、二次抽样判定

附录 E 检验批质量验收记录

附录 F 分项工程质量验收记录

附录 G 分部工程质量验收记录

附录 H 单位工程质量竣工验收记录

2.7 主要条文解读

2.7.1 第 2.0.7 条的条文及解读

【条文】

2.0.7 验收

建筑工程质量在施工单位自行检查合格的基础上，由工程质量验收责任方组织，工程建设相关单位参加，对检验批、分项、分部、单位工程及其隐蔽工程的质量进行抽样检验，对技术文件进行审核，并根据设计文件和相关标准以书面形式对工程质量是否达到合格做出确认。

【条文解读】

本条对验收的术语进行定义，包括验收的条件、组织、内容和结论。

其中验收的条件是施工单位自检合格，这项要求十分重要，是本标准及各专业验收规范反复强调的事项，对明确质量责任、加强施工单位质量意识、提高验收效率将起到重要作用。

验收的组织就是由哪个单位牵头，哪些单位、人员参加。对于检验批、分项、分部、单位工程，根据各环节的重要程度，验收的组织要求是不同的。

验收的内容就是检验批、分项、分部、单位工程各环节，包括工程实体的检查、质量资料的核查等。

验收是一项严肃的工作，验收的结论不能是口头的，必须是书面的，根据不同的验收环节，还要求相应人员签字确认，体现质量负责制。

2.7.2 第 3.0.1 条的条文及解读

【条文】

3.0.1 施工现场应具有健全的质量管理体系、相应的施工技术标准、施工质量检验制度和综合施工质量水平评定考核制度。施工现场质量管理可按本标准附录 A 的要求进行检查记录。

【条文解读】

建筑工程施工单位应建立必要的质量责任制度，应推行生产控制和合格控制的全过程质量控制，应有健全的生产控制和合格控制的质量管理体系。不仅包括原材料控制、工艺流程控制、施工操作控制、每道工序质量检查、相关工序间的交接检验以及专业工种之间等中间交接环节的质量管理和控制要求，还应包括满足施工图设计和功能要求的抽样检验制度等。施工单位还应通过内部的审核与管理者的评审，找出质量管理体系中存在的问题和薄弱环节，并制定改进的措施和跟踪检查落实等措施，使质量管

理体系不断健全和完善，是使施工单位不断提高建筑工程施工质量的基本保证。

同时施工单位应重视综合质量控制水平，从施工技术、管理制度、工程质量控制等方面制定综合质量控制水平指标，以提高企业整体管理、技术水平和经济效益。

2.7.3 第3.0.2条的条文及解读

【条文】

3.0.2 未实行监理的建筑工程，建设单位相关人员应履行本标准涉及的监理职责。

【条文解读】

本条是新增条款。国家对建设工程鼓励实行监理，主要考虑到建设单位来自各行各业，对工程质量的管理可能不专业，监理单位人员专业齐全，可以更好的对工程质量予以把关，对检验批、分项、分部工程的质量验收均要求由监理单位组织，赋予监理单位很大的权力和责任，同时监理单位也要对工程的质量与安全承担相应的责任。但国家不是强制所有工程都必须实行监理，根据《建设工程监理范围和规模标准规定》（建设部令86号）规定，如下工程应当实行监理：

1. 国家重点建设工程；

2. 大中型公用事业工程；

3. 成片开发建设的住宅小区工程；

4. 利用外国政府或者国际组织贷款、援助资金的工程；

5. 国家规定必须实行监理的其他工程。

对于该规定包含范围以外的一些中小工程，允许由建设单位完成相应的施工质量控制及验收工作，完成标准中监理单位的工作。本条编制的目的是与部令要求相一致。

另外，根据《条例》第十二条：实行监理的建设工程，建设单位应当委托具有相应资质等级的工程监理单位进行监理，也可以委托具有工程监理相应资质等级并与被监理工程的施工承包单位没有隶属关系或者其他利害关系的该工程的设计单位进行监理。

由此可见，实行监理的建筑工程，也不一定由监理单位进行监理，也可以由该工程的设计单位进行监理。

2.7.4 第3.0.3条的条文及解读

【条文】

3.0.3 建筑工程的施工质量控制应符合下列规定：

1 建筑工程采用的主要材料、半成品、成品、建筑构配件、器具和设备应进行进场检验。凡涉及安全、节能、环境保护和主要使用功能的重要材料、产品，应按各专业工程施工规范、验收规范和设计文件等规定进行复验，并应经监理工程师检查认可；

2 各施工工序应按施工技术标准进行质量控制，每道施工工序完成后，经施工单位自检符合规定后，才能进行下道工序施工。各专业工种之间的相关工序应进行交接检验，并应记录；

3 对于监理单位提出检查要求的重要工序，应经监理工程师检查认可，才能进行下道工序施工。

【条文解读】

本条对原有条文进行适当修改，使语言表达更加明确。验收的最小单位为检验批，对于一般的工序可由施工单位自检，自检合格后进行下一道工序的施工。但为对重点部位的施工质量把关，对于监理单位认为重要的工序，应由监理单位检查认可之后才能继续施工。

2.7.5 第3.0.4条的条文及解读

【条文】

3.0.4 符合下列条件之一时，可按相关专业验收规范的规定适当调整抽样复验、试验数量，调整后的抽样复验、试验方案应由施工单位编制，并报监理单位审核确认。

1 同一项目中由相同施工单位施工的多个单位工程，使用同一生产厂家的同品种、同规格、同批次的材料、构配件、设备；

2 同一施工单位在现场加工的成品、半成品、构配件用于同一项目中的多个单位工程；

3 在同一项目中，针对同一抽样对象已有检验成果可以重复利用。

【条文解读】

本条是新增条款。1、2 款设置的主要目的是对用于同一项目中不同单位工程，进场材料、设备及现场加工制品，符合条件的情况下允许适当减少抽检试验数量，以降低工程成本。考虑到这些材料、设备属于同一批次或按相同工艺加工，质量性能基本一致，按单位工程取样、送检试验的必要性不大。但对调整试样的方式必须予以控制，避免随意，条文中设定前提要求，首先应符合专业验收规范要求，本条只给出允许调整的条件，至于如何调整，试验频次降低多少，应由专业验收规范根据具体情况确定。其次，调整的方案应由施工单位编制，并报监理单位审核确认。施工或监理单位认为必要时，也可不调整抽样复验、试验数量或不重复利用已有检验成果。

本条 1、2 款应用的对象为采购的产品及现场加工制作的制品，不包括需要施工安装的项目，如结构实体混凝土强度、钢筋保护层厚度等仍需要按照单位工程的要求进行检验，不能调整抽样数量，因为这些项目的质量与施工操作有关，结构实体混凝土强度不但与浇筑混凝土的配比有关，还与振捣、养护等施工因素有关，单位工程之间可能会存在差异。

根据目前的验收要求，存在同一个验收项目的验收记录、试验报告等资料在不同位置存档的情况，以门窗工程为例，装修工程验收时需要对外窗进行气密性、水密性、抗风压的三性试验，节能工程验收时，需要提供外窗气密性试验报告，因此根据本条要求，不同专业验收时，可以不用重复进行试验，同一份外窗气密性试验报告可分别用于装修工程、节能工程验收使用。

2.7.6 第 3.0.5 条的条文及解读

【条文】

3.0.5 当专业验收规范对工程中的验收项目未做出相应规定时，应由建设单位组织监理、设计、施工等相关单位制定专项验收要求。涉及安全、节能、环境保护等项目的专项验收要求应由建设单位组织专家论证。

【条文解读】

本条是新增条款。本条设置的目的是为适应建筑工程行业的发展，鼓励"四新"技术的推广应用，保证建筑工程的顺利验收，对国家、行业、地方标准没有具体要求的分项工程及检验批，可由建设单位组织制定专项验收要求，专项验收要求应符合设计意图，包括分项工程及检验批的划分、抽样方案、验收方法、合格判定指标等内容，监理、设计、施工等单位可参与制定。为保证工程质量，重要的专项验收要求应在实施前组织专家论证。

事实上，目前国内很多大型工程对于特殊项目已按这种方式进行验收，例如 08 奥运场馆、央视新址、上海世博会等工程对采用新技术的项目组织行业专家论证，并根据会议纪要制定专项验收要求，取得良好的效果。本条对这种方式予以认可，并向类似的项目推广。

2.7.7 第 3.0.6 条的条文及解读

【条文】

3.0.6 建筑工程施工质量应按下列要求进行验收：

1 工程质量验收均应在施工单位自检合格的基础上进行；

2 参加工程施工质量验收的各方人员应具备相应的资格；

3 检验批的质量应按主控项目和一般项目验收；

4 对涉及结构安全、节能、环境保护和主要使用功能的试块、试件及材料，应在进场时或施工中按规定进行见证检验；

5 隐蔽工程在隐蔽前应由施工单位通知监理单位进行验收，并应形成验收文件，验收合格后方可继续施工；

6 对涉及结构安全、节能、环境保护和使用功能的重要分部工程应在验收前按规定进行抽样检验；

7 工程的观感质量应由验收人员现场检查，并应共同确认。

【条文解读】

本条是工程验收的基本要求，在2001版标准属于强条，本次修订根据住房城乡建设部强条委的要求，改为一般条文。

本条第1款是验收的基本条件，验收前施工单位应自检合格，这项要求在本标准及相关专业验收规范中多次强调，施工单位在申请验收时应先行自检，对发现的问题予以整改，提高验收的效率。

本条第2款规定验收人员应具备相应的资格，主要包括两方面的要求，首先是岗位资格，因为对于不同的验收环节，需要由不同岗位的人员组织或参加，例如检验批验收时施工单位由项目专业质检员参加，分部工程验收时需要由项目负责人参加，验收时必须按照要求执行；其次，还要突出专业方面的要求，体现专业对口，专业人员验收专业项目，保证验收的效果。

本条第3款是检验批验收的分类，确定验收项目属于主控项目还是一般项目，主控项目是对安全、节能、环境保护和主要使用功能起决定性作用的检验项目，要求全部合格；一般项目是除主控项目以外的检验项目，允许存在一定的不合格点，但合格点率应符合专业验收规范要求，且不能存在严重缺陷。

本条第4款是对见证检验的要求，见证检验的项目、内容、程序、抽样数量等应符合国家、行业或地方有关规范的规定。根据建设部建建（2000）211号《关于印发〈房屋建筑工程和市政基础设施工程实行见证取样和送检制度的规定〉的通知》的要求，在建设工程质量检测中实行见证取样和送检制度，即在建设单位或监理单位人员见证下，由施工人员在现场取样，送至试验室进行试验。按规定将以下重要的试块、试件和材料实施见证取样和送检：

（1）用于承重结构的混凝土试块；

（2）用于承重墙体的砌筑砂浆试块；

（3）用于承重结构的钢筋及连接接头试件；

（4）用于承重墙的砖和混凝土小型砌块；

（5）用于拌制混凝土和砌筑砂浆的水泥；

（6）用于承重结构的混凝土中使用的掺加剂；

（7）地下、屋面、厕浴间使用的防水材料；

（8）国家规定必须实行见证取样和送检的其他试块、试件和材料。

建筑工程检测试验见证管理应符合以下规定：

（1）见证检测的检测项目应按国家有关行政法规及标准的要求规定。

（2）见证人员应由具有建筑施工检测试验知识的专业技术人员担任。

（3）见证人员发生变化时，监理单位应通知相关单位，办理书面变更手续。

（4）需要见证检测的检测项目，施工单位应在取样及送检前通知见证人员。

（5）见证人员应对见证取样和送检的全过程进行见证并填写见证记录。

（6）检测机构接收试样时应核实见证人员及见证记录，见证人员与备案见证人员不符或见证记录无备案见证人员签字时不得接收试样。

（7）见证人员应核查见证检测的检测项目、数量和比例是否满足有关规定。

本条第5款是对隐蔽工程验收的要求，隐蔽工程在隐蔽后难以检验，因此要求隐蔽工程在隐蔽前应进行验收，验收合格后方可继续施工。具体项目包括：

（1）基坑、基槽验收

建筑物基础或管道基槽按设计标高开挖后，项目经理要求监理单位组织验槽工作，项目工程部工程师、监理工程师、施工单位、勘察、设计单位要求尽快现场确认土质是否满足承载力的要求，如需加深处理则可通过工程联系单方式经设计方签字确认进行处理。基坑或基槽验收记录要经上述五方会签，验收后应尽快隐蔽，避免被雨水浸泡。

（2）基础回填隐蔽验收

基础回填工作要按设计图要求的土质或材料分层夯填，而且按规范规定，取土进行击实和干密度试验，其干密度、夯实系数要达到设计要求，以确保回填土不产生较大沉降。

（3）混凝土工程的钢筋隐蔽验收

对钢筋原材料进场前要进行检查是否有合格证，即合格证要注明钢材规格、型号、炉号、批号、数量及出厂日期、生产厂家。同时要取样进行物理性能和化学成分检验，合格方可批量进场。检查验收钢筋绑扎规格、数量、间距是否符合设计图纸的要求，同一截面接头数量及搭接长度必须符合规范的要求。对焊接头的钢筋，先试验焊工焊接质量，然后按规范的要求抽取样品进行焊接试件检验，对不合格焊接试件要按要求加倍取样检验，确保焊接接头质量达标。对钢筋保护层按设计要求验收。对验收中存在不合要求的要发送监理整改通知单，直至完全合格后方可在《隐蔽验收记录表》上签字同意进行混凝土浇筑。

（4）混凝土结构上预埋管、预埋铁件及水电管线的隐蔽验收

混凝土结构上通常有防水套管、预埋铁件、电气管线、给排水管线需隐蔽，在混凝土浇筑封模板前要对其进行隐蔽验收，首先验收其原材料是否有合格证，是否有见证送检，只有合格材料才允许使用；然后要检查套管，铁件要加所用材料规格及加工是否符合设计设计要求；再次要核对其放置的标高、轴线等具体位置是否准确无误；并检查其固定方法是否可靠，能否确保混凝土浇筑过程中不变形不移位。水电管线埋没位置要根据使用特点检查其是否合理，能否满足要求。验收合格后方可在《隐蔽验收记录表》上签字同意隐蔽。

（5）混凝土结构及砌体工程装饰前的隐蔽验收

混凝土结构及砌体在装饰抹灰前均要进行隐蔽中间验收，混凝土结构需要查验所有材料合格证及混凝土试压报告，要进行现场强度回弹或钻孔取样试压，要检验混凝土表面密实度及结构几何尺寸是否符合设计要求。砌体要查验原材料合格证，砂浆配合比，砂浆试压报告等有关材料是否齐全，现场查验抗震构造拉接钢筋设置是否恰当，砌体砌筑方法及灰缝是否满足设计要求，砌体轴线、位置、厚度等是否符合图纸规定。

参加验收的主要有工程部工程师、市质量监督检查站工程师、监理工程师、设计单位代表、施工单位代表。验收合格后填写《隐蔽验收记录表》，共同会签，如验收存在问题，要发监理整改通知单限期整改，整改合格后在组织上述人员进行复检，复检合格后方可进行装饰抹灰隐蔽施工。

本条第 6 款提出了分部工程验收前对涉及结构安全、节能、环境保护和使用功能重要的项目进行检测、试验的要求，有些项目可由施工单位自行完成，填写检查记录，有些项目专业性较强，需要由专业检测机构完成，出具检测报告，检查记录和检测报告应整理齐全，供验收时核查。验收时还应对部分位置进行抽查。目前各专业验收规范对本项要求比较重视，提出更多检查、检测项目。

本条第 7 款观感质量的检查要求，观感质量可通过观察和简单的测试确定，验收的综合评价结果应由各方共同确认并达成一致。对影响观感及使用功能或质量评价为差的项目应进行返修。

2.7.8　第 3.0.7 条的条文及解读

【条文】

3.0.7　建筑工程施工质量验收合格应符合下列规定：

1 符合工程勘察、设计文件的规定;

2 符合本标准和相关专业验收规范的规定。

【条文解读】

在 2001 版标准中,3.0.6 条与 3.0.7 条同为一条,且属于强条,本次修订分为两条,改为一般条文。其中 3.0.6 条规定了工程验收的基本要求,3.0.7 条规定的是工程验收合格的基本要求,从概念上有所不同,分为两条之后更加便于理解。

建筑工程的施工质量应符合勘察、设计要求,并符合《统一标准》和相关专业验收规范的规定,这项原则要求一直如此执行,已被广大从业人员所接受。

根据《住房和城乡建设部强制性条文协调委员会工程建设标准强制性条文编写规定》,直接涉及人民生命财产安全、人身健康、节能、节地、节水、节材、环境保护和其他公众利益,且必须严格执行的条文,应列为强制性条文。强制性条文不得引用非强制性条文的内容。而本条第 2 款,要求施工质量验收合格应符合本标准和相关专业验收规范的规定,相当于引用了专业验收规范的所有条文,不符合作为强条的基本条件,因此本次修订将该条修改为一般条文。

2.7.9 第 3.0.9 条的条文及解读

【条文】

3.0.9 检验批抽样样本应随机抽取,满足分布均匀、具有代表性的要求,抽样数量应符合有关专业验收规范的要求。当采用计数抽样时,最小抽样数量尚应符合表 3.0.9 的要求。

明显不合格的个体可不纳入检验批,但应进行处理,使其满足有关专业验收规范的规定,对处理的情况应予以记录并重新验收。

表 3.0.9 检验批最小抽样数量

检验批的容量	最小抽样数量	检验批的容量	最小抽样数量
2～15	2	151～280	13
16～25	3	281～500	20
26～90	5	501～1200	32
91～150	8	1201～3200	50

【条文解读】

本条对检验批抽样给出原则性要求。检验批验收时的抽样数量既不能太多,也不能太少,抽样数量太多会造成工程成本增加、验收人员工作量增大;抽样数量太少不能很好的代表检验批整体质量,造成漏判或误判。所以对检验批的抽样方案需要进行专门研究,抽样方案建立的原则首先要有理论依据,其次要使用比较成熟的技术,经过一段时间的工程实践检验。本次标准修订,检验批抽样是增加的内容之一。

验收抽样要事先制定方案、计划,可以抽签确定验收点位,也可以在图纸上根据平面位置随机选取,最好是验收前由各方验收人员在办公室共同完成,尽量不要在现场随走随选,避免样本选取的主观性。

对于检验批中明显不合格的个体,可通过肉眼观察或简单的测试确定,有经验的验收人员在现场可以很容易的发现,例如墙体倾斜量偏大、混凝土强度明显偏低等,通过简单的方法就能判定。这些个体的质量水平往往与其他个体存在较大差异,纳入检验批后会增大验收结果的离散性,影响整体的统计结果。同时,也为了避免对明显不合格个体的人为忽略情况。对这些部位需要定量检测,例如对个别构件混凝土强度有怀疑,怀疑强度可能偏低,但具体偏低多少,需要通过检测确定。对这些构件、个体可以不纳入检验批统计,但必须进行处理,使之达到合格要求。比如对倾斜的墙体重新砌筑,对混凝土强度偏低的构件重新浇筑,其最终目的是通过处理符合要求,确保工程质量,而且不影响检验批的整体验收。

本标准对计数抽样的检验批提出了最小抽样数量的要求，保证验收检验具有一定的抽样量，并符合统计学原理，使抽样更具代表性。这项规定的理论依据是《计数抽样检验程序 第 1 部分：按接收质量限（AQL）检索的逐批检验抽样计划》GB/T 2828.1-2003，其中给出了检验批验收时的最小抽样数量。根据 GB/T 2828.1-2003，抽样分为 A、B、C 三类，A 类适用于一般施工质量的检测；B 类适用于质量或性能的检测；C 类适用于质量或性能的严格检测或复检，具体抽样数量见表 2.7.9。根据不同的检测批容量和抽样类别，可以确定相应的最小抽样数量。

表 2.7.9 检验批最小抽样数量

检测批的容量	最小抽样数量			检测批的容量	最小抽样数量		
	A	B	C		A	B	C
2~8	2	2	3	501~1200	32	80	125
9~15	2	3	5	1201~3200	50	125	200
16~25	3	5	8	3201~10000	80	200	315
26~50	5	8	13	10001~35000	125	315	500
51~90	5	13	20	35001~150000	200	500	800
91~150	8	20	32	150001~500000	315	800	1250
151~280	13	32	50	>500000	500	1250	2000
281~500	20	50	80	—	—	—	—

对于建筑工程而言，A 类抽样用于正常施工质量水平下检验批的验收，离散性在可控范围内，《统一标准》对计数抽样检验批的最小抽样数量按 A 类抽样采用。

B 类抽样常用于既有建筑的检测，检验批的离散性较大。对新建工程而言，如果对某个检验批的质量状况存在怀疑，需要委托第三方检测机构进行实体检验，确定该检验批的实际性能状态，抽样数量可以按 B 类确定，此时的抽样数量大于 A 类抽样。

C 类抽样一般对于检验批的离散性更大的情况，抽样量还需要进一步增大，检验更严格，有些极端情况还需要逐个检测。

可以看出，检验批的抽样量与所属个体质量水平的离散程度有关，施工质量好，检验批施工偏差小，抽样量就可以小一些，反之抽样量就要加大，极端情况是逐一检测。《统一标准》表 3.0.9 是根据正常施工水平确定的检验批最小抽样数量。最小抽样数量往往不是最佳的抽样数量，因此本条规定抽样数量应符合有关专业验收规范的要求。

表 3.0.9 的检验批最小抽样数量经过长时间的实践检验，2004 年实施的《建筑结构检测技术标准》采用该表指导检测抽样，应用效果良好。《统一标准》修订时引入检验批最小抽样数量的概念。

对表 3.0.9 的应用方法十分简单，例如计划，某批 100 个构件的截面尺寸，查表得知 100 属于 91~150 区间内，因此检验批最小抽样数量为 8，表示要抽取不少于 8 个构件测量截面尺寸。

2001 版验收规范对检验批验收的抽样率一般采用 5%，为更好地了解新老版规范对抽样率的要求，图 2.7.9 将抽样率进行对比，其中实线表示验收抽样率 5%。《统一标准》表 3.0.9 规定的最小抽样数

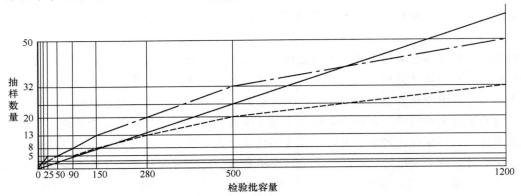

图 2.7.9 检验批抽样率对比

量为一个区间,用点画线、虚线表示,当检验批容量小于 170 时,验收抽样率大于 5%;当检验批容量超过 700 时,验收抽样率小于 5%。表示检验批较小时抽样率大一些,检验批较大时抽样率小一些,体现统计学原理。

2.7.10 第 4.0.7 条的条文及解读

【条文】

4.0.7 施工前,应由施工单位制定分项工程和检验批的划分方案,并由监理单位审核。对于附录 B 及相关专业验收规范未涵盖的分项工程和检验批,可由建设单位组织监理、施工等单位协商确定。

【条文解读】

本条是新增条款,提出了施工单位应制定分项工程和检验批划分方案的要求。本条具有两层含义,首先体现对分项、检验批划分的重视,施工前应完成划分,不能验收时才进行划分。促使施工单位提前对分项工程和检验批的设置进行认真研究、科学划分,也便于建设、监理单位制订验收计划,合理组织验收时间。

其次,划分方式可以灵活掌握,大部分常用项目在各专业验收规范中有明确规定,见本书附表 B,按相应的规范执行即可;对一些采用新技术或体系复杂的工程,如规范没有具体要求时,可以由各单位协商解决。

本次《统一标准》修订增加了节能分部工程,对其他分部工程中子分部、分项工程的设置进行了适当调整。附表 B 给出了各分部工程中子分部工程及分项工程的划分方法,因本标准发布时部分专业验收规范尚未报批,虽然对附表 B 的划分方法与各专业验收规范协商一致,但仍可能有所调整,所以施工中具体的划分方法首先根据各专业验收规范确定,当专业验收规范无明确要求时,可根据工程特点由建设、施工、监理等单位协商确定。

地基与基础、主体结构、装饰装修、电气、电梯分部工程的调整不大,主体结构分部工程增设了铝合金结构子分部,钢结构子分部纳入了网架和索膜结构,装饰装修分部工程增设了外墙防水子分部。

屋面分部工程由原来的按屋面类型划分改为按施工工艺划分,分项工程进行了相应调整。

给水排水及供暖分部工程由原来的 10 个子分部增加为 15 个子分部,增加了室外二次供热管网、建筑饮用水供应系统、游泳池及公共浴池水系统、水景喷泉系统、监测与控制仪表 5 个子分部。

通风与空调分部工程由于近年来科技发展迅速,应用了很多新技术,由原来的 7 个子分部增加为 20 个子分部,增加了真空吸尘系统、冷凝水系统、土壤源热泵换热系统、水源热泵换热系统、太阳能供暖空调系统等子分部,体现了节能、环保的要求。

智能建筑分部工程根据时代发展和科技进步,由原来的 10 个子分部增加为 19 个子分部,原来的通信网络系统子分部中包含 3 个分项工程,分别为通信系统、有线电视及卫星电视接收系统、公共广播系统,修订后升级为子分部,增加了移动通信室内信号覆盖系统、会议系统、时钟系统、应急响应系统等子分部。

2.7.11 第 5.0.1 条的条文及解读

【条文】

5.0.1 检验批质量验收合格应符合下列规定:

    1 主控项目的质量经抽样检验均应合格;

    2 一般项目的质量经抽样检验合格。当采用计数抽样时,合格点率应符合有关专业验收规范的规定,且不得存在严重缺陷。对于计数抽样的一般项目,正常检验一次、二次抽样可按本标准附录 D 判定。

    3 具有完整的施工操作依据、质量验收记录。

【条文解读】

本条规定了检验批验收合格的要求，主控项目、一般项目及相关的验收记录要求齐全完整。

主控项目，也就是对安全、节能、环境保护和主要使用功能起决定性作用的检验项目，验收检验结果应全部合格。

对于一般项目，合格点率应符合专业验收规范要求，且不得存在严重缺陷。因此一般项目允许存在一定数量的不合格点，大部分专业验收规范规定一般项目的合格点率不应低于80%，其中《通风与空调工程施工质量验收规范》要求一般项目的合格点率不应低于85%，《建筑节能工程施工质量验收规范》要求一般项目的合格点率不应低于90%，验收时应予以注意。

各专业验收规范对严重缺陷有专门的说明，一般要求偏差不应大于允许偏差的1.5倍，其中《木结构工程施工质量验收规范》要求最大偏差不应超过允许偏差的1.2倍。一般项目如果存在严重缺陷可能会影响结构安全，有的虽不影响安全，但会导致设备、管线等无法正常安装，或明显影响观感质量，不利于建筑物的正常使用，所以对存在严重缺陷的部位应予以整改，使之达到合格要求。

一般项目的验收抽样方案基本上为计数抽样，按专业验收规范要求，大部分采用一次抽样判定，个别项目可以采用二次抽样判定。一次、二次抽样判定方法的理论依据为《计数抽样检验程序 第1部分：按接收质量限（AQL）检索的逐批检验抽样计划》GB/T 2828.1-2003。这种判定方法随着《建筑结构检测技术标准》的实施得到了近10年的工程实践，应用效果良好，本次标准修订，引入一般项目的一次、二次抽样判定方法。

对一次抽样的判定要求见表D.0.1，二次抽样的判定要求见表D.0.2。

表 D.0.1　一般项目正常检验一次抽样判定

样本容量	合格判定数	不合格判定数	样本容量	合格判定数	不合格判定数
5	1	2	32	7	8
8	2	3	50	10	11
13	3	4	80	14	15
20	5	6	125	21	22

表 D.0.2　一般项目正常检验二次抽样判定

抽样次数	样本容量	合格判定数	不合格判定数	抽样次数	样本容量	合格判定数	不合格判定数
(1)	3	0	2	(1)	20	3	6
(2)	6	1	2	(2)	40	9	10
(1)	5	0	3	(1)	32	5	9
(2)	10	3	4	(2)	64	12	13
(1)	8	1	3	(1)	50	7	11
(2)	16	4	5	(2)	100	18	19
(1)	13	2	5	(1)	80	11	16
(2)	26	6	7	(2)	160	26	27

举例说明表 D.0.1、表 D.0.2 的使用方法。

对于一次抽样，假设验收的样本容量为 20，在 20 个样本中如果有 5 个或 5 个以下不合格时，该检测批判定为合格；当有 6 个或 6 个以上不合格时，则该检测批判定为不合格。

二次抽样的情况略微复杂一些，假设验收的样本容量为 20，当 20 个样本中有 3 个或 3 个以下不合格时，该检测批一次性判定为合格；当有 6 个或 6 个以上不合格时，该检测批一次性判定为不合格；当有 4 或 5 个试样不合格时，需要进行第二次抽样，增加的样本容量也为 20，两次抽样的样本容量为 40，当两次不合格样本数量之和为 9 或小于 9 时，该检测批判定为合格，当两次不合格样本数量之和为 10 或大于 10 时，该检测批判定为不合格。

为便于理解，图 2.7.11-1 对新旧版标准的合格率要求进行对比，虚线表示合格率为 80% 的情况，标准修订后的合格率是一条折线，接近 80%。当样本容量小时，表明验收抽样量较少，样本的标准差一般较大，要求的合格率略低于 80%，有利于验收通过；当样本容量超过 70 时，表明验收抽样量较多，样本的标准差一般较小，要求的合格率略高于 80%。

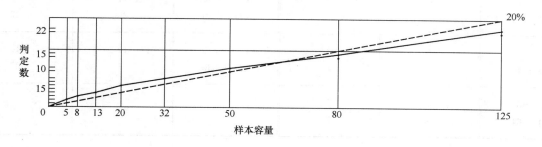

图 2.7.11-1　一般项目合格点率对比

根据各专业验收规范的要求，质量验收大部分采用一次抽样，一次抽样不合格即进行整改，不进行二次抽样。一次抽样容易理解，操作起来比较简单，但不合格点率接近规范限值时容易产生漏判或错判。《混凝土结构施工质量验收规范》中钢筋保护层厚度检测属于二次抽样，合格点率 90%，一次抽样不合格可以再抽取相同数量的测点进行二次抽样，合格点率还是 90%。

具体的验收项目采用一次抽样还是二次抽样，应按专业验收规范的要求确定。如有关规范无明确规定时，一般优先采用一次抽样方案，也可由建设、设计、监理、施工等单位根据检验对象的特征协商采用二次抽样方案，抽样方案的选取应在验收抽样前予以确定。

其实《计数抽样检验程序 第 1 部分：按接收质量限（AQL）检索的逐批检验抽样计划》GB/T 2828.1-2003 标准还规定了主控项目一次、二次抽样判定方法，分别见表 2.7.11-1 及表 2.7.11-2，查表方法与一般项目一次、二次抽样判定方法相同。为便于理解，对主控项目、一般项目的比较见图 2.7.11-2，图中实线表示合格点率 80%，点划线表示对一般项目的要求，虚线对主控项目的要求，从图中可以看出，对主控项目的要求更加严格，合格点率为 91% 左右。

表 2.7.11-1　主控项目正常一次性抽样的判定

样本容量	合格判定数	不合格判定数	样本容量	合格判定数	不合格判定数
2-5	0	1	80	7	8
8-13	1	2	125	10	11
20	2	3	200	14	15
32	3	4	>315	21	22
50	5	6	—	—	—

表 2.7.11-2 主控项目正常二次性抽样的判定

抽样次数与样本容量	合格判定数	不合格判定数	抽样次数与样本容量	合格判定数	不合格判定数
(1) 2—6	0	1	(1) —50 (2) —100	3 9	6 10
(1) —5 (2) —10	0 1	2 2	(1) —80 (2) —160	5 12	9 13
(1) —8 (2) —16	0 1	2 2	(1) —125 (2) —250	7 18	11 19
(1) —13 (2) —26	0 3	3 4	(1) —200 (2) —400	11 26	16 27
(1) —20 (2) —40	1 3	3 4	(1) —315 (2) —630	11 26	16 27
(1) —32 (2) —64	2 6	5 7	—	—	—

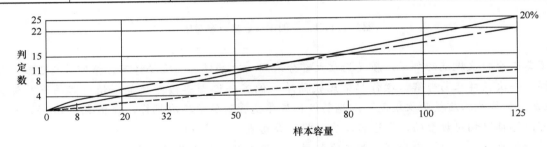

图 2.7.11-2 主控项目、一般项目的比较

本次标准修订未采用对主控项目的抽样判定，主要考虑到建筑工程验收时，对计数抽样的主控项目要求是全部合格，例如对照明灯具，开关动作后必须有亮灭的反应，如没有反应就需要检查线路或灯具，保证检验批中所有的灯具都与开关联动。这也表明建筑工程对主控项目的要求比 GB/T 2828.1 - 2003 标准更加严格。

2.7.12 第 5.0.5 条的条文及解读

【条文】

5.0.5 建筑工程施工质量验收记录可按下列规定填写：

 1 检验批质量验收记录可按本标准附录 E 填写，填写时应具有现场验收检查原始记录；

 2 分项工程质量验收记录可按本标准附录 F 填写；

 3 分部工程质量验收记录可按本标准附录 G 填写；

 4 单位工程质量竣工验收记录、质量控制资料核查记录、安全和功能检验资料核查及主要功能抽查记录、观感质量检查记录应按本标准附录 H 填写。

单位工程质量竣工验收应按表 H.0.1-1 记录，单位工程质量控制资料核查应按表 H.0.1-2 记录，单位工程安全和功能检验资料核查及主要功能抽查应按表 H.0.1-3 记录，单位工程观感质量检查应按表 H.0.1-4 记录。

【条文解读】

规定验收记录表是《统一标准》的任务之一，本标准给出检验批、分项、分部、单位工程验收记录表的通用格式，因建筑物专业众多，给出的表格不可能适用于所有专业，具体的验收表格可以由专业验收规范编制。本书凝聚大量实际工程经验，联合各专业验收规范主编单位，共同编制常用的验收表格，配合新版系列验收规范的推广实施。

2001版标准"检验批质量验收记录"见表2.7.12-1，该记录在使用中存在一些问题，验收时要求填写具体的检查结果，但不能体现所检查的工程部位，无法对这些检查结果的数据进行复核，导致一些工程的验收数据不真实。

表 2.7.12-1　检验批质量验收记录

工程名称			分项工程名称		验收部位	
施工单位			专业工长		项目经理	
施工执行标准名称及编号						
分包单位			分包单位项目经理		施工班组长	
		质量验收规范的规定	施工单位检查评定记录		监理（建设）单位验收记录	
主控项目	1					
	2					
	3					
	4					
	5					
	6					
	7					
	8					
一般项目	1					
	2					
	3					
	4					
施工单位检查评定结果			项目专业质量检查员：　　　　　　　　年　　月　　日			
监理（建设）单位验收结论			监理工程师： （建设单位项目专业技术负责人）：　　　　　年　　月　　日			

本次标准修订要求检验批验收时填写"现场验收检查原始记录",分为两种形式,一是移动验收终端原始记录,二是手写检查原始记录,建议使用移动验收终端原始记录形式。

使用移动验收终端原始记录,实质就是利用现代移动互联网、云计算技术,实现施工现场质量状况图形化地显示在设计图纸上,有明确的检查点位置和真实的照片数据。具体要求见本章第 2.8.2 条。

手写检查原始记录格式见表 2.7.12-2。该原始记录应由专业监理工程师和施工单位专业质量检查员、专业工长共同签署,必须手填,禁止机打,并在单位工程竣工验收前存档备查。以便于建设、施工、监理等单位及监督部门对验收结果进行追溯、复核,单位工程竣工验收后可以继续保留或销毁。现场验收检查原始记录的格式可在本表基础上深化设计,由施工、监理单位自行确定,但必须包括本表包含的检查项目、检查位置、检查结果等内容。

本书给出"现场验收检查原始记录"的示例,见本章第 2.8.2 条,供读者参考,表格中设置检查位置一栏,用于填写楼层、区段、轴线编号等信息,对验收抽样的工程部位进行精确定位,这样就可以对验收结果进行复核,弥补了 2001 版标准的不足。

检验批验收应由监理单位组织,施工单位派人员参加,"现场检查原始记录"可由施工单位检查、记录,监理单位校核。

表 2.7.12-2 现场验收检查原始记录

共 页 第 页

单位(子单位)工程名称				
检验批名称		检验批编号		
编号	验收项目	验收部位	验收情况记录	备注

监理校核: 　　记录: 　　检查: 　　日期: 　　　　　年 月 日

本次标准修订对"检验批质量验收记录"表式进行调整(见下表),主要的调整内容有 6 项,说明如下:

_____检验批质量验收记录

编号：

单位（子单位）工程名称			分部（子分部）工程名称			分项工程名称	
施工单位			项目负责人			检验批容量	
分包单位			分包单位项目负责人			检验批部位	
施工依据				验收依据			

		验收项目	设计要求及规范规定	最小/实际抽样数量	检查记录	检查结果
主控项目	1					
	2					
	3					
	4					
	5					
	6					
	7					
	8					
	9					
	10					
一般项目	1					
	2					
	3					
	4					
	5					
施工单位检查结果		专业工长： 项目专业质量检查员： 年 月 日				
监理单位验收结论		专业监理工程师： 年 月 日				

（1）增加编号项。考虑到目前施工、监理等计算机发展比较快，为便于企业、行业管理的需要，建立数据库、记录电子文档化，方便资料查询、检索、调用，留出记录编号的位置，本编号项并非必须填写。考虑到各单位使用情况不同，本标准未规定编号的编码要求，本书给出 11 位的编号建议，供读者参考。

（2）明确检验批的隶属关系。表格中填写单位、分部、分项工程名称，对检验批在整个单位工程中的位置可以一目了然。

（3）明确"施工依据"和"验收依据"。2001 版标准要求填写"施工执行标准名称及编号"一栏，本意是要求填写相关的施工技术类规范，可以是国家标准、行业标准或企业标准，但实际工程中经常被误填为质量验收类规范，而表格中未留出质量验收类规范名称的填写位置。本次修订分别要求填写"施工依据"和"验收依据"，可以避免误填。

（4）增加"最小/实际抽样数量"一栏。验收时的实际抽样数量应大于规范规定的最小抽样数量，填写该项方便施工单位自查，也便于监理、建设、监督等单位检查。

（5）因为增加了现场验收检查原始记录，检验批质量验收记录不用再次填写现场检查情况的具体数据，表中的检查记录填写共检查几处，合格几处，整改合格几处等信息，属于对检查情况的汇总。检查结果填写是否符合设计要求及规范规定。

（6）增加专业工长签字的要求。检验批验收时要求专业工长参加，验收后要求专业工长签字，强化质量责任，体现对检验批的重视。

本次标准修订对"分项工程质量验收记录"进行调整，见下表，主要的调整内容有 5 项，说明如下：

_____分项工程质量验收记录　　　　　　　编号：___

单位（子单位） 工程名称			分部（子分部） 工程名称			
分项工程数量			检验批数量			
施工单位			项目负责人		项目技术负责人	
分包单位			分包单位项目负责人		分包内容	
序号	检验批名称	检验批容量	部位/区段	施工单位检查结果	监理单位验收结论	
1						
2						
3						
4						
5						
6						
7						
8						
9						
10						
11						
12						
说明：						
施工单位 检查结果			项目专业技术负责人： 年　月　日			
监理单位 验收结论			专业监理工程师： 年　月　日			

（1）增加编号项。便于对施工资料进行检索，本标准未规定编号的编码要求，本书给出6位的编号建议，供读者参考。

（2）明确分项工程的隶属关系。表格中填写单位、分部工程名称，对分项工程在整个单位工程中的位置可以一目了然。

（3）分包单位负责人不用体现，要体现分包项目负责人和分包内容。

（4）增加分项工程中的检验批数量的填写要求。取消原有"结构类型"栏。

（5）增加分项工程中每个检验批容量的填写要求。

本次标准修订对"分部工程质量验收记录"进行调整，见下表，主要的调整内容有4项，说明如下：

（1）增加编号项。便于对施工资料进行检索，本标准未规定编号的编码要求，本书给出4位的编号建议，供读者参考。

（2）取消原有"结构类型"、"层数"栏，增加子分部工程数量，分项工程总数的填写要求。

（3）体现子分部与分项工程的对应关系。对应子分部工程填写所属的分项工程，名称相同的分项工程可能隶属于不同的子分部工程，如空调专业的"送风系统"、"排风系统"、"防排烟系统"等子分部工程都包括"风管与配件制作，风管系统安装，风机设备安装，风管与设备防腐，系统调试"分项工程。

（4）地基与基础分部工程的验收应由施工、勘察、设计单位项目负责人和总监理工程师参加并签字。主体结构、节能分部工程的验收应由施工、设计单位项目负责人和总监理工程师参加并签字。

_____分部工程质量验收记录   编号：____

单位（子单位）工程名称			子分部工程数量			分项工程数量	
施工单位			项目负责人			技术（质量）负责人	
分包单位			分包单位负责人			分包内容	
序号	子分部工程名称	分项工程名称	检验批数量	施工单位检查结果		监理单位验收结论	
1							
2							
3							
4							
5							
6							
质量控制资料							
安全和功能检验结果							
观感质量检验结果							
综合验收结论							
施工单位 项目负责人： 年 月 日		勘察单位 项目负责人： 年 月 日		设计单位 项目负责人： 年 月 日		监理单位 总监理工程师： 年 月 日	

本次标准修订对"单位工程质量竣工验收记录"进行调整，见下表，主要的调整内容有2项，说明如下：

（1）增加勘察单位参加验收并签字。根据《建设工程质量管理条例》，勘察单位是单位工程的责任主体之一，因此要求参加竣工验收并签字。

（2）单位工程验收时，验收签字人员应由相应单位的法人代表书面授权。

单位工程质量竣工验收记录

工程名称		结构类型		层数/建筑面积	
施工单位		技术负责人		开工日期	
项目负责人		项目技术负责人		完工日期	

序号	项 目	验 收 记 录	验 收 结 论
1	分部工程验收	共　分部，经查符合设计及标准规定　分部	
2	质量控制资料核查	共　项，经核查符合规定　项	
3	安全和使用功能核查及抽查结果	共核查　项，符合规定　项，共抽查　项，符合规定　项，经返工处理符合规定　项	
4	观感质量验收	共抽查　项，达到"好"和"一般"的　项，经返修处理符合要求的　项	
	综合验收结论		

参加验收单位	建设单位	监理单位	施工单位	设计单位	勘察单位
	（公章）项目负责人：年 月 日	（公章）总监理工程师：年 月 日	（公章）项目负责人：年 月 日	（公章）项目负责人：年 月 日	（公章）项目负责人：年 月 日

单位工程质量控制资料核查记录

工程名称				施工单位			
序号	项目	资 料 名 称	份数	施工单位		监理单位	
				核查意见	核查人	核查意见	核查人
1	建筑与结构	图纸会审记录、设计变更通知单、工程洽商记录					
2		工程定位测量、放线记录					
3		原材料出厂合格证书及进场检验、试验报告					
4		施工试验报告及见证检测报告					
5		隐蔽工程验收记录					
6		施工记录					
7		地基、基础、主体结构检验及抽样检测资料					
8		分项、分部工程质量验收记录					
9		工程质量事故调查处理资料					
10		新技术论证、备案及施工记录					

续表

工程名称				施工单位				
序号	项目	资 料 名 称	份数	施工单位		监理单位		
				核查意见	核查人	核查意见	核查人	
1	给水排水与供暖	图纸会审记录、设计变更通知单、工程洽商记录						
2		原材料出厂合格证书及进场检验、试验报告						
3		管道、设备强度试验、严密性试验记录						
4		隐蔽工程验收记录						
5		系统清洗、灌水、通水、通球试验记录						
6		施工记录						
7		分项、分部工程质量验收记录						
8		新技术论证、备案及施工记录						
1	通风与空调	图纸会审记录、设计变更通知单、工程洽商记录						
2		原材料出厂合格证书及进场检验、试验报告						
3		制冷、空调、水管道强度试验、严密性试验记录						
4		隐蔽工程验收记录						
5		制冷设备运行调试记录						
6		通风、空调系统调试记录						
7		施工记录						
8		分项、分部工程质量验收记录						
9		新技术论证、备案及施工记录						
1	建筑电气	图纸会审记录、设计变更通知单、工程洽商记录						
2		原材料出厂合格证书及进场检验、试验报告						
3		设备调试记录						
4		接地、绝缘电阻测试记录						
5		隐蔽工程验收记录						
6		施工记录						
7		分项、分部工程质量验收记录						
8		新技术论证、备案及施工记录						
1	建筑智能化	图纸会审记录、设计变更通知单、工程洽商记录						
2		原材料出厂合格证书及进场检验、试验报告						
3		隐蔽工程验收记录						
4		施工记录						
5		系统功能测定及设备调试记录						
6		系统技术、操作和维护手册						
7		系统管理、操作人员培训记录						
8		系统检测报告						
9		分项、分部工程质量验收记录						
10		新技术论证、备案及施工记录						

续表

工程名称				施工单位				
序号	项目	资 料 名 称	份数	施工单位		监理单位		
				核查意见	核查人	核查意见	核查人	
1	建筑节能	图纸会审记录、设计变更通知单、工程洽商记录						
2		原材料出厂合格证书及进场检验、试验报告						
3		隐蔽工程验收记录						
4		施工记录						
5		外墙、外窗节能检验报告						
6		设备系统节能检测报告						
7		分项、分部工程质量验收记录						
8		新技术论证、备案及施工记录						
1	电梯	图纸会审记录、设计变更通知单、工程洽商记录						
2		设备出厂合格证书及开箱检验记录						
3		隐蔽工程验收记录						
4		施工记录						
5		接地、绝缘电阻试验记录						
6		负荷试验、安全装置检查记录						
7		分项、分部工程质量验收记录						
8		新技术论证、备案及施工记录						

结论：

施工单位项目负责人：　　　　　　　　　　　　　　　　总监理工程师：

　　　　　　　年　月　日　　　　　　　　　　　　　　　　　　　　年　月　日

单位工程安全和功能检验资料核查及主要功能抽查记录

工程名称			施工单位			
序号	项目	安全和功能检查项目	份数	核查意见	抽查结果	核查（抽查）人
1	建筑与结构	地基承载力检验报告				
2		桩基承载力检验报告				
3		混凝土强度试验报告				
4		砂浆强度试验报告				
5		主体结构尺寸、位置抽查记录				
6		建筑物垂直度、标高、全高测量记录				
7		屋面淋水或蓄水试验记录				
8		地下室防水效果检查记录				
9		有防水要求的地面蓄水试验记录				
10		抽气（风）道检查记录				
11		外窗气密性、水密性、耐风压检测报告				

续表

工程名称			施工单位				
序号	项目	安全和功能检查项目	份数	核查意见	抽查结果	核查(抽查)人	
12	建筑与结构	幕墙气密性、水密性、耐风压检测报告					
13		建筑物沉降观测测量记录					
14		节能、保温测试记录					
15		室内环境检测报告					
16		土壤氡气浓度检测报告					
1	给排水与供暖	给水管道通水试验记录					
2		暖气管道、散热器压力试验记录					
3		卫生器具满水试验记录					
4		消防管道、燃气管道压力试验记录					
5		排水干管通球试验记录					
6		锅炉试运行、安全阀及报警联动测试记录					
1	通风与空调	通风、空调系统试运行记录					
2		风量、温度测试记录					
3		空气能量回收装置测试记录					
4		洁净室洁净度测试记录					
5		制冷机组试运行调试记录					
1	建筑电气	建筑照明通电试运行记录					
2		灯具固定装置及悬吊装置的载荷强度试验记录					
3		绝缘电阻测试记录					
4		剩余电流动作保护器测试记录					
5		应急电源装置应急持续供电时间记录					
6		接地电阻测试记录					
7		接地故障回路阻抗测试记录					
1	智能建筑	系统试运行记录					
2		系统电源及接地检测报告					
1	建筑节能	外墙节能构造检查记录或热工性能检验报告					
2		设备系统节能性能检查记录					
1	电梯	运行记录					
2		安全装置检测报告					

结论:

施工单位项目负责人:　　　　　　　　　　　　　　　　　总监理工程师:

　　　　　　　　　　　　　年 月 日　　　　　　　　　　　　　　　　　年 月 日

注:抽查项目由验收组协商确定。

单位工程观感质量检查记录

工程名称			施工单位	
序号	项 目		抽 查 质 量 状 况	质量评价
1	建筑与结构	主体结构外观	共检查 点，好 点，一般 点，差 点	
2		室外墙面	共检查 点，好 点，一般 点，差 点	
3		变形缝、雨水管	共检查 点，好 点，一般 点，差 点	
4		屋面	共检查 点，好 点，一般 点，差 点	
5		室内墙面	共检查 点，好 点，一般 点，差 点	
6		室内顶棚	共检查 点，好 点，一般 点，差 点	
7		室内地面	共检查 点，好 点，一般 点，差 点	
8		楼梯、踏步、护栏	共检查 点，好 点，一般 点，差 点	
9		门窗	共检查 点，好 点，一般 点，差 点	
10		雨罩、台阶、坡道、散水	共检查 点，好 点，一般 点，差 点	
1	给排水与供暖	管道接口、坡度、支架	共检查 点，好 点，一般 点，差 点	
2		卫生器具、支架、阀门	共检查 点，好 点，一般 点，差 点	
3		检查口、扫除口、地漏	共检查 点，好 点，一般 点，差 点	
4		散热器、支架	共检查 点，好 点，一般 点，差 点	
1	通风与空调	风管、支架	共检查 点，好 点，一般 点，差 点	
2		风口、风阀	共检查 点，好 点，一般 点，差 点	
3		风机、空调设备	共检查 点，好 点，一般 点，差 点	
4		阀门、支架	共检查 点，好 点，一般 点，差 点	
5		水泵、冷却塔	共检查 点，好 点，一般 点，差 点	
6		绝热	共检查 点，好 点，一般 点，差 点	
1	建筑电气	配电箱、盘、板、接线盒	共检查 点，好 点，一般 点，差 点	
2		设备器具、开关、插座	共检查 点，好 点，一般 点，差 点	
3		防雷、接地、防火	共检查 点，好 点，一般 点，差 点	
1	智能建筑	机房设备安装及布局	共检查 点，好 点，一般 点，差 点	
2		现场设备安装	共检查 点，好 点，一般 点，差 点	
1	电梯	运行、平层、开关门	共检查 点，好 点，一般 点，差 点	
2		层门、信号系统	共检查 点，好 点，一般 点，差 点	
3		机房	共检查 点，好 点，一般 点，差 点	
	观感质量综合评价			

结论：

施工单位项目负责人：　　　　　　　　　　　　　　　　　　总监理工程师：
　　　　　　　年 月 日　　　　　　　　　　　　　　　　　　　　　　年 月 日

注：1 对质量评价为差的项目应进行返修；
　　2 观感质量现场检查原始记录应作为本表附件。

分部工程及单位工程验收时，安全和功能检验资料核查及主要功能抽查项目可参考本书表2.8.8，观感质量检查项目可参考本书表2.8.9。

2.7.13 第5.0.6条的条文及解读

【条文】

5.0.6 当建筑工程施工质量不符合规定时，应按下列规定进行处理：

1 经返工或返修的检验批，应重新进行验收；

2 经有资质的检测机构检测鉴定能够达到设计要求的检验批，应予以验收；

3 经有资质的检测机构检测鉴定达不到设计要求、但经原设计单位核算认可能够满足安全和使用功能的检验批，可予以验收；

4 经返修或加固处理的分项、分部工程，满足安全及使用功能要求时，可按技术处理方案和协商文件的要求予以验收。

【条文解读】

参与工程建设的各方，包括建设、监理、施工等单位都会希望验收可以一次通过，但在实际工程中，往往会发现一些问题，影响验收的顺利进行，导致非正常验收，这主要包括两方面的情况：

第一是工程质量差，验收不合格。对于一般项目而言，如果不合格点的数量和程度在允许范围以内，则仍可以验收，但如超过限度，或是有主控项目不合格，则就发生非正常验收。主要原因是工程受原材料、施工条件、设备、气候、人员操作等因素的影响，施工质量处于波动变化状态，有时波动幅度过大就会造成不合格。

第二是抽样检验带来的误判。抽样检验或试验难以避免偶然误差产生，在检查验收时，如果抽样样本不能代表工程的实际情况，就会造成对质量的误判。例如混凝土试块因制作、养护等方面的原因导致强度偏低，不能代表实际的混凝土强度，就会造成对验收的误判。

本标准5.0.6条给出了让步验收的规定，共分为4款。

第1款规定对于严重的问题应重新施工，一般的问题可以返修，并重新验收。这是实际工程施工中经常遇到的情况，返工或返修后符合设计及规范要求就可以验收合格。

第2款规定对施工质量存在怀疑时可通过实体检测确定，如果检测结果表明工程实体性能指标满足设计及规范要求，应验收合格。这种情况在验收中偶尔会出现，一般不能通过简单的检查、量测确定，需要委托有资质的专业检测机构进行现场检测。例如对混凝土试块强度偏低的检验批并非直接返工，一般对实体混凝土强度进行无损检测，按照有关检测规范的要求，确定检验批混凝土强度是否达到设计要求，如果达到设计要求，表明试块与实体之间存在差异，试块不能代表实体混凝土强度，实体检验可以避免试验误差对验收结论的误判。此时抽样检测的数量不能过少，原则上要达到表2.7.9中B类抽样数量。

第3款针对经现场检测确定未达到设计及规范要求的检验批，也就是不合格的检验批，这些检验批如果返工或返修难度较大、成本较高，可以由原设计单位核算认可，如果可以满足相关规范要求也可以不进行处理并通过验收。对建筑物来说，规范的要求是安全和性能的最低要求，而设计要求一般会高于规范要求，这两者之间的差异就是通常说的安全储备，本规定是合理利用该储备，在满足要求、不影响建筑物结构安全和使用功能的前提下降低维修成本。利用本款规定时，核算的项目要全面，不能漏项，要涵盖规范要求的各项规定。以结构安全核算为例：如果局部楼层柱、梁混凝土强度低于设计要求，但偏低量不大，可以根据实测混凝土强度进行结构安全验算，验算指标不仅仅是柱、梁的承载力，还需要包括建筑物在风和地震作用下的层间位移角以及柱轴压比、梁挠度变形、梁裂缝宽度等，还要根据结构实际情况核查结构的各项构造措施，如配筋率等。如果上述项目均符合规范要求，则允许不进行结构加固，检验批可以通过验收。对一些特定问题，不能简单的通过验算解决或建设、监理等单位对构件安全性存在疑虑，还可以通过现场实荷试验判定，作为核算方式的拓展和补充。

第4款针对存在问题比较严重，影响安全和功能的分项、分部工程。为了避免建筑物被整体或局部拆除，减少社会财富的巨大损失，对建筑物可以通过专门的加固或处理，加固的方法很多，如加大截面、增加配筋、施加预应力、改变传力途径等。处理后的建筑物将发生改变，不能仅依据原有设计要求进行验收，需要按技术处理方案和协商文件的要求验收。对一些特殊情况，经各方协商一致，可以采用降低使用功能的方式保证建筑物的安全和功能要求，例如降低使用荷载等。无论哪种方法，处理后即使满足安全使用的基本要求，大部分情况会改变建筑物外形，增大结构尺寸，较小使用面积，影响一些次要的使用功能，因此对加固处理的方案要仔细研究、慎重选取，尽量采用对功能影响小的处理方案。

条文给出了让步验收的几种情况，但1、2款和3、4款的语气是不同的，1、2款规定的是"应"予以验收，3、4款规定的是"可"予以验收。其中1、2款情况的工程质量符合合格条件，条文含义中体现了对施工单位合法权益的保护；3、4款的情况工程质量不合格，且不管通过何种途径处理，毕竟降低了原设计的安全度或功能性，条文含义中体现了对建设单位合法权益的保护。另外，对3、4款的情况应慎重处理，不能作为降低施工质量、变相通过验收的一种出路，允许建设单位保留进一步索赔的权利。

2.7.14 第5.0.7条的条文及解读

【条文】

5.0.7 工程质量控制资料应齐全完整，当部分资料缺失时，应委托有资质的检测机构按有关标准进行相应的实体检验或抽样试验。

【条文解读】

本条属于新增条文。从原则上讲，施工资料必须齐全完整，这是各环节质量验收的必要条件，正常情况下不允许施工资料的任意缺失。但资料缺失的问题不能完全避免，主要有两种情况，一是施工单位因为经验不足、管理不善，导致施工资料丢失或必要的试验少做、漏做；二是一些工程项目因故停工一段时间，有的建设单位、施工单位变更，导致施工资料缺失。这两种情况都会影响工程正常的竣工验收。

资料缺失一般不能原样恢复，而资料不全又不能正常验收，为解决这一矛盾，标准规定可以委托有资质的检测机构按有关检测类标准的要求对资料缺失的项目进行实体检验或抽样试验，出具检验报告，检验报告中需要明确检测结果是否符合设计及规范要求，检验报告可用于各环节验收。目前全国各地对类似工程已按本条规定的原则操作，《统一标准》修订中予以明确。

标准修订期间，来自施工单位的编委提出某些项目由于工程款的支付问题可能会产生经济纠纷，施工单位以施工资料为砝码要求建设单位支付工程款，设置本条将降低施工资料的作用，经编制组集体讨论认为本条还是有存在必要的，最后决定保留本条。同时希望施工单位变换方式，通过合同条款解决工程款支付纠纷，必要时可以向司法仲裁机构起诉，用法律武器保护自己的合法权益。

本条规定适用于符合基本建设程序的工程，对于建设手续不全、违章建筑、小产权房等工程不能利用本条规定完成工程验收。该类建筑在浙江、广东等地区存量较大，无法全部拆除，也不可能全部合法化，前些年一些地方出台了处理这类建筑物的《操作指南》，要求通过检测鉴定确定房屋的安全性，如地基基础、主体结构存在问题可以通过加固达到安全要求，通过补缴土地出让费用等方式办理产权证。近期国家政策对类似的违章建筑态度比较鲜明，要求各省市区别情况、制定政策进行清理整治。对一些允许继续使用的建筑物，可以参考本条的原则制定相关的法规或办法。

2.7.15 第5.0.8条的条文及解读

【条文】

5.0.8 经返修或加固处理仍不能满足安全或重要使用功能的分部工程及单位工程，严禁验收。

【条文解读】

本条属于强制性条文，必须严格执行。本条设置的目的是不能让不合格的工程进入社会，给社会造成巨大的安全隐患。这种工程一旦出现，势必会造成巨大的经济损失，因此对造成严重后果的单位和责任人还要进行相应的处罚。

返修方式对于各分部工程有所不同，对于空调、电气等设备专业如果通过调试不能解决问题，可以直接更换；装修工程不合格也可以拆除重做。但对地基基础、主体结构工程不可能随意拆除、更换。通过返修、加固达到安全和功能要求是解决不合格工程的一种出路，但不是万能的，加固只适用于局部构件，如个别梁、柱、楼板，不适合结构整体，结构整体加固的施工难度较大、成本较高、效果有限，例如高层建筑因为桩基出现问题导致整体倾斜、主体结构因为混凝土强度普遍偏低等，整体加固的难度较大或费用较高，与拆除重建的费用接近，一般选择重建。

2.7.16 第6.0.4条的条文及解读

【条文】

6.0.4 单位工程中的分包工程完工后，分包单位应对所承包的工程项目进行自检，并应按本标准规定的程序进行验收。验收时，总包单位应派人参加。分包单位应将所分包工程的质量控制资料整理完整后，移交给总包单位。

【条文解读】

条文中的分包是指总包单位根据需要将建设工程的一部分依法分包给其他具有相应资质的单位，分包单位对总承包单位负责，也对建设单位负责。总包单位就分包单位完成的项目向建设单位承担连带责任。合法分包的条件如下：

(1) 分包必须取得建设单位的同意；

(2) 分包只能是一次分包，分包单位不得再将其承包的工程再次分包出去，即不得层层转包；

(3) 分包必须是分包给具备相应资质条件的单位，总包及建设单位应对分包单位的资质、能力提前进行考察；

(4) 总包人可以将承包工程中的部分工程发包给具有相应资质条件的分包单位，但不得将主体工程分包出去。

根据《专业承包企业资质等级标准》规定，有60种项目可以进行专业承包，与建筑工程有关的项目包括：地基与基础工程、土石方工程、建筑装修装饰工程、建筑幕墙工程、钢结构工程、空调安装工程、建筑防水工程、金属门窗工程、设备安装工程、建筑智能化工程、线路管道工程、小区配套的道路、排水、园林、绿化工程等。

2.7.17 第6.0.5条的条文及解读

【条文】

6.0.5 单位工程完工后，施工单位应组织有关人员进行自检。总监理工程师应组织各专业监理工程师对工程质量进行竣工预验收。存在施工质量问题时，应由施工单位整改。整改完毕后，由施工单位向建设单位提交工程竣工报告，申请工程竣工验收。

【条文解读】

本条是新增条款，规定了工程竣工预验收的要求。设置的目的是与《建设工程监理规范》有关规定相协调。本条规定了预验收的程序和要求，首先由施工单位自检，对存在的问题先行整改，再由总监理工程师组织专业监理工程师对工程进行竣工预验收。因为单位工程专业全面，资料繁杂，参加单位及人员众多，组织验收费时费力，如果不能一次顺利通过验收会导致时间、经济上的浪费，而预验收可以作为工程正式验收前的演练，包括工程实际质量状况的检查及资料整理情况的核查，对提高竣工验收的效率将起到积极作用，目前大部分监理单位已开展竣工预验收，效果良好，本次修订增加这项要求。

2.7.18 第6.0.6条的条文及解读

【条文】

6.0.6 建设单位收到工程竣工报告后，应由建设单位项目负责人组织监理、施工、设计、勘察等单位项目负责人进行单位工程验收。

【条文解读】

本条属于强制性条文，必须严格执行。单位工程竣工验收是依据国家有关法律、法规及规范、标准的规定，全面考核建设工作成果，检查工程质量是否符合设计文件和合同约定的各项要求。竣工验收通过后，工程将投入使用，将与使用者的人身健康或财产安全密切相关。因此工程建设的参与单位应对竣工验收给予足够的重视。

单位工程质量验收应由建设单位项目负责人组织，由于勘察、设计、施工、监理单位都是责任主体，因此各单位项目负责人应参加验收，考虑到施工单位对工程负有直接生产责任，而施工项目部不是法人单位，故要求施工单位的技术、质量负责人也应参加验收。

在一个单位工程中，对满足生产要求或具备使用条件，施工单位已自行检验，监理单位已预验收的子单位工程，建设单位可组织进行验收。由几个施工单位负责施工的单位工程，当其中的子单位工程已按设计要求完成，并经自行检验，也可按规定的程序组织正式验收，办理交工手续。在整个单位工程验收时，已验收的子单位工程验收资料应作为单位工程验收的附件。

2001 版标准 6.0.6 条规定："当参加验收各方对工程质量验收意见不一致时，可请当地建设行政主管部门或工程质量监督机构协调处理。"本次标准修订取消了该条规定，如果各方对验收结论存在争议，首先由参与验收的各方自行协商解决，主管部门也可以参与调节，本标准不做规定。如果争议比较大，影响工程验收，可以由各方共同委托有资质的鉴定机构对争议问题进行鉴定，也可以根据施工合同的约定到仲裁委、人民法院等部门起诉，由司法部门进行判决。

2.8 通用验收表格范例及填写依据及说明

2.8.1 施工现场质量管理检查记录

1. 表格范例

施工现场质量管理检查记录

开工日期：201×年××月××日

工程名称	××综合楼工程		施工许可证号	施××-××××	
建设单位	××开发公司		项目负责人	张××	
设计单位	××设计所		项目负责人	王××	
监理单位	××监理公司		总监理工程师	李××	
施工单位	××建筑公司	项目负责人	丁××	项目技术负责人	白××
序号	项 目		主 要 内 容		
1	项目部质量管理体系		质量例会制度、月评比及奖罚制度、三检及交接检制度、质量与经济挂钩制度，有健全的生产控制和合格控制的质量管理体系		
2	现场质量责任制		岗位责任制，设计交底会制度，技术交底制度，挂牌制度，责任明确，手续齐全		
3	主要专业工种操作岗位证书		测量工、钢筋工、木工、混凝土工、电工、焊工、起重工、架子工等主要专业工种操作上岗证书齐全		
4	分包单位管理制度		有分包管理制度，具体要求清晰，管理责任明确		
5	图纸会审记录		审查设计交底、图纸会审工作已完成，资料齐全，已四方确认		
6	地质勘察资料		资料齐全，各方已确认		

序号	项 目	主 要 内 容
7	施工技术标准	标准选用正确，满足工程使用
8	施工组织设计、施工方案编制及审批	施工组织设计、主要施工方案编制、审批齐全，文件管理制度完备
9	物资采购管理制度	制度合理可行，物资供应方符合工程对物资质量、供货能力的要求
10	施工设施和机械设备管理制度	已建立严格全面的设施设备管理制度，各项要求已落实到人到具体工作
11	计量设备配备	设备先进可靠，计量准确
12	检测试验管理制度	制度符合相关标准规定，检测试验计划已经审核批准
13	工程质量检查验收制度	已建立严格全面的质量检查验收制度，制度符合法规、标准的规定，各项要求已落实到人到各环节
14		

自检结果：	检查结论：
各项质量管理制度齐全，具体工作已落实	齐全，符合要求
施工单位项目负责人：手签 201×年××月××日	总监理工程师：手签 201×年××月××日

2. 填写依据及说明

【说明】

施工单位项目经理部应按规定填写《施工现场质量管理检查记录》，报项目总监理工程师检查，并做出检查结论。《施工现场质量管理检查记录》应在进场后、开工前填写。通常每个单位工程只填写一次。但当项目管理有重大变化调整时，应重新检查填写。为了提高项目管理水平，在对质量管理制度检查中，应注意两点：一是了解有关人员对各项制度的熟悉程度，二是在施工过程中需要检查督促各项制度的落实。

1. 表头部分

（1）"工程名称"栏要填写工程名称全称，有多个单位工程的小区或群体工程要填写到单位工程。

（2）"施工许可证号"栏填写当地建设行政主管部门批准发给的施工许可证（开工证）的编号。

（3）"开工日期"栏填写工程正式开工日期。

（4）"建设单位"栏写合同文件中的甲方，单位名称要与合同签章上的单位相一致。建设单位"项目负责人"栏，要填写合同书上签字人或签字人以文字形式委托的代表——工程的项目负责人。工程完工后竣工验收备案表中的单位项目负责人应与此一致。

（5）"设计单位"栏填写设计合同中签章单位的名称，其全称应与印章上的名称一致。设计单位"项目负责人"栏，应是设计合同书签字人或签字人以文字形式委托的该项目负责人，工程完工后竣工验收备案表中的单位项目负责人应与此一致。

（6）"监理单位"栏填写单位全称，应与合同或协议书中的名称一致。"总监理工程师"栏应是合同或协议书中明确的项目监理负责人。

（7）"施工单位"栏填写施工合同中签章单位的全称，与签章上的名称一致。"项目负责人"栏、"项目技术负责人"栏与合同中明确的项目负责人、项目技术负责人一致。

2. 检查项目部分

（1）项目部质量管理体系

①核查现场质量管理制度内容是否健全、有针对性、时效性等；

②质量管理体系是否建立，是否持续有效；

③各级专职质量检查人员的配备。

（2）现场质量责任制：质量责任制是否具体及落实到位情况。

（3）主要专业工种操作岗位证书：核查主要专业工种操作上岗证书是否齐全和符合要求。

(4) 分包单位管理制度：审查分包方资质是否符合要求；分包单位的管理制度是否健全。

①总包单位填写《分包单位资质报审表》，报项目监理部审查；

②审查分包单位的营业执照、企业资质等级证书、专业许可证、人员岗位证书；

③审查分包单位的业绩；

④经审查合格，签发《分包单位资质报审表》。

(5) 图纸会审记录：审查设计交底、图纸会审工作是否已完成。

(6) 地质勘察资料：地质勘察资料是否齐全。

(7) 施工技术标准：施工技术标准是否能满足本工程的使用。

(8) 施工组织设计、施工方案编制及审批

①施工组织设计、施工方案编制及审批的管理制度必须完备，编制、审核、批准各环节责任到岗，并必须符合有关规范的规定；

②主要分部（分项）工程施工前，施工单位应将施工工艺、原材料使用、劳动力配置、质量保证措施等情况编写专项施工方案，填写《工程技术文件报审表》报项目监理部审核；

③在施工过程中，当施工单位对已批准的施工组织设计进行调整、补充或变动时，应经专业监理工程师审查，并应由总监理工程师签认；

④专业监理工程师应要求施工单位报送重点部位、关键工序的施工工艺和确保工程质量的措施，审核同意后予以签认；

⑤当施工单位采用新材料、新工艺、新设备时，专业监理工程师应要求施工单位报送相应的施工工艺措施和证明材料，组织专题论证，经审定后予以签认；

⑥上述方案经专业监理工程师审查，由总监理工程师签认。

(9) 物资采购管理制度：制度应合理可行，物资供应方应符合工程对物资质量、供货能力的要求。

(10) 施工设施和机械设备管理制度：应对施工设施的设计、建造、验收、使用、拆除和机械设备的使用、运输、维修、保养建立严格的管理制度，并应全面落实过程管理。

(11) 计量设备配备：对现场搅拌设备（含计量设备）和商品混凝土生产厂家的计量设备进行检查，设备是否先进可靠，计量是否准确。

(12) 检测试验管理制度：工程质量检测试验制度应符合相关标准规定，并应按工程实际编制检测试验计划，监理审核批准后，按计划实施。

(13) 工程质量检查验收制度：施工现场必须建立工程质量检查验收制度，制度必须符合法规、标准的规定，并应严格贯彻落实，以确保工程质量符合设计要求和标准规定。

根据检查情况，将检查结果填到相对应的栏目中。可直接将有关制度的名称写上，具体工作应说明是否落实，资料是否齐全。

3. "自检结果"栏：由施工单位项目负责人负责建立和落实施工现场各项质量管理制度的建立和落实，自检达到开工要求后，向总监理工程师申报。

4. "检查结论"栏：由总监理工程师填写。总监理工程师对施工单位报送的各项资料进行验收核查，验收核查合格后，签署认可意见。"检查结论"要明确，是符合要求还是不符合要求。如总监理工程师或建设单位项目负责人验收核查不合格，施工单位必须限期改正，否则不准许开工。

2.8.2 现场验收检查原始记录

检验批施工完成，施工单位自检合格后，由专业监理工程师组织施工单位项目专业质量检查员、专业工长等进行验收，并依据验收情况形成《现场验收检查原始记录》。

《现场验收检查原始记录》分为两种形式，一是移动验收终端原始记录，二是手写检查原始记录，建议使用移动验收终端原始记录形式。《现场验收检查原始记录》在单位工程竣工验收前全部保留并可追溯。

手写检查原始记录，必须手填，禁止机打。移动验收终端原始记录必须符合下述要求。

1. 移动验收终端原始记录

移动验收终端原始记录的生成必须符合以下要求，以确保获取真实可追溯的数据：

（1）检验批、分项、子分部分部层级清晰，名称、编号准确；

（2）检验批部位、检验批容量设置明确；

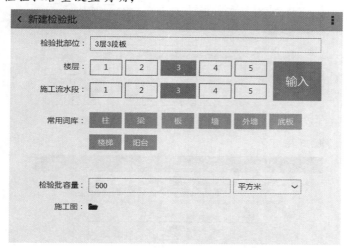

（3）检查点必须在电子图纸上进行标识，验收数据齐全，终端必须有电子图纸功能；

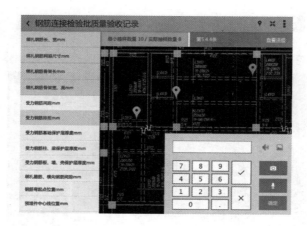

（4）对于验收过程中发现的质量问题可直接拍照，留存证据；

（5）数据自动汇总、评定和保存，严禁擅自修改；

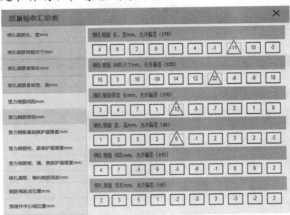

（6）规范内容齐全，验收有据可依；

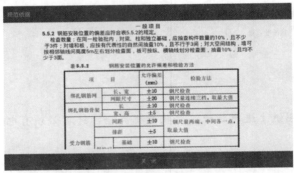

（7）原始记录必须有效存储，可以采用云存储方式，也可以存储于终端本地或 pc 机上；

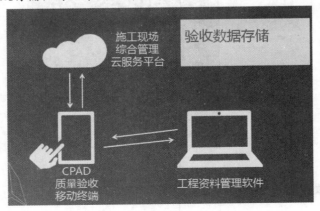

（8）能将验收结果直接导入工程资料管理软件检验批表格内，保证资料数据真实。

2. 手写检查原始记录

（1）表格

现场验收检查原始记录

共 页 第 页

单位（子单位）工程名称				
检验批名称			检验批编号	

编号	验收项目	验收部位	验收情况记录	备注

监理校核： 检查： 记录： 验收日期： 年 月 日

（2）范例

现场验收检查原始记录

共 7 页第 1 页

单位（子单位）工程名称			×× 综合楼工程		
检验批名称	砖砌体		检验批编号	02020101004	
编号	验收项目	验收部位	验收情况记录		备注
5-2-2	墙体灰缝砂浆饱满度≥80%	二层A/1~3轴墙	95%、90%、88%，平均91%		
		二层B/2~4轴墙	96%、92%、94%，平均94%		
		二层C~D/6轴墙	90%、94%、95%，平均93%		
		二层F/3~5轴墙	88%、85%、91%，平均88%		
		二层E~F/8轴墙	90%、93%、96%，平均93%		
5-2-3	砖砌体的转角处及接处应同时砌筑	二层A/5轴	同时砌筑		
		二层C/8轴	同时砌筑		
		二层D/4轴	同时砌筑		
		二层F/8轴	同时砌筑		
		二层B/9轴	同时砌筑		
5-2-4	直槎留置及拉结钢筋数设	二层1/D~E轴	施工间留直槎 240mm墙 2Φ6.5拉结筋 沿墙高500mm 沿墙高400mm间距 埋入墙米		
		二层3/D~E轴	√		

监理校核 22　检查 刀工　记录 高2　验收日期 2014年××月××日

现场验收检查原始记录

共 7 页第 2 页

单位（子单位）工程名称			×× 综合楼工程		
检验批名称	砖砌体		检验批编号	02020101004	
编号	验收项目	验收部位	验收情况记录		备注
5-2-4	直槎留置及拉结钢筋数设	二层5/D~E轴	√		
		二层7/D~E轴	√		
		二层9/D~E轴	√		
5-3-1	组砌方法	二层A/1~3轴墙	满丁满条 内外搭砌上下错缝 无通缝、无包心砌法		
		二层B/2~4轴墙	√		
		二层C~D/6轴墙	有竖通缝 长度200mm 其它合格		
		二层B~D/3轴墙	√		
		二层F/3~5轴墙	有两处通缝 长度分别为220mm、240mm 程度 260mm、300mm 明显不合格 并重砌		复查合格
		二层E~F/8轴墙	√		
5-3-2	水平灰缝厚度8~12mm	二层A/1~3轴墙	10mm		
		二层B/2~4轴墙	14mm 超标		

监理校核 22　检查 刀工　记录 高2　验收日期 2014年××月××日

现场验收检查原始记录

共 7 页第 3 页

单位（子单位）工程名称		XX 综合楼工程			
检验批名称	砖砌体		检验批编号	02020101004	
编号	验收项目	验收部位	验收情况记录		备注
5.3.2	水平灰缝厚度 8~12mm	二层C~D/6轴墙	10mm		
		二层B~D/3轴墙	12mm		
		二层E~F/8轴墙	9mm		
5.3.2	竖向灰缝厚度 8~12mm	二层A/1~3轴墙	10mm		
		二层B/2~4轴墙	9mm		
		二层C~D/6轴墙	8mm		
		二层B~D/3轴墙	16mm、超标		
		二层E~F/8轴墙	8mm		
5.3.3	轴线位移 ≤10mm	1轴	12mm、超标		
		2轴	3mm		
		3轴	5mm		
		4轴	5mm		

监理校核：王工　检查：丁工　记录：付工　验收日期：2014 年 XX 月 XX 日

现场验收检查原始记录

共 7 页第 4 页

单位（子单位）工程名称		XX 综合楼工程			
检验批名称	砖砌体		检验批编号	02020101004	
编号	验收项目	验收部位	验收情况记录		备注
5.3.3	轴线位移 ≤10mm	5轴	6mm		
		6轴	7mm		
		7轴	3mm		
		8轴	1mm		
		9轴	2mm		
		A轴	1mm		
		B轴	3mm		
		C轴	4mm		
		D轴	4mm		
		E轴	3mm		
		F轴	2mm		
5.3.3	墙顶面标高 ±15mm	二层A/1~3轴墙	5mm		

监理校核：王工　检查：丁工　记录：付工　验收日期：2014 年 XX 月 XX 日

现场验收检查原始记录

单位（子单位）工程名称		XX 综合楼工程			
检验批名称	砖砌体		检验批编号	0202010|004	
编号	验收项目	验收部位	验收情况记录		备注
5·3·3	墙顶面标高 ±15mm	二层B/2~4轴墙	18mm. 超标		
		二层C~D/6轴墙	5mm		
		二层B~D/3轴墙	4mm		
		二层E~F/8轴墙	5mm		
5·3·3	每层墙面垂直度 ≤5mm	二层A/1~3轴墙	3mm		
		二层B/2~4轴墙	2mm		
		二层C~D/6轴墙	4mm		
		二层B~D/3轴墙	2mm		
		二层E~F/8轴墙	4mm		
5·3·3	表面平整度 混水墙 ≤8mm	二层A/1~3轴墙	3mm		
		二层B/2~4轴墙	9mm. 不合格		
		二层C~D/6轴墙	4mm		

监理校核 22   检查 JJ   记录 李2   验收日期 2014 年 XX 月 XX 日

现场验收检查原始记录

单位（子单位）工程名称		XX 综合楼工程			
检验批名称	砖砌体		检验批编号	0202010|004	
编号	验收项目	验收部位	验收情况记录		备注
5·3·3	表面平整度 混水墙≤8mm	二层B~D/3轴墙	2mm		
		二层E~F/8轴墙	5mm		
5·3·3	水平灰缝平直度 混水墙 ≤10mm	二层A/1~3轴墙	6mm		
		二层B/2~4轴墙	11mm. 超标		
		二层C~D/6轴墙	5mm. 底		
		二层B~D/3轴墙	5mm		
		二层E~F/8轴	4mm		
5·3·3	门窗口高洞宽 ±10mm	二层A/1~3轴窗	高+8mm. 宽-3mm.		
		二层B/2~4轴门口	高+10mm. 宽+5mm		
		二层C~D/6轴门口	高-12mm. 宽+5mm. 超标		
		二层B~D/3轴门口	高-5mm. 宽+3mm		
		二层1/C~D轴窗	高+6mm. 宽-4mm		

监理校核 22   检查 JJ   记录 李2   验收日期 2014 年 XX 月 XX 日

现场验收检查原始记录

共 7 页第 7 页

单位（子单位）工程名称		×× 综合楼工程			
检验批名称	砖砌体		检验批编号	02020101004	
编号	验收项目	验收部位		验收情况记录	备注
5-3-3	外墙上下窗口偏移 ≤20mm	二层A/1~3轴外窗口		10mm	
		二层F/1~3轴外窗口		15mm	
		二层F/4~5轴外窗口		8mm	
		二层A/3~5轴窗口		10mm	
		二层A/6~7轴窗口		11mm	
		以下空白			
监理校核：ZZ 检查：JJ 记录：李Z 验收日期：2014年×月××日					

【填写说明】

1. 单位（子单位）工程名称、检验批名称及编号按对应的《检验批质量验收记录》填写；

2. 验收项目：按对应的《检验批质量验收记录》的验收项目的顺序，填写现场实际检查的验收项目及设计要求及规范规定的内容，如果对应多行检查记录，验收项目不用重复填写；

3. 编号：填写验收项目对应的条文号；

4. 验收部位：填写本条验收的各个检查点的部位，每个部位占用一格，下个部位另起一行；

5. 验收情况记录：采用文字描述、数据说明或者打"√"的方式，说明本部位的验收情况，不合格和超标的必须明确指出；对于定量描述的抽样项目，直接填写检查数据；

6. 备注：发现明显不合格的个体的，要标注是否整改、复查是否合格；

7. 校核：监理单位现场验收人员签字；

8. 检查：施工单位现场验收人员签字；

9. 记录：填写本记录的人签字；

10. 验收日期：填写现场验收当天日期。

2.8.3 检验批质量验收记录

1. 表格

_____检验批质量验收记录

编号：_____

单位（子单位）工程名称		分部（子分部）工程名称		分项工程名称	
施工单位		项目负责人		检验批容量	
分包单位		分包单位项目负责人		检验批部位	
施工依据			验收依据		

		验收项目	设计要求及规范规定	最小/实际抽样数量	检查记录	检查结果
主控项目	1					
	2					
	3					
	4					
	5					
	6					
	7					
	8					
一般项目	1					
	2					
	3					
	4					

施工单位检查结果	专业工长： 项目专业质量检查员： 年　月　日
监理单位验收结论	专业监理工程师： 年　月　日

2. 范例

砖砌体检验批质量验收记录

01020101____
02020101 004

单位（子单位）工程名称		××综合楼工程	分部（子分部）工程名称	主体结构分部/砌体结构子分部	分项工程名称	砖砌体分项
施工单位		××建筑公司	项目负责人	丁××	检验批容量	100m³
分包单位		/	分包单位项目负责人	/	检验批部位	二层墙 A-F/1-9 轴
施工依据		《××××工艺规范》××××-××××、施工方案		验收依据	《砌体结构工程施工质量验收规范》GB 50203-2011	

		验收项目	设计要求及规范规定	最小/实际抽样数量	检查记录	检查结果
主控项目	1	砖强度等级必须符合设计要求	设计要求 MU 10	/	MU10烧结普通砖，试验合格，试验单编号××××	√
	2	砂浆强度等级必须符合设计要求	设计要求 M 10	/	M10水泥砂浆，抗压强度试验合格，试验单编号××××	√
	3	砂浆饱满度 墙水平灰缝	≥80%	5/5	抽查5处，全部合格	√
		柱水平及竖向灰缝	≥90%	/	/	/
	4	转角、交接处	第5.2.3条	/	抽查5处，全部合格	√
		斜槎留置	第5.2.3条	/	/	/
	5	直槎留置及拉结钢筋敷设	第5.2.4条	5/5	抽查5处，全部合格	√
一般项目	1	组砌方法	5.3.1条	5/5	抽查5处，全部合格；一处明显不合格，已整改，复查合格	100%
	2	水平灰缝厚度	8～12mm	5/5	抽查5处，4处合格	80%
	3	竖向灰缝宽度	8～12mm	5/5	抽查5处，4处合格	80%
	4	轴线位移	≤10mm	全/15	共15处，全部检查，14处合格	93.3%
	5	基础、墙、柱顶面标高	±15mm以内	5/5	抽查5处，4处合格	80%
	6	每层墙面垂直度	≤5mm	5/5	抽查5处，全部合格	100%
	7	表面平整度 清水墙柱	≤5mm	/	/	/
		混水墙柱	≤8mm	5/5	抽查5处，4处合格	80%
	8	水平灰缝平直度 清水墙	≤7mm	/	/	/
		混水墙	≤10mm	5/5	抽查5处，4处合格	80%
	9	门窗洞口高、宽（后塞口）	±10mm以内	5/5	抽查5处，4处合格	80%
	10	外墙上下窗口偏移	≤20mm	5/5	抽查5处，全部合格	100%
	11	清水墙游丁走缝	≤20mm	/	/	/
施工单位检查结果		符合要求 专业工长：手签 项目专业质量检查员：手签 201×年××月××日				
监理单位验收结论		合格 专业监理工程师：手签 201×年××月××日				

3. 填写依据及说明

【说明】

检验批施工完成，施工单位自检合格后，应由项目专业质量检查员填报《检验批质量验收记录》。按照《统一标准》规定，检验批质量验收由专业监理工程师组织施工单位项目专业质量检查员、专业工长等进行验收。

《检验批质量验收记录》的检查记录必须依据《现场验收检查原始记录》填写。检验批里非现场验收内容，《检验批质量验收记录》中应填写依据的资料名称及编号，并给出结论。《检验批质量验收记录》作为检验批验收的成果凭证，但没有《现场验收检查原始记录》，则《检验批质量验收记录》视同作假。

一、《检验批质量验收记录》表填写说明

1. 检验批名称及编号

（1）检验批名称：按验收规范给定的检验批名称，填写在表格名称下划线空格处；

（2）检验批编号：检验批表的编号按"建筑工程的分部工程、分项工程划分"（《统一标准》GB 50300－2013 的附录 B）规定的分部工程、子分部工程、分项工程的代码、检验批代码（依据专业验收规范）和资料顺序号统一为 11 位数的数码编号，写在表的右上角，前 8 位数字均印在表上，后留下划线空格，检查验收时填写检验批的顺序号。其编号规则具体说明如下：

① 第 1、2 位数字是分部工程的代码；

② 第 3、4 位数字是子分部工程的代码；

③ 第 5、6 位数字是分项工程的代码；

④ 第 7、8 位数字是检验批的代码；

⑤ 第 9、10、11 位数字是各检验批验收的顺序号。

同一检验批表格适用于不同分部、子分部、分项工程时，表格分别编号，填表时按实际类别填写顺序号加以区别；编号按分部、子分部、分项、检验批序号的顺序排列。

2. 表头的填写

（1）单位（子单位）工程名称填写全称，如为群体工程，则按群体工程名称—单位工程名称形式填写，子单位工程标出该部分的位置；

（2）分部（子分部）工程名称按《建筑工程施工质量验收统一标准》GB 50300 划定的分部（子分部）名称填写；

（3）分项工程名称：按检验批所属分项工程名称填写，分项工程名称按《建筑工程施工质量验收统一标准》附录 B 规定；

（4）施工单位及项目负责人："施工单位"栏应填写总包单位名称，或与建设单位签订合同专业承包单位名称，宜写全称，并与合同上公章名称一致，并应注意各表格填写的名称应相互一致；"项目负责人"栏填写合同中指定的项目负责人名称，表头中人名由填表人填写即可，只是标明具体的负责人，不用签字；

（5）分包单位及分包单位项目负责人："分包单位"栏应填写总包分包单位名称，即与施工单位签订合同的专业分包单位名称，宜写全称，并与合同上公章名称一致，并应注意各表格填写的名称应相互一致；"分包单位项目负责人"栏填写合同中指定的分包单位项目负责人名称，表头中人名由填表人填写即可，只是标明具体的负责人，不用签字；

（6）检验批容量：指本检验批的工程量，按工程实际填写，计量项目和单位按专业验收规范中对检验批容量的规定；

（7）检验批部位是指一个分项工程中验收的那个检验批的抽样范围，要按实际情况标注清楚；

（8）"施工依据"栏，应填写施工执行标准的名称及编号，可以填写所采用的企业标准、地方标准、行业标准或国家标准；要将标准名称及编号填写齐全；可以是技术或施工标准、工艺规程、工法、施工方案等技术文件；

（9）"验收依据"栏，填写验收依据的标准名称及编号。

3. "验收项目"的填写

"验收项目"栏制表时按4种情况印制：

（1）直接写入：当规范条文文字较少，或条文本身就是表格时，按规范条文写入；

（2）简化描述：将质量要求作简化描述主题词，作为检查提示；

（3）分主控项目和一般项目；

（4）按条文顺序排序。

4. "设计要求及规范规定"栏的填写

（1）直接写入：当条文中质量要求的内容文字较少时，直接明确写入；当为混凝土、砂浆强度符合设计要求时，直接写入设计要求值；

（2）写入条文号：当文字较多时，只将条文号写入；

（3）写入允许偏差：对定量要求，将允许偏差直接写入。

5. "最小/实际抽样数量"栏的填写

（1）对于材料、设备及工程试验类规范条文，非抽样项目，直接写入"/"；

（2）对于抽样项目但样本为总体时，写入"全/实际数量"，例如"全/10"，"10"指本检验批实际包括的样本总量；

（3）对于抽样项目且按工程量抽样时，写入"最小/实际抽样数量"，例如"5/5"，即按工程量计算最小抽样数量为5，实际抽样数量为5；

（4）本次检验批验收不涉及此验收项目时，此栏写入"/"。

6. "检查记录"栏填写

（1）对于计量检验项目，采用文字描述方式，说明实际质量验收内容及结论；此类多为对材料、设备及工程试验类结果的检查项目；

（2）对于计数检验项目，必须依据对应的《检验批验收现场检查原始记录》中验收情况记录，按下列形式填写：

① 抽样检查的项目，填写描述语，例如"抽查5处，合格4处"，或者"抽查5处，全部合格"；

② 全数检查的项目，填写描述语，例如"共5处，检查5处，合格4处"，或者"共5处，检查5处，全部合格"；

（3）本次检验批验收不涉及此验收项目时，此栏写入"/"。

7. 对于"明显不合格"情况的填写要求

（1）对于计量检验和计数检验中全数检查的项目，发现明显不合格的个体，此条验收就不合格；

（2）对于计数检验中抽样检验的项目，明显不合格的个体可不纳入检验批，但应进行处理，使其满足有关专业验收规范的规定，对处理的情况应予以记录并重新验收；"检查记录"栏填写要求如下：

① 不存在明显不合格的个体的，不做记录；

② 存在明显不合格的个体的，按《检验批验收现场检查原始记录》中验收情况记录填写，例如"一处明显不合格，已整改，复查合格"，或"一处明显不合格，未整改，复查不合格"。

8. "检查结果"栏填写

（1）采用文字描述方式的验收项目，合格打"√"，不合格打"×"；

（2）对于抽样项目且为主控项目，无论定性还是定量描述，全数合格为合格，有1处不合格即为不合格，合格打"√"，不合格打"×"；

（3）对于抽样项目且为一般项目，"检查结果"栏填写合格率，例如"100%"；定性描述项目所有抽查点全部合格（合格率为100%），此条方为合格；定量描述项目，其中每个项目都必须有80%以上（混凝土保护层为90%）检测点的实测数值达到规范规定，其余20%按各专业施工质量验收规范规定，不能大于1.5倍，钢结构为1.2倍，就是说有数据的项目，除必须达到规定的数值外，其余可放宽的，最大放宽到1.5倍。

（4）本次检验批验收不涉及此验收项目时，此栏写入"/"。

9."施工单位检查结果"栏的填写

施工单位质量检查员按依据的规范、规程判定该检验批质量是否合格，填写检查结果。填写内容通常为"符合要求"、"不符合要求"，"主控项目全部合格，一般项目符合验收规范（规程）要求"等评语。

如果检验批中含有混凝土、砂浆试件强度验收等内容，应待试验报告出来后再作判定。

施工单位专业质量检查员和专业工长应签字确认并按实际填写日期。

10."监理单位验收结论"的填写

应由专业监理工程师填写。填写前，应对"主控项目"、"一般项目"按照施工质量验收规范的规定逐项抽查验收，独立得出验收结论。认为验收合格，应签注"合格"或"同意验收"。如果检验批中含有混凝土、砂浆试件强度验收等内容，应待试验报告出来后再作判定。

2.8.4 分项工程质量验收记录

1. 表格范例

配筋砌体分项工程质量验收记录

编号：020204

单位（子单位） 工程名称	××综合楼工程		分部（子分部） 工程名称		主体结构分部/ 砌体结构子分部
分项工程 工程量	1000m³		检验批数量		5
施工单位	××建筑公司	项目负责人	××	项目技术负责人	××
分包单位	/	分包单位项目 负责人	/	分包内容	/
序号	检验批名称	检验批容量	部位/区段		施工单位 检查结果	监理单位 验收结论
1	配筋砌体	200m³	一层		符合要求	合格
2	配筋砌体	200m³	二层		符合要求	合格
3	配筋砌体	200m³	三层		符合要求	合格
4	配筋砌体	200m³	四层		符合要求	合格
5	配筋砌体	200m³	五层		符合要求	合格
6						
7						
8						
9						
10						
11						
12						
13						
14						
15						
说明：检验批质量验收记录资料齐全完整。						
施工单位 检查结果	符合要求			项目专业技术负责人：手签 201×年××月××日		
监理单位 验收结论	合格			专业监理工程师：手签 201×年××月××日		

2. 填写依据及说明

【说明】

分项工程完成（即分项工程所包含的检验批均已完工），施工单位自检合格后，应填报《＿＿分项工程质量验收记录》。分项工程应由专业监理工程师组织施工单位项目专业技术负责人（无专业技术负责人则由施工单位项目技术负责人参加）等进行验收并签认。

1. 表格名称及编号

（1）表格名称：按验收规范给定的分项工程名称，填写在表格名称下划线空格处；

（2）分项工程质量验收记录编号：编号按"建筑工程的分部工程、分项工程划分"（《统一标准》GB 50300－2013 的附录 B）规定的分部工程、子分部工程、分项工程的代码编写，写在表的右上角。对于一个工程而言，一个分项只有一个分项工程质量验收记录，所以不编写顺序号。其编号规则具体说明如下：

① 第 1、2 位数字是分部工程的代码；

② 第 3、4 位数字是子分部工程的代码；

③ 第 5、6 位数字是分项工程的代码；

2. 表头的填写

（1）单位（子单位）工程名称填写全称，如为群体工程，则按群体工程名称—单位工程名称形式填写，子单位工程标出该部分的位置；

（2）分部（子分部）工程名称按《建筑工程施工质量验收统一标准》GB 50300 划定的分部（子分部）名称填写；

（3）分项工程工程量名称：指本分项工程的工程量，按工程实际填写，计量项目和单位按专业验收规范中对分项工程工程量的规定；

（4）检验批数量指本分项工程包含的实际发生的所有检验批的数量；

（5）施工单位及项目负责人、项目技术负责人："施工单位"栏应填写总包单位名称，或与建设单位签订合同专业承包单位名称，宜写全称，并与合同上公章名称一致，并应注意各表格填写的名称应相互一致；"项目负责人"栏填写合同中指定的项目负责人名称；"项目技术负责人"栏填写本工程项目的技术负责人姓名；表头中人名由填表人填写即可，只是标明具体的负责人，不用签字；

（6）分包单位及分包单位项目负责人、分包单位项目技术负责人："分包单位"栏应填写分包单位名称，即与施工单位签订合同的专业分包单位名称，宜写全称，并与合同上公章名称一致，并应注意各表格填写的名称应相互一致；"分包单位项目负责人"栏填写合同中指定的分包单位项目负责人名称；表头中人名由填表人填写即可，只是标明具体的负责人，不用签字；

（7）分包内容：指分包单位承包的本分项工程的范围。

3. "序号"栏的填写

按检验批的排列顺序依次填写，检验批项目多于一页的，增加表格，顺序排号。

4. "检验批名称、检验批容量、部位/区段、施工单位检查结果、监理单位验收结论"栏的填写

（1）填写本分项工程汇总的所有检验批依次排序，并填写其名称、检验批容量及部位/区段，注意要填写齐全；

（2）"施工单位检查结果"栏，由填表人依据检验批验收记录填写，填写"符合要求"或"验收合格"；

（3）"监理单位验收结论"栏，由填表人依据检验批验收记录填写，同意项填写"合格"或"符合要求"，如有不同意项应做标记但暂不填写。

5. "说明"栏的填写

（1）如有不同意项应做标记但暂不填写，待处理后再验收；对不同意项，监理工程师应指出问题，明确处理意见和完成时间；

（2）应说明所含检验批的质量验收记录是否完整。

6. 表下部"施工单位检查结果"栏的填写

（1）由施工单位项目技术负责人填写，填写"符合要求"或"验收合格"，并填写日期；

（2）分包单位施工的分项工程验收时，分包单位人员不签字，但应将分包单位名称及分包单位项目负责人、分包单位项目技术负责人姓名输（填）到对应单元格内。

7. 表下部"监理单位验收结论"栏，专业工程监理工程师在确认各项验收合格后，填入"验收合格"，并填写日期。

8. 注意事项

（1）核对检验批的部位、区段是否全部覆盖分项工程的范围，有无遗漏的部位；

（2）一些在检验批中无法检验的项目，在分项工程中直接验收，如有混凝土、砂浆强度要求的检验批，到龄期后试压结果能否达到设计要求；

（3）检查各检验批的验收资料是否完整并作统一整理，依次登记保管，为下一步验收打下基础。

2.8.5 分部工程质量验收记录

1. 表格范例

主体结构分部工程质量验收记录

编号：02

单位（子单位）工程名称	××综合楼工程	子分部工程数量	1	分项工程数量	4
施工单位	××建筑公司	项目负责人	丁××	技术（质量）负责人	李××
分包单位	/	分包单位项目负责人	/	分包内容	/
序号	子分部工程名称	分项工程名称	检验批数量	施工单位检查结果	监理单位验收结论
1	混凝土结构	模板	10	符合要求	合格
2	混凝土结构	钢筋	30	符合要求	合格
3	混凝土结构	混凝土	20	符合要求	合格
4	混凝土结构	现浇结构	20	符合要求	合格
5					
6					
7					
	质量控制资料			共30份，齐全有效	合格
	安全和功能检验结果			抽查5项，符合要求	合格
	观感质量检验结果			好	
综合验收结论	主体结构分部工程验收合格。				
	施工单位 项目负责人：手签 201×年××月××日	勘察单位 项目负责人： 201×年××月××日	设计单位 项目负责人：手签 201×年××月××日	监理单位 总监理工程师：手签 201×年××月××日	

注：1. 地基与基础分部工程的验收应由施工、勘察、设计单位项目负责人和总监理工程师参加并签字。

  2. 主体结构、节能分部工程的验收应由施工、设计单位项目负责人和总监理工程师参加并签字。

2. 填写依据及说明

【说明】

分部或子分部工程完成，施工单位自检合格后，应填报《＿＿分部工程质量验收记录》。

分部工程应由总监理工程师组织施工单位项目负责人和项目技术、质量负责人等进行验收。勘察、设计单位项目负责人和施工单位技术、质量部门负责人应参加地基与基础分部工程的验收。设计单位项目负责人和施工单位技术、质量部门负责人应参加主体结构、节能分部工程的验收。

1. 表格名称及编号

（1）表格名称：按验收规范给定的分部工程名称，填写在表格名称下划线空格处；

（2）分部工程质量验收记录编号：编号按"建筑工程的分部工程、分项工程划分"（《统一标准》GB 50300－2013 的附录 B）规定的分部工程代码编写，写在表的右上角。对于一个工程而言，一个分部只有一个分部工程质量验收记录，所以不编写顺序号。其编号为两位。

2. 表头的填写

（1）单位（子单位）工程名称填写全称，如为群体工程，则按群体工程名称—单位工程名称形式填写，子单位工程标出该部分的位置；

（2）子分部工程数量：指本分部工程包含的实际发生的所有子分部工程的数量；

（3）分项工程数量：指本分部工程包含的实际发生的所有分项工程的总数量；

（4）施工单位及施工单位技术（质量）部门负责人："施工单位"栏应填写总包单位名称，或与建设单位签订合同专业承包单位名称，宜写全称，并与合同上公章名称一致，并应注意各表格填写的名称应相互一致；"技术（质量）部门负责人"栏填写施工单位技术（质量）部门负责人姓名；表头中人名由填表人填写即可，只是标明具体的负责人，不用签字；

（5）分包单位及分包单位项目负责人、分包单位技术（质量）负责人："分包单位"栏应填写分包单位名称，即与施工单位签订合同的专业分包单位名称，宜写全称，并与合同上公章名称一致，并应注意各表格填写的名称应相互一致；"分包单位项目负责人"栏填写合同中指定的分包单位项目负责人名称；表头中人名由填表人填写即可，只是标明具体的负责人，不用签字；

（6）分包内容：指分包单位承包的本分部工程的范围。

3. "序号"栏的填写

按检验批的排列顺序依次填写，检验批项目多于一页的，增加表格，顺序排号。

4. "子分部工程名称、分项工程名称、检验批数量、施工单位检查结果、监理单位验收结论"栏的填写

（1）填写本分部工程汇总的所有子分部、分项工程依次排序，并填写其名称、检验批数量，注意要填写齐全；

（2）"施工单位检查结果"栏，由填表人依据分项工程验收记录填写，填写"符合要求"或"合格"；

（3）"监理单位验收结论"栏，由填表人依据分项工程验收记录填写，同意项填写"合格"或"符合要求"。

5. 质量控制资料

（1）"质量控制资料"栏应按《单位（子单位）工程质量控制资料核查记录》来核查，但是各专业只需要检查该表内对应于本专业的那部分相关内容，不需要全部检查表内所列内容，也未要求在分部工程验收时填写该表。

（2）核查时，应对资料逐项核对检查，应核查下列几项：

① 查资料是否齐全，有无遗漏；

② 查资料的内容有无不合格项；

③ 资料横向是否相互协调一致，有无矛盾；

④ 资料的分类整理是否符合要求，案卷目录、份数页数及装订等有无缺漏；

⑤ 各项资料签字是否齐全。

（3）当确认能够基本反映工程质量情况，达到保证结构安全和使用功能的要求，该项即可通过验收。全部项目都通过验收，即可在"施工单位检查结果"栏内填写检查结果，标注"检查合格"，并说明资料份数，然后送监理单位或建设单位验收，监理单位总监理工程师组织审查，如认为符合要求，则在"验收意见"栏内签注"验收合格"意见。

（4）对一个具体工程，是按分部还是按子分部进行资料验收，需要根据具体工程的情况自行确定。

6."安全和功能检验结果"栏应根据工程实际情况填写。

安全和功能检验，是指按规定或约定需要在竣工时进行抽样检测的项目。这些项目凡能在分部（子分部）工程验收时进行检测的，应在分部（子分部）工程验收时进行检测。具体检测项目可按《单位（子单位）工程安全和功能检验资料核查及主要功能抽查记录》中相关内容在开工之前加以确定。设计有要求或合同有约定的，按要求或约定执行。

在核查时，要检查开工之前确定的检测项目是否全部进行了检测。要逐一对每份检测报告进行核查，主要核查每个检测项目的检测方法、程序是否符合有关标准规定；检测结论是否达到规范的要求；检测报告的审批程序及签字是否完整等。

如果每个检测项目都通过审查，施工单位即可在检查结果标注"检查合格"，并说明资料份数。由项目负责人送监理单位验收，总监理工程师组织审查，认为符合要求后，在"验收意见"栏内签注"验收合格"意见。

7."观感质量检验结果"栏的填写应符合工程的实际情况。

只作定性评判，不再作量化打分。观感质量等级分为"好"、"一般"、"差"共3档。"好"、"一般"均为合格；"差"为不合格，需要修理或返工。

观感质量检查的主要方法是观察。但除了检查外观外，还应对能启动、运转或打开的部位进行启动或打开检查。并注意应尽量做到全面检查，对屋面、地下室及各类有代表性的房间、部位都应查到。

观感质量检查首先由施工单位项目负责人组织施工单位人员进行现场检查，检查合格后填表，由项目负责人签字后交监理单位验收。

监理单位总监理工程师组织对观感质量进行验收，并确定观感质量等级。认为达到"好"或"一般"，均视为合格。在"观感质量"验收意见栏内填写"好"或"一般"。评为"差"的项目，应由施工单位修理或返工。如确实无法修理，可经协商实行让步验收，并在验收表中注明。由于"让步验收"意味着工程留下永久性缺陷，故应尽量避免出现这种情况。

8."综合验收结论"的填写

由总监理工程师与各方协商，确认符合规定，取得一致意见后，按表中各栏分项填写。可在"综合验收结论"栏填入"××分部工程验收合格"。

当出现意见不一致时，应由总监理工程师与各方协商，对存在的问题，提出处理意见或解决办法，待问题解决后再填表。

9.签字栏

制表时已经列出了需要签字的参加工程建设的有关单位。应由各方参加验收的代表亲自签名，以示负责，通常不需盖章。勘察、设计单位需参加地基与基础分部工程质量验收，由其项目负责人亲自签认。

设计单位需参加主体结构和建筑节能分部工程质量验收，由设计单位的项目负责人亲自签认。

施工方总承包单位由项目负责人亲自签认，分包单位不用签字，但必须参考其负责的分部工程的验收。

监理单位作为验收方，由总监理工程师签认验收。未委托监理的工程，可由建设单位项目技术负责人签认验收。

10．注意事项

（1）核查各分部工程所含分项工程是否齐全，有无遗漏。

（2）核查质量控制资料是否完整，分类整理是否符合要求。

（3）核查安全、功能的检测是否按规范、设计、合同要求全部完成，未作的应补作，核查检测结论是否合格。

（4）对分部工程应进行观感质量检查验收，主要检查分项工程验收后到分部工程验收之间，工程实体质量有无变化，如有，应修补达到合格，才能通过验收。

2.8.6　单位工程质量竣工验收记录

1．表格范例

单位工程质量竣工验收记录

工程名称	××综合楼工程	结构类型	框架剪力墙	层数/建筑面积	地下三层地上十层/20000m²
施工单位	××建筑公司	技术负责人	陈××	开工日期	201×年××月××日
项目负责人	丁××	项目技术负责人	白××	竣工日期	201×年××月××日

序号	项目	验收记录	验收结论
1	分部工程验收	共10分部，经查符合设计及标准规定10分部	所有分部工程质量验收合格
2	质量控制资料核查	共45项，经核查符合规定45项	质量控制资料全部符合有关规定
3	安全和使用功能核查及抽查结果	共核查33项，符合规定33项，共抽查10项，符合规定10项，经返工处理符合规定0项	核查及抽查项目全部符合规定
4	观感质量验收	共抽查27项，达到"好"和"一般"的27项，经返修处理符合要求的0项	好
	综合验收结论	工程质量合格	

参加验收单位	建设单位	监理单位	施工单位	设计单位	勘察单位
	（公章）项目负责人：手签201×年××月××日	（公章）总监理工程师：手签201×年××月××日	（公章）项目负责人：手签201×年××月××日	（公章）项目负责人：手签201×年××月××日	（公章）项目负责人：手签201×年××月××日

注：单位工程验收时，验收签字人员应由相应单位法人代表书面授权。

2. 填写依据及说明

【说明】

《单位（子单位）工程质量竣工验收记录》是一个建筑工程项目的最后一份验收资料，应由施工单位填写。

1. 单位工程完工，施工单位组织自检合格后，应报请监理单位进行工程预验收，通过后向建设单位提交工程竣工报告并填报《单位（子单位）工程质量竣工验收记录》。建设单位应组织设计单位、监理单位、施工单位、勘察单位等进行工程质量竣工验收并记录，验收记录上各单位必须签字并加盖公章，验收签字人员应由相应单位法人代表书面授权。

2. 进行单位（子单位）工程质量竣工验收时，施工单位应同时填报《单位（子单位）工程质量控制资料检查记录》、《单位（子单位）工程安全和功能检查资料核查及主要功能抽查记录》、《单位（子单位）工程观感质量检查记录》，作为《单位（子单位）工程质量竣工验收记录》的附表。

3. "分部工程验收"栏根据各《分部工程质量验收记录》填写。应对所含各分部工程，由竣工验收组成员共同逐项核查。对表中内容如有异议，应对工程实体进行检查或测试。

核查并确认合格后，由监理单位在"验收记录"栏注明共验收了几个分部，符合标准及设计要求的有几个分部，并在右侧的"验收结论"栏内，填入具体的验收结论。

4. "质量控制资料核查"栏根据《单位（子单位）工程质量控制资料核查记录》的核查结论填写。建设单位组织由各方代表组成的验收组成员，或委托总监理工程师，按照《单位（子单位）工程质量控制资料核查记录》的内容，对资料进行逐项核查。确认符合要求后，在《单位（子单位）工程质量竣工验收记录》右侧的"验收结论"栏内，填写具体验收结论。

5. "安全和主要使用功能核查及抽查结果"栏根据《单位（子单位）工程安全和功能检验资料核查及主要功能抽查记录》的核查结论填写。对于分部工程验收时已经进行了安全和功能检测的项目，单位工程验收时不再重复检测。但要核查以下内容：

（1）单位工程验收时按规定、约定或设计要求，需要进行的安全功能抽测项目是否都进行了检测；具体检测项目有无遗漏。

（2）抽测的程序、方法是否符合规定。

（3）抽测结论是否达到设计要求及规范规定。

经核查认为符合要求的，在《单位（子单位）工程质量竣工验收记录》中的"验收结论"栏填入符合要求的结论。如果发现某些抽测项目不全，或抽测结果达不到设计要求，可进行返工处理，使之达到要求。

6. "观感质量验收"栏根据《单位（子单位）工程观感质量检查记录》的检查结论填写。

参加验收的各方代表，在建设单位主持下，对观感质量抽查，共同做出评价。如确认没有影响结构安全和使用功能的项目，符合或基本符合规范要求，应评价为"好"或"一般"。如果某项观感质量被评价为"差"，应进行修理。如果确难修理时，只要不影响结构安全和使用功能的，可采用协商解决的方法进行验收，并在验收表上注明。

7. "综合验收结论"栏应由参加验收各方共同商定，并由建设单位填写，主要对工程质量是否符合设计和规范要求及总体质量水平做出评价。

2.8.7 单位工程质量控制资料核查记录

1. 表格范例

单位工程质量控制资料核查记录

工程名称		××综合楼工程		施工单位		××建筑公司		
序号	项目	资料名称	份数	施工单位		监理单位		
				核查意见	核查人	核查意见	核查人	
1	建筑与结构	图纸会审记录、设计变更通知单、工程洽商记录	28	齐全有效		合格		
2		工程定位测量、放线记录	56	齐全有效		合格		
3		原材料出厂合格证书及进场检验、试验报告	226	齐全有效		合格		
4		施工试验报告及见证检测报告	126	齐全有效		合格		
5		隐蔽工程验收记录	136	齐全有效		合格		
6		施工记录	116	齐全有效	手签	合格	手签	
7		地基、基础、主体结构检验及抽样检测资料	56	齐全有效		合格		
8		分项、分部工程质量验收记录	12	齐全有效		合格		
9		工程质量事故调查处理资料	/	/		/		
10		新技术论证、备案及施工记录	2	齐全有效		合格		
1	给水排水与供暖	图纸会审记录、设计变更通知单、工程洽商记录	9	齐全有效		合格		
2		原材料出厂合格证书及进场检验、试验报告	32	齐全有效		合格		
3		管道、设备强度试验、严密性试验记录	6	齐全有效		合格		
4		隐蔽工程验收记录	25	齐全有效		合格		
5		系统清洗、灌水、通水、通球试验记录	28	齐全有效	手签	合格	手签	
6		施工记录	22	齐全有效		合格		
7		分项、分部工程质量验收记录	10	齐全有效		合格		
8		新技术论证、备案及施工记录	1	齐全有效		合格		
1	通风与空调	图纸会审记录、设计变更通知单、工程洽商记录	5	齐全有效		合格		
2		原材料出厂合格证书及进场检验、试验报告	4	齐全有效		合格		
3		制冷、空调、水管道强度试验、严密性试验记录	7	齐全有效		合格		
4		隐蔽工程验收记录	8	齐全有效		合格		
5		制冷设备运行调试记录	10	齐全有效		合格		
6		通风、空调系统调试记录	5	齐全有效	手签	合格	手签	
7		施工记录	25	齐全有效		合格		
8		分项、分部工程质量验收记录	5	齐全有效		合格		
9		新技术论证、备案及施工记录	1	齐全有效		合格		
1	建筑电气	图纸会审记录、设计变更通知单、工程洽商记录	9	齐全有效		合格		
2		原材料出厂合格证书及进场检验、试验报告	25	齐全有效		合格		
3		设备调试记录	8	齐全有效		合格		
4		接地、绝缘电阻测试记录	30	齐全有效		合格		
5		隐蔽工程验收记录	25	齐全有效	手签	合格	手签	
6		施工记录	20	齐全有效		合格		
7		分项、分部工程质量验收记录	10	齐全有效		合格		
8		新技术论证、备案及施工记录	1	齐全有效		合格		
						合格		

工程名称		××综合楼工程	施工单位		××建筑公司		
序号	项目	资料名称	份数	施工单位		监理单位	
				核查意见	核查人	核查意见	核查人
1	智能建筑	图纸会审记录、设计变更通知单、工程洽商记录	9	齐全有效		合格	
2		原材料出厂合格证书及进场检验、试验报告	25	齐全有效		合格	
3		隐蔽工程验收记录	30	齐全有效		合格	
4		施工记录	30	齐全有效		合格	
5		系统功能测定及设备调试记录	25	齐全有效		合格	
6		系统技术、操作和维护手册	20	齐全有效	手签	合格	手签
7		系统管理、操作人员培训记录	10	齐全有效		合格	
8		系统检测报告	1	齐全有效		合格	
9		分项、分部工程质量验收记录	9	齐全有效		合格	
10		新技术论证、备案及施工记录	2	齐全有效		合格	
1	建筑节能	图纸会审记录、设计变更通知单、工程洽商记录	4	齐全有效		合格	
2		原材料出厂合格证书及进场检验、试验报告	25	齐全有效		合格	
3		隐蔽工程验收记录	8	齐全有效		合格	
4		施工记录	30	齐全有效		合格	
5		外墙、外窗节能检验报告	5	齐全有效	手签	合格	手签
6		设备系统节能检测报告	20	齐全有效		合格	
7		分项、分部工程质量验收记录	10	齐全有效		合格	
8		新技术论证、备案及施工记录	1	齐全有效		合格	

结论：工程资料齐全、有效，各种施工试验、系统调试记录等符合有关规范规定，工程质量控制资料核查通过，同意验收。

施工单位项目负责人：手签　　　　　　　　　　　　　　　总监理工程师：手签
201×年××月××日　　　　　　　　　　　　　　　　　201×年××月××日

2. 填写依据及说明

【说明】

1. 单位（子单位）工程质量控制资料是单位工程综合验收的一项重要内容，核查目的是强调建筑结构设备性能、使用功能方面主要技术性能的检验。其每一项资料包含的内容，就是单位工程包含的有关分项工程中检验批主控项目、一般项目要求内容的汇总。对一个单位工程全面进行质量控制资料核查，可以防止局部错漏，从而进一步加强工程质量的控制。

2. 《建筑工程施工质量验收统一标准》GB 50300－2013 中规定了按专业分共计 61 项内容。其中，建筑与结构 10 项；给排水与采暖 8 项；通风与空调 9 项；建筑电气 8 项；建筑智能化 10 项，建筑节能 8 项，电梯 8 项。

3. 本表由施工单位按照所列质量控制资料的种类、名称进行检查，并填写份数，然后提交给监理单位验收。

4. 本表其他各栏内容先由施工单位进行自查和填写。监理单位应按分部（子分部）工程逐项核查，独立得出核查结论。监理单位核查合格后，在"核查意见"栏填写对资料核查后的具体意见如齐全、符合要求。施工、监理单位具体核查人员在"核查人"栏签字。

5.　总监理工程师确认符合要求后，在表下部"结论"栏内，填写对资料核查后的综合性结论。

6.　施工单位项目负责人应在表下部"结论"栏内签字确认。

2.8.8　单位工程安全和功能检验资料核查记录

1.　表格范例

单位工程安全和功能检验资料核查和主要功能抽查记录

工程名称		××综合楼工程		施工单位	××建筑公司	
序号	项目	安全和功能检查项目	份数	核查意见	抽查结果	核查（抽查）人
1	建筑与结构	地基承载力检验报告	2	完整、有效		手签（施工）、手签（监理）
2		桩基承载力检验报告	3	完整、有效		
3		混凝土强度试验报告	12	完整、有效	抽查5处合格	
4		砂浆强度试验报告	2	完整、有效		
5		主体结构尺寸、位置抽查记录	5	完整、有效		
6		建筑物垂直度、标高、全高测量记录	2	完整、有效	抽查5处合格	
7		屋面淋水或蓄水试验记录	10	完整、有效	抽查1处合格	
8		地下室渗漏水检测记录	10	完整、有效		
9		有防水要求的地面蓄水试验记录	16	完整、有效	抽查5处合格	
10		抽气（风）道检查记录	18	完整、有效	抽查2处合格	
11		外窗气密性、水密性、耐风压检测报告	2	完整、有效		
12		幕墙气密性、水密性、耐风压检测报告	3	完整、有效		
13		建筑物沉降观测测量记录	12	完整、有效		
14		节能、保温测试记录	5	完整、有效		
15		室内环境检测报告	10	完整、有效		
16		土壤氡气浓度检测报告	1	完整、有效		
1	给水排水与供暖	给水管道通水试验记录	12	完整、有效		手签（施工）、手签（监理）
2		暖气管道、散热器压力试验记录	2	完整、有效	抽查5处合格	
3		卫生器具满水试验记录	12	完整、有效		
4		消防管道、燃气管道压力试验记录	15	完整、有效		
5		排水干管通球试验记录	16	完整、有效		
6		锅炉试运行、安全阀及报警联动测试记录	2	完整、有效		
1	通风与空调	通风、空调系统试运行记录	12	完整、有效		手签（施工）、手签（监理）
2		风量、温度测试记录	2	完整、有效		
3		空气能量回收装置测试记录	8	完整、有效	抽查5处合格	
4		洁净室洁净度测试记录	9	完整、有效		
5		制冷机组试运行调试记录	16	完整、有效		
1	建筑电气	建筑照明通电试运行记录	2	完整、有效		手签（施工）、手签（监理）
2		灯具固定装置及悬吊装置的载荷强度试验记录	10	完整、有效		
3		绝缘电阻测试记录	36	完整、有效	抽查8处合格	
4		剩余电流动作保护器测试记录	23	完整、有效		
5		应急电源装置应急持续供电记录	5	完整、有效		
6		接地电阻测试记录	6	完整、有效	抽查3处合格	
7		接地故障回路阻抗测试记录	6	完整、有效		

续表

工程名称		××综合楼工程		施工单位		××建筑公司	
序号	项目	安全和功能检查项目	份数	核查意见	抽查结果	核查（抽查）人	
1	智能建筑	系统试运行记录	16	完整、有效		手签（施工）、手签（监理）	
2		系统电源及接地检测报告	5	完整、有效			
3		系统接地检测报告	5	完整、有效			
1	建筑节能	外墙节能构造检查记录或热工性能检验报告	12	完整、有效		手签（施工）、手签（监理）	
2		设备系统节能性能检查记录	2	完整、有效			
1	电梯	运行记录	5	完整、有效		手签（施工）、手签（监理）	
2		安全装置检测报告	5	完整、有效			

结论：资料齐全有效、抽查结果全部合格

施工单位项目负责人：手签　　　　　　　　　总监理工程师：手签

　　　　　　　　　　　201×年××月××日　　　　　　　　　201×年××月××日

注：抽查项目由验收组协商确定。

2. 填写依据及说明

【说明】

1. 建筑工程投入使用，最为重要的是要确保安全和满足功能性要求。涉及安全和使用功能的分部工程应有检验资料，施工验收对能否满足安全和使用功能的项目进行强化验收，对主要项目进行抽查记录，填写《单位（子单位）工程安全和功能检验资料核查及主要功能抽查记录》。

2. 抽查项目是在核查资料文件的基础上，由参加验收的各方人员确定，然后按有关专业工程施工质量验收标准进行检查。

3. 安全和功能的各项主要检测项目，表2.8.8中已经列明。如果设计或合同有其他要求，经监理认可后可以补充。

安全和功能的检测，如果条件具备，应在分部工程验收时进行。分部工程验收时凡已经做过的安全和功能检测项目，单位工程竣工验收时不再重复检测。只核查检测报告是否符合有关规定。如：核查检测项目是否有遗漏；抽测的程序、方法是否符合规定；检测结论是否达到设计要求及规范规定；如果某个项目抽测结果达不到设计要求，应允许进行返工处理，使之达到要求再填表。

表2.8.8 安全和功能检验资料核查及主要功能抽查项目

序号	分部工程	子分部工程	资料核查及功能抽查项目
1	地基及基础	地基处理	强度、承载力试验报告
		桩基础	打入桩：桩位偏差测量记录，斜桩倾斜度测量记录
			灌注桩：桩位偏差测量记录，桩顶标高测量记录，混凝土试块试验报告 工程桩承载力试验报告
		地下防水	渗漏水检测记录
2	主体结构	混凝土结构	结构实体混凝土同条件养护试件强度试验报告 结构实体混凝土回弹-取芯法强度检测报告 结构实体钢筋保护层厚度检测报告 结构实体位置与尺寸偏差测量记录
		砌体结构	填充墙砌体植筋锚固力检测报告 转角交接处、马牙槎混凝土检查 砂浆饱满度 空心砌块芯柱混凝土

续表 2.8.8

序号	分部工程	子分部工程	资料核查及功能抽查项目
2	主体结构	钢结构	钢材、焊材、高强度螺栓连接副复验报告 摩擦面抗滑移系数试验报告 金属屋面系统抗风能力试验报告 焊缝无损探伤检测报告 地脚螺栓和支座安装检查记录 防腐及防火涂装厚度检测报告 主要构件安装精度检查记录 主体结构整体尺寸检查记录
		木结构	结构形式、结构布置、构件尺寸 钉连接、螺栓连接规格、数量 胶合木类别、组坯方式，胶缝完整性、层板指接 防火涂料及防腐、防虫药剂
		铝合金结构	焊缝质量 高强螺栓施工质量 柱脚及网架支座检查 主要构件变形 主体结构尺寸
3	装饰装修	地面	防水地面蓄水试验，形成试验记录，验收时抽查复检 砖、石材、板材、地毯、胶、涂料等材料具有环保证明文件
		门窗	建筑外窗的气密性能、水密性能和抗风压性能检验报告
		饰面板	后置埋件现场拉拔力检验报告
		饰面砖	样板和外墙饰面砖的粘结强度检验报告
		幕墙	硅酮结构胶相容性、剥离粘结性检验报告 后置埋件和槽式预埋件的现场拉拔力检验报告 气密性能、水密性能、耐风压性能及平面变形性能检验报告
		环境	室内环境质量检测报告 土壤氡浓度检测报告 建筑材料放射性核素检验报告 装修材料有害物质含量检验报告
4	屋面	防水与密封	雨后的持续 2h 淋水检验记录 檐沟、天沟 24h 蓄水检验记录 特殊要求时进行专项验收
5	给排水及供暖	室内给水系统	管道、设备及阀门水压试验记录，消火栓试射试验记录
		室内排水系统	排水管道灌水、通球及通水试验记录 地漏及地面清扫口排水试验记录
		室外给水管网	消火栓试射试验记录
		室外排水管网	雨水管道灌水及通水试验记录
		卫生器具	卫生器具满水和通水试验记录
		室外供热管网	采暖系统冲洗及测试记录
		热源及辅助设备	安全阀及报警联动测试记录 锅炉 48h 试运行记录
6	通风与空调	通风工程	通风系统试运行记录
		空调工程	空调系统试运行记录 空气能量回收装置测试记录 洁净室洁净度测试记录 制冷机组试运行调试记录

续表2.8.8

序号	分部工程	子分部工程	资料核查及功能抽查项目
7	建筑电气	电气照明	建筑照明通电试运行记录 灯具固定装置及悬吊装置的载荷强度试验记录 绝缘电阻测试记录 剩余电流动作保护器测试记录 应急电源装置应急持续供电时间记录
		防雷及接地	接地电阻测试记录 接地故障回路阻抗测试记录
8	智能建筑	设备系统	系统试运行记录 系统电源检测报告
		防雷与接地	系统接地检测报告
9	建筑节能	围护系统节能	外墙节能构造检查记录或热工性能检验报告
		系统及管网	设备系统节能性能检查记录
10	电梯	电梯、自动扶梯	系统运行记录 安全装置检测报告

4. 本表由施工单位按所列内容检查并填写份数后,提交给监理单位。

5. 本表其他栏目由总监理工程师或建设单位项目负责人组织核查、抽查并由监理单位填写。

6. 监理单位经核查和抽查,如果认为符合要求,由总监理工程师在表中的"结论"栏填入综合性验收结论,并由施工单位项目负责人签字确认。

2.8.9 单位工程观感质量检查记录

1. 表格范例

单位工程观感质量检查记录

工程名称			××综合楼工程	施工单位	××建筑公司
序号		项 目	抽查质量状况		质量评价
1		主体结构外观	共检查10点,好9点,一般1点,差0点		好
2		室外墙面	共检查10点,好8点,一般2点,差0点		好
3		变形缝、雨水管	共检查10点,好7点,一般3点,差0点		好
4		屋面	共检查10点,好6点,一般4点,差0点		好
5	建筑与结构	室内墙面	共检查10点,好5点,一般5点,差0点		一般
6		室内顶棚	共检查10点,好4点,一般6点,差0点		一般
7		室内地面	共检查10点,好3点,一般7点,差0点		一般
8		楼梯、踏步、护栏	共检查10点,好2点,一般8点,差0点		一般
9		门窗	共检查10点,好1点,一般9点,差0点		一般
10		雨罩、台阶、坡道、散水	共检查10点,好0点,一般10点,差0点		一般
1		管道接口、坡度、支架	共检查10点,好9点,一般1点,差0点		好
2	给排水与供暖	卫生器具、支架、阀门	共检查10点,好7点,一般3点,差0点		好
3		检查口、扫除口、地漏	共检查10点,好6点,一般4点,差0点		好
4		散热器、支架	共检查10点,好9点,一般1点,差0点		好

续表

工程名称		××综合楼工程		施工单位	××建筑公司
序号		项 目	抽 查 质 量 状 况		质量评价
1	通风与空调	风管、支架	共检查10点，好9点，一般1点，差0点		好
2		风口、风阀	共检查10点，好8点，一般2点，差0点		好
3		风机、空调设备	共检查10点，好7点，一般3点，差0点		好
4		管道、阀门、支架	共检查10点，好7点，一般3点，差0点		好
5		水泵、冷却塔	共检查10点，好9点，一般1点，差0点		好
6		绝热	共检查10点，好8点，一般2点，差0点		好
1	建筑电气	配电箱、盘、板、接线盒	共检查10点，好9点，一般1点，差0点		好
2		设备器具、开关、插座	共检查10点，好6点，一般4点，差0点		好
3		防雷、接地、防火	共检查10点，好9点，一般1点，差0点		好
1	智能建筑	机房设备安装及布局	共检查10点，好9点，一般1点，差0点		好
2		现场设备安装	共检查10点，好5点，一般5点，差0点		好
观感质量综合评价			好		

结论：评价为好，观感质量验收合格

施工单位项目负责人：手签　　　　　　　　　　　　总监理工程师：手签
　　　　201×年××月××日　　　　　　　　　　　　201×年××月××日

注：1 对质量评价为差的项目应进行返修。
　　2 观感质量检查的原始记录应作为本表附件。

2. 填写依据及说明

【说明】

1. 工程观感质量检查，是在工程全部竣工后进行的一项重要验收工作，这是全面评价一个单位工程的外观及使用功能质量，促进施工过程的管理、成品保护，以提高社会效益和环境效益。观感质量检查绝不是单纯的外观检查，而是实地对工程的一个全面检查。

2. 《建筑工程施工质量验收统一标准》GB 50300-2013规定，单位工程的观感质量验收，分为"好"、"一般"、"差"三个等级。观感质量检查的方法、程序、评判标准等，均与分部工程相同，不同的是检查项目较多，属于综合性验收。主要内容包括：核实质量控制资料，检查检验批、分项、分部工程验收的正确性，对在分项工程中不能检查的项目进行检查，核查各分部工程验收后到单位工程竣工时之间，工程的观感质量有无变化、损坏等。

3. 本表由总监理工程师组织参加验收的各方代表，按照表中所列内容，共同实际检查，协商得出质量评价、综合评价和验收结论意见。

4. 工程观感质量检查项目具体内容如表2.8.9所示。

表 2.8.9　观感质量检查项目

序号	分部工程	抽查项目
1	地基及基础	防水混凝土：密实、平整，无露筋、蜂窝，无贯通裂缝，且宽度不得大于 0.2mm 砂浆防水：密实、平整、粘结牢固，无空鼓、裂纹、起砂、麻面 卷材防水层：接缝牢固，无损伤、空鼓、折皱 涂料防水层：粘结牢固，无脱皮、流淌、鼓泡、露胎、折皱 塑料板防水层：铺设牢固、平整，搭接焊缝严密，无焊穿下垂、绷紧 金属板防水层：焊缝无裂纹、未熔合、夹渣、焊瘤、咬边、烧穿、弧坑、针状气孔 施工缝、变形缝后浇带、穿墙管、埋设件、预留通声道接头、桩头、孔口、坑池构造做法检查 锚喷支护、地下连续墙、盾构隧道沉井逆管结构等防水构造做法检查 排水系统顺畅，结构缝注浆饱满
2	主体结构	混凝土结构： 垂直度、平整度、预埋件、预留孔洞位置 外观缺陷（露筋、蜂窝、孔洞、裂缝、夹渣、疏松）
		钢结构： 普通涂层表面 防火涂层表面 压型金属板表面 平台、楼梯、栏杆
		砌体结构： 轴线位置 墙体、柱、构造柱垂直度 组砌方式 水平灰缝厚度 表面平整度 门窗洞尺寸、偏移
		木结构： A 级外露构件表面油漆，孔洞修补，砂纸打磨 B 级外露构件表面油漆，松软节孔洞修补 C 级构件不外露，构件表面无需加工
		铝合金结构： 金属板表面质量 涂层表面质量 平台、楼梯、栏杆牢固
3	装饰装修	地面： 变形缝、分隔缝位置正确，宽度均匀，填缝饱满 地面平整，无色差、空鼓、裂缝、掉角 楼梯、踏步平直、牢固
		抹灰 表面光滑、洁净、接槎平整，分格缝清晰 护角、孔洞、槽、盒周围的抹灰表面整齐、光滑 抹灰分格缝宽度和深度均匀，表面光滑，棱角整齐
		外墙防水 砂浆防水层表面密实、平整，不得裂纹、起砂和麻面 涂膜防水层表面平整、均匀，不得流坠、露底、气泡、皱折和翘边 透气膜防水层铺贴方向正确，纵向搭接缝错开，搭接宽度符合要求；表面平整，不得有皱折、伤痕、破裂；搭接缝粘结牢固、密封严密；收头与基层粘结固定牢固，缝口应严密

续表2.8.9

序号	分部工程	抽 查 项 目
3	装饰装修	**门窗：** 门窗留缝宽度合适，表面洁净、平整、光滑、色泽一致、无锈蚀、擦伤、划痕和碰伤 门窗与墙体间缝隙的填嵌材料表面光滑、饱满、顺直、无裂纹 排水孔应畅通，位置和数量符合要求 门窗扇的开关力大小合适 玻璃表面洁净，玻璃中空层内不得有灰尘和水蒸气，不应直接接触型材 密封条不得卷边、脱槽 **吊顶：** 面层材料表面洁净、色泽一致，不得有翘曲、裂缝及缺损。压条平直、宽窄一致 灯具、烟感器、喷淋头、风口篦子和检修口等设备设施的位置合理、美观，与饰面板的交接吻合、严密 吊顶龙骨接缝均匀，角缝吻合，表面平整，无翘曲和锤印。木龙骨顺直，无劈裂和变形 面层材料的材质、品种、规格、图案、颜色和性能应符合要求 玻璃板吊顶使用安全玻璃 吊杆和龙骨牢固，金属吊杆和龙骨表面防腐，木龙骨防腐、防火处理 **轻质隔墙：** 隔墙表面光洁、平顺、色泽一致，接缝应均匀、顺直 孔洞、槽、盒位置正确，套割方正、边缘整齐 填充材料干燥、密实、均匀、无下坠 活动隔墙推拉无噪声 **饰面板：** 表面平整、洁净、色泽一致，无裂痕、缺损、泛碱 填缝密实、平直、色泽一致，宽度和深度符合要求 孔洞边缘整齐 **饰面砖：** 表面平整、洁净、色泽一致，无裂痕、缺损，边缘整齐、吻合 接缝平直、光滑，填嵌连续、密实，宽度和深度符合要求 滴水线、槽顺直，流水坡向正确，坡度符合要求 **幕墙：** 板材表面平整、洁净、色泽均匀一致，不得有污染和镀膜损坏 外框、压条、拼缝平直，颜色、规格符合要求，压条牢固 板缝注胶饱满、密实、连续、深浅一致、宽窄均匀、光滑顺直、无气泡 流水坡向正确，滴水线顺直 阴阳角石板压向正确，板边合缝顺直，凸凹线出墙厚度应一致，上下口平直，面板上洞口、槽边边缘整齐 **涂饰：** 涂刷均匀、粘结牢固 颜色一致，色泽光滑，无泛碱、流坠、砂眼、刷纹 涂饰的图案纹理和轮廓清晰 **裱糊与软包：** 表面平整，色泽一致，无斑污、气泡、裂缝、皱折 边缘平直整齐，无纸毛、飞刺 交接处吻合、严密、顺直，与电器槽、盒套割吻合，无缝隙 **细部：** 表面平整、洁净、色泽一致，无裂缝、翘曲及损坏 裁口顺直、拼缝严密

续表 2.8.9

序号	分部工程	抽 查 项 目
4	屋面	卷材防水：铺贴方向正确，搭接宽度符合要求，粘结牢固，表面平整无扭曲、皱折和翘边
		涂膜防水：粘结牢固，表面平整，均匀，无起泡、流淌和露胎体
		密封材料：接缝粘结牢固，表面平整，缝边顺直，无气泡、开裂、剥离
		檐口、檐沟天沟、女儿墙、山墙、水落口、变形缝、伸出屋面管道防水做法正确
		烧结瓦、混凝土瓦屋面：平整、牢固、整齐、搭接紧密，檐口顺直，脊瓦搭盖正确，间距均匀，封固严密；无起伏现象，泛水顺直整齐，结合严密
		沥青瓦屋面、钉粘牢固、搭接正确、瓦井外露部分未超过切口长度，钉帽无外露，瓦面平整，檐口顺直，泛水顺直整齐，结合严密
		金属板：平整、顺滑、连接正确，接缝严密屋脊、檐口、泛水直线段顺直，曲线段顺畅
		采光顶：平整、顺直、外露金属框或压条横平竖直，压条牢固、密封胶缝横平竖直、深浅一致、宽窄均匀、光滑顺直
		功能屋面：保护层、铺面做法正确
5	给水排水及供暖	给排水管道接口，管道坡度，管道支架，吊架，水表，检查口，地漏
		消火栓水龙带、水枪安装，箱式消火栓位置
		雨水斗管安装固定，雨水斗密封，雨水管横向弯曲及竖向垂直度，雨水钢管焊缝
		散热器，管道，阀门，支架
		卫生器具，支架、托架，管道，阀门
		锅炉，风机，水箱，水泵，温度计，压力表
6	通风与空调	通风与空调系统： 风管连接以及风管与设备或调节装置的连接应无明显缺陷 风口表面应平整，颜色一致，安装位置正确，风口可调节部件正常动作 各类调节装置的制作和安装，调节灵活 防火、排烟阀等关闭严密，动作可靠 制冷及水管系统的管道、阀门及仪表安装位置正确，无渗漏 风管、部件及管道支、吊架形式、位置及间距符合设计及本规范要求 风管、管道的软性接管位置符合设计要求，接管正确、牢固，无强扭 通风机、制冷机、水泵、风机盘管机组的安装正确牢固 组合式空气调节机组外表平整光滑、接缝严密、组装正确，喷水室外表无渗漏 除尘器、积尘室安装牢固、接口严密 消声器安装方向正确，外表面平整无损坏 风管、部件、管道及支架油漆附着牢固，漆膜厚度均匀，油漆颜色与标志符合要求 绝热层的材质、厚度应符合要求，表面平整、无断裂和脱落，室外防潮层或保护壳顺水搭接，无渗漏 测试孔开孔位置正确，无遗漏多联空调机组系统的室外机组位置正确，其空气流动无明显障碍
		净化空调系统增项： 空调机组、风机、净化空调机组、风机过滤器单元和空气吹淋室等的安装位置正确，固定牢固，连接严密，偏差应符合规定 高效过滤器与风管、风管与设备的连接处有可靠密封 净化空调机组、静压箱、风管及送回风口清洁无积尘 装配式洁净室的内墙面、吊顶和地面光滑、平整、色泽均匀，不起灰尘，地板静电值低于设计规定 送回风口、各类末端装置以及各类管道等与洁净室内表面的连接处密封处理可靠、严密

续表2.8.9

序号	分部工程	抽 查 项 目
7	建筑电气	配电箱、盘、板、接线盒
		设备器具、开关、插座
		电缆排列
		配线系统及支架
		防雷、接地、防火
8	智能建筑	机房设备安装及布局
		现场设备安装，机箱，插座，线缆，梯架，托盘，导线
9	电梯	曳引式、强制式及液压电梯： 轿门带动层门开、关运行，门窗与门扇、门扇与门套、门扇与门楣、门窗与门口处轿壁、门扇下端与地坎无刮碰 门扇与门扇、门扇与门套、门扇与门楣、门扇与门口处轿壁、门扇下端与地坎之间各自的间隙在整个长度上基本一致 对机房、导轨支架、底坑、轿顶、轿内、轿门、层门及门的地坎等部位清理干净
		自动扶梯、自动人行道： 上行和下行自动扶梯、自动人行道，梯级、踏板或胶带与围裙之间应无刮碰现象（梯级、踏板或胶带上的导向部分与围裙板接触除外），扶手带外表面无刮痕 对梯级（踏板或胶带）、梳齿板、扶手带、护壁板、围裙板、内外盖板、前沿板及活动盖板等部位的外表面清理干净

【填写要点】

1. 参加验收的各方代表，经共同实际检查，如果确认没有影响结构安全和使用功能等问题，可共同商定评价意见。评价为"好"和"一般"的项目，由总监理工程师在"观感质量综合评价"栏填写"好"或"一般"，并在"检查结论"栏内填写"工程观感质量综合评价为好（或一般），验收合格"。

2. 如有评价为"差"的项目，属于不合格项，应予以返工修理。这样的观感检查项目修理后需重新检查验收。

3. "抽查质量状况"栏，可填写具体检查数据。当数据少时，可直接将检查数据填在表格内；当数据多时，可简要描述抽查的质量状况，但应将检查原始记录附在本表后面。

4. 评价规则：考虑现场协商，也可如下评价规则确定。

（1）观感检查项目评价：

① 有差评，则项目评价为差；

② 无差评，好评百分率≥60%，评价为好；

③ 其他，评价为一般。

（2）分部/单位工程观感综合评价

① 检查项目有差评，则综合评价为差；

② 检查项目无差评，好评百分率≥60%，评价为好；

③ 其他，评价为一般。

第3章　地基与基础分部工程检验批表格和验收依据说明

3.1　子分部、分项明细及与检验批、规范章节对应表

3.1.1　子分部、分项名称及编号

地基与基础分部包含子分部、分项及其编号如下表所示。

子分部、分项名称及其编号

分部工程	子分部工程	分项工程
地基与基础 (01)	地基(01)	素土、灰土地基(01)，砂和砂石地基(02)，土工合成材料地基(03)，粉煤灰地基(04)，强夯地基(05)，注浆地基(06)，预压地基(07)，砂石桩复合地基(08)，高压旋喷注浆地基(09)，水泥土搅拌桩地基(10)，土和灰土挤密桩复合地基(11)，水泥粉煤灰碎石桩复合地基(12)，夯实水泥土桩复合地基(13)
	基础(02)	无筋扩展基础(01)，钢筋混凝土扩展基础(02)，筏形与箱形基础(03)，钢结构基础(04)，钢管混凝土结构基础(05)，型钢混凝土结构基础(06)，钢筋混凝土预制桩基础(07)，泥浆护壁成孔灌注桩基础(08)，干作业成孔桩基础(09)，长螺旋钻孔压灌桩基础(10)，沉管灌注桩基础(11)，钢桩基础(12)，锚杆静压桩基础(13)，岩石锚杆基础(14)，沉井与沉箱基础(15)
	基坑支护(03)	灌注桩排桩围护墙(01)，板桩围护墙(02)，咬合桩围护墙(03)，型钢水泥土搅拌墙(04)，土钉墙(05)，地下连续墙(06)，水泥土重力式挡墙(07)，内支撑(08)，锚杆(09)，与主体结构相结合的基坑支护(10)
	地下水控制(04)	降水与排水(01)，回灌(02)
	土方(05)	土方开挖(01)，土方回填(02)，场地平整(03)
	边坡(06)	喷锚支护(01)，挡土墙(02)，边坡开挖(03)
	地下防水(07)	主体结构防水(01)，细部构造防水(02)，特殊施工法结构防水(03)，排水(04)，注浆(05)

3.1.2　检验批、分项、子分部与规范、章节对应表

地基与基础分部包含检验批与分项、子分部、规范、章节对应如下表所示。无筋扩展基础分项钢筋混凝土扩展基础分项、筏形与箱形基础分项、钢结构基础分项和钢管混凝土基础分项的检验批表格在第4章介绍。

检验批与分项、子分部、规范、章节对应表

序号	检验批名称	编号	分项	子分部	依据规范	标准章节	页码
1	素土、灰土地基检验批质量验收记录	01010101	灰土地基	地基	《建筑地基基础工程施工质量验收规范》GB 50202－2002	4.2 灰土地基	73
2	砂和砂石地基检验批质量验收记录	01010201	砂和砂石地基			4.3 砂和砂石地基	75
3	土工合成材料地基检验批质量验收记录	01010301	土工合成材料地基			4.4 土工合成材料地基	76
4	粉煤灰地基检验批质量验收记录	01010401	粉煤灰地基			4.5 粉煤灰地基	78
5	强夯地基检验批质量验收记录	01010501	强夯地基			4.6 强夯地基	79
6	注浆地基检验批质量验收记录	01010601	注浆地基			4.7 注浆地基	80
7	预压地基检验批质量验收记录	01010701	预压地基			4.8 预压地基	82
8	砂石桩复合地基检验批质量验收记录	01010801	砂石桩复合地基			4.15 砂桩地基	84
9	高压旋喷注浆地基检验批质量验收记录	01010901	高压旋喷注浆地基			4.10 高压喷射注浆地基	85
10	水泥土搅拌桩地基检验批质量验收记录	01011001	水泥土搅拌桩地基			4.11 水泥土搅拌桩地基	87
11	土和灰土挤密桩复合地基检验批质量验收记录	01011101	土和灰土挤密桩复合地基			4.12 土和灰土挤密桩复合地基	88
12	水泥粉煤灰碎石桩复合地基检验批质量验收记录	01011201	水泥粉煤灰碎石桩复合地基			4.13 水泥粉煤灰碎石桩复合地基	90
13	夯实水泥土桩复合地基检验批质量验收记录	01011301	夯实水泥土桩地基			4.14 夯实水泥土桩复合地基	91
14	型钢混凝土结构基础检验批质量验收记录	01020601	型钢混凝土结构基础	基础		新《统一标准》增加的分项，暂无检验批表格	/
15	钢筋混凝土预制桩（钢筋骨架）检验批质量验收记录表	01020701	钢筋混凝土预制桩基础			5.4 混凝土预制桩	92
16	钢筋混凝土预制桩检验批质量验收记录	01020702					96

续表

序号	检验批名称	编号	分项	子分部	依据规范	标准章节	页码
17	混凝土灌注桩（钢筋笼）检验批质量验收记录	01020801	泥浆护壁成孔灌注桩基础	基础	《建筑地基基础工程施工质量验收规范》GB 50202－2002	5.6　混凝土灌注桩	97
		01020901	干作业成孔桩基础				
		01021001	长螺旋钻孔压灌桩基础				
		01021101	沉管灌注桩基础				
		01030101	灌注桩排桩围护墙				
18	混凝土灌注桩检验批质量验收记录	01020802	泥浆护壁成孔灌注桩基础				99
		01020902	干作业成孔桩基础				
		01021002	长螺旋钻孔压灌桩基础				
		01021102	沉管灌注桩基础				
		01030102	灌注桩排桩围护墙				
19	钢桩（成品）检验批质量验收记录	01021201	钢桩基础			5.5　钢桩	100
20	钢桩检验批质量验收记录	01021202					102
21	锚杆静压桩基础检验批质量验收记录	01021301	锚杆静压桩基础			5.2　静力压桩	103
22	岩石锚杆基础检验批质量验收记录	01021401	岩石锚杆基础			新《统一标准》增加的分项，暂无检验批表格	/
23	沉井与沉箱基础检验批质量验收记录	01021501	沉井与沉箱基础			7.7　沉井与沉箱	105
24	重复使用钢板桩围护墙检验批质量验收记录	01030201	板桩围护墙	基坑支护		7.2　排桩墙支护工程	108
25	混凝土板桩围护墙检验批质量验收记录	01030202					110
26	咬合桩围护墙检验批质量验收记录	01030301	咬合桩围护墙			新《统一标准》增加的分项，暂无检验批表格	/
27	型钢水泥土搅拌墙检验批质量验收记录	01030401	型钢水泥土搅拌墙			新《统一标准》增加的分项，暂无检验批表格	/

续表

序号	检验批名称	编号	分项	子分部	依据规范	标准章节	页码
28	土钉墙检验批质量验收记录	01030501	土钉墙	基坑支护	《建筑地基基础工程施工质量验收规范》GB 50202-2002	7.4 锚杆及土钉墙支护工程	111
29	地下连续墙支护检验批质量验收记录	01030601	地下连续墙			7.6 地下连续墙	112
30	水泥土重力式挡墙检验批质量验收记录	01030701	水泥土重力式挡墙			新《统一标准》增加的分项，暂无检验批表格	/
31	钢或混凝土支撑系统检验批质量验收记录	01030801	内支撑			7.5 钢或混凝土支撑系统	115
32	锚杆检验批质量验收记录	01030901	锚杆			7.4 锚杆及土钉墙支护工程	117
33	与主体结构相结合的基坑支护检验批质量验收记录	01031001	与主体结构相结合的基坑支护			新《统一标准》增加的分项，暂无检验批表格	/
34	降水与排水检验批质量验收记录	01040101	降水与排水	地下水控制		7.8 降水与排水	118
35	回灌检验批质量验收记录	01040201	回灌			新《统一标准》增加的分项，暂无检验批表格	/
36	土方开挖检验批质量验收记录	01050101	土方开挖	土方		6.2 土方开挖	120
37	土方回填检验批质量验收记录	01050201	土方回填			6.3 土方回填	122
38	场地平整检验批质量验收记录	01050301	场地平整			新《统一标准》增加的分项，暂无检验批表格	/
39	喷锚支护检验批质量验收记录	01060101	喷锚支护	边坡		新《统一标准》增加的分项，暂无检验批表格	/
40	挡土墙检验批质量验收记录	01060201	挡土墙			新《统一标准》增加的分项，暂无检验批表格	/
41	边坡开挖检验批质量验收记录	01060301	边坡开挖			新《统一标准》增加的分项，暂无检验批表格	/

续表

序号	检验批名称	编号	分项	子分部	依据规范	标准章节	页码
42	防水混凝土检验批质量验收记录	01070101	主体结构防水			4.1　防水混凝土	124
43	水泥砂浆防水层检验批质量验收记录	01070102				4.2　水泥砂浆防水层	127
44	卷材防水层检验批质量验收记录	01070103				4.3　卷材防水层	129
45	涂料防水层检验批质量验收记录	01070104				4.4　涂料防水层	132
46	塑料防水板防水层检验批质量验收记录	01070105				4.5　塑料防水板防水层	133
47	金属板防水层检验批质量验收记录	01070106				4.6　金属板防水层	135
48	膨润土防水材料防水层检验批质量验收记录	01070107				4.7　膨润土防水材料防水层	136
49	施工缝检验批质量验收记录	01070201	细部构造防水	地下防水	《地下防水工程质量验收规范》GB 50208-2011	5.1　施工缝	138
50	变形缝检验批质量验收记录	01070202				5.2　变形缝	140
51	后浇带检验批质量验收记录	01070203				5.3　后浇带	141
52	穿墙管检验批质量验收记录	01070204				5.4　穿墙管	143
53	埋设件检验批质量验收记录	01070205				5.5　埋设件	144
54	预留通道接头检验批质量验收记录	01070206				5.6　预留通道接头	146
55	桩头检验批质量验收记录	01070207				5.7　桩头	147
56	孔口检验批质量验收记录	01070208				5.8　孔口	149
57	坑、池检验批质量验收记录	01070209				5.9　坑、池	150
58	锚喷支护检验批质量验收记录	01070301	特殊施工法结构防水			6.1　锚喷支护	152
59	地下连续墙结构防水检验批质量验收记录	01070302				6.2　地下连续墙	154
60	盾构隧道检验批质量验收记录	01070303				6.3　盾构隧道	155
61	沉井检验批质量验收记录	01070304				6.4　沉井	158
62	逆筑结构检验批质量验收记录	01070305				6.5　逆筑结构	160
63	渗排水、盲沟排水检验批质量验收记录	01070401	排水			7.1　渗排水、盲沟排水	161
64	隧道排水、坑道排水检验批质量验收记录	01070402				7.2　隧道排水、坑道排水	163
65	塑料排水板排水检验批质量验收记录	01070403				7.3　塑料排水板排水	165
66	预注浆、后注浆检验批质量验收记录	01070501	注浆			8.1　预注浆、后注浆	167
67	结构裂缝注浆检验批质量验收记录	01070502				8.2　结构裂缝注浆	168

3.2　检验批表格和验收依据说明

3.2.1　素土、灰土地基检验批质量验收记录

1.表格

素土、灰土地基检验批质量验收记录

01010101 ____

单位（子单位）工程名称			分部（子分部）工程名称		分项工程名称	
施工单位			项目负责人		检验批容量	
分包单位			分包单位项目负责人		检验批部位	
施工依据				验收依据	《建筑地基基础工程施工质量验收规范》GB 50202－2002	
	验收项目		设计要求及规范规定	最小/实际抽样数量	检查记录	检查结果
主控项目	1	地基承载力	设计要求	/		
	2	配合比	设计要求	/		
	3	压实系数	设计要求	/		
一般项目	1	石灰粒径（mm）	≤5	/		
	2	土料有机质含量（%）	≤5	/		
	3	土颗粒粒径（mm）	≤15	/		
	4	含水量（与要求的最优含水量比较）（%）	±2	/		
	5	分层厚度偏差（与设计要求比较）（mm）	±50	/		
施工单位检查结果				专业工长： 项目专业质量检查员： 年　月　日		
监理单位验收结论				专业监理工程师： 年　月　日		

2.验收依据说明

【规范名称及编号】《建筑地基基础工程施工质量验收规范》GB 50202－2002

【条文摘录】

　4.1　一般规定

　4.1.1　建筑物地基的施工应具备下述资料：

　1　岩土工程勘察资料。

2　临近建筑物和地下设施类型、分布及结构质量情况。

3　工程设计图纸、设计要求及需达到的标准，检验手段。

4.1.2　砂、石子、水泥、钢材、石灰、粉煤灰等原材料的质量、检验项目、批量和检验方法，应符合国家现行标准的规定。

4.1.3　地基施工结束，宜在一个间歇期后，进行质量验收，间歇期由设计确定。

4.1.4　地基加固工程，应在正式施工前进行试验段施工，论证设定的施工参数及加固效果。为验证加固效果所进行的载荷试验，其施加载荷应不低于设计载荷的 2 倍。

4.1.5　对灰土地基、砂和砂石地基、土工合成材料地基、粉煤灰地基、强夯地基、注浆地基、预压地基，其竣工后的结果（地基强度或承载力）必须达到设计要求的标准。检验数量，每单位工程不应少于 3 点，1000m² 以上工程，每 100m² 至少应有 1 点，3000m² 以上工程，每 300m² 至少应有 1 点。每一独立基础下至少应有 1 点，基槽每 20 延米应有 1 点。[①]

4.1.6　对水泥土搅拌桩复合地基、高压喷射注浆桩复合地基、砂桩地基、振冲桩复合地基、土和灰土挤密桩复合地基、水泥粉煤灰碎石桩复合地基及夯实水泥土桩复合地基，其承载力检验，数量为总数的 0.5%～1%，但不应少于 3 处。有单桩强度检验要求时，数量为总数的 0.5%～1%，但不应少于 3 根。

4.1.7　除本规范第 4.1.5、4.1.6 条指定的主控项目外，其他主控项目及一般项目可随意抽查，但复合地基中的水泥土搅拌桩、高压喷射注浆桩、振冲桩、土和灰土挤密桩、水泥粉煤灰碎石桩及夯实水泥土桩至少应抽查 20%。

4.2　灰土地基

4.2.1　灰土土料、石灰或水泥（当水泥替代灰土中的石灰时）等材料及配合比应符合设计要求，灰土应搅拌均匀。

4.2.2　施工过程中应检查分层铺设的厚度、分段施工时上下两层的搭接长度、夯实时加水量、夯压遍数、压实系数。

4.2.3　施工结束后，应检验灰土地基的承载力。

4.2.4　灰土地基的质量验收标准应符合表 4.2.4 的规定。

表 4.2.4　灰土地基质量检验标准

项	序	检查项目	允许偏差或允许值		检查方法
			单位	数值	
主控项目	1	地基承载力	设计要求		按规定方法
	2	配合比	设计要求		按拌和时的体积比
	3	压实系数	设计要求		现场实测
一般项目	1	石灰粒径	mm	≤5	筛分法
	2	土料有机质含量	%	≤5	试验室焙烧法
	3	土颗粒粒径	mm	≤15	筛分法
	4	含水量（与要求的最优含水量比较）	%	±2	烘干法
	5	分层厚度偏差（与设计要求比较）	mm	±50	水准仪

①　本书中以黑体字标志的条文均为强制性条文，必须严格执行。

3.2.2 砂和砂石地基检验批质量验收记录

1. 表格

砂和砂石地基检验批质量验收记录

01010201 ____

单位（子单位）工程名称			分部（子分部）工程名称		分项工程名称	
施工单位			项目负责人		检验批容量	
分包单位			分包单位项目负责人		检验批部位	
施工依据			验收依据	《建筑地基基础工程施工质量验收规范》GB 50202-2002		

验收项目			设计要求及规范规定	最小/实际抽样数量	检查记录	检查结果
主控项目	1	地基承载力	设计要求	/		
	2	配合比	设计要求	/		
	3	压实系数	设计要求	/		
一般项目	1	砂、石料有机质含量（%）	≤5	/		
	2	砂、石料含泥量（%）	≤5	/		
	3	石料粒径（mm）	≤100	/		
	4	含水量（与最优含水量比较）（%）	±2	/		
	5	分层厚度（与设计要求比较）（mm）	±50	/		

施工单位检查结果	专业工长： 项目专业质量检查员： 年 月 日
监理单位验收结论	专业监理工程师： 年 月 日

2. 验收依据说明

【规范名称及编号】《建筑地基基础工程施工质量验收规范》GB 50202-2002

【条文摘录】

摘录一：

4.1 一般规定（见《素土、灰土地基检验批质量验收记录》的表格验收依据说明，本书第73页）。

摘录二：

4.3 砂和砂石地基

4.3.1 砂、石等原材料质量、配合比应符合设计要求，砂、石应搅拌均匀。

4.3.2 施工过程中必须检查分层厚度、分段施工时搭接部分的压实情况、加水量、压实遍数、压实系数。

4.3.3 施工结束后，应检验砂石地基的承载力。

4.3.4 砂和砂石地基的质量验收标准应符合表4.3.4的规定。

表 4.3.4　砂及砂石地基质量检验标准

项	序	检查项目	允许偏差或允许值		检查方法
			单位	数值	
主控项目	1	地基承载力	设计要求		按规定方法
	2	配合比	设计要求		检查拌和时的体积比或重量比
	3	压实系数	设计要求		现场实测
一般项目	1	砂石料有机质含量	%	≤5	焙烧法
	2	砂石料含泥量	%	≤5	水洗法
	3	石料粒径	mm	≤100	筛分法
	4	含水量（与最优含水量比较）	%	±2	烘干法
	5	分层厚度（与设计要求比较）	mm	±50	水准仪

3.2.3　土工合成材料地基检验批质量验收记录

1. 表格

土工合成材料地基检验批质量验收记录

01010301 ____

单位（子单位）工程名称				分部（子分部）工程名称			分项工程名称	
施工单位				项目负责人			检验批容量	
分包单位				分包单位项目负责人			检验批部位	
施工依据						验收依据	《建筑地基基础工程施工质量验收规范》GB 50202-2002	
验收项目			设计要求及规范规定	最小/实际抽样数量		检查记录		检查结果
主控项目	1	土工合成材料强度（%）	≤5	/				
	2	土工合成材料延伸率（%）	≤3	/				
	3	地基承载力	设计要求	/				
一般项目	1	土工合成材料搭接长度（mm）	≥300	/				
	2	土石料有机质含量（%）	≤5					
	3	层面平整度（mm）	≤20					
	4	每层铺设厚度（mm）	±25	/				
施工单位检查结果				专业工长：项目专业质量检查员：年　月　日				
监理单位验收结论				专业监理工程师：年　月　日				

2. 验收依据说明

【规范名称及编号】《建筑地基基础工程施工质量验收规范》GB 50202－2002

【条文摘录】

摘录一：

4.1 一般规定（见《素土、灰土地基检验批质量验收记录》的表格验收依据说明，本书第73页）。

摘录二：

4.4 土工合成材料地基

4.4.1 施工前应对土工合成材料的物理性能（单位面积的质量、厚度、比重）、强度、延伸率以及土、砂石料等做检验。土工合成材料以100m² 为一批，每批应抽查5%。

4.4.2 施工过程中应检查清基、回填料铺设厚度及平整度、土工合成材料的铺设方向、接缝搭接长度或缝接状况、土工合成材料与结构的连接状况等。

4.4.3 施工结束后，应进行承载力检验。

4.4.4 土工合成材料地基质量检验标准应符合表4.4.4的规定。

表 4.4.4 土工合成材料地基质量检验标准

项	序	检查项目	允许偏差或允许值		检查方法
			单位	数值	
主控项目	1	土工合成材料强度	%	≤5	置于夹具上做拉伸试验（结果与设计标准相比）
	2	土工合成材料延伸率	%	≤3	置于夹具上做拉伸试验（结果与设计标准相比）
	3	地基承载力	设计要求		按规定方法
一般项目	1	土工合成材料搭接长度	mm	≥300	用钢尺量
	2	土石料有机质含量	%	≤5	焙烧法
	3	层面平整度	mm	≤20	用2m靠尺
	4	每层铺设厚度	mm	±25	水准仪

3.2.4　粉煤灰地基检验批质量验收记录

1. 表格

粉煤灰地基检验批质量验收记录

01010401＿＿＿＿

单位（子单位）工程名称			分部（子分部）工程名称		分项工程名称		
施工单位			项目负责人		检验批容量		
分包单位			分包单位项目负责人		检验批部位		
施工依据				验收依据	《建筑地基基础工程施工质量验收规范》GB 50202－2002		
验收项目			设计要求及规范规定	最小/实际抽样数量	检查记录		检查结果
主控项目	1	压实系数	设计要求	/			
	2	地基承载力	设计要求	/			
一般项目	1	粉煤灰粒径（mm）	0.001～2.000	/			
	2	氧化铝及二氧化硅含量（%）	≥70	/			
	3	烧失量（%）	≤12	/			
	4	每层铺筑厚度（mm）	±50	/			
	5	含水量（与最优含水量比较）（%）	±2	/			
施工单位检查结果				专业工长：项目专业质量检查员：年　月　日			
监理单位验收结论				专业监理工程师：年　月　日			

2. 验收依据说明

【规范名称及编号】《建筑地基基础工程施工质量验收规范》GB 50202－2002

【条文摘录】

摘录一：

4.1　一般规定（见《素土、灰土地基检验批质量验收记录》的表格验收依据说明，本书第73页）。

摘录二：

4.5　粉煤灰地基

4.5.1　施工前应检查粉煤灰材料，并对基槽清底状况、地质条件予以检验。

4.5.2　施工过程中应检查铺筑厚度、碾压遍数、施工含水量控制、搭接区碾压程度、压实系数等。

4.5.3　施工结束后，应检验地基的承载力。

4.5.4　粉煤灰地基质量检验标准应符合表4.5.4的规定。

表 4.5.4 粉煤灰地基质量检验标准

项	序	检查项目	允许偏差与允许值		检查方法
			单位	数值	
主控项目	1	压实系数	设计要求		现场实测
	2	地基承载力	设计要求		按规定方法
一般项目	1	粉煤灰粒径	mm	0.001~2.000	过筛
	2	氧化铝及二氧化硅含量	%	≥70	试验室化学分析
	3	烧失量	%	≤12	试验室烧结法
	4	每层铺筑厚度	mm	±50	水准仪
	5	含水量（与最优含水量比较）	%	±2	取样后试验室确定

3.2.5 强夯地基检验批质量验收记录

1. 表格

强夯地基检验批质量验收记录

01010501 ____

单位（子单位）工程名称			分部（子分部）工程名称		分项工程名称	
施工单位			项目负责人		检验批容量	
分包单位			分包单位项目负责人		检验批部位	
施工依据				验收依据	《建筑地基基础工程施工质量验收规范》GB 50202-2002	

验收项目			设计要求及规范规定	最小/实际抽样数量	检查记录	检查结果
主控项目	1	地基强度	设计要求	/		
	2	地基承载力	设计要求	/		
一般项目	1	夯锤落距（mm）	±300	/		
	2	锤重（kg）	±100	/		
	3	夯击遍数及顺序	设计要求	/		
	4	夯点间距（mm）	±500	/		
	5	夯击范围（超出基础范围距离）	设计要求	/		
	6	前后两遍间歇时间	设计要求	/		
施工单位检查结果					专业工长：项目专业质量检查员：年 月 日	
监理单位验收结论					专业监理工程师：年 月 日	

2. 验收依据说明

【规范名称及编号】《建筑地基基础工程施工质量验收规范》GB 50202－2002

【条文摘录】

摘录一：

4.1 一般规定（见《素土、灰土地基检验批质量验收记录》的表格验收依据说明，本书第73页）。

摘录二：

4.6 强夯地基

4.6.1 施工前应检查夯锤重量、尺寸，落距控制手段，排水设施及被夯地基的土质。

4.6.2 施工中应检查落距、夯击遍数、夯点位置、夯击范围。

4.6.3 施工结束后，检查被夯地基的强度并进行承载力检验。

4.6.4 强夯地基质量检验标准应符合表4.6.4的规定。

表4.6.4 强夯地基质量检验标准

项	序	检查项目	允许偏差或允许值		检查方法
			单位	数值	
主控项目	1	地基强度	设计要求		按规定方法
	2	地基承载力	设计要求		按规定方法
一般项目	1	夯锤落距	mm	±300	钢索设标志
	2	锤重	kg	±100	称重
	3	夯击遍数及顺序	设计要求		计数法
	4	夯点间距	mm	±500	用钢尺量
	5	夯击范围（超出基础范围距离）	设计要求		用钢尺量
	6	前后两遍间歇时间	设计要求		

3.2.6 注浆地基检验批质量验收记录

1. 表格

注浆地基检验批质量验收记录

01010601____

单位（子单位）工程名称				分部（子分部）工程名称			分项工程名称	
施工单位				项目负责人			检验批容量	
分包单位				分包单位项目负责人			检验批部位	
施工依据						验收依据	《建筑地基基础工程施工质量验收规范》GB 50202－2002	

验收项目				设计要求及规范规定	最小/实际抽样数量	检查记录		检查结果
主控项目	1	原材料检验	水泥	设计要求	/			
			注浆用砂 粒径（mm）	<2.5	/			
			注浆用砂 细度模数（%）	<2.0	/			
			注浆用砂 含泥量及有机物含量（%）	<3	/			

续表

验收项目				设计要求及规范规定	最小/实际抽样数量	检查记录	检查结果
主控项目	1	原材料检验	注浆用黏土 塑性指数	>14	/		
			黏粒含量（%）	>25	/		
			含砂量（%）	>5	/		
			有机物含量（%）	<3	/		
			粉煤灰 细度	不粗于同时使用的水泥	/		
			烧失量（%）	<3	/		
			水玻璃：模数	2.5～3.3	/		
			其他化学浆液	设计要求	/		
	2	注浆体强度		设计要求	/		
	3	地基承载力		设计要求	/		
一般项目	1	各种注浆材料称量误差（%）		<3	/		
	2	注浆孔位（mm）		±20	/		
	3	注浆孔深（mm）		±100	/		
	4	注浆压力（与设计参数比）（%）		±10	/		

施工单位检查结果	专业工长： 项目专业质量检查员： 年 月 日
监理单位验收结论	专业监理工程师： 年 月 日

2. 验收依据说明

【规范名称及编号】《建筑地基基础工程施工质量验收规范》GB 50202－2002

【条文摘录】

摘录一：

4.1 一般规定（见《素土、灰土地基检验批质量验收记录》的表格验收依据说明，本书第73页）。

摘录二：

4.7 注浆地基

4.7.1 施工前应掌握有关技术文件（注浆点位置、浆液配比、注浆施工技术参数、检测要求等）。浆液组成材料的性能应符合设计要求，注浆设备应确保正常运转。

4.7.2 施工中应经常抽查浆液的配比及主要性能指标，注浆的顺序、注浆过程中的压力控制等。

4.7.3 施工结束后，应检查注浆体强度、承载力等。检查孔数为总量的2%～5%，不合格率大于或等于20%时应进行二次注浆。检验应在注浆后15d（砂土、黄土）或60d（黏性土）进行。

4.7.4 注浆地基的质量检验标准应符合表4.7.4的规定。

表 4.7.4　注浆地基质量检验标准

项	序	检查项目			允许偏差或允许值		检查方法
					单位	数值	
主控项目	1	原材料	水泥		设计要求		查产品合格证书或抽样送检
			注浆用砂	粒径	mm	<2.5	试验室试验
				细度模数		<2.0	
				含泥量及有机物含量	%	<3	
			注浆用黏土	塑性指数		>14	试验室试验
				黏粒含量	%	>25	
				含砂量	%	<5	
				有机物含量	%	<3	
			粉煤灰	细度	不粗于同时使用的水泥		试验室试验
				烧失量	%	<3	
			水玻璃模数		2.5~3.3		抽样送检
			其他化学浆液		设计要求		查产品合格证书或抽样送检
	2	注浆体强度			设计强度		取样检验
	3	地基承载力			设计强度		按规定方法
一般项目	1	各种注浆材料称量误差			%	<3	抽查
	2	注浆孔位			mm	±20	用钢尺量
	3	注浆孔深			mm	±100	量测注浆管长度
	4	注浆压力（与设计参数比）			%	±10	检查压力表读数

3.2.7　预压地基检验批质量验收记录

1. 表格

预压地基检验批质量验收记录

01010701 ____

单位（子单位）工程名称			分部（子分部）工程名称		分项工程名称		
施工单位			项目负责人		检验批容量		
分包单位			分包单位项目负责人		检验批部位		
施工依据				验收依据	《建筑地基基础工程施工质量验收规范》 GB 50202－2002		
验收项目			设计要求及规范规定	最小/实际抽样数量	检查记录		检查结果
主控项目	1	预压载荷（%）	≤2	/			
	2	固结度（与设计要求比）（%）	≤2	/			
	3	承载力或其他性能指标	设计要求	/			

续表

验收项目			设计要求及规范规定	最小/实际抽样数量	检查记录	检查结果
一般项目	1	沉降速率（与控制值比）（%）	±10	/		
	2	砂井或塑料排水带位置（mm）	±100	/		
	3	砂井或塑料排水带插入深度（mm）	±200	/		
	4	砂井或塑料排水带插入深度（mm）	≤500	/		
	5	塑料排水带或砂井高出砂垫层距离（mm）	≥200	/		
	6	插入塑料排水带的回带根数（%）	<5	/		
施工单位检查结果				专业工长：项目专业质量检查员： 年 月 日		
监理单位验收结论				专业监理工程师： 年 月 日		

2. 验收依据说明

【规范名称及编号】《建筑地基基础工程施工质量验收规范》GB 50202－2002

【条文摘录】

摘录一：

4.1 一般规定（见《素土、灰土地基检验批质量验收记录》的表格验收依据说明，本书第73页）。

摘录二：

4.8 预压地基

4.8.1 施工前应检查施工监测措施，沉降、孔隙水压力等原始数据，排水设施，砂井（包括袋装砂井）、塑料排水带等位置。塑料排水带的质量标准应符合本规范附录B的规定。

4.8.2 堆载施工应检查堆载高度、沉降速率。真空预压施工应检查密封膜的密封性能、真空表读数等。

4.8.3 施工结束后，应检查地基土的强度及要求达到的其他物理力学指标，重要建筑物地基应做承载力检验。

4.8.4 预压地基和塑料排水带质量检验标准应符合表4.8.4的规定。

表 4.8.4 预压地基和塑料排水带质量检验标准

项	序	检查项目	允许偏差或允许值		检查方法
			单位	数值	
主控项目	1	预压载荷	%	≤2	水准仪
	2	固结度（与设计要求比）	%	≤2	根据设计要求采用不同的方法
	3	承载力或其他性能指标	设计要求		按规定方法

项	序	检查项目	允许偏差或允许值		检查方法
			单位	数值	
一般项目	1	沉降速率（与控制值比）	％	±10	水准仪
	2	砂井或塑料排水带位置	mm	±100	用钢尺量
	3	砂井或塑料排水带插入深度	mm	±200	插入时用经纬仪检查
	4	插入塑料排水带时的回带长度	mm	≤500	用钢尺量
	5	塑料排水带或砂井高出砂垫层距离	mm	≥200	用钢尺量
	6	插入塑料排水带的回带根数	％	＜5	目测

注：如真空预压，主控项目中预压载荷的检查为真空度降低值＜2％

3.2.8 砂石桩复合地基检验批质量验收记录

1. 表格

砂石桩复合地基检验批质量验收记录

01010801 ____

单位（子单位）工程名称			分部（子分部）工程名称		分项工程名称	
施工单位			项目负责人		检验批容量	
分包单位			分包单位项目负责人		检验批部位	
施工依据				验收依据	《建筑地基基础工程施工质量验收规范》GB 50202－2002	

验收项目			设计要求及规范规定	最小/实际抽样数量	检查记录	检查结果
主控项目	1	灌砂量（％）	≥95	/		
	2	地基强度	设计要求	/		
	3	地基承载力	设计要求	/		
一般项目	1	砂料的含泥量（％）	≤3	/		
	2	砂料的有机质含量（％）	≤5	/		
	3	桩位（mm）	≤50	/		
	4	砂桩标高（mm）	±150	/		
	5	垂直度（％）	≤1.5	/		

施工单位检查结果	专业工长：项目专业质量检查员：年 月 日
监理单位验收结论	专业监理工程师：年 月 日

2. 验收依据说明

【规范名称及编号】《建筑地基基础工程施工质量验收规范》GB 50202－2002

【条文摘录】

摘录一：

4.1 一般规定（见《素土、灰土地基检验批质量验收记录》的表格验收依据说明，本书第73页）。

摘录二：

4.15 砂桩地基

4.15.1 施工前应检查砂料的含泥量及有机质含量、样桩的位置等。

4.15.2 施工中检查每根砂桩的桩位、灌砂量、标高、垂直度等。

4.15.3 施工结束后，应检验被加固地基的强度或承载力。

4.15.4 砂桩地基的质量检验标准应符合表4.15.4的规定。

表 4.15.4 砂桩地基的质量检验标准

项	序	检查项目	允许偏差或允许值		检查方法
			单 位	数 值	
主控项目	1	灌砂量	％	≥95	实际用砂量与计算体积比
	2	地基强度	设计要求		按规定方法
	3	地基承载力	设计要求		按规定方法
一般项目	1	砂料的含泥量	％	≤3	试验室测定
	2	砂料的有机质含量	％	≤5	焙烧法
	3	桩位	mm	≤50	用钢尺量
	4	砂桩标高	mm	±150	水准仪
	5	垂直度	％	≤1.5	经纬仪检查桩管垂直度

3.2.9 高压旋喷注浆地基检验批质量验收记录

1. 表格

高压旋喷注浆地基检验批质量验收记录

01010901 ____

单位（子单位）工程名称			分部（子分部）工程名称			分项工程名称	
施工单位			项目负责人			检验批容量	
分包单位			分包单位项目负责人			检验批部位	
施工依据				验收依据		《建筑地基基础工程施工质量验收规范》GB 50202－2002	
验收项目			设计要求及规范规定	最小/实际抽样数量	检查记录		检查结果
主控项目	1	水泥及外掺剂质量	符合出厂要求	/			
	2	水泥用量	设计要求	/			
	3	桩体强度或完整性检验	设计要求	/			
	4	地基承载力	设计要求	/			

续表

	验收项目	设计要求及规范规定	最小/实际抽样数量	检查记录	检查结果
一般项目	1　钻孔位置（mm）	≤50	/		
	2　钻孔垂直度（%）	≤1.5	/		
	3　孔深（mm）	±200	/		
	4　注浆压力	按设定参数指标	/		
	5　桩体搭接（mm）	＞200	/		
	6　桩体直径（mm）	≤50	/		
	7　桩身中心允许偏差（mm）	≤0.2D（D=___mm）	/		
施工单位检查结果		专业工长： 项目专业质量检查员： 　　　　年　月　日			
监理单位验收结论		专业监理工程师： 　　　　年　月　日			

2. 验收依据说明

【规范名称及编号】《建筑地基基础工程施工质量验收规范》GB 50202-2002

【条文摘录】

摘录一：

4.1　一般规定（见《素土、灰土地基检验批质量验收记录》的表格验收依据说明，本书第73页）。

摘录二：

4.10　高压喷射注浆地基

4.10.1　施工前应检查水泥、外掺剂等的质量，桩位，压力表、流量表的精度和灵敏度，高压喷射设备的性能等。

4.10.2　施工中应检查施工参数（压力、水泥浆量、提升速度、旋转速度等）及施工程序。

4.10.3　施工结束后，应检验桩体强度、平均直径、桩身中心位置、桩体质量及承载力等。桩体质量及承载力检验应在施工结束后28d进行。

4.10.4　高压喷射注浆地基质量检验标准应符合表4.10.4的规定。

表4.10.4　高压喷射注浆地基质量检验标准

项	序	检查项目	允许偏差或允许值		检查方法
			单位	数值	
主控项目	1	水泥及外掺剂质量	符合出厂要求		查产品合格证书或抽样送检
	2	水泥用量	设计要求		查看流量表及水泥浆水灰比
	3	桩体强度或完整性检验	设计要求		按规定方法
	4	地基承载力	设计要求		按规定方法
一般项目	1	钻孔位置	mm	≤50	用钢尺量
	2	钻孔垂直度	%	≤1.5	经纬仪测钻杆或实测
	3	孔深	mm	±200	用钢尺量
	4	注浆压力	按设定参数指标		查看压力表
	5	桩体搭接	mm	＞200	用钢尺量
	6	桩体直径	mm	≤50	开挖后用钢尺量
	7	桩身中心允许偏差		≤0.2D	开挖后桩顶下500mm处用钢尺量，D为桩径

3.2.10 水泥土搅拌桩地基检验批质量验收记录

1. 表格

水泥土搅拌桩地基检验批质量验收记录

01011001____

单位（子单位）工程名称			分部（子分部）工程名称			分项工程名称		
施工单位			项目负责人			检验批容量		
分包单位			分包单位项目负责人			检验批部位		
施工依据				验收依据		《建筑地基基础工程施工质量验收规范》GB 50202－2002		
验收项目			设计要求及规范规定	最小/实际抽样数量		检查记录		检查结果
主控项目	1	水泥及外掺剂质量	设计要求	/				
	2	水泥用量	参数指标	/				
	3	桩体强度	设计要求	/				
	4	地基承载力	设计要求	/				
一般项目	1	机头提升速度（m/min）	$\leqslant 0.5$	/				
	2	桩底标高（mm）	± 200	/				
	3	桩顶标高（mm）	$+100，-50$	/				
	4	桩位偏差（mm）	<50	/				
	5	桩径	$<0.04D$ $(D=\_\_\_ mm)$	/				
	6	垂直度（%）	$\leqslant 1.5$	/				
	7	搭接（mm）	>200	/				
施工单位检查结果					专业工长：项目专业质量检查员：年 月 日			
监理单位验收结论					专业监理工程师：年 月 日			

2. 验收依据说明

【规范名称及编号】《建筑地基基础工程施工质量验收规范》GB 50202－2002

【条文摘录】

摘录一：

4.1 一般规定（见《素土、灰土地基检验批质量验收记录》的表格验收依据说明，本书第73页）。

摘录二：

4.11 水泥土搅拌桩地基

4.11.1 施工前应检查水泥及外掺剂的质量、桩位、搅拌机工作性能及各种计量设备完好程度（主要是水泥浆流量计及其他计量装置）。

4.11.2 施工中应检查机头提升速度、水泥浆或水泥注入量、搅拌桩的长度及标高。

4.11.3 施工结束后，应检查桩体强度、桩体直径及地基承载力。

4.11.4 进行强度检验时，对承重水泥土搅拌桩应取90d后的试件；对支护水泥土搅拌桩应取28d后的试件。

4.11.5 水泥土搅拌桩地基质量检验标准应符合表4.11.5的规定。

表4.11.5 水泥土搅拌桩地基质量检验标准

项	序	检查项目	允许偏差或允许值		检查方法
			单位	数值	
主控项目	1	水泥及外掺剂质量	设计要求		查产品合格证书或抽样送检
	2	水泥用量	参数指标		查看流量计
	3	桩体强度	设计要求		按规定办法
	4	地基承载力	设计要求		按规定办法
一般项目	1	机头提升速度	m/min	≤0.5	量机头上升距离及时间
	2	桩底标高	mm	±200	测机头深度
	3	桩顶标高	mm	＋100 −50	水准仪（最上部500mm不计入）
	4	桩位偏差	mm	＜50	用钢尺量
	5	桩径		＜0.04D	用钢尺量，D为桩径
	6	垂直度	%	≤1.5	经纬仪
	7	搭接	mm	＞200	用钢尺量

3.2.11 土和灰土挤密桩复合地基检验批质量验收记录

1. 表格

土和灰土挤密桩复合地基检验批质量验收记录

01011101 ____

单位（子单位）工程名称			分部（子分部）工程名称			分项工程名称		
施工单位			项目负责人			检验批容量		
分包单位			分包单位项目负责人			检验批部位		
施工依据				验收依据		《建筑地基基础工程施工质量验收规范》GB 50202－2002		

验收项目			设计要求及规范规定	最小/实际抽样数量	检 查 记 录			检查结果
主控项目	1	桩体及桩间土干密度	设计要求	/				
	2	桩长（mm）	＋500	/				
	3	地基承载力	设计要求	/				
	4	桩径（mm）	−20	/				

续表

验收项目			设计要求及规范规定	最小/实际抽样数量	检 查 记 录	检查结果
一般项目	1	土料有机质含量（%）	≤5	/		
	2	石灰粒径（mm）	≤5	/		
	3	桩位偏差	满堂布桩≤0.40D（D=＿＿＿ mm）	/		
			条基布桩≤0.25D（D=＿＿＿ mm）	/		
	4	垂直度（%）	≤1.5	/		
	5	桩径（mm）	－20	/		
施工单位检查结果				专业工长： 项目专业质量检查员： 年 月 日		
监理单位验收结论				专业监理工程师： 年 月 日		

2. 验收依据说明

【规范名称及编号】《建筑地基基础工程施工质量验收规范》GB 50202－2002

【条文摘录】

摘录一：

4.1 一般规定（见《素土、灰土地基检验批质量验收记录》的表格验收依据说明，本书第73页）。

摘录二：

4.12 土和灰土挤密桩复合地基

4.12.1 施工前应对土及灰土的质量、桩孔放样位置等做检查。

4.12.2 施工中应对桩孔直径、桩孔深度、夯击次数、填料的含水量等做检查。

4.12.3 施工结束后，应检验成桩的质量及地基承载力。

4.12.4 土和灰土挤密桩地基质量检验标准应符合表4.12.4的规定。

表 4.12.4 土和灰土挤密桩地基质量检验标准

项	序	检查项目		允许偏差或允许值		检查方法
				单 位	数 值	
主控项目	1	桩体及桩间土干密度		设计要求		现场取样检查
	2	桩长		mm	＋500	测桩管长度或垂球测孔深
	3	地基承载力		设计要求		按规定的方法
	4	桩径		mm	－20	用钢尺量
一般项目	1	土料有机质含量		%	≤5	试验室焙烧法
	2	石灰粒径		mm	≤5	筛分法
	3	桩位偏差	满堂布桩		≤0.40D	用钢尺量，D为桩径
			条基布桩		≤0.25D	
	4	垂直度		%	≤1.5	用经纬仪测桩管
	5	桩径		mm	－20	用钢尺量

注：桩径允许偏差负值是指个别断面。

3.2.12　水泥粉煤灰碎石桩复合地基检验批质量验收记录

1. 表格

水泥粉煤灰碎石桩复合地基检验批质量验收记录

01011201 ____

单位（子单位）工程名称			分部（子分部）工程名称		分项工程名称		
施工单位			项目负责人		检验批容量		
分包单位			分包单位项目负责人		检验批部位		
施工依据			验收依据	《建筑地基基础工程施工质量验收规范》GB 50202－2002			
验收项目			设计要求及规范规定	最小/实际抽样数量	检查记录		检查结果
主控项目	1	原材料	设计要求	/			
	2	桩径（mm）	－20	/			
	3	桩身强度	设计要求C____	/			
	4	地基承载力	设计要求	/			
一般项目	1	桩身完整性	符合设计要求	/			
	2	桩位偏差	满堂布桩≤0.40D（D＝____mm）	/			
			条基布桩≤0.25D（D＝____mm）	/			
	3	桩垂直度（％）	≤1.5	/			
	4	桩长（mm）	＋100	/			
	5	褥垫层夯填度	≤0.9	/			
施工单位检查结果				专业工长：项目专业质量检查员：　　　　　年　月　日			
监理单位验收结论				专业监理工程师：　　　　　年　月　日			

2. 验收依据说明

【规范名称及编号】《建筑地基基础工程施工质量验收规范》GB 50202－2002

【条文摘录】

摘录一：

4.1　一般规定（见《素土、灰土地基检验批质量验收记录》的表格验收依据说明，本书第73页）。

摘录二：

4.13　水泥粉煤灰碎石桩复合地基

4.13.1　水泥、粉煤灰、砂及碎石等原材料应符合设计要求。

4.13.2　施工中应检查桩身混合料的配合比、坍落度和提拔钻杆速度（或提拔套管速度）、成孔深度、混合料灌入量等。

4.13.3 施工结束后，应对桩顶标高、桩位、桩体质量、地基承载力以及褥垫层的质量做检查。

4.13.4 水泥粉煤灰碎石桩复合地基的质量检验标准应符合表4.13.4的规定。

表 4.13.4　水泥粉煤灰碎石桩复合地基质量检验标准

项目	序号	检查项目	允许偏差或允许值		检查方法
			单　位	数　值	
主控项目	1	原材料	设计要求		查产品合格证书或抽样送检
	2	桩径	mm	—20	用钢尺量或计算填料量
	3	桩身强度	设计要求		查28d试块强度
	4	地基承载力	设计要求		按规定的办法
一般项目	1	桩身完整性	按桩基检测技术规范		按桩基检测技术规范
	2	桩位偏差	满堂红布桩	≤0.40D	用钢尺量，D为桩径
			条基布桩	≤0.25D	
	3	桩垂直度	%	≤1.5	用经纬仪测桩管
	4	桩长	mm	+100	测桩管长度或垂球测孔深
	5	褥垫层夯填度	≤0.9		用钢尺量

注：1　夯填度指夯实后的褥垫层厚度与虚体厚度的比值；
　　2　桩径允许偏差负值是指个别断面。

3.2.13　夯实水泥土桩复合地基检验批质量验收记录

1. 表格

夯实水泥土桩复合地基检验批质量验收记录

01011301 ____

单位（子单位）工程名称			分部（子分部）工程名称		分项工程名称	
施工单位			项目负责人		检验批容量	
分包单位			分包单位项目负责人		检验批部位	
施工依据				验收依据	《建筑地基基础工程施工质量验收规范》GB 50202－2002	

验收项目			设计要求及规范规定	最小/实际抽样数量	检查记录	检查结果
主控项目	1	桩径（mm）	—20	/		
	2	桩长（mm）	+500	/		
	3	桩体干密度	设计要求	/		
	4	地基承载力	设计要求	/		
一般项目	1	土料有机质含量（%）	≤5			
	2	含水量（与最优含水量比）(%)	±2			
	3	土料粒径（mm）	≤20			
	4	水泥质量	设计要求			
	5	桩位偏差	满堂布桩≤0.40D（D=____mm）	/		
			条基布桩≤0.25D（D=____mm）	/		
	6	桩孔垂直度（%）	≤1.5	/		
	7	褥垫层夯填度	≤0.9	/		

施工单位检查结果		专业工长：项目专业质量检查员： 年　月　日
监理单位验收结论		专业监理工程师： 年　月　日

2. 验收依据说明

【规范名称及编号】《建筑地基基础工程施工质量验收规范》GB 50202－2002

【条文摘录】

摘录一：

4.1　一般规定（见《素土、灰土地基检验批质量验收记录》的表格验收依据说明，本书第73页）。

摘录二：

4.14　夯实水泥土桩复合地基

4.14.1　水泥及夯实用土料的质量应符合设计要求。

4.14.2　施工中应检查孔位、孔深、孔径、水泥和土的配比、混合料含水量等。

4.14.3　施工结束后，应对桩体质量及复合地基承载力做检验，褥垫层应检查其夯填度。

4.14.4　夯实水泥土桩的质量检验标准应符合表4.14.4的规定。

4.14.5　夯扩桩的质量检验标准可按本节执行。

表4.14.4　夯实水泥土桩复合地基质量检验标准

项	序	检查项目	允许偏差或允许值		检查方法
			单位	数值	
主控项目	1	桩径	mm	－20	用钢尺量
	2	桩长	mm	＋500	测桩孔深度
	3	桩体干密度		设计要求	现场取样检查
	4	地基承载力		设计要求	按规定的方法
一般项目	1	土料有机质含量	%	≤5	焙烧法
	2	含水量（与最优含水量比）	%	±2	烘干法
	3	土料粒径	mm	≤20	筛分法
	4	水泥质量		设计要求	查产品质量合格证书或抽样送检
	5	桩位偏差		满堂布桩≤0.40D 条基布桩≤0.25D	用钢尺量，D为桩径
	6	桩孔垂直度	%	≤1.5	用经纬仪测桩管
	7	褥垫层夯填度		≤0.9	用钢尺量

注：见表4.13.4。

3.2.14　钢筋混凝土预制桩（钢筋骨架）检验批质量验收记录表

1. 表格

钢筋混凝土预制桩（钢筋骨架）检验批质量验收记录

01020701 ____

单位（子单位）工程名称			分部（子分部）工程名称		分项工程名称	
施工单位			项目负责人		检验批容量	
分包单位			分包单位项目负责人		检验批部位	
施工依据				验收依据	《建筑地基基础工程施工质量验收规范》GB 50202－2002	
验收项目			设计要求及规范规定	最小/实际抽样数量	检查记录	检查结果
主控项目	1	主筋距桩顶距离（mm）	±5	/		
	2	多节桩锚固钢筋位置（mm）	5	/		
	3	多节桩预埋铁件（mm）	±3	/		
	4	主筋保护层厚度（mm）	±5	/		

续表

验收项目		设计要求及规范规定	最小/实际抽样数量	检查记录	检查结果
一般项目	1 主筋间距（mm）	±5	/		
	2 桩尖中心线（mm）	10	/		
	3 箍筋间距（mm）	±20	/		
	4 桩顶钢筋网片（mm）	±10	/		
	5 多节桩锚固钢筋长度（mm）	±10	/		
施工单位检查结果				专业工长： 项目专业质量检查员： 年 月 日	
监理单位验收结论				专业监理工程师： 年 月 日	

2. 验收依据说明

【规范名称及编号】《建筑地基基础工程施工质量验收规范》GB 50202－2002

【条文摘录】

摘录一：

5.1 一般规定

5.1.1 桩位的放样允许偏差如下：

群桩：20mm；

单排桩：10mm。

5.1.2 桩基工程的桩位验收，除设计有规定外，应按下述要求进行：

1 当桩顶设计标高与施工场地标高相同时，或桩基施工结束后，有可能对桩位进行检查时，桩基工程的验收应在施工结束后进行。

2 当桩顶设计标高低于施工场地标高，送桩后无法对桩位进行检查时，对打入桩可在每根桩桩顶沉至场地标高时，进行中间验收，待全部桩施工结束，承台或底板开挖到设计标高后，再做最终验收。对灌注桩可对护筒位置做中间验收。

5.1.3 打（压）入桩（预制混凝土方桩、先张法预应力管桩、钢桩）的桩位偏差，必须符合表**5.1.3**的规定。斜桩倾斜度的偏差不得大于倾斜角正切值的**15%**（倾斜角系桩的纵向中心线与铅垂线间夹角）。

表 5.1.3 预制桩（钢桩）桩位的允许偏差（mm）

项	项 目	允许偏差
1	盖有基础梁的桩： （1）垂直基础梁的中心线 （2）沿基础梁的中心线	$100+0.01H$ $150+0.01H$
2	桩数为1～3根桩基中的桩	100
3	桩数为4～16根桩基中的桩	1/2桩径或边长
4	桩数大于16根桩基中的桩： （1）最外边的桩 （2）中间桩	1/3桩径或边长 1/2桩径或边长

注：H 为施工现场地面标高与桩顶设计标高的距离。

5.1.4　灌注桩的桩位偏差必须符合表 5.1.4 的规定，桩顶标高至少要比设计标高高出 0.5m，桩底清孔质量按不同的成桩工艺有不同的要求，应按本章的各节要求执行。每浇筑 50m³ 必须有 1 组试件，小于 50m³ 的桩，每根桩必须有 1 组试件。

表 5.1.4　灌注桩的平面位置和垂直度的允许偏差

序号	成孔方法		桩径允许偏差（mm）	垂直度允许偏差（%）	桩位允许偏差（mm）	
					1～3 根、单排桩基垂直于中心线方向和群桩基础的边桩	条形桩基沿中心线方向和群桩基础的中间桩
1	泥浆护壁灌注桩	$D \leqslant 1000mm$	±50	<1	$D/6$，且不大于 100	$D/4$，且不大于 150
		$D > 1000mm$	±50		$100+0.01H$	$150+0.01H$
2	套管成孔灌注桩	$D \leqslant 500mm$	−20	<1	70	150
		$D > 500mm$			100	150
3	干成孔灌注桩		−20	<1	70	150
4	人工挖孔桩	混凝土护壁	+50	<0.5	50	150
		钢套管护壁	+50	<1	100	200

注：1　桩径允许偏差的负值是指个别断面。
　　2　采用复打、反插法施工的桩，其桩径允许偏差不受上表限制。
　　3　H 为施工现场地面标高与桩顶设计标高的距离，D 为设计桩径。

5.1.5　工程桩应进行承载力检验。对于地基基础设计等级为甲级或地质条件复杂，成桩质量可靠性低的灌注桩，应采用静载荷试验的方法进行检验，检验桩数不应少于总数的 1%，且不应少于 3 根，当总桩数少于 50 根时，不应少于 2 根。

5.1.6　桩身质量应进行检验。对设计等级为甲级或地质条件复杂，成桩质量可靠性低的灌注桩，抽检数量不应少于总数的 30%，且不应少于 20 根；其他桩基工程的抽检数量不应少于总数的 20%，且不应少于 10 根；对混凝土预制桩及地下水位以上且终孔后经过核验的灌注桩，检验数量不应少于总桩数的 10%，且不得少于 10 根。每个柱子承台下不得少于 1 根。

5.1.7　对砂、石子、钢材、水泥等原材料的质量、检验项目、批量和检验方法，应符合国家现行标准的规定。

5.1.8　除本规范第 5.1.5、5.1.6 条规定的主控项目外，其他主控项目应全部检查，对一般项目，除已明确规定外，其他可按 20% 抽查，但混凝土灌注桩应全部检查。

摘录二：

5.4　混凝土预制桩

5.4.1　桩在现场预制时，应对原材料、钢筋骨架（见表 5.4.1）、混凝土强度进行检查；采用工厂生产的成品桩时，桩进场后应进行外观及尺寸检查。

5.4.2　施工中应对桩体垂直度、沉桩情况、桩顶完整状况、接桩质量等进行检查，对电焊接桩，重要工程应做 10% 的焊缝探伤检查。

5.4.3　施工结束后，应对承载力及桩体质量做检验。

5.4.4　对长桩或总锤击数超过 500 击的锤击桩，应符合桩体强度及 28d 龄期的两项条件才能锤击。

5.4.5　钢筋混凝土预制桩的质量检验标准应符合表 5.4.5 的规定。

表 5.4.1　预制桩钢筋骨架质量检验标准（mm）

项	序	检查项目	允许偏差或允许值	检查方法
主控项目	1	主筋距桩顶距离	±5	用钢尺量
	2	多节桩锚固钢筋位置	5	用钢尺量
	3	多节桩预埋铁件	±3	用钢尺量
	4	主筋保护层厚度	±5	用钢尺量

续表

项	序	检查项目	允许偏差或允许值	检查方法
一般项目	1	主筋间距	±5	用钢尺量
	2	桩尖中心线	10	用钢尺量
	3	箍筋间距	±20	用钢尺量
	4	桩顶钢筋网片	±10	用钢尺量
	5	多节桩锚固钢筋长度	±10	用钢尺量

表 5.4.5　钢筋混凝土预制桩的质量检验标准

项	序	检查项目	允许偏差或允许值		检查方法
			单　位	数　值	
主控项目	1	桩体质量检验	按基桩检测技术规范		按基桩检测技术规范
	2	桩位偏差	见本规范表5.1.3		用钢尺量
	3	承载力	按基桩检测技术规范		按基桩检测技术规范
一般项目	1	砂、石、水泥、钢材等原材料（现场预制时）	符合设计要求		查出厂质保文件或抽样送检
	2	混凝土配合比及强度（现场预制时）	符合设计要求		检查称量及查试块记录
	3	成品桩外形	表面平整，颜色均匀，掉角深度<10mm，蜂窝面积小于总面积0.5%		直观
	4	成品桩裂缝（收缩裂缝或起吊、装运、堆放引起的裂缝）	深度<20mm，宽度<0.25mm，横向裂缝不超过边长的一半		裂缝测定仪，该项在地下水有侵蚀地区及锤击数超过500击的长桩不适用
	5	成品桩尺寸：横截面边长	mm	±5	用钢尺量
		桩顶对角线差	mm	<10	用钢尺量
		桩尖中心线	mm	<10	用钢尺量
		桩身弯曲矢高		<1/1000l	用钢尺量，l为桩长
		桩顶平整度	mm	<2	用水平尺量
	6	电焊接桩：焊缝质量	见本规范表5.5.4-2		见本规范表5.5.4-2
		电焊结束后停歇时间	min	>1.0	秒表测定
		上下节平面偏差		<10	用钢尺量
		节点弯曲矢高	mm	<1/1000l	用钢尺量，l为两节桩长
	7	硫磺胶泥接桩： 胶泥浇注时间 浇注后停歇时间	min min	<2 >7	秒表测定 秒表测定
	8	桩顶标高	mm	±50	水准仪
	9	停锤标准	设计要求		现场实测或查沉桩记录

3.2.15　钢筋混凝土预制桩检验批质量验收记录

1. 表格

钢筋混凝土预制桩检验批质量验收记录

01020702 ____

单位（子单位） 工程名称			分部（子分部） 工程名称		分项工程 名称	
施工单位			项目负责人		检验批容量	
分包单位			分包单位 项目负责人		检验批部位	
施工依据				验收依据	《建筑地基基础工程施工质量验收规范》 GB 50202－2002	

验收项目			设计要求及规范规定	最小/实际 抽样数量	检查记录	检查 结果
主控 项目	1	桩体质量检验	设计要求	/		
	2	桩位偏差	见本规范表 5.1.3	/		
	3	承载力	设计要求	/		
一般 项目	1	砂、石、水泥、钢材等 原材料（现场预制时）	设计要求	/		
	2	混凝土配合比及强度 （现场预制时）	设计要求	/		
	3	成品桩外形	表面平整，颜色均匀，掉角 深度＜10mm，蜂窝面积 小于总面积 0.5％	/		
	4	成品桩裂缝（收缩裂缝 或起吊、装运、堆放 引起的裂缝）	深度＜20mm，宽度 ＜0.25mm，横向裂缝不超 过边长的一半	/		
	5	成品桩尺寸	—	/		
		横截面边长（mm）	±5	/		
		桩顶对角线差（mm）	＜10	/		
		桩尖中心线（mm）	＜10	/		
		桩身弯曲矢高	＜1/1000L（$L=$ ____ mm）	/		
		桩顶平整度（mm）	＜2	/		
	6	电焊接桩：焊缝质量	见本规范表 5.5.4-2	/		
		电焊结束后停歇时间	＞1.0min	/		
		上下节平面偏差	＜10	/		
		节点弯曲矢高	＜1/1000L（$L=$ ____ mm）	/		
	7	硫磺胶泥接桩：胶泥 浇注时间	＜2min	/		
		浇注停歇时间	＞7min	/		
	8	桩顶标高（mm）	±50	/		
	9	停锤标准	设计要求	/		
施工单位 检查结果				专业工长： 项目专业质量检查员： 　　　　　　年　月　日		
监理单位 验收结论				专业监理工程师： 　　　　　　年　月　日		

2. 验收依据说明

【规范名称及编号】《建筑地基基础工程施工质量验收规范》GB 50202 - 2002

【条文摘录】

5.1 一般规定、5.4 混凝土预制桩（见《钢筋混凝土预制桩（钢筋骨架）检验批质量验收记录》的表格验收依据说明，本书第 93 页）。

3.2.16 混凝土灌注桩（钢筋笼）检验批质量验收记录表

1. 表格

混凝土灌注桩（钢筋笼）检验批质量验收记录

01020801 ____

01020901 ____

01021000 ____

01021101 ____

01030101 ____

单位（子单位）工程名称			分部（子分部）工程名称			分项工程名称	
施工单位			项目负责人			检验批容量	
分包单位			分包单位项目负责人			检验批部位	
施工依据				验收依据		《建筑地基基础工程施工质量验收规范》GB 50202 - 2002	

验收项目			设计要求及规范规定	最小/实际抽样数量	检查记录		检查结果
主控项目	1	主筋间距（mm）	±10	/			
	2	长度（mm）	±100	/			
一般项目	1	钢筋材质检验	设计要求	/			
	2	箍筋间距（mm）	±20	/			
	3	直径（mm）	±10	/			

施工单位检查结果	专业工长： 项目专业质量检查员： 年 月 日
监理单位验收结论	专业监理工程师： 年 月 日

2. 验收依据说明

【规范名称及编号】《建筑地基基础工程施工质量验收规范》GB 50202 - 2002

【条文摘录】

摘录一：

5.1 一般规定（见《钢筋混凝土预制桩（钢筋骨架）检验批质量验收记录》的表格验收依据说明，本书第 93 页）。

摘录二：

5.6 混凝土灌注桩

5.6.1　施工前应对水泥、砂、石子（如现场搅拌）、钢材等原材料进行检查，对施工组织设计中制定的施工顺序、监测手段（包括仪器、方法）也应检查。

5.6.2　施工中应对成孔、清渣、放置钢筋笼、灌注混凝土等进行全过程检查，人工挖孔桩尚应复验孔底持力层土（岩）性。嵌岩桩必须有桩端持力层的岩性报告。

5.6.3　施工结束后，应检查混凝土强度，并应做桩体质量及承载力的检验。

5.6.4　混凝土灌注桩的质量检验标准应符合表5.6.4-1、表5.6.4-2的规定。

表5.6.4-1　混凝土灌注桩钢筋笼质量检验标准(mm)

项	序	检查项目	允许偏差或允许值	检查方法
主控项目	1	主筋间距	±10	用钢尺量
	2	长度	±100	用钢尺量
一般项目	1	钢筋材质检验	设计要求	抽样送检
	2	箍筋间距	±20	用钢尺量
	3	直径	±10	用钢尺量

表5.6.4-2　混凝土灌注桩质量检验标准

项	序	检查项目	允许偏差或允许值		检查方法
			单位	数值	
主控项目	1	桩位	见本规范表5.1.4		基坑开挖前量护筒，开挖后量桩中心
	2	孔深	mm	+300	只深不浅，用重锤测，或测钻杆、套管长度，嵌岩桩应确保进入设计要求的嵌岩深度
	3	桩体质量检验	按基桩检测技术规范。如钻芯取样，大直径嵌岩桩应钻至桩尖下50cm		按基桩检测技术规范
	4	混凝土强度	设计要求		试件报告或钻芯取样送检
	5	承载力	按基桩检测技术规范		按基桩检测技术规范
一般项目	1	垂直度	见本规范表5.1.4		测套管或钻杆，或用超声波探测，干施工时吊垂球
	2	桩径	见本规范表5.1.4		井径仪或超声波检测，干施工时用钢尺量，人工挖孔桩不包括内衬厚度
	3	泥浆比重（黏土或砂性土中）	1.15～1.20		用比重计测，清孔后在距孔底50cm处取样
	4	泥浆面标高（高于地下水位）	m	0.5～1.0	目测
	5	沉渣厚度：端承桩　　　　　摩擦桩	mm　　mm	≤50　　≤150	用沉渣仪或重锤测量
	6	混凝土坍落度：水下灌注　　　　　　　干施工	mm　　mm	160～220　　70～100	坍落度仪
	7	钢筋笼安装深度	mm	±100	用钢尺量
	8	混凝土充盈系数	>1		检查每根桩的实际灌注量
	9	桩顶标高	mm	+30　　−50	水准仪，需扣除桩顶浮浆层及劣质桩体

5.6.5 人工挖孔桩、嵌岩桩的质量检验应按本节执行。

3.2.17 混凝土灌注桩检验批质量验收记录

1. 表格

混凝土灌注桩检验批质量验收记录

01020802 ____

01020902 ____

01021002 ____

01021102 ____

01030102 ____

单位（子单位）工程名称			分部（子分部）工程名称		分项工程名称	
施工单位			项目负责人		检验批容量	
分包单位			分包单位项目负责人		检验批部位	
施工依据				验收依据	《建筑地基基础工程施工质量验收规范》GB 50202－2002	

验收项目			设计要求及规范规定	最小/实际抽样数量	检查记录	检查结果
主控项目	1	桩位	见本规范表5.1.4	/		
	2	孔深（mm）	＋300	/		
	3	桩体质量检验	设计要求	/		
	4	混凝土强度	设计要求 C ____	/		
	5	承载力	设计要求	/		
一般项目	1	垂直度	见本规范表5.1.4	/		
	2	桩径	见本规范表5.1.4	/		
	3	泥浆比重（黏土或砂性土中）	1.15～1.20	/		
	4	泥浆面标高（高于地下水位）（m）	0.5～1.0	/		
	5	沉渣厚度： 端承桩（mm）	≤50	/		
		摩擦桩（mm）	≤150	/		
	6	混凝土坍落度： 水下灌注（mm）	160～220	/		
		干施工（mm）	70～100	/		
	7	钢筋笼安装深度（mm）	±100	/		
	8	混凝土充盈系数	＞1	/		
	9	桩顶标高（mm）	＋30，－50	/		

施工单位检查结果	专业工长： 项目专业质量检查员： 年 月 日
监理单位验收结论	专业监理工程师： 年 月 日

2. 验收依据说明

【规范名称及编号】《建筑地基基础工程施工质量验收规范》GB 50202－2002

【条文摘录】

5.1 一般规定、5.6混凝土灌注桩（见《混凝土灌注桩（钢筋笼）检验批质量验收记录》的表格验收依据说明，本书第97页）。

3.2.18 钢桩（成品）检验批质量验收记录

1. 表格

钢桩（成品）检验批质量验收记录

01021201 ____

单位（子单位）工程名称			分部（子分部）工程名称			分项工程名称		
施工单位			项目负责人			检验批容量		
分包单位			分包单位项目负责人			检验批部位		
施工依据					验收依据	《建筑地基基础工程施工质量验收规范》GB 50202－2002		

验收项目			设计要求及规范规定		最小/实际抽样数量	检查记录	检查结果
主控项目	1	钢桩外径或断面尺寸	桩端	$\pm0.5\%D$	/		
			桩身	$\pm1D$	/		
	2	矢高		$<1/1000L$	/		
一般项目	1	长度（mm）		$+10$	/		
	2	端部平整度（mm）		$\leqslant2$	/		
	3	H钢桩的方正度	$h>300mm$	$T+T'\leqslant8$	/		
			$h<300mm$	$T+T'\leqslant6$	/		
	4	端部平面与桩中心线的倾斜值（mm）		$\leqslant2$	/		

施工单位检查结果	专业工长： 项目专业质量检查员： 年 月 日
监理单位验收结论	专业监理工程师： 年 月 日

2. 验收依据说明

【规范名称及编号】《建筑地基基础工程施工质量验收规范》GB 50202－2002

【条文摘录】

摘录一：

5.1 一般规定（见《钢筋混凝土预制桩（钢筋骨架）检验批质量验收记录》的表格验收依据说明，本书第93页）。

摘录二：

5.5 钢桩

5.5.1 施工前应检查进入现场的成品钢桩,成品桩的质量标准应符合本规范表 5.5.4-1 的规定。

5.5.2 施工中应检查钢桩的垂直度、沉入过程、电焊连接质量、电焊后的停歇时间、桩顶锤击后的完整状况。电焊质量除常规检查外,应做 10% 的焊缝探伤检查。

5.5.3 施工结束后应做承载力检验。

5.5.4 钢桩施工质量检验标准应符合表 5.5.4-1 及表 5.5.4-2 的规定。

表 5.5.4-1 成品钢桩质量检验标准

项	序	检查项目	允许偏差或允许值		检查方法
			单位	数值	
主控项目	1	钢桩外径或断面尺寸:桩端 桩身		$\pm 0.5\%D$ $\pm 1D$	用钢尺量,D 为外径或边长
	2	矢高		$<1/1000l$	用钢尺量,l 为桩长
一般项目	1	长度	mm	+10	用钢尺量
	2	端部平整度	mm	$\leqslant 2$	用水平尺量
	3	H 钢桩的方正度 $h>300$ $h<300$ 	mm mm	$T+T'\leqslant 8$ $T+T'\leqslant 6$	用钢尺量,h、T、T' 见图示
	4	端部平面与桩中心线的倾斜值	mm	$\leqslant 2$	用水平尺量

表 5.5.4-2 钢桩施工质量检验标准

项	序	检查项目	允许偏差或允许值		检查方法
			单位	数值	
主控项目	1	桩位偏差	见本规范表 5.1.3		用钢尺量
	2	承载力	按基桩检测技术规范		按基桩检测技术规范
一般项目	1	电焊接桩焊缝: (1)上下节端部错口 　　(外径≥700mm) 　　(外径<700mm) (2)焊缝咬边深度 (3)焊缝加强层高度 (4)焊缝加强层宽度	mm mm mm mm mm	$\leqslant 3$ $\leqslant 2$ $\leqslant 0.5$ 2 2	用钢尺量 用钢尺量 焊缝检查仪 焊缝检查仪 焊缝检查仪
		(5)焊缝电焊质量外观	无气孔,无焊瘤,无裂缝		直观
		(6)焊缝探伤检验	满足设计要求		按设计要求
	2	电焊结束后停歇时间	min	>1.0	秒表测定
	3	节点弯曲矢高		$<1/1000l$	用钢尺量,l 为两节桩长
	4	桩顶标高	mm	± 50	水准仪
	5	停锤标准	设计要求		用钢尺量或沉桩记录

3.2.19　钢桩检验批质量验收记录

1. 表格

钢桩检验批质量验收记录

01021202 ____

单位（子单位）工程名称				分部（子分部）工程名称		分项工程名称	
施工单位				项目负责人		检验批容量	
分包单位				分包单位项目负责人		检验批部位	
施工依据				验收依据		《建筑地基基础工程施工质量验收规范》GB 50202－2002	

验收项目				设计要求及规范规定	最小/实际抽样数量	检查记录	检查结果
主控项目	1	桩位偏差		见本规范表 5.1.3	/		
	2	承载力		设计要求	/		
一般项目	1	电焊接桩焊缝：	(1) 上下节端部错口	（外径≥700mm）（mm）	≤3	/	
				（外径＜700mm）（mm）	≤2	/	
			(2) 焊缝咬边深度（mm）	≤0.5	/		
			(3) 焊缝加强层高度（mm）	2	/		
			(4) 焊缝加强层宽度（mm）	2	/		
			(5) 焊缝电焊质量外观	无气孔，无焊瘤，无裂缝	/		
			(6) 焊缝探伤检验	满足设计要求	/		
	2	电焊结束后停歇时间（min）		＞1.0	/		
	3	节点弯曲矢高		＜1/1000L	/		
	4	桩顶标高（mm）		±50	/		
	5	停锤标准		设计要求	/		
施工单位检查结果					专业工长：项目专业质量检查员：年　月　日		
监理单位验收结论					专业监理工程师：年　月　日		

2. 验收依据说明

【规范名称及编号】《建筑地基基础工程施工质量验收规范》GB 50202－2002

【条文摘录】

5.1 一般规定、5.5钢桩（见《钢桩（成品）检验批质量验收记录》）的表格验收依据说明，本书第100页）。

3.2.20 锚杆静压桩基础检验批质量验收记录

1. 表格

锚杆静压桩基础检验批质量验收记录

01021301 ____

单位（子单位）工程名称			分部（子分部）工程名称		分项工程名称		
施工单位			项目负责人		检验批容量		
分包单位			分包单位项目负责人		检验批部位		
施工依据				验收依据	《建筑地基基础工程施工质量验收规范》GB 50202-2002		

验收项目			设计要求及规范规定	最小/实际抽样数量	检查记录	检查结果
主控项目	1	桩体质量检验	设计要求	/		
	2	桩位偏差	见本规范表5.1.3	/		
	3	承载力	设计要求	/		
一般项目	1	成品桩质量：外观　外形尺寸　强度	表面平整，颜色均匀，掉角深度＜10mm，蜂窝面积小于总面积0.5%见本规范表5.4.5	/		
	2	硫磺胶泥质量（半成品）	设计要求	/		
	3	电焊接桩焊缝质量	5.5.4-2	/		
	4	电焊接桩，电焊结束后停歇时间	＞1.0min	/		
	5	硫磺胶泥接桩，胶泥浇注时间	＜2min	/		
	6	硫磺胶泥接桩，浇注后停歇时间	＞7min	/		
	7	电焊条质量	设计要求	/		
	8	压桩压力（设计有要求时）	±5%	/		
	9	接桩时上下节平面偏差（mm）	＜10且＜1/1000L	/		
	10	接桩时节点弯曲矢高（mm）	＜10且＜1/1000L	/		
	11	桩顶标高	±50mm	/		

施工单位检查结果	专业工长：项目专业质量检查员：年　月　日
监理单位验收结论	专业监理工程师：年　月　日

2. 验收依据说明

【规范名称及编号】《建筑地基基础工程施工质量验收规范》GB 50202－2002

【条文摘录】

摘录一：

5.1　一般规定（见《钢筋混凝土预制桩（钢筋骨架）检验批质量验收记录》的表格验收依据说明，本书第93页）。

摘录二：

5.2　静力压桩

5.2.1　静力压桩包括锚杆静压桩及其他各种非冲击力沉桩。

5.2.2　施工前应对成品桩（锚杆静压成品桩一般均由工厂制造，运至现场堆放）做外观及强度检验，接桩用焊条或半成品硫磺胶泥应有产品合格证书，或送有关部门检验，压桩用压力表、锚杆规格及质量也应进行检查。硫磺胶泥半成品应每100kg做一组试件（3件）。

5.2.3　压桩过程中应检查压力、桩垂直度、接桩间歇时间、桩的连接质量及压入深度。重要工程应对电焊接桩的接头做10％的探伤检查。对承受反力的结构应加强观测。

5.2.4　施工结束后，应做桩的承载力及桩体质量检验。

5.2.5　锚杆静压桩质量检验标准应符合表5.2.5的规定

表5.2.5　静力压桩质量检验标准

项	序	检查项目		允许偏差或允许值		检查方法
				单位	数值	
主控项目	1	桩体质量检验		按基桩检测技术规范		按基桩检测技术规范
	2	桩位偏差		见本规范表5.1.3		用钢尺量
	3	承载力		按基桩检测技术规范		按基桩检测技术规范
一般项目	1	成品桩质量：外观		表面平整，颜色均匀，掉角深度＜10mm，蜂窝面积小于总面积0.5％ 见本规范表5.4.5		直观
		外形尺寸				见本规范表5.4.5
		强度		满足设计要求		查产品合格证书或钻芯试压
	2	硫磺胶泥质量（半成品）		设计要求		查产品合格证书或抽样送检
	3	接桩	电焊接桩：焊缝质量	见本规范表5.5.4-2		见本规范表5.5.4-2
			电焊结束后停歇时间	min	＞1.0	秒表测定
			硫磺胶泥接桩：胶泥浇注时间	min	＜2	秒表测定
			浇注后停歇时间	min	＞7	秒表测定
	4	电焊条质量		设计要求		查产品合格证书
	5	压桩压力（设计有要求时）		％	±5	查压力表读数
	6	接桩时上下节平面偏差 接桩时节点弯曲矢高		mm	＜10 ＜1/1000l	用钢尺量 用钢尺量，l为两节桩长
	7	桩顶标高		mm	±50	水准仪

3.2.21 沉井与沉箱基础检验批质量验收记录

1. 表格

沉井与沉箱基础检验批质量验收记录

01021501 ____

单位（子单位） 工程名称			分部（子分部） 工程名称			分项工程 名称		
施工单位			项目负责人			检验批容量		
分包单位			分包单位 项目负责人			检验批部位		
施工依据				验收依据		《建筑地基基础工程施工质量验收规范》 GB 50202－2002		

		验收项目		设计要求及 规范规定	最小/实际 抽样数量	检查记录	检查 结果
主控项目	1	混凝土强度		设计要求 C ___	/		
	2	封底前，沉井（箱）的下沉稳定		＜10mm/8h	/		
	3	封底结束 后的位置	刃脚平均标高（与设计 标高比）	＜100mm	/		
			刃脚平面中心线位移	＜1%H （H＝__ mm）	/		
			四角中任何两角的底面 高差	＜1%L （L＝__ mm）	/		
一般项目	1	钢材、对接钢筋、水泥、骨料等材 料检查		设计要求	/		
	2	结构体外观		无裂缝、无蜂窝、 无空洞、不露筋	/		
	3	平面尺寸	长与宽	±0.5%	/		
			曲线部分半径	±0.5%	/		
			两对角线差	1.0%	/		
			预埋件	20mm	/		
	4	下沉过程 中的偏差	高差	1.5%～2.0%	/		
			平面轴线	＜1.5%H （H＝__ mm）	/		
	5	封底混凝土坍落度		18～22cm	/		

施工单位 检查结果	专业工长： 项目专业质量检查员： 年　月　日
监理单位 验收结论	专业监理工程师： 年　月　日

105

2. 验收依据说明

【规范名称及编号】《建筑地基基础工程施工质量验收规范》GB 50202－2002

【条文摘录】

7.7　沉井与沉箱

7.7.1　沉井是下沉结构，必须掌握确凿的地质资料，钻孔可按下述要求进行：

1. 面积在 200m² 以下（包括 200m²）的沉井（箱），应有一个钻孔（可布置在中心位置）。

2. 面积在 200m² 以上的沉井（箱），在四角（圆形为相互垂直的两直径端点）应各布置一个钻孔。

3. 特大沉井（箱）可根据具体情况增加钻孔。

4. 钻孔底标高应深于沉井的终沉标高。

5. 每座沉井（箱）应有一个钻孔提供土的各项物理力学指标、地下水位和地下水含量资料。

7.7.2　沉井（箱）的施工应由具有专业施工经验的单位承担。

7.7.3　沉井制作时，承垫木或砂垫层的采用，与沉井的结构情况、地质条件、制作高度等有关。无论采用何种形式，均应有沉井制作时的稳定计算及措施。

7.7.4　多次制作和下沉的沉井（箱），在每次制作接高时，应对下卧层作稳定复核计算，并确定确保沉井接高的稳定措施。

7.7.5　沉井采用排水封底，应确保终沉时，井内不发生管涌、涌土及沉井止沉稳定。如不能保证时，应采用水下封底。

7.7.6　沉井施工除应符合本规范规定外，尚应符合现行国家标准《混凝土结构工程施工质量验收规范》GB 50204 及《地下防水工程施工质量验收规范》GB 50208 的规定。

7.7.7　沉井（箱）在施工前应对钢筋、电焊条及焊接成形的钢筋半成品进行检验。如不用商品混凝土，则应对现场的水泥、骨料做检验。

7.7.8　混凝土浇筑前，应对模板尺寸、预埋件位置、模板的密封性进行检验。拆模后应检查浇注质量（外观及强度），符合要求后方可下沉。浮运沉井尚需做起浮可能性检查。下沉过程中应对下沉偏差做过程控制检查。下沉后的接高应对地基强度、沉井的稳定做检查。封底结束后，应对底板的结构（有无裂缝）及渗漏做检查。有关渗漏验收标准应符合现行国家标准《地下防水工程施工质量验收规范》GB 50208 的规定。

7.7.9　沉井（箱）竣工后的验收应包括沉井（箱）的平面位置、终端标高、结构完整性、渗水等进行综合检查。

7.7.10　沉井（箱）的质量检验标准应符合表 7.7.10 的要求。

表 7.7.10　沉井（箱）的质量检验标准

项	序	检查项目	允许偏差或允许值		检查方法
			单位	数值	
主控项目	1	混凝土强度	满足设计要求（下沉前必须达到70%设计强度）		查试件记录或抽样送检
	2	封底前，沉井（箱）的下沉稳定	mm/8h	<10	水准仪

续表 7.7.10

项	序	检查项目		允许偏差或允许值		检查方法
				单位	数值	
主控项目	3	封底结束后的位置	刃脚平均标高（与设计标高比）	mm	<100	水准仪
			刃脚平面中心线位移	mm	<1%H	经纬仪，H 为下沉总深度，H<10m 时，控制在 100mm 内
			四角中任何两角的底面高差	mm	<1%L	水准仪，L 为两角的距离，但不超过 300mm，L < 10m 时，控制在 100mm 内
一般项目	1	钢材、对接钢筋、水泥、骨料等原材料检查		符合设计要求		查出厂质量保证书或抽样送检
	2	结构体外观		无裂缝、无蜂窝空洞、不露筋		外观检查
	3	平面尺寸	长与宽	%	±0.5	用钢尺量，最大控制在 100mm 内
			曲线部分半径	%	±0.5	用钢尺量，最大控制在 100mm 内
			两对角线长度差	%	1.0	用钢尺量
			预埋件	mm	20	用钢尺量
	4	下沉过程中的偏差	高差	%	1.5～2.0	水准仪，但最大不超过 1m
			平面轴线		<1.5%H	经纬仪，H 为下沉高度，最大应控制在 300mm 内，此数值不包括高差引起的中线位移
	5	封底混凝土坍落度		cm	18～22	坍落度测定器

注：主控项目 3 的三项偏差可同时存在，下沉总深度，系指下沉前后刃脚之高差。

3.2.22　重复使用钢板桩围护墙检验批质量验收记录表

1. 表格

重复使用钢板桩围护墙检验批质量验收记录

01030201 ____

单位（子单位）工程名称			分部（子分部）工程名称			分项工程名称	
施工单位			项目负责人			检验批容量	
分包单位			分包单位项目负责人			检验批部位	
施工依据				验收依据		《建筑地基基础工程施工质量验收规范》GB 50202－2002	

验收项目		设计要求及规范规定	最小/实际抽样数量	检查记录	检查结果
主控项目	1 桩垂直度	$<1\%L$（$L=$__mm）	/		
	2 桩身弯曲度	$<2\%L$（$L=$__mm）	/		
	3 齿槽平直度及光滑度	无电焊渣或毛刺	/		
	4 桩长度	不小于设计长度（$L=$__mm）	/		

施工单位检查结果	专业工长： 项目专业质量检查员： 　年　月　日
监理单位验收结论	专业监理工程师： 　年　月　日

2. 验收依据说明

【规范名称及编号】《建筑地基基础工程施工质量验收规范》GB 50202－2002

【条文摘录】

7.1　一般规定

7.1.1　在基坑（槽）或管沟工程等开挖施工中，现场不宜进行放坡开挖，当可能对邻近建（构）筑物、地下管线、永久性道路产生危害时，应对基坑（槽）、管沟进行支护后再开挖。

7.1.2　基坑（槽）、管沟开挖前应做好下述工作：

1　基坑（槽）、管沟开挖前，应根据支护结构形式、挖深、地质条件、施工方法、周围环境、工期、气候和地面载荷等资料制定施工方案、环境保护措施、监测方案，经审批后方可施工。

2 土方工程施工前，应对降水、排水措施进行设计，系统应经检查和试运转，一切正常时方可开始施工。

3 有关围护结构的施工质量验收可按本规范第 4 章、第 5 章及本章 7.2、7.3、7.4、7.6、7.7 的规定执行，验收合格后方可进行土方开挖。

7.1.3 土方开挖的顺序、方法必须与设计工况相一致，并遵循"开槽支撑，先撑后挖，分层开挖，严禁超挖"的原则。

7.1.4 基坑（槽）、管沟的挖土应分层进行。在施工过程中基坑（槽）、管沟边堆置土方不应超过设计荷载，挖方时不应碰撞或损伤支护结构、降水设施。

7.1.5 基坑（槽）、管沟土方施工中应对支护结构、周围环境进行观察和监测，如出现异常情况应及时处理，待恢复正常后方可继续施工。

7.1.6 基坑（槽）、管沟开挖至设计标高后，应对坑底进行保护，经验槽合格后，方可进行垫层施工。对特大型基坑，宜分区分块挖至设计标高，分区分块及时浇筑垫层。必要时，可加强垫层。

7.1.7 基坑（槽）、管沟土方工程验收必须确保支护结构安全和周围环境安全为前提。当设计有指标时，以设计要求为依据，如无设计指标时应按表 7.1.7 的规定执行。

表 7.1.7 基坑变形的监控值（cm）

基坑类别	围护结构墙顶位移监控值	围护结构墙体最大位移监控值	地面最大沉降监控值
一级基坑	3	5	3
二级基坑	6	8	6
三级基坑	8	10	10

注：1 符合下列情况之一，为一级基坑：
  1）重要工程或支护结构做主体结构的一部分；
  2）开挖深度大于 10m；
  3）与临近建筑物，重要设施的距离在开挖深度以内的基坑；
  4）基坑范围内有历史文物、近代优秀建筑、重要管线等需严加保护的基坑。
  2 三级基坑为开挖深度小于 7m，且周围环境无特别要求时的基坑。
  3 除一级和三级外的基坑属二级基坑。
  4 当周围已有的设施有特殊要求时，尚应符合这些要求。

7.2 排桩墙支护工程

7.2.1 排桩墙支护结构包括灌注桩、预制桩、板桩等类型桩构成的支护结构。

7.2.2 灌注桩、预制桩的检验标准应符合本规范第 5 章的规定。钢板桩均为工厂成品，新桩可按出厂标准检验，重复使用的钢板桩应符合表 7.2.2-1 的规定，混凝土板桩应符合表 7.2.2-2 的规定。

表 7.2.2-1 重复使用的钢板桩检验标准

序	检查项目	允许偏差或允许值		检查方法
		单位	数值	
1	桩垂直度	％	＜1	用钢尺量
2	桩身弯曲度		＜2％L	用钢尺量，L 为桩长
3	齿槽平直度及光滑度	无电焊渣或毛刺		用 1m 长的桩段做通过试验
4	桩长度	不小于设计长度		用钢尺量

7.2.3 排桩墙支护的基坑，开挖后应及时支护，每一道支撑施工应确保基坑变形在设计要求的控制范围内。

7.2.4 在含水地层范围内的排桩墙支护基坑，应有确实可靠的止水措施，确保基坑施工及邻近构筑物的安全。

表 7.2.2-2 混凝土板桩制作标准

项	序	检查项目	允许偏差或允许值		检查方法
			单位	数值	
主控项目	1	桩长度	mm	+10, 0	用钢尺量
	2	桩身弯曲度		<0.1%L	用钢尺量，L 为桩长
一般项目	1	保护层厚度	mm	±5	用钢尺量
	2	模截面相对两面之差	mm	5	用钢尺量
	3	桩尖对桩轴线的位移	mm	10	用钢尺量
	4	桩厚度	mm	+10, 0	用钢尺量
	5	凹凸槽尺寸	mm	±3	用钢尺量

3.2.23 混凝土板桩围护墙检验批质量验收记录

1. 表格

混凝土板桩围护墙检验批质量验收记录

01030202 ____

单位（子单位）工程名称			分部（子分部）工程名称		分项工程名称		
施工单位			项目负责人		检验批容量		
分包单位			分包单位项目负责人		检验批部位		
施工依据				验收依据	《建筑地基基础工程施工质量验收规范》GB 50202-2002		

验收项目			设计要求及规范规定	最小/实际抽样数量	检查记录	检查结果
主控项目	1	桩长度	+10mm −0mm	/		
	2	桩身弯曲度	<0.1%Lmm (L=___ mm)	/		
一般项目	1	保护层厚度	±5mm	/		
	2	横截面相对两面之差	5mm	/		
	3	桩尖对桩轴线的位移	10mm	/		
	4	桩厚度	+10mm, 0mm	/		
	5	凹凸槽尺寸	±3mm	/		

施工单位检查结果	专业工长： 项目专业质量检查员： 　　　年　月　日
监理单位验收结论	专业监理工程师： 　　　年　月　日

2. 验收依据说明

【规范名称及编号】《建筑地基基础工程施工质量验收规范》GB 50202－2002

【条文摘录】

7.1 一般规定、7.2排桩墙支护工程（见《重复使用钢板桩排桩墙检验批质量验收记录表》的表格验收依据说明，本书第108页）。

3.2.24 土钉墙检验批质量验收记录

1. 表格

土钉墙检验批质量验收记录

01030501____

单位（子单位）工程名称			分部（子分部）工程名称		分项工程名称	
施工单位			项目负责人		检验批容量	
分包单位			分包单位项目负责人		检验批部位	
施工依据				验收依据	《建筑地基基础工程施工质量验收规范》GB 50202－2002	

验收项目		设计要求及规范规定	最小/实际抽样数量	检查记录	检查结果
主控项目	1 锚杆土钉长度	±30mm	/		
	2 锚杆锁定力	设计要求	/		
一般项目	1 锚杆或土钉位置	±100mm	/		
	2 钻孔倾斜度	±1°	/		
	3 浆体强度	设计要求 C__	/		
	4 注浆量	>1	/		
	5 土钉墙面厚度	±10mm	/		
	6 墙体强度	设计要求 C__	/		

施工单位检查结果	专业工长： 项目专业质量检查员： 年　月　日
监理单位验收结论	项目专业监理工程师： 年　月　日

2. 验收依据说明

【规范名称及编号】《建筑地基基础工程施工质量验收规范》GB 50202－2002

【条文摘录】

摘录一：

7.1 一般规定（见《重复使用钢板桩排桩墙检验批质量验收记录表》的表格验收依据说明，本书

111

第 108 页）。

摘录二：

7.4 锚杆及土钉墙支护工程

7.4.1 锚杆及土钉墙支护工程施工前应熟悉地质资料、设计图纸及周围环境，降水系统应确保正常工作，必须的施工设备如挖掘机、钻机、压浆泵、搅拌机等应能正常运转。

7.4.2 一般情况下，应遵循分段开挖、分段支护的原则，不宜按一次挖就再行支护的方式施工。

7.4.3 施工中应对锚杆或土钉位置，钻孔直径、深度及角度，锚杆或土钉插入长度，注浆配比、压力及注浆量，喷锚墙面厚度及强度、锚杆或土钉应力等进行检查。

7.4.4 每段支护体施工完后，应检查坡顶或坡面位移，坡顶沉降及周围环境变化，如有异常情况应采取措施，恢复正常后方可继续施工。

7.4.5 锚杆及土钉墙支护工程质量检验应符合表 7.4.5 的规定。

表 7.4.5 锚杆及土钉墙支护工程质量检验标准

项	序	检查项目	允许偏差或允许值		检查方法
			单位	数值	
主控项目	1	锚杆土钉长度	mm	±30	用钢尺量
	2	锚杆锁定力	设计要求		现场实测
一般项目	1	锚杆或土钉位置	mm	±100	用钢尺量
	2	钻孔倾斜度	度（°）	±1	测钻机倾角
	3	浆体强度	设计要求		试样送检
	4	注浆量	大于理论计算浆量		检查计量数据
	5	土钉墙面厚度	mm	±10	用钢尺量
	6	墙体强度	设计要求		试样送检

3.2.25 地下连续墙支护检验批质量验收记录

1. 表格

地下连续墙支护检验批质量验收记录

01030601 ____

单位（子单位）工程名称			分部（子分部）工程名称		分项工程名称	
施工单位			项目负责人		检验批容量	
分包单位			分包单位项目负责人		检验批部位	
施工依据				验收依据	《建筑地基基础工程施工质量验收规范》GB 50202－2002	
验收项目			设计要求及规范规定	最小/实际抽样数量	检查记录	检查结果
主控项目	1	墙体强度		设计要求 C____	/	
	2	垂直度	永久结构	1/300	/	
			临时结构	1/150	/	

续表

验收项目			设计要求及规范规定	最小/实际抽样数量	检查记录	检查结果
一般项目	1	导墙尺寸	宽度	$W+40$mm （$W=\_\_$mm）	/		
			墙面平整度	＜5mm			
			导墙平面位置	±10mm			
	2	沉渣厚度	永久结构	≤100mm	/		
			临时结构	≤200mm	/		
	3	槽深		＋100mm	/		
	4	混凝土坍落度		180～220mm			
	5	钢筋笼尺寸		见验收表（Ⅰ） （010405）	/		
	6	地下墙表面平整度	永久结构	＜100mm			
			临时结构	＜150mm	/		
			插入式结构	＜20mm			
	7	永久结构时的预埋件位置	水平向	≤10mm	/		
			垂直向≤20mm	≤20mm	/		

施工单位检查结果	专业工长： 项目专业质量检查员： 年 月 日
监理单位验收结论	专业监理工程师： 年 月 日

2. 验收依据说明

【规范名称及编号】《建筑地基基础工程施工质量验收规范》（GB 50202－2002）

【条文摘录】

摘录一：

7.1 一般规定（见《重复使用钢板桩排桩墙检验批质量验收记录表》的表格验收依据说明，本书第 108 页）。

摘录二：

7.6 地下连续墙

7.6.1 地下连续墙均应设置导墙，导墙形式有预制及现浇两种，现浇导墙形状有"L"G 形或倒"L"形，可根据不同土质选用。

7.6.2 地下墙施工前宜先试成槽，以检验泥浆的配比、成槽机的选型并可复核地质资料。

7.6.3 作为永久结构的地下连续墙，其抗渗质量标准可按现行国家标准《地下防水工程施工质量验收规范》GB 50208 执行。

7.6.4　地下墙槽段间的连接接头形式，应根据地下墙的使用要求选用，且应考虑施工单位的经验，无论选用何种接头，在浇筑混凝土前，接头处必须刷洗干净，不留任何泥砂或污物。

7.6.5　地下墙与地下室结构顶板、楼板、底板及梁之间连接可预埋钢筋或接驳器（锥螺纹或直螺纹），对接驳器也应按原材料检验要求，抽样复验。数量每 500 套为一个检验批，每批应抽查 3 件，复验内容为外观、尺寸、抗拉试验等。

7.6.6　施工前应检验进场的钢材、电焊条。已完工的导墙应检查其净空尺寸，墙面平整度与垂直度。检查泥浆用的仪器、泥浆循环系统应完好。地下连续墙应用商品混凝土。

7.6.7　施工中应检查成槽的垂直度、槽底的淤积物厚度、泥浆比重、钢筋笼尺寸、浇筑导管位置、混凝土上升速度、浇筑面标高、地下墙连接面的清洗程度、商品混凝土的坍落度、锁口管或接头箱的拔出时间及速度等。

7.6.8　成槽结束后应对成槽的宽度、深度及倾斜度进行检验，重要结构每段槽段都应检查，一般结构可抽查总槽段数的 20%，每槽段应抽查 1 个段面。

7.6.9　永久性结构的地下墙，在钢筋笼沉放后，应做二次清孔，沉渣厚度应符合要求。

7.6.10　每 50m³ 地下墙应做 1 组试件，每幅槽段不得少于 1 组，在强度满足设计要求后方可开挖土方。

7.6.11　作为永久性结构的地下连续墙，土方开挖后应进行逐段检查，钢筋混凝土底板也应符合现行国家标准《混凝土结构工程施工质量验收规范》GB 50204 的规定。

7.6.12　地下墙的钢筋笼检验标准应符合本规范表 5.6.4-1 的规定。其他标准应符合表 7.6.12 的规定。

表 7.6.12　地下墙质量检验标准

项	序	检查项目		允许偏差或允许值		检查方法
				单位	数值	
主控项目	1	墙体强度		设计要求		查试件记录或取芯试压
	2	垂直度	永久结构		1/300	测声波测槽仪或成槽机上的监测系统
			临时结构		1/150	
一般项目	1	导墙尺寸	宽度	mm	W+40	用钢尺量，W 是地下墙设计厚度
			墙面平整度	mm	<5	用钢尺量
			导墙平面位置	mm	±10	用钢尺量
	2	沉渣厚度	永久结构	mm	≤100	重锤或沉积物测定仪测
			临时结构	mm	≤200	
	3	槽深		mm	+100	重锤测
	4	混凝土坍落度		mm	180~220	坍落度测定器
	5	钢筋笼尺寸		见本规范 5.6.4-1		见本规范 5.6.4-1
	6	地下墙表面平整度	永久结构	mm	<100	此为均匀黏土层，松散及易坍土层由设计决定
			临时结构	mm	<150	
			插入式结构	mm	<20	
	7	永久结构时的预埋件位置	水平向	mm	≤10	用钢尺量
			垂直向	mm	≤20	水准仪

3.2.26 钢或混凝土支撑系统检验批质量验收记录

1. 表格

钢或混凝土支撑系统检验批质量验收记录

01030801 ____

单位（子单位） 工程名称			分部（子分部） 工程名称		分项工程 名称	
施工单位			项目负责人		检验批容量	
分包单位			分包单位 项目负责人		检验批部位	
施工依据				验收依据	《建筑地基基础工程施工质量验收规范》 GB 50202－2002	

验收项目				设计要求及规范规定	最小/实际 抽样数量	检查记录	检查 结果
主控 项目	1	支撑位置	标高	±30mm	/		
			平面	±100mm	/		
	2	预加顶力		±50kN	/		
一般 项目	1	围图标高		±30mm	/		
	2	立柱桩		设计要求	/		
	3	立柱位置	标高	±50mm	/		
			平面	±30mm	/		
	4	开挖超深（开槽放 支撑不在此范围）		＜200mm	/		
	5	支撑安装时间		设计要求	/		
施工单位 检查结果				专业工长： 项目专业质量检查员： 年 月 日			
监理单位 验收结论				专业监理工程师： 年 月 日			

2. 验收依据说明

【规范名称及编号】《建筑地基基础工程施工质量验收规范》GB 50202-2002

【条文摘录】

摘录一：

7.1　一般规定（见《重复使用钢板桩排桩墙检验批质量验收记录表》的表格验收依据说明，本书第 108 页）。

摘录二：

7.5　钢或混凝土支撑系统

7.5.1　支撑系统包括围图及支撑，当支撑较长时（一般超过15m），还包括支撑下的立柱及相应的立柱桩。

7.5.2　施工前应熟悉支撑系统的图纸及各种计算工况，掌握开挖及支撑设置的方式、预顶力及周围环境保护的要求。

7.5.3　施工过程中应严格控制开挖和支撑的程序及时间，对支撑的位置（包括立柱及立柱桩的位置）、每层开挖深度、预加顶力（如需要时）、钢围图与围护体或支撑与围图的密贴度应做周密检查。

7.5.4　全部支撑安装结束后，仍应维持整个系统的正常运转直至支撑全部拆除。

7.5.5　作为永久性结构的支撑系统尚应符合现行国家标准《混凝土结构工程施工质量验收规范》GB 50204 的要求。

7.5.6　钢或混凝土支撑系统工程质量检验标准应符合表7.5.6的规定。

表 7.5.6　钢及混凝土支撑系统工程质量检验标准

项	序	检查项目	允许偏差或允许值		检查方法
			单位	数量	
主控项目	1	支撑位置：标高 　　　　　平面	mm mm	30 100	水准仪 用钢尺量
	2	预加顶力	kN	±50	油泵读数或传感器
一般项目	1	围图标高	mm	30	水准仪
	2	立柱桩	参见本规范第5章		参见本规范第5章
	3	立柱位置：位置 　　　　　平面	mm	30 50	水准仪 用钢尺量
	4	开挖超深（开槽放支撑不在此范围）	mm	<200	水准仪
	5	支撑安装时间	设计要求		用钟表估测

3.2.27 锚杆检验批质量验收记录

1. 表格

锚杆检验批质量验收记录

01030901 ____

单位（子单位）工程名称			分部（子分部）工程名称		分项工程名称	
施工单位			项目负责人		检验批容量	
分包单位			分包单位项目负责人		检验批部位	
施工依据			验收依据		《建筑地基基础工程施工质量验收规范》GB 50202-2002	
验收项目			设计要求及规范规定	最小/实际抽样数量	检查记录	检查结果
主控项目	1	锚杆土钉长度	±30mm	/		
	2	锚杆锁定力	设计要求	/		
一般项目	1	锚杆或土钉位置	±100mm	/		
	2	钻孔倾斜度	±1°	/		
	3	浆体强度	设计要求 C__	/		
	4	注浆量	>1	/		
	5	土钉墙面厚度	±10mm	/		
	6	墙体强度	设计要求 C__	/		
施工单位检查结果				专业工长： 项目专业质量检查员： 年 月 日		
监理单位验收结论				专业监理工程师： 年 月 日		

2. 验收依据说明

【规范名称及编号】《建筑地基基础工程施工质量验收规范》GB 50202-2002

【条文摘录】

摘录一：

7.1 一般规定（见《重复使用钢板桩排桩墙检验批质量验收记录表》的表格验收依据说明，本书第 108 页）。

摘录二：

7.4 锚杆及土钉墙支护工程

7.4.1 锚杆及土钉墙支护工程施工前应熟悉地质资料、设计图纸及周围环境，降水系统应确保正常工作，必须的施工设备如挖掘机、钻机、压浆泵、搅拌机等应能正常运转。

7.4.2 一般情况下，应遵循分段开挖、分段支护的原则，不宜按一次挖就再行支护的方式施工。

7.4.3 施工中应对锚杆或土钉位置，钻孔直径、深度及角度，锚杆或土钉插入长度，注浆配比、压力及注浆量，喷锚墙面厚度及强度、锚杆或土钉应力等进行检查。

7.4.4　每段支护体施工完后，应检查坡顶或坡面位移，坡顶沉降及周围环境变化，如有异常情况应采取措施，恢复正常后方可继续施工。

7.4.5　锚杆及土钉墙支护工程质量检验应符合表7.4.5的规定。

表7.4.5　锚杆及土钉墙支护工程质量检验标准

项	序	检查项目	允许偏差或允许值		检查方法
			单位	数值	
主控项目	1	锚杆土钉长度	mm	±30	用钢尺量
	2	锚杆锁定力	设计要求		现场实测
一般项目	1	锚杆或土钉位置	mm	±100	用钢尺量
	2	钻孔倾斜度	度（°）	±1	测钻机倾角
	3	浆体强度	设计要求		试样送检
	4	注浆量	大于理论计算浆量		检查计量数据
	5	土钉墙面厚度	mm	±10	用钢尺量
	6	墙体强度	设计要求		试样送检

3.2.28　降水与排水检验批质量验收记录

1. 表格

降水与排水检验批质量验收记录

01040101 ____

单位（子单位）工程名称			分部（子分部）工程名称		分项工程名称	
施工单位			项目负责人		检验批容量	
分包单位			分包单位项目负责人		检验批部位	
施工依据			验收依据		《建筑地基基础工程施工质量验收规范》GB 50202-2002	
验收项目			设计要求及规范规定	最小/实际抽样数量	检查记录	检查结果
一般项目	1	排水沟坡度	1‰～2‰	/		
	2	井管（点）垂直度	1%	/		
	3	井管（点）间距（与设计相比）	≤150%	/		
	4	井管（点）插入深度（与设计相比）	≤200mm	/		
	5	过滤砂砾料填灌（与计算值相比）	≤5mm	/		
	6	井点真空度	轻型井点 >60kPa	/		
			喷射井点 >93kPa	/		
	7	电渗井点阴阳极距离：	轻型井点 80～100mm			
			喷射井点 120～150mm	/		
施工单位检查结果					专业工长：项目专业质量检查员：　　年　月　日	
监理单位验收结论					专业监理工程师：　　　年　月　日	

2. 验收依据说明

【规范名称及编号】《建筑地基基础工程施工质量验收规范》GB 50202－2002

【条文摘录】

摘录一：

7.1 一般规定（见《重复使用钢板桩排桩墙检验批质量验收记录表》的表格验收依据说明，本书第108页）。

摘录二：

7.8 降水与排水

7.8.1 降水与排水是配合基坑开挖的安全措施，施工前应有降水与排水设计。当在基坑外降水时，应有降水范围的估算，对重要建筑物或公共设施在降水过程中应监测。

7.8.2 对不同的土质应用不同的降水形式，表7.8.2为常用的降水形式。

表 7.8.2 降水类型及适用条件

适用条件降水类型	渗透系数（cm/s）	可能降低的水位深度（m）
轻型井点 多级轻型井点	$10^{-2} \sim 10^{-5}$	3～6 6～12
喷射井点	$10^{-3} \sim 10^{-6}$	8～20
电渗井点	$<10^{-6}$	宜配合其他形式降水使用
深井井管	$\geqslant 10^{-5}$	＞10

7.8.3 降水系统施工完后，应试运转，如发现井管失效，应采取措施使其恢复正常，如无可能恢复则应报废，另行设置新的井管。

7.8.4 降水系统运转过程中应随时检查观测孔中的水位。

7.8.5 基坑内明排水应设置排水沟及集水井，排水沟纵坡宜控制在1‰～2‰。

7.8.6 降水与排水施工的质量检验标准应符合表7.8.6的规定。

表 7.8.6 降水与排水施工质量检验标准

序	检查项目	允许值或允许偏差		检查方法
		单位	数值	
1	排水沟坡度	‰	1～2	目测：坑内不积水，沟内排水畅通
2	井管（点）垂直度	%	1	插管时目测
3	井管（点）间距（与设计相比）	%	≤150	用钢尺量
4	井管（点）插入深度（与设计相比）	mm	≤200	水准仪
5	过滤沙砾料填灌（与计算值相比）	mm	≤5	检查回填料用量
6	井点真空度：轻型井点 喷射井点	kPa kPa	＞60 ＞93	真空度表 真空度表
7	电渗井点阴阳极距离： 轻型井点 喷射井点	mm mm	80～100 120～150	用钢尺量 用钢尺量

3.2.29　土方开挖检验批质量验收记录

1. 表格

土方开挖检验批质量验收记录

01050101 _____

单位（子单位）工程名称				分部（子分部）工程名称			分项工程名称	
施工单位				项目负责人			检验批容量	
分包单位				分包单位项目负责人			检验批部位	
施工依据				验收依据			《建筑地基基础工程施工质量验收规范》GB 50202－2002	

验收项目			设计要求及规范规定			最小/实际抽样数量	检查记录	检查结果
主控项目	1	标高	桩基基坑基槽		－50	/		
			场地平整	人工	±30	/		
				机械	±50	/		
			管沟		－50	/		
			地（路）面基础层		－50	/		
	2	长度、宽度（由设计中心线向两边量）	桩基基坑基槽		＋200 －50	/		
			场地平整	人工	＋300 －100	/		
				机械	＋500 －150	/		
			管沟		＋100	/		
	3	边坡	设计要求			/		
一般项目	1	表面平整度	桩基基坑基槽		20	/		
			场地平整	人工	20	/		
				机械	50	/		
			管沟		20	/		
			地（路）面基础层		20	/		
	2	基底土性	设计要求			/		
施工单位检查结果				专业工长：项目专业质量检查员：年　月　日				
监理单位验收结论				专业监理工程师：年　月　日				

2. 验收依据说明

【规范名称及编号】《建筑地基基础工程施工质量验收规范》GB 50202－2002

【条文摘录】

6.1 一般规定

6.1.1 土方工程施工前应进行挖、填方的平衡计算，综合考虑土方运距最短、运程合理和各个工程项目的合理施工程序等，做好土方平衡调配，减少重复挖运。土方平衡调配应尽可能与城市规划和农田水利相结合将余土一次性运到指定弃土场，做到文明施工。

6.1.2 当土方工程挖方较深时，施工单位应采取措施，防止基坑底部土的隆起并避免危害周边环境。

6.1.3 在挖方前，应做好地面排水和降低地下水位工作。

6.1.4 平整场地的表面坡度应符合设计要求，如设计无要求时，排水沟方向的坡度不应小于2‰。平整后的场地表面应逐点检查。检查点为每100～400m² 取1点，但不应少于10点；长度、宽度和边坡均为每20m取1点，每边不应少于1点。

6.1.5 土方工程施工，应经常测量和校核其平面位置、水平标高和边坡坡度。平面控制桩和水准控制点应采取可靠的保护措施，定期复测和检查。土方不应堆在基坑边缘。

6.1.6 对雨季和冬季施工还应遵守国家现行有关标准。

6.2 土方开挖

6.2.1 土方开挖前应检查定位放线、排水和降低地下水位系统，合理安排土方运输车的行走路线及弃土场。

6.2.2 施工过程中应检查平面位置、水平标高、边坡坡度、压实度、排水、降低地下水位系统，并随时观测周围的环境变化。

6.2.3 临时性挖方的边坡值应符合表6.2.3的规定。

表6.2.3 临时性挖方边坡值

土的类别		边坡值（高：宽）
砂土（不包括细砂、粉砂）		1:1.25～1:1.50
一般性黏土	硬	1:0.75～1:1.00
	硬、塑	1:1.00～1:1.25
	软	1:1.50 或更缓
碎石类土	充填坚硬、硬塑黏性土	1:0.50～1:1.00
	充填砂土	1:1.00～1:1.50

注：1. 设计有要求时，应符合设计标准。

2. 如采用降水或其他加固措施，可不受本表限制，但应计算复核。

3. 开挖深度，对软土不应超过4m，对硬土不应超过8m。

6.2.4 土方开挖工程的质量检验标准应符合表6.2.4的规定。

表6.2.4 土方开挖工程的质量检验标准（mm）

项目	序	项目	允许偏差或允许值					检验方法
			柱基基坑基槽	挖方场地平整		管沟	地（路）面基层	
				人工	机械			
主控项目	1	标高	−50	±30	±50	−50	−50	水准仪
	2	长度、宽度（由设计中心线向两边量）	+200 −50	+300 −100	+500 −150	+100	—	经纬仪，用钢尺量
	3	边坡	设计要求					观察或用坡度尺检查

续表 6.2.4

项	序	项目	允许偏差或允许值					检验方法
			柱基基坑基槽	挖方场地平整		管沟	地（路）面基层	
				人工	机械			
一般项目	1	表面平整度	20	20	50	20	20	用 2m 靠尺和楔形塞尺检查
	2	基底土性	设计要求					观察或土样分析

注：地（路）面基层的偏差只适用于直接在挖、填方上做地（路）面的基层。

3.2.30　土方回填检验批质量验收记录

1. 表格

土方回填检验批质量验收记录

01050201 ＿＿＿＿＿

单位（子单位）工程名称			分部（子分部）工程名称			分项工程名称	
施工单位			项目负责人			检验批容量	
分包单位			分包单位项目负责人			检验批部位	
施工依据				验收依据		《建筑地基基础工程施工质量验收规范》GB 50202－2002	

验收项目			设计要求及规范规定		最小/实际抽样数量	检查记录	检查结果
主控项目	1	标高	桩基基坑基槽	－50	/		
			场地平整	人工	±30	/	
				机械	±50	/	
			管沟		－50	/	
			地（路）面基础层		－50	/	
	2	分层压实系数	设计要求		/		
一般项目	1	回填涂料	设计要求		/		
	2	分层厚度及含水量	设计要求		/		
	3	表面平整度	桩基基坑基槽	20	/		
			场地平整	人工	20	/	
				机械	30	/	
			管沟		20	/	
			地（路）面基础层		20	/	

施工单位检查结果	专业工长：项目专业质量检查员：　　　年　月　日
监理单位验收结论	专业监理工程师：　　　年　月　日

2. 验收依据说明

【规范名称及编号】《建筑地基基础工程施工质量验收规范》GB 50202－2002

【条文摘录】

摘录一：

6.1 一般规定（见《土方开挖检验批质量验收记录》的表格验收依据说明，本书第121页）。

摘录二：

6.3 土方回填

6.3.1 土方回填前应清除基底的垃圾、树根等杂物，抽除坑穴积水、淤泥，验收基底标高。如在耕植土或松土上填方，应在基底压实后再进行。

6.3.2 对填方土料应按设计要求验收后方可填入。

6.3.3 填方施工过程中应检查排水措施，每层填筑厚度、含水量控制、压实程度。填筑厚度及压实遍数应根据土质，压实系数及所用机具确定。如无试验依据，应符合表6.3.3的规定。

表6.3.3 填土施工时的分层厚度及压实遍数

压实机具	分层厚度（mm）	每层压实遍数
平碾	250～300	6～8
振动压实机	250～350	3～4
柴油打夯机	200～250	3～4
人工打夯	＜200	3～4

6.3.4 填方施工结束后，应检查标高、边坡坡度、压实程度等，检验标准应符合表6.3.4的规定。

表6.3.4 填土工程质量检验标准（mm）

项	序	项目	允许偏差或允许值					检验方法
			柱基基坑基槽	场地平整		管沟	地（路）面基层	
				人工	机械			
主控项目	1	标高	－50	±30	±50	－50	－50	水准仪
	2	分层压实系数	设计要求					按规定方法
一般项目	1	回填土料	设计要求					取样检查或直观鉴别
	2	分层厚度及含水量	设计要求					水准仪及抽样检查
	3	表面平整度	20	20	30	20	20	用靠尺或水准仪

3.2.31　防水混凝土检验批质量验收记录

1. 表格

防水混凝土检验批质量验收记录

01070101 ____

单位（子单位）工程名称			分部（子分部）工程名称		分项工程名称	
施工单位			项目负责人		检验批容量	
分包单位			分包单位项目负责人		检验批部位	
施工依据				验收依据	《地下防水工程质量验收规范》GB 50208－2011	

验收项目			设计要求及规范规定	最小/实际抽样数量	检查记录	检查结果
主控项目	1	防水混凝土的原材料、配合比及坍落度	第4.1.14条	/		
	2	防水混凝土的抗压强度和抗渗性能	第4.1.15条	/		
	3	防水混凝土结构的施工缝、变形缝、后浇带、穿墙管、埋设件等设置和构造	第4.1.16条	/		
一般项目	1	防水混凝土结构表面应坚实、平整，不得有露筋、蜂窝等缺陷；埋设件位置应准确	第4.1.17条	/		
	2	防水混凝土结构表面的裂缝宽度	≯0.2mm	/		
	3	防水混凝土结构厚度不应小于250mm	＋8mm －5mm	/		
	4	主体结构迎水面钢筋保护层厚度不应小于50mm	±5mm	/		

施工单位检查结果	专业工长：项目专业质量检查员： 年　月　日
监理单位验收结论	专业监理工程师： 年　月　日

2. 验收依据说明

【规范名称及编号】《地下防水工程质量验收规范》GB 50208－2011

【条文摘录】

摘录一：

3.0.13　地下防水工程的分项工程检验批和抽样检验数量应符合下列规定：

1　主体结构防水工程和细部构造防水工程应按结构层、变形缝或后浇带等施工段划分检验批；

2 特殊施工法结构防水工程应按隧道区间、变形缝等施工段划分检验批；

3 排水工程和注浆工程应各为一个检验批；

4 各检验批的抽样检验数量：细部构造应为全数检查，其他均应符合本规范的规定。

摘录二：

4.1 防水混凝土

4.1.1 防水混凝土适用于抗渗等级不低于 P6 的地下混凝土结构。不适用于环境温度高于 80℃ 的地下工程。处于侵蚀性介质中，防水混凝土的耐侵蚀性要求应符合现行国家标准《工业建筑防腐蚀设计规范》GB 50046 和《混凝土结耐久性设计规范》GB 50476 的规定。

4.1.2 水泥的选择应符合下列规定：

1 宜采用普通硅酸盐水泥或硅酸盐水泥，采用其他品种水泥时应经试验确定；

2 在受侵蚀性介质作用时，应按介质的性质选用相应的水泥品种；

3 不得使用过期或受潮结块的水泥，并不得将不同品种或强度等级的水泥混合使用。

4.1.3 砂、石的选择应符合下列规定：

1 砂宜选用中粗砂，含泥量不应大于 3.0%，泥块含量不宜大于 1.0%；

2 不宜使用海砂；在没有使用河砂的的条件时，应对海砂进行处理后才能使用，且控制氯离子含量不得大于 0.06%；

3 碎石或卵石的粒径宜为 5～40mm，含泥量不应大于 1.0%，泥块含量不应大于 0.5%；

4 对长期处于潮湿环境的重要结构混凝土用砂、石，应进行碱活性检验。

4.1.4 矿物掺合料的选择应符合下列规定：

1 粉煤灰的级别不应低于二级，烧失量不应大于 5%；

2 硅粉的比表面积不应小于 15000m²/kg，SiO_2 含量不应小于 85%；

3 粒化高炉矿渣粉的品质要求应符合现行国家标准《用于水泥和混凝土中的粒化高炉矿渣粉》GB/T 18046 的有关规定。

4.1.5 混凝土拌合用水应符合现行行业标准《混凝土用水标准》JGJ63 的有关规定。

4.1.6 外加剂的选择应符合下列规定：

1 外加剂的品种和用量应经试验确定，所用外加剂应符合现行国家标准《混凝土外加剂应用技术规范》GB 50119 的质量规定；

2 掺加引气剂或引气型减水剂的混凝土，其含气量宜控制在 3%～5%；

3 考虑外加剂对硬化混凝土收缩性能的影响；

4 严禁使用对人体产生危害、对环境产生污染的外加剂。

4.1.7 防水混凝土的配合比应经试验确定，并应符合下列规定：

1 试配要求的抗渗水压值应比设计值提高 0.2MPa；

2 混凝土胶凝材料总量不宜小于 320kg/m³，其中水泥用量不宜少于 260kg/m³；粉煤灰掺量宜为胶凝材料总量的 20%～30%，硅粉的掺量宜为胶凝材料总量的 2%～5%；

3 水胶比不得大于 0.50，有侵蚀性介质时水胶比不宜大于 0.45；

4 砂率宜为 35%～40%，泵送时可增加到 45%；

5 灰砂比宜为 1：1.5～1：2.5；

6 混凝土拌合物的氯离子含量不应超过胶凝材料总量的 0.1%；混凝土中各类材料的总碱量即 Na_2O 当量不得大于 3kg/m³。

4.1.8 防水混凝土采用预拌混凝土时，入泵坍落度宜控制在 120mm～140mm，坍落度每小时损失不应大于 20mm，坍落度总损失值不应大于 40mm。

4.1.9 混凝土拌制和浇筑过程控制应符合下列规定：

1 拌制混凝土所用材料的品种、规格和用量，每工作班检查不应少于两次。每盘混凝土各组成材料计量结果的允许偏差应符合表 4.1.9-1 的规定。

表 4.1.9-1　混凝土组成材料计量结果的允许偏差（％）

混凝土组成材料	每盘计量	累计计量
水泥、掺合料	±2	±1
粗、细骨料	±3	±2
水、外加剂	±2	±1

注：累计计量仅适用于微机控制计量的搅拌站。

2　混凝土在浇筑地点的坍落度，每工作班至少检查两次。混凝土的坍落度试验应符合现行国家标准《普通混凝土拌合物性能试验方法标准》GB/T 50080 的有关规定。混凝土坍落度允许偏差应符合表 4.1.9-2 的规定。

表 4.1.9-2　混凝土坍落度允许偏差（mm）

要求坍落度	允许偏差
≤40	±10
50～90	±15
≥100	±20

3　泵送混凝土拌合物在运输后出现离析，必须进行二次搅拌。当坍落度损失后不能满足施工要求时，应加入原水胶比的水泥浆或掺加同品种的减水剂进行搅拌，严禁直接加水。

4.1.10　防水混凝土抗压强度试件，应在混凝土浇筑地点随机取样后制作，并应符合下列规定：

1　同一工程、同一配合比的混凝土，取样频率和试件留置组数应符合现行国家标准《混凝土结构工程施工质量验收规范》GB 50204 的有关规定。

2　抗压强度试验应符合现行国家标准《普通混凝土力学性能试验方法标准》GB/T 50081 的有关规定。

3　结构构件的混凝土强度评定应符合现行国家标准《混凝土强度检验评定标准》GB/T 50082 的有关规定。

4.1.11　防水混凝土抗渗性能应采用标准条件下养护混凝土抗渗试件的试验结果评定，试件应在混凝土浇筑地点随机取样后制作，并应符合下列规定：

1　连续浇筑混凝土每 500m³ 应留置一组 6 个抗渗试件，且每项工程不得少于两组；采用预拌混凝土的抗渗试件，留置组数应视结构的规模和要求而定。

2　抗渗性能试验应符合现行国家标准《普通混凝土长期性能和耐久性能试验方法》GB/T 50082 的有关规定。

4.1.12　大体积防水混凝土的施工应采取材料选择、温度控制、保温保湿等技术措施。在设计许可的情况下，掺粉煤灰混凝土设计强度的龄期宜为 60d 或 90d。

4.1.13　防水混凝土分项工程检验批的抽样检验数量，应按混凝土外露面积每 100m² 抽查 1 处，每处 10m²，且不得少于 3 处。

Ⅰ　主　控　项　目

4.1.14　防水混凝土的原材料、配合比及坍落度必须符合设计要求。

检验方法：检查产品合格证、产品性能检测报告、计量措施和材料进场检验报告。

4.1.15　防水混凝土的抗压强度和抗渗性能必须符合设计要求。

检验方法：检查混凝土抗压强度、抗渗性能检验报告。

4.1.16　防水混凝土结构的变形缝、施工缝、后浇带、穿墙管、埋设件等设置和构造必须符合设计要求。

检验方法：观察检查和检查隐蔽工程验收记录。

Ⅱ 一 般 项 目

4.1.17 防水混凝土结构表面应坚实、平整，不得有露筋、蜂窝等缺陷；埋设件位置应准确。

检验方法：观察检查。

4.1.18 防水混凝土结构表面的裂缝宽度不应大于0.2mm，且不得贯通。

检验方法：用刻度放大镜检查。

4.1.19 防水混凝土结构厚度不应小于250mm，其允许偏差应为＋8mm、－5mm；主体结构迎水面钢筋保护层厚度不应小于50mm，其允许偏差为±5mm。

检验方法：尺量检查和检查隐蔽工程验收记录。

3.2.32 水泥砂浆防水层检验批质量验收记录

1. 表格

水泥砂浆防水层检验批质量验收记录

01070102 ____

单位（子单位）工程名称			分部（子分部）工程名称		分项工程名称	
施工单位			项目负责人		检验批容量	
分包单位			分包单位项目负责人		检验批部位	
施工依据				验收依据	《地下防水工程质量验收规范》GB 50208－2011	
验收项目			设计要求及规范规定	最小/实际抽样数量	检查记录	检查结果
主控项目	1	防水砂浆的原材料及配合比	第4.2.7条	/		
	2	防水砂浆的粘结强度和抗渗性能	第4.2.8条	/		
	3	水泥砂浆防水层与基层之间应结合牢固，无空鼓现象	第4.2.9条	/		
一般项目	1	水泥砂浆防水层表面应密实、平整，不得有裂纹、起砂、麻面等缺陷	第4.2.10条	/		
	2	水泥砂浆防水层施工缝留槎位置应正确，接槎应按层次顺序操作，层层搭接紧密	第4.2.11条	/		
	3	水泥砂浆防水层的平均厚度应符合设计要求	厚度≮设计值的85%	/		
	4	水泥砂浆防水层表面平整度	5mm	/		
施工单位检查结果		专业工长：项目专业质量检查员：年 月 日				
监理单位验收结论		专业监理工程师：年 月 日				

　　2. 验收依据说明

【规范名称及编号】《地下防水工程质量验收规范》GB 50208－2011

【条文摘录】

摘录一：

第3.0.13条（见《防水混凝土检验批质量验收记录》的表格验收依据说明，本书第124页）。

摘录二：

4.2　水泥砂浆防水层

4.2.1　水泥砂浆防水层适用于地下工程主体结构的迎水面或背水面。不适用于受持续振动或环境温度高于80℃的地下工程。

4.2.2　水泥砂浆防水层应采用聚合物水泥防水砂浆；掺外加剂或掺合料的防水砂浆。

4.2.3　水泥砂浆防水层所用的材料应符合下列规定：

1　水泥应使用普通硅酸盐水泥、硅酸盐水泥或特种水泥，不得使用过期或受潮结块的水泥；

2　砂宜采用中砂，含泥量不应大于1%，硫化物和硫酸盐含量不得大于1%；

3　用于拌制水泥砂浆的水应采用不含有害物质的洁净水；

4　聚合物乳液的外观为均匀液体，无杂质、无沉淀、不分层。

5　外加剂的技术性能应符合国家或行业有关标准的质量要求。

4.2.4　水泥砂浆防水层的基层质量应符合下列规定：

1　基层表面应平整、坚实、清洁，并应充分湿润，无明水；

2　基层表面的孔洞、缝隙应采用与防水层相同的水泥砂浆填塞并抹平。

3　施工前应将埋设件、穿墙管预留凹槽内嵌填密封材料后，再进行水泥砂浆防水层施工。

4.2.5　水泥砂浆防水层施工应符合下列规定：

1　水泥砂浆的配制、应按所掺材料的技术要求准确计量；

2　分层铺抹或喷涂，铺抹时应压实、抹平，最后一层表面应提浆压光；

3　防水层各层应紧密粘合，每层宜连续施工；必须留设施工缝时，应采用阶梯坡形槎，但与阴阳角的距离不得小于200mm；

4　水泥砂浆终凝后应及时进行养护，养护温度不宜低于5℃，并应保持砂浆表面湿润，养护时间不得少于14d。聚合物水泥防水砂浆未达到硬化状态时，不得浇水养护或直接受雨水冲刷，硬化后应采用干湿交替的养护方法。潮湿环境中，可在自然条件下养护。

4.2.6　水泥砂浆防水层分项工程检验批的抽样检验数量，应按施工面积每100m² 抽查1处，每处10m²，且不得少于3处。

Ⅰ　主　控　项　目

4.2.7　防水砂浆的原材料及配合比必须符合设计规定。

检验方法：检查产品合格证、产品性能检测报告、计量措施和材料进场检验报告。

4.2.8　防水砂浆的粘结强度和抗渗性能必须符合设计规定。

检验方法：检查砂浆粘结强度、抗渗性能检测报告。

4.2.9　水泥砂浆防水层与基层之间应结合牢固，无空鼓现象。

检验方法：观察和用小锤轻击检查。

Ⅱ　一　般　项　目

4.2.10　水泥砂浆防水层表面应密实、平整，不得有裂纹、起砂、麻面等缺陷。

检验方法：观察检查。

4.2.11　水泥砂浆防水层施工缝留槎位置应正确，接槎应按层次顺序操作，层层搭接紧密。

检验方法：观察检查和检查隐蔽工程验收记录。

4.2.12　水泥砂浆防水层的平均厚度应符合设计要求，最小厚度不得小于设计值的85%。

检验方法：用针测法检查。

4.2.13 水泥砂浆防水层表面平整度的允许偏差应为5mm。

检查方法：用2m靠尺和楔形塞尺检查。

3.2.33 卷材防水层检验批质量验收记录

1. 表格

卷材防水层检验批质量验收记录

01070103 ____

单位（子单位）工程名称				分部（子分部）工程名称		分项工程名称	
施工单位				项目负责人		检验批容量	
分包单位				分包单位项目负责人		检验批部位	
施工依据				验收依据		《地下防水工程质量验收规范》GB 50208－2011	
验收项目			设计要求及规范规定	最小/实际抽样数量	检查记录		检查结果
主控项目	1	卷材防水层所用卷材及其配套材料	第4.3.15条	/			
	2	卷材防水层在转角处、变形缝、施工缝、穿墙管等部位做法	第4.3.16条	/			
一般项目	1	卷材防水层的搭接缝	第4.3.17条	/			
	2	采用外防外贴法铺贴卷材防水层时，立面卷材接槎的搭接宽度，且上层卷材应盖过下层卷材	第4.3.18条	/			
	3	侧墙卷材防水层的保护层	第4.3.19条	/			
	4	卷材搭接宽度	－10mm	/			
施工单位检查结果				专业工长：项目专业质量检查员：年 月 日			
监理单位验收结论				专业监理工程师：年 月 日			

2. 验收依据说明

【规范名称及编号】《地下防水工程质量验收规范》GB 50208－2011

【条文摘录】

摘录一：

第3.0.13条（见《防水混凝土检验批质量验收记录》的表格验收依据说明，本书第124页）。

摘录二：

4.3　卷材防水层

4.3.1　卷材防水层适用于受侵蚀性介质作用或受振动作用的地下工程；卷材防水层应铺设在主体结构的迎水面。

4.3.2　卷材防水层应采用高聚物改性沥青防水卷材和合成高分子防水卷材。所选用的基层处理剂、胶粘剂、密封材料等均应与铺贴的卷材相匹配。

4.3.3　在进场材料检验的同时，防水卷材接缝粘结质量检验应按本规范附录D执行。

4.3.4　铺贴防水卷材前，清扫应干净、干燥，并应涂刷基层处理剂；当基面潮湿时，应涂刷湿固化型胶粘剂或潮湿界面隔离剂。

4.3.5　基层阴阳角应做成圆弧或450坡角，其尺寸应根据卷材品种确定；在转角处、变形缝、施工缝，穿墙管等部位应铺贴卷材加强层，加强层宽度不应小于500mm。

4.3.6　防水卷材的搭接宽度应符合表4.3.6的要求。铺贴双层卷材时，上下两层和相邻两幅卷材的接缝应错开1/3～1/2幅宽，且两层卷材不得相互垂直铺贴。

表4.3.6　防水卷材的搭接宽度

卷材品种	搭接宽度（mm）
弹性体改性沥青防水卷材	100
改性沥青聚乙烯胎防水卷材	100
自粘聚合物改性沥青防水卷材	80
三元乙丙橡胶防水卷材	100/60（胶粘剂/胶结带）
聚氯乙烯防水卷材	60/80（单焊缝/双焊缝）
	100（胶结剂）
聚乙烯丙纶复合防水卷材	100（粘结料）
高分子自粘胶膜防水卷材	70/80（自粘胶/胶结带）

4.3.7　冷粘法铺贴卷材应符合下列规定：

1　胶粘剂涂刷应均匀，不得露底，不堆积；

2　根据胶粘剂的性能，应控制胶结剂涂刷与卷材铺贴的间隔时间。

3　铺贴时不得用力拉伸卷材，排除卷材下面的空气，辊压粘结牢固；

4　铺贴卷材应平整、顺直，搭接尺寸准确，不得有扭曲、皱折；

5　卷材接缝部位应采用专用粘结剂或胶结带满粘，接缝口应用密封材料封严，其宽度不应小于10mm。

4.3.8　热熔法铺贴卷材应符合下列规定：

1　火焰加热器加热卷材应均匀，不得加热不足或烧穿卷材；

2　卷材表面热熔后应立即滚铺，排除卷材下面的空气，并粘结牢固；

3　铺贴卷材应平整、顺直，搭接尺寸准确，不得有扭曲、皱折；

4　卷材接缝部位应溢出热熔的改性沥青胶料，并粘结牢固，封闭严密。

4.3.9　自粘法铺巾卷材卷材应符合下列规定：

1　铺贴卷材时，应将有黏性的一面朝向主体结构；

2　外墙、顶板铺贴时，排除卷材下面的空气，并粘结牢固；

3　铺贴卷材应平整、顺直，搭接尺寸准确，不得有扭曲、皱折和起泡；

4　立面卷材铺贴完成后，应将卷材端头固定，并应用密封材料封严；

5　低温施工时，宜对卷材和基面采用热风适当加热，然后铺贴卷材。

4.3.10　卷材接缝采用焊接法施工应符合下列规定：

1 焊接前卷材应铺放平整，搭接尺寸准确，焊接缝的结合面应清扫干净；

2 焊接前应先焊长边搭接缝，后焊短边搭接缝；

3 控制热风加热温度和时间，焊接处不得漏焊、跳焊或焊接不牢；

4 焊接时不得损害非焊接部位的卷材。

4.3.11 铺贴聚乙烯丙纶复合防水卷材应符合下列规定：

1 应采用配套的聚合物水泥防水粘结材料；

2 卷材与基层粘贴应采用满粘法，粘结面积不应小于90%，刮涂粘结料应均匀，不得露底、堆积、流淌；

3 固化后的粘结料厚度不应小于1.3mm；

4 卷材接缝部位应挤出粘结料，接缝表面处应刮1.3mm厚50mm宽聚合物水泥粘结料封边；

5 聚合物水泥粘结料固化前，不得在其上行走或进行后续作业。

4.3.12 高分子自粘胶膜防水卷材宜采用预铺反粘法施工，并应符合下列规定：

1 卷材宜单层铺设；

2 在潮湿基面铺设时，基面应平整坚固、无明水；

3 卷材长边应采用自粘边搭接，短边应采用胶结带搭接，卷材端部搭接区应相互错开。

4 立面施工时，在自粘边位置距离卷材边缘10mm～20mm内，每隔400mm～600mm应进行机械固定，并应保证固定位置被卷材完全覆盖；

5 浇筑结构混凝土时不得损伤防水层。

4.3.13 卷材防水层完工并经验收合格后应及时做保护层。保护层应符合下列规定：

1 顶板的细石混凝土保护层与防水层之间宜设置隔离层。细石混凝土保护层厚度：机械回填时不宜小于70mm，人工回填时不宜小于50mm；

2 底板的细石混凝土保护层厚度不应小于50mm；

3 侧墙宜采用软质保护材料或铺抹20mm厚1：2.5水泥砂浆。

4.3.14 卷材防水层分项工程检验批的抽检数量，应按铺贴面积每100m² 抽查1处，每处10m²，且不得少于3处。

Ⅰ 主 控 项 目

4.3.15 卷材防水层所用卷材及其配套材料必须符合设计要求。

检验方法：检查产品合格证、产品性能检测报告和材料进场检验报告。

4.3.16 卷材防水层在转角处、变形缝、施工缝、穿墙管等部位做法必须符合设计要求。

检验方法：观察检查和检查隐蔽工程验收记录。

Ⅱ 一 般 项 目

4.3.17 卷材防水层的搭接缝应粘贴或焊接牢固，密封严密，不得有扭曲、皱折、翘边和起泡等缺陷。

检验方法：观察检查。

4.3.18 采用外防外贴法铺贴卷材防水层时，立面卷材接槎的搭接宽度，高聚物改性沥青类卷材应为150mm，合成高分子类卷材应为100mm，且上层卷材应盖过下层卷材。

检验方法：观察和尺量检查。

4.3.19 侧墙卷材防水层的保护层与防水层应结合紧密、保护层厚度应符合设计要求。

检验方法：观察和尺量检查。

4.3.20 卷材搭接宽度的允许偏差应为—10mm。

检验方法：观察和尺量检查。

3.2.34 涂料防水层检验批质量验收记录

1. 表格

涂料防水层检验批质量验收记录

01070104 ____

单位（子单位）工程名称			分部（子分部）工程名称		分项工程名称		
施工单位			项目负责人		检验批容量		
分包单位			分包单位项目负责人		检验批部位		
施工依据				验收依据	《地下防水工程质量验收规范》GB 50208－2011		
验收项目			设计要求及规范规定	最小/实际抽样数量	检查记录		检查结果
主控项目	1	涂料防水层所用的材料及配合比	第4.4.7条	/			
	2	涂料防水层的平均厚度应符合设计要求	≮90%	/			
	3	涂料防水层在转角处、变形缝、施工缝、穿墙管等部位做法	第4.4.9条	/			
一般项目	1	涂料防水层应与基层粘结	第4.4.10条	/			
	2	涂层间夹铺胎体增强材料	第4.4.11条	/			
	3	侧墙涂料防水层的保护层	第4.4.12条	/			
施工单位检查结果				专业工长：项目专业质量检查员：年 月 日			
监理单位验收结论				专业监理工程师：年 月 日			

2. 验收依据说明

【规范名称及编号】《地下防水工程质量验收规范》GB 50208－2011

【条文摘录】

摘录一：

第 3.0.13 条（见《防水混凝土检验批质量验收记录》的表格验收依据说明，本书第 124 页）。

摘录二：

4.4 涂料防水层

4.4.1 涂料防水层适用于受侵蚀性介质作用或受振动作用的地下工程；有机防水涂料宜用于主体结构的迎水面，无机防水涂料宜用于主体结构的迎水面或背水面。

4.4.2 有机防水涂料应采用反应型、水乳型、聚合物水泥等涂料；无机防水涂料应采用掺外加剂、掺合料的水泥基防水涂料或水泥基渗透结晶型防水涂料。

4.4.3 有机防水涂料基面应干燥。当基面较潮湿时，应涂刷湿固化型胶结剂或潮湿界面隔离剂；无机防水涂料施工前，基面应充分润湿，但不得有明水。

4.4.4 涂料防水层的施工应符合下列规定：

1 多组分涂料应按配合比准确计量，搅拌均匀，并应根据有效时间确定每次配制的用量。

2 涂料应分层涂刷或喷涂，涂层应均匀，涂刷应待前遍涂层干燥成膜后进行；每遍涂刷时应交替改变涂层的涂刷方向，同层涂膜的先后搭压宽度宜为30～50mm；

3 涂料防水层的甩槎处接缝宽度不应小于100mm，接涂前应将其甩槎表面处理干净；

4 采用有机防水涂料时，基层阴阳角处应做成圆弧；在转角处、变形缝、施工缝、穿墙管等部位应增加胎体增强材料和增涂防水涂料，宽度不应小于500mm；

5 胎体增强材料的搭接宽度不应小于100mm，上下两层和相邻两幅胎体的接缝应错开1/3幅宽，且上下两层胎体不得相互垂直铺贴。

4.4.5 涂料防水层完工并经验收合格后应及时做保护层。保护层应符合本规范第4.3.13条的规定；

4.4.6 涂料防水层分项工程检验批的抽检数量，应按铺贴面积每100m^{2}抽查1处，每处10m^2，且不得少于3处。

Ⅰ 主 控 项 目

4.4.7 涂料防水层所用的材料及配合比必须符合设计要求。

检验方法：检查产品合格证、产品性能检测报告、计量措施和材料进场检验报告。

4.4.8 涂料防水层的平均厚度应符合设计要求，最小厚度不得低于设计厚度的90%。

检验方法：用针测法检查。

4.4.9 涂料防水层在转角处、变形缝、施工缝、穿墙管等部位做法必须符合设计要求。

检验方法：观察检查和检查隐蔽工程验收记录。

Ⅱ 一 般 项 目

4.4.10 涂料防水层应与基层粘结牢固、涂刷均匀，不得流淌、鼓泡、露槎。

检验方法：观察检查。

4.4.11 涂层间夹铺胎体增强材料时，应使防水涂料浸透胎体覆盖完全，不得有胎体外露现象。

检验方法：观察检查。

4.4.12 侧墙涂料防水层的保护层与防水层应结合紧密，保护层厚度应符合设计要求。

检验方法：观察检查。

3.2.35 塑料防水板防水层检验批质量验收记录

1. 表格

塑料防水板防水层检验批质量验收记录

01070105 ____

单位（子单位）工程名称			分部（子分部）工程名称			分项工程名称		
施工单位			项目负责人			检验批容量		
分包单位			分包单位项目负责人			检验批部位		
施工依据				验收依据		《地下防水工程质量验收规范》GB 50208-2011		
验收项目			设计要求及规范规定	最小/实际抽样数量	检查记录			检查结果
主控项目	1	塑料防水板及其配套材料	第4.5.8条	/				
	2	塑料防水板的搭接缝必须采用双缝热熔焊接	第4.5.9条	/				
	3	塑料防水板每条焊缝的有效宽度	＜10mm	/				

续表

验收项目			设计要求及规范规定	最小/实际抽样数量	检查记录	检查结果
一般项目	1	塑料防水板应采用无钉孔铺设，其固定点的间距	第4.5.6条	/		
	2	塑料防水板与暗钉圈焊接	第4.5.11条	/		
	3	塑料防水板的铺设	第4.5.12条	/		
	4	塑料防水板搭接宽度	—10mm	/		
施工单位检查结果				专业工长： 项目专业质量检查员： 　　　　年　月　日		
监理单位验收结论				专业监理工程师： 　　　　年　月　日		

2. 验收依据说明

【规范名称及编号】《地下防水工程质量验收规范》GB 50208—2011

【条文摘录】

摘录一：

第3.0.13条（见《防水混凝土检验批质量验收记录》的表格验收依据说明，本书第124页）。

摘录二：

4.5　塑料防水板防水层

4.5.1　塑料防水板防水层适用于经常承受水压、侵蚀性介质或有振动作用的地下工程；塑料防水板宜铺设在复合式衬砌的初期支护与二次衬砌之间。

4.5.2　塑料防水板防水层的基面应平整，无尖锐突出物，基面平整度 D/L 不应大于 $1/6$。

注：D 为初期支护基面相邻两凸面间凹进去的深度；

L 为初期支护基面相邻两凸面间的距离。

4.5.3　初期支护的渗漏水，应在塑料防水板防水层铺设前封堵或引排。

4.5.4　塑料板防水板的铺设应符合下列规定：

1　铺设塑料防水板前应先铺缓冲层，缓冲层应用暗钉圈固定在基面上；缓冲层搭接宽度不应小于50mm；铺设塑料防水板时，应边铺边用压焊机将塑料防水板与暗钉圈焊接；

2　两幅塑料防水板的搭接宽度不应小于100mm，下部塑料防水板应压住上部塑料防水板。接缝焊接时，塑料防水板的搭接层数不得超过3层；

3　塑料防水板的搭接缝应采用双焊缝，每条焊缝的有效宽度不应小于10mm；

4　塑料防水板铺设时宜设置分区预埋注浆系统；

5　分段设置塑料防水板防水层时，两端应采取封闭措施。

4.5.5　塑料防水板的铺设应超前二次衬砌混凝土施工，超前距离宜为5m～20m。

4.5.6　塑料防水板应牢固地固定在基面上，固定点间距应根据基面平整情况确定，拱部宜为0.5m～0.8m，边墙宜为1m～1.5m，底部宜为1.5m～2.0m；局部凹凸较大时，应在凹处加密固定点。

4.5.7　塑料防水板防水层分项工程检验批的抽样检验数量，应按铺设面积每100m² 抽查1处，每处10m²，但不得少于3处。焊缝检验应按焊缝条数抽查5%，每条焊缝为1处，且不得少于3处。

Ⅰ　主　控　项　目

4.5.8　塑料防水板及其配套材料必须符合设计要求。

检验方法：检查产品合格证、产品性能检测报告和材料进场检验报告。

4.5.9 塑料防水板的搭接缝必须采用双缝热熔焊接，每条焊缝的有效宽度不应小于10mm。

检验方法：双焊缝间空腔内充气检查和尺量检查。

Ⅱ 一 般 项 目

4.5.10 塑料防水板应采用无钉孔铺设，其固定点的间距应符合本规范第4.5.6条的规定。

检验方法：观察和尺量检查。

4.5.11 塑料防水板与暗钉圈应焊接牢靠，不得漏焊、假焊和焊穿。

检验方法：观察检查。

4.5.12 塑料防水板的铺设应平顺，不得有下垂、绷紧和破损现象。

检验方法：观察检查。

4.5.13 塑料防水板搭接宽度的允许偏差为—10mm。检验方法：尺量检查。

3.2.36 金属板防水层检验批质量验收记录

1. 表格

金属板防水层检验批质量验收记录

01070106____

单位（子单位）工程名称			分部（子分部）工程名称		分项工程名称		
施工单位			项目负责人		检验批容量		
分包单位			分包单位项目负责人		检验批部位		
施工依据				验收依据	《地下防水工程质量验收规范》GB 50208-2011		
验收项目			设计要求及规范规定	最小/实际抽样数量	检查记录		检查结果
主控项目	1	金属板和焊接材料	第4.6.6条	/			
	2	焊工应持有有效的执业资格证书	第4.6.7条	/			
一般项目	1	金属板表面不得有明显凹面和损伤	第4.6.8条	/			
	2	焊缝质量	第4.6.9条	/			
	3	焊缝的焊波和保护涂层	第4.6.10条	/			
施工单位检查结果					专业工长：项目专业质量检查员：年 月 日		
监理单位验收结论					专业监理工程师：年 月 日		

2. 验收依据说明

【规范名称及编号】《地下防水工程质量验收规范》GB 50208-2011

【条文摘录】

摘录一：

第3.0.13条（见《防水混凝土检验批质量验收记录》的表格验收依据说明，本书第124页）。

摘录二：

4.6 金属板防水层

4.6.1 金属防水板适用于抗渗性能要求较高的地下工程，金属板应铺设在主体结构迎水面。

4.6.2 金属板防水层所采用的金属材料和保护材料应符合设计要求。金属板及其焊接材料的规格、外观质量和主要物理性能，应符合国家现行有关标准的规定。

4.6.3 金属板的拼接及金属板与工程结构的锚固件连接应采用焊接。金属板的拼接焊缝应进行外观检查和无损检验。

4.6.4 金属板表面有锈蚀、麻点或划痕等缺陷时，其深度不得大于该板材厚度的负偏差值。

4.6.5 金属板防水层分项工程检验批的抽样检验数量，应按铺设面积每10m² 抽查1处，每处1m²，且不得少于3处。焊缝表面缺陷检验应按焊缝的条数抽查5%，且不得少于1条焊缝；每条焊缝检查1处，总抽查数不得少于10处。

Ⅰ 主 控 项 目

4.6.6 金属板和焊接材料必须符合设计要求。

检验方法：检查产品合格证、产品性能检测报告和材料进场检验报告。

4.6.7 焊工应持有有效的执业资格证书。

检验方法：检查焊工执业资格证书和考核日期。

Ⅱ 一 般 项 目

4.6.8 金属板表面不得有明显凹面和损伤。

检验方法：观察检查。

4.6.9 焊缝不得有裂纹、未熔合、夹渣、焊瘤、咬边、烧穿、弧坑、针状气孔等缺陷。

检验方法：观察检查和使用放大镜、焊缝量规及钢尺检查，必要时采用渗透或磁粉探伤检查。

4.6.10 焊缝的焊波应均匀，焊渣和飞溅物应清除干净；保护涂层不得有漏涂、脱皮和反锈现象。

检验方法：观察检查。

3.2.37 膨润土防水材料防水层检验批质量验收记录

1. 表格

膨润土防水材料防水层检验批质量验收记录

01070107 ____

单位（子单位）工程名称			分部（子分部）工程名称		分项工程名称	
施工单位			项目负责人		检验批容量	
分包单位			分包单位项目负责人		检验批部位	
施工依据				验收依据	《地下防水工程质量验收规范》GB 50208—2011	
验收项目			设计要求及规范规定	最小/实际抽样数量	检查记录	检查结果
主控项目	1	膨润土防水材料	第4.7.11条	/		
	2	膨润土防水材料防水层在转角处和变形缝、施工缝、后浇带、穿墙管等部位做法	第4.7.12条	/		

续表

验收项目		设计要求及规范规定	最小/实际抽样数量	检查记录	检查结果
一般项目	1	膨润土防水毯的织布面或防水板的膨润土面朝向	第4.7.13条	/	
	2	立面或斜面膨润土防水材料施工	第4.7.14条	/	
	3	膨润土防水材料固定	第4.7.5条	/	
		膨润土防水材料搭接	第4.7.6条	/	
		膨润土防水材料收口	第4.7.7条	/	
	4	膨润土防水材料搭接宽度	-10mm	/	

施工单位检查结果	专业工长： 项目专业质量检查员： 　　　　　　　　　年 月 日
监理单位验收结论	专业监理工程师： 　　　　　　　　　年 月 日

2. 验收依据说明

【规范名称及编号】《地下防水工程质量验收规范》GB 50208－2011

【条文摘录】

摘录一：

第3.0.13条（见《防水混凝土检验批质量验收记录》的表格验收依据说明，本书第124页）。

摘录二：

4.7 膨润土防水材料防水层

4.7.1 膨润土防水材料防水层适用于pH为4～10的地下环境中；膨润土防水材料防水层应用于复合式衬砌的初期支护与二次衬砌之间以及明挖法地下工程主体结构迎水面，防水层两侧应具有一定的夹持力。

4.7.2 膨润土防水材料中的膨润土颗粒应采用钠基膨润土，不应采用钙基膨润土。

4.7.3 膨润土防水材料防水层基面应坚实、清洁，不得有明水，基面平整度应符合本规范第4.5.2条的规定；基层阴阳角应做成圆弧或坡角。

4.7.4 膨润土防水毯的织布面与膨润土防水板的膨润土面，均应与结构外表面密贴。

4.7.5 膨润土防水材料应采用水泥钉和垫片固定；立面和斜面上的固定间距宜为400mm～500mm，平面上应在搭接缝处固定。

4.7.6 膨润土防水材料的搭接宽度应大于100mm；搭接部位的固定间距宜为200mm～300mm，固定点与搭接边缘的距离宜为25mm～30mm，搭接处应涂抹膨润土密封膏。平面搭接缝处可干撒膨润土颗粒，其用量宜为0.3kg/m～0.5kg/m。

4.7.7 膨润土防水材料的收口部位应采用金属压条与水泥钉固定，并用膨润土密封膏覆盖。

4.7.8 转角处和变形缝、施工缝、后浇带等部位均应设置宽度不小于500mm加强层，加强层应设置在防水层与结构外表面之间。穿墙管件宜采用膨润土橡胶止水条、膨润土密封膏进行加强处理。

4.7.9 膨润土防水材料分段铺设时，应采取临时遮挡防护措施。

4.7.10 膨润土防水材料防水层分项工程检验批的抽检数量，应按铺贴面积每100m²抽查1处，每处10m²，且不得少于3处。

Ⅰ 主 控 项 目

4.7.11 膨润土防水材料必须符合设计要求。

检验方法：检查产品合格证、产品性能检测报告、计量措施和材料进场检验报告。

4.7.12　膨润土防水材料防水层在转角处和变形缝、施工缝、后浇带、穿墙管等部位做法必须符合设计要求。

检验方法：观察检查和检查隐蔽工程验收记录。

Ⅱ　一　般　项　目

4.7.13　膨润土防水毯的织布面或防水板的膨润土面，应朝向工程主体结构的迎水面。

检验方法：观察检查。

4.7.14　立面或斜面铺设的膨润土防水材料应上层压住下层，防水层与基层、防水层与防水层之间应密贴，并应平整无折皱。

检验方法：观察检查。

4.7.15　膨润土防水材料的搭接和收口部位应符合本规范第4.7.5条、第4.7.6条、第4.7.7条的规定。

检验方法：观察检查。

4.7.16　膨润土防水材料搭接宽度的允许偏差应为—10mm。检验方法：观察和尺量检查。

3.2.38　施工缝检验批质量验收记录

1. 表格

施工缝检验批质量验收记录

01070201 ____

单位（子单位） 工程名称			分部（子分部） 工程名称		分项工程 名称		
施工单位			项目负责人		检验批容量		
分包单位			分包单位 项目负责人		检验批部位		
施工依据				验收依据	《地下防水工程质量验收规范》 GB 50208－2011		
验收项目			设计要求及 规范规定	最小/实际 抽样数量	检查记录		检查 结果
主控项目	1	施工缝防水密封材料种类及质量	第5.1.1条	/			
	2	施工缝防水构造	第5.1.2条	/			
一般项目	1	墙体水平施工缝位置	第5.1.3条	/			
		拱、板与墙结合的水平施工缝位置	第5.1.3条	/			
		垂直施工缝位置	第5.1.3条	/			
	2	在施工缝处继续浇筑混凝土时，已浇筑的混凝土抗压强度不应小于1.2MPa	第5.1.4条	/			
	3	水平施工缝界面处理	第5.1.5条	/			
	4	垂直施工缝浇筑界面处理	第5.1.6条	/			
	5	中埋式止水带及外贴式止水带埋设	第5.1.7条	/			
	6	遇水膨胀止水带应具有缓膨胀性能	第5.1.8条	/			
		止水条埋设	第5.1.8条	/			
	7	遇水膨胀止水胶施工	第5.1.9条	/			
	8	预埋式注浆管设置	第5.1.10条	/			
施工单位 检查结果				专业工长： 项目专业质量检查员： 　　　　　　　年　月　日			
监理单位 验收结论				专业监理工程师： 　　　　　　　年　月　日			

2. 验收依据说明

【规范名称及编号】《地下防水工程质量验收规范》GB 50208－2011

【条文摘录】

摘录一：

第3.0.13条（见《防水混凝土检验批质量验收记录》的表格验收依据说明，本书第124页）。

摘录二：

5.1 施工缝

Ⅰ 主 控 项 目

5.1.1 施工缝用止水带、遇水膨胀止水条或止水胶、水泥基渗透结晶型防水涂料和预埋注浆管必须符合设计要求。

检验方法：检查产品合格证、产品性能检测报告和材料进场检验报告。

5.1.2 施工缝防水构造必须符合设计要求。

检验方法：观察检查和检查隐蔽工程验收记录。

Ⅱ 一 般 项 目

5.1.3 墙体水平施工缝应留设在高出底板表面不小于300mm的墙体上。拱、板与墙结合的水平施工缝，宜留在拱、板和墙交接处以下150mm～300mm处；垂直施工缝应避开地下水和裂隙水较多的地段，并宜与变形缝相结合。

检验方法：观察检查和检查隐蔽工程验收记录。

5.1.4 在施工缝处继续浇筑混凝土时，已浇筑的混凝土抗压强度不应小于1.2MPa。

检验方法：观察检查和检查隐蔽工程验收记录。

5.1.5 水平施工缝浇筑混凝土前，应将其表面浮浆和杂物清除，然后铺设净浆、涂刷混凝土界面处理剂或水泥基渗透结晶型防水涂料，再铺30mm～50mm厚的1∶1水泥砂浆，并及时浇筑混凝土。

检验方法：观察检查和检查隐蔽工程验收记录。

5.1.6 垂直施工缝浇筑混凝土前，应将其表面清理干净，再涂刷混凝土界面处理剂或水泥基渗透结晶型防水涂料，并及时浇筑混凝土。

检验方法：观察检查和检查隐蔽工程验收记录。

5.1.7 中埋式止水带及外贴式止水带埋设位置应准确，固定应牢靠。

检验方法：观察检查和检查隐蔽工程验收记录。

5.1.8 遇水膨胀止水带应具有缓膨胀性能；止水条与施工缝基面应密贴，中间不得有空鼓、脱离等现象；止水条应牢固地安装在缝表面或预埋凹槽内；止水条采用搭接连接时，搭接宽度不得小于30mm。

检验方法：观察检查和检查隐蔽工程验收记录。

5.1.9 遇水膨胀止水胶应采用专用注胶器挤出粘结在施工缝表面，并做到连续、均匀、饱满、无气泡和孔洞，挤出宽度及厚度应符合设计要求；止水胶挤出成型后，固化期内应采取临时保护措施；止水胶固化前不得浇筑混凝土。

检验方法：观察检查和检查隐蔽工程验收记录。

5.1.10 预埋式注浆管应设置在施工缝断面中部，注浆管与施工缝基面应密贴并固定牢靠，固定间距宜为200mm～300mm；注浆导管与注浆管的连接应牢固、严密，导管埋入混凝土内的部分应与结构钢筋绑扎牢固，导管的末端应临时封堵严密。

检验方法：观察检查和检查隐蔽工程验收记录。

3.2.39　变形缝检验批质量验收记录

1. 表格

变形缝检验批质量验收记录

01070202 ____

单位（子单位）工程名称			分部（子分部）工程名称		分项工程名称	
施工单位			项目负责人		检验批容量	
分包单位			分包单位项目负责人		检验批部位	
施工依据				验收依据	《地下防水工程质量验收规范》GB 50208－2011	

验收项目			设计要求及规范规定	最小/实际抽样数量	检查记录	检查结果
主控项目	1	变形缝用止水带、填缝材料和密封材料	第5.2.1条	/		
	2	变形缝防水构造	第5.2.2条	/		
	3	中埋式止水带埋设位置	第5.2.3条	/		
一般项目	1	中埋式止水带的接缝和接头	第5.2.4条	/		
	2	中埋式止水带在转角处应做成圆弧形	第5.2.5条	/		
		顶板、底板内止水带应安装成盆状，并宜采用专用钢筋套或扁钢固定	第5.2.5条	/		
	3	外贴式止水带在变形缝与施工缝相交部位和变形缝转角部位设置	第5.2.6条	/		
		外贴式止水带埋设位置和敷设	第5.2.6条	/		
	4	安设于结构内侧的可卸式止水带	第5.2.7条	/		
	5	嵌填密封材料的缝内处理	第5.2.8条	/		
		嵌缝底部应设置背衬材料	第5.2.8条	/		
		密封材料嵌填	第5.2.8条	/		
	6	变形缝处表面粘贴卷材或涂刷涂料前设置	第5.2.9条	/		

施工单位检查结果	专业工长： 项目专业质量检查员： 年　月　日
监理单位验收结论	专业监理工程师： 年　月　日

2. 验收依据说明

【规范名称及编号】《地下防水工程质量验收规范》GB 50208－2011

【条文摘录】

摘录一：

第 3.0.13 条（见《防水混凝土检验批质量验收记录》的表格验收依据说明，本书第 124 页）。

摘录二：

5.2　变形缝

Ⅰ　主　控　项　目

5.2.1　变形缝用止水带、填缝材料和密封材料必须符合设计要求。

检验方法：检查产品合格证、产品性能检测报告和材料进场检验报告。

5.2.2 变形缝防水构造必须符合设计要求。

检验方法：观察检查和检查隐蔽工程验收记录。

5.2.3 中埋式止水带埋设位置应准确，其中间空心圆环与变形缝的中心线应重合。

检验方法：观察检查和检查隐蔽工程验收记录。

Ⅱ 一 般 项 目

5.2.4 中埋式止水带的接缝应设在边墙较高位置上，不得设在结构转角处；接头宜采用热压焊接，接缝应平整、牢固，不得有裂口和脱胶现象。

检验方法：观察检查和检查隐蔽工程验收记录。

5.2.5 中埋式止水带在转角处应做成圆弧形；顶板、底板内止水带应安装成盆状，并宜采用专用钢筋套或扁钢固定。

检验方法：观察检查和检查隐蔽工程验收记录。

5.2.6 外贴式止水带在变形缝与施工缝相交部位宜采用十字配件；外贴式止水带在变形缝转角部位宜采用直角配件。止水带埋设位置应准确，固定应牢靠，并与固定止水带的基层密贴，不得出现空鼓、翘边等现象。

检验方法：观察检查和检查隐蔽工程验收记录。

5.2.7 安设于结构内侧的可卸式止水带所需配件应一次配齐，转角处应做成450坡角，并增加紧固件的数量。

检验方法：观察检查和检查隐蔽工程验收记录。

5.2.8 嵌填密封材料的缝内两侧基面应平整、洁净、干燥，并应涂刷基层处理剂；嵌缝底部应设置背衬材料；密封材料嵌填应严密、连续、饱满，粘结牢固。

检验方法：观察检查和检查隐蔽工程验收记录。

5.2.9 变形缝处表面粘贴卷材或涂刷涂料前，应在缝上设置隔离层和加强层。

检验方法：观察检查和检查隐蔽工程验收记录。

3.2.40 后浇带检验批质量验收记录

1. 表格

后浇带检验批质量验收记录

01070203 ____

单位（子单位）工程名称			分部（子分部）工程名称		分项工程名称	
施工单位			项目负责人		检验批容量	
分包单位			分包单位项目负责人		检验批部位	
施工依据				验收依据	《地下防水工程质量验收规范》GB 50208-2011	
验收项目			设计要求及规范规定	最小/实际抽样数量	检查记录	检查结果
主控项目	1	后浇带用遇水膨胀止水条或止水胶、预埋注浆管、外贴式止水带	第5.3.1条	/		
	2	补偿收缩混凝土的原材料及配合比	第5.3.2条	/		
	3	后浇带防水构造	第5.3.3条	/		
	4	采用掺膨胀剂的补偿收缩混凝土，其抗压强度、抗渗性能和限制膨胀率	第5.3.4条	/		

续表

验收项目		设计要求及规范规定	最小/实际抽样数量	检查记录	检查结果
一般项目	1　补偿收缩混凝土浇筑前，后浇带部位和外贴式止水带应采取保护措施	第5.3.5条	/		
	2　后浇带两侧的接缝表面应先清理干净，再涂刷混凝土界面处理剂或水泥基渗晶型防水涂料	第5.3.6条	/		
	后浇混凝土的浇筑时间应符合设计要求	第5.3.6条	/		
	3　遇水膨胀止水条应具有缓膨胀性能	第5.1.8条	/		
	止水条埋设位置、方法	第5.1.8条	/		
	止水条采用搭接连接时，搭接宽度	不得小于30mm	/		
	4　遇水膨胀止水胶施工	第5.1.9条	/		
	5　预埋式注浆管设置	第5.1.10条	/		
	6　外贴式止水带在变形缝与施工缝相交部位和变形缝转角部位设置	第5.2.6条	/		
	外贴式止水带埋设位置和敷设	第5.2.6条	/		
	7　后浇带混凝土应一次浇筑，不得留施工缝	第5.3.8条	/		
	混凝土浇筑后应及时养护，养护时间不得少于28d	第5.3.8条	/		
施工单位检查结果			专业工长：项目专业质量检查员： 年　月　日		
监理单位验收结论			专业监理工程师： 年　月　日		

2. 验收依据说明

【规范名称及编号】《地下防水工程质量验收规范》GB 50208－2011

【条文摘录】

摘录一：

第3.0.13条（见《防水混凝土检验批质量验收记录》的表格验收依据说明，本书第124页）。

摘录二：

5.3　后浇带

Ⅰ　主　控　项　目

5.3.1　后浇带用遇水膨胀止水条或止水胶、预埋注浆管、外贴式止水带必须符合设计要求。

检验方法：检查产品合格证、产品性能检测报告和材料进场检验报告。

5.3.2　补偿收缩混凝土的原材料及配合比必须符合设计要求。

检验方法：检查产品合格证、产品性能检测报告、计量措施和材料进场检验报告。

5.3.3　后浇带防水构造必须符合设计要求。

检验方法：观察检查和检查隐蔽工程验收记录。

5.3.4　采用掺膨胀剂的补偿收缩混凝土，其抗压强度、抗渗性能和限制膨胀率必须符合设计要求。

检验方法：检查混凝土抗压强度、抗渗性能和水中养护14d后的限制膨胀率检测报告。

Ⅱ 一 般 项 目

5.3.5 补偿收缩混凝土浇筑前，后浇带部位和外贴式止水带应采取保护措施。

检验方法：观察检查。

5.3.6 后浇带两侧的接缝表面应先清理干净，再涂刷混凝土界面处理剂或水泥基渗透结晶型防水涂料；后浇混凝土的浇筑时间应符合设计要求。

检验方法：观察检查和检查隐蔽工程验收记录。

5.3.7 遇水膨胀止水条的施工应符合本规范第5.1.8条的规定；遇水膨胀止水胶的施工应符合本规范第5.1.9条的规定；预埋注浆管的施工应符合本规范第5.1.10条的规定；外贴式止水带的施工应符合本规范第5.2.6条的规定。

检验方法：观察检查和检查隐蔽工程验收记录。

5.3.8 后浇带混凝土应一次浇筑，不得留施工缝；混凝土浇筑后应及时养护，养护时间不得少于28d。

检验方法：观察检查和检查隐蔽工程验收记录。

3.2.41 穿墙管检验批质量验收记录

1. 表格

穿墙管检验批质量验收记录

01070204____

单位（子单位）工程名称			分部（子分部）工程名称		分项工程名称	
施工单位			项目负责人		检验批容量	
分包单位			分包单位项目负责人		检验批部位	
施工依据				验收依据	《地下防水工程质量验收规范》GB 50208－2011	

		验收项目	设计要求及规范规定	最小/实际抽样数量	检查记录	检查结果
主控项目	1	穿墙管用遇水膨胀止水条和密封材料	第5.4.1条	/		
	2	穿墙管防水构造	第5.4.2条	/		
一般项目	1	固定式穿墙管应加焊止水环或环绕遇水膨胀止水圈，并作好防腐处理	第5.4.3条	/		
		固定式穿墙管应在主体结构迎水面预留凹槽，槽内应用密封材料嵌填密实	第5.4.3条	/		
	2	套管式穿墙管的套管与止水环及翼环	第5.4.4条	/		
		套管内密封处理及固定	第5.4.4条	/		
	3	穿墙盒设置	第5.4.5条	/		
	4	主体结构迎水面有柔性防水层	第5.4.6条	/		
	5	密封材料嵌填	第5.4.7条	/		
施工单位检查结果				专业工长：项目专业质量检查员：　　　　　年　月　日		
监理单位验收结论				专业监理工程师：　　　　　年　月　日		

2. 验收依据说明

【规范名称及编号】《地下防水工程质量验收规范》GB 50208-2011

【条文摘录】

摘录一：

第3.0.13条（见《防水混凝土检验批质量验收记录》的表格验收依据说明，本书第124页）。

摘录二：

5.4　穿墙管

Ⅰ 主 控 项 目

5.4.1　穿墙管用遇水膨胀止水条和密封材料必须符合设计要求。

检验方法：检查产品合格证、产品性能检测报告和材料进场检验报告。

5.4.2　穿墙管防水构造必须符合设计要求。

检验方法：观察检查和检查隐蔽工程验收记录。

Ⅱ 一 般 项 目

5.4.3　固定式穿墙管应加焊止水环或环绕遇水膨胀止水圈，并作好防腐处理；穿墙管应在主体结构迎水面预留凹槽，槽内应用密封材料嵌填密实。

检验方法：观察检查和检查隐蔽工程验收记录。

5.4.4　套管式穿墙管的套管与止水环及翼环应连续满焊，并作好防腐处理；套管内表面应清理干净，穿墙管与套管之间应用密封材料和橡胶密封圈进行密封处理，并采用法兰盘及螺栓进行固定。

检验方法：观察检查和检查隐蔽工程验收记录。

5.4.5　穿墙盒的封口钢板与混凝土结构墙上预埋的角钢应焊平，并从钢板上的预留浇注孔注入改性沥青密封材料或细石混凝土，封填后将浇注孔口用钢板焊接封闭。

检验方法：观察检查和检查隐蔽工程验收记录。

5.4.6　当主体结构迎水面有柔性防水层时，防水层与穿墙管连接处应增设加强层。

检验方法：观察检查和检查隐蔽工程验收记录。

5.4.7　密封材料嵌填应密实、连续、饱满，粘结牢固。

检验方法：观察检查和检查隐蔽工程验收记录。

3.2.42　埋设件检验批质量验收记录

1. 表格

埋设件检验批质量验收记录

01070205 ____

单位（子单位）工程名称			分部（子分部）工程名称		分项工程名称	
施工单位			项目负责人		检验批容量	
分包单位			分包单位项目负责人		检验批部位	
施工依据				验收依据	《地下防水工程质量验收规范》GB 50208-2011	
验收项目			设计要求及规范规定	最小/实际抽样数量	检查记录	检查结果
主控项目	1	埋设件用密封材料	第5.5.1条	/		
	2	埋设件防水构造	第5.5.2条	/		

续表

		验收项目	设计要求及规范规定	最小/实际抽样数量	检查记录	检查结果
一般项目	1	埋设件应位置准确，固定牢靠	第5.5.3条	/		
		埋设件应进行防腐处理	第5.5.3条	/		
	2	埋设件端部或预留孔、槽底部的混凝土厚度不得少于250mm	第5.5.4条	/		
		当混凝土厚度小于250mm时，应局部加厚或采取其他防水措施	第5.5.4条	/		
	3	结构迎水面的埋设件周围构造	第5.5.5条	/		
	4	用于固定模板的螺栓必须穿过混凝土结构时，可采用工具式螺栓或螺栓加堵头，螺栓上应加焊止水环	第5.5.6条	/		
		拆模后留下的凹槽处理	第5.5.6条	/		
	5	预留孔、槽内的防水层应与主体防水层保持连续	第5.5.7条	/		
	6	密封材料嵌填	第5.5.8条	/		
施工单位检查结果				专业工长： 项目专业质量检查员： 年 月 日		
监理单位验收结论				专业监理工程师： 年 月 日		

2. 验收依据说明

【规范名称及编号】《地下防水工程质量验收规范》GB 50208-2011

【条文摘录】

摘录一：

第3.0.13条（见《防水混凝土检验批质量验收记录》的表格验收依据说明，本书第124页）。

摘录二：

5.5 埋设件

Ⅰ 主 控 项 目

5.5.1 埋设件用密封材料必须符合设计要求。

检验方法：检查产品合格证、产品性能检测报告和材料进场检验报告。

5.5.2 埋设件防水构造必须符合设计要求。

检验方法：观察检查和检查隐蔽工程验收记录。

Ⅱ 一 般 项 目

5.5.3 埋设件应位置准确，固定牢靠；埋设件应进行防腐处理。

检验方法：观察、尺量和手扳检查。

5.5.4 埋设件端部或预留孔、槽底部的混凝土厚度不得少于250mm；当混凝土厚度小于250mm时，应局部加厚或采取其他防水措施。

检验方法：尺量检查和检查隐蔽工程验收记录。

5.5.5 结构迎水面的埋设件周围应预留凹槽，凹槽内应用密封材料嵌填密实。

检验方法：观察检查和检查隐蔽工程验收记录。

5.5.6 用于固定模板的螺栓必须穿过混凝土结构时，可采用工具式螺栓或螺栓加堵头，螺栓上应加焊止水环。拆模后留下的凹槽应用密封材料封堵密实，并用聚合物水泥砂浆抹平。

检验方法：观察检查和检查隐蔽工程验收记录。

5.5.7 预留孔、槽内的防水层应与主体防水层保持连续。

检验方法：观察检查和检查隐蔽工程验收记录。

5.5.8 密封材料嵌填应密实、连续、饱满，粘结牢固。

检验方法：观察检查和检查隐蔽工程验收记录。

3.2.43 预留通道接头检验批质量验收记录

1. 表格

预留通道接头检验批质量验收记录

01070206 ____

单位（子单位）工程名称			分部（子分部）工程名称		分项工程名称	
施工单位			项目负责人		检验批容量	
分包单位			分包单位项目负责人		检验批部位	
施工依据				验收依据	《地下防水工程质量验收规范》GB 50208－2011	
验收项目			设计要求及规范规定	最小/实际抽样数量	检查记录	检查结果
主控项目	1	预留通道接头用密封材料	第5.6.1条	/		
	2	预留通道接头防水构造	第5.6.2条	/		
	3	中埋式止水带埋设位置	第5.6.3条	/		
一般项目	1	预留通道先浇筑混凝土结构	第5.6.4条	/		
	2	遇水膨胀止水条应具有缓膨胀性能	第5.1.8条	/		
		止水条埋设	第5.1.8条	/		
	3	遇水膨胀止水胶施工	第5.1.9条	/		
	4	预埋式注浆管设置	第5.1.10条	/		
	5	密封材料嵌填	第5.6.6条	/		
	6	用膨胀螺栓固定可卸式止水带	第5.6.7条	/		
		金属膨胀螺栓防腐	第5.6.7条	/		
	7	预留通道接头外部应设保护墙	第5.6.8条	/		
施工单位检查结果				专业工长：项目专业质量检查员： 年 月 日		
监理单位验收结论				专业监理工程师： 年 月 日		

2. 验收依据说明

【规范名称及编号】《地下防水工程质量验收规范》GB 50208-2011

【条文摘录】

摘录一：

第 3.0.13 条（见《防水混凝土检验批质量验收记录》的表格验收依据说明，本书第 124 页）。

摘录二：

5.6 预留通道接头

Ⅰ 主 控 项 目

5.6.1 预留通道接头用中埋式止水带、遇水膨胀止水条或止水胶、预埋注浆管、密封材料和可卸式止水带必须符合设计要求。

检验方法：检查产品合格证、产品性能检测报告和材料进场检验报告。

5.6.2 预留通道接头防水构造必须符合设计要求。

检验方法：观察检查和检查隐蔽工程验收记录。

5.6.3 中埋式止水带埋设位置应准确，其中间空心圆环与变形缝的中心线应重合。

检验方法：观察检查和检查隐蔽工程验收记录。

Ⅱ 一 般 项 目

5.6.4 预留通道先浇筑混凝土结构、中埋式止水带和预埋件应及时保护，预埋件应进行防锈处理。

检验方法：观察检查。

5.6.5 遇水膨胀止水条的施工应符合本规范第 5.1.8 条的规定；遇水膨胀止水胶的施工应符合本规范第 5.1.9 条的规定；预埋注浆管的施工应符合本规范第 5.1.10 条的规定。

检验方法：观察检查和检查隐蔽工程验收记录。

5.6.6 密封材料嵌填应密实、连续、饱满，粘结牢固。

检验方法：观察检查和检查隐蔽工程验收记录。

5.6.7 用膨胀螺栓固定可卸式止水带时，止水带与紧固件压块以及止水带与基面之间应结合紧密。采用金属膨胀螺栓时，应选用不锈钢材料或进行防腐剂锈处理。

检验方法：观察检查和检查隐蔽工程验收记录。

5.6.8 预留通道接头外部应设保护墙。

检验方法：观察检查和检查隐蔽工程验收记录。

3.2.44 桩头检验批质量验收记录

1. 表格

桩头检验批质量验收记录

01070207 ____

单位（子单位）工程名称			分部（子分部）工程名称			分项工程名称	
施工单位			项目负责人			检验批容量	
分包单位			分包单位项目负责人			检验批部位	
施工依据				验收依据		《地下防水工程质量验收规范》GB 50208-2011	
验收项目			设计要求及规范规定	最小/实际抽样数量	检查记录		检查结果
主控项目	1	桩头用防水材料	第5.7.1条	/			
	2	桩头防水构造	第5.7.2条	/			
	3	桩头混凝土	第5.7.3条	/			

续表

验收项目		设计要求及规范规定	最小/实际抽样数量	检查记录	检查结果
一般项目	1 桩头顶面和侧面裸露处应涂刷水泥基渗透结晶型防水涂料,并延伸至结构底板垫层150mm处	第5.7.4条	/		
	桩头周围300mm范围内应抹聚合物水泥防水砂浆过渡层	第5.7.4条	/		
	2 结构底板防水层应做在聚合物水泥防水砂浆过渡层上并延伸至桩头侧壁,其与桩头侧壁接缝处应用密封材料嵌填	第5.7.5条	/		
	3 桩头的受力钢筋根部应采用遇水膨胀止水条或止水胶,并应采取保护措施	第5.7.6条	/		
	4 遇水膨胀止水条应具有缓膨胀性能	第5.1.8条	/		
	止水条埋设	第5.1.8条	/		
	5 遇水膨胀止水胶施工	第5.1.9条			
	6 密封材料嵌填	第5.7.8条	/		
施工单位检查结果				专业工长: 项目专业质量检查员: 年 月 日	
监理单位验收结论				专业监理工程师: 年 月 日	

2. 验收依据说明

【规范名称及编号】《地下防水工程质量验收规范》GB 50208-2011

【条文摘录】

摘录一:

第3.0.13条(见《防水混凝土检验批质量验收记录》的表格验收依据说明,本书第124页)。

摘录二:

5.7 桩头

Ⅰ 主 控 项 目

5.7.1 桩头用聚合物水泥防水砂浆、水泥基渗透结晶型防水涂料、遇水膨胀止水条或止水胶和密封材料必须符合设计要求。

检验方法:检查产品合格证、产品性能检测报告和材料进场检验报告。

5.7.2 桩头防水构造必须符合设计要求。

检验方法:观察检查和检查隐蔽工程验收记录。

5.7.3 桩头混凝土应密实,如发现渗漏水应及时采取封堵措施。

检验方法:观察检查和检查隐蔽工程验收记录。

Ⅱ 一 般 项 目

5.7.4 桩头顶面和侧面裸露处应涂刷水泥基渗透结晶型防水涂料,并延伸至结构底板垫层150mm处;桩头周围300mm范围内应抹聚合物水泥防水砂浆过渡层。

检验方法:观察检查和检查隐蔽工程验收记录。

5.7.5 结构底板防水层应做在聚合物水泥防水砂浆过渡层上并延伸至桩头侧壁，其与桩头侧壁接缝处应采用密封材料嵌填。

检验方法：观察检查和检查隐蔽工程验收记录。

5.7.6 桩头的受力钢筋根部应采用遇水膨胀止水条或止水胶，并应采取保护措施。

检验方法：观察检查和检查隐蔽工程验收记录。

5.7.7 遇水膨胀止水条的施工应符合本规范第5.1.8条的规定；遇水膨胀止水胶的施工应符合本规范第5.1.9条的规定。

检验方法：观察检查和检查隐蔽工程验收记录。

5.7.8 密封材料嵌填应密实、连续、饱满，粘结牢固。

检验方法：观察检查和检查隐蔽工程验收记录。

3.2.45 孔口检验批质量验收记录

1. 表格

孔口检验批质量验收记录

01070208 ____

单位（子单位）工程名称			分部（子分部）工程名称			分项工程名称		
施工单位			项目负责人			检验批容量		
分包单位			分包单位项目负责人			检验批部位		
施工依据					验收依据	《地下防水工程质量验收规范》GB 50208－2011		
	验收项目			设计要求及规范规定	最小/实际抽样数量	检查记录		检查结果
主控项目	1	孔口用防水卷材、防水涂料和密封材料		第5.8.1条	/			
	2	孔口防水构造		第5.8.2条	/			
一般项目	1	人员出入口		第5.8.3条	/			
		汽车出入口		第5.8.3条	/			
	2	窗井的底部在最高地下水位以上时，防水处理		第5.8.4条	/			
	3	窗井或窗井的一部分在最高地下水位以下时，防水处理		第5.8.5条	/			
	4	窗井内的底板应低于窗下缘300mm		第5.8.6条	/			
		窗井墙高出室外地面不得小于500mm		第5.8.6条	/			
		窗井外地面应做散水，散水与墙面间应采用密封材料嵌填		第5.8.6条	/			
	5	密封材料嵌填		第5.8.7条	/			
施工单位检查结果				专业工长：项目专业质量检查员： 年 月 日				
监理单位验收结论				专业监理工程师： 年 月 日				

2. 验收依据说明

【规范名称及编号】《地下防水工程质量验收规范》GB 50208-2011

【条文摘录】

摘录一：

第3.0.13条（见《防水混凝土检验批质量验收记录》的表格验收依据说明，本书第124页）。

摘录二：

5.8　孔口

Ⅰ　主　控　项　目

5.8.1　孔口用防水卷材、防水涂料和密封材料必须符合设计要求。

检验方法：检查产品合格证、产品性能检测报告和材料进场检验报告。

5.8.2　孔口防水构造必须符合设计要求。

检验方法：观察检查和检查隐蔽工程验收记录。

Ⅱ　一　般　项　目

5.8.3　人员出入口应高出地面不应小于500mm；汽车出入口设置明沟排水时，其高出地面宜为150mm，并应采取防雨措施。

检验方法：观察和尺量检查。

5.8.4　窗井的底部在最高地下水位以上时，窗井的墙体和底板应作防水处理，并宜与主体结构断开。窗井下部的墙体和底板应做防水层。

检验方法：观察检查和检查隐蔽工程验收记录。

5.8.5　窗井或窗井的一部分地最高地下水位以下时，窗井应与主体结构连成整体，其防水层也应连成整体，并应在窗井内设置集水井。窗台下部的墙体和底板应做防水层。

检验方法：观察检查和检查隐蔽工程验收记录。

5.8.6　窗井内的底板应低于窗下缘300mm。窗井墙高出室外地面不得小于500mm；窗井外地面应做散水，散水与墙面间应采用密封材料嵌填。

检验方法：观察检查和检查隐蔽工程验收记录。

5.8.7　密封材料嵌填应密实、连续、饱满，粘结牢固。

检验方法：观察检查和检查隐蔽工程验收记录。

3.2.46　坑、池检验批质量验收记录

1. 表格

坑、池检验批质量验收记录

01070209 ____

单位（子单位）工程名称			分部（子分部）工程名称		分项工程名称	
施工单位			项目负责人		检验批容量	
分包单位			分包单位项目负责人		检验批部位	
施工依据				验收依据	《地下防水工程质量验收规范》GB 50208-2011	
验收项目			设计要求及规范规定	最小/实际抽样数量	检查记录	检查结果
主控项目	1	坑、池防水混凝土的原材料、配合比及坍落度	第5.9.1条	/		
	2	坑、池防水构造	第5.9.2条	/		
	3	坑、池、储水库内部防水层完成后，应进行蓄水试验	第5.9.3条	/		

续表

验收项目		设计要求及规范规定	最小/实际抽样数量	检查记录	检查结果
一般项目	1	坑、池、储水库宜采用防水混凝土整体浇筑，混凝土质量	第5.9.4条	/		
	2	坑、池底板的混凝土厚度不应少于250mm	第5.9.5条	/		
		当底板的厚度小于250mm时，应采取局部加厚措施，并应使防水层保持连续	第5.9.5条	/		
	3	坑、池施工完后，应及时遮盖和防止杂物堵塞	第5.9.6条	/		
施工单位检查结果			专业工长： 项目专业质量检查员： 年 月 日		
监理单位验收结论			专业监理工程师： 年 月 日		

2. 验收依据说明

【规范名称及编号】《地下防水工程质量验收规范》GB 50208-2011

【条文摘录】

摘录一：

第3.0.13条（见《防水混凝土检验批质量验收记录》的表格验收依据说明，本书第124页）。

摘录二：

5.9 坑、池

Ⅰ 主 控 项 目

5.9.1 坑、池防水混凝土的原材料、配合比及坍落度必须符合设计要求。

检验方法：检查产品合格证、产品性能检测报告、计量措施和材料进场检验报告。

5.9.2 坑、池防水构造必须符合设计要求。

检验方法：观察检查和检查隐蔽工程验收记录。

5.9.3 坑、池、储水库内部防水层完成后，应进行蓄水试验。

检验方法：观察检查和检查蓄水试验记录。

Ⅱ 一 般 项 目

5.9.4 坑、池、储水库宜采用防水混凝土整体浇筑，混凝土表面应坚实、平整，不得有露筋、蜂窝和裂缝等缺陷。

检验方法：观察检查和检查隐蔽工程验收记录。

5.9.5 坑、池底板的混凝土厚度不应少于250mm；当底板的厚度小于250mm时，应采取局部加厚措施，并应使防水层保持连续。

检验方法：观察检查和检查隐蔽工程验收记录。

5.9.6 坑、池施工完后，应及时遮盖和防止杂物堵塞。

检验方法：观察检查。

3.2.47 锚喷支护检验批质量验收记录

1. 表格

锚喷支护检验批质量验收记录

01070301 ____

单位（子单位）工程名称			分部（子分部）工程名称		分项工程名称		
施工单位			项目负责人		检验批容量		
分包单位			分包单位项目负责人		检验批部位		
施工依据				验收依据	《地下防水工程质量验收规范》GB 50208－2011		

		验收项目	设计要求及规范规定	最小/实际抽样数量	检查记录	检查结果
主控项目	1	喷射混凝土所用原材料、混合料配合比以及钢筋网、锚杆、钢拱架等	第6.1.9条	/		
	2	喷射混凝土抗压强度、抗渗性能和锚杆抗拔力	第6.1.10条	/		
	3	锚杆支护的渗漏水量	第6.1.11条	/		
一般项目	1	喷层与围岩以及喷层之间	第6.1.12条	/		
	2	喷层厚度	第6.1.13条	/		
	3	喷射混凝土质量	第6.1.14条	/		
	4	喷射混凝土表面平整度 D/L	≤1/6	/		

施工单位检查结果	专业工长：项目专业质量检查员：　　年　月　日
监理单位验收结论	专业监理工程师：　　年　月　日

2. 验收依据说明

【规范名称及编号】《地下防水工程质量验收规范》GB 50208－2011

【条文摘录】

摘录一：

第3.0.13条（见《防水混凝土检验批质量验收记录》的表格验收依据说明，本书第124页）。

摘录二：

6.1 锚喷支护

6.1.1 锚喷支护适用于暗挖法地下工程的支护结构及复合式衬砌的初期支护。

6.1.2 喷射混凝土施工前，应根据围岩裂隙及渗漏水的情况，预先采用引排或注浆堵水。

6.1.3 喷射混凝土所用原材料应符合下列规定：

1 选用普通硅酸盐水泥或硅酸盐水泥；

2 中砂或粗砂的细度模数宜大于 2.5，含泥量不应大于 3.0%；干法喷射时，含水率宜为 5%～7%；

3 采用卵石或碎石，粒径不应大于 15mm；含泥量不应大于 1.0%；使用碱性速凝剂时，不得使用含有活性二氧化硅的石料；

4 不含有害物质的洁净水；

5 速凝剂的初凝时间不应大于 5min，终凝时间不应大于 10min。

6.1.4 混合料必须计量准确、搅拌均匀，并符合下列规定：

1 水泥与砂石质量比宜为 1：4～1：4.5，砂率宜为 45%～55%，水胶比不得大于 0.45，外加剂和外掺料的掺量应通过试验确定；

2 水泥和速凝剂称量允许偏差均为±2%，砂石称量允许偏差均为±3%；

3 混合料在运输和存放过程中严防受潮，存放时间不应超过 120min；当掺入速凝剂时，存放时间不应超过 20min。

6.1.5 喷射混凝土终凝 2h 后应采取喷水养护，养护时间不得少于 14d；当气温低于 5℃时，不得喷水养护。

6.1.6 喷射混凝土试件制作组数应符合下列规定：

1 地下铁道工程应按区间或小于区间断面的结构，每 20 延米拱和墙各取抗压试件一组；车站取抗压试件两组。其他工程应按每喷射 50m³ 同一配合比的混合料或混合料小于 50m³ 的独立工程取抗压试件一组。

2 地下铁道工程应按区间结构每 40 延米取抗渗试件一组；车站每 20 延米取抗渗试件一组。其他工程当设计有抗渗要求时，可增做抗渗性能试验。

6.1.7 锚杆必须进行抗拔力试验。同一批锚杆每 100 根应取一组试件，每组 3 根，不足 100 根也取 3 根。同一批试件抗拔力平均值不应小于设计锚固力，且同一批试件抗拔力的最低值不应小于设计锚固力的 90%。

6.1.8 锚喷支护分项工程检验批的抽样检验数量，应按区间或小于区间断面的结构每 20 延米检查 1 处，车站每 10 延米检查 1 处，每处 10m²，且不得少于 3 处。

Ⅰ 主 控 项 目

6.1.9 喷射混凝土所用原材料、混合料配合比以及钢筋网、锚杆、钢拱架等必须符合设计要求。

检验方法：检查产品合格证、产品性能检测报告、计量措施和材料进场检验报告。

6.1.10 喷射混凝土抗压强度、抗渗性能和锚杆抗拔力必须符合设计要求。

检验方法：检查混凝土抗压强度、抗渗性能检验报告和锚杆抗拔力检验报告。

6.1.11 锚喷支护的渗漏水量必须符合设计要求。

检验方法：观察检查和检查渗漏水检测记录。

Ⅱ 一 般 项 目

6.1.12 喷层与围岩以及喷层之间应粘结紧密，不得有空鼓现象。

检验方法：用小锤轻击检查。

6.1.13 喷层厚度有 60% 以上检查点不应小于设计厚度，最小厚度不得小于设计厚度的 50%，且平均厚度不得小于设计厚度。

检验方法：用针探法或凿孔法检查。

6.1.14 喷射混凝土应密实、平整，无裂缝、脱落、漏喷、露筋。

检验方法：观察检查。

6.1.15 喷射混凝土表面平整度 D/L 不得大于 1/6。

检验方法：尺量检查。

3.2.48　地下连续墙结构防水检验批质量验收记录

1. 表格

地下连续墙结构防水检验批质量验收记录

01070302 ____

单位（子单位）工程名称				分部（子分部）工程名称			分项工程名称		
施工单位				项目负责人			检验批容量		
分包单位				分包单位项目负责人			检验批部位		
施工依据					验收依据		《地下防水工程质量验收规范》GB 50208－2011		
验收项目			设计要求及规范规定	最小/实际抽样数量		检查记录			检查结果
主控项目	1	防水混凝土的原材料、配合比以及坍落度	第6.2.8条	/					
	2	防水混凝土的抗压强度和抗渗性能	第6.2.9条	/					
	3	地下连续墙的渗漏水量	第6.2.10条	/					
一般项目	1	地下连续墙的槽段接缝构造	第6.2.11条	/					
	2	地下连续墙墙面	第6.2.12条	/					
	3	地下连续墙墙体表面平整度	临时支护墙体	50mm	/				
			单一或复合墙体	30mm	/				
施工单位检查结果				专业工长： 项目专业质量检查员： 年　月　日					
监理单位验收结论				专业监理工程师： 年　月　日					

2. 验收依据说明

【规范名称及编号】《地下防水工程质量验收规范》GB 50208－2011

【条文摘录】

摘录一：

第 3.0.13 条（见《防水混凝土检验批质量验收记录》的表格验收依据说明，本书第 124 页）。

摘录二：

6.2　地下连续墙

6.2.1　地下连续墙适用于地下工程的主体结构、支护结构以及复合式衬砌的初期支护。

6.2.2　地下连续墙应采用防水混凝土，胶凝材料用量不应小于 400kg/m³，水胶比不得大于 0.55，坍落度不得小于 180mm。

6.2.3　地下连续墙施工时，混凝土应按每一个单元槽段留置一组抗压强度试件，每 5 个槽段留置一组抗渗试件。

6.2.4 叠合式侧墙的地下连续墙与内衬结构连接处，应凿毛并清洗干净，必要时应作特殊防水处理。

6.2.5 地下连续墙应根据工程要求和施工条件减少槽段数量；地下连续墙槽段接缝应避开拐角部位。

6.2.6 地下连续墙如有裂缝、孔洞、露筋等缺陷，应采用聚合物水泥砂浆修补；地下连续墙槽段接缝如有渗漏，应采用引排或注浆封堵。

6.2.7 地下连续墙分项工程检验批的抽样检验数量，应按第连续墙5个槽段抽查1个槽段，且不得少于3个槽段。

Ⅰ 主 控 项 目

6.2.8 防水混凝土的原材料、配合比以及坍落度必须符合设计要求。

检验方法：检查产品合格证、产品性能检测报告、计量措施和材料进场检验报告。

6.2.9 防水混凝土的抗压强度和抗渗性能必须符合设计要求。

检验方法：检查混凝土抗压强度、抗渗性能检验报告。

6.2.10 地下连续墙的渗漏水量必须符合设计要求。

检验方法：观察检查和检查渗漏水检测记录。

Ⅱ 一 般 项 目

6.2.11 地下连续墙的槽段接缝构造应符合设计要求。

检验方法：观察检查和检查隐蔽工程验收记录。

6.2.12 地下连续墙墙面不得有露筋、露石和夹泥现象。

检验方法：观察检查。

6.2.13 地下连续墙墙体表面平整度，临时支护墙体允许偏差应为50mm，单一或复合墙体允许偏差应为30mm。

检验方法：尺量检查。

3.2.49 盾构隧道检验批质量验收记录

1. 表格

盾构隧道检验批质量验收记录

01070303____

单位（子单位）工程名称			分部（子分部）工程名称			分项工程名称	
施工单位			项目负责人			检验批容量	
分包单位			分包单位项目负责人			检验批部位	
施工依据				验收依据		《地下防水工程质量验收规范》GB 50208－2011	
验收项目			设计要求及规范规定	最小/实际抽样数量	检查记录		检查结果
主控项目	1	盾构隧道衬砌所用防水材料	第6.3.11条	/			
	2	钢筋混凝土管片的抗压强度和抗渗性能	第6.3.12条	/			
	3	盾构隧道衬砌的渗漏水量	第6.3.13条	/			

续表

		验收项目	设计要求及规范规定	最小/实际抽样数量	检查记录	检查结果
一般项目	1	管片接缝密封垫及其沟槽的断面尺寸	第6.3.14条	/		
	2	密封垫在沟槽内设置	第6.3.15条	/		
	3	管片嵌缝槽的深度比及断面构造形式、尺寸	第6.3.16条	/		
	4	嵌缝材料嵌填	第6.3.17条	/		
	5	管片的环向及纵向螺栓	第6.3.18条	/		
		衬砌内表面的外露铁件防腐处理	第6.3.18条	/		

施工单位检查结果	专业工长： 项目专业质量检查员： 　　　　　年　月　日
监理单位验收结论	专业监理工程师： 　　　　　年　月　日

2. 验收依据说明

【规范名称及编号】《地下防水工程质量验收规范》GB 50208-2011

【条文摘录】

摘录一：

第3.0.13条（见《防水混凝土检验批质量验收记录》的表格验收依据说明，本书第124页）。

摘录二：

6.3 盾构隧道

6.3.1　盾构隧道适用于在软土和软岩中采用盾构掘进和拼装管片方法修建的衬砌结构。

6.3.2　盾构隧道衬砌防水措施应按表6.3.2选用。

表6.3.2　盾构隧道衬砌防水措施

防水措施		高精度管片	接缝防水				混凝土内衬或其他内衬	外防水涂料
			密封垫	嵌缝材料	密封剂	螺孔密封圈		
防水等级	1级	必选	必选	全隧道或部分区段应选	可选	必选	宜选	对混凝土有中等以上腐蚀的地层应选，在非腐蚀地层宜选
	2级	必选	必选	部分区段宜选	可选	必选	局部宜选	对混凝土有中等以上腐蚀的地层宜选
	3级	应选	必选	部分区段宜选	—	应选	—	对混凝土有中等以上腐蚀的地层应宜选
	4级	可选	宜选	可选	—	—	—	—

6.3.3　钢筋混凝土管片的质量应符合下列规定：

1　管片混凝土抗压强度和抗渗性能以及混凝土氯离子扩散系数均应符合设计要求；

2　管片不应有露筋、孔洞、疏松、夹渣、有害裂缝、缺棱掉角、飞边等缺陷；

3 单块管片制作尺寸允许偏差应符合表 6.3.3 的规定。

表 6.3.3 单块管片制作尺寸允许偏差

项　目	允许偏差（mm）
宽　度	±1
弧长、弦长	±1
厚　度	+3，−1

6.3.4 钢筋混凝土管片抗压和抗渗试件制作应符合下列规定：

1 直径 8m 以下隧道，同一配合比按每生产 10 环制作抗压强度试件一组，每生产 30 环制作抗渗试件一组；

2 直径 8m 以上隧道，同一配合比按每工作班制作抗压强度试件一组，每生产 10 环制作抗渗试件一组。

6.3.5 钢筋混凝土管片的单块抗渗检漏应符合下列规定：

1 检验数量：管片每生产 100 环应抽查一块管片进行检漏测试，连续 3 次达到检漏标准，则改为每生产 200 环应抽查一块管片进行检漏测试，再连续 3 次达到检漏标准，按最终检测频率为 400 环抽查 1 块管片进行检漏测试。如出现一次不达标，则恢复每 100 环抽查 1 块管片的最初检漏频率，再按上述要求进行抽检。当检漏频率为每 100 环抽查 1 块时，如出现不达标，则双倍复检，如再出现不达标，必须逐块检漏。

2 检漏标准：管片外表在 0.8MPa 水压力下，恒压 3h，渗水进入管片外背高度不超过 50mm 为合格。

6.3.6 盾构隧道衬砌的管片密封垫防水应符合下列规定：

1 密封垫沟槽表面应干燥、无灰尘、雨天不得进行密封垫粘结施工；

2 密封垫应与沟槽紧密贴合，不得有起鼓、超长和缺口现象；

3 密封垫粘贴完毕并达到规定强度后，方可进行管片拼装；

4 采用遇水膨胀橡胶密封垫时，非粘贴面应涂刷缓膨胀剂或采取符合缓膨胀的措施。

6.3.7 盾构隧道衬砌的管片嵌缝材料防水应符合下列规定：

1 根据盾构施工方法和隧道的稳定性，确定嵌缝作业开始的时间；

2 嵌缝槽如有缺损，应采用与管片混凝土强度等级相同的聚合物水泥砂浆修补；

3 嵌缝槽表面应坚实、平整、洁净、干燥；

4 嵌缝作业应在无明显渗水后进行；

5 嵌填材料施工时，应先刷涂基层处理剂，嵌填应密实，平整。

6.3.8 盾构隧道衬砌的管片密封剂防水应符合下列规定：

1 接缝管片渗漏时，应采用密封剂堵漏；

2 密封剂注入口应无缺损，注入通道应通畅；

3 密封剂材料注入施工前，应采取控制注入范围的措施。

6.3.9 盾构隧道衬砌的管片螺孔密封圈防水应符合下列规定：

1 螺栓拧紧前，应确保螺孔密封圈定位准确，并与螺栓孔沟槽相贴合；

2 螺栓孔渗漏时，应采取封堵措施；

3 不得使用已破损或提前膨胀的密封圈。

6.3.10 盾构隧道分项工程检验批的抽样检验数量，应按每连续 5 环抽查 1 环，且不得少于 3 环。

Ⅰ 主 控 项 目

6.3.11 盾构隧道衬砌所用防水材料必须符合设计要求。

检验方法：检查产品合格证、产品性能检测报告、计量措施和材料进场检验报告。

6.3.12 钢筋混凝土管片的抗压强度和抗渗性能必须符合设计要求。

检验方法：检查混凝土抗压强度、抗渗性能检验报告和管片单块检漏测试报告。

6.3.13　盾构隧道衬砌的渗漏水量必须符合设计要求。

检验方法：观察检查和检查渗漏水检测记录。

Ⅱ　一　般　项　目

6.3.14　管片接缝密封垫及其沟槽的断面尺寸应符合设计要求。

检验方法：观察检查和检查隐蔽工程验收记录。

6.3.15　密封垫在沟槽内应套箍和粘结牢固，不得歪斜、扭曲。

检验方法：观察检查。

6.3.16　管片嵌缝槽的深度比及断面构造形式、尺寸应符合设计要求。

检验方法：观察检查和检查隐蔽工程验收记录。

6.3.17　嵌缝材料嵌填应密实、连续、饱满、表面平整、密贴牢固。

检验方法：观察检查和检查隐蔽工程验收记录。

6.3.18　管片的环向及纵向螺栓应全部穿进并拧紧；衬砌内表面的外露铁件防腐处理应符合设计要求。

检验方法：观察检查。

3.2.50　沉井检验批质量验收记录

1. 表格

沉井检验批质量验收记录

01070304 ____

单位（子单位）工程名称			分部（子分部）工程名称		分项工程名称		
施工单位			项目负责人		检验批容量		
分包单位			分包单位项目负责人		检验批部位		
施工依据				验收依据	《地下防水工程质量验收规范》GB 50208－2011		
验收项目			设计要求及规范规定	最小/实际抽样数量	检查记录		检查结果
主控项目	1	沉井混凝土的原材料、配合比以及坍落度	第6.4.7条	/			
	2	沉井混凝土的抗压强度和抗渗性能	第6.4.8条	/			
	3	沉井的渗漏水量	第6.4.9条	/			
一般项目	1	沉井干封施工	第6.4.3条	/			
		沉井水封施工	第6.4.4条	/			
	2	沉井底板与井壁接缝处的防水处理	第6.4.11条	/			
施工单位检查结果				专业工长： 项目专业质量检查员： 年　月　日			
监理单位验收结论				专业监理工程师： 年　月　日			

2. 验收依据说明

【规范名称及编号】《地下防水工程质量验收规范》GB 50208-2011

【条文摘录】

摘录一：

第 3.0.13 条（见《防水混凝土检验批质量验收记录》的表格验收依据说明，本书第 124 页）。

摘录二：

6.4 沉井

6.4.1 沉井适用于下沉施工的地下建筑物或构筑物。

6.4.2 沉井结构应采用防水混凝土浇筑。沉井分段制作时，施工缝的防水措施应符合本规范第5.1节的有关规定；固定模板的螺栓穿过混凝土井壁时，螺栓部位的防水处理应符合本规范第5.5.6条的规定。

6.4.3 沉井干封施工应符合下列规定：

1 沉井基底土面应全部挖至设计标高，待其下沉稳定后再将井内积水排干；

2 清除浮土杂物，底板与井壁连接部位应凿毛、清洗干净或涂刷混凝土界面处理剂，及时浇筑防水混凝土封底；

3 在软土中封底时，宜分格逐段对称进行；

4 封底混凝土施工过程中，应从底板上的集水井中不间断地抽水；

5 封底混凝土达到设计强度后，方可停止抽水；集水井的封堵应采用微膨胀混凝土填充捣实，并用法兰、焊接钢板等方法封平。

6.4.4 沉井水封施工应符合下列规定：

1 井底应将浮泥清理干净，并铺碎石垫层；

2 底板与井壁连接部位应冲刷干净；

3 封底宜采用水下不分散混凝土，其坍落度宜为180mm～220mm；

4 封底混凝土应在沉井全部底面积上连续均匀浇筑；

5 封底混凝土达到设计强度后，方可从井中抽水；并应检查封底质量。

6.4.5 防水混凝土底板应连续浇筑，不得留设施工缝；底板与井壁接缝处的防水处理应符合本规范第5.1节的有关规定。

6.4.6 沉井分项工程检验批的抽样检验数量，应按混凝土外露面积每100m²抽查1处，每处10m²，且不得少于3处。

Ⅰ 主 控 项 目

6.4.7 沉井混凝土的原材料、配合比以及坍落度必须符合设计要求。

检验方法：检查产品合格证、产品性能检测报告、计量措施和材料进场检验报告。

6.4.8 沉井混凝土的抗压强度和抗渗性能必须符合设计要求。

检验方法：检查混凝土抗压强度、抗渗性能检验报告。

6.4.9 沉井的渗漏水量必须符合设计要求。

检验方法：观察检查和检查渗漏水检测记录。

Ⅱ 一 般 项 目

6.4.10 沉井干封底和水下封底的施工应符合本规范第6.4.3条和第6.4.4条的规定。

检验方法：观察检查和检查隐蔽工程验收记录。

6.4.11 沉井底板与井壁接缝处的防水处理应符合设计要求。

检验方法：观察检查和检查隐蔽工程验收记录。

3.2.51　逆筑结构检验批质量验收记录

1. 表格

逆筑结构检验批质量验收记录

01070305 ____

单位（子单位）工程名称			分部（子分部）工程名称			分项工程名称		
施工单位			项目负责人			检验批容量		
分包单位			分包单位项目负责人			检验批部位		
施工依据					验收依据	《地下防水工程质量验收规范》GB 50208－2011		
验收项目			设计要求及规范规定	最小/实际抽样数量	检查记录			检查结果
主控项目	1	补偿收缩混凝土的原材料、配合比以及坍落度	第6.5.8条	/				
	2	内衬墙接缝用遇水膨胀止水条或止水胶和预埋注浆管	第6.5.9条	/				
	3	逆筑结构的渗漏水量	第6.5.10条	/				
一般项目	1	地下连续墙为主体结构逆筑法施工	第6.5.2条	/				
		地下连续墙与内衬构成复合衬砌进行逆筑法施工	第6.5.3条	/				
	2	遇水膨胀止水条应具有缓膨胀性能	第5.1.8条	/				
		止水条埋设	第5.1.8条	/				
	3	遇水膨胀止水胶施工	第5.1.9条	/				
	4	预埋注浆管的施工	第5.1.10条	/				
施工单位检查结果				专业工长：项目专业质量检查员：　　年　月　日				
监理单位验收结论				专业监理工程师：　　年　月　日				

2. 验收依据说明

【规范名称及编号】《地下防水工程质量验收规范》GB 50208－2011

【条文摘录】

摘录一：

第 3.0.13 条（见《防水混凝土检验批质量验收记录》的表格验收依据说明，本书第 124 页）。

摘录二：

6.5　逆筑结构

6.5.1　逆筑结构适用于地下连续墙为主体结构或地下连续墙与内衬构成复合衬砌进行逆筑法施工的地下工程。

6.5.2　地下连续墙为主体结构逆筑法施工应符合下列规定：

1　地下连续墙墙面应凿毛、清洗干净，并宜做水泥砂浆防水层；

2　地下连续墙与顶板、中楼板、底板接缝部位应凿毛处理；施工缝的施工应符合本规范第 5.1 节的有关规定；

 3 钢筋接驳器处宜涂刷水泥基渗透结晶型防水涂料。

6.5.3 地下连续墙与内衬构成复合衬砌进行逆筑法施工除应符合本规范第6.5.2条的规定外，尚应符合下列规定：

 1 顶板及中楼板下部500mm内衬墙应同时浇筑，内衬墙下部应做成斜坡形；斜坡形下部应预留300mm～500mm空间，并应待下部先浇混凝土施工14d后再行浇筑；

 2 浇筑混凝土前，内衬墙的接缝面应凿毛、清洗干净，并应设置遇水膨胀止水条或止水胶和预埋注浆管；

 3 内衬墙的后浇带混凝土应采用补偿收缩混凝土，浇筑口宜高于斜坡顶端200mm以上；

6.5.4 内衬墙垂直施工缝应与地下连续墙的槽段接缝相互错开2.0m～3.0m。

6.5.5 底板混凝土应连续浇筑，不得留设施工缝；底板与桩头接缝部位的防水处理应符合本规范第5.7节的有关规定。

6.5.6 底板混凝土达到设计强度后方可停止降水，并应将降水井封堵密实。

6.5.7 逆筑结构分项工程检验批的抽样检验数量，应按混凝土外露面积每100m²抽查1处，每处10m²，且不得少于3处。

Ⅰ 主 控 项 目

6.5.8 补偿收缩混凝土的原材料、配合比以及坍落度必须符合设计要求。

 检验方法：检查产品合格证、产品性能检测报告、计量措施和材料进场检验报告。

6.5.9 内衬墙接缝用遇水膨胀止水条或止水胶和预埋注浆管必须符合设计要求；

 检验方法：检查产品合格证、产品性能检测报告和材料进场检验报告。

6.5.10 逆筑结构的渗漏水量必须符合设计要求。

 检验方法：观察检查和检查渗漏水检测记录。

Ⅱ 一 般 项 目

6.5.11 逆筑结构的施工应符合本规范第6.5.2条和第6.5.3条的规定。

 检验方法：观察检查和检查隐蔽工程验收记录。

6.5.12 遇水膨胀止水条的施工应符合本规范第5.1.8条的规定；遇水膨胀止水胶的施工应符合本规范第5.1.9条的规定；预埋注浆管的施工应符合本规范第5.1.10条的规定。

 检验方法：观察检查和检查隐蔽工程验收记录。

3.2.52 渗排水、盲沟排水检验批质量验收记录

1. 表格

渗排水、盲沟排水检验批质量验收记录

01070401 ____

单位（子单位）工程名称			分部（子分部）工程名称		分项工程名称	
施工单位			项目负责人		检验批容量	
分包单位			分包单位项目负责人		检验批部位	
施工依据				验收依据	《地下防水工程质量验收规范》GB 50208－2011	
验收项目			设计要求及规范规定	最小/实际抽样数量	检查记录	检查结果
主控项目	1	盲沟反滤层的层次和粒径组成	第7.1.7条	/		
	2	集水管的埋置深度及坡度	第7.1.8条	/		

续表

		验收项目	设计要求及规范规定	最小/实际抽样数量	检查记录	检查结果
一般项目	1	渗排水构造	第7.1.9条	/		
	2	渗排水层的铺设	第7.1.10条	/		
	3	盲沟排水构造	第7.1.11条	/		
	4	集水管采用平接式或承插式接口	第7.1.12条	/		

施工单位检查结果	专业工长： 项目专业质量检查员： 　　　　　　年　月　日
监理单位验收结论	专业监理工程师： 　　　　　　年　月　日

2. 验收依据说明

【规范名称及编号】《地下防水工程质量验收规范》GB 50208-2011

【条文摘录】

摘录一：

第3.0.13条（见《防水混凝土检验批质量验收记录》的表格验收依据说明，本书第124页）。

摘录二：

7.1 渗排水、盲沟排水

7.1.1 渗排水适用于无自流排水条件、防水要求较高且有抗浮要求的地下工程。盲沟排水适用于地基为弱透水性土层、地下水量不大或排水面积较小，地下水位在结构底板以下或在丰水期地下水位高于结构底板的地下工程。

7.1.2 渗排水应符合下列规定：

1 渗排水层用砂、石应洁净，含泥量不应大于2.0%；

2 粗砂过滤层总厚度宜为300mm，如较厚时应分层铺填；过滤层与基坑土层接触处，应采用厚度为100mm～150mm、粒径为5mm～10mm的石子铺填；

3 集水管应设置在粗砂过滤层下部，坡度不宜小于1%，且不得有倒坡现象。集水管之间的距离宜为5m～10m，并与集水井相通；

4 工程底板与渗排水层之间应做隔浆层，建筑周围的渗排水层顶面应做散水坡。

7.1.3 盲沟排水应符合下列规定：

1 盲沟成型尺寸和坡度应符合设计要求；

2 盲沟的类型及盲沟与基础的距离应符合设计要求；

3 盲沟用砂、石应洁净，含泥量不应大于2.0%；

4 盲沟反滤层层次和粒径组成应符合表7.1.3的规定；

表7.1.3 盲沟反滤层的层次和粒径组成

反滤层的层次	建筑物地区地层为砂性土时（塑性指数 $I_p < 3$）	建筑物地区地层为黏性土时（塑性指数 $I_p > 3$）
第一层（贴自然土）	用1mm～3mm粒径砂子组成	用2mm～5mm粒径砂子组成
第二层	用3mm～10mm粒径小卵石组成	用5mm～10mm粒径砂子组成

5　盲沟在转弯处和高低处应设置检查井，出水口处应设置滤水箅子。

7.1.4　渗排水、盲沟排水均应在地基工程验收合格后进行施工。

7.1.5　集水管宜采用无砂混凝土管、硬质塑料管或软式透水管。

7.1.6　渗排水、盲沟排水分项工程检验批的抽样检验数量：应按10％抽查，其中按两轴线间或10延米为1处，且不得少于3处。

Ⅰ　主　控　项　目

7.1.7　盲沟反滤层的层次和粒径组成必须符合设计要求。

检验方法：检查砂、石试验报告和隐蔽工程验收记录。

7.1.8　集水管的埋置深度及坡度必须符合设计要求。

检验方法：观察和尺量检查。

Ⅱ　一　般　项　目

7.1.9　渗排水构造应符合设计要求。

检验方法：观察检查和检查隐蔽工程验收记录。

7.1.10　渗排水层的铺设应分层、铺平、拍实。

检验方法：观察检查和检查隐蔽工程验收记录。

7.1.11　盲沟排水构造应符合设计要求。

检验方法：观察检查和检查隐蔽工程验收记录。

7.1.12　集水管采用平接式或承插式接口应连接牢固，不得扭曲变形和错位。

检验方法：观察检查

3.2.53　隧道排水、坑道排水检验批质量验收记录

1. 表格

隧道排水、坑道排水检验批质量验收记录

01070402 ____

单位（子单位）工程名称			分部（子分部）工程名称			分项工程名称	
施工单位			项目负责人			检验批容量	
分包单位			分包单位项目负责人			检验批部位	
施工依据				验收依据		《地下防水工程质量验收规范》GB 50208－2011	
验收项目			设计要求及规范规定	最小/实际抽样数量	检查记录		检查结果
主控项目	1	盲沟反滤层的层次和粒径	第7.2.10条	/			
	2	无砂混凝土管、硬质塑料管或软式透水管	第7.2.11条	/			
	3	隧道、坑道排水系统必须畅通	第7.2.12条	/			
一般项目	1	盲沟、盲管及横向导水管的管径、间距、坡度	第7.2.13条	/			
	2	隧道或坑道内排水明沟及离壁式衬砌外排水沟，其断面尺寸及坡度	第7.2.14条	/			

续表

	验收项目	设计要求及规范规定	最小/实际抽样数量	检查记录	检查结果
一般项目	3 盲管应与岩壁或初期支护密贴，并应固定牢固	第7.2.15条	/		
	环向、纵向盲管接头宜与盲管相配套	第7.2.15条	/		
	4 贴壁式、复合式衬壁的盲沟与混凝土衬砌接触部位应做隔浆层	第7.2.16条	/		

施工单位检查结果		专业工长： 项目专业质量检查员： 年 月 日
监理单位验收结论		专业监理工程师： 年 月 日

2. 验收依据说明

【规范名称及编号】《地下防水工程质量验收规范》GB 50208－2011

【条文摘录】

摘录一：

第3.0.13条（见《防水混凝土检验批质量验收记录》的表格验收依据说明，本书第124页）。

摘录二：

7.2 隧道排水、坑道排水

7.2.1 隧道排水、坑道排水适用于贴壁式、复合式、离壁式衬砌。

7.2.2 隧道或坑道内如设置排水泵房时，主排水泵站和辅助排水泵站、集水池的有效容积应符合设计规定。

7.2.3 主排水泵站、辅助排水泵站和污水泵房的废水及污水，应分别排入城市雨水和污水管道系统。污水的排放尚应符合国家现行有关标准的规定。

7.2.4 坑道排水应符合有关特殊功能设计的要求。

7.2.5 隧道贴壁式、复合式衬砌围岩疏导排水应符合下列规定：

1 集中地下水出露处，宜在衬砌背后设置盲沟、盲管或钻孔等引排措施；

2 水量较大、出水面广时，衬砌背后应设置环向、纵向盲沟组成排水系统，将水集排至排水沟内；

3 当地下水丰富、含水层明显且有补给来源时，可采用辅助坑道或泄水洞等截、排水设施。

7.2.6 盲沟中心宜采用无砂混凝土管或硬质塑料管，其管周围应设置反滤层；盲管应采用软式透水管。

7.2.7 排水明沟的纵向坡度应与隧道或坑道坡度一致，排水明沟应设置盖板和检查井。

7.2.8 隧道离壁式衬砌侧墙外排水沟应做成明沟，其纵向坡度不应小于0.5％。

7.2.9 隧道排水、坑道排水分项工程检验批的抽样检验数量：应按10％抽查，其中按两轴线间或10延米为1处，且不得少于3处。

Ⅰ 主 控 项 目

7.2.10 盲沟反滤层的层次和粒径必须符合设计要求。

检验方法：检查砂、石试验报告。

7.2.11 无砂混凝土管、硬质塑料管或软式透水管必须符合设计要求。

检验方法：检查产品合格证和产品性能检测报告。

7.2.12 隧道、坑道排水系统必须畅通。

检验方法：观察检查

Ⅱ 一 般 项 目

7.2.13 盲沟、盲管及横向导水管的管径、间距、坡度均应符合设计要求。

检验方法：观察和尺量检查。

7.2.14 隧道或坑道内排水明沟及离壁式衬砌外排水沟，其断面尺寸及坡度应符合设计要求。

检验方法：观察和尺量检查。

7.2.15 盲管应与岩壁或初期支护密贴，并应固定牢固；环向、纵向盲管接头宜与盲管相配套。

检验方法：观察检查。

7.2.16 贴壁式、复合式衬壁的盲沟与混凝土衬砌接触部位应做隔浆层。

检验方法：观察检查和检查隐蔽工程验收记录。

3.2.54 塑料排水板排水检验批质量验收记录

1. 表格

塑料排水板排水检验批质量验收记录

01070403＿＿＿

单位（子单位）工程名称			分部（子分部）工程名称		分项工程名称	
施工单位			项目负责人		检验批容量	
分包单位			分包单位项目负责人		检验批部位	
施工依据				验收依据	《地下防水工程质量验收规范》GB 50208－2011	

验收项目			设计要求及规范规定	最小/实际抽样数量	检查记录	检查结果
主控项目	1	塑料排水板和土工布	第7.3.8条	/		
	2	塑料排水板排水层与排水系统	第7.3.9条	/		
一般项目	1	塑料排水板排水层构造和施工工艺	第7.3.10条	/		
	2	塑料排水板的长短边搭接宽度	均不应小于100mm	/		
		塑料排水板接缝	第7.3.11条	/		
	3	土工布铺设	第7.3.12条	/		
		土工布的搭接宽度和搭接方法	第7.3.12条	/		

施工单位检查结果	专业工长：项目专业质量检查员：<div align="right">年 月 日</div>
监理单位验收结论	专业监理工程师：<div align="right">年 月 日</div>

2. 验收依据说明

【规范名称及编号】《地下防水工程质量验收规范》GB 50208-2011

【条文摘录】

摘录一：

第3.0.13条（见《防水混凝土检验批质量验收记录》的表格验收依据说明，本书第124页）。

摘录二：

7.3　塑料排水板排水

7.3.1　塑料排水板适用于无自流排水条件且防水要求较高的地下工程以及地下工程种植顶板排水。

7.3.2　塑料排水板排水构造应选用抗压强度大且耐久性好的凹凸型排水板。

7.3.3　塑料排水板排水构造应符合设计要求，并宜符合以下工艺流程：

1　室内底板排水按混凝土底板→铺设塑料排水板（支点向下）→混凝土垫层→配筋混凝土面层等顺序进行；

2　室内侧墙排水按混凝土侧墙→粘贴塑料排水板（支点向墙面）→钢丝网固定→水泥砂浆面层等顺序进行；

3　种植顶板排水按混凝土顶板→找坡层→防水层→混凝土保护层→铺设塑料排水板（支点向上）→铺设土工布→覆盖等顺序进行；

4　隧道或坑道排水按初期支护→铺设土工布→铺设塑料排水板（支点向初期支护）→二次衬砌结构等顺序进行。

7.3.4　铺设塑料排水板应采用搭接法施工，长短边搭接宽度均不应小于100mm。塑料排水板的接缝处宜采用配套胶粘剂粘结或热熔焊接。

7.3.5　地下工程种植顶板种植土若低于周围土体，塑料排水板排水层必须结合排水沟或盲沟分区设置，并保持排水畅通。

7.3.6　塑料排水板应与土工布复合使用。土工布宜采用$200g/m^2 \sim 400g/m^2$的聚酯无纺布。土工布应铺设在塑料排水板的凸面上。相邻土工布搭接宽度不应小于200mm，搭接部位应采用粘合或缝合。

7.3.7　塑料排水板排水分项工程检验批的抽样检验数量：应按铺设面积每$100m^2$抽查1处，每处$10m^2$，且不得少于3处。

Ⅰ　主　控　项　目

7.3.8　塑料排水板和土工布必须符合设计要求。

检验方法：检查产品合格证和产品性能检测报告。

7.3.9　塑料排水板排水层必须与排水系统连通，不得有堵塞现象。

检验方法：观察检查。

Ⅱ　一　般　项　目

7.3.10　塑料排水板排水层构造做法应符合本规范第7.3.3条的规定。

检验方法：观察检查和检查隐蔽工程验收记录。

7.3.11　塑料排水板的搭接宽度和搭接方法应符合本规范第7.3.4条的规定。

检验方法：观察和尺量检查。

7.3.12　土工布铺设应平整、无折皱；土工布的搭接宽度和搭接方法应符合本规范第7.3.6条的规定。

检验方法：观察和尺量检查。

3.2.55 预注浆、后注浆检验批质量验收记录

1. 表格

预注浆、后注浆检验批质量验收记录

01070501＿＿＿

单位（子单位） 工程名称		分部（子分部） 工程名称		分项工程 名称	
施工单位		项目负责人		检验批容量	
分包单位		分包单位 项目负责人		检验批部位	
施工依据			验收依据	《地下防水工程质量验收规范》 GB 50208－2011	

验收项目			设计要求及 规范规定	最小/实际 抽样数量	检查记录	检查 结果
主控 项目	1	配制浆液的原材料及配合比	第8.1.7条	/		
	2	预注浆和后注浆的注浆效果	第8.1.8条	/		
一般 项目	1	注浆孔的数量、布置间距、钻孔深度及角度	第8.1.9条	/		
	2	注浆各阶段的控制压力和注浆量	第8.1.10条	/		
	3	注浆时浆液不得溢出地面和超出有效注浆范围	第8.1.11条	/		
	4	注浆对地面产生的沉降量	≯30mm	/		
		地面的隆起	≯20mm	/		

施工单位 检查结果	专业工长： 项目专业质量检查员： 年　月　日
监理单位 验收结论	专业监理工程师： 年　月　日

2. 验收依据说明

【规范名称及编号】《地下防水工程质量验收规范》GB 50208－2011

【条文摘录】

摘录一：

第3.0.13条（见《防水混凝土检验批质量验收记录》的表格验收依据说明，本书第124页）。

摘录二：

8.1 预注浆、后注浆

8.1.1 预注浆适用于工程开挖前预计涌水量较大的地段或软弱地层；后注浆法适用于工程开挖后处理围岩渗漏及初期壁后空隙回填。

8.1.2 注浆材料应符合下列规定：

1 具有较好的可注性；

2 具有固结收缩小，良好的粘结性、抗渗性、耐久性和化学稳定性；

3 低毒并对环境污染小；

4 注浆工艺简单，施工操作方便，安全可靠。

8.1.3　在砂卵石层中宜采用渗透注浆法；在黏土层中宜采用劈裂注浆法；在淤泥质软土中宜采用高压喷射注浆法。

8.1.4　注浆浆液应符合下列规定：

1　预注浆宜采用水泥浆液、黏土水泥浆液或化学浆液；

2　后注浆宜采用水泥浆液、水泥砂浆或掺有石灰、黏土膨润土、粉煤灰的水泥浆液；

3　注浆浆液配合比应经现场试验确定。

8.1.5　注浆过程控制应符合下列规定：

1　根据工程地质、注浆目的等控制注浆压力和注浆量；

2　回填注浆应在衬砌混凝土达到设计强度的 70% 后进行，衬砌后围岩注浆应在充填注浆固结体达到设计强度的 70% 后进行；

3　浆液不得溢出地面和超出有效注浆范围，地面注浆结束后注浆孔应封填密实；

4　注浆范围和建筑物的水平距离很近时，应加强对临近建筑物和地下埋设物的现场监控；

5　注浆点距离饮用水源或公共水域较近时，注浆施工如有污染应及时采取相应措施。

8.1.6　预注浆、后注浆分项工程检验批的抽样检验数量，应按加固或堵漏面积每 $100m^2$ 抽查 1 处，每处 $10m^2$，且不得少于 3 处。

Ⅰ　主　控　项　目

8.1.7　配制浆液的原材料及配合比必须符合设计要求。

检验方法：检查产品合格证、产品性能检测报告、计量措施和材料进场检验报告。

8.1.8　预注浆和后注浆的注浆效果必须符合设计要求。

检验方法：采用钻孔取芯法检查；必要时采取压水或抽水试验方法检查。

Ⅱ　一　般　项　目

8.1.9　注浆孔的数量、布置间距、钻孔深度及角度应符合设计要求。

检验方法：尺量检查和检查隐蔽工程验收记录。

8.1.10　注浆各阶段的控制压力和注浆量应符合设计要求。

检验方法：观察检查和检查隐蔽工程验收记录。

8.1.11　注浆时浆液不得溢出地面和超出有效注浆范围。

检验方法：观察检查。

8.1.12　注浆对地面产生的沉降量不得超过 30mm，地面的隆起不得超过 20mm。

检验方法：用水准仪测量。

3.2.56　结构裂缝注浆检验批质量验收记录

1. 表格

结构裂缝注浆检验批质量验收记录

01070502 ____

单位（子单位）工程名称			分部（子分部）工程名称		分项工程名称	
施工单位			项目负责人		检验批容量	
分包单位			分包单位项目负责人		检验批部位	
施工依据				验收依据	《地下防水工程质量验收规范》GB 50208-2011	
验收项目			设计要求及规范规定	最小/实际抽样数量	检查记录	检查结果
主控项目	1	注浆材料及配合比	第 8.2.6 条	/		
	2	结构裂缝注浆的注浆效果	第 8.2.7 条	/		

续表

		验收项目	设计要求及规范规定	最小/实际抽样数量	检查记录	检查结果
一般项目	1	注浆孔的数量、布置间距、钻孔深度及角度	第8.2.8条	/		
	2	注浆各阶段的控制压力和注浆量	第8.2.9条	/		
施工单位检查结果				专业工长： 项目专业质量检查员： 年 月 日		
监理单位验收结论				专业监理工程师： 年 月 日		

2. 验收依据说明

【规范名称及编号】《地下防水工程质量验收规范》GB 50208－2011

【条文摘录】

摘录一：

第3.0.13条（见《防水混凝土检验批质量验收记录》的表格验收依据说明，本书第124页）。

摘录二：

8.2 结构裂缝注浆

8.2.1 结构裂缝注浆适用于混凝土结构宽度大于0.2mm的静止裂缝、贯穿性裂缝等堵水注浆。

8.2.2 裂缝注浆应待结构基本稳定和混凝土达到设计强度后进行。

8.2.3 结构裂缝堵水注浆宜选用聚氨酯、甲丙烯酸盐等化学浆液；补强加固的结构裂缝注浆宜选用改性环氧树脂、超细水泥等浆液。

8.2.4 结构裂缝注浆应符合下列规定：

1 施工前，应沿缝清除基面上的油污杂质；

2 浅裂缝应骑缝粘埋注浆嘴，必要时沿缝开凿"U"形槽并用速凝水泥砂浆封缝；

3 深裂缝应骑缝钻孔或斜向钻孔至裂缝深部，孔内安放注浆管或注浆嘴，间距应根据裂缝宽度而定，但每条裂缝至少有一个进浆孔和一个排气孔；

4 注浆嘴及注浆管应设在裂缝的交叉处、较宽处及贯穿处等部位。对封缝的密封效果应进行检查；

5 注浆后待缝内浆液固化后，方可拆下注浆嘴并进行封口抹平。

8.2.5 结构裂缝注浆分项工程检验批的抽样检验数量，应按裂缝的条数抽查10%，每条裂缝检查1处，且不得少于3处。

Ⅰ 主 控 项 目

8.2.6 注浆材料及配合比必须符合设计要求。

检验方法：检查产品合格证、产品性能检测报告、计量措施和材料进场检验报告。

8.2.7 结构裂缝注浆的注浆效果必须符合设计要求。

检验方法：观察检查和压水或压气检查，必要时钻取芯样采取劈裂抗拉强度试验方法检查。

Ⅱ 一 般 项 目

8.2.8 注浆孔的数量、布置间距、钻孔深度及角度应符合设计要求。

检验方法：尺量检查和检查隐蔽工程验收记录。

8.2.9 注浆各阶段的控制压力和注浆量应符合设计要求。

检验方法：观察检查和检查隐蔽工程验收记录。

第4章　主体结构分部工程检验批表格和验收依据说明

4.1　子分部、分项明细及与检验批、规范章节对应表

4.1.1　子分部、分项名称及编号

主体结构分部包含子分部、分项及其编号如下表所示。

子分部、分项名称及其编号

分部工程	子分部工程	分项工程
主体结构（02）	混凝土结构（01）	模板（01），钢筋（02），混凝土（03），预应力（04）、现浇结构（05），装配式结构（06）
	砌体结构（02）	砖砌体（01），混凝土小型空心砌块砌体（02），石砌体（03），配筋砌体（04），填充墙砌体（05）
	钢结构（03）	钢结构焊接（01），紧固件连接（02），钢零部件加工（03），钢构件组装及预拼装（04），单层钢结构安装（05），多层及高层钢结构安装（06），钢管结构安装（07），预应力钢索和膜结构（08），压型金属板（09），防腐涂料涂装（10），防火涂料涂装（11）
	钢管混凝土结构（04）	构件现场拼装（01），构件安装（02），钢管焊接（03），构件连接（04），钢管内钢筋骨架（05），混凝土（06）
	型钢混凝土结构（05）	型钢焊接（01），紧固件连接（02），型钢与钢筋连接（03），型钢构件组装及预拼装（04），型钢安装（05），模板（06），混凝土（07）
	铝合金结构（06）	铝合金焊接（01），紧固件连接（02），铝合金零部件加工（03），铝合金构件组装（04），铝合金构件预拼装（05），铝合金框架结构安装（06），铝合金空间网格结构安装（07），铝合金面板（08），铝合金幕墙结构安装（09），防腐处理（10）
	木结构（07）	方木和原木结构（01），胶合木结构（02），轻型木结构（03），木结构防护（04）

4.1.2　检验批、分项、子分部与规范、章节对应表

主体结构分部包含检验批与分项、子分部、规范、章节对应如下表所示。混凝土、砌体、钢结构和钢管混凝土部分的检验批表格，地基与基础分部和主体结构分部共用，在此同时介绍。型钢混凝土结构为新《统一标准》增加的子分部，暂无检验批表格。

检验批与分项、子分部、规范、章节对应表

序号	检验批名称	编号	分项	分部—子分部	依据规范	标准章节	页码
1	模板安装检验批质量验收记录	01020201	钢筋混凝土扩展基础	地基与基础—基础	《混凝土结构工程施工质量验收规范》GB 50204－2002，2010版	4.2　模板安装	177
		01020301	筏形与箱形基础	地基与基础—基础			
		02010101	模板	主体结构—混凝土结构			
2	模板拆除检验批质量验收记录	01020202	钢筋混凝土扩展基础	地基与基础—基础		4.3　模板拆除	180
		01020302	筏形与箱形基础	地基与基础—基础			
		02010102	模板	主体结构—混凝土结构			

续表

序号	检验批名称	编号	分项	分部—子分部	依据规范	标准章节	页码
3	钢筋原材料检验批质量验收记录	01020203	钢筋混凝土扩展基础	地基与基础—基础		5.2 原材料	181
		01020303	筏形与箱形基础				
		02010201	钢筋	主体结构—混凝土结构			
4	钢筋加工检验批质量验收记录	01020204	钢筋混凝土扩展基础	地基与基础—基础		5.3 钢筋加工	183
		01020304	筏形与箱形基础				
		02010202	钢筋	主体结构—混凝土结构			
5	钢筋连接检验批质量验收记录	01020205	钢筋混凝土扩展基础	地基与基础—基础		5.4 钢筋连接	185
		01020305	筏形与箱形基础				
		02010203	钢筋	主体结构—混凝土结构			
6	钢筋安装检验批质量验收记录	01020206	钢筋混凝土扩展基础	地基与基础—基础		5.5 钢筋安装	188
		01020306	筏形与箱形基础				
		02010204	钢筋	主体结构—混凝土结构			
7	混凝土原材料检验批质量验收记录	01020207	钢筋混凝土扩展基础	地基与基础—基础	《混凝土结构工程施工质量验收规范》GB 50204－2002，2010版	7.2 原材料	190
		01020307	筏形与箱形基础				
		02010301	混凝土	主体结构—混凝土结构			
8	混凝土配合比设计检验批质量验收记录	01020208	钢筋混凝土扩展基础	地基与基础—基础		7.3 配合比设计	192
		01020308	筏形与箱形基础				
		02010302	混凝土	主体结构—混凝土结构			
9	混凝土施工检验批质量验收记录	01020209	钢筋混凝土扩展基础	地基与基础—基础		7.4 混凝土施工	193
		01020309	筏形与箱形基础				
		02010303	混凝土	主体结构—混凝土结构			
10	预应力原材料检验批质量验收记录	02010401	预应力	主体结构—混凝土结构		6.2 原材料	195
11	预应力制作与安装检验批质量验收记录	02010402	预应力	主体结构—混凝土结构		6.3 制作与安装	198
12	预应力张拉与放张检验批质量验收记录	02010403	预应力	主体结构—混凝土结构		6.4 张拉和放张	200
13	预应力灌浆与封锚检验批质量验收记录	02010404	预应力	主体结构—混凝土结构		6.5 灌浆及封锚	202
14	现浇结构外观及尺寸偏差检验批质量验收记录	01020210	钢筋混凝土扩展基础	地基与基础—基础		8.2 外观质量 8.3 尺寸偏差	204
		01020310	筏形与箱形基础				
		02010501	现浇结构	主体结构—混凝土结构			

续表

序号	检验批名称	编号	分项	分部—子分部	依据规范	标准章节	页码
15	混凝土设备基础外观及尺寸偏差检验批质量验收记录	01020211	钢筋混凝土扩展基础	地基与基础—基础	《混凝土结构工程施工质量验收规范》GB 50204 -2002，2010 版	8.2　外观质量 8.3　尺寸偏差	208
		01020311	筏形与箱形基础				
		02010502	现浇结构	主体结构—混凝土结构			
16	装配式结构预制构件检验批质量验收记录	02010601	装配式结构	主体结构—混凝土结构		9.2　预制构件	209
17	装配式结构施工检验批质量验收记录	02010602	装配式结构	主体结构—混凝土结构		9.4　装配式结构施工	211
18	砖砌体检验批质量验收记录	01020101	无筋扩展基础	地基与基础—基础	《砌体结构工程施工质量验收规范》GB 50203 -2011	5　砖砌体工程	212
		02020101	砖砌体	主体结构—砌体结构			
19	混凝土小型空心砌块砌体检验批质量验收记录	01020102	无筋扩展基础	地基与基础—基础		6　混凝土小型空心砌块砌体工程	216
		02020201	混凝土小型空心砌块砌体	主体结构—砌体结构			
20	石砌体检验批质量验收记录	01020103	无筋扩展基础	地基与基础—基础		7　石砌体工程	218
		02020301	石砌体	主体结构—砌体结构			
21	配筋砌体检验批质量验收记录	01020104	无筋扩展基础	地基与基础—基础		8　配筋砌体工程	221
		02020401	配筋砌体	主体结构—砌体结构			
22	填充墙砌体检验批质量验收记录	02020501	填充墙砌体	主体结构—砌体结构		9　填充墙砌体工程	224
23	钢结构焊接检验批质量验收记录	01020401	钢结构基础	地基与基础—基础	《钢结构工程施工质量验收规范》GB 50205 -2001	4.3　焊接材料 5.2　钢构件焊接工程	227
		02030101	钢结构焊接	主体结构—钢结构			
24	焊钉（栓钉）焊接工程检验批质量验收记录	01020402	钢结构基础	地基与基础—基础		4.3　焊接材料 5.3　焊钉（栓钉）焊接工程	230
		02030102	钢结构焊接	主体结构—钢结构			
25	紧固件连接检验批质量验收记录	01020403	钢结构基础	地基与基础—基础		4.4　连接用紧固标准件 6.2　普通紧固件连接	231
		02030201	紧固件连接	主体结构—钢结构			

续表

序号	检验批名称	编号	分项	分部—子分部	依据规范	标准章节	页码
26	高强度螺栓连接检验批质量验收记录	01020404	钢结构基础	地基与基础—基础		4.4 连接用紧固标准件 6.3 高强度螺栓连接	233
		02030202	紧固件连接	主体结构—钢结构			
27	钢零部件加工检验批质量验收记录	01020405	钢结构基础	地基与基础—基础		4.2 钢材 7.2 切割 7.3 矫正和成型 7.4 边缘加工 7.6 制孔	235
		02030301	钢零部件加工	主体结构—钢结构			
28	钢构件组装检验批质量验收记录	01020406	钢结构基础	地基与基础—基础		8.2 焊接H型钢、8.3 组装、8.4 端部铣平及安装焊缝坡口、8.5 钢构件外形尺寸	239
		02030401	钢构件组装及预拼装	主体结构—钢结构			
29	钢构件预拼装检验批质量验收记录	01020407	钢结构基础	地基与基础—钢结构基础		9.2 预拼装	241
		02030402	钢构件组装及预拼装	主体结构—钢结构			
30	单层钢结构安装检验批质量验收记录	01020408	钢结构基础	地基与基础—基础		10.2 基础和支承面、10.3 安装和校正	242
		02030501	单层钢结构安装	主体结构—钢结构			
31	多层及高层钢结构安装检验批质量验收记录	01020409	钢结构基础	地基与基础—基础	《钢结构工程施工质量验收规范》GB 50205-2001	11.2 基础和支承面、11.3 安装和校正	246
		02030601	多层及高层钢结构安装	主体结构—钢结构			
32	钢网架制作检验批质量验收记录	02030701	钢管结构安装	主体结构—钢结构		7.5 管、球加工	250
33	钢网架安装检验批质量验收记录	02030702	钢管结构安装	主体结构—钢结构		12.2 支承面顶板和支承垫块、12.3 总拼与安装	253
34	预应力钢索和膜结构检验批质量验收记录	02030801	预应力钢索和膜结构	主体结构—钢结构		新《统一标准》增加的分项,暂无检验批表格	/
35	压型金属板检验批质量验收记录	01020410	钢结构基础	地基与基础—基础		4.8 金属压型板、13.2 压型金属制作、13.3 压型金属板安装	256
		02030901	压型金属板	主体结构—钢结构			
36	防腐涂料涂装检验批质量验收记录	01020411	钢结构基础	地基与基础—基础		4.9 涂装材料、14.2 钢结构防腐常涂料涂装	259
		02031001	防腐涂料涂装	主体结构—钢结构			
37	防火涂料涂装检验批质量验收记录	01020412	钢结构基础	地基与基础—基础		4.9 涂装材料、14.3 钢结构防火料涂装	261
		02031101	防火涂料涂装	主体结构—钢结构			

续表

序号	检验批名称	编号	分项	分部—子分部	依据规范	标准章节	页码
38	钢管构件进场验收检验批质量验收记录	01020501	钢管混凝土结构基础	地基与基础—基础	《钢管混凝土工程施工质量验收规范》GB 50628-2010	4.1　钢管构件进场验收	262
		02040101	构件现场拼装	主体结构—钢管混凝土结构			
39	钢管混凝土构件现场拼装检验批质量验收记录	01020502	钢管混凝土结构基础	地基与基础—基础		4.2　钢管混凝土构件现场拼装	264
		02040102	构件现场拼装	主体结构—钢管混凝土结构			
40	钢管混凝土柱柱脚锚固检验批质量验收记录	01020503	钢管混凝土结构基础	地基与基础—基础		4.3　钢管混凝土柱柱脚锚固	268
		02040201	构件安装	主体结构—钢管混凝土结构			
41	钢管混凝土构件安装检验批质量验收记录	01020504	钢管混凝土结构基础	地基与基础—基础		4.4　钢管混凝土构件安装	269
		02040202	构件安装	主体结构—钢管混凝土结构			
42	钢管混凝土柱与钢筋混凝土梁连接检验批质量验收记录	01020505	钢管混凝土结构基础	地基与基础—基础		4.5　钢管混凝土柱与钢筋混凝土梁连接	271
		02040301	钢管焊接	主体结构—钢管混凝土结构			
		02040401	构件连接	主体结构—钢管混凝土结构			
43	钢管内钢筋骨架检验批质量验收记录	01020506	钢管混凝土结构基础	地基与基础—基础		4.6　钢管内钢筋骨架	273
		02040501	钢管内钢筋骨架	主体结构—钢管混凝土结构			
44	钢管内混凝土浇筑检验批质量验收记录	01020507	钢管混凝土结构基础	地基与基础—基础		4.7　钢管内混凝土浇筑	274
		02040601	混凝土	主体结构—钢管混凝土结构			
45	铝合金材料检验批质量验收记录	02060301	铝合金零部件加工	主体结构—铝合金结构	《铝合金结构工程施工质量验收规范》GB 50576-2010	4.2　铝合金材料	276
46	焊接材料检验批质量验收记录	02060101	铝合金焊接	主体结构—铝合金结构		4.3　焊接材料	277
47	标准紧固件检验批质量验收记录	02060201	紧固件连接	主体结构—铝合金结构		4.4　标准紧固件	278
48	螺栓球检验批质量验收记录	02060401	铝合金构件组装	主体结构—铝合金结构		4.5　螺栓球	279
49	铝合金面板检验批质量验收记录	02060801	铝合金面板	主体结构—铝合金结构		4.6　铝合金面板	280
50	其他材料检验批质量验收记录	02061001	防腐处理	主体结构—铝合金结构		4.7　其他材料	281
51	铝合金构件焊接检验批质量验收记录	02060102	铝合金焊接	主体结构—铝合金结构		5.2　铝合金构件焊接工程	282

续表

序号	检验批名称	编号	分项	分部—子分部	依据规范	标准章节	页码
52	普通紧固件连接检验批质量验收记录	02060202	紧固件连接	主体结构—铝合金结构		6.2 普通紧固件连接	285
53	高强度螺栓连接检验批质量验收记录	02060203	紧固件连接	主体结构—铝合金结构		6.3 高强度螺栓连接	287
54	铝合金零部件切割加工检验批质量验收记录	02060302	铝合金零部件加工	主体结构—铝合金结构		7.2 切割	288
55	铝合金零部件边缘加工检验批质量验收记录	02060303	铝合金零部件加工	主体结构—铝合金结构		7.3 边缘加工	290
56	球、毂加工检验批质量验收记录	02060304	铝合金零部件加工	主体结构—铝合金结构		7.4 球、毂加工	291
57	铝合金零部件制孔检验批质量验收记录	02060305	铝合金零部件加工	主体结构—铝合金结构		7.5 制孔	293
58	铝合金零部件槽、豁、榫加工检验批质量验收记录	02060306	铝合金零部件加工	主体结构—铝合金结构	《铝合金结构工程施工质量验收规范》GB 50576-2010	7.6 槽、豁、榫加工	294
59	铝合金构件组装检验批质量验收记录	02060402	铝合金构件组装	主体结构—铝合金结构		8.2 组装	296
60	铝合金构件端部铣平及安装焊缝坡口检验批质量验收记录	02060403	铝合金构件组装	主体结构—铝合金结构		8.3 端部铣平及安装焊缝坡口	298
61	铝合金构件预拼装检验批质量验收记录	02060501	铝合金构件预拼装	主体结构—铝合金结构		9.2 预拼装	299
62	铝合金框架结构基础和支承面检验批质量验收记录	02060601	铝合金框架结构安装	主体结构—铝合金结构		10.2 基础和支承面	300
63	铝合金框架结构总拼和安装检验批质量验收记录	02060602	铝合金框架结构安装	主体结构—铝合金结构		10.3 总拼和安装	303
64	铝合金空间网格结构支承面检验批质量验收记录	02060701	铝合金空间网格结构安装	主体结构—铝合金结构		11.2 支承面	307

续表

序号	检验批名称	编号	分项	分部—子分部	依据规范	标准章节	页码
65	铝合金空间网格结构总拼和安装检验批质量验收记录	02060702	铝合金空间网格结构安装	主体结构—铝合金结构	《铝合金结构工程施工质量验收规范》GB 50576－2010	11.3　总拼和安装	309
66	铝合金面板制作检验批质量验收记录	02060802	铝合金面板	主体结构—铝合金结构		12.2　铝合金面板制作	311
67	铝合金面板安装检验批质量验收记录	02060803	铝合金面板	主体结构—铝合金结构		12.3　铝合金面板安装	314
68	铝合金幕墙结构支承面检验批质量验收记录	02060901	铝合金幕墙结构安装	主体结构—铝合金结构		13.2　支承面	316
69	铝合金幕墙结构总拼和安装检验批质量验收记录	02060902	铝合金幕墙结构安装	主体结构—铝合金结构		13.3　总拼和安装	317
70	阳极氧化检验批质量验收记录	02061002	防腐处理	主体结构—铝合金结构		14.2　阳极氧化	320
71	涂装检验批质量验收记录	02061003	防腐处理	主体结构—铝合金结构		14.3　涂装	321
72	隔离检验批质量验收记录	02061004	防腐处理	主体结构—铝合金结构		14.4　隔离	324
73	方木和原木结构检验批质量验收记录	02070101	方木和原木结构	主体结构—木结构	《木结构工程施工质量验收规范》GB 50206－2012	4　方木与原木结构	325
74	胶合木结构检验批质量验收记录	02070201	胶合木结构	主体结构—木结构		5　胶合木结构	331
75	轻型木结构检验批质量验收记录	02070301	轻型木结构	主体结构—木结构		6　轻型木结构	335
76	木结构防护检验批质量验收记录	02070401	木结构防护	主体结构—木结构		7　木结构的防护	341

4.2 检验批表格和验收依据说明

4.2.1 模板安装检验批质量验收记录

1. 表格

模板安装检验批质量验收记录

01020201 ____
01020301 ____
02010101 ____

单位（子单位）工程名称			分部（子分部）工程名称		分项工程名称	
施工单位			项目负责人		检验批容量	
分包单位			分包单位项目负责人		检验批部位	
施工依据				验收依据	《混凝土结构工程施工质量验收规范》（2010 年版）GB 50204－2002	

		验收项目		设计要求及规范规定	最小/实际抽样数量	检查记录	检查结果
主控项目	1	模板支撑、立柱位置和垫板		第 4.2.1 条	/		
	2	避免隔离剂沾污		第 4.2.2 条	/		
一般项目	1	模板安装的一般要求		第 4.2.3 条	/		
	2	用作模板的地坪、胎膜质量		第 4.2.4 条	/		
	3	模板起拱高度		第 4.2.5 条	/		
	4	预埋件、预留孔允许偏差	预埋钢板中心线位置 mm	3	/		
			预埋管、预留孔中心线位置 mm	3	/		
			插筋 中心线位置 mm	5	/		
			插筋 外露长度 mm	＋10，0	/		
			预埋螺栓 中心线位置 mm	2	/		
			预埋螺栓 外露长度 mm	＋10，0	/		
			预留洞 中心线位置 mm	10	/		
			预留洞 尺寸 mm	＋10，0	/		
	5	模板安装允许偏差	轴线位置	5	/		
			底模上表面标高 mm	±5	/		
			截面内部尺寸 mm 基础	±10	/		
			截面内部尺寸 mm 柱、墙、梁	＋4，－5	/		
			层高垂直度 mm 不大于5m	6	/		
			层高垂直度 mm 大于5m	8	/		
			相邻两板表面高低差 mm	2	/		
			表面平整度 mm	5	/		

施工单位检查结果	专业工长：项目专业质量检查员：　　　　　　　　　年 月 日
监理单位验收结论	专业监理工程师：　　　　　　　　　年 月 日

177

2. 验收依据说明

【规范名称及编号】《混凝土结构工程施工质量验收规范》（2010 年版）GB 50204－2002
【条文摘录】

摘录一：

3.0.2 混凝土结构子分部工程可根据结构的施工方法分为两类：现浇混凝土结构子分部工程和装配式混凝土结构子分部工程；根据结构的分类，还可分为钢筋混凝土结构子分部工程和预应力混凝土结构子分部工程等。

混凝土结构子分部工程可划分为模板、钢筋、预应力、混凝土、现浇结构和装配式结构等分项工程。

各分项工程可根据与施工方式相一致且便于控制施工质量的原则，按工作班、楼层、结构缝或施工段划分为若干检验批。

摘录二：

4 模板分项工程

4.1 一般规定

4.1.1 模板及其支架应根据工程结构形式、荷载大小、地基土类别、施工设备和材料供应等条件进行设计。模板及其支架应具有足够的承载能力、刚度和稳定性，能可靠地承受浇筑混凝土的重量、侧压力以及施工荷载。

4.1.2 在浇筑混凝土之前，应对模板工程进行验收。

模板安装和浇筑混凝土时，应对模板及其支架进行观察和维护。发生异常情况时，应按施工技术方案及时进行处理。

4.1.3 模板及其支架拆除的顺序及安全措施应按施工技术方案执行。

4.2 模板安装

主 控 项 目

4.2.1 安装现浇结构的上层模板及其支架时，下层楼板应具有承受上层荷载的承载能力，或加设支架；上、下层支架的立柱应对准，并铺设垫板。

检查数量：全数检查。

检验方法：对照模板设计文件和施工技术方案观察。

4.2.2 在涂刷模板隔离剂时，不得沾污钢筋和混凝土接槎处。

检查数量：全数检查。

检验方法：观察。

一 般 项 目

4.2.3 模板安装应满足下列要求：

1 模板的接缝不应漏浆；在浇筑混凝土前，木模板应浇水湿润，但模板内不应有积水；

2 模板与混凝土的接触面应清理干净并涂刷隔离剂，但不得采用影响结构性能或妨碍装饰工程施工的隔离剂；

3 浇筑混凝土前，模板内的杂物应清理干净；

4 对清水混凝土工程及装饰混凝土工程，应使用能达到设计效果的模板。

检查数量：全数检查。

检验方法：观察。

4.2.4 用作模板的地坪、胎模等应平整光洁，不得产生影响构件质量的下沉、裂缝、起砂或起鼓。

检查数量：全数检查。

检验方法：观察。

4.2.5 对跨度不小于 4m 的现浇钢筋混凝土梁、板，其模板应按设计要求起拱；当设计无具体要求时，起拱高度宜为跨度的 1/1000～3/1000。

检查数量：在同一检验批内，对梁，应抽查构件数量的 10%，且不少于 3 件；对板，应按有代表性的自然间抽查 10%，且不少于 3 间；对大空间结构，板可按纵、横轴线划分检查面，抽查 10%，且不少于 3 面。

检验方法：水准仪或拉线、钢尺检查。

4.2.6 固定在模板上的预埋件、预留孔和预留洞均不得遗漏，且应安装牢固，其偏差应符合表 4.2.6 的规定。

检查数量：在同一检验批内，对梁、柱和独立基础，应抽查构件数量的 10%，且不少于 3 件；对墙和板，应按有代表性的自然间抽查 10%，且不少于 3 间；对大空间结构，墙可按相邻轴线间高度 5m 左右划分检查面，板可按纵横轴线划分检查面，抽查 10%，且均不少于 3 面。

检验方法：钢尺检查。

表 4.2.6 预埋件和预留孔洞的允许偏差

项　　　目		允许偏差（mm）
预埋钢板中心线位置		3
预埋管、预留孔中心线位置		3
插　　筋	中心线位置	5
	外露长度	+10，0
预埋螺栓	中心线位置	2
	外露长度	+10，0
预留洞	中心线位置	10
	尺　　寸	+10，0

注：检查中心线位置时，应沿纵、横两个方向量测，并取其中的较大值。

4.2.7 现浇结构模板安装的偏差应符合表 4.2.7 的规定。

检查数量：在同一检验批内，对梁、柱和独立基础，应抽查构件数量的 10%，且不少于 3 件；对墙和板，应按有代表性的自然间抽查 10%，且不少于 3 间；对大空间结构，墙可按相邻轴线间高度 5m 左右划分检查面，板可按纵、横轴线划分检查面，抽查 10%，且均不少于 3 面。

表 4.2.7 现浇结构模板安装的允许偏差及检验方法

项　　　目		允许偏差（mm）	检验方法
轴线位置		5	钢尺检查
底模上表面标高		±5	水准仪或拉线、钢尺检查
截面内部尺寸	基　　础	±10	钢尺检查
	柱、墙、梁	+4，−5	钢尺检查
层高垂直度	不大于 5m	6	经纬仪或吊线、钢尺检查
	大于 5m	8	经纬仪或吊线、钢尺检查
相邻两板表面高低差		2	钢尺检查
表面平整度		5	2m 靠尺和塞尺检查

注：检查轴线位置时，应沿纵、横两个方向量测，并取其中的较大值。

4.2.8 预制构件模板安装的偏差应符合表 4.2.8 的规定。

检查数量：首次使用及大修后的模板应全数检查；使用中的模板应定期检查，并根据使用情况不定期抽查。

表 4.2.8 预制构件模板安装的允许偏差及检验方法

项 目		允许偏差(mm)	检验方法
长 度	板、梁	±5	钢尺量两角边,取其中较大值
	薄腹梁、桁架	±10	
	柱	0,-10	
	墙板	0,-5	
宽 度	板、墙板	0,-5	钢尺量一端及中部,取其中较大值
	梁、薄腹梁、桁架、柱	+2,-5	
高(厚)度	板	+2,-3	钢尺量一端及中部,取其中较大值
	墙板	0,-5	
	梁、薄腹梁、桁架、柱	+2,-5	
侧向弯曲	梁、板、柱	$l/1000$ 且≤15	拉线、钢尺量最大弯曲处
	墙板、薄腹梁、桁架	$l/1500$ 且≤15	
板的表面平整度		3	2m靠尺和塞尺检查
相邻两板表面高低差		1	钢尺检查
对角线差	板	7	钢尺量两个对角线
	墙板	5	
翘 曲	板、墙板	$l/1500$	调平尺在两端量测
设计起拱	薄腹梁、桁架、梁	±3	拉线、钢尺量跨中

注：l 为构件长度（mm）。

4.2.2 模板拆除检验批质量验收记录

1. 表格

模板拆除检验批质量验收记录

01020202 ____
01020302 ____
02010102 ____

单位（子单位）工程名称				分部（子分部）工程名称			分项工程名称	
施工单位				项目负责人			检验批容量	
分包单位				分包单位项目负责人			检验批部位	
施工依据					验收依据		《混凝土结构工程施工质量验收规范》(2010 年版) GB 50204-2002	

验收项目				设计要求及规范规定		最小/实际抽样数量	检查记录	检查结果
主控项目	1	底模及其支架拆除时的混凝土强度	构件类型	构件跨度(m)	达到设计的混凝土立方体抗压强度标准值的百分率（%）	/	/	/
			板	≤2	≥50	/		
				8≥,>2	≥75	/		
				>8	≥100	/		
			梁、拱、壳	≤8	≥75	/		
				>8	≥100	/		
			悬臂构件	—	≥100	/		
	2	后张法预应力构件侧模和底模的拆除时间			第4.3.2条	/		
	3	后浇带拆模和支顶			第4.3.3条	/		

180

续表

	验收项目		设计要求及规范规定	最小/实际抽样数量	检查记录	检查结果
一般项目	1	避免拆模损伤	第 4.3.4 条	/		
	2	模板拆除、堆放和清运	第 4.3.5 条	/		
	3	模板拆除的批准	第 4.2.6 条	/		
施工单位检查结果				专业工长： 项目专业质量检查员： 年　月　日		
监理单位验收结论				专业监理工程师： 年　月　日		

2. 验收依据说明

【规范名称及编号】《混凝土结构工程施工质量验收规范》（2010 年版）GB 50204 - 2002

【条文摘录】

摘录一：

第 3.0.2 条（见《模板安装检验批质量验收记录》的表格验收依据说明，本书第 178 页）。

摘录二：

4.3　模板拆除

主 控 项 目

4.3.1　底模及其支架拆除时的混凝土强度应符合设计要求；当设计无具体要求时，混凝土强度应符合表 4.3.1 的规定。

检查数量：全数检查。

检验方法：检查同条件养护试件强度试验报告。

4.3.2　对后张法预应力混凝土结构构件，侧模宜在预应力张拉前拆除；底模支架的拆除应按施工技术方案执行，当无具体要求时，不应在结构构件建立预应力前拆除。

检查数量：全数检查。

检验方法：观察。

4.3.3　后浇带模板的拆除和支顶应按施工技术方案执行。

检查数量：全数检查。

检验方法：观察。

一 般 项 目

4.3.4　侧模拆除时的混凝土强度应能保证其表面及棱角不受损伤。

检查数量：全数检查。

检验方法：观察。

4.3.5　模板拆除时，不应对楼层形成冲击荷载。拆除的模板和支架宜分散堆放并及时清运。

检查数量：全数检查。

检验方法：观察。

4.2.3　钢筋原材料检验批质量验收记录

1. 表格

钢筋原材料检验批质量验收记录

01020203 ____

01020303 ____

02010201 ____

单位（子单位）工程名称			分部（子分部）工程名称			分项工程名称	
施工单位			项目负责人			检验批容量	
分包单位			分包单位项目负责人			检验批部位	
施工依据					验收依据	《混凝土结构工程施工质量验收规范》（2010年版）GB 50204－2002	
验收项目			设计要求及规范规定	最小/实际抽样数量	检查记录		检查结果
主控项目	1	力学性能和重量偏差检验	第5.2.1条	/			
	2	抗震用钢筋强度实测值	第5.2.2条	/			
	3	化学成分等专项检验	第5.2.3条	/			
一般项目	1	外观质量	第5.2.4条	/			
施工单位检查结果				专业工长：项目专业质量检查员：年 月 日			
监理单位验收结论				专业监理工程师：年 月 日			

2. 验收依据说明

【规范名称及编号】《混凝土结构工程施工质量验收规范》（2010年版）GB 50204－2002

【条文摘录】

摘录一：

第3.0.2条（见《模板安装检验批质量验收记录》的表格验收依据说明，本书第178页）。

摘录二：

5 钢筋分项工程

5.1 一般规定

5.1.1 当钢筋的品种、级别或规格需作变更时，应办理设计变更文件。

5.1.2 在浇筑混凝土之前，应进行钢筋隐蔽工程验收，其内容包括：

1 纵向受力钢筋的品种、规格、数量、位置等；

2 钢筋的连接方式、接头位置、接头数量、接头面积百分率等；

3 箍筋、横向钢筋的品种、规格、数量、间距等；

4 预埋件的规格、数量、位置等。

5.2 原材料

主 控 项 目

5.2.1 钢筋进场时，应按国家现行相关标准的规定抽取试件作力学性能和重量偏差检验，检验结果必须符合有关标准的规定。

检查数量：按进场的批次和产品的抽样检验方案确定。

检验方法：检查产品合格证、出厂检验报告和进场复验报告。

5.2.2 对有抗震设防要求的结构，其纵向受力钢筋的性能应满足设计要求；当设计无具体要求时，对按一、二、三级抗震等级设计的框架和斜撑构件（含梯段）中的纵向受力钢筋应采用 HRB335E、HRB400E、HRB500E、HRBF335E、HRBF400E 或 HRBF500E 钢筋，其强度和最大力下总伸长率的实测值应符合下列规定：

1 钢筋的抗拉强度实测值与屈服强度实测值的比值不应小于 1.25；

2 钢筋的屈服强度实测值与屈服强度标准值的比值不应大于 1.30；

3 钢筋的最大力下总伸长率不应小于 9%。

检查数量：按进场的批次和产品抽样检验方案确定。

检验方法：检查进场复验报告。

5.2.3 当发现钢筋脆断、焊接性能不良或力学性能显著不正常等现象时，应对该批钢筋进行化学成分检验或其他专项检验。

检验方法：检查化学成分等专项检验报告。

一 般 项 目

5.2.4 钢筋应平直、无损伤、表面不得有裂纹、油污、颗粒状或片状老锈。

检查数量：进场时和使用前全数检查。

检验方法：观察。

4.2.4 钢筋加工检验批质量验收记录

1. 表格

钢筋加工检验批质量验收记录

01020204 ____
01020304 ____
02010202 ____

单位（子单位）工程名称			分部（子分部）工程名称		分项工程名称	
施工单位			项目负责人		检验批容量	
分包单位			分包单位项目负责人		检验批部位	
施工依据				验收依据	《混凝土结构工程施工质量验收规范》（2010 年版）GB 50204－2002	
验收项目			设计要求及规范规定	最小/实际抽样数量	检查记录	检查结果
主控项目	1	受力钢筋的弯钩和弯折	第 5.3.1 条	/		
	2	箍筋弯钩形式	第 5.3.2 条			
	3	钢筋调直后应进行力学性能和重量偏差检验	第 5.3.2A 条	/		
一般项目	1	钢筋调直	第 5.3.3 条	/		
	2	钢筋加工的形状、尺寸	受力钢筋顺长度方向全长的净尺寸	±10	/	
	3		弯起钢筋的弯折位置	±20	/	
	4		箍筋内净尺寸	±5	/	
施工单位检查结果				专业工长： 项目专业质量检查员： 年　月　日		
监理单位验收结论				专业监理工程师： 年　月　日		

2. 验收依据说明

【规范名称及编号】《混凝土结构工程施工质量验收规范》（2010 年版）GB 50204－2002

【条文摘录】

摘录一：

第 3.0.2 条（见《模板安装检验批质量验收记录》的表格验收依据说明，本书第 178 页）。

摘录二：

5　钢筋分项工程

5.1　一般规定

5.1.1　当钢筋的品种、级别或规格需作变更时，应办理设计变更文件。

5.1.2　在浇筑混凝土之前，应进行钢筋隐蔽工程验收，其内容包括：

1　纵向受力钢筋的品种、规格、数量、位置等；

2　钢筋的连接方式、接头位置、接头数量、接头面积百分率等；

3　箍筋、横向钢筋的品种、规格、数量、间距等；

4　预埋件的规格、数量、位置等。

5.3　钢筋加工

主　控　项　目

5.3.1　受力钢筋的弯钩和弯折应符合下列规定：

1　HPB235 级钢筋末端应作 180°弯钩，其弯弧内直径不应小于钢筋直径的 2.5 倍，弯钩的弯后平直部分长度不应小于钢筋直径的 3 倍；

2　当设计要求钢筋末端需作 135°弯钩时，HRB335 级、HRB400 级钢筋的弯弧内直径不应小于钢筋直径的 4 倍，弯钩的弯后平直部分长度应符合设计要求；

3　钢筋作不大于 90°的弯折时，弯折处的弯弧内直径不应小于钢筋直径的 5 倍。

检查数量：按每工作班同一类型钢筋、同一加工设备抽查不应少于 3 件。

检验方法：钢尺检查。

5.3.2　除焊接封闭环式箍筋外，箍筋的末端应作弯钩，弯钩形式应符合设计要求；当设计无具体要求时，应符合下列规定：

1　箍筋弯钩的弯弧内直径除应满足本规范第 5.3.1 条的规定外，尚应不小于受力钢筋直径；

2　箍筋弯钩的弯折角度：对一般结构，不应小于 90°；对有抗震等要求的结构，应为 135°；

3　箍筋弯后平直部分长度：对一般结构，不宜小于箍筋直径的 5 倍；对有抗震等要求的结构，不应小于箍筋直径的 10 倍。

检查数量：按每工作班同一类型钢筋、同一加工设备抽查不应少于 3 件。

检验方法：钢尺检查。

5.3.2A　钢筋调直后应进行力学性能和重量偏差的检验，其强度应符合有关标准的规定。

盘卷钢筋和直条钢筋调直后的断后伸长率、重量负偏差应符合表 5.3.2A 的规定。

表 5.3.2A　盘卷钢筋和直条钢筋调直后的断后伸长率、重量负偏差要求

钢筋牌号	断后伸长率 A（%）	重量负偏差（%）		
		直径 6mm ～12mm	直径 14mm ～20mm	直径 22mm ～50mm
HPB235、HPB300	≥21	≤10	—	—
HRB335、HRBF335	≥16	≤8	≤6	≤5
HRB400、HRBF400	≥15			
RRB400	≥13			
HRB500、HRBF500	≥14			

注：1　断后伸长率 A 的量测标距为 5 倍钢筋公称直径；

　　2　重量负偏差（%）按公式 $(W_0-W_d)/W_0×100$ 计算，其中 W_0 为钢筋理论重量（kg/m），W_d 为调直后钢筋的实际重量（kg/m）；

　　3　对直径为 28mm～40mm 的带肋钢筋，表中断后伸长率可降 1%；对直径大于 40mm 的带肋钢筋，表中断后伸长率可降低 2%。

采用无延伸功能的机械设备调直的钢筋，可不进行本规定的检验。

检查数量：同一厂家、同一牌号、同一规格调直钢筋，重量不大于30t为一批；每批见证取3件试件。

检验方法：3个试件先进行重量偏差检验，再取其中2个试件经时效处理后进行力学性能检验。检验重量偏差时，试件切块应平滑且与长度方向垂直，且长度不应小于500mm；长度和重量的量测精度分别不应低于1mm和1g。

一 般 项 目

5.3.3 钢筋宜采用无延伸装置的机械设备进行调直，也可采用冷拉方法调直。当采用冷拉方法调直时，HPB235、HPB300光圆钢筋的调直冷拉率不宜大于4%；HRB335、HRB400、HRB500、HRBF335、HRBF400、HRBF500及RRB400带肋钢筋的冷拉率不宜大于1%。

检查数量：每工作班按同一类型钢筋、同一加工设备抽查不应少于3件。

检验方法：观察，钢尺检查。

5.3.4 钢筋加工的形状、尺寸应符合设计要求，其偏差应符合表5.3.4的规定。

检查数量：按每工作班同一类型钢筋、同一加工设备抽查不应少于3件。

检验方法：钢尺检查。

表 5.3.4 钢筋加工的允许偏差

项 目	允许偏差（mm）
受力钢筋顺长度方向全长的净尺寸	±10
弯起钢筋的弯折位置	±20
箍筋内净尺寸	±5

4.2.5 钢筋连接检验批质量验收记录

1. 表格

钢筋连接检验批质量验收记录

01020205 ____
01020305 ____
02010203 ____

单位（子单位）工程名称			分部（子分部）工程名称		分项工程名称	
施工单位			项目负责人		检验批容量	
分包单位			分包单位项目负责人		检验批部位	
施工依据			验收依据	《混凝土结构工程施工质量验收规范》（2010年版）GB 50204-2002		
验收项目			设计要求及规范规定	最小/实际抽样数量	检查记录	检查结果
主控项目	1	纵向受力钢筋的连接方式	第5.4.1条	/		
	2	机械连接和焊接接头的力学性能	第5.4.2条	/		
一般项目	1	接头位置和数量	第5.4.3条	/		
	2	机械连接和焊接的外观质量	第5.4.4条	/		
	3	机械连接和焊接的接头面积百分率	第5.4.5条	/		
	4	绑扎搭接接头面积百分率和搭接长度	第5.4.6条附录B	/		
	5	搭接长度范围内的箍筋	第5.4.7条	/		
施工单位检查结果				专业工长：项目专业质量检查员：年 月 日		
监理单位验收结论				专业监理工程师：年 月 日		

2. 验收依据说明

【规范名称及编号】《混凝土结构工程施工质量验收规范》（2010年版）GB 50204－2002

【条文摘录】

摘录一：

第3.0.2条（见《模板安装检验批质量验收记录》的表格验收依据说明，本书第178页）。

摘录二：

5　钢筋分项工程

5.1 一般规定

5.1.1　当钢筋的品种、级别或规格需作变更时，应办理设计变更文件。

5.1.2　在浇筑混凝土之前，应进行钢筋隐蔽工程验收，其内容包括：

1　纵向受力钢筋的品种、规格、数量、位置等；

2　钢筋的连接方式、接头位置、接头数量、接头面积百分率等；

3　箍筋、横向钢筋的品种、规格、数量、间距等；

4　预埋件的规格、数量、位置等。

5.4　钢筋连接

主 控 项 目

5.4.1　纵向受力钢筋的连接方式应符合设计要求。

检查数量：全数检查。

检验方法：观察。

5.4.2　在施工现场，应按国家现行标准《钢筋机械连接通用技术规程》JGJ 107、《钢筋焊接及验收规程》JGJ 18的规定抽取钢筋机械连接接头、焊接接头试件作力学性能检验，其质量应符合有关规程的规定。

检查数量：按有关规程确定。

检验方法：检查产品合格证、接头力学性能试验报告。

一 般 项 目

5.4.3　钢筋的接头宜设置在受力较小处。同一纵向受力钢筋不宜设置两个或两个以上接头。接头末端至钢筋弯起点的距离不应小于钢筋直径的10倍。

检查数量：全数检查。

检验方法：观察，钢尺检查。

5.4.4　在施工现场，应按国家现行标准《钢筋机械连接通用技术规程》JGJ 107、《钢筋焊接及验收规程》JGJ 18的规定对钢筋机械连接接头、焊接接头的外观进行检查，其质量应符合有关规程的规定。

检查数量：全数检查。

检验方法：观察。

5.4.5　当受力钢筋采用机械连接接头或焊接接头时，设置在同一构件内的接头宜相互错开。

纵向受力钢筋机械连接接头及焊接接头连接区段的长度为35倍d（d为纵向受力钢筋的较大直径）且不小于500mm，凡接头中点位于该连接区段长度内的接头均属于同一连接区段。同一连接区段内，纵向受力钢筋机械连接及焊接的接头面积百分率为该区段内有接头的纵向受力钢筋截面面积与全部纵向受力钢筋截面面积的比值。

同一连接区段内，纵向受力钢筋的接头面积百分率应符合设计要求；当设计无具体要求时，应符合下列规定：

1　在受拉区不宜大于50%；

2　接头不宜设置在有抗震设防要求的框架梁端、柱端的箍筋加密区；当无法避开时，对等强度高质量机械连接接头，不应大于 50%；

3 直接承受动力荷载的结构构件中，不宜采用焊接接头；当采用机械连接接头时，不应大于 50%。

检查数量：在同一检验批内，对梁、柱和独立基础，应抽查构件数量的 10%，且不少于 3 件；对墙和板，应按有代表性的自然间抽查 10%，且不少于 3 间；对大空间结构，墙可按相邻轴线间高度 5m 左右划分检查面，板可按纵横轴线划分检查面，抽查 10%，且均不少于 3 面。

检验方法：观察，钢尺检查。

5.4.6 同一构件中相邻纵向受力钢筋的绑扎搭接接头宜相互错开。绑扎搭接接头中钢筋的横向净距不应小于钢筋直径，且不应小于 25mm。

钢筋绑扎搭接接头连接区段的长度为 $1.3l_1$（l_1 为搭接长度），凡搭接接头中点位于该连接区段长度内的搭接接头均属于同一连接区段。同一连接区段内，纵向钢筋搭接接头面积百分率为该区段内有搭接接头的纵向受力钢筋截面面积与全部纵向受力钢筋截面面积的比值（图 5.4.6）。

同一连接区段内，纵向受拉钢筋搭接接头面积百分率应符合设计要求；当设计无具体要求时，应符合下列规定：

1 对梁类、板类及墙类构件，不宜大于 25%；

2 对柱类构件，不宜大于 50%；

3 当工程中确有必要增大接头面积百分率时，对梁类构件，不应大于 50%；对其他构件，可根据实际情况放宽。

纵向受力钢筋绑扎搭接接头的最小搭接长度应符合本规范附录 B 的规定。

检查数量：在同一检验批内，对梁、柱和独立基础，应抽查构件数量的 10%，且不少于 3 件；对墙和板，应按有代表性的自然间抽查 10%，且不少于 3 间；对大空间结构，墙可按相邻轴线间高度 5m 左右划分检查面，板可按纵、横轴线划分检查面，抽查 10%，且均不少于 3 面。

检验方法：观察，钢尺检查。

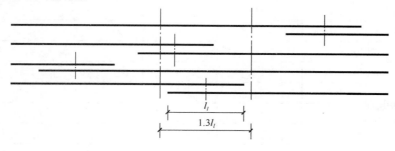

图 5.4.6 钢筋绑扎搭接接头连接
区段及接头面积百分率
注：图中所示搭接接头同一连接区段内的搭接钢筋为两根，当各钢筋直径相
同时，接头面积百分率为 50%。

5.4.7 在梁、柱类构件的纵向受力钢筋搭接长度范围内，应按设计要求配置箍筋。当设计无具体要求时，应符合下列规定：

1 箍筋直径不应小于搭接钢筋较大直径的 0.25 倍；

2 受拉搭接区段的箍筋间距不应大于搭接钢筋较小直径的 5 倍，且不应大于 100mm；

3 受压搭接区段的箍筋间距不应大于搭接钢筋较小直径的 10 倍，且不应大于 200mm；

4 当柱中纵向受力钢筋直径大于 25mm 时，应在搭接接头两个端面外 100mm 范围内各设置两个箍筋，其间距宜为 50mm。

检查数量：在同一检验批内，对梁、柱和独立基础，应抽查构件数量的 10%，且不少于 3 件；对墙和板，应按有代表性的自然间抽查10%，且不少于3间；对大空间结构，墙可按相邻轴线间高度5m左右划分检查面，板可按纵、横轴线划分检查面，抽查10%，且均不少于3面。

　　检验方法：钢尺检查。

4.2.6　钢筋安装检验批质量验收记录

1. 表格

钢筋安装检验批质量验收记录

01020206 ____
01020306 ____
02010204 ____

单位（子单位）工程名称				分部（子分部）工程名称			分项工程名称	
施工单位				项目负责人			检验批容量	
分包单位				分包单位项目负责人			检验批部位	
施工依据					验收依据		《混凝土结构工程施工质量验收规范》（2010年版）GB 50204-2002	
验收项目			设计要求及规范规定		最小/实际抽样数量	检查记录		检查结果
主控项目	1	受力钢筋和品种、级别、规格和数量	第5.5.1条		/			
一般项目	1	绑扎钢筋	长、宽 mm	±10	/			
			网眼尺寸 mm	±20	/			
	2	绑扎钢筋骨架	长 mm	±10	/			
			宽、高 mm	±5	/			
	3	受力钢筋	间距 mm	±10	/			
			排距 mm	±5	/			
		保护层厚度 mm	基础	±10	/			
			柱、梁	±5	/			
			板、墙、壳	±3	/			
	4	绑扎箍筋、横向钢筋间距 mm		±20	/			
	5	钢筋弯起点位置 mm		20	/			
	6	预埋件	中心线位置 mm	5	/			
			水平高差 mm	+3，0	/			
施工单位检查结果				专业工长：项目专业质量检查员：年　月　日				
监理单位验收结论				专业监理工程师：年　月　日				

2. 验收依据说明

【规范名称及编号】《混凝土结构工程施工质量验收规范》（2010 年版）GB 50204－2002

【条文摘录】

摘录一：

第 3.0.2 条（见《模板安装检验批质量验收记录》的表格验收依据说明，本书第 178 页）。

摘录二：

5 钢筋分项工程

5.1 一般规定

5.1.1 当钢筋的品种、级别或规格需作变更时，应办理设计变更文件。

5.1.2 在浇筑混凝土之前，应进行钢筋隐蔽工程验收，其内容包括：

1 纵向受力钢筋的品种、规格、数量、位置等；

2 钢筋的连接方式、接头位置、接头数量、接头面积百分率等；

3 箍筋、横向钢筋的品种、规格、数量、间距等；

4 预埋件的规格、数量、位置等。

5.5 钢筋安装

主　控　项　目

5.5.1 钢筋安装时，受力钢筋的品种、级别、规格和数量必须符合设计要求。

检查数量：全数检查。

检验方法：观察，钢尺检查。

一　般　项　目

5.5.2 钢筋安装位置的偏差应符合表 5.5.2 的规定。

检查数量：在同一检验批内，对梁、柱和独立基础，应抽查构件数量的 10%，且不少于 3 件；对墙和板，应按有代表性的自然间抽查 10%，且不少于 3 间；对大空间结构，墙可按相邻轴线间高度 5m 左右划分检查面，板可按纵、横轴线划分检查面，抽查 10%，且均不少于 3 面。

表 5.5.2　钢筋安装位置的允许偏差和检验方法

项　目			允许偏差（mm）	检验方法
绑扎钢筋网	长、宽		±10	钢尺检查
	网眼尺寸		±20	钢尺量连续三档，取最大值
绑扎钢筋骨架	长		±10	钢尺检查
	宽、高		±5	钢尺检查
受力钢筋	间距		±10	钢尺量两端、中间各一点，取最大值
	排距		±5	
	保护层厚度	基础	±10	钢尺检查
		柱、梁	±5	钢尺检查
		板、墙、壳	±3	钢尺检查
绑扎箍筋、横向钢筋间距			±20	钢尺量连续三档，取最大值
钢筋弯起点位置			20	钢尺检查
预埋件	中心线位置		5	钢尺检查
	水平高差		+3, 0	钢尺和塞尺检查

注：1 检查预埋件中心线位置时，应沿纵、横两个方向量测，并取其中的较大值；

　　2 表中梁类、板类构件上部纵向受力钢筋保护层厚度的合格点率应达到 90% 及以上，且不得有超过表中数值 1.5 倍的尺寸偏差。

4.2.7　混凝土原材料检验批质量验收记录

1. 表格

混凝土原材料检验批质量验收记录

01020207 ＿＿＿＿

01020307 ＿＿＿＿

02010301 ＿＿＿＿

单位（子单位）工程名称			分部（子分部）工程名称		分项工程名称	
施工单位			项目负责人		检验批容量	
分包单位			分包单位项目负责人		检验批部位	
施工依据				验收依据	《混凝土结构工程施工质量验收规范》（2010 年版）GB 50204－2002	
验收项目			设计要求及规范规定	最小/实际抽样数量	检查记录	检查结果
主控项目	1	水泥进场检验	第7.2.1条	/		
	2	外加剂质量及应用	第7.2.2条	/		
	3	混凝土中氧化物、碱的总含量控制	第7.2.3条	/		
一般项目	1	矿物掺合料质量及掺量	第7.2.4条	/		
	2	粗细骨料的质量	第7.2.5条	/		
	3	拌制混凝土用水	第7.2.6条	/		
施工单位检查结果				专业工长：项目专业质量检查员：　　年　月　日		
监理单位验收结论				专业监理工程师：　　年　月　日		

2. 验收依据说明

【规范名称及编号】《混凝土结构工程施工质量验收规范》（2010 年版）GB 50204－2002

【条文摘录】

摘录一：

第 3.0.2 条（见《模板安装检验批质量验收记录》的表格验收依据说明，本书第 178 页）。

摘录二：

7　混凝土分项工程

7.1　一般规定

7.1.1　结构构件的混凝土强度应按现行国家标准《混凝土强度检验评定标准》GBJ 107 的规定分批检验评定。

对采用蒸汽法养护的混凝土结构构件，其混凝土试件应先随同结构构件同条件蒸汽养护，再转入标准条件养护共 28d。

当混凝土中掺用矿物掺合料时，确定混凝土强度时的龄期可按现行国家标准《粉煤灰混凝土应用技术规范》GBJ 146 等的规定取值。

7.1.2　检验评定混凝土强度用的混凝土试件的尺寸及强度的尺寸换算系数应按表 7.1.2 取用；其标准成型方法、标准养护条件及强度试验方法应符合普通混凝土力学性能试验方法标准的规定。

表 7.1.2　混凝土试件尺寸及强度的尺寸换算系数

骨料最大粒径（mm）	试件尺寸（mm）	强度的尺寸换算系数
≤31.5	100×100×100	0.95
≤40	150×150×150	1.00
≤63	200×200×200	1.05

注：对强度等级为 C60 及以上的混凝土试件，其强度的尺寸换算系数可通过试验确定。

7.1.3 结构构件拆模、出池、出厂、吊装、张拉、放张及施工期间临时负荷时的混凝土强度，应根据同条件养护的标准尺寸试件的混凝土强度确定。

7.1.4 当混凝土试件强度评定不合格时，可采用非破损或局部破损的检测方法，按国家现行有关标准的规定对结构构件中的混凝土强度进行推定，并作为处理的依据。

7.1.5 混凝土的冬期施工应符合国家现行标准《建筑工程冬期施工规程》JGJ 104 和施工技术方案的规定。

7.2 原材料

主 控 项 目

7.2.1 水泥进场时应对其品种、级别、包装或散装仓号、出厂日期等进行检查，并应对其强度、安定性及其他必要的性能指标进行复验，其质量必须符合现行国家标准《硅酸盐水泥、普通硅酸盐水泥》**GB 175** 等的规定。

当在使用中对水泥质量有怀疑或水泥出厂超过三个月（快硬硅酸盐水泥超过一个月）时，应进行复验，并按复验结果使用。

钢筋混凝土结构、预应力混凝土结构中，严禁使用含氯化物的水泥。

检查数量：按同一生产厂家、同一等级、同一品种、同一批号且连续进场的水泥，袋装不超过 **200t** 为一批，散装不超过 **500t** 为一批，每批抽样不少于一次。

检验方法：检查产品合格证、出厂检验报告和进场复验报告。

7.2.2 混凝土中掺用外加剂的质量及应用技术应符合现行国家标准《混凝土外加剂》**GB 8076**、《混凝土外加剂应用技术规范》**GB 50119** 等和有关环境保护的规定。预应力混凝土结构中，严禁使用含氯化物的外加剂。钢筋混凝土结构中，当使用含氯化物的外加剂时，混凝土中氯化物的总含量应符合现行国家标准《混凝土质量控制标准》**GB 50164** 的规定。

检查数量：按进场的批次和产品的抽样检验方案确定。

检验方法：检查产品合格证、出厂检验报告和进场复验报告。

7.2.3 混凝土中氯化物和碱的总含量应符合现行国家标准《混凝土结构设计规范》GB 50010 和设计的要求。

检验方法：检查原材料试验报告和氯化物、碱的总含量计算书。

一 般 项 目

7.2.4 混凝土中掺用矿物掺合料的质量应符合现行国家标准《用于水泥和混凝土中的粉煤灰》GB 1596 等的规定。矿物掺合料的掺量应通过试验确定。

检查数量：按进场的批次和产品的抽样检验方案确定。

检验方法：检查出厂合格证和进场复验报告。

7.2.5 普通混凝土所用的粗、细骨料的质量应符合国家现行标准《普通混凝土用碎石或卵石质量标准及检验方法》JGJ 53、《普通混凝土用砂质量标准及检验方法》JGJ 52 的规定。

检查数量：按进场的批次和产品的抽样检验方案确定。

检验方法：检查进场复验报告。

注：1 混凝土用的粗骨料，其最大颗粒粒径不得超过构件截面最小尺寸的 1/4，且不得超过钢筋最小净间距的 3/4。

2 对混凝土实心板，骨料的最大粒径不宜超过板厚的 1/3，且不得超过 40mm。

7.2.6 拌制混凝土宜采用饮用水；当采用其他水源时，水质应符合国家现行标准《混凝土拌合用水标准》JGJ 63 的规定。

检查数量：同一水源检查不应少于一次。

检验方法：检查水质试验报告。

4.2.8　混凝土配合比设计检验批质量验收记录

1. 表格

混凝土配合比设计检验批质量验收记录

01020208 ____
01020308 ____
02010302 ____

单位（子单位）工程名称		分部（子分部）工程名称		分项工程名称	
施工单位		项目负责人		检验批容量	
分包单位		分包单位项目负责人		检验批部位	
施工依据		验收依据		《混凝土结构工程施工质量验收规范》（2010 年版）GB 50204－2002	
验收项目		设计要求及规范规定	最小/实际抽样数量	检查记录	检查结果
主控项目	1　配合比设计	第 7.3.1 条	/		
一般项目	1　开盘鉴定	第 7.3.2 条	/		
	2　依砂、石含水率调整配合比	第 7.3.3 条	/		
施工单位检查结果				专业工长：项目专业质量检查员：　　　年　月　日	
监理单位验收结论				专业监理工程师：　　　年　月　日	

2. 验收依据说明

【规范名称及编号】《混凝土结构工程施工质量验收规范》（2010 年版）GB 50204－2002

【条文摘录】

摘录一：

第 3.0.2 条（见《模板安装检验批质量验收记录》的表格验收依据说明，本书第 178 页）。

摘录二：

7　混凝土分项工程

7.1　一般规定

7.1.1　结构构件的混凝土强度应按现行国家标准《混凝土强度检验评定标准》GBJ 107 的规定分批检验评定。

对采用蒸汽法养护的混凝土结构构件，其混凝土试件应先随同结构构件同条件蒸汽养护，再转入标准条件养护共 28d。

当混凝土中掺用矿物掺合料时，确定混凝土强度时的龄期可按现行国家标准《粉煤灰混凝土应用技术规范》GBJ 146 等的规定取值。

7.1.2　检验评定混凝土强度用的混凝土试件的尺寸及强度的尺寸换算系数应按表 7.1.2 取用；其标准成型方法、标准养护条件及强度试验方法应符合普通混凝土力学性能试验方法标准的规定。

表 7.1.2　混凝土试件尺寸及强度的尺寸换算系数

骨料最大粒径（mm）	试件尺寸（mm）	强度的尺寸换算系数
≤31.5	100×100×100	0.95
≤40	150×150×150	1.00
≤63	200×200×200	1.05

注：对强度等级为 C60 及以上的混凝土试件，其强度的尺寸换算系数可通过试验确定。

7.1.3 结构构件拆模、出池、出厂、吊装、张拉、放张及施工期间临时负荷时的混凝土强度,应根据同条件养护的标准尺寸试件的混凝土强度确定。

7.1.4 当混凝土试件强度评定不合格时,可采用非破损或局部破损的检测方法,按国家现行有关标准的规定对结构构件中的混凝土强度进行推定,并作为处理的依据。

7.1.5 混凝土的冬期施工应符合国家现行标准《建筑工程冬期施工规程》JGJ 104 和施工技术方案的规定。

7.3 配合比设计

主 控 项 目

7.3.1 混凝土应按国家现行标准《普通混凝土配合比设计规程》JGJ 55 的有关规定,根据混凝土强度等级、耐久性和工作性等要求进行配合比设计。

对有特殊要求的混凝土,其配合比设计尚应符合国家现行有关标准的专门规定。

检验方法:检查配合比设计资料。

一 般 项 目

7.3.2 首次使用的混凝土配合比应进行开盘鉴定,其工作性应满足设计配合比的要求。开始生产时应至少留置一组标准养护试件,作为验证配合比的依据。

检验方法:检查开盘鉴定资料和试件强度试验报告。

7.3.3 混凝土拌制前,应测定砂、石含水率并根据测试结果调整材料用量,提出施工配合比。

检查数量:每工作班检查一次。

检验方法:检查含水率测试结果和施工配合比通知单。

4.2.9 混凝土施工检验批质量验收记录

1. 表格

混凝土施工检验批质量验收记录

01020209 ____
01020309 ____
02010303 ____

单位(子单位)工程名称			分部(子分部)工程名称			分项工程名称		
施工单位			项目负责人			检验批容量		
分包单位			分包单位项目负责人			检验批部位		
施工依据					验收依据	《混凝土结构工程施工质量验收规范》(2010年版) GB 50204-2002		
验收项目			设计要求及规范规定	最小/实际抽样数量	检查记录			检查结果
主控项目	1	混凝土强度等级及试件的取样和留置	第7.4.1条	/				
	2	混凝土抗渗及试件取样和留置	第7.4.2条	/				
	3	原材料每盘称量的偏差	第7.4.3条	/				
	4	初凝时间控制	第7.4.4条	/				
一般项目	1	施工缝的位置和处理	第7.4.5条	/				
	2	后浇带的位置和浇筑	第7.4.6条	/				
	3	养护措施	第7.4.7条	/				
施工单位检查结果				专业工长: 项目专业质量检查员: 年 月 日				
监理单位验收结论				专业监理工程师: 年 月 日				

2. 验收依据说明

【规范名称及编号】《混凝土结构工程施工质量验收规范》（2010 年版）GB 50204 - 2002

【条文摘录】

摘录一：

第 3.0.2 条（见《模板安装检验批质量验收记录》的表格验收依据说明，本书第 178 页）。

摘录二：

7　混凝土分项工程

7.1　一般规定

7.1.1　结构构件的混凝土强度应按现行国家标准《混凝土强度检验评定标准》GBJ 107 的规定分批检验评定。

对采用蒸汽法养护的混凝土结构构件，其混凝土试件应先随同结构构件同条件蒸汽养护，再转入标准条件养护共 28d。

当混凝土中掺用矿物掺合料时，确定混凝土强度时的龄期可按现行国家标准《粉煤灰混凝土应用技术规范》GBJ 146 等的规定取值。

7.1.2　检验评定混凝土强度用的混凝土试件的尺寸及强度的尺寸换算系数应按表 7.1.2 取用；其标准成型方法、标准养护条件及强度试验方法应符合普通混凝土力学性能试验方法标准的规定。

表 7.1.2　混凝土试件尺寸及强度的尺寸换算系数

骨料最大粒径（mm）	试件尺寸（mm）	强度的尺寸换算系数
≤31.5	100×100×100	0.95
≤40	150×150×150	1.00
≤63	200×200×200	1.05

注：对强度等级为 C60 及以上的混凝土试件，其强度的尺寸换算系数可通过试验确定。

7.1.3　结构构件拆模、出池、出厂、吊装、张拉、放张及施工期间临时负荷时的混凝土强度，应根据同条件养护的标准尺寸试件的混凝土强度确定。

7.1.4　当混凝土试件强度评定不合格时，可采用非破损或局部破损的检测方法，按国家现行有关标准的规定对结构构件中的混凝土强度进行推定，并作为处理的依据。

7.1.5　混凝土的冬期施工应符合国家现行标准《建筑工程冬期施工规程》JGJ 104 和施工技术方案的规定。

7.4　混凝土施工

主 控 项 目

7.4.1　结构混凝土的强度等级必须符合设计要求。用于检查结构构件混凝土强度的试件，应在混凝土的浇筑地点随机抽取。取样与试件留置应符合下列规定：

1　每拌制 **100 盘**且不超过 **100m³** 的同配合比的混凝土，取样不得少于一次；

2　每工作班拌制的同一配合比的混凝土不足 **100 盘**时，取样不得少于一次；

3　当一次连续浇筑超过 **1000m³** 时，同一配合比的混凝土每 **200m³** 取样不得少于一次；

4　每一楼层、同一配合比的混凝土，取样不得少于一次；

5　每次取样应至少留置一组标准养护试件，同条件养护试件的留置组数应根据实际需要确定。

检验方法：检查施工记录及试件强度试验报告。

7.4.2　对有抗渗要求的混凝土结构，其混凝土试件应在浇筑地点随机取样。同一工程、同一配合比的混凝土，取样不应少于一次，留置组数可根据实际需要确定。

检验方法：检查试件抗渗试验报告。

7.4.3 混凝土原材料每盘称量的偏差应符合表7.4.3的规定。

表7.4.3 原材料每盘称量的允许偏差

材料名称	允许偏差
水泥、掺合料	±2%
粗、细骨料	±3%
水、外加剂	±2%

注：1 各种衡器应定期校验，每次使用前应进行零点校核，保持计量准确；
    2 当遇雨天或含水率有显著变化时，应增加含水率检测次数，并及时调整水和骨料的用量。

检查数量：每工作班抽查不应少于一次。

检验方法：复称。

7.4.4 混凝土运输、浇筑及间歇的全部时间不应超过混凝土的初凝时间。同一施工段的混凝土应连续浇筑，并应在底层混凝土初凝之前将上一层混凝土浇筑完毕。

当底层混凝土初凝后浇筑上一层混凝土时，应按施工技术方案中对施工缝的要求进行处理。

检查数量：全数检查。

检验方法：观察，检查施工记录。

一 般 项 目

7.4.5 施工缝的位置应在混凝土浇筑前按设计要求和施工技术方案确定。施工缝的处理应按施工技术方案执行。

检查数量：全数检查。

检验方法：观察，检查施工记录。

7.4.6 后浇带的留置位置应按设计要求和施工技术方案确定。后浇带混凝土浇筑应按施工技术方案进行。

检查数量：全数检查。

检验方法：观察，检查施工记录。

7.4.7 混凝土浇筑完毕后，应按施工技术方案及时采取有效的养护措施，并应符合下列规定：

1 应在浇筑完毕后的12h以内对混凝土加以覆盖并保湿养护；

2 混凝土浇水养护的时间：对采用硅酸盐水泥、普通硅酸盐水泥或矿渣硅酸盐水泥拌制的混凝土，不得少于7d；对掺用缓凝型外加剂或有抗渗要求的混凝土，不得少于14d；

3 浇水次数应能保持混凝土处于湿润状态；混凝土养护用水应与拌制用水相同；

4 采用塑料布覆盖养护的混凝土，其敞露的全部表面应覆盖严密，并应保持塑料布内有凝结水；

5 混凝土强度达到1.2N/mm² 前，不得在其上踩踏或安装模板及支架。

注：1 当日平均气温低于5℃时，不得浇水；
    2 当采用其他品种水泥时，混凝土的养护时间应根据所采用水泥的技术性能确定；
    3 混凝土表面不便浇水或使用塑料布时，宜涂刷养护剂；
    4 对大体积混凝土的养护，应根据气候条件按施工技术方案采取控温措施。

检查数量：全数检查。

检验方法：观察，检查施工记录。

4.2.10 预应力原材料检验批质量验收记录

1. 表格

预应力原材料检验批质量验收记录

02010401 _____

单位（子单位）工程名称				分部（子分部）工程名称		分项工程名称	
施工单位				项目负责人		检验批容量	
分包单位				分包单位项目负责人		检验批部位	
施工依据					验收依据	《混凝土结构工程施工质量验收规范》（2010年版）GB 50204 - 2002	
验 收 项 目			设计要求及规范规定	最小/实际抽样数量	检查记录		检查结果
主控项目	1	预应力筋力学性能检验	第6.2.1条	/			
	2	无粘结预应力筋的涂包质量	第6.2.2条	/			
	3	锚具、夹角和连接器的性能	第6.2.3条	/			
	4	孔道灌浆用水泥和外加剂	第6.2.4条	/			
一般项目	1	预应力筋外观质量	第6.2.5条	/			
	2	锚具、夹角和连接器和外观质量	第6.2.6条	/			
	3	金属螺旋管和尺寸和性能	第6.2.7条	/			
	4	金属螺旋管的外观质量	第6.2.8条	/			
施工单位检查结果				专业工长：项目专业质量检查员：　　　　年　月　日			
监理单位验收结论				专业监理工程师：　　　　　　年　月　日			

2. 验收依据说明

【规范名称及编号】《混凝土结构工程施工质量验收规范》（2010年版）GB 50204 - 2002

【条文摘录】

摘录一：

第3.0.2条（见《模板安装检验批质量验收记录》的表格验收依据说明，本书第178页）。

摘录二：

6　预应力分项工程

6.1　一般规定

6.1.1　后张法预应力工程的施工应由具有相应资质等级的预应力专业施工单位承担。

6.1.2　预应力筋张拉机具设备及仪表，应定期维护和校验。张拉设备应配套标定，并配套使用。张拉设备的标定期限不应超过半年。当在使用过程中出现反常现象时或在千斤顶检修后，应重新标定。

注：1　张拉设备标定时，千斤顶活塞的运行方向应与实际张拉工作状态一致；

2　压力表的精度不应低于1.5级，标定张拉设备用的试验机或测力计精度不应低于±2%。

6.1.3　在浇筑混凝土之前，应进行预应力隐蔽工程验收，其内容包括：

1　预应力筋的品种、规格、数量、位置等；

2　预应力筋锚具和连接器的品种、规格、数量、位置等；

3　预留孔道的规格、数量、位置、形状及灌浆孔、排气兼泌水管等；

4 锚固区局部加强构造等。

6.2 原材料

主 控 项 目

6.2.1 预应力筋进场时，应按现行国家标准《预应力混凝土用钢绞线》**GB/T 5224** 等的规定抽取试件作力学性能检验，其质量必须符合有关标准的规定。

检查数量： 按进场的批次和产品的抽样检验方案确定。

检验方法： 检查产品合格证、出厂检验报告和进场复验报告。

6.2.2 无粘结预应力筋的涂包质量应符合无粘结预应力钢绞线标准的规定。

检查数量：每 60t 为一批，每批抽取一组试件。

检验方法：观察，检查产品合格证、出厂检验报告和进场复验报告。

注：当有工程经验，并经观察认为质量有保证时，可不作油脂用量和护套厚度的进场复验。

6.2.3 预应力筋用锚具、夹具和连接器应按设计要求采用，其性能应符合现行国家标准《预应力筋用锚具、夹具和连接器》GB/T 14370 等的规定。

检查数量：按进场批次和产品的抽样检验方案确定。

检验方法：检查产品合格证、出厂检验报告和进场复验报告。

注：对锚具用量较少的一般工程，如供货方提供有效的试验报告，可不作静载锚固性能试验。

6.2.4 孔道灌浆用水泥应采用普通硅酸盐水泥，其质量应符合本规范第 7.2.1 条的规定。孔道灌浆用外加剂的质量应符合本规范第 7.2.2 条的规定。

检查数量：按进场批次和产品的抽样检验方案确定。

检验方法：检查产品合格证、出厂检验报告和进场复验报告。

注：对孔道灌浆用水泥和外加剂用量较少的一般工程，当有可靠依据时，可不作材料性能的进场复验。

一 般 项 目

6.2.5 预应力筋使用前应进行外观检查，其质量应符合下列要求：

1 有粘结预应力筋展开后应平顺，不得有弯折，表面不应有裂纹、小刺、机械损伤、氧化铁皮和油污等；

2 无粘结预应力筋护套应光滑、无裂缝，无明显褶皱。

检查数量：全数检查。

检验方法：观察。

注：无粘结预应力筋护套轻微破损者应外包防水塑料胶带修补，严重破损者不得使用。

6.2.6 预应力筋用锚具、夹具和连接器使用前应进行外观检查，其表面应无污物、锈蚀、机械损伤和裂纹。

检查数量：全数检查。

检验方法：观察。

6.2.7 预应力混凝土用金属螺旋管的尺寸和性能应符合国家现行标准《预应力混凝土用金属螺旋管》JG/T 3013 的规定。

检查数量：按进场批次和产品的抽样检验方案确定。

检验方法：检查产品合格证、出厂检验报告和进场复验报告。

注：对金属螺旋管用量较少的一般工程，当有可靠依据时，可不作径向刚度、抗渗漏性能的进场复验。

6.2.8 预应力混凝土用金属螺旋管在使用前应进行外观检查，其内外表面应清洁，无锈蚀，不应有油污、孔洞和不规则的褶皱，咬口不应有开裂或脱扣。

检查数量：全数检查。

检验方法：观察。

4.2.11 预应力制作与安装检验批质量验收记录

1. 表格

预应力制作与安装检验批质量验收记录

02010402 _____

单位（子单位）工程名称				分部（子分部）工程名称		分项工程名称	
施工单位				项目负责人		检验批容量	
分包单位				分包单位项目负责人		检验批部位	
施工依据					验收依据	《混凝土结构工程施工质量验收规范》（2010年版）GB 50204－2002	

验 收 项 目				设计要求及规范规定	最小/实际抽样数量	检查记录	检查结果
主控项目	1	预应力筋品种、级别、规格和数量		第6.3.1条	/		
	2	避免隔离剂沾污		第6.3.2条	/		
	3	避免电火花损伤		第6.3.3条	/		
一般项目	1	预应力筋切断方法和钢筋下料长度		第6.3.4条	/		
	2	锚具制作质量		第6.3.5条	/		
	3	预留孔道质量		第6.3.6条	/		
	4	预应力筋束形控制	截面高（厚）度（mm）	允许偏差（mm）	最小/实际抽样数量	检查记录	检查结果
			$h \leq 300$	±5	/		
			$300 < h \leq 1500$	±10	/		
			$h > 1500$	±15	/		
	5	无粘结预应力筋铺设		第6.3.8条	/		
	6	预应力筋防锈措施		第6.3.9条	/		

施工单位检查结果	专业工长： 项目专业质量检查员： 年　月　日
监理单位验收结论	专业监理工程师： 年　月　日

2. 验收依据说明

【规范名称及编号】《混凝土结构工程施工质量验收规范》（2010年版）GB50204－2002

【条文摘录】

摘录一：

第3.0.2条（见《模板安装检验批质量验收记录》的表格验收依据说明，本书第178页）。

摘录二：

6 预应力分项工程

6.1 一般规定

6.1.1 后张法预应力工程的施工应由具有相应资质等级的预应力专业施工单位承担。

6.1.2 预应力筋张拉机具设备及仪表，应定期维护和校验。张拉设备应配套标定，并配套使用。

张拉设备的标定期限不应超过半年。当在使用过程中出现反常现象时或在千斤顶检修后，应重新标定。

注：1 张拉设备标定时，千斤顶活塞的运行方向应与实际张拉工作状态一致；

2 压力表的精度不应低于 1.5 级，标定张拉设备用的试验机或测力计精度不应低于 ±2%。

6.1.3 在浇筑混凝土之前，应进行预应力隐蔽工程验收，其内容包括：

1 预应力筋的品种、规格、数量、位置等；

2 预应力筋锚具和连接器的品种、规格、数量、位置等；

3 预留孔道的规格、数量、位置、形状及灌浆孔、排气兼泌水管等；

4 锚固区局部加强构造等。

6.3 制作与安装

主 控 项 目

6.3.1 预应力筋安装时，其品种、级别、规格、数量必须符合设计要求。

检查数量：全数检查。

检验方法：观察，钢尺检查。

6.3.2 先张法预应力施工时应选用非油质类模板隔离剂，并应避免沾污预应力筋。

检查数量：全数检查。

检验方法：观察。

6.3.3 施工过程中应避免电火花损伤预应力筋；受损伤的预应力筋应予以更换。

检查数量：全数检查。

检验方法：观察。

一 般 项 目

6.3.4 预应力筋下料应符合下列要求：

1 预应力筋应采用砂轮锯或切断机切断，不得采用电弧切割；

2 当钢丝束两端采用镦头锚具时，同一束中各根钢丝长度的极差不应大于钢丝长度的 1/5000，且不应大于 5mm。当成组张拉长度不大于 10m 的钢丝时，同组钢丝长度的极差不得大于 2mm。

检查数量：每工作班抽查预应力筋总数的 3%，且不少于 3 束。

检验方法：观察，钢尺检查。

6.3.5 预应力筋端部锚具的制作质量应符合下列要求：

1 挤压锚具制作时压力表油压应符合操作说明书的规定，挤压后预应力筋外端应露出挤压套筒 1～5mm；

2 钢绞线压花锚成形时，表面应清洁、无油污，梨形头尺寸和直线段长度应符合设计要求；

3 钢丝镦头的强度不得低于钢丝强度标准值的 98%。

检查数量：对挤压锚，每工作班抽查 5%，且不应少于 5 件；对压花锚，每工作班抽查 3 件；对钢丝镦头强度，每批钢丝检查 6 个镦头试件。

检验方法：观察，钢尺检查，检查镦头强度试验报告。

6.3.6 后张法有粘结预应力筋预留孔道的规格、数量、位置和形状除应符合设计要求外，尚应符合下列规定：

1 预留孔道的定位应牢固，浇筑混凝土时不应出现移位和变形；

2 孔道应平顺，端部的预埋锚垫板应垂直于孔道中心线；

3 成孔用管道应密封良好，接头应严密且不得漏浆；

4 灌浆孔的间距：对预埋金属螺旋管不宜大于 30m；对抽芯成形孔道不宜大于 12m；

5 在曲线孔道的曲线波峰部位应设置排气兼泌水管，必要时可在最低点设置排水孔；

6 灌浆孔及泌水管的孔径应能保证浆液畅通。

检查数量：全数检查。

检验方法：观察，钢尺检查。

6.3.7　预应力筋束形控制点的竖向位置偏差应符合表 6.3.7 的规定。

表 6.3.7　束形控制点的竖向位置允许偏差

截面高（厚）度（mm）	$h \leqslant 300$	$300 < h \leqslant 1500$	$h > 1500$
允许偏差（mm）	±5	±10	±15

检查数量：在同一检验批内，抽查各类型构件中预应力筋总数的 5%，且对各类型构件均不少于 5 束，每束不应少于 5 处。

检验方法：钢尺检查。

注：束形控制点的竖向位置偏差合格点率应达到 90% 及以上，且不得有超过表中数值 1.5 倍的尺寸偏差。

6.3.8　无粘结预应力筋的铺设除应符合本规范第 6.3.7 条的规定外，尚应符合下列要求：

1　无粘结预应力筋的定位应牢固，浇筑混凝土时不应出现移位和变形；

2　端部的预埋锚垫板应垂直于预应力筋；

3　内埋式固定端垫板不应重叠，锚具与垫板应贴紧；

4　无粘结预应力筋成束布置时应能保证混凝土密实并能裹住预应力筋；

5　无粘结预应力筋的护套应完整，局部破损处应采用防水胶带缠绕紧密。

检查数量：全数检查。

检验方法：观察。

6.3.9　浇筑混凝土前穿入孔道的后张法有粘结预应力筋，宜采取防止锈蚀的措施。

检查数量：全数检查。

检验方法：观察。

4.2.12　预应力张拉与放张检验批质量验收记录

1. 表格

预应力张拉与放张检验批质量验收记录

02010403 _____

单位（子单位）工程名称			分部（子分部）工程名称		分项工程名称		
施工单位			项目负责人		检验批容量		
分包单位			分包单位项目负责人		检验批部位		
施工依据				验收依据	《混凝土结构工程施工质量验收规范》（2010 版）GB 50204 - 2002		
验 收 项 目			设计要求及规范规定	最小/实际抽样数量	检查记录		检查结果
主控项目	1	张拉或放张时的混凝土强度	第 6.4.1 条	/			
	2	张拉力、张拉或放张顺序及张拉工艺	第 6.4.2 条	/			
	3	实际预应力值控制	第 6.4.3 条	/			
	4	预应力筋断裂或滑脱	第 6.4.4 条	/			

续表

验 收 项 目			设计要求及规范规定	最小/实际抽样数量	检查记录	检查结果
一般项目	1	支承式锚具（镦头锚具等）内缩量限值	螺帽缝隙	1mm	/		
			每块后加垫板的缝隙	1mm	/		
	2	锥塞式锚具内缩量限值		5mm	/		
	3	夹片式锚具内缩量限值	有顶压	5mm	/		
			无顶压	6～8mm	/		
	4	先张法预应力筋张拉后的位置		第6.4.6条	/		

施工单位检查结果	专业工长： 项目专业质量检查员： 年　　月　　日
监理单位验收结论	专业监理工程师： 年　　月　　日

2. 验收依据说明

【规范名称及编号】《混凝土结构工程施工质量验收规范》（2010 年版）GB 50204－2002

【条文摘录】

摘录一：

第 3.0.2 条（见《模板安装检验批质量验收记录》的表格验收依据说明，本书第 178 页）。

摘录二：

6　预应力分项工程

6.1　一般规定

6.1.1　后张法预应力工程的施工应由具有相应资质等级的预应力专业施工单位承担。

6.1.2　预应力筋张拉机具设备及仪表，应定期维护和校验。张拉设备应配套标定，并配套使用。张拉设备的标定期限不应超过半年。当在使用过程中出现反常现象时或在千斤顶检修后，应重新标定。

注：1　张拉设备标定时，千斤顶活塞的运行方向应与实际张拉工作状态一致；

　　2　压力表的精度不应低于1.5级，标定张拉设备用的试验机或测力计精度不应低于±2%。

6.1.3　在浇筑混凝土之前，应进行预应力隐蔽工程验收，其内容包括：

1　预应力筋的品种、规格、数量、位置等；

2　预应力筋锚具和连接器的品种、规格、数量、位置等；

3　预留孔道的规格、数量、位置、形状及灌浆孔、排气兼泌水管等；

4　锚固区局部加强构造等。

6.4　张拉和放张

主 控 项 目

6.4.1　预应力筋张拉或放张时，混凝土强度应符合设计要求；当设计无具体要求时，不应低于设计的混凝土立方体抗压强度标准值的75%。

检查数量：全数检查。

检验方法：检查同条件养护试件试验报告。

6.4.2　预应力筋的张拉力、张拉或放张顺序及张拉工艺应符合设计及施工技术方案的要求，并应符合下列规定：

1 当施工需要超张拉时，最大张拉应力不应大于国家现行标准《混凝土结构设计规范》GB 50010的规定；

2 张拉工艺应能保证同一束中各根预应力筋的应力均匀一致；

3 后张法施工中，当预应力筋是逐根或逐束张拉时，应保证各阶段不出现对结构不利的应力状态；同时宜考虑后批张拉预应力筋所产生的结构构件的弹性压缩对先批张拉预应力筋的影响，确定张拉力；

4 先张法预应力筋放张时，宜缓慢放松锚固装置，使各根预应力筋同时缓慢放松；

5 当采用应力控制方法张拉时，应校核预应力筋的伸长值。实际伸长值与设计计算理论伸长值的相对允许偏差为$\pm 6\%$。

检查数量：全数检查。

检验方法：检查张拉记录。

6.4.3 预应力筋张拉锚固后实际建立的预应力值与工程设计规定检验值的相对允许偏差为$\pm 5\%$。

检查数量：对先张法施工，每工作班抽查预应力筋总数的1%，且不少于3根；对后张法施工，在同一检验批内，抽查预应力筋总数的3%，且不少于5束。

检验方法：对先张法施工，检查预应力筋应力检测记录；对后张法施工，检查见证张拉记录。

6.4.4 张拉过程中应避免预应力筋断裂或滑脱；当发生断裂或滑脱时，必须符合下列规定：

1 对后张法预应力结构构件，断裂或滑脱的数量严禁超过同一截面预应力筋总根数的3%，且每束钢丝不得超过一根；对多跨双向连续板，其同一截面应按每跨计算；

2 对先张法预应力构件，在浇筑混凝土前发生断裂或滑脱的预应力筋必须予以更换。

检查数量：全数检查。

检验方法：观察，检查张拉记录。

一 般 项 目

6.4.5 锚固阶段张拉端预应力筋的内缩量应符合设计要求；当设计无具体要求时，应符合表6.4.5的规定。

检查数量：每工作班抽查预应力筋总数的3%，且不少于3束。

检验方法：钢尺检查。

表6.4.5 张拉端预应力筋的内缩量限值

锚 具 类 别		内缩量限值（mm）
支承式锚具 （镦头锚具等）	螺帽缝隙	1
	每块后加垫板的缝隙	1
锥塞式锚具		5
夹片式锚具	有顶压	5
	无顶压	6～8

6.4.6 先张法预应力筋张拉后与设计位置的偏差不得大于5mm，且不得大于构件截面短边边长的4%。

检查数量：每工作班抽查预应力筋总数的3%，且不少于3束。

检验方法：钢尺检查。

4.2.13 预应力灌浆及封锚检验批质量验收记录

1. 表格

预应力灌浆与封锚检验批质量验收记录

02010404 _____

单位（子单位）工程名称				分部（子分部）工程名称		分项工程名称	
施工单位				项目负责人		检验批容量	
分包单位				分包单位项目负责人		检验批部位	
施工依据					验收依据	《混凝土结构工程施工质量验收规范》（2010 年版）GB 50204－2002	

验 收 项 目			设计要求及规范规定	最小/实际抽样数量	检查记录	检查结果
主控项目	1	孔道灌浆的一般要求	第 6.5.1 条	/		
	2	锚具的封闭保护	第 6.5.2 条	/		
一般项目	1	外露预应力筋的切断方法和外露长度	第 6.5.3 条	/		
	2	灌浆用水泥浆的水灰比和泌水率	第 6.5.4 条	/		
	3	灌浆用水泥浆的抗压强度	第 6.5.5 条	/		

施工单位检查结果	专业工长：项目专业质量检查员： 年　月　日
监理单位验收结论	专业监理工程师： 年　月　日

2. 验收依据说明

【规范名称及编号】《混凝土结构工程施工质量验收规范》（2010 年版）GB 50204－2002

【条文摘录】

摘录一：

第 3.0.2 条（见《模板安装检验批质量验收记录》的表格验收依据说明，本书第 178 页）。

摘录二：

6 预应力分项工程

6.1 一般规定

6.1.1 后张法预应力工程的施工应由具有相应资质等级的预应力专业施工单位承担。

6.1.2 预应力筋张拉机具设备及仪表，应定期维护和校验。张拉设备应配套标定，并配套使用。张拉设备的标定期限不应超过半年。当在使用过程中出现反常现象时或在千斤顶检修后，应重新标定。

注：1 张拉设备标定时，千斤顶活塞的运行方向应与实际张拉工作状态一致；

2 压力表的精度不应低于 1.5 级，标定张拉设备用的试验机或测力计精度不应低于±2%。

6.1.3 在浇筑混凝土之前，应进行预应力隐蔽工程验收，其内容包括：

1 预应力筋的品种、规格、数量、位置等；

2 预应力筋锚具和连接器的品种、规格、数量、位置等；

3 预留孔道的规格、数量、位置、形状及灌浆孔、排气兼泌水管等；

4 锚固区局部加强构造等。

6.5 灌浆及封锚

主 控 项 目

6.5.1 后张法有粘结预应力筋张拉后应尽早进行孔道灌浆，孔道内水泥浆应饱满、密实。

检查数量：全数检查。

检验方法：观察，检查灌浆记录。

6.5.2　锚具的封闭保护应符合设计要求；当设计无具体要求时，应符合下列规定：

1　应采取防止锚具腐蚀和遭受机械损伤的有效措施；

2　凸出式锚固端锚具的保护层厚度不应小于 50mm；

3　外露预应力筋的保护层厚度：处于正常环境时，不应小于 20mm；处于易受腐蚀的环境时，不应小于 50mm。

检查数量：在同一检验批内，抽查预应力筋总数的 5%，且不少于 5 处。

检验方法：观察，钢尺检查。

一　般　项　目

6.5.3　后张法预应力筋锚固后的外露部分宜采用机械方法切割，其外露长度不宜小于预应力筋直径的 1.5 倍，且不宜小于 30mm。

检查数量：在同一检验批内，抽查预应力筋总数的 3%，且不少于 5 束。

检验方法：观察，钢尺检查。

6.5.4　灌浆用水泥浆的水灰比不应大于 0.45，搅拌后 3h 泌水率不宜大于 2%，且不应大于 3%。泌水应能在 24h 内全部重新被水泥浆吸收。

检查数量：同一配合比检查一次。

检验方法：检查水泥浆性能试验报告。

6.5.5　灌浆用水泥浆的抗压强度不应小于 $30N/mm^2$。

检查数量：每工作班留置一组边长为 70.7mm 的立方体试件。

检验方法：检查水泥浆试件强度试验报告。

注：1　一组试件由 6 个试件组成，试件应标准养护 28d；

2　抗压强度为一组试件的平均值，当一组试件中抗压强度最大值或最小值与平均值相差超过 20% 时，应取中间 4 个试件强度的平均值。

4.2.14　现浇结构外观及尺寸偏差检验批质量验收记录

1. 表格

现浇结构外观及尺寸偏差检验批质量验收记录

01020210 _____

01020310 _____

02010501 _____

单位（子单位）工程名称				分部（子分部）工程名称		分项工程名称	
施工单位				项目负责人		检验批容量	
分包单位				分包单位项目负责人		检验批部位	
施工依据					验收依据	《混凝土结构工程施工质量验收规范》（2010 年版）GB 50204－2002	
验收项目				设计要求及规范规定	最小/实际抽样数量	检查记录	检查结果
主控项目	1	外观质量		第 8.2.1 条	/		
一般项目	1	外观质量一般缺陷		第 8.2.2 条	/		
	2	轴线位置（mm）	基础	15	/		
			独立基础	10	/		
			墙、柱、梁	8	/		
			剪力墙	5	/		

续表

验收项目				设计要求及规范规定	最小/实际抽样数量	检查记录	检查结果
一般项目	3	垂直度（mm）	层高	≤5m	8	/	
				>5m	10	/	
			全高（H）	$H/1000$ 且 ≤30（H=___mm）	/		
	4	标高（mm）	层高	±10	/		
			全高	±30	/		
	5	截面尺寸		+8，−5	/		
	6	电梯井	井筒长、宽对定位中心线（mm）	+25，0	/		
			井筒全高（H）垂直度（mm）	$H/1000$ 且 ≤30（H=___mm）	/		
	7	表面平整度（mm）		8	/		
	8	预埋设施中心线位置（mm）	预埋件	10	/		
			预埋螺栓	5	/		
			预埋管	5	/		
	9	预留洞中心线位置（mm）		15	/		

施工单位检查结果	专业工长： 项目专业质量检查员： 年　月　日
监理单位验收结论	专业监理工程师： 年　月　日

2. 验收依据说明

【规范名称及编号】《混凝土结构工程施工质量验收规范》（2010 年版）GB 50204－2002

【条文摘录】

摘录一：

第 3.0.2 条（见《模板安装检验批质量验收记录》的表格验收依据说明，本书第 178 页）。

摘录二：

8　现浇结构分项工程

8.1　一般规定

8.1.1　现浇结构的外观质量缺陷，应由监理（建设）单位、施工单位等各方根据其对结构性能和使用功能影响的严重程度，按表 8.1.1 的规定。

表 8.1.1　现浇结构外观质量缺陷

名称	现　象	严重缺陷	一般缺陷
露筋	构件内钢筋未被混凝土包裹而外露	纵向受力钢筋有露筋	其他钢筋有少量露筋
蜂窝	混凝土表面缺少水泥砂浆而形成石子外露	构件主要受力部位有蜂窝	其他部位有少量蜂窝
孔洞	混凝土中孔穴深度和长度均超过保护层厚度	构件主要受力部位有孔洞	其他部位有少量孔洞

续表 8.1.1

名称	现　象	严重缺陷	一般缺陷
夹渣	混凝土中夹有杂物且深度超过保护层厚度	构件主要受力部位有夹渣	其他部位有少量夹渣
疏松	混凝土中局部不密实	构件主要受力部位有疏松	其他部位有少量疏松
裂缝	缝隙从混凝土表面延伸至混凝土内部	构件主要受力部位有影响结构性能或使用功能的裂缝	其他部位有少量不影响结构性能或使用功能的裂缝
连接部位缺陷	构件连接处混凝土缺陷及连接钢筋\连接件松动	连接部位有影响结构传力性能的缺陷	连接部位有基本不影响结构传力性能的缺陷
外形缺陷	缺棱掉角、棱角不直、翘曲不平、飞边凸肋等	清水混凝土构件有影响使用功能或装饰效果的外形缺陷	其他混凝土构件有不影响使用功能的外形缺陷
外表缺陷	构件表面麻面、掉皮、起砂、沾污等	具有重要装饰效果的清水混凝土构件有外表缺陷	其他混凝土构件有不影响使用功能的外表缺陷

8.1.2　现浇结构拆模后，应由监理（建设）单位、施工单位对外观质量和尺寸偏差进行检查，作出记录，并应及时按施工技术方案对缺陷进行处理。

8.2　外观质量

主　控　项　目

8.2.1　现浇结构的外观质量不应有严重缺陷。

对已经出现的严重缺陷，应由施工单位提出技术处理方案，并经监理（建设）单位认可后进行处理，必要时应经设计单位同意。对经处理的部位，应重新检查验收。

检查数量：全数检查。检验方法：观察，检查技术处理方案。

一　般　项　目

8.2.2　现浇结构的外观质量不宜有一般缺陷。

对已经出现的一般缺陷，应由施工单位按技术处理方案进行处理，并重新检查验收。

检查数量：全数检查。检验方法：观察，检查技术处理方案。

8.3　尺寸偏差

主　控　项　目

8.3.1　现浇结构不应有影响结构性能和使用功能的尺寸偏差。混凝土设备基础不应有影响结构性能和设备安装的尺寸偏差。对超过尺寸允许偏差且影响结构性能和安装、使用功能的部位，应由施工单位提出技术处理方案，并经监理（建设）单位认可后进行处理。对经处理的部位，应重新检查验收。

检查数量：全数检查。检验方法：量测，检查技术处理方案。

一　般　项　目

8.3.2　现浇结构和混凝土设备基础拆模后的尺寸偏差应符合表8.3.2-1、表8.3.2-2的规定。

检查数量：按楼层、结构缝或施工段划分检验批。在同一检验批内，对梁、柱和独立基础，应抽查构件数量的10%，且不少于3件；对墙和板，应按有代表性的自然间抽查10%，且不少于3间；对大空间结构，墙可按相邻轴线高度5m左右划分检查面，板可按纵、横轴线划分检查面，抽查10%，且均不少于3面；对电梯井，应全数检查。对设备基础，应全数检查。

表 8.3.2-1　现浇结构尺寸偏差和检验方法

项　目		允许偏差（mm）	检验方法
轴线位置	基础	15	钢尺检查
	独立基础	10	
	墙、柱、梁	8	
	剪力墙	5	

续表 8.3.2-1

项 目			允许偏差（mm）	检验方法
垂直度	层高	≤5m	8	经纬仪或吊线、钢尺检查
		>5m	10	经纬仪或吊线、钢尺检查
	全高（H）		H/1000 且≤30	经纬仪、钢尺检查
标高	层高		±10	水准仪或拉线、钢尺检查
	全高		±30	
截面尺寸			+8，−5	钢尺检查
电梯井	井筒长、宽对定位中心线		+25	钢尺检查
	井筒全高（H）垂直度		H/1000 且≤30	经纬仪、钢尺检查
表面平整度			8	2m靠尺和塞尺检查
预埋设施中心线位置	预埋件		10	钢尺检查
	预埋螺栓		5	
	预埋管		5	
预留洞中心线位置			15	钢尺检查

注：检查轴线、中心线位置时，应沿纵、横两个方向量测，并取其中的较大值。

表 8.3.2-2 混凝土设备基础尺寸允许偏差和检验方法

项 目		允许偏差（mm）	检验方法
坐标位置		20	钢尺检查
不同平面的标高		0，−20	水准仪或拉线、钢尺检查
平面外形尺寸		±20	钢尺检查
凸台上平面外形尺寸		0，−20	钢尺检查
凹穴尺寸		+20，0	钢尺检查
平面水平度	每米	5	水平尺、塞尺检查
	全长	10	水准仪或拉线、钢尺检查
垂直度	每米	5	经纬仪或吊线、钢尺检查
	全高	10	
预埋地脚螺栓	标高（顶部）	+20，0	水准仪或拉线、钢尺检查
	中心距	±2	钢尺检查
预埋地脚螺栓孔	中心线位置	10	钢尺检查
	深度	+20，0	钢尺检查
	孔垂直度	10	吊线、钢尺检查
预埋活动地脚螺栓锚板	标高	+20，0	水准仪或拉线、钢尺检查
	中心线位置	5	钢尺检查
	带槽锚板平整度	5	钢尺、塞尺检查
	带螺纹孔锚板平整度	2	钢尺、塞尺检查

注：检查坐标、中心线位置时，应沿纵、横两个方向量测，并取其中的较大值。

4.2.15 混凝土设备基础外观及尺寸偏差检验批质量验收记录

1. 表格

混凝土设备基础外观及尺寸偏差检验批质量验收记录

01020211 _____
01020311 _____
02010502 _____

单位（子单位）工程名称			分部（子分部）工程名称			分项工程名称	
施工单位			项目负责人			检验批容量	
分包单位			分包单位项目负责人			检验批部位	
施工依据				验收依据		《混凝土结构工程施工质量验收规范》（2010年版）GB 50204-2002	

		验收项目		设计要求及规范规定	最小/实际抽样数量	检查记录	检查结果
主控项目	1	现浇结构和混凝土设备基础尺寸偏差		第8.3.1条	/		
一般项目	1	外观质量一般缺陷		第8.2.2条	/		
	2	坐标位置（mm）		20	/		
	3	不同平面的标高（mm）		0，-20	/		
	4	平面外形尺寸（mm）		±20	/		
	5	凸台上平面外形尺寸（mm）		0，-20	/		
	6	凹穴尺寸（mm）		+20，0	/		√
	7	平面水平度（mm）	每米	5	/		
			全长	10	/		
	8	垂直度（mm）	每米	5	/		
			全高	10	/		
	9	预埋地脚螺栓（mm）	标高（顶部）	+20，0	/		
			中心距	±2	/		
	10	预埋地脚螺栓孔（mm）	中心线位置	10	/		
			深度	+20，0	/		
			孔垂直度	10	/		
	11	预埋活动地脚螺栓锚板（mm）	标高	+20，0	/		
			中心线位置	5	/		
			带槽锚板平整度	5	/		
			带螺纹孔锚板平整度	2	/		

施工单位检查结果	专业工长： 项目专业质量检查员： 年　月　日
监理单位验收结论	专业监理工程师： 年　月　日

2. 验收依据说明

【规范名称及编号】《混凝土结构工程施工质量验收规范》（2010年版）GB 50204-2002

【条文摘录】

　　摘录一：

第3.0.2条（见《模板安装检验批质量验收记录》的表格验收依据说明，本书第178页）。

摘录二：

8 现浇结构分项工程（见《现浇结构外观及尺寸偏差检验批质量验收记录》的验收依据说明，本书第205页）。

4.2.16 装配式结构预制构件检验批质量验收记录

1. 表格

装配式结构预制构件检验批质量验收记录

02010601 _____

单位（子单位）工程名称				分部（子分部）工程名称		分项工程名称		
施工单位				项目负责人		检验批容量		
分包单位				分包单位项目负责人		检验批部位		
施工依据					验收依据	《混凝土结构工程施工质量验收规范》（2010年版）GB 50204-2002		
验收项目				设计要求及规范规定	最小/实际抽样数量	检查记录		检查结果
主控项目	1	构件标志和预埋件等		第9.2.1条	/			
	2	外观质量严重缺陷处理		第9.2.2条	/			
	3	过大尺寸偏差处理		第9.2.3条	/			
一般项目	1	外观质量一般缺陷处理		第9.2.4条	/			
	2	长度（mm）	板、梁	+10，-5	/			
			柱	+5，-10	/			
			墙板	±5	/			
			薄腹梁、桁架	+15，-10	/			
	3	板、梁、柱、墙板、薄腹梁、桁架宽度、高（厚）度（mm）		±5	/			
	4	侧向弯曲（mm）	梁、柱、板	$L/750$ 且≤20（$L=$____ mm）	/			
			墙板、薄腹梁、桁架	$L/1000$ 且≤20（$L=$____ mm）	/			
	5	预埋件（mm）	中心线位置	10	/			
			螺栓位置	5	/			
			螺栓外露长度	+10，-5	/			
	6	预留孔中心线位置（mm）		5	/			
	7	预留洞中心线位置（mm）		15	/			
	8	主筋保护层厚度（mm）	板	+5，-3	/			
			梁、柱、墙板、薄腹梁、桁架	+10，-5	/			
	9	板、墙板对角线差（mm）		10	/			
	10	板、墙板、柱、梁表面平整度（mm）		5	/			
	11	梁、墙板、薄腹梁、桁架预应力构件预留孔道位置（mm）		3	/			
	12	板翘曲（mm）		$L/750$（$L=$____ mm）	/			
		墙板翘曲（mm）		$L/1000$（$L=$____ mm）	/			
施工单位检查结果				专业工长：项目专业质量检查员： 年 月 日				
监理单位验收结论				专业监理工程师： 年 月 日				

2. 验收依据说明

【规范名称及编号】《混凝土结构工程施工质量验收规范》（2010 年版）GB 50204-2002

【条文摘录】

摘录一：

第 3.0.2 条（见《模板安装检验批质量验收记录》的表格验收依据说明，本书第 178 页）。

摘录二：

9.2　预制构件

主 控 项 目

9.2.1　预制构件应在明显部位标明生产单位、构件型号、生产日期和质量验收标志。构件上的预埋件、插筋和预留孔洞的规格、位置和数量应符合标准图或设计的要求。

检查数量：全数检查。检验方法：观察。

9.2.2　预制构件的外观质量不应有严重缺陷。对已经出现的严重缺陷，应按技术处理方案进行处理，并重新检查验收。

检查数量：全数检查。检验方法：观察，检查技术处理方案。

9.2.3　预制构件不应有影响结构性能和安装、使用功能的尺寸偏差。对超过尺寸允许偏差且影响结构性能和安装、使用功能的部位，应按技术处理方案进行处理，并重新检查验收。

检查数量：全数检查。检验方法：量测，检查技术处理方案。

一 般 项 目

9.2.4　预制构件的外观质量不宜有一般缺陷。对已经出现的一般缺陷，应按技术处理方案进行处理，并重新检查验收。

检查数量：全数检查。检验方法：观察，检查技术处理方案。

9.2.5　预制构件的尺寸偏差应符合表 9.2.5 的规定．

检查数量：同一工作班生产的同类型构件，抽查 5％且不少于 3 件。

表 9.2.5　预制构件尺寸的允许偏差及检验方法

项　　目		允许偏差（mm）	检验方法
长度	板、梁	+10，-5	钢尺检查
	柱	+5，-10	
	墙板	±5	
	薄腹梁、桁架	+15，-10	
宽度、高（厚）度	板、梁、柱、墙板、薄腹梁、桁架	±5	钢尺量一端及中部，取其中较大值
侧向弯曲	梁、柱、板	$L/750$ 且 ≤20	拉线、钢尺量最大侧向弯曲处
	墙板、薄腹梁、桁架	$L/1000$ 且 ≤20	
预埋件	中心线位置	10	钢尺检查
	螺栓位置	5	
	螺栓外露长度	+10，-5	
预留孔	中心线位置	5	钢尺检查
预留洞	中心线位置	15	钢尺检查
主筋保护层厚度	板	+5，-3	钢尺或保护层厚度测定仪式量测
	梁、柱、墙板、薄腹梁、桁架	+10，-5	
对角线差	板、墙板	10	钢尺量两个对角线
表面平整度	板、墙板、柱、梁	5	2m 靠尺和塞尺检查
预应力构件预留孔道位置	梁、墙板、薄腹梁、桁架	3	钢尺检查
翘曲	板	$L/750$	调平尺在两端量测
	墙板	$L/1000$	

注：1　L 为构件长度（mm）。

　　2　检查中心线、螺栓和孔道位置时，应沿纵、横两个方向量测，并取其中的较大值；

　　3　对开头复杂或特殊要求的构件，其尺寸偏差应符合标准图基设计的要求。

4.2.17 装配式结构施工检验批质量验收记录

1. 表格

装配式结构施工检验批质量验收记录

02010602 _____

单位（子单位）工程名称				分部（子分部）工程名称		分项工程名称	
施工单位				项目负责人		检验批容量	
分包单位				分包单位项目负责人		检验批部位	
施工依据					验收依据	《混凝土结构工程施工质量验收规范》（2010年版）GB 50204-2002	
验 收 项 目			设计要求及规范规定	最小/实际抽样数量	检查记录		检查结果
主控项目	1	预制构件进场检查	第9.4.1条	/			
	2	预制构件的连接	第9.4.2条	/			
	3	接头和拼缝的混凝土强度	第9.4.3条	/			
一般项目	1	预制构件支承位置和方法	第9.4.4条	/			
	2	安装控制标志	第9.4.5条	/			
	3	预制构件吊装	第9.4.6条	/			
	4	临时固定措施和位置校正	第9.4.7条	/			
	5	接头和拼缝的质量要求	第9.4.8条	/			
施工单位检查结果				专业工长：项目专业质量检查员： 年　月　日			
监理单位验收结论				专业监理工程师： 年　月　日			

2. 验收依据说明

【规范名称及编号】《混凝土结构工程施工质量验收规范》（2010年版）GB 50204-2002

【条文摘录】

摘录一：

第3.0.2条（见《模板安装检验批质量验收记录》的表格验收依据说明，本书第178页）。

摘录二：

9.4 装配式结构施工

主 控 项 目

9.4.1 进入现场的预制构件，其外观质量、尺寸偏差及结构性能应符合标准图或设计的要求。

检查数量：按批检查。检验方法：检查构件合格证。

9.4.2 预制构件与结构之间的连接应符合设计要求。连接处钢筋或埋件采用焊接或机械连接时，接头质量应符合国家现行标准《钢筋焊接及验收规程》JGJ 18、《钢筋机械连接通用技术规程》JGJ 107的地要求。

检查数量：全数检查。检验方法：观察，检查施工记录。

9.4.3　承受内力的接头和拼缝，当其混凝土强度未达到设计要求时，不得吊装上一层结构构件；当设计无具体要求时，应在混凝土强度不小于 $10N/mm^2$ 或具有足够的支承时方可吊装上一层结构构件。已安装完毕的装配式结构，应在混凝土强度到达设计要求后，方可承受全部设计荷载。

检查数量：全数检查。检验方法：检查施工记录及试件强度试验报告。

一　般　项　目

9.4.4　预制构件码放和运输时的支承位置和方法应符合标准图或设计的要求。

检查数量：全数检查。检验方法：观察检查。

9.4.5　预制构件吊装前，应按设计要求在构件和相应的支承结构上标志中心线、标高等控制尺寸，按标准图或设计文件校核预埋件及连接钢筋等，并作出标志。检查数量：全数检查。检验方法：观察，钢尺检查。

9.4.6　预制构件应按标准图或设计的要求吊装。起吊时绳索与构件水平面的夹角不宜小于45°，否则应采用吊架或经验算确定。检查数量：全数检查。检验方法：观察检查。

9.4.7　预制构件安装就位后，应采取保证构件稳定的临时固定措施，并应根据水准点和轴线校正位置。

检查数量：全数检查。检验方法：观察，钢尺检查。

9.4.8　装配式结构中的接头和拼缝应符合设计要求；当设计无具体要求时，应符合下列规定：

1　对承受内力的接头和拼缝应采用混凝土浇筑，其强度等级应比构件混凝土强度等级提高一级；

2　对不承受内力的接头和拼缝应采用混凝土或砂浆浇筑，其强度等级不应低于C15AK；

3　用于接头和并缝的混凝土或砂浆，宜采取微膨胀措施和快硬措施，在浇筑过程中应振捣密实，并应采取必要的养护措施。

检查数量：全数检查。检验方法：检查施工记录及试件强度试验报告。

4.2.18　砖砌体检验批质量验收记录

1. 表格

砖砌体检验批质量验收记录

01020101 _____
02020101 _____

单位（子单位）工程名称				分部（子分部）工程名称		分项工程名称	
施工单位				项目负责人		检验批容量	
分包单位				分包单位项目负责人		检验批部位	
施工依据					验收依据	《砌体结构工程施工质量验收规范》GB 50203－2011	
	验　收　项　目			设计要求及规范规定	最小/实际抽样数量	检查记录	检查结果
主控项目	1	砖强度等级必须符合设计要求		设计要求 MU___	/		
	2	砂浆强度等级必须符合设计要求		设计要求 M___	/		
	3	砂浆饱满度	墙水平灰缝	≥80%	/		
			柱水平及竖向灰缝	≥90%	/		
	4		转角、交接处	第5.2.3条	/		
			斜槎留置	第5.2.3条	/		
	5	直槎拉结钢筋及接槎处理		第5.2.4条	/		

续表

验收项目		设计要求及规范规定	最小/实际抽样数量	检查记录	检查结果
一般项目	1 组砌方法	5.3.1条	/		
	2 水平灰缝厚度	8～12mm	/		
	3 竖向灰缝宽度	8～12mm			
	4 轴线位移	≤10mm	/		
	5 基础、墙、柱顶面标高	±15mm 以内	/		
	6 每层墙面垂直度	≤5mm	/		
	7 表面平整度 清水墙柱	≤5mm	/		
	混水墙柱	≤8mm	/		
	8 水平灰缝平直度 清水墙	≤7mm	/		
	混水墙	≤10mm	/		
	9 门窗洞口高、宽（后塞口）	±10mm 以内	/		
	10 外墙上下窗口偏移	≤20mm	/		
	11 清水墙游丁走缝	≤20mm	/		

施工单位检查结果

专业工长：
项目专业质量检查员：
年　月　日

监理单位验收结论

专业监理工程师：
年　月　日

2. 验收依据说明

【规范名称及编号】《砌体结构工程施工质量验收规范》GB 50203－2011

【条文摘录】

摘录一：

3.0.20 砌体结构工程检验批的划分应同时符合下列规定：

1 所用材料类型及同类型材料的强度等级相同；

2 不超过250m³砌体；

3 主体结构砌体一个楼层（基础砌体可按一个楼层计）；填充墙砌体量少时可多个楼层合并。

摘录二：

5 砖砌体工程

5.1 一般规定

5.1.1 本章适用于烧结普通砖、烧结多孔砖、混凝土多孔砖、混凝土实心砖、蒸压灰砂砖、蒸压粉煤灰砖等砌体工程。

5.1.2 用于清水墙、柱表面的砖，应边角整齐，色泽均匀。

5.1.3 砌体砌筑时，混凝土多孔砖、混凝土实心砖、蒸压灰砂砖、蒸压粉煤灰砖等块体的产品龄期不应小于28d。

5.1.4 有冻胀环境和条件的地区，地面以下或防潮层以下的砌体，不应采用多孔砖。

5.1.5 不同品种的砖不得在同一楼层混砌。

5.1.6 砌筑烧结普通砖、烧结多孔砖、蒸压灰砂砖、蒸压粉煤灰砖砌体时，砖应提前1d～2d适度湿润，严禁采用干砖或处于吸水饱和状态的砖砌筑，块体湿润程度宜符合下列规定：

213

1 烧结类块体的相对含水率60%～70%；

2 混凝土多孔砖及混凝土实心砖不需要浇水湿润，但在气候干燥炎热的情况下，宜在砌筑前对其喷水湿润。其他非烧结类块体的相对含水率40%～50%。

5.1.7 采用铺浆法砌筑砌体，铺浆长度不得超过750mm；当施工期间气温超过30℃时，铺浆长度不得超过500mm。

5.1.8 240mm厚承重墙的每层墙的最上一皮砖，砖砌体的阶台水平面上及挑出层的外皮砖，应整砖丁砌。

5.1.9 弧拱式及平拱式过梁的灰缝应砌成楔形缝，拱底灰缝宽度不宜小于5mm；拱顶灰缝宽度不应大于15mm，拱体的纵向及横向灰缝应填实砂浆；平拱式过梁拱脚下面应伸入墙内不小于20mm；砖砌平拱过梁底应有1%的起拱。

5.1.10 砖过梁底部的模板及其支架拆除时，灰缝砂浆强度不应低于设计强度的75%。

5.1.11 多孔砖的孔洞应垂直于受压面砌筑。半盲孔多孔砖的封底面应朝上砌筑。

5.1.12 竖向灰缝不应出现瞎缝、透明缝和假缝。

5.1.13 砖砌体施工临时间断处补砌时，必须将接槎处表面清理干净，洒水湿润，并填实砂浆，保持灰缝平直。

5.1.14 夹心复合墙的砌筑应符合下列规定：

1 墙体砌筑时，应采取措施防止空腔内掉落砂浆和杂物；

2 拉结件设置应符合设计要求，拉结件在叶墙上的搁置长度不应小于叶墙厚度的2/3，并不应小于60mm；

3 保温材料品种及性能应符合设计要求。保温材料的浇注压力不应对砌体强度、变形及外观质量产生不良影响。

5.2 主控项目

5.2.1 砖和砂浆的强度等级必须符合设计要求。

抽检数量：每一生产厂家，烧结普通砖、混凝土实心砖每15万块，烧结多孔砖、混凝土多孔砖、蒸压灰砂砖及蒸压粉煤灰砖每10万块各为一验收批，不足上述数量时按1批计，抽检数量为1组。砂浆试块的抽检数量执行本规范第4.0.12条的有关规定。

检验方法：查砖和砂浆试块试验报告。

5.2.2 砌体灰缝砂浆应密实饱满，砖墙水平灰缝的砂浆饱满度不得低于80%；砖柱水平灰缝和竖向灰缝饱满度不得低于90%。

抽检数量：每检验批抽查不应少于5处。

检验方法：用百格网检查砖底面与砂浆的粘结痕迹面积。每处检测3块砖，取其平均值。

5.2.3 砖砌体的转角处和交接处应同时砌筑，严禁无可靠措施的内外墙分砌施工。在抗震设防烈度为8度及8度以上的地区，对不能同时砌筑而又必须留置的临时间断处应砌成斜槎，普通砖砌体斜槎水平投影长度不应小于高度的2/3，多孔砖砌体的斜槎长高比不应小于1/2。斜槎高度不得超过一步脚手架的高度。

抽检数量：每检验批抽查不应少于5处。

检验方法：观察检查。

5.2.4 非抗震设防及抗震设防烈度为6度、7度地区的临时间断处，当不能留斜槎时，除转角处外，可留直槎，但直槎必须做成凸槎，且应加设拉结钢筋，拉结钢筋应符合下列规定：

1 每120mm墙厚放置1φ6拉结钢筋（120mm厚墙应放置2φ6拉结钢筋）；

2 间距沿墙高不应超过500mm；且竖向间距偏差不应超过100mm；

3 埋入长度从留槎处算起每边均不应小于500mm，对抗震设防烈度6度、7度的地区，不应小于1000mm；

4 末端应有90°弯钩（图5.2.4）。

抽检数量：每检验批抽查不应少于5处。

检验方法：观察和尺量检查。

5.3 一般项目

5.3.1 砖砌体组砌方法应正确，内外搭砌，上、下错缝。清水墙、窗间墙无通缝；混水墙中不得有长度大于300mm的通缝，长度200mm～300mm的通缝每间不超过3处，且不得位于同一面墙体上。砖柱不得采用包心砌法。

抽检数量：每检验批抽查不应少于5处。

检验方法：观察检查。砌体组砌方法抽检每处应为3m～5m。

5.3.2 砖砌体的灰缝应横平竖直，厚薄均匀，水平灰缝厚度及竖向灰缝宽度宜为 10mm，但不应小于8mm，也不应大于12mm。

抽检数量：每检验批抽查不应少于5处。

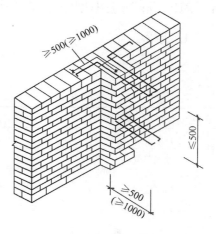

图5.2.4 直槎处拉结钢筋示意图

检验方法：水平灰缝厚度用尺量10皮砖砌体高度折算。竖向灰缝宽度用尺量2m砌体长度折算。

5.3.3 砖砌体尺寸、位置的允许偏差及检验应符合表5.3.3的规定：

表5.3.3 砖砌体尺寸、位置的允许偏差及检验

项次	项 目			允许偏差（mm）	检验方法	抽检数量
1	轴线位移			10	用经纬仪和尺或用其他测量仪器检查	承重墙、柱全数检查
2	基础、墙、柱顶面标高			±15	用水准仪和尺检查	不应少于5处
3	墙面垂直度	每层		5	用2m托线板检查	不应少于5处
		全高	≥10m	10	用经纬仪、吊线和尺或其他测量仪器检查	外墙全部阳角
			>10m	20		
4	表面平整度	清水墙、柱		5	用2m靠尺和楔形塞尺检查	不应少于5处
		混水墙、柱		8		
5	水平灰缝平直度	清水墙		7	拉5m线和尺检查	不应少于5处
		混水墙		10		
6	门窗洞口高、宽（后塞口）			±10	用尺检查	不应少于5处
7	外墙下下窗口偏移			20	以底层窗口为准，用经纬仪或吊线检查	不应少于5处
8	清水墙游丁走缝			20	以每层第一皮砖为准，用吊线和尺检查	不应少于5处

4.2.19 混凝土小型空心砌块砌体检验批质量验收记录

1. 表格

混凝土小型空心砌块砌体检验批质量验收记录

01020102 _____

02020201 _____

单位（子单位）工程名称				分部（子分部）工程名称			分项工程名称		
施工单位				项目负责人			检验批容量		
分包单位				分包单位项目负责人			检验批部位		
施工依据						验收依据	《砌体结构工程施工质量验收规范》GB 50203-2011		

验 收 项 目			设计要求及规范规定	最小/实际抽样数量	检查记录	检查结果
主控项目	1	小砌块强度等级	设计要求 MU ___	/		
	2	芯柱混凝土强度等级	设计要求 C ___	/		
	3	砂浆强度等级	设计要求 M ___	/		
	4	水平灰缝砂浆饱满度	≥90%	/		
		竖向灰缝砂浆饱满度	≥90%	/		
	5	墙体转角处、纵横交接处	同时砌筑	/		
		斜槎留置	第6.2.3条	/		
		施工洞孔直槎留置及砌筑	第6.2.3条	/		
	6	芯柱贯通楼盖	第6.2.4条	/		
		芯柱混凝土灌实	第6.2.4条	/		
一般项目	1	水平灰缝厚度	8～12mm	/		
		竖向灰缝宽度	8～12mm	/		
	2	轴线位移	≤10mm	/		
	3	基础、墙、柱顶面标高	±15mm 以内	/		
	4	每层墙面垂直度	≤5mm	/		
	5	表面平整度　清水墙柱	≤5mm	/		
		混水墙柱	≤8mm	/		
	6	水平灰缝平直度　清水墙	≤7mm	/		
		混水墙	≤10mm	/		
	7	门窗洞口高、宽（后塞口）	±10mm 以内	/		
	8	外墙上下窗口偏移	≤20mm	/		
	9	清水墙游丁走缝	≤20mm	/		

施工单位检查结果	专业工长： 项目专业质量检查员： 　　　　　　　　年　月　日
监理单位验收结论	专业监理工程师： 　　　　　　　　年　月　日

2. 验收依据说明

【规范名称及编号】《砌体结构工程施工质量验收规范》GB 50203－2011

【条文摘录】

摘录一：

3.0.20　砌体结构工程检验批的划分应同时符合下列规定：

1　所用材料类型及同类型材料的强度等级相同；

2　不超过 250m³ 砌体；

3　主体结构砌体一个楼层（基础砌体可按一个楼层计）；填充墙砌体量少时可多个楼层合并。

摘录二：

6　混凝土小型空心砌块砌体工程

6.1　一般规定

6.1.1　本章适用于普通混凝土小型空心砌块和轻骨料混凝土小型空心砌块（以下简称小砌块）等砌体工程。

6.1.2　施工前，应按房屋设计图编绘小砌块平、立面排列图，施工中应按排块图施工。

6.1.3　施工采用的小砌块的产品龄期不应小于 28d。

6.1.4　砌筑小砌块时，应清除表面污物、剔除外观质量不合格的小砌块。

6.1.5　砌筑小砌块砌体，宜选用专用小砌块砌筑砂浆。

6.1.6　底层室内地面以下或防潮层以下的砌体，应采用强度等级不低于 C20（或 Cb20）的混凝土灌实小砌块的孔洞。

6.1.7　砌筑普通混凝土小型空心砌块砌体，不需对小砌块浇水湿润，如遇天气干燥炎热，宜在砌筑前对其喷水湿润；对轻骨料混凝土小砌块，应提前浇水湿润，块体的相对含水率宜为 40%～50%。雨天及小砌块表面有浮水时，不得施工。

6.1.8　承重墙体使用的小砌块应完整、无缺损、无裂缝。

6.1.9　小砌块墙体应对孔对孔、肋对肋错缝搭砌。单排孔小砌块的搭接长度应为块体长度的 1/2；多排孔小砌块的搭接长度可适当调整，但不宜小于砌块长度的 1/3，且不应小于 90mm。墙体的个别部位不能满足上述要求时，应在灰缝中设置拉结钢筋或钢筋网片，但竖向通缝仍不得超过两皮小砌块。

6.1.10　小砌块应将生产时的底面朝上反砌于墙上。

6.1.11　小砌块墙体宜逐块坐（铺）浆砌筑。

6.1.12　在散热器、厨房和卫生间等设备的卡具安装处砌筑的小砌块，宜在施工前用强度等级不低于 C20（或 Cb20）的混凝土将其孔洞灌实。

6.1.13　每步架墙（柱）砌筑完后，应随即刮平墙体灰缝。

6.1.14　芯柱处水上砌块墙体砌筑应符合下列规定：

1　每一楼层芯柱处第一皮小砌块应采用开口小砌块；

2　砌筑时应随砌随清除小砌块孔内的毛边，并将灰缝中挤出的砂浆刮净。

6.1.15　芯柱混凝土宜选用专用小砌块灌孔混凝土。浇筑芯柱混凝土应符合下列规定：

1　每次连续浇筑的高度宜为半个楼层，但不应大于 1.8m；

2　浇筑芯柱混凝土时，砌筑砂浆强度应大于 1MPa；

3　清除孔内掉落的砂浆等杂物，并用水冲淋孔壁；

4　浇筑芯柱混凝土前，应先注入适量与芯柱混凝土相同的去石砂浆；

5　每浇筑 400mm～500mm 高度捣实一次，或边浇筑边捣实。

6.1.16　小砌块复合夹心墙的砌筑应符合本规范第 5.1.14 条的规定。

6.2　主控项目

6.2.1　小砌块和芯柱混凝土、砌筑砂浆的强度等级必须符合设计要求。

抽检数量：每一生产厂家，每1万块小砌块为一验收批，不足1万块按一批计，抽检数量为1组；用于多层以上建筑的基础和底层的小砌块抽检数量不应少于2组。砂浆试块的抽检数量应执行本规范第4.0.12条的有关规定。

检验方法：检查小砌块和芯柱混凝土、砌筑砂浆试块试验报告。

6.2.2　砌体水平灰缝和竖向灰缝的砂浆饱满度，按净面积计算不得低于90％。

抽检数量：每检验批抽查不应少于5处。

检验方法：用专用百格网检测小砌块与砂浆粘结痕迹，每处检测3块小砌块，取其平均值。

6.2.3　墙体转角处和纵横墙交接处应同时砌筑。临时间断处应砌成斜槎，斜槎水平投影长度不应小于斜槎高度。施工洞口可预留直槎，但在洞口砌筑和补砌时，应在直槎上下搭砌的小砌块孔洞内用强度等级不低于C20（或Cb20）的混凝土灌实。

抽检数量：每检验批抽查不应少于5处。

检验方法：观察检查。

6.2.4　小砌块砌体的芯柱在楼盖处应贯通，不得削弱芯柱截面尺寸；芯柱混凝土不得漏灌。

抽检数量：每检验批抽查不应少于5处。

检验方法：观察检查。

6.3　一般项目

6.3.1　砌体的水平灰缝厚度和竖向灰缝宽度宜为10mm，但不应小于8mm，也不应大于12mm。

抽检数量：每检验批抽查不应少于5处。

抽检方法：水平灰缝用尺量5皮小砌块的高度折算；竖向灰缝宽度用尺量2m砌体长度折算。

6.3.2　小砌块砌体尺寸、位置的允许偏差应按本规范第5.3.3条的规定执行。

4.2.20　石砌体检验批质量验收记录

1. 表格

石砌体检验批质量验收记录

01020103 _____
02020301 _____

单位（子单位）工程名称			分部（子分部）工程名称			分项工程名称		
施工单位			项目负责人			检验批容量		
分包单位			分包单位项目负责人			检验批部位		
施工依据				验收依据		《砌体结构工程施工质量验收规范》GB 50203－2011		

验收项目		设计要求及规范规定	最小/实际抽样数量	检查记录	检查结果
主控项目	1　石材强度等级	设计要求 MU ___	/		
	2　砂浆强度等级	设计要求 M ___	/		
	3　灰缝砂浆饱满度	≥80％	/		

	项目	毛石砌体		料石砌体					最小/实际抽样数量	检查记录	检查结果
				毛料石		粗料石		细料石			
		基础 □	墙 □	基础 □	墙 □	基础 □	墙 □	墙、柱 □			
一般项目	1　轴线位移	≤20	≤15	≤20	≤15	≤15	≤10	≤10	/		
	2　砌体顶面标高	±25	±15	±25	±15	±15	±15	±10	/		

续表

验收项目								设计要求及规范规定	最小/实际抽样数量	检查记录	检查结果
项目		毛石砌体		料石砌体				最小/实际抽样数量		检查记录	检查结果
				毛料石		粗料石		细料石			
		基础□	墙□	基础□	墙□	基础□	墙□	墙、柱□			
一般项目	3	砌体厚度	+30	+20 −10	+30	+20 −10	+15	+10 −5	+10 −5	/	
	4	每层墙面垂直度	—	≤20	—	≤20	—	≤10	≤7	/	
	5	清水墙、柱表面平整度	—	—	—	≤20	—	≤10	≤5	/	
		混水墙、柱表面平整度	—	—	—	≤20	—	≤15	—	/	
	6	清水墙水平灰缝平直度	—	—	—	—	—	≤10	≤5	/	
	7	组砌形式	第7.3.2条							/	

施工单位检查结果	专业工长： 项目专业质量检查员： 年　　月　　日
监理单位验收结论	专业监理工程师： 年　　月　　日

2. 验收依据说明

【规范名称及编号】《砌体结构工程施工质量验收规范》GB 50203－2011

【条文摘录】

摘录一：

3.0.20　砌体结构工程检验批的划分应同时符合下列规定：

1　所用材料类型及同类型材料的强度等级相同；

2　不超过250m³ 砌体；

3　主体结构砌体一个楼层（基础砌体可按一个楼层计）；填充墙砌体量少时可多个楼层合并。

摘录二：

7　石砌体工程

7.1　一般规定

7.1.1　本章适用于毛石、毛料石、粗料石、细料石等砌体工程。

7.1.2　石砌体采用的石材应质地坚实，无裂纹和无明显风化剥落；用于清水墙、柱表面的石材，尚应色泽均匀；石材的放射性应经检验，其安全性应符合现行国家标准《建筑材料放射性核素限量》GB 6566 的有关规定。

7.1.3　石材表面的泥垢、水锈等杂质，砌筑前应清除干净。

7.1.4　砌筑毛石基础的第一皮石块应座浆，并将大面向下；砌筑料石基础的第一皮石块应用丁砌层座浆砌筑。

7.1.5　毛石砌体的第一皮及转角处、交接处和洞口处，应用较大的平毛石砌筑。每个楼层（包括基础）砌体的最上一皮，宜选用较大的毛石砌筑。

7.1.6　毛石砌筑时，对石块间存在的较大的缝隙，应先向缝内填灌砂浆并捣实，然后用小石块嵌填，不得先填小石块后填灌砂浆，石块间不得出现无砂浆相互接触现象。

7.1.7　砌筑毛石挡土墙应按分层高度砌筑，并应符合下列规定：

1　每砌 3 皮～4 皮为一个分层高度，每个分层高度应将顶层石块砌平；

2　两个分层高度间分层处的错缝不得小于 80mm。

7.1.8　料石挡土墙，当中间部分用毛石砌时，丁砌料石伸入毛石部分的长度不应小于 200mm。

7.1.9　毛石、毛料石、粗料石、细料石砌体灰缝厚度应均匀，灰缝厚度应符合下列规定：

1　毛石砌体外露面的灰缝厚度不宜大于 40mm；

2　毛料石和粗料石的灰缝厚度不宜大于 20mm；

3　细料石的灰缝厚度不宜大于 5mm。

7.1.10　挡土墙的泄水孔当设计无规定时，施工应符合下列规定：

1　泄水孔应均匀设置，在每米高度上间隔 2m 左右设置一个泄水孔；

2　泄水孔与土体间铺设长宽各为 300mm、厚 200mm 的卵石或碎石作疏水层。

7.1.11　挡土墙内侧回填土必须分层夯填，分层松土厚宜为 300mm。墙顶土面应有适当坡度使流水流向挡土墙外侧面。

7.1.12　在毛石和实心砖的组合墙中，毛石砌体与砖砌体应同时砌筑，并每隔 4 皮～6 皮砖用 2 皮～3 皮丁砖与毛石砌体拉结砌合；两种砌体间的空隙应填实砂浆。

7.1.13　毛石墙和砖墙相接的转角处和交接处应同时砌筑。转角处、交接处应自纵墙（或横墙）每隔 4 皮～6 皮砖高度引出不小于 120mm 与横墙（或纵墙）相接。

7.2　主控项目

7.2.1　石材及砂浆强度等级必须符合设计要求。

抽检数量：同一产地的同类石材抽检不应少于一组。砂浆试块的抽检数量执行本规范第 4.0.12 条的有关规定。

检验方法：料石检查产品质量证明书，石材、砂浆检查试块试验报告。

7.2.2　砌体灰缝的砂浆饱满度不应小于 80%。

抽检数量：每检验批抽查不应少于 5 处。

检验方法：观察检查。

7.3　一般项目

7.3.1　石砌体尺寸、位置的允许偏差及检验方法应符合表 7.3.1 的规定。

表 7.3.1　石砌体尺寸、位置的允许偏差及检验方法

项次	项　目	允许偏差（mm）							检验方法
		毛石砌体		料石砌体					
				毛料石		粗料石		细料石	
		基础	墙	基础	墙	基础	墙	墙、柱	
1	轴线位置	20	15	20	15	15	10	10	用经纬仪和尺检查，或用其他测量仪器检查
2	基础和墙砌体顶面标高	±25	±15	±25	±15	±15	±15	±10	用水准仪和尺检查
3	砌体厚度	+30	+20 −10	+30	+20 −10	+15	+10 −5	+10 −5	用尺检查

续表 7.3.1

项次	项　目		允许偏差（mm）							检验方法
			毛石砌体		料石砌体					
			基础	墙	毛料石		粗料石		细料石	
					基础	墙	基础	墙	墙、柱	
4	墙面垂直度	每层	—	20	—	20	—	10	7	用经纬仪、吊线和尺检查，或用其他测量仪器检查
		全高	—	30	—	30	—	25	10	
5	表面平整度	清水墙、柱	—	—	—	20	—	10	5	细料石用2m靠尺和楔形塞尺检查，其他用两直尺垂直于灰缝拉2m线和尺检查
		混水墙、柱	—	—	—	20	—	15	—	
6	清水墙水平灰缝平直度							10	5	拉10m线和尺检查

抽检数量：每检验批抽查不应少于5处。

7.3.2　石砌体的组砌形式应符合下列规定：

1　内外搭砌，上下错缝，拉结石、丁砌石交错设置；

2　毛石墙拉结石每0.7m² 墙面不应少于1块。

检查数量：每检验批抽查不应少于5处。

检验方法：观察检查。

4.2.21　配筋砌体检验批质量验收记录

1. 表格

配筋砌体检验批质量验收记录

01020104 _____
02020401 _____

单位（子单位）工程名称			分部（子分部）工程名称		分项工程名称	
施工单位			项目负责人		检验批容量	
分包单位			分包单位项目负责人		检验批部位	
施工依据				验收依据	《砌体结构工程施工质量验收规范》GB 50203－2011	
	验　收　项　目		设计要求及规范规定	最小/实际抽样数量	检查记录	检查结果
主控项目	1	钢筋品种、规格、数量和设置部位	设计要求	/		
	2	混凝土强度等级	设计要求 C___	/		
	3	砂浆强度等级	设计要求 M___	/		
	4	马牙槎尺寸	第8.2.3条	/		
		预留拉结钢筋设置	第8.2.3条	/		
		不得任意弯折拉结钢筋	第8.2.3条	/		
	5	钢筋连接方式	第8.2.4条	/		
		钢筋锚固长度	第8.2.4条	/		
		钢筋搭接长度	第8.2.4条	/		

续表

验 收 项 目			设计要求及规范规定	最小/实际抽样数量	检查记录	检查结果
一般项目	1	构造柱中心线位置	≤10mm	/		
	2	构造柱层间错位	≤8mm	/		
	3	每层构造柱垂直度	≤5mm	/		
	4	灰缝钢筋防腐保护	第8.3.2条	/		
		灰缝钢筋保护层	第8.3.2条	/		
	5	网状配筋规格、间距	第8.3.3条	/		
		网状配筋位置	第8.3.3条	/		
	6	受力钢筋保护层厚度　网状配筋砌体	±10mm以内	/		
		组合砖砌体	±5mm以内	/		
		配筋小砌块砌体	±10mm以内	/		
	7	配筋小砌块砌体墙凹槽中水平钢筋间距	±10mm以内	/		

施工单位检查结果	专业工长： 项目专业质量检查员： 　　　　　年　月　日
监理单位验收结论	专业监理工程师： 　　　　　年　月　日

　　2. 验收依据说明

【规范名称及编号】《砌体结构工程施工质量验收规范》GB 50203-2011

【条文摘录】

摘录一：

3.0.20　砌体结构工程检验批的划分应同时符合下列规定：

1　所用材料类型及同类型材料的强度等级相同；

2　不超过250m³砌体；

3　主体结构砌体一个楼层（基础砌体可按一个楼层计）；填充墙砌体量少时可多个楼层合并。

摘录二：

8　配筋砌体工程

8.1　一般规定

8.1.1　配筋砌体工程除应满足本章要求和规定外，尚应符合本规范第5章及第6章的要求和规定。

8.1.2　施工配筋小砌块砌体剪力墙，应采用专用的小砌块砌筑砂浆砌筑，专用小砌块灌孔混凝土浇筑芯柱。

8.1.3　设置在灰缝内的钢筋，应居中置于灰缝内，水平灰缝厚度应大于钢筋直径4mm以上。

8.2　主控项目

8.2.1　钢筋的品种、规格、数量和设置部位应符合设计要求。

检验方法：检查钢筋的合格证书、钢筋性能复试试验报告、隐蔽工程记录。

8.2.2　构造柱、芯柱、组合砌体构件、配筋砌体剪力墙构件的混凝土及砂浆的强度等级应符合设计要求。

抽检数量：每检验批砌体，试块不应小于1组，验收批砌体试块不得少于3组。

检验方法：检查混凝土和砂浆试块试验报告。

8.2.3 构造柱与墙体的连接处应符合下列规定：

1 墙体应砌成马牙槎，马牙槎凹凸尺寸不宜小于60mm，高度不应超过300mm，马牙槎应先退后进，对称砌筑；马牙槎尺寸偏差每一构造柱不应超过2处；

2 预留拉结钢筋的规格、尺寸、数量及位置应正确，拉结钢筋应沿墙高每隔500mm设2φ6，伸入墙内不宜小于600mm，钢筋的竖向移位不应超过100mm，且竖向移位每一构造柱不得超过2处；

3 施工中不得任意弯折拉结钢筋。

抽检数量：每检验批抽查不应少于5处。

检验方法：观察检查和尺量检查。

8.2.4 配筋砌体中受力钢筋的连接方式及锚固长度、搭接长度应符合设计要求。

抽检数量：每检验批抽查不应少于5处。

检验方法：观察检查。

8.3 一般项目

8.3.1 构造柱一般尺寸允许偏差及检验方法应符合表8.3.1的规定。

表8.3.1 构造柱一般尺寸允许偏差及检验方法

项次	项 目			允许偏差（mm）	检验方法
1	中心线位置			10	用经纬仪和尺检查或用其他测量仪器检查
2	层间错位			8	用经纬仪和尺检查，或用其他测量仪器检查
3	垂直度	每层		10	用2m托线板检查
		全高	≤10m	15	用经纬仪、吊线和尺检查，或用其他测量仪器检查
			>10m	20	

抽检数量：每检验批抽查不应少于5处。

8.3.2 设置在砌体灰缝中钢筋的防腐保护应符合本规范第3.0.16条的规定，且钢筋保护层完好，不应有肉眼可见裂纹、剥落和擦痕等缺陷。

抽检数量：每检验批抽查不应少于5处。

检验方法：观察检查。

8.3.3 网状配筋砖砌体中，钢筋网规格及放置间距应符合设计规定。每一构件钢筋网沿砌体高度位置超过设计规定一皮砖厚不得多于1处。

抽检数量：每检验批抽查不应少于5处。

检验方法：通过钢筋网成品检查钢筋规格，钢筋网放置间距采用局部剔缝观察，或用探针刺入灰缝内检查，或用钢筋位置测定仪测定。

8.3.4 钢筋安装位置的允许偏差及检验方法应符合表8.3.4的规定。

表8.3.4 钢筋安装位置的允许偏差及检验方法

项 目		允许偏差（mm）	检 验 方 法
受力钢筋保护层厚度	网状配筋砌体	±10	检查钢筋网成品，钢筋网放置位置局部剔缝观察，或用探针刺入灰缝内检查，或用钢筋位置测定仪测定
	组合砖砌体	±5	支模前观察与尺量检查
	配筋小砌块砌体	±10	浇筑灌孔混凝土前观察检查与尺量检查
配筋小砌块砌体墙凹槽中水平钢筋间距		±10	钢尺量连续三档，取最大值

抽检数量：每检验批抽查不应少于5处。

4.2.22　填充墙砌体检验批质量验收记录

1. 表格

填充墙砌体检验批质量验收记录

02020501 _____

单位（子单位）工程名称				分部（子分部）工程名称		分项工程名称	
施工单位				项目负责人		检验批容量	
分包单位				分包单位项目负责人		检验批部位	
施工依据					验收依据	《砌体结构工程施工质量验收规范》GB 50203－2011	

验 收 项 目			设计要求及规范规定	最小/实际抽样数量	检查记录	检查结果
主控项目	1	块材强度等级	设计要求 MU___	/		
	2	砂浆强度等级	设计要求 M___	/		
	3	与主体结构连接	第9.2.2条	/		
	4	植筋实体检测	第9.2.3条	/		
一般项目	1	轴线位移	≤10mm	/		
	2	墙面垂直度（每层） ≤3m	≤5mm	/		
		>3m	≤10mm	/		
	3	表面平整度	≤8mm	/		
	4	门窗洞口高、宽（后塞口）	±10m 以内	/		
	5	外墙上、下窗口偏移	≤20mm	/		
	6	空心砖砌体砂浆饱满度 水平	≥80%	/		
		垂直	第9.3.2条	/		
	7	蒸压加气混凝土砌块、轻骨料混凝土小型空心砌块砌体砂浆饱满度 水平	≥80%	/		
		垂直	≥80%	/		
	8	拉结筋、网片位置	第9.3.3条	/		
	9	拉结筋、网片埋置长度	第9.3.3条	/		
	10	搭砌长度	第9.3.4条	/		
	11	水平灰缝厚度	第9.3.5条	/		
	12	竖向灰缝宽度	第9.3.5条	/		

施工单位检查结果	专业工长： 项目专业质量检查员： 年　　月　　日
监理单位验收结论	专业监理工程师： 年　　月　　日

2. 验收依据说明

【规范名称及编号】《砌体结构工程施工质量验收规范》GB 50203－2011

【条文摘录】

摘录一：

3.0.20 砌体结构工程检验批的划分应同时符合下列规定：

1 所用材料类型及同类型材料的强度等级相同；

2 不超过250m³砌体；

3 主体结构砌体一个楼层（基础砌体可按一个楼层计）；填充墙砌体量少时可多个楼层合并。

摘录二：

9 填充墙砌体工程

9.1 一般规定

9.1.1 本章适用于烧结空心砖、蒸压加气混凝土砌块、轻骨料混凝土小型空心砌块等填充墙砌体工程。

9.1.2 砌筑填充墙时，轻骨料混凝土小型空心砌块和蒸压加气混凝土砌块的产品龄期不应小于28d，蒸压加气混凝土砌块的含水率宜小于30%。

9.1.3 烧结空心砖、蒸压加气混凝土砌块、轻骨料混凝土小型空心砌块等的运输、装卸过程中，严禁抛掷和倾倒；进场后应按品种、规格堆放整齐，堆置高度不宜超过2m。蒸压加气混凝土砌块在运输与堆放中应防止雨淋。

9.1.4 吸水率较小的轻骨料混凝土小型空心砌块及采用薄灰砌筑法施工的蒸压加气混凝土砌块，砌筑前不应对其浇（喷）水浸润；在气候干燥炎热的情况下，对吸水率较小的轻骨料混凝土小型空心砌块宜在砌筑前喷水湿润。

9.1.5 采用普通砌筑砂浆砌筑填充墙时，烧结空心砖、吸水率较大的轻骨料混凝土小型空心砌块应提前1~2d浇（喷）水湿润。蒸压加气混凝土砌块采用蒸压加气混凝土砌块砌筑砂浆或普通砌筑砂浆砌筑时，应在砌筑当天对砌块砌筑面喷水湿润。块体湿润程度宜符合下列规定：

1 烧结空心砖的相对含水率60%~70%；

2 吸水率较大的轻骨料混凝土小型砌块、蒸压加气混凝土砌块的相对含水率40%~50%。

9.1.6 在厨房、卫生间、浴室等处采用轻骨料混凝土小型空心砌块、蒸压加气混凝土砌块砌筑墙体时，墙底部宜现浇混凝土坎台，其高度宜为150mm。

9.1.7 填充墙拉结筋处的下皮小砌块宜采用半盲孔小砌块或用混凝土灌实孔洞的小砌块；薄灰砌筑法施工的蒸压加气混凝土砌块砌体，拉结筋应放置在砌块上表面设置的沟槽内。

9.1.8 蒸压加气混凝土砌块、轻骨料混凝土小型空心砌块不应与其他块体混砌，不同强度等级的同类砌块也不得混砌。

注：窗台处和因安装门窗需要，在门窗洞口处两侧填充墙上、中、下部可采用其他块体局部嵌砌；对与框架柱、梁不脱开方法的填充墙，填塞填充墙顶部与梁之间缝隙可采用其他块体。

9.1.9 填充墙砌体砌筑，应待承重主体结构检验批验收合格后进行。填充墙与承重主体结构间的空（缝）隙部位施工，应在填充墙砌筑14d后进行。

9.2 主控项目

9.2.1 烧结空心砖、小砌块和砌筑砂浆的强度等级应符合设计要求。

抽检数量：烧结空心砖每10万块为一验收批，小砌块每1万块为一验收批，不足上述数量时按一批计，抽检数量为一组。砂浆试块的抽检数量执行本规范第4.0.12条的有关规定。

检验方法：检查砖、小砌块进场复验报告和砂浆试块试验报告。

9.2.2 填充墙砌体应与主体结构可靠连接，其连接构造应符合设计要求，未经设计同意，不得随意改变连接构造方法。每一填充墙与柱的拉结筋的位置超过一皮块体高度的数量不得多于一处。

抽检数量：每检验批抽查不应少于5处。

检验方法：观察检查。

9.2.3 填充墙与承重墙、柱、梁的连接钢筋，当采用化学植筋的连接方式时，应进行实体检测。锚固钢筋拉拔试验的轴向受拉非破坏承载力检验值应为6.0kN。抽检钢筋在检验值作用下应基材无裂缝、钢筋无滑移宏观裂损现象；持荷 2min 期间荷载值降低不大于 5%。检验批验收可按本规范表 B.0.1 通过正常检验一次、二次抽样判定。填充墙砌体植筋锚固力检测记录可按本规范表 C.0.1 填写。

抽检数量：按表 9.2.3 确定

检验方法：原位试验检查。

表 9.2.3　检验批抽检锚固钢筋样本最小容量

检验批的容量	样本最小容量	检验批的容量	样本最小容量
≤90	5	281～500	20
91～150	8	501～1200	32
151～280	13	1201～3200	50

9.3　一般项目

9.3.1　填充墙砌体尺寸、位置的允许偏差及检验方法应符合表 9.3.1 的规定。

表 9.3.1　填充墙砌体尺寸、位置的允许偏差及检验方法

项次	项　目		允许偏差（mm）	检验方法
1	轴线位移		10	用尺检查
2	垂直度 （每层）	≤3m	5	用 2m 托线板或吊线、尺检查
		>3m	10	
3	表面平整度		8	用 2m 靠尺和楔形尺检查
4	门窗洞口高、宽（后塞口）		±10	用尺检查
5	外墙上、下窗口偏移		20	用经纬仪或吊线检查

抽检数量：每检验批抽查不应少于 5 处。

9.3.2　填充墙砌体的砂浆饱满度及检验方法应符合表 9.3.2 的规定。

表 9.3.2　填充墙砌体的砂浆饱满度及检验方法

砌体分类	灰缝	饱满度及要求	检验方法
空心砖砌体	水平	≥80%	采用百格网检查块体底面或侧面砂浆的粘结痕迹面积
	垂直	填满砂浆、不得有透明缝、瞎缝、假缝	
蒸压加气混凝土砌块、轻骨料混凝土小型空心砌块砌体	水平	≥80%	
	垂直	≥80%	

抽检数量：每检验批抽查不应少于 5 处。

9.3.3　填充墙留置的拉结钢筋或网片的位置应与块体皮数相符合。拉结钢筋或网片应置于灰缝中，埋置长度应符合设计要求，竖向位置偏差不应超过一皮高度。

抽检数量：每检验批抽查不应少于 5 处。

检验方法：观察和用尺量检查。

9.3.4　砌筑填充墙时应错缝搭砌，蒸压加气混凝土砌块搭砌长度不应小于砌块长度的 1/3；轻骨料混凝土小型空心砌块搭砌长度不应小于 90mm；竖向通缝不应大于 2 皮。

抽检数量：每检验批抽检不应少于 5 处。

检查方法：观察和用尺检查。

9.3.5　填充墙的水平灰缝厚度和竖向灰缝宽度应正确。烧结空心砖、轻骨料混凝土小型空心砌块砌体的灰缝应为 8～12mm。蒸压加气混凝土砌块砌体当采用水泥砂浆、水泥混合砂浆或蒸压加气混凝土砌块砌筑砂浆时，水平灰缝厚度及竖向灰缝宽度不应超过 15mm；当蒸压加气混凝土砌块砌体采用蒸

压加气混凝土砌块粘结砂浆时，水平灰缝厚度和竖向灰缝宽度宜为 3mm～4mm。

抽检数量：每检验批抽查不应少于 5 处。

检查方法：水平灰缝厚度用尺量 5 皮小砌块的高度折算；竖向灰缝宽度用尺量 2m 砌体长度折算。

4.2.23 钢结构焊接检验批质量验收记录

1. 表格

钢结构焊接检验批质量验收记录

01020401 _____

02030101 _____

单位（子单位）工程名称				分部（子分部）工程名称		分项工程名称	
施工单位				项目负责人		检验批容量	
分包单位				分包单位项目负责人		检验批部位	
施工依据				验收依据		《钢结构工程施工质量验收规范》GB 50205－2001	
验 收 项 目				设计要求及规范规定	最小/实际抽样数量	检查记录	检查结果
主控项目	1	焊接材料品种、规格		第4.3.1条	/		
	2	焊接材料复验		第4.3.2条	/		
	3	材料匹配		第5.2.1条	/		
	4	焊工证书		第5.2.2条	/		
	5	焊接工艺评定		第5.2.3条	/		
	6	内部缺陷		第5.2.4条	/		
	7	组合焊缝尺寸		第5.2.5条	/		
	8	焊缝表面缺陷		第5.2.6条	/		
一般项目	1	焊接材料外观质量		第4.3.4条	/		
	2	预热和后热处理		第5.2.7条	/		
	3	焊缝外观质量		第5.2.8条	/		
	4	焊缝尺寸偏差		第5.2.9条	/		
	5	凹形角焊缝		第5.2.10条	/		
	6	焊缝感观		第5.2.11条	/		
施工单位检查结果				专业工长：项目专业质量检查员： 　年　月　日			
监理单位验收结论				专业监理工程师： 　年　月　日			

2. 验收依据说明

【规范名称及编号】《钢结构工程施工质量验收规范》GB 50205－2001

【条文摘录】

摘录一：

5.1.2 钢结构焊接工程可按相应的钢结构制作或安装工程检验批的划分原则划分为一个或若干个检验批。

摘录二：

4.3　焊接材料

Ⅰ　主　控　项　目

4.3.1　焊接材料的品种、规格、性能等应符合现行国家产品标准和设计要求。

检查数量：全数检查。

检验方法：检查焊接材料的质量合格证明文件、中文标志及检验报告等。

4.3.2　重要钢结构采用的焊接材料应进行抽样复验，复验结果应符合现行国家产品标准和设计要求。

检查数量：全数检查。

检验方法：检查复验报告。

Ⅱ　一　般　项　目

4.3.4　焊条外观不应有药皮脱落、焊芯生锈等缺陷；焊剂不应受潮结块。

检查数量：按量抽查 1%，且不应少于 10 包。

检验方法：观察检查。

5. 钢结构焊接工程

5.1　一般规定

5.1.1　本章适用于钢结构制作和安装中的钢构件焊接和焊钉焊接的工程质量验收。

5.1.2　钢结构焊接工程可按相应的钢结构制作或安装工程检验批的划分为一个或若干个检验批。

5.1.3　碳素结构应在焊缝冷却到环境温度、低合金结构钢应在完成焊接 24h 以后，进行焊缝探伤检验。

5.1.4　焊缝施焊后应在工艺规定的焊缝及部位打上焊工钢印。

5.2　钢构件焊接工程

Ⅰ　主　控　项　目

5.2.1　焊条、焊丝、焊剂、电渣焊熔嘴等焊接材料与母材的匹配应符合设计要求及国家现行行业标准《建筑钢结构焊接技术规程》JGJ 81 的规定。焊条、焊剂、药芯焊丝、熔嘴等在使用前，应按其产品说明书及焊接工艺文件的规定进行烘焙和存放。

检查数量：全数检查。

检验方法：检查质量证明书和烘焙记录。

5.2.2　焊工必须经考试合格并取得合格证书。持证焊工必须在其考试合格项目及其认可范围内施焊。

检查数量：全数检查。

检验方法：检查焊工合格证及其认可范围、有效期。

5.2.3　施工单位对其首次采用的钢材、焊接材料、焊接方法、焊后热处理等，应进行焊接工艺评定，并应根据评定报告确定焊接工艺。

检查数量：全数检查。

检验方法：检查焊接工艺评定报告。

5.2.4　设计要求全焊透的一、二级焊缝应采用超声波探伤进行内部缺陷的检验，超声波探伤不能对缺陷作出判断时，应采用射线探伤，其内部缺陷分级及探伤方法应符合现行国家标准《钢焊缝手工超声波探伤方法和探伤结果分级》GB 11345 或《钢熔化焊对接接头射线照相和质量分级》GB 3323 的规定。

焊接球节点网架焊缝、螺栓球节点网架焊缝及圆管 T、K、Y 形点相贯线焊缝，其内部缺陷分级及探伤方法应分别符合国家现行标准《焊接球节点钢网架焊缝超声波探伤方法及质量分级法》JG/T 3034.1、《螺栓球节点钢网架焊缝超声波探伤方法及质量分级法》JG/T 3034.2、《建筑钢结构焊接技术规程》JGG 81 的规定。

一级、二级焊缝的质量等级及缺陷分级应符合表 5.2.4 的规定。

检查数量：全数检查。

检验方法：检查超声波或射线探伤记录。

表 5.2.4 一、二级焊缝质量等级及缺陷分级

焊缝质量等级		一级	二级
内部缺陷 超声波探伤	评定等级	Ⅱ	Ⅲ
	检验等级	B 级	B 级
	探伤比例	100%	20%
内部缺陷 射线探伤	评定等级	Ⅱ	Ⅲ
	检验等级	AB 级	AB 级
	探伤比例	100%	20%
注：探伤比例的计数方法应按以下原则确定：（1）对工厂制作焊缝，应按每条焊缝计算百分比，且探伤长度应不小于 200mm，当焊缝长度不足 200mm 时，应对整条焊缝进行探伤；（2）对现场安装焊缝，应按同一类型、同一施焊条件的焊缝条数计算百分比，探伤长度应不小于 200mm，并应不少于 1 条焊缝。			

5.2.5 T 形接头、十字接头、角接接头等要求熔透的对接和角对接组合焊缝，其焊脚尺寸不应小于 $t/4$（图 5.2.5a、b、c）；设计有疲劳验算要求的吊车梁或类似构件的腹板与上翼缘连接焊缝的焊脚尺寸为 $t/2$（图 5.2.5d），且不应小于 10mm。焊脚尺寸的允许偏差为 0～4mm。

检查数量：资料全数检查；同类焊缝抽查 10%，且不应少于 3 条。

检验方法：观察检查，用焊缝量规抽查测量。

5.2.6 焊缝表面不得有裂纹、焊瘤等缺陷。一级、二级焊缝不得有表面气孔、夹渣、弧坑裂纹、电弧擦伤等缺陷。且一级焊缝不许有咬边、未焊满、根部收缩等缺陷。

检查数量：每批同类构件抽查 10%，且不应少于 3 件；被抽查构件中，每一类型焊缝按条数抽查 5%，且不应少于 1 条；每条检查 1 条，总抽查数不应少于 10 处。

检验方法：观察检查或使用放大镜、焊缝量规定和钢尺检查，当存在疑义时，采用渗透或磁粉探伤检查。

Ⅱ 一 般 项 目

5.2.7 对于需要进行焊前预热或焊后热处理的焊缝，其预热温度或后热温度应符合国家现行有关标准的规定或通过工艺试验确定。预热区在焊道两侧，每侧宽度均应大于焊件厚度的 1.5 倍以上，且不应小于 100mm；后热处理应在焊后立即进行，保温时间应根据板厚按每 25mm 板厚 1h 确定。

检查数量：全数检查。

检验方法：检查预、后热施工记录和工艺试验报告。

5.2.8 二级、三级焊缝外质量标准应符合本规范附录 A 中表 A.0.1 的规定。三级对接缝应按二级焊缝标准进行外观质量检验。

检查数量：每批同类构件抽查 10%，且不应少于 3 件；被抽查构件中，每一类型焊缝按条数抽查 5%，且不应少于 1 条；每条检查 1 条，总抽查数不应少于 10 条。

检验方法：观察检查或使用放大镜、焊缝量规和钢尺检查。

5.2.9 焊缝尺寸允许偏差应符合本规范附录 A 中表 A.0.2 的规定。

检查数量：每批同类构件抽查 10%，且不应少于 3 件；被抽查构件中，每种焊缝按条数各抽查 5%，但不应少于 1 条；每条检查 1 条，总抽查数不应少于 10 处。

检验方法：用焊缝量规检查。

5.2.10 焊出凹形的角焊缝，焊缝金属与母材间应平缓过渡；加工成凹形的角焊缝，不得在其表面留下切痕。

检查数量：每批同类构件抽查 10%，且不应少于 3 件。

检验方法：观察检查。

5.2.11　焊缝感观应达到：外形均匀、成型较好，焊道与焊道、焊道与基本金属间过渡过较平滑，焊渣和飞溅物基本清除干净。

检查数量：每批同类构件抽查10%，且不应少于3件；被抽查构件中，每种焊缝按数量各抽查5%，总抽查处不应少于5处。

检验方法：观察检查。

【说明】

第5.2.1条中《建筑钢结构焊接技术规程》JGJ 81已被《钢结构焊接规范》GB 50661取代。焊条、焊丝、焊剂、电渣焊熔嘴等焊接材料与母材的匹配应符合设计要求及国家现行标准《钢结构焊接规范》GB 50661规定。

4.2.24　焊钉（栓钉）焊接工程检验批质量验收记录

1. 表格

焊钉（栓钉）焊接工程检验批质量验收记录

01020402 _____
02030102 _____

单位（子单位）工程名称				分部（子分部）工程名称			分项工程名称	
施工单位				项目负责人			检验批容量	
分包单位				分包单位项目负责人			检验批部位	
施工依据						验收依据	《钢结构工程施工质量验收规范》GB 50205-2001	
验收项目			设计要求及规范规定	最小/实际抽样数量		检查记录		检查结果
主控项目	1	焊接材料品种规格	第4.3.1条	/				
	2	焊接材料复验	第4.3.2条	/				
	3	焊接工艺评定	第5.3.1条	/				
	4	焊后弯曲试验	第5.3.2条	/				
一般项目	1	焊钉和瓷环尺寸	第4.3.3条					
	2	焊缝外观质量	第5.3.3条	/				
施工单位检查结果				专业工长： 项目专业质量检查员： 　　　　　年　　月　　日				
监理单位验收结论				专业监理工程师： 　　　　　年　　月　　日				

2. 验收依据说明

【规范名称及编号】《钢结构工程施工质量验收规范》GB 50205-2001

【条文摘录】

摘录一：

5.1.2　钢结构焊接工程可按相应的钢结构制作或安装工程检验批的划分原则划分为一个或若干个检验批。

摘录二：

4.3　焊接材料

Ⅰ 主 控 项 目

4.3.1 焊接材料的品种、规格、性能等应符合现行国家产品标准和设计要求。

检查数量：全数检查。

检验方法：检查焊接材料的质量合格证明文件、中文标志及检验报告等。

4.3.2 重要钢结构采用的焊接材料应进行抽样复验，复验结果应符合现行国家产品标准和设计要求。

检查数量：全数检查。

检验方法：检查复验报告。

Ⅱ 一 般 项 目

4.3.3 焊钉及焊接瓷环的规格、尺寸及偏差应符合现行国家标准《圆柱头焊钉》GB 10433 中的规定。

检查数量：按量抽查 1%，且不应少于 10 套。

检验方法：用钢尺和游标卡尺量测。

5.3 焊钉（栓钉）焊接工程

Ⅰ 主 控 项 目

5.3.1 施工单位对其采用的焊钉和钢材焊接应进行焊接工艺评定，其结果应符合设计要求和国家现行有关标准的规定。瓷环应按其产品说明书进行烘焙。

检查数量：全数检查。

检验方法：检查焊接工艺评定报告和烘焙记录。

5.3.2 焊钉焊接后应进行弯曲试验检查，其焊缝和热影响区不应有肉眼可见的裂纹。

检查数量：每批同类构件抽查 10%，且不应少于 10 件；被抽查构件中，每件检查焊钉数量的 1%，但不应少于 1 个。

检验方法：焊钉弯曲 30°后用角尺检查和观察检查。

Ⅱ 一 般 项 目

5.3.3 焊钉根部焊脚应均匀，焊脚立面的局部未熔合或不足 360°的焊脚应进行修补。

检查数量：按总焊钉数量抽查 1%，且不应少于 10 个。

检验方法：观察检查。

4.2.25 紧固件连接检验批质量验收记录

1. 表格

紧固件连接检验批质量验收记录

01020403 _____
02030201 _____

单位（子单位）工程名称				分部（子分部）工程名称		分项工程名称	
施工单位				项目负责人		检验批容量	
分包单位				分包单位项目负责人		检验批部位	
施工依据				验收依据		《钢结构工程施工质量验收规范》 GB 50205－2001	
验 收 项 目			设计要求及规范规定	最小/实际抽样数量	检查记录		检查结果
主控项目	1	成品进场	第 4.4.1 条	/			
	2	螺栓实物复验	第 6.2.1 条	/			
	3	匹配及间距	第 6.2.2 条	/			

续表

验 收 项 目		设计要求及规范规定	最小/实际抽样数量	检查记录	检查结果
一般项目	1 螺栓紧固	第6.2.3条	/		
	2 外观质量	第6.2.4条	/		
施工单位检查结果		专业工长： 项目专业质量检查员： 年　月　日			
监理单位验收结论		专业监理工程师： 年　月　日			

2. 验收依据说明

【规范名称及编号】《钢结构工程施工质量验收规范》GB 50205－2001

【条文摘录】

摘录一：

6.1.2　紧固件连接工程可按相应的钢结构制作或安装工程检验批的划分原则划分为一个或若干个检验批。

摘录二：

4.4　连接用紧固标准件

4.4.1　钢结构连接用高强度大六角头螺栓连接副、扭剪型高强度螺栓连接副、钢网架用高强度螺栓、普通螺栓、铆钉、自攻钉、拉铆钉、射钉、锚栓（机械型和化学试剂型）、地脚锚栓等紧固标准件及螺母、垫圈等标准配件，其品种、规格、性能等应符合现行国家产品标准和设计要求。高强度大六角头螺栓连接副和扭剪型高强度螺栓连接副出厂时应分别随箱带有扭矩系数和紧固轴力（预拉力）的检验报告。

检查数量：全数检查。

检验方法：检查产品的质量合格证明文件、中文标志及检验报告等。

6.2　普通紧固件连接

Ⅰ　主 控 项 目

6.2.1　普通螺栓作为永久性连接螺栓时，当设计有要求或对其质量有疑义时，应进行螺栓实物最小拉力载荷复验，试验方法见本规范附录B，其结果应符合现行国家标准《紧固件机机械性能螺栓、螺钉和螺柱》GB 3098 的规定。

检查数量：每一规格螺栓抽查8个。

检验方法：检查螺栓实物复验报告。

6.2.2　连接薄钢板采用的自攻螺栓、拉铆钉、射钉等其规格尺寸应与连接钢板相匹配，其间距、边距等应符合设计要求。

检查数量：按连接节点数抽查1%，且不应少于3个。

检验方法：观察和尺量检查。

Ⅱ　一 般 项 目

6.2.3　永久普通螺栓紧固应牢固、可靠、外露丝扣不应少于2扣。

检查数量：按连接节点数抽查10%，且不应少于3个。

检验方法：观察和用小锤敲击检查。

6.2.4　自攻螺栓、钢拉铆钉、射钉等与连接钢板应紧固密贴，外观排列整齐。

检查数量：按连接节点数抽查10%，且不应少于3个。

检验方法：观察或用小锤敲击检查。

4.2.26 高强度螺栓连接检验批质量验收记录

1. 表格

高强度螺栓连接检验批质量验收记录

01020404 _____
02030202 _____

单位（子单位）工程名称			分部（子分部）工程名称			分项工程名称	
施工单位			项目负责人			检验批容量	
分包单位			分包单位项目负责人			检验批部位	
施工依据				验收依据		《钢结构工程施工质量验收规范》GB 50205－2001	

验收项目			设计要求及规范规定	最小/实际抽样数量	检查记录	检查结果
主控项目	1	成品进场	第4.4.1条	/		
	2	扭矩系数或预拉力复验	第4.2.2条或第4.4.3条	/		
	3	抗滑移系数试验	第6.3.1条	/		
	4	终拧扭矩	第6.3.2条或第6.3.3条	/		
一般项目	1	成品进场检验	第4.4.4条	/		
	2	表面硬度试验	第4.4.5条	/		
	3	施拧顺序和初拧、复拧扭矩	第6.3.4条	/		
	4	连接外观质量	第6.3.5条	/		
	5	摩擦面外观	第6.3.6条	/		
	6	扩孔	第6.3.7条	/		

施工单位检查结果	专业工长： 项目专业质量检查员： 年 月 日
监理单位验收结论	专业监理工程师： 年 月 日

2. 验收依据说明

【规范名称及编号】《钢结构工程施工质量验收规范》GB 50205－2001

【条文摘录】

摘录一：

6.1.2 紧固件连接工程可按相应的钢结构制作或安装工程检验批的划分原则划分为一个或若干个检验批。

摘录二：

4.4 连接用紧固标准件

Ⅰ 主 控 项 目

4.4.1 钢结构连接用高强度大六角头螺栓连接副、扭剪型高强度螺栓连接副、钢网架用高强度螺

233

栓、普通螺栓、铆钉、自攻钉、拉铆钉、射钉、锚栓（机械型和化学试剂型）、地脚锚栓等紧固标准件及螺母、垫圈等标准配件，其品种、规格、性能等应符合现行国家产品标准和设计要求。高强度大六角头螺栓连接副和扭剪型高强度螺栓连接副出厂时应分别随箱带有扭矩系数和紧固轴力（预拉力）的检验报告。

检查数量：全数检查。

检验方法：检查产品的质量合格证明文件、中文标志及检验报告等。

4.4.2 高强度大六角头螺栓连接副应按本规范附录 B 的规定检验其扭矩系数，其检验结果应符合本规范附录 B 的规定。

检查数量：见本规范附录 B。

检验方法：检查复验报告。

4.4.3 扭剪型高强度螺栓连接副应按本规范附录 B 的规定检验预拉力，其检验结果应符合本规范附录 B 的规定。

检查数量：见本规范附录 B。

检验方法：检查复验报告。

Ⅱ 一 般 项 目

4.4.4 高强度螺栓连接副，应按包装箱配套供货，包装箱上应标明批号、规格、数量及生产日期。螺栓、螺母、垫圈外观表面应涂油保护，不应出现生锈和沾染赃物，螺纹不应损伤。

检查数量：按包装箱数抽查 5%，且不应少于 3 箱。

检验方法：观察检查。

4.4.5 对建筑结构安全等级为一级，跨度 40m 及以上的螺栓球节点钢网架结构，其连接高强度螺栓应进行表面硬度试验，对 8.8 级的高强度螺栓其硬度应为 HRC21-29；10.9 级高强度螺栓其硬度应为 HRC32-36，且不得有裂纹或损伤。

检查数量：按规格抽查 8 只。

检验方法：硬度计、10 倍放大镜或磁粉探伤。

6.3 高强度螺栓连接

Ⅰ 主 控 项 目

6.3.1 钢结构制作和安装单位应按本规范附录 B 的规定分别进行高强度螺栓连接摩擦面的抗滑移系数试验和复验，现场处理的构件摩擦面应单独进行摩擦面抗滑移系数试验，其结果应符合设计要求。

检查数量：见本规范附录 B。

检验方法：检查摩擦面抗滑移系数试验报告和复验报告。

6.3.2 高强度大六角头螺栓连接副终拧完成 1h 后、48h 内应进行终拧扭矩检查，检查结果应符合本规范附录 B 的规定。

检查数量：按节点数检查 10%，且不应少于 10 个；每个被抽查节点按螺栓数抽查 10%，且不应少于 2 个。

检验方法：见本规范附录 B。

6.3.3 扭剪型高强度螺栓连接副终拧后，除因构造原因无法使用专用扳手终拧掉梅花头者外，未在终拧中拧掉梅花头的螺栓数不应大于该节点螺栓数的 5%。对所有梅花头未拧掉的扭剪型高强度螺栓连接副应采用扭矩法或转角头进行终拧并用标记，且按本规范第 6.3.2 条的规定进行拧扭矩检查。

检查数量：按节点数抽查 10%，但不应少于 10 节点，被抽查节点中梅花头未拧掉的扭剪型高强度螺栓连接副全数进行终拧扭矩检查。

检验方法：观察检查及本规范附录 B。

Ⅱ 一 般 项 目

6.3.4 高强度螺栓连接副的施拧顺序和初拧、复拧扭矩应符合设计要求和国家现行行业标准《钢结构高强度螺栓连接的设计施工及验收规程》JGJ 82 的规定。

检查数量：全数检查资料。

检验方法：检查扭矩扳手标定记录和螺栓施工记录。

6.3.5 高强度螺栓连接副拧后，螺栓丝扣外露应为2~3扣，其中允许有10%的螺栓丝扣外露1扣或4扣。

检查数量：按节点数抽查5%，且不应少于10个。

检验方法：观察检查。

6.3.6 高强度螺栓连接摩擦面应保持干燥、整洁，不应有飞边、毛刺、焊接飞溅物、焊疤、氧气铁皮、污垢等，除设计要求外摩擦面不应涂漆。

检查数量：全数检查。

检验方法：观察检查。

6.3.7 高强度螺栓应自由穿入螺栓孔。高强度螺栓孔不应采用气割扩孔，扩孔数量应征得设计同意，扩孔后的孔径不应超过 $1.2d$（d 为螺栓直径）。

检查数量：被扩螺栓孔全数检查。

检验方法：观察检查及用卡尺检查。

6.3.8 螺栓球节点网架总拼完成后，高强度螺栓与球节点应紧固连接，高强度螺栓拧入螺栓球内的螺纹长度不应小于 $1.0d$（d 为螺栓直径），连接处不应出现有间隙、松动等未拧紧情况。

检查数量：按节点数抽查5%，且不应少于10个。

检验方法：普通扳手及尺量检查。

【说明】

第6.3.4条中《钢结构高强度螺栓连接的设计施工及验收规程》JGJ 82 更新名称为《钢结构高强度螺栓连接技术规程》JGJ 82。

4.2.27 钢零部件加工检验批质量验收记录

1. 表格

钢零部件加工检验批质量验收记录

01020405 _____
02030301 _____

单位（子单位）工程名称			分部（子分部）工程名称		分项工程名称	
施工单位			项目负责人		检验批容量	
分包单位			分包单位项目负责人		检验批部位	
施工依据				验收依据	《钢结构工程施工质量验收规范》GB 50205-2001	
验收项目			设计要求及规范规定	最小/实际抽样数量	检查记录	检查结果
主控项目	1	材料品种、规格	第4.2.1条	/		
	2	钢材复验	第4.2.2条	/		
	3	切面质量	第7.2.1条	/		
	4	矫正和成型	第7.3.1条或第7.3.2条	/		
	5	边缘加工	第7.4.1条	/		
	6	制孔	第7.6.1条	/		

续表

验收项目			设计要求及规范规定	最小/实际抽样数量	检查记录	检查结果
一般项目	1	材料规格尺寸	第4.2.3条和第4.2.4条	/		
	2	钢材表面质量	第4.2.5条	/		
	3	切割精度	第7.2.2条和第7.2.3条	/		
	4	矫正质量	第7.3.3条、第7.3.4条和第7.3.5条	/		
	5	边缘加工精度	第7.4.2条	/		
	6	制孔精度	第7.6.2条和第7.6.3条	/		
施工单位检查结果				专业工长：项目专业质量检查员：　　　年　月　日		
监理单位验收结论				专业监理工程师：　　　年　月　日		

2. 验收依据说明

【规范名称及编号】《钢结构工程施工质量验收规范》GB 50205 - 2001

【条文摘录】

摘录一：

7.1.2　钢零件及钢部件加工工程，可按相应的钢结构制作工程或钢结构安装工程检验批的划分原则划分为一个或若干个检验批。

摘录二：

4.2　钢材

Ⅰ　主　控　项　目

4.2.1　钢材、钢铸件的品种、规格、性能等应符合现行国家产品标准和设计要求。进口钢材产品的质量应符合设计和合同规定标准的要求。

检查数量：全数检查

检验方法：检查质量合格证明文件、中文标志及检验报告等。

4.2.2　对属于下列情况之一的钢材，应进行抽样复验，其复验结果应符合现行国家产品标准和设计要求。

1. 国外进口钢材；

2. 钢材混批；

3. 板厚等于或大于40mm，且设计有Z向性能要求的厚板；

4. 建筑结构安全等级为一级，大跨度钢结构中主要受力构件所采用的钢材；

5. 设计有复验要求的钢材；

6. 对质量有疑义的钢材。

检查数量：全数检查。检验方法：检查复验报告。

Ⅱ 一 般 项 目

4.2.3 钢板厚度及允许偏差应符合其产品标准的要求。

检查数量：每一品种、规格的钢板抽查 5 处。检验方法：用游标卡尺量测。

4.2.4 型钢的规格尺寸及允许偏差应符合其产品标准的要求。

检查数量：每一品种、规格的型钢抽查 5 处。检验方法：用钢尺和游标卡尺量测。

4.2.5 钢材的表面外观质量除应符合国家现有关标准的规定外，尚应符合下列规定：

1. 当钢材的表面有锈蚀、麻点或划痕等缺陷时，其深度不得大于该钢材厚度负允许偏差值的 1/2；

2. 钢材表面的锈蚀等级应符合现有国家标准《涂装前钢材表面锈蚀等级和除锈等级》GB 8923 规定的 C 级及 C 级以上；

3. 钢材端边或断口处不应有分层、夹渣等缺陷。

检查数量：全数检查。检验方法：观察检查。

7.2 切割

Ⅰ 主 控 项 目

7.2.1 钢材切割面或剪切面应无裂纹、夹渣、分层和大于 1mm 的缺棱。

检查数量：全数检查。检验方法：观察或用放大镜及百分尺检查，有疑义时作渗透、磁粉或超声波探伤检查。

Ⅱ 一 般 项 目

7.2.2 气割的允许偏差应符合表 7.2.2 的规定。

检查数量：按切割面数抽查 10%，且不应少于 3 个。检验方法：观察检查或用钢尺、塞尺检查。

表 7.2.2 气割的允许偏差（mm）

项 目	允 许 偏 差
零件宽度、长度	±3.0
切割面平面度	$0.05t$，且不应大于 2.0
割纹深度	0.3
局部缺口深度	1.0
注：t 为切割面厚度。	

7.2.3 机械剪切的允许差应符合 7.2.3 的规定。

检查数量：按切割面数抽查 10%，且不应少于 3 个。检验方法：观察检查或用钢尺、塞尺检查。

表 7.2.3 机械剪切的允许偏差（mm）

项 目	允 许 偏 差
零件宽度、长度	±3.0
边缘缺棱	1.0
型钢端部垂直度	2.0

7.3 矫正和成型

Ⅰ 主 控 项 目

7.3.1 碳素结构钢在环境温度低于 −16℃、低合金结构钢在环境温度低于 −12℃ 时，不应进行冷矫正和冷弯曲。碳素结构钢和低合金结构在加热矫正时，加热温度不应超过 900℃。低合金结构钢在加热矫正后应自然冷却。

检查数量：全数检查。检验方法：检查制作工艺报告和施工记录。

7.3.2 当零件采用热加工成型时，加热温度应控制在 900～1000℃；碳素结构钢和低合金结构钢在温度分别下降到 700℃ 和 800℃ 之前，应结束加工；低合金结构钢应在自然冷却。

检查数量：全数检查。检验方法：检查制作工艺报告和施工记录。

Ⅱ 一 般 项 目

7.3.3 矫正后的钢材表面，不应有明显的凹面或损伤，划痕深度不得大于 0.5mm，且不应大于该钢材厚度负允许偏差的 1/2。

检查数量：全数检查。检验方法：观察检查和实测检查。

7.3.4 冷矫正和冷弯曲的最小曲率半径和最大弯曲矢高应符合表 7.3.4（略）的规定。

检查数量：按冷矫正和冷弯曲的件数抽查 10％，且不少于 3 个。

检验方法：观察检查和实测检查。

7.3.5 钢材矫正后的允许偏差，应符合表 7.3.5（略）的规定。

检查数量：按矫正件数抽查 10％，且不应少于 3 件。检验方法：观察检查和实测检查。

7.4 边缘加工

Ⅰ 主 控 项 目

7.4.1 气割或机械剪切的零件，需要进行边缘加工时，其刨削量不应小于 2.0mm。

检查数量：全数检查。检验方法：检查工艺报告和施工记录。

Ⅱ 一 般 项 目

7.4.2 边缘加工允许偏差应符合表 7.4.2 的规定。

检查数量：按加工面数抽查 10％，且不应少于 3 件。检验方法：观察检查和实测检查。

表 7.4.2

项　　　目	允　许　偏　差
零件宽度、长度	±1.0
加工边直线度	1/3000，且不应大于 2.0
相邻两边夹角	±6′
加工面垂直度	0.025t，且不应大于 0.5
加工面表面粗糙度	

7.6 制孔

Ⅰ 主 控 项 目

7.6.1 A、B 级螺栓孔（Ⅰ类孔）应具有 H12 的精度，孔壁表面粗糙度不应该大于 12.5um。其孔径不允许偏差应符合表 7.6.1-1 的规定。C 级螺栓孔（Ⅱ类孔），孔壁表面粗糙度不应大于 25um，其允许偏差应符合表 7.6.1-2 的规定。

检查数量：按钢构件数量抽查 10％，且不应少于 3 件。检验方法：用游标卡尺或孔径量规检查。

表 7.6.1-1　A、B 级螺全孔径的允许偏差（mm）

序　　号	螺栓公称直径、螺栓孔直径	螺径公称直径允许偏差	螺栓孔直径允许偏差
1	10—18	0.00—0.18	+0.18 0.00
2	18—30	0.00—0.21	+0.21 0.00
3	30—50	0.00—0.25	+0.25 0.00

表 7.6.1-2　C 级螺栓孔的允许偏差（mm）

项　　　目	允　许　偏　差
直径	+1.0，0.0
圆度	2.0
垂直度	0.03t，且不应大于 2.0

Ⅱ 一 般 项 目

7.6.2 螺栓孔孔距的允许偏差应符合表 7.6.2 的规定。

检查数量：按钢构件数量抽查 10%，且不应少于 3 件。检验方法：用钢尺检查。

表 7.6.2 螺栓孔孔距允许偏差（mm）

螺栓孔孔距范围	≤500	501~1200	1201~3000	>3000
同一组内任意两孔间距离	±1.0	±1.5	—	—
相邻两组的端孔间距离	±1.5	±2.0	±2.5	±3.0

注：1 在节点中连接板与一根杆件相连的所有螺栓孔为一组；

　　2 对接接头在拼接板一侧的螺栓孔为一组；

　　3 在两相邻节点或接头间的螺栓孔为一组，但不包括上述两款所规定的螺栓孔；

　　4 受弯构件翼缘上的连接螺栓孔，每米长度范围内的螺栓孔为一组。

7.6.3 螺栓孔孔距的允许偏差超过本规范表 7.6.2 规定的允许偏差时，应采用与母材材质相匹配的焊条补焊后重新制孔。

检查数量：全数检查。检验方法：观察检查。

4.2.28 钢构件组装检验批质量验收记录

1. 表格

钢构件组装检验批质量验收记录

01020406 _____
02030401 _____

单位（子单位）工程名称		分部（子分部）工程名称		分项工程名称	
施工单位		项目负责人		检验批容量	
分包单位		分包单位项目负责人		检验批部位	
施工依据			验收依据	《钢结构工程施工质量验收规范》 GB 50205－2001	

	验 收 项 目		设计要求及规范规定	最小/实际抽样数量	检查记录	检查结果
主控项目	1	吊装梁（桁架）	第 8.3.1 条	/		
	2	端部铣平精度	第 8.4.1 条	/		
	3	外形尺寸	第 8.5.1 条	/		
一般项目	1	焊接 H 型钢接缝	第 8.2.1 条	/		
	2	焊接 H 型钢精度	第 8.2.2 条	/		
	3	焊接组装精度	第 8.3.2 条	/		
	4	顶紧接触面	第 8.3.3 条	/		
	5	轴线交点错位	第 8.3.4 条	/		
	6	焊缝坡口精度	第 8.4.2 条	/		
	7	铣平面保护	第 8.4.3 条	/		
	8	外形尺寸	第 8.5.2 条	/		
施工单位检查结果			专业工长： 项目专业质量检查员： 　　　　　　年　月　日			
监理单位验收结论			专业监理工程师： 　　　　　　年　月　日			

　　2. 验收依据说明

【规范名称及编号】《钢结构工程施工质量验收规范》GB 50205－2001

【条文摘录】

摘录一：

8.1.2　钢构件组装工程可按钢结构制作工程检验批的划分原则划分为一个或若干个检验批。

摘录二：

8.2　焊接 H 型钢

Ⅰ　一　般　项　目

8.2.1　焊接 H 型钢的翼缘板拼接缝和腹板拼接缝的间距不应小于 200mm。翼缘板拼接长度不应小于 2 倍板宽；腹板拼接宽度不应小于 300mm，长度不应小于 600mm。

　　检查数量：全数检查。检验方法：观察和用钢尺检查。

8.2.2　焊接 H 型钢的允许偏差应符合本规范附录 C 中表 C.0.1 的规定。

　　检查数量：按钢构件数抽查 10%，宜不应少于 3 件。检验方法：用钢尺、角尺、塞尺等检查。

8.3　组装

Ⅰ　主　控　项　目

8.3.1　吊车梁和吊车桁架不应下挠。

检查数量：全数检查。检验方法：构件直立，在两端支承后，用水准仪和钢尺检查。

Ⅱ　一　般　项　目

8.3.2　焊接连接组装的允许偏差应符合本规范附录 C 中表 C.0.2 的规定。

　　检查数量：按构件数抽查 10%，且不应少于 3 个。检验方法：用钢尺检验。

8.3.3　顶紧触面应有 75% 以上的面积紧贴。

　　检查数量：按接触面的数量抽查 10%，且不少于 10 个。

　　检验方法：用 0.3mm 塞入面积小于 25%，边缘间隙应不应大于 0.8mm.

8.3.4　桁架结构杆件轴件交点错位的允许偏差不得大于 3.0mm。

　　检查数量：按构件数抽查 10%，且不应少于 3 个，每个抽查构件按节点数抽查 10%，且不少于 3 个节点。

　　检验方法：尺量检查。

8.4　端部铣平及安装焊缝坡口

Ⅰ　主　控　项　目

8.4.1　端部铣平的允许偏差应符合表 8.4.1 的规定。

　　检查数量：按铣平面数量抽查 10%，且不应少于 3 个。检验方法：用钢尺、角尺、塞尺等检查。

表 8.4.1　端部铣平的允许偏差（mm）

项　目	允　许　偏　差
两端铣平时构件长度	±2.0
两端铣平时零件长度	±0.5
铣平面的平面度	0.3
铣平面对轴线的垂直度	$l/1500$

Ⅱ　一　般　项　目

8.4.2　安装缝坡口的允许偏差应符合表 8.4.2 的规定。

　　检查数量：按坡口数量抽查 10%，且不少于 3 条。检验方法：用焊缝量检查。

表 8.4.2 安装焊缝坡口的允许偏差

项 目	允 许 偏 差
坡口角度	±5°
钝边	±1.0mm

8.4.3 外露铣平面应防锈保护。

检查数量：全数检查。检验方法：观察检查。

8.5 钢构件外形尺寸

Ⅰ 主 控 项 目

8.5.1 钢构件外形尺寸主控项目的允许偏差应符合表 8.5.1 的规定。

检查数量：全数检查。检验方法：用钢尺检查。

表 8.5.1 钢构件外形尺寸主控项目的允许偏差（mm）

项 目	允 许 偏 差
单层柱、梁、桁架受力支托（支承面）表面至第一安装孔距离	±1.0
多节柱铣平面至第一安装孔距离	±1.0
实腹梁两端最外侧安装孔距离	±3.0
构件连接处的截面几何尺寸	±3.0
柱、梁连接处的腹板中心线偏移	2.0
受压构件（杆件）弯曲矢高	1/1000，且不应大于10.0

Ⅱ 一 般 项 目

8.5.2 钢构件外形尺寸一般项目的允许偏差允许应符合本规范附录 C 中表 C.0.3～表 C.0.9 的规定。

检查数量：按构件数量抽查 10%，且不应少于 3 件。检验方法：见本规范附录 C 中表 C.0.3～表 C.0.9

4.2.29 钢构件预拼装检验批质量验收记录

1.表格

钢构件预拼装检验批质量验收记录

01020407 _____

02030402 _____

单位（子单位）工程名称			分部（子分部）工程名称		分项工程名称	
施工单位			项目负责人		检验批容量	
分包单位			分包单位项目负责人		检验批部位	
施工依据				验收依据	《钢结构工程施工质量验收规范》GB 50205－2001	

验 收 项 目			设计要求及规范规定	最小/实际抽样数量	检查记录	检查结果
主控项目	1	多层板叠螺栓孔	第9.2.1条	/		
一般项目	1	预拼装精度	第9.2.2条	/		
	施工单位检查结果				专业工长：项目专业质量检查员：　　年　月　日	
	监理单位验收结论				专业监理工程师：　　年　月　日	

2. 验收依据说明

【规范名称及编号】《钢结构工程施工质量验收规范》GB 50205-2001

【条文摘录】

摘录一：

9.1.2　钢构件预拼装工程可按钢结构制作工程检验批的划分原则划分为一个或若干个检验批。

摘录二：

9.2　预拼装

Ⅰ　主　控　项　目

9.2.1　高强度螺栓和普通螺栓连接的多层板叠，应采用试孔器进行检查，并应符合下列规定：

1. 当采用比孔公称直径小1.0mm的试孔器检查时，每组孔的通过率不应小于85%；

2. 当采用比螺栓公称直径大0.3mm的试孔器检查时，通过率应为100%。

检查数量：按预拼装单元全数检查。检验方法：采用试孔器检查。

Ⅱ　一　般　项　目

9.2.2　预拼装的允许偏差应符合本规范附录D表D的规定。

检查数量：按预拼装单元全数检查。检验方法：见本规范附录D表D。

4.2.30　单层钢结构安装检验批质量验收记录

1. 表格

单层钢结构安装检验批质量验收记录

01020408 _____

02030501 _____

单位（子单位）工程名称			分部（子分部）工程名称		分项工程名称		
施工单位			项目负责人		检验批容量		
分包单位			分包单位项目负责人		检验批部位		
施工依据				验收依据	《钢结构工程施工质量验收规范》GB 50205-2001		
验 收 项 目			设计要求及规范规定	最小/实际抽样数量	检查记录		检查结果
主控项目	1	基础验收	第10.2.1、10.2.2、10.2.3、10.2.4条	/			
	2	构件验收	第10.3.1条	/			
	3	顶紧接触面	第10.3.2条	/			
	4	垂直度和侧弯曲	第10.3.3条	/			
	5	主体结构尺寸	第10.3.4条	/			
一般项目	1	地脚螺栓精度	第10.2.5条	/			
	2	标记	第10.3.5条	/			
	3	桁架、梁安装精度	第10.3.6条	/			
	4	钢柱安装精度	第10.3.7条	/			
	5	吊车梁安装精度	第10.3.8条	/			
	6	檩条等安装精度	第10.3.9条	/			
	7	平台等安装精度	第10.3.10条	/			
	8	现场组对精度	第10.3.11条	/			
	9	结构表面	第10.3.12条	/			
施工单位检查结果			专业工长： 项目专业质量检查员： 　　　　　　　年　月　日				
监理单位验收结论			专业监理工程师： 　　　　　　　年　月　日				

2. 验收依据说明

【规范名称及编号】《钢结构工程施工质量验收规范》GB 50205-2001

【条文摘录】

摘录一：

10.1.2 单层钢结构安装工程可按变形缝或空间刚度单元等划分成一个或若干个检验批。地下钢结构可按不同地下层划分检验批。

摘录二：

10.2 基础和支承面

Ⅰ 主 控 项 目

10.2.1 建筑物的定位轴线、基础轴线和标高、地脚螺栓的规格及其紧固应符合设计要求。

检查数量：按柱基数抽查10%，且不应少于3个。

检验方法：用经纬仪、水准仪、全站仪、和钢尺现场实测。

10.2.2 基础顶面直接作为柱的支承面和基础顶面预埋钢板或支座作为柱的支承面时，其支承面、地脚螺栓（锚栓）位置的允许偏差应符合表10.2.2的规定。

检查数量：按柱基数抽查10%，且不应少于3个。

检验方法：用经纬仪、水准仪、全站仪、水平尺和钢尺实测。

表10.2.2 支承面、地脚螺栓（锚栓）位置的允许偏差（mm）

项 目		允 许 偏 差
支承面	标高	±3.0
	水平度	1/1000
地脚螺栓（锚栓）	螺栓中心偏移	5.0
预留孔中心偏移		10.0

10.2.3 采用座浆垫板时，座浆垫板的允许偏差应符合表10.2.3的规定。

检查数量：资料全数检查。按柱基数抽查10%，且不应少于3个。

检验方法：用水准仪、全站仪、水平尺和钢尺现场实测。

表10.2.3 座浆垫板的允许偏差（mm）

项 目	允 许 偏 差
顶面标高	0.0，-3.0
水平度	1/1000
位置	20.0

10.2.4 采用杯口基础时，杯口尺寸的允许偏差应符合表10.2.4的规定。

检查数量：按基础数抽查10%，且不应少于4处。检验方法：观察及尺量检查。

表10.2.4 杯口尺寸的允许偏差（mm）

项 目	允 许 偏 差
底面标高	0.0，-5.0
杯口深度 H	±5.0
杯口垂直度	$H/1000$，且不应大于10.0
位置	10.0

Ⅱ 一 般 项 目

10.2.5 地脚螺栓（锚栓）尺寸的偏差应符合表10.2.5的规定。

地脚螺栓（锚栓）的螺纹应受到保护。

检查数量：按柱基数抽查10%，且不应少于3个。

检验方法：用钢尺现场实测。

表 10.2.5　地脚螺栓（锚栓）尺寸的允许偏差（mm）

项　目	允　许　偏　差	项　目	允　许　偏　差
螺栓（锚栓）露出长度	+30.0 0.0	螺纹长度	+30.0 0.0

10.3　安装和校正

Ⅰ　主　控　项　目

10.3.1　钢构件应符合设计要求和本规范的规定。运输、堆放和吊装等造成钢构件变形及涂层脱落，应进行矫正和修补。

检查数量：按构件数抽查 10%，且不应少于 3 个。检验方法：用拉线、钢尺现场实测或观察。

10.3.2　设计要求顶紧的节点，接触面不应少于 70% 紧贴，且边缘最大间隙不应大于 0.8mm。检查数量：按节点数抽查 10%，且不应少于 3 个。

检验方法：用钢尺及 0.3mm 和 0.8mm 厚的塞尺现场实测。

10.3.3　钢屋（托）架、桁架、梁及受压杆件的垂直度和侧向弯曲矢高的允许偏差应符合表 10.3.3 的规定。

检查数量：按同类构件数抽查 10%，且不少于 3 个。检验方法：用吊线、拉线、经纬仪和钢尺现场实测。

表 10.3.3　钢屋（托）架、桁架、梁及受压杆件垂直度和侧向弯曲矢高的允许偏差（mm）

项　目	允　许　偏　差		图　例
跨中的垂直度	$h/250$，且不应大于 15.0		
侧向弯曲矢高 f	$l \leqslant 30$m	$l/1000$，且不应大于 10.0	
	30m$< l \leqslant 60$m	$l/1000$，且不应大于 30.0	
	$l > 60$m	$l/1000$，且不应大于 50.0	

10.3.4　单层钢结构主体结构的整体垂直度和整体平面弯曲的允许偏差符合表 10.3.4 的规定。

检查数量：对主要立面全部检查。对每个所检查的立面，除两列解柱外，尚应至少选取一列是间柱。

检验方法：采用经纬仪、全站仪等测量。

表 10.3.4 整体垂直度和整体平面弯曲的允许偏差 （mm）

项　目	允许偏差	图　例
主体结构的整体垂直度	$H/1000$，且不应大于 25.0	
主体结构的整体平面弯曲	$L/1500$，且不应大于 25.0	

Ⅱ 一 般 项 目

10.3.5 钢柱等主要构件的中心线及标高基准点等标记应齐全。

检查数量：按同类构件数抽查 10%，且不应少于 3 件。检验方法：观察检查。

10.3.6 当钢桁架（或梁）安装在混凝土柱上时，其支座中心对定位轴线的偏差不应大于 10mm；当采用大型混凝土屋面板时，钢桁架（或梁）间距的偏差不应该大于 10mm。

检查数量：按同类构件数抽查 10%，且不应少于 3 榀。检验方法：用拉线和钢尺现场实测。

10.3.7 钢柱安装的允许偏差应符合本规范附录 E 中表 E.0.1 的规定。

检查数量：按钢柱数抽查 10%，且不应少于 3 件。检验方法：见本规范录 E 中表 E.0.1。

10.3.8 钢吊车梁或直接承受动力荷载的类似构件，其安装的允许偏差应符合本规范附录 E 中表 E.0.2 的规定。

检查数量：按钢吊车梁抽查 10%，且不应少于 3 榀。检验方法：见本规范录 E 中表 E.0.2。

10.3.9 檩条、墙架等构件数安装的允许偏差应符合本规范附录 E 中表 E.0.3 的规定。

检查数量：按同类构件数抽查 10%，且不应少于 3 件。检验方法：见本规范附录 E 中表 E.0.3。

10.3.10 钢平台、钢梯、栏杆安装应符合现行国家标准《固定式直梯》GB 4053.1、《固定式钢斜梯》GB 4053.2、《固定式防护栏杆》GB 4053.3 和《固定式钢平台》GB 4053.4 的规定。钢平台、钢梯和防护栏杆安装的允许偏差应符合本规范附录 E 中表 E.0.4 的规定。

检查数量：按钢平台总数抽查 10%，栏杆、钢梯按总长度各抽查 10%，但钢平台不应少于 1 个，栏杆不应少于 5m，钢梯不应少于 1 跑。

检验方法：见本规范附录 E 中表 E.0.4。

10.3.11 现场焊缝组对间隙的允许偏差应符合表 10.3.11 的规定。

检查数量：按同类节点数抽查 10%，且不应少于 3 个。检验方法：尺量检查。

表 10.3.11 现场焊缝组对间隙的允许偏差 （mm）

项　目	允许偏差	项　目	允许偏差
无垫板间隙	+3.0, 0.0	有垫板间隙	+3.0, 0.0

10.3.12 钢结构表面应干净，结构主要表面不应有疤痕、泥沙等污垢。

检查数量：按同类构件数抽查 10%，且不应少于 3 件。检验方法：观察检查。

4.2.31　多层及高层钢结构安装检验批质量验收记录

1. 表格

多层及高层钢结构安装检验批质量验收记录

01020409 _____
02030601 _____

单位（子单位）工程名称				分部（子分部）工程名称		分项工程名称	
施工单位				项目负责人		检验批容量	
分包单位				分包单位项目负责人		检验批部位	
施工依据					验收依据	《钢结构工程施工质量验收规范》 GB 50205－2001	
验 收 项 目			设计要求及 规范规定	最小/实际 抽样数量	检查记录		检查 结果
主控项目	1	基础验收	第 11.2.1、11.2.2、 11.2.3、11.2.4 条	/			
	2	构件验收	第 11.3.1 条	/			
	3	钢柱安装精度	第 11.3.2 条	/			
	4	顶紧接触面	第 11.3.3 条	/			
	5	垂直度和侧弯曲	第 11.3.4 条	/			
	6	主体结构尺寸	第 11.3.5 条	/			
一般项目	1	地脚螺栓精度	第 11.2.5 条	/			
	2	标记	第 11.3.7 条	/			
	3	构件安装精度	第 11.3.8、 11.3.10 条	/			
	4	主体结构高度	第 11.3.9 条	/			
	5	吊车梁安装精度	第 11.3.11 条	/			
	6	檩条等安装精度	第 11.3.12 条	/			
	7	平台等安装精度	第 11.3.13 条	/			
	8	现场组对精度	第 11.3.14 条	/			
	9	结构表面	第 11.3.6 条	/			
施工单位 检查结果				专业工长： 项目专业质量检查员： 　　　　　　　年　　月　　日			
监理单位 验收结论				专业监理工程师： 　　　　　　　年　　月　　日			

2. 验收依据说明

【规范名称及编号】《钢结构工程施工质量验收规范》GB 50205-2001

【条文摘录】

摘录一：

11.1.2 多层及高层钢结构安装工程可按楼层或施工段等划分为一个或若干个检验批。地下钢结构可按不同地下层划分检验批。

摘录二：

11.2 基础和支承面

Ⅰ 主 控 项 目

11.2.1 建筑物的定位轴线、基础上柱的定位轴线和标高、地脚螺栓（锚栓）的规格和位置、地脚螺栓（锚栓）紧固应符合设计要求。当设计无要求时，应符合表11.2.1的规定。

检查数量：按柱基数抽查10%，且不应少于3个。

检验方法：采用经纬仪、水准仪、全站仪和钢尺实测。

表 11.2.1 建筑物定位轴线、基础上柱的定位轴线和标高、地脚螺栓（锚栓）的允许偏差（mm）

项 目	允 许 偏 差	图 例
建筑物定位轴线	$L/20000$，且不应大于 3.0	
基础上柱的定位轴线	1.0	
基础上柱底标高	±2.0	基准点
地脚螺栓（锚栓）位移	2.0	

11.2.2 多层建筑以基础顶面直接作为柱的支承面，或以基础顶面预埋钢板或支座作为柱的支承面时，其支承面、地脚螺栓（锚栓）位置的允许偏差应符合本规范表10.2.2的规定。

检查数量：按柱基数抽查10%，且不应少于3个。检验方法：用经纬仪、水准仪、全站仪、水平尺和钢尺实测。

11.2.3 多层建筑采用座浆垫板时，座浆垫板的允许偏差应符合本规范表10.2.3的规定。

检查数量：资料全数检查。按柱基数抽查10%，且不应少于3个。检验方法：用水准仪、全站仪、水平尺和钢尺实测。

11.2.4 当采用杯口基础时,杯口尺寸的允许偏差应符合本规范表10.2.4的规定。

检查数量:按基础数抽查10%,且不应少于4处。检验方法:观察及尺量检查。

Ⅱ 一 般 项 目

11.2.5 地脚螺栓(锚栓)尺寸的允许偏差应符合本规范10.2.5的规定。地脚螺栓(锚栓)的螺纹应受保护。

检查数量:按柱基数抽查10%,且不应少于3个。检验方法:用钢尺现场实测。

11.3 安装和校正

Ⅰ 主 控 项 目

11.3.1 钢构件应符合设计要求和规范。运输、堆放和吊装等造成的钢构件变形及涂层脱落,应进行矫正和修补。

检查数量:按构件数检查10%,且不应少于3个。检验方法:用拉线、钢尺现场实测或观察。

11.3.2 柱子安装的允许偏差应符合表11.3.2的规定。

检查数量:标准柱全部检查;非标准柱抽查10%,且不应少于3根。检验方法:用全部仪或激光经纬仪和钢尺实测。

表 11.3.2 柱子安装的允许偏差 (mm)

项 目	允 许 偏 差	图 例
底层柱柱底轴线对定位轴线偏移	3.0	
柱子定位轴线	1.0	
单节柱的垂直度	$h/1000$,且不应大于10.0	

11.3.3 设计要求顶紧的节点,接触面不应少于70%紧贴,且边缘最大间隙不应大于0.8mm。

检查数量:按节点数抽查10%,且不应少于3个。

检验方法:用钢尺及0.3mm和0.8mm厚的塞尺现场实测。

11.3.4 钢主梁、次梁及受压杆件的垂直度和侧向弯曲矢高的允许偏差应符合本规范表10.3.3中有关钢屋(托)架允许偏差的规定。

检查数量:按同类构件数抽查10%,且不应少于3个。

检验方法:用吊线、拉线、经纬仪和钢尺现场实测。

11.3.5 多层及高层钢结构主体结构的整体垂直度和整体平面弯曲矢高的允许偏差符合表11.3.5的规定。

检查数量:对主要立面全部检查。对每个所检查的立面,除两列角柱外,尚应至少选取一列中间柱。

检验方法：对于整体垂直度，可采用激光经纬仪、全站仪测量，也可根据各节柱的垂直度允许偏差累计（代数和）计算。对于整体平面弯曲，可按产生的允许偏差累计（代数和）计算。

表 11.3.5 整体垂直度和整体平面弯曲的允许偏差（mm）

项 目	允 许 偏 差	图 例
主体结构的整体垂直度	$(H/2500+10.0)$，且不应大于 50.0	
主体结构的整体平面弯曲	$L/1500$，且不应大于 25.0	

Ⅱ 一 般 项 目

11.3.6 钢结构表面应干净，结构主要表面不应有疤痕、泥沙等污垢。

检查数量：按同类构件数抽查 10%，且不应少于 3 件。检验方法：观察检查。

11.3.7 钢柱等主要构件的中心线及高基准点等标记应齐全。

检查数量：按同类构件数抽查 10%，且不应少于 3 件。检验方法：观察检查。

11.3.8 钢构件安装的允许偏差应符合本规范附录 E 中表 E.0.5 的规定。

检查数量：按同类构件或节点数抽查 10%。其中柱和梁各不应少于 3 件，主梁与次梁连接节点不应少于 3 个，支承压型金属板的钢梁长度不应少于 5mm。

检验方法：见本规范附录 E 中表 E.0.5。

11.3.9 主体结构总高度的允许偏差应符合本规范附录 E 中表 E.0.6 的规定。

检查数量：按标准柱列数抽查 10%，且不应少于 4 例。检验方法：采用全站仪、水准仪和钢尺实测。

11.3.10 当钢构件安装在混凝土柱上时，其支座中心对定位轴线的偏差不应大于 10mm；当采用大型混凝土屋面板时，钢梁（或桁架）间距的偏差不应大于 10mm。

检查数量：按同类构件数抽查 10%，且不应少于 3 榀。检验方法：用拉线和钢尺现场实测。

11.3.11 多层及高层钢结构中钢吊车梁或直接承受动力荷载的类似构件，其安装的允许偏差应符合本规范附录 E.0.2 的规定。

检查数量：按钢吊车梁数抽查 10%，且不应少于 3 榀。检验方法：见本规范附录 E.0.2。

11.3.12 多层及高层钢结构中檩条、墙架等次要构件安装的允许偏差应符合本规范录 E.0.3。

11.3.13 多层及高层钢结构中钢平台、钢梯、栏杆安装应符合现行国家标准《固定式钢直梯》GB 4053.1、《固定或钢斜梯》GB 4053.2、《固定式防护栏杆》GB 4053.3 和《固定式钢平台》GB 4053.4 的规定。钢平台、钢梯和防护栏杆安装的允许偏差应符合本规范附录 E 中表 E.0.4 的规定。

检查数量：按钢平台总数抽查 10%，栏杆、钢梯按总长度各抽查 10%，但钢平台不应少于 1 个，栏杆不应少于 5mm，钢梯不应少于 1 跑。

检验方法：见本规范附录E中表E.0.4。

11.3.14　多层及高层多结构中现场焊缝组对间隙的允许偏差应符合本规范表10.3.11的规定。

检查数量：按同类节点数抽查10%，且不应少于3个。检验方法：尺量检查。

4.2.32　钢网架制作检验批质量验收记录

1. 表格

钢网架制作检验批质量验收记录

02030701 _____

单位（子单位）工程名称				分部（子分部）工程名称		分项工程名称	
施工单位				项目负责人		检验批容量	
分包单位				分包单位项目负责人		检验批部位	
施工依据				验收依据		《钢结构工程施工质量验收规范》GB 50205-2001	
验 收 项 目			设计要求及规范规定	最小/实际抽样数量	检查记录		检查结果
主控项目	1	材料品种、规格	第4.5.1、4.6.1、4.7.1条	/			
	2	螺栓球加工	第7.5.1条、第4.6.2条	/			
	3	焊接球加工	第7.5.2条、第4.5.2条	/			
	4	封板、锥头套筒	第4.7.2条	/			
	5	制孔	第7.6.1条	/			
一般项目	1	材料规格尺寸	第4.2.3条、第4.2.4条	/			
	2	螺栓球加工精度	第7.5.3、4.6.3、4.6.4条	/			
	3	焊接球加工精度	第7.5.4、4.5.3、4.5.4条	/			
	4	管件加工精度	第7.5.5条	/			
施工单位检查结果				专业工长：项目专业质量检查员：　　　　年　月　日			
监理单位验收结论				专业监理工程师：　　　　年　月　日			

2. 验收依据说明

【规范名称及编号】《钢结构工程施工质量验收规范》GB 50205-2001

【条文摘录】

摘录一：

12.1.2　钢网架结构安装工程可按变形缝、施工段或空间刚度单元划分成一个或若干检验批。

摘录二：

4.2.3　钢板厚度及允许偏差应符合其产品标准的要求。

检查数量：每一品种、规格的钢板抽查5处。

检验方法：用游标卡尺量测。

4.2.4 型钢的规格尺寸及允许偏差应符合其产品标准的要求。

检查数量：每一品种、规格的型钢抽查 5 处。

检验方法：用钢尺和游标卡尺量测。

4.5.1 焊接球及制造焊接球所采用的原材料，其品种、规格、性能等应符合现行国家产品标准和设计要求。

检查数量：全数检查。

检验方法：检查产品的质量合格证明文件、中文标志及检验报告等。

4.5.2 焊接球焊缝应进行无损检验，其质量应符合设计要求，当设计无要求时应符合本规范中规定的二级质量标准。

检查数量：每一规格按数量抽查 5%，且不应少于 3 个。

检验方法：超声波探伤或检查检验报告。

Ⅱ 一 般 项 目

4.5.3 焊接球直径、圆度、壁厚减薄量等尺寸及允许偏差应符合本规范的规定。

检查数量：每一规格按数量抽查 5%，且不应少于 3 个。

检验方法：用卡尺和测厚仪检查。

4.5.4 焊接球表面应无明显波纹及局部凹凸不平不大于 1.5mm。

检查数量：每一规格按数量抽查 5%，且不应少于 3 个。

检验方法：用弧形套模、卡尺和观察检查。

4.6.1 螺栓球及制造螺栓球节点所采用的原材料，其品种、规格、性能等应符合现行国家产品标志和设计要求。

检查数量：全数检查。

检验方法：检查产品的质量合格证明文件、中文标志及检验报告等。

4.6.2 螺栓球不得不过烧、裂纹及褶皱。

检查数量：每种规格抽查 5%，且不应少于 5 只。

检验方法：用 10 倍放大镜观察和表面探伤。

Ⅱ 一 般 项 目

4.6.3 螺栓球螺纹尺寸应符合现行国家标准《普通螺纹基本尺寸》GB 196 中粗牙螺纹的规定，螺纹公差必须符合现行国家标准《普通螺纹公差与配合》GB 197 中 6H 级清度的规定。

检查数量：每种规格抽查 5%，且不应少于 5 只。

检验方法：用标准螺纹规。

4.6.4 螺栓球直径、圆度、相邻两螺栓孔中心线来夹角等尺寸及允许偏差应符合本规范的规定。

检查数量：每种规格抽查 5%，且不应少于 3 只。

检验方法：用卡尺和分度头仪检查。

4.7.1 封板、锥头和套筒及制造封板、锥头和套筒所采用的原材料，其品种、规格、性能等应符合现行国家产品标准和设计要求。

检查数量：全数检查。

检验方法：检查产品的质量合格证明文件、中文标志及检验报告等。

4.7.2 封板、锥头、套筒外观不得有裂纹、过烧及氧化皮。

检查数量：每种规格抽查 5%，且不应少于 10 只。

检验方法：用放大镜观察检查和表面探伤。

7.5 管、球加工

Ⅰ 主 控 项 目

7.5.1 螺栓球成型后，不应有裂纹、褶皱、过烧。

检查数量：每种规格抽查 10%，且不应少于 5 个。

检验方法：10 位放大镜观察检查或表面探伤。

7.5.2 钢板压成半圆球后，表面不应有裂纹、褶皱；焊接球其对接坡口应采用机械加工，对接焊缝表面应打磨平整。

检查数量：每种规格抽查 10%，且不少于 5 个。

检验方法：10 倍放大镜观察检查或表面探伤。

Ⅱ 一 般 项 目

7.5.3 螺栓球加工的允许偏差应符合表 7.5.3 的规定。

检查数量：每种规格抽查 10%，且不应少于 5 个。检验方法：见表 7.5.3。

表 7.5.3 螺栓球加工的允许偏差（mm）

项　目		允许偏差	检验方法
圆度	$d \leqslant 120$	1.5	用卡尺和游标卡尺检查
	$d > 120$	2.5	
同一轴线上两铣平面平行度	$d \leqslant 120$	0.2	用百分表 V 形块检查
	$d > 120$	0.3	
铣平面距离中心距离		±0.2	用游标卡尺检查
相邻两螺栓孔中心线夹角		±30′	用分度头检查
两铣平面与螺栓孔轴垂直度		0.005r	用百分表检查
球毛坯直径	$d \leqslant 120$	+2.0 −0.1	用卡尺和游标卡尺检查
	$d > 120$	+3.0 −1.5	

7.5.4 焊接球加工的允许偏差应符合表 7.5.4 的规定。

检查数量：每种规格抽查 10%，且不应少于 5 个。检验方法：见表 7.5.4。

表 7.5.4 焊接球加工的允许偏差（mm）

项　目	允许偏差	检验方法
直径	±0.0005d ±2.5	用卡尺和游标卡尺检查
圆度	2.5	用卡尺和游标卡尺检查
壁厚减薄量	0.13t，且不应大于 1.5	用卡尺和测厚仪检查
两半球对口错边	1.0	用套模和游标卡尺检查

7.5.5 钢网架（桁架）用钢管杆件加工的允许偏差应符合表 7.5.5 的规定。

检查数量：每种规格抽查 10%，且不应少于 5 根。检验方法：见表 7.5.5。

表 7.5.5 钢网架（桁架）用钢管杆件加工的允许偏差（mm）

项　目	允许偏差	检验方法
长度	±1.0	用钢尺和百分表检查
端面对管轴的垂直度	0.005r	用百分表 V 形块检查
管口曲线	1.0	用套模和游标卡尺检查

7.6.1 A、B级螺栓孔（I类孔）应具有H12的精度，孔壁表面粗糙度不应该大于12.5um。其孔径不允许偏差应符合表7.6.1-1的规定。C级螺栓孔（II类孔），孔壁表面粗糙度不应大于25um，其允许偏差应符合表7.6.1-2的规定。

检查数量：按钢构件数量抽查10%，且不应少于3件。

检验方法：用游标卡尺或孔径量规检查。

表7.6.1-1 A、B级螺栓孔径的允许偏差（mm）

序 号	螺栓公称直径、螺栓孔直径	螺径公称直径允许偏差	螺栓孔直径允许偏差
1	10～18	0.00～0.18	+0.18 0.00
2	18～30	0.00～0.21	+0.21 0.00
3	30～50	0.00～0.25	+0.25 0.00

表7.6.1-2 C级螺栓孔的允许偏差（mm）

项 目	允许偏差	项 目	允许偏差
直径	+1.0 0.0	圆度	2.0
		垂直度	$0.03t$，且不应大于2.0

4.2.33 钢网架安装检验批质量验收记录

1. 表格

钢网架安装检验批质量验收记录

02030702 _____

单位（子单位）工程名称		分部（子分部）工程名称		分项工程名称	
施工单位		项目负责人		检验批容量	
分包单位		分包单位项目负责人		检验批部位	
施工依据			验收依据	《钢结构工程施工质量验收规范》 GB 50205-2001	

验 收 项 目			设计要求及 规范规定	最小/实际 抽样数量	检查记录	检查 结果
主控项目	1	基础验收	第12.2.1、12.2.2条	/		
	2	支座	第12.2.3、12.2.4条	/		
	3	橡胶垫	第4.10.1条	/		
	4	拼装精度	第12.3.1、12.3.2条	/		
	5	节点承载力试验	第12.3.3条	/		
	6	结构挠度	第12.3.4条	/		
一般项目	1	锚栓精度	第12.2.5条	/		
	2	结构表面	第12.3.5条	/		
	3	安装精度	第12.3.6条	/		
	4	高强度螺栓紧固	第6.3.8条	/		
施工单位 检查结果				专业工长： 项目专业质量检查员： 　　　年　月　日		
监理单位 验收结论				专业监理工程师： 　　　年　月　日		

2. 验收依据说明

【规范名称及编号】《钢结构工程施工质量验收规范》GB 50205－2001

【条文摘录】

摘录一：

12.1.2　钢网架结构安装工程可按变形缝、施工段或空间刚度单元划分成一个或若干检验批。

摘录二：

4.10.1　钢结构用橡胶垫的品种、规格、性能等应符合现行国家产品标准和设计要求。

检查数量：全数检查。检验方法：检查产品的质量合格证明文件、中文标志及检验报告等。

6.3.8　螺栓球节点网架总拼完成后，高强度螺栓与球节点应紧固连接，高强度螺栓拧入螺栓球内的螺纹长度不应小于1.0d（d 为螺栓直径），连接处不应出现有间隙、松动等未拧紧情况。

检查数量：按节点数抽查5%，且不应少于10个。检验方法：普通扳手及尺量检查。

12.2　支承面顶板和支承垫块

Ⅰ　主　控　项　目

12.2.1　钢网架结构支座定位轴线的位置、支座锚栓的规格应符合设计要求。

检查数量：按支座数抽查10%，且不应少于4处。检验方法：用经纬仪和钢尺实测。

12.2.2　支承面顶板的位置、标高、水平度以及支座锚栓位置的允许偏差应符合表12.2.2的规定。

表12.2.2　支承面顶板、支座锚栓位置的允许偏差（mm）

项　　目		允　许　偏　差
支承面顶板	位置	15.0
	顶面标高	0，－0.3
	顶面水平度	1/1000
支座锚栓	中心偏移	±5.0

检查数量：按支座数抽查10%，且不应少于4处。检验方法：用经纬仪、水准仪、水平尺和钢尺实测。

12.2.3　支承垫块的种类、规格、摆放位置和朝向，必须符合设计要求和国家现行有关标准的规定。橡胶垫块与刚性垫块之间或不同类型刚性垫块之间不得互换使用。

检查数量：按支座数抽查10%，且不应少于4处。检验方法：观察和用钢尺实测。

12.2.4　网架支座锚栓的紧固应符合设计要求。

检查数量：按支座数抽查10%，且不应少于4处。检验方法：观察检查。

Ⅱ　一　般　项　目

12.2.5　支座锚栓的紧固允许偏差应符合本规范10.12.5的规定。支座锚栓的螺纹应受到保护。

检查数量：按支座数抽查10%，且不应少于4处。检验方法：用钢尺实测。

12.3　总拼与安装

Ⅰ　主　控　项　目

12.3.1　小拼单元的允许偏差应符合表12.3.1的规定。

检查数量：按单元数抽查5%，且不应少于5个。检验方法：用钢尺和拉线等辅助量具实测。

表12.3.1　小拼单元的允许偏差（mm）

项　　目	允　许　偏　差
节点中心偏移	2.0
焊接球节点与钢管中心的偏移	1.0
杆件轴线的弯曲	$L_1/1000$，且不应大于5.0

续表12.3.1

项 目		允许偏差
锥体型小拼单元	弦杆长度	±2.0
	锥体高度	±2.0
	上弦杆对角线长度	±3.0
平面桁架型小拼单元	跨长 ≤24mm	+3.0 −7.0
	跨长 >24mm	+5.0 −10.0
	跨中高度	±3.0
	跨中拱度 设计要求起拱	±L/5000
	跨中拱度 设计未要求起拱	+10.0

注：1 L_1 为杆件长度；2 L 为跨长。

12.3.2 中拼单元的允许偏差应符合表12.3.2的规定。

检查数量：全数检查。检验方法：用钢尺和辅助量具实测。

表12.3.2 中拼单元的允许偏差（mm）

项 目		允 许 偏 差
单元长度≤20m，拼接长度	单跨	±10.0
	多跨连续	±5.0
单元长度>20m，拼接长度	单跨	±20.0
	多跨连续	±10.0

12.3.3 对建筑结构安全等级为一级，跨度40m及以上的公共建筑钢网架结构，且设计有要求时，应按下列项目进行节点承载力试验，其结果应符合以下规定：

1. 焊接球节点应按设计指定规格的球及其匹配的钢管焊接成试件，进行轴心拉、压承载力试验，其试验破坏荷载值大于或等于1.6倍设计承载力为合格。

2. 螺栓球节点应按设计指定规格的球最大螺栓孔螺纹进行抗拉强度保证荷载试验，当达到螺栓的设计承载力时，螺孔、螺纹及封板仍完好无损为合格。

检查数量：每项试验做3个试件。检验方法：在万能试验机上进行检验，检查试验报告。

12.3.4 钢网架结构总拼完成后及屋面工程完成应分别测量其挠度值，且所测的挠度值不应超过相应超过相应设计值的1.15倍。

检查数量：跨度24m及以下钢网架结构测量下弦中央一点；跨度24m以上钢网架结构测量下弦中央一点及各向下弦跨度的四等分点。

检验方法：用钢尺和水准仪实测。

Ⅱ 一 般 项 目

12.3.5 钢网架结构安装完成后，其节点及杆件表面应干净，不应有明显的疤痕、泥沙和污垢。螺栓球节点应将所有接缝用油腻子填嵌严密，并应将多余螺孔封口。

检查数量：按节点及杆件数量抽查5%，且不应少于10个节点。检验方法观察检查。

12.3.6 钢网架结构安装完成后，其安装的允许偏差应符合表12.3.6的规定。

检查数量：全数检查。检验方法：见表12.3.6。

表 12.3.6　钢网架结构安装的允许偏差（mm）

项　目	允　许　偏　差	检　验　方　法
纵向、横向长度	$L/2000$，且不大于 30.0 $-L/2000$，且不应小于 -30.0	用钢尺实测
支座中心偏移	$L/3000$，且不应大于 30.0	用钢尺和经纬仪实测
周边支承网架相邻支座高差	$L/400$，且不大于 15.0	钢尺和水准仪实测
支座最大高差	30.0	
多点支承网架相邻支座高差	$L_1/800$，且不大于 30.0	

注：1　L 为纵向、横向长度；2　L_1 为相邻支座间距。

4.2.34　压型金属板检验批质量验收记录

1. 表格

压型金属板检验批质量验收记录

01020410 _____
02030901 _____

单位（子单位）工程名称				分部（子分部）工程名称		分项工程名称	
施工单位				项目负责人		检验批容量	
分包单位				分包单位项目负责人		检验批部位	
施工依据				验收依据		《钢结构工程施工质量验收规范》 GB 50205－2001	
验　收　项　目			设计要求及 规范规定	最小/实际 抽样数量	检查记录		检查 结果
主控项目	1	压型金属板及其原材料	第4.8.1、4.8.2条	/			
	2	基板裂纹、涂层缺陷	第13.2.1、13.2.2条	/			
	3	现场安装	第13.3.1条	/			
	4	搭接	第13.3.2条	/			
	5	端部锚固	第13.3.3条	/			
一般项目	1	压型金属板精度	第4.8.3条	/			
	2	轧制精度	第13.2.3、13.2.5条	/			
	3	表面质量	第13.2.4条	/			
	4	安装质量	第13.3.4条	/			
	5	安装精度	第13.3.5条	/			
施工单位 检查结果					专业工长： 项目专业质量检查员： 　　　　　　年　月　日		
监理单位 验收结论					专业监理工程师： 　　　　　　年　月　日		

2. 验收依据说明

【规范名称及编号】《钢结构工程施工质量验收规范》GB 50205－2001

【条文摘录】

摘录一：

13.1.2 压型金属板的制作和安装工程可按变形缝、楼层、施工段或屋面、墙面、楼面等划分为一个或若干个检验批。

摘录二：

4.8 金属压型板

Ⅰ 主 控 项 目

4.8.1 金属压型板及制造金属压型板所采用的原材料，其品种、规格、性能等应符合现行国家产品标准和设计要求。

检查数量：全数检查。检验方法：检查产品的质量合格证明文件、中文标志及检验报告等。

4.8.2 压型金属泛水板、包角板和零配件的品种、规格以及防水密封材料的性能应符合现行国家产品标准和设计要求。

检查数量：全数检查。检验方法：检查产品的质量合格证明文件、中文标志及检验报告等。

Ⅱ 一 般 项 目

4.8.3 压型金属板的规格尺寸及允许偏差、表面质量、涂层质量等应符合设计要求和本规范的规定。

检查数量：每种规格抽查5%，且不应少于3件。检验方法：观察和用10倍放大镜检查及尺量。

13.2 压型金属制作

Ⅰ 主 控 项 目

13.2.1 压型金属板成型后，其基板不应有裂纹。

检查数量：按计件数抽查5%，且不应少于10件。检验方法：观察和用10倍放大镜检查。

13.2.2 有涂层、镀层压型金属板成型后，涂、镀层不应有肉眼可见的裂纹、剥落和擦痕等缺陷。

检查数量：按计件数抽查5%，且不应少于10件。检验方法：观察检查。

Ⅱ 一 般 项 目

13.2.3 压型金属板的尺寸允许偏差应符合表13.2.3的规定。

检查数量：按计件数抽查5%，且不应少于10件。检验方法：用拉线和钢尺检查。

13.2.4 压型金属板成型后，表面应干净，不应有明显凹凸和皱褶。

检查数量：按计件数抽查5%，且不应少于10件。检验方法：观察检查。

表 13.2.3 压型金属板的尺寸允许偏差（mm）

项 目			允 许 偏 差
波距			±2.0
波高	压型钢板	截面高度≤70	±1.5
		截面高度>70	±2.0
侧向弯曲	在测量长度 l_1 范围内		20.0

注：l_1 为测量长度，指板长扣除两端各0.5m后的实际长度（小于10m）或扣除任选的10m长度。

13.2.5 压型金属板施工现场制作的允许偏差应符合表13.2.5的规定。

检查数量：按计件数抽查5%，且不应少于10件。检验方法：用钢尺、角尺检查。

表 13.2.5 压型金属板施工现场制作的允许偏差（mm）

项 目		允 许 偏 差
压型金属板的覆盖宽度	截面高度≤70	+10.0，−0.2
	截面高度>70	+6.0，−2.0
板长		±9.0
横向剪切		6.0

续表13.2.5

项　目		允许偏差
泛水板、包角板尺寸	板长	±6.0
	折弯曲宽度	±3.0
	折弯曲夹角	2°

13.3　压型金属板安装

Ⅰ　主　控　项　目

13.3.1　压型金属板、泛水板和包角板等应固定可靠、牢固、防腐涂料涂刷和密封材料敷设应完好，连接件数量、间距应符合设计要求和国家现行有关标准规定。

检查数量：全数检查。检验方法：观察检查及尺量。

13.3.2　压型金属板应在支承构件上可靠搭接，搭接长度应符合设计要求，且不应小于表13.3.2所规定的数值。

表13.3.2　压型金属板在支承构件上的搭接长度（mm）

项　目		搭　接　长　度
截面高度＞70		375
截面高度≤70	屋面坡度＜1/10	250
	屋面坡度≥1/10	200
墙面		120

13.3.3　组合楼板中压型钢板与主体结构（梁）的锚固支承长度应符合设计要求，且不应小于50mm，端部锚固件连接可靠，设置位置应符合设计要求。

检查数量：沿连接纵向长度抽查10%，且不应少于10m。检验方法：观察和用钢尺检查。

Ⅱ　一　般　项　目

13.3.4　压型金属板安装应平整、顺直、板面不应有施工残留和污物。檐口和墙下端应吊直线，不应有未经处理的错钻孔洞。

检查数量：按面积抽查10%，且不应少于10m²。检验方法：观察检查。

13.3.5　压型金属板安装的允许偏差应符合表13.3.5的规定。

检查数量：檐口与屋脊的平行度：按长度抽查10%，且不应少于10m。其他项目：每20m长度应抽查1处，不应少于2处。

检验方法：用拉线、吊线和钢尺检查。

表13.3.5　压型金属板安装的允许偏差（mm）

项　目		允　许　偏　差
屋面	檐口与屋脊的平行度	12.0
	压型金属板波纹线对屋脊的垂直度	$L/800$，且不应大于25.0
	檐口相邻两块压型金属板端部错位	6.0
	压型金属板卷边板件最大波浪高	4.0
墙面	墙板波纹线的垂直度	$H/800$，且不应大于25.0
	墙板包角板的垂直度	$H/800$，且不应大于25.0
	相邻两块压型金属板的下端错位	6.0
注：1　L为屋面半坡或单坡长度；2　H为墙面高度。		

4.2.35 防腐涂料涂装检验批质量验收记录

1. 表格

防腐涂料涂装检验批质量验收记录

01020411 _____

02031001 _____

单位（子单位）工程名称			分部（子分部）工程名称		分项工程名称	
施工单位			项目负责人		检验批容量	
分包单位			分包单位项目负责人		检验批部位	
施工依据				验收依据	《钢结构工程施工质量验收规范》GB 50205－2001	

验 收 项 目			设计要求及规范规定	最小/实际抽样数量	检查记录	检查结果
主控项目	1	涂料性能	第4.9.1条	/		
	2	涂装基层验收	第14.2.1条	/		
	3	涂层厚度	第14.2.2条	/		
一般项目	1	涂料质量	第4.9.3条	/		
	2	表面质量	第14.2.3条	/		
	3	附着力测试	第14.2.4条	/		
	4	标志	第14.2.5条	/		
施工单位检查结果			专业工长： 项目专业质量检查员： 年　月　日			
监理单位验收结论			专业监理工程师： 年　月　日			

2. 验收依据说明

【规范名称及编号】《钢结构工程施工质量验收规范》GB 50205－2001

【条文摘录】

摘录一：

14.1.2 钢结构涂装工程可按钢结构制作或钢结构安装工程检验批的划分原则划分成一个或若干个检验批。

摘录二：

4.9 涂装材料

Ⅰ 主 控 项 目

4.9.1 钢结构防腐涂料、稀释剂和固化剂等材料的品种、规格、性能等符合现行国家产品标准和设计要求。

检查数量：全数检查。

检验方法：检查产品的质量合格证明文件、中文标志及检验报告等。

Ⅱ 一 般 项 目

4.9.3 防腐涂料和防火涂料的型号、名称、颜色及有效期应与其质量证明文件相符。开启后，不应存在结皮、结块、凝胶等现象。

检查数量：每种规格抽查5%，且不应少于3桶。检验方法：观察检查。

14.2 钢结构防腐涂料涂装

Ⅰ 主 控 项 目

14.2.1 涂装前钢材表面除锈应符合设计要求和国家现行有关标准和规定。处理后的钢材表面不应有焊渣、焊疤、灰尘、油污、水和毛刺等。当设计无要求时，钢材表面除锈等级应符合表14.2.1的规定。

检查数量：按构件数量抽查10%，且同类构件不应少于3件。

检验方法：用铲刀检查和用现行国家标准《涂装前钢材表面锈蚀等级和除锈等级》GB 8923规定的图片对照观察检查。

表 14.2.1 各种底漆或防锈漆要求最低的除锈等级

涂 料 品 种	除 锈 等 级
油性酚醛、醇酸等底漆或防锈漆	St2
高氯化聚乙烯、氯化橡胶、氯磺化聚乙烯、环氧树脂、聚氨酯等底漆或防锈漆	Sa2
无机富锌、有机硅、过氯乙烯等底漆	Sa2½

14.2.2 漆料、涂装遍数、涂层厚度均应符合设计要求。当设计对涂层厚度无要求时，涂层干漆膜总厚度：室外应为15μm，室内应为125μm，其允许偏差—25μm。每遍涂层干漆膜厚度的允许偏差—5μm。

检查数量：按构件数抽查10%，且同类构件不应少于3件。

检验方法：用干漆膜测量厚仪检查。每个构件检测5处，每处的数值为3个相距50mm测点涂层干漆膜厚度的平均值。

Ⅱ 一 般 项 目

14.2.3 构件表面不应误漆、漏涂，涂层不应脱皮和返锈等。涂层应均匀、无明显皱皮、流坠、针眼和气泡等。

检查数量：全数检查。检验方法：观察检查。

14.2.4 当钢结构处在有腐蚀介质环境或外露且设计有要求时，应进行涂层附着力测试，在检测处范围内，当涂层完整程度达到70%以上时，涂层附着力达到合格质量标准的要求。

检查数量：按构件数抽查1%，且不应少于3件，每件测3处。

检验方法：按照现行国家标准《漆膜附着力测定法》GB 1720或《色漆和清漆、漆膜的划格试验》GB 9286执行。

14.2.5 涂装完成后，构件的标志、标记和编号应清晰完整。

检查数量：全数检查。检验方法：观察检查。

4.2.36 防火涂料涂装检验批质量验收记录

1. 表格

防火涂料涂装检验批质量验收记录

01020412 _____
02031101 _____

单位（子单位）工程名称			分部（子分部）工程名称		分项工程名称	
施工单位			项目负责人		检验批容量	
分包单位			分包单位项目负责人		检验批部位	
施工依据				验收依据	《钢结构工程施工质量验收规范》GB 50205－2001	

验收项目			设计要求及规范规定	最小/实际抽样数量	检查记录	检查结果
主控项目	1	涂料性能	第4.9.2条	/		
	2	涂装基层验收	第14.3.1条	/		
	3	强度试验	第14.3.2条	/		
	4	涂层厚度	第14.3.3条	/		
	5	表面裂纹	第14.3.4条	/		
一般项目	1	产品质量	第4.9.3条	/		
	2	基层表面	第14.3.5条	/		
	3	涂层表面质量	第14.3.6条	/		
施工单位检查结果				专业工长： 项目专业质量检查员： 年 月 日		
监理单位验收结论				专业监理工程师： 年 月 日		

2. 验收依据说明

【规范名称及编号】《钢结构工程施工质量验收规范》GB 50205－2001

【条文摘录】

摘录一：

14.1.2 钢结构涂装工程可按钢结构制作或钢结构安装工程检验批的划分原则划分成一个或若干个检验批。

摘录二：

4.9 涂装材料

Ⅰ 主控项目

4.9.2 钢结构防火涂料的品种和技术性能应符合设计要求，并应经过具有资质的检测机构检测符合国家现行有关标准的规定。检查数量：全数检查。

检验方法：检查产品的质量合格证明文件、中文标志及检验报告等。

Ⅱ 一般项目

4.9.3 防腐涂料和防火涂料的型号、名称、颜色及有效期应与其质量证明文件相符。开启后，不应存在结皮、结块、凝胶等现象。检查数量：每种规格抽查5%，且不应少于3桶。检验方法：观察检查。

14.3 钢结构防火涂料涂装

Ⅰ 主 控 项 目

14.3.1 防火漆料涂装前钢材表面除锈及防锈底漆涂装应符合设计要求和国家现行有关标准的规定。

检查数量：按构件数抽查10%，且同类构件不应少于3件。

检验方法：表面除锈用铲刀检查和用现行国家标准《涂装前钢材表面锈蚀等级和除锈等级》GB 8923规定的图片对照观察检查。底漆涂装用干漆膜测厚仪检查，每个构件检测5处，每处的数值为3个相距50mm测点涂层干漆膜厚度的平均值。

14.3.2 钢结构防火漆料的粘结强度、抗压强度应符合国家现行标准《钢结构防火漆料应用技术规程》CECS24：90规定。检验方法应符合现行国家标准《建筑构件防火喷涂材料性能试验方法》GB 9978的规定。

检查数量：每使用100t或不中100t薄涂型防火涂料应抽检一次粘结强度；每使用500t或不足500t厚涂型防火涂料应抽检一次粘结强度和抗压强度。

检验方法：检查复检报告。

14.3.3 薄涂型防火涂料的涂层厚度应符合有关耐火极限的设计要求。厚漆型防火涂料涂层的厚度，80%及以上面积应符合有关耐火极限的设计要求，且最薄处厚度不应低于设计要求的85%。

检查数量：按同类构件数抽查10%，且均不应少于3件。

检验方法：用涂层厚度测量仪、测针和钢尺检查。测量方法应符合国家现行标准《钢结构防火漆料应用技术规程》CECS24：90的规定及本规范附录F。

14.3.4 薄涂型防火漆料漆层表面裂纹宽度不应大于0.5mm；厚涂型防火漆料涂层表面裂宽度不应大于1mm。

检查数量：按同类构件数量抽查10%，且均不应少于3件。检验方法：观察和用尺量检查。

Ⅱ 一 般 项 目

14.3.5 防火漆料漆装基层不应有油污、灰尘和泥砂等污垢。

检查数量：全数检查。检验方法：观察检查。

14.3.6 防火漆料不应有误涂、漏涂、涂层应闭合无脱层、空鼓、明显凹陷、粉化松散和浮浆等外观缺陷，乳突已剔除。

检查数量：全数检查。检验方法：观察检查。

4.2.37 钢管构件进场验收检验批质量验收记录

1. 表格

钢管构件进场验收检验批质量验收记录

01020501 _____
02040101 _____

单位（子单位）工程名称			分部（子分部）工程名称		分项工程名称	
施工单位			项目负责人		检验批容量	
分包单位			分包单位项目负责人		检验批部位	
施工依据				验收依据	《钢管混凝土工程施工质量验收规范》GB 50628－2010	
验 收 项 目			设计要求及规范规定	最小/实际抽样数量	检查记录	检查结果
主控项目	1	钢管构件加工质量	第4.1.1条	/		
	2	按安装工序配套核查构配件数量	第4.1.2条	/		
	3	钢管构件上翅片、肋板、栓钉及开孔规格、数量	第4.1.3条	/		

续表

验收项目			设计要求及规范规定	最小/实际抽样数量	检查记录	检查结果
一般项目	1	不应有运输、堆放造成的变形脱漆	第4.1.4条	/		
	2	允许偏差（mm） 直径（D）	±D/500且不应大于±5.0	/		
		构件长度（L）	±3.0	/		
		管口圆度	D/500且不应大于5.0mm	/		
		弯曲矢高	L/1500且不应大于5.0mm	/		
		钢筋孔径偏差 中间	1.2d～1.5d	/		
		外侧	1.2d～1.5d	/		
		长圆孔宽	1.2d～1.5d	/		
		钢筋孔距 任意	±1.5	/		
		两端	±2.0	/		
		钢筋轴线偏差	1.5mm	/		

施工单位检查结果	专业工长： 项目专业质量检查员： 年　月　日
监理单位验收结论	专业监理工程师： 年　月　日

2. 验收依据说明

【规范名称及编号】《钢管混凝土工程施工质量验收规范》GB 50628－2010

【条文摘录】

4.1 钢管构件进场验收

主控项目

4.1.1 钢管构件进场应进行验收，其加工制作质量应符合设计要求和合同约定。

检查数量：全数检查。

检验方法：检查出厂验收记录。

4.1.2 钢管构件进场应按安装工序配套核查构件、配件的数量。

检查数量：全数检查。

检验方法：按照安装工序清单清点构件、配件数量。

4.1.3 钢管构件上的钢板翅片、加劲肋板、栓钉及管壁开孔的规格和数量应符合设计要求。

检查数量：同批构件抽查10%，且不少于3件。

检验方法：尺量检查、观察检查及检查出厂验收记录。

一般项目

4.1.4 钢管构件不应有运输、堆放造成的变形、脱漆等现象。

检查数量：同批构件抽查10%，且不少于3件。

检验方法：观察检查。

263

4.1.5　钢管构件进场应抽查构件的尺寸偏差，其允许偏差应符合表 4.1.5 的规定。

　　检查数量：同批构件抽查 10%，且不少于 3 件。

　　检验方法：见表 4.1.5。

表 4.1.5　钢管构件进场抽查尺寸允许偏差（mm）

项　　目		允许偏差	检验方法
直径 D		$\pm D/500$ 且不应大于 ± 5.0	尺量检查
构件长度 L		± 3.0	
管口圆度		$D/500$ 且不应大于 5.0	
弯曲矢高		$L/1500$ 且不应大于 5.0	拉线、吊线和尺量检查
钢筋贯穿管柱孔（d 钢筋直径）	孔径偏差范围	中间 $1.2d\sim1.5d$ 外侧 $1.5d\sim2.0d$ 长圆孔宽 $1.2d\sim1.5d$	尺量检查
	轴线偏差	1.5	
	孔距	任意两孔距离 ±1.5 两端孔距离 ±2.0	

4.2.38　钢管混凝土现场拼装检验批质量验收记录

1. 表格

钢管混凝土构件现场拼装检验批质量验收记录

01020502 _____

02040102 _____

单位（子单位）工程名称				分部（子分部）工程名称		分项工程名称	
施工单位				项目负责人		检验批容量	
分包单位				分包单位项目负责人		检验批部位	
施工依据				验收依据		《钢管混凝土工程施工质量验收规范》 GB 50628－2010	
验 收 项 目			设计要求及规范规定	最小/实际抽样数量	检查记录		检查结果
主控项目	1	构件上级件数量、位置	第 4.2.1 条	/			
	2	拼装的方式、程序、方法	第 4.2.2 条	/			
	3	焊接材料	第 4.2.3 条	/			
	4	焊缝质量（一、二级）	第 4.2.4 条	/			
一般项目	1	拼装场地条件	第 4.2.5 条	/			
	2	二、三级焊缝外观（mm）	未满焊：$\leqslant1.0$；$\leqslant3.0$	第 4.2.6 条	/		
			根部收缩：$\leqslant1.0$；$\leqslant2.0$	第 4.2.6 条	/		
			咬边：$\leqslant0.5$；$\leqslant1.0$	第 4.2.6 条	/		
			弧坑裂纹：0；$\leqslant1.0$	第 4.2.6 条	/		
			电弧擦伤：$\leqslant0$；$\leqslant1.0$	第 4.2.6 条	/		
			接头不良：$\leqslant0.5$；$\leqslant1.0$	第 4.2.6 条	/		
			表面夹渣：0；$\leqslant2.0$	第 4.2.6 条	/		
			表面气孔；0；2 个	第 4.2.6 条	/		

续表

验 收 项 目				设计要求及规范规定	最小/实际抽样数量	检查记录	检查结果
一般项目	3	一、二、三级焊缝偏差（mm）	对焊接缝余高	一二级 0～3.0；0～4.0 三级 0～4.0；0～5.0	第4.2.7条	/	
			对接焊缝错边	一二级≤2.0 三级≤3.0	第4.2.7条	/	
			角焊缝余高	一二级 0～1.5 三级 0～3.0	第4.2.7条	/	
施工单位检查结果					专业工长： 项目专业质量检查员： 年　月　日		
监理单位验收结论					专业监理工程师： 年　月　日		

2. 验收依据说明

【规范名称及编号】《钢管混凝土工程施工质量验收规范》GB 50628－2010

【条文摘录】

4.2 钢管混凝土构件现场拼装

主 控 项 目

4.2.1 钢管混凝土构件现场拼装时，钢管混凝土构件各种缀件的规格、位置和数量应符合设计要求。

检查数量：全数检查。

检验方法：观察检查、尺量检查。

4.2.2 钢管混凝土构件拼装的方式、程序、施焊方法应符合设计及专项施工方案要求。

检查数量：全数检查。

检验方法：观察检查、检查施工记录。

4.2.3 钢管混凝土构件焊接的焊接材料应与母材相匹配，并应符合设计要求和现行国家标准《钢结构工程施工质量验收规范》GB 50205 的有关规定。

检查数量：全数检查。

检验方法：检查施工记录。

4.2.4 钢管混凝土构件拼装焊接焊缝质量应符合设计要求和现行国家标准《钢结构工程施工质量验收规范》GB 50205 的有关规定。设计要求的一、二级焊缝应符合本规范第3.0.7条的规定。

检查数量：全数检查。

检验方法：检查施工记录及焊缝检测报告。

一 般 项 目

4.2.5 钢管混凝土构件拼装场地的平整度、控制线等控制措施应符合专项施工方案的要求。

检查数量：全数检查。

检验方法：观感检查、尺量检查。

4.2.6 钢管混凝土构件现场拼装焊接二、三级焊缝外观质量应符合表4.2.6的规定。

检查数量：同批构件抽查10%，且不少于3件。

检验方法：观察检查、尺量检查。

表4.2.6 二、三级焊缝外观质量标准

项　目	允许偏差（mm）	
缺陷类型	二　级	三　级
未焊满（指不足设计要求）	≤0.2+0.02t，且不应大于1.0	≤0.2+0.04t，且不应大于2.0
	每100.0焊缝内缺陷总长不应大于25.0	
根部收缩	≤0.2+0.02t，且不应大于1.0	≤0.2+0.04t，且不应大于2.0
	长度不限	
咬边	≤0.05t，且不应大于0.5；连续长度≤100.0，且焊缝两侧咬边总长不应大于10%焊缝全长	≤0.1t，且不应大于1.0，长度不限
弧坑裂纹	—	允许存在个别长度≤5.0的弧坑裂纹
电弧擦伤	—	允许存在个别电弧擦伤
接头不良	缺口深度0.05t，且不应大于0.5	缺口深度0.1t，且不应大于1.0
	每1000.0焊缝不应超过1处	
表面夹渣	—	深≤0.2t 长≤0.5t，且不应大于2.0
表面气孔	—	每50.0焊缝长度内允许直径≤0.4t，且不应大于3.0的气孔2个，孔距≥6倍孔径

注：表内t为连接处较薄的板厚。

4.2.7 钢管混凝土构件对接焊缝和角焊缝余高及错边允许偏差应符合表4.2.7的规定。

检查数量：同批构件抽查10%，且不少于3件。

检验方法：焊缝量规检查。

表4.2.7 焊缝余高及错边允许偏差

序号	内　容	图　例	允许偏差（mm）	
			一、二级	三级
1	对接焊缝余高C		B<20时，C为0~3.0；B≥20时，C为0~4.0	B<20时，C为0~4.0；B≥20时，C为0~5.0
2	对接焊缝错边d		d<0.15t，且不应大于2.0	d<0.15t，且不应大于3.0
3	角焊缝余高C		h_f≤6时，C为0~1.5；h_f>6时，C为0~3.0	

注：h_f>8.0mm的角焊缝其局部焊脚尺寸允许低于设计要求值1.0mm，但总长度不得超过焊缝长度10%。

4.2.8 钢管混凝土构件现场拼装允许偏差应符合表4.2.8的规定。

检查数量：同批构件抽查10%，且不少于3件。

检验方法：见表4.2.8。

266

表 4.2.8　钢管混凝土构件现场拼装允许偏差（mm）

项　目	允许偏差		检验方法	图　例
	单层柱	多层柱		
一节柱高度	±5.0	±3.0	尺量检查	
对口错边	$t/10$，且不应大于 3.0	2.0	焊缝量规检查	
柱身弯曲矢高	$H/1500$，且不应大于 10.0	$H/1500$，且不应大于 5.0	拉线、直角尺和尺量检查	
牛腿处的柱身扭曲	3.0	$d/250$，且不应大于 5.0	拉线、吊线和尺量检查	
牛腿面的翘曲 Δ	2.0	$L_3 \leqslant 1000$，2.0；$L_3 > 1000$，3.0	拉线、直角尺和尺量检查	
柱底面到柱端与梁连接的最上一个安装孔距离 L	±$L/1500$，且不应超过±15.0	—	尺量检查	
柱两端最外侧安装孔、穿钢筋孔距离 L_1	—	±2.0		
柱底面到牛腿支承面距离 L_2	±$L_2/2000$，且不应超过±8.0	—	尺量检查	
牛腿端孔到柱轴线距离 L_3	±3.0	±3.0	尺量检查	
管肢组合尺寸偏差 h：长方向尺寸 δ_1：长方向偏差 b：宽方面尺寸 δ_2：宽方向偏差	$\delta_1/h \leqslant 1/1000$；$\delta_2/b \leqslant 1/1000$		尺量检查	
缀件尺寸偏差 h_1：两管肢间距 δ_1：管肢间缀件偏差 h_2：两缀件间距离 δ_2：两缀件间偏差	$\delta_1/h_1 \leqslant 1/1000$；$\delta_2/h_2 \leqslant 1/1000$		尺量检查	
缀件节点偏差 d：钢管柱直径 d_1：缀件直径 δ：缀件节点偏差	d_1 不宜小于 50；δ 不应大于 $d/4$（宜交于中心）		尺量检查	

注：t 为钢管壁厚度；H 为柱身高；d 为钢管直径，矩形管长边尺寸。

267

4.2.39 钢管混凝土柱柱脚锚固检验批质量验收记录

1. 表格

钢管混凝土柱柱脚锚固检验批质量验收记录

01020503 _____
02040201 _____

单位（子单位）工程名称				分部（子分部）工程名称		分项工程名称	
施工单位				项目负责人		检验批容量	
分包单位				分包单位项目负责人		检验批部位	
施工依据					验收依据	《钢管混凝土工程施工质量验收规范》GB 50628－2010	

验收项目				设计要求及规范规定	最小/实际抽样数量	检查记录	检查结果
主控项目	1	埋入式柱脚构造		第4.3.1条	/		
	2	端承式柱脚构造		第4.3.2条	/		
一般项目	1	埋入式柱脚锚固		第4.3.3条	/		
	2	埋入式柱脚锚固		第4.3.4条	/		
	3	允许偏差(mm)	埋入式	柱轴线位移5	第4.3.5条	/	
				柱标高±5.0	第4.3.5条	/	
			端承式	支承面标高±3.0	第4.3.5条	/	
				支承面水平度 $L/1000$，≤5.0	第4.3.5条	/	
				螺栓中心线偏移4.0	第4.3.5条	/	
				螺栓之间中心距±2.0	第4.3.5条	/	
				螺栓露出长度0～＋30	第4.3.5条	/	
				螺纹露出长度0～＋30	第4.3.5条	/	

施工单位检查结果	专业工长： 项目专业质量检查员： 年 月 日
监理单位验收结论	专业监理工程师： 年 月 日

2. 验收依据说明

【规范名称及编号】《钢管混凝土工程施工质量验收规范》GB 50628－2010

【条文摘录】

4.3 钢管混凝土柱柱脚锚固

主 控 项 目

4.3.1 埋入式钢管混凝土柱柱脚的构造、埋置深度和混凝土强度应符合设计要求。

检查数量：全数检查。

检验方法：观察检查、尺量检查、检查混凝土试件强度报告。

4.3.2 端承式钢管混凝土柱柱脚的构造及连接锚固件的品种、规格、数量、位置应符合设计要求。
柱脚螺栓连接与焊接的质量应符合设计要求和现行国家标准《钢结构工程施工质量验收规范》GB

50205 的有关规定。

检查数量：全数检查。

检验方法：观察检查，检查柱脚预埋钢板验收记录。

一 般 项 目

4.3.3 埋入式钢管混凝土柱柱脚有管内锚固钢筋时，其锚固筋的长度、弯钩应符合设计要求。

检查数量：全数检查。

检验方法：检查施工记录、隐蔽工程验收记录。

4.3.4 端承式钢管混凝土柱柱脚安装就位及锚固螺栓拧紧后，端板下应按设计要求及时进行灌浆。

检查数量：全数检查。

检验方法：观察检查，检查施工记录。

4.3.5 钢管混凝土柱柱脚安装允许偏差应符合表 4.3.5 的规定。

检查数量：同批构件抽查 10%，且不少于 3 处。

检验方法：尺量检查。

表 4.3.5 钢管混凝土柱柱脚安装允许偏差（mm）

项 目		允许偏差
埋入式柱脚	柱轴线位移	5
	柱标高	±5.0
端承式柱脚	支承面标高	±3.0
	支承面水平度	$L/1000$，且不应大于 5.0
	地脚螺栓中心线偏移	4.0
	地脚螺栓之间中心距	±2.0
	地脚螺栓露出长度	0，+30.0
	地脚螺栓露出螺纹长度	0，+30.0

4.2.40 钢管混凝土构件安装检验批质量验收记录

1. 表格

钢管混凝土构件安装检验批质量验收记录

01020504 _____
02040202 _____

单位（子单位）工程名称			分部（子分部）工程名称		分项工程名称		
施工单位			项目负责人		检验批容量		
分包单位			分包单位项目负责人		检验批部位		
施工依据				验收依据	《钢管混凝土工程施工质量验收规范》 GB 50628－2010		

验 收 项 目			设计要求及 规范规定	最小/实际 抽样数量	检查记录	检查 结果
主控项目	1	构件吊装与混凝土浇筑顺序	第 4.4.1 条	/		
	2	基座及下层管内混凝土强度	第 4.4.2 条	/		
	3	构件标点线、吊点、支撑点	第 4.4.3 条	/		
	4	构件就位后校正固定	第 4.4.4 条	/		
	5	焊接材料	第 4.4.5 条	/		
	6	垂直度	单层钢管垂直度 $h/1000$，10.0	第 4.4.6 条	/	
			多层钢管整体垂直度 $H/2500$， ≤30.0	第 4.4.6 条	/	

续表

验 收 项 目				设计要求及规范规定	最小/实际抽样数量	检查记录	检查结果
一般项目	1	构件管内清理封口		第4.4.7条	/		
	2	安装允许偏差（mm）	单层	轴线偏移5.0	第4.4.8条	/		
				单层构件弯曲矢高 $h/1500$，$\leqslant 10.0$	第4.4.8条	/		
			双层及高层	上下连接错口3.0	第4.4.8条	/		
				同一层构件顶高度差5.0	第4.4.8条	/		
				结构总高度差$\pm H/1000$，$\leqslant 30.0$	第4.4.8条	/		

施工单位检查结果	专业工长： 项目专业质量检查员： 　　　　　　年　月　日
监理单位验收结论	专业监理工程师： 　　　　　　年　月　日

2. 验收依据说明

【规范名称及编号】《钢管混凝土工程施工质量验收规范》GB 50628－2010

【条文摘录】

4.4 钢管混凝土构件安装

主 控 项 目

4.4.1 钢管混凝土构件吊装与混凝土浇筑顺序应符合设计和专项施工方案要求。

检查数量：全数检查。

检验方法：观察检查，检查施工记录。

4.4.2 钢管混凝土构件吊装前，基座混凝土强度应符合设计要求。多层结构上节钢管混凝土构件吊装应在下节钢管内混凝土达到设计要求后进行。

检查数量：全数检查。

检验方法：检查同条件养护试块报告。

4.4.3 钢管混凝土构件吊装前，钢管混凝土构件的中心线、标高基准点等标记应齐全；吊点与临时支撑点的设置应符合设计及专项施工方案要求。

检查数量：全数检查。

检验方法：观察检查。

4.4.4 钢管混凝土构件吊装就位后，应及时校正和固定牢固。

检查数量：全数检查。

检验方法：观察检查。

4.4.5 钢管混凝土构件焊接与紧固件连接的质量应符合设计要求和现行国家标准《钢结构工程施工质量验收规范》GB 50205的有关规定。

检查数量：全数检查。

检验方法：尺量检查，检查高强度螺栓终拧扭矩记录、施工记录及焊缝检测报告。

4.4.6 钢管混凝土构件垂直度允许偏差应符合表4.4.6的规定。

检查数量：同批构件抽查10%，且不少于3件。

检验方法：见表 4.4.6。

表 4.4.6 钢管混凝土构件安装垂直度允许偏差（mm）

项　　目		允许偏差	检验方法
单层	单层钢管混凝土构件的垂直度	$h/1000$，且不应大于 10.0	经纬仪、全站仪检查
多层及高层	主体结构钢管混凝土构件的整体垂直度	$H/2500$，且不应大于 30.0	经纬仪、全站仪检查

注：h 为单层钢管混凝土构件的高度，H 为多层及高层钢管混凝土构件全高。

一　般　项　目

4.4.7　钢管混凝土构件吊装前，应清除钢管内的杂物，钢管口应包封严密。

检查数量：全数检查。

检验方法：观察检查。

4.4.8　钢管混凝土构件安装允许偏差应符合表 4.4.8 的规定。

检查数量：同批构件抽查 10%，且不少于 3 件。

检验方法：见表 4.4.8。

表 4.4.8 钢管混凝土构件安装允许偏差（mm）

项　　目		允许偏差	检验方法
单层	柱脚底座中心线对定位轴线的偏移	5.0	吊线和尺量检查
	单层钢管混凝土构件弯曲矢高	$h/1500$，且不应大于 10.0	经纬仪、全站仪检查
多层及高层	上下构件连接处错口	3.0	尺量检查
	同一层构件各构件顶高度差	5.0	水准仪检查
	主体结构钢管混凝土构件总高度差	$\pm H/1000$，且不应大于 30.0	水准仪和尺量检查

注：h 为单层钢管构件高度，H 为构件全高。

4.2.41　钢管混凝土柱与钢筋混凝土梁连接检验批质量验收记录

1. 表格

钢管混凝土柱与钢筋混凝土梁连接检验批质量验收记录

01020505 _____
02040301 _____
02040401 _____

单位（子单位）工程名称			分部（子分部）工程名称		分项工程名称		
施工单位			项目负责人		检验批容量		
分包单位			分包单位项目负责人		检验批部位		
施工依据				验收依据	《钢管混凝土工程施工质量验收规范》 GB 50628－2010		
验　收　项　目			设计要求及 规范规定	最小/实际 抽样数量	检查记录		检查 结果
主控项目	1	柱梁连接点核心区构造	第 4.5.1 条	/			
	2	柱梁连接贯通型节点	第 4.5.2 条	/			
	3	柱梁连接非贯通型节点	第 4.5.3 条	/			

续表

验 收 项 目			设计要求及规范规定	最小/实际抽样数量	检查记录	检查结果
一般项目	1	梁纵筋通过核心区要求	第4.5.4条	/		
	2	梁纵筋间距	第4.5.5条	/		
	3	允许偏差（mm） 梁柱中心线偏移5.0	第4.5.6条	/		
		梁标高±10.0	第4.5.6条	/		

施工单位检查结果	专业工长： 项目专业质量检查员： 年　月　日
监理单位验收结论	专业监理工程师： 年　月　日

2. 验收依据说明

【规范名称及编号】《钢管混凝土工程施工质量验收规范》GB 50628-2010

【条文摘录】

4.5　钢管混凝土柱与钢筋混凝土梁连接

主 控 项 目

4.5.1　钢管混凝土柱与钢筋混凝土梁连接节点核心区的构造及钢筋的规格、位置、数量应符合设计要求。

检查数量：全数检查。

检验方法：观察检查，检查施工记录和隐蔽工程验收记录。

4.5.2　钢管混凝土柱与钢筋混凝土梁采用钢管贯通型节点连接时，在核心区内的钢管外壁处理应符合设计要求，设计无要求时，钢管外壁应焊接不少于两道闭合的钢筋环箍，环箍钢筋直径、位置及焊接质量应符合专项施工方案要求。

检查数量：全数检查。

检验方法：观察检查，检查施工记录。

4.5.3　钢管混凝土柱与钢筋混凝土梁连接采用钢管柱非贯通型节点连接时，钢板翘片、厚壁连接钢管及加劲肋板的规格、数量、位置与焊接质量应符合设计要求。

检查数量：全数检查。

检验方法：观察检查、尺量检查和检查施工记录。

一 般 项 目

4.5.4　梁纵向钢筋通过钢管混凝土柱核心区应符合下列规定：

1　梁的纵向钢筋位置、间距应符合设计要求；

2　边跨梁的纵向钢筋的锚固长度应符合设计要求；

3　梁的纵向钢筋宜直接贯通核心区，且连接接头不宜设置在核心区。

检查数量：全数检查。

检验方法：观察检查、尺量检查和检查隐蔽工程验收记录。

4.5.5　通过梁柱节点核心区的梁纵向钢筋的净距不应小于40mm，且不小于混凝土骨料粒径的1.5倍。绕过钢管布置的纵向钢筋的弯折度应满足设计要求。

检查数量：全数检查。

检验方法：观察检查、尺量检查。

4.5.6 钢管混凝土柱与钢筋混凝土梁连接允许偏差应符合表 4.5.6 的规定。

检查数量：全数检查。

检验方法：见表 4.5.6。

表 4.5.6 钢管混凝土柱与钢筋混凝土梁连接允许偏差（mm）

项 目	允许偏差	检验方法
梁中心线对柱中心线偏移	5	经纬仪、吊线和尺量检查
梁标高	±10	水准仪、尺量检查

4.2.42 钢管内钢筋骨架检验批质量验收记录

1. 表格

钢管内钢筋骨架检验批质量验收记录

01020506 _____

02040501 _____

单位（子单位）工程名称			分部（子分部）工程名称		分项工程名称	
施工单位			项目负责人		检验批容量	
分包单位			分包单位项目负责人		检验批部位	
施工依据				验收依据	《钢管混凝土工程施工质量验收规范》GB 50628－2010	
验 收 项 目			设计要求及规范规定	最小/实际抽样数量	检查记录	检查结果
主控项目	1	钢筋质量	第4.6.1条	/		
	2	钢筋加工、成型、安装	第4.6.2条	/		
	3	受力筋位置、锚固、与管壁距离	第4.6.3条	/		
一般项目	1	允许偏差（mm） 骨架长度±10.0	第4.6.4条	/		
		骨架截面圆形直径±5.0	第4.6.4条	/		
		骨架截面矩形边长±5.0	第4.6.4条	/		
		骨架安装中心位置5.0	第4.6.4条	/		
		受力钢筋间距±10.0	第4.6.4条	/		
		受力钢筋保护层厚度±5.0	第4.6.4条	/		
		箍筋、横筋间距±20.0	第4.6.4条	/		
		钢筋骨架与钢管间距＋5.0，－10.0	第4.6.4条	/		
施工单位检查结果				专业工长： 项目专业质量检查员： 　　　　年　月　日		
监理单位验收结论				专业监理工程师： 　　　　年　月　日		

2. 验收依据说明

【规范名称及编号】《钢管混凝土工程施工质量验收规范》GB 50628－2010

【条文摘录】

4.6 钢管内钢筋骨架

主 控 项 目

4.6.1 钢管内钢筋骨架的钢筋品种、规格、数量应符合设计要求。

检查数量：全数检查。

检验方法：观察检查、卡尺测量、检查产品出厂合格证和检查进场复测报告。

4.6.2 钢筋加工、钢筋骨架成形和安装质量应符合《混凝土结构工程施工质量验收规范》GB 50204 的规定。

检查数量：按每一工作班同一类加工形式的钢筋抽查不少于3件。

检验方法：观察检查、尺量检查。

4.6.3 受力钢筋的位置、锚固长度及与管壁之间的间距应符合设计要求。

检查数量：全数检查。

检验方法：观察检查、尺量检查。

一 般 项 目

4.6.4 钢筋骨架尺寸和安装允许偏差应符合表4.6.4的规定。

检查数量：同批构件抽查10%，且不少于3件。

检验方法：见表4.6.4。

表 4.6.4 钢筋骨架尺寸和安装允许偏差（mm）

项次	检验项目			允许偏差	检验方法
1	钢筋骨架	长度		±10	尺量检查
		截面	圆形直径	±5	尺量检查
			矩形边长	±5	尺量检查
		钢筋骨架安装中心位置		5	尺量检查
2	受力钢筋	间距		±10	尺量检查，测量两端、中间各一点，取最大值
		保护层厚度		±5	尺量检查
3	箍筋、横筋间距			±20	尺量检查，连续三档，取最大值
4	钢筋骨架与钢管间距			+5，-10	尺量检查

4.2.43 钢管内混凝土浇筑检验批质量验收记录

1. 表格

钢管内混凝土浇筑检验批质量验收记录

01020507 _____
02040601 _____

单位（子单位）工程名称			分部（子分部）工程名称		分项工程名称	
施工单位			项目负责人		检验批容量	
分包单位			分包单位项目负责人		检验批部位	
施工依据				验收依据	《钢管混凝土工程施工质量验收规范》GB 50628-2010	
验 收 项 目			设计要求及规范规定	最小/实际抽样数量	检查记录	检查结果
主控项目	1	管内混凝土强度	第4.7.1条	/		
	2	管内混凝土工作性能	第4.7.2条	/		
	3	混凝土浇筑初凝时间控制	第4.7.3条	/		
	4	浇筑密实度	第4.7.4条	/		

续表

验收项目		设计要求及规范规定	最小/实际抽样数量	检查记录	检查结果
一般项目	1 管内施工缝留置	第4.7.5条	/		
	2 浇筑方法及开孔	第4.7.6条	/		
	3 管内清理	第4.7.7条	/		
	4 管内混凝土养护	第4.7.8条	/		
	5 孔的封堵及表面处理	第4.7.9条	/		
施工单位检查结果		专业工长： 项目专业质量检查员： 年 月 日			
监理单位验收结论		专业监理工程师： 年 月 日			

2. 验收依据说明

【规范名称及编号】《钢管混凝土工程施工质量验收规范》GB 50628－2010

【条文摘录】

4.7 钢管内混凝土浇筑

主 控 项 目

4.7.1 钢管内混凝土的强度等级应符合设计要求。

检查数量：全数检查。

检验方法：检查试件强度试验报告。

4.7.2 钢管内混凝土的工作性能和收缩性应符合设计要求和国家现行有关标准的规定。

检查数量：全数检查。

检验方法：检查施工记录。

4.7.3 钢管内混凝土运输、浇筑及间歇的全部时间不应超过混凝土的初凝时间，同一施工段钢管内混凝土应连续浇筑。当需要留置施工缝时应按专项施工方案留置。

检查数量：全数检查。

检验方法：观察检查、检查施工记录。

4.7.4 钢管内混凝土浇筑应密实。

检查数量：全数检查。

检验方法：检查钢管内混凝土浇筑工艺试验报告和混凝土浇筑施工记录。

一 般 项 目

4.7.5 钢管内混凝土施工缝的设置应符合设计要求，当设计无要求时，应在专项施工方案中作出规定，且钢管柱对接焊口的钢管应高出混凝土浇筑施工缝面500mm以上，以防钢管焊接时高温影响混凝土质量。施工缝处理应按专项施工方案进行。

检查数量：全数检查。

检验方法：观察检查、检查施工记录。

4.7.6 钢管内的混凝土浇筑方法及浇灌孔、顶升孔、排气孔的留置应符合专项施工方案要求。

检查数量：全数检查。

检验方法：观察检查、检查施工记录。

4.7.7 钢管内混凝土浇筑前，应对钢管安装质量检查确认，并应清理钢管内壁污物；混凝土浇筑后应对管口进行临时封闭。

　　检查数量：全数检查。

　　检验方法：观察检查、检查施工记录。

　　4.7.8　钢管内混凝土灌筑后的养护方法和养护时间应符合专项施工方案要求。

　　检查数量：全数检查。

　　检验方法：检查施工记录。

　　4.7.9　钢管内混凝土浇筑后，浇灌孔、顶升孔、排气孔应按设计要求封堵，表面应平整，并进行表面清理和防腐处理。

　　检查数量：全数检查。

　　检验方法：观察检查。

4.2.44　铝合金材料检验批质量验收记录

1. 表格

铝合金材料检验批质量验收记录

02060301 _____

单位（子单位）工程名称			分部（子分部）工程名称		分项工程名称		
施工单位			项目负责人		检验批容量		
分包单位			分包单位项目负责人		检验批部位		
施工依据				验收依据	《钢管混凝土工程施工质量验收规范》GB 50628-2010		
验 收 项 目			设计要求及规范规定	最小/实际抽样数量	检查记录		检查结果
主控项目	1	材料的品种、规格、性能	第4.2.1条	/			
	2	材料抽样复验	第4.2.2条	/			
一般项目	1	铝合金板厚度及允许偏差应符合其产品标准的要求	第4.2.3条	/			
	2	铝合金型材的规格尺寸及允许偏差应符合其产品标准的要求	第4.2.4条	/			
	3	铝合金材料的表面外观质量	第4.2.5条	/			
施工单位检查结果				专业工长： 项目专业质量检查员： 　　　　年　　月　　日			
监理单位验收结论				专业监理工程师： 　　　　年　　月　　日			

2. 验收依据说明

【规范名称及编号】《铝合金结构工程施工质量验收规范》GB 50576-2010

【条文摘录】

　　4.2　铝合金材料

Ⅰ　主　控　项　目

　　4.2.1　铝合金材料的品种、规格、性能等应符合国家现行有关标准和设计要求。

　　检查数量：全数检查。

检验方法：检查质量合格证明文件、标识及检验报告等。

4.2.2 对属于下列情况之一的铝合金材料，应进行抽样复验，其复验结果应符合国家现行有关产品标准和设计要求：

1 建筑结构安全等级为一级，铝合金主体结构中主要受力构件所采用的铝合金材料；

2 设计有复验要求的铝合金材料；

3 对质量有疑义的铝合金材料。

检查数量：全数检查。

检验方法：检查复验报告。

Ⅱ 一 般 项 目

4.2.3 铝合金板厚度及允许偏差应符合其产品标准的要求。

检查数量：每一品种、规格的铝合金板抽查5处。

检验方法：用游标卡尺量测。

4.2.4 铝合金型材的规格尺寸及允许偏差应符合其产品标准的要求。

检查数量：每一品种、规格的铝合金型材抽查5处。

检验方法：用钢尺和游标卡尺量测。

4.2.5 铝合金材料的表面外观质量应符合现行国家标准《铝合金建筑型材 第1部分：基材》GB 5237.1、和《铝合金建筑型材第2部分：阳极氧化、着色型材》GB 5237.2等规定外，尚应符合下列规定：

1 铝合金材料表面不应有皱纹、裂纹、起皮、腐蚀斑点、气泡、电灼伤、流痕、发粘以及膜（涂）层脱落等缺陷存在；

2 铝合金材料端边或断口处不应有分层、夹渣等缺陷。

检查数量：全数检查。

检验方法：观察检查。

4.2.45 焊接材料检验批质量验收记录

1. 表格

焊接材料检验批质量验收记录

02060101 _____

单位（子单位）工程名称			分部（子分部）工程名称		分项工程名称		
施工单位			项目负责人		检验批容量		
分包单位			分包单位项目负责人		检验批部位		
施工依据				验收依据	《铝合金结构工程施工质量验收规范》GB 50576-2010		
验 收 项 目			设计要求及规范规定	最小/实际抽样数量	检查记录		检查结果
主控项目	1	焊接材料的品种、规格、性能	第4.3.1条	/			
	2	重要铝合金结构采用焊接材料进行抽样复验	第4.3.2条	/			
一般项目	1	焊条外观不应有药皮脱落、焊芯生锈等缺陷，焊剂不应受潮结块	第4.3.3条	/			
施工单位检查结果				专业工长：项目专业质量检查员： 年 月 日			
监理单位验收结论				专业监理工程师： 年 月 日			

2. 验收依据说明

【规范名称及编号】《铝合金结构工程施工质量验收规范》GB 50576－2010

【条文摘录】

4.3　焊接材料

Ⅰ　主　控　项　目

4.3.1　焊接材料的品种、规格、性能等应符合国家现行有关产品标准和设计要求。

检查数量：全数检查。

检验方法：检查焊接材料的质量合格证明文件、标识及检验报告等。

4.3.2　重要铝合金结构采用的焊接材料应进行抽样复验，复验结果应符合国家现行有关产品标准和设计要求。

检查数量：全数检查。

检验方法：检查复验报告。

Ⅱ　一　般　项　目

4.3.3　焊条外观不应有药皮脱落、焊芯生锈等缺陷，焊剂不应受潮结块。

检查数量：按量抽查不少于1％，且不应少于10包。

检验方法：观察检查。

4.2.46　标准紧固件检验批质量验收记录

1. 表格

标准紧固件检验批质量验收记录

02060201 _____

单位（子单位）工程名称			分部（子分部）工程名称		分项工程名称		
施工单位			项目负责人		检验批容量		
分包单位			分包单位项目负责人		检验批部位		
施工依据				验收依据	《铝合金结构工程施工质量验收规范》GB 50576－2010		
验　收　项　目			设计要求及规范规定	最小/实际抽样数量	检查记录		检查结果
主控项目	1	标准紧固件品种、规格、性能	第4.4.1条	/			
	2	高强度大六角头螺栓连接副应检验扭矩系数	第4.4.2条	/			
	3	扭剪型高强度螺栓连接副检验预拉力	第4.4.3条	/			
一般项目	1	高强度螺栓连接副包装和外观质量	第4.4.4条	/			
	2	螺栓球节点铝合金网架结构，其连接高强度螺栓外观质量和表面硬度试验	第4.4.5条	/			
施工单位检查结果					专业工长： 项目专业质量检查员： 　　　年　　月　　日		
监理单位验收结论					专业监理工程师： 　　　年　　月　　日		

2. 验收依据说明

【规范名称及编号】《铝合金结构工程施工质量验收规范》GB 50576－2010

【条文摘录】

4.4　标准紧固件

Ⅰ　主　控　项　目

4.4.1　铝合金结构连接用高强度大六角头螺栓连接副、扭剪型高强度螺栓连接副、高强度螺栓、普通螺栓、铆钉、自攻螺钉、拉铆钉、锚栓（机械型和化学试剂型）、地脚锚栓等紧固标准件及螺母、垫圈等标准配件，其品种、规格、性能等应符合国家现行有关产品标准和设计要求。高强度大六角头螺栓连接副、扭剪型高强度螺栓连接副出厂时应分别随箱带有扭矩系数和紧固轴力（预拉力）的检验报告。

检查数量：全数检查。

检验方法：检查产品的质量合格证明文件、标识及检验报告等。

4.4.2 高强度大六角头螺栓连接副应按本规范附录B的规定检验其扭矩系数，其检验结果应符合本规范附录B的规定。

检查数量：见本规范附录B。

检验方法：检查复验报告。

4.4.3 扭剪型高强度螺栓连接副应按本规范附录B的规定检验预拉力，其检验结果应符合本规范附录B的规定。

检查数量：见本规范附录B。

检验方法：检查复验报告。

Ⅱ 一 般 项 目

4.4.4 高强度螺栓连接副，应按包装箱配套供货，包装箱上应标明批号、规格、数量及生产日期。螺栓、螺母、垫圈外观表面应涂油保护，不应出现生锈和沾染脏物，螺纹不应有损伤。

检查数量：按包装箱数抽查5%，且不应少于3箱。

检验方法：观察检查。

4.4.5 对建筑结构安全等级为一级，跨度40m及以上的螺栓球节点铝合金网架结构，其连接高强度螺栓不得有裂缝或损伤，并应进行表面硬度试验，8.8级的高强度螺栓的硬度应为HRC21～HRC29；10.9级高强度螺栓的硬度应HRC32～HRC36。

检查数量：按规格抽查8只。

检验方法：硬度计、10倍放大镜或磁粉探伤。

4.2.47 螺栓球检验批质量验收记录

1. 表格

螺栓球检验批质量验收记录

02060401 _____

单位（子单位）工程名称			分部（子分部）工程名称		分项工程名称	
施工单位			项目负责人		检验批容量	
分包单位			分包单位项目负责人		检验批部位	
施工依据				验收依据	《铝合金结构工程施工质量验收规范》GB 50576－2010	

		验 收 项 目	设计要求及规范规定	最小/实际抽样数量	检查记录	检查结果
主控项目	1	螺栓球及制造螺栓球节点所采用的原材料的品种、规格、性能	第4.5.1条	/		
	2	螺栓球质量	不得有裂纹、褶皱、过烧等缺陷	/		
一般项目	1	螺栓球螺纹尺寸和螺纹公差	第4.5.3条	/		
	2	螺栓球直径、圆度、相邻两螺栓孔中心线夹角等尺寸及允许偏差	第4.5.4条	/		

施工单位检查结果	专业工长：项目专业质量检查员： 年 月 日
监理单位验收结论	专业监理工程师： 年 月 日

2. 验收依据说明

【规范名称及编号】《铝合金结构工程施工质量验收规范》GB 50576－2010

【条文摘录】

4.5　螺栓球

Ⅰ　主　控　项　目

4.5.1　螺栓球及制造螺栓球节点所采用的原材料，其品种、规格、性能等应符合国家现行产品标准和设计要求。

检查数量：全数检查。

检验方法：检查产品的质量合格证明文件、标识及检验报告等。

4.5.2　螺栓球不得有裂纹、褶皱、过烧等缺陷。

检查数量：每种规格抽查5%，且不应少于5只。

检验方法：用10倍放大镜观察和表面探伤。

Ⅱ　一　般　项　目

4.5.3　螺栓球螺纹尺寸应符合现行国家标准《普通螺纹基本尺寸》GB/T 196 中粗牙螺纹的规定，螺纹公差必须符合现行国家标准《普通螺纹公差与配合》GB/T 197 中 6H 级精度的规定。

检查数量：每种规格抽查5%，且不应少于5只。

检验方法：用标准螺纹规。

4.5.4　螺栓球直径、圆度、相邻两螺栓孔中心线夹角等尺寸及允许偏差应符合本规范的规定。

检查数量：每一种规格按数量抽查5%，且不应少于3个。

检验方法：用卡尺和分度头仪检查。

4.2.48　铝合金面板检验批质量验收记录

1. 表格

铝合金面板检验批质量验收记录

02060801 _____

单位（子单位）工程名称				分部（子分部）工程名称			分项工程名称	
施工单位				项目负责人			检验批容量	
分包单位				分包单位项目负责人			检验批部位	
施工依据						验收依据	《铝合金结构工程施工质量验收规范》GB 50576－2010	
验 收 项 目			设计要求及规范规定	最小/实际抽样数量		检查记录		检查结果
主控项目	1	铝合金面板及制造铝合金面板所采用的原材料，其品种、规格、性能	第4.6.1条	/				
	2	铝合金泛水板、包角板和零配件的品种、规格、性能	第4.6.2条	/				
一般项目	1	铝合金面板的规格尺寸及允许偏差、表面质量、涂层质量	第4.6.3条	/				
施工单位检查结果				专业工长： 项目专业质量检查员： 年　　月　　日				
监理单位验收结论				专业监理工程师： 年　　月　　日				

2. 验收依据说明

【规范名称及编号】《铝合金结构工程施工质量验收规范》GB 50576－2010

【条文摘录】

4.6 铝合金面板

Ⅰ 主 控 项 目

4.6.1 铝合金面板及制造铝合金面板所采用的原材料，其品种、规格、性能等应符合国家现行有关标准和设计要求。

检查数量：全数检查。

检验方法：检查质量合格证明文件、标识及检验报告等。

4.6.2 铝合金泛水板、包角板和零配件的品种、规格、性能应符合国家现行产品标准和设计要求。

检查数量：全数检查。

检验方法：检查产品的质量合格证明文件、标识及检验报告等。

Ⅱ 一 般 项 目

4.6.3 铝合金面板的规格尺寸及允许偏差、表面质量、涂层质量等应符合设计要求和本规范的规定。

检查数量：每种规格抽查5%，且不应少于3件。

检验方法：观察、用10倍放大镜检查及尺量。

4.2.49 其他材料检验批质量验收记录

1. 表格

其他材料检验批质量验收记录

02061001 _____

单位（子单位）工程名称				分部（子分部）工程名称			分项工程名称	
施工单位				项目负责人			检验批容量	
分包单位				分包单位项目负责人			检验批部位	
施工依据					验收依据		《铝合金结构工程施工质量验收规范》GB 50576－2010	
验 收 项 目				设计要求及规范规定	最小/实际抽样数量	检查记录		检查结果
主控项目	1	防腐涂料的品种、规格、性能		第4.7.1条	/			
	2	铝合金结构用橡胶垫、胶条、密封胶等的品种、规格、性能		第4.7.2条	/			
	3	防水密封材料的性能		第4.7.3条	/			
施工单位检查结果			专业工长： 项目专业质量检查员： 年 月 日					
监理单位验收结论			专业监理工程师： 年 月 日					

2. 验收依据说明

【规范名称及编号】《铝合金结构工程施工质量验收规范》GB 50576－2010

【条文摘录】

4.7 其他材料

Ⅰ 主 控 项 目

4.7.1 铝合金材料防腐涂料的品种、规格、性能等应符合国家现行产品标准和设计要求。

检查数量：全数检查。

检验方法：检查产品的质量合格证明文件、标识及检验报告等。

4.7.2 铝合金结构用橡胶垫、胶条、密封胶等的品种、规格、性能等应符合国家现行产品标准和设计要求。

检查数量：全数检查。

检验方法：检查产品的质量合格证明文件、标识及检验报告等。

4.7.3 防水密封材料的性能应符合国家现行产品标准和设计要求，并应与基材作相容性试验。

检查数量：全数检查。

检验方法：检查产品的质量合格证明文件、标识及检验报告等。

4.2.50 铝合金构件焊接检验批质量验收记录

1. 表格

铝合金构件焊接检验批质量验收记录

02060102 _____

单位（子单位）工程名称			分部（子分部）工程名称		分项工程名称	
施工单位			项目负责人		检验批容量	
分包单位			分包单位项目负责人		检验批部位	
施工依据				验收依据	《铝合金结构工程施工质量验收规范》GB 50576－2010	

验 收 项 目			设计要求及规范规定	最小/实际抽样数量	检查记录	检查结果
主控项目	1	焊条、焊丝、焊剂等焊接材料与母材的匹配	第5.2.1条	/		
	2	焊条、焊剂、药芯焊丝等在使用前烘焙和存放	第5.2.1条	/		
	3	焊工必须经考试合格并取得合格证书	第5.2.2条	/		
	4	施工单位对首次采用的铝合金材料、焊接材料、焊接方法等进行焊接工艺评定	第5.2.3条	/		
	5	设计要求全焊透的对接焊缝，其内部缺陷检验	第5.2.4条	/		
	6	角焊缝焊脚高度	第5.2.5条	/		
	7	T形接头、十字接头、角接接头焊脚尺寸	第5.2.5条	/		
	8	焊缝表面质量	第5.2.6条	/		
一般项目	1	对于需要进行焊前预热或焊后热处理的焊缝，其预热温度或后热温度	第5.2.7条	/		

续表

验收项目			设计要求及规范规定	最小/实际抽样数量	检查记录	检查结果
一般项目	2	焊缝外观质量	未焊满（指不足设计要求）	≤0.2+0.02t，且≤1.0mm，	/		
				每100mm焊缝内缺陷总长≤25mm	/		
			根部收缩	≤0.2+0.02t，且≤1.0mm	/		
			咬边深度	母材t≤10mm时，≤0.5mm	/		
				母材t>10mm时，≤0.8mm	/		
				连续长度≤100mm	/		
			焊缝两侧咬边总长度（L为焊缝总长度） 板材	10%L（L=____ mm）	/		
			焊缝两侧咬边总长度（L为焊缝总长度） 管材	20%L（L=____ mm）	/		
			裂纹、弧坑裂纹、电弧擦伤、焊瘤、表面夹渣、表面气孔	不允许	/		
			焊缝接头不良	缺口深度≤0.05t，且≤0.5mm	/		
				每1000mm焊缝不应超过1处	/		
			未焊透	不加衬垫单面焊容许值≤0.15t，且≤1.5mm	/		
				每100mm焊缝内缺陷总长≤25mm	/		
	3	焊缝尺寸允许偏差	对接焊缝余高C	母材t≤10mm时，≤3.0mm	/		
				母材t>10mm时，≤t/3且≤5mm	/		
			角焊缝余高C	h_f≤6时，≤1.5mm	/		
				h_f>6时，≤3.0mm	/		
			表面凹陷d	仰焊位置单面焊焊缝内表面深度d≤0.2t且≤2mm	/		
				其他所有位置的焊缝表面应不低于基本金属	/		
			错边量d	母材t≤5mm时，≤0.5mm	/		
				母材t>5mm时，≤0.1t且≤2mm	/		
	4	焊成凹形的焊缝，焊缝金属与母材间应平缓过渡		第5.2.10条	/		
	5	焊缝感观		第5.2.11条	/		

施工单位检查结果	专业工长： 项目专业质量检查员： 　　　　　　　年　　月　　日
监理单位验收结论	专业监理工程师： 　　　　　　　年　　月　　日

283

2. 验收依据说明

【规范名称及编号】《铝合金结构工程施工质量验收规范》GB 50576－2010

【条文摘录】

5.1　一般规定

5.1.1　本章适用于铝合金结构制作和安装中的铝合金构件焊接的工程质量验收。

5.1.2　铝合金结构焊接工程应按相应的铝合金结构制作或安装工程检验批的划分原则划分为一个或若干个检验批。

5.1.3　对于需要进行焊缝探伤检验的铝合金结构，宜在完成焊接24h后，进行焊缝探伤检验。

5.1.4　焊缝施焊后应在工艺规定的焊缝及部位打上焊工钢印。

5.2　铝合金构件焊接工程

Ⅰ　主　控　项　目

5.2.1　焊条、焊丝、焊剂等焊接材料与母材的匹配应符合设计要求及现行国家标准《铝及铝合金焊条》GB/T 3669 和《铝及铝合金焊丝》GB/T 10858 的有关规定。焊条、焊剂、药芯焊丝等在使用前，应按其产品说明书及焊接工艺文件的规定进行烘焙和存放。

检查数量：全数检查。

检验方法：检查质量证明书和烘焙记录。

5.2.2　焊工必须经考试合格并取得合格证书。

检查数量：全数检查。

检验方法：检查焊工合格证及有效期。

5.2.3　施工单位对首次采用的铝合金材料、焊接材料、焊接方法等，应进行焊接工艺评定，根据评定报告确定焊接工艺，并编制焊接作业指导书。

检查数量：全数检查。

检验方法：检查焊接工艺评定报告及焊接作业指导书。

5.2.4　设计要求全焊透的对接焊缝，其内部缺陷检验应符合下列要求：

1　设计明确要求做内部缺陷探伤检验的部位，应采用超声波探伤进行检验，超声波探伤不能对缺陷进行判断时，应采用射线探伤，其内部缺陷分级及探伤方法应符合现行国家标准《现场设备、工业管道焊接施工及验收规范》GB 50236 和《金属熔化焊焊接接头射线照相》GB/T 3323 的有关规定；

2　设计无明确要求做内部缺陷探伤检验的部位，可不进行无损检测。

检查数量：全数检查。

检验方法：检查超声波或射线探伤记录。

5.2.5　角焊缝的焊角高度应等于或大于两焊件中较薄焊件母材厚度的70%，且不应小于3mm。T形接头、十字接头、角接接头等要求熔透的对接和角对接组合焊缝，其焊脚尺寸不应小于板厚度的1/4（图5.2.5）。

检查数量：资料全数检查；同类焊缝抽查10%，且不应少于3条。

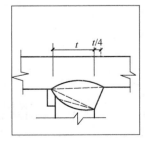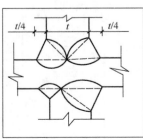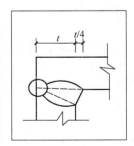

图5.2.5　焊脚尺寸
注：t—板的厚度。

检验方法：观察检查，用焊缝量规抽查测量。

5.2.6 焊缝应与母材表面圆滑过渡，其表面不得有裂纹、焊瘤、弧坑裂纹、电弧擦伤等缺陷。

检查数量：每批同类构件抽查10％，且不应少于3件；被抽查构件中，每一类型焊缝按条数抽查5％，且不应少于1条；每条检查1处，总抽查数不应少于10处。

检验方法：观察检查或使用放大镜、焊缝量规和钢尺检查，当存在疑义时，采用渗透探伤检查。

Ⅱ 一 般 项 目

5.2.7 对于需要进行焊前预热或焊后热处理的焊缝，其预热温度或后热温度应符合国家现行有关标准的规定或通过工艺试验确定。

检查数量：全数检查。

检验方法：检查预、后热施工记录和工艺试验报告。

5.2.8 铝合金焊缝外观质量标准应符合本规范表A.0.1的规定。

检查数量：每批同类构件抽查10％，且不应少于3件；被抽查构件中，每一类焊缝按条数抽查5％，且不应少于1条；每条检查1处，总抽查数不应少于10处。

检验方法：观察检查或使用放大镜、焊缝量规和钢尺检查。

5.2.9 焊缝尺寸允许偏差应符合本规范表A.0.2的规定。

检查数量：每批同类构件抽查10％，且不应少于3件；被抽查构件中，每一类焊缝按条数各抽查5％，但不应少于1条；每条检查1处，总抽查数不应少于10处。

检验方法：用焊缝量规检查。

5.2.10 焊成凹形的焊缝，焊缝金属与母材间应平缓过渡。

检查数量：每批同类构件抽查10％，且不应少于3件。

检验方法：观察检查。

5.2.11 焊缝感观应符合下列规定：

1 外形均匀、成型较好；

2 焊道与焊道、焊道与基本金属间过渡较平滑；

3 焊渣和飞溅物基本清除干净。

检查数量：每批同类构件抽查10％，且不应少于3件；被抽查构件中，每一类焊缝按数量各抽查5％，总抽查处不应少于5处。

检验方法：观察检查。

4.2.51 普通紧固件连接检验批质量验收记录

1. 表格

普通紧固件连接检验批质量验收记录

02060202 _____

单位（子单位）工程名称				分部（子分部）工程名称			分项工程名称	
施工单位				项目负责人			检验批容量	
分包单位				分包单位项目负责人			检验批部位	
施工依据					验收依据	《铝合金结构工程施工质量验收规范》GB 50576－2010		
验 收 项 目				设计要求及规范规定	最小/实际抽样数量	检查记录		检查结果
主控项目	1	普通螺栓实物最小拉力载荷复验		第6.2.1条	/			
	2	连接铝合金薄板采用的自攻螺钉、铆钉、拉铆钉规格尺寸及其间距、边距		材料、配件相匹配	/			

续表

验收项目			设计要求及规范规定	最小/实际抽样数量	检查记录	检查结果
一般项目	1	永久性普通螺栓紧固	应牢固、可靠，外露丝扣不应少于2扣	/		
	2	自攻螺钉、铆钉、拉铆钉等与连接铝合金板紧固	应紧固密贴，外观排列应整齐	/		
施工单位检查结果				专业工长： 项目专业质量检查员： 　　　　　　　年　月　日		
监理单位验收结论				专业监理工程师： 　　　　　　　年　月　日		

2. 验收依据说明

【规范名称及编号】《铝合金结构工程施工质量验收规范》GB 50576—2010

【条文摘录】

6.1　一般规定

6.1.1　本章适用于铝合金结构制作和安装中的普通螺栓、扭剪型高强度螺栓、高强度大六角头螺栓、铆钉、自攻螺钉、拉铆钉等连接工程的质量验收。

6.1.2　紧固件连接工程应按相应的铝合金结构制作或安装检验批的划分原则划分为一个或若干个检验批。

6.2　普通紧固件连接

Ⅰ　主　控　项　目

6.2.1　普通螺栓作为永久性连接螺栓时，当设计有要求或对其质量有疑义时，应进行螺栓实物最小拉力载荷复验，试验方法应符合本规范附录B的规定，试验结果应符合现行国家标准《紧固件机械性能》GB/T 3098的有关规定。

检查数量：每一规格螺栓抽查8个。

检验方法：检查螺栓实物复验报告。

6.2.2　连接铝合金薄板采用的自攻螺钉、铆钉、拉铆钉等其规格尺寸应与被连接铝合金板相匹配，其间距、边距等应符合设计要求。

检查数量：按连接节点数抽查3%，且不应少于5个。

检验方法：观察和尺量检查。

Ⅱ　一　般　项　目

6.2.3　永久性普通螺栓紧固应牢固、可靠，外露丝扣不应少于2扣。

检查数量：按连接节点数抽查3%，且不应少于5个。

检验方法：观察和用小锤敲击检查。

6.2.4　自攻螺钉、铆钉、拉铆钉等与连接铝合金板应紧固密贴，外观排列应整齐。

检查数量：按连接节点数抽查10%，且不应少于3个。

检验方法：观察或用小锤敲击检查。

4.2.52 高强度螺栓连接检验批质量验收记录

1. 表格

高强度螺栓连接检验批质量验收记录

02060203 _____

单位（子单位）工程名称				分部（子分部）工程名称		分项工程名称	
施工单位				项目负责人		检验批容量	
分包单位				分包单位项目负责人		检验批部位	
施工依据				验收依据		《铝合金结构工程施工质量验收规范》GB 50576－2010	

验 收 项 目			设计要求及规范规定	最小/实际抽样数量	检查记录	检查结果
主控项目	1	高强度螺栓连接摩擦面的抗滑移系数试验和复验	第6.3.1条	/		
	2	现场处理的构件摩擦面应单独进行摩擦面抗滑移系数试验	第6.3.1条	/		
	3	高强度大六角头螺栓连接副终拧矩检查	第6.3.2条	/		
	4	扭剪型高强度螺栓连接副，未在终拧中拧掉梅花头螺栓数	第6.3.3条	/		
	5	对所有梅花头未拧掉的扭剪型高强度螺栓连接副应采用扭矩法或转角法进行终拧并作标记，且进行终拧扭矩检查	第6.3.3条	/		
一般项目	1	高强度螺栓连接副的施拧顺序和初拧、复拧扭矩	第6.3.4条	/		
	2	高强度螺栓连接副终拧后，螺栓丝扣外露	第6.3.5条	/		
		高强度螺栓连接摩擦面表观质量	第6.3.6条	/		
		螺栓扩孔	第6.3.7条	/		
施工单位检查结果			专业工长： 项目专业质量检查员： 年　月　日			
监理单位验收结论			专业监理工程师： 年　月　日			

2. 验收依据说明

【规范名称及编号】《铝合金结构工程施工质量验收规范》GB 50576－2010

【条文摘录】

6.3　高强度螺栓连接

Ⅰ　主　控　项　目

6.3.1　铝合金结构制作和安装单位应按本规范附录 B 的规定分别进行高强度螺栓连接摩擦面的抗滑移系数试验和复验，现场处理的构件摩擦面应单独进行摩擦面抗滑移系数试验，试验结果应符合设计要求。

检查数量：见本规范附录 B。

检验方法：检查摩擦面抗滑移系数试验报告和复验报告。

6.3.2　高强度大六角头螺栓连接副终拧完成 1h 后、48h 内应进行终拧矩检查，检查结果应符合本规范附录 B 的规定。

检查数量：按节点数抽查 10％，且不应少于 10 个；每个被抽查节点按螺栓数抽查 10％，且不应少于 2 个。

检验方法：见本规范附录 B。

6.3.3　扭剪型高强度螺栓连接副终拧后，除因构造原因无法使用专用扳手终拧掉梅花头者外，未在终拧中拧掉梅花头的螺栓数不应大于该节点螺栓数的 5％。对所有梅花头未拧掉的扭剪型高强度螺栓连接副应采用扭矩法或转角法进行终拧并作标记，且按本规范第 6.3.2 条的规定进行终拧扭矩检查。

检查数量：按节点数抽查 10％，且不应少于 10 个节点；被抽检节点中梅花头未拧掉的扭剪型高强度螺栓连接副全数进行终拧扭矩检查。

检验方法：观察检查及本规范附录 B。

Ⅱ　一　般　项　目

6.3.4　高强度螺栓连接副的施拧顺序和初拧、复拧扭矩应符合设计要求和国家现行有关标准的规定。

检查数量：全数检查资料。

检查方法：检查扭矩扳手标定记录和螺栓施工记录。

6.3.5　高强度螺栓连接副终拧后，螺栓丝扣外露应为 2 扣～3 扣，其中可允许有 10％的螺栓丝扣外露 1 扣或 4 扣。

检查数量：按节点数抽查 5％，且不应少于 10 个。

检验方法：观察检查。

6.3.6　高强度螺栓连接摩擦面应保持干燥、整洁，不应有飞边、毛刺、焊接飞溅物、焊疤、污垢等缺陷，除设计要求外摩擦面不应涂漆。

检查数量：全数检查。

检验方法：观察检查。

6.3.7　高强度螺栓应自由穿入螺栓孔。高强度螺栓孔不应采用气割扩孔，扩孔数量应征得设计同意，扩孔后的孔径不应超过螺栓直径的 1.2 倍。

检查数量：被扩螺栓孔全数检查。

检验方法：观察检查及用卡尺检查。

4.2.53　铝合金零部件切割加工检验批质量验收记录

1. 表格

铝合金零部件切割加工检验批质量验收记录

02060302 ____

单位（子单位） 工程名称					分部（子分部） 工程名称			分项工程 名称		
施工单位					项目负责人			检验批容量		
分包单位					分包单位 项目负责人			检验批部位		
施工依据							验收依据	《铝合金结构工程施工质量验收规范》 GB 50576－2010		

		验收项目	设计要求及 规范规定	最小/实际 抽样数量	检 查 记 录	检查 结果
主控项目	1	铝合金零部件切割面或剪切面表观质量	应无裂纹、夹渣和大于 0.5mm 的缺棱	/		
一般项目	1	铝合金零部件切割允许偏差	零部件的宽度，长度	±1.0mm	/	
	2		切割平面度	－30′且不大于 0.3mm	/	
	3		割纹深度	0.3mm	/	
	4		局部缺口深度	0.5mm	/	

施工单位 检查结果	专业工长： 项目专业质量检查员： 　　　　　　　　　　年　月　日
监理单位 验收结论	专业监理工程师： 　　　　　　　　　　年　月　日

2. 验收依据说明

【规范名称及编号】《铝合金结构工程施工质量验收规范》GB 50576－2010

【条文摘录】

7.2 切割

Ⅰ 主 控 项 目

7.2.1 铝合金零部件切割面或剪切面应无裂纹、夹渣和大于 0.5mm 的缺棱。

检查数量：全数检查。

检验方法：观察或用放大镜及百分尺检查。

Ⅱ 一 般 项 目

7.2.2 铝合金零部件切割允许偏差应符合表 7.2.2 的规定。

检查数量：按切割面数检查 10%，且不应小于 3 个。

检查方法：卷尺、游标卡尺、分度头检查。

表 7.2.2　切割的允许偏差

检查项目	允许偏差	检查项目	允许偏差
零部件的宽度，长度	±1.0mm	割纹深度	0.3mm
切割平面度	－30′且不大于 0.3mm	局部缺口深度	0.5mm

4.2.54　铝合金零部件边缘加工检验批质量验收记录

1. 表格

铝合金零部件边缘加工检验批质量验收记录

02060303 ____

单位（子单位） 工程名称			分部（子分部） 工程名称		分项工程 名称	
施工单位			项目负责人		检验批容量	
分包单位			分包单位 项目负责人		检验批部位	
施工依据				验收依据	《铝合金结构工程施工质量验收规范》 GB 50576－2010	

验收项目			设计要求及 规范规定	最小/实际 抽样数量	检 查 记 录	检查 结果
主控项目	1	铝合金零部件，按设计要求需要进行边缘加工	刨削量不应小于1.0mm	/		
一般项目	1	边缘加工允许偏差	零部件的宽度、长度	±1.0mm	/	
	2		加工边直线度	$L/3000$，且不大于2.0mm（L＝___ mm）	/	
	3		相邻两边夹角	±6′	/	
			加工面表面粗糙度	12.5▽	/	
施工单位 检查结果				专业工长： 项目专业质量检查员： 　　　　　　　　年　月　日		
监理单位 验收结论				专业监理工程师： 　　　　　　　　年　月　日		

2. 验收依据说明

【规范名称及编号】《铝合金结构工程施工质量验收规范》GB 50576－2010

【条文摘录】

　　7.3　边缘加工

Ⅰ　主　控　项　目

7.3.1　铝合金零部件，按设计要求需要进行边缘加工时，其刨削量不应小于1.0mm。

　　检查数量：全数检查。

　　检验方法：检查工艺报告和施工纪录。

Ⅱ　一　般　项　目

7.3.2　边缘加工允许偏差应符合表7.3.2的规定。

　　检查数量：按加工面数抽查10%，且不应少于3件。

　　检验方法：观察检查和实测检查。

表 7.3.2　边缘加工的允许偏差

检查项目	允许偏差	检查项目	允许偏差
零部件的宽度、长度	±1.0mm	相邻两边夹角	±6′
加工边直线度	$L/3000$，且不大于2.0mm	加工面表面粗糙度	12.5▽

　　注：L—加工边边长。

4.2.55 球、毂加工检验批质量验收记录

1. 表格

球、毂加工检验批质量验收记录

02060304 ____

单位（子单位）工程名称				分部（子分部）工程名称			分项工程名称	
施工单位				项目负责人			检验批容量	
分包单位				分包单位项目负责人			检验批部位	
施工依据						验收依据	《铝合金结构工程施工质量验收规范》GB 50576-2010	

		验收项目		设计要求及规范规定	最小/实际抽样数量	检 查 记 录	检查结果
主控项目	1	螺栓球、毂成型后外观质量		不应有裂纹、褶皱、过烧等缺陷	/		
	2	铝合金板压制成半圆球后外观质量		表面不应有裂纹、褶皱等缺陷	/		
	3	焊接球其对应坡口应采用机械加工，对接焊缝表面外观质量		应打磨平整	/		
一般项目	1	螺栓球加工	圆度 $d \leqslant 120mm$	1.0mm	/		
			圆度 $d > 120mm$	1.5mm	/		
			同一轴线上两铣平面的平行度 $d \leqslant 120mm$	0.1mm	/		
			同一轴线上两铣平面的平行度 $d > 120mm$	0.2mm	/		
			铣平面距球中心距离	±0.1mm	/		
			相邻螺栓孔中心线夹角	±30′	/		
			两铣平面与螺栓孔轴线垂直度	0.005r (r=__mm)	/		
			球，毂毛坯直径 $d \leqslant 120mm$	+2.0mm −0.5mm	/		
			球，毂毛坯直径 $d > 120mm$	+3.0mm −1.0mm	/		
	2	管杆件加工允许偏差	长度	±0.5	/		
			端面对管轴垂直度	0.005r (r=__mm)	/		
			管口曲线	0.5	/		
	3	毂加工允许偏差毂加工允许偏差	毂的圆度	±0.005d, ±1.0mm (d=__mm)	/		
			嵌入圆孔对分布圆中心线的平行度	0.3mm	/		
			分布圆直径	±0.3mm	/		
			直槽对圆孔平行度	0.2mm	/		
			嵌入槽夹角	±0.3°	/		
			端面跳动	0.3mm	/		
			端面平行度	0.5mm	/		
施工单位检查结果						专业工长：项目专业质量检查员：　　　　　年　月　日	
监理单位验收结论						专业监理工程师：　　　　　　　　　　　年　月　日	

2. 验收依据说明

【规范名称及编号】《铝合金结构工程施工质量验收规范》GB 50576－2010

【条文摘录】

7.4　球、毂加工

Ⅰ　主　控　项　目

7.4.1　螺栓球、毂成型后，不应有裂纹、褶皱、过烧等缺陷。

检查数量：每种规格抽查10％，且不应少于5个。

检验方法：10倍放大镜观察或表面探伤。

7.4.2　铝合金板压制成半圆球后，表面不应有裂纹、褶皱等缺陷；焊接球其对应坡口应采用机械加工，对接焊缝表面应打磨平整。

检查数量：每种规格抽查10％，且不应少于5个。

检验方法：10倍放大镜观察检查或表面探伤。

Ⅱ　一　般　项　目

7.4.3　螺栓球加工允许偏差应符合表7.4.3的规定。

检查数量：每种规格抽查10％，且不少于5个。

检验方法：见表7.4.3。

表7.4.3　螺栓球加工的允许偏差

检 查 项 目		允 许 偏 差	检 查 方 法
圆度	$d\leqslant120mm$	1.0mm	用卡尺和游标卡尺检查
	$d>120mm$	1.5mm	
同一轴线上两铣平面的平行度	$d\leqslant120mm$	0.1mm	用百分表V形块检查
	$d>120mm$	0.2mm	
铣平面距球中心距离		±0.1mm	用游标卡尺检查
相邻螺栓孔中心线夹角		±30′	用分度头检查
两铣平面与螺栓孔轴线垂直度		0.005r	用百分表检查
球，毂毛坯直径	$d\leqslant120mm$	+2.0mm −0.5mm	用卡尺和游标卡尺检查
	$d>120mm$	+3.0mm −1.0mm	

注：1 d——螺栓球直径。

　　2 r——螺栓球半径。

7.4.4　管杆件加工的允许偏差应符合表7.4.4的规定。

检查数量：每种规格抽查10％，且不少于5根。

检验方法：见表7.4.4。

表7.4.4　管杆件加工的允许偏差（mm）

检 查 项 目	允 许 偏 差	检 验 方 法
长度	±0.5	用钢尺和百分表检查
端面对管轴的垂直度	0.005r	用百分表V形块检查
管口曲线	0.5	用套模和游标卡尺检查

注：r——管杆半径。

7.4.5　毂加工的允许偏差应符合表7.4.5的规定。

检查数量：每种规格抽查10％，且不应少于5个。

检验方法：见表7.4.5。

表 7.4.5 毂加工的允许偏差

检查项目	允许偏差	检验方法
毂的圆度	$\pm 0.005d$ ± 1.0mm	用卡尺和游标卡尺检查
嵌入圆孔对分布圆中心线的平行度	0.3mm	用百分表 V 形块检查
分布圆直径允许偏差	± 0.3mm	用卡尺和游标卡尺检查
直槽对圆孔平行度允许偏差	0.2mm	用百分表 V 形块检查
嵌入槽夹角偏差	$\pm 0.3°$	用分度头检查
端面跳动允许偏差	0.3mm	游标卡尺检查
端面平行度允许偏差	0.5mm	用百分表 V 形块检查

注：d——直径。

4.2.56 铝合金零部件制孔检验批质量验收记录

1. 表格

铝合金零部件制孔检验批质量验收记录

02060305____

单位（子单位）工程名称				分部（子分部）工程名称			分项工程名称	
施工单位				项目负责人			检验批容量	
分包单位				分包单位项目负责人			检验批部位	
施工依据				验收依据			《铝合金结构工程施工质量验收规范》GB 50576－2010	

验收项目				设计要求及规范规定	最小/实际抽样数量	检查记录	检查结果
主控项目	1	A、B 级螺栓孔（Ⅰ类孔）精度和孔壁表面粗糙度		第7.5.1条	/		
	2	A、B 级螺栓孔径的允许偏差（mm）	螺栓公称直径	10～18	0.00，−0.18	/	
				18～30	0.00，−0.21	/	
				30～50	0.00，−0.25	/	
			螺栓孔直径	10～18	＋0.18，0.00	/	
				18～30	＋0.21，0.00	/	
				30～50	＋0.25，0.00	/	
	3	C 级螺栓孔的允许偏差（mm）	直径	＋1.0，0.00	/		
			圆度	1.0	/		
			垂直度	0.03t，且不大于1.5（$t=$____mm）	/		
一般项目	1	螺栓孔位的允许偏差		± 0.5mm	/		
		孔距的允许偏差		± 0.5mm	/		
		孔距的累计偏差		± 1.0mm	/		
	2	铆钉通孔尺寸偏差		第7.5.3条	/		
	3	沉头螺钉的沉孔尺寸偏差		第7.5.4条	/		
	4	圆柱头、螺栓沉孔的尺寸偏差		第7.5.5条	/		
	5	螺丝孔的尺寸偏差		第7.5.6条	/		
施工单位检查结果			专业工长： 项目专业质量检查员： <div align="right">年 月 日</div>				
监理单位验收结论			专业监理工程师： <div align="right">年 月 日</div>				

2. 验收依据说明

【规范名称及编号】《铝合金结构工程施工质量验收规范》GB 50576-2010

【条文摘录】

7.5 制孔

Ⅰ 主 控 项 目

7.5.1 A、B级螺栓孔（Ⅰ类孔）应具有H12的精度，孔壁表面粗糙度R_a不应大于12.5μm。A、B级螺栓孔径的允许偏差应符合表7.5.1-1的规定。C级螺栓孔（Ⅱ类孔），孔壁表面粗糙度R_a不应大于25.0μm，其允许偏差应符合表7.5.1-2的规定。

检查数量：按构件数量抽查10%，且不应少于3件。

检验方法：用游标卡尺或孔径量规、粗糙度仪检查。

表7.5.1-1 A、B级螺栓孔径的允许偏差（mm）

序号	螺栓公称直径、螺栓孔直径	螺栓公称直径允许偏差	螺栓孔直径允许偏差
1	10~18	0.00, -0.18	+0.18, 0.00
2	18~30	0.00, -0.21	+0.21, 0.00
3	30~50	0.00, -0.25	+0.25, 0.00

表7.5.1-2 C级螺栓孔的允许偏差（mm）

检 查 项 目	允 许 偏 差
直 径	+1.0, 0.00
圆 度	1.0
垂 直 度	0.03t，且不大于1.5

注：t——厚度。

Ⅱ 一 般 项 目

7.5.2 螺栓孔位的允许偏差为±0.5mm，孔距的允许偏差为±0.5mm，累计偏差为±1.0mm。

检查数量：按构件数量抽查10%，且不应少于3件。

检验方法：用钢尺及游标卡尺配合检查。

7.5.3 铆钉通孔尺寸偏差应符合现行国家标准《铆钉用通孔》GB/T 152.1的有关规定。

检查数量：按构件数量抽查10%，且不应少于3件。

检验方法：用游标卡尺或孔径量规检查。

7.5.4 沉头螺钉的沉孔尺寸偏差应符合现行国家标准《沉头用沉孔》GB/T 152.2的有关规定

检查数量：按构件数量抽查10%，且不应少于3件。

检验方法：用游标卡尺或孔径量规检查。

7.5.5 圆柱头、螺栓沉孔的尺寸偏差应符合现行国家标准《圆柱头用沉孔》GB/T 152.3的有关规定。

检查数量：按构件数量抽查10%，且不应少于3件。

检验方法：用游标卡尺或孔径量规检查。

7.5.6 螺丝孔的尺寸偏差应符合国家现行有关标准的规定及设计要求。

检查数量：按孔数量10%，且不应少于3个。

检验方法：用游标卡尺或孔径量规检查。

4.2.57 铝合金零部件槽、豁、榫加工检验批质量验收记录

1. 表格

铝合金零部件槽、豁、榫加工检验批质量验收记录

02060306 ____

单位（子单位）工程名称				分部（子分部）工程名称		分项工程名称	
施工单位				项目负责人		检验批容量	
分包单位				分包单位项目负责人		检验批部位	
施工依据				验收依据		《铝合金结构工程施工质量验收规范》GB 50576－2010	

验收项目			设计要求及规范规定	最小/实际抽样数量	检 查 记 录	检查结果
主控项目	1	槽口尺寸的允许偏差（mm）	A	+0.5, 0.0	/		
			B	+0.5, 0.0	/		
			C	±0.5	/		
	2	豁口尺寸的允许偏差（mm）	A	+0.5, 0.0	/		
			B	+0.5, 0.0	/		
			C	±0.5	/		
	3	榫头尺寸的允许偏差（mm）	A	0.0, −0.5	/		
			B	0.0, −0.5	/		
			C	±0.5	/		
施工单位检查结果			专业工长：项目专业质量检查员： 年 月 日			
监理单位验收结论			专业监理工程师： 年 月 日			

2. 验收依据说明

【规范名称及编号】《铝合金结构工程施工质量验收规范》GB 50576－2010

【条文摘录】

7.6 槽、豁、榫加工

Ⅰ 主 控 项 目

7.6.1 铝合金零部件槽口尺寸（图 7.6.1）的允许偏差应符合表 7.6.1 的规定。

检查数量：按槽口数量 10%，且不应小于 3 处。

检查方法：游标卡尺和卡尺。

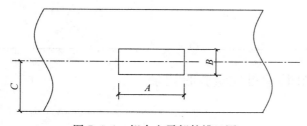

图 7.6.1 铝合金零部件槽口图

295

表 7.6.1　槽口尺寸的允许偏差（mm）

项　目	A	B	C
允许偏差	+0.5 0.0	+0.5 0.0	±0.5

7.6.2　铝合金零部件豁口尺寸（图 7.6.2）的允许偏差应符合表 7.6.2 的规定。

检查数量：按豁口数量 10%，且不应小于 3 处。

检查方法：游标卡尺和卡尺。

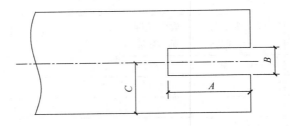

图 7.6.2　铝合金零部件豁口图

表 7.6.2　豁口尺寸的允许偏差（mm）

项　目	A	B	C
允许偏差	+0.5 0.0	+0.5 0.0	±0.5

7.6.3　铝合金零部件榫头尺寸（图 7.6.3）的允许偏差应符合表 7.6.3 的规定。

检查数量：按榫头数量 10%，且不应小于 3 处。

检查方法：游标卡尺和卡尺。

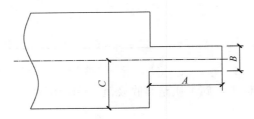

图 7.6.3　铝合金零部件榫头图

表 7.6.3　榫头尺寸的允许偏差（mm）

项　目	A	B	C
允许偏差	0.0 −0.5	0.0 −0.5	±0.5

4.2.58　铝合金构件组装检验批质量验收记录

1. 表格

铝合金构件组装检验批质量验收记录

02060402____

单位（子单位）工程名称			分部（子分部）工程名称		分项工程名称	
施工单位			项目负责人		检验批容量	
分包单位			分包单位项目负责人		检验批部位	
施工依据				验收依据	《铝合金结构工程施工质量验收规范》GB 50576－2010	

	验收项目		设计要求及规范规定	最小/实际抽样数量	检 查 记 录	检查结果
一般项目	1	单元构件长度（mm）	≤2000 ±1.5	/		
			>2000 ±2.0	/		
	2	单元构件宽度（mm）	≤2000 ±1.5	/		
			>2000 ±2.0	/		
	3	单元构件对角线长度（mm）	≤2000 ≤2.5	/		
			>2000 ≤3.0	/		
	4	单元构件平面度	≤1.0	/		
	5	接缝高低差	≤0.5	/		
	6	接缝间隙	≤0.5	/		
	7	顶紧接触面应有75%以上的面积紧贴	第8.2.2条	/		
	8	桁架结构杆件轴线交点错位允许偏差	≤3.0mm	/		
施工单位检查结果				专业工长： 项目专业质量检查员： 年　月　日		
监理单位验收结论				专业监理工程师： 年　月　日		

2. 验收依据说明

【规范名称及编号】《铝合金结构工程施工质量验收规范》GB 50576－2010

【条文摘录】

8.2 组装

Ⅰ 一 般 项 目

8.2.1 单元件组装的允许偏差应符合本规范表C.0.1的规定。

检查数量：按单元组件的10%抽查，且不应少于5个。

检验方法：见本规范表C.0.1。

8.2.2 顶紧接触面应有75%以上的面积紧贴。

检查数量：按接触面的数量抽查10%，且不应少于10个。

检验方法：0.3mm塞尺检查，其塞入的面积应小于25%，边缘间隙不应大于0.8mm。

8.2.3 桁架结构杆件轴线交点错位允许偏差不得大于3.0mm。

检查数量：按构件数抽查 10%，且不应少于 3 个，每个抽查构件按节点数抽查 10%，且不应少于 3 个节点。

检验方法：尺量检查。

4.2.59 铝合金构件端部铣平及安装焊缝坡口检验批质量验收记录

1. 表格

铝合金构件端部铣平及安装焊缝坡口检验批质量验收记录

02060403 ____

单位（子单位）工程名称			分部（子分部）工程名称		分项工程名称	
施工单位			项目负责人		检验批容量	
分包单位		/	分包单位项目负责人		检验批部位	
施工依据				验收依据	《铝合金结构工程施工质量验收规范》GB 50576－2010	

		验收项目	设计要求及规范规定	最小/实际抽样数量	检 查 记 录	检查结果
主控项目	1	端部铣平	两端铣平时构件长度	±1.0	/	
			两端铣平时零件长度	±0.5	/	
			铣平面的平面度	0.3	/	
			铣平面对轴线的垂直度	$L/1500$（$L=$__mm）	/	
一般项目	1	安装焊缝坡口	坡口角度	±5°	/	
			钝边	±0.5mm	/	
施工单位检查结果				专业工长：项目专业质量检查员： 年 月 日		
监理单位验收结论				专业监理工程师： 年 月 日		

2. 验收依据说明

【规范名称及编号】《铝合金结构工程施工质量验收规范》GB 50576－2010

【条文摘录】

8.3 端部铣平及安装焊缝坡口

Ⅰ 主 控 项 目

8.3.1 端部铣平的允许偏差应符合表 8.3.1 的规定。

检查数量：按铣平面数量抽查 10%，且不应少于 3 个。

检验方法：用钢尺、角尺、塞尺等检查。

表 8.3.1 端部铣平的允许偏差（mm）

检查项目	允许偏差	检查项目	允许偏差
两端铣平时构件长度	±1.0	铣平面的平面度	0.3
两端铣平时零件长度	±0.5	铣平面对轴线的垂直度	$L/1500$

注：L——铣平面边长。

Ⅱ 一 般 项 目

8.3.2 安装焊缝坡口的允许偏差应符合表8.3.2的规定。

检查数量：按坡口数量抽查10%，且不少于3条。

检验方法：用焊缝量规检查。

表 8.3.2 安装焊缝坡口的允许偏差

检查项目	允许偏差
坡口角度	±5°
钝 边	±0.5mm

4.2.60 铝合金构件预拼装检验批质量验收记录

1. 表格

铝合金构件预拼装检验批质量验收记录

02060501____

单位（子单位）工程名称			分部（子分部）工程名称			分项工程名称		
施工单位			项目负责人			检验批容量		
分包单位		/	分包单位项目负责人			检验批部位		
施工依据				验收依据		《铝合金结构工程施工质量验收规范》GB 50576-2010		

验收项目			设计要求及规范规定	最小/实际抽样数量	检 查 记 录	检查结果
主控项目	1	高强度螺栓和普通螺栓连接的多层板叠，孔的通过率	当采用比孔公称直径大1.0mm的试孔器检查	不应小于85%	/	
			当采用比螺栓公称直径大0.3mm的试孔检查	应为100%	/	
一般项目	1	桁架（mm）	跨度两端最外侧支撑面间距离	+5.0，-10.0	/	
			接口截面错位	2.0	/	
			拱度　设计要求起拱	±L/5000	/	
			设计未要求起拱	L/2000，0	/	
			节点处的杆件轴线错位	4.0	/	
	2	管构件（mm）	预拼装单元总长	±5.0	/	
			预拼装单元弯曲矢高	L/1500，且不应大于10.0	/	
			对口错边	t/10，且不应大于3.0	/	
			坡口间隙	+2.0，-1.0	/	
	3	空间单元片（mm）	预拼装单元长、宽、对角线	5.0	/	
			预拼装单元弯曲矢高	L/1500，且不应大于10.0	/	
			接口错边	1.0	/	
			预拼装单元柱身扭曲	h/200，且不应大于5.0	/	
			顶紧面到任一支点距离	±2.0	/	
	4	零件、部件顶紧组装面	顶紧接触面紧贴	≥75%	/	
			边缘最大间隙	≤0.8mm	/	
施工单位检查结果				专业工长： 项目专业质量检查员： 　　　　　　　　　年 月 日		
监理单位验收结论				专业监理工程师： 　　　　　　　　　年 月 日		

2. 验收依据说明

【规范名称及编号】《铝合金结构工程施工质量验收规范》GB 50576-2010

【条文摘录】

9.1 一般规定

9.1.1 本章适用于铝合金构件预拼装工程的质量验收。

9.1.2 铝合金构件预拼装工程应按铝合金结构制作工程检验批的划分原则划分为一个或若干个检验批。

9.1.3 预拼装所用的胎架、支承凳或平台应测量找平，检查时应拆除全部临时固定和拉紧装置。

9.1.4 进行预拼装的铝合金构件，其质量应符合设计要求和本规范合格质量标准的规定。

9.2 预拼装

Ⅰ 主 控 项 目

9.2.1 高强度螺栓和普通螺栓连接的多层板叠，应采用试孔器进行检查，并应符合下列规定：

1 当采用比孔公称直径大 1.0mm 的试孔器检查时，每组孔的通过率不应小于 85%；

2 当采用比螺栓公称直径大 0.3mm 的试孔检查时，通过率应为 100%。

检查数量：按预拼装单元全数检查。

检验方法：采用试孔器检查。

Ⅱ 一 般 项 目

9.2.2 预拼装的允许偏差应符合本规范表 D 的规定。

检查数量：按预拼装单元全数检查。

检验方法：见本规范表 D。

9.2.3 零件、部件顶紧组装面，顶紧接触面不应少于 75% 紧贴，且边缘最大间隙不应大于 0.8mm。

检查数量：按预拼装单元全数检查。

检验方法：0.3mm 塞尺检查，其塞入的面积应小于 25%。

4.2.61 铝合金框架结构基础和支承面检验批质量验收记录

1. 表格

铝合金框架结构基础和支承面检验批质量验收记录

02060601 ___

单位（子单位）工程名称			分部（子分部）工程名称		分项工程名称	
施工单位			项目负责人		检验批容量	
分包单位			分包单位项目负责人		检验批部位	
施工依据				验收依据	《铝合金结构工程施工质量验收规范》GB 50576-2010	
验收项目			设计要求及规范规定	最小/实际抽样数量	检查记录	检查结果
主控项目	1	建筑物定位轴线（mm） 长 L_a	$L_a/20000$，且≤3.0	/		
		宽 L_b	$L_b/20000$，且≤3.0	/		
		基础上柱的定位轴线（mm）	1.0	/		
		基础上柱底标高（mm）	±2.0	/		
		地脚螺栓（锚栓）位移（mm）	2.0	/		

续表

验收项目			设计要求及规范规定	最小/实际抽样数量	检 查 记 录	检查结果
主控项目	2	支承面（mm）标高	±2.0	/		
		支承面（mm）水平度	$l/1000$	/		
		地脚螺栓（锚栓）中心偏移（mm）	5.0	/		
		预留孔中心偏移（mm）	10.0	/		
	3	座浆垫板（mm）顶面标高	0.0，−3.0	/		
		座浆垫板（mm）水平度	$l/1000$	/		
		座浆垫板（mm）位置	20.0	/		
一般项目	1	螺栓（锚栓）露出长度（mm）	+30.0，0.0	/		
	2	螺纹长度（mm）	+30.0，0.0	/		
	3	地脚螺栓（锚栓）的螺纹应受到保护	第10.2.4条	/		

施工单位检查结果	专业工长： 项目专业质量检查员： 　　　　　　　年　月　日
监理单位验收结论	专业监理工程师： 　　　　　　　年　月　日

2. 验收依据说明

【规范名称及编号】《铝合金结构工程施工质量验收规范》GB 50576-2010

【条文摘录】

10.2 基础和支承面

Ⅰ 主 控 项 目

10.2.1 建筑物的定位轴线、基础轴线、基础上柱的定位轴线和标高、地脚螺栓（锚栓）的规格和位置、地脚螺栓（锚栓）紧固应符合设计要求。当设计无要求时，应符合表10.2.1的规定。

检查数量：按柱基数抽查10%，且不应少于3个。

检验方法：用经纬仪、水准仪、全站仪和钢尺现场实测。

表10.2.1 建筑物定位轴线、基础轴线、基础上柱的定位轴线和标高、地脚螺栓（锚栓）的允许偏差（mm）

检 查 项 目	允 许 偏 差	图 例
建筑物定位轴线	$L_a/20000$，$L_b/20000$，且不应大于3.0	
基础上柱的定位轴线	1.0	

续表10.2.1

检 查 项 目	允 许 偏 差	图　　例
基础上柱底标高	±2.0	基准点
地脚螺栓（锚栓）位移	2.0	Δ

注：L_a、L_b——建筑物边长。

10.2.2　基础顶面直接作为柱的支承面和基础顶面预埋钢板或支座作为柱的支承面时，其支承面、地脚螺栓（锚栓）位置的允许偏差应符合表10.2.2的规定。

检查数量：按柱基数抽查10%，且不应少于3个。

检验方法：用经纬仪、水准仪、全站仪、水平尺和钢尺实测。

表10.2.2　支承面、地脚螺栓（锚栓）位置的允许偏差（mm）

检　查　项　目		允　许　偏　差
支承面	标高	±2.0
	水平度	$l/1000$
地脚螺栓（锚栓）	螺栓中心偏移	5.0
预留孔中心偏移		10.0

注：l——支承面长度。

10.2.3　采用座浆垫板时，座浆垫板的允许偏差应符合表10.2.3的规定。

检查数量：资料全数检查。按柱基数抽查10%，且不应少于3个。

检验方法：用水准仪、全站仪、水平尺和钢尺现场实测。

表10.2.3　座浆垫板的允许偏差（mm）

检查项目	允许偏差	检查项目	允许偏差
顶面标高	0.0，−3.0	位置	20.0
水平度	$l/1000$		

注：l——垫板长度。

Ⅱ　一　般　项　目

10.2.4　地脚螺栓（锚栓）尺寸的允许偏差应符合表10.2.4的规定。地脚螺栓（锚栓）的螺纹应受到保护。

检查数量：按柱基数抽查10%，且不应少于3个。

检验方法：用钢尺现场实测。

表10.2.4　地脚螺栓（锚栓）尺寸的允许偏差（mm）

检查项目	允许偏差	检查项目	允许偏差
螺栓（锚栓）露出长度	+30.0，0.0	螺纹长度	+30.0，0.0

4.2.62 铝合金框架结构总拼和安装检验批质量验收记录

1. 表格

铝合金框架结构总拼和安装检验批质量验收记录

02060602 ____

单位（子单位） 工程名称			分部（子分部） 工程名称			分项工程 名称		
施工单位			项目负责人			检验批容量		
分包单位			分包单位 项目负责人			检验批部位		
施工依据					验收依据	《铝合金结构工程施工质量验收规范》 GB 50576－2010		

		验收项目		设计要求及 规范规定	最小/实际 抽样数量	检查记录	检查 结果
主控项目	1	铝合金构件变形及涂层脱落		第10.3.1条	/		
	2	柱子安装 （mm）	底层柱柱底轴线 对定位轴线偏移	2.0	/		
			柱子定位轴线	1.0	/		
			单节柱的垂直度	$h/1500$，且≤8.0	/		
	3	设计要求 顶紧的节点	接触面紧贴	≥75%	/		
			边缘最大间隙	≥0.8mm	/		
	4	铝合金屋 （托）架、桁 架、梁及受压 杆件	跨中的垂直度 （mm）	$h/250$，且 不应大于15.0	/		
			侧向弯曲矢高 （mm）	$l/1000$，且 不应大于10.0	/		
	5	主体 结构 （mm）	整体 垂直度 单层	$H/1500$，且≤8.0	/		
			整体 垂直度 多层	$H/1500＋5.0$， 且≤20.0	/		
			整体平面弯曲	$L/1500$，且≤25.0	/		
一般项目	1	铝合金柱等主要构件的中心线 及标高基准点等标记应齐全		第10.3.6条	/		
	2	当铝合金结构安装在混凝土柱 上时，其支座中心对定位轴线的 偏差		≤10mm	/		
	3	单层铝 合金结 构中柱 子安装 （mm）	柱脚底座中心轴线 对定位轴线的偏差	5.0	/		
			柱基准 点标高 有梁的柱	＋3.0，－5.0	/		
			柱基准 点标高 无梁的柱	＋5.0，－8.0	/		
			弯曲矢高	$H/1200$，且≤10.0	/		
			柱轴线 垂直度 单层柱	$H/1500$，且≤8.0	/		
			柱轴线 垂直度 多层柱	$H/1500＋5.0$， 且≤20.0	/		
	4	墙架、檩 条等次 要构件 （mm）	墙架 立柱 中心线对定位 轴线的偏移	1.0	/		
			墙架 立柱 垂直度	$H/1500$，且≤8.0	/		
			墙架 立柱 弯曲矢高	$H/1000$，且≤15.0	/		

续表

	验收项目		设计要求及规范规定	最小/实际抽样数量	检 查 记 录	检查结果
主控项目	4	墙架、檩条等次要构件（mm）	抗风桁架的垂直度	$H/250$，且≤15.0			
			檩条、墙梁的间距	±5.0	/		
			檩条的弯曲矢高	$L/750$，且≤12.0	/		
			墙梁的弯曲矢高	$L/750$，且≤10.0	/		
	5	铝合金平台、铝合金梯、防护栏杆安装（mm）	平台高度	±15.0	/		
			平台梁水平度	$l/1000$，且≤20.0	/		
			平台支柱垂直度	$H/1000$，且≤15.0	/		
			承重平台梁侧向弯曲	$l/1000$，且≤10.0	/		
			承重平台梁垂直度	$H/250$，且≤15.0	/		
			直梯垂直度	$l/1000$，且≤15.0	/		
			栏杆高度	±15.0	/		
			栏杆立柱间距	±15.0	/		
			平台高度	±15.0	/		
	6	多层铝合金结构构件（mm）	上、下柱连接处的错口	3.0	/		
			同一层柱的各柱顶高度差	5.0	/		
			同一根梁两端顶面的高差	$l/1000$，且≤10.0	/		
			主梁与次梁表面的高差	±2.0	/		
			压型金属板在铝合金梁上相邻列的错位	15.0	/		
	7	多层铝合金结构主体结构总高度（mm）	用相对标高控制安装	$\pm\sum(\Delta h + \Delta z + \Delta w)$	/		
			用设计标高控制安装	$H/1000$，且≤30.0 $-H/1000$，且≤−30.0	/		
	8	现场焊缝组对间隙（mm）	无垫板间隙	+3.0，0.0	/		
			有垫板间隙	+3.0，−2.0	/		
	9	铝合金结构表面质量		第10.3.14条	/		

施工单位检查结果	专业工长： 项目专业质量检查员： 　　　　　　　年　月　日
监理单位验收结论	专业监理工程师： 　　　　　　　年　月　日

2. 验收依据说明

【规范名称及编号】《铝合金结构工程施工质量验收规范》GB 50576－2010

【条文摘录】

10.3 总拼和安装

Ⅰ 主 控 项 目

10.3.1 铝合金构件运输、堆放和吊装等造成的变形及涂层脱落，应进行矫正和修补。

检查数量：按构件数抽查10％，且不应少于3个。

检验方法：用拉线、钢尺现场实测或观察。

10.3.2 铝合金结构柱子安装的允许偏差应符合表10.3.2的规定。

检查数量：标准柱全部检查；非标准柱抽查10％，且不应少于3根。

检验方法：用全站仪或经纬仪和钢尺实测。

表 10.3.2 铝合金结构柱子安装的允许偏差 (mm)

检 查 项 目	允 许 偏 差	图 例
底层柱柱底轴线对定位轴线偏移	2.0	
柱子定位轴线	1.0	
单节柱的垂直度	$h/1500$，且不应大于8.0	

10.3.3 设计要求顶紧的节点，接触面不应少于75％紧贴，且边缘最大间隙不应大于0.8mm。

检查数量：按节点数抽查10％，且不应小于3个。

检验方法：用钢尺及0.3mm和0.8mm厚的塞尺现场实测。

10.3.4 铝合金屋（托）架、桁架、梁及受压杆件的垂直度和侧向弯曲矢高的允许偏差应符合表10.3.4的规定。

检查数量：按同类构件数抽查10％，且不应小于3个。

检验方法：用吊线、拉线、经纬仪和钢尺现场实测。

表 10.3.4　铝合金屋（托）架、桁架、梁及受压杆件垂直度和侧向弯曲矢高的允许偏差（mm）

项　目	允许偏差	图　例
跨中的垂直度	h/250，且不应大于 15.0	
侧向弯曲矢高	l/1000，且不应大于 10.0	

注：h 为截面高度，L 为跨度，f 为弯曲矢高。

10.3.5　主体结构的整体垂直度和整体平面弯曲的允许偏差应符合表 10.3.5 的规定。

　　检查数量：对主要立面全部检查。对每个所检查的立面，除两列角柱外，尚应至少选取一列中间柱。

　　检验方法：采用经纬仪、全站仪等测量。

表 10.3.5　整体垂直度和整体平面弯曲的允许偏差（mm）

检查项目		允许偏差	图　例
主体结构的整体垂直度	单层	H/1500，且不应大于 8.0	
	多层	H/1500＋5.0，且不应大于 20.0	
主体结构的整体平面弯曲		L/1500，且不应大于 25.0	

注：H 为主题结构高度，L 为主题结构长度、跨度。

Ⅱ　一　般　项　目

10.3.6　铝合金柱等主要构件的中心线及标高基准点等标记应齐全。

　　检查数量：按同类构件数抽查 10%，且不应少于 3 件。

　　检验方法：观察检查。

10.3.7　当铝合金结构安装在混凝土柱上时，其支座中心对定位轴线的偏差不应大于 10mm。

　　检查数量：按同类构件数抽查 10%，且不应少于 3 榀。

　　检验方法：用拉线和钢尺现场实测。

10.3.8　单层铝合金结构中铝合金柱安装的允许偏差应符合本规范表 E.0.1 的规定。

　　检查数量：按铝合金柱数抽查 10%，且不应小于 3 件。

　　检验方法：见本规范表 E.0.1。

10.3.9　檩条、墙架等次要构件安装的允许偏差应符合本规范表 E.0.2 的规定。

　　检查数量：按同类构件数抽查 10%，且不应小于 3 件。

检验方法：见本规范表 E.0.2。

10.3.10 铝合金平台、铝合金梯、栏杆应符合国家现行有关标准的规定。铝合金平台、铝合金梯和防护栏杆安装的允许偏差应符合本规范表 E.0.3 的规定。

检查数量：按铝合金平台总数抽查 10%，栏杆、铝合金梯按总长度各抽查 10%，但铝合金平台不应少于 1 个，栏杆不应少于 5m，铝合金梯不应少于 1 跑。

检验方法：见本规范表 E.0.3。

10.3.11 多层铝合金结构中构件安装的允许偏差应符合本规范表 E.0.4 的规定。

检查数量：按同类构件或节点数抽查 10%。其中柱和梁各不应少于 3 件，主梁与次梁连接节点不应少于 3 个，支承压型金属板的铝合金梁长度不应少于 5m。

检验方法：见本规范表 E.0.4。

10.3.12 多层铝合金结构主体结构总高度的允许偏差应符合本规范表 E.0.5 的规定。

检查数量：按标准柱列数抽查 10%，且不应少于 4 列。

检验方法：采用全站仪、水准仪和钢尺实测。

10.3.13 现场焊缝组对间隙的允许偏差应符合表 10.3.13 的规定。

检查数量：按同类节点数抽查 10%，且不应少于 3 个。

检验方法：尺量检查。

表 10.3.13 现场焊缝组对间隙的允许偏差（mm）

项 目	允许偏差	项 目	允许偏差
无垫板间隙	+3.0，0.0	有垫板间隙	+3.0，−2.0

10.3.14 铝合金结构表面应干净，结构主要表面不应有疤痕、泥沙等污垢。

检查数量：按同类构件数抽查 10%，且不应少于 3 件。

检验方法：观察检查。

4.2.63 铝合金空间网格结构支承面检验批质量验收记录

1. 表格

铝合金空间网格结构支承面检验批质量验收记录

02060701 ____

单位（子单位）工程名称			分部（子分部）工程名称			分项工程名称	
施工单位			项目负责人			检验批容量	
分包单位			分包单位项目负责人			检验批部位	
施工依据				验收依据		《铝合金结构工程施工质量验收规范》GB 50576－2010	
	验收项目		设计要求及规范规定	最小/实际抽样数量		检 查 记 录	检查结果
主控项目	1	铝合金空间网格结构支座定位轴线位置、支柱锚栓的规格	第11.2.1条	/			
	2	支承面顶板	位置	15.0	/		
			顶面标高	0，−3.0	/		
			顶面水平度	$L/1000$（$L=$__mm）	/		
		支座锚栓中心偏移		5.0	/		

续表

		验收项目	设计要求及规范规定	最小/实际抽样数量	检 查 记 录	检查结果
主控项目	3	支承垫块的种类、规格、摆放位置和朝向	第11.2.3条	/		
		橡胶垫块与刚性垫块之间或不同类型刚性垫块之间不得互换使用	第11.2.3条	/		
	4	铝合金空间网格结构支座锚栓的紧固	第11.2.4条	/		
一般项目	1	支座锚栓　露出长度（mm）	+30.0，0.0	/		
	2	螺纹长度（mm）	+30.0，0.0	/		
	3	支座锚栓的螺纹	应受到保护	/		
施工单位检查结果					专业工长： 项目专业质量检查员： 　　　　　　年　月　日	
监理单位验收结论					专业监理工程师： 　　　　　　年　月　日	

2. 验收依据说明

【规范名称及编号】《铝合金结构工程施工质量验收规范》GB 50576－2010

【条文摘录】

11.2　支承面

Ⅰ　主 控 项 目

11.2.1　铝合金空间网格结构支座定位轴线的位置、支柱锚栓的规格应符合设计要求。

检查数量：按支座数抽查10%，且不应少于4处。

检验方法：用经纬仪和钢尺实测。

11.2.2　支承面顶板的位置、标高、水平度以及支座锚栓位置的允许偏差应符合表11.2.2的规定。

检查数量：按支座数抽查10%，且不应少于4处。

检验方法：用全站仪或经纬仪、水准仪、钢尺实测。

表 11.2.2　支承面顶板、支座锚栓位置的允许偏差（mm）

检 查 项 目		允许偏差
支承面顶板	位　置	15.0
	顶面标高	0，−3.0
	顶面水平度	L/1000
支座锚栓	中心偏移	5.0

注：L——顶面测量水平度时两个测点间的距离。

11.2.3　支承垫块的种类、规格、摆放位置和朝向，必须符合设计要求和国家现行有关标准的规定。橡胶垫块与刚性垫块之间或不同类型刚性垫块之间不得互换使用。

检查数量：按支座数抽查10%，且不应少于4处。

检验方法：观察和用钢尺实测。

11.2.4　铝合金空间网格结构支座锚栓的紧固应符合设计要求。

检查数量：按支座数抽查10%，且不应少于4处。

检验方法：观察检查。

Ⅱ 一 般 项 目

11.2.5 支座锚栓尺寸的允许偏差应符合本规范表10.2.4的规定。支座锚栓的螺纹应受到保护。

检查数量：按支座数抽查10%，且不应少于4处。

检验方法：用钢尺实测和观察。

4.2.64 铝合金空间网格结构总拼和安装检验批质量验收记录

1. 表格

铝合金空间网格结构总拼和安装检验批质量验收记录

02060702____

单位（子单位）工程名称				分部（子分部）工程名称		分项工程名称	
施工单位				项目负责人		检验批容量	
分包单位				分包单位项目负责人		检验批部位	
施工依据				验收依据		《铝合金结构工程施工质量验收规范》GB 50576－2010	

验收项目					设计要求及规范规定	最小/实际抽样数量	检 查 记 录	检查结果
主控项目	1	小拼单元	节点中心偏移		2.0	/		
			杆件交汇节点与杆件中心的偏移		1.0	/		
			杆件轴线的弯曲矢高		$L_1/1000$，且$\leqslant 5.0$（$L=mm$）	/		
			锥体型小拼单元	弦杆长度	±2.0	/		
				锥体高度	±2.0	/		
				四角锥体上弦杆对角线长度	±3.0	/		
			平面桁架型小拼单元	跨长 ≤24m	+3.0，－7.0	/		
				跨长 ＞24m	+5.0，－10.0	/		
				跨中高度	±3.0	/		
				跨中拱度 设计起拱	±$L/5000$（$L=mm$）	/		
				跨中拱度 设计不起拱	+10.0	/		
	2	中拼单元	单元长度小于等于20m，拼接长度	单跨	±10.0	/		
				多跨连续	±5.0	/		
			单元长度大于20m，拼接长度	单跨	±20.0	/		
				多跨连续	±10.0	/		
	3	节点承载力试验	按设计指定规格的连接板及其匹配的铝杆件连接成试件		第11.3.3条	/		
			按设计指定规格的连接板最大螺栓孔螺纹		第11.3.3条	/		
	4	测量挠度值	网格结构		≤1.5h	/		
			屋面工程		≤1.5h	/		

续表

	验收项目		设计要求及规范规定	最小/实际抽样数量	检 查 记 录	检查结果
一般项目	1	节点及杆件表面质量	第11.3.5条	/		
	2	铝合金空间网格结构安装（mm） 纵向、横向长度	$L/2000$，且≤ 30.0 $-L/2000$，且≤ -30.0	/		
		支柱中心偏移	$L/3000$，且≤ 30.0	/		
		周边支承结构相邻支座高差	$L_1/400$，且≤ 15.0	/		
		支座最大高差	30.0	/		
		多点支承格构相邻支座高差	$L_1/800$，且≤ 30.0	/		
施工单位检查结果				专业工长： 项目专业质量检查员： 　　　　　年　月　日		
监理单位验收结论				专业监理工程师： 　　　　　年　月　日		

注：h为设计挠度值。

2. 验收依据说明

【规范名称及编号】《铝合金结构工程施工质量验收规范》GB 50576-2010

【条文摘录】

11.3 总拼和安装

Ⅰ 主 控 项 目

11.3.1 小拼单元的允许偏差应符合表11.3.1的规定。

检查数量：按单元数抽查5%，且不应少于5个。

检验方法：用钢尺和拉线等辅助量具实测。

表11.3.1 小拼单元的允许偏差（mm）

检 查 项 目			允 许 偏 差
节点中心偏移			2.0
杆件交汇节点与杆件中心的偏移			1.0
杆件轴线的弯曲矢高			$L_1/1000$，且不应大于5.0
锥体型小拼单元	弦杆长度		±2.0
	锥体高度		±2.0
	四角锥体上弦杆对角线长度		±3.0
平面桁架型小拼单元	跨长	≤24m	+3.0 -7.0
		>24m	+5.0 -10.0
	跨中高度		±3.0
	跨中拱度	设计要求起拱	$\pm L/5000$
		设计未要求起拱	+10.0

注：1 L_1——杆件长度。

　　2 L——跨长。

11.3.2 中拼单元的允许偏差应符合表 11.3.2 的规定。

检查数量：全数检查。

检验方法：用钢尺和辅助量具实测。

表 11.3.2 中拼单元的允许偏差（mm）

检 查 项 目		允 许 偏 差
单元长度小于等于 20m，拼接长度	单跨	±10.0
	多跨连续	±5.0
单元长度大于 20m，拼接长度	单跨	±20.0
	多跨连续	±10.0

11.3.3 建筑结构安全等级为一级，且设计有要求时，应按下列项目进行节点承载力试验：

1 杆件交汇节点应按设计指定规格的连接板及其匹配的铝杆件连接成试件，进行轴心拉、压承载力试验，其试验破坏荷载值大于或等于 1.6 倍设计承载力为合格；

2 杆件交汇节点应按设计指定规格的连接板最大螺栓孔螺纹进行抗拉强度保证荷载试验，当达到螺栓的设计承载力时，螺孔、螺纹及螺帽仍完好无损为合格。

检查数量：每项试验做 3 个试件。

检验方法：检查试验报告。

11.3.4 铝合金空间网格结构总拼完成后及屋面工程完成后应分别测量其挠度值，且所测的挠度值不应超过相应设计值的 1.5 倍。

检查数量：跨度 24m 及以下铝合金空间网格结构测量下弦中央一点；跨度 24m 以上铝合金空间网格结构测量下弦中央一点及各向下弦跨度的四等分点。

检验方法：用钢尺和水准仪实测。

Ⅱ 一 般 项 目

11.3.5 铝合金空间网格结构安装完成后，其节点及杆件表面应干净，不应有明显的疤痕、泥沙和污垢等缺陷。

检查数量：按节点及杆件数抽查 5%，且不应少于 10 个节点。

检验方法：观察检查。

11.3.6 铝合金空间网格结构安装完成后，其安装的允许偏差应符合表 11.3.6 的规定。

检查数量：全数检查。

检验方法：用钢尺、经纬仪和水准仪实测。

表 11.3.6 铝合金空间网格结构安装的允许偏差（mm）

检查项目	允许偏差	检验方法
纵向、横向长度	$L/2000$，且不应大于 30.0 $-L/2000$，且不应小于 -30.0	用钢尺实测
支柱中心偏移	$L/3000$，且不应大于 30.0	有钢尺和经纬仪实测
周边支承结构相邻支座高差	$L_1/400$，且不应大于 15.0	用钢尺和水准仪实测
支座最大高差	30.0	
多点支承格构相邻支座高差	$L_1/800$，且不应大于 30.0	

注：1 L——纵向、横向长度。

2 L_1——相邻支座间距。

4.2.65 铝合金面板制作检验批质量验收记录

1. 表格

铝合金面板制作检验批质量验收记录

02060802____

单位（子单位）工程名称			分部（子分部）工程名称		分项工程名称		
施工单位			项目负责人		检验批容量		
分包单位			分包单位项目负责人		检验批部位		
施工依据				验收依据	《铝合金结构工程施工质量验收规范》GB 50576－2010		

验收项目				设计要求及规范规定	最小/实际抽样数量	检　查　记　录	检查结果
主控项目	1	铝合金面板成型后，其基板		不应有裂纹、裂边、腐蚀等缺陷	/		
	2	有涂层铝合金面板的漆膜		不应有肉眼可见的裂纹、剥落和擦痕等缺陷	/		
一般项目	1	铝合金面板尺寸允许偏差（mm）	波距	±2.0	/		
			板高压型板　截面高度≤70	±1.5	/		
			板高压型板　截面高度>70	±2.0	/		
			肋高　直立锁边板	±1.0	/		
			卷边直径　直立锁边板	±0.5	/		
			在测量长度 L_1 的范围内侧向弯曲	20.0	/		
	2	铝合金面板成型后，表面质量		应干净，不应有明显的凹凸和皱褶等缺陷	/		
	3	铝合金面板施工现场制作的允许偏差（mm）	铝合金面板（除直立锁边板）的覆盖宽度　截面高度≤70	+10.0 −2.0	/		
			铝合金面板（除直立锁边板）的覆盖宽度　截面高度>70	+6.0 −2.0	/		
			铝合金直立锁边板的覆盖宽度	+2.0 −5.0	/		
			板长	±9.0	/		
			横向剪切偏差	6.0	/		
			泛水板、包角板尺寸　板长	±6.0mm	/		
			泛水板、包角板尺寸　折弯曲宽度	±3.0mm	/		
			泛水板、包角板尺寸　折弯曲夹角	2°	/		
施工单位检查结果				专业工长：项目专业质量检查员：　　　　　　　　年　月　日			
监理单位验收结论				专业监理工程师：　　　　　　　　年　月　日			

2. 验收依据说明

【规范名称及编号】《铝合金结构工程施工质量验收规范》GB 50576－2010

【条文摘录】

12.2 铝合金面板制作

Ⅰ 主 控 项 目

12.2.1 铝合金面板成型后，其基板不应有裂纹、裂边、腐蚀等缺陷。

检查数量：按计件数抽查5％，且不少于10件。

检验方法：观察和用10倍放大镜检查。

12.2.2 有涂层铝合金面板的漆膜不应有肉眼可见的裂纹、剥落和擦痕等缺陷。

检查数量：按计件数抽查5％，且不少于10件。

检验方法：观察检查。

Ⅱ 一 般 项 目

12.2.3 铝合金面板的尺寸允许偏差应符合表12.2.3的规定。

检查数量：按计件数抽查5％，且不少于10件。

检验方法：用拉线和钢尺检查。

表 12.2.3 铝合金面板的尺寸允许偏差（mm）

检 查 项 目			允许偏差
波距			±2.0
板高	压型板	截面高度小于等于70	±1.5
		截面高度大于70	±2.0
肋高	直立锁边板		±1.0
卷边直径			±0.5
侧向弯曲	在测量长度 L_1 的范围内	20.0	

注：1 L_1——测量长度；

2 当板长大于10m时，扣除两端各0.5m后任选10m长度测量；

3 当板长小于等于10m时，扣除两端各0.5m后按实际长度测量。

12.2.4 铝合金面板成型后，表面应干净，不应有明显的凹凸和皱褶等缺陷。

检查数量：按计件数抽查5％，且不少于10件。

检验方法：观察检查。

12.2.5 铝合金面板施工现场制作的允许偏差应符合表12.2.5的规定。

检查数量：按计件数抽查5％，且不少于10件。

检验方法：用钢尺、角尺检查。

表 12.2.5 铝合金面板施工现场制作的允许偏差

项 目		允许偏差
铝合金面板（除直立锁边板）的覆盖宽度	截面高度小于等于70	＋10.0mm
		－2.0mm
	截面高度大于70	＋6.0mm
		－2.0mm
铝合金直立锁边板的覆盖宽度		＋2.0mm
		－5.0mm
板长		±9.0mm
横向剪切偏差		6.0mm
泛水板、包角板尺寸	板长	±6.0mm
	折弯曲宽度	±3.0mm
	折弯曲夹角	2°

4.2.66　铝合金面板安装检验批质量验收记录

1. 表格

铝合金面板安装检验批质量验收记录

02060803 ____

单位（子单位） 工程名称				分部（子分部） 工程名称			分项工程 名称	
施工单位				项目负责人			检验批容量	
分包单位				分包单位 项目负责人			检验批部位	
施工依据					验收依据		《铝合金结构工程施工质量验收规范》 GB 50576－2010	

		验收项目			设计要求及 规范规定	最小/实际 抽样数量	检 查 记 录	检查 结果
主控项目	1	铝合金面板、泛水板和包角板	固定		应可靠、牢固，	/		
			防腐涂料涂刷和密封材料敷设		应完好	/		
			连接件数量、间距		应符合规定	/		
	2	固定支座安装允许偏差	相邻支座间距		＋5.0，－2.0mm	/		
			倾斜角度		1°	/		
			平面角度		1°	/		
			相对高差	纵向	$a/200$	/		
				横向	5mm	/		
	3	铝合金面板在支承构件上的搭接长度（mm）	纵向	波高＞70	350	/		
				波高≤70　屋面坡度＜1/10	250	/		
				波高≤70　屋面坡度≥1/10	200	/		
			横向		≥1个波	/		
一般项目	1	面板伸入檐沟内的长度			≥150mm	/		
		面板与泛水的搭接长度			≥200mm	/		
		面板挑出墙面的长度			≥200mm	/		
	2	铝合金面板安装			应平整、顺直	/		
		板面			无污染无错洞	/		
		檐口线、泛水段			应顺直无起伏	/		
	3	檐口与屋脊的平行度			12.0mm	/		
		铝合金面板波纹线对屋脊的垂直度			$L/800$，且≤25.0	/		
		檐口相邻两块铝合金面板端部错位			6.0mm	/		
		铝合金面板卷边板件最大波浪高			4.0mm	/		
	4	铝合金面板搭接处质量			第12.3.7条	/		
	5	每平米铝合金面板表面质量	0.1mm～0.3mm 宽划伤痕		长度小于100mm 不超过8条	/		
			擦伤		不大于500mm²	/		

施工单位 检查结果	专业工长： 项目专业质量检查员： 　　　　　　　　　　年　月　日
监理单位 验收结论	专业监理工程师： 　　　　　　　　　　年　月　日

2. 验收依据说明

【规范名称及编号】《铝合金结构工程施工质量验收规范》GB 50576-2010

【条文摘录】

12.3 铝合金面板安装

Ⅰ 主 控 项 目

12.3.1 铝合金面板、泛水板和包角板等固定应可靠、牢固，防腐涂料涂刷和密封材料敷设应完好，连接件数量、间距应符合设计要求和国家现行有关标准的规定。

检查数量：全数检查。

检验方法：观察检查及尺量。

12.3.2 铝合金面板固定支座的安装应控制支座的相邻支座间距、倾斜角度、平面角度和相对高差，允许偏差应符合表12.3.2的规定。

检查数量：按同类构件数抽查10%，且不少于10件。

检验方法：经纬仪、分度头、拉线和钢尺。

表 12.3.2 固定支座安装允许偏差

检 查 项 目		允许偏差
相邻支座间距		+5.0mm，-2.0mm
倾斜角度		1°
平面角度		1°
相对高差	纵向	a/200
	横向	5mm

注：a——纵向支座间距。

12.3.3 铝合金面板应在支承构件上可靠搭接，搭接长度应符合设计要求，且不应小于表12.3.3规定的数值。

检查数量：按计件数抽查5%，且不少于10件。

检验方法：用钢尺、角尺检查。

表 12.3.3 铝合金面板在支承构件上的搭接长度 （mm）

项 目			搭接长度
纵向	波高大于70		350
	波高小于等于70	屋面坡度小于1/10	250
		屋面坡度大于等于1/10	200
横向	大于或等于一个波		

Ⅱ 一 般 项 目

12.3.4 铝合金面板与檐沟、泛水、墙面的有关尺寸应符合设计要求，且不应小于表12.3.4规定的数值。

检查数量：按计件数抽查5%，且不少于10件。

检验方法：用钢尺、角尺检查。

表 12.3.4 铝合金面板与檐沟、泛水、墙面尺寸 （mm）

检 查 项 目	尺 寸
面板伸入檐沟内的长度	150
面板与泛水的搭接长度	200
面板挑出墙面的长度	200

12.3.5 铝合金面板安装应平整、顺直，板面不应有施工残留物和污物；檐口线、泛水段应顺直，并无起伏现象；板面不应有未经处理的错钻孔洞。

检查数量：按面积抽查10%，且不应少于10m²。

检验方法：观察检查。

12.3.6 铝合金面板安装的允许偏差应符合表12.3.6的规定。

检查数量：檐口与屋脊的平行度：按长度抽查10%，且不少于10m。其他项目：每20m长度应抽查1处，且不少于2处。

检验方法：用拉线和钢尺检查。

表 12.3.6 铝合金面板安装的允许偏差 (mm)

检查项目	允许偏差	检查项目	允许偏差
檐口与屋脊的平行度	12.0	檐口相邻两块铝合金面板端部错位	6.0
铝合金面板波纹线对屋脊的垂直度	$L/800$，且不应大于 25.0	铝合金面板卷边板件最大波浪高	4.0

注：L——屋面半坡或单坡长度。

12.3.7 铝合金面板搭接处咬合方向应符合设计要求，咬边应紧密，且应连续平整，不应出现扭曲和裂口的现象。

检查数量：按面积抽查 10%，且不应少于 $10m^2$。

检验方法：观察检查。

12.3.8 每平米铝合金面板的表面质量应符合表 12.3.8 的规定。

检查数量：按面积抽查 10%，且不应少于 $10m^2$。

检验方法：观察和用 10 倍放大镜检查。

表 12.3.8 每平米铝合金面板的表面质量

项 目	质量要求
0.1mm～0.3mm 宽划伤痕	长度小于 100mm；不超过 8 条
擦伤	不大于 $500mm^2$

注：1 划伤——露出铝合金基体的损伤。
　　2 擦伤——没有露出铝合金基体的损伤。

4.2.67 铝合金幕墙结构支承面检验批质量验收记录

1. 表格

铝合金幕墙结构支承面检验批质量验收记录

02060901 ____

单位（子单位）工程名称			分部（子分部）工程名称			分项工程名称		
施工单位			项目负责人			检验批容量		
分包单位			分包单位项目负责人			检验批部位		
施工依据				验收依据		《铝合金结构工程施工质量验收规范》 GB 50576－2010		

验收项目			设计要求及规范规定	最小/实际抽样数量	检 查 记 录			检查结果
主控项目	1	铝合金幕墙结构支座定位轴线处锚栓的规格	第13.2.1条	/				
	2	幕墙结构预埋件和连接件的数量、埋设方法及防腐处理	第13.2.2条	/				
	3	预埋件的标高及位置的偏差	≤20mm	/				
施工单位检查结果					专业工长： 项目专业质量检查员： 年 月 日			
监理单位验收结论					专业监理工程师： 年 月 日			

2.验收依据说明

【规范名称及编号】《铝合金结构工程施工质量验收规范》GB 50576－2010

【条文摘录】

13.2　支承面

Ⅰ　主 控 项 目

13.2.1　铝合金幕墙结构支座定位轴线处锚栓的规格应符合设计要求。

检查数量：按支座数抽查10％，且不应少于4处。

检验方法：用钢尺实测。

13.2.2　预埋件和连接件安装质量的检验指标，应符合下列规定：

1　幕墙结构预埋件和连接件的数量、埋设方法及防腐处理应符合设计要求；

2　预埋件的标高及位置的偏差不应大于20mm。

检查数量：按预埋件数抽查10％，且不应少于4处。

检验方法：用经纬仪、水准仪和钢尺实测。

4.2.68　铝合金幕墙结构总拼和安装检验批质量验收记录

1.表格

铝合金幕墙结构总拼和安装检验批质量验收记录

02060902____

单位（子单位）工程名称			分部（子分部）工程名称			分项工程名称	
施工单位			项目负责人			检验批容量	
分包单位			分包单位项目负责人			检验批部位	
施工依据				验收依据		《铝合金结构工程施工质量验收规范》GB 50576－2010	

		验收项目		设计要求及规范规定	最小/实际抽样数量	检 查 记 录	检查结果
主控项目	1	铝合金幕墙结构所使用的各种材料、构件和组件的质量		第13.3.1条	/		
	2	铝合金幕墙结构与主体结构连接的各种预埋件、连接件、紧固件		第13.3.2条	/		
	3	各种连接件、紧固件	螺栓连接	第13.3.3条	/		
			焊接连接	第13.3.3条	/		
	4	构件整体垂直度	$h \leqslant 30m$	10mm	/		
			$60m \geqslant h > 30m$	15mm	/		
			$90m \geqslant h > 60m$	20mm	/		
			$150m \geqslant h > 90m$	25mm	/		
			$h > 150m$	30mm	/		
		竖向构件直线度		2.5mm	/		
		相邻两根竖向构件标高偏差		3mm	/		
		同层构件标高偏差		5mm	/		
		相邻两竖向构件间距偏差		2mm	/		

续表

		验收项目		设计要求及规范规定	最小/实际抽样数量	检 查 记 录	检查结果
主控项目	5	构件外表面平面度	相邻三构件	2mm			
			$b≤20m$	5mm	/		
			$b≤40m$	7mm	/		
			$b≤60m$	9mm	/		
			$b>60m$	10mm	/		
	6	单个横向构件水平度	$l≤2m$	2mm	/		
			$l>2m$	3mm	/		
		相邻两横向构件间距差	$s≤2m$	1.5mm	/		
			$s>2m$	2mm	/		
		相邻两横向构件的标高差		≤1mm	/		
		横向构件高度差	$b≤35m$	5mm	/		
			$b>35m$	7mm	/		
	7	分格线对角线差	≤2m	3mm	/		
			>2m	3.5mm	/		
	8	立柱连接（mm）	芯管材质、规格	设计要求	/		
			芯管插入上下立柱的总长度	≤250	/		
			上下两立柱间的空隙	≤15mm	/		
一般项目	1	支座锚栓	露出长度（mm）	+30.0，0.0	/		
	2		螺纹长度（mm）	+30.0，0.0	/		
	3	支座锚栓的螺纹		应受到保护	/		

施工单位检查结果	专业工长： 项目专业质量检查员： 　　　　　　　　年　月　日
监理单位验收结论	专业监理工程师： 　　　　　　　　年　月　日

2. 验收依据说明

【规范名称及编号】《铝合金结构工程施工质量验收规范》GB 50576－2010

【条文摘录】

13.3　总拼和安装

Ⅰ　主　控　项　目

13.3.1　铝合金幕墙结构所使用的各种材料、构件和组件的质量，应符合设计要求及国家现行有关标准的规定。

检查数量：全数检查。

检验方法：检查材料、构件、组件的产品合格证书、进场验收记录、性能检测报告和材料的复验报告。

13.3.2　铝合金幕墙结构与主体结构连接的各种预埋件、连接件、紧固件必须安装牢固，其数量、规格、位置、连接方法和防腐处理应符合设计要求。

检查数量：全数检查。

检验方法：观察，检查隐蔽工程验收记录和施工记录。

13.3.3 各种连接件、紧固件的螺栓应有防松动措施，焊接连接应符合设计要求和国家现行有关标准的规定。

检查数量：全数检查。

检验方法：观察，检查隐蔽工程验收记录和施工记录。

13.3.4 铝合金幕墙结构竖向主要构件安装质量应符合表13.3.4的规定，测量检查应在风力小于4级时进行。

检查数量：按构件数抽查5%，且不应少于3处。

检验方法：见表13.3.4。

表 13.3.4 竖向主要构件安装质量的允许偏差

项 目		允许偏差（mm）	检 查 方 法
1	构件整体垂直度	$h \leqslant 30m$	10	激光仪或经纬仪
		$60m \geqslant h > 30m$	15	
		$90m \geqslant h > 60m$	20	
		$150m \geqslant h > 90m$	25	
		$h > 150m$	30	
2	竖向构件直线度		2.5	2m靠尺、塞尺
3	相邻两根竖向构件的标高偏差		3	水平仪和钢直尺
4	同层构件标高偏差		5	水平仪和钢直尺，以构件顶端为测量面进行测量
5	相邻两竖向构件间距偏差		2	用钢卷尺在构件顶部测量
6	构件外表面平面度	相邻三构件	2	用钢直尺和经纬仪或全站仪测量
		$b \leqslant 20m$	5	
		$b \leqslant 40m$	7	
		$b \leqslant 60m$	9	
		$b > 60m$	10	

注：h为围护结构高度，b为围护结构宽度。

13.3.5 铝合金幕墙结构横向主要构件安装质量的允许偏差应符合表13.3.5的规定，测量检查应在风力小于4级时进行。

检查数量：按构件数抽查5%，且不应少于3处。

检验方法：见表13.3.5。

表 13.3.5 横向主要构件安装质量的允许偏差

检 查 项 目		允许偏差（mm）	检 查 方 法
1	单个横向构件水平度	$l \leqslant 2m$	2	水平尺
		$l > 2m$	3	
2	相邻两横向构件间距差	$s \leqslant 2m$	1.5	钢卷尺
		$s > 2m$	2	
3	相邻两横向构件的标高差		$\leqslant 1$	水平尺
4	横向构件高度差	$b \leqslant 35m$	5	水平仪
		$b > 35m$	7	

注：l为构件长度，s为间距，b为幕墙结构宽度。

13.3.6 铝合金幕墙结构分格框对角线安装质量的允许偏差应符合表13.3.6的规定，测量检查应在风力小于4级时进行。

检查数量：按分格数抽查5%，且不应少于3处。

检验方法：用钢尺实测。

表13.3.6　分格框对角线安装质量的允许偏差

项　　目		允许偏差（mm）	检查方法
分格线对角线差	≤2m	3	钢卷尺
	>2m	3.5	

13.3.7　立柱连接的检验指标，应符合下列规定：

1　芯管材质、规格应符合设计要求；

2　芯管插入上下立柱的总长度不得小于250mm；

3　上下两立柱间的空隙不应小于15mm。

检查数量：按立柱数抽查5%，且不应少于3处。

检验方法：用钢尺实测。

Ⅱ　一　般　项　目

13.3.8　一个分格铝合金型材的表面质量和检验方法应符合表13.3.8的规定。

检查数量：全数检查。

检验方法：见表13.3.8。

表13.3.8　一个分格铝合金型材的表面质量和检验方法

检　查　项　目	质量要求	检验方法
明显划伤和长度>100mm 的轻微划伤	不允许	观　察
长度≤100mm 的轻微划伤	≤2 条	用钢尺检查
擦伤总面积	≤500mm²	用钢尺检查

4.2.69　阳极氧化检验批质量验收记录

1. 表格

阳极氧化检验批质量验收记录

02061002 ____

单位（子单位）工程名称		分部（子分部）工程名称		分项工程名称		
施工单位		项目负责人		检验批容量		
分包单位		分包单位项目负责人		检验批部位		
施工依据			验收依据	《铝合金结构工程施工质量验收规范》GB 50576-2010		

	验收项目		设计要求及规范规定	最小/实际抽样数量	检　查　记　录	检查结果
主控项目	1	阳极氧化膜的厚度	第14.2.1条	/		
	2	阳极氧化产品不应有电灼伤/氧化膜脱落等影响使用的缺陷	第14.2.2条	/		
一般项目	1	阳极氧化膜的封孔质量	第14.2.3条	/		
	2	阳极氧化膜颜色及色差	第14.2.4条	/		
施工单位检查结果			专业工长：项目专业质量检查员：　　　　　年　月　日			
监理单位验收结论			专业监理工程师：　　　　　年　月　日			

2. 验收依据说明

【规范名称及编号】《铝合金结构工程施工质量验收规范》GB 50576-2010

【条文摘录】

14.2 阳极氧化

Ⅰ 主 控 项 目

14.2.1 阳极氧化膜的厚度应符合现行国家标准《铝合金建筑型材》GB 5237.1和《铝合金结构设计规范》GB 50429的有关规定及设计文件的要求，对应级别的厚度应符合表14.2.1-1的要求。

检查数量：按表14.2.1-2。

检验方法：应按现行国家标准《铝及铝合金阳极氧化 氧化膜厚度的测量方法》GB/T 8014.2和《非磁性基体金属上非导电覆盖层 覆盖层厚度测量 涡流法》GB/T 4957规定的方法进行，或检查检验报告。

表 14.2.1-1 氧化膜厚度级别

级 别	最小平均厚度（μm）	最小局部厚度（μm）
AA10	10	8
AA15	15	12
AA20	20	16
AA25	25	20

表 14.2.1-2 抽样数量（根）

批量范围	随机取样数	不合格数上限
1～10	全部	0
11～200	10	1
201～300	15	1
301～500	20	2
501～800	30	3
800 以上	40	4

14.2.2 阳极氧化产品不应有电灼伤/氧化膜脱落等影响使用的缺陷。

检查数量：全数检查。

检验方法：观察检查。

Ⅱ 一 般 项 目

14.2.3 阳极氧化膜的封孔质量应符合现行国家标准《铝合金建筑型材 第2部分：阳极氧化、着色型材》GB 5237.2的有关规定。

检查数量：每批取2根，每根取1个试样。

检验方法：检查检验报告。

14.2.4 阳极氧化膜颜色及色差等应符合现行国家标准《铝合金建筑型材 第2部分：阳极氧化、着色型材》GB 5237.2的有关规定。

检查数量：按本规范表14.2.1-2。

检验方法：检查检验报告。

4.2.70 涂装检验批质量验收记录

1. 表格

涂装检验批质量验收记录

02061003____

单位（子单位）工程名称			分部（子分部）工程名称		分项工程名称	
施工单位			项目负责人		检验批容量	
分包单位			分包单位项目负责人		检验批部位	
施工依据				验收依据	《铝合金结构工程施工质量验收规范》GB 50576－2010	

		验收项目	设计要求及规范规定	最小/实际抽样数量	检 查 记 录	检查结果
主控项目	1	电泳涂漆复合膜的厚度	第 14.3.1 条	/		
	2	装饰面上粉末喷涂的涂层的最小局部厚度和最大局部厚度	第 14.3.2 条	/		
	3	装饰面上氟碳喷涂的漆膜厚度	第 14.3.3 条	/		
	4	电泳涂漆前型材外观质量和漆膜质量	第 14.3.4 条	/		
	5	粉末喷涂型材装饰面上的涂层质量	第 14.3.5 条	/		
	6	氟碳喷涂型材装饰面上的涂层质量	第 14.3.6 条	/		
一般项目	1	电泳涂漆型材的漆膜附着力、漆膜硬度	第 14.3.7 条	/		
	2	电泳涂漆型材漆膜的颜色及色差	第 14.3.8 条	/		
	3	粉末喷涂型材漆膜的耐冲击性、附着力、压痕硬度、光泽、杯突试验	第 14.3.9 条	/		
	4	粉末喷涂型材漆膜的颜色及色差	第 14.3.10 条	/		
	5	氟碳喷涂型材漆膜的硬度、耐冲击性、附着力、光泽	第 14.3.11 条	/		
	6	氟碳喷涂型材漆膜的颜色及色差	第 14.3.12 条	/		
施工单位检查结果				专业工长：项目专业质量检查员： 年 月 日		
监理单位验收结论				专业监理工程师： 年 月 日		

2. 验收依据说明

【规范名称及编号】《铝合金结构工程施工质量验收规范》GB 50576－2010

【条文摘录】

14.3　涂装

Ⅰ　主　控　项　目

14.3.1　电泳涂漆复合膜的厚度应符合表 14.3.1 的规定。

检查数量：按本规范表 14.2.1-2。

检验方法：可按现行国家标准《非磁性基体金属上非导电覆盖层　覆盖层厚度测量　涡流法》GB/T 4957 或《金属和氧化物覆盖层厚度测量显微镜法》GB/T 6462 规定的方法，或检查检验报告。

表 14.3.1　电泳涂漆复合膜厚度

级别	阳极氧化膜		漆膜	复合膜
	平均膜厚 /μm	局部膜厚 /μm	局部膜厚 /μm	局部膜厚 /μm
A	≥10	≥8	≥12	≥21
B	≥10	≥8	≥7	≥16

14.3.2　装饰面上粉末喷涂的涂层的最小局部厚度大于等于 40μm，最大局部厚度小于等于 120μm。

检查数量：按本规范表 14.2.1-2。

检验方法：可按现行国家标准《非磁性基体金属上非导电覆盖层　覆盖层厚度测量　涡流法》GB/T 4957 规定的方法，或检查检验报告。

14.3.3　装饰面上氟碳喷涂的漆膜厚度应符合表 14.3.3 的规定。

检查数量：按本规范表 14.2.1-2。

检验方法：可按现行国家标准《非磁性基体金属上非导电覆盖层　覆盖层厚度测量　涡流法》GB/T 4957 规定的方法，或检查检验报告。

表 14.3.3　氟碳喷涂的漆膜厚度（μm）

级　　别	最小平均厚度	最小局部厚度
二涂	≥30	≥25
三涂	≥40	≥34
四涂	≥65	≥55

14.3.4　电泳涂漆前型材外观质量应符合现行国家标准《铝合金建筑型材》GB 5237.1 的有关规定。涂漆后的漆膜应均匀、整洁，不应有皱纹、裂纹、气泡、流痕、夹杂物、发粘和漆膜脱落等缺陷。

检查数量：全数检查。

检验方法：观察检查。

14.3.5　粉末喷涂型材装饰面上的涂层应平滑、均匀，不应有皱纹、流痕、鼓泡、裂纹、发粘等缺陷。可允许有轻微的桔皮现象，其允许程度应由供需双方商定的实物标样表明。

检查数量：全数检查。

检验方法：观察检查。

14.3.6　氟碳喷涂型材装饰面上的涂层应平滑、均匀，不应有皱纹、流痕、鼓泡、裂纹、发粘等缺陷。

检查数量：全数检查。

检验方法：观察检查。

Ⅱ　一　般　项　目

14.3.7　电泳涂漆型材的漆膜附着力、漆膜硬度等应符合现行国家标准《铝合金建筑型材　第 3 部分：电泳涂漆型材》GB 5237.3 的要求。

检查数量：每批取 2 根，每根取 1 个试样。

检验方法：漆膜附着力按现行国家标准《色漆和清漆　漆膜的划格试验》GB/T 9286 中胶带法的规定检验，漆膜硬度按现行国家标准《色漆和清漆　铅笔法测定漆膜硬度》GB/T 6739 的规定，或检查检验报告。

14.3.8　电泳涂漆型材漆膜的颜色及色差等应符合现行国家标准《铝合金建筑型材　第 3 部分：电泳涂漆型材》GB 5237.3 的有关规定。

检查数量：全数检查。

检验方法：观察检查。

14.3.9　粉末喷涂型材漆膜的耐冲击性、附着力、压痕硬度、光泽、杯突试验结果等应符合现行国家标准《铝合金建筑型材　第 4 部分：粉末喷涂型材》GB 5237.4 的有关规定。

检查数量：每批取 2 根，每根取 1 个试样。

检验方法：耐冲击性按现行国家标准《漆膜耐冲击测定法》GB/T 1732 的规定检验；附着力按现行国家标准《色漆和清漆　漆膜的划格试验》GB/T 9286 的规定检验，划格间距为 2mm；压痕硬度按现行国家标准《色漆和清漆　巴克霍尔兹压痕试验》GB/T 9275 的规定检验；光泽按现行国家标准《色漆和清漆　不含金属颜料的色漆　漆膜 20°、60°和 85°镜面光泽的测定》GB/T 9754 的规定检验；杯突试验按现行国家标准《色漆和清漆　杯突试验》GB/T 9753 的规定，或检查检验报告。

14.3.10　粉末喷涂型材漆膜的颜色及色差等应符合现行国家标准《铝合金建筑型材　第 4 部分：粉末喷涂型材》GB 5237.4 的有关规定。

检查数量：全数检查。

检验方法：宜采用目视法，按现行国家标准《色漆和清漆　色漆的目视比色》GB/T 9761 中在规定的照明条件和观察条件下观察待比较的色漆涂膜的颜色，也可在自然日光下或人造光源下进行，或检查检验报告。

14.3.11　氟碳喷涂型材漆膜的硬度、耐冲击性、附着力、光泽等应符合现行国家标准《铝合金建筑型材　第 5 部分：氟碳喷涂型材》GB 5237.4 的有关规定。

检查数量：每批取 2 根，每根取 1 个试样。

检验方法：涂层硬度按现行国家标准《色漆和清漆　铅笔法测定漆膜硬度》GB/T 6739 中 B 法的规定检验；耐冲击性按现行国家标准《漆膜耐冲击测定法》GB/T 1732 的规定检验；附着力按现行国家标准《色漆和清漆　漆膜的划格试验》GB/T 9286 的规定检验，划格间距为 1mm；光泽按现行国家标准《色漆和清漆　不含金属颜料的色漆　漆膜 20°、60°和 85°镜面光泽的测定》GB/T 9754 的规定检验，或检查检验报告。

14.3.12　氟碳喷涂型材漆膜的颜色及色差等应符合现行国家标准《铝合金建筑型材　第 4 部分：粉末喷涂型材》GB 5237.4 的有关规定。

检查数量：全数检查。

检验方法：一般情况下采用目视法，按现行国家标准《色漆和清漆　色漆的目视比色》GB/T 9761 中在规定的照明条件和观察条件下观察待比较的色漆涂膜的颜色，也可以在自然日光下或人造光源下进行，或检查检验报告。

4.2.71　隔离检验批质量验收记录

1. 表格

隔离检验批质量验收记录

02061004 ____

单位（子单位） 工程名称			分部（子分部） 工程名称		分项工程 名称	
施工单位			项目负责人		检验批容量	
分包单位			分包单位 项目负责人		检验批部位	
施工依据				验收依据	《铝合金结构工程施工质量验收规范》 GB 50576－2010	

		验收项目	设计要求及 规范规定	最小/实际 抽样数量	检 查 记 录	检查 结果
主控项目	1	当铝合金材料与不锈钢以外的其他金属材料或含酸性、碱性的非金属材料接触、紧固时，应采用隔离材料	第14.4.1条	/		
	2	隔离材料严禁与铝合金材料及相接触的其他金属材料产生电偶腐蚀	第14.4.2条	/		
施工单位 检查结果			专业工长： 项目专业质量检查员： 年 月 日			
监理单位 验收结论			专业监理工程师： 年 月 日			

2. 验收依据说明

【规范名称及编号】《铝合金结构工程施工质量验收规范》GB 50576－2010

【条文摘录】

14.4 隔离

Ⅰ 主 控 项 目

14.4.1 当铝合金材料与不锈钢以外的其他金属材料或含酸性、碱性的非金属材料接触、紧固时，应采用隔离材料。

检查数量：全数检查。

检验方法：观测检查。

14.4.2 隔离材料严禁与铝合金材料及相接触的其他金属材料产生电偶腐蚀。

检查数量：全数检查。

检验方法：观测检查。

4.2.72 方木和原木结构检验批质量验收记录

1. 表格

方木和原木结构检验批质量验收记录

02070101 ____

单位（子单位）工程名称				分部（子分部）工程名称		分项工程名称	
施工单位				项目负责人		检验批容量	
分包单位				分包单位项目负责人		检验批部位	
施工依据					验收依据	《木结构工程施工质量验收规范》GB 50206—2012	

		验收项目		设计要求及规范规定	最小/实际抽样数量	检 查 记 录	检查结果
主控项目	1	方木、原木结构的形式、结构布置和构件尺寸		设计要求	/		
	2	结构用木材应符合设计文件的规定，并应具有产品质量合格证书		第4.2.2条	/		
	3	进场木材均应作弦向静曲强度见证检验		第4.2.3条	/		
	4	方木、原木及板材的目测材质等级		第4.2.4条	/		
	5	各类构件制作时及构件进场时木材的平均含水率	原木或方木	≤25%	/		
			板材及规格材	≤20%	/		
			受拉构件的连接板	≤18%	/		
			处于通风条件不畅环境下的木构件的木材	≤20%	/		
	6	承重钢构件和连接所用钢材检验		第4.2.6条	/		
	7	焊条质量检验		第4.2.7条	/		
	8	螺栓、螺帽质量检验		第4.2.8条	/		
	9	圆钉质量检验		第4.2.9条	/		
	10	圆钢拉杆质量要求		第4.2.10条	/		
	11	承重钢构件中，节点焊缝焊脚高度和焊接质量		第4.2.11条	/		
	12	钉连接、螺栓连接节点的连接件（钉、螺栓）的规格、数量		第4.2.12条	/		
	13	木桁架支座节点的齿连接和螺栓连接		第4.2.13条	/		
	14	抗震设防烈度为8度及以上时，抗震措施要求		第4.2.14条	/		

续表

验收项目			设计要求及规范规定	最小/实际抽样数量	检 查 记 录	检查结果
一般项目	1	构件截面尺寸 — 方木和胶合木构件截面的高度、宽度	−3mm	/		
		构件截面尺寸 — 板材厚度、宽度	−2mm	/		
		构件截面尺寸 — 原木构件梢径	−5mm	/		
		构件长度 — 长度≤15m	±10mm	/		
		构件长度 — 长度＞15m	±15mm	/		
		桁架高度 — 长度≤15m	±10mm	/		
		桁架高度 — 长度＞15m	±15mm	/		
		受压或压弯构件纵向弯曲 — 方木、胶合木构件	$L/500$（$L=$___）	/		
		受压或压弯构件纵向弯曲 — 原木构件	$L/200$（$L=$___）	/		
		弦杆节点间距	±5mm	/		
		齿连接刻槽深度	±2mm	/		
		支座节点受剪面 — 长度	−10mm	/		
		支座节点受剪面 — 宽度 — 方木、胶合木	−3mm	/		
		支座节点受剪面 — 宽度 — 原木	−4mm	/		
		螺栓中心间距 — 进孔处	±0.2d（$d=$___）	/		
		螺栓中心间距 — 出孔处 — 垂直木纹方向	±0.5d 且不大于 $4B/100$（$d=$___）	/		
		螺栓中心间距 — 出孔处 — 顺木纹方向	±1d（$d=$___）	/		
		钉进孔处的中心间距	±1d（$d=$___）	/		
		桁架起拱 — 支座下弦中心线	±20mm	/		
		桁架起拱 — 跨中下弦中心线	−10mm	/		
	2	齿连接质量要求	第4.3.2条	/		
	3	螺栓连接（含受拉接头）的螺栓数目、排列方式、间距、边距和端距	第4.3.3条	/		
	4	钉连接质量要求	第4.3.4条	/		
	5	木构件受压接头	第4.3.5条	/		
	6	木桁架、梁及柱的安装 — 结构中心线的间距	±20mm	/		
		木桁架、梁及柱的安装 — 垂直度	$H/200$ 且不大于 15（$H=$___）	/		
		木桁架、梁及柱的安装 — 受压或压弯构件纵向弯曲	$L/300$（$L=$___）	/		
		木桁架、梁及柱的安装 — 制作轴线对支承面中心位移	10mm	/		
		木桁架、梁及柱的安装 — 支座标高	±5mm	/		

续表

验收项目			设计要求及规范规定	最小/实际抽样数量	检 查 记 录	检查结果
一般项目	7 屋面木构架的安装	檩条、椽条	方木、胶合木截面	－2mm	/		
			原木梢径	－5mm	/		
			间距	－10mm	/		
			方木、胶合木上表面平直	4mm	/		
			原木上表面平直	7mm	/		
			油毡搭接宽度	－10mm	/		
			挂瓦条间距	±5mm	/		
		封山、封檐平直	下边缘	5mm	/		
			表面	8mm	/		
	8	屋盖结构支撑系统的完整性		第4.3.8条	/		
施工单位检查结果				专业工长： 项目专业质量检查员： 年 月 日			
监理单位验收结论				专业监理工程师： 年 月 日			

2. 验收依据说明

【规范名称及编号】《木结构工程施工质量验收规范》GB 50206－2012

【条文摘录】

4　方木与原木结构

4.1　一般规定

4.1.1　小章适用于由方木、原木及板材制作和安装的木结构工程施工质量验收。

4.1.2　材料、构配件的质量控制应以一幢方木、原木结构房屋为一个检验批；构件制作安装质量控制应以整幢房屋的一楼层或变形缝间的一楼层为一个检验批。

4.2　主控项目

4.2.1　方木、原木结构的形式、结构布置和构件尺寸，应符合设计文件的规定。

检查数量：检验批全数。

检验方法：实物与施工设计图对照、丈量。

4.2.2　结构用木材应符合设计文件的规定，并应具有产品质量合格证书。

检查数量：检验批全数。

检验方法：实物与设计文件对照，检查质量合格证书、标识。

4.2.3　进场木材均应作弦向静曲强度见证检验，其强度最低值应符合表4.2.3的要求。

表 4.2.3　木材静曲强度检验标准

木材种类	针叶材				阔叶材				
强度等级	TC11	TC13	TC15	TC17	TB11	TB13	TB15	TB17	TB20
最低强度（N/mm²）	44	51	58	72	58	68	78	88	98

检查数量：每一检验批每一树种的木材随机抽取 3 株（根）。

检验方法：本规范附录 A。

4.2.4 方木、原木及板材的目测材质等级不应低于表 4.2.4 的规定，不得采用普通商品材的等级标准替代。方木、原木及板材的目测材质等级应按本规范附录 B 评定。

检查数量：检验批全数。

检验方法：本规范附录 B。

表 4.2.4 方木、原木结构构件木材的材质等级

项　次	构　件　名　称	材质等级
1	受拉或拉弯构件	Ⅰa
2	受弯或压弯构件	Ⅱa
3	受压构件及次要受弯构件（如吊顶小龙骨）	Ⅲa

4.2.5 各类构件制作时及构件进场时木材的平均含水率，应符合下列规定：

1 原木或方木不应大于 25%。

2 板材及规格材不应大于 20%。

3 受拉构件的连接板不应大于 18%。

4 处于通风条件不畅环境下的木构件的木材，不应大于 20%。

检查数量：每一检验批每一树种每一规格木材随机抽取 5 根。

检验方法：本规范附录 C。

4.2.6 承重钢构件和连接所用钢材应有产品质量合格证书和化学成分的合格证书。进场钢材应见证检验其抗拉屈服强度、极限强度和延伸率，其值应满足设计文件规定的相应等级钢材的材质标准指标，且不应低于现行国家标准《碳素结构钢》GB 700 有关 Q23s 及以上等级钢材的规定。−30℃ 以下使用的钢材不宜低于 Q235D 或相应屈服强度钢材 D 等级的冲击韧性规定。钢木屋架下弦所用圆钢，除应作抗拉屈服强度、极限强度和延伸率性能检验外，尚应作冷弯检验，并应满足设计文件规定的圆钢材质标准。

检查数量：每检验批每一钢种随机抽取两件。

检验方法：取样方法、试样制备及拉伸试验方法应分别符合现行国家标准《钢材力学及工艺性能试验取样规定》GB 2975、《金属拉伸试验试样》GB 6397 和《金属材料室温拉伸试验方法》GB/T 228 的有关规定。

4.2.7 焊条应符合现行国家标准《碳钢焊条》GB 5117 和《低合金钢焊条》GB 5118 的有关规定，型号应与所用钢材匹配，并应有产品质量合格证书。

检查数量：检验批全数。

检验方法：实物与产品质量合格证书对照检查。

4.2.8 螺栓、螺帽应有产品质量合格证书，其性能应符合现行国家标准《六角头螺栓》GB 5782 和《六角头螺栓　C 级》GB5780 的有关规定。

检查数量：检验批全数。

检验方法：实物与产品质量合格证书对照检查。

4.2.9 圆钉应有产品质量合格证书，其性能应符合现行行业标准《一般用途圆钢钉》YB/T 5002 的有关规定。设计文件规定钉子的抗弯屈服强度时，应作钉子抗弯强度见证检验。

检查数量：每检验批每一规格圆钉随机抽取 10 枚。

检验方法：检查产品质量合格证书、检测报告。强度见证检验方法应符合本规范附录 D 的规定。

4.2.10 圆钢拉杆应符合下列要求：

1 圆钢拉杆应平直，接头应采用双面绑条焊。绑条直径不应小于拉杆直径的 75%，在接头一侧的长度不应小于拉杆直径的4倍。焊脚高度和焊缝长度应符合设计文件的规定。

2　螺帽下垫板应符合设计文件的规定，且不应低于本规范第4.3.3条第2款的要求。

3　钢木屋架下弦圆钢拉杆、桁架主要受拉腹杆、蹬式节点拉杆及螺栓直径大于20mm时，均应采用双螺帽自锁。受拉螺杆伸出螺帽的长度，不应小于螺杆直径的80%。

检查数量：检验批全数。

检验方法：丈量、检查交接检验报告。

4.2.11　承重钢构件中，节点焊缝焊脚高度不得小于设计文件的规定，除设计文件另有规定外，焊缝质量不得低于三级，－30℃以下工作的受拉构件焊缝质量不得低于二级。

检查数量：检验批全部受力焊缝。

检验方法：按现行行业标准《建筑钢结构焊接技术规范》JGJ 81的有关规定检查，并检查交接检验报告。

4.2.12　钉连接、螺栓连接节点的连接件（钉、螺栓）的规格、数量，应符合设计文件的规定。

检查数量：检验批全数。

检验方法：目测、丈量。

4.2.13　木桁架支座节点的齿连接，端部木材不应有腐朽、开裂和斜纹等缺陷，剪切面不应位于木材髓心侧；螺栓连接的受拉接头，连接区段木材及连接板均应采用Ia等材，并应符合本规范附录B的有关规定；其他螺栓连接接头也应避开木材腐朽、裂缝、斜纹和松节等缺陷部位。

检查数量：检验批全数。

检验方法：目测。

4.2.14　在抗震设防区的抗震措施应符合设计文件的规定。当抗震设防烈度为8度及以上时，应符合下列要求：

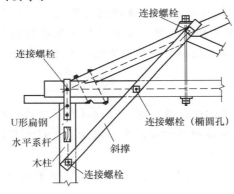

图4.2.14　屋架与木柱的连接

1　屋架支座处应有直径不小于20mm的螺栓锚固在墙或混凝土圈梁上。当支承在木柱上时，柱与屋架间应有木夹板式的斜撑，斜撑上段应伸至屋架上弦节点处，并应用螺栓连接（图4.2.14）。柱与屋架下弦应有暗榫，并应用U形铁连接。桁架木腹杆与上弦杆连接处的扒钉应改用螺栓压紧承压面，与下弦连接处则应采用双面扒钉。

2　屋面两侧应对称斜向放檩条，檐口瓦应与挂瓦条扎牢。

3　檩条与屋架上弦应用螺栓连接，双脊檩应互相拉结。

4　柱与基础：间应有预埋的角钢连接，并应用螺栓固定。

5　木屋盖房屋，节点处檩条应固定在山墙及内横墙的卧梁理件上，支承长度不应小于120mm，并应有螺栓可靠锚固。

检查数量：检验批全数。

检验方法：目测、丈量。

4.3　一般项目

4.3.1　各种原木、方木构件制作的允许偏差不应超出本规范表E.0.1的规定。

检查数量：检验批全数。

检验方法：本规范表E.0.1。

4.3.2　齿连接应符合下列要求：

1　除应符合设计文件的规定外，承压面应与压杆的轴线垂直，单齿连接压杆轴线应通过承压面中心；双齿连接，第一齿顶点应位于上、下弦杆上边缘的交点处，第二齿顶点应位于上弦杆轴线与下弦杆上边缘的交点处，第二齿承压面应比第一齿承压面至少深 20mm。

2 承压面应平整，局部隙缝不应超过 1mm，非承压面应留外口 5mm 的楔形缝隙。

3 桁架支座处齿连接的保险螺栓应垂直于上弦杆轴线，木腹杆与上、下弦杆间应有扒钉扣紧。

4 桁架端支座垫木的中心线，方木桁架应通过上、下弦杆净截面中心线的交点；原木桁架则应通过上、下弦杆毛截面中心线的交点。

检查数量：检验批全数。

检验方法：目测、丈量，检查交接检验报告。

4.3.3 螺栓连接（含受拉接头）的螺栓数目、排列方式、间距、边距和端距，除应符合设计文件的规定外，尚应符合下列要求：

1 螺栓孔径不应大于螺栓杆直径 1mm，也不应小于或等于螺栓杆直径。

2 螺帽下应设钢垫板，其规格除应符合设计文件的规定外，厚度不应小于螺杆直径的 30%，方形垫板的边长不应小于螺杆直径的 3.5 倍，圆形垫板的直径不应小于螺杆直径的 4 倍，螺帽拧紧后螺栓外露长度不应小于螺杆直径的 80%。螺纹段剩留在木构件内的长度不应大于螺杆直径的 1.0 倍。

3 连接件与被连接件间的接触面应平整，拧紧螺帽后局部可允许有缝隙，但缝宽不应超过 1mm。

检查数量：检验批全数。

检验方法：目测、丈量。

4.3.4 钉连接应符合下列规定：

1 圆钉的排列位置应符合设计文件的规定。

2 被连接件间的接触面应平整，钉紧后局部缝隙宽度不应超过 1mm，钉帽应与被连接件外表面齐平。

3 钉孔周围不应有木材被胀裂等现象。

检查数量：检验批全数。

检验方法：目测、丈量。

4.3.5 木构件受压接头的位置应符合设计文件的规定，应采用承压面垂直于构件轴线的双盖板连接（平接头），两侧盖板厚度均不应小于对接构件宽度的 50%，高度应与对接构件高度一致。承压面应锯平并彼此顶紧，局部缝隙不应超过 1mm。螺栓直径、数量，排列应符合设计文件的规定。

检查数量：检验批全数。

检验方法：目测、丈量，检查交接检验报告。

4.3.6 木桁架、梁及柱的安装允许偏差不应超出本规范表 E.0.3 的规定。

检查数量：检验批全数。

检验方法：本规范表 E.0.2。

4.3.7 屋面木构架的安装允许偏差不应超出本规范表 E.0.3 的规定。

检查数量：检验批全数。

检验方法：目测、丈量。

4.3.8 屋盖结构支撑系统的完整性应符合设计文件规定。

检查数量：检验批全数。

检验方法：对照设计文件、丈量实物，检查交接检验报告。

4.2.73 胶合木结构检验批质量验收记录

1. 表格

胶合木结构检验批质量验收记录

02070201 ____

单位（子单位）工程名称			分部（子分部）工程名称		分项工程名称	
施工单位			项目负责人		检验批容量	
分包单位			分包单位项目负责人		检验批部位	
施工依据				验收依据	《木结构工程施工质量验收规范》GB 50206－2012	

验收项目			设计要求及规范规定	最小/实际抽样数量	检查记录	检查结果
主控项目	1	胶合木结构的结构形式、结构布置和构件截面尺寸	第5.2.1条	/		
	2	结构用层板胶合木的类别、强度等级和组坯方式	第5.2.2条	/		
	3	胶合木受弯构件抗弯性能见证检验	第5.2.3条	/		
	4	弧形构件的曲率半径及其偏差	第5.2.4条	/		
	5	层板胶合木构件平均含水率	第5.2.5条	/		
	6	承重钢构件和连接所用钢材检验	第4.2.6条	/		
	7	焊条质量检验	第4.2.7条	/		
	8	螺栓、螺帽质量检验	第4.2.8条	/		
	9	各连接节点的连接件类别、规格和数量	第5.2.7条	/		
一般项目	1	层板胶合木构造及外观要求	第5.3.1条	/		
	2	构件截面尺寸　方木和胶合木构件截面的高度、宽度	－3mm	/		
		板材厚度、宽度	－2mm	/		
		原木构件梢径	－5mm	/		
		构件长度　长度≤15m	±10mm	/		
		长度＞15m	±15mm	/		
		桁架高度　长度≤15m	±10mm	/		
		长度＞15m	±15mm	/		
		受压或压弯构件纵向弯曲　方木、胶合木构件	$L/500$（$L=$ ____）	/		
		原木构件	$L/200$（$L=$ ____）	/		
		弦杆节点间距	±5mm	/		
		齿连接刻槽深度	±2mm	/		
		支座节点受剪面　长度	－10mm	/		
		宽度　方木、胶合木	－3mm	/		
		原木	－4mm	/		

续表

验收项目			设计要求及规范规定	最小/实际抽样数量	检查记录	检查结果
一般项目	2	螺栓中心间距	进孔处	±0.2d（d=___）	/		
			出孔处 垂直木纹方向	±0.5d 且不大于 4B/100（d=___）	/		
			出孔处 顺木纹方向	±1d（d=___）	/		
		钉进孔处的中心间距		±1d（d=）	/		
		桁架起拱	支座下弦中心线	±20mm	/		
			跨中下弦中心线	−10mm	/		
	3	齿连接质量要求		第4.3.2条	/		
	4	螺栓连接（含受拉接头）的螺栓数目、排列方式、间距、边距和端距		第4.3.3条	/		
	5	圆钢拉杆质量要求		第4.2.10条	/		
	6	承重钢构件中，节点焊缝焊脚高度和焊接质量		第4.2.11条	/		
	7	钉连接质量要求		第4.3.4条	/		
	8	木构件受压接头		第4.3.5条	/		
	9	木桁架、梁及柱的安装	结构中心线的间距	±20mm	/		
			垂直度	H/200 且不大于15（H=___）	/		
			受压或压弯构件纵向弯曲	L/300（L=___）	/		
			制作轴线对支承面中心位移	10mm	/		
			支座标高	±5mm	/		

施工单位检查结果	专业工长： 项目专业质量检查员： 年 月 日
监理单位验收结论	专业监理工程师： 年 月 日

2. 验收依据说明

【规范名称及编号】《木结构工程施工质量验收规范》GB 50206－2012

【条文摘录】

5　胶合木结构

5.1　一般规定

5.1.1　本章适用于主要承重构件由层板胶合木制作和安装的木结构工程施工质量验收。

5.1.2　层板胶合木可采用分别由普通胶合木层板、目测分等或机械分等层板按规定的构件截面组坯胶合而成的普通层板胶合木、目测分等与机械分等同等组合胶合木，以及异等组合的对称与非对称组合胶合木。

5.1.3　层板胶合木构件应由经资质认证的专业加工企业加工生产。

5.1.4　材料、构配件的质量控制应以一幢胶合木结构房屋为一个检验批；构件制作安装质量控制应以整幢房屋的一楼层或变形缝间的一楼层为一个检验批。

5.2　主控项目

5.2.1　胶合木结构的结构形式、结构布置和构件截面尺寸，应符合设计文件的规定。

检查数量：检验批全数。

检验方法：实物与设计文件对照、丈量。

5.2.2　结构用层板胶合木的类别、强度等级和组坯方式，应符合设计文件的规定，并应有产品质量合格证书和产品标识，同时应有满足产品标准规定的胶缝完整性检验和层板指接强度检验合格证书。

检查数量：检验批全数。

检验方法：实物与证明文件对照。

5.2.3　胶合木受弯构件应作荷载效应标准组合作用下的抗弯性能见证检验。在检验荷载作用下胶缝不应开裂，原有漏胶胶缝不应发展，跨中挠度的平均值不应大于理论计算值的1.13倍，最大挠度不应大于表5.2.3的规定。

检查数量：每一检验批同一胶合工艺、同一层板类别、树种组合、构件截面组坯的同类型构件随机抽取3根。

检验方法：本规范附录F。

表5.2.3　荷载效应标准组合作用下受弯木构件的挠度限值

项　　次	构　件　类　别		挠度限值（m）
1	檩条	$L \leqslant 3.3m$	$L/200$
		$L > 3.3m$	$L/250$
2	主梁		$L/250$

注：L为受弯构件的跨度。

5.2.4　弧形构件的曲率半径及其偏差应符合设计文件的规定，层板厚度不应大于$R/125$（R为曲率半径）。

检查数量：检验批全数。

检验方法：钢尺丈量。

5.2.5　层板胶合木构件平均含水率不应大于15%，同一构件各层板间含水率差别不应大于5%。

检查数量：每一检验批每一规格胶合木构件随机抽取5根。

检验方法：本规范附录C。

5.2.6　钢材、焊条、螺栓、螺帽的质量应分别符合本规范第1.2.6～4.2.8条的规定。

5.2.7　各连接节点的连接件类别、规格和数量应符合设计文件的规定。桁架端节点齿连接胶合木端部的受剪面及螺栓连接中的螺栓位置，不应与漏胶胶缝重合。

　　检查数量：检验批全数。

　　检验方法：目测、丈量。

5.3　一般项目

5.3.1　层板胶合木构造及外观应符合下列要求：

　　1　层板胶合木的各层木板木纹应平行于构件长度方向。各层木板在长度方向应为指接。受拉构件和受弯构件受拉区截面高度的 1/10 范围内同一层板上的指接间距，不应小于 1.5m。上、下层板间指接头位置应错开不小于木板厚的 10 倍。层板宽度方向可用平接头，但上、下层板间接头错开的距离不应小于 40mm。

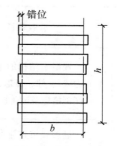

图 5.3.1　外观 C 级层板错位示意

b—截面宽度；h—截面高度

　　2　层板胶合木胶缝应均匀，厚度应为 0.1mm～0.3mm。厚度超过 0.3mm 的胶缝的连续长度不应大于 300mm，且厚度不得超过 1mm。在构件承受平行于胶缝平面剪力的部位，漏胶长度不应大于 75mm，其他部位不应大于 150mm。在第 3 类使用环境条件下，层板宽度方向的平接头和板底开槽的槽内均应用胶填满。

　　3　胶合木结构的外观质量应符合本规范第 3.0.5 条的规定，对于外观要求为 C 级的构件截面，可允许层板有错位（图 5.3.1），截面尺寸允许偏差和层板错位应符合表 5.3.1 的要求。

　　检查数量：检验批全数。

　　检验方法：厚薄规（塞尺）、量器、目测。

表 5.3.1　外观 C 级时的胶合木构件截面的允许偏差（mm）

截面的高度或宽度	截面高度或宽度的允许偏差	错位的最大值
（h 或 b）<100	±2	4
100≤（h 或 b）<300	±3	5
300≤（h 或 b）	±6	6

5.3.2　胶合木构件的制作偏差不应超出本规范表 E.0.1 的规定。

　　检查数量：检验批全数。

　　检验方法：角尺、钢尺丈量，检查交接检验报告。

5.3.3　齿连接、螺栓连接、圆钢拉杆及焊缝质量，应符合本规范第 4.3.2、4.3.3、4.2.10 和 4.2.11 条的规定。

5.3.4　金属节点构造、用料规格及焊缝质量应符合设计文件的规定。除设计文件另有规定外，与其相连的各构件轴线应相交于金属接点的合力作用点，与各构件相连的连接类型应符合设计文件的规定，并应符合本规范第 4.3.3～4.3.5 条的规定。

　　检查数量：检验批全数。

　　检验方法：目测、丈量。

5.3.5　胶合木结构安装偏差不应超出本规范表 E.0.2 的规定。

　　检查数量：过程控制检验批全数，分项验收抽取总数 10% 复检。

　　检验方法：本规范表 E.0.2。

4.2.74　轻型木结构检验批质量验收记录

1. 表格

轻型木结构检验批质量验收记录

02070301____

单位（子单位） 工程名称			分部（子分部） 工程名称		分项工程 名称		
施工单位			项目负责人		检验批容量		
分包单位			分包单位 项目负责人		检验批部位		
施工依据				验收依据	《木结构工程施工质量验收规范》 GB 50206 - 2012		

		验收项目	设计要求及 规范规定	最小/实际 抽样数量	检查 记 录	检查 结果
主控项目	1	轻型木结构的承重墙（包括剪力墙）、柱、楼盖、屋盖布置、抗倾覆措施及屋盖抗掀起措施	第6.2.1条	/		
	2	进场规格材应有产品质量合格证书和产品标识	第6.2.2条	/		
	3	进场目测分等规格材及试验	第6.2.3条	/		
		进场机械分等规格材及试验	第6.2.3条	/		
	4	所用规格材的树种、材质等级和规格，以及覆面板的种类和规格	第6.2.4条	/		
	5	规格材的平均含水率	≤20%	/		
	6	木基结构板材质量及检验	第6.2.6条	/		
	7	进场结构复合木材和工字形木搁栅质量及检验	第6.2.7条	/		
	8	齿板桁架应由专业加工厂加工制作，并应有产品质量合格证书	第6.2.8条	/		
	9	承重钢构件和连接所用钢材检验	第4.2.6条	/		
	10	焊条质量检验	第4.2.7条	/		
	11	螺栓、螺帽质量检验	第4.2.8条	/		
	12	金属连接件应冲压成型，并应具有产品质量合格证书和材质合格保证	第6.2.10条	/		
		镀锌防锈层厚度不应小于275g/m²	第6.2.10条	/		
	13	金属连接件的规格、钉连接的用钉规格与数量	第6.2.11条	/		
	14	采用构造设计，各类构件间的钉连接	第6.2.12条	/		

续表

	验收项目			设计要求及规范规定	最小/实际抽样数量	检 查 记 录	检查结果
一般项目	1	承重墙（含剪力墙）构造规定		第 6.3.1 条	/		
	2	楼盖各项构造的规定		第 6.3.2 条	/		
	3	齿板桁架的进场验收		第 6.3.3 条	/		
	4	屋盖各项构造的规定		第 6.3.4 条	/		
	5	楼盖主梁、柱子及连接件（mm）	楼盖主梁	截面高度/宽度	±6	/		
				水平度	±1/200	/		
				垂直度	±3	/		
				间距	±6	/		
				拼合梁的钉间距	±30	/		
				拼合梁的各构件的截面高度	±3	/		
				支承长度	−6	/		
			柱子	截面尺寸	±3	/		
				拼合柱的钉间距	＋30	/		
				柱子长度	±3	/		
				垂直度	±1/200	/		
			连接件	连接件的间距	±6	/		
				同一排列连接件之间的错位	±6	/		
				构件上安装连接开槽尺寸	连接件尺寸±3	/		
				端距/边距	±6	/		
				连接钢板的构建开槽尺寸	±6	/		
	6	楼（屋）盖施工（mm）	楼（层）盖	搁栅间距	±40	/		
				楼盖整体水平度	±1/250	/		
				楼盖局部水平度	±1/150	/		
				搁栅截面高度	±3	/		
				搁栅支承长度	−6	/		
				规定的钉间距	＋30	/		
				钉头嵌入楼、屋面板表面的最大深度	±3	/		
			楼（屋）盖齿板连接桁架	桁架间距	±40	/		
				桁架垂直度	±1/200	/		
				齿板安装位置	±6	/		
				弦杆、腹杆、支撑	19	/		
				桁架高度	13	/		

续表

验收项目			设计要求及规范规定	最小/实际抽样数量	检 查 记 录	检查结果
一般项目	7 墙体施工（mm）	墙骨柱 墙骨间距	±40	/		
		墙体垂直度	±1/200	/		
		墙体水平度	±1/150	/		
		墙体角度偏差	±1/270	/		
		墙骨长度	±3	/		
		单根墙骨柱的出平面偏差	±3	/		
		顶梁板、底梁板 顶梁板、底梁板的平直度	+1/150	/		
		顶梁板作为弦杆传递荷载时搭接长度	±12	/		
		墙面板 规定的钉间距	+30	/		
		钉头嵌入墙面板表面的最大深度	+3	/		
		木框架上墙面板之间的最大缝隙	+3	/		
	8	保温措施和隔气层的设置	第6.3.6条	/		

施工单位检查结果	专业工长： 项目专业质量检查员： 年 月 日
监理单位验收结论	专业监理工程师： 年 月 日

2. 验收依据说明

【规范名称及编号】《木结构工程施工质量验收规范》GB 50206－2012

【条文摘录】

　　6　轻型木结构

　　6.1　一般规定

　　6.1.1　本章适用于由规格材及木基结构板材为主要材料制作与安装的木结构工程施工质量验收。

6.1.2 轻型木结构材料、构配件的质量控制应以同一建设项目同期施工的每幢建筑面积不超过 300m² 、总建筑面积不超过 3000m² 的轻型木结构建筑为一检验批,不足 3000m² 者应视为一检验批,单体建筑面积超过 300m² 时,应单独视为一检验批;轻型木结构制作安装质量控制应以一幢房屋的一层为一检验批。

6.2 主控项目

6.2.1 轻型木结构的承重墙(包括剪力墙)、柱、楼盖、屋盖布置、抗倾覆措施及屋盖抗掀起措施等,应符合设计文件的规定。

检查数量:检验批全数。

检验方法:实物与设计文件对照。

6.2.2 进场规格材应有产品质量合格证书和产品标识。

检查数量:检验批全数。

检验方法:实物与证书对照。

6.2.3 每批次进场目测分等规格材应由有资质的专业分等人员做目测等级见证检验或做抗弯强度见证检验;每批次进场机械分等规格材应作抗弯强度见证检验,并应符合本规范附录 G 的规定。

检查数量:检验批中随机取样,数量应符合本规范附录 G 的规定。

检验方法:本规范附录 G。

6.2.4 轻型木结构各类构件所用规格材的树种、材质等级和规格,以及覆面板的种类和规格,应符合设计文件的规定。

检查数量:全数检查。

检验方法:实物与设计文件对照,检查交接报告。

6.2.5 规格材的平均含水率不应大于 20%。

检查数量:每一检验批每一树种每一规格等级规格材随机抽取 5 根。

检验方法:本规范附录 C。

6.2.6 木基结构板材应有产品质量合格证书和产品标识,用作楼面板、屋面板的木基结构板材应有该批次干、湿态集中荷载、均布荷载及冲击荷载检验的报告,其性能不应低于本规范附录 H 的规定。

进场木基结构板材应作静曲强度和静曲弹性模量见证检验,所测得的平均值应不低于产品说明书的规定。

检验数量:每一检验批每一树种每一规格等级随机抽取 3 张板材。

检验方法:按现行国家标准《木结构覆板用胶合板》GB/T 22349 的有关规定进行见证试验,检查产品质量合格证书,该批次木基结构板干、湿态集中力、均布荷载及冲击荷载下的检验合格证书。检查静曲强度和弹性模量检验报告。

6.2.7 进场结构复合木材和工字形木搁栅应有产品质量合格证书,并应有符合设计文件规定的平弯或侧立抗弯性能检验报告。

进场工字形木搁栅和结构复合木材受弯构件,应作荷载效应标准组合作用下的结构性能检验,在检验荷载作用下,构件不应发生开裂等损伤现象,最大挠度不应大于表 5.2.3 的规定,跨中挠度的平均值不应大于理论计算值的 1.13 倍。

检验数量:每一检验批每一规格随机抽取 3 根。

检验方法:按本规范附录 F 的规定进行,检查产品质量合格证书、结构复合木材材料强度和弹性模量检验报告及构件性能检验报告。

6.2.8 齿板桁架应由专业加工厂加工制作,并应有产品质量合格证书。

检查数量:检验批全数。

检验方法:实物与产品质量合格证书对照检查。

6.2.9 钢材、焊条、螺栓和圆钉应符合本规范第 4.2.6~4.2.9 条的规定。

6.2.10 金属连接件应冲压成型，并应具有产品质量合格证书和材质合格保证。镀锌防锈层厚度不应小于 275g/m²。

检查数量：检验批全数。

检验方法：实物与产品质量合格证书对照检查。

6.2.11 轻型木结构各类构件间连接的金属连接件的规格、钉连接的用钉规格与数量，应符合设计文件的规定。

检查数量：检验批全数。

检验方法：目测、丈量。

6.2.12 当采用构造设计时，各类构件间的钉连接不应低于本规范附录 J 的规定。

检查数量：检验批全数。

检验方法：目测、丈量。

6.3 一般项目

6.3.1 承重墙（含剪力墙）的下列各项应符合设计文件的规定，且不应低于现行国家标准《木结构设计规范》GB 50005 有关构造的规定：

1 墙骨间距。

2 墙体端部、洞口两侧及墙体转角和交接处，墙骨的布置和数量。

3 墙骨开槽或开孔的尺寸和位置。

4 地梁板的防腐、防潮及与基础的锚固措施。

5 墙体顶梁板规格材的层数、接头处理及在墙体转角和交接处的两层顶梁板的布置。

6 墙体覆面板的等级、厚度及铺钉布置方式。

7 墙体覆面板与墙骨钉连接用钉的间距。

8 墙体与楼盖或基础间连接件的规格尺寸和布置。

检查数量：检验批全数。

检验方法：对照实物目测检查。

6.3.2 楼盖下列各项应符合设计文件的规定，且不应低于现行国家标准《木结构设计规范》GB 50005 有关构造的规定：

1 拼合梁钉或螺栓的排列、连续拼合梁规格材接头的形式和位置。

2 搁栅或拼合梁的定位、间距和支承长度。

3 搁栅开槽或开孔的尺寸和位置。

4 楼盖洞口周围搁栅的布置和数量；洞口周围搁栅间的连接、连接件的规格尺寸及布置。

5 楼盖横撑、剪刀撑或木底撑的材质等级、规格尺寸和布置。

检查数量：检验批全数。

检验方法：目测、丈量。

6.3.3 齿板桁架的进场验收，应符合下列规定：

1 规格材的树种、等级和规格应符合设计文件的规定。

2 齿板的规格、类型应符合设计文件的规定。

3 桁架的几何尺寸偏差不应超过表 6.3.3 的规定。

4 齿板的安装位置偏差不应超过图 6.3.3-1 所示的规定。

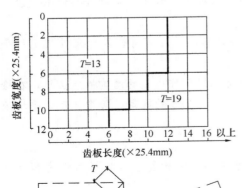

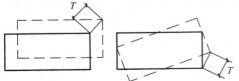

图 6.3.3-1 齿板位置偏差允许值

表 6.3.3　桁架制作允许误差（mm）

	相同桁架间尺寸差	与设计尺寸间的误差
桁架长度	12.5	18.5
桁架高度	6.5	12.5

注：1　桁架长度指不包括悬挑或外伸部分的桁架总长，用于限定制作误差；

2　桁架高度指不包括悬挑或外伸等上、下弦杆突出部分的全榀桁架最高部位处的高度，为上弦顶面到下弦底面的总高度，用于限定制作误差。

5　齿板连接的缺陷面积，当连接处的构件宽度大于 50mm 时，不应超过齿板与该构件接触面积的 20%；当构件宽度小于 50mm 时，不应超过齿板与该构件接触面积的 10%。缺陷面积应为齿板与构件接触面范围内的木材表面缺陷面积与板齿倒伏面积之和。

6　齿板连接处木构件的缝隙不应超过图 6.3.3-2 所示的规定。除设计文件有特殊规定外，宽度超过允许值的缝隙，均应有宽度不小于 19mm、厚度与缝隙宽度相当的金属片填实，并应有螺纹钉固定在被填塞的构件上。

图 6.3.3-2　齿板桁架木构件间允许缝隙限值

检查数量：检验批全数的 20%。

检验方法：目测、量器测量。

6.3.4　屋盖下列各项应符合设计文件的规定，且不应低于现行国家标准《木结构设计规范》GB 50005 有关构造的规定：

1　椽条、天棚搁栅或齿板屋架的定位、间距和支承长度；

2　屋盖洞口周围椽条与顶棚搁栅的布置和数量；洞口周围椽条与顶棚搁栅间的连接、连接件的规格尺寸及布置；

3　屋面板铺钉方式及与搁栅连接用钉的间距。

检查数量：检验批全数。

检验方法：钢尺或卡尺量、目测。

6.3.5　轻型木结构各种构件的制作与安装偏差，不应大于本规范表 E.0.4 的规定。

检查数量：检验批全数。

检验方法：本规范表 E.0.4。

6.3.6　轻型木结构的保温措施和隔气层的设置等，应符合设计文件的规定。

检查数量：检验批全数。

检验方法：对照设计文件检查。

4.2.75　木结构防护检验批质量验收记录

1. 表格

木结构防护检验批质量验收记录

02070401 ____

单位（子单位） 工程名称			分部（子分部） 工程名称		分项工程 名称	
施工单位			项目负责人		检验批容量	
分包单位			分包单位 项目负责人		检验批部位	
施工依据				验收依据	《木结构工程施工质量验收规范》 GB 50206－2012	

	验收项目		设计要求及 规范规定	最小/实际 抽样数量	检 查 记 录	检查 结果
主 控 项 目	1	所使用的防腐、防虫及防火和 阻燃药剂	第7.2.1条	/		
		经化学药剂防腐处理后的每批 次木构件（包括成品防腐木材） 检验	第7.2.1条	/		
	2	经化学药剂防腐处理后进场的 每批次木构件应进行透入度见证 检验	第7.2.2条	/		
	3	木结构构件的各项防腐构造 措施	第7.2.3条	/		
	4	木构件防火阻燃	第7.2.4条	/		
	5	包覆材料的防火性能和厚度	第7.2.5条	/		
	6	炊事、采暖等所用烟道、烟囱 防火构造	第7.2.6条	/		
	7	墙体、楼盖、屋盖空腔内现场 填充的保温、隔热、吸声等材料	第7.2.7条	/		
	8	电源线敷设	第7.2.8条	/		
	9	埋设或穿越木结构的各类管道 敷设	第7.2.9条	/		
	10	木结构中外露钢构件及未作镀 锌处理的金属连接件防锈蚀措施	第7.2.10条	/		
一 般 项 目	1	经防护处理的木构件的防护层	第7.2.11条	/		
	2	墙体和顶棚采用石膏板（防火 或普通石膏板）作覆面板并兼作 防火材料时，紧固件（钉子或木 螺钉）贯入构件的深度	第7.2.12条	/		
	3	木结构外墙的防护构造措施	第7.2.13条	/		
	4	防火隔断材料及构造要求	第7.2.14条	/		
施工单位 检查结果			专业工长： 项目专业质量检查员： 　　　　　　　　　年 月 日			
监理单位 验收结论			专业监理工程师： 　　　　　　　　　年 月 日			

342

2. 验收依据说明

【规范名称及编号】《木结构工程施工质量验收规范》GB 50206－2012

【条文摘录】

7　木结构的防护

7.1　一般规定

7.1.1　本章适用于木结构防腐、防虫和防火的施工质量验收。

7.1.2　设计文件规定需要作阻燃处理的木构件应按现行国家标准《建筑设计防火规范》GB 50016的有关规定和不同构件类别的耐火极限、截面尺寸选择阻燃剂和防护工艺，并应由具有专业资质的企业施工。对于长期暴露在潮湿环境下的木构件，尚应采取防止阻燃剂流失的措施。

7.1.3　木材防腐处理应根据设计文件规定的各木构件用途和防腐要求，按本规范第3.0.4条的规定确定其使用环境类别并选择合适的防腐剂。防腐处理宜采用加压法施工，并应由具有专业资质的企业施工。经防腐药剂处理后的木构件不宜再进行锯解、刨削等加工处理。确需作局部加工处理导致局部未被浸渍药剂的木材外露时，该部位的木材应进行防腐修补。

7.1.4　阻燃剂、防火涂料以及防腐、防虫等药剂，不得危及人畜安全，不得污染环境。

7.1.5　木结构防护工程的检验批可分别按本规范第4～6章对应的方木与原木结构、胶合木结构或轻型木结构的检验批划分。

7.2　主控项目

7.2.1　所使用的防腐、防虫及防火和阻燃药剂应符合设计文件表明的木构件（包括胶合木构件等）使用环境类别和耐火等级，且应有质量合格证书的证明文件。经化学药剂防腐处理后的每批次木构件（包括成品防腐木材），应有符合本规范附录K规定的药物有效性成分的载药量和透入度检验合格报告。

检查数量：检验批全数。

检验方法：实物对照、检查检验报告。

7.2.2　经化学药剂防腐处理后进场的每批次木构件应进行透入度见证检验，透入度应符合本规范附录K的规定。

检查数量：每检验批随机抽取5根～10根构件，均匀地钻取20个（油性药剂）或48个（水性药剂）芯样。

检验方法：现行国家标准《木结构试验方法标准》GB/T 50329。

7.2.3　木结构构件的各项防腐构造措施应符合设计文件的规定，并应符合下列要求：

1　首层木楼盖应设置架空层，方木、原木结构楼盖底面距室内地面不应小于400mm，轻型木结构不应小于150mm。支承楼盖的基础或墙上应设通风口，通风口总面积不小于楼盖面积的1/150，架空空间应保持良好通风。

2　非经防腐处理的梁、檩条和桁架等支承在混凝土构件或砌体上时，宜设防腐垫木，支承面间应有卷材防潮层。梁、檩条和桁架等支架不应封闭在混凝土或墙体中，除支承面外，该部位构件的两侧面、顶面及端面均应与支承构件间留30mm以上能与大气相通的缝隙。

3　非经防腐处理的柱应支承在柱墩上，支承面间应有卷材防潮层。柱与土壤严禁接触，柱墩顶面距土地面的高度不应小于300mm。当采用金属连接件固定并受雨淋时，连接件不应存水。

4　木屋盖设吊顶时，屋盖系统应有老虎窗、山墙百叶窗等通风装置。寒冷地区保温层设在吊顶内时，保温层顶距桁架下弦的距离不应小于100mm。

5　屋面系统的内排水天沟不应直接支承在桁架、屋面梁等承重构件上。

检查数量：检验批全数。

检验方法：对照实物、逐项检查。

7.2.4　木构件需作防火阻燃处理时，应由专业工厂完成，所使用的阻燃药剂应具有有效性检验报告和合格证书，阻燃剂应采用加压浸渍法施工。经浸渍阻燃处理的木构件，应有符合设计文件规定的药物吸收干量的检验报告。采用喷涂法施工的防火涂层厚度应均匀，见证检验的平均厚度不应小于该药物说明书的规定值。

检查数量：每检验批随机抽取 20 处测量涂层厚度。

检验方法：卡尺测量、检查合格证书。

7.2.5　凡木构件外部需用防火石膏板等包覆时，包覆材料的防火性能应有合格证书，厚度应符合设计文件的规定。

检查数量：检验批全数。

检验方法：卡尺测量、检查产品合格证书。

7.2.6　炊事、采暖等所用烟道、烟囱应用不燃材料制作且密封，砖砌烟囱的壁厚不应小于 240mm，并应有砂浆抹面，金属烟囱应外包厚度不小于 70mm 的矿棉保护层和耐火极限不低于 1.00h 的防火板，其外边缘距木构件的距离不应小于 120mm，并应有良好通风。烟囱出屋面处的空隙应用不燃材料封堵。

检查数量：检验批全数。

检验方法：对照实物。

7.2.7　墙体、楼盖、屋盖空腔内现场填充的保温、隔热、吸声等材料，应符合设计文件的规定，且防火性能不应低于难燃性 B1 级。

检查数量：检验批全数。

检验方法：实物与设计文件对照、检查产品合格证书。

7.2.8　电源线敷设应符合下列要求：

1　敷设在墙体或楼盖中的电源线应用穿金属管线或检验合格的阻燃型塑料管。

2　电源线明敷时，可用金属线槽或穿金属管线。

3　矿物绝缘电缆可采用支架或沿墙明敷。

检查数量：检验批全数。

检验方法：对照实物、查验交接检验报告。

7.2.9　埋设或穿越木结构的各类管道敷设应符合下列要求：

1　管道外壁温度达到 120℃ 及以上时，管道和管道的包覆材料及施工时的胶粘剂等，均应采用检验合格的不燃材料。

2　管道外壁温度在 120℃ 以下时，管道和管道的包覆材料等应采用检验合格的难燃性不低于 B1 的材料。

检查数量：检验批全数。

检验方法：对照实物，查验交接检验报告。

7.2.10　木结构中外露钢构件及未作镀锌处理的金属连接件，应按设计文件的规定采取防锈蚀措施。

检查数量：检验批全数。

检验方法：实物与设计文件对照。

7.3　一般项目

7.3.1　经防护处理的木构件，其防护层有损伤或因局部加工而造成防护层缺损时，应进行修补。

检查数量：检验批全数。

检验方法：根据设计文件与实物对照检查，检查交接报告。

7.3.2　墙体和顶棚采用石膏板（防火或普通石膏板）作覆面板并兼作防火材料时，紧固件（钉子或木螺钉）贯入构件的深度不应小于表 7.3.2 的规定。

检查数量：检验批全数。

检验方法：实物与设计文件对照，检查交接报告。

表 7.3.2 石膏板紧固件贯入木构件的深度（mm）

耐火极限	墙 体		顶 棚	
	钉	木螺钉	钉	木螺钉
0.75h	20	20	30	30
1.00h	20	20	45	45
1.50h	20	20	60	60

7.3.3 木结构外墙的防护构造措施应符合设计文件的规定。

检查数量：检验批全数。

检验方法：根据设计文件与实物对照检查，检查交接报告。

7.3.4 楼盖、楼梯、顶棚以及墙体内最小边长超过 25mm 的空腔，其贯通的竖向高度超过 3m，水平长度超过 20m 时，均应设置防火隔断。天花板、屋顶空间，以及未占用的阁楼空间所形成的隐蔽空间面积超过 300m²，或长边长度超过 20m 时，均应设防火隔断，并应分隔成隐蔽空间。防火隔断应采用下列材料：

1 厚度不小于 40mm 的规格材。

2 厚度不小于 20mm 且由钉交错钉合的双层木板。

3 厚度不小于 12mm 的石膏板、结构胶合板或定向木片板。

4 厚度不小于 0.4mm 的薄钢板。

5 厚度不小于 6mm 的钢筋混凝土板。

检查数量：检验批全数。

检验方法：根据设计文件与实物对照检查，检查交接报告。

第5章 建筑装饰装修分部工程检验批表格和验收依据说明

5.1 子分部、分项明细及与检验批、规范章节对应表

5.1.1 子分部、分项名称及编号

建筑装饰装修分部包含子分部、分项及其编号如下表所示。

建筑装饰装修分部、子分部、分项划分表

分部工程	子分部工程	分 项 工 程
建筑装饰装修（03）	建筑地面（01）	基层铺设（01），整体面层铺设（02），板块面层铺设（03），木、竹面层铺设（04）
	抹灰（02）	一般抹灰（01），保温层薄抹灰（02），装饰抹灰（03），清水砌体勾缝（04）
	外墙防水（03）	外墙砂浆防水（01），涂膜防水（02），透气膜防水（03）
	门窗（04）	木门窗安装（01），金属门窗安装（02），塑料门窗安装（03），特种门安装（04），门窗玻璃安装（05）
	吊顶（05）	整体面层吊顶（01）、板块面层吊顶（02）、格栅吊顶（03）
	轻质隔墙（06）	板材隔墙（01），骨架隔墙（02），活动隔墙（03），玻璃隔墙（04）
	饰面板（07）	石板安装（01）、陶瓷板安装（02）、木板安装（03）、金属板安装（04）、塑料板安装（05）
	饰面砖（08）	外墙饰面砖粘贴（01），内墙饰面砖粘贴（02）
	幕墙（09）	玻璃幕墙安装（01）、金属幕墙安装（02）、石材幕墙安装（03），陶板幕墙安装（04）
	涂饰（10）	水性涂料涂饰（01），溶剂型涂料涂饰（02），美术涂饰（03）
	裱糊与软包（11）	裱糊（01），软包（02）
	细部（12）	橱柜制作与安装（01），窗帘盒和窗台板制作与安装（02），门窗套制作与安装（03），护栏和扶手制作与安装（04），花饰制作与安装（05）

5.1.2 检验批、分项、子分部与规范、章节对应表

建筑装饰装修分部包含的检验批与分项、子分部、规范、章节对应如下表所示。

检验批与分项、子分部、规范、章节对应表

序号	检验批名称	编号	分项	子分部	依据规范	标准章节	页码
1	基土检验批质量验收记录	03010101				4.2 基土	352
2	灰土垫层检验批质量验收记录	03010102				4.3 灰土垫层	354
3	砂垫层和砂石垫层检验批质量验收记录	03010103				4.4 砂垫层和砂石垫层	355
4	碎石垫层和碎砖垫层检验批质量验收记录	03010104				4.5 碎石垫层和碎砖垫层	357
5	三合土垫层和四合土垫层检验批质量验收记录	03010105				4.6 三合土垫层和四合土垫层	358
6	炉渣垫层检验批质量验收记录	03010106	基层铺设			4.7 炉渣垫层	359
7	水泥混凝土垫层和陶粒混凝土垫层检验批质量验收记录	03010107				4.8 水泥混凝土垫层和陶粒混凝土垫层	361
8	找平层检验批质量验收记录	03010108				4.9 找平层	362
9	隔离层检验批质量验收记录	03010109		地面	《建筑地面工程施工质量验收规范》GB 50209－2010	4.10 隔离层	365
10	填充层检验批质量验收记录	03010110				4.11 填充层	367
11	绝热层检验批质量验收记录	03010111				4.12 绝热层	369
12	水泥混凝土面层检验批质量验收记录	03010201				5.2 水泥混凝土面层	371
13	水泥砂浆面层检验批质量验收记录	03010202				5.3 水泥砂浆面层	373
14	水磨石面层检验批质量验收记录	03010203	整体面层铺设			5.4 水磨石面层	375
15	硬化耐磨面层检验批质量验收记录	03010204				5.5 硬化耐磨面层	377
16	防油渗面层检验批质量验收记录	03010205				5.6 防油渗面层	380
17	不发火（防爆）面层检验批质量验收记录	03010206				5.7 不发火（防爆）面层	382

续表

序号	检验批名称	编号	分项	子分部	依据规范	标准章节	页码
18	自流平面层检验批质量验收记录	03010207	整体面层铺设			5.8 自流平面层	384
19	涂料面层检验批质量验收记录	03010208				5.9 涂料面层	386
20	塑胶面层检验批质量验收记录	03010209				5.10 塑胶面层	387
21	地面辐射供暖水泥混凝土面层检验批质量验收记录	03010210				5.11 地面辐射供暖的整体面层 5.2 水泥混凝土面层	389
22	地面辐射供暖水泥砂浆面层检验批质量验收记录	03010211				5.11 地面辐射供暖的整体面层 5.3 水泥砂浆面层	391
23	砖面层检验批质量验收记录	03010301	板块面层铺设	地面	《建筑地面工程施工质量验收规范》 GB 50209-2010	6.2 砖面层	393
24	大理石面层和花岗石面层检验批质量验收记录	03010302				6.3 大理石面层和花岗石面层	395
25	预制板块面层检验批质量验收记录	03010303				6.4 预制板块面层	398
26	料石面层检验批质量验收记录	03010304				6.5 料石面层	400
27	塑料板面层检验批质量验收记录	03010305				6.6 塑料板面层	401
28	活动地板面层检验批质量验收记录	03010306				6.7 活动地板面层	404
29	金属板面层检验批质量验收记录	03010307				6.8 金属板面层	405
30	地毯面层检验批质量验收记录	03010308				6.9 地毯面层	407
31	地面辐射供暖砖面层检验批质量验收记录	03010309				6.10 地面辐射供暖的板块面层 6.2 砖面层	409
32	地面辐射供暖大理石面层和花岗石面层检验批质量验收记录	03010310				6.10 地面辐射供暖的板块面层 6.3 大理石面层和花岗石面层	411

续表

序号	检验批名称	编号	分项	子分部	依据规范	标准章节	页码
33	地面辐射供暖预制板块面层检验批质量验收记录	03010311	板块面层铺设	地面	《建筑地面工程施工质量验收规范》GB 50209－2010	6.10 地面辐射供暖的板块面层 6.4 预制板块面层	412
34	地面辐射供暖塑料板面层检验批质量验收记录	03010312				6.10 地面辐射供暖的板块面层 6.6 塑料板面层	414
35	实木地板、实木集成地板、竹地板面层检验批质量验收记录	03010401	木、竹面层铺设			7.2 实木地板、实木集成地板、竹地板面层	415
36	实木复合地板面层检验批质量验收记录	03010402				7.3 实木复合地板面层	417
37	浸渍纸层压木质地板面层检验批质量验收记录	03010403				7.4 浸渍纸层压木质地板面层	420
38	软木类地板面层检验批质量验收记录	03010404				7.5 软木类地板面层	422
39	地面辐射供暖实木复合地板面层检验批质量验收记录	03010405				7.6 地面辐射供暖的木板面层 7.3 实木复合地板面层	423
40	地面辐射供暖浸渍纸层压木质地板面层检验批质量验收记录	03010406				7.6 地面辐射供暖的木板面层 7.4 浸渍纸层压木质地板面层	425
41	一般抹灰检验批质量验收记录	03020101	一般抹灰	抹灰	《建筑装饰装修工程质量验收规范》GB 50210－2001	4.2 一般抹灰工程	427
42	保温墙体抹灰检验批质量验收记录	03020201	保温层抹灰			专业验收规范目前没有对应内容	/
43	装饰抹灰检验批质量验收记录	03020301	装饰抹灰			4.3 装饰抹灰工程	429
44	清水砌体勾缝检验批质量验收记录	03020401	清水砌体勾缝			4.4 清水砌体勾缝工程	431
45	外墙砂浆防水层检验批质量验收记录	03030101	外墙砂浆防水层	外墙防水		专业验收规范目前没有对应内容	/
46	外墙涂膜防水层检验批质量验收记录	03030201	涂膜防水层				
47	外墙防水透气膜防水层检验批质量验收记录	03030301	透气膜防水层				

续表

序号	检验批名称	编号	分项	子分部	依据规范	标准章节	页码
48	木门窗制作检验批质量验收记录	03040101	木门窗安装	门窗	《建筑装饰装修工程质量验收规范》GB 50210-2001	5.2　木门窗制作与安装工程	432
49	木门窗安装检验批质量验收记录	03040102					435
50	钢门窗安装检验批质量验收记录	03040201	金属门窗安装			5.3　金属门窗安装工程	436
51	铝合金门窗安装检验批质量验收记录	03040202					439
52	涂色镀锌钢板门窗安装检验批质量验收记录	03040203					440
53	塑料门窗安装检验批质量验收记录	03040301	塑料门窗安装			5.4　塑料门窗安装工程	441
54	特种门安装检验批质量验收记录	03040401	特种门安装			5.5　特种门安装工程	443
55	门窗玻璃安装检验批质量验收记录	03040501	门窗玻璃安装			5.6　门窗玻璃安装工程	445
56	暗龙骨吊顶检验批质量验收记录	03050101	整体面层吊顶	吊顶		6.2　暗龙骨吊顶工程	446
		03050201	板块面层吊顶				
		03050301	格栅吊顶				
57	明龙骨吊顶检验批质量验收记录	03050101	整体面层吊顶			6.3　明龙骨吊顶工程	448
		03050201	板块面层吊顶				
		03050301	格栅吊顶				
58	板材隔墙检验批质量验收记录	03060101	板材隔墙	轻质隔墙		7.2　板材隔墙工程	450
59	骨架隔墙检验批质量验收记录	03060201	骨架隔墙			7.3　骨架隔墙工程	452
60	活动隔墙检验批质量验收记录	03060301	活动隔墙			7.4　活动隔墙工程	454
61	玻璃隔墙检验批质量验收记录	03060401	玻璃隔墙			7.5　玻璃隔墙工程	456
62	石材安装检验批质量验收记录	03070101	石板安装	饰面板		8.2　饰面板安装工程	457
63	陶瓷板安装检验批质量验收记录	03070201	陶瓷板安装				460

续表

序号	检验批名称	编号	分项	子分部	依据规范	标准章节	页码
64	木板安装检验批质量验收记录	03070301	木板安装	饰面板		8.2 饰面板安装	461
65	金属板安装检验批质量验收记录	03070401	金属安装				462
66	塑料板安装检验批质量验收记录	03070501	塑料板安装				463
67	饰面砖粘贴检验批质量验收记录	03080101	外墙饰面砖粘贴	饰面砖		8.3 饰面砖粘贴工程	464
		03080201	内墙饰面砖粘贴				
68	玻璃幕墙安装检验批质量验收记录	03090101	玻璃幕墙	幕墙		9.2 玻璃幕墙工程	465
69	金属幕墙安装检验批质量验收记录	03090201	金属幕墙			9.3 金属幕墙工程	470
70	石材幕墙安装检验批质量验收记录	03090301	石材幕墙			9.4 石材幕墙工程	472
71	陶板幕墙安装检验批质量验收记录	03090401	隐板幕墙		《建筑装饰装修工程质量验收规范》GB 50210－2001	专业验收规范目前没有对应内容	/
72	水性涂料涂饰检验批质量验收记录	03100101	水性涂料涂饰	涂饰		10.2 水性涂料涂饰	475
73	溶剂型涂料涂饰检验批质量验收记录	03100201	溶剂型涂料涂饰			10.3 溶剂型涂料涂饰	478
74	美术涂饰检验批质量验收记录	03100301	美术涂饰			10.4 美术涂饰工程	480
75	裱糊检验批质量验收记录	03110101	裱糊	裱糊与软包		11.2 裱糊工程	481
76	软包检验批质量验收记录	03110201	软包			11.3 软包工程	483
77	橱柜制作与安装检验批质量验收记录	03120101	橱柜制作与安装	细部		12.2 橱柜制作与安装	484
78	窗帘盒和窗台板制作与安装检验批质量验收记录	03120201	窗帘盒和窗台板制作与安装			12.3 窗帘盒、窗台板和散热器罩制作与安装	486
79	门窗套制作与安装检验批质量验收记录	03120301	门窗套制作与安装			12.4 门窗套制作与安装	488
80	护栏和扶手制作与安装检验批质量验收记录	03120401	护栏和扶手制作与安装			12.5 护栏和扶手制作与安装	489
81	花饰制作与安装检验批质量验收记录	03120501	花饰制作与安装			12.6 花饰制作与安装	491

5.2　检验批表格和验收依据说明

5.2.1　基土检验批质量验收记录

1. 表格

基土检验批质量验收记录

03010101 ____

单位（子单位）工程名称			分部（子分部）工程名称			分项工程名称	
施工单位			项目负责人			检验批容量	
分包单位			分包单位项目负责人			检验批部位	
施工依据				验收依据		《建筑地面工程施工质量验收规范》GB 50209－2010	

验收项目			设计要求及规范规定	最小/实际抽样数量	检 查 记 录	检查结果
主控项目	1	基土土料	第4.2.5条	/		
	2	Ⅰ类建筑基土的氡浓度	第4.2.6条	/		
	3	基土密实及压实系数	第4.2.7条	/		
一般项目	1	表面平整度	15mm	/		
	2	标高	0，－50mm	/		
	3	坡度	≤2/1000L，且≤30mm	/		
	4	厚度	≤1/10H，且≤20mm	/		
施工单位检查结果				专业工长：项目专业质量检查员： 　　　　　　　　　　年　月　日		
监理单位验收结论				专业监理工程师： 　　　　　　　　　　年　月　日		

注：L为房间相应尺寸，H为垫层设计厚度。

2. 验收依据说明

【规范名称及编号】《建筑地面工程施工质量验收规范》GB 50209－2010

【条文摘录】

摘录一：

3.0.21　建筑地面工程施工质量的检验，应符合下列规定：

1　基层（各构造层）和各类面层的分项工程的施工质量验收应按每一层次或每层施工段（或变形缝）划分检验批，高层建筑的标准层可按每三层（不足三层按三层计）划分检验批；

2　每检验批应以各子分部工程的基层（各构造层）和各类面层所划分的分项工程按自然间（或标准间）检验，抽查数量应随机检验不应少于3间；不足3间，应全数检查；其中走廊（过道）应以10延长米为1间，工业厂房（按单跨计）、礼堂、门厅应以两个轴线为1间计算；

3 有防水要求的建筑地面子分部工程的分项工程施工质量每检验批抽查数量应按其房间总数随机检验不应少于4间,不足4间,应全数检查。

3.0.22 建筑地面工程的分项工程施工质量检验的主控项目,应达到本规范规定的质量标准,认定为合格;一般项目80%以上的检查点(处)符合本规范规定的质量要求,其他检查点(处)不得有明显影响使用,且最大偏差值不超过允许偏差值的50%为合格。凡达不到质量标准时,应按现行国家标准《建筑工程施工质量验收统一标准》GB 50300的规定处理。

摘录二:

4.1.7 基层的标高、坡度、厚度等应符合设计要求。基层表面应平整,其允许偏差和检验方法应符合表4.1.7的规定。

表4.1.7 基层表面的允许偏差和检验方法

项次	项目	允许偏差(mm)													检验方法
		基土	垫层				找平层				填充层	隔离层	绝热层	
					垫层地板									
		土	砂、砂石、碎石、碎砖	灰土、三合土、四合土、炉渣、水泥混凝土、陶粒混凝土	木搁栅	拼花实木地板、拼花实木复合板、软木类地板面层	其他种类面层	用胶结料做结合层铺设板块面层	用水泥砂浆做结合层铺设板块面层	用胶粘剂做结合层铺设拼花木板、浸渍纸层压木质地板、实木复合地板、竹地板、软木地板面层	金属板面层	松散材料	板、块材料	防水、防潮、防油渗	板块材料、浇筑材料、喷涂材料	
1	表面平整度	15	15	10	3	3	5	3	5	2	3	7	5	3	4	用2m靠尺和楔形塞尺检查
2	标高	0 −50	±20	±10	±5	±5	±8	±5	±8	±4	±4	±4	±4	±4	±4	用水准仪检查
3	坡度	不大于房间相应尺寸的2/1000,且不大于30														用坡度尺检查
4	厚度	在个别地方不大于设计厚度的1/10,且不大于20														用钢尺检查

摘录三:

4.2 基土

4.2.1 地面应铺设在均匀密实的基土上。土层结构被扰动的基土应进行换填,并予以压实。压实系数应符合设计要求。

4.2.2 对软弱土层应按设计要求进行处理。

4.2.3 填土应分层摊铺、分层压(夯)实、分层检验其密实度。填土质量应符合现行国家标准《建筑地基基础工程施工质量验收规范》GB 50202的有关规定。

4.2.4 填土时应为最优含水量。重要工程或大面积的地面填土前,应取土样,按击实试验确定最优含水量与相应的最大干密度。

Ⅰ 主 控 项 目

4.2.5 基土不应用淤泥、腐殖土、冻土、耕植土、膨胀土和建筑杂物作为填土,填土土块的粒径不应大于50mm。

检验方法：观察检查和检查土质记录。

检查数量：按本规范第3.0.21条规定的检验批检查。

4.2.6　Ⅰ类建筑基土的氡浓度应符合现行国家标准《民用建筑工程室内环境污染控制规范》GB 50325的规定。

检验方法：检查检测报告。

检查数量：同一工程、同一土源地点检查一组。

4.2.7　基土应均匀密实，压实系数应符合设计要求，设计无要求时，不应小于0.9。

检验方法：观察检查和检查试验记录。

检查数量：按本规范第3.0.21条规定的检验批检查。

Ⅱ　一　般　项　目

4.2.8　基土表面的允许偏差应符合本规范表4.1.7的规定。

检验方法：按本规范表4.1.7中的检验方法检验。

检查数量：按本规范第3.0.21条规定的检验批和第3.0.22条的规定检查。

5.2.2　灰土垫层检验批质量验收记录

1. 表格

灰土垫层检验批质量验收记录

03010102 ____

单位（子单位） 工程名称			分部（子分部） 工程名称		分项工程 名称		
施工单位			项目负责人		检验批容量		
分包单位			分包单位 项目负责人		检验批部位		
施工依据				验收依据	《建筑地面工程施工质量验收规范》 GB 50209－2010		
验收项目			设计要求及 规范规定	最小/实际 抽样数量	检　查　记　录		检查 结果
主控项目	1	灰土体积比	设计要求：____	/			
一般项目	1	灰土材料质量	第4.3.7条	/			
	2	表面平整度	10mm	/			
		标高	±10mm	/			
		坡度	≤2/1000L， 且≤30mm	/			
		厚度	≤1/10H， 且≤20mm	/			
施工单位 检查结果			专业工长： 项目专业质量检查员： 　　　　　　　　　年　月　日				
监理单位 验收结论			专业监理工程师： 　　　　　　　　　年　月　日				

注：L为房间相应尺寸，H为垫层设计厚度。

2. 验收依据说明

【规范名称及编号】《建筑地面工程施工质量验收规范》GB 50209－2010

【条文摘录】

摘录一：

第 3.0.21、3.0.22、4.1.7 条（见《基土检验批质量验收记录》的表格验收依据说明，本书第 352 页）。

摘录二：

4.3 灰土垫层

4.3.1 灰土垫层应采用熟化石灰与黏土（或粉质黏土、粉土）的拌和料铺设，其厚度不应小于 100mm。

4.3.2 熟化石灰粉可采用磨细生石灰，亦可用粉煤灰代替。

4.3.3 灰土垫层应铺设在不受地下水浸泡的基土上。施工后应有防止水浸泡的措施。

4.3.4 灰土垫层应分层夯实，经湿润养护、晾干后方可进行下一道工序施工。

4.3.5 灰土垫层不宜在冬期施工。当必须在冬期施工时，应采取可靠措施。

Ⅰ 主 控 项 目

4.3.6 灰土体积比应符合设计要求。

检验方法：观察检查和检查配合比试验报告。

检查数量：同一工程、同一体积比检查一次。

Ⅱ 一 般 项 目

4.3.7 熟化石灰颗粒粒径不应大于 5mm；黏土（或粉质黏土、粉土）内不得含有有机物质，颗粒粒径不应大于 16mm。

检验方法：观察检查和检查质量合格证明文件。

检查数量：按本规范第 3.0.21 条规定的检验批检查。

4.3.8 灰土垫层表面的允许偏差应符合本规范表 4.1.7 的规定。

检验方法：按本规范表 4.1.7 中的检验方法检验。

检查数量：按本规范第 3.0.21 条规定的检验批和第 3.0.22 条的规定检查。

5.2.3 砂垫层和砂石垫层检验批质量验收记录

1. 表格

砂垫层和砂石垫层检验批质量验收记录

03010103 ____

单位（子单位）工程名称		分部（子分部）工程名称		分项工程名称	
施工单位		项目负责人		检验批容量	
分包单位		分包单位项目负责人		检验批部位	
施工依据		验收依据	《建筑地面工程施工质量验收规范》GB 50209－2010		
验收项目		设计要求及规范规定	最小/实际抽样数量	检 查 记 录	检查结果
主控项目	1 砂和砂石质量	第 4.4.3 条	/		
	2 垫层干密度（或贯入度）	设计要求	/		

续表

验收项目			设计要求及规范规定	最小/实际抽样数量	检查记录	检查结果
一般项目	1	垫层表面质量	第4.4.5条	/		
	2	表面平整度	15mm	/		
		标高	±20mm	/		
		坡度	≤2/1000L，且≤30mm	/		
		厚度	≤1/10H，且≤20mm	/		
施工单位检查结果			专业工长： 项目专业质量检查员： 年 月 日			
监理单位验收结论			专业监理工程师： 年 月 日			

注：L 为房间相应尺寸，H 为垫层设计厚度。

2. 验收依据说明

【规范名称及编号】《建筑地面工程施工质量验收规范》GB 50209-2010

【条文摘录】

摘录一：

第3.0.21、3.0.22、4.1.7条（见《基土检验批质量验收记录》的表格验收依据说明，本书第352页）。

摘录二：

4.4 砂垫层和砂石垫层

4.4.1 砂垫层厚度不应小于60mm；砂石垫层厚度不应小于100mm。

4.4.2 砂石应选用天然级配材料。铺设时不应有粗细颗粒分离现象，压（夯）至不松动为止。

Ⅰ 主 控 项 目

4.4.3 砂和砂石不应含有草根等有机杂质；砂应采用中砂；石子最大粒径不应大于垫层厚度的2/3。

检验方法：观察检查和检查质量合格证明文件。

检查数量：按本规范第3.0.21条规定的检验批检查。

4.4.4 砂垫层和砂石垫层的干密度（或贯入度）应符合设计要求。

检验方法：观察检查和检查试验记录。

检查数量：按本规范第3.0.21条规定的检验批检查。

Ⅱ 一 般 项 目

4.4.5 表面不应有砂窝、石堆等现象。

检验方法：观察检查。

检查数量：按本规范第3.0.21条规定的检验批检查。

4.4.6 砂垫层和砂石垫层表面的允许偏差应符合本规范表4.1.7的规定。

检验方法：按本规范表4.1.7中的检验方法检验。

检查数量：按本规范第3.0.21条规定的检验批和第3.0.22条的规定检查。

5.2.4　碎石垫层和碎砖垫层检验批质量验收记录

1. 表格

碎石垫层和碎砖垫层检验批质量验收记录

03010104 ____

单位（子单位）工程名称		分部（子分部）工程名称		分项工程名称	
施工单位		项目负责人		检验批容量	
分包单位		分包单位项目负责人		检验批部位	
施工依据			验收依据	《建筑地面工程施工质量验收规范》GB 50209－2010	

		验收项目	设计要求及规范规定	最小/实际抽样数量	检查记录	检查结果
主控项目	1	材料质量	第4.5.3条	/		
	2	垫层密实度	设计要求＿＿＿	/		
一般项目	1	表面平整度	15mm	/		
	2	标高	±20mm	/		
	3	坡度	$\leq 2/1000L$，且≤ 30mm	/		
	4	厚度	$\leq 1/10H$，且≤ 20mm	/		

施工单位检查结果	专业工长： 项目专业质量检查员： 年　月　日
监理单位验收结论	专业监理工程师： 年　月　日

注：L为房间相应尺寸，H为垫层设计厚度。

2. 验收依据说明

【规范名称及编号】《建筑地面工程施工质量验收规范》GB 50209－2010

【条文摘录】

摘录一：

第3.0.21、3.0.22、4.1.7条（见《基土检验批质量验收记录》的表格验收依据说明，本书第352页）。

摘录二：

4.5　碎石垫层和碎砖垫层

4.5.1　碎石垫层和碎砖垫层厚度不应小于100mm。

4.5.2　垫层应分层压（夯）实，达到表面坚实、平整。

Ⅰ 主 控 项 目

4.5.3　碎石的强度应均匀，最大粒径不应大于垫层厚度的 2/3；碎砖不应采用风化、酥松、夹有有机杂质的砖料，颗粒粒径不应大于 60mm。

检验方法：观察检查和检查质量合格证明文件。

检查数量：按本规范第 3.0.21 条规定的检验批检查。

4.5.4　碎石、碎砖垫层的密实度应符合设计要求。

检验方法：观察检查和检查试验记录。

检查数量：按本规范第 3.0.21 条规定的检验批检查。

Ⅱ 一 般 项 目

4.5.5　碎石、碎砖垫层的表面允许偏差应符合本规范表 4.1.7 的规定。

检验方法：按本规范表 4.1.7 中的检验方法检验。

检查数量：按本规范第 3.0.21 条规定的检验批和第 3.0.22 条的规定检查。

5.2.5　三合土垫层和四合土垫层检验批质量验收记录

1. 表格

三合土垫层和四合土垫层检验批质量验收记录

03010105 ＿＿＿

单位（子单位）工程名称			分部（子分部）工程名称		分项工程名称	
施工单位			项目负责人		检验批容量	
分包单位			分包单位项目负责人		检验批部位	
施工依据				验收依据	《建筑地面工程施工质量验收规范》 GB 50209－2010	

验收项目			设计要求及规范规定	最小/实际抽样数量	检 查 记 录	检查结果
主控项目	1	材料质量	第 4.6.3 条	/		
	2	体积比	设计要求＿＿＿	/		
一般项目	1	表面平整度	10mm	/		
	2	标高	±10mm	/		
	3	坡度	≤2/1000L，且≤30mm	/		
	4	厚度	≤1/10H，且≤20mm	/		
施工单位检查结果				专业工长：项目专业质量检查员： 年 月 日		
监理单位验收结论				专业监理工程师： 年 月 日		

注：L 为房间相应尺寸，H 为垫层设计厚度。

2. 验收依据说明

【规范名称及编号】《建筑地面工程施工质量验收规范》GB 50209－2010

【条文摘录】

摘录一:

第3.0.21、3.0.22、4.1.7条(见《基土检验批质量验收记录》的表格验收依据说明,本书第352页)。

摘录二:

4.6 三合土垫层和四合土垫层

4.6.1 三合土垫层应采用石灰、砂(可掺入少量黏土)与碎砖的拌和料铺设,其厚度不应小于100mm;四合土垫层应采用水泥、石灰、砂(可掺少量黏土)与碎砖的拌和料铺设,其厚度不应小于80mm。

4.6.2 三合土垫层和四合土垫层均应分层夯实。

Ⅰ 主 控 项 目

4.6.3 水泥宜采用硅酸盐水泥、普通硅酸盐水泥;熟化石灰颗粒粒径不应大于5mm;砂应用中砂,并不得含有草根等有机物质;碎砖不应采用风化、酥松和有机杂质的砖料,颗粒粒径不应大于60mm。

检验方法:观察检查和检查质量合格证明文件。

检查数量:按本规范第3.0.21条规定的检验批检查。

4.6.4 三合土、四合土的体积比应符合设计要求。

检验方法:观察检查和检查配合比试验报告。

检查数量:同一工程、同一体积比检查一次。

Ⅱ 一 般 项 目

4.6.5 三合土垫层和四合土垫层表面的允许偏差应符合本规范表4.1.7的规定。

检验方法:按本规范表4.1.7中的检验方法检验。

检查数量:按本规范第3.0.21条规定的检验批和第3.0.22条的规定检查。

5.2.6 炉渣垫层检验批质量验收记录

1. 表格

炉渣垫层检验批质量验收记录

03010106 ____

单位(子单位)工程名称			分部(子分部)工程名称			分项工程名称	
施工单位			项目负责人			检验批容量	
分包单位			分包单位项目负责人			检验批部位	
施工依据				验收依据		《建筑地面工程施工质量验收规范》GB 50209－2010	
验收项目			设计要求及规范规定	最小/实际抽样数量	检 查 记 录		检查结果
主控项目	1	材料质量	第4.7.5条	/			
	2	垫层体积比	设计要求____	/			

续表

		验收项目	设计要求及规范规定	最小/实际抽样数量	检查记录	检查结果
一般项目	1	垫层与下一层粘结	第 4.7.7 条	/		
	2	表面平整度	10mm	/		
		标高	±10mm	/		
		坡度	≤2/1000L，且≤30mm	/		
		厚度	≤1/10H，且≤20mm	/		

施工单位检查结果	专业工长： 项目专业质量检查员： 年　月　日
监理单位验收结论	专业监理工程师： 年　月　日

注：L 为房间相应尺寸，H 为垫层设计厚度。

2. 验收依据说明

【规范名称及编号】《建筑地面工程施工质量验收规范》GB 50209－2010

【条文摘录】

摘录一：

第 3.0.21、3.0.22、4.1.7 条（见《基土检验批质量验收记录》的表格验收依据说明，本书第 352 页）。

摘录二：

4.7　炉渣垫层

4.7.1　炉渣垫层应采用炉渣或水泥与炉渣或水泥、石灰与炉渣的拌和料铺设，其厚度不应小于 80mm。

4.7.2　炉渣或水泥炉渣垫层的炉渣，使用前应浇水闷透；水泥石灰炉渣垫层的炉渣，使用前应用石灰浆或用熟化石灰浇水拌和闷透；闷透时间均不得少于 5d。

4.7.3　在垫层铺设前，其下一层应湿润；铺设时应分层压实，表面不得有泌水现象。铺设后应养护，待其凝结后方可进行下一道工序施工。

4.7.4　炉渣垫层施工过程中不宜留施工缝。当必须留缝时，应留直槎，并保证间隙处密实，接槎时应先刷水泥浆，再铺炉渣拌和料。

Ⅰ　主　控　项　目

4.7.5　炉渣内不应含有有机杂质和未燃尽的煤块，颗粒粒径不应大于 40mm，且颗粒粒径在 5mm 及其以下的颗粒，不得超过总体积的 40%；熟化石灰颗粒粒径不应大于 5mm。

检验方法：观察检查和检查质量合格证明文件。

检查数量：按本规范第 3.0.21 条规定的检验批检查。

4.7.6　炉渣垫层的体积比应符合设计要求。

检验方法：观察检查和检查配合比试验报告。

检查数量：同一工程、同一体积比检查一次。

Ⅱ 一 般 项 目

4.7.7 炉渣垫层与其下一层结合应牢固，不应有空鼓和松散炉渣颗粒。

检验方法：观察检查和用小锤轻击检查。

检查数量：按本规范第 3.0.21 条规定的检验批检查。

4.7.8 炉渣垫层表面的允许偏差应符合本规范表 4.1.7 的规定。

检验方法：按本规范表 4.1.7 中的检验方法检验。

检查数量：按本规范第 3.0.21 条规定的检验批和第 3.0.22 条的规定检查。

5.2.7 水泥混凝土垫层和陶粒混凝土垫层检验批质量验收记录

1. 表格

水泥混凝土垫层和陶粒混凝土垫层检验批质量验收记录

03010107 ____

单位（子单位）工程名称		分部（子分部）工程名称		分项工程名称	
施工单位		项目负责人		检验批容量	
分包单位		分包单位项目负责人		检验批部位	
施工依据			验收依据	《建筑地面工程施工质量验收规范》GB 50209-2010	

验收项目			设计要求及规范规定	最小/实际抽样数量	检 查 记 录	检查结果
主控项目	1	材料质量	第4.8.8条	/		
	2	混凝土强度等级	设计要求C____	/		
一般项目	1	表面平整度	10mm	/		
	2	标高	±10mm	/		
	3	坡度	≤2/1000L，且≤30mm	/		
	4	厚度	≤1/10H，且≤20mm	/		

施工单位检查结果	专业工长：项目专业质量检查员： 年 月 日
监理单位验收结论	专业监理工程师： 年 月 日

注：L 为房间相应尺寸，H 为垫层设计厚度。

2. 验收依据说明

【规范名称及编号】《建筑地面工程施工质量验收规范》GB 50209 - 2010

【条文摘录】

摘录一：

第 3.0.21、3.0.22、4.1.7 条（见《基土检验批质量验收记录》的表格验收依据说明，本书第 352 页）。

摘录二：

4.8　水泥混凝土垫层和陶粒混凝土垫层

4.8.1　水泥混凝土垫层和陶粒混凝土垫层应铺设在基土上。当气温长期处于 0℃ 以下，设计无要求时，垫层应设置缩缝，缝的位置、嵌缝做法等应与面层伸、缩缝相一致，并应符合本规范第 3.0.16 条的规定。

4.8.2　水泥混凝土垫层的厚度不应小于 60mm；陶粒混凝土垫层的厚度不应小于 80mm。

4.8.3　垫层铺设前，当为水泥类基层时，其下一层表面应湿润。

4.8.4　室内地面的水泥混凝土垫层和陶粒混凝土垫层，应设置纵向缩缝和横向缩缝；纵向缩缝、横向缩缝的间距均不得大于 6m。

4.8.5　垫层的纵向缩缝应做平头缝或加肋板平头缝。当垫层厚度大于 150mm 时，可做企口缝。横向缩缝应做假缝。平头缝和企口缝的缝间不得放置隔离材料，浇筑时应互相紧贴。企口缝尺寸应符合设计要求，假缝宽度宜为 5mm～20mm，深度宜为垫层厚度的 1/3，填缝材料应与地面变形缝的填缝材料相一致。

4.8.6　工业厂房、礼堂、门厅等大面积水泥混凝土、陶粒混凝土垫层应分区段浇筑。分区段应结合变形缝位置、不同类型的建筑地面连接处和设备基础的位置进行划分，并应与设置的纵向、横向缩缝的间距相一致。

4.8.7　水泥混凝土、陶粒混凝土施工质量检验尚应符合国家现行标准《混凝土结构工程施工质量验收规范》GB 50204 和《轻骨料混凝土技术规程》JGJ 51 的有关规定。

Ⅰ　主　控　项　目

4.8.8　水泥混凝土垫层和陶粒混凝土垫层采用的粗骨料，其最大粒径不应大于垫层厚度的 2/3，含泥量不应大于 3%；砂为中粗砂，其含泥量不应大于 3%。陶粒中粒径小于 5mm 的颗粒含量应小于 10%；粉煤灰陶粒中大于 15mm 的颗粒含量不应大于 5%；陶粒中不得混夹杂物或黏土块。陶粒宜选用粉煤灰陶粒、页岩陶粒等。

检验方法：观察检查和检查质量合格证明文件。

检查数量：同一工程、同一强度等级、同一配合比检查一次。

4.8.9　水泥混凝土和陶粒混凝土的强度等级应符合设计要求。陶粒混凝土的密度应在 800kg/m³～1400kg/m³ 之间。

检验方法：检查配合比试验报告和强度等级检测报告。

检查数量：配合比试验报告按同一工程、同一强度等级、同一配合比检查一次；强度等级检测报告按本规范第 3.0.19 条的规定检查。

Ⅱ　一　般　项　目

4.8.10　水泥混凝土垫层和陶粒混凝土垫层表面的允许偏差应符合本规范表 4.1.7 的规定。

检验方法：按本规范表 4.1.7 中的检验方法检验。

检查数量：按本规范第 3.0.21 条规定的检验批和第 3.0.22 条的规定检查。

5.2.8　找平层检验批质量验收记录

1. 表格

找平层检验批质量验收记录

03010108 ____

单位（子单位）工程名称		分部（子分部）工程名称		分项工程名称	
施工单位		项目负责人		检验批容量	
分包单位		分包单位项目负责人		检验批部位	
施工依据		验收依据		《建筑地面工程施工质量验收规范》GB 50209－2010	

		验收项目		设计要求及规范规定	最小/实际抽样数量	检 查 记 录	检查结果
主控项目	1	材料质量		第4.9.6条	/		
	2	配合比或强度等级		第4.9.7条	/		
	3	有防水要求套管地漏		第4.9.8条	/		
	4	有防静电要求的整体面层的找平层		第4.9.9条	/		
一般项目	1	找平层与下层结合		第4.9.10条	/		
	2	找平层表面质量		第4.9.11条	/		
	3	用胶粘剂做粘结层，铺拼花木板、塑料板、复合板、竹地板面层	表面平整度	2mm	/		
			标高	±4mm	/		
		用沥青玛瑞脂做结合层，铺拼花木板，板块面层及毛地板铺木地板	表面平整度	3mm	/		
			标高	±5mm	/		
		金属板面层	表面平整度	3mm	/		
			标高	±4mm	/		
		用水泥砂浆做结合层，铺板块面层，其他种类面层	表面平整度	5mm	/		
			标高	±8mm	/		
	4	坡度		≤2/1000L，且≤30mm	/		
	5	厚度		≤1/10H，且≤20mm	/		
施工单位检查结果			专业工长：项目专业质量检查员： 年 月 日				
监理单位验收结论			专业监理工程师： 年 月 日				

注：L为房间相应尺寸，H为垫层设计厚度。

2. 验收依据说明

【规范名称及编号】《建筑地面工程施工质量验收规范》GB 50209－2010

【条文摘录】

摘录一：

第 3.0.21、3.0.22、4.1.7 条（见《基土检验批质量验收记录》的表格验收依据说明，本书第 352 页）。

摘录二：

4.9　找平层

4.9.1　找平层宜采用水泥砂浆或水泥混凝土铺设。当找平层厚度小于 30mm 时，宜用水泥砂浆做找平层；当找平层厚度不小于 30mm 时，宜用细石混凝土做找平层。

4.9.2　找平层铺设前，当其下一层有松散填充料时，应予铺平振实。

4.9.3　有防水要求的建筑地面工程，铺设前必须对立管、套管和地漏与楼板节点之间进行密封处理，并应进行隐蔽验收；排水坡度应符合设计要求。

4.9.4　在预制钢筋混凝土板上铺设找平层前，板缝填嵌的施工应符合下列要求：

1　预制钢筋混凝土板相邻缝底宽不应小于 20mm；

2　填嵌时，板缝内应清理干净，保持湿润；

3　填缝应采用细石混凝土，其强度等级不应小于 C20。填缝高度应低于板面 10mm～20mm，且振捣密实；填缝后应养护。当填缝混凝土的强度等级达到 C15 后方可继续施工；

4　当板缝底宽大于 40mm 时，应按设计要求配置钢筋。

4.9.5　在预制钢筋混凝土板上铺设找平层时，其板端应按设计要求做防裂的构造措施。

Ⅰ　主　控　项　目

4.9.6　找平层采用碎石或卵石的粒径不应大于其厚度的 2/3，含泥量不应大于 2%；砂为中粗砂，其含泥量不应大于 3%。

检验方法：观察检查和检查质量合格证明文件。

检查数量：同一工程、同一强度等级、同一配合比检查一次。

4.9.7　水泥砂浆体积比、水泥混凝土强度等级应符合设计要求，且水泥砂浆体积比不应小于 1∶3（或相应强度等级）；水泥混凝土强度等级不应小于 C15。

检验方法：观察检查和检查配合比试验报告、强度等级检测报告。

检查数量：配合比试验报告按同一工程、同一强度等级、同一配合比检查一次；强度等级检测报告按本规范第 3.0.19 条的规定检查。

4.9.8　有防水要求的建筑地面工程的立管、套管、地漏处不应渗漏，坡向应正确、无积水。

检验方法：观察检查和蓄水、泼水检验及坡度尺检查。

检查数量：按本规范第 3.0.21 条规定的检验批检查。

4.9.9　在有防静电要求的整体面层的找平层施工前，其下敷设的导电地网系统应与接地引下线和地下接电体有可靠连接，经电性能检测且符合相关要求后进行隐蔽工程验收。

检验方法：观察检查和检查质量合格证明文件。

检查数量：按本规范第 3.0.21 条规定的检验批检查。

Ⅱ　一　般　项　目

4.9.10　找平层与其下一层结合应牢固，不应有空鼓。

检验方法：用小锤轻击检查。

检查数量：按本规范第 3.0.21 条规定的检验批检查。

4.9.11　找平层表面应密实，不应有起砂、蜂窝和裂缝等缺陷。

检验方法：观察检查。

检查数量：按本规范第3.0.21条规定的检验批检查。

4.9.12 找平层的表面允许偏差应符合本规范表4.1.7的规定。

检验方法：按本规范表4.1.7中的检验方法检验。

检查数量：按本规范第3.0.21条规定的检验批和第3.0.22条的规定检查。

5.2.9 隔离层检验批质量验收记录

1. 表格

隔离层检验批质量验收记录

03010109 ____

单位（子单位）工程名称			分部（子分部）工程名称		分项工程名称	
施工单位			项目负责人		检验批容量	
分包单位			分包单位项目负责人		检验批部位	
施工依据				验收依据	《建筑地面工程施工质量验收规范》GB 50209-2010	

	验收项目		设计要求及规范规定	最小/实际抽样数量	检 查 记 录	检查结果
主控项目	1	材料质量	第4.10.9条	/		
	2	材料进场复验	第4.10.10条	/		
	3	隔离层设置要求	第4.10.11条	/		
	4	水泥类隔离层防水性能	第4.10.12条	/		
	5	防水层防水要求	第4.10.13条	/		
一般项目	1	隔离层厚度	设计要求	/		
	2	隔离层与下层粘结	第4.10.15条	/		
	3	防水涂层	第4.10.15条	/		
	4	表面平整度	3mm	/		
		标高	±4mm	/		
		坡度	≤2/1000L，且≤30mm	/		
		厚度	≤1/10H，且≤20mm	/		
施工单位检查结果				专业工长：项目专业质量检查员：　　　　　年　月　日		
监理单位验收结论				专业监理工程师：　　　　　年　月　日		

注：L为房间相应尺寸，H为垫层设计厚度。

2. 验收依据说明

【规范名称及编号】《建筑地面工程施工质量验收规范》GB 50209－2010

【条文摘录】

摘录一：

第 3.0.21、3.0.22、4.1.7 条（见《基土检验批质量验收记录》的表格验收依据说明，本书第 352 页）。

摘录二：

4.10　隔离层

4.10.1　隔离层材料的防水、防油渗性能应符合设计要求。

4.10.2　隔离层的铺设层数（或道数）、上翻高度应符合设计要求。有种植要求的地面隔离层的防根穿刺等应符合现行行业标准《种植屋面工程技术规程》JGJ 155 的有关规定。

4.10.3　在水泥类找平层上铺设卷材类、涂料类防水、防油渗隔离层时，其表面应坚固、洁净、干燥。铺设前，应涂刷基层处理剂。基层处理剂应采用与卷材性能相容的配套材料或采用与涂料性能相容的同类涂料的底子油。

4.10.4　当采用掺有防渗外加剂的水泥类隔离层时，其配合比、强度等级、外加剂的复合掺量等应符合设计要求。

4.10.5　铺设隔离层时，在管道穿过楼板面四周，防水、防油渗材料应向上铺涂，并超过套管的上口；在靠近柱、墙处，应高出面层 200mm～300mm 或按设计要求的高度铺涂。阴阳角和管道穿过楼板面的根部应增加铺涂附加防水、防油渗隔离层。

4.10.6　隔离层兼作面层时，其材料不得对人体及环境产生不利影响，并应符合现行国家标准《食品安全性毒理学评价程序和方法》GB 15193 和《生活饮用水卫生标准》GB 5749 的有关规定。

4.10.7　防水隔离层铺设后，应按本规范第 3.0.24 条的规定进行蓄水检验，并做记录。

4.10.8　隔离层施工质量检验还应符合现行国家标准《屋面工程质量验收规范》GB 50207 的有关规定。

Ⅰ　主　控　项　目

4.10.9　隔离层材料应符合设计要求和国家现行有关标准的规定。

检验方法：观察检查和检查型式检验报告、出厂检验报告、出厂合格证。

检查数量：同一工程、同一材料、同一生产厂家、同一型号、同一规格、同一批号检查一次。

4.10.10　卷材类、涂料类隔离层材料进入施工现场，应对材料的主要物理性能指标进行复验。

检验方法：检查复验报告。

检查数量：执行现行国家标准《屋面工程质量验收规范》GB 50207 的有关规定。

4.10.11　厕浴间和有防水要求的建筑地面必须设置防水隔离层。楼层结构必须采用现浇混凝土或整块预制混凝土板，混凝土强度等级不应小于 C20；房间的楼板四周除门洞外应做混凝土翻边，高度不应小于 200mm，宽同墙厚，混凝土强度等级不应小于 C20。施工时结构层标高和预留孔洞位置应准确，严禁乱凿洞。

检验方法：观察和钢尺检查。

检查数量：按本规范第 3.0.21 条规定的检验批检查。

4.10.12　水泥类防水隔离层的防水等级和强度等级应符合设计要求。

检验方法：观察检查和检查防水等级检测报告、强度等级检测报告。

检查数量：防水等级检测报告、强度等级检测报告均按本规范第 3.0.19 条的规定检查。

4.10.13　防水隔离层严禁渗漏，排水的坡向应正确、排水通畅。

检验方法：观察检查和蓄水、泼水检验、坡度尺检查及检查验收记录。

检查数量：按本规范第 3.0.21 条规定的检验批检查。

Ⅱ 一 般 项 目

4.10.14 隔离层厚度应符合设计要求。

检验方法：观察检查和用钢尺、卡尺检查。

检查数量：按本规范第3.0.21条规定的检验批检查。

4.10.15 隔离层与其下一层应粘结牢固，不应有空鼓；防水涂层应平整、均匀，无脱皮、起壳、裂缝、鼓泡等缺陷。

检验方法：用小锤轻击检查和观察检查。

检查数量：按本规范第3.0.21条规定的检验批检查。

4.10.16 隔离层表面的允许偏差应符合本规范表4.1.7的规定。

检验方法：按本规范表4.1.7中的检验方法检验。

检查数量：按本规范第3.0.21条规定的检验批和第3.0.22条的规定检查。

5.2.10 填充层检验批质量验收记录

1. 表格

填充层检验批质量验收记录

03010110 ____

单位（子单位）工程名称			分部（子分部）工程名称			分项工程名称		
施工单位			项目负责人			检验批容量		
分包单位			分包单位项目负责人			检验批部位		
施工依据				验收依据		《建筑地面工程施工质量验收规范》GB 50209-2010		
验收项目			设计要求及规范规定	最小/实际抽样数量	检 查 记 录			检查结果
主控项目	1	材料质量	第4.11.7条	/				
	2	厚度、配合比	设计要求	/				
	3	对填充材料接缝有密闭要求的应密封良好	第4.11.9条	/				
一般项目	1	填充层铺设	第4.11.10条	/				
	2	填充层坡度	第4.11.11条	/				
	3	允许偏差 表面平整度 用作隔声的填充层	3mm	/				
		板块	5mm	/				
		松散材料	7mm	/				
		标高	±4mm	/				
		坡度	≤2/1000L，且≤30mm	/				
		厚度	≤1/10H，且≤20mm	/				
施工单位检查结果				专业工长：项目专业质量检查员： 年 月 日				
监理单位验收结论				专业监理工程师： 年 月 日				

注：L 为房间相应尺寸，H 为垫层设计厚度。

2. 验收依据说明

【规范名称及编号】《建筑地面工程施工质量验收规范》GB 50209－2010

【条文摘录】

摘录一：

第3.0.21、3.0.22、4.1.7条（见《基土检验批质量验收记录》的表格验收依据说明，本书第352页）。

摘录二：

4.11　填充层

4.11.1　填充层材料的密度应符合设计要求。

4.11.2　填充层的下一层表面应平整。当为水泥类时，尚应洁净、干燥，并不得有空鼓、裂缝和起砂等缺陷。

4.11.3　采用松散材料铺设填充层时，应分层铺平拍实；采用板、块状材料铺设填充层时，应分层错缝铺贴。

4.11.4　有隔声要求的楼面，隔声垫在柱、墙面的上翻高度应超出楼面20mm，且应收口于踢脚线内。地面上有竖向管道时，隔声垫应包裹管道四周，高度同卷向柱、墙面的高度。隔声垫保护膜之间应错缝搭接，搭接长度应大于100mm，并用胶带等封闭。

4.11.5　隔声垫上部应设置保护层，其构造做法应符合设计要求。当设计无要求时，混凝土保护层厚度不应小于30mm，内配间距不大于200mm×200mm的ϕ6mm钢筋网片。

4.11.6　有隔声要求的建筑地面工程尚应符合现行国家标准《建筑隔声评价标准》GB/T 50121、《民用建筑隔声设计规范》GBJ 118的有关要求。

Ⅰ　主　控　项　目

4.11.7　填充层材料应符合设计要求和国家现行有关标准的规定。

检验方法：观察检查和检查质量合格证明文件。

检查数量：同一工程、同一材料、同一生产厂家、同一型号、同一规格、同一批号检查一次。

4.11.8　填充层的厚度、配合比应符合设计要求。

检验方法：用钢尺检查和检查配合比试验报告。

检查数量：按本规范第3.0.21条规定的检验批检查。

4.11.9　对填充材料接缝有密闭要求的应密封良好。

检验方法：观察检查。

检查数量：按本规范第3.0.21条规定的检验批检查。

Ⅱ　一　般　项　目

4.11.10　松散材料填充层铺设应密实；板块状材料填充层应压实、无翘曲。

检验方法：观察检查。

检查数量：按本规范第3.0.21条规定的检验批检查。

4.11.11　填充层的坡度应符合设计要求，不应有倒泛水和积水现象。

检验方法：观察和采用泼水或用坡度尺检查。

检查数量：按本规范第3.0.21条规定的检验批检查。

4.11.12　填充层表面的允许偏差应符合本规范表4.1.7的规定。

检验方法：按本规范表4.1.7中的检验方法检验。

检查数量：按本规范第3.0.21条规定的检验批和第3.0.22条的规定检查。

4.11.13　用作隔声的填充层，其表面允许偏差应符合本规范表4.1.7中隔离层的规定。

检验方法：按本规范表4.1.7中隔离层的检验方法检验。

检查数量：按本规范第3.0.21条规定的检验批和第3.0.22条的规定检查。

5.2.11 绝热层检验批质量验收记录

1. 表格

绝热层检验批质量验收记录

03010111 ____

单位（子单位） 工程名称			分部（子分部） 工程名称			分项工程 名称		
施工单位			项目负责人			检验批容量		
分包单位			分包单位 项目负责人			检验批部位		
施工依据					验收依据	《建筑地面工程施工质量验收规范》 GB 50209－2010		

验收项目			设计要求及 规范规定	最小/实际 抽样数量	检 查 记 录	检查 结果
主控项目	1	材料质量	第4.12.10条	/		
	2	材料进场复验	第4.12.11条	/		
	3	铺设质量	第4.12.12条	/		
一般项目	1	绝热层厚度	第4.12.13条	/		
	2	绝热层表面质量	第4.12.14条	/		
	3	用胶粘剂做结合层，铺拼花木板、塑料板、复合板、竹地板面层	表面平整度	2mm	/	
			标高	±4mm	/	
		用沥青玛琋脂做结合层，铺拼花木板，板块面层及毛地板铺木地板	表面平整度	3mm	/	
			标高	±5mm	/	
		金属板面层	表面平整度	3mm	/	
			标高	±4mm	/	
		用水泥砂浆做结合层，铺板块面层，其他种类面层	表面平整度	5mm	/	
			标高	±8mm	/	
	4	坡度	$\leqslant 2/1000L$， 且$\leqslant 30$mm	/		
	5	厚度	$\leqslant 1/10H$， 且$\leqslant 20$mm	/		
施工单位 检查结果		专业工长： 项目专业质量检查员： 年 月 日				
监理单位 验收结论		专业监理工程师： 年 月 日				

注：L为房间相应尺寸，H为垫层设计厚度。

2. 验收依据说明

【规范名称及编号】《建筑地面工程施工质量验收规范》GB 50209－2010

【条文摘录】

摘录一：

第3.0.21、3.0.22、4.1.7条（见《基土检验批质量验收记录》的表格验收依据说明，本书第352页）。

摘录二：

4.12　绝热层

4.12.1　绝热层材料的性能、品种、厚度、构造做法应符合设计要求和国家现行有关标准的规定。

4.12.2　建筑物室内接触基土的首层地面应增设水泥混凝土垫层后方可铺设绝热层，垫层的厚度及强度等级应符合设计要求。首层地面及楼层楼板铺设绝热层前，表面平整度宜控制在3mm以内。

4.12.3　有防水、防潮要求的地面，宜在防水、防潮隔离层施工完毕并验收合格后再铺设绝热层。

4.12.4　穿越地面进入非采暖保温区域的金属管道应采取隔断热桥的措施。

4.12.5　绝热层与地面面层之间应设有水泥混凝土结合层，构造做法及强度等级应符合设计要求。设计无要求时，水泥混凝土结合层的厚度不应小于30mm，层内应设置间距不大于200mm×200mm的ϕ6mm钢筋网片。

4.12.6　有地下室的建筑，地上、地下交界部位楼板的绝热层应采用外保温做法，绝热层表面应设有外保护层。外保护层应安全、耐候，表面应平整、无裂纹。

4.12.7　建筑物勒脚处绝热层的铺设应符合设计要求。设计无要求时，应符合下列规定：

1　当地区冻土深度不大于500mm时，应采用外保温做法；

2　当地区冻土深度大于500mm且不大于1000mm时，宜采用内保温做法；

3　当地区冻土深度大于1000mm时，应采用内保温做法；

4　当建筑物的基础有防水要求时，宜采用内保温做法；

5　采用外保温做法的绝热层，宜在建筑物主体结构完成后再施工。

4.12.8　绝热层的材料不应采用松散型材料或抹灰浆料。

4.12.9　绝热层施工质量检验尚应符合现行国家标准《建筑节能工程施工质量验收规范》GB 50411的有关规定。

Ⅰ　主　控　项　目

4.12.10　绝热层材料应符合设计要求和国家现行有关标准的规定。

检验方法：观察检查和检查型式检验报告、出厂检验报告、出厂合格证。

检查数量：同一工程、同一材料、同一生产厂家、同一型号、同一规格、同一批号检查一次。

4.12.11　绝热层材料进入施工现场时，应对材料的导热系数、表观密度、抗压强度或压缩强度、阻燃性进行复验。

检验方法：检查复验报告。

检查数量：同一工程、同一材料、同一生产厂家、同一型号、同一规格、同一批号复验一组。

4.12.12　绝热层的板块材料应采用无缝铺贴法铺设，表面应平整。

检验方法：观察检查、锲形塞尺检查。

检查数量：按本规范第3.0.21条规定的检验批检查。

Ⅱ　一　般　项　目

4.12.13　绝热层的厚度应符合设计要求，不应出现负偏差，表面应平整。

检验方法：直尺或钢尺检查。

检查数量：按本规范第3.0.21条规定的检验批检查。

4.12.14　绝热层表面应无开裂。

检验方法：观察检查。

检查数量：按本规范第 3.0.21 条规定的检验批检查。

4.12.15 绝热层与地面面层之间的水泥混凝土结合层或水泥砂浆找平层，表面应平整，允许偏差应符合本规范表 4.1.7 中"找平层"的规定。

检验方法：按本规范表 4.1.7 中"找平层"的检验方法检验。

检查数量：按本规范第 3.0.21 条规定的检验批和第 3.0.22 条的规定检查。

5.2.12 水泥混凝土面层检验批质量验收记录

1. 表格

水泥混凝土面层检验批质量验收记录

03010201____

单位（子单位）工程名称			分部（子分部）工程名称		分项工程名称	
施工单位			项目负责人		检验批容量	
分包单位			分包单位项目负责人		检验批部位	
施工依据				验收依据	《建筑地面工程施工质量验收规范》GB 50209－2010	

验收项目			设计要求及规范规定	最小/实际抽样数量	检查记录	检查结果
主控项目	1	骨料粒径	第 5.2.3 条	/		
	2	外加剂的技术性能、品种和掺量	第 5.2.4 条	/		
	3	面层强度等级	设计要求 C____	/		
	4	面层与下一层结合	第 5.2.6 条	/		
一般项目	1	表面质量	第 5.2.7 条	/		
	2	表面坡度	第 5.2.8 条	/		
	3	踢脚线与墙面结合	第 5.2.9 条	/		
	4	楼梯、台阶踏步 踏步尺寸及面层质量	第 5.2.10 条	/		
		楼层梯段相邻踏步高度差	10mm	/		
		每踏步两端宽度差	10mm	/		
		旋转楼梯踏步两端宽度	5mm	/		
	5	面层允许偏差 表面平整度	5mm	/		
		踢脚线上口平直	4mm	/		
		缝格平直	3mm	/		
施工单位检查结果			专业工长： 项目专业质量检查员： 年 月 日			
监理单位验收结论			专业监理工程师： 年 月 日			

2. 验收依据说明

【规范名称及编号】《建筑地面工程施工质量验收规范》GB 50209－2010

【条文摘录】

摘录一：

第3.0.21、3.0.22条（见《基土检验批质量验收记录》的表格验收依据说明，本书第352页）。

摘录二：

5.1.7　整体面层的允许偏差和检验方法应符合表5.1.7的规定。

表 5.1.7　整体面层的允许偏差和检验方法

项次	项目	允许偏差（mm）									检验方法
		水泥混凝土面层	水泥砂浆面层	普通水磨石面层	高级水磨石面层	硬化耐磨面层	防油渗混凝土和不发火（防爆）面层	自流平面层	涂料面层	塑胶面层	
1	表面平整度	5	4	3	2	4	5	2	2	2	用2m靠尺和楔形塞尺检查
2	踢脚线上口平直	4	4	3	3	4	4	3	3	3	拉5m线和用钢尺检查
3	缝格顺直	3	3	3	2	3	3	2	2	2	

摘录三：

5.2　水泥混凝土面层

5.2.1　水泥混凝土面层厚度应符合设计要求。

5.2.2　水泥混凝土面层铺设不得留施工缝。当施工间隙超过允许时间规定时，应对接搓处进行处理。

Ⅰ　主　控　项　目

5.2.3　水泥混凝土采用的粗骨料，最大粒径不应大于面层厚度的2/3，细石混凝土面层采用的石子粒径不应大于16mm。

检验方法：观察检查和检查质量合格证明文件。

检查数量：同一工程、同一强度等级、同一配合比检查一次。

5.2.4　防水水泥混凝土中掺入的外加剂的技术性能应符合国家现行有关标准的规定，外加剂的品种和掺量应经试验确定。

检验方法：检查外加剂合格证明文件和配合比试验报告。

检查数量：同一工程、同一品种、同一掺量检查一次。

5.2.5　面层的强度等级应符合设计要求，且强度等级不应小于C20。

检验方法：检查配合比试验报告和强度等级检测报告。

检查数量：配合比试验报告按同一工程、同一强度等级、同一配合比检查一次；强度等级检测报告按本规范第3.0.19条的规定检查。

5.2.6　面层与下一层应结合牢固，且应无空鼓和开裂。当出现空鼓时，空鼓面积不应大于400cm²，且每自然间或标准间不应多于2处。

检验方法：用小锤轻击检查。

检查数量：按本规范第3.0.21条规定的检验批检查。

Ⅱ　一　般　项　目

5.2.7　面层表面应洁净，不应有裂纹、脱皮、麻面、起砂等缺陷。

检验方法：观察检查。

检查数量：按本规范第3.0.21条规定的检验批检查。

5.2.8 面层表面的坡度应符合设计要求，不应有倒泛水和积水现象。

检验方法：观察和采用泼水或用坡度尺检查。

检查数量：按本规范第3.0.21条规定的检验批检查。

5.2.9 踢脚线与柱、墙面应紧密结合，踢脚线高度和出柱、墙厚度应符合设计要求且均匀一致。当出现空鼓时，局部空鼓长度不应大于300mm，且每自然间或标准间不应多于2处。

检验方法：用小锤轻击、钢尺和观察检查。

检查数量：按本规范第3.0.21条规定的检验批检查。

5.2.10 楼梯、台阶踏步的宽度、高度应符合设计要求。楼层梯段相邻踏步高度差不应大于10mm；每踏步两端宽度差不应大于10mm，旋转楼梯梯段的每踏步两端宽度的允许偏差不应大于5mm。踏步面层应做防滑处理，齿角应整齐，防滑条应顺直、牢固。

检验方法：观察和用钢尺检查。

检查数量：按本规范第3.0.21条规定的检验批检查。

5.2.11 水泥混凝土面层的允许偏差应符合本规范表5.1.7的规定。

检验方法：按本规范表5.1.7中的检验方法检验。

检查数量：按本规范第3.0.21条规定的检验批和第3.0.22条的规定检查。

5.2.13 水泥砂浆面层检验批质量验收记录

1. 表格

水泥砂浆面层检验批质量验收记录

03010202____

单位（子单位）工程名称			分部（子分部）工程名称			分项工程名称	
施工单位			项目负责人			检验批容量	
分包单位			分包单位项目负责人			检验批部位	
施工依据				验收依据		《建筑地面工程施工质量验收规范》GB 50209－2010	

验收项目			设计要求及规范规定	最小/实际抽样数量	检查记录	检查结果
主控项目	1	水泥质量	第5.3.2条	/		
	2	外加剂的技术性能、品种和掺量	第5.3.3条	/		
	3	体积比和强度	第5.3.4条	/		
	4	有排水要求的地面	第5.3.5条	/		
	5	面层与下一层结合	第5.3.6条	/		
一般项目	1	坡度	第5.3.7条	/		
	2	表面质量	第5.3.8条	/		
	3	踢脚线与墙面结合	第5.3.9条	/		
	4 楼梯、台阶踏步	踏步尺寸及面层质量	第5.3.10条	/		
		楼层梯段相邻踏步高度差	10mm	/		
		每踏步两端宽度差	10mm	/		
		旋转楼梯踏步两端宽度	5mm	/		

续表

验收项目			设计要求及规范规定	最小/实际抽样数量	检　查　记　录	检查结果
一般项目	5	面层允许偏差 表面平整度	5mm	/		
		踢脚线上口平直	4mm	/		
		缝格平直	3mm	/		

施工单位检查结果	专业工长： 项目专业质量检查员： 　　　　　年　月　日
监理单位验收结论	专业监理工程师： 　　　　　年　月　日

2. 验收依据说明

【规范名称及编号】 《建筑地面工程施工质量验收规范》GB 50209-2010

【条文摘录】

摘录一：

第 3.0.21、3.0.22 条（见《基土检验批质量验收记录》的表格验收依据说明，本书第 352 页）。

摘录二：

第 5.1.7 条（见《水泥混凝土面层检验批质量验收记录》的表格验收依据说明，本书第 372 页）。

摘录三：

5.3　水泥砂浆面层

5.3.1　水泥砂浆面层的厚度应符合设计要求。

Ⅰ　主　控　项　目

5.3.2　水泥宜采用硅酸盐水泥、普通硅酸盐水泥，不同品种、不同强度等级的水泥不应混用；砂应为中粗砂，当采用石屑时，其粒径应为 1mm～5mm，且含泥量不应大于 3％；防水水泥砂浆采用的砂或石屑，其含泥量不应大于 1％。

检验方法：观察检查和检查质量合格证明文件。

检查数量：同一工程、同一强度等级、同一配合比检查一次。

5.3.3　防水水泥砂浆中掺入的外加剂的技术性能应符合国家现行有关标准的规定，外加剂的品种和掺量应经试验确定。

检验方法：观察检查和检查质量合格证明文件、配合比试验报告。

检查数量：同一工程、同一强度等级、同一配合比、同一外加剂品种、同一掺量检查一次。

5.3.4　水泥砂浆的体积比（强度等级）应符合设计要求，且体积比应为 1：2，强度等级不应小于 M15。

检验方法：检查强度等级检测报告。

检查数量：按本规范第 3.0.19 条的规定检查。

5.3.5　有排水要求的水泥砂浆地面，坡向应正确、排水通畅；防水水泥砂浆面层不应渗漏。

检验方法：观察检查和蓄水、泼水检验或坡度尺检查及检查检验记录。

检查数量：按本规范第 3.0.21 条规定的检验批检查。

5.3.6　面层与下一层应结合牢固，且应无空鼓和开裂。当出现空鼓时，空鼓面积不应大于

$400cm^2$，且每自然间或标准间不应多于2处。

检验方法：用小锤轻击检查。

检查数量：按本规范第3.0.21条规定的检验批检查。

Ⅱ　一　般　项　目

5.3.7　面层表面的坡度应符合设计要求，不应有倒泛水和积水现象。

检验方法：观察和采用泼水或坡度尺检查。

检查数量：按本规范第3.0.21条规定的检验批检查。

5.3.8　面层表面应洁净，不应有裂纹、脱皮、麻面、起砂等现象。

检验方法：观察检查。

检查数量：按本规范第3.0.21条规定的检验批检查。

5.3.9　踢脚线与柱、墙面应紧密结合，踢脚线高度及出柱、墙厚度应符合设计要求且均匀一致。当出现空鼓时，局部空鼓长度不应大于300mm，且每自然间或标准间不应多于2处。

检验方法：用小锤轻击、钢尺和观察检查。

检查数量：按本规范第3.0.21条规定的检验批检查。

5.3.10　楼梯、台阶踏步的宽度、高度应符合设计要求。楼层梯段相邻踏步高度差不应大于10mm；每踏步两端宽度差不应大于10mm，旋转楼梯梯段的每踏步两端宽度的允许偏差不应大于5mm。踏步面层应做防滑处理，齿角应整齐，防滑条应顺直、牢固。

检验方法：观察和用钢尺检查。

检查数量：按本规范第3.0.21条规定的检验批检查。

5.3.11　水泥砂浆面层的允许偏差应符合本规范表5.1.7的规定。

检验方法：按本规范表5.1.7中的检验方法检验。

检查数量：按本规范第3.0.21条规定的检验批和第3.0.22条的规定检查。

5.2.14　水磨石面层检验批质量验收记录

1. 表格

水磨石面层检验批质量验收记录

03010203 ____

单位（子单位）工程名称			分部（子分部）工程名称		分项工程名称	
施工单位			项目负责人		检验批容量	
分包单位			分包单位项目负责人		检验批部位	
施工依据				验收依据	《建筑地面工程施工质量验收规范》GB 50209－2010	
验收项目			设计要求及规范规定	最小/实际抽样数量	检 查 记 录	检查结果
主控项目	1	材料质量	第5.4.8条	/		
	2	拌合料体积比（水泥：石料）	1：1.5～1：2.5	/		
	3	防静电面层	第5.4.10条	/		
	4	面层与下一层结合	第5.4.11条	/		
一般项目	1	面层表面质量	第5.4.12条	/		
	2	踢脚线	第5.4.13条	/		

续表

		验收项目		设计要求及规范规定	最小/实际抽样数量	检 查 记 录	检查结果
一般项目	3	楼梯、台阶踏步	踏步尺寸及面层质量	第 5.4.14 条	/		
			楼层梯段相邻踏步高度差	10mm	/		
			每踏步两端宽度差	10mm	/		
			旋转楼梯踏步两端宽度	5mm	/		
	4	表面允许偏差	表面平整度 高级水磨石	2mm	/		
			表面平整度 普通水磨石	3mm	/		
			踢脚线上口平直	4mm	/		
			缝格平直 高级水磨石	2mm	/		
			缝格平直 普通水磨石	3mm	/		

施工单位检查结果	专业工长： 项目专业质量检查员： 　　　　　　　　　年　月　日
监理单位验收结论	专业监理工程师： 　　　　　　　　　年　月　日

2. 验收依据说明

【规范名称及编号】《建筑地面工程施工质量验收规范》GB 50209－2010

【条文摘录】

摘录一：

第 3.0.21、3.0.22 条（见《基土检验批质量验收记录》的表格验收依据说明，本书第 352 页）。

摘录二：

第 5.1.7 条（见《水泥混凝土面层检验批质量验收记录》的表格验收依据说明，本书第 372 页）。

摘录三：

5.4　水磨石面层

5.4.1　水磨石面层应采用水泥与石粒拌和料铺设，有防静电要求时，拌和料内应按设计要求掺入导电材料。面层厚度除有特殊要求外，宜为 12mm～18mm，且宜按石粒粒径确定。水磨石面层的颜色和图案应符合设计要求。

5.4.2　白色或浅色的水磨石面层应采用白水泥；深色的水磨石面层宜采用硅酸盐水泥、普通硅酸盐水泥或矿渣硅酸盐水泥；同颜色的面层应使用同一批水泥。同一彩色面层应使用同厂、同批的颜料；其掺入量宜为水泥重量的 3％～6％或由试验确定。

5.4.3　水磨石面层的结合层采用水泥砂浆时，强度等级应符合设计要求且不应小于 M10，稠度宜为 30mm～35mm。

5.4.4 防静电水磨石面层中采用导电金属分格条时，分格条应经绝缘处理，且十字交叉处不得碰接。

5.4.5 普通水磨石面层磨光遍数不应少于 3 遍。高级水磨石面层的厚度和磨光遍数应由设计确定。

5.4.6 水磨石面层磨光后，在涂草酸和上蜡前，其表面不得污染。

5.4.7 防静电水磨石面层应在表面经清净、干燥后，在表面均匀涂抹一层防静电剂和地板蜡，并应作抛光处理。

Ⅰ 主 控 项 目

5.4.8 水磨石面层的石粒应采用白云石、大理石等岩石加工而成，石粒应洁净无杂物，其粒径除特殊要求外应为 6mm～16mm；颜料应采用耐光、耐碱的矿物原料，不得使用酸性颜料。

检验方法：观察检查和检查质量合格证明文件。

检查数量：同一工程、同一体积比检查一次。

5.4.9 水磨石面层拌和料的体积比应符合设计要求，且水泥与石粒的比例应为 1∶1.5～1∶2.5。

检验方法：检查配合比试验报告。

检查数量：同一工程、同一体积比检查一次。

5.4.10 防静电水磨石面层应在施工前及施工完成表面干燥后进行接地电阻和表面电阻检测，并应作好记录。

检验方法：检查施工记录和检测报告。

检查数量：按本规范第 3.0.21 条规定的检验批检查。

5.4.11 面层与下一层结合应牢固，且应无空鼓、裂纹。当出现空鼓时，空鼓面积不应大于 400cm²，且每自然间或标准间不应多于 2 处。

检验方法：用小锤轻击检查。

检查数量：按本规范第 3.0.21 条规定的检验批检查。

Ⅱ 一 般 项 目

5.4.12 面层表面应光滑，且应无裂纹、砂眼和磨痕；石粒应密实，显露应均匀；颜色图案应一致，不混色；分格条应牢固、顺直和清晰。

检验方法：观察检查。

检查数量：按本规范第 3.0.21 条规定的检验批检查。

5.4.13 踢脚线与柱、墙面应紧密结合，踢脚线高度及出柱、墙厚度应符合设计要求且均匀一致。当出现空鼓时，局部空鼓长度不应大于 300mm，且每自然间或标准间不应多于 2 处。

检验方法：用小锤轻击、钢尺和观察检查。

检查数量：按本规范第 3.0.21 条规定的检验批检查。

5.4.14 楼梯、台阶踏步的宽度、高度应符合设计要求。楼层梯段相邻踏步高度差不应大于 10mm；每踏步两端宽度差不应大于 10mm，旋转楼梯梯段的每踏步两端宽度的允许偏差不应大于 5mm。踏步面层应做防滑处理，齿角应整齐，防滑条应顺直、牢固。

检验方法：观察和用钢尺检查。

检查数量：按本规范第 3.0.21 条规定的检验批检查。

5.4.15 水磨石面层的允许偏差应符合本规范表 5.1.7 的规定。

检验方法：按本规范表 5.1.7 中的检验方法检验。

检查数量：按本规范第 3.0.21 条规定的检验批和第 3.0.22 条的规定检查。

5.2.15 硬化耐磨面层检验批质量验收记录

1. 表格

硬化耐磨面层检验批质量验收记录

03010204 ____

单位（子单位） 工程名称			分部（子分部） 工程名称		分项工程 名称	
施工单位			项目负责人		检验批容量	
分包单位			分包单位 项目负责人		检验批部位	
施工依据				验收依据	《建筑地面工程施工质量验收规范》 GB 50209 - 2010	

验收项目			设计要求及 规范规定	最小/实际 抽样数量	检 查 记 录	检查 结果
主控项目	1	材料质量	第5.5.9条	/		
	2	拌合物铺设时，材料质量规定	第5.5.10条	/		
	3	硬化耐磨面层的厚度、强度等级、耐磨等级	第5.5.11条	/		
	4	面层与基层结合	第5.5.12条	/		
一般项目	1	面层表面坡度	设计要求	/		
	2	面层表面质量	第5.5.14条	/		
	3	踢脚线与墙面结合	第5.5.15条	/		
	4	表面允许偏差	表面平整度	4mm	/		
			踢脚线上口平直	4mm	/		
			缝格平直	3mm	/		
施工单位 检查结果				专业工长： 项目专业质量检查员： 　　　　　年　月　日		
监理单位 验收结论				专业监理工程师： 　　　　　年　月　日		

2. 验收依据说明

【规范名称及编号】《建筑地面工程施工质量验收规范》GB 50209 - 2010

【条文摘录】

摘录一：

第3.0.21、3.0.22条（见《基土检验批质量验收记录》的表格验收依据说明，本书第352页）。

摘录二：

第5.1.7条（见《水泥混凝土面层检验批质量验收记录》的表格验收依据说明，本书第372页）。

摘录三：

5.5　硬化耐磨面层

5.5.1　硬化耐磨面层应采用金属渣、屑、纤维或石英砂、金刚砂等，并应与水泥类胶凝材料拌合铺设或在水泥类基层上撒布铺设。

5.5.2 硬化耐磨面层采用拌合料铺设时，拌合料的配合比应通过试验确定；采用撒布铺设时，耐磨材料的撒布量应符合设计要求，且应在水泥类基层初凝前完成撒布。

5.5.3 硬化耐磨面层采用拌合料铺设时，宜先铺设一层强度等级不小于 M15、厚度不小于 20mm 的水泥砂浆，或水灰比宜为 0.4 的素水泥浆结合层。

5.5.4 硬化耐磨面层采用拌合料铺设时，铺设厚度和拌合料强度应符合设计要求。当设计无要求时，水泥钢（铁）屑面层铺设厚度不应小于 30mm，抗压强度不应小于 40MPa；水泥石英砂浆面层铺设厚度不应小于 20mm，抗压强度不应小于 30MPa；钢纤维混凝土面层铺设厚度不应小于 40mm，抗压强度不应小于 40MPa。

5.5.5 硬化耐磨面层采用撒布铺设时，耐磨材料应撒布均匀，厚度应符合设计要求；混凝土基层或砂浆基层的厚度及强度应符合设计要求。当设计无要求时，混凝土基层的厚度不应小于 50mm，强度等级不应小于 C25；砂浆基层的厚度不应小于 20mm，强度等级不应小于 M15。

5.5.6 硬化耐磨面层分格缝的间距及缝深、缝宽、填缝材料应符合设计要求。

5.5.7 硬化耐磨面层铺设后应在湿润条件下静置养护，养护期限应符合材料的技术要求。

5.5.8 硬化耐磨面层应在强度达到设计强度后方可投入使用。

Ⅰ 主 控 项 目

5.5.9 硬化耐磨面层采用的材料应符合设计要求和国家现行有关标准的规定。

检验方法：观察检查和检查质量合格证明文件。

检查数量：采用拌合料铺设的，按同一工程、同一强度等级检查一次；采用撒布铺设的，按同一工程、同一材料、同一生产厂家、同一型号、同一规格、同一批号检查一次。

5.5.10 硬化耐磨面层采用拌合料铺设时，水泥的强度等级不应小于 42.5。金属渣、屑、纤维不应有其他杂质，使用前应去油除锈、冲洗干净并干燥；石英砂应用中粗砂，含泥量不应大于 2%。

检验方法：观察检查和检查质量合格证明文件。

检查数量：同一工程、同一强度等级检查一次。

5.5.11 硬化耐磨面层的厚度、强度等级、耐磨等级应符合设计要求。

检验方法：用钢尺检查和检查配合比试验报告、强度等级检测报告、耐磨等级检测报告。

检查数量：厚度按本规范第 3.0.21 条规定的检验批检查；配合比试验报告按同一工程、同一强度等级、同一配合比检查一次；强度等级检测报告按本规范第 3.0.19 条的规定检查；耐磨等级检测报告按同一工程抽样检查一次。

5.5.12 面层与基层（或下一层）结合应牢固，且应无空鼓、裂缝。当出现空鼓时，空鼓面积不应大于 400cm^2，且每自然间或标准间不应多于 2 处。

检验方法：观察检查和用小锤轻击检查。

检查数量：按本规范第 3.0.21 条规定的检验批检查。

Ⅱ 一 般 项 目

5.5.13 面层表面坡度应符合设计要求，不应有倒泛水和积水现象。

检验方法：观察检查和用坡度尺检查。

检查数量：按本规范第 3.0.21 条规定的检验批检查。

5.5.14 面层表面应色泽一致，切缝应顺直，不应有裂纹、脱皮、麻面、起砂等缺陷。

检验方法：观察检查。

检查数量：按本规范第 3.0.21 条规定的检验批检查。

5.5.15 踢脚线与柱、墙面应紧密结合，踢脚线高度及出柱、墙厚度应符合设计要求且均匀一致。当出现空鼓时，局部空鼓长度不应大于 300mm，且每自然间或标准间不应多于 2 处。

检验方法：用小锤轻击、钢尺和观察检查。

检查数量：按本规范第 3.0.21 条规定的检验批检查。

5.5.16　硬化耐磨面层的允许偏差应符合本规范表5.1.7的规定。

检验方法：按本规范表5.1.7中的检查方法检查。

检查数量：按本规范第3.0.21条规定的检验批和第3.0.22条的规定检查。

5.2.16　防油渗面层检验批质量验收记录

1.表格

防油渗面层检验批质量验收记录

03010205 ____

单位（子单位）工程名称			分部（子分部）工程名称		分项工程名称		
施工单位			项目负责人		检验批容量		
分包单位			分包单位项目负责人		检验批部位		
施工依据				验收依据	《建筑地面工程施工质量验收规范》GB 50209－2010		

验收项目			设计要求及规范规定	最小/实际抽样数量	检查记录	检查结果
主控项目	1	材料质量	第5.6.7条	/		
	2	强度等级抗渗性能	第5.6.8条	/		
	3	防油渗混凝土面层与下一层结合	第5.6.9条	/		
	4	防油渗涂料面层与基层粘结	第5.6.10条	/		
一般项目	1	表面坡度	第5.6.11条	/		
	2	表面质量	第5.6.12条	/		
	3	踢脚线与墙面结合	第5.6.13条	/		
	4 表面允许偏差	表面平整度	5mm	/		
		踢脚线上口平直	4mm	/		
		缝格平直	3mm	/		

施工单位检查结果	专业工长：项目专业质量检查员： 年　月　日
监理单位验收结论	专业监理工程师： 年　月　日

2. 验收依据说明

【规范名称及编号】 《建筑地面工程施工质量验收规范》GB 50209－2010

【条文摘录】

摘录一：

第 3.0.21、3.0.22 条（见《基土检验批质量验收记录》的表格验收依据说明，本书第 352 页）。

摘录二：

第 5.1.7 条（见《水泥混凝土面层检验批质量验收记录》的表格验收依据说明，本书第 372 页）。

摘录三：

5.6 防油渗面层

5.6.1 防油渗面层应采用防油渗混凝土铺设或采用防油渗涂料涂刷。

5.6.2 防油渗隔离层及防油渗面层与墙、柱连接处的构造应符合设计要求。

5.6.3 防油渗混凝土面层厚度应符合设计要求，防油渗混凝土的配合比应按设计要求的强度等级和抗渗性能通过试验确定。

5.6.4 防油渗混凝土面层应按厂房柱网分区段浇筑，区段划分及分区段缝应符合设计要求。

5.6.5 防油渗混凝土面层内不得敷设管线。露出面层的电线管、接线盒、预埋套管和地脚螺栓等的处理，以及与墙、柱、变形缝、孔洞等连接处泛水均应采取防油渗措施并应符合设计要求。

5.6.6 防油渗面层采用防油渗涂料时，材料应按设计要求选用，涂层厚度宜为 5mm～7mm。

Ⅰ 主 控 项 目

5.6.7 防油渗混凝土所用的水泥应采用普通硅酸盐水泥；碎石应采用花岗石或石英石，不应使用松散、多孔和吸水率大的石子，粒径为 5mm～16mm，最大粒径不应大于 20mm，含泥量不应大于 1％；砂应为中砂，且应洁净无杂物；掺入的外加剂和防油渗剂应符合有关标准的规定。防油渗涂料应具有耐油、耐磨、耐火和粘结性能。

检验方法：观察检查和检查质量合格证明文件。

检查数量：同一工程、同一强度等级、同一配合比、同一粘结强度检查一次。

5.6.8 防油渗混凝土的强度等级和抗渗性能应符合设计要求，且强度等级不应小于 C30；防油渗涂料的粘结强度不应小于 0.3MPa。

检验方法：检查配合比试验报告、强度等级检测报告、粘结强度检测报告。

检查数量：配合比试验报告按同一工程、同一强度等级、同一配合比检查一次；强度等级检测报告按本规范第 3.0.19 条的规定，全批检查；抗拉粘结强度检测报告按同一工程、同一涂料品种、同一生产厂家、同一型号、同一规格、同一批号检查一次。

5.6.9 防油渗混凝土面层与下一层应结合牢固、无空鼓。

检验方法：用小锤轻击检查。

检查数量：按本规范第 3.0.21 条规定的检验批检查。

5.6.10 防油渗涂料面层与基层应粘结牢固，不应有起皮、开裂、漏涂等缺陷。

检验方法：观察检查。

检查数量：按本规范第 3.0.21 条规定的检验批检查。

Ⅱ 一 般 项 目

5.6.11 防油渗面层表面坡度应符合设计要求，不得有倒泛水和积水现象。

检验方法：观察和泼水或用坡度尺检查。

检查数量：按本规范第 3.0.21 条规定的检验批检查。

5.6.12 防油渗混凝土面层表面应洁净，不应有裂纹、脱皮、麻面和起砂等现象。

检验方法：观察检查。

检查数量：按本规范第 3.0.21 条规定的检验批检查。

5.6.13 踢脚线与柱、墙面应紧密结合，踢脚线高度及出柱、墙厚度应符合设计要求且均匀一致。

检验方法：用小锤轻击、钢尺和观察检查。

检查数量：按本规范第3.0.21条规定的检验批检查。

5.6.14 防油渗面层的允许偏差应符合本规范表5.1.7的规定。

检验方法：按本规范表5.1.7中的检验方法检验。

检查数量：按本规范第3.0.21条规定的检验批和第3.0.22条的规定检查。

5.2.17 不发火（防爆）面层检验批质量验收记录

1. 表格

不发火（防爆）面层检验批质量验收记录

03010206 ____

单位（子单位）工程名称				分部（子分部）工程名称			分项工程名称	
施工单位				项目负责人			检验批容量	
分包单位				分包单位项目负责人			检验批部位	
施工依据						验收依据	《建筑地面工程施工质量验收规范》GB 50209-2010	

验收项目			设计要求及规范规定	最小/实际抽样数量	检查记录	检查结果
主控项目	1	材料质量	第5.7.4条	/		
	2	面层强度等级	设计要求C__	/		
	3	面层与下一层结合	第5.7.6条	/		
	4	面层试件检验	第5.7.7条	/		
一般项目	1	面层表面质量	第5.7.8条	/		
	2	踢脚线与墙面结合	第5.7.9条	/		
	3 表面允许偏差	表面平整度	5mm	/		
		踢脚线上口平直	4mm	/		
		缝格平直	3mm	/		
施工单位检查结果					专业工长：项目专业质量检查员： 年 月 日	
监理单位验收结论					专业监理工程师： 年 月 日	

2. 验收依据说明

【规范名称及编号】《建筑地面工程施工质量验收规范》GB 50209-2010

【条文摘录】

摘录一：

第3.0.21、3.0.22条（见《基土检验批质量验收记录》的表格验收依据说明，本书第352页）。

摘录二：

第 5.1.7 条（见《水泥混凝土面层检验批质量验收记录》的表格验收依据说明，本书第 372 页）。

摘录三：

5.7 不发火（防爆）面层

5.7.1 不发火（防爆）面层应采用水泥类拌和料及其他不发火材料铺设，其材料和厚度应符合设计要求。

5.7.2 不发火（防爆）各类面层的铺设应符合本规范相应面层的规定。

5.7.3 不发火（防爆）面层采用的材料和硬化后的试件，应按本规范附录 A 做不发火性试验。

Ⅰ 主 控 项 目

5.7.4 不发火（防爆）面层中碎石的不发火性必须合格；砂应质地坚硬、表面粗糙，其粒径应为 0.15mm～5mm，含泥量不应大于 3%，有机物含量不应大于 0.5%；水泥应采用硅酸盐水泥、普通硅酸盐水泥；面层分格的嵌条应采用不发生火花的材料配制。配制时应随时检查，不得混入金属或其他易发生火花的杂质。

检验方法：观察检查和检查质量合格证明文件。

检查数量：同强度等级检测报告的检查数量，即按本规范第 3.0.19 条的规定检查。

5.7.5 不发火（防爆）面层的强度等级应符合设计要求。

检验方法：检查配合比试验报告和强度等级检测报告。

检查数量：配合比试验报告按同一工程、同一强度等级、同一配合比检查一次；强度等级检测报告按本规范第 3.0.19 条的规定检查。

5.7.6 面层与下一层应结合牢固，且应无空鼓和开裂。当出现空鼓时，空鼓面积不应大于 400cm²，且每自然间或标准间不应多于 2 处。

检验方法：用小锤轻击检查。

检查数量：按本规范第 3.0.21 条规定的检验批检查。

5.7.7 不发火（防爆）面层的试件应检验合格。

检验方法：检查检测报告。

检查数量：同一工程、同一强度等级、同一配合比检查一次。

Ⅱ 一 般 项 目

5.7.8 面层表面应密实，无裂缝、蜂窝、麻面等缺陷。

检验方法：观察检查。

检查数量：按本规范第 3.0.21 条规定的检验批检查。

5.7.9 踢脚线与柱、墙面应紧密结合，踢脚线高度及出柱、墙厚度应符合设计要求且均匀一致。当出现空鼓时，局部空鼓长度不应大于 300mm，且每自然间或标准间不应多于 2 处。

检验方法：用小锤轻击、钢尺和观察检查。

检查数量：按本规范第 3.0.21 条规定的检验批检查。

5.7.10 不发火（防爆）面层的允许偏差应符合本规范表 5.1.7 的规定。

检验方法：按本规范表 5.1.7 中的检验方法检验。

检查数量：按本规范第 3.0.21 条规定的检验批和第 3.0.22 条的规定检查。

附录四：

【附录A】 不发火（防爆）建筑地面材料及其制品不发火性的试验方法

A.0.1 试验前的准备。准备直径为 150mm 的砂轮，在暗室内检查其分离火花的能力。如发生清晰的火花，则该砂轮可用于不发火（防爆）建筑地面材料及其制品不发火性的试验。

A.0.2 粗骨料的试验。从不少于 50 个，每个重 50g～250g（准确度达到 1g）的试件中选出 10 个，在暗室内进行不发火性试验。只有每个试件上磨掉不少于 20g，且试验过程未发现任何瞬时的火花，方可判定为不发火性试验合格。

A.0.3 粉状骨料的试验。粉状骨料除应试验其制造的原料外，还应将骨料用水泥或沥青胶结料制成块状材料后进行试验。原料、胶结块状材料的试验方法同本规范本节第 A.0.2 条。

A.0.4 不发火水泥砂浆、水磨石和水泥混凝土的试验。试验方法同本规范本节第 A.0.2 条、A.0.3 条。

5.2.18 自流平面层检验批质量验收记录

1. 表格

自流平面层检验批质量验收记录

03010207 ____

单位（子单位）工程名称			分部（子分部）工程名称		分项工程名称	
施工单位			项目负责人		检验批容量	
分包单位			分包单位项目负责人		检验批部位	
施工依据				验收依据	《建筑地面工程施工质量验收规范》GB 50209－2010	

验收项目			设计要求及规范规定	最小/实际抽样数量	检查记录	检查结果
主控项目	1	材料质量	第5.8.6条	/		
	2	自流平面层的涂料进入施工现场时，应有以下有害物质限量合格的检测报告	第5.8.7条	/		
	3	自流平面层的基层的强度等级不应小于C20	第5.8.8条	/		
	4	自流平面层的各构造层之间粘结	第5.8.9条	/		
	5	表面不应有开裂、漏涂和倒泛水、积水等现象	第5.8.10条	/		
一般项目	1	自流平面层应分层施工，面层找平施工时不应留有抹痕	第5.8.11条	/		
	2	表面应光洁，色泽应均匀、一致，不应有起泡、泛砂等现象	第5.8.12条	/		
	3	表面允许偏差　表面平整度	2mm	/		
		踢脚线上口平直	3mm	/		
		缝格平直	2mm	/		
施工单位检查结果				专业工长：项目专业质量检查员：　　　　年　月　日		
监理单位验收结论				专业监理工程师：　　　　年　月　日		

2. 验收依据说明

【规范名称及编号】《建筑地面工程施工质量验收规范》GB 50209－2010

【条文摘录】

摘录一：

第 3.0.21、3.0.22 条（见《基土检验批质量验收记录》的表格验收依据说明，本书第 352 页）。

摘录二：

第 5.1.7 条（见《水泥混凝土面层检验批质量验收记录》的表格验收依据说明，本书第 372 页）。

摘录三：

5.8 自流平面层

5.8.1 自流平面层可采用水泥基、石膏基、合成树脂基等拌合物铺设。

5.8.2 自流平面层与墙、柱等连接处的构造做法应符合设计要求，铺设时应分层施工。

5.8.3 自流平面层的基层应平整、洁净，基层的含水率应与面层材料的技术要求相一致。

5.8.4 自流平面层的构造做法、厚度、颜色等应符合设计要求。

5.8.5 有防水、防潮、防油渗、防尘要求的自流平面层应达到设计要求。

Ⅰ 主 控 项 目

5.8.6 自流平面层的铺涂材料应符合设计要求和国家现行有关标准的规定。

检验方法：观察检查和检查型式检验报告、出厂检验报告、出厂合格证。

检查数量：同一工程、同一材料、同一生产厂家、同一型号、同一规格、同一批号检查一次。

5.8.7 自流平面层的涂料进入施工现场时，应有以下有害物质限量合格的检测报告：

1 水性涂料中的挥发性有机化合物（VOC）和游离甲醛；

2 溶剂型涂料中的苯、甲苯＋二甲苯、挥发性有机化合物（VOC）和游离甲苯二异氰酸酯（TDI）。

检验方法：检查检测报告。

检查数量：同一工程、同一材料、同一生产厂家、同一型号、同一规格、同一批号检查一次。

5.8.8 自流平面层的基层的强度等级不应小于 C20。

检验方法：检查强度等级的试验报告。

检查数量：按本规范第 3.0.19 条的规定检查。

5.8.9 自流平面层的各构造层之间应粘结牢固，层与层之间不应出现分离、空鼓现象。

检验方法：用小锤轻击检查。

检查数量：按本规范第 3.0.21 条规定的检验批检查。

5.8.10 自流平面层的表面不应有开裂、漏涂和倒泛水、积水等现象。

检验方法：观察和泼水检查。

检查数量：按本规范第 3.0.21 条规定的检验批检查。

Ⅱ 一 般 项 目

5.8.11 自流平面层应分层施工，面层找平施工时不应留有抹痕。

检验方法：观察检查和检查施工记录。

检查数量：按本规范第 3.0.21 条规定的检验批检查。

5.8.12 自流平面层表面应光洁，色泽应均匀、一致，不应有起泡、泛砂等现象。

检验方法：观察检查。

检查数量：按本规范第 3.0.21 条规定的检验批检查。

5.8.13 自流平面层的允许偏差应符合本规范表 5.1.7 的规定。

检验方法：按本规范表 5.1.7 中的检验方法检验。

检查数量：按本规范第 3.0.21 条规定的检验批和第 3.0.22 条的规定检查。

5.2.19　涂料面层检验批质量验收记录

1. 表格

涂料面层检验批质量验收记录

03010208 ____

单位（子单位）工程名称			分部（子分部）工程名称			分项工程名称	
施工单位			项目负责人			检验批容量	
分包单位			分包单位项目负责人			检验批部位	
施工依据				验收依据		《建筑地面工程施工质量验收规范》GB 50209－2010	

		验收项目	设计要求及规范规定	最小/实际抽样数量	检查记录	检查结果
主控项目	1	涂料质量	第5.9.4条	/		
	2	涂料进入施工现场时，应有苯、甲苯＋二甲苯、挥发性有机化合物（VOC）和游离甲苯二异氰酸酯（TDI）限量合格的检测报告	第5.9.5条	/		
	3	涂料面层的表面不应有开裂、空鼓、漏涂和倒泛水、积水等现象	第5.9.6条	/		
一般项目	1	涂料找平应在下一层表干前完成，并不应留有刮痕	第5.9.7条	/		
	2	涂料面层应光洁，色泽应均匀一致，不应有起泡、起皮、泛砂等现象	第5.9.8条	/		
	3	楼梯、台阶踏步　踏步尺寸及面层质量	第5.9.9条	/		
		楼层梯段相邻踏步高度差	10mm	/		
		每踏步两端宽度差	10mm	/		
		旋转楼梯踏步两端宽度	5mm	/		
	4	面层允许偏差　表面平整度	2mm	/		
		踢脚线上口平直	3mm	/		
		缝格平直	2mm	/		
施工单位检查结果				专业工长：项目专业质量检查员：　　　　年　月　日		
监理单位验收结论				专业监理工程师：　　　　　　　　年　月　日		

2. 验收依据说明

【规范名称及编号】《建筑地面工程施工质量验收规范》GB 50209－2010

【条文摘录】

摘录一：

第 3.0.21、3.0.22 条（见《基土检验批质量验收记录》的表格验收依据说明，本书第 352 页）。

摘录二：

第 5.1.7 条（见《水泥混凝土面层检验批质量验收记录》的表格验收依据说明，本书第 372 页）。

摘录三：

5.9 涂料面层

5.9.1 涂料面层应采用丙烯酸、环氧、聚氨酯等树脂型涂料涂刷。

5.9.2 涂料面层的基层应符合下列规定：

1 应平整、洁净；

2 强度等级不应小于 C20；

3 含水率应与涂料的技术要求相一致。

5.9.3 涂料面层的厚度、颜色应符合设计要求，铺设时应分层施工。

Ⅰ 主 控 项 目

5.9.4 涂料应符合设计要求和国家现行有关标准的规定。

检验方法：观察检查和检查型式检验报告、出厂检验报告、出厂合格证。

检查数量：同一工程、同一材料、同一生产厂家、同一型号、同一规格、同一批号检查一次。

5.9.5 涂料进入施工现场时，应有苯、甲苯＋二甲苯、挥发性有机化合物（VOC）和游离甲苯二异氰酸酯（TDI）限量合格的检测报告。

检验方法：检查检测报告。

检查数量：同一材料、同一生产厂家、同一型号、同一规格、同一批号检查一次。

5.9.6 涂料面层的表面不应有开裂、空鼓、漏涂和倒泛水、积水等现象。

检验方法：观察和泼水检查。

检查数量：按本规范第 3.0.21 条规定的检验批检查。

Ⅱ 一 般 项 目

5.9.7 涂料找平应在下一层表干前完成，并不应留有刮痕。

检验方法：观察和计时检查。

检查数量：按本规范第 3.0.21 条规定的检验批检查。

5.9.8 涂料面层应光洁，色泽应均匀、一致，不应有起泡、起皮、泛砂等现象。

检验方法：观察检查。

检查数量：按本规范第 3.0.21 条规定的检验批检查。

5.9.9 楼梯、台阶踏步的宽度、高度应符合设计要求。楼层梯段相邻踏步高度差不应大于 10mm；每踏步两端宽度差不应大于 10mm，旋转楼梯梯段的每踏步两端宽度的允许偏差不应大于 5mm。踏步面层应做防滑处理，齿角应整齐，防滑条应顺直、牢固。

检验方法：观察和用钢尺检查。

检查数量：按本规范第 3.0.21 条规定的检验批检查。

5.9.10 涂料面层的允许偏差应符合本规范表 5.1.7 的规定。

检验方法：按本规范表 5.1.7 中的检验方法检验。

检查数量：按本规范第 3.0.21 条规定的检验批和第 3.0.22 条的规定检查。

5.2.20 塑胶面层检验批质量验收记录

1. 表格

塑胶面层检验批质量验收记录

03010209 ＿＿＿

单位（子单位）工程名称			分部（子分部）工程名称		分项工程名称		
施工单位			项目负责人		检验批容量		
分包单位			分包单位项目负责人		检验批部位		
施工依据				验收依据	《建筑地面工程施工质量验收规范》 GB 50209 - 2010		

验收项目			设计要求及规范规定	最小/实际抽样数量	检 查 记 录	检查结果
主控项目	1	材料质量	第 5.10.4 条	/		
	2	现浇型塑胶面层的配合比和成品试件检测	第 5.10.5 条	/		
	3	面层与基层粘结质量	第 5.10.6 条	/		
一般项目	1	塑胶面层的各组合层厚度、坡度、表面平整度	第 5.10.7 条	/		
	2	面层图案、色泽、拼缝、阴阳角质量	第 5.10.8 条	/		
	3	塑胶卷材面层的焊缝	第 5.10.9 条	/		
		焊缝凹凸	≤0.6mm	/		
	4	表面允许偏差　表面平整度	2mm	/		
		踢脚线上口平直	3mm	/		
		缝格平直	2mm	/		
施工单位检查结果				专业工长： 项目专业质量检查员： 年　月　日		
监理单位验收结论				专业监理工程师： 年　月　日		

2. 验收依据说明

【规范名称及编号】《建筑地面工程施工质量验收规范》GB 50209-2010

【条文摘录】

摘录一：

第 3.0.21、3.0.22 条（见《基土检验批质量验收记录》的表格验收依据说明，本书第 352 页）。

摘录二：

第 5.1.7 条（见《水泥混凝土面层检验批质量验收记录》的表格验收依据说明，本书第 372 页）。

摘录三：

5.10 塑胶面层

5.10.1 塑胶面层应采用现浇型塑胶材料或塑胶卷材，宜在沥青混凝土或水泥类基层上铺设。

5.10.2 基层的强度和厚度应符合设计要求，表面应平整、干燥、洁净，无油脂及其他杂质。

5.10.3 塑胶面层铺设时的环境温度宜为 10℃～30℃。

Ⅰ 主 控 项 目

5.10.4 塑胶面层采用的材料应符合设计要求和国家现行有关标准的规定。

检验方法：观察检查和检查型式检验报告、出厂检验报告、出厂合格证。

检查数量：现浇型塑胶材料按同一工程、同一配合比检查一次；塑胶卷材按同一工程、同一材料、同一生产厂家、同一型号、同一规格、同一批号检查一次。

5.10.5 现浇型塑胶面层的配合比应符合设计要求，成品试件应检测合格。

检验方法：检查配合比试验报告、试件检测报告。

检查数量：同一工程、同一配合比检查一次。

5.10.6 现浇型塑胶面层与基层应粘结牢固，面层厚度应一致，表面颗粒应均匀，不应有裂痕、分层、气泡、脱（秃）粒等现象；塑胶卷材面层的卷材与基层应粘结牢固，面层不应有断裂、起泡、起鼓、空鼓、脱胶、翘边、溢液等现象。

检验方法：观察和用敲击法检查。

检查数量：按本规范第 3.0.21 条规定的检验批检查。

Ⅱ 一 般 项 目

5.10.7 塑胶面层的各组合层厚度、坡度、表面平整度应符合设计要求。

检验方法：采用钢尺、坡度尺、2m 或 3m 水平尺检查。

检查数量：按本规范第 3.0.21 条规定的检验批检查。

5.10.8 塑胶面层应表面洁净，图案清晰，色泽一致；拼缝处的图案、花纹应吻合，无明显高低差及缝隙，无胶痕；与周边接缝应严密，阴阳角应方正、收边整齐。

检验方法：观察检查。

检查数量：按本规范第 3.0.21 条规定的检验批检查。

5.10.9 塑胶卷材面层的焊缝应平整、光洁，无焦化变色、斑点、焊瘤、起鳞等缺陷，焊缝凹凸允许偏差不应大于 0.6mm。

检验方法：观察检查。

检查数量：按本规范第 3.0.21 条规定的检验批检查。

5.10.10 塑胶面层的允许偏差应符合本规范表 5.1.7 的规定。

检验方法：按本规范表 5.1.7 中的检验方法检验。

检查数量：按本规范第 3.0.21 条规定的检验批和第 3.0.22 条的规定检查。

5.2.21 地面辐射供暖水泥混凝土面层检验批质量验收记录

1. 表格

地面辐射供暖水泥混凝土面层检验批质量验收记录

03010210 ____

单位（子单位）工程名称			分部（子分部）工程名称		分项工程名称	
施工单位			项目负责人		检验批容量	
分包单位			分包单位项目负责人		检验批部位	
施工依据				验收依据	《建筑地面工程施工质量验收规范》GB 50209-2010	

验收项目			设计要求及规范规定	最小/实际抽样数量	检 查 记 录	检查结果
主控项目	1	地面辐射供暖的整体面层采用的材料产品	第5.11.3条	/		
	2	分格缝及面层与柱墙间隙	第5.11.4条	/		
	3	骨料粒径	第5.2.3条	/		
	4	外加剂的技术性能、品种和掺量	第5.2.4条	/		
	5	面层强度等级	设计要求C____	/		
	6	面层与下一层结合	第5.2.6条	/		
一般项目	1	表面质量	第5.2.7条	/		
	2	表面坡度	第5.2.8条	/		
	3	踢脚线与墙面结合	第5.2.9条	/		
	4 楼梯、台阶踏步	踏步尺寸及面层质量	第5.9.9条	/		
		楼层梯段相邻踏步高度差	10mm	/		
		每踏步两端宽度差	10mm	/		
		旋转楼梯踏步两端宽度	5mm	/		
	5 面层允许偏差	表面平整度	5mm	/		
		踢脚线上口平直	4mm	/		
		缝格平直	3mm	/		
施工单位检查结果					专业工长：项目专业质量检查员：　　　　年　月　日	
监理单位验收结论					专业监理工程师：　　　　年　月　日	

2. 验收依据说明

【规范名称及编号】《建筑地面工程施工质量验收规范》GB 50209-2010

【条文摘录】

摘录一：

第3.0.21、3.0.22条（见《基土检验批质量验收记录》的表格验收依据说明，本书第352页）。

摘录二：

第5.1.7条（见《水泥混凝土面层检验批质量验收记录》的表格验收依据说明，本书第372页）。

摘录三：

5.11　地面辐射供暖的整体面层

5.11.1　地面辐射供暖的整体面层宜采用水泥混凝土、水泥砂浆等，应在填充层上铺设。

5.11.2　地面辐射供暖的整体面层铺设时不得扰动填充层，不得向填充层内楔入任何物件。面层铺设尚应符合本规范本章第5.2节、5.3节的有关规定。

Ⅰ 主 控 项 目

5.11.3 地面辐射供暖的整体面层采用的材料或产品除应符合设计要求和本规范相应面层的规定外，还应具有耐热性、热稳定性、防水、防潮、防霉变等特点。

检验方法：观察检查和检查质量合格证明文件。

检查数量：同一工程、同一材料、同一生产厂家、同一型号、同一规格、同一批号检查一次。

5.11.4 地面辐射供暖的整体面层的分格缝应符合设计要求；面层与柱、墙之间应留不小于10mm的空隙。

检验方法：观察和钢尺检查。

检查数量：按本规范第3.0.21条规定的检验批检查。

5.11.5 其余主控项目及检验方法、检查数量应符合本规范本章第5.2节、5.3节的有关规定。

Ⅱ 一 般 项 目

5.11.6 一般项目及检验方法、检查数量应符合本规范本章第5.2节、5.3节的有关规定。

摘录四：

5.2 水泥混凝土面层（见《水泥混凝土面层检验批质量验收记录》的表格验收依据说明，本书第370页）。

5.2.22 地面辐射供暖水泥砂浆面层检验批质量验收记录

1. 表格

地面辐射供暖水泥砂浆面层检验批质量验收记录

03010211____

单位（子单位）工程名称		分部（子分部）工程名称		分项工程名称	
施工单位		项目负责人		检验批容量	
分包单位		分包单位项目负责人		检验批部位	
施工依据			验收依据	《建筑地面工程施工质量验收规范》GB 50209－2010	

		验收项目	设计要求及规范规定	最小/实际抽样数量	检 查 记 录	检查结果
主控项目	1	地面辐射供暖的整体面层采用的材料产品	第5.11.3条	/		
	2	分格缝及面层与柱墙间隙	第5.11.4条	/		
	3	水泥质量	第5.3.2条	/		
	4	外加剂的技术性能、品种和掺量	第5.3.3条	/		
	5	体积比和强度	第5.3.4条	/		
	6	有排水要求的地面	第5.3.5条	/		
	7	面层与下一层结合	第5.3.6条	/		

续表

	验收项目		设计要求及规范规定	最小/实际抽样数量	检　查　记　录	检查结果
一般项目	1	坡度	第5.3.7条	/		
	2	表面质量	第5.3.8条	/		
	3	踢脚线与墙面结合	第5.3.9条	/		
	4 楼梯、台阶踏步	踏步尺寸及面层质量	第5.3.10条	/		
		楼层梯段相邻踏步高度差	10mm	/		
		每踏步两端宽度差	10mm	/		
		旋转楼梯踏步两端宽度	5mm	/		
	5 面层允许偏差	表面平整度	4mm	/		
		踢脚线上口平直	4mm	/		
		缝格平直	3mm	/		

施工单位检查结果	专业工长： 项目专业质量检查员： 年　月　日
监理单位验收结论	专业监理工程师： 年　月　日

2. 验收依据说明

【规范名称及编号】《建筑地面工程施工质量验收规范》GB 50209-2010

【条文摘录】

摘录一：

第3.0.21、3.0.22条（见《基土检验批质量验收记录》的表格验收依据说明，本书第352页）。

摘录二：

第5.1.7条（见《水泥混凝土面层检验批质量验收记录》的表格验收依据说明，本书第372页）。

摘录三：

5.11　地面辐射供暖的整体面层（见《地面辐射供暖水泥混凝土面层检验批质量验收记录》的表格验收依据说明，本书第390页）。

摘录四：

5.3 水泥砂浆面层（见《水泥砂浆面层检验批质量验收记录》的表格验收依据说明，本书第374页）。

5.2.23 砖面层检验批质量验收记录

1. 表格

砖面层检验批质量验收记录

03010301____

单位（子单位）工程名称			分部（子分部）工程名称		分项工程名称	
施工单位			项目负责人		检验批容量	
分包单位			分包单位项目负责人		检验批部位	
施工依据			验收依据		《建筑地面工程施工质量验收规范》GB 50209－2010	

验收项目			设计要求及规范规定	最小/实际抽样数量	检查记录	检查结果
主控项目	1	材料质量	第6.2.5条	/		
	2	板块产品应有放射性限量合格的检测报告	第6.2.6条	/		
	3	面层与下一次层结合	第6.2.7条	/		
一般项目	1	面层表面质量	第6.2.8条	/		
	2	邻接处镶边用料	第6.2.9条	/		
	3	踢脚线质量	第6.2.10条	/		
	4 楼梯、台阶踏步	踏步尺寸及面层质量	第6.2.11条	/		
		楼层梯段相邻踏步高度差	10mm	/		
		每踏步两端宽度差	10mm	/		
		旋转楼梯踏步两端宽度	5mm	/		
	5	面层表面坡度	第6.2.12条	/		
	6 接缝高低差踢脚线上口平直	表面允许偏差 缸砖	4.0mm	/		
		水泥花砖	3.0mm	/		
		陶瓷锦砖、陶瓷地砖	2.0mm	/		
		缝格平直	3.0mm	/		
		陶瓷锦砖、陶瓷地砖、水泥花砖	0.5mm	/		
		缸砖	1.5mm	/		
		陶瓷锦砖、陶瓷地砖	3.0mm	/		
		缸砖	4.0mm	/		
		板块间隙宽度	2.0mm	/		
施工单位检查结果			专业工长：项目专业质量检查员： 年 月 日			
监理单位验收结论			专业监理工程师： 年 月 日			

393

　　2. 验收依据说明

【规范名称及编号】《建筑地面工程施工质量验收规范》GB 50209－2010

【条文摘录】

　　摘录一：

　　第 3.0.21、3.0.22 条（见《基土检验批质量验收记录》的表格验收依据说明，本书第 352 页）。

　　摘录二：

　　6.1.8　板块面层的允许偏差和检验方法应符合表 6.1.8 的规定。

表 6.1.8　板、块面层的允许偏差和检验方法

项次	项目	允许偏差（mm）											检验方法
		陶瓷锦砖面层、高级水磨石板、陶瓷地砖面层	缸砖面层	水泥花砖面层	水磨石板块面层	大理石面层、花岗石面层、人造石面层、金属板面层	塑料板面层	水泥混凝土板块面层	碎拼大理石、碎拼花岗石面层	活动地板面层	条石面层	块石面层	
1	表面平整度	2.0	4.0	3.0	3.0	1.0	2.0	4.0	3.0	2.0	10	10	用2m靠尺和楔形塞尺检查
2	缝格平直	3.0	3.0	3.0	3.0	2.0	3.0	3.0	—	2.5	8.0	8.0	拉5m线和用钢尺检查
3	接缝高低差	0.5	1.5	0.5	1.0	0.5	0.5	1.5	—	0.4	2.0	—	用钢尺检查和楔形塞尺检查
4	踢脚线上口平直	3.0	4.0	—	4.0	1.0	2.0	4.0	1.0	—	—	—	拉5m线和用钢尺检查
5	板块间隙宽度	2.0	2.0	2.0	2.0	1.0	—	6.0	—	0.3	5.0	—	用钢尺检查

　　摘录三：

　　6.2　砖面层

　　6.2.1　砖面层可采用陶瓷锦砖、缸砖、陶瓷地砖和水泥花砖，应在结合层上铺设。

　　6.2.2　在水泥砂浆结合层上铺贴缸砖、陶瓷地砖和水泥花砖面层时，应符合下列规定：

　　1　在铺贴前，应对砖的规格尺寸、外观质量、色泽等进行预选；需要时，浸水湿润晾干待用；

　　2　勾缝和压缝应采用同品种、同强度等级、同颜色的水泥，并做养护和保护。

　　6.2.3　在水泥砂浆结合层上铺贴陶瓷锦砖面层时，砖底面应洁净，每联陶瓷锦砖之间、与结合层之间以及在墙角、镶边和靠柱、墙处应紧密贴合。在靠柱、墙处不得采用砂浆填补。

　　6.2.4　在胶结料结合层上铺贴缸砖面层时，缸砖应干净，铺贴应在胶结料凝结前完成。

Ⅰ　主 控 项 目

　　6.2.5　砖面层所用板块产品应符合设计要求和国家现行有关标准的规定。

　　检验方法：观察检查和检查型式检验报告、出厂检验报告、出厂合格证。

　　检查数量：同一工程、同一材料、同一生产厂家、同一型号、同一规格、同一批号检查一次。

　　6.2.6　砖面层所用板块产品进入施工现场时，应有放射性限量合格的检测报告。

　　检验方法：检查检测报告。

　　检查数量：同一工程、同一材料、同一生产厂家、同一型号、同一规格、同一批号检查一次。

　　6.2.7　面层与下一层的结合（粘结）应牢固，无空鼓（单块砖边角允许有局部空鼓，但每自然间

或标准间的空鼓砖不应超过总数的 5%)。

　　检验方法：用小锤轻击检查。

　　检查数量：按本规范第 3.0.21 条规定的检验批检查。

Ⅱ 一 般 项 目

6.2.8 砖面层的表面应洁净、图案清晰，色泽应一致，接缝应平整，深浅应一致，周边应顺直。板块应无裂纹、掉角和缺楞等缺陷。

　　检验方法：观察检查。

　　检查数量：按本规范第 3.0.21 条规定的检验批检查。

6.2.9 面层邻接处的镶边用料及尺寸应符合设计要求，边角应整齐、光滑。

　　检验方法：观察和用钢尺检查。

　　检查数量：按本规范第 3.0.21 条规定的检验批检查。

6.2.10 踢脚线表面应洁净，与柱、墙面的结合应牢固。踢脚线高度及出柱、墙厚度应符合设计要求，且均匀一致。

　　检验方法：观察和用小锤轻击及钢尺检查。

　　检查数量：按本规范第 3.0.21 条规定的检验批检查。

6.2.11 楼梯、台阶踏步的宽度、高度应符合设计要求。踏步板块的缝隙宽度应一致；楼层梯段相邻踏步高度差不应大于 10mm；每踏步两端宽度差不应大于 10mm，旋转楼梯梯段的每踏步两端宽度的允许偏差不应大于 5mm。踏步面层应做防滑处理，齿角应整齐，防滑条应顺直、牢固。

　　检验方法：观察和用钢尺检查。

　　检查数量：按本规范第 3.0.21 条规定的检验批检查。

6.2.12 面层表面的坡度应符合设计要求，不倒泛水、无积水；与地漏、管道结合处应严密牢固，无渗漏。

　　检验方法：观察、泼水或坡度尺及蓄水检查。

　　检查数量：按本规范第 3.0.21 条规定的检验批检查。

6.2.13 砖面层的允许偏差应符合本规范表 6.1.8 的规定。

　　检验方法：按本规范表 6.1.8 中的检验方法检验。

　　检查数量：按本规范第 3.0.21 条规定的检验批和第 3.0.22 条的规定检查。

5.2.24 大理石面层和花岗石面层检验批质量验收记录

1. 表格

大理石面层和花岗石面层检验批质量验收记录

03010302 ____

单位（子单位）工程名称			分部（子分部）工程名称		分项工程名称	
施工单位			项目负责人		检验批容量	
分包单位			分包单位项目负责人		检验批部位	
施工依据				验收依据	《建筑地面工程施工质量验收规范》GB 50209－2010	
验收项目			设计要求及规范规定	最小/实际抽样数量	检 查 记 录	检查结果
主控项目	1	材料质量	第 6.3.4 条	/		
	2	板块产品应有放射性限量合格的检测报告	第 6.3.5 条	/		
	3	面层与下一次层结合	第 6.3.6 条	/		

续表

	验收项目		设计要求及规范规定	最小/实际抽样数量	检 查 记 录	检查结果
一般项目	1	板块背面侧面防碱处理	第6.3.7条	/		
	2	面层质量	第6.3.8条	/		
	3	踢脚线质量	第6.3.9条	/		
	4	楼梯、台阶踏步 踏步尺寸及面层质量	第6.3.10条	/		
		楼层梯段相邻踏步高度差	10mm	/		
		每踏步两端宽度差	10mm	/		
		旋转楼梯踏步两端宽度	5mm	/		
	5	面层表面坡度	第6.3.11条	/		
	6	表面允许偏差 大理石面层和花岗石面层	1mm	/		
		碎拼大理石和碎拼花岗石面层	3mm	/		
		缝格平直	2mm	/		
		接缝高低差	0.5mm	/		
		踢脚线上口平直	1mm	/		
		板块间隙宽度	1mm	/		

施工单位检查结果	专业工长： 项目专业质量检查员： 年 月 日
监理单位验收结论	专业监理工程师： 年 月 日

2. 验收依据说明

【规范名称及编号】《建筑地面工程施工质量验收规范》GB 50209-2010

【条文摘录】

摘录一：

第3.0.21、3.0.22条（见《基土检验批质量验收记录》的表格验收依据说明，本书第352页）。

摘录二：

第6.1.8条（见《砖面层检验批质量验收记录》的表格验收依据说明，本书第394页）。

摘录三：

6.3 大理石面层和花岗石面层

6.3.1 大理石、花岗石面层采用天然大理石、花岗石（或碎拼大理石、碎拼花岗石）板材，应在结合层上铺设。

6.3.2 板材有裂缝、掉角、翘曲和表面有缺陷时应予剔除，品种不同的板材不得混杂使用；在铺设前，应根据石材的颜色、花纹、图案、纹理等按设计要求，试拼编号。

6.3.3 铺设大理石、花岗石面层前，板材应浸湿、晾干；结合层与板材应分段同时铺设。

Ⅰ 主 控 项 目

6.3.4 大理石、花岗石面层所用板块产品应符合设计要求和国家现行有关标准的规定。

检验方法：观察检查和检查质量合格证明文件。

检查数量：同一工程、同一材料、同一生产厂家、同一型号、同一规格、同一批号检查一次。

6.3.5 大理石、花岗石面层所用板块产品进入施工现场时，应有放射性限量合格的检测报告。

检验方法：检查检测报告。

检查数量：同一工程、同一材料、同一生产厂家、同一型号、同一规格、同一批号检查一次。

6.3.6 面层与下一层应结合牢固，无空鼓（单块板块边角允许有局部空鼓，但每自然间或标准间的空鼓板块不应超过总数的 5%）。

检验方法：用小锤轻击检查。

检查数量：按本规范第 3.0.21 条规定的检验批检查。

Ⅱ 一 般 项 目

6.3.7 大理石、花岗石面层铺设前，板块的背面和侧面应进行防碱处理。

检验方法：观察检查和检查施工记录。

检查数量：按本规范第 3.0.21 条规定的检验批检查。

6.3.8 大理石、花岗石面层的表面应洁净、平整、无磨痕，且应图案清晰、色泽一致、接缝均匀、周边顺直、镶嵌正确，板块应无裂纹、掉角、缺棱等缺陷。

检验方法：观察检查。

检查数量：按本规范第 3.0.21 条规定的检验批检查。

6.3.9 踢脚线表面应洁净，与柱、墙面的结合应牢固。踢脚线高度及出柱、墙厚度应符合设计要求，且均匀一致。

检验方法：观察和用小锤轻击及钢尺检查。

检查数量：按本规范第 3.0.21 条规定的检验批检查。

6.3.10 楼梯、台阶踏步的宽度、高度应符合设计要求。踏步板块的缝隙宽度应一致；楼层梯段相邻踏步高度差不应大于 10mm；每踏步两端宽度差不应大于 10mm，旋转楼梯梯段的每踏步两端宽度的允许偏差不应大于 5mm。踏步面层应做防滑处理，齿角应整齐，防滑条应顺直、牢固。

检验方法：观察和用钢尺检查。

检查数量：按本规范第 3.0.21 条规定的检验批检查。

6.3.11 面层表面的坡度应符合设计要求，不倒泛水、无积水；与地漏、管道结合处应严密牢固，无渗漏。

检验方法：观察、泼水或坡度尺及蓄水检查。

检查数量：按本规范第 3.0.21 条规定的检验批检查。

6.3.12 大理石面层和花岗石面层（或碎拼大理石面层、碎拼花岗石面层）的允许偏差应符合本规范表 6.1.8 的规定。

检验方法：按本规范表 6.1.8 中的检验方法检验。

检查数量：按本规范第 3.0.21 条规定的检验批和第 3.0.22 条的规定检查。

5.2.25 预制板块面层检验批质量验收记录

1. 表格

预制板块面层检验批质量验收记录

03010303＿＿＿

单位（子单位） 工程名称		分部（子分部） 工程名称		分项工程 名称	
施工单位		项目负责人		检验批容量	
分包单位		分包单位 项目负责人		检验批部位	
施工依据			验收依据	《建筑地面工程施工质量验收规范》 GB 50209－2010	

验收项目			设计要求及 规范规定	最小/实际 抽样数量	检 查 记 录	检查 结果
主控项目	1	板块质量	第6.4.6条	/		
	2	板块产品应有放射性限量合格的检测报告	第6.4.7条	/		
	3	面层与下一次层结合	第6.4.8条	/		
一般项目	1	预制板块表面无明显缺陷	第6.4.9条	/		
	2	预制板块面层质量	第6.4.10条	/		
	3	邻接处的镶边用料尺寸	第6.4.11条	/		
	4	踢脚线质量	第6.4.12条	/		
	5	楼梯、台阶踏步	踏步尺寸及面层质量	第6.4.13条	/		
			楼层梯段相邻踏步高度差	10mm	/		
			每踏步两端宽度差	10mm	/		
			旋转楼梯踏步两端宽度	5mm	/		
	6	表面平整度	高级水磨石	2mm	/		
			普通水磨石	3mm	/		
			人造石面层	1mm	/		
			水泥混凝土板块	4mm	/		
		缝格平直	高级水磨石、普通水磨石、水泥混凝土板块	3mm	/		
			人造石面层	2mm	/		
		接缝高低差	高级水磨石、人造石面层	0.5mm	/		
			普通水磨石	1mm	/		
			水泥混凝土板块	1.5mm	/		
		踢脚线上口平直	高级水磨石	3mm	/		
			人造石面层	1mm	/		
			普通水磨石及水泥混凝土板块	4mm	/		
		板块间隙宽度	高级水磨石、普通水磨石	2mm	/		
			人造石面层	1mm	/		
			水泥混凝土板块	6mm	/		
施工单位 检查结果			专业工长： 项目专业质量检查员： 　　　　　　　　　　年　月　日			
监理单位 验收结论			专业监理工程师： 　　　　　　　　　　年　月　日			

2. 验收依据说明

【规范名称及编号】《建筑地面工程施工质量验收规范》GB 50209－2010

【条文摘录】

摘录一：

第3.0.21、3.0.22条（见《基土检验批质量验收记录》的表格验收依据说明，本书第352页）。

摘录二：

第6.1.8条（见《砖面层检验批质量验收记录》的表格验收依据说明，本书第394页）。

摘录三：

6.4 预制板块面层

6.4.1 预制板块面层采用水泥混凝土板块、水磨石板块、人造石板块，应在结合层上铺设。

6.4.2 在现场加工的预制板块应按本规范第5章的有关规定执行。

6.4.3 水泥混凝土板块面层的缝隙中，应采用水泥浆（或砂浆）填缝；彩色混凝土板块、水磨石板块、人造石板块应用同色水泥浆（或砂浆）擦缝。

6.4.4 强度和品种不同的预制板块不宜混杂使用。

6.4.5 板块间的缝隙宽度应符合设计要求。当设计无要求时，混凝土板块面层缝宽不宜大于6mm，水磨石板块、人造石板块间的缝宽不应大于2mm。预制板块面层铺完24h后，应用水泥砂浆灌缝至2/3高度，再用同色水泥浆擦（勾）缝。

Ⅰ 主 控 项 目

6.4.6 预制板块面层所用板块产品应符合设计要求和国家现行有关标准的规定。

检验方法：观察检查和检查型式检验报告、出厂检验报告、出厂合格证。

检查数量：同一工程、同一材料、同一生产厂家、同一型号、同一规格、同一批号检查一次。

6.4.7 预制板块面层所用板块产品进入施工现场时，应有放射性限量合格的检测报告。

检验方法：检查检测报告。

检查数量：同一工程、同一材料、同一生产厂家、同一型号、同一规格、同一批号检查一次。

6.4.8 面层与下一层应粘合牢固、无空鼓（单块板块边角允许有局部空鼓，但每自然间或标准间的空鼓板块不应超过总数的5%）。

检验方法：用小锤轻击检查。

检查数量：按本规范第3.0.21条规定的检验批检查。

Ⅱ 一 般 项 目

6.4.9 预制板块表面应无裂缝、掉角、翘曲等明显缺陷。

检验方法：观察检查。

检查数量：按本规范第3.0.21条规定的检验批检查。

6.4.10 预制板块面层应平整洁净，图案清晰，色泽一致，接缝均匀，周边顺直，镶嵌正确。

检验方法：观察检查。

检查数量：按本规范第3.0.21条规定的检验批检查。

6.4.11 面层邻接处的镶边用料尺寸应符合设计要求，边角应整齐、光滑。

检验方法：观察和钢尺检查。

检查数量：按本规范第3.0.21条规定的检验批检查。

6.4.12 踢脚线表面应洁净，与柱、墙面的结合应牢固。踢脚线高度及出柱、墙厚度应符合设计要求，且均匀一致。

检验方法：观察和用小锤轻击及钢尺检查。

检查数量：按本规范第3.0.21条规定的检验批检查。

6.4.13 楼梯、台阶踏步的宽度、高度应符合设计要求。踏步板块的缝隙宽度应一致；楼层梯段相邻踏步高度差不应大于10mm；每踏步两端宽度差不应大于10mm，旋转楼梯梯段的每踏步两端宽度的允许偏差不应大于5mm。踏步面层应做防滑处理，齿角应整齐，防滑条应顺直、牢固。

检验方法：观察和用钢尺检查。

检查数量：按本规范第3.0.21条规定的检验批检查。

6.4.14　水泥混凝土板块、水磨石板块、人造石板块面层的允许偏差应符合本规范表6.1.8的规定。

检验方法：按本规范表6.1.8中的检验方法检验。

检查数量：按本规范第3.0.21条规定的检验批和第3.0.22条的规定检查。

5.2.26　料石面层检验批质量验收记录

1. 表格

料石面层检验批质量验收记录

03010304 ____

单位（子单位）工程名称			分部（子分部）工程名称		分项工程名称	
施工单位			项目负责人		检验批容量	
分包单位			分包单位项目负责人		检验批部位	
施工依据				验收依据	《建筑地面工程施工质量验收规范》GB 50209－2010	

验收项目			设计要求及规范规定	最小/实际抽样数量	检查记录	检查结果
主控项目	1	石材质量和强度	设计要求 MU———	/		
	2	石材应有放射性限量合格的检测报告	第6.5.6条	/		
	3	面层与下一层结合	第6.5.7条	/		
一般项目	1	组砌方法	第6.5.8条	/		
	2	表面平整度　条石、块石	10mm	/		
		缝格平直　条石、块石	8mm	/		
		接缝高低差　条石	2mm	/		
		板块间隙宽度　条石	5mm	/		

施工单位检查结果	专业工长： 项目专业质量检查员： 年　月　日
监理单位验收结论	专业监理工程师： 年　月　日

2. 验收依据说明

【规范名称及编号】《建筑地面工程施工质量验收规范》GB 50209－2010

【条文摘录】

摘录一：

第 3.0.21、3.0.22 条（见《基土检验批质量验收记录》的表格验收依据说明，本书第 352 页）。

摘录二：

第 6.1.8 条（见《砖面层检验批质量验收记录》的表格验收依据说明，本书第 394 页）。

摘录三：

6.5 料石面层

6.5.1 料石面层采用天然条石和块石，应在结合层上铺设。

6.5.2 条石和块石面层所用的石材的规格、技术等级和厚度应符合设计要求。条石的质量应均匀，形状为矩形六面体，厚度为 80mm～120mm；块石形状为直棱柱体，顶面粗琢平整，底面面积不宜小于顶面面积的 60%，厚度为 100mm～150mm。

6.5.3 不导电的料石面层的石料应采用辉绿岩石加工制成。填缝材料亦采用辉绿岩石加工的砂嵌实。耐高温的料石面层的石料，应按设计要求选用。

6.5.4 条石面层的结合层宜采用水泥砂浆，其厚度应符合设计要求；块石面层的结合层宜采用砂垫层，其厚度不应小于 60mm；基土层应为均匀密实的基土或夯实的基土。

Ⅰ 主 控 项 目

6.5.5 石材应符合设计要求和国家现行有关标准的规定；条石的强度等级应大于 MU60，块石的强度等级应大于 MU30。

检验方法：观察检查和检查质量合格证明文件。

检查数量：同一工程、同一材料、同一生产厂家、同一型号、同一规格、同一批号检查一次。

6.5.6 石材进入施工现场时，应有放射性限量合格的检测报告。

检验方法：检查检测报告。

检查数量：同一工程、同一材料、同一生产厂家、同一型号、同一规格、同一批号检查一次。

6.5.7 面层与下一层应结合牢固、无松动。

检验方法：观察检查和用锤击检查。

检查数量：按本规范第 3.0.21 条规定的检验批检查。

Ⅱ 一 般 项 目

6.5.8 条石面层应组砌合理，无十字缝，铺砌方向和坡度应符合设计要求；块石面层石料缝隙应相互错开，通缝不应超过两块石料。

检验方法：观察和用坡度尺检查。

检查数量：按本规范第 3.0.21 条规定的检验批检查。

6.5.9 条石面层和块石面层的允许偏差应符合本规范表 6.1.8 的规定。

检验方法：按本规范表 6.1.8 中的检验方法检验。

检查数量：按本规范第 3.0.21 条规定的检验批和第 3.0.22 条规规定检查。

5.2.27 塑料板面层检验批质量验收记录

1. 表格

塑料板面层检验批质量验收记录

03010305 _____

单位（子单位）工程名称			分部（子分部）工程名称		分项工程名称	
施工单位			项目负责人		检验批容量	
分包单位			分包单位项目负责人		检验批部位	
施工依据				验收依据	《建筑地面工程施工质量验收规范》GB 50209－2010	

验收项目			设计要求及规范规定	最小/实际抽样数量	检 查 记 录	检查结果
主控项目	1	塑料板块质量	第6.6.8条	/		
	2	胶粘剂应有有害物质限量检测报告	第6.6.9条	/		
	3	面层与下一层结合	第6.6.10条	/		
一般项目	1	面层质量	第6.6.11条	/		
	2	焊接表面质量	第6.6.12条	/		
		焊缝凹凸	≤0.6mm	/		
		焊缝的抗拉强度	第6.6.12条	/		
	3	镶边用料	第6.6.13条	/		
	4	踢脚线	第6.6.14条	/		
	5	允许偏差	表面平整度	2mm	/		
			缝格平直	3mm	/		
			接缝高低差	0.5mm	/		
			踢脚线上口平直	2.0mm	/		

施工单位检查结果	专业工长：项目专业质量检查员：　　　　年 月 日
监理单位验收结论	专业监理工程师：　　　　年 月 日

2. 验收依据说明

【规范名称及编号】《建筑地面工程施工质量验收规范》GB 50209－2010

【条文摘录】

摘录一：

第3.0.21、3.0.22条（见《基土检验批质量验收记录》的表格验收依据说明，本书第352页）。

摘录二：

第6.1.8条（见《砖面层检验批质量验收记录》的表格验收依据说明，本书第394页）。

摘录三：

6.6 塑料板面层

6.6.1 塑料板面层应采用塑料板块材、塑料板焊接、塑料卷材以胶粘剂在水泥类基层上采用满粘或点粘法铺设。

6.6.2 水泥类基层表面应平整、坚硬、干燥、密实、洁净、无油脂及其他杂质，不应有麻面、起砂、裂缝等缺陷。

6.6.3 胶粘剂应按基层材料和面层材料使用的相容性要求，通过试验确定，其质量应符合国家现行有关标准的规定。

6.6.4 焊条成分和性能应与被焊的板相同，其质量应符合有关技术标准的规定，并有出厂合格证。

6.6.5 铺贴塑料板面层时，室内相对湿度不宜大于70%，温度宜在10℃～32℃之间。

6.6.6 塑料板面层施工完成后的静置时间应符合产品的技术要求。

6.6.7 防静电塑料板配套的胶粘剂、焊条等应具有防静电性能。

Ⅰ 主 控 项 目

6.6.8 塑料板面层所用的塑料板块、塑料卷材、胶粘剂等应符合设计要求和国家现行有关标准的规定。

检验方法：观察检查和检查型式检验报告、出厂检验报告、出厂合格证。

检查数量：同一工程、同一材料、同一生产厂家、同一型号、同一规格、同一批号检查一次。

6.6.9 塑料板面层采用的胶粘剂进入施工现场时，应有以下有害物质限量合格的检测报告：

1 溶剂型胶粘剂中的挥发性有机化合物（VOC）、苯、甲苯＋二甲苯；

2 水性胶粘剂中的挥发性有机化合物（VOC）和游离甲醛。

检验方法：检查检测报告。

检查数量：同一工程、同一材料、同一生产厂家、同一型号、同一规格、同一批号检查一次。

6.6.10 面层与下一层的粘结应牢固，不翘边、不脱胶、无溢胶（单块板块边角允许有局部脱胶，但每自然间或标准间的脱胶板块不应超过总数的5%；卷材局部脱胶处面积不应大于20cm^2，且相隔间距应≥50cm）。

检验方法：观察检查和用敲击及钢尺检查。

检查数量：按本规范第3.0.21条规定的检验批检查。

Ⅱ 一 般 项 目

6.6.11 塑料板面层应表面洁净，图案清晰，色泽一致，接缝应严密、美观。拼缝处的图案、花纹应吻合，无胶痕；与柱、墙边交接应严密，阴阳角收边应方正。

检验方法：观察检查。

检查数量：按本规范第3.0.21条规定的检验批检查。

6.6.12 板块的焊接，焊缝应平整、光洁，无焦化变色、斑点、焊瘤和起鳞等缺陷，其凹凸允许偏差不应大于0.6mm。焊缝的抗拉强度应不小于塑料板强度的75%。

检验方法：观察检查和检查检测报告。

检查数量：按本规范第3.0.21条规定的检验批检查。

6.6.13 镶边用料应尺寸准确、边角整齐、拼缝严密、接缝顺直。

检验方法：用钢尺和观察检查。

检查数量：按本规范第3.0.21条规定的检验批检查。

6.6.14 踢脚线宜与地面面层对缝一致，踢脚线与基层的粘合应密实。

检验方法：观察检查。

检查数量：按本规范第3.0.21条规定的检验批检查。

6.6.15 塑料板面层的允许偏差应符合本规范表6.1.8的规定。

检验方法：按本规范表6.1.8中的检验方法检验。

检查数量：按本规范第3.0.21条规定的检验批和第3.0.22条的规定检查。

5.2.28　活动地板面层检验批质量验收记录

1. 表格

活动地板面层检验批质量验收记录

03010306 ____

单位（子单位）工程名称			分部（子分部）工程名称		分项工程名称		
施工单位			项目负责人		检验批容量		
分包单位			分包单位项目负责人		检验批部位		
施工依据				验收依据	《建筑地面工程施工质量验收规范》GB 50209－2010		
验收项目			设计要求及规范规定	最小/实际抽样数量	检查记录		检查结果
主控项目	1	材料质量	第6.7.11条	/			
	2	面层安装质量	第6.7.12条	/			
一般项目	1	面层表面质量	第6.7.13条	/			
	2	允许偏差	表面平整度	2.0mm	/		
			缝格平直	2.5mm	/		
			接缝高低差	0.4mm	/		
			板块间隙宽度	0.3mm	/		
施工单位检查结果				专业工长： 项目专业质量检查员： 　　　　年 月 日			
监理单位验收结论				专业监理工程师： 　　　　年 月 日			

2. 验收依据说明

【规范名称及编号】《建筑地面工程施工质量验收规范》GB 50209－2010

【条文摘录】

摘录一：

第3.0.21、3.0.22条（见《基土检验批质量验收记录》的表格验收依据说明，本书第352页）。

摘录二：

第 6.1.8 条（见《砖面层检验批质量验收记录》的表格验收依据说明，本书第 394 页）。

摘录三：

6.7 活动地板面层

6.7.1 活动地板面层宜用于有防尘和防静电要求的专业用房的建筑地面。应采用特制的平压刨花板为基材，表面可饰以装饰板，底层应用镀锌板经粘结胶合形成活动地板块，配以横梁、橡胶垫条和可供调节高度的金属支架组装成架空板，应在水泥类面层（或基层）上铺设。

6.7.2 活动地板所有的支座柱和横梁应构成框架一体，并与基层连接牢固；支架抄平后高度应符合设计要求。

6.7.3 活动地板面层应包括标准地板、异形地板和地板附件（即支架和横梁组件）。采用的活动地板块应平整、坚实，面层承载力不应小于 7.5MPa，A 级板的系统电阻应为 $1.0 \times 10^5 \Omega \sim 1.0 \times 10^8 \Omega$，B 级板的系统电阻应为 $1.0 \times 10^5 \Omega \sim 1.0 \times 10^{10} \Omega$。

6.7.4 活动地板面层的金属支架应支承在现浇水泥混凝土基层（或面层）上，基层表面应平整、光洁、不起灰。

6.7.5 当房间的防静电要求较高，需要接地时，应将活动地板面层的金属支架、金属横梁连通跨接，并与接地体相连，接地方法应符合设计要求。

6.7.6 活动板块与横梁接触搁置处应达到四角平整、严密。

6.7.7 当活动地板不符合模数时，其不足部分可在现场根据实际尺寸将板块切割后镶补，并应配装相应的可调支撑和横梁。切割边不经处理不得镶补安装，并不得有局部膨胀变形情况。

6.7.8 活动地板在门口处或预留洞口处应符合设置构造要求，四周侧边应用耐磨硬质板材封闭或用镀锌钢板包裹，胶条封边应符合耐磨要求。

6.7.9 活动地板与柱、墙面接缝处的处理应符合设计要求，设计无要求时应做木踢脚线；通风口处，应选用异形活动地板铺贴。

6.7.10 用于电子信息系统机房的活动地板面层，其施工质量检验尚应符合现行国家标准《电子信息系统机房施工及验收规范》GB 50462 的有关规定。

Ⅰ 主 控 项 目

6.7.11 活动地板应符合设计要求和国家现行有关标准的规定，且应具有耐磨、防潮、阻燃、耐污染、耐老化和导静电等性能。

检验方法：观察检查和检查型式检验报告、出厂检验报告、出厂合格证。

检查数量：同一工程、同一材料、同一生产厂家、同一型号、同一规格、同一批号检查一次。

6.7.12 活动地板面层应安装牢固，无裂纹、掉角和缺棱等缺陷。

检验方法：观察和行走检查。

检查数量：按本规范第 3.0.21 条规定的检验批检查。

Ⅱ 一 般 项 目

6.7.13 活动地板面层应排列整齐、表面洁净、色泽一致、接缝均匀、周边顺直。

检验方法：观察检查。

检查数量：按本规范第 3.0.21 条规定的检验批检查。

6.7.14 活动地板面层的允许偏差应符合本规范表 6.1.8 的规定。

检验方法：按本规范表 6.1.8 中的检验方法检验。

检查数量：按本规范第 3.0.21 条规定的检验批和第 3.0.22 条的规定检查。

5.2.29 金属板面层检验批质量验收记录

1. 表格

金属板面层检验批质量验收记录

03010307 ____

单位（子单位） 工程名称			分部（子分部） 工程名称			分项工程 名称		
施工单位			项目负责人			检验批容量		
分包单位			分包单位 项目负责人			检验批部位		
施工依据				验收依据		《建筑地面工程施工质量验收规范》 GB 50209 - 2010		

	验收项目		设计要求及 规范规定	最小/实际 抽样数量	检 查 记 录	检查 结果
主控项目	1	金属板质量	第6.8.6条	/		
	2	面层与基层的固定方法、面层的接缝处理	符合设计要求	/		
	3	焊接质量	第6.8.8条	/		
	4	面层与基层结合	第6.8.9条	/		
一般项目	1	表面无外观质量缺陷	第6.8.10条	/		
	2	面层质量	第6.8.11条	/		
	3	镶边用料	第6.8.12条	/		
	4	踢脚线	第6.8.13条	/		
	5	允许偏差	表面平整度	1mm	/	
			缝格平直	2mm	/	
			接缝高低差	0.5mm	/	
			踢脚线上口平直	3.0mm	/	
			板块间隙宽度	2mm	/	

施工单位 检查结果	专业工长： 项目专业质量检查员： 　　　　　　　　年　月　日
监理单位 验收结论	专业监理工程师： 　　　　　　　　年　月　日

2. 验收依据说明

【规范名称及编号】《建筑地面工程施工质量验收规范》GB 50209 - 2010

【条文摘录】

摘录一：

第3.0.21、3.0.22条（见《基土检验批质量验收记录》的表格验收依据说明，本书第352页）。

摘录二：

第6.1.8条（见《砖面层检验批质量验收记录》的表格验收依据说明，本书第394页）。

摘录三：

6.8 金属板面层

6.8.1 金属板面层采用镀锌板、镀锡板、复合钢板、彩色涂层钢板、铸铁板、不锈钢板、铜板及其他合成金属板铺设。

6.8.2 金属板面层及其配件宜使用不锈蚀或经过防锈处理的金属制品。

6.8.3 用于通道（走道）和公共建筑的金属板面层，应按设计要求进行防腐、防滑处理。

6.8.4 金属板面层的接地做法应符合设计要求。

6.8.5 具有磁吸性的金属板面层不得用于有磁场所。

Ⅰ 主 控 项 目

6.8.6 金属板应符合设计要求和国家现行有关标准的规定。

检验方法：观察检查和检查型式检验报告、出厂检验报告、出厂合格证。

检查数量：同一工程、同一材料、同一生产厂家、同一型号、同一规格、同一批号检查一次。

6.8.7 面层与基层的固定方法、面层的接缝处理应符合设计要求。

检验方法：观察检查。

检查数量：按本规范第 3.0.21 条规定的检验批检查。

6.8.8 面层及其附件如需焊接，焊缝质量应符合设计要求和现行国家标准《钢结构工程施工质量验收规范》GB 50205 的有关规定。

检验方法：观察检查和按现行国家标准《钢结构工程施工质量验收规范》GB 50205 规定的方法检验。

检查数量：按本规范第 3.0.21 条规定的检验批检查。

6.8.9 面层与基层的结合应牢固，无翘边、松动、空鼓等。

检验方法：观察和用小锤轻击检查。

检查数量：按本规范第 3.0.21 条规定的检验批检查。

Ⅱ 一 般 项 目

6.8.10 金属板表面应无裂痕、刮伤、刮痕、翘曲等外观质量缺陷。

检验方法：观察检查。

检查数量：按本规范第 3.0.21 条规定的检验批检查。

6.8.11 面层应平整、洁净、色泽一致，接缝应均匀，周边应顺直。

检验方法：观察检查和用钢尺检查。

检查数量：按本规范第 3.0.21 条规定的检验批检查。

6.8.12 镶边用料及尺寸应符合设计要求，边角应整齐。

检验方法：观察检查和用钢尺检查。

检查数量：按本规范第 3.0.21 条规定的检验批检查。

6.8.13 踢脚线表面应洁净，与柱、墙面的结合应牢固。踢脚线高度及出柱、墙厚度应符合设计要求，且均匀一致。

检验方法：观察和用小锤轻击及钢尺检查。

检查数量：按本规范第 3.0.21 条规定的检验批检查。

6.8.14 金属板面层的允许偏差应符合本规范表 6.1.8 的规定。

检验方法：按本规范表 6.1.8 中的检验方法检验。

检查数量：按本规范第 3.0.21 条规定的检验批和第 3.0.22 条的规定检查。

5.2.30 地毯面层检验批质量验收记录

1. 表格

地毯面层检验批质量验收记录

03010308 _____

单位（子单位）工程名称			分部（子分部）工程名称		分项工程名称	
施工单位			项目负责人		检验批容量	
分包单位			分包单位项目负责人		检验批部位	
施工依据				验收依据	《建筑地面工程施工质量验收规范》GB 50209－2010	

验收项目			设计要求及规范规定	最小/实际抽样数量	检 查 记 录	检查结果
主控项目	1	地毯、胶料及铺料质量	第6.9.7条	/		
	2	地毯、衬垫、胶粘剂中的挥发性有机化合物（VOC）和甲醛限量合格的检测报告	第6.9.8条	/		
	3	地毯铺设质量	第6.9.9条	/		
一般项目	1	地毯表面质量	第6.9.10条	/		
	2	地毯细部连接	第6.9.11条	/		

施工单位检查结果		专业工长：项目专业质量检查员： 年　月　日
监理单位验收结论		专业监理工程师： 年　月　日

2. 验收依据说明

【规范名称及编号】《建筑地面工程施工质量验收规范》GB 50209－2010

【条文摘录】

摘录一：

第3.0.21、3.0.22条（见《基土检验批质量验收记录》的表格验收依据说明，本书第352页）。

摘录二：

第6.1.8条（见《砖面层检验批质量验收记录》的表格验收依据说明，本书第394页）。

摘录三：

6.9 地毯面层

6.9.1 地毯面层应采用地毯块材或卷材，以空铺法或实铺法铺设。

6.9.2 铺设地毯的地面面层（或基层）应坚实、平整、洁净、干燥，无凹坑、麻面、起砂、裂缝，并不得有油污、钉头及其他突出物。

6.9.3 地毯衬垫应满铺平整，地毯拼缝处不得露底衬。

6.9.4 空铺地毯面层应符合下列要求：

1 块材地毯宜先拼成整块，然后按设计要求铺设；

2 块材地毯的铺设，块与块之间应挤紧服帖；

3 卷材地毯宜先长向缝合，然后按设计要求铺设；

4 地毯面层的周边应压入踢脚线下；

5 地毯面层与不同类型的建筑地面面层的连接处，其收口做法应符合设计要求。

6.9.5 实铺地毯面层应符合下列要求：

1 实铺地毯面层采用的金属卡条（倒刺板）、金属压条、专用双面胶带、胶粘剂等应符合设计要求；

2 铺设时，地毯的表面层宜张拉适度，四周应采用卡条固定；门口处宜用金属压条或双面胶带等固定；

3 地毯周边应塞入卡条和踢脚线下；

4 地毯面层采用胶粘剂或双面胶带粘结时，应与基层粘贴牢固。

6.9.6 楼梯地毯面层铺设时，梯段顶级（头）地毯应固定于平台上，其宽度应不小于标准楼梯、台阶踏步尺寸；阴角处应固定牢固；梯段末级（头）地毯与水平段地毯的连接处应顺畅、牢固。

Ⅰ 主 控 项 目

6.9.7 地毯面层采用的材料应符合设计要求和国家现行有关标准的规定。

检验方法：观察检查和检查型式检验报告、出厂检验报告、出厂合格证。

检查数量：同一工程、同一材料、同一生产厂家、同一型号、同一规格、同一批号检查一次。

6.9.8 地毯面层采用的材料进入施工现场时，应有地毯、衬垫、胶粘剂中的挥发性有机化合物（VOC）和甲醛限量合格的检测报告。

检验方法：检查检测报告。

检查数量：同一工程、同一材料、同一生产厂家、同一型号、同一规格、同一批号检查一次。

6.9.9 地毯表面应平服，拼缝处应粘贴牢固、严密平整、图案吻合。

检验方法：观察检查。

检查数量：按本规范第3.0.21条规定的检验批检查。

Ⅱ 一 般 项 目

6.9.10 地毯表面不应起鼓、起皱、翘边、卷边、显拼缝、露线和毛边，绒面毛应顺光一致，毯面应洁净、无污染和损伤。

检验方法：观察检查。

检查数量：按本规范第3.0.21条规定的检验批检查。

6.9.11 地毯同其他面层连接处、收口处和墙边、柱子周围应顺直、压紧。

检验方法：观察检查。

检查数量：按本规范第3.0.21条规定的检验批检查。

5.2.31 地面辐射供暖砖面层检验批质量验收记录

1. 表格

地面辐射供暖砖面层检验批质量验收记录

03010309____

单位（子单位）工程名称			分部（子分部）工程名称		分项工程名称	
施工单位			项目负责人		检验批容量	
分包单位			分包单位项目负责人		检验批部位	
施工依据				验收依据	《建筑地面工程施工质量验收规范》GB 50209-2010	

		验收项目		设计要求及规范规定	最小/实际抽样数量	检 查 记 录	检查结果
主控项目	1	材料质量		第6.10.4条			
	2	面层缝格设置		第6.10.5条			
	3	板块产品应有放射性限量合格的检测报告		第6.2.6条	/		
	4	面层与下一次层结合		第6.2.7条	/		
一般项目	1	面层表面质量		第6.2.8条	/		
	2	邻接处镶边用料		第6.2.9条	/		
	3	踢脚线质量		第6.2.10条	/		
	4	楼梯、台阶踏步	踏步尺寸及面层质量	第6.2.11条	/		
			楼层梯段相邻踏步高度差	10mm	/		
			每踏步两端宽度差	10mm	/		
			旋转楼梯踏步两端宽度	5mm	/		
	5	面层表面坡度		第6.2.12条	/		
	6	表面平整度	缸砖	4.0mm	/		
			水泥花砖	3.0mm	/		
			陶瓷锦砖、陶瓷地砖	2.0mm	/		
		缝格平直		3.0mm	/		
		接缝高低差	陶瓷锦砖、陶瓷地砖、水泥花砖	0.5mm	/		
			缸砖	1.5mm	/		
		踢脚线上口平直	陶瓷锦砖、陶瓷地砖	3.0mm	/		
			缸砖	4.0mm	/		
		板块间隙宽度		2.0mm	/		

施工单位检查结果	专业工长： 项目专业质量检查员： 年 月 日
监理单位验收结论	专业监理工程师： 年 月 日

2. 验收依据说明

【规范名称及编号】《建筑地面工程施工质量验收规范》GB 50209-2010

【条文摘录】

摘录一：

第 3.0.21、3.0.22 条（见《基土检验批质量验收记录》的表格验收依据说明，本书第 352 页）。

摘录二：

第 6.1.8 条（见《砖面层检验批质量验收记录》的表格验收依据说明，本书第 394 页）。

摘录三：

6.10 地面辐射供暖的板块面层

6.10.1 地面辐射供暖的板块面层宜采用缸砖、陶瓷地砖、花岗石、水磨石板块、人造石板块、塑料板等，应在填充层上铺设。

6.10.2 地面辐射供暖的板块面层采用胶结材料粘贴铺设时，填充层的含水率应符合胶结材料的技术要求。

6.10.3 地面辐射供暖的板块面层铺设时不得扰动填充层，不得向填充层内楔入任何物件。面层铺设尚应符合本规范本章第 6.2 节、6.3 节、6.4 节、6.6 节的有关规定。

Ⅰ 主 控 项 目

6.10.4 地面辐射供暖的板块面层采用的材料或产品除应符合设计要求和本规范相应面层的规定外，还应具有耐热性、热稳定性、防水、防潮、防霉变等特点。

检验方法：观察检查和检查质量合格证明文件。

检查数量：同一工程、同一材料、同一生产厂家、同一型号、同一规格、同一批号检查一次。

6.10.5 地面辐射供暖的板块面层的伸、缩缝及分格缝应符合设计要求；面层与柱、墙之间应留不小于10mm的空隙。

检验方法：观察和钢尺检查。

检查数量：按本规范第 3.0.21 条规定的检验批检查。

6.10.6 其余主控项目及检验方法、检查数量应符合本规范本章第 6.2 节、6.3 节、6.4 节、6.6 节的有关规定。

Ⅱ 一 般 项 目

6.10.7 一般项目及检验方法、检查数量应符合本规范本章第 6.2 节、6.3 节、6.4 节、6.6 节的有关规定。

摘录四：

6.2 砖面层（见《砖面层检验批质量验收记录》的表格验收依据说明，本书第 394 页）。

5.2.32 地面辐射供暖大理石面层和花岗石面层检验批质量验收记录

1. 表格

地面辐射供暖大理石面层和花岗石面层检验批质量验收记录

03010310 ____

单位（子单位）工程名称		分部（子分部）工程名称		分项工程名称	
施工单位		项目负责人		检验批容量	
分包单位		分包单位项目负责人		检验批部位	
施工依据			验收依据	《建筑地面工程施工质量验收规范》GB 50209-2010	

验收项目		设计要求及规范规定	最小/实际抽样数量	检 查 记 录	检查结果
主控项目	1 材料质量	第6.10.4条	/		
	2 面层缝格设置	第6.10.5条	/		
	3 板块产品应有放射性限量合格的检测报告	第6.3.5条	/		
	4 面层与下一次层结合	第6.3.6条	/		

411

续表

	验收项目		设计要求及规范规定	最小/实际抽样数量	检 查 记 录	检查结果
一般项目	1	板块背面侧面防碱处理	第6.3.7条	/		
	2	面层质量	第6.3.8条	/		
	3	踢脚线质量	第6.3.9条	/		
	4 楼梯、台阶踏步	踏步尺寸及面层质量	第6.3.10条	/		
		楼层梯段相邻踏步高度差	10mm	/		
		每踏步两端宽度差	10mm	/		
		旋转楼梯踏步两端宽度	5mm	/		
	5	面层表面坡度	第6.3.11条	/		
	6 表面平整度	大理石面层和花岗石面层	1mm	/		
		碎拼大理石和碎拼花岗石面层	3mm	/		
		缝格平直	2mm	/		
		接缝高低差	0.5mm	/		
		踢脚线上口平直	1mm	/		
		板块间隙宽度	1mm	/		

施工单位检查结果	专业工长： 项目专业质量检查员： 年　月　日
监理单位验收结论	专业监理工程师： 年　月　日

2. 验收依据说明

【规范名称及编号】《建筑地面工程施工质量验收规范》GB 50209－2010

【条文摘录】

摘录一：

第3.0.21、3.0.22条（见《基土检验批质量验收记录》的表格验收依据说明，本书第352页）。

摘录二：

第6.1.8条（见《砖面层检验批质量验收记录》的表格验收依据说明，本书第394页）。

摘录三：

6.10 地面辐射供暖的板块面层（见《地面辐射供暖砖面层检验批质量验收记录》的表格验收依据说明，本书第411页）。

摘录四：

6.3 大理石面层和花岗石面层（见《大理石面层和花岗石面层检验批质量验收记录》的表格验收依据说明，本书第396页）。

5.2.33 地面辐射供暖预制板块面层检验批质量验收记录

1. 表格

地面辐射供暖预制板块面层检验批质量验收记录

03010311 ____

单位（子单位） 工程名称			分部（子分部） 工程名称		分项工程 名称	
施工单位			项目负责人		检验批容量	
分包单位			分包单位 项目负责人		检验批部位	
施工依据				验收依据	《建筑地面工程施工质量验收规范》 GB 50209－2010	

		验收项目		设计要求及 规范规定	最小/实际 抽样数量	检 查 记 录	检查 结果
主控项目	1	板块质量		第6.10.4条	/		
	2	面层缝格设置		第6.10.5条	/		
	3	板块产品应有放射性限量合格的检测 报告		第6.4.7条	/		
	4	面层与下一次层结合		第6.4.8条	/		
一般项目	1	预制板块表面无明显缺陷		第6.4.9条	/		
	2	预制板块面层质量		第6.4.10条	/		
	3	邻接处的镶边用料尺寸		第6.4.11条	/		
	4	踢脚线质量		第6.4.12条	/		
	5	楼梯、台阶踏步	踏步尺寸及面层质量	第6.4.13条	/		
			楼层梯段相邻踏步高度差	10mm	/		
			每踏步两端宽度差	10mm	/		
			旋转楼梯踏步两端宽度	5mm	/		
	6	表面平整度	高级水磨石	2mm	/		
			普通水磨石	3mm	/		
			人造石面层	1mm	/		
			水泥混凝土板块	4mm	/		
		缝格平直	高级水磨石、普通水磨石、水 泥混凝土板块	3mm	/		
			人造石面层	2mm	/		
		接缝高低差	高级水磨石、人造石面层	0.5mm	/		
			普通水磨石	1mm	/		
			水泥混凝土板块	1.5mm	/		
		踢脚线上口平直	高级水磨石	3mm	/		
			人造石面层	1mm	/		
			普通水磨石及水泥混凝土板块	4mm	/		
		板块间隙宽度	高级水磨石、普通水磨石	2mm	/		
			人造石面层	1mm	/		
			水泥混凝土板块	6mm	/		

施工单位 检查结果	专业工长： 项目专业质量检查员： 年 月 日
监理单位 验收结论	专业监理工程师： 年 月 日

2. 验收依据说明

【规范名称及编号】《建筑地面工程施工质量验收规范》GB 50209－2010

【条文摘录】

摘录一：

第3.0.21、3.0.22条（见《基土检验批质量验收记录》的表格验收依据说明，本书第352页）。

摘录二：

第6.1.8条（见《砖面层检验批质量验收记录》的表格验收依据说明，本书第394页）。

摘录三：

6.10　地面辐射供暖的板块面层（见《地面辐射供暖砖面层检验批质量验收记录》的表格验收依据说明，本书第411页）。

摘录四：

6.4　预制板块面层（见《预制板块面层检验批质量验收记录》的表格验收依据说明，本书第399页）。

5.2.34　地面辐射供暖塑料板面层检验批质量验收记录

1. 表格

地面辐射供暖塑料板面层检验批质量验收记录

03010312＿＿＿

单位（子单位）工程名称			分部（子分部）工程名称			分项工程名称	
施工单位			项目负责人			检验批容量	
分包单位			分包单位项目负责人			检验批部位	
施工依据				验收依据		《建筑地面工程施工质量验收规范》GB 50209－2010	

验收项目			设计要求及规范规定	最小/实际抽样数量	检 查 记 录	检查结果
主控项目	1	板块质量应具有耐热性、热稳定性、防水、防潮、防霉变等特点	第6.10.4条	/		
	2	面层缝格设置	第6.10.5条	/		
	3	胶粘剂应有有害物质限量检测报告	第6.6.9条	/		
	4	面层与下一层结合	第6.6.10条	/		
一般项目	1	面层质量	第6.6.11条	/		
	2	焊接质量	第6.6.12条	/		
		焊缝凹凸	≤0.6mm	/		
		焊缝的抗拉强度	第6.6.12条	/		
	3	镶边用料	第6.6.13条	/		
	4	踢脚线	第6.6.14条	/		
	5	表面平整度　表面平整度	2mm	/		
		缝格平直	3mm	/		
		接缝高低差	0.5mm	/		
		踢脚线上口平直	2.0mm	/		
施工单位检查结果				专业工长： 项目专业质量检查员： 　　　　　　　年　月　日		
监理单位验收结论				专业监理工程师： 　　　　　　　年　月　日		

2. 验收依据说明

【规范名称及编号】《建筑地面工程施工质量验收规范》GB 50209－2010

【条文摘录】

摘录一：

第3.0.21、3.0.22条（见《基土检验批质量验收记录》的表格验收依据说明，本书第352页）。

摘录二：

第6.1.8条（见《砖面层检验批质量验收记录》的表格验收依据说明，本书第394页）。

摘录三：

6.10 地面辐射供暖的板块面层（见《地面辐射供暖砖面层检验批质量验收记录》的表格验收依据说明，本书第411页）。

摘录四：

6.6 塑料板面层（见《塑料板面层检验批质量验收记录》的表格验收依据说明，本书第402页）。

5.2.35 实木地板、实木集成地板、竹地板面层检验批质量验收记录

1. 表格

实木地板、实木集成地板、竹地板面层检验批质量验收记录

03010401____

单位（子单位）工程名称				分部（子分部）工程名称			分项工程名称	
施工单位				项目负责人			检验批容量	
分包单位				分包单位项目负责人			检验批部位	
施工依据					验收依据		《建筑地面工程施工质量验收规范》GB 50209－2010	
验收项目				设计要求及规范规定	最小/实际抽样数量	检 查 记 录		检查结果
主控项目	1	材料质量		第7.2.8条	/			
	2	材料有害物质限量的检测报告		第7.2.9条	/			
	3	木搁栅、垫木和垫层地板等应做防腐、防蛀处理		第7.2.10条	/			
	4	木栅栏安装		第7.2.11条	/			
	5	面层铺设应牢固；粘结应无空鼓松动		第7.2.12条	/			
一般项目	1	实木地板、实木集成地板面层质量		第7.2.13条	/			
	2	竹地板面层的品种与规格		第7.2.14条	/			
	3	面层缝隙、接头位置和表面		第7.2.15条	/			
	4	采用粘、钉工艺时面层质量		第7.2.16条	/			
	5	踢脚线		第7.2.17条	/			
	6	板面缝隙宽度	拼花地板	0.2mm	/			
			硬木地板、竹地板	0.5mm	/			
			松木地板	1.0mm	/			
		表面平整度	拼花、硬木、竹	2.0mm	/			
			地板	3.0mm	/			
		踢脚线上口平齐		3.0mm	/			
		板面拼缝平直		3.0mm	/			
		相邻板材高差		0.5mm	/			
		踢脚线与面层接缝		1.0mm	/			
施工单位检查结果			专业工长：项目专业质量检查员： 年 月 日					
监理单位验收结论			专业监理工程师： 年 月 日					

2. 验收依据说明

【规范名称及编号】《建筑地面工程施工质量验收规范》GB 50209-2010

【条文摘录】

摘录一：

第3.0.21、3.0.22条（见《基土检验批质量验收记录》的表格验收依据说明，本书第352页）。

摘录二：

7.1.8 木、竹面层的允许偏差和检验方法应符合表7.1.8的规定。

表7.1.8 木、竹面层的允许偏差和检验方法

项次	项 目	允许偏差（mm）				检 验 方 法
		实木地板、实木集成地板、竹地板面层			浸渍纸层压木质地板、实木复合地板、软木类地板面层	
		松木地板	硬木地板、竹地板	拼花地板		
1	板面缝隙宽度	1.0	0.5	0.2	0.5	用钢尺检查
2	表面平整度	3.0	2.0	2.0	2.0	用2m靠尺和楔形塞尺检查
3	踢脚线上口平齐	3.0	3.0	3.0	3.0	拉5m通线，不足5m拉通线和用钢尺检查
4	板面拼缝平直	3.0	3.0	3.0	3.0	
5	相邻板材高差	0.5	0.5	0.5	0.5	用钢尺和楔形塞尺检查
6	踢脚线与面层的接缝	1.0				楔形塞尺检查

摘录三：

7.2 实木地板、实木集成地板、竹地板面层

7.2.1 实木地板、实木集成地板、竹地板面层应采用条材或块材或拼花，以空铺或实铺方式在基层上铺设。

7.2.2 实木地板、实木集成地板、竹地板面层可采用双层面层和单层面层铺设，其厚度应符合设计要求；其选材应符合国家现行有关标准的规定。

7.2.3 铺设实木地板、实木集成地板、竹地板面层时，其木搁栅的截面尺寸、间距和稳固方法等均应符合设计要求。木搁栅固定时，不得损坏基层和预埋管线。木搁栅应垫实钉牢，与柱、墙之间留出20mm的缝隙，表面应平直，其间距不宜大于300mm。

7.2.4 当面层下铺设垫层地板时，垫层地板的髓心应向上，板间缝隙不应大于3mm，与柱、墙之间应留8mm～12mm的空隙，表面应刨平。

7.2.5 实木地板、实木集成地板、竹地板面层铺设时，相邻板材接头位置应错开不小于300mm的距离；与柱、墙之间应留8mm～12mm的空隙。

7.2.6 采用实木制作的踢脚线，背面应抽槽并做防腐处理。

7.2.7 席纹实木地板面层、拼花实木地板面层的铺设应符合本规范本节的有关要求。

Ⅰ 主 控 项 目

7.2.8 实木地板、实木集成地板、竹地板面层采用的地板、铺设时的木（竹）材含水率、胶粘剂

等应符合设计要求和国家现行有关标准的规定。

检验方法：观察检查和检查型式检验报告、出厂检验报告、出厂合格证。

检查数量：同一工程、同一材料、同一生产厂家、同一型号、同一规格、同一批号检查一次。

7.2.9 实木地板、实木集成地板、竹地板面层采用的材料进入施工现场时，应有以下有害物质限量合格的检测报告：

1 地板中的游离甲醛（释放量或含量）；

2 溶剂型胶粘剂中的挥发性有机化合物（VOC）、苯、甲苯＋二甲苯；

3 水性胶粘剂中的挥发性有机化合物（VOC）和游离甲醛。

检验方法：检查检测报告。

检查数量：同一工程、同一材料、同一生产厂家、同一型号、同一规格、同一批号检查一次。

7.2.10 木搁栅、垫木和垫层地板等应做防腐、防蛀处理。

检验方法：观察检查和检查验收记录。

检查数量：按本规范第 3.0.21 条规定的检验批检查。

7.2.11 木搁栅安装应牢固、平直。

检验方法：观察、行走、钢尺测量等检查和检查验收记录。

检查数量：按本规范第 3.0.21 条规定的检验批检查。

7.2.12 面层铺设应牢固；粘结应无空鼓、松动。

检验方法：观察、行走或用小锤轻击检查。

检查数量：按本规范第 3.0.21 条规定的检验批检查。

Ⅱ 一 般 项 目

7.2.13 实木地板、实木集成地板面层应刨平、磨光，无明显刨痕和毛刺等现象；图案应清晰、颜色应均匀一致。

检验方法：观察、手摸和行走检查。

检查数量：按本规范第 3.0.21 条规定的检验批检查。

7.2.14 竹地板面层的品种与规格应符合设计要求，板面应无翘曲。

检验方法：观察、用 2 m 靠尺和楔形塞尺检查。

检查数量：按本规范第 3.0.21 条规定的检验批检查。

7.2.15 面层缝隙应严密；接头位置应错开，表面应平整、洁净。

检验方法：观察检查。

检查数量：按本规范第 3.0.21 条规定的检验批检查。

7.2.16 面层采用粘、钉工艺时，接缝应对齐，粘、钉应严密；缝隙宽度应均匀一致；表面应洁净，无溢胶现象。

检验方法：观察检查。

检查数量：按本规范第 3.0.21 条规定的检验批检查。

7.2.17 踢脚线应表面光滑，接缝严密，高度一致。

检验方法：观察和钢尺检查。

检查数量：按本规范第 3.0.21 条规定的检验批检查。

7.2.18 实木地板、实木集成地板、竹地板面层的允许偏差应符合本规范表 7.1.8 的规定。

检验方法：按本规范表 7.1.8 中的检验方法检验。

检查数量：按本规范第 3.0.21 条规定的检验批和第 3.0.22 条规定检查。

5.2.36 实木复合地板面层检验批质量验收记录

1. 表格

实木复合地板面层检验批质量验收记录

03010402____

单位（子单位）工程名称			分部（子分部）工程名称			分项工程名称	
施工单位			项目负责人			检验批容量	
分包单位			分包单位项目负责人			检验批部位	
施工依据				验收依据		《建筑地面工程施工质量验收规范》GB 50209-2010	

	验收项目		设计要求及规范规定	最小/实际抽样数量	检 查 记 录	检查结果
主控项目	1	材料质量	第7.3.6条	/		
	2	材料有害物质限量的检测报告	第7.3.7条	/		
	3	木搁栅、垫木和垫层地板等应做防腐、防蛀处理	第7.3.8条	/		
	4	木搁栅安装	第7.3.9条	/		
	5	面层铺设质量	第7.3.10条	/		
一般项目	1	面层外观质量	第7.3.11条	/		
	2	面层缝隙、接头	第7.3.12条	/		
	3	粘、钉工艺时面层质量	第7.3.13条	/		
	4	踢脚线	第7.3.14条	/		
	5	板面缝隙宽度	0.5mm	/		
		表面平整度	2.0mm	/		
		踢脚线上口平齐	3.0mm	/		
		板面拼缝平直	3.0mm	/		
		相邻板材高差	0.5mm	/		
		踢脚线与面层接缝	1.0mm	/		

施工单位检查结果	专业工长： 项目专业质量检查员： 年 月 日
监理单位验收结论	专业监理工程师： 年 月 日

2. 验收依据说明

【规范名称及编号】《建筑地面工程施工质量验收规范》GB 50209-2010

【条文摘录】

摘录一：

第3.0.21、3.0.22条（见《基土检验批质量验收记录》的表格验收依据说明，本书第352页）。

摘录二：

第7.1.8条（见《实木地板、实木集成地板、竹地板面层面层检验批质量验收记录》的表格验收依据说明，本书第416页）。

摘录三：

7.3 实木复合地板面层

7.3.1 实木复合地板面层采用的材料、铺设方式、铺设方法、厚度以及垫层地板铺设等，均应符合本规范第7.2.1条～第7.2.4条的规定。

7.3.2 实木复合地板面层应采用空铺法或粘贴法（满粘或点粘）铺设。采用粘贴法铺设时，粘贴材料应按设计要求选用，并应具有耐老化、防水、防菌、无毒等性能。

7.3.3 实木复合地板面层下衬垫的材料和厚度应符合设计要求。

7.3.4 实木复合地板面层铺设时，相邻板材接头位置应错开不小于300mm的距离；与柱、墙之间应留不小于10mm的空隙。当面层采用无龙骨的空铺法铺设时，应在面层与柱、墙之间的空隙内加设金属弹簧卡或木楔子，其间距宜为200mm～300mm。

7.3.5 大面积铺设实木复合地板面层时，应分段铺设，分段缝的处理应符合设计要求。

Ⅰ 主 控 项 目

7.3.6 实木复合地板面层采用的地板、胶粘剂等应符合设计要求和国家现行有关标准的规定。

检验方法：观察检查和检查型式检验报告、出厂检验报告、出厂合格证。

检查数量：同一工程、同一材料、同一生产厂家、同一型号、同一规格、同一批号检查一次。

7.3.7 实木复合地板面层采用的材料进入施工现场时，应有以下有害物质限量合格的检测报告：

1 地板中的游离甲醛（释放量或含量）；

2 溶剂型胶粘剂中的挥发性有机化合物（VOC）、苯、甲苯＋二甲苯；

3 水性胶粘剂中的挥发性有机化合物（VOC）和游离甲醛。

检验方法：检查检测报告。

检查数量：同一工程、同一材料、同一生产厂家、同一型号、同一规格、同一批号检查一次。

7.3.8 木搁栅、垫木和垫层地板等应做防腐、防蛀处理。

检验方法：观察检查和检查验收记录。

检查数量：按本规范第3.0.21条规定的检验批检查。

7.3.9 木搁栅安装应牢固、平直。

检验方法：观察、行走、钢尺测量等检查和检查验收记录。

检查数量：按本规范第3.0.21条规定的检验批检查。

7.3.10 面层铺设应牢固；粘贴应无空鼓、松动。

检验方法：观察、行走或用小锤轻击检查。

检查数量：按本规范第3.0.21条规定的检验批检查。

Ⅱ 一 般 项 目

7.3.11 实木复合地板面层图案和颜色应符合设计要求，图案应清晰，颜色应一致，板面应无翘曲。

检验方法：观察、用2m靠尺和楔形塞尺检查。

检查数量：按本规范第3.0.21条规定的检验批检查。

7.3.12 面层缝隙应严密；接头位置应错开，表面应平整、洁净。

检验方法：观察检查。

检查数量：按本规范第3.0.21条规定的检验批检查。

7.3.13 面层采用粘、钉工艺时，接缝应对齐，粘、钉应严密；缝隙宽度应均匀一致；表面应洁净，无溢胶现象。

检验方法：观察检查。

检查数量：按本规范第3.0.21条规定的检验批检查。

7.3.14 踢脚线应表面光滑，接缝严密，高度一致。

检验方法：观察和钢尺检查。

检查数量：按本规范第3.0.21条规定的检验批检查。

7.3.15 实木复合地板面层的允许偏差应符合本规范表7.1.8的规定。

检验方法：按本规范表7.1.8中的检验方法检验。

检查数量：按本规范第3.0.21条规定的检验批和第3.0.22条的规定检查。

5.2.37 浸渍纸层压木质地板面层检验批质量验收记录

1. 表格

浸渍纸层压木质地板面层检验批质量验收记录

03010403 ____

单位（子单位）工程名称				分部（子分部）工程名称		分项工程名称	
施工单位				项目负责人		检验批容量	
分包单位				分包单位项目负责人		检验批部位	
施工依据					验收依据	《建筑地面工程施工质量验收规范》GB 50209－2010	
验收项目			设计要求及规范规定	最小/实际抽样数量	检查记录		检查结果
主控项目	1	材料质量	第7.4.5条	/			
	2	材料有害物质限量的检测报告	第7.4.6条	/			
	3	木搁栅安装	第7.4.7条	/			
	4	面层铺设	第7.4.8条	/			
一般项目	1	面层外观质量	第7.4.9条	/			
	2	面层接头	第7.4.10条	/			
	3	踢脚线	第7.4.11条	/			
	4	板面隙宽度	0.5mm				
		表面平整度	2.0mm				
		踢脚线上口平齐	3.0mm				
		板面拼缝平直	3.0mm				
		相邻板材高差	0.5mm	/			
		踢脚线与面层接缝	1.0mm	/			
施工单位检查结果					专业工长：项目专业质量检查员：　　　　　　　　　年 月 日		
监理单位验收结论					专业监理工程师：　　　　　　　　　年 月 日		

2. 验收依据说明

【规范名称及编号】《建筑地面工程施工质量验收规范》GB 50209－2010

【条文摘录】

摘录一：

第3.0.21、3.0.22条（见《基土检验批质量验收记录》的表格验收依据说明，本书第352页）。

摘录二：

第 7.1.8 条（见《实木地板、实木集成地板、竹地板面层面层检验批质量验收记录》的表格验收依据说明，本书第 416 页）。

摘录三：

7.4 浸渍纸层压木质地板面层

7.4.1 浸渍纸层压木质地板面层应采用条材或块材，以空铺或粘贴方式在基层上铺设。

7.4.2 浸渍纸层压木质地板面层可采用有垫层地板和无垫层地板的方式铺设。有垫层地板时，垫层地板的材料和厚度应符合设计要求。

7.4.3 浸渍纸层压木质地板面层铺设时，相邻板材接头位置应错开不小于 300mm 的距离；衬垫层、垫层地板及面层与柱、墙之间均应留出不小于 10mm 的空隙。

7.4.4 浸渍纸层压木质地板面层采用无龙骨的空铺法铺设时，宜在面层与基层之间设置衬垫层，衬垫层的材料和厚度应符合设计要求；并应在面层与柱、墙之间的空隙内加设金属弹簧卡或木楔子，其间距宜为 200mm～300mm。

Ⅰ 主 控 项 目

7.4.5 浸渍纸层压木质地板面层采用的地板、胶粘剂等应符合设计要求和国家现行有关标准的规定。

检验方法：观察检查和检查型式检验报告、出厂检验报告、出厂合格证。

检查数量：同一工程、同一材料、同一生产厂家、同一型号、同一规格、同一批号检查一次。

7.4.6 浸渍纸层压木质地板面层采用的材料进入施工现场时，应有以下有害物质限量合格的检测报告：

1 地板中的游离甲醛（释放量或含量）；

2 溶剂型胶粘剂中的挥发性有机化合物（VOC）、苯、甲苯＋二甲苯；

3 水性胶粘剂中的挥发性有机化合物（VOC）和游离甲醛。

检验方法：检查检测报告。

检查数量：同一工程、同一材料、同一生产厂家、同一型号、同一规格、同一批号检查一次。

7.4.7 木搁栅、垫木和垫层地板等应做防腐、防蛀处理；其安装应牢固、平直，表面应洁净。

检验方法：观察、行走、钢尺测量等检查和检查验收记录。

检查数量：按本规范第 3.0.21 条规定的检验批检查。

7.4.8 面层铺设应牢固、平整；粘贴应无空鼓、松动。

检验方法：观察、行走、钢尺测量、用小锤轻击检查。

检查数量：按本规范第 3.0.21 条规定的检验批检查。

Ⅱ 一 般 项 目

7.4.9 浸渍纸层压木质地板面层的图案和颜色应符合设计要求，图案应清晰，颜色应一致，板面应无翘曲。

检验方法：观察、用 2m 靠尺和楔形塞尺检查。

检查数量：按本规范第 3.0.21 条规定的检验批检查。

7.4.10 面层的接头应错开、缝隙应严密、表面应洁净。

检验方法：观察检查。

检查数量：按本规范第 3.0.21 条规定的检验批检查。

7.4.11 踢脚线应表面光滑，接缝严密，高度一致。

检验方法：观察和钢尺检查。

检查数量：按本规范第 3.0.21 条规定的检验批检查。

7.4.12 浸渍纸层压木质地板面层的允许偏差应符合本规范表 7.1.8 的规定。

检验方法：按本规范表 7.1.8 中的检验方法检验。

检查数量：按本规范第 3.0.21 条规定的检验批和第 3.0.22 条的规定检查。

5.2.38　软木类地板面层检验批质量验收记录

1. 表格

软木类地板面层检验批质量验收记录

03010404 ____

单位（子单位）工程名称			分部（子分部）工程名称		分项工程名称	
施工单位			项目负责人		检验批容量	
分包单位			分包单位项目负责人		检验批部位	
施工依据				验收依据	《建筑地面工程施工质量验收规范》GB 50209－2010	

验收项目			设计要求及规范规定	最小/实际抽样数量	检 查 记 录	检查结果
主控项目	1	材料质量	第 7.5.5 条	/		
	2	材料有害物质限量的检测报告	第 7.5.6 条	/		
	3	木搁栅安装	第 7.5.7 条	/		
	4	面层铺设	第 7.5.8 条	/		
一般项目	1	面层质量	第 7.5.9 条	/		
	2	面层缝隙接头	第 7.5.10 条	/		
	3	踢脚线	第 7.5.11 条	/		
	4	板面隙宽度	0.5mm	/		
		表面平整度	2.0mm	/		
		踢脚线上口平齐	3.0mm	/		
		板面拼缝平直	3.0mm	/		
		相邻板材高差	0.5mm	/		
		踢脚线与面层接缝	1.0mm	/		
施工单位检查结果		专业工长： 项目专业质量检查员： 年　月　日				
监理单位验收结论		专业监理工程师： 年　月　日				

2. 验收依据说明

【规范名称及编号】《建筑地面工程施工质量验收规范》GB 50209－2010

【条文摘录】

摘录一：

第 3.0.21、3.0.22 条（见《基土检验批质量验收记录》的表格验收依据说明，本书第 352 页）。

摘录二：

第 7.1.8 条（见《实木地板、实木集成地板、竹地板面层面层检验批质量验收记录》的表格验收依据说明，本书第 416 页）。

摘录三：

7.5 软木类地板面层

7.5.1 软木类地板面层应采用软木地板或软木复合地板的条材或块材，在水泥类基层或垫层地板上铺设。软木地板面层应采用粘贴方式铺设，软木复合地板面层应采用空铺方式铺设。

7.5.2 软木类地板面层的厚度应符合设计要求。

7.5.3 软木类地板面层的垫层地板在铺设时，与柱、墙之间应留不大于 20mm 的空隙，表面应刨平。

7.5.4 软木类地板面层铺设时，相邻板材接头位置应错开不小于 1/3 板长且不小于 200mm 的距离；面层与柱、墙之间应留出 8mm～12mm 的空隙；软木复合地板面层铺设时，应在面层与柱、墙之间的空隙内加设金属弹簧卡或木楔子，其间距宜为 200mm～300mm。

Ⅰ 主 控 项 目

7.5.5 软木类地板面层采用的地板、胶粘剂等应符合设计要求和国家现行有关标准的规定。

检验方法：观察检查和检查型式检验报告、出厂检验报告、出厂合格证。

检查数量：同一工程、同一材料、同一生产厂家、同一型号、同一规格、同一批号检查一次。

7.5.6 软木类地板面层采用的材料进入施工现场时，应有以下有害物质限量合格的检测报告：

1 地板中的游离甲醛（释放量或含量）；

2 溶剂型胶粘剂中的挥发性有机化合物（VOC）、苯、甲苯＋二甲苯；

3 水性胶粘剂中的挥发性有机化合物（VOC）和游离甲醛。

检验方法：检查检测报告。

检查数量：同一工程、同一材料、同一生产厂家、同一型号、同一规格、同一批号检查一次。

7.5.7 木搁栅、垫木和垫层地板等应做防腐、防蛀处理；其安装应牢固、平直，表面应洁净。

检验方法：观察、行走、钢尺测量等检查和检查验收记录。

检查数量：按本规范第 3.0.21 条规定的检验批检查。

7.5.8 软木类地板面层铺设应牢固；粘贴应无空鼓、松动。

检验方法：观察、行走检查。

检查数量：按本规范第 3.0.21 条规定的检验批检查。

Ⅱ 一 般 项 目

7.5.9 软木类地板面层的拼图、颜色等应符合设计要求，板面应无翘曲。

检查方法：观察，2m 靠尺和契形塞尺检查。

检查数量：按本规范第 3.0.21 条规定的检验批检查。

7.5.10 软木类地板面层缝隙应均匀，接头位置应错开，表面应洁净。

检查方法：观察检查。

检查数量：按本规范第 3.0.21 条规定的检验批检查。

7.5.11 踢脚线应表面光滑，接缝严密，高度一致。

检验方法：观察和钢尺检查。

检查数量：按本规范第 3.0.21 条规定的检验批检查。

7.5.12 软木类地板面层的允许偏差应符合本规范表 7.1.8 的规定。

检验方法：按本规范表 7.1.8 中的检验方法检验。

检查数量：按本规范第 3.0.21 条规定的检验批和第 3.0.22 条的规定检查。

5.2.39 地面辐射供暖实木复合地板面层检验批质量验收记录

1. 表格

地面辐射供暖实木复合地板面层检验批质量验收记录

03010405____

单位（子单位）工程名称				分部（子分部）工程名称			分项工程名称	
施工单位				项目负责人			检验批容量	
分包单位				分包单位项目负责人			检验批部位	
施工依据					验收依据		《建筑地面工程施工质量验收规范》GB 50209-2010	

		验收项目	设计要求及规范规定	最小/实际抽样数量	检 查 记 录	检查结果
主控项目	1	材料质量	第7.6.5条	/		
	2	面层缝格设置	第7.6.6条	/		
	3	材料有害物质限量的检测报告	第7.3.7条	/		
	4	木搁栅、垫木和垫层地板等应做防腐、防蛀处理	第7.3.8条	/		
	5	木搁栅安装	第7.3.9条	/		
	6	面层铺设质量	第7.3.10条	/		
一般项目	1	耐热防潮纸（布）铺设	第7.6.8条	/		
	2	面层外观质量	第7.3.11条	/		
	3	面层缝隙、接头	第7.3.12条	/		
	4	粘、钉工艺时面层质量	第7.3.13条	/		
	5	踢脚线	第7.3.14条	/		
	6	板面隙宽度	0.5mm	/		
		表面平整度	2.0mm	/		
		踢脚线上口平齐	3.0mm	/		
		板面拼缝平直	3.0mm	/		
		相邻板材高差	0.5mm	/		
		踢脚线与面层接缝	1.0mm	/		

施工单位检查结果	专业工长： 项目专业质量检查员： 年 月 日
监理单位验收结论	专业监理工程师： 年 月 日

2. 验收依据说明

【规范名称及编号】《建筑地面工程施工质量验收规范》GB 50209－2010

【条文摘录】

摘录一：

第3.0.21、3.0.22条（见《基土检验批质量验收记录》的表格验收依据说明，本书第352页）。

摘录二：

第7.1.8条（见《实木地板、实木集成地板、竹地板面层面层检验批质量验收记录》的表格验收依据说明，本书第416页）。

摘录三：

7.6 地面辐射供暖的木板面层

7.6.1 地面辐射供暖的木板面层宜采用实木复合地板、浸渍纸层压木质地板等，应在填充层上铺设。

7.6.2 地面辐射供暖的木板面层可采用空铺法或胶粘法（满粘或点粘）铺设。当面层设置垫层地板时，垫层地板的材料和厚度应符合设计要求。

7.6.3 与填充层接触的龙骨、垫层地板、面层地板等应采用胶粘法铺设。铺设时填充层的含水率应符合胶粘剂的技术要求。

7.6.4 地面辐射供暖的木板面层铺设时不得扰动填充层，不得向填充层内楔入任何物件。面层铺设尚应符合本规范本章第7.3节、7.4节的有关规定。

Ⅰ 主 控 项 目

7.6.5 地面辐射供暖的木板面层采用的材料或产品除应符合设计要求和本规范相应面层的规定外，还应具有耐热性、热稳定性、防水、防潮、防霉变等特点。

检验方法：观察检查和检查质量合格证明文件。

检查数量：同一工程、同一材料、同一生产厂家、同一型号、同一规格、同一批号检查一次。

7.6.6 地面辐射供暖的木板面层与柱、墙之间应留不小于10mm的空隙。当采用无龙骨的空铺法铺设时，应在空隙内加设金属弹簧卡或木楔子，其间距宜为200mm～300mm。

检验方法：观察和钢尺检查。

检查数量：按本规范第3.0.21条规定的检验批检查。

7.6.7 其余主控项目及检验方法、检查数量应符合本规范本章第7.3节、7.4节的有关规定。

Ⅱ 一 般 项 目

7.6.8 地面辐射供暖的木板面层采用无龙骨的空铺法铺设时，应在填充层上铺设一层耐热防潮纸（布）。防潮纸（布）应采用胶粘搭接，搭接尺寸应合理，铺设后表面应平整，无皱褶。

检验方法：观察检查。

检查数量：按本规范第3.0.21条规定的检验批检查。

7.6.9 其余一般项目及检验方法、检查数量应符合本规范本章第7.3节、7.4节的有关规定。

摘录四：

7.3 实木复合地板面层（见《实木复合地板面层检验批质量验收记录》的表格验收依据说明，本书第418页）。

5.2.40 地面辐射供暖浸渍纸层压木质地板面层检验批质量验收记录

1. 表格

地面辐射供暖浸渍纸层压木质地板面层检验批质量验收记录

03010406 ____

单位（子单位） 工程名称			分部（子分部） 工程名称			分项工程 名称		
施工单位			项目负责人			检验批容量		
分包单位			分包单位 项目负责人			检验批部位		
施工依据					验收依据	《建筑地面工程施工质量验收规范》 GB 50209－2010		

验收项目			设计要求及 规范规定	最小/实际 抽样数量	检查记录	检查 结果
主控项目	1	材料质量	第7.6.5条	/		
	2	面层缝格设置	第7.6.6条	/		
	3	材料有害物质限量的检测报告	第7.4.6条	/		
	4	木搁栅安装	第7.4.7条	/		
	5	面层铺设	第7.4.8条	/		
一般项目	1	耐热防潮纸（布）铺设	第7.6.8条	/		
	2	面层外观质量	第7.4.9条	/		
	3	面层接头	第7.4.10条	/		
	4	踢脚线	第7.4.11条	/		
	5	板面隙宽度	0.5mm	/		
		表面平整度	2.0mm	/		
		踢脚线上口平齐	3.0mm	/		
		板面拼缝平直	3.0mm	/		
		相邻板材高差	0.5mm	/		
		踢脚线与面层接缝	1.0mm	/		
施工单位 检查结果		专业工长： 项目专业质量检查员： 　　　　　年　月　日				
监理单位 验收结论		专业监理工程师： 　　　　　年　月　日				

2. 验收依据说明

【规范名称及编号】《建筑地面工程施工质量验收规范》GB 50209－2010

【条文摘录】

摘录一：

第3.0.21、3.0.22条（见《基土检验批质量验收记录》的表格验收依据说明，本书第352页）。

摘录二：

第7.1.8条（见《实木地板、实木集成地板、竹地板面层面层检验批质量验收记录》的表格验收依据说明，本书第416页）。

摘录三：

7.6　地面辐射供暖的木板面层（见《地面辐射供暖实木复合地板面层检验批质量验收记录》的表

格验收依据说明，本书第 425 页）。

摘录四：

7.4 浸渍纸层压木质地板面层（见《浸渍纸层压木质地板面层检验批质量验收记录》的表格验收依据说明，本书第 421 页）。

5.2.41 一般抹灰检验批质量验收记录

1. 表格

一般抹灰检验批质量验收记录

03020101 ____

单位（子单位）工程名称			分部（子分部）工程名称		分项工程名称	
施工单位			项目负责人		检验批容量	
分包单位			分包单位项目负责人		检验批部位	
施工依据				验收依据	《建筑装饰装修工程施工质量验收规范》GB 50210－2001	

验 收 项 目			设计要求及规范规定	最小/实际抽样数量	检 查 记 录	检查结果
主控项目	1	基层表面	第 4.2.2 条	/		
	2	材料品种和性能	第 4.2.3 条	/		
	3	操作要求	第 4.2.4 条	/		
	4	层粘结及面层质量	第 4.2.5 条	/		
一般项目	1	表面质量	第 4.2.6 条	/		
	2	细部质量	第 4.2.7 条	/		
	3	层与层间材料要求层总厚度	第 4.2.8 条	/		
	4	分格缝	第 4.2.9 条	/		
	5	滴水线（槽）	第 4.2.10 条	/		

		项目	允许偏差（mm）		最小/实际抽样数量	实测值	检查结果
			普通抹灰 □	高级抹灰 □			
	6	立面垂直度	4	3	/		
		表面平整度	4	3	/		
		阴阳角方正	4	3	/		
		分格条（缝）直线度	4	3	/		
		墙裙勒角上口直线度	4	3	/		

施工单位检查结果	专业工长：项目专业质量检查员：年 月 日
监理单位验收结论	专业监理工程师：年 月 日

2. 验收依据说明

【规范名称及编号】《建筑装饰装修工程质量验收规范》GB 50210－2001

【条文摘录】

摘录一：

4.1.5　各分项工程的检验批应按下列规定划分：

1　相同材料、工艺和施工条件的室外抹灰工程每 500～1000 m² 应划为一个检验批，不足 500 m² 也应划为一个检验批。

2　相同材料、工艺和施工条件的室内抹灰工程每 50 个自然间（大面积房间和走廊按抹灰面积 30 m² 为一间）应划分为一个检验批，不足 50 间也应划分为一个检验批。

4.1.6　检查数量应符合下列规定：

1　室内每个检验批应至少抽查 10%，并不得少于 3 间；不足 3 间时应全数检查。

2　室外每个检验批每 100m² 应至少抽查一处，每处不得小于 10m²。

摘录二：

4.2　一般抹灰工程

4.2.1　本节适用于石灰砂浆、水泥砂浆、水泥混合砂浆、聚合物水泥砂浆和麻刀石灰、纸筋石灰、石膏灰等一般抹灰工程的质量验收。一般抹灰工程分为普通抹灰和高级抹灰，当设计无要求时，按普通抹灰验收。

主　控　项　目

4.2.2　抹灰前基层表面的尘土、污垢、油渍等应清除干净，并应洒水润湿。

检验方法：检查施工记录。

4.2.3　一般抹灰所用材料的品种和性能应符合设计要求。水泥的凝结时间和安定性复验应合格。砂浆的配合比应符合设计要求。

检验方法：检查产品合格证书、进场验收记录、复验报告和施工记录。

4.2.4　抹灰工程应分层进行。当抹灰总厚度大于或等于 35 mm 时，应采取加强措施。不同材料基体交接处表面的抹灰，应采取防止开裂的加强措施，当采用加强网时，加强网与各基体的搭接宽度不应小于 100mm。

检验方法：检查隐蔽工程验收记录和施工记录。

4.2.5　抹灰层与基层之间及各抹灰层之间必须粘结牢固，抹灰层应无脱层、空鼓，面层应无爆灰和裂缝。

检验方法：观察；用小锤轻击检查；检查施工记录。

一　般　项　目

4.2.6　一般抹灰工程的表面质量应符合下列规定：

1　普通抹灰表面应光滑、洁净、接槎平整，分格缝应清晰。

2　高级抹灰表面应光滑、洁净、颜色均匀、无抹纹，分格缝和灰线应清晰美观。

检验方法：观察；手摸检查。

4.2.7　护角、孔洞、槽、盒周围的抹灰表面应整齐、光滑；管道后面的抹灰表面应平整。

检验方法：观察。

4.2.8　抹灰层的总厚度应符合设计要求；水泥砂浆不得抹在石灰砂浆层上；罩面石膏灰不得抹在水泥砂浆层上。

检验方法：检查施工记录。

4.2.9　抹灰分格缝的设置应符合设计要求，宽度和深度应均匀，表面应光滑，棱角应整齐。

检验方法：观察；尺量检查。

4.2.10　有排水要求的部位应做滴水线（槽）。滴水线（槽）应整齐顺直，滴水线应内高外低，滴水槽宽度和深度均不应小于 10 mm。

检验方法：观察；尺量检查。

4.2.11 一般抹灰工程质量的允许偏差和检验方法应符合表4.2.11的规定。

表4.2.11 一般抹灰的允许偏差和检验方法

项次	项　目	允许偏差		检验方法
		普通抹灰	高级抹灰	
1	立面垂直度	4	3	用2m垂直检测尺检查
2	表面平整度	4	3	用2m靠尺和塞尺检查
3	阴阳角方正	4	3	用直角检测尺检查
4	分格条（缝）直线度	4	3	用5m线，不足5m拉通线，用钢直尺检查
5	墙裙、勒脚上口直线度	4	3	拉5m线，不足5m拉通线，用钢直尺检查

注：1）普通抹灰，本表第3项阴角方正可不检查；

2）顶棚抹灰，本表第2项表面平整度可不检查，但应平顺。

5.2.42 装饰抹灰检验批质量验收记录

1. 表格

装饰抹灰检验批质量验收记录

03020301 ____

单位（子单位）工程名称		分部（子分部）工程名称		分项工程名称		
施工单位		项目负责人		检验批容量		
分包单位		分包单位项目负责人		检验批部位		
施工依据			验收依据	《建筑装饰装修工程施工质量验收规范》GB 50210-2001		

		验收项目	设计要求及规范规定	最小/实际抽样数量	检查记录	检查结果
主控项目	1	基层表面	第4.3.2条	/		
	2	材料品种和性能	第4.3.3条	/		
	3	操作要求	第4.3.4条	/		
	4	层粘结及面层质量	第4.3.5条	/		
一般项目	1	表面质量	第4.3.6条	/		
	2	分格条（缝）	第4.3.7条	/		
	3	滴水线	第4.3.8条	/		

		项目	水刷石 □	斩假石 □	干粘石 □	假面砖 □	最小/实际抽样数量	实测值	检查结果
一般项目	4	立面垂直度	5	4	5	5	/		检查结果
		表面平整度	3	3	4	5	/		
		阴阳角方正	3	3	4	4	/		
		分格条（缝）直线度	3	3	3	3	/		
		墙裙勒角上口直线度	3	3	—	—	/		

施工单位检查结果	专业工长： 项目专业质量检查员： 　　　　　　　年　月　日
监理单位验收结论	专业监理工程师： 　　　　　　　年　月　日

2. 验收依据说明

【规范名称及编号】《建筑装饰装修工程质量验收规范》GB 50210－2001

【条文摘录】

摘录一：

第 4.1.5、4.1.6 条（见《一般抹灰检验批质量验收记录》的表格验收依据说明，本书第 428 页）。

摘录二：

4.3　装饰抹灰工程

4.3.1　本节适用于水刷石、斩假石、干粘石、假面砖等装饰抹灰工程的质量验收。

主 控 项 目

4.3.2　抹灰前基层表面的尘土、污垢、油渍等应清除干净，并应洒水润湿。

检验方法：检查施工记录。

4.3.3　装饰抹灰工程所用材料的品种和性能应符合设计要求。水泥的凝结时间和安定性复验应合格。砂浆的配合比应符合设计要求。

检验方法：检查产品合格证书、进场验收记录、复验报告和施工记录。

4.3.4　抹灰工程应分层进行。当抹灰总厚度大于或等于 35 mm 时，应采取加强措施。不同材料基体交接处表面的抹灰，应采取防止开裂的加强措施，当采用加强网时，加强网与各基体的搭接宽度不应小于 100 mm。

检验方法：检查隐蔽工程验收记录和施工记录。

4.3.5　各抹灰层之间及抹灰层与基体之间必须粘接牢固，抹灰层应无脱层、空鼓和裂缝。

检验方法：观察；用小锤轻击检查；检查施工记录。

一 般 项 目

4.3.6　装饰抹灰工程的表面质量应符合下列规定：

1　水刷石表面应石粒清晰、分布均匀、紧密平整、色泽一致，应无掉粒和接槎痕迹。

2　斩假石表面剁纹应均匀顺直、深浅一致，应无漏剁处；阳角处应横剁并留出宽窄一致的不剁边条，棱角应无损坏。

3　干粘石表面应色泽一致、不露浆、不漏粘，石粒应粘结牢固、分布均匀，阳角处应无明显黑边。

4　假面砖表面应平整、沟纹清晰、留缝整齐、色泽一致，应无掉角、脱皮、起砂等缺陷。

检验方法：观察；手摸检查。

4.3.7　装饰抹灰分格条（缝）的设置应符合设计要求，宽度和深度应均匀，表面应平整光滑，棱角应整齐。

检验方法：观察。

4.3.8　有排水要求的部位应做滴水线（槽）。滴水线（槽）应政治课顺直，滴水线应内高外低，滴水槽的宽度和深度均不应小于 10mm。

检验方法：观察；尺量检查。

4.3.9　装饰抹灰工程质量的允许偏差和检验方法应符合表 4.3.9 的规定。

表 4.3.9　装饰抹灰的允许偏差和检验方法

项次	项　目	允许偏差（mm）				检验方法
		水刷石	斩假石	干粘石	假面砖	
1	立面垂直度	5	4	5	5	用 2m 靠尺和塞尺检查
2	表面平整度	3	3	5	4	用 2m 靠尺和塞尺检查
3	阳角方正	3	3	4	4	用直角检测尺检查
4	分格条（缝）直线度	3	3	3	3	拉 5m 线，不足 5m 拉通线，用钢直尺检查
5	墙裙、勒脚上口直线度	3	3	—	—	拉 5m 线，不足 5m 拉通线，用钢直尺检查

5.2.43 清水砌体勾缝检验批质量验收记录

1. 表格

清水砌体勾缝检验批质量验收记录

03020401 ____

单位（子单位）工程名称		分部（子分部）工程名称		分项工程名称	
施工单位		项目负责人		检验批容量	
分包单位		分包单位项目负责人		检验批部位	
施工依据			验收依据	《建筑装饰装修工程施工质量验收规范》GB 50210－2001	

验收项目			设计要求及规范规定	最小/实际抽样数量	检查记录	检查结果
主控项目	1	水泥及配合比	第4.4.2条	/		
	2	勾缝牢固性	第4.4.3条	/		
一般项目	1	勾缝外观质量	第4.4.4条	/		
	2	灰缝及表面	第4.4.5条	/		

施工单位检查结果	专业工长： 项目专业质量检查员： 年 月 日
监理单位验收结论	专业监理工程师： 年 月 日

2. 验收依据说明

【规范名称及编号】《建筑装饰装修工程质量验收规范》GB 50210－2001

【条文摘录】

摘录一：

第4.1.5、4.1.6条（见《一般抹灰检验批质量验收记录》的表格验收依据说明，本书第428页）。

摘录二：

4.4 清水砌体勾缝工程

4.4.1 本节适用于清水砌体砂浆勾缝和原浆勾缝工程的质量验收。

主 控 项 目

4.4.2 清水砌体勾缝所用水泥的凝结时间和安定性复验应合格。砂浆的配合比应符合设计要求。

检验方法：检查复验报告和施工记录。

4.4.3 清水砌体勾缝应无漏勾。勾缝材料应粘结牢固、无开裂。

检验方法：观察。

一 般 项 目

4.4.4 清水砌体勾缝应横平竖直，交接处应平顺，宽度和深度应均匀，表面应压实抹平。

检验方法：观察；尺量检查。

4.4.5 灰缝应颜色一致，砌体表面应洁净。

检验方法：观察。

5.2.44 木门窗制作检验批质量验收记录

1.表格

木门窗制作检验批质量验收记录

03040101 ____

单位（子单位）工程名称			分部（子分部）工程名称			分项工程名称	
施工单位			项目负责人			检验批容量	
分包单位			分包单位项目负责人			检验批部位	
施工依据				验收依据		《建筑装饰装修工程施工质量验收规范》GB 50210-2001	

验收项目				设计要求及规范规定	最小/实际抽样数量	检 查 记 录	检查结果
主控项目	1	材料质量		第5.2.2条	/		
	2	木材含水率		第5.2.3条	/		
	3	防火、防腐、防虫		第5.2.4条	/		
	4	木节及虫眼		第5.2.5条	/		
	5	榫槽连接		第5.2.6条	/		
	6	胶合板门、纤维板门、模压门的质量		第5.2.7条	/		
一般项目	1	木门窗表面质量		第5.2.12条	/		
	2	木门窗割角、拼缝		第5.2.13条	/		
	3	木门窗槽、孔质量		第5.2.14条	/		
	4	制作允许偏差	翘曲	框	普通	3	/	
					高级	2	/	
				扇	普通	2	/	
					高级	2	/	
			对角线长度差	框、扇	普通	3	/	
					高级	2	/	
			表面平整度	扇	普通	2	/	
					高级	2	/	
			高度、宽度	框	普通	0；-2	/	
					高级	0；-1	/	
				扇	普通	+2；0	/	
					高级	+1；0	/	
			裁口、线条结合处高低差	框、扇	普通	1	/	
					高级	0.5	/	
			相邻棂子两端间距	扇	普通	2	/	
					高级	1	/	

施工单位检查结果	专业工长：项目专业质量检查员：年 月 日
监理单位验收结论	专业监理工程师：年 月 日

2. 验收依据说明

【规范名称及编号】《建筑装饰装修工程质量验收规范》GB 50210－2001

【条文摘录】

摘录一：

5.1.5　各分项工程的检验批应按下列规定划分：

1　同一品种、类型和规格的木门窗、金属门窗、塑料门窗及门窗玻璃每100樘应划分为一个检验批，不足100樘也应划分为一个检验批。

2　同一品种、类型和规格的特种门每50樘应划分为一个检验批，不足50樘也应划分为一个检验批。

5.1.6　检查数量应符合下列规定：

1　木门窗、金属门窗、塑料门窗及门窗玻璃，每个检验批应至少抽查5％，并不得少于3樘，不足3樘时应全数检查；高层建筑的外窗，每个检验批应至少抽查10％，并不得少于6樘，不足6樘时应全数检查。

2　特种门每个检验批应至少抽查50％，并不得少于10樘，不足10樘时应全数检查。

摘录二：

5.2　木门窗制作与安装工程

5.2.1　本节适用于木门窗制作与安装工程的质量验收。

主 控 项 目

5.2.2　木门窗的木材品种、材质等级、规格、尺寸、框扇的线型及人造木板的甲醛含量应符合设计要求。设计未规定材质等级时，所用木材的质量应符合本规范附录A的规定。

检验方法：观察；检查材料进场验收记录和复验报告。

5.2.3　木门窗应采用烘干的木材，含水率应符合《建筑木门、木窗》（JG/T122）的规定。

检验方法：检查材料进场验收记录。

5.2.4　木门窗的防火、防腐、防虫处理应符合设计要求。

检验方法：观察；检查材料进场验收记录。

5.2.5　木门窗的结合处和安装配件处不得有木节或已填补的木节。木门窗如有允许限值以内的死节及直径较大的虫眼时，应用同一材质的木塞加胶填补。对于清漆制品，木塞的木纹和色泽应与制品一致。

检验方法：观察。

5.2.6　门窗框和厚度大于50mm的门窗扇应用双榫连接。榫槽应采用胶料严密嵌合，并应用胶楔加紧。

检验方法：观察；手扳检查。

5.2.7　胶合板门、纤维板门和模压门不得脱胶。胶合板不得刨透表层单板，不得有戗槎。制作胶合板门、纤维板门时，边框和横楞应在同一平面上，面层、边框及横楞应加压胶结。横楞和上、下冒头应各钻两个以上的透气孔，透气孔应通畅。

检验方法：观察。

5.2.8　木门窗的品种、类型、规格、开启方向、安装位置及连接方式应符合设计要求。

检验方法：观察；尺量检查；检查成品门的产品合格证书。

5.2.9　木门窗框的安装必须牢固。预埋木砖的防腐处理、木门窗框固定点的数量、位置及固定方法应符合设计要求。

检验方法：观察；手扳检查；检查隐蔽工程验收记录和施工记录。

5.2.10　木门窗扇必须安装牢固，并应开关灵活，关闭严密，无倒翘。

检验方法：观察；开启和关闭检查；手扳检查。

5.2.11　木门窗配件的型号、规格、数量应符合设计要求，安装应牢固，位置应正确，功能应满足使用要求。

检验方法：观察；开启和关闭检查；手扳检查。

一　般　项　目

5.2.12　木门窗表面应洁净，不得有刨痕、锤印。

检验方法：观察。

5.2.13　木门窗的割角、拼缝应严密平整。门窗框、扇裁口应顺直，刨面应平整。

检验方法：观察。

5.2.14　木门窗上的槽、孔应边缘整齐，无毛刺。

检验方法：观察。

5.2.15　木门窗与墙体间缝隙的填嵌材料应符合设计要求，填嵌应饱满。寒冷地区外门窗（或门窗框）与砌体间的空隙应填充保温材料。

检验方法：轻敲门窗框检查；检查隐蔽工程验收记录和施工记录。

5.2.16　木门窗批水、盖口条、压缝条、密封条安装应顺直，与门窗结合应牢固、严密。

检验方法：观察；手扳检查。

5.2.17　木门窗制作的允许偏差和检验方法应符合表 5.2.17 的规定。

表 5.2.17　木门窗制作的允许偏差和检验方法

项次	项　目	构件名称	允　许　偏　差		检　验　方　法
			普通	高级	
1	翘曲	框	3	2	将框、扇平放在检查平台上，用塞尺检查
		扇	2	2	
2	对角线长度差	框、扇	3	2	用钢尺检查，框量裁口里角，扇量外角
3	表面平整度	扇	2	2	用 1m 靠尺和塞尺检查
4	高度、宽度	框	0；−2	0；−1	用钢尺检查，框量裁口里角，扇量外角
		扇	+2；0	+1；0	
5	裁口、线条结合处高低差	框、扇	1	0.5	用钢直尺和塞尺检查
6	相邻棂子两端间距	扇	2	1	用钢直尺检查

5.2.18　木门窗安装的留缝限值、允许偏差和检验方法应符合表 5.2.18 的规定。

表 5.2.18　木门窗安装的留缝限值、允许偏差和检验方法

项次	项目		留缝限值（mm）		允许偏差（mm）		检验方法
			普通	高级	普通	高级	
1	门窗槽口对角线长度差		—	—	3	2	用钢尺检查
2	门窗框的下、侧面垂直度		—	—	2	1	用 1m 垂直检测尺检查
3	框与扇、扇与扇接缝高低差		—	—	2	1	用钢直尺和塞尺检查
4	门窗扇对口缝		1～2.5	1.5～2	—	—	用塞尺检查
5	工业厂房双扇大门对口缝		2～5	—	—	—	
6	门窗扇与上框间留缝		1～2	1～1.5	—	—	
7	门窗扇与侧框间留缝		1～2.5	1～1.5	—	—	
8	窗扇与下框间留缝		2～3	2～2.5	—	—	
9	门扇与下框间留缝		3～5	3～4	—	—	
10	双层门窗内外框间距		～	—	4	3	用钢尺检查
11	无下框时门扇与地面间留缝	外门	4～7	5～6	—	—	用塞尺检查
		内门	5～8	6～7	—	—	
		卫生间门	8～12	8～10	—	—	
		厂房大门	10～20	—	—	—	

5.2.45 木门窗安装检验批质量验收记录

1. 表格

木门窗安装检验批质量验收记录

03040102 ____

单位（子单位） 工程名称				分部（子分部） 工程名称			分项工程 名称		
施工单位				项目负责人			检验批容量		
分包单位				分包单位 项目负责人			检验批部位		
施工依据						验收依据	《建筑装饰装修工程施工质量验收规范》 GB 50210－2001		

		验收项目			设计要求及 规范规定	最小/实际 抽样数量	检 查 记 录		检查 结果
主控项目	1	木门窗品种、规格、 安装方向位置			第5.2.8条	/			
	2	木门窗安装牢固			第5.2.9条	/			
	3	木门窗扇安装			第5.2.10条	/			
	4	门窗配件安装			第5.2.11条	/			
一般项目	1	缝隙嵌填材料			第5.2.15条	/			
	2	批水、盖口条等细部			第5.2.16条	/			

		项目		留缝限值（mm）		允许偏差（mm）		最小/实际 抽样数量	检查记录	检查 结果
一般项目	3 安装留缝限值及允许偏差			普通 □	高级 □	普通 □	高级 □			
		门窗槽口对角线长 度差		—	—	3	2	/		
		门窗框的正侧面垂 直度		—	—	2	1	/		
		框与扇扇与扇接缝 高低差		—	—	2	1	/		
		门窗扇对口缝		1～2.5	1.5～2	—	—	/		
		工业厂房双扇大门 对口缝		2～5	—	—	—	/		
		门窗扇与上框间 留缝		1～2	1～1.5	—	—	/		
		门窗扇与侧框间 留缝		1～2.5	1～1.5	—	—	/		
		窗扇与下框间留缝		2～3	2～2.5	—	—	/		
		门扇与下框间留缝		3～5	3～4	—	—	/		
		双扇门窗内外框 间距		—	—	4	3	/		
		无下框 时门扇 与地面 间留缝	外门	4～7	5～6	—	—	/		
			内门	5～8	6～7	—	—	/		
			卫生间门	8～12	8～10	—	—	/		
			厂房大门	10～20	—	—	—	/		

施工单位 检查结果	专业工长： 项目专业质量检查员： 年 月 日
监理单位 验收结论	专业监理工程师： 年 月 日

435

2. 验收依据说明

【规范名称及编号】《建筑装饰装修工程质量验收规范》GB 50210－2001

【条文摘录】

摘录一：

第5.1.5、5.1.6条（见《木门窗制作检验批质量验收记录》的表格验收依据说明，本书第433页）。

摘录二：

5.2　木门窗制作与安装工程（见《木门窗制作检验批质量验收记录》的表格验收依据说明，本书第433页）。

5.2.46　钢门窗安装检验批质量验收记录

1. 表格

钢门窗安装检验批质量验收记录

03040201 ＿＿＿＿

单位（子单位）工程名称		分部（子分部）工程名称		分项工程名称	
施工单位		项目负责人		检验批容量	
分包单位		分包单位项目负责人		检验批部位	
施工依据			验收依据	《建筑装饰装修工程施工质量验收规范》GB 50210－2001	

		验收项目	设计要求及规范规定	最小/实际抽样数量	检 查 记 录	检查结果
主控项目	1	门窗质量	第5.3.2条	/		
	2	框和副框安装，预埋件	第5.3.3条	/		
	3	门窗扇安装	第5.3.4条	/		
	4	配件质量及安装	第5.3.5条	/		
一般项目	1	表面质量	第5.3.6条	/		
	2	框与墙体间缝隙	第5.3.8条	/		
	3	扇密封胶条或毛毡密封条	第5.3.9条	/		
	4	排水孔	第5.3.10条	/		

		项目		留缝限值（mm）	允许偏差（mm）	最小/实际抽样数量	检查记录	检查结果
一般项目	5　安装留缝限值及允许偏差	门窗槽口宽度高度	≤1500mm	—	2.5	/		
			>1500mm	—	3.5	/		
		门窗槽口对角线长度差	≤2000mm	—	5	/		
			>2000mm	—	6	/		
		门窗框的正侧面垂直度		—	3	/		
		门窗横框的水平度		—	3	/		
		门窗横框标高		—	5	/		
		门窗竖向偏离中心		—	4	/		
		双层门窗内外框间距		—	5	/		
		门窗框扇配合间隙		≤2	—	/		
		无下框时门扇与地面留缝		4～8	—	/		

施工单位检查结果	专业工长： 项目专业质量检查员： 年　月　日
监理单位验收结论	专业监理工程师： 年　月　日

2. 验收依据说明

【规范名称及编号】《建筑装饰装修工程质量验收规范》GB 50210－2001

【条文摘录】

摘录一：

第5.1.5、5.1.6条（见《木门窗制作检验批质量验收记录》的表格验收依据说明，本书第433页）。

摘录二：

5.3 金属门窗安装工程

5.3.1 本节适用于钢门窗、铝合金门窗、涂色镀锌钢板门窗等金属门窗安装工程质量的验收。

主 控 项 目

5.3.2 金属门窗的品种、类型、规格、尺寸、性能、开启方向、安装位置、连接方式及铝合金门窗的型材壁厚应符合设计要求。金属门窗的防腐处理及填嵌、密封处理应符合设计要求。

检验方法：观察；尺量检查；检查产品合格证书、性能检测报告、进场验收记录和复验报告；检查隐蔽工程验收记录。

5.3.3 金属门窗框和副框的安装必须牢固。预埋件的数量、位置、埋设方式、与框的连接方式必须符合设计要求。

检验方法：手扳检查；检查隐蔽工程验收记录。

5.3.4 金属门窗扇必须安装牢固，并应开关灵活、关闭严密，无倒翘。推拉门窗必须有防脱落措施。

检验方法：观察；开启和关闭检查；手扳检查。

说明：

5.3.4 推拉门窗扇意外脱落容易造成安全方面的伤害，对高层建筑情况更为严重，故规定推拉门窗扇必须有防脱落措施。

5.3.5 金属门窗配件的型号、规格、数量应符合设计要求，安装应牢固，位置应正确，功能应满足使用要求。

检验方法：观察；开启和关闭检查；手扳检查。

一 般 项 目

5.3.6 金属门窗表面应洁净、平整、光滑、色泽一致，无锈蚀。大面应无划痕、碰伤。漆膜或保护层应连续。

检验方法：观察。

5.3.7 铝合金门窗推拉门窗扇开关力应不大于100N。

检验方法：用弹簧秤检查。

5.3.8 金属门窗框与墙体之间的缝隙应填嵌饱满，并采用密封胶密封。密封胶表面应光滑、顺直，无裂纹。

检验方法：观察；轻敲门窗框检查；检查隐蔽工程验收记录。

5.3.9 金属门窗扇的橡胶密封条或毛毡密封条应安装完好，不得脱槽。

检验方法：观察；开启和关闭检查。

5.3.10 有排水孔的金属门窗，排水孔应畅通，位置和数量应符合设计要求。

检验方法：观察。

5.3.11 钢门窗安装的留缝限值、允许偏差和检验方法应符合表5.3.11的规定。

表 5.3.11　钢门窗安装的留缝限值、允许偏差和检验方法

项次	项目		留缝限值（mm）	允许偏差（mm）	检验方法
1	门窗槽口宽度、高度	≤1500 mm	—	2.5	用钢尺检查
		>1500 mm	—	3.5	
2	门窗槽口对角线长度差	≤2000 mm	—	5	用钢尺检查
		>2000 mm	—	6	
3	门窗框的正、侧面垂直度		—	3	用1m垂直检测尺检查
4	门窗横框的水平度		—	3	用1m水平尺和塞尺检查
5	门窗横框标高		—	5	用钢尺检查
6	门窗竖向偏离中心		—	4	用钢尺检查
7	双层门窗内外框间距		—	5	用钢尺检查
8	门窗框、扇配合间隙		≤2	—	用塞尺检查
9	无下框时门扇与地面间留缝		4～8	—	用塞尺检查

5.3.12　铝合金门窗安装的允许偏差和检验方法应符合表5.3.12的规定。

表 5.3.12　铝合金门窗安装的允许偏差和体验方法

项次	项目		允许偏差（mm）	检验方法
1	门窗槽口宽度、高度	≤1500mm	1.5	用钢尺检查
		>1500mm	2	
2	门窗槽口对角线长度差	≤2000 mm	3	用钢尺检查
		>2000 mm	4	
3	门窗框的正、侧面垂直度		2.5	用垂直检测尺检查
4	门窗横框的水平度		2	用1m水平尺和塞尺检查
5	门窗横框标高		5	用钢尺检查
6	门窗竖向偏离中心		5	用钢尺检查
7	双层门窗内外框间距		4	用钢尺检查
8	推拉门窗扇与框搭接量		1.5	用钢直尺检查

5.3.13　涂色镀锌钢板门窗安装的允许偏差和检验方法应符合表5.3.13的规定。

表 5.3.13　涂色镀锌钢板门窗安装的允许偏差和检验方法

项次	项目		允许偏差（mm）	检验方法
1	门窗槽口宽度、高度	≤1500mm	2	用钢尺检查
		>1500mm	3	
2	门窗槽口对角线长度差	≤2000 mm	4	用钢尺检查
		>2000 mm	5	
3	门窗框的正、侧面垂直度		3	用垂直检测尺检查
4	门窗横框的水平度		3	用1m水平尺和塞尺检查
5	门窗横框标高		5	用钢尺检查
6	门窗竖向偏离中心		5	用钢尺检查
7	双层门窗内外框间距		4	用钢尺检查
8	推拉门窗扇与框搭接量		2	用钢直尺检查

5.2.47 铝合金门窗安装检验批质量验收记录

1. 表格

铝合金门窗安装检验批质量验收记录

03040202 ____

单位（子单位） 工程名称		分部（子分部） 工程名称			分项工程 名称	
施工单位		项目负责人			检验批容量	
分包单位		分包单位 项目负责人			检验批部位	
施工依据				验收依据	《建筑装饰装修工程施工质量验收规范》 GB 50210－2001	

验收项目			设计要求及 规范规定	最小/实际 抽样数量	检 查 记 录	检查 结果
主控项目	1	门窗质量	第5.3.2条	/		
	2	框和副框安装，预埋件	第5.3.3条	/		
	3	门窗扇安装	第5.3.4条	/		
	4	配件质量及安装	第5.3.5条	/		
一般项目	1	表面质量	第5.3.6条	/		
	2	推拉扇开关应力	第5.3.7条	/		
	3	框与墙体间缝隙	第5.3.8条	/		
	4	扇密封胶条或毛毡密封条	第5.3.9条	/		
	5	排水孔	第5.3.10条	/		
	6 安装留缝限值及允许偏差	门窗槽口宽度高度 ≤1500mm	1.5	/		
		门窗槽口宽度高度 >1500mm	2	/		
		门窗槽口对角线长度差 ≤2000mm	3	/		
		门窗槽口对角线长度差 >2000mm	4	/		
		门窗框的正侧面垂直度	2.5	/		
		门窗横框的水平度	2	/		
		门窗横框标高	5	/		
		门窗竖向偏离中心	5	/		
		双层门窗内外框间距	4	/		
		推拉门窗扇与框搭接量	1.5	/		

施工单位 检查结果	专业工长： 项目专业质量检查员： 　　　　　　　　　　　　年　月　日
监理单位 验收结论	专业监理工程师： 　　　　　　　　　　　　年　月　日

2. 验收依据说明

【规范名称及编号】《建筑装饰装修工程质量验收规范》GB 50210－2001

【条文摘录】

摘录一：

第5.1.5、5.1.6条（见《木门窗制作检验批质量验收记录》的表格验收依据说明，本书第433页）。

摘录二：

5.3　金属门窗安装工程（见《钢门窗安装检验批质量验收记录》的表格验收依据说明，本书第437页）。

5.2.48　涂色镀锌钢板门窗安装检验批质量验收记录

1. 表格

涂色镀锌钢板门窗安装检验批质量验收记录

03040203＿＿＿

单位（子单位）工程名称				分部（子分部）工程名称			分项工程名称	
施工单位				项目负责人			检验批容量	
分包单位				分包单位项目负责人			检验批部位	
施工依据					验收依据		《建筑装饰装修工程施工质量验收规范》GB 50210－2001	

		验收项目		设计要求及规范规定	最小/实际抽样数量	检　查　记　录	检查结果
主控项目	1	门窗质量		第5.3.2条	/		
	2	框和副框安装，预埋件		第5.3.3条	/		
	3	门窗扇安装		第5.3.4条	/		
	4	配件质量及安装		第5.3.5条	/		
一般项目	1	表面质量		第5.3.6条	/		
	2	框与墙体间缝隙		第5.3.8条	/		
	3	扇密封胶条或毛毡密封条		第5.3.9条	/		
	4	排水孔		第5.3.10条	/		
	5	安装留缝限值及允许偏差	门窗槽口宽度高度 ≤1500mm	2	/		
			门窗槽口宽度高度 ＞1500mm	3	/		
			门窗槽口对角线长度差 ≤2000mm	4	/		
			门窗槽口对角线长度差 ＞2000mm	5	/		
			门窗框的正侧面垂直度	3	/		
			门窗横框的水平度	3	/		
			门窗横框标高	5	/		
			门窗竖向偏离中心	5	/		
			双层门窗内外框间距	4	/		
			推拉门窗扇与框搭接量	2	/		

施工单位检查结果	专业工长： 项目专业质量检查员： 　　　　　　　　　　　　　　　　　年　月　日
监理单位验收结论	专业监理工程师： 　　　　　　　　　　　　　　　　　年　月　日

2. 验收依据说明

【规范名称及编号】《建筑装饰装修工程质量验收规范》GB 50210-2001

【条文摘录】

摘录一：

第5.1.5、5.1.6条（见《木门窗制作检验批质量验收记录》的表格验收依据说明，本书第433页）。

摘录二：

5.3 金属门窗安装工程（见《钢门窗安装检验批质量验收记录》的表格验收依据说明，本书第437页）。

5.2.49 塑料门窗安装检验批质量验收记录

1. 表格

塑料门窗安装检验批质量验收记录

03040301____

单位（子单位）工程名称			分部（子分部）工程名称			分项工程名称		
施工单位			项目负责人			检验批容量		
分包单位			分包单位项目负责人			检验批部位		
施工依据				验收依据		《建筑装饰装修工程施工质量验收规范》GB 50210-2001		

验收项目				设计要求及规范规定	最小/实际抽样数量	检 查 记 录	检查结果
主控项目	1	门窗质量		第5.4.2条	/		
	2	框、扇安装		第5.4.3条	/		
	3	拼樘料与框连接		第5.4.4条	/		
	4	门窗扇安装		第5.4.5条	/		
	5	配件质量及安装		第5.4.6条	/		
	6	框与墙体缝隙填嵌		第5.4.7条	/		
一般项目	1	表面质量		第5.4.8条	/		
	2	密封条及旋转门间隙		第5.4.9条	/		
	3	门窗扇开关力		第5.4.10条	/		
	4	玻璃密封条、玻璃槽口		第5.4.11条	/		
	5	排水孔		第5.4.12条	/		
	6	安装留缝限值及允许偏差	门窗槽口宽度高度	≤1500mm	2	/	
				>1500mm	3	/	
			门窗槽口对角线长度差	≤2000mm	3	/	
				>2000mm	5	/	
			门窗框的正侧面垂直度		3	/	
			门窗横框的水平度		3	/	
			门窗横框标高		5	/	
			门窗竖向偏离中心		5	/	
			双层门窗内外框间距		4	/	
			同樘平开门窗相邻扇高度差		2	/	
			平开门窗铰链部位配合间隙		+2，-1	/	
			推拉门窗与框搭接量		+1.5，-2.5	/	
			推拉门窗扇与竖框平行度		2	/	
施工单位检查结果				专业工长：项目专业质量检查员：　　　年　月　日			
监理单位验收结论				专业监理工程师：　　　年　月　日			

2. 验收依据说明

【规范名称及编号】《建筑装饰装修工程质量验收规范》GB 50210 - 2001

【条文摘录】

摘录一：

第5.1.5、5.1.6条（见《木门窗制作检验批质量验收记录》的表格验收依据说明，本书第433页）。

摘录二：

5.4　塑料门窗安装工程

5.4.1　本节适用于塑料门窗安装工程的质量验收。

主　控　项　目

5.4.2　塑料门窗的品种、类型、规格、尺寸、开启方向、安装位置、连接方式及填嵌密封处理应符合设计要求，内衬增强型钢的壁厚及设置应符合国家现行产品标准的质量要求。

检验方法：观察；尺量检查；检查产品合格证书、性能检测报告、进场验收记录和复验报告；检查隐蔽工程验收记录。

5.4.3　塑料门窗框、副框和扇的安装必须牢固。固定片或膨胀螺栓的数量与位置应正确，连接方式应符合设计要求。固定点应距窗角、中横框、中竖框150～200mm，固定点间距应不大于600mm。

检验方法：观察；手扳检查；检查隐蔽工程验收记录。

5.4.4　塑料门窗拼樘料内衬增加型钢的规格、壁厚必须符合设计要求，型钢应与型材内腔紧密吻合，其两端必须与洞口固定牢固。窗框必须与拼樘料连接紧密，固定点间距应不大于600mm。

检验方法：观察；手扳检查；尺量检查；检查进场验收记录。

说明：拼樘料的作用不仅是连接多樘窗，而且起着重要的固定作用。故本规范从安全角度，对拼樘料作出了严格要求。

5.4.5　塑料门窗扇应开关灵活、关闭严密，无倒翘。推拉门窗扇必须有防脱落措施。

检验方法：观察；开启和关闭检查；手扳检查。

5.4.6　塑料门窗配件的型号、规格、数量应符合设计要求，安装应牢固，位置应正确，功能应满足使用要求。

检验方法：观察；手扳检查；尺量检查。

5.4.7　塑料门窗框与墙体间缝隙应采用闭孔弹性材料填嵌饱满，表面应采用密封胶密封。密封胶应粘结牢固，表面应光滑、顺直、无裂纹。

检验方法：观察；检查隐蔽工程验收记录。

说明：塑料门窗的线性膨胀系数较大，由于温度升降易引起门窗变形或在门窗框与墙体间出现裂缝，为了防止上述现象，特规定塑料门窗框与墙体间缝隙应采用伸缩性能较好的闭孔弹性材料填嵌，并用密封胶密封。采用闭孔材料则是为了防止材料吸水导致连接件锈蚀，影响安装强度。

一　般　项　目

5.4.8　塑料门窗表面应洁净、平整、光滑，大面应无划痕、碰伤。

检验方法：观察。

5.4.9　塑料门窗扇的密封条不得脱槽。旋转窗间隙应基本均匀。

5.4.10　塑料门窗扇的开关力应符合下列规定：

1　平开门窗扇平铰链的开关力应不大于80N；滑撑铰链的开关力应不大于80N，并不小于30N。

2　推拉门窗扇的开关力应不大于100N。

检验方法：观察；用弹簧秤检查。

5.4.11　玻璃密封条与玻璃槽口的接缝应平整，不得卷边、脱槽。

检验方法：观察。

5.4.12 排水孔应畅通，位置和数量应符合设计要求。

检验方法：观察。

5.4.13 塑料门窗安装的允许偏差和检验方法应符合表5.4.13的规定。

表5.4.13 塑料门窗安装的允许偏差和检验方法

项次	项 目		允许偏差（mm）	检 验 方 法
1	门窗槽口宽度、高度	≤1500 mm	2	用钢尺检查
		>1500 mm	3	
2	门窗槽口对角线长度差	≤2000 mm	3	用钢尺检查
		>2000 mm	5	
3	门窗框的正、侧面垂直度		3	用1m垂直检测尺检查
4	门窗横框的水平度		3	用1m水平尺和塞尺检查
5	门窗横框标高		5	用钢尺检查
6	门窗竖向偏离中心		5	用钢直尺检查
7	双层门窗内外框间距		4	用钢尺检查
8	同樘平开门窗相邻扇高度差		2	用钢尺检查
9	平开门窗铰链部位配合间隙		+2；−1	用塞尺检查
10	推拉门窗扇与框搭接量		+1.5；−2.5	用钢尺检查
11	推拉门窗扇与竖框平等度		2	用1m水平尺和塞尺检查

5.2.50 特种门安装检验批质量验收记录

1. 表格

特种门安装检验批质量验收记录

03040401 ____

单位（子单位） 工程名称			分部（子分部） 工程名称			分项工程 名称	
施工单位			项目负责人			检验批容量	
分包单位			分包单位 项目负责人			检验批部位	
施工依据				验收依据		《建筑装饰装修工程施工质量验收规范》 GB 50210−2001	

		验收项目	设计要求及 规范规定	最小/实际 抽样数量	检 查 记 录	检查 结果
主控项目	1	门质量和性能	第5.5.2条	/		
	2	门品种规格、方向位置	第5.5.3条	/		
	3	机械、自动和智能化装置	第5.5.4条	/		
	4	安装及预埋件	第5.5.5条	/		
	5	配件、安装及功能	第5.5.6条	/		
一般项目	1	表面装饰	第5.5.7条	/		
	2	表面质量	第5.5.8条	/		
	3	推拉自动门留缝隙值及允许偏差	第5.5.9条	/		
	4	推拉自动门感应时间限值	第5.5.10条	/		
	5	旋转门安装允许偏差	第5.5.11条			
施工单位 检查结果			专业工长： 项目专业质量检查员： 　　　年 月 日			
监理单位 验收结论			专业监理工程师： 　　　年 月 日			

2. 验收依据说明

【规范名称及编号】《建筑装饰装修工程质量验收规范》GB 50210－2001

【条文摘录】

摘录一：

第5.1.5、5.1.6条（见《木门窗制作检验批质量验收记录》的表格验收依据说明，本书第433页）。

摘录二：

5.5 特种门安装工程

5.5.1 本节适用于防火门、防盗门、自动门、全玻门、旋转门、金属卷帘门等特种门安装工程的质量验收。

主 控 项 目

5.5.2 特种门的质量和各项性能应符合设计要求。

检验方法：检查生产许可证、产品合格证书和性能检测报告。

5.5.3 特种门的品种、类型、规格、尺寸、开启方向、安装位置及防腐处理应符合设计要求。

检验方法：观察；尺量检查；检查进场验收记录和隐蔽工程验收记录。

5.5.4 带有机械装置、自动装置或智能化装置的特种门，其机械装置、自动装置或智能化装置的功能应符合设计要求和有关标准的规定。

检验方法：启动机械装置、自动装置或智能化装置，观察。

5.5.5 特种门的安装必须牢固。预埋件的数量、位置、埋设方式、与框的连接方式必须符合设计要求。

检验方法：观察；手扳检查；检查隐蔽工程验收记录。

5.5.6 特种门的配件应齐全，位置应正确，安装应牢固，功能应满足使用要求和特种门的各项性能要求。

检验方法：观察；手扳检查；检查产品合格证书、性能检测报告和进场验收记录。

一 般 项 目

5.5.7 特种门的表面装饰应符合设计要求。

检验方法：观察。

5.5.8 特种门的表面应洁净，无划痕、碰伤。

检验方法：观察。

5.5.9 推拉自动门安装的留缝限值、允许偏差和检验方法应符合表5.5.9的规定。

表5.5.9 推拉自动门安装的留缝限值、允许偏差和检验方法

项次	项目		留缝限值（mm）	允许偏差（mm）	检验方法
1	门槽口宽度、高度	≤1500 mm	—	1.5	用钢尺检查
		>1500 mm	—	2	
2	门槽口对角线长度差	≤2000 mm	—	2	用钢尺检查
		>2000 mm	—	2.5	
3	门框的正、侧面垂直度		—	1	用1m垂直检测尺检查
4	门构件装配间隙		—	0.3	用塞尺检查
5	门梁导轨水平度		—	1	用1m水平尺和塞尺检查
6	下导轨与门梁导轨平行度		—	1.5	用钢尺检查
7	门扇与侧框间留缝		1.2～1.8	—	用塞尺检查
8	门扇对口缝		1.2～1.8	—	用塞尺检查

5.5.10 推拉自动门的感应时间限值和检验方法应符合表 5.5.10 的规定。

表 5.5.10 推拉自动门的感应时间限值和检验方法

项次	项目	感应时间限值（s）	检验方法
1	开门响应时间	≤0.5	用秒表检查
2	堵门保护延时	16～20	用秒表检查
3	门扇全开启后保持时间	13～17	用秒表检查

5.5.11 旋转门安装的允许偏差和检验方法应符合表 5.5.11 的规定。

表 5.5.11 旋转门安装的允许偏差和检验方法

项次	项 目	允许偏差（mm）		检 验 方 法
		金属框架玻璃旋转门	木质旋转门	
1	门扇正、侧面垂直度	1.5	1.5	用 1 m 垂直检测尺检查
2	门扇对角线长度差	1.5	1.5	用钢尺检查
3	相邻扇高度差	1	1	用钢尺检查
4	扇与圆弧边留缝	1.5	2	用塞尺检查
5	扇与上顶间留缝	2	2.5	用塞尺检查
6	扇与地面间留缝	2	2.5	用塞尺检查

5.2.51 门窗玻璃安装检验批质量验收记录

1. 表格

门窗玻璃安装检验批质量验收记录

GB 50210—2001

03040501 ____

单位（子单位）工程名称			分部（子分部）工程名称		分项工程名称	
施工单位			项目负责人		检验批容量	
分包单位			分包单位项目负责人		检验批部位	
施工依据				验收依据	《建筑装饰装修工程施工质量验收规范》GB 50210 - 2001	

验收项目		设计要求及规范规定	最小/实际抽样数量	检 查 记 录	检查结果
主控项目	1 玻璃品种、规格、质量	第5.6.2条	/		
	2 玻璃裁割与安装质量	第5.6.3条	/		
	3 安装方法 钉子或钢丝卡	第5.6.4条	/		
	4 木压条	第5.6.5条	/		
	5 密封条	第5.6.6条	/		
	6 带密封条的玻璃压条	第5.6.7条	/		
一般项目	1 玻璃表面	第5.6.8条	/		
	2 玻璃与型材 镀膜层及磨砂层	第5.6.9条	/		
	3 腻子	第5.6.10条	/		

施工单位检查结果	专业工长： 项目专业质量检查员： 年 月 日
监理单位验收结论	专业监理工程师： 年 月 日

445

2. 验收依据说明

【规范名称及编号】《建筑装饰装修工程质量验收规范》GB 50210-2001

【条文摘录】

摘录一：

第 5.1.5、5.1.6 条（见《木门窗制作检验批质量验收记录》的表格验收依据说明，本书第 433 页）。

摘录二：

5.6　门窗玻璃安装工程

5.6.1　本节适用于平板、吸热、反射、中空、夹层、夹丝、磨砂、钢化、压花玻璃等玻璃安装工程的质量验收。

主 控 项 目

5.6.2　玻璃的品种、规格、尺寸、色彩、图案和涂膜朝向应符合设计要求。单块玻璃大于 1.5m² 时应使用安全玻璃。

检验方法：观察；检查产品合格证书、性能检测报告和进场验收记录。

5.6.3　门窗玻璃裁割尺寸应正确。安装后的玻璃应牢固，不得有裂纹、损伤和松动。

检验方法：观察；轻敲检查。

5.6.4　玻璃的安装方法应符合设计要求。固定玻璃的钉子或钢丝卡的数量、规格应保证玻璃安装牢固。

检验方法：观察；检查施工记录。

5.6.5　镶钉木压条接触玻璃处，应与裁口边缘平齐。木压条应互相紧密连接，并与裁口边缘紧贴，割角应整齐。

检验方法：观察。

5.6.6　密封条与玻璃、玻璃槽口的接触应紧密、平整。密封胶与玻璃、玻璃槽口的边缘应粘结牢固、接缝平齐。

检验方法：观察。

5.6.7　带密封条的玻璃压条，其密封条封条必须与玻璃全部贴紧，压条与型材之间应无明显缝隙，压条接缝应不大于 0.5mm。

检验方法：观察；尺量检查。

一 般 项 目

5.6.8　玻璃表面应洁净，不得有腻子、密封胶、涂料等污渍。中空玻璃内外表面均应洁净，玻璃中空层内不得有灰尘和水蒸气。

检验方法：观察。

5.6.9　门窗玻璃不应直接接触型材。单面镀膜玻璃的镀膜层及磨砂玻璃的磨砂面应朝向室内。中空玻璃的单面镀膜玻璃应在最外层，镀膜层应朝向室内。

检验方法：观察。

5.6.10　腻子应填抹饱满、粘结牢固；腻子边缘与裁口应平齐。固定玻璃的卡子不应在腻子表面显露。

检验方法：观察。

5.2.52　暗龙骨吊顶检验批质量验收记录

1. 表格

暗龙骨吊顶检验批质量验收记录

03050101 ____
03050201 ____
03050301 ____

单位（子单位）工程名称			分部（子分部）工程名称			分项工程名称		
施工单位			项目负责人			检验批容量		
分包单位			分包单位项目负责人			检验批部位		
施工依据				验收依据		《建筑装饰装修工程施工质量验收规范》GB 50210－2001		

		验收项目		设计要求及规范规定	最小/实际抽样数量	检 查 记 录	检查结果
主控项目	1	标高、尺寸、起拱、造型		第6.2.2条	/		
	2	饰面材料		第6.2.3条	/		
	3	吊杆、龙骨、饰面材料安装		第6.2.4条	/		
	4	吊杆、龙骨材质间距及连接方式		第6.2.5条	/		
	5	石膏板接缝		第6.2.6条	/		
一般项目	1	材料表面质量		第6.2.7条	/		
	2	灯具等设备		第6.2.8条	/		
	3	龙骨、吊杆接缝		第6.2.9条	/		
	4	填充材料		第6.2.10条	/		

			允许偏差（mm）				最小/实际抽样数量	检查记录	检查结果
一般项目	5	安装允许偏差	项目	纸面石膏□	金属板□	矿棉板□	木板、塑料板、格栅□		
			表面平整度	3	2	2	2	/	
			接缝直线度	3	1.5	3	3	/	
			接缝高低差	1	1	1.5	1	/	

施工单位检查结果	专业工长： 项目专业质量检查员： 年 月 日
监理单位验收结论	专业监理工程师： 年 月 日

2. 验收依据说明

【规范名称及编号】《建筑装饰装修工程质量验收规范》GB 50210－2001

【条文摘录】

摘录一：

6.1.5 各分项工程的检验批应按下列规定划分：同一品种的吊顶工程每50间（大面积房间和走廊按吊顶面积30m² 为一间）应划分为一个检验批，不足50间也应划分为一个检验批。

6.1.6 检查数量应符合下列规定：每个检验批应至少抽查10%，并不得少于3间；不足3间时应全数检查。

摘录二：

6.2 暗龙骨吊顶工程

6.2.1 本节适用于以轻钢龙骨、铝合金龙骨、木龙骨等为骨架，以石膏板、金属板、矿棉板、木板、塑料板或格栅等为饰面材料的暗龙骨吊顶工程的质量验收。

主 控 项 目

6.2.2 吊顶标高、尺寸、起拱和造型应符合设计要求。检验方法：观察；尺量检查。

6.2.3 饰面材料的材质、品种、规格、图案和颜色应符合设计要求。

检验方法：观察；检查产品合格证书、性能检测报告、进场验收记录和复验报告。

6.2.4 暗龙骨吊顶工程的吊杆、龙骨和饰面材料的安装必须牢固。

检验方法：观察；手扳检查；检查隐蔽工程验收记录和施工记录。

6.2.5 吊杆、龙骨的材质、规格、安装间距及连接方式应符合设计要求。金属吊杆、龙骨应经过表面防腐处理；木吊杆、龙骨应进行防腐、防火处理。

检验方法：观察；尺量检查；检查产品合格证书、性能检测报告、进场验收记录和隐蔽工程验收记录。

6.2.6 石膏板的接缝应按其施工工艺标准进行板缝防裂处理。安装双层石膏板时，面层板与基层板的接缝应错开，并不得在同一根龙骨上接缝。

检验方法：观察。

一 般 项 目

6.2.7 饰面材料表面应洁净、色泽一致，不得有翘曲、裂缝及缺损。压条应平直、宽窄一致。

检验方法：观察；尺量检查。

6.2.8 饰面板上的灯具、烟感器、喷淋头、风口箅子等设备的位置应合理、美观，与饰面板的交接应吻合、严密。

检验方法：观察。

6.2.9 金属吊杆、龙平的接缝应均匀一致，角缝应吻合，表面应平整，无翘曲、锤印。木质吊杆、龙平应顺直，无劈裂、变形。

检验方法：检查隐蔽工程验收记录和施工记录。

6.2.10 吊顶内填充吸声材料的品种和铺设厚度应符合设计要求，并应有防散落措施。

检验方法：检查隐蔽工程验收记录和施工记录。

6.2.11 暗龙平吊顶工程安装的允许偏差和检验方法应符合表6.2.11的规定。

表 6.2.11 暗龙骨吊顶工程安装的允许偏差和检验方法

项次	项目	允许偏差（mm）				检验方法
		纸面石膏板	金属板	矿棉板	木板、塑料板、格栅	
1	表面平整度	3	2	2	3	用2m靠尺和塞尺检查
2	接缝直线度	3	1.5	3	3	拉5m线，不足5m拉通线，用钢直尺检查
3	接缝高低差	1	1	1.5	1	用钢直尺和塞尺检查

5.2.53 明龙骨吊顶检验批质量验收记录

1. 表格

明龙骨吊顶检验批质量验收记录

03050101 ____
03050201 ____
03050301 ____

单位（子单位）工程名称			分部（子分部）工程名称			分项工程名称		
施工单位			项目负责人			检验批容量		
分包单位			分包单位项目负责人			检验批部位		
施工依据					验收依据	《建筑装饰装修工程施工质量验收规范》GB 50210－2001		

验收项目			设计要求及规范规定	最小/实际抽样数量	检查记录	检查结果
主控项目	1	吊顶标高起拱及造型	第6.3.2条	/		
	2	饰面材料	第6.3.3条	/		
	3	饰面材料安装	第6.3.4条	/		
	4	吊杆、龙骨材质	第6.3.5条	/		
	5	吊杆、龙骨安装	第6.3.6条	/		
一般项目	1	饰面材料表面质量	第6.3.7条	/		
	2	灯具等设备	第6.3.8条	/		
	3	龙骨接缝	第6.3.9条	/		
	4	填充吸声材料	第6.3.10条	/		

			允许偏差（mm）				最小/实际抽样数量	检查记录	检查结果
一般项目	5	安装允许偏差	项目	石膏板 □	金属板 □	矿棉板 □	塑料板、玻璃板 □		
			表面平整度	3	2	2	2	/	
			接缝直线度	3	1.5	3	3	/	
			接缝高低差	1	1	1.5	1	/	

施工单位检查结果	专业工长： 项目专业质量检查员： 年 月 日
监理单位验收结论	专业监理工程师： 年 月 日

2. 验收依据说明

【规范名称及编号】《建筑装饰装修工程质量验收规范》GB 50210－2001

【条文摘录】

449

摘录一：

第 6.1.5、6.1.6 条（见《暗龙骨吊顶工程检验批质量验收记录表》的表格验收依据说明，本书第 447 页）。

摘录二：

6.3　明龙骨吊顶工程

6.3.1　本节适用于以轻钢龙骨、铝合金龙骨、木龙骨等为骨架，以石膏板、金属板、矿棉板、塑料板、玻璃板或格栅等饰面材料的明龙骨吊顶工程的质量验收。

主 控 项 目

6.3.2　吊顶标高、尺寸、起拱和造型应符合设计要求。检验方法：观察；尺量检查。

6.3.3　饰面材料的材质、品种、规格、图案和颜色应符合设计要求。当饰面材料为玻璃板时，应使用安全玻璃或采取可靠的安全措施。

检验方法：观察；检查产品合格证书、性能检测报告和进场验收记录。

6.3.4　饰面材料的安装应稳固严密。饰面材料与龙骨的搭接宽度应大于龙骨受力面宽度的 2/3。

检验方法：观察；手扳检查；尺量检查。

6.3.5　吊杆、龙骨的材质、规格、安装间距及连接方式应符合设计要求。金属吊杆、龙骨应进行表面防腐处理；木龙骨应进行防腐、防火处理。

检验方法：观察；尺量检查；检查产品合格证书、进场验收记录和隐蔽工程验收记录。

6.3.6　明龙骨吊顶工程的吊杆和龙骨安装必须牢固。

检验方法：手扳检查；检查隐蔽工程验收记录和施工记录。

一 般 项 目

6.3.7　饰面材料表面应洁净、色泽一致，不得有翘曲、裂缝及缺损。饰面板与明龙骨的搭接应平整、吻合，压条应平直、宽窄一致。检验方法：观察；尺量检查。

6.3.8　饰面板上的灯具、烟感器、喷淋头、风口篦子等设备的位置应合理、美观，与饰面板的交接应吻合、严密。

检验方法：观察。

6.3.9　金属龙骨的接缝应平整、吻合、颜色一致，不得有划伤、擦伤等表面缺陷。木质龙骨应平整、顺直，无劈裂。

检验方法：观察。

6.3.10　吊顶内填充吸声材料的品种和铺设厚度应符合设计要求，并应有防散落措施。

检验方法：检查隐蔽工程验收记录和施工记录。

6.3.11　明龙骨吊顶工程安装的允许偏差和检验方法应符合表 6.3.11 的规定。

表 6.3.11　明龙骨吊顶工程安装的允许偏差和检验方法

项次	项　　目	允许偏差（mm）				检验方法
		石膏板	金属板	矿棉板	塑料板、玻璃板	
1	表面平整度	3	2	3	3	用 2m 靠尺和塞尺检查
2	接缝直线度	3	2	3	3	拉 5m 线，不足 5m 拉通线，用钢直尺检查
3	接缝高低差	1	1	2	1	用钢直尺和塞尺检查

5.2.54　板材隔墙检验批质量验收记录

1. 表格

板材隔墙检验批质量验收记录

03060101 ____

单位（子单位） 工程名称			分部（子分部） 工程名称			分项工程 名称	
施工单位			项目负责人			检验批容量	
分包单位			分包单位 项目负责人			检验批部位	
施工依据				验收依据		《建筑装饰装修工程施工质量验收规范》 GB 50210－2001	

		验收项目	设计要求及 规范规定	最小/实际 抽样数量	检 查 记 录	检查 结果
主控项目	1	板材品种、规格、质量	第7.2.3条	/		
	2	预埋件、连接件	第7.2.4条	/		
	3	安装质量	第7.2.5条	/		
	4	接缝材料、方法	第7.2.6条	/		
一般项目	1	安装位置	第7.2.7条	/		
	2	表面质量	第7.2.8条	/		
	3	孔洞、槽、盒	第7.2.9条	/		

			复合轻质墙板		石膏空心板 □	钢丝网水泥 □	最小/实际 抽样数量	检查记录	检查 结果
一般项目	4	安装允许偏差（mm）	项目	金属夹芯 □	其他复合板 □					
			门窗槽口对角线长度差	2	3	3	3	/		
			门窗框的正侧面垂直度	2	3	3	3	/		
			框与扇、扇与扇接缝高低差	3	3	3	4	/		
			门窗扇对口缝	1	2	2	3	/		

施工单位 检查结果	专业工长： 项目专业质量检查员： 年　月　日
监理单位 验收结论	专业监理工程师： 年　月　日

2. 验收依据说明

【规范名称及编号】《建筑装饰装修工程质量验收规范》GB 50210－2001

【条文摘录】

7.2 板材隔墙工程

7.2.1 本节适用于复合轻质墙板石膏空心板预制或现制的钢丝网水泥板等板材隔墙工程的质量验收。

7.2.2 板材隔墙工程的检查数量应符合下列规定：

每个检验批应至少抽查10％并不得少于3间不足3间时应全数检查。

主 控 项 目

7.2.3 隔墙板材的品种规格性能颜色应符合设计要求有隔声隔热阻燃防潮等特殊要求的工程板材应有相应性能等级的检测报告。

检验方法：观察检查产品合格证书进场验收记录和性能检测报告。

7.2.4　安装隔墙板材所需预埋件连接件的位置数量及连接方法应符合设计要求。

检验方法：观察尺量检查检查隐蔽工程验收记录。

7.2.5　隔墙板材安装必须牢固现制钢丝网水泥隔墙与周边墙体的连接方法应符合设计要求并应连接牢固。

检验方法：观察手扳检查。

7.2.6　隔墙板材所用接缝材料的品种及接缝方法应符合设计要求。

检验方法：观察检查产品合格证书和施工记录。

一　般　项　目

7.2.7　隔墙板材安装应垂直平整位置正确板材不应有裂缝或缺损。

检验方法：观察尺量检查。

7.2.8　板材隔墙表面应平整光滑色泽一致洁净接缝应均匀顺直。

检验方法：观察手摸检查。

7.2.9　隔墙上的孔洞槽盒应位置正确套割方正边缘整齐。

检验方法：观察。

7.2.10　板材隔墙安装的允许偏差和检验方法应符合表7.2.10的规定。

表7.2.10　板材隔墙安装的允许偏差和检验方法

项次	项目	允许偏差（mm）				检验方法
		复合轻质墙板		石膏空心板	钢丝网水泥板	
		金属夹芯板	其他复合板			
1	立面垂直度	2	3	3	3	用2m垂直检测尺检查
2	表面平整度	2	3	3	3	用2m靠尺和塞尺检查
3	阴阳角方正	3	3	3	4	用直角检测尺检查
4	接缝高低差	1	2	2	3	用钢直尺和塞尺检查

5.2.55　骨架隔墙检验批质量验收记录

1. 表格

骨架隔墙检验批质量验收记录

03060201 ____

单位（子单位）工程名称			分部（子分部）工程名称		分项工程名称	
施工单位			项目负责人		检验批容量	
分包单位			分包单位项目负责人		检验批部位	
施工依据				验收依据	《建筑装饰装修工程施工质量验收规范》GB 50210-2001	

验收项目		设计要求及规范规定	最小/实际抽样数量	检查记录	检查结果
主控项目	1　材料品种、规格、质量	第7.3.3条	/		
	2　龙骨连接	第7.3.4条	/		
	3　龙骨间距及构造连接	第7.3.5条	/		
	4　防火、防腐	第7.3.6条	/		
	5　墙面板安装	第7.3.7条	/		
	6　墙面板接缝材料及方法	第7.3.8条	/		

续表

	验收项目	设计要求及规范规定	最小/实际抽样数量	检 查 记 录	检查结果
一般项目	1 表面质量	第7.3.9条	/		
	2 孔洞、槽、盒	第7.3.10条	/		
	3 填充材料	第7.3.11条	/		

		项目	允许偏差（mm）		最小/实际抽样数量	检查记录	检查结果
			纸面石膏板 □	人造木板、水泥纤维板 □			
一般项目	4 安装允许偏差	立面垂直度	3	4	/		
		表面平整度	3	3	/		
		阴阳角方正	3	3	/		
		接缝直线度	—	3	/		
		压条直线度	—	3	/		
		接缝高低差	1	1	/		

施工单位检查结果	专业工长： 项目专业质量检查员： 　　　　　　年　月　日
监理单位验收结论	专业监理工程师： 　　　　　　年　月　日

2. 验收依据说明

【规范名称及编号】《建筑装饰装修工程质量验收规范》GB 50210-2001

【条文摘录】

7.3 骨架隔墙工程

7.3.1 本节适用于以轻钢龙骨木龙骨等为骨架以纸面石膏板人造木板水泥纤维板等为墙面板的隔墙工程的质量验收。

7.3.2 骨架隔墙工程的检查数量应符合下列规定：

每个检验批应至少抽查10%并不得少于3间不足3间时应全数检查。

主 控 项 目

7.3.3 骨架隔墙所用龙骨配件墙面板填充材料及嵌缝材料的品种规格性能和木材的含水率应符合设计要求，有隔声隔热阻燃防潮等特殊要求的工程，材料应有相应性能等级的检测报告。

检验方法：观察检查产品合格证书进场验收记录性能检测报告和复验报告。

7.3.4 骨架隔墙工程边框龙骨必须与基体结构连接牢固并应平整垂直位置正确。

检验方法：手扳检查尺量检查检查隐蔽工程验收记录

7.3.5 骨架隔墙中龙骨间距和构造连接方法应符合设计要求骨架内设备管线的安装门窗洞口等部位加强龙骨应安装牢固，位置正确，填充材料的设置应符合设计要求。

检验方法：检查隐蔽工程验收记录

7.3.6 木龙骨及木墙面板的防火和防腐处理必须符合设计要求。

检验方法：检查隐蔽工程验收记录

7.3.7 骨架隔墙的墙面板应安装牢固无脱层翘曲折裂及缺损。

检验方法：观察手扳检查。

7.3.8　墙面板所用接缝材料的接缝方法应符合设计要求。

检验方法：观察。

一　般　项　目

7.3.9　骨架隔墙表面应平整光滑色泽一致洁净无裂缝接缝应均匀顺直。

检验方法：观察手摸检查。

7.3.10　骨架隔墙上的孔洞槽盒应位置正确套割吻合边缘整齐。

检验方法：观察。

7.3.11　骨架隔墙内的填充材料应干燥填充应密实均匀无下坠。

检验方法：轻敲检查检查隐蔽工程验收记录。

7.3.12　骨架隔墙安装的允许偏差和检验方法应符合表7.3.12的规定。

表7.3.12　骨架隔墙安装的允许偏差和检验方法

项次	项　目	允许偏差（mm）		检验方法
		纸面石膏板	人造木板、水泥纤维板	
1	立面垂直度	3	4	用2m垂直检测尺检查
2	表面平整度	3	3	用2m靠尺和塞尺检查
3	阴阳角方正	3	3	用直角检测尺检查
4	接缝直线度	—	3	拉5m线，不足5m拉通线，用钢直尺检查
5	压条直线度	—	3	拉5m线，不足5m拉通线，用钢直尺检查
6	接缝高低差	1	1	用钢直尺和塞尺检查

5.2.56　活动隔墙检验批质量验收记录

1. 表格

活动隔墙检验批质量验收记录

03060301 ____

单位（子单位）工程名称		分部（子分部）工程名称		分项工程名称	
施工单位		项目负责人		检验批容量	
分包单位		分包单位项目负责人		检验批部位	
施工依据			验收依据	《建筑装饰装修工程施工质量验收规范》GB 50210-2001	

	验收项目	设计要求及规范规定	最小/实际抽样数量	检查记录	检查结果
主控项目	1　材料品种、规格、质量	第7.4.3条	/		
	2　轨道安装	第7.4.4条	/		
	3　构配件安装	第7.4.5条	/		
	4　制作方法，组合方式	第7.4.6条	/		

续表

验收项目		设计要求及规范规定	最小/实际抽样数量	检 查 记 录	检查结果
一般项目	1　表面质量	第7.4.7条	/		
	2　孔洞、槽、盒	第7.4.8条	/		
	3　隔墙推拉	第7.4.9条	/		
	4　允许偏差　立面垂直度（mm）	3	/		
	表面平整度（mm）	2	/		
	接缝直线度（mm）	3	/		
	接缝高低差（mm）	2	/		
	接缝宽度（mm）	2	/		
施工单位检查结果		专业工长： 项目专业质量检查员： 　　　　　　年　月　日			
监理单位验收结论		专业监理工程师： 　　　　　　年　月　日			

2. 验收依据说明

【规范名称及编号】《建筑装饰装修工程质量验收规范》GB 50210—2001

【条文摘录】

7.4　活动隔墙工程

7.4.1　本节适用于各种活动隔墙工程的质量验收。

7.4.2　活动隔墙工程的检查数量应符合下列规定：

每个检验批应至少抽查20%并不得少于6间，不足6间时应全数检查。

主 控 项 目

7.4.3　活动隔墙所用墙板配件等材料的品种规格性能和木材的含水率应符合设计要求。有阻燃防潮等特性要求的工程材料应有相应性能等级的检测报告。检验方法：观察检查产品合格证书进场验收记录性能检测报告和复验报告。

7.4.4　活动隔墙轨道必须与基体结构连接牢固并应位置正确。

检验方法：尺量检查手扳检查。

7.4.5　活动隔墙用于组装推拉和制动的构配件必须安装牢固位置正确推拉必须安全平稳灵活。

检验方法：尺量检查手扳检查推拉检查。

7.4.6　活动隔墙制作方法组合方式应符合设计要求。

检验方法：观察。

一 般 项 目

7.4.7　活动隔墙表面应色泽一致平整光滑洁净线条应顺直清晰。

检验方法：观察手摸检查。

7.4.8　活动隔墙上的孔洞槽盒应位置正确套割吻合边缘整齐。

检验方法：观察尺量检查。

7.4.9　活动隔墙推拉应无噪声。

检验方法：推拉检查。

7.4.10　活动隔墙安装的允许偏差和检验方法应符合表7.4.10的规定。

表 7.4.10　活动隔墙安装的允许偏差和检验方法

项次	项目	允许偏差（mm）	检验方法
1	立面垂直度	3	用 2m 垂直检测尺检查
2	表面平整度	2	用 2m 靠尺和塞尺检查
3	接缝直线度	3	拉 5m 线，不足 5m 拉通线，用钢直尺检查
4	接缝高低差	2	用钢直尺和塞尺检查
5	接缝宽度	2	用钢直尺检查

5.2.57　玻璃隔墙检验批质量验收记录

1. 表格

玻璃隔墙检验批质量验收记录

03060401 ____

单位（子单位）工程名称			分部（子分部）工程名称		分项工程名称	
施工单位			项目负责人		检验批容量	
分包单位			分包单位项目负责人		检验批部位	
施工依据				验收依据	《建筑装饰装修工程施工质量验收规范》GB 50210-2001	

		验收项目	设计要求及规范规定	最小/实际抽样数量	检查记录	检查结果
主控项目	1	材料品种、规格、质量	第 7.5.3 条	/		
	2	砌筑或安装	第 7.5.4 条	/		
	3	砖隔墙拉结筋	第 7.5.5 条	/		
	4	板隔墙安装	第 7.5.6 条	/		
一般项目	1	表面质量	第 7.5.7 条	/		
	2	接缝	第 7.5.8 条	/		
	3	嵌缝及勾缝	第 7.5.9 条	/		

			项目	允许偏差（mm）		最小/实际抽样数量	检查记录	检查结果
				玻璃砖 □	玻璃板 □			
一般项目	4	安装允许偏差	立面垂直度	3	2	/		
			表面平整度	3	—	/		
			阴阳角方正	—	2	/		
			接缝直线度	—	2	/		
			接缝高低差	3	2	/		
			接缝宽度	—	1	/		

施工单位检查结果	专业工长： 项目专业质量检查员： 　　　　　　　年　月　日
监理单位验收结论	专业监理工程师： 　　　　　　　年　月　日

2. 验收依据说明

【规范名称及编号】《建筑装饰装修工程质量验收规范》GB 50210—2001

【条文摘录】

7.5 玻璃隔墙工程

7.5.1 本节适用于玻璃砖玻璃板隔墙工程的质量验收。

7.5.2 玻璃隔墙工程的检查数量应符合下列规定:

每个检验批应至少抽查20％并不得少于6间不足6间时应全数检查。

主 控 项 目

7.5.3 玻璃隔墙工程所用材料的品种规格性能图案和颜色应符合设计要求。玻璃板隔墙应使用安全玻璃。

检验方法：观察检查产品合格证书进场验收记录和性能检测报告。

7.5.4 玻璃砖隔墙的砌筑或玻璃板隔墙的安装方法应符合设计要求。

检验方法：观察。

7.5.5 玻璃砖隔墙砌筑中埋设的拉结筋必须与基体结构连接牢固并应位置正确。

检验方法：手扳检查尺量检查检查隐蔽工程验收记录。

7.5.6 玻璃板隔墙的安装必须牢固玻璃板隔墙胶垫的安装应正确。

检验方法：观察手推检查检查施工记录。

一 般 项 目

7.5.7 玻璃隔墙表面应色泽一致平整洁净清晰美观。

检验方法：观察。

7.5.8 玻璃隔墙接缝应横平竖直玻璃应无裂痕缺损和划痕。

检验方法：观察。

7.5.9 玻璃板隔墙嵌缝及玻璃砖隔墙勾缝应密实平整均匀顺直深浅一致。

检验方法：观察。

7.5.10 玻璃隔墙安装的允许偏差和检验方法应符合表7.5.10的规定。

表 7.5.10 玻璃隔墙安装的允许偏差和检验方法

项 次	项 目	允许偏差（mm）		检验方法
		玻璃砖	玻璃板	
1	立面垂直度	3	2	用2m垂直检测尺检查
2	表面平整度	3	—	用2m靠尺和塞尺检查
3	阴阳角方正	—	2	用直角检测尺检查
4	接缝直线度	—	2	拉5m线，不足5m拉通线，用钢直尺检查
5	接缝高低差	3	2	用钢直尺和塞尺检查
6	接缝宽度	—	1	用钢直尺检查

5.2.58 石材安装检验批质量验收记录

1. 表格

石材安装检验批质量验收记录

03070101 ____

单位（子单位）工程名称			分部（子分部）工程名称		分项工程名称	
施工单位			项目负责人		检验批容量	
分包单位			分包单位项目负责人		检验批部位	
施工依据				验收依据	《建筑装饰装修工程施工质量验收规范》GB 50210-2001	

		验收项目	设计要求及规范规定	最小/实际抽样数量	检 查 记 录	检查结果
主控项目	1	饰面板品种、规格、质量	第8.2.2条	/		
	2	饰面板孔、槽、位置、尺寸	第8.2.3条	/		
	3	饰面板安装	第8.2.4条	/		
一般项目	1	饰面板表面质量	第8.2.5条	/		
	2	饰面板嵌缝	第8.2.6条	/		
	3	湿作业施工	第8.2.7条	/		
	4	饰面板孔洞套割	第8.2.8条	/		

			允许偏差（mm）			最小/实际抽样数量	检查记录	检查结果
一般项目	5	安装允许偏差	项目	光面 □	剁斧石 □	蘑菇石 □			
			立面垂直度	2	3	3	/		
			表面平整度	2	3	1	/		
			阴阳角方正	2	4	4	/		
			接缝直线度	2	4	4	/		
			墙裙勒角上口直线度	2	3	3	/		
			接缝高低差	0.5	3	—	/		
			接缝宽度	1	2	2	/		

施工单位检查结果	专业工长： 项目专业质量检查员： 年 月 日
监理单位验收结论	专业监理工程师： 年 月 日

2. 验收依据说明

【规范名称及编号】《建筑装饰装修工程质量验收规范》GB 50210—2001

【条文摘录】

摘录一：

8.1.5　各分项工程的检验批应按下列规定划分：

1　相同材料工艺和施工条件的室内饰面板（砖）工程每50间（大面积房间和走廊按施工面积30m² 为一间）应划分为一个检验批不足50间也应划分为一个检验批。

2　相同材料工艺和施工条件的室外饰面板（砖）工程每500～1000m² 应划分为一个检验批，不足

500m² 也应划分为一个检验批。

8.1.6 检查数量应符合下列规定：

1 室内每个检验批应至少抽查 10% 并不得少于 3 间不足 3 间时应全数检查。

2 室外每个检验批，每 100m² 应至少抽查一处，每处不得小于 10m²。

摘录二：

8.2 饰面板安装工程

8.2.1 本节适用于内墙饰面板安装工程和高度不大于 24m 抗震设防烈度不大于 7 度的外墙饰面板安装工程的质量验收。

主 控 项 目

8.2.2 饰面板的品种规格颜色和性能应符合设计要求。木龙骨木饰面板和塑料饰面板的燃烧性能等级应符合设计要求。

检验方法：观察检查产品合格证书进场验收记录和性能检测报告。

8.2.3 饰面板孔槽的数量位置和尺寸应符合设计要求。

检验方法：检查进场验收记录和施工记录。

8.2.4 饰面板安装工程的预埋件（或后置埋件）连接件的数量、规格、位置、连接。方法和防腐处理必须符合设计要求。后置埋件的现场拉拔强度必须符合设计要求。饰面板安装必须牢固。

检验方法：手扳检查、检查进场验收记录、现场拉拔检测报告、隐蔽工程验收记录和施工记录。

一 般 项 目

8.2.5 饰面板表面应平整洁净、色泽一致、无裂痕。缺损石材表面应无泛碱等污染。

检验方法：观察。

8.2.6 饰面板嵌缝应密实平直。宽度和深度应符合设计要求。嵌填材料色泽应一致。

检验方法：观察尺量检查。

8.2.7 采用湿作业法施工的饰面板工程石材应进行防碱背涂处理。饰面板与基体之间的灌注材料应饱满密实。

检验方法：用小锤轻击检查检查施工记录。

8.2.8 饰面板上的孔洞应套割吻合边缘应整齐。

检验方法：观察。

8.2.9 饰面板安装的允许偏差和检验方法应符合表 8.2.9 的规定。

表 8.2.9 饰面板安装的允许偏差和检验方法

项次	项 目	允许偏差（mm）							检验方法
		石 材			瓷板	木材	塑料	金属	
		光面	剁斧石	蘑菇石					
1	立面垂直度	2	3	3	2	1.5	2	2	用 2m 垂直检测尺检查
2	表面平整度	2	3	—	1.5	1	3	3	用 2m 靠尺和塞尺检查
3	阴阳角方正	2	4	4	2	1.5	3	3	用直角检测尺检查
4	接缝直线度	2	4	4	2	1	1	1	拉 5m 线，不足 5m 拉通线，用钢直尺检查
5	墙裙、勒脚上口直线度	2	3	3	2	2	2	2	拉 5m 线，不足 5m 拉通线，用钢直尺检查
6	接缝高低差	0.5	3	—	0.5	0.5	1	1	用钢直尺和塞尺检查
7	接缝宽度	1	2	2	1	1	1	1	用钢直尺检查

5.2.59 陶瓷板安装检验批质量验收记录

1. 表格

陶瓷板安装检验批质量验收记录

03070201 ____

单位（子单位）工程名称			分部（子分部）工程名称			分项工程名称	
施工单位			项目负责人			检验批容量	
分包单位			分包单位项目负责人			检验批部位	
施工依据					验收依据	《建筑装饰装修工程施工质量验收规范》 GB 50210 - 2001	

		验收项目	设计要求及规范规定	最小/实际抽样数量	检 查 记 录	检查结果
主控项目	1	饰面板品种、规格、质量	第8.2.2条	/		
	2	饰面板孔、槽、位置、尺寸	第8.2.3条	/		
	3	饰面板安装	第8.2.4条	/		
一般项目	1	饰面板表面质量	第8.2.5条	/		
	2	饰面板嵌缝	第8.2.6条	/		
	3	湿作业施工	第8.2.7条	/		
	4	饰面板孔洞套割	第8.2.8条	/		

			项　目	允许偏差（mm）	最小/实际抽样数量	检查记录	检查结果
一般项目	5	陶瓷板安装允许偏差	立面垂直度	2	/		
			表面平整度	1.5	/		
			阴阳角方正	2	/		
			接缝直线度	2	/		
			墙裙勒角上口直线度	2	/		
			接缝高低差	0.5	/		
			接缝宽度	1	/		

施工单位检查结果	专业工长： 项目专业质量检查员： 年　月　日
监理单位验收结论	专业监理工程师： 年　月　日

2. 验收依据说明

【规范名称及编号】《建筑装饰装修工程质量验收规范》GB 50210 - 2001

【条文摘录】

第8.1.5、8.1.6条（见《石材安装检验批质量验收记录》的表格验收依据说明）（见本书第458页）。

8.2 饰面板安装工程（见《石材安装检验批质量验收记录》的表格验收依据说明）（见本书

第 459 页）。

5.2.60 木板安装检验批质量验收记录

1. 表格

木板安装检验批质量验收记录

03070301____

单位（子单位） 工程名称			分部（子分部） 工程名称		分项工程 名称	
施工单位			项目负责人		检验批容量	
分包单位			分包单位 项目负责人		检验批部位	
施工依据				验收依据	《建筑装饰装修工程施工质量验收规范》 GB 50210－2001	

		验收项目	设计要求及 规范规定	最小/实际 抽样数量	检 查 记 录	检查 结果
主控项目	1	饰面板品种、规格、质量	第8.2.2条	/		
	2	饰面板孔、槽、位置、尺寸	第8.2.3条	/		
	3	饰面板安装	第8.2.4条	/		
一般项目	1	饰面板表面质量	第8.2.5条	/		
	2	饰面板嵌缝	第8.2.6条	/		
	3	湿作业施工	第8.2.7条	/		
	4	饰面板孔洞套割	第8.2.8条	/		

		项 目	允许偏差 （mm）	最小/实际 抽样数量	检查记录	检查 结果
一般项目	5 木板安装允许偏差	立面垂直度	1.5	/		
		表面平整度	1	/		
		阴阳角方正	1.5	/		
		接缝直线度	1	/		
		墙裙勒角上口直线度	2	/		
		接缝高低差	0.5	/		
		接缝宽度	1	/		

施工单位 检查结果	专业工长： 项目专业质量检查员： 年 月 日
监理单位 验收结论	专业监理工程师： 年 月 日

2. 验收依据说明

【规范名称及编号】《建筑装饰装修工程质量验收规范》GB 50210－2001

【条文摘录】

第 8.1.5、8.1.6 条（见《石材安装检验批质量验收记录》的表格验收依据说明）（见本书第 458 页）。

8.2 饰面板安装工程（见《石材安装检验批质量验收记录》的表格验收依据说明）（见本书第459页）。

5.2.61 金属板安装检验批质量验收记录

1. 表格

金属板安装检验批质量验收记录

03070401 ____

单位（子单位）工程名称			分部（子分部）工程名称			分项工程名称		
施工单位			项目负责人			检验批容量		
分包单位			分包单位项目负责人			检验批部位		
施工依据					验收依据	《建筑装饰装修工程施工质量验收规范》GB 50210-2001		

		验收项目	设计要求及规范规定	最小/实际抽样数量	检查记录	检查结果
主控项目	1	饰面板品种、规格、质量	第8.2.2条	/		
	2	饰面板孔、槽、位置、尺寸	第8.2.3条	/		
	3	饰面板安装	第8.2.4条	/		
一般项目	1	饰面板表面质量	第8.2.5条	/		
	2	饰面板嵌缝	第8.2.6条	/		
	3	湿作业施工	第8.2.7条	/		
	4	饰面板孔洞套割	第8.2.8条	/		

			项目	允许偏差（mm）	最小/实际抽样数量	检查记录	检查结果
一般项目	5	金属板安装允许偏差	立面垂直度	2	/		
			表面平整度	3	/		
			阴阳角方正	3	/		
			接缝直线度	1	/		
			墙裙勒角上口直线度	2	/		
			接缝高低差	1	/		
			接缝宽度	1	/		

施工单位检查结果	专业工长： 项目专业质量检查员： 年 月 日
监理单位验收结论	专业监理工程师： 年 月 日

2. 验收依据说明

【规范名称及编号】《建筑装饰装修工程质量验收规范》GB 50210-2001

【条文摘录】

第8.1.5、8.1.6条（见《石材安装检验批质量验收记录》的表格验收依据说明）（见本书第458页）。

8.2 饰面板安装工程（见《石材安装检验批质量验收记录》的表格验收依据说明）（见本书

第459页）。

5.2.62 塑料板安装检验批质量验收记录

1. 表格

塑料板安装检验批质量验收记录

03070501____

单位（子单位）工程名称		分部（子分部）工程名称		分项工程名称		
施工单位		项目负责人		检验批容量		
分包单位		分包单位项目负责人		检验批部位		
施工依据			验收依据	《建筑装饰装修工程施工质量验收规范》GB 50210－2001		

		验收项目	设计要求及规范规定	最小/实际抽样数量	检查记录	检查结果
主控项目	1	饰面板品种、规格、质量	第8.2.2条	/		
	2	饰面板孔、槽、位置、尺寸	第8.2.3条	/		
	3	饰面板安装	第8.2.4条	/		
一般项目	1	饰面板表面质量	第8.2.5条	/		
	2	饰面板嵌缝	第8.2.6条	/		
	3	湿作业施工	第8.2.7条	/		
	4	饰面板孔洞套割	第8.2.8条	/		

		项　目	允许偏差（mm）	最小/实际抽样数量	检查记录	检查结果
一般项目	5 塑料板安装允许偏差	立面垂直度	2	/		
		表面平整度	3	/		
		阴阳角方正	3	/		
		接缝直线度	1	/		
		墙裙勒角上口直线度	2	/		
		接缝高低差	1	/		
		接缝宽度	1	/		

施工单位检查结果	专业工长： 项目专业质量检查员： 　　　　　　　年　月　日
监理单位验收结论	专业监理工程师： 　　　　　　　年　月　日

2. 验收依据说明

【规范名称及编号】《建筑装饰装修工程质量验收规范》GB 50210－2001

【条文摘录】

第8.1.5、8.1.6条（见《石材安装检验批质量验收记录》的表格验收依据说明）（见本书第458页）。

8.2 饰面板安装工程（见《石材安装检验批质量验收记录》的表格验收依据说明）（见本书第459页）。

5.2.63　饰面砖粘贴检验批质量验收记录

1. 表格

饰面砖粘贴检验批质量验收记录

03080101 ____

03080201 ____

<table>
<tr><td>单位（子单位）
工程名称</td><td></td><td>分部（子分部）
工程名称</td><td></td><td>分项工程
名称</td><td></td></tr>
<tr><td>施工单位</td><td></td><td>项目负责人</td><td></td><td>检验批容量</td><td></td></tr>
<tr><td>分包单位</td><td></td><td>分包单位
项目负责人</td><td></td><td>检验批部位</td><td></td></tr>
<tr><td>施工依据</td><td></td><td colspan="2">验收依据</td><td colspan="2">《建筑装饰装修工程施工质量验收规范》
GB 50210－2001</td></tr>
</table>

<table>
<tr><td colspan="2" rowspan="2"></td><td rowspan="2">验收项目</td><td rowspan="2">设计要求及
规范规定</td><td rowspan="2">最小/实际
抽样数量</td><td rowspan="2">检 查 记 录</td><td rowspan="2">检查
结果</td></tr>
<tr></tr>
<tr><td rowspan="4">主控项目</td><td>1</td><td>饰面砖品种、规格、质量</td><td>第8.3.2条</td><td>/</td><td></td><td></td></tr>
<tr><td>2</td><td>饰面砖粘贴材料</td><td>第8.3.3条</td><td>/</td><td></td><td></td></tr>
<tr><td>3</td><td>饰面砖粘贴</td><td>第8.3.4条</td><td>/</td><td></td><td></td></tr>
<tr><td>4</td><td>满粘法施工</td><td>第8.3.5条</td><td>/</td><td></td><td></td></tr>
<tr><td rowspan="11">一般项目</td><td>1</td><td>饰面砖表面质量</td><td>第8.3.6条</td><td>/</td><td></td><td></td></tr>
<tr><td>2</td><td>阴阳角及非整砖</td><td>第8.3.7条</td><td>/</td><td></td><td></td></tr>
<tr><td>3</td><td>墙面突出物周围</td><td>第8.3.8条</td><td>/</td><td></td><td></td></tr>
<tr><td>4</td><td>饰面砖接缝、填嵌、宽深</td><td>第8.3.9条</td><td>/</td><td></td><td></td></tr>
<tr><td>5</td><td>滴水线（槽）</td><td>第8.3.10条</td><td>/</td><td></td><td></td></tr>
<tr><td rowspan="7">6</td><td rowspan="2">粘贴
允许
偏差</td><td rowspan="2">项目</td><td colspan="2">允许偏差（mm）</td><td rowspan="2">最小/实际
抽样数量</td><td rowspan="2">检查记录</td><td rowspan="2">检查
结果</td></tr>
<tr><td>外墙面砖
□</td><td>内墙面砖
□</td></tr>
<tr><td>立面垂直度</td><td>3</td><td>2</td><td>/</td><td></td><td></td></tr>
<tr><td>表面平整度</td><td>4</td><td>3</td><td>/</td><td></td><td></td></tr>
<tr><td>阴阳角方正</td><td>3</td><td>3</td><td>/</td><td></td><td></td></tr>
<tr><td>接缝直线度</td><td>3</td><td>2</td><td>/</td><td></td><td></td></tr>
<tr><td>接缝高低差</td><td>1</td><td>0.5</td><td>/</td><td></td><td></td></tr>
<tr><td>接缝宽度</td><td>1</td><td>1</td><td>/</td><td></td><td></td></tr>
</table>

<table>
<tr><td>施工单位
检查结果</td><td>专业工长：
项目专业质量检查员：

年　月　日</td></tr>
<tr><td>监理单位
验收结论</td><td>专业监理工程师：

年　月　日</td></tr>
</table>

2. 验收依据说明

【规范名称及编号】《建筑装饰装修工程质量验收规范》GB 50210－2001

【条文摘录】

摘录一：

第8.1.5、8.1.6条（见《石材安装检验批质量验收记录》的表格验收依据说明）（见本书第458页）。

摘录二：

8.3 饰面砖粘贴工程

8.3.1 本节适用于内墙饰面砖粘贴工程和高度不大于100m、抗震设防烈度不大于8度、采用满粘法施工的外墙饰面砖粘贴工程的质量验收。

主 控 项 目

8.3.2 饰面砖的品种规格图案颜色和性能应符合设计要求。

检验方法：观察检查；产品合格证书；进场验收记录；性能检测报告和复验报告。

8.3.3 饰面砖粘贴工程的找平防水粘结和勾缝材料及施工方法应符合设计要求及国家现行产品标准和工程技术标准的规定。

检验方法：检查产品合格证书、复验报告和隐蔽工程验收记录。

8.3.4 饰面砖粘贴必须牢固。

检验方法：检查样板件粘结强度、检测报告和施工记录。

8.3.5 满粘法施工的饰面砖工程应无空鼓裂缝。

检验方法：观察用小锤轻击检查。

一 般 项 目

8.3.6 饰面砖表面应平整洁净色泽一致无裂痕和缺损。

检验方法：观察。

8.3.7 阴阳角处搭接方式非整砖使用，部位应符合设计要求。

检验方法：观察。

8.3.8 墙面突出物周围的饰面砖应整砖套割吻合。边缘应整齐，墙裙贴脸突出墙面的厚度应一致。

检验方法：观察；尺量检查。

8.3.9 饰面砖接缝应平直光滑，填嵌应连续密实，宽度和深度应符合设计要求。

检验方法：观察；尺量检查。

8.3.10 有排水要求的部位应做滴水线（槽）。滴水线（槽）应顺直流水，坡向应正确，坡度应符合设计要求。

检验方法：观察；用水平尺检查。

8.3.11 饰面砖粘贴的允许偏差和检验方法应符合表8.3.11的规定。

表8.3.11 饰面砖粘贴的允许偏差和检验方法

项 次	项 目	允许偏差（mm）		检 验 方 法
		外墙面砖	内墙面砖	
1	立面垂直度	3	2	用2m垂直检测尺检查
2	表面平整度	4	3	用2m靠尺和塞尺检查
3	阴阳角方正	3	3	用直角检测尺检查
4	接缝直线度	3	2	拉5m线，不足5m拉通线，用钢直尺检查
5	接缝高低差	1	0.5	用钢直尺和塞尺检查
6	接缝宽度	1	1	用钢直尺检查

5.2.64 玻璃幕墙安装检验批质量验收记录

1. 表格

玻璃幕墙安装检验批质量验收记录

03090101 ____

单位（子单位）工程名称			分部（子分部）工程名称			分项工程名称	
施工单位			项目负责人			检验批容量	
分包单位			分包单位项目负责人			检验批部位	
施工依据					验收依据	《建筑装饰装修工程施工质量验收规范》GB 50210－2001	

		验收项目		设计要求及规范规定	最小/实际抽样数量	检 查 记 录	检查结果
主控项目	1	各种材料、构件、组件		第9.2.2条	/		
	2	造型和立面分格		第9.2.3条	/		
	3	玻璃		第9.2.4条	/		
	4	与主体结构连接件		第9.2.5条	/		
	5	连接件紧固件螺栓		第9.2.6条	/		
	6	玻璃下端托条		第9.2.7条	/		
	7	明框幕墙玻璃安装		第9.2.8条	/		
	8	超过4m高全玻璃幕墙安装		第9.2.9条	/		
	9	点支承幕墙安装		第9.2.10条	/		
	10	细部		第9.2.11条	/		
	11	幕墙防水		第9.2.12条	/		
	12	结构胶、密封胶打注		第9.2.13条	/		
	13	幕墙开启窗		第9.2.14条	/		
	14	防雷装置		第9.2.15条	/		
一般项目	1	幕墙表面质量		第9.2.16条	/		
	2	玻璃表面质量		第9.2.17条	/		
	3	铝合金型材表面质量		第9.2.18条	/		
	4	明框外露框或压条		第9.2.19条	/		
	5	密封胶缝		第9.2.20条	/		
	6	防火保温材料		第9.2.21条	/		
	7	隐蔽节点		第9.2.22条	/		
	8	明框幕墙安装允许偏差（mm）	幕墙垂直度　幕墙高度≤30m	10	/		
			30m＜幕墙高度≤60m	15	/		
			60m＜幕墙高度≤90m	20	/		
			幕墙高度＞90m	25	/		
			幕墙水平度　幕墙幅宽≤35m	5	/		
			幕墙幅宽＞35m	7	/		
			构件直线度	2	/		
			构件水平度　构件长度≤2m	2	/		
			构件长度＞2m	3	/		
			相邻构件错位	1	/		
			分格框对角线长度差　对角线长度≤2m	3	/		
			对角线长度＞2m	4	/		

施工单位检查结果	专业工长：项目专业质量检查员： 年　月　日
监理单位验收结论	专业监理工程师： 年　月　日

2. 验收依据说明

【规范名称及编号】《建筑装饰装修工程质量验收规范》GB 50210—2001

【条文摘录】

摘录一：

9.1.5 各分项工程的检验批应按下列规定划分：

1 相同设计、材料、工艺和施工条件的幕墙工程每 500～1000m² 应划分为一个检验批，不足 500m² 也应划分为一个检验批。

2 同一单位工程的不连续的幕墙工程应单独划分检验批。

3 对于异型或有特殊要求的幕墙，检验批的划分应根据幕墙的结构、工艺特点及幕墙工程规模，由监理单位（或建设单位）和施工单位协商确定。

9.1.6 检查数量应符合下列规定：

1 每个检验批每 100m² 应至少抽查一处，每处不得小于 10m²。

2 对于异型或有特殊要求的幕墙工程，应根据幕墙的结构和工艺特点，由监理单位（或建设单位）和施工单位协商确定。

摘录二：

9.2 玻璃幕墙工程

9.2.1 本节适用于建筑高度不大于 150 m、抗震设防烈度不大于 8 度的隐框玻璃幕墙、半隐框玻璃幕墙、明框玻璃幕墙、全玻璃幕墙及点支承玻璃幕墙工程的质量验收。

主 控 项 目

9.2.2 玻璃幕墙工程所使用的各种材料、构件和组件的质量，应符合设计要求及国家现行产品标准和工程技术规范的规定。

检验方法：检查材料、构件、组件的产品合格证书、进场验收记录、性能检测报告和材料的复验报告。

9.2.3 玻璃幕墙的造型和立面分格应符合设计要求。

检验方法：观察；尺量检查。

9.2.4 玻璃幕墙使用的玻璃应符合下列规定：

1 幕墙应使用安全玻璃，玻璃的品种、规格、颜色、光学性能及安装方向应符合设计要求。

2 幕墙玻璃的厚度不应小于 6.0 mm。全玻璃幕墙肋玻璃的厚度不应小于 12mm。

3 幕墙的中空玻璃应采用双道密封。明框幕墙的中空玻璃应采用聚硫密封胶及丁基密封胶；隐框和半隐框幕墙的中空玻璃应采用硅酮结构密封胶及丁基密封胶；镀膜面应在中空玻璃的第 2 或第 3 面上。

4 幕墙的夹层玻璃应采用聚乙烯醇缩丁醛（PVB）胶片干法加工夹层玻璃。点支承玻璃幕墙夹层胶片（PVB）厚度不应小于 0.76 mm。

5 钢化玻璃表面不得有损伤；8.0 mm 以下的钢化玻璃应进行引爆处理。

6 所有幕墙玻璃均应进行边缘处理。

检验方法：观察；尺量检查；检查施工记录。

9.2.5 玻璃幕墙与主体结构连接的各种预埋件、连接件、紧固件必须安装牢固，其数量、规格、位置、连接方法和防腐处理应符合设计要求。

检验方法：观察；检查隐蔽工程验收记录和施工记录。

9.2.6 各种连接件、紧固件的螺栓应有防松动措施；焊接连接应符合设计要求和焊接规范的规定。

检验方法：观察；检查隐蔽工程验收记录和施工记录。

9.2.7 隐框或半隐框玻璃幕墙，每块玻璃下端应设置两个铝合金或不锈钢托条，其长度不应小于 100mm，厚度不应小于 2mm，托条外端应低于玻璃外表面 2mm。

检验方法：观察；检查施工记录。

9.2.8　明框玻璃幕墙的玻璃安装应符合下列规定：

1　玻璃槽口与玻璃的配合尺寸应符合设计要求和技术标准的规定。

2　玻璃与构件不得直接接触，玻璃四周与构件凹槽底部应保持一定的空隙，每块玻璃下部应至少放置两块宽度与槽口宽度相同、长度不小于100mm的弹性定位垫块；玻璃两边嵌入量及空隙应符合设计要求。

3　玻璃四周橡胶条的材质、型号应符合设计要求，镶嵌应平整，橡胶条长度应比边框内槽长1.5%～2.0%，橡胶条在转角处应斜面断开，并应用胶粘剂粘结牢固后嵌入槽内。

检验方法：观察；检查施工记录。

9.2.9　高度超过4m的全玻璃幕墙应吊挂在主体结构上，吊夹具应符合设计要求，玻璃与玻璃，玻璃与玻璃肋之间的缝隙，应采用硅酮结构密封胶填嵌严密。

检验方法：观察；检查隐蔽工程验收记录和施工记录。

9.2.10　点支承玻璃幕墙应采用带万向头的活动不锈钢爪，其钢爪间的中心距离应大于250mm。

检验方法：观察；尺量检查。

9.2.11　玻璃幕墙四周、玻璃幕墙内表面与主体结构之间的连接节点、各种变形缝、墙角的连接节点应符合设计要求和技术标准的规定。

检验方法：观察；检查隐蔽工程验收记录和施工记录。

9.2.12　玻璃幕墙应无渗漏。

检验方法：在易渗漏部位进行淋水检查。

9.2.13　玻璃幕墙结构胶和密封胶的打注应饱满、密实、连续、均匀、无气泡，宽度和厚度应符合设计要求和技术标准的规定。

检验方法：观察；尺量检查；检查施工记录。

9.2.14　玻璃幕墙开启窗的配件应齐全，安装应牢固，安装位置和开启方向、角度应正确；开启应灵活，关闭应严密。

检验方法：观察；手扳检查；开启和关闭检查。

9.2.15　玻璃幕墙的防雷装置必须与主体结构的防雷装置可靠连接。

检验方法：观察；检查隐蔽工程验收记录和施工记录。

一　般　项　目

9.2.16　玻璃幕墙表面应平整、洁净；整幅玻璃的色泽应均匀一致；不得有污染和镀膜损坏。

检验方法：观察。

9.2.17　每平方米玻璃的表面质量和检验方法应符合表9.2.17的规定。

表9.2.17　每平方米玻璃的表面质量和检验方法

项次	项目	质量要求	检验方法
1	明显划伤和长度＜100mm的轻微划伤	不允许	观察
2	长度≤100mm的轻微划伤	≤8条	用钢尺检查
3	擦伤总面积	≤500mm²	用钢尺检查

9.2.18　一个分格铝合金型材的表面质量和检验方法应符合表9.2.18的规定。

表9.2.18　一个分格铝合金型材的表面质量和检验方法

项次	项目	质量要求	检验方法
1	明显划伤和长度＜100mm的轻微划伤	不允许	观察
2	长度≤100mm的轻微划伤	≤2条	用钢尺检查
3	擦伤总面积	≤500mm²	用钢尺检查

9.2.19 明框玻璃幕墙的外露框或压条应横平竖直,颜色、规格应符合设计要求,压条安装应牢固。单元玻璃幕墙的单元拼缝或隐框玻璃幕墙的分格玻璃拼缝应横平竖直、均匀一致。

检验方法:观察;手扳检查;检查进场验收记录。

9.2.20 玻璃幕墙的密封胶缝应横平竖直、深浅一致、宽窄均匀、光滑顺直。

检验方法:观察;手摸检查。

9.2.21 防火、保温材料填充应饱满、均匀,表面应密实、平整。

检验方法:检查隐蔽工程验收记录。

9.2.22 玻璃幕墙隐蔽节点的遮封装修应牢固、整齐、美观。

检验方法:观察;手扳检查。

9.2.23 明框玻璃幕墙安装的允许偏差和检验方法应符合表9.2.23的规定。

表 9.2.23　明框玻璃幕墙安装的允许偏差和检验方法

项次	项目		允许偏差(mm)	检验方法
1	幕墙垂直度	幕墙高度≤30m	10	用经纬仪检查
		30m<幕墙高度≤60m	15	
		60m<幕墙高度≤90m	20	
		幕墙高度>90m	25	
2	幕墙水平度	幕墙幅宽≤35m	5	用水平仪检查
		幕墙幅宽>35m	7	
3	构件直线度		2	用2m靠尺和塞尺检查
4	构件水平度	构件长度≤2m	2	用水平仪检查
		构件长度>2m	3	
5	相邻构件错位		1	用钢直尺检查
6	分格框对角线长度差	对角线长度≤2m	3	用钢尺检查
		对角线长度>2m	4	

9.2.24 隐框、半隐框玻璃幕墙安装的允许偏差和检验方法应符合表9.2.24的规定。

表 9.2.24　隐框、半隐框玻璃幕墙安装的允许偏差和检验方法

项次	项目		允许偏差(mm)	检验方法
1	幕墙垂直度	幕墙高度≤30m	10	用经纬仪检查
		30m<幕墙高度≤60m	15	
		60m<幕墙高度≤90m	20	
		幕墙高度>90m	25	
2	幕墙水平度	层高≤3m	3	用水平仪检查
		层高>3m	5	
3	幕墙表面平整度		2	用2m靠尺和塞尺检查
4	板材立面垂直度		2	用垂直检测尺检查
5	板材上沿水平度		2	用1m水平尺和钢直尺检查
6	相邻板材板角错位		1	用钢直尺检查
7	阳角方正		2	用直角检测尺检查
8	接缝直线度		3	拉5m线,不足5m拉通线,用钢直尺检查
9	接缝高低差		1	用钢直尺和塞尺检查
10	接缝宽度		1	用钢直尺检查

5.2.65 金属幕墙安装检验批质量验收记录

1. 表格

金属幕墙安装检验批质量验收记录

03090201 ____

<table>
<tr><td colspan="3">单位（子单位）
工程名称</td><td></td><td colspan="2">分部（子分部）
工程名称</td><td></td><td colspan="2">分项工程
名称</td><td></td></tr>
<tr><td colspan="3">施工单位</td><td></td><td colspan="2">项目负责人</td><td></td><td colspan="2">检验批容量</td><td></td></tr>
<tr><td colspan="3">分包单位</td><td></td><td colspan="2">分包单位
项目负责人</td><td></td><td colspan="2">检验批部位</td><td></td></tr>
<tr><td colspan="3">施工依据</td><td></td><td colspan="2"></td><td colspan="2">验收依据</td><td colspan="2">《建筑装饰装修工程施工质量验收规范》
GB 50210－2001</td></tr>
<tr><td colspan="3">验收项目</td><td>设计要求及
规范规定</td><td>最小/实际
抽样数量</td><td colspan="4">检 查 记 录</td><td>检查
结果</td></tr>
<tr><td rowspan="11">主控项目</td><td>1</td><td>材料、配件质量</td><td>第9.3.2条</td><td>/</td><td colspan="4"></td><td></td></tr>
<tr><td>2</td><td>造型和立面分格</td><td>第9.3.3条</td><td>/</td><td colspan="4"></td><td></td></tr>
<tr><td>3</td><td>金属面板质量</td><td>第9.3.4条</td><td>/</td><td colspan="4"></td><td></td></tr>
<tr><td>4</td><td>预埋件、后置埋件</td><td>第9.3.5条</td><td>/</td><td colspan="4"></td><td></td></tr>
<tr><td>5</td><td>立柱与预埋件与横梁连接，面板安装</td><td>第9.3.6条</td><td>/</td><td colspan="4"></td><td></td></tr>
<tr><td>6</td><td>防火、保温、防潮材料</td><td>第9.3.7条</td><td>/</td><td colspan="4"></td><td></td></tr>
<tr><td>7</td><td>框架及连接件防腐</td><td>第9.3.8条</td><td>/</td><td colspan="4"></td><td></td></tr>
<tr><td>8</td><td>防雷装置</td><td>第9.3.9条</td><td>/</td><td colspan="4"></td><td></td></tr>
<tr><td>9</td><td>连接节点</td><td>第9.3.10条</td><td>/</td><td colspan="4"></td><td></td></tr>
<tr><td>10</td><td>板缝注胶</td><td>第9.3.11条</td><td>/</td><td colspan="4"></td><td></td></tr>
<tr><td>11</td><td>防水</td><td>第9.3.12条</td><td>/</td><td colspan="4"></td><td></td></tr>
<tr><td rowspan="22">一般项目</td><td>1</td><td>金属板表面质量平整、洁净、色泽一致</td><td>第9.3.13条</td><td>/</td><td colspan="4"></td><td></td></tr>
<tr><td>2</td><td>压条平直、洁净、接口严密、安装牢固</td><td>第9.3.14条</td><td>/</td><td colspan="4"></td><td></td></tr>
<tr><td>3</td><td>密封胶缝横平竖直、深浅一致、宽窄均匀、光滑顺直</td><td>第9.3.15条</td><td>/</td><td colspan="4"></td><td></td></tr>
<tr><td>4</td><td>滴水线坡向正确、顺直</td><td>第9.3.16条</td><td>/</td><td colspan="4"></td><td></td></tr>
<tr><td>5</td><td>表面质量</td><td>第9.3.17条</td><td>/</td><td colspan="4"></td><td></td></tr>
<tr><td rowspan="17">6</td><td rowspan="17">安装允许偏差</td><td rowspan="4">幕墙垂直度</td><td>幕墙高度≤30m</td><td>10</td><td>/</td><td colspan="3"></td><td></td></tr>
<tr><td>30m＜幕墙高度≤60m</td><td>15</td><td>/</td><td colspan="3"></td><td></td></tr>
<tr><td>60m＜幕墙高度≤90m</td><td>20</td><td>/</td><td colspan="3"></td><td></td></tr>
<tr><td>幕墙高度＞90m</td><td>25</td><td>/</td><td colspan="3"></td><td></td></tr>
<tr><td rowspan="2">幕墙水平</td><td>层高≤3m</td><td>3</td><td>/</td><td colspan="3"></td><td></td></tr>
<tr><td>层高＞3m</td><td>5</td><td>/</td><td colspan="3"></td><td></td></tr>
<tr><td colspan="2">幕墙表面平整度</td><td>2</td><td>/</td><td colspan="3"></td><td></td></tr>
<tr><td colspan="2">板材立面垂直度</td><td>3</td><td>/</td><td colspan="3"></td><td></td></tr>
<tr><td colspan="2">板材上沿水平度</td><td>2</td><td>/</td><td colspan="3"></td><td></td></tr>
<tr><td colspan="2">相邻板材板角错位</td><td>1</td><td>/</td><td colspan="3"></td><td></td></tr>
<tr><td colspan="2">阳角方正</td><td>2</td><td>/</td><td colspan="3"></td><td></td></tr>
<tr><td colspan="2">接缝直线度</td><td>3</td><td>/</td><td colspan="3"></td><td></td></tr>
<tr><td colspan="2">接缝高低差</td><td>1</td><td>/</td><td colspan="3"></td><td></td></tr>
<tr><td colspan="4">施工单位
检查结果</td><td colspan="6">专业工长：
项目专业质量检查员：

年 月 日</td></tr>
<tr><td colspan="4">监理单位
验收结论</td><td colspan="6">专业监理工程师：

年 月 日</td></tr>
</table>

2. 验收依据说明

【规范名称及编号】《建筑装饰装修工程质量验收规范》GB 50210－2001

【条文摘录】

摘录一：

第 9.1.5、9.1.6 条（见《玻璃幕墙安装检验批质量验收记录》的表格验收依据说明，本书第 467 页）。

摘录二：

9.3　金属幕墙工程

9.3.1　本节适用于建筑高度不大于 150m 的金属幕墙工程的质量验收。

主　控　项　目

9.3.2　金属幕墙工程所使用的各种材料和配件，应符合设计要求及国家现行产品标准和工程技术规范的规定。

检验方法：检查产品合格证书、性能检测报告、材料进场验收记录和复验报告。

9.3.3　金属幕墙的造型和立面分格应符合设计要求。

检验方法：观察；尺量检查。

9.3.4　金属面板的品种、规格、颜色、光泽及安装方向应符合设计要求。

检验方法：观察；检查进场验收记录。

9.3.5　金属幕墙主体结构上的预埋件、后置埋件的数量、位置及后置埋件的拉拔力必须符合设计要求。

检验方法：检查拉拔力检测报告和隐蔽工程验收记录。

9.3.6　金属幕墙的金属框架立柱与主体结构预埋件的连接、立柱与横梁的连接、金属面板的安装必须符合设计要求，安装必须牢固。

检验方法：手扳检查；检查隐蔽工程验收记录。

9.3.7　金属幕墙的防火、保温、防潮材料的设置应符合设计要求，并应密实、均匀、厚度一致。

检验方法：检查隐蔽工程验收记录。

9.3.8　金属框架及连接件的防腐处理应符合设计要求。

检验方法：检查隐蔽工程验收记录和施工记录。

9.3.9　金属幕墙的防雷装置必须与主体结构的防雷装置可靠连接。

检验方法：检查隐蔽工程验收记录。

9.3.10　各种变形缝、墙角的连接节点应符合设计要求和技术标准的规定。

检验方法：观察；检查隐蔽工程验收记录。

9.3.11　金属幕墙的板缝注胶应饱满、密实、连续、均匀、无气泡，宽度和厚度应符合设计要求和技术标准的规定。

检验方法：观察；尺量检查；检查施工记录。

9.3.12　金属幕墙应无渗漏。检验方法：在易渗漏部位进行淋水检查。

一　般　项　目

9.3.13　金属板表面应平整、洁净、色泽一致。

检验方法：观察。

9.3.14　金属幕墙的压条应平直、洁净、接口严密、安装牢固。

检验方法：观察；手扳检查。

9.3.15　金属幕墙的密封胶缝应横增竖直、深浅一致、宽窄均匀、光滑顺直。

检验方法：观察。

9.3.16　金属幕墙上的滴水线、流水坡向应正确、顺直。

检验方法：观察；用水平尺检查。

9.3.17　每平方米金属板的表面质量和检验方法应符合表9.3.17的规定。

表9.3.17　每平方米金属板的表面质量和检验方法

项次	项目	质量要求	检验方法
1	明显划伤和长度>100mm的轻微划伤	不允许	观察
2	长度≤100mm的轻微划伤	≤8条	用钢尺检查
3	擦伤总面积	≤500mm²	用钢尺检查

9.3.18　金属幕墙安装的允许偏差和检验方法应符合表9.3.18的规定。

表9.3.18　金属幕墙安装的允许偏差和检验方法

项次	项目		允许偏差（mm）	检验方法
1	幕墙垂直度	幕墙高度≤30m	10	用经纬仪检查
		30m<幕墙高度≤60m	15	
		60m<幕墙高度≤90m	20	
		幕墙高度>90m	25	
2	幕墙水平度	层高≤3m	3	用水平仪检查
		层高>3m	5	
3	幕墙表面平整度		2	用2m靠尺和塞尺检查
4	板材立面垂直度		3	用垂直检测尺检查
5	板材上沿水平度		2	用1m水平尺和钢直尺检查
6	相邻板材板角错位		1	用钢直尺检查
7	阳角方正		2	用直角检测尺检查
8	接缝直线度		3	拉5m线，不足5m拉通线，用钢直尺检查
9	接缝高低差		1	用钢直尺和塞尺检查
10	接缝宽度		1	用钢直尺检查

5.2.66　石材幕墙安装检验批质量验收记录

1. 表格

石材幕墙安装检验批质量验收记录

03090301 ____

单位（子单位）工程名称		分部（子分部）工程名称		分项工程名称	
施工单位		项目负责人		检验批容量	
分包单位		分包单位项目负责人		检验批部位	
施工依据			验收依据	《建筑装饰装修工程施工质量验收规范》GB 50210-2001	

	验收项目	设计要求及规范规定	最小/实际抽样数量	检查记录	检查结果
主控项目	1　幕墙材料质量	第9.4.2条	/		
	2　造型、分格、颜色、光泽、花纹图案	第9.4.3条	/		
	3　石材孔、槽深度、位置、尺寸	第9.4.4条	/		

续表

				设计要求及规范规定	最小/实际抽样数量	检 查 记 录	检查结果
主控项目	4	预埋件和后置埋件		第9.4.5条	/		
	5	各种构件连接		第9.4.6条	/		
	6	框架和连接件防腐		第9.4.7条	/		
	7	防雷装置		第9.4.8条	/		
	8	防火、保温、防潮材料		第9.4.9条	/		
	9	结构变形缝、墙角连接点		第9.4.10条	/		
	10	表面和板缝处理		第9.4.11条	/		
	11	板缝注胶		第9.4.12条	/		
	12	防水		第9.4.13条	/		
一般项目	1	表面质量		第9.4.14条	/		
	2	压条		第9.4.15条	/		
	3	细部质量		第9.4.16条	/		
	4	密封胶缝		第9.4.17条	/		
	5	滴水线		第9.4.18条	/		
	6	石材表面质量		第9.4.19条	/		
	7	安装允许偏差（mm）	幕墙垂直度	幕墙高度≤30m	10	/		
				30m＜幕墙高度≤60m	15	/		
				60m＜幕墙高度≤90m	20	/		
				幕墙高度＞90m	25	/		
			幕墙水平度	3		/		
			幕墙表面平整度	光2	麻3	/		
			板材立面垂直度	3		/		
			板材上沿水平度	2		/		
			相邻板材板角错位	1		/		
			阳角方正	光2	麻4	/		
			接缝直线度	光3	麻4	/		
			接缝高低差	光1	麻1	/		
			接缝宽度	光1	麻2	/		

施工单位检查结果	专业工长： 项目专业质量检查员： 年 月 日
监理单位验收结论	专业监理工程师： 年 月 日

2. 验收依据说明

【规范名称及编号】《建筑装饰装修工程质量验收规范》GB 50210-2001

【条文摘录】

摘录一：

第9.1.5、9.1.6条（见《玻璃幕墙安装检验批质量验收记录》的表格验收依据说明，本书第467页）。

摘录二：

9.4　石材幕墙工程

9.4.1　本节适用于建筑高度不大于100m、抗震设防烈度不大于8度的石材幕墙工程的质量验收。

主 控 项 目

9.4.2　石材幕墙工程所用材料的品种、规格、性能等级，应符合设计要求及国家现行产品标准和工程技术规范的规定。石材的弯曲强度不应小于8.0MPa；吸水率应小于0.8%。石材幕墙的铝合金挂件厚度不应小于4.0mm，不锈钢挂件厚度不应小于3.0mm。

检验方法：观察；尺量检查；检查产品合格证书、性能检测报告、材料进场验收记录和复验报告。

9.4.3　石材幕墙的造型、立面分格、颜色、光泽、花纹和图案应符合设计要求。

检验方法：观察。

9.4.4　石材孔、槽的数量、深度、位置、尺寸应符合设计要求。

检验方法：检查进场验收记录或施工记录。

9.4.5　石材幕墙主体结构上的预埋件和后置埋件的位置、数量及后置埋件的拉拔力必须符合设计要求。

检验方法：检查拉拔力检测报告和隐蔽工程验收记录。

9.4.6　石材幕墙的金属框架立柱与主体结构预埋件的连接、立柱与横梁的连接、连接件与金属框架的连接、连接件与石材面板的连接必须符合设计要求，安装必须牢固。

检验方法：手扳检查；检查隐蔽工程验收记录。

9.4.7　金属框架的连接件和防腐处理应符合设计要求。

检验方法：检查隐蔽工程验收记录。

9.4.8　石材幕墙的防雷装置必须与主体结构防雷装置可靠连接。

检验方法：观察；检查隐蔽工程验收记录和施工记录。

9.4.9　石材幕墙的防火、保温、防潮材料的设置应符合设计要求，填充应密实、均匀、厚度一致。

检验方法：检查隐蔽工程验收记录。

9.4.10　各种结构变形缝、墙角的连接节点应符合设计要求和技术标准的规定。

检验方法：检查隐蔽工程验收记录和施工记录。

9.4.11　石材表面和板缝的处理应符合设计要求。

检验方法：观察。

9.4.12　石材幕墙的板缝注胶应饱满、密实、连续、均匀、无气泡，板缝宽度和厚度应符合设计要求和技术标准的规定。

检验方法：观察；尺量检查；检查施工记录。

9.4.13　石材幕墙应无渗漏。

检验方法：在易渗漏部位进行淋水检查。

一 般 项 目

9.4.14　石材幕墙表面应平整、洁净，无污染、缺损和裂痕。颜色和花纹应协调一致，无明显色差，无明显修痕。

检验方法：观察。

9.4.15 石材幕墙的压条应平直、洁净、接口严密、安装牢固。

检验方法：观察；手扳检查。

9.4.16 石材接缝应横平竖直、宽窄均匀；阴阳角石板压向应正确，板边合缝应顺直；凸凹线出墙厚度应一致，上下口应平直；石材面板上洞口、槽边应套割吻合，边缘应整齐。

检验方法：观察；尺量检查。

9.4.17 石材幕墙的密封胶缝应横平竖直、深浅一致、宽窄均匀、光滑顺直。

检验方法：观察。

9.4.18 石材幕墙上的滴水线、流水坡向应正确、顺直。

检验方法：观察；用水平尺检查。

9.4.19 每平方米石材的表面质量和检验方法应符合表9.4.19的规定。

表 9.4.19 每平方米石材的表面质量和检验方法

项次	项目	质量要求	检验方法
1	明显划伤和长度＞100mm 的轻微划伤	不允许	观察
2	长度≤100mm 的轻微划伤	≤8 条	用钢尺检查
3	擦伤总面积	≤500mm²	用钢尺检查

9.4.20 石材幕墙安装的允许偏差和检验方法应符合表9.4.20的规定。

表 9.4.20 石材幕墙安装的允许偏差和检验方法

项次	项 目		允许偏差（mm）		检 验 方 法
			光面	麻面	
1	幕墙垂直度	幕墙高度≤30m	10		用经纬仪检查
		30m＜幕墙高度≤60m	15		
		60m＜幕墙高度≤90m	20		
		幕墙高度＞90m	25		
2	幕墙水平度		3		用水平仪检查
3	板材立面垂直度		3		用水平仪检查
4	板材上沿水平度		2		用1m水平尺和钢直尺检查
5	相邻板材板角错位		1		用钢直尺检查
6	阳角方正		2	3	用垂直检测尺检查
7	接缝直线度		2	4	用直角检测尺检查
8	接缝高低差		3	4	拉5m线，不足5m拉通线，用钢直尺检查
9	接缝宽度		1	—	用钢直尺和塞尺检查
10	板材立面垂直度		1	2	用钢直尺检查

5.2.67 水性涂料涂饰检验批质量验收记录

1. 表格

水性涂料涂饰检验批质量验收记录

03100101____

单位（子单位）工程名称		分部（子分部）工程名称		分项工程名称	
施工单位		项目负责人		检验批容量	
分包单位		分包单位项目负责人		检验批部位	
施工依据			验收依据	《建筑装饰装修工程施工质量验收规范》GB 50210－2001	

		验收项目		设计要求及规范规定	最小/实际抽样数量	检查记录	检查结果
主控项目	1	涂料品种、型号、性能		第10.2.2条	/		
	2	涂饰颜色和图案		第10.2.3条	/		
	3	涂饰综合质量		第10.2.4条	/		
	4	基层处理		第10.2.5条	/		
一般项目	1	与其他材料和设备衔接处		第10.2.9条	/		
	2	薄涂料涂饰质量允许偏差	颜色 普通涂饰	均匀一致	/		
			颜色 高级涂饰	均匀一致	/		
			泛碱、咬色 普通涂饰	允许少量轻微	/		
			泛碱、咬色 高级涂饰	不允许	/		
			流坠、疙瘩 普通涂饰	允许少量轻微	/		
			流坠、疙瘩 高级涂饰	不允许	/		
			砂眼、刷纹 普通涂饰	允许少量轻微砂眼、刷纹通顺	/		
			砂眼、刷纹 高级涂饰	无砂眼、无刷纹	/		
			装饰线、分色线直线度 普通涂饰	2mm	/		
			装饰线、分色线直线度 高级涂饰	1mm	/		
	3	厚涂料涂饰质量允许偏差	颜色 普通涂饰	均匀一致	/		
			颜色 高级涂饰	均匀一致	/		
			泛碱、咬色 普通涂饰	允许少量轻微	/		
			泛碱、咬色 高级涂饰	不允许	/		
			点状分布 普通涂饰	—	/		
			点状分布 高级涂饰	疏密均匀	/		
	4	复层涂饰质量允许偏差	颜色	均匀一致	/		
			泛碱、咬色	不允许	/		
			喷点疏密程度	均匀，不允许连片	/		
施工单位检查结果				专业工长：项目专业质量检查员： 年 月 日			
监理单位验收结论				专业监理工程师： 年 月 日			

2. 验收依据说明

【规范名称及编号】《建筑装饰装修工程质量验收规范》GB 50210－2001

【条文摘录】

摘录一：

10.1.3 各分项工程的检验批应按下列规定划分：

1 室外涂饰工程每一栋楼的同类涂料涂饰的墙面每 500～1000m² 应划分为一个检验批，不足 500m² 也应划分为一个检验批。

2 室内涂饰工程同类涂料涂饰墙面每 50 间（大面积房间和走廊按涂饰面积 30 m² 为一间）应划分为一个检验批，不足 50 间也应划分为一个检验批。

10.1.4 检查数量应符合下列规定：

1 室外涂饰工程每 100m² 应至少检查一处，每处不得小于 10m²。

2 室内涂饰工程每个检验应至少抽查 10%，并不得少于 3 间；不足 3 间时应全数检查。

摘录二：

10.2 水性涂料涂饰工程。

10.2.1 本节适用于乳液型涂料、无机涂料、水溶性涂料等水性涂料涂饰工程的质量验收。

主 控 项 目

10.2.2 水性涂料涂饰工程所用涂料的品种、型号和性能应符合设计要求。

检验方法：检查产品合格证书、性能检测报告和进场验收记录。

10.2.3 水性涂料涂饰工程的颜色、图案应符合设计要求。

检验方法：观察。

10.2.4 水性涂料涂饰工程应涂饰均匀、粘结牢固，不得漏涂、透底、起皮和掉粉。

检验方法：观察；手摸检查。

10.2.5 水性涂料涂饰工程的基层处理应符合本规范第 10.1.5 条的要求。

检验方法：观察；手摸检查；检查施工记录。

一 般 项 目

10.2.6 薄涂料的涂饰质量和检验方法应符合表 10.2.6 的规定。

表 10.2.6 薄涂料的涂饰质量和检验方法

项次	项 目	普通涂饰	高级涂饰	检验方法
1	颜色	均匀一致	均匀一致	观察
2	泛碱、咬色	允许少量轻微	不允许	
3	流坠、疙瘩	允许少量轻微	不允许	
4	砂眼、刷纹	允许少量轻微砂眼、刷纹通顺	无砂眼，无刷纹	
5	装饰线、分色线直线度允许偏差（mm）	2	1	拉 5m 线，不足 5m 拉通线，用钢直尺检查

10.2.7 厚涂料的涂饰质量和检验方法应符合表 10.2.7 的规定。

表 10.2.7 厚涂料的涂饰质量和检验方法

项次	项 目	普通涂饰	高级涂饰	检验方法
1	颜 色	均匀一致	均匀一致	观察
2	泛碱、咬色	允许少量轻微	不允许	
3	点状分布	—	疏密均匀	

10.2.8 复合涂料的涂饰质量和检验方法应符合表 10.2.8 的规定。

表 10.2.8 复合涂料的涂饰质量和检验方法

项次	项 目	质 量 要 求	检 验 方 法
1	颜色	均匀一致	观 察
2	泛碱、咬色	不允许	
3	喷点疏密程度	均匀，不允许连片	

10.2.9　涂层与其他装修材料和设备衔接处应吻合，界面应清晰。

检验方法：观察。

5.2.68　溶剂型涂料涂饰检验批质量验收记录

1. 表格

溶剂型涂料涂饰检验批质量验收记录

03100201____

单位（子单位）工程名称				分部（子分部）工程名称			分项工程名称	
施工单位				项目负责人			检验批容量	
分包单位				分包单位项目负责人			检验批部位	
施工依据					验收依据		《建筑装饰装修工程施工质量验收规范》GB 50210－2001	

		验收项目			设计要求及规范规定	最小/实际抽样数量	检 查 记 录	检查结果
主控项目	1	涂料品种、型号、性能			第10.3.2条	/		
	2	颜色、光泽、图案			第10.3.3条	/		
	3	涂饰综合质量			第10.3.4条	/		
	4	基层处理			第10.3.5条	/		
一般项目	1	与其他材料、设备衔接处界面应清晰			第10.3.8条	/		
	2	色漆涂饰质量及允许偏差	颜色	普通涂饰	均匀一致	/		
				高级涂饰	均匀一致	/		
			光泽、光滑	普通涂饰	光泽基本均匀光滑无挡手感	/		
				高级涂饰	光泽均匀一致光滑	/		
			刷纹	普通涂饰	刷纹通顺	/		
				高级涂饰	无刷纹	/		
			裹棱、流坠、皱皮	普通涂饰	明显处不允许	/		
				高级涂饰	不允许	/		
			装饰线分色线直线度	普通涂饰	2mm	/		
				高级涂饰	1mm	/		
	3	清漆涂饰质量	颜色	普通涂饰	基本一致	/		
				高级涂饰	均匀一致	/		
			木纹	普通涂饰	棕眼刮平、木纹清楚	/		
				高级涂饰	棕眼刮平、木纹清楚	/		
			光泽、光滑	普通涂饰	光泽基本均匀光滑无挡手感	/		
				高级涂饰	光泽均匀一致光滑	/		
			刷纹	普通涂饰	无刷纹	/		
				高级涂饰	无刷纹	/		
			裹棱、流坠、皱皮	普通涂饰	明显处不允许	/		
				高级涂饰	不允许	/		
施工单位检查结果				专业工长：项目专业质量检查员：　　　　　年　月　日				
监理单位验收结论				专业监理工程师：　　　　　年　月　日				

2. 验收依据说明

【规范名称及编号】《建筑装饰装修工程质量验收规范》GB 50210－2001

【条文摘录】

摘录一：

第10.1.3、10.1.4条（见《水性涂料涂饰检验批质量验收记录》的表格验收依据说明，本书第477页）。

摘录二：

10.3 溶剂型涂料涂饰工程。

10.3.1 本节适用于丙烯酸酯涂料、聚氨酯丙烯酸涂料、有机硅丙烯酸涂料等溶剂型涂料涂饰工程的质量验收。

主 控 项 目

10.3.2 溶剂型涂料涂饰工程所选用涂料的品种、型号和性能应符合设计要求。

检验方法：检查产品合格证书、性能检测报告和进场验收记录。

10.3.3 溶剂型涂料涂饰工程的颜色、光泽、图案应符合设计要求。

检验方法：观察。

10.3.4 溶剂型涂料涂饰工程应涂饰均匀、粘结牢固，不得漏涂、透底、起皮和反锈。

检验方法：观察；手摸检查。

10.3.5 溶剂型涂料涂饰工程的基层处理应符合本规范第10.2.5条的要求。

检验方法：观察；手摸检查；检查施工记录。

一 般 项 目

10.3.6 色漆的涂饰质量和检验方法应符合表10.3.6的规定。

表 10.3.6 色漆的涂饰质量和检验方法

项次	项 目	变通涂饰	高级涂饰	检验方法
1	颜色	均匀一致	均匀一致	观察
2	光泽、光滑	光泽基本均匀光滑无挡手感	光泽均匀一致光滑	观察、手摸检查
3	刷纹	刷纹通顺	无刷纹	观察
4	裹棱、流坠、皱皮	明显处不允许	不允许	观察
5	装饰线、分色线直线度允许偏差（mm）	2	1	拉5m线，不足5m拉通线，用钢直尺检查

注：无光色漆不检查光泽。

10.3.7 清漆的涂饰质量和检验方法应符合表10.3.7的规定。

表 10.3.7 漆的涂饰质量和检验方法

项次	项 目	普通涂饰	高级涂饰	检验方法
1	颜色	基本一致	均匀一致	观察
2	木纹	棕眼刮平、木纹清楚	棕眼刮平、木纹清楚	观察
3	光泽、光滑	光泽基本均匀光滑无挡手感	光泽均匀一致光滑	观察、手摸检查
4	刷纹	无刷纹	无刷纹	观察
5	裹棱、流坠、皱皮	明显处不允许	不允许	观察

10.3.8 涂层与其他装修材料和设备衔接处应吻合，界面应清晰。

检验方法：观察。

5.2.69 美术涂饰检验批质量验收记录

1. 表格

美术涂饰检验批质量验收记录

03100301 ____

单位（子单位）工程名称			分部（子分部）工程名称		分项工程名称	
施工单位			项目负责人		检验批容量	
分包单位			分包单位项目负责人		检验批部位	
施工依据				验收依据	《建筑装饰装修工程施工质量验收规范》GB 50210-2001	

		验收项目	设计要求及规范规定	最小/实际抽样数量	检 查 记 录	检查结果
主控项目	1	材料品种、型号、性能	第10.4.2条	/		
	2	涂饰综合质量	第10.4.3条	/		
	3	基层处理	第10.4.4条	/		
	4	套色、花纹、图案	第10.4.5条	/		
一般项目	1	表面质量	第10.4.6条	/		
	2	仿花纹涂饰表面质量	第10.4.7条	/		
	3	套色涂饰图案	第10.4.8条	/		

施工单位检查结果	专业工长： 项目专业质量检查员： 年 月 日
监理单位验收结论	专业监理工程师： 年 月 日

2. 验收依据说明

【规范名称及编号】《建筑装饰装修工程质量验收规范》GB 50210－2001

【条文摘录】

摘录一：

第10.1.3、10.1.4条（见《水性涂料涂饰检验批质量验收记录》的表格验收依据说明，本书第477页）。

摘录二：

10.4 美术涂饰工程

10.4.1 本节适用于套色涂饰、滚花涂饰、仿花纹涂饰等室内外美术涂饰工程的质量验收。

主 控 项 目

10.4.2 美术涂饰所用材料的品种、型号和性能应符合设计要求。

检验方法：观察；检查产品合格证书、性能检测报告和进场验收记录。

10.4.3 美术涂饰工程应涂饰均匀、粘结牢固，不得有漏涂、透底、起皮、掉粉和反锈。

检验方法：观察；手摸检查。

10.4.4 美术涂饰工程的基层处理应符合本规范第10.1.5条的要求。

检验方法：观察；手摸检查；检查施工记录。

10.4.5 美术涂饰的套色、花纹和图案应符合设计要求。

检验方法：观察。

一 般 项 目

10.4.6 美术涂饰表面应洁净，不得有流坠现象。

检验方法：观察。

10.4.7 仿花纹涂饰的饰面应具有被模仿材料的纹理。

检验方法：观察。

10.4.8 套色涂饰的图案不得移位，纹理和轮廓应清晰。

检验方法：观察。

5.2.70 裱糊检验批质量验收记录

1. 表格

裱糊检验批质量验收记录

03110101 ____

单位（子单位）工程名称		分部（子分部）工程名称		分项工程名称	
施工单位		项目负责人		检验批容量	
分包单位		分包单位项目负责人		检验批部位	
施工依据		验收依据		《建筑装饰装修工程施工质量验收规范》GB 50210－2001	

		验收项目	设计要求及规范规定	最小/实际抽样数量	检 查 记 录	检查结果
主控项目	1	材料品种、型号、规格、性能	第11.2.2条	/		
	2	基层处理	第11.2.3条	/		
	3	各幅拼接	第11.2.4条	/		
	4	壁纸、墙布粘贴	第11.2.5条	/		

续表

验收项目		设计要求及规范规定	最小/实际抽样数量	检 查 记 录	检查结果
一般项目	1 褙糊表面质量	第11.2.6条	/		
	2 壁纸压痕及发泡层	第11.2.7条	/		
	3 与装饰线、设备线盒交接	第11.2.8条	/		
	4 壁纸、墙布边缘	第11.2.9条	/		
	5 壁纸、墙布阴、阳角无接缝	第11.2.10条	/		

施工单位检查结果	专业工长： 项目专业质量检查员： 年 月 日
监理单位验收结论	专业监理工程师： 年 月 日

2. 验收依据说明

【规范名称及编号】《建筑装饰装修工程质量验收规范》GB 50210—2001

【条文摘录】

摘录一：

11.1.3　各分项工程的检验批应按下列规定划分：同一品种的褙糊或软包工程每 50 间（大面积房间和走廊按施工面积 $30m^2$ 为一间）应划分为一个检验批，不足 50 间也应划分为一个检验批。

11.1.4　检查数量应符合下列规定：

1　褙糊工程每个检验批应至少抽查 10%，并不得少于 3 间，不足 3 间时应全数检查。

2　软包工程每个检验批应至少抽查 20%，并不得少于 6 间，不足 6 间时应全数检查。

摘录二：

11.2　褙糊工程

11.2.1　本章适用于聚氯乙烯塑料壁纸、复合纸质壁纸、墙布等褙糊工程的质量验收。

主 控 项 目

11.2.2　壁纸、墙布的种类、规格、图案、颜色和燃烧性能等级必须符合设计要求及国家现行标准的有关规定。

检验方法：观察；检查产品合格证书、进场验收记录和性能检测报告。

11.2.3　褙糊工程基层处理质量应符合本规范第 11.1.5 条的要求。

检验方法：观察；手摸检查；检查施工记录。

11.2.4　褙糊后各幅拼接应横平竖直，拼接处花纹、图案应吻合，不离缝，不搭接，不显拼缝。

检验方法：观察；拼缝检查距离墙面 1.5m 处正视。

11.2.5　壁纸、墙布应粘贴牢固，不得有漏贴、补贴、脱层、空鼓和翘边。

检验方法：观察；手摸检查。

一 般 项 目

11.2.6 裱糊后的壁纸、墙布表面应平整，色泽一致，不得有波纹起伏、气泡、裂缝、皱折及斑污，斜视时应无胶痕。

检验方法：观察；手摸检查。

11.2.7 复合压花壁纸的压痕及发泡壁纸的发泡层应无损坏。

检验方法：观察。

11.2.8 壁纸、墙布与各种装饰线、设备线盒应交接严密。

检验方法：观察。

11.2.9 壁纸、墙布边缘应平直整齐，不得有纸毛、飞刺。

检验方法：观察。

11.2.10 壁纸、墙布阴角处搭接应顺光，阳角处应无接缝。

检验方法：观察。

5.2.71 软包检验批质量验收记录

1. 表格

软包工程检验批质量验收记录

03110201 ___

单位（子单位）工程名称			分部（子分部）工程名称		分项工程名称	
施工单位			项目负责人		检验批容量	
分包单位			分包单位项目负责人		检验批部位	
施工依据				验收依据	《建筑装饰装修工程施工质量验收规范》GB 50210－2001	

验收项目			设计要求及规范规定	最小/实际抽样数量	检 查 记 录	检查结果
主控项目	1	材料质量	第11.3.2条	/		
	2	安装位置、构造做法	第11.3.3条	/		
	3	龙骨、衬板、边框安装	第11.3.4条	/		
	4	单块面料	第11.3.5条	/		
一般项目	1	软包表面质量	第11.3.6条	/		
	2	边框安装质量	第11.3.7条	/		
	3	清漆涂饰	第11.3.8条			
	4 安装允许偏差	垂直度（mm）	3	/		
		边框宽度、高度（mm）	0，－2	/		
		对角线长度差（mm）	3	/		
		裁口、线条接缝高低差（mm）	1	/		

施工单位检查结果	专业工长：项目专业质量检查员： 年 月 日
监理单位验收结论	专业监理工程师： 年 月 日

2. 验收依据说明

【规范名称及编号】《建筑装饰装修工程质量验收规范》GB 50210-2001

【条文摘录】

摘录一：

第 11.1.3、11.1.4 条（见《裱糊检验批质量验收记录》的表格验收依据说明，本书第482页）。

摘录二：

11.3 软包工程

11.3.1 本节适用于墙面、门等软包工程的质量验收。

主 控 项 目

11.3.2 软包面料、内衬材料及边框的材质、颜色、图案、燃烧性能等级和木材的含水率应符合设计要求及国家现行标准的有关规定。

检验方法：观察；检查产品合格证书、进场验收记录和性能检测报告。

11.3.3 软包工程的安装位置及构造做法应符合设计要求。

检验方法：观察；尺量检查；检查施工记录。

11.3.4 软包工程的龙骨、衬板、边框应安装牢固，无翘曲，拼缝应平直。

检验方法：观察；手扳检查。

11.3.5 单块软包面料不应有接缝，四周应绷压严密。

检验方法：观察；手摸检查。

一 般 项 目

11.3.6 软包工程表面应平整、洁净，无凹凸不平及皱折；图案应清晰、无色差，整体应协调美观。

检验方法：观察。

11.3.7 软包边框应平整、顺直、接缝吻合。其表面涂饰质量应符合本规范第10章的有关规定。

检验方法：观察；手摸检查。

11.3.8 清漆涂饰木制边框的颜色、木纹应协调一致。

检验方法：观察。

11.3.9 软包工程安装的允许偏差和检验方法应符合表11.3.9的规定。

表 11.3.9　软包工程安装的允许偏差和检验方法

项　次	项　目	允许偏差（mm）	检验方法
1	垂直度	3	用1m垂直检测尺检查
2	边框宽度、高度	0；-2	用钢尺检查
3	对角线长度差	3	用钢尺检查
4	裁口、线条接缝高低差	1	用钢直尺和塞尺检查

5.2.72　橱柜制作与安装检验批质量验收记录

1. 表格

橱柜制作与安装检验批质量验收记录

03120101 ____

单位（子单位）工程名称				分部（子分部）工程名称		分项工程名称	
施工单位				项目负责人		检验批容量	
分包单位				分包单位项目负责人		检验批部位	
施工依据				验收依据		《建筑装饰装修工程施工质量验收规范》GB 50210－2001	

		验收项目	设计要求及规范规定	最小/实际抽样数量	检查记录		检查结果
主控项目	1	材料质量	第12.2.3条	/			
	2	预埋件或后置埋件	第12.2.4条	/			
	3	制作、安装、固定方法	第12.2.5条	/			
	4	橱柜配件	第12.2.6条	/			
	5	抽屉和柜门	第12.2.7条	/			
一般项目	1	橱柜表面质量	第12.2.8条	/			
	2	橱柜裁口	第12.2.9条	/			
	3	橱柜安装允许偏差	外形尺寸（mm）	3	/		
			立面垂直度（mm）	2	/		
			门与框架的平行度（mm）	2	/		

施工单位检查结果	专业工长： 项目专业质量检查员： 年　月　日
监理单位验收结论	专业监理工程师： 年　月　日

485

2. 验收依据说明

【规范名称及编号】《建筑装饰装修工程质量验收规范》GB 50210-2001

【条文摘录】

摘录一：

12.1.5 各分项工程的检验批应按下列规定划分：

1 同类制品每50间（处）应划分为一个检验批，不足50间（处）也应划分为一个检验批。

2 每部楼梯应划分为一个检验批。

摘录二：

12.2 橱柜制作与安装工程

12.2.1 本节适用于位置固定的壁柜、吊柜等橱柜制作与安装工程的质量验收。

12.2.2 检查数量应符合下列规定：每个检验批至少抽查3间（处），不足3间（处）时应全数检查。

主 控 项 目

12.2.3 橱柜制作与安装所用材料的材质和规格、木材的燃烧性能等级和含水率、花岗石的放射性及人造木板的甲醛含量应符合设计要求及国家现行标准的有关规定。

检验方法：观察；检查产品合格证书、进场验收记录、性能检测报告和复验报告。

12.2.4 橱柜安装预埋件或后置埋件的数量、规格、位置应符合设计要求。

检验方法：检查隐蔽工程验收记录和施工记录。

12.2.5 橱柜的造型、尺寸、安装位置、制作和固定方法应符合设计要求。橱柜安装必须牢固。

检验方法：观察；尺量检查；手扳检查。

12.2.6 橱柜配件的品种、规格应符合设计要求。配件应齐全，安装应牢固。

检验方法：观察；手扳检查；检查进场验收记录。

12.2.7 橱柜的抽屉和柜门应开关灵活、回位正确。

检验方法： 观察；开启和关闭检查。

一 般 项 目

12.2.8 橱柜表面应平整、洁净、色泽一致，不得有裂缝、翘曲及损坏。

检验方法：观察。

12.2.9 橱柜裁口应顺直、拼缝应严密。检验方法：观察。

12.2.10 橱柜安装的允许偏差和检验方法应符合表12.2.10的规定。

表 12.2.10 橱柜安装的允许偏差和检验方法

项 次	项 目	允许偏差（mm）	检验方法
1	外型尺寸	3	用钢尺检查
2	立面垂直度	2	用1m垂直检测尺检查
3	门与框架的平等度	2	用钢尺检查

5.2.73 窗帘盒和窗台板制作与安装检验批质量验收记录

1. 表格

窗帘盒、窗台板和散热器罩制作与安装检验批质量验收记录

03120201____

单位（子单位）工程名称		分部（子分部）工程名称		分项工程名称	
施工单位		项目负责人		检验批容量	
分包单位		分包单位项目负责人		检验批部位	
施工依据		验收依据		《建筑装饰装修工程施工质量验收规范》GB 50210－2001	

		验收项目	设计要求及规范规定	最小/实际抽样数量	检查记录	检查结果
主控项目	1	材料质量	第12.3.3条	/		
	2	造型尺寸、安装、固定方法	第12.3.4条	/		
	3	窗帘盒配件	第12.3.5条	/		
一般项目	1	表面质量	第12.3.6条	/		
	2	与墙面、窗框衔接	第12.3.7条	/		
	3	安装允许偏差（mm）	水平度	2	/	
			上口、下口直线度	3	/	
			两端距窗洞口长度差	2	/	
			两端出大墙厚度差	3	/	

施工单位检查结果		专业工长：项目专业质量检查员：年 月 日
监理单位验收结论		专业监理工程师：年 月 日

2. 验收依据说明

【规范名称及编号】《建筑装饰装修工程质量验收规范》GB 50210－2001

【条文摘录】

摘录一：

第12.1.5条（见《橱柜制作与安装检验批质量验收记录》的表格验收依据说明，本书第486页）。

摘录二：

12.3 窗帘盒、窗台板和散热器罩制作与安装工程

12.3.1 本节适用于窗帘盒、窗台板和散热器罩制作与安装工程的质量验收。

12.3.2 检查数量应符合下列规定：每个检验批应至少抽查3间（处），不足3间（处）时应全数检查。

主 控 项 目

12.3.3 窗帘盒、窗台板和散热器罩制作与安装所使用材料的材质的规格、木材的燃烧性能等级和含水率、花岗石的放射性及人造木板的甲醛含量应符合设计要求及国家现行标准的有关规定。

检验方法：观察；检查产品合格证书、进场验收记录、性能检测报告和复验报告。

12.3.4 窗帘盒、窗台板和散热器罩的造型、规格、尺寸、安装位置和固定方法必须符合设计要求。窗帘盒、窗台板和散热器罩的安装必须牢固。

检验方法：观察；尺量检查；手扳检查。

12.3.5 窗帘盒配件的品种、规格应符合设计要求，安装应牢固。

检验方法：手扳检查；检查进场验收记录。

一 般 项 目

12.3.6 窗帘盒、窗台板和散热器罩表面应平整、洁净、线条顺直、接缝严密、色泽一致，不得有裂缝、翘曲及损坏。检验方法：观察。

12.3.7 窗帘盒、窗台板和散热器罩与墙、窗框的衔接应严密，密封胶缝应顺直、光滑。检验方法：观察。

12.3.8 窗帘盒、窗台板和散热器罩安装的允许偏差和检验方法应符合表12.3.8的规定。

表12.3.8 窗帘盒、窗台板和散热器罩安装的允许偏差和检验方法

项 次	项 目	允许偏差（mm）	检验方法
1	水平度	2	用1m水平尺和塞尺检查
2	上口、下口直线度	3	拉5m线，不足5m拉通线，用钢直尺检查
3	两端距窗洞口长度差	2	用钢直尺检查
4	两端出墙厚度差	3	用钢直尺检查

5.2.74 门窗套制作与安装检验批质量验收记录

1. 表格

门窗套制作与安装检验批质量验收记录

03120301 ____

单位（子单位）工程名称			分部（子分部）工程名称		分项工程名称	
施工单位			项目负责人		检验批容量	
分包单位			分包单位项目负责人		检验批部位	
施工依据				验收依据	《建筑装饰装修工程施工质量验收规范》GB 50210-2001	

验收项目			设计要求及规范规定	最小/实际抽样数量	检查记录	检查结果
主控项目	1	材料质量	第12.4.3条	/		
	2	造型、尺寸及固定方法	第12.4.4条	/		
一般项目	1	表面质量	第12.4.5条	/		
	2 安装允许偏差	正、侧面垂直度（mm）	3	/		
		门窗套上口水平度（mm）	1	/		
		门窗套上口直线度（mm）	3	/		
施工单位检查结果				专业工长：项目专业质量检查员：　　　　　年　月　日		
监理单位验收结论				专业监理工程师：　　　　　年　月　日		

2. 验收依据说明

【规范名称及编号】《建筑装饰装修工程质量验收规范》GB 50210－2001

【条文摘录】

摘录一：

第12.1.5条（见《橱柜制作与安装检验批质量验收记录》的表格验收依据说明，本书第486页）。

摘录二：

12.4 门窗套制作与安装工程

12.4.1 本节适用于门窗套制作与安装工程的质量验收。

12.4.2 检查数量应符合下列规定：每个检验批应至少抽查3间（处），不足3间（处）时应全数检查。

主 控 项 目

12.4.3 门窗套制作与安装所使用材料的材质、规格、花纹和颜色、木材的燃烧性能等级和含水率、花岗石的放射性及人造木板的甲醛含量应符合设计要求及国家现行标准的有关规定。

检验方法：观察；检查产品合格证书、进场验收记录、性能检测报告和复验报告。

12.4.4 门窗套的造型、尺寸和固定方法应符合设计要求，安装应牢固。

检验方法：观察；尺量检查；手扳检查。

一 般 项 目

12.4.5 门窗套表面应平整、洁净、线条顺直、接缝严密、色泽一致，不得有裂缝、翘曲及损坏。

检验方法：观察。

12.4.6 门窗套安装的允许偏差和检验方法应符合表12.4.6的规定。

表 12.4.6 门窗套安装的允许偏差和检验方法

项 次	项 目	允许偏差（mm）	检验方法
1	正、侧面垂直度	3	用1m垂直检测尺检查
2	门窗套上口水平度	1	用1m水平检测尺和塞尺检查
3	门窗套上口直线度	3	拉5m线，不足5m拉通线，用钢直尺检查

5.2.75 护栏和扶手制作与安装检验批质量验收记录

1. 表格

护栏和扶手制作与安装检验批质量验收记录

03120401＿＿＿

单位（子单位）工程名称			分部（子分部）工程名称		分项工程名称	
施工单位			项目负责人		检验批容量	
分包单位			分包单位项目负责人		检验批部位	
施工依据				验收依据	《建筑装饰装修工程施工质量验收规范》GB 50210－2001	
	验收项目		设计要求及规范规定	最小/实际抽样数量	检查记录	检查结果
主控项目	1	材料质量	第12.5.3条	/		
	2	造型、尺寸、安装位置	第12.5.4条	/		
	3	预埋件及连接	第12.5.5条			
	4	护栏高度、位置与安装	第12.5.6条			
	5	护栏玻璃	第12.5.7条	/		

续表

验收项目			设计要求及规范规定	最小/实际抽样数量	检查记录	检查结果
一般项目	1	转角、接缝及表面质量	第 12.5.8 条	/		
	2 安装允许偏差	护栏垂直度（mm）	3	/		
		栏杆间距（mm）	3	/		
		扶手直线度（mm）	4	/		
		扶手高度（mm）	3	/		

施工单位检查结果	专业工长： 项目专业质量检查员： 　　　　　　　　　　年　　月　　日
监理单位验收结论	专业监理工程师： 　　　　　　　　　　年　　月　　日

2. 验收依据说明

【规范名称及编号】《建筑装饰装修工程质量验收规范》GB 50210-2001

【条文摘录】

摘录一：

第 12.1.5 条（见《橱柜制作与安装检验批质量验收记录》的表格验收依据说明，本书第 486 页）。

摘录二：

12.5　护栏和扶手制作与安装工程

12.5.1　本节适用于护栏和扶手制作与安装工程的质量验收。

12.5.2　检查数量应符合下列规定：每个检验批的护栏和扶手应全部检查。

主 控 项 目

12.5.3　护栏和扶手制作与安装所使用材料的材质、规格、数量和木材、塑料的燃烧性能等级应符合设计要求。

检验方法：观察；检查产品合格证书、进场验收记录和性能检测报告。

12.5.4　护栏和扶手的造型、尺寸及安装位置应符合设计要求。

检验方法：观察；尺量检查；检查进场验收记录。

12.5.5　护栏和扶手安装预埋件的数量、规格、位置以及护栏与预埋件的连接节点应符合设计要求。

检验方法：检查隐蔽工程验收记录和施工记录。

12.5.6　护栏高度、栏杆间距、安装位置必须符合设计要求。护栏安装必须牢固。

检验方法：观察；尺量检查；手扳检查。

12.5.7　护栏玻璃应使用公称厚度不小于 12mm 的钢化玻璃或钢化夹层玻璃。当护栏一侧距楼地面高度为 5m 及以上时，应使用钢化夹层玻璃。

检验方法：观察；尺量检查；检查产品合格证书和进场验收记录。

一 般 项 目

12.5.8　护栏和扶手转角弧度应符合设计要求，接缝应严密，表面应光滑，色泽应一致，不得有裂缝、翘曲及损坏。

检验方法：观察；手摸检查。

12.5.9 护栏和扶手安装的允许偏差和检验方法应符合表12.5.9的规定。

表12.5.9 护栏和扶手安装的允许偏差和检验方法

项次	项目	允许偏差（mm）	检验方法
1	护栏垂直度	3	用1m垂直检测尺检查
2	栏杆间距	3	用钢尺检查
3	扶手直线度	4	拉通线，用钢直尺检查
4	扶手高度	3	用钢尺检查

5.2.76 花饰制作与安装检验批质量验收记录

1. 表格

花饰制作与安装检验批质量验收记录

03120501____

单位（子单位）工程名称				分部（子分部）工程名称			分项工程名称	
施工单位				项目负责人			检验批容量	
分包单位				分包单位项目负责人			检验批部位	
施工依据						验收依据	《建筑装饰装修工程施工质量验收规范》GB 50210-2001	
验收项目			设计要求及规范规定	最小/实际抽样数量		检查记录		检查结果
主控项目	1	材料质量、规格	第12.6.3条	/				
	2	造型、尺寸	第12.6.4条	/				
	3	安装位置与固定方法	第12.6.5条	/				
一般项目	1	表面质量	第12.6.6条	/				
	2	安装允许偏差	条型花饰的水平度或垂直度	每米	室内	1	/	
					室外	2	/	
				全长	室内	3	/	
					室外	6	/	
			单独花饰中心位置偏移		室内	10	/	
					室外	15	/	
施工单位检查结果				专业工长：项目专业质量检查员：年 月 日				
监理单位验收结论				专业监理工程师：年 月 日				

2. 验收依据说明

【规范名称及编号】《建筑装饰装修工程质量验收规范》GB 50210 - 2001

【条文摘录】

摘录一：

第12.1.5条（见《橱柜制作与安装检验批质量验收记录》的表格验收依据说明，本书第486页）。

摘录二：

12.6 花饰制作与安装工程

12.6.1 本节适用于混凝土、石材、木材、塑料、金属、玻璃、石膏等花饰安装工程的质量验收。

12.6.2 检查数量应符合下列规定：

1 室外每个检验批全部检查。

2 室内每个检验批应至少抽查3间（处）；不足3间（处）时应全数检查。

主 控 项 目

12.6.3 花饰制作与安装所使用材料的材质、规格应符合设计要求。

检验方法：观察；检查产品合格证书和进场验收记录。

12.6.4 花饰的造型、尺寸应符合设计要求。

检验方法：观察；尺量检查。

12.6.5 花饰的安装位置和固定方法必须符合设计要求，安装必须牢固。

检验方法：观察；尺量检查；手扳检查。

一 般 项 目

12.6.6 花饰表面应洁净，接缝应严密吻合，不得有歪斜、裂缝、翘曲及损坏。

检验方法：观察。

12.6.7 花饰安装的允许偏差和检验方法应符合表12.6.7的规定。

表 12.6.7 花饰安装的允许偏差和检验方法

项次	项 目		允许偏差（mm）		检验方法
			室内	室外	
1	条型花饰的水平度或垂直度	每米	1	3	拉线和用1m垂直检测尺检查
		全长	3	6	
2	单独花饰中心位置偏移		10	15	拉线和用钢直尺检查

第6章 屋面分部工程检验批表格和验收依据说明

6.1 子分部、分项明细及与检验批、规范章节对应表

6.1.1 子分部、分项名称及编号

屋面分部包含子分部、分项及其编号如下表所示。

屋面分部、子分部、分项划分表

分部工程	子分部工程	分项工程
屋面工程（04）	基层与保护（01）	找坡层（01）和找平层（02），隔汽层（03），隔离层（04），保护层（05）
	保温与隔热（02）	板状材料保温层（01），纤维材料保温层（02），喷涂硬泡聚氨酯保温层（03），现浇泡沫混凝土保温层（04），种植隔热层（05），架空隔热层（06），蓄水隔热层（07）
	防水与密封（03）	卷材防水层（01），涂膜防水层（02），复合防水层（03），接缝密封防水（04）
	瓦面与板面（04）	烧结瓦和混凝土瓦铺装（01），沥青瓦铺装（02），金属板铺装（03），玻璃采光顶铺装（04）
	细部构造（05）	檐口（01），檐沟和天沟（02），女儿墙和山墙（03），水落口（04），变形缝（05），伸出屋面管道（06），屋面出入口（07），反梁过水孔（08），设施基座（09），屋脊（10），屋顶窗（11）

6.1.2 检验批、分项、子分部与规范、章节对应表

1. 屋面分部验收依据《屋面工程质量验收规范》GB 50207-2012。
2. 屋面分部包含的检验批与分项、子分部、规范章节对应如下表所示。

检验批与分项、子分部、规范章节对应表

序号	检验批名称	编号	分项	子分部	标准章节	页码
1	找坡层检验批质量验收记录	04010101	找坡层	基层与保护	4.2 找坡层和找平层	494
2	找平层检验批质量验收记录	04010201	找平层		4.2 找坡层和找平层	496
3	隔汽层检验批质量验收记录	04010301	隔汽层		4.3 隔汽层	497
4	隔离层检验批质量验收记录	04010401	隔离层		4.4 隔离层	499
5	保护层检验批质量验收记录	04010501	保护层		4.5 保护层	500
6	板状材料保温层检验批质量验收记录	04020101	**板状材料保温层**	保温与隔热	5.2 板状材料保温层	502
7	纤维材料保温层检验批质量验收记录	04020201	纤维材料保温层		5.3 纤维材料保温层	504
8	喷涂硬泡聚氨酯保温层检验批质量验收记录	04020301	喷涂硬泡聚氨酯保温层		5.4 喷涂硬泡聚氨酯保温层	505
9	现浇泡沫混凝土保温层检验批质量验收记录	04020401	现浇泡沫混凝土保温层		5.5 现浇泡沫混凝土保温层	507
10	种植隔热层检验批质量验收记录	04020501	种植隔热层		5.6 种植隔热层	508
11	架空隔热层检验批质量验收记录	04020601	架空隔热层		5.7 架空隔热层	510
12	蓄水隔热层检验批质量验收记录	04020701	蓄水隔热层		5.8 蓄水隔热层	511

续表

序号	检验批名称	检验批编号	分 项	子分部	标准章节	页码
13	卷材防水层检验批质量验收记录	04030101	卷材防水层	防水与密封	6.2 卷材防水层	513
14	涂膜防水层检验批质量验收记录	04030201	涂膜防水层		6.3 涂膜防水层	515
15	复合防水层检验批质量验收记录	04030301	复合防水层		6.4 复合防水层	517
16	接缝密封防水检验批质量验收记录	04030401	接缝密封防水		6.5 接缝密封防水	519
17	烧结瓦和混凝土瓦铺装检验批质量验收记录	04040101	烧结瓦和混凝土瓦铺装	瓦面与板面	7.2 烧结瓦和混凝土瓦铺装	520
18	沥青瓦铺装检验批质量验收记录	04040201	沥青瓦铺装		7.3 沥青瓦铺装	522
19	金属板铺装检验批质量验收记录	04040301	金属板铺装		7.4 金属板铺装	524
20	玻璃采光顶铺装检验批质量验收记录	04040401	玻璃采光顶铺装		7.5 玻璃采光顶铺装	527
21	檐口检验批质量验收记录	04050101	檐口	细部构造	8.2 檐口	530
22	檐沟和天沟检验批质量验收记录	04050201	檐沟和天沟		8.3 檐沟和天沟	532
23	女儿墙和山墙检验批质量验收记录	04050301	女儿墙和山墙		8.4 女儿墙和山墙	533
24	水落口检验批质量验收记录	04050401	水落口		8.5 水落口	534
25	变形缝检验批质量验收记录	04050501	变形缝		8.6 变形缝	536
26	伸出屋面管道检验批质量验收记录	04050601	伸出屋面管道		8.7 伸出屋面管道	537
27	屋面出入口检验批质量验收记录	04050701	屋面出入口		8.8 屋面出入口	538
28	反梁过水孔检验批质量验收记录	04050801	反梁过水孔		8.9 反梁过水孔	540
29	设施基座检验批质量验收记录	04050901	设施基座		8.10 设施基座	541
30	屋脊检验批质量验收记录	04051001	屋脊		8.11 屋脊	542
31	屋顶窗检验批质量验收记录	04051101	屋顶窗		8.12 屋顶窗	544

6.2 检验批表格和验收依据说明

6.2.1 找坡层检验批质量验收记录

1. 表格

找坡层检验批质量验收记录

04010101 ____

单位（子单位）工程名称			分部（子分部）工程名称			分项工程名称	
施工单位			项目负责人			检验批容量	
分包单位			分包单位项目负责人			检验批部位	
施工依据					验收依据	《屋面工程质量验收规范》GB 50207－2012	

		验收项目	设计要求及规范规定	最小/实际抽样数量	检查记录	检查结果
主控项目	1	材料质量及配合	设计要求	/		
	2	排水坡度	设计要求____%	/		

续表

验收项目			设计要求及规范规定	最小/实际抽样数量	检查记录	检查结果
一般项目	1	找坡层表面平整度	7mm	/		
施工单位检查结果					专业工长： 项目专业质量检查员： 年 月 日	
监理单位验收结论					专业监理工程师： 年 月 日	

2. 验收依据说明

【规范名称及编号】《屋面工程质量验收规范》GB 50207—2012

【条文摘录】

摘录一：

3.0.14 屋面工程各分项工程宜按屋面面积每500m²～1000m²划分为一个检验批，不足500m²应按一个检验批；每个检验批的抽检数量应按本规范第4～8章的规定执行。

摘录二：

4.1.5 基层与保护工程各分项工程每个检验批的抽检数量，应按屋面面积每100m²抽查一处，每处应为10m²，且不得少于3处。

摘录三：

4.2 找坡层和找平层

4.2.1 装配式钢筋混凝土板的板缝嵌填施工，应符合下列要求：

1 嵌填混凝土时板缝内应清理干净，并应保持湿润；

2 当板缝宽度大于40mm或上窄下宽时，板缝内应按设计要求配置钢筋；

3 嵌填细石混凝土的强度等级不应低于C20，嵌填深度宜低于板面10mm～20mm，且应振捣密实和浇水养护；

4 板端缝应按设计要求增加防裂的构造措施。

4.2.2 找坡层宜采用轻骨料混凝土；找坡材料应分层铺设和适当压实，表面应平整。

4.2.3 找平层宜采用水泥砂浆或细石混凝土；找平层的抹平工序应在初凝前完成，压光工序应在终凝前完成，终凝后应进行养护。

4.2.4 找平层分格缝纵横间距不宜大于6m，分格缝的宽度宜为5mm～20mm。

Ⅰ 主 控 项 目

4.2.5 找坡层和找平层所用材料的质量及配合比，应符合设计要求。

检验方法：检查出厂合格证、质量检验报告和计量措施。

4.2.6 找坡层和找平层的排水坡度，应符合设计要求。

检验方法：坡度尺检查。

Ⅱ 一 般 项 目

4.2.7 找平层应抹平、压光，不得有酥松、起砂、起皮现象。

检验方法：观察检查。

4.2.8 卷材防水层的基层与突出屋面结构的交接处，以及基层的转角处，找平层应做成圆弧形，且应整齐平顺。

检验方法：观察检查。

4.2.9 找平层分格缝的宽度和间距，均应符合设计要求。

检验方法：观察和尺量检查。

4.2.10 找坡层表面平整度的允许偏差7mm，找平层表面平整度的允许偏差为5mm。

检验方法：2m靠尺和塞尺检查。

6.2.2 找平层检验批质量验收记录

1. 表格

找平层检验批质量验收记录

04010201 ___

单位（子单位）工程名称				分部（子分部）工程名称		分项工程名称	
施工单位				项目负责人		检验批容量	
分包单位				分包单位项目负责人		检验批部位	
施工依据				验收依据		《屋面工程质量验收规范》GB 50207-2012	
验收项目			设计要求及规范规定	最小/实际抽样数量	检查记录		检查结果
主控项目	1	材料质量及配合比	设计要求	/			
	2	排水坡度	设计要求___%	/			
一般项目	1	找平层表面	第4.2.7条	/			
	2	交接处和转角处	第4.2.8条	/			
	3	分格缝的位置和间距	第4.2.9条	/			
	4	找平层表面平整度	5mm	/			
施工单位检查结果					专业工长：项目专业质量检查员：　　　年　月　日		
监理单位验收结论					专业监理工程师：　　　年　月　日		

2. 验收依据说明

【规范名称及编号】《屋面工程质量验收规范》GB 50207 - 2012

【条文摘录】

摘录一：

第 3.0.14 条（见《找坡层检验批质量验收记录》的表格验收依据说明，本书第 495 页）。

摘录二：

第 4.1.5 条（见《找坡层检验批质量验收记录》的表格验收依据说明，本书第 495 页）。

摘录三：

4.2 找坡层和找平层

4.2.1 装配式钢筋混凝土板的板缝嵌填施工，应符合下列要求：

1 嵌填混凝土时板缝内应清理干净，并应保持湿润；

2 当板缝宽度大于 40mm 或上窄下宽时，板缝内应按设计要求配置钢筋；

3 嵌填细石混凝土的强度等级不应低于 C20，嵌填深度宜低于板面 10mm～20mm，且应振捣密实和浇水养护；

4 板端缝应按设计要求增加防裂的构造措施。

4.2.2 找坡层宜采用轻骨料混凝土；找坡材料应分层铺设和适当压实，表面应平整。

4.2.3 找平层宜采用水泥砂浆或细石混凝土；找平层的抹平工序应在初凝前完成，压光工序应在终凝前完成，终凝后应进行养护。

4.2.4 找平层分格缝纵横间距不宜大于 6m，分格缝的宽度宜为 5mm～20mm。

Ⅰ 主 控 项 目

4.2.5 找坡层和找平层所用材料的质量及配合比，应符合设计要求。

检验方法：检查出厂合格证、质量检验报告和计量措施。

4.2.6 找坡层和找平层的排水坡度，应符合设计要求。

检验方法：坡度尺检查。

Ⅱ 一 般 项 目

4.2.7 找平层应抹平、压光，不得有酥松、起砂、起皮现象。

检验方法：观察检查。

4.2.8 卷材防水层的基层与突出屋面结构的交接处，以及基层的转角处，找平层应做成圆弧形，且应整齐平顺。

检验方法：观察检查。

4.2.9 找平层分格缝的宽度和间距，均应符合设计要求。

检验方法：观察和尺量检查。

4.2.10 找坡层表面平整度的允许偏差 7mm，找平层表面平整度的允许偏差为 5mm。

检验方法：2m 靠尺和塞尺检查。

6.2.3 隔汽层检验批质量验收记录

1. 表格

隔汽层检验批质量验收记录

04010301____

单位(子单位) 工程名称		分部(子分部) 工程名称		分项工程 名称		
施工单位		项目负责人		检验批容量		
分包单位		分包单位 项目负责人		检验批部位		
施工依据			验收依据	《屋面工程质量验收规范》 GB 50207-2012		

		验收项目	设计要求及 规范规定	最小/实际 抽样数量	检查记录	检查 结果
主控项目	1	材料质量	设计要求	/		
	2	隔汽层	不得有破损	/		
一般项目	1	卷材隔汽层铺设、搭接和 密封	第4.3.8条	/		
	2	涂膜隔汽层粘结和表面	第4.3.9条	/		

施工单位 检查结果	专业工长: 项目专业质量检查员: 年 月 日
监理单位 验收结论	专业监理工程师: 年 月 日

2. 验收依据说明

【规范名称及编号】《屋面工程质量验收规范》GB 50207-2012

【条文摘录】

摘录一:

第3.0.14条(见《找坡层检验批质量验收记录》的表格验收依据说明,本书第495页)。

摘录二:

第4.1.5条(见《找坡层检验批质量验收记录》的表格验收依据说明,本书第495页)。

摘录三:

4.3 隔汽层

4.3.1 隔汽层的基层应平整、干净、干燥。

4.3.2 隔汽层应设置在结构层与保温层之间;隔汽层应选用气密性、水密性好的材料。

4.3.3 在屋面与墙的连接处,隔汽层应沿墙面向上连续铺设,高出保温层上表面不得小于150mm。

4.3.4 隔汽层采用卷材时宜空铺,卷材搭接缝应满粘,其搭接宽度不应小于80mm,隔汽层采用涂料时,应涂刷均匀。

4.3.5 穿过隔汽层的管线周围应封严，转角处应无折损；隔汽层凡有缺陷或破损的部位，均应进行返修。

Ⅰ 主 控 项 目

4.3.6 隔汽层所用材料的质量，应符合设计要求。

检验方法：检查出厂合格证、质量检验报告和进场检验报告。

4.3.7 隔汽层不得有破损现象。

检验方法：观察检查。

Ⅱ 一 般 项 目

4.3.8 卷材隔汽层应铺设平整，卷材搭接缝应粘结牢固，密封应严密，不得有扭曲、皱折和起泡等缺陷。

检验方法：观察检查。

4.3.9 涂膜隔汽层应粘结牢固，表面平整，涂布均匀，不得有堆积、起泡和露底等缺陷。

检验方法：观察检查。

6.2.4 隔离层检验批质量验收记录

1. 表格

隔离层检验批质量验收记录

04010401 ____

单位（子单位）工程名称			分部（子分部）工程名称		分项工程名称	
施工单位			项目负责人		检验批容量	
分包单位			分包单位项目负责人		检验批部位	
施工依据				验收依据	《屋面工程质量验收规范》GB 50207－2012	

验收项目			设计要求及规范规定	最小/实际抽样数量	检查记录	检查结果
主控项目	1	材料质量及配合比	设计要求	/		
	2	隔离层	不得破损和漏铺	/		
一般项目	1	塑料膜、土工布、卷材铺设	第4.4.5条	/		
	2	搭接缝搭接宽度	≥50mm	/		
	3	低强度等级砂浆表面	第4.4.6条	/		

施工单位检查结果	专业工长： 项目专业质量检查员： 年　月　日
监理单位验收结论	专业监理工程师： 年　月　日

2. 验收依据说明

【规范名称及编号】《屋面工程质量验收规范》GB 50207－2012

【条文摘录】

摘录一：

第3.0.14条（见《找坡层检验批质量验收记录》的表格验收依据说明，本书第495页）。

摘录二：

第4.1.5条（见《找坡层检验批质量验收记录》的表格验收依据说明，本书第495页）。

摘录三：

4.4 隔离层

4.4.1 块体材料、水泥砂浆或细石混凝土保护层与卷材、涂膜防水层之间应设置隔离层。

4.4.2 隔离层可采用干铺塑料膜、土工布、卷材或铺抹低强度等级砂浆。

Ⅰ 主 控 项 目

4.4.3 隔离层所用材料的质量及配合比，应符合设计要求。

检验方法：检查出厂合格证和计量措施。

4.4.4 隔离层不得有破损和漏铺现象。

检验方法：观察检查。

Ⅱ 一 般 项 目

4.4.5 塑料膜、土工布、卷材应铺设平整，其搭接宽度不应小于50mm，不得有皱折。

检验方法：观察和尺量检查。

4.4.6 低强度等级砂浆表面应压实、平整，不得有起壳、起砂现象。

检验方法：观察检查。

6.2.5 保护层检验批质量验收记录

1. 表格

保护层检验批质量验收记录

04010501 ____

单位（子单位） 工程名称			分部（子分部） 工程名称		分项工程 名称	
施工单位			项目负责人		检验批容量	
分包单位			分包单位 项目负责人		检验批部位	
施工依据				验收依据	《屋面工程质量验收规范》 GB 50207－2012	

验收项目			设计要求及 规范规定	最小/实际 抽样数量	检查记录	检查 结果
主控项目	1	材料质量及配合比	设计要求	/		
	2	强度等级	设计要求 C____	/		
	3	表面排水坡度	设计要求____%	/		

续表

	验收项目		设计要求及规范规定	最小/实际抽样数量	检查记录	检查结果
一般项目	1	块体材料保护层表面质量	第4.5.9条	/		
	2	细石混凝土、水泥砂浆保护层不得有裂纹等缺陷	第4.5.10条	/		
	3	浅色涂料与防水层粘结牢固,不得漏涂	第4.5.11条	/		

	检查项目	允许偏差			最小/实际抽样数量	检查记录	检查结果
		□块体材料	□水泥砂浆	□细石混凝土			
一般项目	4	表面平整度	4.0	4.0	4.0	/		
	5	缝格平直	3.0	3.0	3.0	/		
	6	接缝高低差	1.5	—	—	/		
	7	板块间隙宽度	2.0	—	—	/		
	8	保护层厚度	设计厚度的10%,且不得大于5mm			/		

施工单位检查结果	专业工长: 项目专业质量检查员: 　　　　　　　年　　月　　日
监理单位验收结论	专业监理工程师: 　　　　　　　年　　月　　日

2. 验收依据说明

【规范名称及编号】《屋面工程质量验收规范》GB 50207－2012

【条文摘录】

摘录一:

第3.0.14条(见《找坡层检验批质量验收记录》的表格验收依据说明,本书第495页)。

摘录二:

第4.1.5条(见《找坡层检验批质量验收记录》的表格验收依据说明,本书第495页)。

摘录三:

4.5 保护层

4.5.1 防水层上的保护层施工,应待卷材铺贴完成或涂料固化成膜,并经检验合格后进行。

4.5.2 用块体材料做保护层时,宜设置分格缝,分格缝纵横间距不应大于10m,分格缝宽度宜为20mm。

4.5.3 用水泥砂浆做保护层时,表面应抹平压光,并应设表面分格缝,分格面积宜为1m²。

4.5.4 用细石混凝土做保护层时,混凝土应振捣密实,表面应抹平压光,分格缝纵横间距不应大于6m。分格缝的宽度宜为10mm～20mm。

4.5.5 块体材料、水泥砂浆或细石混凝土保护层与女儿墙和墙和山墙之间,应预留宽度为30mm

的缝隙，缝内宜填塞聚苯乙烯泡沫塑料，并应用密封材料嵌填密实。

Ⅰ　主　控　项　目

4.5.6　保护层所用材料的质量及配合比，应符合设计要求。

检验方法：检查出厂合格证、质量检验报告和计量措施。

4.5.7　块体材料、水泥砂浆或细石混凝土保护层的强度等级，应符合设计要求。

检验方法：检查块体材料、水泥砂浆或混凝土抗压强度试验报告。

4.5.8　保护层的排水坡度，应符合设计要求。

检验方法：坡度尺检查。

Ⅱ　一　般　项　目

4.5.9　块体材料保护层表面应干净，接缝应平整，周边应顺直，镶嵌应正确，应无空鼓现象。

检查方法：小锤轻击和观察检查。

4.5.10　泥砂浆、细石混凝土保护层不得有裂纹、脱皮、麻面和起砂等现象。

检验方法：观察检查。

4.5.11　浅色涂料应与防水层粘结牢固，厚薄应均匀，不得漏涂。

检验方法：观察检查。

4.5.12　保护层的允许偏差和检验方法应符合表 4.5.12 的规定。

表 4.5.12　保护层的允许偏差和检验方法

项　目	允许偏差（mm）			检验方法
	块体材料	水泥砂浆	细石混凝土	
表面平整度	4.0	4.0	5.0	2m 靠尺和塞尺检查
缝格平直	3.0	3.0	3.0	拉线和尺量检查
接缝高低差	1.5	—	—	直尺和塞尺检查
板块间隙宽度	2.0	—	—	尺量检查
保护层厚度	设计厚度的 10%，且不得大于 5mm			钢针插入和尺量检查

6.2.6　板状材料保温层检验批质量验收记录

1. 表格

板状材料保温层检验批质量验收记录

04020101____

单位（子单位） 工程名称		分部（子分部） 工程名称		分项工程 名称		
施工单位		项目负责人		检验批容量		
分包单位		分包单位 项目负责人		检验批部位		
施工依据		验收依据		《屋面工程质量验收规范》 GB 50207-2012		
验收项目			设计要求及 规范规定	最小/实际 抽样数量	检查记录	检查 结果
主控项目	1	材料质量	设计要求	/		
	2	保温层的厚度	设计要求____mm	/		
	3	屋面热桥部位	设计要求	/		

续表

		验收项目	设计要求及规范规定	最小/实际抽样数量	检查记录	检查结果
一般项目	1	保温材料铺设	第5.2.7条	/		
	2	固定件设置	第5.2.8条	/		
	3	表面平整度	5mm	/		
	4	接缝高低差	2mm	/		

施工单位检查结果	专业工长： 项目专业质量检查员： 　　　　　　　　　年　月　日
监理单位验收结论	专业监理工程师： 　　　　　　　　　年　月　日

2. 验收依据说明

【规范名称及编号】《屋面工程质量验收规范》GB 50207-2012

【条文摘录】

摘录一：

3.0.14 屋面工程各分项工程宜按屋面面积每 $500m^2 \sim 1000m^2$ 划分为一个检验批，不足 $500m^2$ 应按一个检验批；每个检验批的抽检数量应按本规范第4~8章的规定执行。

摘录二：

5.1.9 保温与隔热工程各分项工程每个检验批的抽检数量，应按屋面面积每 $100m^2$ 抽查1处，每处应为 $10m^2$，且不得少于3处。

摘录三：

5.2 板状材料保温层

5.2.1 板状材料保温层采用干铺法施工时，板状保温材料应紧靠在基层表面上，应铺平垫稳；分层铺设的板块上下层接缝应相互错开，板间缝隙应采用同类材料的碎屑嵌填密实。

5.2.2 板状材料保温层采用粘贴法施工时，胶粘剂应与保温材料的材性相容，并应贴严、粘牢；板状材料保温层的平面接缝应挤紧拼严，不得在板块侧面涂抹胶粘剂，超过2mm的缝隙应采用相同材料板条或片填塞严实。

5.2.3 板状保温材料采用机械固定法施工时，应选择专用螺钉和垫片；固定件与结构层之间应连接牢固。

Ⅰ 主 控 项 目

5.2.4 板状保温材料的质量，应符合进计要求。

检验方法：检查出厂合格证、质量检验报告和进场检验报告。

5.2.5 板状材料保温层的厚度应符合设计要求，其正偏差应不限，负偏差应为5%，且不得大于1mm。

检验方法：钢针插入和尺量检查。

5.2.6 屋面热桥部位处理应符合设计要求。

检验方法：观察检查。

Ⅱ 一 般 项 目

5.2.7 板状保温材料铺设应紧贴基层，应铺平垫稳，拼缝应严密，粘贴应牢固。

检验方法：观察检查。

5.2.8 固定件的规格、数量和位置均应符合设计要求；垫片应与保温层表面齐平。

检验方法：观察检查。

5.2.9 板状材料保温层表面平整度的允许偏差为5mm。

检验方法：2m靠尺和塞尺检查。

5.2.10 板状材料保温层接缝高低差的允许偏差为2mm。

检验方法：直尺和塞尺检查。

6.2.7 纤维材料保温层检验批质量验收记录

1. 表格

纤维材料保温层检验批质量验收记录

04020201 ___

单位（子单位） 工程名称			分部（子分部） 工程名称		分项工程 名称	
施工单位			项目负责人		检验批容量	
分包单位			分包单位 项目负责人		检验批部位	
施工依据			验收依据		《屋面工程质量验收规范》 GB 50207-2012	

	验收项目		设计要求及 规范规定	最小/实际 抽样数量	检查记录	检查 结果
主控项目	1	保温材料质量	设计要求	/		
	2	保温层的厚度	设计要求 ____mm	/		
	3	屋面热桥部位处理	设计要求	/		
一般项目	1	保温材料铺设	第5.3.6条	/		
	2	固定件设置	第5.3.7条	/		
	3	装配式骨架和水泥纤维板铺设质量	第5.3.8条	/		
	4	具有抗水蒸气渗透外覆面的玻璃棉制品铺设质量	第5.3.9条	/		

施工单位 检查结果	专业工长： 项目专业质量检查员： 年　月　日
监理单位 验收结论	专业监理工程师： 年　月　日

2. 验收依据说明

【规范名称及编号】《屋面工程质量验收规范》GB 50207－2012

【条文摘录】

摘录一：

第 3.0.14 条（见《板状材料保温层检验批质量验收记录》的表格验收依据说明，本书第 503 页）。

摘录二：

第 5.1.9 条（见《板状材料保温层检验批质量验收记录》的表格验收依据说明，本书第 503 页）。

摘录三：

5.3 纤维材料保温层

5.3.1 纤维材料保温层施工应符合下列规定：

1 纤维保温材料应紧靠在基层表面上，平面接缝应挤紧拼严，上下层接缝应相互错开；

2 屋面坡度较大时，宜采用金属或塑料专用固定件将纤维保温材料与基层固定；

3 纤维材料填充后，不得上人踩踏。

5.3.2 装配式骨架纤维保温材料施工时，应先在基层上铺设保温龙骨或金属龙骨，龙骨之间应填充纤维保温材料，再在龙骨上铺钉水泥纤维板。金属龙骨和固定件应经防锈处理，金属龙骨与基层之间应采取隔热断桥措施。

Ⅰ 主 控 项 目

5.3.3 纤维保温材料的质量，应符合设计要求。

检验方法：检查出厂合格证、质量检验报告和进场检验报告。

5.3.4 纤维材料保温层的厚度应符合设计要求，其正偏差应不限，毡不得有负偏差，板负偏差应为 4%，且不得大于 3mm。

检验方法：钢针插入和尺量检查。

5.3.5 屋面热桥部位处理应符合设计要求。

检验方法：观察检查。

Ⅱ 一 般 项 目

5.3.6 纤维保温材料铺设应紧贴基层，拼缝应严密，表面应平整。

检验方法：观察检查。

5.3.7 固定件的规格、数量和位置应符合设计要求；垫片应与保温层表面齐平。

检验方法：观察检查。

5.3.8 装配式骨架和水泥纤维板应铺钉牢固，表面应平整；龙骨间距和板材厚度应符合设计要求。

检验方法：观察和尺量检查。

5.3.9 具有抗水蒸气渗透外覆面的玻璃棉制品，其外覆面应朝向室内，拼缝应用防水密封胶带封严。

检验方法：观察检查。

6.2.8 喷涂硬泡聚氨酯保温层检验批质量验收记录

1. 表格

喷涂硬泡聚氨酯保温层检验批质量验收记录

04020301 ____

单位（子单位）工程名称		分部（子分部）工程名称		分项工程名称	
施工单位		项目负责人		检验批容量	
分包单位		分包单位项目负责人		检验批部位	
施工依据			验收依据	《屋面工程质量验收规范》GB 50207－2012	

		验收项目	设计要求及规范规定	最小/实际抽样数量	检查记录	检查结果
主控项目	1	原材料的质量及配合比	设计要求	/		
	2	保温层厚度	设计要求__mm	/		
	3	屋面热桥部位处理	设计要求	/		
一般项目	1	表面质量	第5.4.9条	/		
	2	表面平整度	5mm	/		

施工单位检查结果	专业工长： 项目专业质量检查员： 年　月　日
监理单位验收结论	专业监理工程师： 年　月　日

2. 验收依据说明

【规范名称及编号】《屋面工程质量验收规范》GB 50207－2012

【条文摘录】

摘录一：

第3.0.14条（见《板状材料保温层检验批质量验收记录》的表格验收依据说明，本书第503页）。

摘录二：

第5.1.9条（见《板状材料保温层检验批质量验收记录》的表格验收依据说明，本书第503页）。

摘录三：

5.4 喷涂硬泡聚氨酯保温层

5.4.1 保温层施工前应对喷涂设备进行调试，并应制备试样进行硬泡聚氨酯的性能检测。

5.4.2 喷涂硬泡聚氨酯的配比应准确计量，发泡厚度应均匀一致。

5.4.3 喷涂时喷嘴与施工基面的间距应由试验确定。

5.4.4 一个作业面应分遍喷涂完成，每遍厚度不宜大于15mm；当日的作业面应当日连续地喷涂施工完毕。

5.4.5 硬泡聚氨酯喷涂后20min内严禁上人；喷涂硬泡聚氨酯保温层完成后，应及时做保护层。

Ⅰ 主 控 项 目

5.4.6 喷涂硬泡聚氨酯所用原材料的质量及配合比，应符合设计要求。

检验方法：检查原材料出厂合格证、质量检验报告和计量措施。

5.4.7 喷涂硬泡聚氨酯保温层的厚度应符合设计要求，其正偏差应不限，不得有负偏差。

检验方法：钢针插入和尺量检查。

5.4.8 屋面热桥部位处理应符合设计要求。

检验方法：观察检查。

Ⅱ 一 般 项 目

5.4.9 喷涂硬泡聚氨酯应分遍喷涂，粘结应牢固，表面应平整，找坡应正确。

检验方法：观察检查。

5.4.10 喷涂硬泡聚氨酯保温层表面平整度的允许偏差为 5mm。

检验方法：2m 靠尺和塞尺检查。

6.2.9 现浇泡沫混凝土保温层检验批质量验收记录

1. 表格

现浇泡沫混凝土保温层检验批质量验收记录

04020401 ____

单位（子单位）工程名称		分部（子分部）工程名称		分项工程名称	
施工单位		项目负责人		检验批容量	
分包单位		分包单位项目负责人		检验批部位	
施工依据		验收依据		《屋面工程质量验收规范》GB 50207－2012	

		验收项目	设计要求及规范规定	最小/实际抽样数量	检查记录	检查结果
主控项目	1	原材料的质量及配合比	设计要求	/		
	2	保温层厚度	设计要求___mm	/		
	3	屋面热桥部位处理	设计要求	/		
一般项目	1	表面质量	第5.5.8条	/		
	2	混凝土不得有贯通裂缝等缺陷	第5.5.9条	/		
	3	表面平整度	5mm	/		
施工单位检查结果			专业工长：项目专业质量检查员：年 月 日			
监理单位验收结论			专业监理工程师：年 月 日			

2. 验收依据说明

【规范名称及编号】《屋面工程质量验收规范》GB 50207－2012

【条文摘录】

摘录一：

第3.0.14条（见《板状材料保温层检验批质量验收记录》的表格验收依据说明，本书第503页）。

摘录二：

第5.1.9条（见《板状材料保温层检验批质量验收记录》的表格验收依据说明，本书第503页）。

摘录三：

5.5　现浇泡沫混凝土保温层

5.5.1　在浇筑泡沫混凝土前，应将基层上的杂物和油污清理干净；基层应浇水湿润，但不得有积水。

5.5.2　保温层施工前应对设备进行调试，并应制备试样进行泡沫混凝土的性能检测。

5.5.3　泡沫混凝土的配合比应准确计量，制备好的泡沫加入水泥料浆中应搅拌均匀。

5.5.4　浇筑过程中，应随时检查泡沫混凝土的湿密度。

Ⅰ　主　控　项　目

5.5.5　现浇泡沫混凝土所用原材料的质量及配合比，应符合设计要求。

检验方法：检查原材料出厂合格证、质量检验报告和计量措施。

5.5.6　现浇泡沫混凝土保温层的厚度应符合设计要求，其正负偏差应为5%，且不得大于5mm。

检验方法：钢针插入和尺量检查。

5.5.7　屋面热桥部位处理应符合设计要求。

检验方法：观察检查。

Ⅱ　一　般　项　目

5.5.8　现浇泡沫混凝土应分层施工，粘结应牢固，表面应平整，找坡应正确。

检验方法：观察检查。

5.5.9　现浇泡沫混凝土不得有贯通性裂缝，以及疏松、起砂、起皮现象。

检验方法：观察检查。

5.5.10　现浇泡沫混凝土保温层表面平整度的允许偏差为5mm。

检验方法：2m靠尺和塞尺检查。

6.2.10　种植隔热层检验批质量验收记录

1. 表格

种植隔热层检验批质量验收记录

04020501 ____

单位（子单位）工程名称		分部（子分部）工程名称		分项工程名称	
施工单位		项目负责人		检验批容量	
分包单位		分包单位项目负责人		检验批部位	
施工依据			验收依据	《屋面工程质量验收规范》GB 50207－2012	

		验收项目	设计要求及规范规定	最小/实际抽样数量	检查记录	检查结果
主控项目	1	所用材料的质量	设计要求	/		
	2	排水层	应与排水系统连通	/		
	3	泄水孔的留设	设计要求	/		

续表

验收项目		设计要求及规范规定	最小/实际抽样数量	检查记录	检查结果
一般项目	1 陶粒铺设应平整均匀，厚度应符合要求	设计要求__mm	/		
	2 排水板铺设	第5.6.10条	/		
	3 过滤层土工布铺设	第5.6.11条	/		
	4 过滤层土工布搭接宽度	－10mm	/		
	5 种植土铺设	第5.6.12条	/		
	6 种植土的厚度	±5％，且不大于30mm	/		

施工单位检查结果	专业工长： 项目专业质量检查员： 　　　　　　　　年　月　日
监理单位验收结论	专业监理工程师： 　　　　　　　　年　月　日

2. 验收依据说明

【规范名称及编号】《屋面工程质量验收规范》GB 50207－2012

【条文摘录】

摘录一：

第3.0.14条（见《板状材料保温层检验批质量验收记录》的表格验收依据说明，本书第503页）。

摘录二：

第5.1.9条（见《板状材料保温层检验批质量验收记录》的表格验收依据说明，本书第503页）。

摘录三：

5.6 种植隔热层

5.6.1 种植隔热层与防水层之间宜设细石混凝土保护层。

5.6.2 种植隔热层的屋面坡度大于20％时，其排水层、种植土层应采取防滑措施。

5.6.3 排水层施工应符合下列要求：

1 陶粒的粒径不应小于25mm，大粒径应在下，小粒径应在上。

2 凹凸形排水板宜采用搭接法施工，网状交织排水板宜采用对接法施工。

3 排水层上应铺设过滤层土工布。

4 挡墙或挡板的下部应设泄水孔，孔周围应放置疏水粗细骨料。

5.6.4 过滤层土工布应沿种植土周边向上铺设至种植土高度，并应与挡墙或挡板粘牢；土工布的搭接宽度不应小于100mm，接缝宜采用粘合或缝合。

5.6.5 种植土的厚度及自重应符合设计要求。种植土表面应低于挡墙高度100mm。

Ⅰ 主 控 项 目

5.6.6 种植隔热层所用材料的质量，应符合设计要求。

检验方法：检查出厂合格证和质量检验报告。

5.6.7　排水层应与排水系统连通。

检验方法：观察检查。

5.6.8　挡墙或挡板泄水孔的留设应符合设计要求，并不得堵塞。

检验方法：观察和尺量检查。

Ⅱ　一　般　项　目

5.6.9　陶粒应铺设平整、均匀；厚度应符合设计要求。

检验方法：观察和尺量检查。

5.6.10　排水板应铺设平整，接缝方法应符合国家现行有关标准的规定。

检验方法：观察和尺量检查。

5.6.11　过滤层土工布应铺设平整、接缝严密，其搭接宽度的允许偏差为－10mm。

检验方法：观察和尺量检查。

5.6.12　种植土应铺设平整、均匀，其厚度的允许偏差为±5％且不得大于 30mm。

检验方法：尺量检查。

6.2.11　架空隔热层检验批质量验收记录

1. 表格

架空隔热层检验批质量验收记录

04020601____

单位（子单位）工程名称				分部（子分部）工程名称		分项工程名称	
施工单位				项目负责人		检验批容量	
分包单位				分包单位项目负责人		检验批部位	
施工依据				验收依据		《屋面工程质量验收规范》GB 50207－2012	
验收项目			设计要求及规范规定	最小/实际抽样数量	检查记录		检查结果
主控项目	1	架空隔热制品的质量	砌块MU____混凝土板C____	/			
	2	架空隔热制品的铺设	应平整、稳固，缝隙勾填应密实	/			
一般项目	1	隔热制品距山墙或女儿墙距离	≥250mm	/			
	2	隔热层的高度及变形缝做法	设计要求	/			
	3	接缝高低差	3mm	/			
施工单位检查结果		专业工长：项目专业质量检查员：　　　　年　月　日					
监理单位验收结论		专业监理工程师：　　　　年　月　日					

2. 验收依据说明

【规范名称及编号】《屋面工程质量验收规范》GB 50207－2012

【条文摘录】

摘录一：

第 3.0.14 条（见《板状材料保温层检验批质量验收记录》的表格验收依据说明，本书第 503 页）。

摘录二：

第 5.1.9 条（见《板状材料保温层检验批质量验收记录》的表格验收依据说明，本书第 503 页）。

摘录三：

5.7 架空隔热层

5.7.1 架空隔热层的高度应按屋面宽度或坡度大小确定。设计无要求时，架空隔热层的高度宜为 180mm～300mm。

5.7.2 当屋面宽度大于 10m 时，应在屋面中部设置通风屋脊，通风口处应设置通风箅子。

5.7.3 架空隔热制品支座底面的卷材、涂膜防水层，应采取加强措施。

5.7.4 架空隔热制品的质量应符合下列要求：

1 非上人屋面的砌块强度等级不应低于 MU7.5；上人屋面的砌块强度等级不应低于 MU10。

2 混凝土板的强度等级不应低于 C20，板厚及配筋应符合设计要求。

Ⅰ 主 控 项 目

5.7.5 架空隔热制品的质量，应符合设计要求。

检验方法：检查材料或构件合格证和质量检验报告。

5.7.6 架空隔热制品的铺设应平整、稳固，缝隙勾填应密实。

检验方法：观察检查。

Ⅱ 一 般 项 目

5.7.7 架空隔热制品距山墙或女儿墙不得小于 250mm。

检验方法：观察和尺量检查。

5.7.8 架空隔热层的高度及通风屋脊、变形缝做法，应符合设计要求。

检验方法：观察和尺量检查。

5.7.9 架空隔热制品接缝高低差的允许偏差为 3mm。

检验方法：直尺和塞尺检查。

6.2.12 蓄水隔热层检验批质量验收记录

1. 表格

蓄水隔热层检验批质量验收记录

04020701____

单位（子单位）工程名称		分部（子分部）工程名称		分项工程名称	
施工单位		项目负责人		检验批容量	
分包单位		分包单位项目负责人		检验批部位	
施工依据			验收依据	《屋面工程质量验收规范》GB 50207－2012	

验收项目		设计要求及规范规定	最小/实际抽样数量	检查记录	检查结果
主控项目	1 防水混凝土原材料质量及配合比	设计要求	/		
	2 抗压强度和抗渗性能	设计要求____	/		
	3 蓄水池	不得有渗漏现象	/		

511

续表

验收项目			设计要求及规范规定	最小/实际抽样数量	检查记录	检查结果
一般项目	1	表面密实和平整度	第5.8.8条	/		
	2	防水混凝土表面的裂缝宽度	<0.2mm	/		
	3	留设的溢水口等，位置、标高和尺寸	第5.8.10条	/		
	4	蓄水池结构允许偏差（mm）	长度、宽度	+15，−10	/	
			厚度	±5	/	
			表面平整度	5	/	
			排水坡度	设计要求	/	

施工单位检查结果	专业工长： 项目专业质量检查员： 　　　　　　　　　　年　　月　　日
监理单位验收结论	专业监理工程师： 　　　　　　　　　　年　　月　　日

2. 验收依据说明

【规范名称及编号】《屋面工程质量验收规范》GB 50207−2012

【条文摘录】

摘录一：

第3.0.14条（见《板状材料保温层检验批质量验收记录》的表格验收依据说明，本书第503页）。

摘录二：

第5.1.9条（见《板状材料保温层检验批质量验收记录》的表格验收依据说明，本书第503页）。

摘录三：

5.8　蓄水隔热层

5.8.1　蓄水隔热层与屋面防水层之间应设隔离层。

5.8.2　蓄水池的所有孔洞应预留，不得后凿；所设置的给水管、排水管和溢水管等，均应在蓄水池混凝土施工前安装完毕。

5.8.3　每个蓄水区的防水混凝土应一次浇筑完毕，不得留施工缝。

5.8.4　防水混凝土应用机械振捣密实，表面应抹平和压光，初凝后应覆盖养护，终凝后浇水养护不得少于14d；蓄水后不得断水。

Ⅰ　主　控　项　目

5.8.5　防水混凝土所用材料的质量及配合比，应符合设计要求。

检验方法：检查出厂合格证、质量检验报告、进场检验报告和计量措施。

5.8.6　防水混凝土的抗压强度和抗渗性能，应符合设计要求。

检验方法：检查混凝土抗压和抗渗试验报告。

5.8.7　蓄水池不得有渗漏现象。

检验方法：蓄水至规定高度观察检查。

Ⅱ　一　般　项　目

5.8.8　防水混凝土表面应密实、平整，不得有蜂窝、麻面、露筋等缺陷。

检验方法：观察检查。

5.8.9 防水混凝土表面的裂缝宽度不应大于 0.2mm，并不得贯通。

检验方法：刻度放大镜检查。

5.8.10 蓄水池上所留设的溢水口、过水孔、排水管、溢水管等，其位置、标高和尺寸均应符合设计要求。

检验方法：观察和尺量检查。

5.8.11 蓄水池结构的允许偏差和检验方法应符合表 5.8.11 的规定。

表 5.8.11 蓄水池结构的允许偏差和检验方法

项 目	允许偏差（mm）	检验方法
长度、宽度	+15，−10	尺量检查
厚度	±15	
表面平整度	5	2m 靠尺和塞尺检查
排水坡度	符合设计要求	坡度尺检查

6.2.13 卷材防水层检验批质量验收记录

1. 表格

卷材防水层检验批质量验收记录

04030101 ____

单位（子单位）工程名称		分部（子分部）工程名称		分项工程名称	
施工单位		项目负责人		检验批容量	
分包单位		分包单位项目负责人		检验批部位	
施工依据		验收依据		《屋面工程质量验收规范》GB 50207−2012	

		验收项目	设计要求及规范规定	最小/实际抽样数量	检查记录	检查结果
主控项目	1	防水卷材及配套材料的质量	设计要求	/		
	2	防水层	不得有渗漏或积水现象	/		
	3	卷材防水层的防水构造	设计要求	/		
一般项目	1	搭接缝牢固，密封严密，不得扭曲等	第 6.2.13 条	/		
	2	卷材防水层收头	第 6.2.14 条	/		
	3	卷材搭接宽度	−10mm	/		
	4	屋面排汽构造	第 6.2.16 条	/		
施工单位检查结果		专业工长：项目专业质量检查员：年 月 日				
监理单位验收结论		专业监理工程师：年 月 日				

513

2. 验收依据说明

【规范名称及编号】《屋面工程质量验收规范》GB 50207-2012

【条文摘录】

摘录一：

3.0.14 屋画工程各分项工程宜按屋面面积每 500m²～1000m² 划分为一个检验批，不足 500m² 应按一个检验批；每个检验批的抽检数量应按本规范第 4～8 章的规定执行。

摘录二：

6.1.5 防水与密封工程各分项工程每个检验批的抽检数量，应按屋面面积每 100m² 抽查 1 处，每处应为 10m²，且不得少于 3 处；接缝密封防水应按每 50m 抽查一处，每处应为 5m，且不得少于 3 处。

摘录三：

6.2 卷材防水层

6.2.1 屋面坡度大于 25% 时，卷材应采取满粘和钉压固定措施。

6.2.2 卷材铺贴方向应符合下列规定：

1 卷材宜平行屋脊铺贴；

2 上下层卷材不得相互垂直铺贴。

6.2.3 卷材搭接缝应符合下列规定：

1 平行屋脊的卷材搭接缝应顺流水方向，卷材搭接宽度应符合表 6.2.3 的规定；

2 相邻两幅卷材短边搭接缝应错开，且不得小于 500mm；

3 上下层卷材长边搭接缝应错开，且不得小于幅宽的 1/3。

表 6.2.3 卷材搭接宽度（mm）

卷 材 类 别		搭 接 宽 度
合成高分子防水卷材	胶粘剂	80
	胶粘带	50
	单缝焊	60，有效焊接宽度不小于 25
	双缝焊	80，有效焊接宽度 10×2+空腔宽
高聚物改性沥青防水卷材	胶粘剂	100
	自粘	80

6.2.4 冷粘法铺贴卷材应符合下列规定：

1 胶粘剂涂刷应均匀，不应露底，不应堆积；

2 应控制胶粘剂涂刷与卷材铺贴的间隔时间；

3 卷材下面的空气应排尽，并应辊压粘牢固；

4 卷材铺贴应平整顺直，搭接尺寸应准确，不得扭曲、皱折；

5 接缝口应用密封材料封严，宽度不应小于 10mm。

6.2.5 热粘法铺贴卷材应符合下列规定：

1 熔化热熔型改性沥青胶结料时，宜采用专用导热油炉加热，加热温度不应高于 200℃，使用温度不宜低于 180℃；

2 粘贴卷材的热熔型改性沥青胶结料厚度宜为 1.0mm～1.5mm；

3 采用热熔型改性沥青胶结料粘贴卷材时，应随刮随铺，并应展平压实。

6.2.6 热熔法铺贴卷材应符合下列规定：

1 火焰加热器加热卷材应均匀，不得加热不足或烧穿卷材；

2 卷材表面热熔后应立即滚铺，卷材F面的空气应排尽，并应辊压粘贴牢固；

3 卷材接缝部位应溢出热熔的改性沥青胶，溢出的改性沥青胶宽度宜为8mm；

4 铺贴的卷材应平整顺直，搭接尺寸应准确，不得扭曲、皱折；

5 厚度小于3mm的高聚物改性沥青防水卷材，严禁采用热熔法施工。

6.2.7 自粘法铺贴卷材应符合下列规定：

1 铺贴卷材时，应将自粘胶底面的隔离纸全部撕净；

2 卷材下面的空气应排尽，并应辊压粘贴牢固；

3 铺贴的卷材应平整顺直，搭接尺寸应准确，不得扭曲、皱折；

4 接缝口应用密封材料封严，宽度不应小于10mm；

5 低温施工时，接缝部位宜采用热风加热，并应随即粘贴牢固。

6.2.8 焊接法铺贴卷材应符合下列规定：

1 焊接前卷材应铺设平整、顺直，搭接尺寸应准确，不得扭曲、皱折；

2 卷材焊接缝的结合面应干净、干燥，不得有水滴、油污及附着物；

3 焊接时应先焊长边搭接缝，后焊短边搭接缝；

4 控制加热温度和时间，焊接缝不得有漏焊、跳焊、焊焦或焊接不牢现象；

5 焊接时不得损害非焊接部位的卷材。

6.2.9 机械固定法铺贴卷材应符合下列规定：

1 卷材应采用专用固定件进行机械固定；

2 固定件应设置在卷材搭接缝内，外露固定件应用卷材封严；

3 固定件应垂直钉入结构层有效固定，固定件数量和位置应符合设计要求；

4 卷材搭接缝应粘结或焊接牢固，密封应严密；

5 卷材周边800mm范围内应满粘。

Ⅰ 主 控 项 目

6.2.10 防水卷材及其配套材料的质量，应符合设计要求。

检验方法：检查出厂合格证、质量检验报告和进场检验报告。

6.2.11 卷材防水层不得有渗漏和积水现象。

检验方法：雨后观察或淋水、蓄水试验。

6.2.12 卷材防水层在檐口、檐沟、天沟、水落口、泛水、变形缝和伸出屋面管道的防水构造，应符合设计要求。

检验方法：观察检查。

Ⅱ 一 般 项 目

6.2.13 卷材的搭接缝应粘结或焊接牢固，密封应严密，不得扭曲、皱折和翘边。

检验方法：观察检查。

6.2.14 卷材防水层的收头应与基层粘结，钉压应牢固，密封应严密。

检验方法：观察检查。

6.2.15 卷材防水层的铺贴方向应正确，卷材搭接宽度的允许偏差为—10mm。

检验方法：观察和尺量检查。

6.2.16 屋耐排汽构造的排汽道应纵横贯通，不得堵塞；排汽管应安装牢固，位置应正确，封闭应严密。

检验方法：观察检查。

6.2.14 涂膜防水层检验批质量验收记录

1. 表格

涂膜防水层检验批质量验收记录

04030201____

单位（子单位）工程名称				分部（子分部）工程名称		分项工程名称	
施工单位				项目负责人		检验批容量	
分包单位				分包单位项目负责人		检验批部位	
施工依据					验收依据	《屋面工程质量验收规范》GB 50207－2012	

验收项目			设计要求及规范规定	最小/实际抽样数量	检查记录	检查结果
主控项目	1	材料质量	设计要求	/		
	2	防水层	不得有渗漏或积水现象	/		
	3	涂膜防水层的防水构造	设计要求	/		
	4	涂膜防水层的平均厚度	设计要求____mm	/		
一般项目	1	防水层与基层应粘结牢固，表面无缺陷	第 6.3.8 条	/		
	2	涂膜防水层的收头	第 6.3.9 条	/		
	3	胎体增强材料搭接宽度	－10mm	/		
施工单位检查结果			专业工长：项目专业质量检查员：　　　　　年　月　日			
监理单位验收结论			专业监理工程师：　　　　　年　月　日			

2. 验收依据说明

【规范名称及编号】《屋面工程质量验收规范》GB 50207－2012

【条文摘录】

摘录一：

第 3.0.14 条（见《卷材防水层检验批质量验收记录》的表格验收依据说明，本书第 514 页）。

摘录二：

第 6.1.5 条（见《卷材防水层检验批质量验收记录》的表格验收依据说明，本书第 514 页）。

摘录三：

6.3　涂膜防水层

6.3.1　防水涂料应多遍涂布，并应待前一遍涂布的涂料干燥成膜后，再涂布后一遍涂料，且前后两遍涂料的涂布方向应相互垂直。

6.3.2　铺设胎体增强材料应符合下列规定：

1　胎体增强材料宜采用聚酯无纺布或化纤无纺布；

2 胎体增强材料长边搭接宽度不应小于50mm，短边搭接宽度不应小于70mm；

3 上下层胎体增强材料的长边搭接缝应错开，且不得小于幅宽的1/3；

4 上下层胎体增强材料不得相互垂直铺设。

6.3.3 多组分防水涂料应按配合比准确计量，搅拌应均匀，并应根据有效时间确定每次配制的数量。

Ⅰ 主 控 项 目

6.3.4 防水涂料和胎体增强材料的质量，应符合设计要求。

检验方法：检查出厂合格证、质量检验报告和进场检验报告。

6.3.5 涂膜防水层不得有渗漏和积水现象。

检验方法：雨后观察或淋水、蓄水试验。

6.3.6 涂膜防水层在檐口、檐沟、天沟、水落口、泛水、变形缝和伸出屋面管道的防水构造，应符合设计要求。

检验方法：观察检查。

6.3.7 涂膜防水层的平均厚度应符合设计要求，且最小厚度不得小于设计厚度的80％。

检验方法：针测法或取样量测。

Ⅱ 一 般 项 目

6.3.8 涂膜防水层与基层应粘结牢固，表面应平整，涂布应均匀，不得有流淌、皱折、起泡和露胎体等缺陷。

检验方法：观察检查。

6.3.9 涂膜防水层的收头应用防水涂料多遍涂刷。

检验方法：观察检查。

6.3.10 铺贴胎体增强材料应平整顺直，搭接尺寸应准确，应排除气泡，并应与涂料粘结牢固；胎体增强材料搭接宽度的允许偏差为－10mm。

检验方法：观察和尺量检查。

6.2.15 复合防水层检验批质量验收记录

1. 表格

复合防水层检验批质量验收记录

04030301 ____

单位（子单位）工程名称			分部（子分部）工程名称		分项工程名称	
施工单位			项目负责人		检验批容量	
分包单位			分包单位项目负责人		检验批部位	
施工依据				验收依据	《屋面工程质量验收规范》GB 50207－2012	

验收项目		设计要求及规范规定	最小/实际抽样数量	检查记录	检查结果
主控项目	1	防水材料及其配套材料质量	设计要求	/	
	2	防水层	不得有渗漏或积水现象	/	
	3	复合防水层的防水构造	设计要求	/	

续表

	验收项目		设计要求及规范规定	最小/实际抽样数量	检查记录	检查结果
一般项目	1	卷材和涂膜应粘结牢固，不得有空鼓等现象	第6.4.7条	/		
	2	复合防水层的总厚度	设计要求__mm	/		
施工单位检查结果				专业工长： 项目专业质量检查员： 年　月　日		
监理单位验收结论				专业监理工程师： 年　月　日		

2. 验收依据说明

【规范名称及编号】《屋面工程质量验收规范》GB 50207－2012

【条文摘录】

摘录一：

第3.0.14条（见《卷材防水层检验批质量验收记录》的表格验收依据说明，本书第514页）。

摘录二：

第6.1.5条（见《卷材防水层检验批质量验收记录》的表格验收依据说明，本书第514页）。

摘录三：

6.4 复合防水层

6.4.1 卷材与涂料复合使用时，涂膜防水层宜设置在卷材防水层的下面。

6.4.2 卷材与涂料复合使用时，防水卷材的粘结质量应符合表6.4.2的规定。

表6.4.2 防水卷材的粘结质量

项　目	自粘聚合物改性沥青防水卷材和带自粘层防水卷材	高聚物改性沥青防水卷材胶粘剂	合成高分子防水卷材胶粘剂
粘结剥离强度（N/10mm）	≥10或卷材断裂	≥8或卷材断裂	≥15或卷材断裂
剪切状态下的粘合强度（N/10mm）	≥20或卷材断裂	≥20或卷材断裂	≥20或卷材断裂
浸水168h后粘结剥离强度保持率（%）	—	—	≥70

注：防水涂料作为防水卷材粘结材料复合使用时，应符合相应的防水卷材胶粘剂规定。

6.4.3 复合防水层施工质量应符合本规范第6.2节和第6.3节的有关规定。

Ⅰ 主 控 项 目

6.4.4 复合防水层所用防水材料及其配套材料的质量，应符合设计要求。

检验方法：检查出厂合格证、质量检验报告和进场检验报告。

6.4.5 复合防水层不得有渗漏和积水现象。

检验方法：雨后观察或淋水、蓄水试验。

6.4.6 复合防水层在天沟、檐沟、檐口、水落口、泛水、变形缝和伸出屋面管道的防水构造，应符合设计要求。

　　检验方法：观察检查。

Ⅱ　一　般　项　目

6.4.7 卷材与涂膜应粘贴牢固，不得有空鼓和分层现象。

　　检验方法：观察检查。

6.4.8 复合防水层的总厚度应符合设计要求。

　　检验方法：针测法或取样量测。

6.2.16　接缝密封防水检验批质量验收记录

1. 表格

接缝密封防水检验批质量验收记录

04030401____

单位（子单位）工程名称			分部（子分部）工程名称		分项工程名称	
施工单位			项目负责人		检验批容量	
分包单位			分包单位项目负责人		检验批部位	
施工依据				验收依据	《屋面工程质量验收规范》GB 50207－2012	

验收项目			设计要求及规范规定	最小/实际抽样数量	检查记录	检查结果
主控项目	1	密封材料及其配套材料质量	设计要求	/		
	2	密封材料嵌填质量	第6.5.5条	/		
一般项目	1	密封防水部位的基层	第6.5.6条	/		
	2	接缝宽度和密封材料的嵌填深度	第6.5.7条	/		
	3	接缝宽度的允许偏差	±10%	/		
	4	嵌填的密封材料表面质量	第6.5.8条	/		

施工单位检查结果	专业工长： 项目专业质量检查员： 年　月　日
监理单位验收结论	专业监理工程师： 年　月　日

2. 验收依据说明

【规范名称及编号】《屋面工程质量验收规范》GB 50207－2012

【条文摘录】

　　摘录一：

第3.0.14条（见《卷材防水层检验批质量验收记录》的表格验收依据说明，本书第514页）。

摘录二：

第6.1.5条（见《卷材防水层检验批质量验收记录》的表格验收依据说明，本书第514页）。

摘录三：

6.5　接缝密封防水

6.5.1　密封防水部位的基层应符合下列要求：

1　基层应牢固，表面应平整、密实，不得有裂缝、蜂窝、麻面、起皮和起砂现象；

2　基层应清洁、干燥，并应无油污、无灰尘；

3　嵌入的背衬材料与接缝壁间不得留有空隙；

4　密封防水部位的基层宜涂刷基层处理剂，涂刷应均匀，不得漏涂。

6.5.2　多组分密封材料应按配合比准确计量，拌合应均匀，并应根据有效时间确定每次配制的数量。

6.5.3　密封材料嵌填完成后，在固化前应避免灰尘、破损及污染，且不得踩踏。

Ⅰ　主　控　项　目

6.5.4　密封材料及其配套材料的质量，应符合设计要求。

检验方法：检查出厂合格证、质量检验报告和进场检验报告。

6.5.5　密封材料嵌填应密实、连续、饱满，粘结牢固，不得有气泡、开裂、脱落等缺陷。

检验方法：观察检查。

Ⅱ　一　般　项　目

6.5.6　密封防水部位的基层应符合本规范第6.5.1条的规定。

检验方法：观察检查。

6.5.7　接缝宽度和密封材料的嵌填深度应符合设计要求，接缝宽度的允许偏差为±10%。

检验方法：尺量检查。

6.5.8　嵌填的密封材料表面应平滑，缝边应顺直，应无明显不平和周边污染现象。

检验方法：观察检查。

6.2.17　烧结瓦和混凝土瓦铺装检验批质量验收记录

1. 表格

烧结瓦和混凝土瓦铺装检验批质量验收记录

04040101____

单位（子单位）工程名称			分部（子分部）工程名称		分项工程名称		
施工单位			项目负责人		检验批容量		
分包单位			分包单位项目负责人		检验批部位		
施工依据				验收依据	《屋面工程质量验收规范》GB 50207－2012		
验收项目			设计要求及规范规定	最小/实际抽样数量	检查记录		检查结果
主控项目	1	瓦材及防水垫层的质量	设计要求	/			
	2	屋面不得有渗漏现象	第7.2.6条	/			
	3	瓦片必须铺置牢固	第7.2.7条	/			

续表

		验收项目	设计要求及规范规定	最小/实际抽样数量	检查记录	检查结果
一般项目	1	挂瓦条应分档均匀，铺钉，瓦面应平整	第7.2.8条	/		
	2	脊瓦应搭盖正确	第7.2.9条	/		
	3	泛水做法	设计要求	/		
	4	烧结瓦和混凝土瓦铺装的有关尺寸	设计要求	/		

施工单位检查结果	专业工长： 项目专业质量检查员： 年　　月　　日
监理单位验收结论	专业监理工程师： 年　　月　　日

2. 验收依据说明

【规范名称及编号】《屋面工程质量验收规范》GB 50207－2012

【条文摘录】

摘录一：

3.0.14 屋面工程各分项工程宜按屋面面积每 $500m^2$～$1000m^2$ 划分为一个检验批，不足 $500m^2$ 应按一个检验批；每个检验批的抽检数量应按本规范第 4～8 章的规定执行。

摘录二：

7.1.8 瓦面与板面工程各分项工程每个检验批的抽检数量，应按屋面面积每 $100m^2$ 抽查一处，每处应为 $10m^2$，且不得少于 3 处。

摘录三：

7.2 烧结瓦和混凝土瓦铺装

7.2.1 平瓦和脊瓦应边缘整齐，表面光洁，不得有分层、裂纹和露砂等缺陷；平瓦的瓦爪与瓦槽的尺寸应配合。

7.2.2 基层、顺水条、挂瓦条的铺设应符合下列规定：

1 基层应平整、干净、干燥；持钉层厚度应符合设计要求；

2 顺水条应垂直正脊方向铺钉在基层上，顺水条表面应平整，其间距不宜大于 $500mm$；

3 挂瓦条的间距应根据瓦片尺寸和屋面坡长经计算确定；

4 挂瓦条应铺钉平整、牢固，上棱应成一直线。

7.2.3 挂瓦应符合下列规定：

1 挂瓦应从两坡的檐口同时对称进行。瓦后爪应与挂瓦条挂牢，并应与邻边、下面两瓦落槽密合；

2 檐口瓦、斜天沟瓦应用镀锌铁丝拴牢在挂瓦条上，每片瓦均应与挂瓦条固定牢固；

3 整坡瓦面应平整，行列应横平竖直，不得有翘角和张口现象；

4 正脊和斜脊应铺平挂直，脊瓦搭盖应顺主导风向和流水方向。

7.2.4 烧结瓦和混凝土瓦铺装的有关尺寸，应符合下列规定：

1 瓦屋面檐口挑出墙面的长度不宜小于300mm；

2 脊瓦在两坡面瓦上的搭盖宽度，每边不应小于40mm；

3 脊瓦下端距坡而瓦的高度不宜大于80mm；

4 瓦头伸入檐沟、天沟内的长度宜为50mm～70mm；

5 金属檐沟、天沟伸入瓦内的宽度不应小于150mm；

6 瓦头挑出檐口的长度宜为50mm～70mm；

7 突出屋面结构的侧面瓦伸入泛水的宽度不应小于50mm。

Ⅰ 主 控 项 目

7.2.5 瓦材及防水垫层的质量，应符合设计要求。

检验方法：检查出厂合格证、质量检验报告和进场检验报告。

7.2.6 烧结瓦、混凝土瓦屋面不得有渗漏现象。

检验方法：雨后观察或淋水试验。

7.2.7 瓦片必须铺置牢固。在大风及地震设防地区或屋面坡度大于100％时，应按设计要求采取固定加强措施。

检验方法：观察或手扳检查。

Ⅱ 一 般 项 目

7.2.8 挂瓦条应分档均匀，铺钉应平略、牢固；瓦面应平整，行列应整齐，搭接应紧密，檐口应平直。

检验方法：观察检查。

7.2.9 脊瓦应搭盖正确，间距应均匀，封固应严密；正脊和斜脊应顺直，应无起伏现象。

检验方法：观察检查。

7.2.10 泛水做法应符合设计要求，并应顺直整齐、结合严密。

检验方法：观察检查。

7.2.11 烧结瓦和混凝土瓦铺装的有关尺寸，应符合设计要求。

检验方法：尺量检查。

6.2.18 沥青瓦铺装检验批质量验收记录

1. 表格

沥青瓦铺装检验批质量验收记录

04040201____

单位（子单位）工程名称		分部（子分部）工程名称		分项工程名称	
施工单位		项目负责人		检验批容量	
分包单位		分包单位项目负责人		检验批部位	
施工依据			验收依据	《屋面工程质量验收规范》GB 50207－2012	
验收项目		设计要求及规范规定	最小/实际抽样数量	检查记录	检查结果
主控项目	1 沥青瓦及防水垫层的质量	设计要求	/		
	2 沥青瓦屋面	不得有渗漏现象	/		
	3 沥青瓦铺设搭接	第7.3.8条	/		

续表

验收项目		设计要求及规范规定	最小/实际抽样数量	检查记录	检查结果
一般项目	1 沥青瓦所用的固定钉	第7.3.9条	/		
	2 沥青瓦与基层粘钉牢固	第7.3.10条	/		
	3 泛水做法应符合设计要求	设计要求	/		
	4 沥青瓦铺装有关尺寸	设计要求	/		
施工单位检查结果		专业工长： 项目专业质量检查员： 年 月 日			
监理单位验收结论		专业监理工程师： 年 月 日			

2. 验收依据说明

【规范名称及编号】《屋面工程质量验收规范》GB 50207－2012

【条文摘录】

摘录一：

第 3.0.14 条（见《烧结瓦和混凝土瓦铺装检验批质量验收记录》的表格验收依据说明，本书第 521 页）。

摘录二：

第 7.1.8 条（见《烧结瓦和混凝土瓦铺装检验批质量验收记录》的表格验收依据说明，本书第 521 页）。

摘录三：

7.3 沥青瓦铺装

7.3.1 沥青瓦应边缘整齐，切槽应清晰，厚薄应均匀，表面应无孔洞、楞伤、裂纹、皱折和起泡等缺陷。

7.3.2 沥青瓦应自檐口向上铺设，起始层瓦应由瓦片经切除垂片部分后制得，且起始层瓦沿檐口平行铺设并伸出檐口 10mm，并应用沥青基胶粘材料与基层粘结；第一层瓦应与起始层瓦叠合，但瓦切口应向下指向檐口；第二层瓦应压在第一层瓦上且露出瓦切口，但不得超过切口长度。相邻两层沥青瓦的拼缝及切口应均匀错开。

7.3.3 铺设脊瓦时，宜将沥青瓦滑切口剪开分成三块作为脊瓦，并应用 2 个同定钉固定，同时应用沥青基胶粘树料密封；脊瓦搭盖应顺主导风向。

7.3.4 沥青瓦的固定应符合下列规定：

1 沥青瓦铺设时，每张瓦片不得少于 4 个固定钉，在大风地区或屋面坡度大于 100% 时，每张瓦片不得少于 6 个固定钉；

2 固定钉应垂直钉入沥青瓦压盖面，钉帽应与瓦片表面齐平；

3 固定钉钉入持钉层深度应符合设计要求；

4 屋面边缘部位沥青瓦之间以及起始瓦与基层之间，均应采用沥青基胶粘材料满粘。

7.3.5 沥青瓦铺装的有关尺寸应符合下列规定：

1 脊瓦在两坡面瓦上的搭盖宽度，每边不应小于150mm；

2 脊瓦与脊瓦的压盖面不应小于脊瓦面积的1/2；

3 沥青瓦挑出檐口的长度宜为10mm～20mm；

4 金属泛水板与沥青瓦的搭盖宽度不应小于100mm；

5 金属泛水板与突出屋面墙体的搭接高度不应小于250mm；

6 金属滴水板伸入沥青瓦下的宽度不应小于80mm。

Ⅰ 主 控 项 目

7.3.6 沥青瓦及防水垫层的质量，应符合设计要求。

检验方法：检查出厂合格证、质量检验报告和进场检验报告。

7.3.7 沥青瓦屋面不得有渗漏现象。

检验方法：雨后观察或淋水试验。

7.3.8 沥青瓦铺设应搭接正确，瓦片外露部分不得超过切口长度。

检验方法：观察检查。

Ⅱ 一 般 项 目

7.3.9 沥青瓦所用固定钉应垂直钉入持钉层，钉帽不得外露。

检验方法：观察检查。

7.3.10 沥青瓦应与基层粘钉牢固，瓦面应平整，檐口应平直。

检验方法：观察检查。

7.3.11 泛水做法应符合设计要求，并应顺直整齐、结合紧密。

检验方法：观察检查。

7.3.12 沥青瓦铺装的有关尺寸，应符合设计要求。

检验方法：尺量检查。

6.2.19 金属板铺装检验批质量验收记录

1. 表格

金属板铺装检验批质量验收记录

04040301 ____

单位（子单位）工程名称		分部（子分部）工程名称		分项工程名称	
施工单位		项目负责人		检验批容量	
分包单位		分包单位项目负责人		检验批部位	
施工依据			验收依据	《屋面工程质量验收规范》GB 50207－2012	

		验收项目	设计要求及规范规定	最小/实际抽样数量	检查记录	检查结果
主控项目	1	金属板材及辅助材料的质量	设计要求	/		
	2	金属板屋面	不得有渗漏现象	/		

续表

	验收项目		设计要求及规范规定	最小/实际抽样数量	检查记录	检查结果
一般项目	1	金属板材铺装平整，排水坡度	设计要求	/		
	2	金属板的咬口锁边连接严密不得扭曲	第7.4.9条	/		
	3	紧固件连接采用带防水垫圈的自攻螺钉，所有螺钉外露部分均密封	第7.4.10条	/		
	4	绝热夹芯板的纵向和横向搭接	设计要求	/		
	5	金属板屋脊等直线段顺直，曲线段顺畅	第7.4.12条	/		
	6	檐口及屋脊的平行度	15mm	/		
	7	金属板对屋脊的垂直度	单坡长度的1/800，且不大于25mm	/		
	8	金属板咬缝的平整度	10mm	/		
	9	檐口相邻两板的端部错位	6mm	/		
	10	金属板铺装的有关尺寸	符合设计要求	/		

施工单位检查结果	专业工长： 项目专业质量检查员： 　　　　　　　年　月　日
监理单位验收结论	专业监理工程师： 　　　　　　　年　月　日

2. 验收依据说明

【规范名称及编号】《屋面工程质量验收规范》GB 50207－2012

【条文摘录】

摘录一：

第3.0.14条（见《烧结瓦和混凝土瓦铺装检验批质量验收记录》的表格验收依据说明，本书第521页）。

摘录二：

第7.1.8条（见《烧结瓦和混凝土瓦铺装检验批质量验收记录》的表格验收依据说明，本书第521页）。

摘录三：

7.4　金属板铺装

7.4.1　金属板材应边缘整齐，表面应光滑，色泽应均匀，外形应规则，不得有扭曲、脱膜和锈蚀等缺陷。

7.4.2　金属板材应用专用吊具安装，安装和运输过程中不得损伤金属板材。

7.4.3　金属板材应根据要求板型和深化设计的排板图铺设，并应按设计图纸规定的连接方式固定。

7.4.4　金属板固定支架或支座位置应准确，安装应牢固。

7.4.5　金属板屋面铺装的有关尺寸应符合下列规定：

1　金属板檐口挑出墙面的长度不应小于200mm；

2　金属板伸入檐沟、天沟内的长度不应小于100mm；

3　金属泛水板与突出屋面墙体的搭接高度不应小于250mm；

4　金属泛水板、变形缝盖板与金属板的搭接宽度不应小于200mm；

5　金属屋脊盖板在两坡面金属板上的搭盖宽度不应小于250mm。

Ⅰ　主　控　项　目

7.4.6　金属板材料及辅助材料的质量，应符合设计要求。

检验方法：检查出厂合格证、质量检验报告和进场检验报告。

7.4.7　金属板屋面不得有渗漏现象。

检验方法：雨后观察或淋水试验。

Ⅰ　一　般　项　目

7.4.8　金属板铺装应平整、顺滑；排水坡度应符合设计要求。

检验方法：坡度尺检查。

7.4.9　压型金属板的咬口锁边连接应严密、连续、平整，不得扭曲和裂口。

检验方法：观察检查。

7.4.10　压型金属板的紧固件连接应采用带防水垫圈的自攻螺钉，固定点应设在波峰上；所有自攻螺钉外露的部位均应密封处理。

检验方法：观察检查。

7.4.11　金属面绝热夹芯板的纵向和横向搭接，应符合设计要求。

检验方法：观察检查。

7.4.12　金属板的屋脊、檐口、泛水，直线段应顺直，曲线段应顺畅。

检验方法：观察检查。

7.4.13　金属板材铺装的允许偏差和检验方法，应符合表7.4.13的规定。

表7.4.13　金属板铺装的允许偏差和检验方法

项　目	允许偏差（mm）	检验方法
檐口与屋脊的平行度	15	拉线和尺量检查
金属板对屋脊的垂直度	单坡长度的1/800，且不大于25	
金属板咬缝的平整度	10	
檐口相邻两板的端部错位	6	
金属板铺装的有关尺寸	符合设计要求	尺量检查

6.2.20 玻璃采光顶铺装检验批质量验收记录

1. 表格

玻璃采光顶铺装检验批质量验收记录

04040401____

单位（子单位）工程名称				分部（子分部）工程名称			分项工程名称	
施工单位				项目负责人			检验批容量	
分包单位				分包单位项目负责人			检验批部位	
施工依据					验收依据		《屋面工程质量验收规范》GB 50207－2012	

		验收项目		设计要求及规范规定	最小/实际抽样数量	检查记录	检查结果
主控项目	1	采光顶玻璃及配套材料质量		设计要求	/		
	2	采光顶		不得有渗漏现象	/		
	3	硅酮耐候密封胶的打注质量		第7.5.7条	/		
一般项目	1	采光顶铺装平整，排水坡度		设计要求	/		
	2	冷凝水收集和排除构造		设计要求	/		
	3	明框玻璃采光顶的金属框和隐框玻璃采光顶的分格缝应横平竖直		第7.5.10条	/		
	4	点支撑玻璃采光顶支撑装置		第7.5.11条	/		
	5	密封胶缝		横平竖直，深浅一致，宽窄均匀	/		

		检查项目		允许偏差（mm）		最小/实际抽样数量	检查记录	检查结果
				□铝构件	□钢构件			
一般项目	6	明框玻璃采光顶铺装的允许偏差和检验方法	通长构件水平长度（纵向或横向）	构件长度≤30m	10	15	/	
	7			构件长度≤60m	15	20	/	
	8			构件长度≤90m	20	25	/	
	9			构件长度≤150m	25	30	/	
	10			构件长度＞150m	30	35	/	
	11		单一构件直线度（纵向或横向）	构件长度≤2m	2	3	/	
	12			构件长度＞2m	3	4	/	
	13		相邻平面高低差		1	2	/	
	14		通长构件直线度（纵向和横向）	构件长度≤35m	5	7	/	
	15			构件长度＞35m	7	9	/	
	16		分格框对角线差	构件长度≤2m	3	4	/	
	17			构件长度＞2m	3.5	5	/	

续表

验收项目				允许偏差（mm）	最小/实际抽样数量	检查记录	检查结果
一般项目	18	隐框玻璃采光顶铺装的允许偏差和检验方法	通长接缝水平度（纵向或横向）	构件长度≤30m	10	/	
	19			构件长度≤60m	15	/	
	20			构件长度≤90m	20	/	
	21			构件长度≤150m	25	/	
	22			构件长度＞150m	30	/	
	23		相邻板块的平面高低差		1	/	
	24		相邻板块的接缝直线度		2.5	/	
	25		通长接缝直线度（纵向或横向）	接缝长度≤35m	5	/	
	26			接缝长度＞35m	7	/	
	27		玻璃间接缝宽度		2	/	
	28	点支撑玻璃采光顶铺装允许偏差和检验方法	通长接缝水平度（纵向或横向）	接缝长度≤30m	10	/	
	29			接缝长度≤60m	15	/	
	30			接缝长度≤90m	20	/	
	31		相邻板块的平面高低差		1	/	
	32		相邻板块的接缝直线度		2.5	/	
	33		通长接缝直线度（纵向或横向）	接缝长度≤35m	5	/	
	34			接缝长度＞35m	7	/	
	35		玻璃间接缝宽度（与设计尺寸比）		2	/	

施工单位检查结果	专业工长： 项目专业质量检查员： 年 月 日
监理单位验收结论	专业监理工程师： 年 月 日

2. 验收依据说明

【规范名称及编号】《屋面工程质量验收规范》GB 50207－2012

【条文摘录】

摘录一：

第3.0.14条（见《烧结瓦和混凝土瓦铺装检验批质量验收记录》的表格验收依据说明，本书第521页）。

摘录二：

第7.1.8条（见《烧结瓦和混凝土瓦铺装检验批质量验收记录》的表格验收依据说明，本书第521页）。

摘录三：

7.5 玻璃采光顶铺装

7.5.1 玻璃采光顶的预埋件应位置准确，安装应牢固。

7.5.2 采光顶玻璃及玻璃组件的制作，应符合现行行业标准《建筑玻璃采光顶》JG/T 231 的有关规定。

7.5.3 采光顶玻璃表面应平整、洁净，颜色应均匀一致。

7.5.4 玻璃采光顶与周边墙体之间的连接，应符合设计要求。

Ⅰ 主 控 项 目

7.5.5 采光顶玻璃及其配套材料的质量，应符合设计要求。

检验方法：检查出厂合格证和质量检验报告。

7.5.6 玻璃采光顶不得有渗漏现象。

检验方法：雨后观察或淋水试验。

7.5.7 硅酮耐候密封胶的打注应密实、连续、饱满，粘结应牢固，不得有气泡、开裂、脱落等缺陷。

检验方法：观察检查。

Ⅱ 一 般 项 目

7.5.8 玻璃采光顶铺装应平整、顺直；排水坡度应符合设计要求。

检验方法：观察和坡度尺检查。

7.5.9 玻璃采光顶的冷凝水收集和排除构造，应符合设计要求。

检验方法：观察检查。

7.5.10 明框玻璃采光顶的外露金属框或压条应横平竖直，压条安装应牢固；隐框玻璃采光顶的玻璃分格拼缝应横平竖直，均匀一致。

检验方法：观察和手扳检查。

7.5.11 点支承玻璃采光顶的支承装置应安装牢固，配合应严密；支承装置不得与玻璃直接接触。

检验方法：观察检查。

7.5.12 采光顶玻璃的密封胶缝应横平竖直，深浅应一致，宽窄应均匀，应光滑顺直。

检验方法：观察检查。

7.5.13 明框玻璃采光顶铺装的允许偏差和检验方法，应符合表 7.5.13 的规定。

表 7.5.13 明框玻璃采光顶铺装的允许偏差和检验方法

项 目		允许偏差（mm）		检验方法
		铝构件	钢构件	
通长构件水平度（纵向或横向）	构件长度≤30m	10	15	水准仪检查
	构件长度≤60m	15	20	
	构件长度≤90m	20	25	
	构件长度≤150m	25	30	
	构件长度>150m	30	35	
单一构件直线度（纵向或横向）	构件长度≤2m	2	3	拉线和尺量检查
	构件长度>2m	3	4	
相邻构件平面高低差		1	2	直尺和塞尺检查
通长构件直线度（纵向或横向）	构件长度≤35m	5	7	经纬仪检查
	构件长度>35m	7	9	
分格框对角线差	对角线长度≤2m	3	4	尺量检查
	对角线长度>2m	3.5	5	

7.5.14　隐框玻璃采光顶铺装的允许偏差和检验方法，应符合表 7.5.14 的规定。

表 7.5.14　隐框玻璃采光顶铺装的允许偏差和检验方法

项　　目		允许偏差（mm）	检验方法
通长接缝水平度 （纵向或横向）	接缝长度≤30m	10	水准仪检查
	接缝长度≤60m	15	
	接缝长度≤90m	20	
	接缝长度≤150m	25	
	接缝长度＞150m	30	
相邻板块的平面高低差		1	直尺和塞尺检查
相邻板块的接缝直线度		2.5	拉线和尺量检查
通长接缝直线度 （纵向或横向）	接缝长度≤35m	5	经纬仪检查
	接缝长度＞35m	7	
玻璃间接缝宽度（与设计尺寸比）		2	尺量检查

7.5.15　点支承玻璃采光顶铺装的允许偏差和检验方法，应符合表 7.5.15 的规定。

表 7.5.15　点支承玻璃采光顶铺装的允许偏差和检验方法

项　　目		允许偏差（mm）	检验方法
通长接缝水平度 （纵向或横向）	接缝长度≤30m	10	水准仪检查
	接缝长度≤60m	15	
	接缝长度＞60m	20	
相邻板块的平面高低差		1	直尺和塞尺检查
相邻板块的接缝直线度		2.5	拉线和尺量检查
通长接缝直线度 （纵向或横向）	接缝长度≤35m	5	经纬仪检查
	接缝长度＞35m	7	
玻璃间接缝宽度（与设计尺寸比）		2	尺量检查

6.2.21　檐口检验批质量验收记录

1. 表格

檐口检验批质量验收记录

04050101 ____

单位（子单位） 工程名称			分部（子分部） 工程名称		分项工程 名称		
施工单位			项目负责人		检验批容量		
分包单位			分包单位 项目负责人		检验批部位		
施工依据				验收依据	《屋面工程质量验收规范》 GB 50207－2012		
验收项目			设计要求及 规范规定	最小/实际 抽样数量	检查记录		检查 结果
主控项目	1	檐口防水构造	设计要求	/			
	2	檐口排水坡度和防水	第8.2.2条	/			

续表

	验收项目		设计要求及规范规定	最小/实际抽样数量	检查记录	检查结果
一般项目	1	檐口 800mm 范围内的卷材应满粘	第8.2.3条	/		
	2	卷材收头应用金属压条钉压固定	第8.2.4条	/		
	3	涂膜收头应用防水涂料多遍涂刷	第8.2.5条	/		
	4	檐口端部应抹聚合物水泥砂浆，下端做成鹰嘴和滴水槽	第8.2.6条	/		

施工单位检查结果	专业工长： 项目专业质量检查员： 年　月　日
监理单位验收结论	专业监理工程师： 年　月　日

2. 验收依据说明

【规范名称及编号】《屋面工程质量验收规范》GB 50207-2012

【条文摘录】

摘录一：

3.0.14 屋面工程各分项工程宜按屋面面积每500m² ~1000m² 划分为一个检验批，不足500m² 应按一个检验批；每个检验批的抽检数量应按本规范第4~8章的规定执行。

摘录二：

8.1.2 细部构造工程各分项工程每个检验批应全数进行检验。

摘录三：

8.2 檐口

Ⅰ 主 控 项 目

8.2.1 檐口的防水构造应符合设计要求。

检验方法：观察检查。

8.2.2 檐口的排水坡度应符合设计要求；檐口部位不得有渗漏和积水现象。

检验方法：坡度尺检查和雨后观察或淋水试验。

Ⅱ 一 般 项 目

8.2.3 檐口 800mm 范围内的卷材应满粘。

检验方法：观察检查。

8.2.4 卷材收头应在找平层的凹槽内用金属压条钉压固定，并应用密封材料封严。

检验方法：观察检查。

8.2.5 涂膜收头应用防水涂料多遍涂刷。

检验方法：观察检查。

8.2.6 檐口端部应抹聚合物水泥砂浆，其下端应做成鹰嘴和滴水槽。

检验方法：观察检查。

6.2.22 檐沟和天沟检验批质量验收记录

1. 表格

檐沟和天沟检验批质量验收记录

04050201 ___

单位（子单位）工程名称				分部（子分部）工程名称		分项工程名称	
施工单位				项目负责人		检验批容量	
分包单位				分包单位项目负责人		检验批部位	
施工依据				验收依据		《屋面工程质量验收规范》GB 50207－2012	
验收项目			设计要求及规范规定	最小/实际抽样数量	检查记录		检查结果
主控项目	1	檐沟、天沟的防水构造	设计要求	/			
	2	檐沟、天沟的排水坡度应符合设计要求；沟内不得有渗漏和积水现象	第8.3.2条	/			
一般项目	1	檐沟、天沟附加层铺设	设计要求	/			
	2	檐沟防水层，卷材收头，涂膜收头	第8.3.4条	/			
	3	檐沟外侧顶部及侧面应抹聚合物水泥砂浆，其下端应做成鹰嘴或滴水槽	第8.3.5条	/			
施工单位检查结果			专业工长： 项目专业质量检查员： 年　月　日				
监理单位验收结论			专业监理工程师： 年　月　日				

2. 验收依据说明

【规范名称及编号】《屋面工程质量验收规范》GB 50207－2012

【条文摘录】

摘录一：

第 3.0.14 条（见《檐口检验批质量验收记录》的表格验收依据说明，本书第 531 页）。

摘录二：

第 8.1.2 条（见《檐口检验批质量验收记录》的表格验收依据说明，本书第 531 页）。

摘录三：

8.3 檐沟和天沟

Ⅰ 主 控 项 目

8.3.1 檐沟、天沟的防水构造应符合设计要求。

检验方法：观察检查。

8.3.2 檐沟、天沟的排水坡度应符合设计要求；沟内不得有渗漏和积水现象。

检验方法：坡度尺检查和雨后观察或淋水、蓄水试验。

Ⅱ 一 般 项 目

8.3.3 檐沟、天沟附加层铺设应符合设计要求。

检验方法：观察和尺量检查。

8.3.4 檐沟防水层应由沟底翻上至外侧顶部，卷材收头应用金属压条钉压固定，并应用密封材料封严；涂膜收头应用防水涂料多遍涂刷。

检验方法：观察检查。

8.3.5 檐沟外侧顶部及侧面均应抹聚合物水泥砂浆，其下端应做成鹰嘴或滴水槽。

检验方法：观察检查。

6.2.23 女儿墙和山墙检验批质量验收记录

1. 表格

女儿墙和山墙检验批质量验收记录

04050301____

单位（子单位）工程名称			分部（子分部）工程名称		分项工程名称	
施工单位			项目负责人		检验批容量	
分包单位			分包单位项目负责人		检验批部位	
施工依据				验收依据	《屋面工程质量验收规范》GB 50207－2012	

		验收项目	设计要求及规范规定	最小/实际抽样数量	检查记录	检查结果
主控项目	1	女儿墙和山墙的防水构造	设计要求	/		
	2	压顶向内排水坡度	第8.4.2条	/		
	3	根部不得有渗漏和积水现象	第8.4.3条	/		

续表

		验收项目	设计要求及规范规定	最小/实际抽样数量	检查记录	检查结果
一般项目	1	泛水高度及附加层铺设	设计要求___mm	/		
	2	卷材粘贴、收头及封缝	第8.4.5条	/		
	3	涂膜涂刷	第8.4.6条	/		
施工单位检查结果			专业工长： 项目专业质量检查员： 　　　　　年　　月　　日			
监理单位验收结论			专业监理工程师： 　　　　　年　　月　　日			

2. 验收依据说明

【规范名称及编号】《屋面工程质量验收规范》GB 50207－2012

【条文摘录】

摘录一：

第3.0.14条（见《檐口检验批质量验收记录》的表格验收依据说明，本书第531页）。

摘录二：

第8.1.2条（见《檐口检验批质量验收记录》的表格验收依据说明，本书第531页）。

摘录三：

8.4　女儿墙和山墙

Ⅰ　主　控　项　目

8.4.1　女儿墙和山墙的防水构造应符合设计要求。

检验方法：观察检查。

8.4.2　女儿墙和山墙的压顶向内排水坡度不应小于5%，压顶内侧下端应做成鹰嘴或滴水槽。

检验方法：观察和坡度尺检查。

8.4.3　女儿墙和山墙的根部不得有渗漏和积水现象。

检验方法：雨后观察或淋水试验。

Ⅱ　一　般　项　目

8.4.4　女儿墙和山墙的泛水高度及附加层铺设应符合设计要求。

检验方法：观察和尺量检查。

8.4.5　女儿墙和山墙的卷材应满粘，卷材收头应用金属压条钉压固定，并应用密封材料封严。

检验方法：观察检查。

8.4.6　女儿墙和山墙的涂膜应直接涂刷至压顶下，涂膜收头应用防水涂料多遍涂刷。

检验方法：观察检查。

6.2.24　水落口检验批质量验收记录

1. 表格

水落口检验批质量验收记录

04050401 ____

单位（子单位） 工程名称			分部（子分部） 工程名称			分项工程 名称		
施工单位			项目负责人			检验批容量		
分包单位			分包单位 项目负责人			检验批部位		
施工依据				验收依据		《屋面工程质量验收规范》 GB 50207－2012		

		验收项目	设计要求及 规范规定	最小/实际 抽样数量	检查记录	检查 结果
主控项目	1	水落口的防水构造	设计要求	/		
	2	水落口杯上口应设置在沟底最低处，水落口不得有渗漏等现象	第8.5.2条	/		
一般项目	1	水落口的数量和位置要求，水落口杯安装牢固	设计要求	/		
	2	周围直径500mm范围内坡度；周围附加层铺设	设计要求	/		
	3	防水层及附加层伸入水落口杯内不应小于50mm，粘结牢固	第8.5.5条	/		

施工单位 检查结果	专业工长： 项目专业质量检查员： 年　月　日
监理单位 验收结论	专业监理工程师： 年　月　日

2. 验收依据说明

【规范名称及编号】《屋面工程质量验收规范》GB 50207－2012

【条文摘录】

　　摘录一：

　　第3.0.14条（见《檐口检验批质量验收记录》的表格验收依据说明，本书第531页）。

　　摘录二：

　　第8.1.2条（见《檐口检验批质量验收记录》的表格验收依据说明，本书第531页）。

　　摘录三：

　　8.5　水落口

Ⅰ　主　控　项　目

　　8.5.1　水落口的防水构造应符合设计要求。

　　检验方法：观察检查。

8.5.2　水落口杯上口应设在沟底的最低处；水落口处不得有渗漏和积水现象。

检验方法：雨后观察或淋水、蓄水试验。

Ⅱ　一　般　项　目

8.5.3　水落口的数量和位置应符合设计要求；水落口杯应安装牢固。

检验方法：观察和手扳检查。

8.5.4　水落口周围直径500mm范围内坡度不应小于5％，水落口周围的附加层铺设应符合设计要求。

检验方法：观察和尺量检查。

8.5.5　防水层及附加层伸入水落口杯内不应小于50mm，并应粘结牢固。

检验方法：观察和尺量检查。

6.2.25　变形缝检验批质量验收记录

1. 表格

变形缝检验批质量验收记录

04050501 ___

单位（子单位） 工程名称			分部（子分部） 工程名称		分项工程 名称	
施工单位			项目负责人		检验批容量	
分包单位			分包单位 项目负责人		检验批部位	
施工依据				验收依据	《屋面工程质量验收规范》 GB 50207－2012	

		验收项目	设计要求及 规范规定	最小/实际 抽样数量	检查记录	检查 结果
主控项目	1	变形缝的防水构造	设计要求	/		
	2	不得有渗漏和积水现象	第8.6.2条	/		
一般项目	1	泛水高度及附加层铺设	设计要求	/		
	2	防水层应铺贴或涂刷至泛水墙的顶部	第8.6.4条	/		
	3	变形缝顶部应加扣混凝土或金属盖板	第8.6.5条	/		
	4	金属压条钉压固定，并用密封材料封严	第8.6.6条	/		

施工单位 检查结果	专业工长： 项目专业质量检查员： <div align="right">年　月　日</div>
监理单位 验收结论	专业监理工程师： <div align="right">年　月　日</div>

2. 验收依据说明

【规范名称及编号】《屋面工程质量验收规范》GB 50207－2012

【条文摘录】

摘录一：

第3.0.14条（见《檐口检验批质量验收记录》的表格验收依据说明，本书第531页）。

摘录二：

第8.1.2条（见《檐口检验批质量验收记录》的表格验收依据说明，本书第531页）。

摘录三：

8.6 变形缝

Ⅰ 主 控 项 目

8.6.1 变形缝的防水构造应符合设计要求。

检验方法：观察检查。

8.6.2 变形缝处不得有渗漏和积水现象。

检验方法：雨后观察或淋水试验。

Ⅱ 一 般 项 目

8.6.3 变形缝的泛水高度及附加层铺设应符合设计要求。

检验方法：观察和尺量检查。

8.6.4 防水层应铺贴或涂刷至泛水端的顶部。

检验方法：观察检查。

8.6.5 等高变形缝顶部宜加扣混凝土或金属盖板。混凝土盖板的接缝应用密封材料封严；金属盖板应铺钉牢固，搭接缝应顺流水方向，并应做好防锈处理。

检验方法：观察检查。

8.6.6 高低跨变形缝在高跨墙面上的防水卷材封盖和金属盖板，应用金属压条钉压固定，并应用密封材料封严。

检验方法：观察检查。

6.2.26 伸出屋面管道检验批质量验收记录

1. 表格

伸出屋面管道检验批质量验收记录

04050601____

单位（子单位）工程名称			分部（子分部）工程名称		分项工程名称	
施工单位			项目负责人		检验批容量	
分包单位			分包单位项目负责人		检验批部位	
施工依据				验收依据	《屋面工程质量验收规范》GB 50207－2012	
验收项目			设计要求及规范规定	最小/实际抽样数量	检查记录	检查结果
主控项目	1	伸出屋面管道的防水构造	设计要求	/		
	2	根部不得有积水和渗漏现象	第8.7.2条	/		

537

续表

	验收项目	设计要求及规范规定	最小/实际抽样数量	检查记录	检查结果
一般项目	1 泛水高度及附加层铺设	设计要求	/		
	2 伸出屋面管道周围的找平层应抹出高度不小于 30mm 的排水坡	≥30mm	/		
	3 收头及封缝	第 8.7.5 条	/		

施工单位检查结果	专业工长： 项目专业质量检查员： 年 月 日
监理单位验收结论	专业监理工程师： 年 月 日

2. 验收依据说明

【规范名称及编号】《屋面工程质量验收规范》GB 50207－2012

【条文摘录】

摘录一：

第 3.0.14 条（见《檐口检验批质量验收记录》的表格验收依据说明，本书第 531 页）。

摘录二：

第 8.1.2 条（见《檐口检验批质量验收记录》的表格验收依据说明，本书第 531 页）。

摘录三：

8.7 伸出屋面管道

Ⅰ 主 控 项 目

8.7.1 伸出屋面管道的防水构造应符合设计要求。

检验方法：观察检查。

8.7.2 伸出屋面管道根部不得有渗漏和积水现象。

检验方法：雨后观察或淋水试验。

Ⅱ 一 般 项 目

8.7.3 伸出屋面管道的泛水高度及附加层铺设，应符合设计要求。

检验方法：观察和尺量检查。

8.7.4 伸出屋面管道周围的找平层应抹出高度不小于 30mm 的排水坡。

检验方法：观察和尺量检查。

8.7.5 卷材防水层收头应用金属箍固定，并应用密封材料封严；

涂膜防水层收头应用防水涂料多遍涂刷。

检验方法：观察检查。

6.2.27 屋面出入口检验批质量验收记录

1. 表格

屋面出入口检验批质量验收记录

04050701____

单位（子单位） 工程名称			分部（子分部） 工程名称		分项工程 名称	
施工单位			项目负责人		检验批容量	
分包单位			分包单位 项目负责人		检验批部位	
施工依据				验收依据	《屋面工程质量验收规范》 GB 50207－2012	

验收项目			设计要求及 规范规定	最小/实际 抽样数量	检查记录	检查 结果
主控项目	1	屋面出入口的防水构造	设计要求	/		
	2	屋面出入口不得有渗漏和积水现象	第8.8.2条	/		
一般项目	1	屋面垂直出入口设置	设计要求	/		
	2	屋面水平出入口设置	设计要求	/		
	3	屋面出入口泛水距屋面高度	≥250mm	/		

施工单位 检查结果	专业工长： 项目专业质量检查员： 年　月　日
监理单位 验收结论	专业监理工程师： 年　月　日

2. 验收依据说明

【规范名称及编号】《屋面工程质量验收规范》GB 50207－2012

【条文摘录】

摘录一：

第3.0.14条（见《檐口检验批质量验收记录》的表格验收依据说明，本书第531页）。

摘录二：

第8.1.2条（见《檐口检验批质量验收记录》的表格验收依据说明，本书第531页）。

摘录三：

8.8 屋面出入口

Ⅰ 主 控 项 目

8.8.1 屋面出入口的防水构造应符合设计要求。

检验方法：观察检查。

8.8.2 屋面出入口处不得有渗漏和积水现象。

检验方法：雨后观察或淋水试验。

Ⅱ　一　般　项　目

8.8.3　屋面垂直出入口防水层收头应压在压顶圈下，附加层平铺设应符合设计要求。

检验方法：观察检查。

8.8.4　屋面水平出入口防水层收头应压在混凝土踏步下，附加层铺设和护墙应符合设计要求。

检验方法：观察检查。

8.8.5　屋面出入口的泛水高度不应小于250mm。

检验方法：观察和尺量检查。

6.2.28　反梁过水孔检验批质量验收记录

1. 表格

反梁过水孔检验批质量验收记录

04050801 ___

单位（子单位）工程名称			分部（子分部）工程名称		分项工程名称	
施工单位			项目负责人		检验批容量	
分包单位			分包单位项目负责人		检验批部位	
施工依据				验收依据	《屋面工程质量验收规范》GB 50207－2012	

		验收项目	设计要求及规范规定	最小/实际抽样数量	检查记录	检查结果
主控项目	1	反梁过水孔的防水构造	设计要求	/		
	2	不得有渗漏和积水现象	第8.9.2条	/		
一般项目	1	孔底标高、孔洞尺寸或预埋管管径，均符合要求	设计要求	/		
	2	孔洞四周应涂刷防水涂料，与混凝土接触处应留凹槽，并密封	第8.9.4条	/		

施工单位检查结果	专业工长： 项目专业质量检查员： 　　　　　　年　月　日
监理单位验收结论	专业监理工程师： 　　　　　　年　月　日

2. 验收依据说明

【规范名称及编号】《屋面工程质量验收规范》GB 50207－2012

【条文摘录】

摘录一：

第3.0.14条（见《檐口检验批质量验收记录》的表格验收依据说明，本书第531页）。

摘录二：

第8.1.2条（见《檐口检验批质量验收记录》的表格验收依据说明，本书第531页）。

摘录三：

8.9 反梁过水孔

Ⅰ 主 控 项 目

8.9.1 反梁过水孔的防水构造应符合设计要求。

检验方法：观察检查。

8.9.2 反梁过水孔处不得有渗漏和积水现象。

检验方法：雨后观察或淋水试验。

Ⅱ 一 般 项 目

8.9.3 反梁过水孔的孔底标高、孔洞尺寸或预埋管管径，均应符合设计要求。

检验方法：尺量检查。

8.9.4 反梁过水孔的孔洞四周应涂刷防水涂料；预埋管道两端周围与混凝土接触处应留凹槽，并应用密封材料封严。

检验方法：观察检查。

6.2.29 设施基座检验批质量验收记录

1. 表格

设施基座检验批质量验收记录

04050901 ____

单位（子单位） 工程名称			分部（子分部） 工程名称		分项工程 名称	
施工单位			项目负责人		检验批容量	
分包单位			分包单位 项目负责人		检验批部位	
施工依据				验收依据	《屋面工程质量验收规范》 GB 50207－2012	

验收项目			设计要求及 规范规定	最小/实际 抽样数量	检查记录	检查 结果
主控项目	1	设施基座的防水处理	设计要求	/		
	2	设施基座处	不得有渗漏 和积水现象	/		
一般项目	1	设施基座与结构层相连时，防水层设置	第8.10.3条	/		
	2	设施基座直接放置在防水层上时，增设附加层	第8.10.4条	/		
	3	设施基座周围和屋面出入口至设施之间的人行道	第8.10.5条	/		

施工单位 检查结果	专业工长： 项目专业质量检查员： 年 月 日
监理单位 验收结论	专业监理工程师： 年 月 日

2. 验收依据说明

【规范名称及编号】《屋面工程质量验收规范》GB 50207－2012

【条文摘录】

摘录一：

第3.0.14条（见《檐口检验批质量验收记录》的表格验收依据说明，本书第531页）。

摘录二：

第8.1.2条（见《檐口检验批质量验收记录》的表格验收依据说明，本书第531页）。

摘录三：

8.10 设施基座

Ⅰ　主　控　项　目

8.10.1　设施基座的防水构造应符合设计要求。

检验方法：观察检查。

8.10.2　设施基座处不得有渗漏和积水现象。

检验方法：雨后观察或淋水试验。

Ⅱ　一　般　项　目

8.10.3　设施基座与结构层相连时，防水层应包裹设施基座的上部，并应在地脚螺栓周围做密封处理。

检验方法：观察检查。

8.10.4　设施基座直接放置在防水层上时，设施基座下部应增设附加层，必要时应在其上浇筑细石混凝土，其厚度不应下于50mm。

检验方法：观察检查。

8.10.5　需经常维护的设施基座周围和屋面出入口至设施之间的人行道，应铺设块体材料或细石混凝土保护层。

检验方法：观察检查。

6.2.30　屋脊检验批质量验收记录

1. 表格

屋脊检验批质量验收记录

04051001 _____

单位（子单位）工程名称		分部（子分部）工程名称		分项工程名称	
施工单位		项目负责人		检验批容量	
分包单位		分包单位项目负责人		检验批部位	
施工依据			验收依据	《屋面工程质量验收规范》GB 50207－2012	

		验收项目	设计要求及规范规定	最小/实际抽样数量	检查记录	检查结果
主控项目	1	屋脊的防水构造	设计要求	/		
	2	屋脊处	不得有渗漏现象	/		

续表

验收项目			设计要求及规范规定	最小/实际抽样数量	检查记录	检查结果
一般项目	1	平脊和斜脊铺设应顺直，无起伏现象	第8.11.3条	/		
	2	脊瓦应搭盖正确，间距均匀，封固严密	第8.11.4条	/		
施工单位检查结果		专业工长： 项目专业质量检查员： 年　月　日				
监理单位验收结论		专业监理工程师： 年　月　日				

2. 验收依据说明

【规范名称及编号】《屋面工程质量验收规范》GB 50207－2012

【条文摘录】

摘录一：

第3.0.14条（见《檐口检验批质量验收记录》的表格验收依据说明，本书第531页）。

摘录二：

第8.1.2条（见《檐口检验批质量验收记录》的表格验收依据说明，本书第531页）。

摘录三：

8.11　屋脊

Ⅰ　主　控　项　目

8.11.1　屋脊的防水构造应符合设计要求。

检验方法：观察检查。

8.11.2　屋脊处不得有渗漏现象。

检验方法：雨后观察或淋水试验。

Ⅱ　一　般　项　目

8.11.3　平脊和斜脊铺设应顺直，应无起伏现象。

检验方法：观察检查。

8.11.4 脊瓦应搭盖正确，间距应均匀，封固应严密。

检验方法：观察和手扳检查。

6.2.31 屋顶窗检验批质量验收记录

1. 表格

屋顶窗检验批质量验收记录

04051101 ＿＿＿

单位（子单位）工程名称				分部（子分部）工程名称			分项工程名称	
施工单位				项目负责人			检验批容量	
分包单位				分包单位项目负责人			检验批部位	
施工依据					验收依据		《屋面工程质量验收规范》GB 50207-2012	
验收项目			设计要求及规范规定	最小/实际抽样数量		检查记录		检查结果
主控项目	1	屋顶窗的防水构造	设计要求	/				
	2	屋顶窗及周围	不得有渗漏现象	/				
一般项目	1	用金属排水板、窗框固定铁脚应与屋面连接牢固	第8.12.3条	/				
	2	窗口防水卷材应铺贴平整，粘结牢固	第8.12.4条	/				
施工单位检查结果				专业工长： 项目专业质量检查员： 年 月 日				
监理单位验收结论				专业监理工程师： 年 月 日				

2. 验收依据说明

【规范名称及编号】《屋面工程质量验收规范》GB 50207－2012

【条文摘录】

摘录一：

第 3.0.14 条（见《檐口检验批质量验收记录》的表格验收依据说明，本书第 531 页）。

摘录二：

第 8.1.2 条（见《檐口检验批质量验收记录》的表格验收依据说明，本书第 531 页）。

摘录三：

8.12 屋顶窗

Ⅰ 主 控 项 目

8.12.1 屋顶窗的防水构造应符合设计要求。

检验方法：观察检查。

8.12.2 屋顶窗及其周围不得有渗漏现象。

检验方法：雨后观察或淋水试验。

Ⅱ 一 般 项 目

8.12.3 屋顶窗用金属排水板、窗框固定铁脚应与屋面连接牢固。

检验方法：观察检查。

8.12.4 屋顶窗用窗口防水卷材应铺贴平整，粘结应牢固。

检验方法：观察检查。

第7章 建筑给水排水及供暖分部工程检验批表格和验收依据说明

7.1 子分部、分项明细及与检验批、规范章节对应表

7.1.1 子分部、分项名称及编号

建筑给水排水及供暖分部包含的子分部、分项如下表所示。

建筑给水排水及供暖分部、子分部、分项划分表

分部工程	子分部工程	分项工程
建筑给水排水及供暖（05）	室内给水系统（01）	给水管道及配件安装（01），给水设备安装（02），室内消火栓系统安装（03），消防喷淋系统安装（04），防腐（05），绝热（06），管道冲洗、消毒（07），试验与调试（08）
	室内排水系统（02）	排水管道及配件安装（01），雨水管道及配件安装（02），防腐（03），试验与调试（04）
	室内热水系统（03）	管道及配件安装（01），辅助设备安装（02），防腐（03），绝热（04），试验与调试（05）
	卫生器具（04）	卫生器具安装（01），卫生器具给水配件安装（02），卫生器具排水管道安装（03），试验与调试（04）
	室内供暖系统（05）	管道及配件安装（01），辅助设备安装（02），散热器安装（03），低温热水地板辐射供暖系统安装（04），电加热供暖系统安装（05），燃气红外辐射供暖系统安装（06），热风供暖系统安装（07），热计量及调控装置安装（08），试验与调试（09），防腐（10），绝热（11）
	室外给水管网（06）	给水管道安装（01），室外消火栓系统安装（02），试验与调试（03）
	室外排水管网（07）	排水管道安装（01），排水管沟与井池（02），试验与调试（03）
	室外供热管网（08）	管道及配件安装（01），系统水压试验及调试（02），土建结构（03），防腐（04），绝热（05），试验与调试（06）
	建筑饮用水供应系统（09）	管道及配件安装（01），水处理设备及控制设施安装（02），防腐（03），绝热（04），试验与调试（05）
	建筑中水系统及雨水利用系统（10）	建筑中水系统（01），雨水利用系统管道及配件安装（02），水处理设备及控制设施安装（03），防腐（04），绝热（05），试验与调试（06）
	游泳池及公共浴池水系统（11）	管道及配件系统安装（01），水处理设备及控制设施安装（02），防腐（03），绝热（04），试验与调试（05）
	水景喷泉系统（12）	管道系统及配件安装（01），防腐（02），绝热（03），试验与调试（04）
	热源及辅助设备（13）	锅炉安装（01），辅助设备及管道安装（02），安全附件安装（03），换热站安装（04），防腐（05），绝热（06），试验与调试（07）
	监测与控制仪表（14）	检测仪器及仪表的安装（01），试验与调试（02）

7.1.2 检验批、分项、子分部与规范、章节对应表

1. 建筑给水排水及采暖分部验收依据《建筑给水排水及采暖工程质量验收规范》GB 50242－2002。

2. 建筑给水排水及采暖分部包含检验批与分项、子分部、规范章节对应如下表所示。建筑饮用水供应系统、水景喷泉系统、监测与控制仪表为新《统一标准》增加的子分部，暂无检验批表格。

检验批与分项、子分部、规范章节对应表

序号	检验批名称	检验批编号	分 项	子分部	标准章节	页码
1	给水管道及配件安装检验批质量验收记录	05010101	给水管道及配件安装	室内给水系统	4.2 给水管道及配件安装	549
		05010501	防腐			
		05010601	绝热			
		05010701	管道冲洗、消毒			
		05010801	试验与调试			
2	给水设备安装检验批质量验收记录	05010201	给水设备安装		4.4 给水设备安装	552
		05010602	绝热			
		05010802	试验与调试			
3	室内消火栓系统安装检验批质量验收记录	05010301	室内消火栓系统安装		4.3 室内消火栓系统安装	554
		05010803	试验与调试			
4	消防喷淋系统安装检验批质量验收记录	05010401	消防喷淋系统安装		新《统一标准》增加的分项，暂无检验批表格	/
5	排水管道及配件安装检验批质量验收记录	05020101	排水管道及配件安装	室内排水系统	5.2 排水管道及配件安装	556
		05020401	试验与调试			
6	雨水管道及配件安装检验批质量验收记录	05020201	雨水管道及配件安装		5.3 雨水管道及配件安装	560
		05020402	试验与调试			
7	室内排水系统防腐检验批质量验收记录	05020301	防腐		新《统一标准》增加的分项，暂无检验批表格	/
8	室内热水系统管道及配件安装检验批质量验收记录	05030101	管道及配件安装	室内热水系统	6.2 管道及配件安装	562
		05030401	绝热			
		05030501	试验与调试			
9	室内热水系统辅助设备安装检验批质量验收记录	05030201	辅助设备安装		6.3 辅助设备安装	564
		05030502	试验与调试			
10	室内热水系统防腐检验批质量验收记录	05030301	防腐		新《统一标准》增加的分项，暂无检验批表格	/
11	卫生器具安装检验批质量验收记录	05040101	卫生器具安装	卫生器具	7.2 卫生器具安装	566
		05040401	试验与调试			
12	卫生器具给水配件安装检验批质量验收记录	05040201	卫生器具给水配件安装		7.3 卫生器具给水配件安装	570
13	卫生器具排水管道安装检验批质量验收记录	05040301	卫生器具排水管道安装		7.4 卫生器具排水管道安装	571
14	室内供暖系统管道及配件安装检验批质量验收记录	05050101	管道及配件安装	室内供暖系统	8.2 管道及配件安装	574
15	室内供暖系统辅助设备安装检验批质量验收记录	05050201	辅助设备安装		8.3 辅助设备及散热器安装	578

续表

序号	检验批名称	检验批编号	分 项	子分部	标准章节	页码
16	室内供暖系统散热器安装检验批质量验收记录	05050301	散热器安装	室内供暖系统	8.3 辅助设备及散热器安装	580
17	室内供暖系统低温热水地板辐射供暖系统安装检验批质量验收记录	05050401	低温热水地板辐射供暖系统安装		8.5 低温热水地板辐射采暖系统安装	582
18	电加热供暖系统安装检验批质量验收记录	05050501	电加热供暖系统安装		新《统一标准》增加的分项,暂无检验批表格	/
19	燃气红外辐射供暖系统安装检验批质量验收记录	05050601	燃气红外辐射供暖系统安装		新《统一标准》增加的分项,暂无检验批表格	/
20	热风供暖系统安装检验批质量验收记录	05050701	热风供暖系统安装		新《统一标准》增加的分项,暂无检验批表格	/
21	热计量及调控装置安装检验批质量验收记录	05050801	热计量及调控装置安装		新《统一标准》增加的分项,暂无检验批表格	/
22	室内供暖系统试验与调试检验批质量验收记录	05050901	试验与调试		8.6 系统水压试验及调试	583
23	室内供暖系统防腐检验批质量验收记录	05051001	防腐		第8.2.6、8.3.8条	584
24	室内供暖系统绝热检验批质量验收记录	05051101	绝热		第4.4.8条	585
25	室外给水管网给水管道安装检验批质量验收记录	05060101	给水管道安装	室外给水管网	9.2 室外给水管网安装	586
		05060301	试验与调试			
26	室外消火栓系统安装检验批质量验收记录	05060201	室外消火栓系统安装		9.3 消防水泵接合器及室外消火栓安装	589
		05060302	试验与调试			
27	室外排水管网排水管道安装检验批质量验收记录	05070101	排水管道安装	室外排水管网	10.2 排水管道安装	590
		05070301	试验与调试			
28	室外排水管网排水管沟与井池检验批质量验收记录	05070201	排水管沟与井池		10.3 排水管沟及井池	592
		05070302	试验与调试			
29	室外供热管网管道及配件安装检验批质量验收记录	05080101	管道及配件安装	室外供热管网	11.2 管道及配件安装	593
		05080301	防腐			
		05080401	绝热			
30	室外供热管网系统水压试验及调试检验批质量验收记录	05080201	系统水压试验及调试		11.3 系统水压试验及调试	596
		05080501	试验与调试			
31	建筑中水系统检验批质量验收记录	05100101	建筑中水系统	建筑中水系统及雨水利用系统	12.2 建筑中水系统管道及辅助设备安装	597
32	雨水利用系统管道及配件安装检验批质量验收记录	05100201	雨水利用系统管道及配件安装		新《统一标准》增加的分项,暂无检验批表格	/
33	建筑中水系统及雨水利用系统水处理设备及控制设施安装检验批质量验收记录	05100301	水处理设备及控制设施安装		新《统一标准》增加的分项,暂无检验批表格	/
34	建筑中水系统及雨水利用系统防腐检验批质量验收记录	05100401	防腐		新《统一标准》增加的分项,暂无检验批表格	/
35	建筑中水系统及雨水利用系统绝热检验批质量验收记录	05100501	绝热		新《统一标准》增加的分项,暂无检验批表格	/

续表

序号	检验批名称	检验批编号	分 项	子分部	标准章节	页码
36	建筑中水系统及雨水利用系统试验与调试检验批质量验收记录	05100601	试验与调试	建筑中水系统及雨水利用系统	新《统一标准》增加的分项，暂无检验批表格	/
37	游泳池及公共浴池水系统管道及配件系统安装检验批质量验收记录	05110101	管道及配件系统安装	游泳池及公共浴池水系统	12.3 游泳池水系统安装	598
38	游泳池及公共浴池水系统水处理设备及控制设施安装检验批质量验收记录	05110201	水处理设备及控制设施安装		新《统一标准》增加的分项，暂无检验批表格	/
39	游泳池及公共浴池水系统防腐检验批质量验收记录	05110301	防腐		新《统一标准》增加的分项，暂无检验批表格	/
40	游泳池及公共浴池水系统绝热检验批质量验收记录	05110401	绝热		新《统一标准》增加的分项，暂无检验批表格	/
41	游泳池及公共浴池水系统试验与调试检验批质量验收记录	05110501	试验与调试		新《统一标准》增加的分项，暂无检验批表格	/
42	锅炉安装检验批质量验收记录	05130101	锅炉安装	热源及辅助设备	13.2 锅炉安装	599
43	辅助设备及管道安装检验批质量验收记录	05130201	辅助设备及管道安装		13.3 辅助设备及管道安装	603
		05130501	防腐			
44	安全附件安装检验批质量验收记录	05130301	安全附件安装		13.4 安全附件安装	607
45	换热站安装检验批质量验收记录	05130401	换热站安装		13.6 换热站安装	609
46	热源及辅助设备绝热检验批质量验收记录	05130601	绝热		第4.4.8条	610
47	热源及辅助设备试验与调试检验批质量验收记录	05130701	试验与调试		13.5 烘炉、煮炉和试运行	611

7.2 检验批表格和验收依据说明

7.2.1 给水管道及配件安装检验批质量验收记录

1. 表格

给水管道及配件安装检验批质量验收记录

05010101＿＿＿ 05010501＿＿＿
05010601＿＿＿ 05010701＿＿＿
　　　　　　　 05010801＿＿＿

单位（子单位）工程名称				分部（子分部）工程名称			分项工程名称	
施工单位				项目负责人			检验批容量	
分包单位				分包单位项目负责人			检验批部位	
施工依据						验收依据	《建筑给水排水及采暖工程施工质量验收规范》GB 50242－2002	

		验收项目			设计要求及规范规定	最小/实际抽样数量	检查记录	检查结果
主控项目	1	给水管道 水压试验			设计要求	/		
	2	给水系统 通水试验			第4.2.2条	/		
	3	生活给水系统管道冲洗和消毒			第4.2.3条	/		
	4	直埋金属给水管道防腐			第4.2.4条	/		
一般项目	1	给排水管铺设的平行、垂直净距			第4.2.5条	/		
	2	金属给水管道及管件焊接			第4.2.6条	/		
	3	给水水平管道 坡度坡向			第4.2.7条	/		
	4	管道支、吊架			第4.2.9条	/		
	5	水表安装			第4.2.10条	/		
	6	水平管道纵、横方向弯曲允许偏差	钢管	每米	1mm	/		
				全长25m以上	≯25mm	/		
			塑料管、复合管	每米	1.5mm	/		
				全长25m以上	≯25mm	/		
			铸铁管	每米	2mm	/		
				全长25m以上	≯25mm	/		
		立管垂直度允许偏差	钢管	每米	3mm	/		
				5m以上	≯8mm	/		
			塑料管、复合管	每米	2mm	/		
				5m以上	≯8mm	/		
			铸铁管	每米	3mm	/		
				5m以上	≯10mm	/		
		成排管段和成排阀门	在同一平面上的间距		3mm	/		
	7	管道及设备保温	厚度		$+0.1\delta$ -0.05δ	/		
			表面平整度	卷材	5mm	/		
				涂抹	10mm	/		

施工单位检查结果	专业工长：项目专业质量检查员： 年　月　日
监理单位验收结论	专业监理工程师： 年　月　日

2. 验收依据说明

【规范名称及编号】《建筑给水排水及采暖工程质量验收规范》GB 50242-2002

【条文摘录】

摘录一：

4 室内给水系统安装

4.1 一般规定

4.1.1 本章适用于工作压力不大于1.0MPa的室内给水和消火栓系统管道安装工程的质量检验与验收。

4.1.2 给水管道必须采用与管材相适应的管件。生活给水系统所涉及的材料必须达到饮用水卫生标准。

4.1.3 管径小于或等于100mm的镀锌钢管应采用螺纹连接，套丝扣时破坏的镀锌层表面及外露螺纹部分应做防腐处理；管径大于100mm的镀锌钢管应采用法兰或卡套式专用管件连接，镀锌钢管与法兰的焊接处应二次镀锌。

4.1.4 给水塑料管和复合管可以采用橡胶圈接口、粘接接口、热熔连接、专用管件连接及法兰连接等形式。塑料管和复合管与金属管件、阀门等的连接应使用专用管件连接，不得在塑料管上套丝。

4.1.5 给水铸铁管管道应采用水泥捻口或橡胶圈接口方式进行连接。

4.1.6 铜管连接可采用专用接头或焊接，当管径小于22mm时宜采用承插或套管焊接，承口应迎介质流向安装；当管径大于或等于22mm时宜采用对口焊接。

4.1.7 给水立管和装有3个或3个以上配水点的支管始端，均应安装可拆卸的连接件。

4.1.8 冷、热水管道同时安装应符合下列规定：

1 上、下平行安装时热水管应在冷水管上方。

2 垂直平行安装时热水管应在冷水管左侧。

4.2 给水管道及配件安装

主 控 项 目

4.2.1 室内给水管道的水压试验必须符合设计要求。当设计未注明时，各种材质的给水管道系统试验压力均为工作压力的1.5倍，但不得小于0.6MPa。

检验方法：金属及复合管给水管道系统在试验压力下观测10min，压力降不应大于0.02MPa，然后降到工作压力进行检查，应不渗不漏；塑料管给水系统应在试验压力下稳压1h，压力降不得超过0.05MPa，然后在工作压力的1.15倍状态下稳压2h，压力降不得超过0.03MPa，同时检查各连接处不得渗漏。

4.2.2 给水系统交付使用前必须进行通水试验并做好记录。

检验方法：观察和开启阀门、水嘴等放水。

4.2.3 生产给水系统管道在交付使用前必须冲洗和消毒，并经有关部门取样检验，符合国家《生活饮用水标准》方可使用。

检验方法：检查有关部门提供的检测报告。

4.2.4 室内直埋给水管道（塑料管道和复合管道除外）应做防腐处理。埋地管道防腐层材质和结构应符合设计要求。

检验方法：观察或局部解剖检查。

一 般 项 目

4.2.5 给水引入管与排水排出管的水平净距不得小于1m。室内给水与排水管道平行敷设时，两管间的最小水平净距不得小于0.5m；交叉铺设时，垂直净距不得小于0.15m。给水管应铺在排水管上面，若给水管必须铺在排水管的下面时，给水管应加套管，其长度不得小于排水管管径的3倍。

检验方法：尺量检查。

4.2.6　管道及管件焊接的焊缝表面质量应符合下列要求：

1　焊缝外形尺寸应符合图纸和工艺文件的规定，焊缝高度不得低于母材表面，焊缝与母材应圆滑过渡。

2　焊缝及热影响区表面应无裂纹、未熔合、未焊透、夹渣、弧坑和气孔等缺陷。

检验方法：观察检查。

4.2.7　给水水平管道应有 2‰～5‰ 的坡度坡向泄水装置。检验方法：水平尺和尺量检查。

4.2.8　给水管道和阀门安装的允许偏差应符合表 4.2.8 的规定。

表 4.2.8　管道和阀门安装的允许偏差和检验方法

项次	项　　目			允许偏差（mm）	检验方法
1	水平管道纵横方向弯曲	钢管	每米 全长 25m 以上	1 ≯25	用水平尺、直尺、拉线和尺量检查
		塑料管复合管	每米 全长 25m 以上	1.5 ≯25	
		铸铁管	每米 全长 25m 以上	2 ≯25	
2	立管垂直度	钢管	每米 5m 以上	3 ≯8	吊线和尺量检查
		塑料管复合管	每米 5m 以上	2 ≯8	
		铸铁管	每米 5m 以上	3 ≯10	
3	成排管段和成排阀门		在同一平面上间距	3	尺量检查

4.2.9　管道的支、吊架安装应平整牢固，其间距应符合本规范第 3.3.8 条、第 3.3.9 条或第 3.3.10 条的规定。

检验方法：观察、尺量及手扳检查。

4.2.10　水表应安装在便于检修、不受曝晒、污染和冻结的地方。安装螺翼式水表，表前与阀门应有不小于 8 倍水表接口直径的直线管段。表外壳距墙表面净距为 10～30mm；水表进水口中心标高按设计要求，允许偏差为 ±10mm。

检验方法：观察和尺量检查。

摘录二：

4.4.8　管道及设备保温层的厚度和平整度的允许偏差应符合表 4.4.8 的规定。

表 4.4.8　管道及设备保温的允许偏差和检验方法

项次	项　　目		允许偏差（mm）	检验方法
1	厚　度		$+0.1\delta$ -0.05δ	用钢针刺入
2	表面平整度	卷材	5	用 2m 靠尺和楔形塞尺检查
		涂抹	10	

注：δ 为保温层厚度。

7.2.2　给水设备安装检验批质量验收记录

1. 表格

给水设备安装检验批质量验收记录

05010201 ____
05010602 ____
05010802 ____

单位（子单位）工程名称		分部（子分部）工程名称		分项工程名称	
施工单位		项目负责人		检验批容量	
分包单位		分包单位项目负责人		检验批部位	
施工依据		验收依据		《建筑给水排水及采暖工程施工质量验收规范》GB 50242－2002	

		验收项目			设计要求及规范规定	最小/实际抽样数量	检查记录	检查结果
主控项目	1	水泵基础			设计要求	/		
	2	水泵试运转的轴承温升			设备说明书规定	/		
	3	敞口水箱满水试验和密闭水箱（罐）水压试验			第4.4.3条	/		
一般项目	1	水箱支架或底座安装			设计要求	/		
	2	水箱溢流管和泄放管安装			第4.4.5条	/		
	3	立式水泵减振装置			第4.4.6条	/		
	4	安装允许偏差	静置设备	坐 标	15mm	/		
				标 高	±5mm	/		
				垂直度（每米）	5mm	/		
			离心式水泵	立式垂直度（每米）	0.1mm	/		
				卧式水平度（每米）	0.1mm	/		
			联轴器同心度	轴向倾斜（每米）	0.8mm	/		
				径向移位	0.1mm	/		
	5	保温层允许偏差	厚度δ		＋0.1δ －0.05δ	/		
			表面平整度	卷材	5mm	/		
				涂料	10mm	/		

施工单位检查结果	专业工长： 项目专业质量检查员： 年 月 日
监理单位验收结论	专业监理工程师： 年 月 日

　　2. 验收依据说明

【规范名称及编号】《建筑给水排水及采暖工程质量验收规范》GB 50242－2002

【条文摘录】

　　4.4　给水设备安装

主 控 项 目

　　4.4.1　水泵就位前的基础混凝土强度、坐标、标高、尺寸和螺栓孔位置必须符合设计规定。

　　检验方法：对照图纸用仪器和尺量检查。

　　4.4.2　水泵试运转的轴承温升必须符合设备说明书的规定。

　　检验方法：温度计实测检查。

　　4.4.3　敞口水箱的满水试验和密闭水箱（罐）的水压试验必须符合设计与本规范的规定。

　　检验方法：满水试验静置 24h 观察，不渗不漏；水压试验在试验压力下 10min 压力不降，不渗不漏。

一 般 项 目

　　4.4.4　水箱支架或底座安装，其尺寸及位置应符合设计规定，埋设平整牢固。

　　检验方法：对照图纸，尺量检查。

　　4.4.5　水箱溢流管和泄放管应设置在排水地点附近但不得与排水管直接连接。

　　检验方法：观察检查。

　　4.4.6　立式水泵的减振装置不应采用弹簧减振器。

　　检验方法：观察检查。

　　4.4.7　室内给水设备安装的允许偏差应符合表 4.4.7 的规定。

表 4.4.7　室内给水设备安装的允许偏差和检验方法

项次	项　　目		允许偏差（mm）	检 验 方 法
1	静置设备	坐　标	15	经纬仪或拉线、尺量
		标　高	±5	用水准仪、拉线和尺量检查
		垂直度（每米）	5	吊线和尺量检查
		立式泵体垂直度（每米）	0.1	水平和塞尺检查
2	离心式水泵	卧式泵体水平度（每米）	0.1	水平尺和塞尺检查
		联轴器同心度　轴向倾斜（每米）	0.8	在联轴器互相垂直的四个位置上用水准仪、百分表或
		联轴器同心度　径向位移	0.1	测微螺钉和塞尺检查

　　4.4.8　管道及设备保温层的厚度和平整度的允许偏差应符合表 4.4.8 的规定。

表 4.4.8　管道及设备保温的允许偏差和检验方法

项次	项　　目		允许偏差（mm）	检 验 方 法
1	厚　　度		＋0.1δ －0.05δ	用钢针刺入
2	表　面 平整度	卷　材	5	用 2m 靠尺和楔形塞尺检查
		涂　抹	10	

　　注：δ为保温层厚度。

7.2.3　室内消火栓系统安装检验批质量验收记录

　　1. 表格

室内消火栓系统安装检验批质量验收记录

05010301 ____
05010801 ____

单位（子单位）工程名称		分部（子分部）工程名称		分项工程名称	
施工单位		项目负责人		检验批容量	
分包单位		分包单位项目负责人		检验批部位	
施工依据			验收依据	《建筑给水排水及采暖工程施工质量验收规范》GB 50242-2002	

验收项目			设计要求及规范规定	最小/实际抽样数量	检查记录	检查结果
主控项目	1	室内消火栓试射试验	设计要求	/		
一般项目	1	室内消火栓水龙带在箱内安放	第4.3.2条	/		
	2	栓口朝外，并不应安装在门轴侧	第4.3.3条	/		
		栓口中心距地面1.1m	±20mm	/		
		阀门中心距箱侧面140mm，距箱后内表面100mm	±5mm	/		
		消火栓箱体安装的垂直度	3mm	/		

施工单位检查结果	专业工长： 项目专业质量检查员： 年　月　日
监理单位验收结论	专业监理工程师： 年　月　日

2. 验收依据说明

【规范名称及编号】《建筑给水排水及采暖工程质量验收规范》GB 50242－2002

【条文摘录】

4.3　室内消火栓系统安装

主　控　项　目

4.3.1　室内消火栓系统安装完成后应取屋顶层（或水箱间内）试验消火栓和首层取二处消火栓做试射试验，达到设计要求为合格。

检验方法：实地试射检查。

一　般　项　目

4.3.2　安装消火栓水龙带，水龙带与水枪和快速接头绑扎好后，应根据箱内构造将水龙带挂放在箱内的挂钉、托盘或支架上。

检验方法：观察检查。

4.3.3　箱式消火栓的安装应符合下列规定：

1　栓口应朝外，并不应安装在门轴侧。

2　栓口中心距地面为 1.1m，允许偏差±20mm。

3　阀门中心距箱侧面为 140mm，距箱后内表面为 100mm，允许偏差±5mm。

4　消火栓箱体安装的垂直度允许偏差为 3mm。

检验方法：观察和尺量检查。

7.2.4　排水管道及配件安装检验批质量验收记录

1. 表格

排水管道及配件安装检验批质量验收记录

05020101 ____
05020401 ____

单位（子单位） 工程名称			分部（子分部） 工程名称		分项工程 名称		
施工单位			项目负责人		检验批容量		
分包单位			分包单位 项目负责人		检验批部位		
施工依据				验收依据	《建筑给水排水及采暖工程 施工质量验收规范》GB 50242－2002		

		验收项目	设计要求及 规范规定	最小/实际 抽样数量	检查记录		检查 结果
主控项目	1	排水管道灌水试验	第 5.2.1 条	/			
	2	生活污水铸铁管，塑料管坡度	第 5.2.2 条 第 5.2.3 条	/			
	3	排水塑料管安装伸缩节	设计要求	/			
	4	排水主立管及水平干管通球试验	第 5.2.5 条	/			

续表

	验收项目				设计要求及规范规定	最小/实际抽样数量	检查记录	检查结果
	1	生活污水管道上设检查口和清扫口			第5.2.6、5.2.7条	/		
	2	金属和塑料管支、吊架安装			第5.2.8、5.2.9条	/		
	3	排水通气管安装			第5.2.10条	/		
	4	医院污水和饮食业工艺排水			第5.2.11、5.2.12条	/		
	5	室内排水管道安装			第5.2.13、5.2.14、5.2.15条	/		
一般项目	6	排水管安装允许偏差	坐标			15mm	/	
			标高			±15mm	/	
			横管纵横方向弯曲	铸铁管	每1m	≯1mm	/	
					全长（25m以上）	≯25mm	/	
				钢管	每1m 管径≤100mm	1mm	/	
					每1m 管径＞100mm	1.5mm	/	
					全长（25m以上） 管径≤100mm	≯25mm	/	
					全长（25m以上） 管径＞100mm	≯38mm	/	
				塑料管	每1m	1.5mm	/	
					全长（25m以上）	≯38mm	/	
				钢筋混凝土管	每1m	3mm	/	
					全长（25m以上）	≯75mm	/	
			立管垂直度	铸铁管	每1m	3mm	/	
					全长（5m以上）	≯15mm	/	
				钢管	每1m	3mm	/	
					全长（5m以上）	≯10mm	/	
				塑料管	每1m	3mm	/	
					全长（5m以上）	≯15mm	/	

施工单位检查结果	专业工长： 项目专业质量检查员： 年　月　日
监理单位验收结论	专业监理工程师： 年　月　日

2. 验收依据说明

【规范名称及编号】《建筑给水排水及采暖工程质量验收规范》GB 50242－2002

【条文摘录】

5.1　一般规定

5.1.1　本章适用于室内排水管道、雨水管道安装工程的质量检验与验收。

5.1.2　生活污水管道应使用塑料管、铸铁管或混凝土管（由成组洗脸盆或饮用喷水器到共用水封之间的排水管和连接卫生器具的排水短管，可使用钢管）。雨水管道宜使用塑料管、铸铁管、镀锌和非镀锌钢管或混凝土管等。悬吊式雨水管道应选用钢管、铸铁管或塑料管。易受振动的雨水管道（如锻造车间等）应使用钢管。

5.2　排水管道及配件安装

主　控　项　目

5.2.1　隐蔽或埋地的排水管道在隐蔽前必须做灌水试验，其灌水高度应不低于底层卫生器具的上边缘或底层地面高度。

检验方法：**满水 15min 水面下降后，再灌满观察 5min，液面不降，管道及接口无渗漏为合格。**

5.2.2　生活污水铸铁管道的坡度必须符合设计或本规范表 5.2.2 的规定。

表 5.2.2　生活污水铸铁管道的坡度

项次	管径（mm）	标准坡度（‰）	最小坡度（‰）
1	50	35	25
2	75	25	15
3	100	20	12
4	125	15	10
5	150	10	7
6	200	8	5

检验方法：水平尺、拉线尺量检查。

5.2.3　生活污水塑料管道的坡度必须符合设计或本规范表 5.2.3 的规定。

表 5.2.3　生活污水塑料管道的坡度

项次	管径（mm）	标准坡度（‰）	最小坡度（‰）
1	50	25	12
2	75	15	8
3	100	12	6
4	125	10	5
5	160	7	4

检验方法：水平尺、拉线尺量检查。

5.2.4　排水塑料管必须按设计要求及位置装设伸缩节。如设计无要求时，伸缩节间距不得大于 4m。高层建筑中明设排水塑料管道应按设计要求设置阻火圈或防火套管。

检验方法：观察检查。

5.2.5　排水主立管及水平干管管道均应做通球试验，通球球径不小于排水管道管径的 2/3，通球率必须达到 100％。

检查方法：通球检查。

一　般　项　目

5.2.6　在生活污水管道上设置的检查口或清扫口，当设计无要求时应符合下列规定：

1　在立管上应每隔一层设置一个检查口，但在最底层和有卫生器具的最高层必须设置。如为两层建筑时，可仅在底层设置立管检查口；如有乙字弯管时，则在该层乙字弯管的上部设置检查口。检查口中心高度距操作地面一般为1m，允许偏差±20mm；检查口的朝向应便于检修。暗装立管，在检查口处应安装检修门。

2 在连接2个及2个以上大便器或3个及3个以上卫生器具的污水横管上应设置清扫口。当污水管在楼板下悬吊敷设时，可将清扫口设在上一层楼地面上，污水管起点的清扫口与管道相垂直的墙面距离不得小于200mm；若污水管起点设置堵头代替清扫口时，与墙面距离不得小于400mm。

3 在转角小于135°的污水横管上，应设置检查口或清扫口。

4 污水横管的直线管段，应按设计要求的距离设置检查口或清扫口。

检验方法：观察和尺量检查。

5.2.7 埋在地下或地板下的排水管道的检查口，应设在检查井内。井底表面标高与检查口的法兰相平，井底表面应有5%坡度，坡向检查口。

检验方法：尺量检查。

5.2.8 金属排水管道上的吊钩或卡箍应固定在承重结构上。固定件间距：横管不大于2m；立管不大于3m。楼层高度小于或等于4m，立管可安装1个固定件。立管底部的弯管处应设支墩或采取固定措施。

检验方法：观察和尺量检查。

5.2.9 排水塑料管道支、吊架间距应符合表5.2.9的规定。

表5.2.9 排水塑料管道支吊架最大间距（单位：m）

管径（mm）	50	75	110	125	160
立管	1.2	1.5	2.0	2.0	2.0
横管	0.5	0.75	1.10	1.30	1.6

检验方法：尺量检查。

5.2.10 排水通气管不得与风道或烟道连接，且应符合下列规定：

1 通气管应高出屋面300mm，但必须大于最大积雪厚度。

2 在通气管出口4m以内有门、窗时，通气管应高出门、窗顶600mm或引向无门、窗一侧。

3 在经常有人停留的平屋顶上，通气管应高出屋面2m，并应根据防雷要求设置防雷装置。

4 屋顶有隔热层应从隔热层板面算起。

检验方法：观察和尺量检查。

5.2.11 安装未经消毒处理的医院含菌污水管道，不得与其他排水管道直接连接。

检验方法：观察检查。

5.2.12 饮食业工艺设备引出的排水管及饮用水水箱的溢流管，不得与污水管道直接连接，并应留出不小于100mm的隔断空间。

检验方法：观察和尺量检查。

5.2.13 通向室外的排水管，穿过墙壁或基础必须下返时，应采用45°三通和45°弯头连接，并应在垂直管段顶部设置清扫口。

检验方法：观察和尺量检查。

5.2.14 由室内通向室外排水检查井的排水管，井内引入管应高于排出管或两管顶相平，并有不小于90°的水流转角，如跌落差大于300mm可不受角度限制。

检验方法：观察和尺量检查。

5.2.15 用于室内排水的水平管道与水平管道、水平管道与立管的连接，应采用45°三通或45°四通和90°斜三通或90°斜四通。立管与排出管端部的连接，应采用两个45°弯头或曲率半径不小于4倍管径的90°弯头。

检验方法：观察和尺量检查。

5.2.16 室内排水管道安装的允许偏差应符合表5.2.16的相关规定。

表 5.2.16　室内排水和雨水管道安装的允许偏差和检验方法

项次	项　目			允许偏差（mm）	检验方法
1	坐　标			15	用水准仪（水平尺）、直尺、拉线和尺量检查
2	标高			±15	
3	横管纵横方向弯曲	铸铁管	每1m	≯1	
			全长（25m以上）	≯25	
		钢管	每1m	管径小于或等于100mm	1	
				管径大于100mm	1.5	
			全长（25m以上）	管径小于或等于100mm	≯25	
				管径大于100mm	≯308	
		塑料管	每1m	1.5	
			全长（25m以上）	≯38	
		钢筋混凝土管、混凝土管	每1m	3	
			全长（25m以上）	≯75	
4	立管垂直度	铸铁管	每1m	3	吊线和尺量检查
			全长（5m以上）	≯15	
		钢管	每1m	3	
			全长（5m以上）	≯10	
		塑料管	每1m	3	
			全长（5m以上）	≯15	

7.2.5　雨水管道及配件安装检验批质量验收记录

1. 表格

雨水管道及配件安装检验批质量验收记录

05020201 ____
05020402 ____

单位（子单位）工程名称			分部（子分部）工程名称		分项工程名称	
施工单位			项目负责人		检验批容量	
分包单位			分包单位项目负责人		检验批部位	
施工依据			验收依据		《建筑给水排水及采暖工程施工质量验收规范》GB 50242-2002	

	验收项目			设计要求及规范规定	最小/实际抽样数量	检查记录	检查结果
主控项目	1	室内雨水管道灌水试验		第5.3.1条	/		
	2	塑料雨水管安装伸缩节		第5.3.2条	/		
	3	地下埋设雨水管道最小坡度	（1）50mm	20‰	/		
			（2）75mm	15‰	/		
			（3）100mm	8‰	/		
			（4）125mm	6‰	/		
			（5）150mm	5‰	/		
			（6）200～400mm	4‰	/		
			（7）悬吊雨水管最小坡度≥5‰		/		

续表

验收项目				设计要求及规范规定	最小/实际抽样数量	检查记录	检查结果
一般项目	1	雨水管不得与生活污水管相连接			设计要求	/		
	2	雨水斗安装			设计要求	/		
	3	悬吊式雨水管道检查口间距		管径≤150	≥15m	/		
				管径≥200	≥20m	/		
	4	焊缝允许偏差	焊口平直度	管壁厚10mm以内	管壁厚1/4	/		
			焊缝加强面	高度	+1mm	/		
				宽度		/		
			咬边	深度	小于0.5mm	/		
				长度 连续长度	25mm	/		
				长度 总长度（两侧）	小于焊缝长度的10%	/		
	5	雨水管道安装的允许偏差同室内排水管			第5.3.7条	/		

施工单位检查结果	
	专业工长： 项目专业质量检查员： 　　　　年　月　日
监理单位验收结论	
	专业监理工程师： 　　　　年　月　日

2. 验收依据说明

【规范名称及编号】《建筑给水排水及采暖工程质量验收规范》GB 50242－2002

【条文摘录】

5.3 雨水管道及配件安装

主 控 项 目

5.3.1　安装在室内的雨水管道安装后应做灌水试验，灌水高度必须到每根立管上部的雨水斗。

检验方法：灌水试验持续1h，不渗不漏。

5.3.2　雨水管道如采用塑料管，其伸缩节安装应符合设计要求。

检验方法：对照图纸检查。

5.3.3　悬吊式雨水管道的敷设坡度不得小于5‰；埋地雨水管道的最小坡度，应符合表5.3.3的规定。

表5.3.3　地下埋设雨水排水管道的最小坡度

项　次	管径（mm）	最小坡度（‰）
1	50	20
2	75	15
3	100	8
4	125	6
5	150	5
6	200～400	4

检验方法：水平尺、拉线尺量检查。

一 般 项 目

5.3.4　雨水管道不得与生活污水管道相连接。检验方法：观察检查。

5.3.5　雨水斗管的连接应固定在屋面承重结构上。雨水斗边缘与屋面相连处应严密不漏。连接管管径当设计无要求时，不得小于100mm。

检验方法：观察和尺量检查。

5.3.6　悬吊式雨水管道的检查口或带法兰堵口的三通的间距不得大于表5.3.6的规定。

表5.3.6　悬吊管检查口间距

项次	悬吊管直径（mm）	检查口间距（m）
1	≤150	≯15
2	≥200	≯20

检验方法：拉线、尺量检查。

5.3.7　雨水管道安装的允许偏差应符合本规范表5.2.16的规定。

5.3.8　雨水钢管管道焊接的焊口允许偏差应符合表5.3.8的规定。

表5.3.8　钢管管道焊口允许偏差和检验方法

项次	项　目			允许偏差	检验方法
1	焊口平直度	管壁厚10mm以内		管壁厚1/4	焊接检验尺和游标卡尺检查
2	焊缝加强面	高度		+1mm	
		宽度			
3	咬边	深度		小于0.5mm	直尺检查
		长度	连续长度	25mm	
			总长度（两侧）	小于焊缝长度的10%	

7.2.6　室内热水系统管道及配件安装检验批质量验收记录

1. 表格

室内热水系统管道及配件安装检验批质量验收记录

05030101 ____
05030401 ____
05030501 ____

单位（子单位）工程名称			分部（子分部）工程名称		分项工程名称	
施工单位			项目负责人		检验批容量	
分包单位			分包单位项目负责人		检验批部位	
施工依据			验收依据		《建筑给水排水及采暖工程施工质量验收规范》GB 50242－2002	

验收项目					设计要求及规范规定	最小/实际抽样数量	检查记录	检查结果
主控项目	1	热水供应系统管道水压试验			设计要求	/		
	2	热水供应系统管道安装补偿器			设计要求	/		
	3	热水供应系统管道冲洗			第6.2.3条	/		
一般项目	1	管道安装坡度			设计规定	/		
	2	温度控制器和阀门安装			第6.2.5条	/		
	3	管道安装允许偏差	水平管道纵横方向弯曲	钢管	每米	1mm	/		
					全长25m以上	≯25mm	/		
				塑料管复合管	每米	1.5mm	/		
					全长25m以上	≯25mm	/		
			立管垂直度	钢管	每米	3mm	/		
					25m以上	≯8mm	/		
				塑料管复合管	每米	2mm	/		
					25m以上	≯8mm	/		
	4	保温层允许偏差	厚度δ		$+0.1\delta$ -0.05δ	/		
			表面平整度	卷材	5mm	/		
				涂料	10mm	/		

施工单位检查结果	专业工长： 项目专业质量检查员： 年 月 日
监理单位验收结论	专业监理工程师： 年 月 日

2. 验收依据说明

【规范名称及编号】《建筑给水排水及采暖工程质量验收规范》GB 50242－2002

【条文摘录】

6.1 一般规定

6.1.1 本章适用于工作压力不大于1.0MPa，热水温度不超过75℃的室内热水供应管道安装工程的质量检验与验收。

6.1.2　热水供应系统的管道应采用塑料管、复合管、镀锌钢管和铜管。

6.1.3　热水供应系统管道及配件安装应按本规范第4.2节的相关规定执行。

6.2　管道及配件安装

主　控　项　目

6.2.1　热水供应系统安装完毕，管道保温之前应进行水压试验。试验压力应符合设计要求。当设计未注明时，热水供应系统水压试验压力应为系统顶点的工作压力加0.1MPa，同时在系统顶点的试验压力不小于0.3MPa。

检验方法：钢管或复合管道系统试验压力下10min内压力降不大于0.02MPa，然后降至工作压力检查，压力应不降，且不渗不漏；塑料管道系统在试验压力下稳压1h，压力降不得超过0.05MPa，然后在工作压力1.15倍状态下稳压2h，压力降不得超过0.03MPa，连接处不得渗漏。

6.2.2　热水供应管道应尽量利用自然弯补偿热伸缩，直线段过长则应设置补偿器。补偿器型式、规格、位置应符合设计要求，并按有关规定进行预拉伸。

检验方法：对照设计图纸检查。

6.2.3　热水供应系统竣工后必须进行冲洗。

检验方法：现场观察检查。

一　般　项　目

6.2.4　管道安装坡度应符合设计规定。

检验方法：水平尺、拉线尺量检查。

6.2.5　温度控制器及阀门应安装在便于观察和维护的位置。

检验方法：观察检查。

6.2.6　热水供应管道和阀门安装的允许偏差应符合本规范表4.2.8的规定。

6.2.7　热水供应系统管道应保温（浴室内明装管道除外），保温材料、厚度、保护壳等应符合设计规定。保温层厚度和平整度的允许偏差应符合本规范表4.4.8的规定。

7.2.7　室内热水系统辅助设备安装检验批质量验收记录

1. 表格

室内热水系统辅助设备安装检验批质量验收记录

05030201 ____
05030502 ____

单位（子单位）工程名称			分部（子分部）工程名称			分项工程名称		
施工单位			项目负责人			检验批容量		
分包单位			分包单位项目负责人			检验批部位		
施工依据				验收依据	《建筑给水排水及采暖工程施工质量验收规范》GB 50242－2002			
	验收项目		设计要求及规范规定	最小/实际抽样数量		检查记录		检查结果
主控项目	1	热交换器，太阳能热水器排管和水箱等水压和满水试验	第6.3.1条 第6.3.2条 第6.3.5条	/				
	2	水泵基础	第6.3.3条	/				
	3	水泵试运转温升	第6.3.4条	/				

564

续表

	验收项目			设计要求及规范规定	最小/实际抽样数量	检查记录	检查结果
一般项目	1	太阳能热水器安装		第6.3.6条	/		
	2	太阳能热水器上、下集箱的循环管道坡度		第6.3.7条	/		
	3	水箱底部与上水管间距		第6.3.8条	/		
	4	集热排管安装紧固		第6.3.9条	/		
	5	热水器最低处安装泄水装置		第6.3.10条	/		
	6	太阳能热水器、热水箱上、下各管道保温、防冻		第6.3.11条 第6.3.12条	/		
	7	设备安装允许偏差	静置设备 坐标	15mm	/		
			标高	±5mm	/		
			垂直度每米	5mm	/		
		离心式水泵 立式水泵垂直度每米		0.1mm	/		
		卧式水泵水平度每米		0.1mm	/		
		联轴器同心度 轴向倾斜（每米）		0.8mm	/		
		径向位移		0.1mm	/		
	8	热水器安装	标高 中心线距地面	±20mm	/		
			朝向 最大偏移角	不大于15°	/		

施工单位检查结果	专业工长： 项目专业质量检查员： 年　月　日
监理单位验收结论	专业监理工程师： 年　月　日

2. 验收依据说明

【规范名称及编号】《建筑给水排水及采暖工程质量验收规范》GB 50242－2002

【条文摘录】

6.3　辅助设备安装

主 控 项 目

6.3.1　在安装太阳能集热器玻璃前，应对集热排管和上、下集管作水压试验，试验压力为工作压力的 1.5 倍。

检验方法：试验压力下 10min 内压力不降，不渗不漏。

6.3.2　热交换器应以工作压力的 1.5 倍作水压试验。蒸汽部分应不低于蒸汽供汽压力加 0.3MPa；热水部分应不低于 0.4MPa。

检验方法：试验压力下 10min 内压力不降，不渗不漏。

6.3.3　水泵就位前的基础混凝土强度、坐标、标高、尺寸和螺栓孔位置必须符合设计要求。

检验方法：对照图纸用仪器和尺量检查。

6.3.4　水泵试运转的轴承温升必须符合设备说明书的规定。

检验方法：温度计实测检查。

6.3.5　敞口水箱的满水试验和密闭水箱（罐）的水压试验必须符合设计与本规范的规定。

检验方法：满水试验静置 24h，观察不渗不漏；水压试验在试验压力下 10min 压力不降，不渗不漏。

一 般 项 目

6.3.6　安装固定式太阳能热水器，朝向应正南。如受条件限制时，其偏移角不得大于 15°。集热器的倾角，对于春、夏、秋三个季节使用的，应采用当地纬度为倾角；若以夏季为主，可比当地纬度减少 10°。

检验方法：观察和分度仪检查。

6.3.7　由集热器上、下集管接往热水箱的循环管道，应有不小于 5‰ 的坡度。

检验方法：尺量检查。

6.3.8　自然循环的热水箱底部与集热器上集管之间的距离为 0.3～1.0m。

检验方法：尺量检查。

6.3.9　制作吸热钢板凹槽时，其圆度应准确，间距应一致。安装集热排管时，应用卡箍和钢丝紧固在钢板凹槽内。

检验方法：手扳和尺量检查。

6.3.10　太阳能热水器的最低处应安装泄水装置。

检验方法：观察检查。

6.3.11　热水箱及上、下集管等循环管道均应保温。

检验方法：观察检查。

6.3.12　凡以水作介质的太阳能热水器，在 0℃ 以下地区使用，应采取防冻措施。

检验方法：观察检查。

6.3.13　热水供应辅助设备安装的允许偏差应符合本规范表 4.4.7 的规定。

6.3.14　太阳能热水器安装的允许偏差应符合表 6.3.14 的规定。

表 6.3.14　太阳能热水器安装的允许偏差和检验方法

项　目			允许偏差	检验方法
板式直管太阳能热水器	标高	中心线距地面（mm）	±20	尺量
	固定安装朝向	最大偏移角	不大于 15°	分度仪检查

7.2.8　卫生器具安装检验批质量验收记录

1. 表格

卫生器具安装检验批质量验收记录

05040101 ____
05040401 ____

单位（子单位）工程名称				分部（子分部）工程名称				分项工程名称		
施工单位				项目负责人				检验批容量		
分包单位				分包单位项目负责人				检验批部位		
施工依据				验收依据				《建筑给水排水及采暖工程质量验收规范》GB 50242－2002		

		验收项目			设计要求及规范规定	最小/实际抽样数量	检查记录	检查结果
主控项目	1	排水栓与地漏安装			第 7.2.1 条	/		
	2	卫生器具满水试验和通水试验			第 7.2.2 条	/		
一般项目	1	卫生器具安装允许偏差	坐标	单独器具	10mm	/		
				成排器具	5mm	/		
			标高	单独器具	±15mm	/		
				成排器具	±10mm	/		
			器具水平度		2mm	/		
			器具垂直度		3mm	/		
	2	浴盆检修门、小便槽冲洗管安装			第 7.2.4 条、第 7.2.5 条	/		
	3	卫生器具的支、托架			第 7.2.6 条	/		

施工单位检查结果	专业工长： 项目专业质量检查员： 年 月 日
监理单位验收结论	专业监理工程师： 年 月 日

2. 验收依据说明

【规范名称及编号】《建筑给水排水及采暖工程质量验收规范》GB 50242－2002

【条文摘录】

7.1 一般规定

7.1.1 本章适用于室内污水盆、洗涤盆、洗脸（手）盆、盥洗槽、浴盆、淋浴器、大便器、小便

器、小便槽、大便冲洗槽、妇女卫生盆、化验盆、排水栓、地漏、加热器、煮沸消毒器和饮水器等卫生器具安装的质量检验与验收。

7.1.2　卫生器具的安装应采用预埋螺栓或膨胀螺栓安装固定。

7.1.3　卫生器具安装高度如设计无要求时，应符合表7.1.3的规定。

表 7.1.3　卫生器具的安装高度

项次	卫生器具名称		卫生器具安装高度（mm）		备　注
			居住和公共建筑	幼儿园	
1	污水盆（池）	架空式	800	800	
		落地式	500	500	
2	洗涤盆（池）		800	800	自地面至器具上边缘
3	洗脸盆、洗手盆（有塞、无塞）		800	500	
4	盥洗槽		800	500	
5	浴盆		≯520		
6	蹲式大便器	高水箱	1800	1800	自台阶面至高水箱底
		低水箱	900	900	自台阶面至低水箱底
7	坐式大便器	高水箱	1800	1800	自地面至高水箱底
	低水箱	外露排水管式	510	370	自地面至低水箱底
		虹吸喷射式	470		
8	小便器	挂式	600	450	自地面至下边缘
9	小便槽		200	150	自地面至台阶面
10	大便槽冲洗水箱		≮2000		自台阶面至水箱底
11	妇女卫生盆		360		自地面至器具上边缘
12	化验盆		800		自地面至器具上边缘

7.1.4　卫生器具给水配件的安装高度，如设计无要求时，应符合表7.1.4的规定。

表 7.1.4　卫生器具给水配件的安装高度

项次	给水配件名称		配件中心距地面高度（mm）	冷热水龙头距离（mm）
1	架空式污水盆（池）水龙头		1000	—
2	落地式污水盆（池）水龙头		800	
3	洗涤盆（池）水龙头		1000	150
4	住宅集中给水龙头		1000	—
5	洗手盆水龙头		1000	—
6	洗脸盆	水龙头（上配水）	1000	150
		水龙头（下配水）	800	150
		角阀（下配水）	450	—
7	盥洗槽	水龙头	1000	150
	冷热水管上下并行	其中热水龙头	1100	150
8	浴盆	水龙头（上配水）	670	150
9	淋浴器	截止阀	1150	95
		混合阀	1150	
		淋浴喷头下沿	2100	—

续表 7.1.4

项次	给水配件名称		配件中心距地面高度 (mm)	冷热水龙头距离 (mm)
10	蹲式大便器（台阶面算起）	高水箱角阀及截止阀	2040	
		低水箱角阀	250	—
		手动式自闭冲洗阀	600	—
		脚踏式自闭冲洗阀	150	—
		拉管式冲洗阀（从地面算起）	1600	—
		带防污助冲器阀门（从地面算起）	900	—
11	坐式大便器	高水箱角阀及截止阀	2040	—
		低水箱角阀	150	—
12	大便槽冲洗水箱截止阀（从台阶面算起）		≮2400	
13	立式小便器角阀		1130	—
14	挂式小便器角阀及截止阀		1050	—
15	小便槽多孔冲洗管		1100	—
16	实验室化验水龙头		1000	—
17	妇女卫生盆混合阀		360	

注：装设在幼儿园内的洗手盆、洗脸盆和盥洗槽水嘴中心离地面安装高度应为700mm，其他卫生器具给水配件的安装高度，应按卫生器具实际尺寸相应减少。

7.2 卫生器具安装

主 控 项 目

7.2.1 排水栓和地漏的安装应平正、牢固，低于排水表面，周边无渗漏。地漏水封高度不得小于50mm。

检验方法：试水观察检查。

7.2.2 卫生器具交工前应做满水和通水试验。

检验方法：满水后各连接件不渗不漏；通水试验给、排水畅通。

一 般 项 目

7.2.3 卫生器具安装的允许偏差应符合表7.2.3的规定。

表7.2.3 卫生器具安装的允许偏差和检验方法

项次	项目	允许偏差（mm）		检验方法
1	坐标	单独器具	10	拉线、吊线和尺量检查
		成排器具	5	
2	标高	单独器具	±15	
		成排器具	±10	
3	器具水平度		2	用水平尺和尺量检查
4	器具垂直度		3	吊线和尺量检查

7.2.4 有饰面的浴盆，应留有通向浴盆排水口的检修门。

检验方法：观察检查。

7.2.5 小便槽冲洗管，应采用镀锌钢管或硬质塑料管。冲洗孔应斜向下方安装，冲洗水流同墙面成45°角。镀锌钢管钻孔后应进行二次镀锌。

检验方法：观察检查。

7.2.6 卫生器具的支、托架必须防腐良好，安装平整、牢固，与器具接触紧密、平稳。

检验方法：观察和手扳检查。

7.2.9 卫生器具给水配件安装检验批质量验收记录

1. 表格

卫生器具给水配件安装检验批质量验收记录

05040201 ____

单位（子单位） 工程名称			分部（子分部） 工程名称		分项工程 名称	
施工单位			项目负责人		检验批容量	
分包单位			分包单位 项目负责人		检验批部位	
施工依据				验收依据	《建筑给水排水及采暖工程质量验收规范》 GB 50242－2002	

		验收项目	设计要求及 规范规定	最小/实际 抽样数量	检查记录	检查 结果
主控项目	1	卫生器具给水配件	第 7.3.1 条	/		
一般项目	1	给水配件安装允许偏差 — 高低水箱阀角及截止阀、水嘴	±10mm	/		
		淋浴器喷头下沿	±15mm	/		
		浴盆软管淋浴器挂钩	±20mm	/		
	2	器具水平度	2mm	/		

施工单位 检查结果	
	专业工长： 项目专业质量检查员： <div align="right">年　月　日</div>
监理单位 验收结论	
	专业监理工程师： <div align="right">年　月　日</div>

2. 验收依据说明

【规范名称及编号】《建筑给水排水及采暖工程质量验收规范》GB 50242－2002
【条文摘录】

7.3 卫生器具给水配件安装

主 控 项 目

7.3.1 卫生器具给水配件应完好无损伤，接口严密，启闭部分灵活。
检验方法：观察及手扳检查。

一 般 项 目

7.3.2 卫生器具给水配件安装标高的允许偏差应符合表 7.3.2 的规定。
7.3.3 浴盆软管淋浴器挂钩的高度，如设计无要求，应距地面 18m。
检验方法：尺量检查。

表 7.3.2 卫生器具给水配件安装标高的允许偏差和检验方法

项 次	项 目	允许偏差（mm）	检验方法
1	大便器高、低水箱角阀及截止阀	±10	尺量检查
2	水嘴	±10	
3	淋浴器喷头下沿	±15	
4	浴盆软管淋浴器挂钩	±20	

7.2.10 卫生器具排水管道安装检验批质量验收记录

1. 表格

卫生器具排水管道安装检验批质量验收记录

05040301 ____

单位（子单位）工程名称		分部（子分部）工程名称		分项工程名称	
施工单位		项目负责人		检验批容量	
分包单位		分包单位项目负责人		检验批部位	
施工依据			验收依据	《建筑给水排水及采暖工程质量验收规范》GB 50242－2002	

		验收项目	设计要求及规范规定	最小/实际抽样数量	检查记录	检查结果
主控项目	1	器具受水口与立管，管道与楼板结合	第7.4.1条	/		
	2	连接排水管道接口应严密，其支托架安装	第7.4.2条	/		

续表

验收项目			设计要求及规范规定	最小/实际抽样数量	检查记录	检查结果
一般项目	1	安装允许偏差	横管弯曲度	每1m长	2mm	/	
				横管长度≤10m，全长	＜8mm	/	
				横管长度＞10m，全长	10mm	/	
			卫生器具排水管口及横支管的纵横坐标	单独器具	10mm	/	
				成排器具	5mm	/	
			卫生器具接口标高	单独器具	±10mm	/	
				成排器具	±5mm	/	
	2	卫生器具排水管管径和管道最小坡度	污水盆（池）管径50mm		25‰	/	
			单、双格洗涤盆（池）管径50mm		25‰	/	
			洗手盆、洗脸盆 管径32～50mm		20‰	/	
			浴盆 管径50mm		20‰	/	
			淋浴器 管径50mm		20‰	/	
			大便器	高低水箱 管径100mm	12‰	/	
				自闭式冲洗阀 管径100mm	12‰	/	
				拉管式冲洗阀 管径100mm	12‰	/	
			小便器	冲洗阀 管径40～50mm	20‰	/	
				自动冲洗水箱 管径40～50mm	20‰	/	
			化验盆（无塞）管径40～50mm		25‰	/	
			净身器 管径40～50mm		20‰	/	
			饮水器 管径20～50mm		10‰～20‰	/	

施工单位检查结果	
	专业工长： 项目专业质量检查员： <div align="right">年 月 日</div>
监理单位验收结论	
	专业监理工程师： <div align="right">年 月 日</div>

2. 验收依据说明

【规范名称及编号】《建筑给水排水及采暖工程质量验收规范》GB 50242-2002

【条文摘录】

7.4 卫生器具排水管道安装

主 控 项 目

7.4.1 与排水横管连接的各卫生器具的受水口和立管均应采取妥善可靠的固定措施；管道与楼板的接合部位应采取牢固可靠的防渗、防漏措施。

检验方法：观察和手扳检查。

7.4.2 连接卫生器具的排水管道接口应紧密不漏，其固定支架、管卡等支撑位置应正确、牢固，与管道的接触应平整。

检验方法：观察及通水检查。

一 般 项 目

7.4.3 卫生器具排水管道安装的允许偏差应符合表7.4.3的规定。

表7.4.3 卫生器具排水管道安装的允许偏差及检验方法

项次	检查项目		允许偏差（mm）	检验方法
1	横管弯曲度	每1m长	2	用水平尺量检查
		横管长度≤10m，全长	<8	
		横管长度>10m，全长	10	
2	卫生器具的排水管口及横支管的纵横坐标	单独器具	10	用尺量检查
		成排器具	5	
3	卫生器具的接口标高	单独器具	±10	用水平尺和尺量检查
		成排器具	±5	

7.4.4 连接卫生器具的排水管管径和最小坡度，如设计无要求时，应符合表7.4.4的规定。

表7.4.4 连接卫生器具的排水管管径和最小坡度

项次	卫生器具名称		排水管管径（mm）	管道的最小坡度（‰）
1	污水盆（池）		50	25
2	单、双格洗涤盆（池）		50	25
3	洗手盆、洗脸盆		32~50	20
4	浴盆		50	20
5	淋浴器		50	20
6	大便器	高、低水箱	100	12
		自闭式冲洗阀	100	12
		拉管式冲洗阀	100	12
7	小便器	手动、自闭式冲洗阀	40~50	20
		自动冲洗水箱	40~50	20
8	化验盆（无塞）		40~50	25
9	净身器		40~50	20
10	饮水器		20~50	10~20
11	家用洗衣机		50（软管为30）	

检验方法：用水平尺和尺量检查。

7.2.11 室内供暖系统管道及配件安装检验批质量验收记录

1. 表格

室内供暖系统管道及配件安装检验批质量验收记录

05050101____

单位（子单位）工程名称			分部（子分部）工程名称		分项工程名称	
施工单位			项目负责人		检验批容量	
分包单位			分包单位项目负责人		检验批部位	
施工依据			验收依据		《建筑给水排水及采暖工程质量验收规范》GB 50242－2002	

		验收项目	设计要求及规范规定	最小/实际抽样数量	检查记录	检查结果
主控项目	1	管道安装坡度	设计要求	/		
	2	补偿器的型号、安装位置及预拉伸和固定支架的构造及安装位置	第8.2.2条	/		
	3	平衡阀及调节阀型号、规格、公称压力及安装位置	设计要求	/		
		调试及标志	第8.2.3条	/		
	4	蒸汽减压阀和管道及设备上安全阀的型号、规格、公称压力及安装位置	设计要求	/		
		调试及标志	第8.2.4条	/		
	5	方形补偿器制作	第8.2.5条	/		
	6	方形补偿器安装	第8.2.6条	/		
一般项目	1	热量表、疏水器、除污器、过滤器及阀门的型号、规格、公称压力及安装位置	第8.2.7条	/		
	2	钢管焊接	第8.2.8条	/		
	3	采暖入口及分户计量入户装置安装	第8.2.9条	/		
	4	散热器支管长度超过1.5m时，应在支管上安装管卡	第8.2.10条	/		
	5	变径连接	第8.2.11条	/		
	6	管道干管上焊接垂直或水平分支管道	第8.2.12条	/		
	7	膨胀水箱的膨胀管及循环管上不得安装阀门	第8.2.13条	/		
	8	当采暖热媒为110～130℃的高温水时，管道可拆卸件应使用法兰	第8.2.14条	/		
	9	管道转弯	第8.2.15条	/		

续表

		验收项目		设计要求及规范规定		最小/实际抽样数量	检查记录	检查结果
一般项目	10	管道安装允许偏差	横管道纵、横方向弯曲（mm）	每米	管径≤100mm	1	/	
					管径＞100mm	1.5	/	
				全长（25m以上）	管径≤100mm	≯13	/	
					管径＞100mm	≯25	/	
			立管垂直度（mm）	每米		2	/	
				全长（5m以上）		≯10	/	
			弯管	椭圆率	管径≤100mm	10%	/	
					管径＞100mm	8%	/	
				褶皱不平度（mm）	管径≤100mm	4	/	
					管径＞100mm	5	/	
施工单位检查结果			专业工长： 项目专业质量检查员： 年　月　日					
监理单位验收结论			专业监理工程师： 年　月　日					

575

2. 验收依据说明

【规范名称及编号】《建筑给水排水及采暖工程质量验收规范》GB 50242－2002

【条文摘录】

8　室内采暖系统安装

8.1　一般规定

8.1.1　本章适用于饱和蒸汽压力不大于 0.7MPa，热水温度不超过 130℃的室内采暖系统安装工程的质量检验与验收。

8.1.2　焊接钢管的连接，管径小于或等于 32mm，应采用螺纹连接；管径大于 32mm，采用焊接。镀锌钢管的连接见本规范第 4.1.3 条。

8.2　管道及配件安装

主　控　项　目

8.2.1　管道安装坡度，当设计未注明时，应符合下列规定：

1　气、水同向流动的热水采暖管道和汽、水同向流动的蒸汽管道及凝结水管道，坡度应为 3‰，不得小于 2‰；

2　气、水逆向流动的热水采暖管道和汽、水逆向流动的蒸汽管道，坡度不应小于 5‰；

3　散热器支管的坡度应为 1%，坡向应利于排气和泄水。

检验方法：观察，水平尺、拉线、尺量检查。

8.2.2　补偿器的型号、安装位置及预拉伸和固定支架的构造及安装位置应符合设计要求。

检验方法：对照图纸，现场观察，并查验预拉伸记录。

8.2.3　平衡阀及调节阀型号、规格、公称压力及安装位置应符合设计要求。安装完后应根据系统平衡要求进行调试并作出标志。

检验方法：对照图纸查验产品合格证，并现场查看。

8.2.4　蒸汽减压阀和管道及设备上安全阀的型号、规格、公称压力及安装位置应符合设计要求。安装完毕后应根据系统工作压力进行调试，并做出标志。

检验方法：对照图纸查验产品合格证及调试结果证明书。

8.2.5　方形补偿器制作时，应用整根无缝钢管煨制，如需要接口，其接口应设在垂直臂的中间位置，且接口必须焊接。

检验方法：观察检查。

8.2.6　方形补偿器应水平安装，并与管道的坡度一致；如其臂长方向垂直安装必须设排气及泄水装置。

检验方法：观察检查。

一　般　项　目

8.2.7　热量表、疏水器、除污器、过滤器及阀门的型号、规格、公称压力及安装位置应符合设计要求。

检验方法：对照图纸查验产品合格证。

8.2.8　钢管管道焊口尺寸的允许偏差应符合本规范表 5.3.8 的规定。

8.2.9　采暖系统入口装置及分户热计量系统入户装置，应符合设计要求。安装位置应便于检修、维护和观察。

检验方法：现场观察。

8.2.10　散热器支管长度超过 1.5m 时，应在支管上安装管卡。

检验方法：尺量和观察检查。

8.2.11　上供下回式系统的热水干管变径应顶平偏心连接，蒸汽干管变径应底平偏心连接。

检验方法：观察检查。

8.2.12 在管道干管上焊接垂直或水平分支管道时，干管开孔所产生的钢渣及管壁等废弃物不得残留管内，且分支管道在焊接时不得插入干管内。

检验方法：观察检查。

8.2.13 膨胀水箱的膨胀管及循环管上不得安装阀门。

检验方法：观察检查。

8.2.14 当采暖热媒为110～130℃的高温水时，管道可拆卸件应使用法兰，不得使用长丝和活接头。法兰垫料应使用耐热橡胶板。

检验方法：观察和查验进料单。

8.2.15 焊接钢管管径大于32mm的管道转弯，在作为自然补偿时应使用煨弯。塑料管及复合管除必须使用直角弯头的场合外应使用管道直接弯曲转弯。

检验方法：观察检查。

8.2.16 管道、金属支架和设备的防腐和涂漆应附着良好，无脱皮、起泡、流淌和漏涂缺陷。

检验方法：现场观察检查。

8.2.17 管道和设备保温的允许偏差应符合本规范表4.4.8的规定。

8.2.18 采暖管道安装的允许偏差应符合表8.2.18的规定。

表 8.2.18 采暖管道安装的允许偏差和检验方法

项　次	项　目			允许偏差	检验方法
1	横管道纵、横方向弯曲（mm）	每1m	管径≤100mm	L	用水平尺、直尺、拉线和尺量检查
			管径＞100mm	1.5	
		全长（25m以上）	管径≤100mm	≯13	
			管径＞100mm	≯25	
2	立管垂直度（mm）	每1m		2	吊线和尺量检查
		全长（5m以上）		≯10	
3	弯管	椭圆率 $(D_{max}-D_{min})/D_{max}$	管径≤100mm	10%	用外卡钳和尺量检查
			管径＞100mm	8%	
		折皱不平度（mm）	管径≤100mm	4	
			管径＞100mm	5	

8.6 系统水压试验及调试

主 控 项 目

8.6.1 采暖系统安装完毕，管道保温之前应进行水压试验。试验压力应符合设计要求。当设计未注明时，应符合下列规定：

1 蒸汽、热水采暖系统，应以系统顶点工作压力加 **0.1MPa** 作水压试验，同时在系统顶点的试验压力不小于 **0.3MPa**。

2 高温热水采暖系统，试验压力应为系统顶点工作压力加 **0.4MPa**。

3 使用塑料管及复合管的热水采暖系统，应以系统顶点工作压力加 **0.2MPa** 作水压试验，同时在系统顶点的试验压力不小于 **0.4MPa**。

检验方法：使用钢管及复合管的采暖系统应在试验压力下 **10min** 内压力降不大于 **0.02MPa**，降至工作压力后检查，不渗、不漏；使用塑料管的采暖系统应在试验压力下 **1h** 内压力降不大于 **0.05MPa**，然后降压

至工作压力的 **1.15** 倍，稳压 **2h**，压力降不大于 **0.03MPa**，同时各连接处不渗、不漏。

8.6.2 系统试压合格后，应对系统进行冲洗并清扫过滤器及除污器。

检验方法：现场观察，直至排出水不含泥沙、铁屑等杂质，且水色不浑浊为合格。

8.6.3 系统冲洗完毕应充水、加热，进行试运行和调试。

检验方法：观察、测量室温应满足设计要求。

7.2.12 室内供暖系统辅助设备安装检验批质量验收记录

1. 表格

室内供暖系统辅助设备安装检验批质量验收记录

05050201____

单位（子单位）工程名称					分部（子分部）工程名称			分项工程名称	
施工单位					项目负责人			检验批容量	
分包单位					分包单位项目负责人			检验批部位	
施工依据						验收依据		《建筑给水排水及采暖工程施工质量验收规范》GB 50242－2002	
	验收项目			设计要求及规范规定	最小/实际抽样数量		检查记录		检查结果
主控项目	1	水泵基础		设计要求	/				
	2	水泵试运转的轴承温升		设备说明书规定	/				
	3	敞口水箱满水试验和密闭水箱（罐）水压试验		第4.4.3条	/				
	4	热交换器水压试验		第13.6.1条	/				
	5	高温水循环泵与换热器相对位置		第13.6.2条	/				
	6	壳管式热交换器距离墙及屋顶距离		第13.6.3条	/				
一般项目	1	水箱支架或底座安装		设计要求	/				
	2	水箱溢流管和泄放管安装		第4.4.5条	/				
	3	立式水泵减振装置		第4.4.6条	/				
	4	安装允许偏差	静置设备	坐标	15mm	/			
				标高	±5mm	/			
				垂直度（每米）	2mm	/			
			离心式水泵	立式垂直度（每米）	0.1mm	/			
				卧式水平度（每米）	0.1mm	/			
				联轴器同心度 轴向倾斜（每米）	0.8mm	/			
				联轴器同心度 径向移位	0.1mm	/			
施工单位检查结果				专业工长： 项目专业质量检查员： 　　　　　　　　年　月　日					
监理单位验收结论				专业监理工程师： 　　　　　　　　年　月　日					

2. 验收依据说明

【规范名称及编号】《建筑给水排水及采暖工程质量验收规范》GB 50242—2002

【条文摘录】

摘录一：

8.3 辅助设备及散热器安装

主 控 项 目

8.3.2 水泵、水箱、热交换器等辅助设备安装的质量检验与验收应按本规范第4.4节和第13.6节的相关规定执行。

摘录二：

4.4 给水设备安装

主 控 项 目

4.4.1 水泵就位前的基础混凝土强度、坐标、标高、尺寸和螺栓孔位置必须符合设计规定。

检验方法：对照图纸用仪器和尺量检查。

4.4.2 水泵试运转的轴承温升必须符合设备说明书的规定。

检验方法：温度计实测检查。

4.4.3 敞口水箱的满水试验和密闭水箱（罐）的水压试验必须符合设计与本规范的规定。

检验方法：满水试验静置24h观察，不渗不漏；水压试验在试验压力下10min压力不降，不渗不漏。

一 般 项 目

4.4.4 水箱支架或底座安装，其尺寸及位置应符合设计规定，埋设平整牢固。

检验方法：对照图纸，尺量检查。

4.4.5 水箱溢流管和泄放管应设置在排水地点附近但不得与排水管直接连接。

检验方法：观察检查。

4.4.6 立式水泵的减振装置不应采用弹簧减振器。

检验方法：观察检查。

4.4.7 室内给水设备安装的允许偏差应符合表4.4.7的规定。

表 4.4.7　室内给水设备安装的允许偏差和检验方法

项　次	项　目		允许偏差（mm）	检验方法
1	静置设备	坐　标	15	经纬仪或拉线、尺量
		标　高	±5	用水准仪、拉线和尺量检查
		垂直度（每米）	5	吊线和尺量检查
		立式泵体垂直度（每米）	0.1	水平尺和塞尺检查
2	离心式水泵	卧式泵体水平度（每米）	0.1	水平尺和塞尺检查
		联轴器同心度　轴向倾斜（每米）	0.8	在联轴器互相垂直的四个位置上用水准仪、百分表或测微螺钉和塞尺检查

摘录三：

13.6 换热站安装

主 控 项 目

13.6.1 热交换器应以最大工作压力的1.5倍作水压试验，蒸汽部分应不低于蒸汽供汽压力加0.3MPa；热水部分应不低于0.4MPa。检验方法：在试验压力下，保持10min压力不降。

13.6.2 高温水系统中，循环水泵和换热器的相对安装位置应按设计文件施工。

检验方法：对照设计图纸检查。

13.6.3 壳管式热交换器的安装，如设计无要求时，其封头与墙壁或屋顶的距离不得小于换热管的长度。

检验方法：观察和尺量检查。

7.2.13 室内供暖系统散热器安装检验批质量验收记录

1. 表格

室内供暖系统散热器安装检验批质量验收记录

05050301 ____

单位（子单位）工程名称				分部（子分部）工程名称			分项工程名称		
施工单位				项目负责人			检验批容量		
分包单位				分包单位项目负责人			检验批部位		
施工依据						验收依据	《建筑给水排水及采暖工程质量验收规范》GB 50242－2002		
验收项目			设计要求及规范规定	最小/实际抽样数量	检查记录				检查结果
主控项目	1	散热器水压试验	第8.3.1条	/					
一般项目	1	散热器组对	第8.3.3条	/					
	2	组对散热器的垫片	第8.3.4条	/					
	3	散热器安装	第8.3.5条	/					
	4	散热器背面与装饰后的墙内表面安装距离	第8.3.6条	/					
	5 散热器安装允许偏差	散热器背面与墙内表面距离	3mm	/					
		与窗中心线或设计定位尺寸	20mm	/					
		散热器垂直度	3mm	/					
施工单位检查结果			专业工长：项目专业质量检查员：　　　年　月　日						
监理单位验收结论			专业监理工程师：　　　年　月　日						

2. 验收依据说明

【规范名称及编号】《建筑给水排水及采暖工程质量验收规范》GB 50242－2002

【条文摘录】

8.3 辅助设备及散热器安装

主 控 项 目

8.3.1 散热器组对后，以及整组出厂的散热器在安装之前应作水压试验。试验压力如设计无要求时应为工作压力的 **1.5** 倍，但不小于 **0.6MPa**。

检验方法：试验时间为 **2～3min**，压力不降且不渗不漏。

8.3.2 水泵、水箱、热交换器等辅助设备安装的质量检验与验收应按本规范第 4.4 节和第 13.6 节的相关规定执行。

一 般 项 目

8.3.3 散热器组对应平直紧密，组对后的平直度应符合表 8.3.3 规定。

表 8.3.3 组对后的散热器平直度允许偏差

项次	散热器类型	片 数	允许偏差（mm）
1	长翼型	2～4	4
		5～7	6
2	铸铁片式	3～15	4
	钢制片式	16～25	6

检验方法：拉线和尺量

8.3.4 组对散热器的垫片应符合下列规定：

1 组对散热器垫片应使用成品，组对后垫片外露不应大于 1mm。

2 散热器垫片材质当设计无要求时，应采用耐热橡胶。

检验方法：观察和尺量检查。

8.3.5 散热器支架、托架安装，位置应准确，埋设牢固。散热器支架、托架数量，应符合设计或产品说明书要求。如设计未注时，则应符合表 8.3.5 的规定。

表 8.3.5 散热器支架、托架数量

项次	散热器型式	安装方式	每组片数	上部托钩或卡架数	下部托钩或卡架数	合 计
1	长翼型	挂墙	2～4	1	2	3
			5	2	2	4
			6	2	3	5
			7	2	4	6
2	柱型 柱翼型	挂墙	3～8	1	2	3
			9～12	1	3	4
			13～16	2	4	6
			17～20	2	5	7
			21～25	2	6	8
3	柱型 柱翼型	带足落地	3～8	1	—	1
			8～12	1	—	1
			13～16	2	—	2
			17～20	2	—	2
			21～25	2	—	2

检验方法：现场清点检查

8.3.6 散热器背面与装饰后的墙内表面安装距离，应符合设计或产品说明书要求。

如设计未注明，应为 30mm。

检验方法：尺量检查。

8.3.7 散热器安装允许偏差应符合表8.3.7的规定。

表8.3.7 散热器安装允许偏差和检验方法

项 次	项 目	允许偏差（mm）	检验方法
1	散热器背面与墙内表面距离	3	尺量
2	与窗中心线或设计定位尺寸	20	
3	散热器垂直度	3	吊线和尺量

8.3.8 铸铁或钢制散热器表面的防腐及面漆应附着良好，色泽均匀，无脱落、起泡、流淌和漏涂缺陷。

检验方法：现场观察。

7.2.14 室内供暖系统低温热水地板辐射供暖系统安装检验批质量验收记录

1. 表格

室内供暖系统低温热水地板辐射供暖系统安装检验批质量验收记录

05050401____

单位（子单位）工程名称		分部（子分部）工程名称		分项工程名称		
施工单位		项目负责人		检验批容量		
分包单位		分包单位项目负责人		检验批部位		
施工依据			验收依据	《建筑给水排水及采暖工程质量验收规范》GB 50242－2002		

验收项目			设计要求及规范规定	最小/实际抽样数量	检查记录	检查结果
主控项目	1	加热盘管埋地	第8.5.1条	/		
	2	加热盘管水压试验	第8.5.2条	/		
	3	加热盘管弯曲的曲率半径	第8.5.3条	/		
一般项目	1	分、集水器规格及安装	设计要求	/		
	2	加热盘管安装	第8.5.5条	/		
	3	防潮层、防水层、隔热层、伸缩缝	设计要求			
	4	填充层混凝土强度	设计要求	/		

施工单位检查结果	专业工长： 项目专业质量检查员： 年 月 日
监理单位验收结论	专业监理工程师： 年 月 日

2. 验收依据说明

【规范名称及编号】《建筑给水排水及采暖工程质量验收规范》GB 50242－2002

【条文摘录】

8.5 低温热水地板辐射采暖系统安装

主 控 项 目

8.5.1 地面下敷设的盘管埋地部分不应有接头。

检验方法：隐蔽前现场查看。

8.5.2 盘管隐蔽前必须进行水压试验，试验压力为工作压力的 1.5 倍，但不小于 0.6MPa。

检验方法：稳压 1h 内压力降不大于 0.05MPa 且不渗不漏。

8.5.3 加热盘管弯曲部分不得出现硬折弯现象，曲率半径应符合下列规定：

1 塑料管：不应小于管道外径的 8 倍。

2 复合管：不应小于管道外径的 5 倍。

检验方法：尺量检查

一 般 项 目

8.5.4 分、集水器型号、规格、公称压力及安装位置、高度等应符合设计要求。

检验方法：对照图纸及产品说明书，尺量检查。

8.5.5 加热盘管管径、间距和长度应符合设计要求。间距偏差不大于 ±10mm。

检验方法：拉线和尺量检查。

8.5.6 防潮层、防水层、隔热层及伸缩缝应符合设计要求。

检验方法：填充层浇灌前观察检查。

8.5.7 填充层强度标号应符合设计要求。

检验方法：作试块抗压试验。

7.2.15 室内供暖系统试验与调试检验批质量验收记录

1. 表格

室内供暖系统试验与调试检验批质量验收记录

05050901 ____

单位（子单位） 工程名称		分部（子分部） 工程名称		分项工程 名称	
施工单位		项目负责人		检验批容量	
分包单位		分包单位 项目负责人		检验批部位	
施工依据			验收依据	《建筑给水排水及采暖工程质量验收规范》 GB 50242-2002	

		验收项目	设计要求及 规范规定	最小/实际 抽样数量	检查记录	检查 结果
主控项目	1	系统水压试验	第8.6.1条	/		
	2	冲洗系统，清扫过滤器及除污器	第8.6.2条	/		
	3	系统试运行和调试	设计要求	/		
施工单位 检查结果			专业工长： 项目专业质量检查员： 　　　　　　　　　　年　月　日			
监理单位 验收结论			专业监理工程师： 　　　　　　　　　　年　月　日			

2. 验收依据说明

【规范名称及编号】《建筑给水排水及采暖工程质量验收规范》GB 50242－2002

【条文摘录】

8.6 系统水压试验及调试

主 控 项 目

8.6.1 采暖系统安装完毕，管道保温之前应进行水压试验。试验压力应符合设计要求。当设计未注明时，应符合下列规定：

1 蒸汽、热水采暖系统，应以系统顶点工作压力加 0.1MPa 作水压试验，同时在系统顶点的试验压力不小于 0.3MPa。

2 高温热水采暖系统，试验压力应为系统顶点工作压力加 0.4MPa。

3 使用塑料管及复合管的热水采暖系统，应以系统顶点工作压力加 0.2MPa 作水压试验，同时在系统顶点的试验压力不小于 0.4MPa。

检验方法：使用钢管及复合管的采暖系统应在试验压力下 10min 内压力降不大于 0.02MPa，降至工作压力后检查，不渗、不漏；

使用塑料管的采履系统应在试验压力下 1h 内压力降不大于 0.05MPa，然后降压至工作压力的 1.15 倍，稳压 2h，压力降不大于 0.03MPa，同时各连接处不渗、不漏。

8.6.2 系统试压合格后，应对系统进行冲洗并清扫过滤器及除污器。

检验方法：现场观察，直至排出水不含泥沙、铁屑等杂质，且水色不浑浊为合格。

8.6.3 系统冲洗完毕应充水、加热，进行试运行和调试。

检验方法：观察、测量室温应满足设计要求。

7.2.16 室内供暖系统防腐检验批质量验收记录

1. 表格

室内供暖系统防腐检验批质量验收记录

05051001 ____

单位（子单位）工程名称			分部（子分部）工程名称		分项工程名称		
施工单位			项目负责人		检验批容量		
分包单位			分包单位项目负责人		检验批部位		
施工依据				验收依据	《建筑给水排水及采暖工程质量验收规范》GB 50242－2002		
验收项目			设计要求及规范规定	最小/实际抽样数量	检查记录		检查结果
主控项目	1	管道、金属支架和设备的防腐和涂漆	应附着良好，无脱皮、起泡、流淌和漏涂缺陷	/			
	2	铸铁或钢制散热器表面的防腐及面漆	应附着均匀，无脱落、起泡、流淌和漏涂缺陷	/			
施工单位检查结果				专业工长：项目专业质量检查员：　　　年　　月　　日			
监理单位验收结论				专业监理工程师：　　　年　　月　　日			

2. 验收依据说明

【规范名称及编号】《建筑给水排水及采暖工程质量验收规范》GB 50242－2002

【条文摘录】

8.2.16 管道、金属支架和设备的防腐和涂漆应附着良好，无脱皮、起泡、流淌和漏涂缺陷。

检验方法：现场观察检查。

8.3.8 铸铁或钢制散热器表面的防腐及面漆应附着良好，色泽均匀，无脱落、起泡、流淌和漏涂缺陷。

检验方法：现场观察。

7.2.17 室内供暖系统绝热检验批质量验收记录

1. 表格

室内供暖系统绝热检验批质量验收记录　　　　　　　　　05051101 ____

单位（子单位）工程名称			分部（子分部）工程名称		分项工程名称		
施工单位			项目负责人		检验批容量		
分包单位			分包单位项目负责人		检验批部位		
施工依据			验收依据		《建筑给水排水及采暖工程质量验收规范》GB 50242－2002		
验收项目			设计要求及规范规定	最小/实际抽样数量	检查记录		检查结果
一般项目	1	保温层允许偏差	厚度δ	$+0.1\delta$ -0.05δ	—		
			表面平整度　卷材	5mm	—		
			涂料	10mm	—		
施工单位检查结果					专业工长：项目专业质量检查员：　　　年　月　日		
监理单位验收结论					专业监理工程师：　　　　年　月　日		

2. 验收依据说明

【规范名称及编号】《建筑给水排水及采暖工程质量验收规范》GB 50242－2002

【条文摘录】

4.4.8 管道及设备保温层的厚度和平整度的允许偏差应符合表 4.4.8 的规定。

表 4.4.8　管道及设备保温的允许偏差和检验方法

项 次	项 目		允许偏差（mm）	检验方法
1	厚 度		$+0.1\delta$ -0.05δ	用钢针刺入
2	表面平整度	卷 材	5	用 2m 靠尺和楔形塞尺检查
		涂 抹	10	

注：δ 为保温层厚度。

7.2.18　室外给水管网给水管道安装检验批质量验收记录

1. 表格

室外给水管网给水管道安装检验批质量验收记录

05060101 _____
05060301 _____

单位（子单位）工程名称				分部（子分部）工程名称		分项工程名称	
施工单位				项目负责人		检验批容量	
分包单位				分包单位项目负责人		检验批部位	
施工依据				验收依据		《建筑给水排水及采暖工程施工质量验收规范》GB 50242－2002	

		验收项目			设计要求及规范规定	最小/实际抽样数量	检查记录	检查结果
主控项目	1	埋地管道覆土深度			第9.2.1条	/		
	2	给水管道不得直接穿越污染源			第9.2.2条	/		
	3	管道上可拆和易腐件，不埋在土中			第9.2.3条	/		
	4	管井内安装与井壁的距离			第9.2.4条	/		
	5	管道的水压试验			第9.2.5条	/		
	6	埋地管道的防腐			设计要求	/		
	7	管道冲洗和消毒			第9.2.7条	/		
一般项目	1	管道和支架的涂漆			第9.2.9条	/		
	2	阀门、水表安装位置			第9.2.10条	/		
	3	给水与污水管平行铺设的最小间距			第9.2.11条	/		
	4	管道连接应符合规范要求			9.2.12、9.2.13、9.2.14、9.2.15、9.2.16、9.2.17	/		
	5	管道安装允许偏差	坐标	铸铁管 埋地	100mm	/		
				铸铁管 敷设在沟槽内	50mm	/		
				钢管、塑料管、复合管 埋地	100mm	/		
				钢管、塑料管、复合管 敷沟内或架空	40mm	/		
			标高	铸铁管 埋地	±50mm	/		
				铸铁管 敷设在沟槽内	±30mm	/		
				钢管、塑料管、复合管 埋地	±50mm	/		
				钢管、塑料管、复合管 敷沟内或架空	±30mm	/		
			水平管纵横向弯曲	铸铁管 直段（25m以上）起点～终点	40mm	/		
				钢管、塑料管、复合管 直段（25m以上）起点～终点	30mm	/		
施工单位检查结果						专业工长： 项目专业质量检查员： 　　　　　年　月　日		
监理单位验收结论						专业监理工程师： 　　　　　年　月　日		

2. 验收依据说明

【规范名称及编号】《建筑给水排水及采暖工程质量验收规范》GB 50242－2002

【条文摘录】

9　室外给水管网安装

9.1　一般规定

9.1.1　本章适用于民用建筑群（住宅小区）及厂区的室外给水管网安装工程的质量检验与验收。

9.1.2　输送生活给水的管道应采用塑料管、复合管、镀锌钢管或给水铸铁管。塑料管、复合管或给水铸铁管的管材、配件，应是同一厂家的配套产品。

9.1.3　架空或在地沟内敷设的室外给水管道其安装要求按室内给水管道的安装要求执行。塑料管道不得露天架空铺设，必须露天架空铺设时应有保温和防晒等措施。

9.1.4　消防水泵接合器及室外消火栓的安装位置、型式必须符合设计要求。

9.2　给水管道安装

主 控 项 目

9.2.1　给水管道在埋地敷设时，应在当地的冰冻线以下，如必须在冰冻线以上铺设时，应做可靠的保温防潮措施。在无冰冻地区，埋地敷设时，管顶的覆土埋深不得小于500mm，穿越道路部位的埋深不得小于700mm。

检验方法：现场观察检查。

9.2.2　给水管道不得直接穿越污水井、化粪池、公共厕所等污染源。

检验方法：观察检查。

9.2.3　管道接口法兰、卡扣、卡箍等应安装在检查井或地沟内，不应埋在土壤中。

检验方法：观察检查。

9.2.4　给水系统各种井室内的管道安装，如设计无要求，井壁距法兰或承口的距离：管径小于或等于450mm时，不得小于250mm；管径大于450mm时，不得小于350mm。

检验方法：尺量检查。

9.2.5　管网必须进行水压试验，试验压力为工作压力的1.5倍，但不得小于0.6MPa。

检验方法：管材为钢管、铸铁管时，试验压力下10min内压力降不应大于0.05MPa，然后降至工作压力进行检查，压力应保持不变，不渗不漏；管材为塑料管时，试验压力下，稳压1h压力降不大于0.05MPa，然后降至工作压力进行检查，压力应保持不变，不渗不漏。

9.2.6　镀锌钢管、钢管的埋地防腐必须符合设计要求，如设计无规定时，可按表9.2.6的规定执行。卷材与管材间应粘贴牢固，无空鼓、滑移、接口不严等。

检验方法：观察和切开防腐层检查。

表9.2.6　管道防腐层种类

防腐层层次	正常防腐层	加强防腐层	特加强防腐层
（从金属表面起） 1	冷底子油	冷底子油	冷底子油
2	沥青涂层	沥青涂层	沥青涂层
3	外包保护层	加强包扎层	加强保护层
		（封闭层）	（封闭层）
4		沥青涂层	沥青涂层
5		外保护层	加强包扎层
6			（封闭层）
			沥青涂层
7			外包保护层
防腐层厚度不小于（mm）	3	6	9

9.2.7　给水管道在竣工后，必须对管道进行冲洗，饮用水管道还要在冲洗后进行消毒，满足饮用水卫生要求。

检验方法：观察冲洗水的浊度，查看有关部门提供的检验报告。

一　般　项　目

9.2.8　管道的坐标、标高、坡度应符合设计要求，管道安装的允许偏差应符合表9.2.8的规定。

表9.2.8　室外给水管道安装的允许偏差和检验方法

项次	项　　目			允许偏差（mm）	检验方法
1	坐标	铸铁管	埋地	100	拉线和尺量检查
			敷设在沟槽内	50	
		钢管、塑料管、复合管	埋地	100	
			敷设在沟槽内或架空	40	
2	标高	铸铁管	埋地	±50	拉线和尺量检查
			敷设在地沟内	±30	
		钢管、塑料管、复合管	埋地	±50	
			敷设在地沟内或架空	±30	
3	水平管纵横向弯曲	铸铁管	直段（25m以上）起点～终点	40	拉线和尺量检查
		钢管、塑料管、复合管	直段（25m以上）起点～终点	30	

9.2.9　管道和金属支架的涂漆应附着良好，无脱皮、起泡、流淌和漏涂等缺陷。

检验方法：现场观察检查。

9.2.10　管道连接应符合工艺要求，阀门、水表等安装位置应正确。塑料给水管道上的水表、阀门等设施其重量或启闭装置的扭矩不得作用于管道上，当管径≥50mm时必须设独立的支承装置。

检验方法：现场观察检查。

9.2.11　给水管道与污水管道在不同标高平行敷设，其垂直间距在500mm以内时，给水管管径小于或等于200mm的，管壁水平间距不得小于1.5m；管径大于200mm的，不得小于3m。

检验方法：观察和尺量检查。

9.2.12　铸铁管承插捻口连接的对口间隙应不小于3mm，最大间隙不得大于表9.2.12的规定。

表9.2.12　铸铁管承插捻口的对口最大间隙

管径（mm）	沿直线敷设（mm）	沿曲线敷设（mm）
75	4	5
100～250	5	7-13
300～500	6	14-22

检验方法：尺量检查。

9.2.13　铸铁管沿直线敷设，承插捻口连接的环型间隙应符合表9.2.13的规定；沿曲线敷设，每个接口允许有2°转角。

表9.2.13　铸铁管承插捻口的环型间隙

管径（mm）	标准环型间隙（mm）	允许偏差（mm）
75～200	10	＋3 －2
250～450	11	＋4 －2
500	12	＋4 －2

检验方法：尺量检查。

9.2.14　捻口用的油麻填料必须清洁，填塞后应捻实，其深度应占整个环型间隙深度的1/3。

检验方法：观察和尺量检查。

9.2.15　捻口用水泥强度应不低于32.5MPa，接口水泥应密实饱满，其接口水泥面凹入承口边缘的深度不得大于2mm。

检验方法：观察和尺量检查。

9.2.16　采用水泥捻口的给水铸铁管，在安装地点有侵蚀性的地下水时，应在接口处涂抹沥青防腐层。

检验方法：观察检查。

9.2.17　采用橡胶圈接口的埋地给水管道，在土壤或地下水对橡胶圈有腐蚀的地段，在回填土前应用沥青胶泥、沥青麻丝或沥青锯末等材料封闭橡胶圈接口。橡胶圈接口的管道，每个接口的最大偏转角不得超过表9.2.17的规定。

表9.2.17　橡胶圈接口最大允许偏转角

公称直径（mm）	100	125	150	200	250	300	350	400
允许偏转角度	5°	5°	5°	5°	4°	4°	4°	3°

检验方法：观察和尺量检查。

7.2.19　室外消火栓系统安装检验批质量验收记录

1. 表格

室外消火栓系统安装检验批质量验收记录

05060201 _____
05060302 _____

单位（子单位）工程名称		分部（子分部）工程名称		分项工程名称	
施工单位		项目负责人		检验批容量	
分包单位		分包单位项目负责人		检验批部位	
施工依据			验收依据	《建筑给水排水及采暖工程施工质量验收规范》GB 50242-2002	

验收项目			设计要求及规范规定	最小/实际抽样数量	检查记录	检查结果
主控项目	1	系统水压试验	第9.3.1条	/		
	2	管道冲洗	第9.3.2条	/		
	3	消防水泵接合器和室外消火栓位置标识	第9.3.3条	/		
一般项目	1	地下式消防水泵接合器、消火栓安装	第9.3.5条	/		
	2	阀门安装应方向正确，启闭灵活	第9.3.6条	/		
	3	室外消火栓和消防水泵接合器安装尺寸，栓口安装高度允许偏差	±20m	/		

施工单位检查结果	专业工长： 项目专业质量检查员： 　　　年　月　日
监理单位验收结论	专业监理工程师： 　　　年　月　日

2. 验收依据说明

【规范名称及编号】《建筑给水排水及采暖工程质量验收规范》GB 50242-2002

【条文摘录】

　　9.3　消防水泵接合器及室外消火栓安装

主 控 项 目

　　9.3.1　系统必须进行水压试验，试验压力为工作压力的1.5倍，但不得小于0.6MPa。

　　检验方法：试验压力下，10min内压力降不大于0.05MPa，然后降至工作压力进行检查，压力保持不变，不渗不漏。

　　9.3.2　消防管道在竣工前，必须对管道进行冲洗。

　　检验方法：观察冲洗出水的浊度。

　　9.3.3　消防水泵接合器和消火栓的位置标志应明显，栓口的位置应方便操作。消防水泵接合器和室外消火栓当采用墙壁式时，如设计未要求，进、出水栓口的中心安装高度距地面应为1.10m，其上方应设有防坠落物打击的措施。

　　检验方法：观察和尺量检查。

一 般 项 目

　　9.3.4　室外消火栓和消防水泵接合器的各项安装尺寸应符合设计要求，栓口安装高度允许偏差为±20mm。

　　检验方法：尺量检查。

　　9.3.5　地下式消防水泵接合器顶部进水口或地下式消火栓的顶部出水口与消防井盖底面的距离不得大于400mm，井内应有足够的操作空间，并设爬梯。寒冷地区井内应做防冻保护。

　　检验方法：观察和尺量检查。

　　9.3.6　消防水泵接合器的安全阀及止回阀安装位置和方向应正确，阀门启闭应灵活。

　　检验方法：现场观察和手扳检查

7.2.20　室外排水管网排水管道安装检验批质量验收记录

1. 表格

室外排水管网排水管道安装检验批质量验收记录

05070101 _____
05070301 _____

单位（子单位）工程名称			分部（子分部）工程名称		分项工程名称		
施工单位			项目负责人		检验批容量		
分包单位			分包单位项目负责人		检验批部位		
施工依据				验收依据	《建筑给水排水及采暖工程施工质量验收规范》GB 50242-2002		
验收项目			设计要求及规范规定	最小/实际抽样数量	检查记录		检查结果
主控项目	1	管道坡度符合设计要求、严禁无坡和倒坡	设计要求	/			
	2	灌水试验和通水试验	第10.2.2条	/			

续表

验收项目				设计要求及规范规定	最小/实际抽样数量	检查记录	检查结果
一般项目	1	排水铸铁管的水泥捻口		第10.2.4条	/		
	2	排水铸铁管，除锈、涂漆		第10.2.5条	/		
	3	承插接口安装方向		第10.2.6条	/		
	4	混凝土管或钢筋混凝土管抹带接口的要求		第10.2.7条	/		
	5	允许偏差	坐标 埋地	100mm	/		
			坐标 敷设在沟槽内	50mm	/		
			标高 埋地	±20mm	/		
			标高 敷设在沟槽内	±20mm	/		
			水平管道纵横向弯曲 每5m长	10mm	/		
			水平管道纵横向弯曲 全长（两井间）	30mm	/		

施工单位检查结果	专业工长： 项目专业质量检查员： 年 月 日
监理单位验收结论	专业监理工程师： 年 月 日

2. 验收依据说明

【规范名称及编号】《建筑给水排水及采暖工程质量验收规范》GB 50242－2002

【条文摘录】

10 室外排水管网安装

10.1 一般规定

10.1.1 本章适用于民用建筑群（住宅小区）及厂区的室外排水管网安装工程的质量检验与验收。

10.1.2 室外排水管道应采用混凝土管、钢筋混凝土管、排水铸铁管或塑料管。其规格及质量必须符合现行国家标准及设计要求。

10.1.3 排水管沟及井池的土方工程、沟底的处理、管道穿井壁处的处理、管沟及井池周围的回填要求等，均参照给水管沟及井室的规定执行。

10.1.4 各种排水井、池应按设计给定的标准图施工，各种排水井和化粪池均应用混凝土做底板（雨水井除外），厚度不小于100mm。

10.2 排水管道安装

主 控 项 目

10.2.1 排水管道的坡度必须符合设计要求，严禁无坡或倒坡。

检验方法：用水准仪、拉线和尺量检查。

10.2.2 管道埋设前必须做灌水试验和通水试验，排水应畅通，无堵塞，管接口无渗漏。

检验方法：按排水检查井分段试验，试验水头应以试验段上游管顶加1m，时间不少于30min，逐段观察。

一 般 项 目

10.2.3 管道的坐标和标高应符合设计要求，安装的允许偏差应符合表10.2.3的规定。

表 10.2.3 室外排水管道安装的允许偏差和检验方法

项次		项 目	允许偏差（mm）	检验方法
1	坐标	埋地	100	拉线尺量
		敷设在沟槽内	50	
2	标高	埋地	±20	用水平仪、拉线和尺量
		敷设在沟槽内	±20	
3	水平管道纵横向弯曲	每5m长	10	拉线尺量
		全长（两井间）	30	

10.2.4 排水铸铁管采用水泥捻口时，油麻填塞应密实，接口水泥应密实饱满，其接口面凹入承口边缘且深度不得大于2mm。

检验方法：观察和尺量检查。

10.2.5 排水铸铁管外壁在安装前应除锈，涂二遍石油沥青漆。

检验方法：观察检查。

10.2.6 承插接口的排水管道安装时，管道和管件的承口应与水流方向相反。

检验方法：观察检查。

10.2.7 混凝土管或钢筋混凝土管采用抹带接口时，应符合下列规定：

1. 抹带前应将管口的外壁凿毛，扫净，当管径小于或等于500mm时，抹带可一次完成；当管径大于500mm时，应分二次抹成，抹带不得有裂纹。

2. 钢丝网应在管道就位前放入下方，抹压砂浆时应将钢丝网抹压牢固，钢丝网不得外露。

3. 抹带厚度不得小于管壁的厚度，宽度宜为80～100mm。

检验方法：观察和尺量检查。

7.2.21 室外排水管网排水管沟与井池检验批质量验收记录

1. 表格

室外排水管网排水管沟与井池检验批质量验收记录

05070201 _____

05070302 _____

单位（子单位）工程名称			分部（子分部）工程名称		分项工程名称	
施工单位			项目负责人		检验批容量	
分包单位			分包单位项目负责人		检验批部位	
施工依据				验收依据	《建筑给水排水及采暖工程施工质量验收规范》GB 50242-2002	
验收项目			设计要求及规范规定	最小/实际抽样数量	检查记录	检查结果
主控项目	1	沟基的处理和井池的底板	设计要求	/		
	2	检查井、化粪池的底板及进、出口水管标高	设计要求	/		
一般项目	1	井池的规格，尺寸和位置砌筑、抹灰	设计要求	/		
	2	井盖标识、选用正确	设计要求	/		
施工单位检查结果		专业工长：项目专业质量检查员：年 月 日				
监理单位验收结论		专业监理工程师：年 月 日				

2. 验收依据说明

【规范名称及编号】《建筑给水排水及采暖工程质量验收规范》GB 50242－2002

【条文摘录】

10.3 排水管沟及井池

主 控 项 目

10.3.1 沟基的处理和井池的底板强度必须符合设计要求。

检验方法：现场观察和尺量检查，检查混凝土强度报告。

10.3.2 排水检查井、化粪池的底板及进、出水管的标高，必须符合设计，其允许偏差为±15mm。

检验方法：用水准仪及尺量检查。

一 般 项 目

10.3.3 井、池的规格、尺寸和位置应正确，砌筑和抹灰符合要求。

检验方法：观察及尺量检查。

10.3.4 井盖选用应正确，标志应明显，标高应符合设计要求。

检验方法：观察、尺量检查

7.2.22 室外供热管网管道及配件安装检验批质量验收记录

1. 表格

室外供热管网管道及配件安装检验批质量验收记录

05080101 _____
05080301 _____
05080401 _____

单位（子单位）工程名称			分部（子分部）工程名称			分项工程名称	
施工单位			项目负责人			检验批容量	
分包单位			分包单位项目负责人			检验批部位	
施工依据				验收依据		《建筑给水排水及采暖工程施工质量验收规范》GB 50242－2002	
		验收项目		设计要求及规范规定	最小/实际抽样数量	检查记录	检查结果
主控项目	1	平衡阀及调节阀安装位置及调试		设计要求	/		
	2	直埋无补偿供热管道预热伸长及三通加固		设计要求	/		
	3	补偿器位置和预拉伸。支架位置和构造		设计要求	/		
	4	检查井、入口管道布置方便操作维修		第11.2.4条	/		
	5	直埋管道及接口现场发泡保温处理		第11.2.5条	/		
	6	管道系统的水压试验		第11.3.1条，第11.3.4条	/		
	7	管道冲洗		第11.3.2条	/		
	8	通热试运行调试		第11.3.3条	/		

593

续表

		验收项目			设计要求及规范规定	最小/实际抽样数量	检查记录	检查结果
一般项目	1	管道的坡度			设计要求	/		
	2	除污器构造、安装位置			第11.2.7条	/		
	3	管道的焊接			第11.2.9条、第11.2.10条	/		
	4	管道安装对应位置尺寸			第11.2.11、11.2.12、11.2.13条	/		
	5	管道防腐应符合规范			第11.2.14条	/		
	6	安装允许偏差	坐标（mm）	敷设在沟槽内及架空	20	/		
				埋地	50	/		
			标高（mm）	敷设在沟槽内及架空	±10	/		
				埋地	±15	/		
			水平管道纵、横方向弯曲（mm）	每 m 管径≤100mm	1	/		
				每 m 管径>100mm	1.5	/		
				全长（25m以上）管径≤100mm	≯13	/		
				全长（25m以上）管径>100mm	≯25	/		
			椭圆率	管径≤100mm	8%	/		
				管径>100mm	5%	/		
			褶皱不平度（mm）	管径≤100mm	4	/		
				管径125～200mm	5	/		
				管径250～400mm	7	/		
	7	管道保温允许偏差	厚度		$+0.1\delta$，-0.05δ	/		
			表面平整度	卷材	5	/		
				涂抹	10	/		

施工单位检查结果	专业工长： 项目专业质量检查员： 　　　　　　　年　月　日
监理单位验收结论	专业监理工程师： 　　　　　　　年　月　日

　　2. 验收依据说明

【规范名称及编号】《建筑给水排水及采暖工程质量验收规范》GB 50242－2002

【条文摘录】

　　11　室外供热管网安装

　　11.1　一般规定

　　11.1.1　本章适用于厂区及民用建筑群（住宅小区）的饱和蒸汽压力不大于0.7MPa、热水温度不超过130℃的室外供热管网安装工程的质量检验与验收。

　　11.1.2　供热管网的管材应按设计要求。当设计未注明时，应符合下列规定：

　　1. 管径小于或等于40mm 时，应使用焊接钢管。

　　2. 管径为50～200mm 时，应使用焊接钢管或无缝钢管。

3. 管径大于 200mm 时，应使用螺旋焊接钢管。

11.1.3　室外供热管道连接均应采用焊接连接。

11.2　管道及配件安装

主 控 项 目

11.2.1　平衡阀及调节阀型号、规格及公称压力应符合设计要求。安装后应根据系统要求进行调试，并作出标志。

检验方法：对照设计图纸及产品合格证，并现场观察调试结果。

11.2.2　直埋无补偿供热管道预热伸长及三通加固应符合设计要求。回填前应注意检查预制保温层外壳及接口的完好性。回填应按设计要求进行。

检验方法：回填前现场验核和观察。

11.2.3　补偿器的位置必须符合设计要求，并应按设计要求或产品说明书进行预拉伸。管道固定支架的位置和构造必须符合设计要求。

检验方法：对照图纸，并查验预拉伸记录。

11.2.4　检查井室、用户入口处管道布置应便于操作及维修，支、吊、托架稳固，并满足设计要求。

检验方法：对照图纸，观察检查。

11.2.5　直埋管道的保温应符合设计要求，接口在现场发泡时，接头处厚度应与管道保温层厚度一致，接头处保护层必须与管道保护层成一体，符合防潮防水要求。

检验方法：对照图纸，观察检查。

一 般 项 目

11.2.6　管道水平敷设其坡度应符合设计要求。

检验方法：对照图纸，用水准仪（水平尺）、拉线和尺量检查。

11.2.7　除污器构造应符合设计要求，安装位置和方向应正确。管网冲洗后应清除内部污物。

检验方法：打开清扫口检查。

11.2.8　室外供热管道安装的允许偏差应符合表 11.2.8 的规定。

表 11.2.8　室外供热管道安装的允许偏差和检验方法

项次	项 目			允许偏差	检验方法
1	坐标（mm）		敷设在沟槽内及架空	20	用水准仪（水平尺）、直尺、拉线
			埋地	50	
2	标高（mm）		敷设在沟槽内及架空	±10	尺量检查
			埋地	±15	
3	水平管道纵、横方向弯曲（mm）	每1m	管径≤100mm	1	用水准仪（水平尺）、直尺、拉线和尺量检查
			管径>100mm	1.5	
		全长（25m 以上）	管径≤100mm	≯13	
			管径>100mm	≯25	
4	弯管	椭圆率 $(D_{max}-D_{min})/D_{max}$	管径≤100mm	8%	用外卡钳和尺量检查
			管径>100mm	5%	
		折皱不平度（mm）	管径≤100mm	4	
			管径 125～200mm	5	
			管径 250～400mm	7	

11.2.9　管道焊口的允许偏差应符合本规范表 5.3.8 的规定。

11.2.10　管道及管件焊接的焊缝表面质量应符合下列规定：

1. 焊缝外形尺寸应符合图纸和工艺文件的规定，焊缝高度不得低于母材表面，焊缝与母材应圆滑过渡；

2. 焊缝及热影响区表面应无裂纹、未熔合、未焊透、夹渣、弧坑和气孔等缺陷。

检验方法：观察检查。

11.2.11　供热管道的供水管或蒸汽管，如设计无规定时，应敷设在载热介质前进方向的右侧或上方。

检验方法：对照图纸，观察检查。

11.2.12　地沟内的管道安装位置，其净距（保温层外表面）应符合下列规定：

与沟壁 100～150mm；

与沟底 100～200mm；

与沟顶（不通行地沟）50～100mm；

（半通行和通行地沟）200～300mm。

检验方法：尺量检查。

11.2.13　架空敷设的供热管道安装高度，如设计无规定时，应符合下列规定（以保温层外表面计算）；

1. 人行地区，不小于 2.5m。

2. 通行车辆地区，不小于 4.5m。

3. 跨越铁路，距轨顶不小于 6m。

检验方法：尺量检查。

11.2.14　防锈漆的厚度应均匀，不得有脱皮、起泡、流淌和漏涂等缺陷。

检验方法：保温前观察检查。

11.2.15　管道保温层的厚度和平整度的允许偏差应符合本规范表 4.4.8 的规定。

7.2.23　室外供热管网系统水压试验及调试检验批质量验收记录

1. 表格

室外供热管网系统水压试验及调试检验批质量验收记录

05080201 _____

05080501 _____

单位（子单位）工程名称		分部（子分部）工程名称		分项工程名称	
施工单位		项目负责人		检验批容量	
分包单位		分包单位项目负责人		检验批部位	
施工依据			验收依据	《建筑给水排水及采暖工程施工质量验收规范》GB 50242－2002	
验收项目		设计要求及规范规定	最小/实际抽样数量	检查记录	检查结果
主控项目	1 系统水压试验	第11.3.1条	/		
	2 管道冲洗	第11.3.2条	/		
	3 系统试运行和调试	第11.3.3条	/		
	4 开启和关闭阀门	第11.3.4条	/		
施工单位检查结果				专业工长：项目专业质量检查员：　　　　年　月　日	
监理单位验收结论				专业监理工程师：　　　　年　月　日	

2. 验收依据说明

【规范名称及编号】《建筑给水排水及采暖工程质量验收规范》GB 50242－2002

【条文摘录】

11.3 系统水压试验及调试

主控项目

11.3.1 供热管道的水压试验压力应为工作压力的 1.5 倍，但不得小于 0.6MPa。

检验方法：在试验压力下 10min 内压力降不大于 0.05MPa，然后降至工作压力下检查，不渗不漏。

11.3.2 管道试压合格后，应进行冲洗。检验方法：现场观察，以水色不浑浊为合格。

11.3.3 管道冲洗完毕应通水、加热，进行试运行和调试。当不具备加热条件时，应延期进行。

检验方法：测量各建筑物热力入口处供回水温度及压力。

11.3.4 供热管道作水压试验时，试验管道上的阀门应开启，试验管道与非试验管道应隔断。

检验方法：开启和关闭阀门检查。

7.2.24 建筑中水系统检验批质量验收记录

1. 表格

建筑中水系统检验批质量验收记录

05100101 _____

单位（子单位）工程名称			分部（子分部）工程名称		分项工程名称	
施工单位			项目负责人		检验批容量	
分包单位			分包单位项目负责人		检验批部位	
施工依据				验收依据	《建筑给水排水及采暖工程质量验收规范》GB 50242－2002	

验收项目			设计要求及规范规定	最小/实际抽样数量	检查记录	检查结果
主控项目	1	中水水箱设置	第12.2.1条	/		
	2	中水管道上装设用水器	第12.2.2条	/		
	3	中水管道严禁与生活饮用水管道连接	第12.2.3条	/		
	4	管道暗装时的要求	第12.2.4条	/		
一般项目	1	中水管道及配件材质	第12.2.5条			
	2	中水管道与其他管道平行交叉铺设的净距	第12.2.6条	/		

施工单位检查结果	专业工长： 项目专业质量检查员： 年　月　日
监理单位验收结论	专业监理工程师： 年　月　日

2. 验收依据说明

【规范名称及编号】《建筑给水排水及采暖工程质量验收规范》GB 50242－2002

【条文摘录】

12.1 一般规定

12.1.1 中水系统中的原水管道管材及配件要求按本规范第 5 章执行。

12.1.2 中水系统给水管道及排水管道检验标准按本规范第 4、5 两章规定执行。

12.1.3 游泳池排水系统安装、检验标准等按本规范第 5 章相关规定执行。

12.1.4　游泳池水加热系统安装、检验标准等均按本规范第 6 章相关规定执行。

12.2　建筑中水系统管道及辅助设备安装

主 控 项 目

12.2.1　中水高位水箱应与生活高位水箱分设在不同的房间内，如条件不允许只能设在同一房间时，与生活高位水箱的净距离应大于 2m。

检验方法：观察和尺量检查。

12.2.2　中水给水管道不得装设取水水嘴。便器冲洗宜采用密闭型设备和器具。绿化、浇洒、汽车冲洗宜采用壁式或地下式的给水栓。

检验方法：观察检查。

12.2.3　中水供水管道严禁与生活饮用水给水管道连接，并应采取下列措施：

1. 中水管道外壁应涂浅绿色标志；

2. 中水池（箱）、阀门、水表及给水栓均应有"中水"标志。

检验方法：观察检查。

12.2.4　中水管道不宜暗装于墙体和楼板内。如必须暗装于墙槽内时，必须在管道上有明显且不会脱落的标志。

检验方法：观察检查。

一 般 规 定

12.2.5　中水给水管道管材及配件应采用耐腐蚀的给水管管材及附件。

检验方法：观察检查。

12.2.6　中水管道与生活饮用水管道、排水管道平行埋设时，其水平净距离不得小于 0.5m；交叉埋设时，中水管道应位于生活饮用水管道下面，排水管道的上面，其净距离不应小于 0.15m。

检验方法：观察和尺量检查。

7.2.25　游泳池及公共浴池水系统管道及配件系统安装检验批质量验收记录

1. 表格

游泳池及公共浴池水系统管道及配件系统安装检验批质量验收记录

05110101 _____

单位（子单位）工程名称			分部（子分部）工程名称		分项工程名称	
施工单位			项目负责人		检验批容量	
分包单位			分包单位项目负责人		检验批部位	
施工依据				验收依据	《建筑给水排水及采暖工程质量验收规范》GB 50242－2002	
验收项目			设计要求及规范规定	最小/实际抽样数量	检查记录	检查结果
主控项目	1	游泳池给水配件材质	第 12.3.1 条	/		
	2	游泳池毛发聚集器过滤网	第 12.3.2 条	/		
	3	游泳池池面应采取措施防止冲洗排水流入地内	第 12.3.3 条	/		
一般项目	1	游泳池加药、消毒设备及管材	第 12.3.4 条第 12.3.5 条	/		
施工单位检查结果					专业工长：项目专业质量检查员：　　年　月　日	
监理单位验收结论					专业监理工程师：　　　　　年　月　日	

2. 验收依据说明

【规范名称及编号】《建筑给水排水及采暖工程质量验收规范》GB 50242－2002

【条文摘录】

12.3 游泳池水系统安装

一、主 控 项 目

12.3.1 游泳池的给水口、回水口、泄水口应采用耐腐蚀的铜、不锈钢、塑料等材料制造。溢流槽、格栅应为耐腐蚀材料制造，并为组装型。安装时其外表面应与池壁或池底面相平。

检验方法：观察检查。

12.3.2 游泳池的毛发聚集器应采用铜或不锈钢等耐腐蚀材料制造，过滤筒（网）的孔径应不大于3mm，其面积应为连接管截面积的1.5～2倍。

检验方法：观察和尺量计算方法。

12.3.3 游泳池地面，应采取有效措施防止冲洗排水流入池内。

检验方法：观察检查。

一、般 规 定

12.3.4 游泳池循环水系统加药（混凝剂）的药品溶解池、溶液池及定量投加设备应采用耐腐蚀材料制作。输送溶液的管道应采用塑料管、胶管或铜管。

检验方法：观察检查。

12.3.5 游泳池的浸脚、浸腰消毒池的给水管、投药管、溢流管、循环管和泄空管应采用耐腐蚀材料制成。

检验方法：观察检查

7.2.26 锅炉安装检验批质量验收记录

1. 表格

锅炉安装检验批质量验收记录

05130101 _____

单位（子单位）工程名称			分部（子分部）工程名称		分项工程名称	
施工单位			项目负责人		检验批容量	
分包单位			分包单位项目负责人		检验批部位	
施工依据			验收依据	《建筑给水排水及采暖工程质量验收规范》GB 50242－2002		
验收项目			设计要求及规范规定	最小/实际抽样数量	检查记录	检查结果
主控项目	1	锅炉基础验收	设计要求	/		
	2	燃油、燃气及非承压锅炉安装	第13.2.2条 第13.2.3条 第13.2.4条	/		
	3	锅炉烘炉和试运行	第13.5.1条 第13.5.2条 第13.5.3条	/		
	4	排污管和排污阀安装	第13.2.5条	/		
	5	锅炉和省煤器的水压试验	第13.2.6条	/		
	6	机械炉排冷态试运行	第13.2.7条	/		
	7	本体管道焊接	第13.2.8条	/		

续表

		验收项目			设计要求及规范规定	最小/实际抽样数量	检查记录	检查结果
一般项目	1	锅炉煮炉			第13.5.4条	/		
	2	铸铁省煤器肋片破损数			第13.2.12条	/		
	3	锅炉本体安装的坡度			第13.2.13条	/		
	4	锅炉炉底风室			第13.2.14条	/		
	5	省煤器出入口管道及阀门			第13.2.15条	/		
	6	电动调节阀安装			第13.2.16条	/		
	7	锅炉安装允许偏差	坐标		10mm	/		
			标高		±5mm	/		
			中心线垂直度	立式锅炉炉体全高	4mm	/		
				卧式锅炉炉体全高	3mm	/		
	8	链条炉排安装允许偏差	炉排中心位置		2mm	/		
			前后中心线的相对标高差		5mm	/		
			前轴、后轴的水平度（每米）		1mm	/		
			墙壁板间两对角线长度之差		5mm	/		
	9	往复炉排安装允许偏差	炉排片间隙	纵向	1mm	/		
				两侧	2mm	/		
			两侧板对角线长度之差		5mm	/		
	10	省煤器支架安装允许偏差	支承架的水平方向位置		3mm	/		
			支承架的标高		0，—5mm	/		
			支承架纵横水平度（每米）		1mm	/		

施工单位检查结果	专业工长： 项目专业质量检查员： 年　月　日
监理单位验收结论	专业监理工程师： 年　月　日

2. 验收依据说明

【规范名称及编号】《建筑给水排水及采暖工程质量验收规范》GB 50242－2002

【条文摘录】

13.1　一般规定

13.1.1　本章适用于建筑供热和生活热水供应的额定工作压力不大于1.25MPa、热水温度不超过130℃的整装蒸汽和热水锅炉及辅助设备安装工程的质量检验与验收。

13.1.2　适用于本章的整装锅炉及辅助设备安装工程的质量检验与验收，除应按本规范规定执行外，尚应符合现行国家有关规范、规程和标准的规定。

13.1.3　管道、设备和容器的保温，应在防腐和水压试验合格后进行。

13.1.4　保温的设备和容器，应采用粘接保温钉固定保温层，其间距一般为200mm。当需采用焊接勾钉固定保温层时，其间距一般为250mm。

13.2　锅炉安装

主 控 项 目

13.2.1 锅炉设备基础的混凝土强度必须达到设计要求，基础的坐标、标高、几何尺寸和螺栓孔位置应符合表13.2.1的规定。

表13.2.1 锅炉及辅助设备基础的允许偏差和检验方法

项次	项 目		允许偏差（mm）	检验方法
1	基础坐标位置		20	经纬仪、拉线和尺量
2	基础各不同平面的标高		0，−20	水准仪、拉线尺量
3	基础平面外形尺寸		20	尺量检查
4	凸台上平面尺寸		0，−20	
5	凹穴尺寸		＋20，0	
6	基础上平面水平度	每米	5	水平仪（水平尺）和楔形塞尺检查
		全长	10	
7	竖向偏差	每米	5	经纬仪或吊线和尺量
		全长	10	
8	颈埋地脚螺栓	标高（顶端）	＋20，0	水准仪、拉线和尺量
		中心距（根部）	2	
9	预留地脚螺栓孔	中心位置	10	尺量
		深度	−20，0	
		孔壁垂直度	10	吊线和尺量
10	预埋活动地脚螺栓锚板	中心位置	5	拉线和尺量
		标高	＋20，0	
		水平度（带槽锚板）	5	水平尺和楔形塞尺检查
		水平度（带螺纹孔锚板）	2	

13.2.2 非承压锅炉，应严格按设计或产品说明书的要求施工。锅筒顶部必须敞口或装设大气连通管，连通管上不得安装阀门。

检验方法：对照设计图纸或产品说明书检查。

13.2.3 以天然气为燃料的锅炉的天然气释放管或大气排放管不得直接通向大气，应通向贮存或处理装置。

检验方法：对照设计图纸检查。

13.2.4 两台或两台以上燃油锅炉共用一个烟囱时，每一台锅炉的烟道上均应配备风阀或挡板装置，并应具有操作调节和闭锁功能。

检验方法：观察和手扳检查。

13.2.5 锅炉的锅筒和水冷壁的下集箱及后棚管的后集箱的最低处排污阀及排污管道不得采用螺纹连接。

检验方法：观察检查。

13.2.6 锅炉的汽、水系统安装完毕后，必须进行水压试验。水压试验的压力应符合表13.2.6的规定。

表13.2.6 水压试验压力规定

项次	设备名称	工作压力 P（MPa）	试验压力（MPa）
1	锅炉本体	$P<0.59$	1.5P 但不小于 0.2
		$0.59≤P≤1.18$	$P+0.3$
		$P>1.18$	1.25P
2	可分式省煤器	P	1.25$P+0.5$
3	非承压锅炉	大气压力	0.2

注：①工作压力 P 对蒸汽锅炉指锅筒工作压力，对热水锅炉指锅炉额定出水压力；

②铸铁锅炉水压试验同热水锅炉；

③非承压锅炉水压试验压力为 0.2MPa，试验期间压力应保持不变。

检验方法：

1　在试验压力下 **10min** 内压力降不超过 **0.02MPa**；然后降至工作压力进行检查，压力不降，不渗、不漏；

2　观察检查，不得有残余变形，受压元件金属壁和焊缝上不得有水珠和水雾。

13.2.7　机械炉排安装完毕后应做冷态运转试验，连续运转时间不应少于 8h。

检验方法：观察运转试验全过程。

13.2.8　锅炉本体管道及管件焊接的焊缝质量应符合下列规定：

1　焊缝表面质量应符合本规范第 11.2.10 条的规定。

2　管道焊口尺寸的允许偏差应符合本规范表 5.3.8 的规定。

3　无损探伤的检测结果应符合锅炉本体设计的相关要求。

检验方法：观察和检验无损探伤检测报告。

一　般　项　目

13.2.9　锅炉安装的坐标、标高、中心线和垂直度的允许偏差应符合表 13.2.9 的规定。

表 13.2.9　锅炉安装的允许偏差和检验方法

项次	项　　目		允许偏差（mm）	检验方法
1	坐标		10	经纬仪、拉线和尺量
2	标高		±5	水准仪、拉线和尺量
3	中心线垂直度	卧式锅炉炉体全高	3	吊线和尺量
		立式锅炉炉体全高	4	吊线和尺量

13.2.10　组装链条炉排安装的允许偏差应符合表 13.2.10 的规定。

表 13.2.10　组装链条炉排安装的允许偏差和检验方法

项次	项　　目		允许偏差（mm）	检验方法
1	炉排中心位置		2	经纬仪、拉线和尺量
2	墙板的标高		±5	水准仪、拉线和尺量
3	墙板的垂直度，全高		3	吊线和尺量
4	墙板间两对角线的长度之差		5	钢丝线和尺量
5	墙板框的纵向位置		5	经纬仪、拉线和尺量
6	墙板顶面的纵向水平度		长度 1/1000，且≯5	拉线、水平尺和尺量
7	墙板间的距离	跨距≤2m	+3，0	钢丝线和尺量
		跨距＞2m	+5，0	
8	两墙板的顶面在同一水平面上相对高差		5	水准仪、吊线和尺量
9	前轴、后轴的水平度		长度 1/1000	拉线、水平尺和尺量
10	前轴和后轴和轴心线相对标高差		5	水准仪、吊线和尺量
11	各轨道在同一水平面上的相对高差		5	水准仪、吊线和尺量
12	相邻两轨道间的距离		±2	钢丝线和尺量

13.2.11　往复炉排安装的允许偏差应符合表 13.2.11 的规定。

表 13.2.11　往复炉排安装的允许偏差和检验方法

项次	项　目		允许偏差（mm）	检验方法
1	两侧板的相对标高		3	水准仪、吊线和尺量
2	两侧板间距离	跨距≤2m	+3，0	钢丝线和尺量
		跨距＞2m	+4，0	
3	两侧板的垂直度，全高		3	吊线和尺量
4	两侧板间对角线的长度之差		5	钢丝线和尺量
5	炉排片的纵向间隙		1	钢板尺量
6	炉排两侧的间隙		2	

13.2.12　铸铁省煤器破损的肋片数不应大于总肋片数的5％，有破损肋片的根数不应大于总根数的10％。铸铁省煤器支承架安装的允许偏差应符合表13.2.12的规定。

表 13.2.12　铸铁省煤器支承架安装的允许偏差和检验方法

项　次	项　目	允许偏差（mm）	检验方法
1	支承架的位置	3	经纬仪、拉线和尺量
2	支承架的标高	0，−5	水准仪、吊线和尺量
3	支承架的纵、横向水平度（每米）	L	水平尺和塞尺检查

13.2.13　锅炉本体安装应按设计或产品说明书要求布置坡度并坡向排污阀。

检验方法：用水平尺或水准仪检查。

13.2.14　锅炉由炉底送风的风室及锅炉底座与基础之间必须封、堵严密。

检验方法：观察检查。

13.2.15　省煤器的出口处（或入口处）应按设计或锅炉图纸要求安装阀门和管道。

检验方法：对照设计图纸检查。

13.2.16　电动调节阀门的调节机构与电动执行机构的转臂应在同一平面内动作，传动部分应灵活、无空行程及卡阻现象，其行程及伺服时间应满足使用要求。

检验方法：操作时观察检查。

7.2.27　辅助设备及管道安装检验批质量验收记录

1. 表格

辅助设备及管道安装检验批质量验收记录

05130201 ＿＿＿＿＿＿　05130501 ＿＿＿＿＿＿

单位（子单位）工程名称				分部（子分部）工程名称			分项工程名称	
施工单位				项目负责人			检验批容量	
分包单位				分包单位项目负责人			检验批部位	
施工依据				验收依据		《建筑给水排水及采暖工程质量验收规范》GB 50242－2002		
验　收　项　目			设计要求及规范规定	最小/实际抽样数量	检查记录		检查结果	
主控项目	1	辅助设备基础验收	设计要求	/				
	2	风机试运转	第13.3.2条	/				
	3	分汽缸、分水器、集水器水压试验	第13.3.3条	/				
	4	敞口水箱、密闭水箱、满水或压力试验	第13.3.4条	/				
	5	地下直埋油罐气密性试验	第13.3.5条	/				

续表

验 收 项 目				设计要求及规范规定	最小/实际抽样数量	检查记录	检查结果
主控项目	6	工艺管道水压试验		第13.3.6条	/		
	7	各种设备的操作通道		第13.3.7条	/		
	8	仪表、阀门的安装		第13.3.8条	/		
	9	管道焊接		第13.3.9条			
一般项目	1	单斗式提升机安装		第13.3.12条	/		
	2	风机传动部位安全防护装置		第13.3.13条	/		
	3	手摇泵、注水器安装高度		第13.3.15条　第13.3.17条	/		
	4	水泵安装及试运转		第13.3.14条　第13.3.16条	/		
	5	除尘器安装		第13.3.18条	/		
	6	除氧器排汽管		第13.3.19条	/		
	7	软化水设备安装		第13.3.20条	/		
	8	管道及设备表面涂漆		第13.3.22条	/		
	9	安装允许偏差	送、引风机	坐标	10mm	/		
				标高	±5mm	/		
			各种静置设备	坐标	15mm	/		
				标高	±5mm	/		
				垂直度（每米）	2mm	/		
			离心式水泵	泵体水平度（每米）	0.1mm	/		
			联轴器同心度	轴向倾斜（每米）	0.8mm	/		
				径向位移	0.1mm	/		
	10	链条炉排安装	炉排中心位置		2mm	/		
			前后中心线的相对标高差		5mm	/		
			前轴、后轴的水平度（每米）		1mm	/		
			墙壁板间两对角线长度之差		5mm	/		
	11	往复炉排安装允许偏差	炉排片间隙	纵向	1mm	/		
				两侧	2mm	/		
			两侧板对角线长度之差		5mm	/		
	12	省煤器支架安装允许偏差	支承架的水平方向位置		3mm	/		
			支承架的标高		0，－5mm	/		
			支承架纵横水平度（每米）		1mm	/		

施工单位检查结果	专业工长： 项目专业质量检查员： 　　　　　　　　　年　月　日
监理单位验收结论	专业监理工程师： 　　　　　　　　　年　月　日

2. 验收依据说明

【规范名称及编号】《建筑给水排水及采暖工程质量验收规范》GB 50242-2002

【条文摘录】

13.3 辅助设备及管道安装

主 控 项 目

13.3.1 辅助设备基础的混凝土强度必须达到设计要求，基础的坐标、标高、几何尺寸和螺栓孔位置必须符合本规范表13.2.1的规定。

13.3.2 风机试运转，轴承温升应符合下列规定：

1. 滑动轴承温度最高不得超过60℃。

2. 滚动轴承温度最高不得超过80℃。

检验方法：用温度计检查。

轴承径向单振幅应符合下列规定：

1 风机转速小于1000r/min时，不应超过0.10mm；

2 风机转速为1000~1450r/min时，不应超过0.08mm。

检验方法：用测振仪表检查。

13.3.3 分汽缸（分水器、集水器）安装前应进行水压试验，试验压力为工作压力的1.5倍，但不得小于0.6MPa。

检验方法：试验压力下10min内无压降、无渗漏。

13.3.4 敞口箱、罐安装前应做满水试验；密闭箱、罐应以工作压力的1.5倍作水压试验，但不得小于0.4MPa。

检验方法：满水试验满水后静置24h不渗不漏；水压试验在试验压力下10min内无压降，不渗不漏。

13.3.5 地下直埋油罐在埋地前应做气密性试验，试验压力降不应小于0.03MPa。

检验方法：试验压力下观察30min不渗、不漏，无压降。

13.3.6 连接锅炉及辅助设备的工艺管道安装完毕后，必须进行系统的水压试验，试验压力为系统中最大工作压力的1.5倍。检验方法：在试验压力10min内压力降不超过0.05MPa，然后降至工作压力进行检查，不渗不漏。

13.3.7 各种设备的主要操作通道的净距如设计不明确时不应小于1.5m，辅助的操作通道净距不应小于0.8m。

检验方法：尺量检查。

13.3.8 管道连接的法兰、焊缝和连接管件以及管道上的仪表、阀门的安装位置应便于检修，并不得紧贴墙壁、楼板或管架。

检验方法：观察检查。

13.3.9 管道焊接质量应符合本规范第11.2.10条的要求和表5.3.8的规定。

一 般 项 目

13.3.10 锅炉辅助设备安装的允许偏差应符合表13.3.10的规定。

表13.3.10 锅炉辅助设备安装的允许偏差和检验方法

项次	项 目			允许偏差(mm)	检 验 方 法
1	送、引风机	坐标		10	经纬仪、拉线和尺量
		标高		±5	水准仪、拉线和尺量
2	各种静置设备（各种容器、箱、罐等）	坐标		15	经纬仪、拉线和尺量
		标高		±5	水准仪、拉线和尺量
		垂直度（1m）		2	吊线和尺量
3	离心式水泵	泵体水平度（1m）		0.1	水平尺和塞尺检查
		联轴器同心度	轴向倾斜（1m）	0.8	水准仪、百分表（测微螺钉）和塞尺检查
			径向位移	0.1	

605

13.3.11　连接锅炉及辅助设备的工艺管道安装的允许偏差应符合表13.3.11的规定。

表13.3.11　工艺管道安装的允许偏差和检验方法

项次	项目		允许偏差（mm）	检验方法
1	坐标	架空	15	水准仪、拉线和尺量
		地沟	10	
2	标高	架空	±15	水准仪、拉线和尺量
		地沟	±10	
3	水平管道纵、横方向弯曲	DN≤100mm	2‰，最大50	直尺和拉线检查
		DN>100mm	3‰，最大70	
4	立管垂直		2‰，最大15	吊线和尺量
5	成排管道间距		3	直尺尺量
6	交叉管的外壁或绝热层间距		10	

13.3.12　单斗式提升机安装应符合下列规定：

1　导轨的间距偏差不大于2mm。

2　垂直式导轨的垂直度偏差不大于1‰；倾斜式导轨的倾斜度偏差不大于2‰。

3　料斗的吊点与料斗垂心在同一垂线上，重合度偏差不大于10mm。

4　行程开关位置应准确，料斗运行平稳，翻转灵活。

检验方法：吊线坠、拉线及尺量检查。

13.3.13　安装锅炉送、引风机，转动应灵活无卡碰等现象；送、引风机的传动部位，应设置安全防护装置。

检验方法：观察和启动检查。

13.3.14　水泵安装的外观质量检查：泵壳不应有裂纹、砂眼及凹凸不平等缺陷；多级泵的平衡管路应无损伤或折陷现象；蒸汽往复泵的主要部件、活塞及活动轴必须灵活。

检验方法：观察和启动检查。

13.3.15　手摇泵应垂直安装。安装高度如设计无要求时，泵中心距地面为800mm。

检验方法：吊线和尺量检查。

13.3.16　水泵试运转，叶轮与泵壳不应相碰，进、出口部位的阀门应灵活。轴承温升应符合产品说明书的要求。

检验方法：通电、操作和测温检查。

13.3.17　注水器安装高度，如设计无要求时，中心距地面为1.0～1.2m。

检验方法：尺量检查。

13.3.18　除尘器安装应平稳牢固，位置和进、出口方向应正确。烟管与引风机连接时应采用软接头，不得将烟管重量压在风机上。

检验方法：观察检查。

13.3.19　热力除氧器和真空除氧器的排汽管应通向室外，直接排入大气。

检验方法：观察检查。

13.3.20　软化水设备罐体的视镜应布置在便于观察的方向。树脂装填的高度应按设备说明书要求进行。

检验方法：对照说明书，观察检查。

13.3.21　管道及设备保温层的厚度和平整度的允许偏差应符合本规范表4.4.8的规定。

13.3.22　在涂刷油漆前，必须清除管道及设备表面的灰尘、污垢、锈斑、焊渣等物。涂漆的厚度应均匀，不得有脱皮、起泡、流淌和漏涂等缺陷。

检验方法：现场观察检查。

7.2.28 安全附件安装检验批质量验收记录

1. 表格

安全附件安装检验批质量验收记录

05130301 _____

单位（子单位）工程名称			分部（子分部）工程名称		分项工程名称	
施工单位			项目负责人		检验批容量	
分包单位			分包单位项目负责人		检验批部位	
施工依据				验收依据	《建筑给水排水及采暖工程质量验收规范》GB 50242－2002	
验收项目			设计要求及规范规定	最小/实际抽样数量	检查记录	检查结果
主控项目	1	锅炉和省煤器安全阀定压	第13.4.1条	/		
	2	压力表刻度极限、表盘直径	第13.4.2条	/		
	3	水位表安装	第13.4.3条	/		
	4	锅炉的超温、超压及高低水位报警装置	第13.4.4条	/		
一般项目	1	压力表安装	第13.4.6条	/		
	2	测压仪表取源部件安装	第13.4.7条	/		
	3	温度计安装	第13.4.8条	/		
	4	压力表与温度计在管道上相对位置	第13.4.9条	/		
施工单位检查结果				专业工长：项目专业质量检查员：年 月 日		
监理单位验收结论				专业监理工程师：年 月 日		

2. 验收依据说明

【规范名称及编号】《建筑给水排水及采暖工程质量验收规范》GB 50242－2002

【条文摘录】

13.4 安全附件安装

主 控 项 目

13.4.1 锅炉和省煤器安全阀的定压和调整应符合表 13.4.1 的规定。锅炉上装有两个安全阀时，其中的一个按表中较高值定压，另一个按较低值定压。装有一个安全阀时，应按较低值定压。

表 13.4.1 安全阀定压规定

项次	工作设备	安全阀开启压力（MPa）
1	蒸汽锅炉	工作压力＋0.02MPa
		工作压力＋0.04MPa
2	热水锅炉	1.12 倍工作压力，但不少于工作压力＋0.07MPa
		1.14 倍工作压力，但不少于工作压力＋0.10MPa
3	省煤器	1.1 倍工作压力

检验方法：检查定压合格证书。

13.4.2　压力表的刻度极限值，应大于或等于工作压力的1.5倍，表盘直径不得小于100mm。

检验方法：现场观察和尺量检查。

13.4.3　安装水位表应符合下列规定：

1　水位表应有指示最高、最低安全水位的明显标志，玻璃板（管）的最低可见边缘应比最低安全水位低25mm；最高可见边缘应比最高安全水位高25mm。

2　玻璃管式水位表应有防护装置。

3　电接点式水位表的零点应与锅筒正常水位重合。

4　采用双色水位表时，每台锅炉只能装设一个，另一个装设普通水位表。

5　水位表应有放水旋塞（或阀门）和接到安全地点的放水管。

检验方法：现场观察和尺量检查。

13.4.4　锅炉的高低水位报警器和超温、超压报警器及联锁保护装置必须按设计要求安装齐全和有效。

检验方法：启动、联动试验并作好试验记录。

13.4.5　蒸汽锅炉安全阀应安装通向室外的排汽管。热水锅炉安全阀泄水管应接到安全地点。在排汽管和泄水管上不得装设阀门。

检验方法：观察检查。

一　般　项　目

13.4.6　安装压力表必须符合下列规定：

1　压力表必须安装在便于观察和吹洗的位置，并防止受高温、冰冻和振动的影响，同时要有足够的照明。

2　压力表必须设有存水弯管。存水弯管采用钢管煨制时，内径不应小于10mm；采用铜管煨制时，内径不应小于6mm。

3　压力表与存水弯管之间应安装三通旋塞。

检验方法：观察和尺量检查。

13.4.7　测压仪表取源部件在水平工艺管道上安装时，取压口的方位应符合下列规定：

1　测量液体压力的，在工艺管道的下半部与管道的水平中心线成0°～45°夹角范围内。

2　测量蒸汽压力的，在工艺管道的上半部或下半部与管道水平中心线成0°～45°夹角范围内。

3　测量气体压力的，在工艺管道的上半部。

检验方法：观察和尺量检查。

13.4.8　安装温度计应符合下列规定：

1　安装在管道和设备上的套管温度计，底部应插入流动介质内，不得装在引出的管段上或死角处。

2　压力式温度计的毛细管应固定好并有保护措施，其转弯处的弯曲半径不应小于50mm，温包必须全部浸入介质内；

3　热电偶温度计的保护套管应保证规定的插入深度。

检验方法：观察和尺量检查。

13.4.9　温度计与压力表在同一管道上安装时，按介质流动方向温度计应在压力表下游处安装，如温度计需在压力表的上游安装时，其间距不应小于300mm。

检验方法：观察和尺量检查。

7.2.29 换热站安装检验批质量验收记录

1. 表格

换热站安装检验批质量验收记录

05130401 _____

单位（子单位）工程名称				分部（子分部）工程名称			分项工程名称		
施工单位				项目负责人			检验批容量		
分包单位				分包单位项目负责人			检验批部位		
施工依据					验收依据		《建筑给水排水及采暖工程质量验收规范》GB 50242－2002		
验收项目				设计要求及规范规定	最小/实际抽样数量		检查记录		检查结果
主控项目	1	热交换器水压试验		第13.6.1条	/				
	2	高温水循环泵与换热器相对位置		第13.6.2条	/				
	3	壳管式热交换器距离墙及屋顶距离		第13.6.3条	/				
一般项目	1	设备、阀门及仪表安装		第13.6.5条	/				
	2	静置设备允许偏差	坐标	15mm	/				
			标高	±5mm	/				
			垂直度（lm）	2mm	/				
		离心式水泵允许偏差	泵体水平度（lm）	0.1mm	/				
			联轴器同心度 轴向倾斜（lm）	0.8mm	/				
			联轴器同心度 径向位移	0.1mm	/				
	3	管道允许偏差	坐标 架空	15mm	/				
			坐标 地沟	10mm	/				
			标高 架空	±15mm	/				
			标高 地沟	±10mm	/				
			水平管道纵、横方向弯曲 DN≤100mm	2‰，最大50mm	/				
			水平管道纵、横方向弯曲 DN＞100mm	3‰，最大70mm	/				
			立管垂直	2‰，最大15mm	/				
			成排管道间距	3mm	/				
			交叉管的外壁或绝热层间距	10mm	/				
施工单位检查结果							专业工长： 项目专业质量检查员： 年　月　日		
监理单位验收结论							专业监理工程师： 年　月　日		

2. 验收依据说明

【规范名称及编号】《建筑给水排水及采暖工程质量验收规范》GB 50242－2002

【条文摘录】

13.6　换热站安装

主　控　项　目

13.6.1　热交换器应以最大工作压力的 1.5 倍作水压试验，蒸汽部分应不低于蒸汽供汽压力加 0.3MPa；热水部分应不低于 0.4MPa。

检验方法：在试验压力下，保持 10min 压力不降。

13.6.2　高温水系统中，循环水泵和换热器的相对安装位置应按设计文件施工。

检验方法：对照设计图纸检查。

13.6.3　壳管式热交换器的安装，如设计无要求时，其封头与墙壁或屋顶的距离不得小于换热管的长度。

检验方法：观察和尺量检查。

一　般　项　目

13.6.4　换热站内设备安装的允许偏差应符合本规范表13.3.10的规定。

13.6.5　换热站内的循环泵、调节阀、减压器、疏水器、除污器、流量计等安装应符合本规范的相关规定。

13.6.6　换热站内管道安装的允许偏差应符合本规范表13.3.11的规定。

13.6.7　管道及设备保温层的厚度和平整度的允许偏差应符合本规范表4.4.8的规定。

7.2.30　热源及辅助设备绝热检验批质量验收记录

1. 表格

热源及辅助设备绝热检验批质量验收记录

GB 50242－2002

05130601 _____

单位（子单位）工程名称				分部（子分部）工程名称			分项工程名称	
施工单位				项目负责人			检验批容量	
分包单位				分包单位项目负责人			检验批部位	
施工依据					验收依据		《建筑给水排水及采暖工程质量验收规范》GB 50242－2002	
验收项目				设计要求及规范规定		最小/实际抽样数量	检查记录	检查结果
一般项目	1	保温层允许偏差	厚度δ	$+0.1\delta$ -0.05δ		/		
			表面平整度	卷材	5mm	/		
				涂料	10mm	/		
施工单位检查结果							专业工长： 项目专业质量检查员： 　　　年　月　日	
监理单位验收结论							专业监理工程师： 　　　年　月　日	

2. 验收依据说明

【规范名称及编号】《建筑给水排水及采暖工程质量验收规范》GB 50242－2002

【条文摘录】

4.4.8 管道及设备保温层的厚度和平整度的允许偏差应符合表4.4.8的规定。

表4.4.8 管道及设备保温的允许偏差和检验方法

项　次	项　目		允许偏差（mm）	检验方法
1	厚　度		$+0.1\delta$ -0.05δ	用钢针刺入
2	表　面 平整度	卷　材	5	用2m靠尺和楔形塞尺检查
		涂　抹	10	

注：δ为保温层厚度。

7.2.31　热源及辅助设备试验与调试检验批质量验收记录

1. 表格

热源及辅助设备试验与调试检验批质量验收记录

05130701 ＿＿＿＿＿

单位（子单位）工程名称			分部（子分部）工程名称		分项工程名称	
施工单位			项目负责人		检验批容量	
分包单位			分包单位项目负责人		检验批部位	
施工依据				验收依据	《建筑给水排水及采暖工程质量验收规范》 GB 50242－2002	
验收项目			设计要求及 规范规定	最小/实际 抽样数量	检查记录	检查 结果
主控 项目	1	锅炉火焰烘炉	第13.5.1条	/		
	2	烘烤后炉墙	第13.5.2条	/		
	3	带负荷试运行和定压检验	第13.5.3条	/		
一般 项目	1	煮炉	第13.5.4条	/		
施工单位 检查结果					专业工长： 项目专业质量检查员： 年　　月　　日	
监理单位 验收结论					专业监理工程师： 年　　月　　日	

2. 验收依据说明

【规范名称及编号】《建筑给水排水及采暖工程质量验收规范》GB 50242－2002

【条文摘录】

13.5　烘炉、煮炉和试运行

主 控 项 目

13.5.1　锅炉火焰烘炉应符合下列规定：

1　火焰应在炉膛中央燃烧，不应直接烧烤炉墙及炉拱。

2　烘炉时间一般不少于4d，升温应缓慢，后期烟温不应高于160℃，且持续时间不应少于24h。

3　链条炉排在烘炉过程中应定期转动。

4　烘炉的中、后期应根据锅炉水水质情况排污。

检验方法：计时测温、操作观察检查。

13.5.2　烘炉结束后应符合下列规定：

1　炉墙经烘烤后没有变形、裂纹及塌落现象。

2　炉墙砌筑砂浆含水率达到7%以下。

检验方法：测试及观察检查。

13.5.3　锅炉在烘炉、煮炉合格后，应进行48h的带负荷连续试运行，同时应进行安全阀的热状态定压检验和调整。

检验方法：检查烘炉、煮炉及试运行全过程。

一 般 项 目

13.5.4　煮炉时间一般应为2～3d，如蒸汽压力较低，可适当延长煮炉时间。非砌筑或浇注保温材料保温的锅炉，安装后可直接进行煮炉。煮炉结束后，锅筒和集箱内壁应无油垢，擦去附着物后金属表面应无锈斑。

检验方法：打开锅筒和集箱检查孔检查。

第8章　通风与空调分部工程检验批表格和验收依据说明

8.1　子分部、分项明细及与检验批、规范章节对应表

8.1.1　子分部、分项名称及编号

通风与空调分部包含子分部、分项如下表所示。

通风与空调分部、子分部、分项划分表

分部工程	子分部工程	分项工程
通风与空调(06)	送风系统(01)	风管与配件制作(01)，部件制作(02)，风管系统安装(03)，风机与空气处理设备安装(04)，风管与设备防腐(05)，旋流风口、岗位送风口、织物(布)风管安装(06)，系统调试(07)
	排风系统(02)	风管与配件制作(01)，部件制作(02)，风管系统安装(03)，风机与空气处理设备安装(04)，风管与设备防腐(05)，吸风罩及其他空气处理设备安装(06)，厨房、卫生间排风系统安装(07)，系统调试(08)
	防排烟系统(03)	风管与配件制作(01)，部件制作(02)，风管系统安装(03)，风机与空气处理设备安装(04)，风管与设备防腐(05)，排烟风阀(口)、常闭正压风口、防火风管安装(06)，系统调试(07)
	除尘系统(04)	风管与配件制作(01)，部件制作(02)，风管系统安装(03)，风机与空气处理设备安装(04)，风管与设备防腐(05)，除尘器与排污设备安装(06)，吸尘罩安装(07)，高温风管绝热(08)，系统调试(09)
	舒适性空调系统(05)	风管与配件制作(01)，部件制作(02)，风管系统安装(03)，风机与空气处理设备安装(04)，风管与设备防腐(05)，组合式空调机组安装(06)，消声器、静电除尘器、换热器、紫外线灭菌器等设备安装(07)，风机盘管、变风量与定风量送风装置、射流喷口等末端设备安装(08)，风管与设备绝热(09)，系统调试(10)
	恒温恒湿空调系统(06)	风管与配件制作(01)，部件制作(02)，风管系统安装(03)，风机与空气处理设备安装(04)，风管与设备防腐(05)，组合式空调机组安装(06)，电加热器、加湿器等设备安装(07)，精密空调机组安装(08)，风管与设备绝热(09)，系统调试(10)
	净化空调系统(07)	风管与配件制作(01)，部件制作(02)，风管系统安装(03)，风机与空气处理设备安装(04)，风管与设备防腐(05)，净化空调机组安装(06)，消声器、静电除尘器、换热器、紫外线灭菌器等设备安装(07)，中、高效过滤器及风机过滤器单元等末端设备清洗与安装(08)，洁净度测试(09)，风管与设备绝热(10)，系统调试(11)
	地下人防通风系统(08)	风管与配件制作(01)，部件制作(02)，风管系统安装(03)，风机与空气处理设备安装(04)，风管与设备防腐(05)，风机与空气处理设备安装(06)，过滤吸收器、防爆波活门、防爆超压排气活门等专用设备安装(07)，系统调试(08)
	真空吸尘系统(09)	风管与配件制作(01)，部件制作(02)，风管系统安装(03)，风机与空气处理设备安装(04)，风管与设备防腐(05)，管道安装(06)，快速接口安装(07)，风机与滤尘设备安装(08)，系统压力试验及调试(09)

续表

分部工程	子分部工程	分项工程
通风与空调 (06)	冷凝水系统(10)	管道系统及部件安装(01)，水泵及附属设备安装(02)，管道冲洗(03)，管道、设备防腐(04)，板式热交换器(05)，辐射板及辐射供热、供冷地埋管(06)，热泵机组设备安装(07)，管道、设备绝热(08)，系统压力试验及调试(09)
	空调（冷、热）水系统(11)	管道系统及部件安装(01)，水泵及附属设备安装(02)，管道冲洗(03)，管道、设备防腐(04)，冷却塔与水处理设备安装(05)，防冻伴热设备安装(06)，管道、设备绝热(07)，系统压力试验及调试(08)
	冷却水系统(12)	管道系统及部件安装(01)，水泵及附属设备安装(02)，管道冲洗(03)，管道、设备防腐(04)，系统灌水渗漏及排放试验(05)，管道、设备绝热(06)
	土壤源热泵换热系统(13)	管道系统及部件安装(01)，水泵及附属设备安装(02)，管道冲洗(03)，管道、设备防腐(04)，埋地换热系统与管网安装(05)，管道、设备绝热(06)，系统压力试验及调试(07)
	水源热泵换热系统(14)	管道系统及部件安装(01)，水泵及附属设备安装(02)，管道冲洗(03)，管道、设备绝热(04)，地表水源换热管及管网安装(05)，除垢设备安装(06)，管道、设备绝热(07)，系统压力试验及调试(08)
	蓄能系统(15)	管道系统及部件安装(01)，水泵及附属设备安装(02)，管道冲洗(03)，管道、设备防腐(04)，蓄水罐与蓄冰槽、罐安装(05)，管道、设备绝热(06)，系统压力试验及调试(07)
	压缩式制冷（热）设备系统(16)	制冷机组及附属设备安装(01)，管道、设备防腐(02)，制冷剂管道及部件安装(03)，制冷剂灌注(04)，管道、设备绝热(05)，系统压力试验及调试(06)
	吸收式制冷机系统(17)	制冷机组及附属设备安装(01)，管道、设备防腐(02)，系统真空试验(03)，溴化锂溶液加灌(04)，蒸汽管道系统安装(05)，燃气或燃油设备安装(06)，管道、设备绝热(07)，试验及调试(08)
	多联机（热泵）空调系统(18)	室外机组安装(01)，室内机组安装(02)，制冷剂管路连接及控制开关安装(03)，风管安装(04)，冷凝水管道安装(05)，制冷剂灌注(06)，系统压力试验及调试(07)
	太阳能供暖空调系统(19)	太阳能集热器安装(01)，其他辅助能源、换热设备安装(02)，蓄能水箱、管道及配件安装(03)，防腐(04)，绝热(05)，低温热水地板辐射采暖系统安装(06)，系统压力试验及调试(07)
	设备监控系统(20)	温度、压力与流量传感器安装(01)，执行机构安装调试(02)，防排烟系统功能测试(03)，自动控制及系统智能控制软件调试(04)

8.1.2 检验批、分项、子分部与规范、章节对应表

1 通风与空调分部验收依据《通风与空调工程施工质量验收规范》GB 50243-2002。

2 通风与空调分部包含检验批与分项、子分部、规范章节对应如下表所示。地下人防通风系统、真空吸尘系统、土壤源热泵换热系统、水源热泵换热系统、蓄能系统、多联机（热泵）空调系统、太阳能供暖空调系统、设备监控系统为新《统一标准》增加的子分部，暂无检验批表格。

检验批与分项、子分部、规范章节对应表

序号	检验批名称	检验批编号	分项	子分部	标准章节	页码
1	风管与配件制作检验批质量验收记录（Ⅰ）（金属风管）	06010101	风管与配件制作	送风系统	4. 风管制作	621
		06020101		排风系统		
		06030101		防排烟系统		
		06040101		除尘系统		
		06050101		舒适性空调系统		
		06060101		恒温恒湿空调系统		
		06070101		净化空调系统		
2	风管与配件制作检验批质量验收记录（Ⅱ）（非金属、复合材料风管）	06010102	风管与配件制作	送风系统	4. 风管制作	628
		06020102		排风系统		
		06030102		防排烟系统		
		06040102		除尘系统		
		06050102		舒适性空调系统		
		06060102		恒温恒湿空调系统		
		06070102		净化空调系统		
3	部件制作检验批质量验收记录	06010201	部件制作	送风系统	5. 风管部件与消声器制作	629
		06020201		排风系统		
		06030201		防排烟系统		
		06040201		除尘系统		
		06050201		舒适性空调系统		
		06060201		恒温恒湿空调系统		
		06070201		净化空调系统		
4	风管系统安装检验批质量验收记录（Ⅰ）（送、排风，防排烟，除尘系统）	06010301	风管系统安装	送风系统	6. 风管系统安装	633
		06020301		排风系统		
		06030301		防排烟系统		
		06040301		除尘系统		
5	风管系统安装检验批质量验收记录（Ⅱ）（空调系统）	06050301	风管系统安装	舒适性空调系统	6. 风管系统安装	637
		06060301		恒温恒湿空调系统		
6	风管系统安装检验批质量验收记录（Ⅲ）（净化空调系统）	06070301	风管系统安装	净化空调系统	6. 风管系统安装	638
7	风机安装工程检验批质量验收记录	06010401	风机与空气处理设备安装	送风系统	7. 通风与空调设备安装	639
		06020401		排风系统		
		06030401		防排烟系统		
		06040401		除尘系统		
		06050401		舒适性空调系统		

续表

序号	检验批名称	检验批编号	分项	子分部	标准章节	页码
7	风机安装工程检验批质量验收记录	06060401	风机与空气处理设备安装	恒温恒湿空调系统	7. 通风与空调设备安装	639
		06070401		净化空调系统		
8	空气处理设备安装检验批质量验收记录（Ⅰ）（通风系统）	06010402	风机与空气处理设备安装	送风系统	7. 通风与空调设备安装	645
		06020402		排风系统		
		06030402		防排烟系统		
		06040402		除尘系统		
9	空气处理设备安装检验批质量验收记录（Ⅱ）（空调系统）	06050402	风机与空气处理设备安装	舒适性空调系统	7. 通风与空调设备安装	646
		06050601	组合式空调机组安装			
		06050701	消声器、静电除尘器、换热器、紫外线灭菌器等设备安装			
		06050801	风机盘管、变风量与定风量送风装置、射流喷口等末端设备安装			
		06060402	风机与空气处理设备安装	恒温恒湿空调系统		
		06060601	组合式空调机组安装			
		06060701	电加热器、加湿器等设备安装			
10	空气处理设备安装检验批质量验收记录（Ⅲ）（净化空调系统）	06070402	空气处理设备安装	净化空调系统	7. 通风与空调设备安装	647
		06070601	净化空调机组安装			
		06070701	消声器，静电除尘器、换热器、紫外线灭菌器等设备安装			
		06070801	中、高效过滤器及风机过滤单元等末端设备清洗与安装			
11	风管与设备防腐检验批质量验收记录	06010501	风管与设备防腐	送风系统	10. 防腐与绝热	648
		06020501		排风系统		
		06030501		防排烟系统		
		06040501		除尘系统		
		06050501		舒适性空调系统		
		06060501		恒温恒湿空调系统		
		06070501		净化空调系统		

续表

序号	检验批名称	检验批编号	分项	子分部	标准章节	页码
12	通风与空调工程系统调试检验批质量验收记录	06010701	系统调试	送风系统	11. 系统调试	651
		06020801		排风系统		
		06030701		防排烟系统		
		06040901		除尘系统		
		06051001		舒适性空调系统		
		06061001		恒温恒湿空调系统		
		06071101		净化空调系统		
		06100904		冷凝水系统		
		06110804		空调（冷、热）水系统		
		06160602		压缩式制冷(热)设备系统		
		06170802		吸收式制冷机系统		
13	旋流风口、岗位送风口、织物（布）风管安装检验批质量验收记录	06010601	旋流风口、岗位送风口、织物（布）风管安装	送风系统	新《统一标准》增加的分项，暂无检验批表格	/
14	吸风罩及其他空气处理设备安装检验批质量验收记录	06020601	吸风罩及其他空气处理设备安装	排风系统	新《统一标准》增加的分项，暂无检验批表格	/
15	厨房、卫生间排风系统安装检验批质量验收记录	06020701	厨房卫生间排风系统安装		新《统一标准》增加的分项，暂无检验批表格	/
16	排烟风阀（口）、常闭正压风口、防火风管安装检验批质量验收记录	06030601	排烟风阀（口）、常闭正压风口、防火风管安装	防排烟系统	新《统一标准》增加的分项，暂无检验批表格	/
17	除尘器与排污设备安装检验批质量验收记录	06040601	除尘器与排污设备安装	除尘系统	新《统一标准》增加的分项，暂无检验批表格	/
18	吸尘罩安装检验批质量验收记录	06040701	吸尘罩安装		新《统一标准》增加的分项，暂无检验批表格	/
19	高温风管绝热检验批质量验收记录	06040801	高温风管绝热		新《统一标准》增加的分项，暂无检验批表格	/
20	精密空调机组安装检验批质量验收记录	06060801	精密空调机组安装	恒温恒湿空调系统	新《统一标准》增加的分项，暂无检验批表格	/
21	洁净度测试检验批质量验收记录	06070901	洁净度测试	净化空调系统	新《统一标准》增加的分项，暂无检验批表格	/

续表

序号	检验批名称	检验批编号	分项	子分部	标准章节	页码
22	风管与设备绝热检验批质量验收记录	06050901	风管与设备绝热	舒适性空调系统	10. 防腐与绝热	654
		06060901		恒温恒湿空调系统		
		06071001		净化空调系统		
23	空调水系统安装检验批质量验收记录（Ⅰ）（金属管道）	06100101	管道系统及部件安装	冷凝水系统	9. 空调水系统管道与设备安装	655
		06100201	水泵及附属设备安装			
		06100301	管道冲洗			
		06100901	系统压力试验及调试			
		06110101	管道系统及部件安装	空调（冷、热）水系统		
		06110201	水泵及附属设备安装			
		06110301	管道冲洗			
		06110801	系统压力试验及调试			
		06120101	管道系统及部件安装	冷却水系统		
		06120201	水泵及附属设备安装			
		06120301	管道冲洗			
24	空调水系统安装检验批质量验收记录（Ⅱ）（非金属管道）	06100102	管道系统及部件安装	冷凝水系统	9. 空调水系统管道与设备安装	661
		06100202	水泵及附属设备安装			
		06100302	管道冲洗			
		06100902	系统压力试验及调试			
		06110102	管道系统及部件安装	空调（冷、热）水系统		
		06110202	水泵及附属设备安装			
		06110302	管道冲洗			
		06110802	系统压力试验及调试			
		06120102	管道系统及部件安装	冷却水系统		
		06120202	水泵及附属设备安装			
		06120302	管道冲洗			

续表

序号	检验批名称	检验批编号	分项	子分部	标准章节	页码
25	空调水系统安装检验批质量验收记录（Ⅲ）（设备）	06100103	管道系统及部件安装	冷凝水系统	9. 空调水系统管道与设备安装	662
		06100203	水泵及附属设备安装			
		06100303	管道冲洗			
		06100903	系统压力试验及调试			
		06110103	管道系统及部件安装	空调（冷、热）水系统		
		06110203	水泵及附属设备安装			
		06110303	管道冲洗			
		06110803	系统压力试验及调试			
		06120103	管道系统及部件安装	冷却水系统		
		06120203	水泵及附属设备安装			
		06120303	管道冲洗			
26	管道、设备防腐与绝热检验批质量验收记录	06100401	管道、设备防腐 管道、设备绝热	冷凝水系统	10. 防腐与绝热	663
		06100801				
		06110401		空调（冷、热）水系统		
		06110701				
		06120401		冷却水系统		
		06120601				
		06160201		压缩式制冷（热）设备系统		
		06160701				
		06170201		吸收式制冷机系统		
		06170701				
27	板式热交换器检验批质量验收记录	06100501	板式热交换器	冷凝水系统	新《统一标准》增加的分项，暂无检验批表格	/
28	辐射板及辐射供热供冷地埋管检验批质量验收记录	06100601	辐射板及辐射供热供冷地埋管		新《统一标准》增加的分项，暂无检验批表格	/
29	热泵机组设备安装检验批质量验收记录	06100701	热泵机组设备安装		新《统一标准》增加的分项，暂无检验批表格	/

续表

序号	检验批名称	检验批编号	分项	子分部	标准章节	页码
30	冷却塔与水处理设备安装检验批质量验收记录	06110501	冷却塔与水处理设备安装	空调（冷、热）水系统	新《统一标准》增加的分项，暂无检验批表格	/
31	防冻伴热设备安装检验批质量验收记录	06110601	防冻伴热设备安装		新《统一标准》增加的分项，暂无检验批表格	/
32	系统灌水渗漏及排放试验检验批质量验收记录	06120501	系统灌水渗漏及排放试验	冷却水系统	新《统一标准》增加的分项，暂无检验批表格	/
33	空调制冷系统安装检验批质量验收记录	06160101	制冷机组及附属设备安装	压缩式制冷（热）设备系统	8. 空调制冷系统安装	664
		06160301	制冷剂管道及部件安装			
		06160401	制冷剂灌注			
		06160601	系统压力试验及调试			
		06170101	制冷机组及附属设备安装	吸收式制冷机系统		
		06170301	系统真空试验			
		06170401	溴化锂溶液加灌			
		06170501	蒸汽管道系统安装			
		06170601	燃气或燃油设备安装			
		06170801	试验及调试			

8.2 检验批表格和验收依据说明

8.2.1 风管与配件制作检验批质量验收记录（Ⅰ）（金属风管）

1. 表格

风管与配件制作检验批质量验收记录
（Ⅰ）（金属风管）

06010101 _____
06020101 _____
06030101 _____
06040101 _____
06050201 _____
06060101 _____
06070101 _____

单位（子单位）工程名称			分部（子分部）工程名称		分项工程名称	
施工单位			项目负责人		检验批容量	
分包单位			分包单位项目负责人		检验批部位	
施工依据				验收依据	《通风与空调工程质量验收规范》 GB 50243－2002	

验收项目			设计要求及规范规定	最小/实际抽样数量	检查记录	检查结果
主控项目	1	材质种类、性能及厚度	第4.2.1条	/		
	2	防火风管材料及密封垫材料	第4.2.3条	/		
	3	风管强度及严密性、工艺性检测	第4.2.5条	/		
	4	风管的连接	第4.2.6条	/		
	5	风管的加固	第4.2.10条	/		
	6	矩形弯管制作及导流片	第4.2.12条	/		
	7	净化空调风管	第4.2.13条	/		
一般项目	1	圆形弯管制作	第4.3.1－1条	/		
	2	风管外观质量和外形尺寸	第4.3.1－2.3条	/		
	3	焊接风管	第4.3.1－4条	/		
	4	法兰风管制作	第4.3.2条	/		
	5	铝板或不锈钢板风管	第4.3.2－4条	/		
	6	无法兰圆形风管制作	第4.3.3条	/		
	7	无法兰矩形风管制作	第4.3.3条	/		
	8	风管的加固	第4.3.4条	/		
	9	净化空调风管	第4.3.11条	/		
施工单位检查结果				专业工长： 项目专业质量检查员： 年 月 日		
监理单位验收结论				专业监理工程师： 年 月 日		

2. 验收依据说明

【规范名称及编号】《通风与空调工程质量验收规范》GB 50243－2002

【条文摘录】

4. 风管制作

4.1　一　般　规　定

4.1.1　本章适用于建筑工程通风与空调工程中，使用的金属、非金属风管与复合材料风管或风道的加工、制作质量的检验与验收。

4.1.2　对风管制作质量的验收，应按其材料、系统类别和使用场所的不同分别进行，主要包括风管的材质、规格、强度、严密性与成品外观质量等项内容。

4.1.3　风管制作质量的验收，按设计图纸与本规范的规定执行。工程中所选用的外购风管，还必须提供相应的产品合格证明文件或进行强度和严密性的验证，符合要求的方可使用。

4.1.4　通风管道规格的验收，风管以外径或外边长为准，风道以内径或内边长为准。通风管道的规格宜按照表4.1.4-1、表4.1.4-2的规定。圆形风管应优先采用基本系列。非规则椭圆形风管参照矩形风管，并以长径平面边长及短径尺寸为准。

表 4.1.4-1　圆形风管规格（mm）

风管直径 D			
基本系列	辅助系列	基本系列	辅助系列
100	80	250	240
	90	280	260
120	110	320	300
140	130	360	340
160	150	400	380
180	170	450	420
200	190	500	480
220	210	560	530
630	600	1250	1180
700	670	1400	1320
800	750	1600	1500
900	850	1800	1700
1000	950	2000	1900
1120	1060		

表 4.1.4-2　矩形风管规格（mm）

分管边长				
120	320	800	2000	4000
160	400	1000	2500	—
200	500	1250	3000	—
250	630	1600	3500	—

4.1.5　风管系统按其系统的工作压力划分为三个类别，其类别划分应符合表4.1.5的规定。

表 4.1.5　风管系统类别划分

系统类别	系统工作压力 P（Pa）	密封要求
低压系统	$P \leqslant 500$	接缝和接管连接处严密
中压系统	$500 < P \leqslant 1500$	接缝和接管连接处增加密封措施
高压系统	$P > 1500$	所有的拼接缝和接管连接处，均应采取密封措施

4.1.6 镀锌钢板及各类含有复合保护层的钢板,应采用咬口连接或铆接,不得采用影响其保护层防腐性能的焊接连接方法。

4.1.7 风管的密封,应以板材连接的密封为主,可采用密封胶嵌缝和其他方法密封。密封胶性能应符合使用环境的要求,密封面宜设在风管的正压侧。

4.2 主 控 项 目

4.2.1 金属风管的材料品种、规格、性能与厚度等应符合设计和现行国家产品标准的规定。当设计无规定时,应按本规范执行。钢板或镀锌钢板的厚度不得小于表4.2.1-1的规定;不锈钢板的厚度不得小于表4.2.1-2的规定;铝板的厚度不得小于表4.2.1-3的规定。

表 4.2.1-1 钢板风管板材厚度(mm)

类别风管直径 D 或长边尺寸 b	圆形风管	矩形风管		除尘系统风管
		中、低压系统	高压系统	
$D(b) \leqslant 320$	0.5	0.5	0.75	1.5
$320 < D(b) \leqslant 450$	0.6	0.6	0.75	1.5
$450 < D(b) \leqslant 630$	0.75	0.6	0.75	2.0
$630 < D(b) \leqslant 1000$	0.75	0.75	1.0	2.0
$1000 < D(b) \leqslant 1250$	1.0	1.0	1.0	2.0
$1250 < D(b) \leqslant 2000$	1.2	1.0	1.2	按设计
$2000 < D(b) \leqslant 4000$	按设计	1.2	按设计	

注:1 螺旋风管的钢板厚度可适当减小10%~15%。
　　2 排烟系统风管钢板厚度可按高压系统。
　　3 特殊除尘系统风管钢板厚度应符合设计要求。
　　4 不适用于地下人防与防火隔墙的预埋管。

表 4.2.1-2 高、中、低压系统不锈钢板风管板材厚度(mm)

风管直径或长边尺寸 b	不锈钢板厚度
$b \leqslant 500$	0.5
$500 < b \leqslant 1120$	0.75
$1120 < b \leqslant 2000$	1.0
$2000 < b \leqslant 4000$	1.2

表 4.2.1-3 中、低压系统铝板风管板材厚度(mm)

风管直径或长边尺寸 b	铝板厚度
$b \leqslant 320$	1.0
$320 < b \leqslant 630$	1.5
$630 < b \leqslant 2000$	2.0
$2000 < b \leqslant 4000$	按设计

检查数量:按材料与风管加工批数量抽查10%,不得少于5件。

检查方法:查验材料质量合格证明文件、性能检测报告,尺量、观察检查。

4.2.2 非金属风管的材料品种、规格、性能与厚度等应符合设计和现行国家产品标准的规定。当设计无规定时,应按本规范执行。硬聚氯乙烯风管板材的厚度,不得小于表4.2.2-1或表4.2.2-2的规定;有机玻璃钢风管板材的厚度,不得小于表4.2.2-3的规定;无机玻璃钢风管板材的厚度应符合表4.2.2-4的规定,相应的玻璃布层数不应少于表4.2.2-5的规定,其表面不得出现返卤或严重泛霜。用于高压风管系统的非金属风管厚度应按设计规定。

表 4.2.2-1 中、低压系统硬聚氯乙烯圆形风管板材厚度(mm)

风管直径 D	板材厚度
$D \leqslant 320$	3.0
$320 < D \leqslant 630$	4.0
$630 < D \leqslant 1000$	5.0
$1000 < D \leqslant 2000$	6.0

表 4.2.2-2 中、低压系统硬聚氯乙烯矩形风管板材厚度(mm)

风管长边尺寸 b	板材厚度
$b \leqslant 320$	3.0
$320 < b \leqslant 500$	4.0
$500 < b \leqslant 800$	5.0
$800 < b \leqslant 1250$	6.0
$1250 < b \leqslant 2000$	8.0

表 4.2.2-3 中、低压系统有机玻璃
钢风管板材厚度（mm）

圆形风管直径 D 或短形风管长边尺寸 b	壁厚
D (b) ≤200	2.5
200<D (b) ≤400	3.2
400<D (b) ≤630	4.0
630<D (b) ≤1000	4.8
1000<D (b) ≤2000	6.2

表 4.2.2-4 中、低压系统无机玻璃钢
风管板材厚度（mm）

圆形风管直径 D 或短形风管长边尺寸 b	壁厚
D (b) ≤300	2.5～3.5
300<D (b) ≤500	3.5～4.5
500<D (b) ≤1000	4.5～5.5
1000<D (b) ≤1500	5.5～6.5
1500<D (b) ≤2000	6.5～7.5
D (b) >2000	7.5～8.5

表 4.2.2-5 中、低压系统无机玻璃钢风管玻璃纤维布厚度与层数（mm）

圆形风管直径 D 或矩形风管长边 b	风管管体玻璃纤维布厚度		风管法兰玻璃纤维布厚度	
	0.3	0.4	0.3	0.4
	玻璃布层数			
D (b) ≤300	5	4	8	7
300<D (b) ≤500	7	5	10	8
500<D (b) ≤1000	8	6	13	9
1000<D (b) ≤1500	9	7	14	10
1500<D (b) ≤2000	12	8	16	14
D (b) >2000	14	9	20	16

检查数量：按材料与风管加工批数量抽查 10%，不得少于 5 件。

检查方法：查验材料质量合格证明文件、性能检测报告，尺量、观察检查。

4.2.3 防火风管的本体、框架与固定材料、密封垫料必须为不燃材料，其耐火等级应符合设计的规定。

检查数量：按材料与风管加工批数量抽查 10%，不应少于 5 件。

检查方法：查验材料质量合格证明文件、性能检测报告，观察检查与点燃试验。

4.2.4 复合材料风管的覆面材料必须为不燃材料，内部的绝热材料应为不燃或难燃 B1 级，且对人体无害的材料。

检查数量：按材料与风管加工批数量抽查 10%，不应少于 5 件。

检查方法：查验材料质量合格证明文件、性能检测报告，观察检查与点燃试验。

4.2.5 风管必须通过工艺性的检测或验证，其强度和严密性要求应符合设计或下列规定：

1 风管的强度应能满足在 1.5 倍工作压力下接缝处无开裂；

2 矩形风管的允许漏风量应符合以下规定：

低压系统风管 $QL ≤0.1056P^{0.65}$

中压系统风管 $QM ≤0.0352P^{0.65}$

高压系统风管 $QH ≤0.0117P^{0.65}$

式中 QL、QM、QH——系统风管在相应工作压力下，单位面积风管单位时间内的允许漏风量 $[m^3/(h·m^2)]$；

P——指风管系统的工作压力（Pa）。

3 低压、中压圆形金属风管、复合材料风管以及采用非法兰形式的非金属风管的允许漏风量，应为矩形风管规定值的 50%；

4 砖、混凝土风道的允许漏风量不应大于矩形低压系统风管规定值的 1.5 倍；

5 排烟、除尘、低温送风系统按中压系统风管的规定，1～5 级净化空调系统按高压系统风管的规

定。

检查数量：按风管系统的类别和材质分别抽查，不得少于 3 件及 15m²。

检查方法：检查产品合格证明文件和测试报告，或进行风管强度和漏风量测试（见本规范附录 A）。

4.2.6 金属风管的连接应符合下列规定：

1 风管板材拼接的咬口缝应错开，不得有十字型拼接缝。

2 金属风管法兰材料规格不应小于表 4.2.6-1 或表 4.2.6-2 的规定。中、低压系统风管法兰的螺栓及铆钉孔的孔距不得大于 150mm；高压系统风管不得大于 100mm。矩形风管法兰的四角部位应设有螺孔。当采用加固方法提高了风管法兰部位的强度时，其法兰材料规格相应的使用条件可适当放宽。无法兰连接风管的薄钢板法兰高度应参照金属法兰风管的规定执行。

表 4.2.6-1 金属圆形风管法兰及螺栓规格（mm）

风管直径 D	法兰材料规格		螺栓规格
	扁 钢	角 钢	
D≤140	20×4	—	M6
140<D≤280	25×4	—	
280<D≤630	—	25×3	
630<D≤1250		30×4	M8
1250<D≤2000	—	40×4	

表 4.2.6-2 金属矩形风管法兰及螺栓规格（mm）

风管长边尺寸 b	法兰材料规格（角钢）	螺栓规格
b≤630	25×3	M6
630<b≤1500	30×3	M8
1500<b≤2500	40×4	
2500<b≤4000	50×5	M10

检查数量：按加工批数量抽查 5%，不得少于 5 件。

检查方法：尺量、观察检查。

4.2.7 非金属（硬聚氯乙烯、有机、无机玻璃钢）风管的连接还应符合下列规定：

1. 法兰的规格应分别符合表 4.2.7-1、表 4.2.7-2、表 4.2.7-3 的规定，其螺栓孔的间距不得大于 120mm；矩形风管法兰的四角处，应设有螺孔；

表 4.2.7-1 硬聚氯乙烯圆形风管法兰规格（mm）

风管直径 D	材料规格（宽×厚）	连接螺栓	风管直径 D	材料规格（宽×厚）	连接螺栓
D≤180	35×6	M6	800<D≤1400	45×12	M10
180<D≤400	35×8	M8	1400<D≤1600	50×15	
400<D≤500	35×10		1600<D≤2000	60×15	
500<D≤800	40×10		D>2000	按设计	

表 4.2.7-2 硬聚氯乙烯矩形风管法兰规格（mm）

风管边长 b	材料规格（宽×厚）	连接螺栓	风管边长 b	材料规格（宽×厚）	连接螺栓
b≤160	35×6	M6	800<b≤1250	45×12	M10
160<b≤400	35×8	M8	1250<b≤1600	50×15	
400<b≤500	35×10		1600<b≤2000	60×18	
500<b≤800	40×10	M10	b>2000	按设计	

表 4.2.7-3 有机玻璃钢风管法兰规格（mm）

风管直径 D 或风管边长 b	材料规格（宽×厚）	连接螺栓
D（b）≤400	30×4	M8
400<D（b）≤1000	40×6	
1000<D（b）≤2000	50×8	M10

2. 采用套管连接时，套管厚度不得小于风管板材厚度。

检查数量：按加工批数量抽查5%，不得少于5件。

检查方法：尺量、观察检查。

4.2.8　复合材料风管采用法兰连接时，法兰与风管板材的连接应可靠，其绝热层不得外露，不得采用降低板材强度和绝热性能的连接方法。

检查数量：按加工批数量抽查5%，不得少于5件。

检查方法：尺量、观察检查。

4.2.9　砖、混凝土风道的变形缝，应符合设计要求，不应渗水和漏风。检查数量：全数检查。

检查方法：观察检查。

4.2.10　金属风管的加固应符合下列规定：

1　圆形风管（不包括螺旋风管）直径大于等于800mm，且其管段长度大于1250mm或总表面积大于4m² 均应采取加固措施；

2　矩形风管边长大于630mm、保温风管边长大于800mm，管段长度大于1250mm或低压风管单边平面积大于1.2m²、中、高压风管大于1.0m²，均应采取加固措施；

3　非规则椭圆风管的加固，应参照矩形风管执行。

检查数量：按加工批抽查5%，不得少于5件。

检查方法：尺量、观察检查。

4.2.11　非金属风管的加固，除应符合本规范第4.2.10条的规定外还应符合下列规定：

1　硬聚氯乙烯风管的直径或边长大于500mm时，其风管与法兰的连接处应设加强板，且间距不得大于450mm；

2　有机及无机玻璃钢风管的加固，应为本体材料或防腐性能相同的材料，并与风管成一整体。

检查数量：按加工批抽查5%，不得少于5件。

检查方法：尺量、观察检查。

4.2.12　矩形风管弯管的制作，一般应采用曲率半径为一个平面边长的内外同心弧形弯管。当采用其他形式的弯管，平面边长大于500mm时，必须设置弯管导流片。

检查数量：其他形式的弯管抽查20%，不得少于2件。

检查方法：观察检查。

4.2.13　净化空调系统风管还应符合下列规定：

1　矩形风管边长小于或等于900mm时，底面板不应有拼接缝；大于900mm时，不应有横向拼接缝；

2　风管所用的螺栓、螺母、垫圈和铆钉均应采用与管材性能相匹配、不会产生电化学腐蚀的材料，或采取镀锌或其他防腐措施，并不得采用抽芯铆钉；

3　不应在风管内设加固框及加固筋，风管无法兰连接不得使用S形插条、直角形插条及立联合角形插条等形式；

4　空气洁净度等级为1～5级的净化空调系统风管不得采用按扣式咬口；

5　风管的清洗不得用对人体和材质有危害的清洁剂；

6　镀锌钢板风管不得有镀锌层严重损坏的现象，如表层大面积白花、锌层粉化等。

检查数量：按风管数抽查20%，每个系统不得少于5个。

检查方法：查阅材料质量合格证明文件和观察检查，白绸布擦拭。

4.3 一 般 项 目

4.3.1　金属风管的制作应符合下列规定：

1　圆形弯管的曲率半径（以中心线计）和最少分节数量应符合表4.3.1-1的规定。

圆形弯管的弯曲角度及圆形三通、四通支管与总管夹角的制作偏差不应大于3°；

表 4.3.1-1 圆形弯管曲率半径和最少节数

弯管直径 D (mm)	曲率半径 R	弯管角度和最少节数							
		90°		60°		45°		30°	
		中节	端节	中节	端节	中节	端节	中节	端节
80~220	≥1.5D	2	2	1	2	1	2	—	2
220~450	D~1.5D	3	2	2	2	1	2	—	2
450~800	D~1.5D	4	2	2	2	1	2	1	2
800~1400	D	5	2	3	2	2	2	1	2
1400~2000	D	8	2	5	2	3	2	2	2

2 风管与配件的咬口缝应紧密、宽度应一致；折角应平直，圆弧应均匀；两端面平行。风管无明显扭曲与翘角；表面应平整，凹凸不大于 10mm；

3 风管外径或外边长的允许偏差：当小于或等于 300mm 时，为 2mm；当大于 300mm 时，为 3mm。管口平面度的允许偏差为 2mm，矩形风管两条对角线长度之差不应大于 3mm；圆形法兰任意正交两直径之差不应大于 2mm；

4 焊接风管的焊缝应平整，不应有裂缝、凸瘤、穿透的夹渣、气孔及其他缺陷等，焊接后板材的变形应矫正，并将焊渣及飞溅物清除干净。

检查数量：通风与空调工程按制作数量 10% 抽查，不得少于 5 件；净化空调工程按制作数量抽查 20%，不得少于 5 件。

检查方法：查验测试记录，进行装配试验，尺量、观察检查。

4.3.2 金属法兰连接风管的制作还应符合下列规定：

1 风管法兰的焊缝应熔合良好、饱满，无假焊和孔洞；法兰平面度的允许偏差为 2mm，同一批量加工的相同规格法兰的螺孔排列应一致，并具有互换性。

2 风管与法兰采用铆接连接时，铆接应牢固、不应有脱铆和漏铆现象；翻边应平整、紧贴法兰，其宽度应一致，且不应小于 6mm；咬缝与四角处不应有开裂与孔洞。

3 风管与法兰采用焊接连接时，风管端面不得高于法兰接口平面。除尘系统的风管，宜采用内侧满焊、外侧间断焊形式，风管端面距法兰接口平面不应小于 5mm。当风管与法兰采用点焊固定连接时，焊点应融合良好，间距不应大于 100mm；法兰与风管应紧贴，不应有穿透的缝隙或孔洞。

4 当不锈钢板或铝板风管的法兰采用碳素钢时，其规格应符合本规范表 4.2.6-1、4.2.6-2 的规定，并应根据设计要求做防腐处理；铆钉应采用与风管材质相同或不产生电化学腐蚀的材料。

检查数量：通风与空调工程按制作数量抽查 10%，不得少于 5 件；净化空调工程按制作数量抽查 20%，不得少于 5 件。

检查方法：查验测试记录，进行装配试验，尺量、观察检查。

4.3.3 无法兰连接风管的制作还应符合下列规定：

1 无法兰连接风管的接口及连接件，应符合表 4.3.3-1、表 4.3.3-2 的要求。圆形风管的芯管连接应符合表 4.3.3-3 的要求；

2 薄钢板法兰矩形风管的接口及附件，其尺寸应准确，形状应规则，接口处应严密；薄钢板法兰的折边（或法兰条）应平直，弯曲度不应大于 5/1000；弹性插条或弹簧夹应与薄钢板法兰相匹配；角件与风管薄钢板法兰四角接口的固定应稳固、紧贴，端面应平整、相连处不应有缝隙大于 2mm 的连续穿透缝；

3 采用 C、S 形插条连接的矩形风管，其边长不应大于 630mm；插条与风管加工插口的宽度应匹配一致，其允许偏差为 2mm；连接应平整、严密，插条两端压倒长度不应小于 20mm；

4 采用立咬口、包边立咬口连接的矩形风管，其立筋的高度应大于或等于同规格风管的角钢法兰宽度。同一规格风管的立咬口、包边立咬口的高度应一致，折角应倾角、直线度允许偏差为5/1000；咬口连接铆钉的间距不应大于150mm，间隔应均匀；立咬口四角连接处的铆固，应紧密、无孔洞。

表 4.3.3-1　圆形风管无法兰连接形式

无法兰连接形式		附件板厚（mm）	接口要求	使用范围
承插连接	图	—	插入深度≥30mm，有密封要求	低压风管直径＜700mm
带加强筋承插	图	—	插入深度≥20mm，有密封要求	中、低压风管
角钢加固承插	图	—	插入深度≥20mm，有密封要求	中、低压风管
芯管连接	图	≥管板厚	插入深度≥20mm，有密封要求	中、低压风管
立筋抱箍连接	图	≥管板厚	翻边与楞筋匹配一致，紧固严密	中、低压风管
抱箍连接	图	≥管板厚	对口尽量靠近不重叠，抱箍应居中	中、低压风管宽度≥100mm

8.2.2　风管与配件制作检验批质量验收记录（Ⅱ）（非金属、复合材料风管）

1. 表格

风管与配件制作检验批质量验收记录
（Ⅱ）（非金属、复合材料风管）

06010102 ＿＿＿＿
06020102 ＿＿＿＿
06030102 ＿＿＿＿
06040102 ＿＿＿＿
06050102 ＿＿＿＿
06060102 ＿＿＿＿
06070102 ＿＿＿＿

单位（子单位）工程名称			分部（子分部）工程名称		分项工程名称	
施工单位			项目负责人		检验批容量	
分包单位			分包单位项目负责人		检验批部位	
施工依据				验收依据	《通风与空调工程质量验收规范》GB 50243－2002	

验收项目			设计要求及规范规定	最小/实际抽样数量	检查记录	检查结果
主控项目	1	材质种类、性能及厚度	第4.2.2条	/		
	2	复合材料风管的材料	第4.2.4条	/		
	3	风管强度及严密性工艺性检测	第4.2.5条	/		
	4	风管的连接	第4.2.7条	/		
	5	复合材料风管法兰连接	第4.2.8条	/		
	6	砖、混凝土风道的变形缝	第4.2.9条	/		
	7	风管的加固	第4.2.10条 第4.2.11条	/		
	8	矩形弯管制作及导流片	第4.2.12条	/		
	9	净化空调风管	第4.2.13条	/		

续表

验收项目		设计要求及规范规定	最小/实际抽样数量	检查记录	检查结果
一般项目	1	风管制作	第4.3.1条	/	
	2	硬聚氯乙烯风管	第4.3.5条	/	
	3	有机玻璃钢风管	第4.3.6条	/	
	4	无机玻璃钢风管	第4.3.7条	/	
	5	砖、混凝土风管	第4.3.8条	/	
	6	双面铝箔绝热板风管	第4.3.9条	/	
	7	铝箔玻璃纤维板风管	第4.3.10条	/	
	8	净化空调风管	第4.3.11条	/	

施工单位检查结果	专业工长： 项目专业质量检查员： 年　　月　　日
监理单位验收结论	专业监理工程师： 年　　月　　日

2. 验收依据说明

【规范名称及编号】《通风与空调工程质量验收规范》GB 50243－2002

【条文摘录】

　　4　风管制作（见《风管与配件制作检验批质量验收记录（Ⅰ）（金属风管）》的验收依据说明，见本书第622页）。

8.2.3　部件制作检验批质量验收记录

1. 表格

部件制作检验批质量验收记录

06010201 _____
06020201 _____
06030201 _____
06040201 _____
06050201 _____
06060201 _____
06070201 _____

单位（子单位）工程名称			分部（子分部）工程名称		分项工程名称	
施工单位			项目负责人		检验批容量	
分包单位			分包单位项目负责人		检验批部位	
施工依据				验收依据	《通风与空调工程质量验收规范》GB 50243－2002	

验收项目		设计要求及规范规定	最小/实际抽样数量	检查记录	检查结果
主控项目	1	一般风阀	第5.2.1条	/	
	2	电动、气动风阀	第5.2.2条	/	
	3	防火阀、排烟阀（口）	第5.2.3条	/	
	4	防爆风阀	第5.2.4条	/	
	5	净化空调系统风阀	第5.2.5条	/	
	6	特殊风阀	第5.2.6条	/	
	7	防排烟柔性短管	第5.2.7条	/	
	8	消防弯管、消声器	第5.2.8条	/	

续表

验收项目		设计要求及规范规定	最小/实际抽样数量	检查记录	检查结果
一般项目	1 调节风阀	第5.3.1条	/		
	2 止回风阀	第5.3.2条	/		
	3 插板风阀	第5.3.3条	/		
	4 三通调节风阀	第5.3.4条	/		
	5 风量平衡阀	第5.3.5条	/		
	6 风罩	第5.3.6条	/		
	7 风帽	第5.3.7条	/		
	8 矩形弯管导流叶片	第5.3.8条	/		
	9 柔性短管	第5.3.9条	/		
	10 消声器	第5.3.10条	/		
	11 检查门	第5.3.11条	/		
	12 风口验收	第5.3.12条	/		
施工单位检查结果			专业工长： 项目专业质量检查员： 年　月　日		
监理单位验收结论			专业监理工程师： 年　月　日		

2. 验收依据说明

【规范名称及编号】《通风与空调工程质量验收规范》GB 50243－2002
【条文摘录】

5. 风管部件与消声器制作

5.1 一 般 规 定

5.1.1 本章适用于通风与空调工程中风口、风阀、排风罩等其他部件及消声器的加工制作或产成品质量的验收。

5.1.2 一般风量调节阀按设计文件和风阀制作的要求进行验收，其他风阀按外购产品质量进行验收。

5.2 主 控 项 目

5.2.1 手动单叶片或多叶片调节风阀的手轮或扳手，应以顺时针方向转动为关闭，其调节范围及开启角度指示应与叶片开启角度相一致。用于除尘系统间歇工作点的风阀，关闭时应能密封。

检查数量：按批抽查10%，不得少于1个。

检查方法：手动操作、观察检查。

5.2.2 电动、气动调节风阀的驱动装置，动作应可靠，在最大工作压力下工作正常。

检查数量：按批抽查10%，不得少于1个。

检查方法：核对产品的合格证明文件、性能检测报告，观察或测试。

5.2.3 防火阀和排烟阀（排烟口）必须符合有关消防产品标准的规定，并具有相应的产品合格证明文件。

检查数量：按种类、批抽查10%，不得少于2个。

检查方法：核对产品的合格证明文件、性能检测报告。

5.2.4 防爆风阀的制作材料必须符合设计规定，不得自行替换。

检查数量：全数检查。

检查方法：核对材料品种、规格，观察检查。

5.2.5 净化空调系统的风阀，其活动件、固定件以及紧固件均应采取镀锌或作其他防腐处理（如喷塑或烤漆）；阀体与外界相通的缝隙处，应有可靠的密封措施。

检查数量：按批抽查10％，不得少于1个。

检查方法：核对产品的材料，手动操作、观察。

5.2.6 工作压力大于1000Pa的调节风阀，生产厂应提供（在1.5倍工作压力下能自由开关）强度测试合格的证书（或试验报告）。

检查数量：按批抽查10％，不得少于1个。

检查方法：核对产品的合格证明文件、性能检测报告。

5.2.7 防排烟系统柔性短管的制作材料必须为不燃材料。

检查数量：全数检查。

检查方法：核对材料品种的合格证明文件。

5.2.8 消声弯管的平面边长大于800mm时，应加设吸声导流片；消声器内直接迎风面的布质覆面层应有保护措施；净化空调系统消声器内的覆面应为不易产尘的材料。

检查数量：全数检查。

检查方法：观察检查、核对产品的合格证明文件。

5.3 一 般 项 目

5.3.1 手动单叶片或多叶片调节风阀应符合下列规定：

1 结构应牢固，启闭应灵活，法兰应与相应材质风管的相一致；

2 叶片的搭接应贴合一致，与阀体缝隙应小于2mm；

3 截面积大于1.2m2的风阀应实施分组调节。

检查数量：按类别、批抽查10％，不得少于1个。

检查方法：手动操作，尺量、观察检查。

5.3.2 止回风阀应符合下列规定：

1 启闭灵活，关闭时应严密；

2 阀叶的转轴、铰链应采用不易锈蚀的材料制作，保证转动灵活、耐用；

3 阀片的强度应保证在最大负荷压力下不弯曲变形；

4 水平安装的止回风阀应有可靠的平衡调节机构。

检查数量：按类别、批抽查10％，不得少于1个。

检查方法：观察、尺量，手动操作试验与核对产品的合格证明文件。

5.3.3 插板风阀应符合下列规定：

1 壳体应严密，内壁应作防腐处理；

2 插板应平整，启闭灵活，并有可靠的定位固定装置；

3 斜插板风阀的上下接管应成一直线。

检查数量：按类别、批抽查10％，不得少于1个。

检查方法：手动操作，尺量、观察检查。

5.3.4 三通调节风阀应符合下列规定：

1 拉杆或手柄的转轴与风管的结合处应严密；

2 拉杆可在任意位置上固定，手柄开关应标明调节的角度；

3 阀板调节方便，并不与风管相碰擦。

检查数量：按类别、批分别抽查10％，不得少于1个。

检查方法：观察、尺量，手动操作试验。

5.3.5 风量平衡阀应符合产品技术文件的规定。

检查数量：按类别、批分别抽查10％，不得少于1个。

检查方法：观察、尺量，核对产品的合格证明文件。

5.3.6 风罩的制作应符合下列规定：

1 尺寸正确、连接牢固、形状规则、表面平整光滑，其外壳不应有尖锐边角；

2 槽边侧吸罩、条缝抽风罩尺寸应正确，转角处弧度均匀、形状规则，吸入口平整，罩口加强板分隔间距应一致；

3 厨房锅灶排烟罩应采用不易锈蚀材料制作，其下部集水槽应严密不漏水，并坡向排放口，罩内油烟过滤器应便于拆卸和清洗。

检查数量：每批抽查10％，不得少于1个。检查方法：尺量、观察检查。

5.3.7 风帽的制作应符合下列规定：

1 尺寸应正确，结构牢靠，风帽接管尺寸的允许偏差同风管的规定一致；

2 伞形风帽伞盖的边缘应有加固措施，支撑高度尺寸应一致；

3 锥形风帽内外锥体的中心应同心，锥体组合的连接缝应顺水，下部排水应畅通；

4 筒形风帽的形状应规则、外筒体的上下沿口应加固，其不圆度不应大于直径的2％。伞盖边缘与外筒体的距离应一致，挡风圈的位置应正确；

5 三叉形风帽三个支管的夹角应一致，与主管的连接应严密。主管与支管的锥度应为3°～4°。

检查数量：按批抽查10％，不得少于1个。

检查方法：尺量、观察检查。

5.3.8 矩形弯管导流叶片的迎风侧边缘应圆滑，固定应牢固。导流片的弧度应与弯管的角度相一致。导流片的分布应符合设计规定。当导流叶片的长度超过1250mm时，应有加强措施。

检查数量：按批抽查10％，不得少于1个。

检查方法：核对材料，尺量、观察检查。

5.3.9 柔性短管应符合下列规定：

1 应选用防腐、防潮、不透气、不易霉变的柔性材料。用于空调系统的应采取防止结露的措施；用于净化空调系统的还应是内壁光滑、不易产生尘埃的材料；

2 柔性短管的长度，一般宜为150～300mm，其连接处应严密、牢固可靠；

3 柔性短管不宜作为找正、找平的异径连接管；

4 设于结构变形缝的柔性短管，其长度宜为变形缝的宽度加100mm及以上。

检查数量：按数量抽查10％，不得少于1个。

检查方法：尺量、观察检查。

5.3.10 消声器的制作应符合下列规定：

1 所选用的材料，应符合设计的规定，如防火、防腐、防潮和卫生性能等要求；

2 外壳应牢固、严密，其漏风量应符合本规范第4.2.5条的规定；

3 充填的消声材料，应按规定的密度均匀铺设，并应有防止下沉的措施。消声材料的覆面层不得破损，搭接应顺气流，且应拉紧，界面无毛边；

4 隔板与壁板结合处应紧贴、严密；穿孔板应平整、无毛刺，其孔径和穿孔率应符合设计要求。

检查数量：按批抽查10％，不得少于1个。

检查方法：尺量、观察检查，核对材料合格的证明文件。

5.3.11 检查门应平整、启闭灵活、关闭严密，其与风管或空气处理室的连接处应采取密封措施，无明显渗漏。净化空调系统风管检查门的密封垫料，宜采用成型密封胶带或软橡胶条制作。

检查数量：按数量抽查20％，不得少于1个。

检查方法：观察检查。

5.3.12 风口的验收，规格以颈部外径与外边长为准，其尺寸的允许偏差值应符合表5.3.12的规定。风口的外表装饰面应平整、叶片或扩散环的分布应匀称、颜色应一致、无明显的划伤和压痕；调节装置转动应灵活、可靠，定位后应无明显自由松动。

　　检查数量：按类别、批分别抽查5%，不得少于1个。

　　检查方法：尺量、观察检查，核对材料合格的证明文件与手动操作检查。

表 5.3.12　风口尺寸允许偏差（mm）

圆形风口			
直　径	≤250		＞250
允许偏差	0～－2		0～－3
矩形风口			
边长	＜300	300～800	＞800
允许偏差	0～－1	0～－2	0～－3
对角线长度	＜300	300～500	＞500
对角线长度之差	≤1	≤2	≤3

8.2.4　风管系统安装检验批质量验收记录（Ⅰ）（送、排风，防排烟，除尘系统）

1. 表格

风管系统安装检验批质量验收记录（Ⅰ）（送、排风，防排烟，除尘系统）

06010301 _____

06020301 _____

06030301 _____

06040301 _____

单位（子单位）工程名称			分部（子分部）工程名称		分项工程名称		
施工单位			项目负责人		检验批容量		
分包单位			分包单位项目负责人		检验批部位		
施工依据				验收依据	《通风与空调工程质量验收规范》 GB 50243－2002		
验收项目			设计要求及 规范规定	最小/实际 抽样数量	检查记录		检查 结果
主控项目	1	风管穿越防火、防爆墙	第6.2.1条	/			
	2	风管内严禁其他管线穿越	第6.2.2-1条	/			
	3	易燃、易爆环境风管	第6.2.2-2条	/			
	4	室外立管的固定拉索	第6.2.2-3条	/			
	5	高于80℃风管系统	第6.2.3条	/			
	6	风管部件安装	第6.2.4条	/			
	7	手动密闭阀安装	第6.2.9条	/			
	8	风管严密性检验	第6.2.8条	/			
一般项目	1	风管系统安装	第6.3.1条	/			
	2	无法兰风管系统安装	第6.3.2条	/			
	3	风管连接的水平、垂直度	第6.3.3条	/			
	4	风管支、吊架安装	第6.3.4条	/			
	5	铝板、不锈钢板风管安装	第6.3.1-8条	/			
	6	非金属风管安装	第6.3.5条	/			
	7	风阀安装	第6.3.8条	/			
	8	风帽安装	第6.3.9条	/			
	9	吸、排风罩安装	第6.3.10条	/			
	10	风口安装	第6.3.11条	/			
施工单位 检查结果				专业工长： 项目专业质量检查员： 年　月　日			
监理单位 验收结论				专业监理工程师： 年　月　日			

633

2. 验收依据说明

【规范名称及编号】《通风与空调工程质量验收规范》GB 50243－2002

【条文摘录】

6 风管系统安装

6.1 一 般 规 定

6.1.1 本章适用于通风与空调工程中的金属和非金属风管系统安装质量的检验和验收。

6.1.2 风管系统安装后，必须进行严密性检验，合格后方能交付下道工序。风管系统严密性检验以主、干管为主。在加工工艺得到保证的前提下，低压风管系统可采用漏光法检测。

6.1.3 风管系统吊、支架采用膨胀螺栓等胀锚方法固定时，必须符合其相应技术文件的规定。

6.2 主 控 项 目

6.2.1 在风管穿过需要封闭的防火、防爆的墙体或楼板时，应设预埋管或防护套管，其钢板厚度**不应小于1.6mm**。风管与防护套管之间，应用不燃且对人体无危害的柔性材料封堵。

检查数量：按数量抽查20%，不得少于1个系统。

检查方法：尺量、观察检查。

6.2.2 风管安装必须符合下列规定：

1 风管内严禁其他管线穿越；

2 输送含有易燃、易爆气体或安装在易燃、易爆环境的风管系统应有良好的接地，通过生活区或其他辅助生产房间时必须严密，并不得设置接口；

3 室外立管的固定拉索严禁拉在避雷针或避雷网上。

检查数量：按数量抽查20%，不得少于1个系统。

检查方法：手扳、尺量、观察检查。

6.2.3 输送空气温度高于**80℃**的风管，应按设计规定采取防护措施。

检查数量：按数量抽查20%，不得少于1个系统。

检查方法：观察检查。

6.2.4 风管部件安装必须符合下列规定：

1 各类风管部件及操作机构的安装，应能保证其正常的使用功能，并便于操作；

2 斜插板风阀的安装，阀板必须为向上拉启；水平安装时，阀板还应为顺气流方向插入；

3 止回风阀、自动排气活门的安装方向应正确。

检查数量：按数量抽查20%，不得少于5件。

检查方法：尺量、观察检查，动作试验。

6.2.5 防火阀、排烟阀（口）的安装方向、位置应正确。防火分区隔墙两侧的防火阀，距墙表面不应大于200mm。

检查数量：按数量抽查20%，不得少于5件。

检查方法：尺量、观察检查，动作试验。

6.2.6 净化空调系统风管的安装还应符合下列规定：

1 风管、静压箱及其他部件，必须擦拭干净，做到无油污和浮尘，当施工停顿或完毕时，端口应封好；

2 法兰垫料应为不产尘、不易老化和具有一定强度和弹性的材料，厚度为5～8mm，不得采用乳胶海绵；法兰垫片应尽量减少拼接，并不允许直缝对接连接，严禁在垫料表面涂涂料；

3 风管与洁净室吊顶、隔墙等围护结构的接缝处应严密。

检查数量：按数量抽查20%，不得少于1个系统。

检查方法：观察、用白绸布擦拭。

6.2.7 集中式真空吸尘系统的安装应符合下列规定：

1 真空吸尘系统弯管的曲率半径不应小于4倍管径，弯管的内壁面应光滑，不得采用褶皱弯管；

2 真空吸尘系统三通的夹角不得大于45°；四通制作应采用两个斜三通的做法。

检查数量：按数量抽查20%，不得少于2件。

检查方法：尺量、观察检查。

6.2.8 风管系统安装完毕后，应按系统类别进行严密性检验，漏风量应符合设计与本规范第4.2.5条的规定。风管系统的严密性检验，应符合下列规定：

1 低压系统风管的严密性检验应采用抽检，抽检率为5％，且不得少于1个系统。在加工工艺得到保证的前提下，采用漏光法检测。检测不合格时，应按规定的抽检率做漏风量测试。中压系统风管的严密性检验，应在漏光法检测合格后，对系统漏风量测试进行抽检，抽检率为20％，且不得少于1个系统。高压系统风管的严密性检验，为全数进行漏风量测试。系统风管严密性检验的被抽检系统，应全数合格，则视为通过；如有不合格时，则应再加倍抽检，直至全数合格。

2 净化空调系统风管的严密性检验，1～5级的系统按高压系统风管的规定执行；6～9级的系统按本规范第4.2.5条的规定执行。检查数量：按条文中的规定。

检查方法：按本规范附录A的规定进行严密性测试。

6.2.9 手动密闭阀安装，阀门上标志的箭头方向必须与受冲击波方向一致。

检查数量：全数检查。

检查方法：观察、核对检查。

6.3 一 般 项 目

6.3.1 风管的安装应符合下列规定：

1 风管安装前，应清除内、外杂物，并做好清洁和保护工作；

2 风管安装的位置、标高、走向，应符合设计要求。现场风管接口的配置，不得缩小其有效截面；

3 连接法兰的螺栓应均匀拧紧，其螺母宜在同一侧；

4 风管接口的连接应严密、牢固。风管法兰的垫片材质应符合系统功能的要求，厚度不应小于3mm。垫片不应凸入管内，亦不宜突出法兰外；

5 柔性短管的安装，应松紧适度，无明显扭曲；

6 可伸缩性金属或非金属软风管的长度不宜超过2m，并不应有死弯或塌凹；

7 风管与砖、混凝土风道的连接接口，应顺着气流方向插入，并应采取密封措施。风管穿出屋面处应设有防雨装置；

8 不锈钢板、铝板风管与碳素钢支架的接触处，应有隔绝或防腐绝缘措施。

检查数量：按数量抽查10％，不得少于1个系统。

检查方法：尺量、观察检查。

6.3.2 无法兰连接风管的安装还应符合下列规定：

1 风管的连接处，应完整无缺损、表面应平整，无明显扭曲；

2 承插式风管的四周缝隙应一致，无明显的弯曲或褶皱；内涂的密封胶应完整，外粘的密封胶带，应粘贴牢固、完整无缺损；

3 薄钢板法兰形式风管的连接，弹性插条、弹簧夹或紧固螺栓的间隔不应大于150mm，且分布均匀，无松动现象；

4 插条连接的矩形风管，连接后的板面应平整、无明显弯曲。检查数量：按数量抽查10％，不得少于1个系统。

检查方法：尺量、观察检查。

6.3.3 风管的连接应平直、不扭曲。明装风管水平安装，水平度的允许偏差为3/1000，总偏差不应大于20mm。明装风管垂直安装，垂直度的允许偏差为2/1000，总偏差不应大于20mm。暗装风管的位置，应正确、无明显偏差。除尘系统的风管，宜垂直或倾斜敷设，与水平夹角宜大于或等于45°，小坡度和水平管应尽量短。对含有凝结水或其他液体的风管，坡度应符合设计要求，并在最低处设排液装置。

检查数量：按数量抽查10％，但不得少于1个系统。

检查方法：尺量、观察检查。

6.3.4 风管支、吊架的安装应符合下列规定：

1 风管水平安装，直径或长边尺寸小于等于400mm，间距不应大于4m；大于400mm，不应大于

3m。螺旋风管的支、吊架间距可分别延长至5m和3.75m；对于薄钢板法兰的风管，其支、吊架间距不应大于3m。

2　风管垂直安装，间距不应大于4m，单根直管至少应有2个固定点。

3　风管支、吊架宜按国标图集与规范选用强度和刚度相适应的形式和规格。对于直径或边长大于2500mm的超宽、超重等特殊风管的支、吊架应按设计规定。

4　支、吊架不宜设置在风口、阀门、检查门及自控机构处，离风口或插接管的距离不宜小于200mm。

5　当水平悬吊的主、干风管长度超过20m时，应设置防止摆动的固定点，每个系统不应少于1个。

6　吊架的螺孔应采用机械加工。吊杆应平直，螺纹完整、光洁。安装后各副支、吊架的受力应均匀，无明显变形。风管或空调设备使用的可调隔振支、吊架的拉伸或压缩量应按设计的要求进行调整。

7　抱箍支架，折角应平直，抱箍应紧贴并箍紧风管。安装在支架上的圆形风管应设托座和抱箍，其圆弧应均匀，且与风管外径相一致。

检查数量：按数量抽查10％，不得少于1个系统。

检查方法：尺量、观察检查。

6.3.5　非金属风管的安装还应符合下列的规定：

1　风管连接两法兰端面应平行、严密，法兰螺栓两侧应加镀锌垫圈；

2　应适当增加支、吊架与水平风管的接触面积；

3　硬聚氯乙烯风管的直段连续长度大于20m，应按设计要求设置伸缩节；支管的重量不得由干管来承受，必须自行设置支、吊架；

4　风管垂直安装，支架间距不应大于3m。

检查数量：按数量抽查10％，不得少于1个系统。

检查方法：尺量、观察检查。

6.3.6　复合材料风管的安装还应符合下列规定：

1　复合材料风管的连接处，接缝应牢固，无孔洞和开裂。当采用插接连接时，接口应匹配、无松动，端口缝隙不应大于5mm；

2　采用法兰连接时，应有防冷桥的措施；

3　支、吊架的安装宜按产品标准的规定执行。

检查数量：按数量抽查10％，但不得少于1个系统。

检查方法：尺量、观察检查。

6.3.7　集中式真空吸尘系统的安装应符合下列规定：

1　吸尘管道的坡度宜为5/1000，并坡向立管或吸尘点；

2　吸尘嘴与管道的连接，应牢固、严密。

检查数量：按数量抽查20％，不得少于5件。

检查方法：尺量、观察检查。

6.3.8　各类风阀应安装在便于操作及检修的部位，安装后的手动或电动操作装置应灵活、可靠，阀板关闭应保持严密。防火阀直径或长边尺寸大于等于630mm时，宜设独立支、吊架。排烟阀（排烟口）及手控装置（包括预埋套管）的位置应符合设计要求。预埋套管不得有死弯及瘪陷。除尘系统吸入管段的调节阀，宜安装在垂直管段上。

检查数量：按数量抽查10％，不得少于5件。

检查方法：尺量、观察检查。

6.3.9　风帽安装必须牢固，连接风管与屋面或墙面的交接处不应渗水。

检查数量：按数量抽查10％，不得少于5件。

检查方法：尺量、观察检查。

6.3.10　排、吸风罩的安装位置应正确，排列整齐，牢固可靠。

检查数量：按数量抽查10％，不得少于5件。

检查方法：尺量、观察检查。

6.3.11 风口与风管的连接应严密、牢固,与装饰面相紧贴;表面平整、不变形,调节灵活、可靠。条形风口的安装,接缝处应衔接自然,无明显缝隙。同一厅室、房间内的相同风口的安装高度应一致,排列应整齐。明装无吊顶的风口,安装位置和标高偏差不应大于10mm。风口水平安装,水平度的偏差不应大于3/1000。风口垂直安装,垂直度的偏差不应大于2/1000。

检查数量:按数量抽查10%,不得少于1个系统或不少于5件和2个房间的风口。

检查方法:尺量、观察检查。

6.3.12 净化空调系统风口安装还应符合下列规定:

1 风口安装前应清扫干净,其边框与建筑顶棚或墙面间的接缝处应加设密封垫料或密封胶,不应漏风;

2 带高效过滤器的送风口,应采用可分别调节高度的吊杆。

检查数量:按数量抽查20%,不得少于1个系统或不少于5件和2个房间的风口。

检查方法:尺量、观察检查。

8.2.5 风管系统安装检验批质量验收记录(Ⅱ)(空调系统)

1. 表格

风管系统安装检验批质量验收记录(Ⅱ)(空调系统)

06050301 _____
06060301 _____

单位(子单位)工程名称			分部(子分部)工程名称		分项工程名称	
施工单位			项目负责人		检验批容量	
分包单位			分包单位项目负责人		检验批部位	
施工依据				验收依据	《通风与空调工程质量验收规范》GB 50243-2002	
验收项目			设计要求及规范规定	最小/实际抽样数量	检查记录	检查结果
主控项目	1	风管穿越防火、防爆墙(楼板)	第6.2.1条	/		
	2	风管内严禁其他管线穿越	第6.2.2-1条	/		
	3	易燃、易爆环境风管	第6.2.2-2条	/		
	4	室外立管的固定拉索	第6.2.2-3条	/		
	5	高于80℃风管系统	第6.2.3条	/		
	6	风管部件安装	第6.2.4条	/		
	7	手动密闭阀安装	第6.2.9条	/		
	8	风管严密性检验	第6.2.8条	/		
一般项目	1	风管系统安装	第6.3.1条	/		
	2	无法兰风管系统安装	第6.3.2条	/		
	3	风管连接的水平、垂直质量	第6.3.3条	/		
	4	风管支、吊架安装	第6.3.4条	/		
	5	铝板、不锈钢板风管安装	第6.3.1-8条	/		
	6	非金属风管安装	第6.3.5条	/		
	7	复合材料风管安装	第6.3.6条	/		
	8	风阀安装	第6.3.8条	/		
	9	风口安装	第6.3.11条	/		
	10	变风量末端装置安装	第7.3.20条	/		
施工单位检查结果					专业工长: 项目专业质量检查员: 年 月 日	
监理单位验收结论					专业监理工程师: 年 月 日	

2. 验收依据说明

【规范名称及编号】《通风与空调工程质量验收规范》GB 50243－2002

【条文摘录】

　　6　风管系统安装（见《风管系统安装检验批质量验收记录（Ⅰ）（送、排风，防排烟，除尘系统）》的验收依据说明，见本书第634页）。

8.2.6　风管系统安装检验批质量验收记录（Ⅲ）（净化空调系统）

　　1. 表格

风管系统安装检验批质量验收记录
（Ⅲ）（净化空调系统）

06070301 _____

单位（子单位）工程名称			分部（子分部）工程名称		分项工程名称	
施工单位			项目负责人		检验批容量	
分包单位			分包单位项目负责人		检验批部位	
施工依据				验收依据	《通风与空调工程质量验收规范》GB 50243－2002	
验收项目			设计要求及规范规定	最小/实际抽样数量	检查记录	检查结果
主控项目	1	风管穿越防火、防爆墙	第6.2.1条	/		
	2	风管安装	第6.2.2条	/		
	3	高于80℃风管系统	第6.2.3条	/		
	4	风管部件安装	第6.2.4条	/		
	5	手动密闭阀安装	第6.2.9条	/		
	6	净化风管安装	第6.2.6条	/		
	7	真空吸尘系统安装	第6.2.7条	/		
	8	风管严密性检验	第6.2.8条	/		
一般项目	1	风管系统的安装	第6.3.1条	/		
	2	无法兰风管系统的安装	第6.3.2条	/		
	3	风管安装的水平、垂直质量	第6.3.3条	/		
	4	风管的支、吊架	第6.3.4条	/		
	5	非金属风管安装	第6.3.5条	/		
	6	复合材料风管安装	第6.3.6条	/		
	7	风阀的安装	第6.3.8条	/		
	8	净化空调风口的安装	第6.3.12条	/		
	9	真空吸尘系统安装	第6.3.7条	/		
	10	风口安装允许偏差	位置和标高	不应大于10mm	/	
			水平度	不应大于3/1000	/	
			垂直度	不应大于2/1000	/	
施工单位检查结果				专业工长：项目专业质量检查员：　　　　年　月　日		
监理单位验收结论				专业监理工程师：　　　　年　月　日		

2. 验收依据说明

【规范名称及编号】《通风与空调工程质量验收规范》GB 50243－2002

【条文摘录】

6 风管系统安装（见《风管系统安装检验批质量验收记录（Ⅰ）（送、排风，防排烟，除尘系统)》的验收依据说明，见本书第 634 页）。

8.2.7 风机安装检验批质量验收记录

1. 表格

风机安装检验批质量验收记录

06010401 ＿＿＿＿＿
06020401 ＿＿＿＿＿
06030401 ＿＿＿＿＿
06040401 ＿＿＿＿＿
06050401 ＿＿＿＿＿
06060401 ＿＿＿＿＿
06070401 ＿＿＿＿＿

单位（子单位）工程名称				分部（子分部）工程名称			分项工程名称	
施工单位				项目负责人			检验批容量	
分包单位				分包单位项目负责人			检验批部位	
施工依据					验收依据		《通风与空调工程质量验收规范》GB 50243－2002	
验收项目				设计要求及规范规定	最小/实际抽样数量		检查记录	检查结果
主控项目	1	通风机安装		第 7.2.1 条	/			
	2	通风机安全措施		第 7.2.2 条	/			
一般项目	1	叶轮与机壳安装		第 7.3.1-1 条	/			
	2	轴流风机叶片安装		第 7.3.1-2 条	/			
	3	隔振器地面		第 7.3.1-3 条	/			
	4	隔振器支、吊架		第 7.3.1-4 条	/			
	5	通风机安装允许偏差（mm）	中心线的平面位移	10	/			
			标高	±10	/			
			皮带轮轮宽中心平面偏移	1	/			
		传动轴水平度	纵向	0.2/1000	/			
			横向	0.3/1000	/			
		联轴器	两轴芯径向位移	0.05	/			
			两轴线倾斜	0.2/1000	/			
施工单位检查结果					专业工长： 项目专业质量检查员： 年　　月　　日			
监理单位验收结论					专业监理工程师： 年　　月　　日			

2. 验收依据说明

【规范名称及编号】《通风与空调工程质量验收规范》GB 50243－2002

【条文摘录】

7　通风与空调设备安装

7.1　一　般　规　定

7.1.1　本章适用于工作压力不大于5kPa的通风机与空调设备安装质量的检验与验收。

7.1.2　通风与空调设备应有装箱清单、设备说明书、产品质量合格证书和产品性能检测报告等随机文件，进口设备还应具有商检合格的证明文件。

7.1.3　设备安装前，应进行开箱检查，并形成验收文字记录。参加人员为建设、监理、施工和厂商等方单位的代表。

7.1.4　设备就位前应对其基础进行验收，合格后方能安装。

7.1.5　设备的搬运和吊装必须符合产品说明书的有关规定，并应做好设备的保护工作，防止因搬运或吊装而造成设备损伤。

7.2　主　控　项　目

7.2.1　通风机的安装应符合下列规定：

1　型号、规格应符合设计规定，其出口方向应正确；

2　叶轮旋转应平稳，停转后不应每次停留在同一位置上；

3　固定通风机的地脚螺栓应拧紧，并有防松动措施。

检查数量：全数检查。

检查方法：依据设计图核对、观察检查。

7.2.2　通风机传动装置的外露部位以及直通大气的进、出口，必须装设防护罩（网）或采取其他安全设施。

检查数量：全数检查。

检查方法：依据设计图核对、观察检查。

7.2.3　空调机组的安装应符合下列规定：

1　型号、规格、方向和技术参数应符合设计要求；

2　现场组装的组合式空气调节机组应做漏风量的检测，其漏风量必须符合现行国家标准《组合式空调机组》GB/T 14294的规定。

检查数量：按总数抽检20%，不得少于1台。净化空调系统的机组，1～5全数检查，6～9级抽查50%。

检查方法：依据设计图核对，检查测试记录。

7.2.4　除尘器的安装应符合下列规定：

1　型号、规格、进出口方向必须符合设计要求；

2　现场组装的除尘器壳体应做漏风量检测，在设计工作压力下允许漏风率为5%，其中离心式除尘器为3%；

3　布袋除尘器、电除尘器的壳体及辅助设备接地应可靠。

检查数量：按总数抽查20%，不得少于1台；接地全数检查。

检查方法：按图核对、检查测试记录和观察检查。

7.2.5　高效过滤器应在洁净室及净化空调系统进行全面清扫和系统连续试车12h以上后，在现场拆开包装并进行安装。安装前需进行外观检查和仪器检漏。目测不得有变形、脱落、断裂等破损现象；仪器抽检检漏应符合产品质量文件的规定。合格后立即安装，其方向必须正确，安装后的高效过滤器四周及接口，应严密不漏；在调试前应进行扫描检漏。

检查数量：高效过滤器的仪器抽检检漏按批抽5%，不得少于1台。

检查方法：观察检查、按本规范附录B规定扫描检测或查看检测记录。

7.2.6 净化空调设备的安装还应符合下列规定：

1 净化空调设备与洁净室围护结构相连的接缝必须密封；

2 风机过滤器单元（FFU 与 FMU 空气净化装置）应在清洁的现场进行外观检查，目测不得有变形、锈蚀、漆膜脱落、拼接板破损等现象；在系统试运转时，必须在进风口处加装临时中效过滤器作为保护。

检查数量：全数检查。

检查方法：按设计图核对、观察检查。

7.2.7 静电空气过滤器金属外壳接地必须良好。

检查数量：按总数抽查 20%，不得少于 1 台。检查方法：核对材料、观察检查或电阻测定。

7.2.8 电加热器的安装必须符合下列规定：

1 电加热器与钢构架间的绝热层必须为不燃材料；接线柱外露的应加设安全防护罩；

2 电加热器的金属外壳接地必须良好；

3 连接电加热器的风管的法兰垫片，应采用耐热不燃材料。

检查数量：按总数抽查 20%，不得少于 1 台。

检查方法：核对材料、观察检查或电阻测定。

7.2.9 干蒸汽加湿器的安装，蒸汽喷管不应朝下。

检查数量：全数检查。

检查方法：观察检查。

7.2.10 过滤吸收器的安装方向必须正确，并应设独立支架，与室外的连接管段不得泄漏。

检查数量：全数检查。

检查方法：观察或检测。

7.3 一 般 项 目

7.3.1 通风机的安装应符合下列规定：

1 通风机的安装，应符合表 7.3.1 的规定，叶轮转子与机壳的组装位置应正确；叶轮进风口插入风机机壳进风口或密封圈的深度，应符合设备技术文件的规定，或为叶轮外径值的 1/100；

表 7.3.1 通风机安装的允许偏差

项次	项 目		允许偏差	检 验 方 法
1	中心线的平面位移		10mm	经纬仪或拉线和尺量检查
2	标高		±10mm	水准仪或水平仪、直尺、拉线和尺量检查
3	皮带轮轮宽中心平面偏移		1mm	在主、从动皮带轮端面拉线和尺量检查
4	传动轴水平度		纵向 0.2/1000 横向 0.3/1000	在轴或皮带轮 0°和 180°的两个位置上，用水平仪检查
5	联轴器	两轴芯径向位移	0.05mm	在联轴器互相垂直的四个位置上，用百分表检查
		两轴线倾斜	0.2/1000	

2 现场组装的轴流风机叶片安装角度应一致，达到在同一平面内运转，叶轮与筒体之间的间隙应均匀，水平度允许偏差为 1/1000；

3 安装隔振器的地面应平整，各组隔振器承受荷载的压缩量应均匀，高度误差应小于 2mm；

4 安装风机的隔振钢支、吊架，其结构形式和外形尺寸应符合设计或设备技术文件的规定；焊接应牢固，焊缝应饱满、均匀。

检查数量：按总数抽查 20%，不得少于 1 台。

检查方法：尺量、观察或检查施工记录。

7.3.2 组合式空调机组及柜式空调机组的安装应符合下列规定：

1 组合式空调机组各功能段的组装，应符合设计规定的顺序和要求；各功能段之间的连接应严密，整体应平直；

2 机组与供回水管的连接应正确，机组下部冷凝水排放管的水封高度应符合设计要求；

3 机组应清扫干净，箱体内应无杂物、垃圾和积尘；

4 机组内空气过滤器（网）和空气热交换器翅片应清洁、完好。

检查数量：按总数抽查20％，不得少于1台。

检查方法：观察检查。

7.3.3 空气处理室的安装应符合下列规定：

1 金属空气处理室壁板及各段的组装位置应正确，表面平整，连接严密、牢固；

2 喷水段的本体及其检查门不得漏水，喷水管和喷嘴的排列、规格应符合设计的规定；

3 表面式换热器的散热面应保持清洁、完好。当用于冷却空气时，在下部应设有排水装置，冷凝水的引流管或槽应畅通，冷凝水不外溢；

4 表面式换热器与围护结构间的缝隙，以及表面式热交换器之间的缝隙，应封堵严密；

5 换热器与系统供回水管的连接应正确，且严密不漏。

检查数量：按总数抽查20％，不得少于1台。

检查方法：观察检查。

7.3.4 单元式空调机组的安装应符合下列规定：

1 分体式空调机组的室外机和风冷整体式空调机组的安装，固定应牢固、可靠；除应满足冷却风循环空间的要求外，还应符合环境卫生保护有关法规的规定；

2 分体式空调机组的室内机的位置应正确、并保持水平，冷凝水排放应畅通。管道穿墙处必须密封，不得有雨水渗入；

3 整体式空调机组管道的连接应严密、无渗漏，四周应留有相应的维修空间。

检查数量：按总数抽查20％，不得少于1台。

检查方法：观察检查。

7.3.5 除尘设备的安装应符合下列规定：

1 除尘器的安装位置应正确、牢固平稳，允许误差应符合表7.3.5的规定；

表7.3.5 除尘器安装允许偏差和检验方法

项 次	项 目		允许偏差（mm）	检 验 方 法
1	平面位移		≤10	用经纬仪或拉线、尺量检查
2	标高		±10	用水准仪、直尺、拉线和尺量检查
3	垂直度	每 米	≤2	吊线和尺量检查
		总偏差	≤10	

2 除尘器的活动或转动部件的动作应灵活、可靠，并应符合设计要求；

3 除尘器的排灰阀、卸料阀、排泥阀的安装应严密，并便于操作与维护修理。

检查数量：按总数抽查20％，不得少于1台。

检查方法：尺量、观察检查及检查施工记录。

7.3.6 现场组装的静电除尘器的安装，还应符合设备技术文件及下列规定：

1 阳极板组合后的阳极排平面度允许偏差为5mm，其对角线允许偏差为10mm；

2 阴极小框架组合后主平面的平面度允许偏差为5mm，其对角线允许偏差为10mm；

3 阴极大框架的整体平面度允许偏差为15mm，整体对角线允许偏差为10mm；

4 阳极板高度小于或等于7m的电除尘器，阴、阳极间距允许偏差为5mm。阳极板高度大于7m的电除尘器，阴、阳极间距允许偏差为10mm；

5 振打锤装置的固定，应可靠；振打锤的转动，应灵活。锤头方向应正确；振打锤头与振打砧之间应保持良好的线接触状态，接触长度应大于锤头厚度的 0.7 倍。

检查数量：按总数抽查 20％，不得少于 1 组。

检查方法：尺量、观察检查及检查施工记录。

7.3.7 现场组装布袋除尘器的安装，还应符合下列规定：

1 外壳应严密、不漏，布袋接口应牢固；

2 分室反吹袋式除尘器的滤袋安装，必须平直。每条滤袋的拉紧力应保持在 25～35N/m；与滤袋连接接触的短管和袋帽，应无毛刺；

3 机械回转扁袋式除尘器的旋臂，转动应灵活可靠，净气室上部的顶盖，应密封不漏气，旋转应灵活，无卡阻现象；

4 脉冲袋式除尘器的喷吹孔，应对准文氏管的中心，同心度允许偏差为 2mm。

检查数量：按总数抽查 20％，不得少于 1 台。

检查方法：尺量、观察检查及检查施工记录。

7.3.8 洁净室空气净化设备的安装，应符合下列规定：

1 带有通风机的气闸室、吹淋室与地面间应有隔振垫；

2 机械式余压阀的安装，阀体、阀板的转轴均应水平，允许偏差为 2/1000。余压阀的安装位置应在室内气流的下风侧，并不应在工作面高度范围内；

3 传递窗的安装，应牢固、垂直，与墙体的连接处应密封。

检查数量：按总数抽查 20％，不得少于 1 件。

检查方法：尺量、观察检查。

7.3.9 装配式洁净室的安装应符合下列规定：

1 洁净室的顶板和壁板（包括夹芯材料）应为不燃材料；

2 洁净室的地面应干燥、平整，平整度允许偏差为 1/1000；

3 壁板的构配件和辅助材料的开箱，应在清洁的室内进行，安装前应严格检查其规格和质量。壁板应垂直安装，底部宜采用圆弧或钝角交接；安装后的壁板之间、壁板与顶板间的拼缝，应平整严密，墙板的垂直允许偏差为 2/1000，顶板水平度的允许偏差与每个单间的几何尺寸的允许偏差均为 2/1000；

4 洁净室吊顶在受荷载后应保持平直，压条全部紧贴。洁净室壁板若为上、下槽形板时，其接头应平整、严密；组装完毕的洁净室所有拼接缝，包括与建筑的接缝，均应采取密封措施，做到不脱落，密封良好。

检查数量：按总数抽查 20％，不得少于 5 处。

检查方法：尺量、观察检查及检查施工记录。

7.3.10 洁净层流罩的安装应符合下列规定：

1 应设独立的吊杆，并有防晃动的固定措施；

2 层流罩安装的水平度允许偏差为 1/1000，高度的允许偏差为 ±1mm；

3 层流罩安装在吊顶上，其四周与顶板之间应设有密封及隔振措施。

检查数量：按总数抽查 20％，且不得少于 5 件。

检查方法：尺量、观察检查及检查施工记录。

7.3.11 风机过滤器单元（FFU、FMU）的安装应符合下列规定：

1 风机过滤器单元的高效过滤器安装前应按本规范第 7.2.5 条的规定检漏，合格后进行安装，方向必须正确；安装后的 FFU 或 FMU 机组应便于检修；

2 安装后的 FFU 风机过滤器单元，应保持整体平整，与吊顶衔接良好。风机箱与过滤器之间的连接，过滤器单元与吊顶框架间应有可靠的密封措施。

检查数量：按总数抽查 20％，且不得少于 2 个。

检查方法：尺量、观察检查及检查施工记录。

7.3.12 高效过滤器的安装应符合下列规定：

1　高效过滤器采用机械密封时，须采用密封垫料，其厚度为 6～8mm，并定位贴在过滤器边框上，安装后垫料的压缩应均匀，压缩率为 25%～50%；

2　采用液槽密封时，槽架安装应水平，不得有渗漏现象，槽内无污物和水分，槽内密封液高度宜为 2/3 槽深。密封液的熔点宜高于 50℃。

检查数量：按总数抽查 20%，且不得少于 5 个。

检查方法：尺量、观察检查。

7.3.13　消声器的安装应符合下列规定：

1　消声器安装前应保持干净，做到无油污和浮尘；

2　消声器安装的位置、方向应正确，与风管的连接应严密，不得有损坏与受潮。两组同类型消声器不宜直接串联；

3　现场安装的组合式消声器，消声组件的排列、方向和位置应符合设计要求。单个消声器组件的固定应牢固；

4　消声器、消声弯管均应设独立支、吊架。

检查数量：整体安装的消声器，按总数抽查 10%，且不得少于 5 台。现场组装的消声器全数检查。

检查方法：手扳和观察检查、核对安装记录。

7.3.14　空气过滤器的安装应符合下列规定：

1　安装平整、牢固，方向正确。过滤器与框架、框架与围护结构之间应严密无穿透缝；

2　框架式或粗效、中效袋式空气过滤器的安装，过滤器四周与框架应均匀压紧，无可见缝隙，并应便于拆卸和更换滤料；

3　卷绕式过滤器的安装，框架应平整、展开的滤料，应松紧适度、上下筒体应平行。

检查数量：按总数抽查 10%，且不得少于 1 台。

检查方法：观察检查。

7.3.15　风机盘管机组的安装应符合下列规定：

1　机组安装前宜进行单机三速试运转及水压检漏试验。试验压力为系统工作压力的 1.5 倍，试验观察时间为 2min，不渗漏为合格；

2　机组应设独立支、吊架，安装的位置、高度及坡度应正确、固定牢固；

3　机组与风管、回风箱或风口的连接，应严密、可靠。

检查数量：按总数抽查 10%，且不得少于 1 台。

检查方法：观察检查、查阅检查试验记录。

7.3.16　转轮式换热器安装的位置、转轮旋转方向及接管应正确，运转应平稳。

检查数量：按总数抽查 20%，且不得少于 1 台。

检查方法：观察检查。

7.3.17　转轮去湿机安装应牢固，转轮及传动部件应灵活、可靠，方向正确；处理空气与再生空气接管应正确；排风水平管须保持一定的坡度，并坡向排出方向。

检查数量：按总数抽查 20%，且不得少于 1 台。

检查方法：观察检查。

7.3.18　蒸汽加湿器的安装应设置独立支架，并固定牢固；接管尺寸正确、无渗漏。

检查数量：全数检查。

检查方法：观察检查。

7.3.19　空气风幕机的安装，位置方向应正确、牢固可靠，纵向垂直度与横向水平度的偏差均不应大于 2/1000。

检查数量：按总数 10% 的比例抽查，且不得少于 1 台。

检查方法：观察检查。

7.3.20　变风量末端装置的安装，应设单独支、吊架，与风管连接前宜做动作试验。

检查数量：按总数抽查10％，且不得少于1台。

检查方法：观察检查、查阅检查试验记录。

8.2.8　空气处理设备安装检验批质量验收记录（Ⅰ）（通风系统）

1. 表格

空气处理设备安装检验批质量验收记录
（Ⅰ）（通风系统）

06010402 _____
06020402 _____
06030402 _____
06040402 _____

单位（子单位）工程名称			分部（子分部）工程名称			分项工程名称		
施工单位			项目负责人			检验批容量		
分包单位			分包单位项目负责人			检验批部位		
施工依据				验收依据		《通风与空调工程质量验收规范》GB 50243－2002		
验收项目			设计要求及规范规定	最小/实际抽样数量		检查记录		检查结果
主控项目	1	除尘器安装	第7.2.4条	/				
	2	布袋与静电除尘器接地	第7.2.4-3条	/				
	3	静电空气过滤器安装	第7.2.7条	/				
	4	电加热器安装	第7.2.8条	/				
	5	过滤吸收器安装	第7.2.10条	/				
一般项目	1	除尘器部件及阀安装	第7.3.5-2、3条	/				
	2	除尘设备安装允许偏差（mm）	平面位移		≤10	/			
			标高		±10	/			
			垂直度	每米	≤2	/			
				总偏差	≤10	/			
	3	现场组装静电除尘器安装	第7.3.6条	/				
	4	现场组装布袋除尘器安装	第7.3.7条	/				
	5	消声器的安装	第7.3.13条	/				
	6	空气过滤器安装	第7.3.14条	/				
	7	蒸汽加湿器安装	第7.3.18条	/				
	8	空气风幕机安装	第7.3.19条	/				
	9	变风量末端装置的安装	第7.3.20条	/				
施工单位检查结果			专业工长： 项目专业质量检查员： 年　月　日					
监理单位验收结论			专业监理工程师： 年　月　日					

2. 验收依据说明

【规范名称及编号】《通风与空调工程质量验收规范》GB 50243－2002

【条文摘录】

7　通风与空调设备安装（见《风机安装检验批质量验收记录》的验收依据说明，见本书第 640 页）。

8.2.9　空气处理设备安装检验批质量验收记录（Ⅱ）（空调系统）

1. 表格

空气处理设备安装检验批质量验收记录
（Ⅱ）（空调系统）

06050402 _____
06050601 _____
06050701 _____
06050801 _____
06060402 _____
06060601 _____
06060701 _____

单位（子单位）工程名称				分部（子分部）工程名称		分项工程名称	
施工单位				项目负责人		检验批容量	
分包单位				分包单位项目负责人		检验批部位	
施工依据					验收依据	《通风与空调工程质量验收规范》GB 50243－2002	
验收项目			设计要求及规范规定	最小/实际抽样数量	检查记录		检查结果
主控项目	1	空调机组的安装	第 7.2.3 条	/			
	2	静电空气过滤器安装	第 7.2.7 条	/			
	3	电加热器安装	第 7.2.8 条	/			
	4	干蒸汽加湿器安装	第 7.2.9 条	/			
一般项目	1	组合式空调机组安装	第 7.3.2 条	/			
	2	现场组装的空气处理室安装	第 7.3.6 条	/			
	3	单元式空调机组安装	第 7.3.4 条	/			
	4	消声器的安装	第 7.3.13 条	/			
	5	风机盘管机组安装	第 7.3.15 条	/			
	6	粗、中效空气过滤器安装	第 7.3.14 条	/			
	7	空气风幕机安装	第 7.3.19 条	/			
	8	转轮式换热器安装	第 7.3.16 条	/			
	9	转轮式去湿器安装	第 7.3.17 条	/			
	10	蒸汽加湿器安装	第 7.3.18 条	/			
施工单位检查结果					专业工长：项目专业质量检查员：　　　年　月　日		
监理单位验收结论					专业监理工程师：　　　年　月　日		

2. 验收依据说明

【规范名称及编号】《通风与空调工程质量验收规范》GB 50243 - 2002

【条文摘录】

7 通风与空调设备安装（见《风机安装检验批质量验收记录》的验收依据说明，见本书第 640 页）。

8.2.10 空气处理设备安装检验批质量验收记录（Ⅲ）（净化空调系统）

1. 表格

空气处理设备安装检验批质量验收记录

（Ⅲ）（净化空调系统）

06070402 _____
06070601 _____
06070701 _____
06070801 _____

单位（子单位）工程名称			分部（子分部）工程名称			分项工程名称	
施工单位			项目负责人			检验批容量	
分包单位			分包单位项目负责人			检验批部位	
施工依据				验收依据		《通风与空调工程质量验收规范》GB 50243 - 2002	
验收项目			设计要求及规范规定	最小/实际抽样数量		检查记录	检查结果
主控项目	1	空调机组安装	第 7.2.3 条	/			
	2	净化空调设备安装	第 7.2.6 条	/			
	3	高效过滤器安装	第 7.2.5 条	/			
	4	静电空气过滤器安装	第 7.2.7 条	/			
	5	电加热器的安装	第 7.2.8 条	/			
	6	干蒸汽加湿器安装	第 7.2.9 条	/			
一般项目	1	组合式净化空调机组安装	第 7.3.2 条	/			
	2	净化室设备安装	第 7.3.8 条	/			
	3	装配式洁净室安装	第 7.3.9 条	/			
	4	洁净层流罩安装	第 7.3.10 条	/			
	5	风机过滤单元安装	第 7.3.11 条	/			
	6	消声器的安装	第 7.3.13 条	/			
	7	粗、中效空气过滤器安装	第 7.3.14 条	/			
	8	高效过滤器安装	第 7.3.12 条	/			
	9	蒸汽加湿器安装	第 7.3.18 条	/			
施工单位检查结果				专业工长：项目专业质量检查员： 年 月 日			
监理单位验收结论				专业监理工程师： 年 月 日			

2. 验收依据说明

【规范名称及编号】《通风与空调工程质量验收规范》GB 50243－2002

【条文摘录】

7 通风与空调设备安装（见《风机安装检验批质量验收记录》的验收依据说明，见本书第640页）。

8.2.11 风管与设备防腐检验批质量验收记录

1. 表格

风管与设备防腐检验批质量验收记录

06010501 _____

06020501 _____

06030501 _____

06040501 _____

06050501 _____

06060501 _____

06070501 _____

单位（子单位）工程名称			分部（子分部）工程名称		分项工程名称	
施工单位			项目负责人		检验批容量	
分包单位			分包单位项目负责人		检验批部位	
施工依据				验收依据	《通风与空调工程质量验收规范》GB 50243－2002	
验收项目			设计要求及规范规定	最小/实际抽样数量	检查记录	检查结果
主控项目	1	防腐涂料和油漆	第10.2.2条	/		
一般项目	1	喷、涂油漆的漆膜质量	均匀无缺陷	/		
	2	油漆喷、涂，不得遮盖铭牌标志和影响部件的功能使用	第10.3.2条	/		
施工单位检查结果				专业工长： 项目专业质量检查员： 年 月 日		
监理单位验收结论				专业监理工程师： 年 月 日		

2. 验收依据说明

【规范名称及编号】《通风与空调工程质量验收规范》GB 50243－2002

【条文摘录】

10. 防腐与绝热

10.1 一 般 规 定

10.1.1 风管与部件及空调设备绝热工程施工应在风管系统严密性检验合格后进行。

10.1.2 空调工程的制冷系统管道，包括制冷剂和空调水系统绝热工程的施工，应在管路系统强度与严密性检验合格和防腐处理结束后进行。

10.1.3 普通薄钢板在制作风管前，宜预涂防锈漆一遍。

10.1.4 支、吊架的防腐处理应与风管或管道相一致，其明装部分必须涂面漆。

10.1.5 油漆施工时，应采取防火、防冻、防雨等措施，并不应在低温或潮湿环境下作业。明装部分的最后一遍色漆，宜在安装完毕后进行。

10.2 主 控 项 目

10.2.1 风管和管道的绝热，应采用不燃或难燃材料，其材质、密度、规格与厚度应符合设计要求。如采用难燃材料时，应对其难燃性进行检查，合格后方可使用。

检查数量：按批随机抽查1个。

检查方法：观察检查、检查材料合格证，并做点燃试验。

10.2.2 防腐涂料和油漆，必须是在有效保质期限内的合格产品。

检查数量：按批检查。

检查方法：观察、检查材料合格证。

10.2.3 在下列场合必须使用不燃绝热材料：

1 电加热器前后800mm的风管和绝热层；

2 穿越防火隔墙两侧2m范围内风管、管道和绝热层。

检查数量：全数检查。

检查方法：观察、检查材料合格证与做点燃试验。

10.2.4 输送介质温度低于周围空气露点温度的管道，当采用非闭孔性绝热材料时，隔汽层（防潮层）必须完整，且封闭良好。

检查数量：按数量抽查10％，且不得少于5段。

检查方法：观察检查。

10.2.5 位于洁净室内的风管及管道的绝热，不应采用易产尘的材料（如玻璃纤维、短纤维矿棉等）。

检查数量：全数检查。

检查方法：观察检查。

10.3 一 般 项 目

10.3.1 喷、涂油漆的漆膜，应均匀、无堆积、皱纹、气泡、掺杂、混色与漏涂等缺陷。

检查数量：按面积检查10％。

检查方法：观察检查。

10.3.2 各类空调设备、部件的油漆喷、涂，不得遮盖铭牌标志和影响部件的功能使用。

检查数量：按数量检查10％，且不得少于2个。

检查方法：观察检查。

10.3.3 风管系统部件的绝热，不得影响其操作功能。

检查数量：按数量检查10％，且不得少于2个。

检查方法：观察检查。

10.3.4 绝热材料层应密实，无裂缝、空隙等缺陷。表面应平整，应采用卷材或板材时，允许偏差为5mm；采用涂抹或其他方式时，允许偏差为10mm。防潮层（包括绝热层的端部）应完整，且封闭良好；其搭连缝应顺水。

检查数量：管道按轴线长度抽查10％；部件、阀门抽查10％，且不得少于2个。

检查方法：观察检查、用钢丝刺入保温层、尺量。

10.3.5 风管绝热层采用粘结方法固定时，施工应符合下列规定：

1 胶粘剂的性能应符合使用温度和环境卫生的要求，并与绝热材料相匹配；

2 胶粘材料宜均匀地涂在风管、部件或设备的外表面上，绝热材料与风管、部件及设备表面应紧密贴合，无空隙；

3 绝热层纵、横向的连缝，应错开；

4 绝热层粘贴后，如进行包扎或捆扎，包扎的搭连处应均匀、贴紧；捆扎的应松紧适度，不得损坏绝热层。

检查数量：按数量抽查10%。

检查方法：观察检查和检查材料合格证。

10.3.6 风管绝热层采用保温钉连接固定时，应符合下列规定：

1 保温钉与风管、部件及设备表面的连接，可采用粘接或焊接，结合应牢固，不得脱落；焊接后应保持风管的平整，并不应影响镀锌钢板的防腐性能；

2 矩形风管或设备保温钉的分布应均匀，其数量底面每平方米不应少于16个，侧面不应少于10个，顶面不应少于8个。首行保温钉至保温材料边沿应小于120mm；

3 风管法兰部位的绝热层的厚度，不应低于风管绝热层的0.8倍；

4 有防潮隔汽层绝热材料的拼缝处，应用粘胶带封严。粘胶带的宽度不应小于50mm。粘胶带应牢固地粘贴在防潮面层上，不得有胀裂和脱落。

检查数量：按数量抽查10%，且不得少于5处。

检查方法：观察检查。

10.3.7 绝热涂料作绝热层时，应分层涂抹，厚度均匀，不得有气泡和漏涂等缺陷，表面固化层应光滑，牢固无缝隙。

检查数量：按数量抽查10%。

检查方法：观察检查。

10.3.8 当采用玻璃纤维布作绝热保护层时，搭接的宽度应均匀，宜为30～50mm，且松紧适度。

检查数量：按数量抽查10%，且不得少于10m²。

检查方法：尺量、观察检查。

10.3.9 管道阀门、过滤器及法兰部位的绝热结构应能单独拆卸。

检查数量：按数量抽查10%，且不得少于5个。

检查方法：观察检查。

10.3.10 管道绝热层的施工，应符合下列规定：

1 绝热产品的材质和规格，应符合设计要求，管壳的粘贴应牢固、铺设应平整；绑扎应紧密，无滑动、松弛与断裂现象；

2 硬质或半硬质绝热管壳的拼接缝隙，保温时不应大于5mm、保冷时不应大于2mm，并用粘结材料勾缝填满；纵缝应错开，外层的水平接缝应设在侧下方。当绝热层的厚度大于100mm时，应分层铺设，层间应压缝；

3 硬质或半硬质绝热管壳应用金属丝或难腐织带捆扎，其间距为300～350mm，且每节至少捆扎2道；

4 松散或软质绝热材料应按规定的密度压缩其体积，疏密应均匀。毡类材料在管道上包扎时，搭接处不应有空隙。

检查数量：按数量抽查10%，且不得少于10段。

检查方法：尺量、观察检查及查阅施工记录。

10.3.11 管道防潮层的施工应符合下列规定：

1 防潮层应紧密粘贴在绝热层上，封闭良好，不得有虚粘、气泡、褶皱、裂缝等缺陷；

2 立管的防潮层，应由管道的低端向高端敷设，环向搭接的缝口应朝向低端；纵向的搭接缝应位于管道的侧面，并顺水；

3 卷材防潮层采用螺旋形缠绕的方式施工时，卷材的搭接宽度宜为30～50mm。

检查数量：按数量抽查10%，且不得少于10m。

检查方法：尺量、观察检查。

10.3.12 金属保护壳的施工，应符合下列规定：

1 应紧贴绝热层，不得有脱壳、褶皱、强行接口等现象。接口的搭接应顺水，并有凸筋加强，搭接尺寸为20～25mm。采用自攻螺丝固定时，螺钉间距应匀称，并不得刺破防潮层。

2 户外金属保护壳的纵、横向接缝，应顺水；其纵向接缝应位于管道的侧面。金属保护壳与外墙面或屋顶的交接处应加设泛水。

检查数量：按数量抽查10%。

检查方法：观察检查。

10.3.13 冷热源机房内制冷系统管道的外表面，应做色标。

检查数量：按数量抽查10%。

检查方法：观察检查。

8.2.12 通风与空调工程系统调试检验批质量验收记录

1. 表格

通风与空调工程系统调试检验批质量验收记录

06010701 _____ 06020801 _____

06030701 _____ 06040901 _____

06100601 _____ 06061001 _____

06071101 _____ 06100904 _____

06110804 _____ 06160602 _____

06170802 _____

单位（子单位）工程名称				分部（子分部）工程名称		分项工程名称	
施工单位				项目负责人		检验批容量	
分包单位				分包单位项目负责人		检验批部位	
施工依据				验收依据		《通风与空调工程质量验收规范》GB 50243－2002	
验收项目			设计要求及规范规定	最小/实际抽样数量	检查记录		检查结果
主控项目	1	通风机、空调机组单机试运转及调试	第11.2.2-1条	/			
	2	水泵单机试运转及调试	第11.2.2-2条	/			
	3	冷却塔单机试运转及调试	第11.2.2-3条	/			
	4	制冷机组单机试运转及调试	第11.2.2-4条	/			
	5	电控防火、防排烟阀动作试验	第11.2.2-5条	/			
	6	系统风量调试	第11.2.3-1条	/			
	7	空调水系统调试	第11.2.3-2条	/			
	8	恒温、恒湿空调	第11.2.3-3条	/			
	9	防、排烟系统调试	第11.2.4条	/			
	10	净化空调系统调试	第11.2.5条	/			
一般项目	1	风机、空调机组	第11.3.1-2、11.3.1-3条	/			
	2	水泵安装	第11.3.1-1条	/			
	3	风口风量平衡	第11.3.2-2条	/			
	4	水系统试运行	第11.3.3-1、11.3.3-3条	/			
	5	水系统检测元件工作	第11.3.3-2条	/			
	6	空调房间参数	第11.3.3-4、5、6条	/			
	7	工程控制和监测元件及执行结构	第11.3.4条	/			
施工单位检查结果		专业工长：项目专业质量检查员：年　月　日					
监理单位验收结论		专业监理工程师：年　月　日					

2. 验收依据说明

【规范名称及编号】《通风与空调工程质量验收规范》GB 50243－2002

【条文摘录】

11　系统调试

11.1　一　般　规　定

11.1.1　系统调试所使用的测试仪器和仪表，性能应稳定可靠，其精度等级及最小分度值应能满足测定的要求，并应符合国家有关计量法规及检定规程的规定。

11.1.2　通风与空调工程的系统调试，应由施工单位负责、监理单位监督，设计单位与建设单位参与和配合。系统调试的实施可以是施工企业本身或委托给具有调试能力的其他单位。

11.1.3　系统调试前，承包单位应编制调试方案，报送专业监理工程师审核批准；调试结束后，必须提供完整的调试资料和报告。

11.1.4　通风与空调工程系统无生产负荷的联合试运转及调试，应在制冷设备和通风与空调设备单机试运转合格后进行。空调系统带冷（热）源的正常联合试运转不应少于8h，当竣工季节与设计条件相差较大时，仅做不带冷（热）源试运转。通风、除尘系统的连续试运转不应少于2h。

11.1.5　净化空调系统运行前应在回风、新风的吸入口处和粗、中效过滤器前设置临时用过滤器（如无纺布等），实行对系统的保护。净化空调系统的检测和调整，应在系统进行全面清扫，且已运行24h及以上达到稳定后进行。洁净室洁净度的检测，应在空态或静态下进行或按合约规定。室内洁净度检测时，人员不宜多于3人，均必须穿与洁净室洁净度等级相适应的洁净工作服。

11.2　主　控　项　目

11.2.1　通风与空调工程安装完毕，必须进行系统的测定和调整（简称调试）。系统调试应包括下列项目：

1　设备单机试运转及调试；

2　系统无生产负荷下的联合试运转及调试。

检查数量：全数。检查方法：观察、旁站、查阅调试记录。

11.2.2　设备单机试运转及调试应符合下列规定：

1　通风机、空调机组中的风机，叶轮旋转方向正确、运转平稳、无异常振动与声响，其电机运行功率应符合设备技术文件的规定。在额定转速下连续运转2h后，滑动轴承外壳最高温度不得超过70℃；滚动轴承不得超过80℃；

2　水泵叶轮旋转方向正确，无异常振动和声响，紧固连接部位无松动，其电机运行功率值符合设备技术文件的规定。水泵连续运转2h后，滑动轴承外壳最高温度不得超过70℃；滚动轴承不得超过75℃；

3　冷却塔本体应稳固、无异常振动，其噪声应符合设备技术文件的规定。风机试运转按本条第1款的规定；冷却塔风机与冷却水系统循环试运行不少于2h，运行应无异常情况；

4　制冷机组、单元式空调机组的试运转，应符合设备技术文件和现行国家标准《制冷设备、空气分离设备安装工程施工及验收规范》GB 50274的有关规定，正常运转不应少于8h；

5　电控防火、防排烟风阀（口）的手动、电动操作应灵活、可靠，信号输出正确。

检查数量：第1款按风机数量抽查10％，且不得少于1台；第2、3、4款全数检查；第5款按系统中风阀的数量抽查20％，且不得少于5件。

检查方法：观察、旁站、用声级计测定、查阅试运转记录及有关文件。

11.2.3　系统无生产负荷的联合试运转及调试应符合下列规定：

1　系统总风量调试结果与设计风量的偏差不应大于10％；

2　空调冷热水、冷却水总流量测试结果与设计流量的偏差不应大于10％；

3　舒适空调的温度、相对湿度应符合设计的要求。恒温、恒湿房间室内空气温度、相对湿度及波动范围应符合设计规定。

检查数量：按风管系统数量抽查10％，且不得少于1个系统。

检查方法：观察、旁站、查阅调试记录。

11.2.4 防排烟系统联合试运行与调试的结果（风量及正压），必须符合设计与消防的规定。

检查数量：按总数抽查 10%，且不得少于 2 个楼层。

检查方法：观察、旁站、查阅调试记录。

11.2.5 净化空调系统还应符合下列规定：

1 单向流洁净室系统的系统总风量调试结果与设计风量的允许偏差为 0～20%，室内各风口风量与设计风量的允许偏差为 15%。新风量与设计新风量的允许偏差为 10%。

2 单向流洁净室系统的室内截面平均风速的允许偏差为 0～20%，且截面风速不均匀度不应大于 0.25。新风量和设计新风量的允许偏差为 10%。

3 相邻不同级别洁净室之间和洁净室与非洁净室之间的静压差不应小于 5Pa，洁净室与室外的静压差不应小于 10Pa；

4 室内空气洁净度等级必须符合设计规定的等级或在商定验收状态下的等级要求。高于等于 5 级的单向流洁净室，在门开启的状态下，测定距离门 0.6m 室内侧工作高度处空气的含尘浓度，亦不应超过室内洁净度等级上限的规定。

检查数量：调试记录全数检查，测点抽查 5%，且不得少于 1 点。

检查方法：检查、验证调试记录，按本规范附录 B 进行测试校核。

11.3 一 般 项 目

11.3.1 设备单机试运转及调试应符合下列规定：

1 水泵运行时不应有异常振动和声响、壳体密封处不得渗漏、紧固连接部位不应松动、轴封的温升应正常；在无特殊要求的情况下，普通填料泄漏量不应大于 60mL/h，机械密封的不应大于 5mL/h；

2 风机、空调机组、风冷热泵等设备运行时，产生的噪声不宜超过产品性能说明书的规定值；

3 风机盘管机组的三速、温控开关的动作应正确，并与机组运行状态一一对应。

检查数量：第 1、2 款抽查 20%，且不得少于 1 台；第 3 款抽查 10%，且不得少于 5 台。

检查方法：观察、旁站、查阅试运转记录。

11.3.2 通风工程系统无生产负荷联动试运转及调试应符合下列规定：

1 系统联动试运转中，设备及主要部件的联动必须符合设计要求，动作协调、正确，无异常现象；

2 系统经过平衡调整，各风口或吸风罩的风量与设计风量的允许偏差不应大于 15%；

3 湿式除尘器的供水与排水系统运行应正常。

11.3.3 空调工程系统无生产负荷联动试运转及调试还应符合下列规定：

1 空调工程水系统应冲洗干净、不含杂物，并排除管道系统中的空气；系统连续运行应达到正常、平稳；水泵的压力和水泵电机的电流不应出现大幅波动。系统平衡调整后，各空调机组的水流量应符合设计要求，允许偏差为 20%；

2 各种自动计量检测元件和执行机构的工作应正常，满足建筑设备自动化（BA、FA 等）系统对被测定参数进行检测和控制的要求；

3 多台冷却塔并联运行时，各冷却塔的进、出水量应达到均衡一致；

4 空调室内噪声应符合设计规定要求；

5 有压差要求的房间、厅堂与其他相邻房间之间的压差，舒适性空调正压为 0～25Pa；工艺性的空调应符合设计的规定；

6 有环境噪声要求的场所，制冷、空调机组应按现行国家标准《采暖通风与空气调节设备噪声声功率级的测定——工程法》GB 9068 规定进行测定。洁净室内的噪声应符合设计的规定。

检查数量：按系统数量抽查 10%，且不得少于 1 个系统或 1 间。

检查方法：观察、用仪表测量检查及查阅调试记录。

11.3.4 通风与空调工程的控制和监测设备，应能与系统的检测元件和执行机构正常沟通，系统的状态参数应能正确显示，设备联锁、自动调节、自动保护应能正确动作。

检查数量：按系统或监测系统总数抽查 30%，且不得少于 1 个系统。

检查方法：旁站观察，查阅调试记录。

8.2.13 风管与设备绝热检验批质量验收记录

1. 表格

风管与设备绝热检验批质量验收记录

06050901 _____
06060901 _____
06071001 _____

单位（子单位）工程名称			分部（子分部）工程名称		分项工程名称	
施工单位			项目负责人		检验批容量	
分包单位			分包单位项目负责人		检验批部位	
施工依据				验收依据	《通风与空调工程质量验收规范》GB 50243-2002	

	验收项目			设计要求及规范规定	最小/实际抽样数量	检查记录	检查结果
主控项目	1	风管和管道的绝热材料		第10.2.1条	/		
	2	使用不燃绝热材料		第10.2.3条	/		
	3	管道隔汽层（防潮层）		第10.2.4条	/		
	4	洁净室内风管及管道的绝热		第10.2.5条	/		
一般项目	1	风管系统部件的绝热，不得影响其操作功能		第10.3.3条	/		
	2	绝热材料层	表面质量	应密实无缺陷	/		
			表面平整度 卷材、板材	5mm	/		
			表面平整度 涂抹或其他	10mm	/		
			防潮层	应完整，且封闭良好；其搭连缝应顺水	/		
	3	风管绝热层采用粘结方法固定时，施工质量		第10.3.5条	/		
	4	风管绝热层采用保温钉连接固定，施工质量		第10.3.6条	/		
	5	绝热涂料作绝热层		第10.3.7条	/		
	6	玻璃纤维布作绝热保护层		第10.3.8条	/		
	7	管道阀门、过滤器及法兰部位的绝热结构		应能单独拆卸	/		
	8	管道绝热层的施工质量		第10.3.10条	/		
	9	管道防潮层的施工质量		第10.3.11条	/		
	10	金属保护壳的施工质量		第10.3.12条	/		
	11	冷热源机房内制冷系统管道的外表面，应做色标。		第10.3.13条	/		
施工单位检查结果					专业工长：项目专业质量检查员：年　月　日		
监理单位验收结论					专业监理工程师：年　月　日		

2. 验收依据说明

【规范名称及编号】《通风与空调工程质量验收规范》GB 50243-2002

【条文摘录】

10　防腐与绝热（见《风管与设备防腐检验批质量验收记录》的验收依据说明，见本书第648页）。

8.2.14 空调水系统安装检验批质量验收记录（Ⅰ）（金属管道）

1. 表格

空调水系统安装检验批质量验收记录（Ⅰ）（金属管道）

06100101 _____ 06100201 _____
06100301 _____ 06100901 _____
06110101 _____ 06110201 _____
06110301 _____ 06110801 _____
06120101 _____ 06120201 _____
06120301 _____

单位（子单位）工程名称			分部（子分部）工程名称			分项工程名称		
施工单位			项目负责人			检验批容量		
分包单位			分包单位项目负责人			检验批部位		
施工依据					验收依据	《通风与空调工程质量验收规范》GB 50243－2002		
验收项目				设计要求及规范规定	最小/实际抽样数量	检查记录		检查结果
主控项目	1	系统的管材与配件验收		第9.2.1条	/			
	2	管道柔性接管安装		第9.2.2-3条	/			
	3	管道套管		第9.2.2-5条	/			
	4	管道补偿器安装及固定支架		第9.2.5条	/			
	5	系统与设备贯通冲洗、排污		第9.2.2-4条	/			
	6	阀门安装		第9.2.4-1、9.2.4-2条	/			
	7	阀门试压		第9.2.4-3条	/			
	8	系统试压		第9.2.3条	/			
	9	隐蔽管道验收		第9.2.2-1条	/			
	10	焊接、镀锌钢管煨弯		第9.2.2-2条	/			
一般项目	1	管道焊接连接		第9.3.2条	/			
	2	管道螺纹连接		第9.3.3条	/			
	3	管道法兰连接		第9.3.4条	/			
	4	（1）坐标	架空及地沟 室外	25	/			
			架空及地沟 室内	15	/			
			埋地	60	/			
		（2）标高	架空及地沟 室外	±20	/			
			架空及地沟 室内	±15	/			
			埋地	±25	/			
		（3）水平管平直度	DN≤100mm	2L‰，最大40	/			
			DN＞100mm	3L‰，最大40	/			
		（4）立管垂直度		5L‰，最大25	/			
		（5）成排管段间距		15	/			
		（6）成排管段或成排阀门在同一平面上		3	/			
	5	钢塑复合管道安装		第9.3.6条	/			
	6	管道沟槽式连接		第9.3.6条	/			
	7	管道支、吊架		第9.3.8条	/			
	8	阀门及其他部件安装		第9.3.10条	/			
	9	系统放气阀与排水阀		第9.3.10-4条	/			
施工单位检查结果				专业工长：项目专业质量检查员：年 月 日				
监理单位验收结论				专业监理工程师：年 月 日				

655

2. 验收依据说明

【规范名称及编号】《通风与空调工程质量验收规范》GB 50243 - 2002

【条文摘录】

9. 空调水系统管道与设备安装

9.1　一　般　规　定

9.1.1　本章适用于空调工程水系统安装子分部工程，包括冷（热）水、冷却水、凝结水系统的设备（不包括末端设备）、管道及附件施工质量的检验及验收。

9.1.2　镀锌钢管应采用螺纹连接。当管径大于 $DN100$ 时，可采用卡箍式、法兰或焊接连接，但应对焊缝及热影响区的表面进行防腐处理。

9.1.3　从事金属管道焊接的企业，应具有相应项目的焊接工艺评定，焊工应持有相应类别焊接的焊工合格证书。

9.1.4　空调用蒸汽管道的安装，应按现行国家标准《建筑给水排水及采暖工程施工质量验收规范》GB 50242 - 2002 的规定执行。

9.2　主　控　项　目

9.2.1　空调工程水系统的设备与附属设备、管道、管配件及阀门的型号、规格、材质及连接形式应符合设计规定。

检查数量：按总数抽查 10%，且不得少于 5 件。

检查方法：观察检查外观质量并检查产品质量证明文件、材料进场验收记录。

9.2.2　管道安装应符合下列规定：

1　隐蔽管道必须按本规范第 3.0.11 条的规定执行；

2　焊接钢管、镀锌钢管不得采用热煨弯；

3　管道与设备的连接，应在设备安装完毕后进行，与水泵、制冷机组的接管必须为柔性接口。柔性短管不得强行对口连接，与其连接的管道应设置独立支架；

4　冷热水及冷却水系统应在系统冲洗、排污合格（目测：以排出口的水色和透明度与入水口对比相近，无可见杂物），再循环试运行 2h 以上，且水质正常后才能与制冷机组、空调设备相贯通；

5　固定在建筑结构上的管道支、吊架，不得影响结构的安全。管道穿越墙体或楼板处应设钢制套管，管道接口不得置于套管内，钢制套管应与墙体饰面或楼板底部平齐，上部应高出楼层地面 20～50mm，并不得将套管作为管道支撑。保温管道与套管四周间隙应使用不燃绝热材料填塞紧密。

检查数量：系统全数检查。每个系统管道、部件数量抽查 10%，且不得少于 5 件。

检查方法：尺量、观察检查，旁站或查阅试验记录、隐蔽工程记录。

9.2.3　管道系统安装完毕，外观检查合格后，应按设计要求进行水压试验。当设计无规定时，应符合下列规定：

1　冷热水、冷却水系统的试验压力，当工作压力小于等于 1.0MPa 时，为 1.5 倍工作压力，但最低不小于 0.6MPa；当工作压力大于 1.0MPa 时，为工作压力加 0.5MPa。

2　对于大型或高层建筑垂直位差较大的冷（热）媒水、冷却水管道系统宜采用分区、分层试压和系统试压相结合的方法。一般建筑可采用系统试压方法。分区、分层试压：对相对独立的局部区域的管道进行试压。在试验压力下，稳压 10min，压力不得下降，再将系统压力降至工作压力，在 60min 内压力不得下降、外观检查无渗漏为合格。

系统试压：在各分区管道与系统主、干管全部连通后，对整个系统的管道进行系统的试压。试验压力以最低点的压力为准，但最低点的压力不得超过管道与组成件的承受压力。压力试验升至试验压力后，稳压 10min，压力下降不得大于 0.02MPa，再将系统压力降至工作压力，外观检查无渗漏为合格。

3　各类耐压塑料管的强度试验压力为 1.5 倍工作压力，严密性工作压力为 1.15 倍的设计工作压力；

4 凝结水系统采用充水试验，应以不渗漏为合格。

检查数量：系统全数检查。

检查方法：旁站观察或查阅试验记录。

9.2.4 阀门的安装应符合下列规定：

1 阀门的安装位置、高度、进出口方向必须符合设计要求，连接应牢固紧密；

2 安装在保温管道上的各类手动阀门，手柄均不得向下；

3 阀门安装前必须进行外观检查，阀门的铭牌应符合现行国家标准《通用阀门标志》GB12220 的规定。对于工作压力大于 1.0MPa 及在主干管上起到切断作用的阀门，应进行强度和严密性试验，合格后方准使用。其他阀门可不单独进行试验，待在系统试压中检验。强度试验时，试验压力为公称压力的 1.5 倍，持续时间不少于 5min，阀门的壳体、填料应无渗漏。严密性试验时，试验压力为公称压力的 1.1 倍；试验压力在试验持续的时间内应保持不变，时间应符合表 9.2.4 的规定，以阀瓣密封面无渗漏为合格。

表 9.2.4 阀门压力持续时间

公称直径 DN（mm）	最短试验持续时间（s）	
	严密性试验	
	金属密封	非金属密封
≤50	15	15
65～200	30	15
250～450	60	30
≥500	120	60

检查数量：1、2 款抽查 5%，且不得少于 1 个。水压试验以每批（同牌号、同规格、同型号）数量中抽查 20%，且不得少于 1 个。对于安装在主干管上起切断作用的闭路阀门，全数检查。

检查方法：按设计图核对、观察检查；旁站或查阅试验记录。

9.2.5 补偿器的补偿量和安装位置必须符合设计及产品技术文件的要求，并应根据设计计算的补偿量进行预拉伸或预压缩。设有补偿器（膨胀节）的管道应设置固定支架，其结构形式和固定位置应符合设计要求，并应在补偿器的预拉伸（或预压缩）前固定；导向支架的设置应符合所安装产品技术文件的要求。

检查数量：抽查 20%，且不得少于 1 个。

检查方法：观察检查，旁站或查阅补偿器的预拉伸或预压缩记录。

9.2.6 冷却塔的型号、规格、技术参数必须符合设计要求。对含有易燃材料冷却塔的安装，必须严格执行施工防火安全的规定。

检查数量全数检查。检查方法：按图纸核对，监督执行防火规定。

9.2.7 水泵的规格、型号、技术参数应符合设计要求和产品性能指标。水泵正常连续试运行的时间，不应少于 2h。

检查数量：全数检查。

检查方法：按图纸核对，实测或查阅水泵试运行记录。

9.2.8 水箱、集水缸、分水缸、储冷罐的满水试验或水压试验必须符合设计要求。储冷罐内壁防腐涂层的材质、涂抹质量、厚度必须符合设计或产品技术文件要求，储冷罐与底座必须进行绝热处理。

检查数量：全数检查。

检查方法：尺量、观察检查，查阅试验记录。

9.3 一 般 项 目

9.3.1 当空调水系统的管道，采用建筑用硬聚氯乙烯（PVC-U）、聚丙烯（PP-R）、聚丁烯（PB）与交联聚乙烯（PEX）等有机材料管道时，其连接方法应符合设计和产品技术要求的规定。

检查数量：按总数抽查 20％，且不得少于 2 处。

检查方法：尺量、观察检查，验证产品合格证书和试验记录。

9.3.2　金属管道的焊接应符合下列规定：

1　管道焊接材料的品种、规格、性能应符合设计要求。管道对接焊口的组对和坡口形式等应符合表 9.3.2 的规定；对口的平直度为 1/100，全长不大于 10mm。管道的固定焊口应远离设备，且不宜与设备接口中心线相重合。管道对接焊缝与支、吊架的距离应大于 50mm；

表 9.3.2　管道焊接坡口形式和尺寸

项次	厚度 T（mm）	坡口名称	坡口形式	坡口尺寸			备注
				间隙 C（mm）	钝边 P（mm）	坡口角度 a（°）	
1	1～3	Ⅰ型坡口	图（略）	0～1.5	—	—	内壁错边量 $\leqslant 0.1T$，且 $\leqslant 2$mm；外壁 $\leqslant 3$mm
	3～6			1～2.5			
2	6～9	V型坡口	图（略）	0～2.0	0～2	65～75	
	9～26			0～3.0	0～3	55～65	
3	2～30	T型坡口	图（略）	0～2.0	—	—	

2. 管道焊缝表面应清理干净，并进行外观质量的检查。焊缝外观质量不得低于现行国家标准《现场设备、工业管道焊接工程施工及验收规范》GB 50236 第 11.3.3 条的Ⅳ级规定（氨管为Ⅲ级）。

检查数量：按总数抽查 20％，且不得少于 1 处。

检查方法：尺量、观察检查。

9.3.3　螺纹连接的管道，螺纹应清洁、规整，断丝或缺丝不大于螺纹全扣数的 10％；连接牢固；接口处根部外露螺纹为 2～3 扣，无外露填料；镀锌管道的镀锌层应注意保护，对局部的破损处，应做防腐处理。

检查数量：按总数抽查 5％，且不得少于 5 处。

检查方法：尺量、观察检查。

9.3.4　法兰连接的管道，法兰面应与管道中心线垂直，并同心。法兰对接应平行，其偏差不应大于其外径的 1.5/1000，且不得大于 2mm；连接螺栓长度应一致、螺母在同侧、均匀拧紧。螺栓紧固后不应低于螺母平面。法兰的衬垫规格、品种与厚度应符合设计的要求。

检查数量：按总数抽查 5％，且不得少于 5 处。

检查方法：尺量、观察检查。

9.3.5　钢制管道的安装应符合下列规定：

1　管道和管件在安装前，应将其内、外壁的污物和锈蚀清除干净。当管道安装间断时，应及时封闭敞开的管口；

2　管道弯制弯管的弯曲半径，热弯不应小于管道外径的 3.5 倍、冷弯不应小于 4 倍；焊接弯管不应小于 1.5 倍；冲压弯管不应小于 1 倍。弯管的最大外径与最小外径的差不应大于管道外径的 8/100，管壁减薄率不应大于 15％；

3　冷凝水排水管坡度，应符合设计文件的规定。当设计无规定时，其坡度宜大于或等于 8‰；软管连接的长度，不宜大于 150mm；

4　冷热水管道与支、吊架之间，应有绝热衬垫（承压强度能满足管道重量的不燃、难燃硬质绝热材料或经防腐处理的木衬垫），其厚度不应小于绝热层厚度，宽度应大于支、吊架支承面的宽度。衬垫的表面应平整、衬垫接合面的空隙应填实；

5　管道安装的坐标、标高和纵、横向的弯曲度应符合表 9.3.5 的规定。在吊顶内等暗装管道的位置应正确，无明显偏差。

表9.3.5 管道安装的允许偏差和检验方法

项 目			允许偏差（mm）	检查方法
坐标	架空及地沟	室外	25	按系统检查管道的起点、终点、分支点和变向点及各点之间的直管用经纬仪、水准仪、液体连通器、水平仪、拉线和尺量检查
		室内	15	
	埋地		60	
标高	架空及地沟	室外	±	
		室内	±	
	埋地		±	
水平管道平直度	$DN \leqslant 100mm$		$2L‰$，最大40	用直尺、拉线和尺量检查
	$DN > 100mm$		$3L‰$，最大60	
立管垂直度			$5L‰$，最大25	用直尺、线锤、拉线和尺量检查
成排管段间距			15	用直尺尺量检查
成排管段或成排阀门在同一平面上			3	用直尺、拉线和尺量检查

注：L——管道的有效长度（mm）。

检查数量：按总数抽查10%，且不得少于5处。

检查方法：尺量、观察检查。

9.3.6 钢塑复合管道的安装，当系统工作压力不大于1.0MPa时，可采用涂（衬）塑焊接钢管螺纹连接，与管道配件的连接深度和扭矩应符合表9.3.6-1的规定；当系统工作压力为1.0~2.5MPa时，可采用涂（衬）塑无缝钢管法兰连接或沟槽式连接，管道配件均为无缝钢管涂（衬）塑管件。沟槽式连接的管道，其沟槽与橡胶密封圈和卡箍套必须为配套合格产品；支、吊架的间距应符合表9.3.6-2的规定。

表9.3.6-1 钢塑复合管螺纹连接深度及紧固扭矩

公称直径（mm）		15	20	25	32	40	50	65	80	100
螺纹连接	深度（mm）	11	13	15	17	18	20	23	27	33
	牙数	6.0	6.5	7.0	7.5	8.0	9.0	10.0	11.5	13.5
扭矩（N·m）		40	60	100	120	150	200	250	300	400

表9.3.6-2 沟槽式连接管道的沟槽及支、吊架的间距

公称直径（mm）	沟槽深度（mm）	允许偏差（mm）	支、吊架的间距（m）	端面垂直度允许偏差（mm）
65~100	2.20	0~+0.3	3.5	1.0
125~150	2.20	0~+0.3	4.2	
200	2.50	0~+0.3	4.2	1.5
225~250	2.50	0~+0.3	5.0	
300	3.0	0~+0.5	5.0	

注：1 连接管端面应平整光滑、无毛刺；沟槽过深，应作为废品，不得使用。

2 支、吊架不得支承在连接头上，水平管的任意两个连接头之间必须有支、吊架。

检查数量：按总数抽查10%，且不得少于5处。

检查方法：尺量、观察检查、查阅产品合格证明文件。

9.3.7 风机盘管机组及其他空调设备与管道的连接，宜采用弹性接管或软接管（金属或非金属软管），其耐压值应大于等于1.5倍的工作压力。软管的连接应牢固、不应有强扭和瘪管。

检查数量：按总数抽查10%，且不得少于5处。

检查方法：观察、查阅产品合格证明文件。

9.3.8 金属管道的支、吊架的型式、位置、间距、标高应符合设计或有关技术标准的要求。设计无规定时，应符合下列规定：

1 支、吊架的安装应平整牢固，与管道接触紧密。管道与设备连接处，应设独立支、吊架；

2 冷（热）媒水、冷却水系统管道机房内总、干管的支、吊架，应采用承重防晃管架；与设备连接的管道管架宜有减振措施。当水平支管的管架采用单杆吊架时，应在管道起始点、阀门、三通、弯头及长度每隔15m设置承重防晃支、吊架；

3　无热位移的管道吊架，其吊杆应垂直安装；有热位移的，其吊杆应向热膨胀（或冷收缩）的反方向偏移安装，偏移量按计算确定；

4　滑动支架的滑动面应清洁、平整，其安装位置应从支承面中心向位移反方向偏移1/2位移值或符合设计文件规定；

5　竖井内的立管，每隔2～3层应设导向支架。在建筑结构负重允许的情况下，水平安装管道支、吊架的间距应符合表9.3.8的规定；

表9.3.8　钢管道支、吊架的最大间距

公称直径（mm）		15	20	25	32	40	50	70	80	100	125	150	200	250	300
支架的最大间距（m）	L_1	1.5	2.0	2.5	2.5	3.0	3.5	4.0	5.0	5.0	5.5	6.5	7.5	8.5	9.5
	L_2	2.5	3.0	3.5	4.0	4.5	5.0	6.0	6.5	6.5	7.5	7.5	9.0	9.5	10.5
		对大于300mm的管道可参考300mm管道													

注：1. 适用于工作压力不大于2.0MPa，不保温或保温材料密度不大于200kg/m³的管道系统。

2. L_1用于保温管道，L_2用于不保温管道。

6. 管道支、吊架的焊接应由合格持证焊工施焊，并不得有漏焊、欠焊或焊接裂纹等缺陷。支架与管道焊接时，管道侧的咬边量，应小于0.1管壁厚。

检查数量：按系统支架数量抽查5%，且不得少于5个。

检查方法：尺量、观察检查。

9.3.9　采用建筑用硬聚氯乙烯（PVC-U）、聚丙烯（PP-R）与交联聚乙烯（PEX）等管道时，管道与金属支、吊架之间应有隔绝措施，不可直接接触。当为热水管道时，还应加宽其接触的面积。支、吊架的间距应符合设计和产品技术要求的规定。

检查数量：按系统支架数量抽查5%，且不得少于5个。

检查方法：观察检查。

9.3.10　阀门、集气罐、自动排气装置、除污器（水过滤器）等管道部件的安装应符合设计要求，并应符合下列规定：

1　阀门安装的位置、进出口方向应正确，并便于操作；连接应牢固紧密，启闭灵活；成排阀门的排列应整齐美观，在同一平面上的允许偏差为3mm；

2　电动、气动等自控阀门在安装前应进行单体的调试，包括开启、关闭等动作试验；

3　冷冻水和冷却水的除污器（水过滤器）应安装在进机组前的管道上，方向正确且便于清污；与管道连接牢固、严密，其安装位置应便于滤网的拆装和清洗。过滤器滤网的材质、规格和包扎方法应符合设计要求；

4　闭式系统管路应在系统最高处及所有可能积聚空气的高点设置排气阀，在管路最低点应设置排水管及排水阀。

检查数量：按规格、型号抽查10%，且不得少于2个。

检查方法：对照设计文件尺量、观察和操作检查。

9.3.11　冷却塔安装应符合下列规定：

1　基础标高应符合设计的规定，允许误差为±20mm。冷却塔地脚螺栓与预埋件的连接或固定应牢固，各连接部件应采用热镀锌或不锈钢螺栓，其紧固力应一致、均匀；

2　冷却塔安装应水平，单台冷却塔安装水平度和垂直度允许偏差均为2/1000。同一冷却水系统的多台冷却塔安装时，各台冷却塔的水面高度应一致，高差不应大于30mm；

3　冷却塔的出水口及喷嘴的方向和位置应正确，积水盘应严密无渗漏；分水器布水均匀。带转动布水器的冷却塔，其转动部分应灵活，喷水出口按设计或产品要求，方向应一致；

4　冷却塔风机叶片端部与塔体四周的径向间隙应均匀。对于可调整角度的叶片，角度应一致。

检查数量：全数检查。

检查方法：尺量、观察检查，积水盘做充水试验或查阅试验记录。

9.3.12 水泵及附属设备的安装应符合下列规定：

1 水泵的平面位置和标高允许偏差为±10mm，安装的地脚螺栓应垂直、拧紧，且与设备底座接触紧密；

2 垫铁组放置位置正确、平稳，接触紧密，每组不超过3块；

3 整体安装的泵，纵向水平偏差不应大于0.1/1000，横向水平偏差不应大于0.20/1000；解体安装的泵纵、横向安装水平偏差均不应大于0.05/1000；水泵与电机采用联轴器连接时，联轴器两轴芯的允许偏差，轴向倾斜不应大于0.2/1000，径向位移不应大于0.05mm；小型整体安装的管道水泵不应有明显偏斜。

4 减震器与水泵及水泵基础连接牢固、平稳、接触紧密。

检查数量：全数检查。

检查方法：扳手试拧、观察检查，用水平仪和塞尺测量或查阅设备安装记录。

9.3.13 水箱、集水器、分水器、储冷罐等设备的安装，支架或底座的尺寸、位置符合设计要求。设备与支架或底座接触紧密，安装平正、牢固。平面位置允许偏差为15mm，标高允许偏差为±5mm，垂直度允许偏差为1/1000。膨胀水箱安装的位置及接管的连接，应符合设计文件的要求。

检查数量：全数检查。

检查方法：尺量、观察检查，旁站或查阅试验记录。

8.2.15 空调水系统安装检验批质量验收记录（Ⅱ）（非金属管道）

1. 表格

空调水系统安装检验批质量验收记录
（Ⅱ）（非金属管道）

06100102 _____ 　 06100202 _____
06100302 _____ 　 06100902 _____
06110102 _____ 　 06110202 _____
06110302 _____ 　 06110802 _____
06120102 _____ 　 06120202 _____
　　　　　　　　　　06120302 _____

单位（子单位）工程名称			分部（子分部）工程名称		分项工程名称	
施工单位			项目负责人		检验批容量	
分包单位			分包单位项目负责人		检验批部位	
施工依据				验收依据	《通风与空调工程质量验收规范》GB 50243-2002	
验收项目			设计要求及规范规定	最小/实际抽样数量	检查记录	检查结果
主控项目	1	系统管材与配件验收	第9.2.1条	/		
	2	管道柔性接管安装	第9.2.2-3条	/		
	3	管道套管	第9.2.2-5条	/		
	4	管道补偿器安装及固定支架	第9.2.5条	/		
	5	系统冲洗、排污	第9.2.2-4条	/		
	6	阀门安装	第9.2.4-1、9.2.4-2条	/		
	7	阀门试压	第9.2.4-3条	/		
	8	系统试压	第9.2.3条	/		
	9	隐蔽管道验收	第9.2.2-1条	/		

续表

	验收项目	设计要求及规范规定	最小/实际抽样数量	检查记录	检查结果
一般项目	1 PVC-U 管道安装	第 9.3.1 条	/		
	2 PP-R 管道安装	第 9.3.1 条	/		
	3 PEX 管道安装	第 9.3.1 条	/		
	4 管道与金属支吊架间隔绝	第 9.3.9 条	/		
	5 管道支、吊架	第 9.3.8 条	/		
	6 阀门安装	第 9.3.10 条	/		
	7 系统放气阀与排水阀	第 9.3.10-4 条	/		
施工单位检查结果			专业工长：项目专业质量检查员：　　年　月　日		
监理单位验收结论			专业监理工程师：　　　年　月　日		

2. 验收依据说明

【规范名称及编号】《通风与空调工程质量验收规范》GB 50243 - 2002

【条文摘录】

9　空调水系统管道与设备安装（见《空调水系统安装检验批质量验收记录（Ⅰ）（金属管道)》的验收依据说明，见本书第 656 页）。

8.2.16　空调水系统安装检验批质量验收记录（Ⅲ）（设备）

1. 表格

空调水系统安装检验批质量验收记录
（Ⅲ）（设备）

06100103 _____　　06100203 _____

06100303 _____　　06100903 _____

06110103 _____　　06110203 _____

06110303 _____　　06110803 _____

06120103 _____　　06120203 _____

　　　　　　　　　　06120303 _____

单位（子单位）工程名称			分部（子分部）工程名称		分项工程名称	
施工单位			项目负责人		检验批容量	
分包单位			分包单位项目负责人		检验批部位	
施工依据				验收依据	《通风与空调工程质量验收规范》GB 50243 - 2002	
	验收项目	设计要求及规范规定	最小/实际抽样数量	检查记录		检查结果
主控项目	1 系统设备与附属设备	第 9.2.1 条	/			
	2 冷却塔安装	第 9.2.6 条	/			
	3 水泵安装	第 9.2.7 条	/			
	4 其他附属设备安装	第 9.2.8 条	/			
一般项目	1 风机盘管机组等与管道连接	第 9.3.7 条	/			
	2 冷却塔安装	第 9.3.11 条	/			
	3 水泵及附属设备安装	第 9.3.12 条	/			
	4 水箱、集水缸、分水缸、储冷罐等设备安装	第 9.3.13 条	/			
	5 水过滤器等设备安装	第 9.3.10-3 条	/			
施工单位检查结果			专业工长：项目专业质量检查员：　　年　月　日			
监理单位验收结论			专业监理工程师：　　　年　月　日			

2. 验收依据说明

【规范名称及编号】《通风与空调工程质量验收规范》GB 50243 - 2002

【条文摘录】

9　空调水系统管道与设备安装（见《空调水系统安装检验批质量验收记录（Ⅰ）（金属管道）》的验收依据说明，见本书第 656 页）。

8.2.17　管道及设备的防腐与绝热检验批质量验收记录

1. 表格

管道及设备的防腐与绝热检验批质量验收记录

06100401 _____		06100801 _____	
06110401 _____		06110701 _____	
06120401 _____		06120601 _____	
06160201 _____		06160701 _____	
06170201 _____		06170701 _____	

单位（子单位）工程名称				分部（子分部）工程名称		分项工程名称	
施工单位				项目负责人		检验批容量	
分包单位				分包单位项目负责人		检验批部位	
施工依据				验收依据		《通风与空调工程质量验收规范》 GB 50243 - 2002	

		验收项目		设计要求及规范规定	最小/实际抽样数量	检查记录	检查结果
主控项目	1	风管和管道的绝热材料		第 10.2.1 条	/		
	2	防腐涂料和油漆		第 10.2.2 条	/		
	3	使用不燃绝热材料		第 10.2.3 条	/		
	4	管道隔汽层（防潮层）		第 10.2.4 条	/		
	5	洁净室内风管及管道的绝热		第 10.2.5 条	/		
一般项目	1	喷、涂油漆的漆膜质量		均匀无缺陷	/		
	2	油漆喷、涂，不得遮盖铭牌标志和影响部件的功能使用		第 10.3.2 条	/		
	3	风管系统部件的绝热，不得影响其操作功能		第 10.3.3 条	/		
	4	绝热材料层	表面质量	应密实无缺陷	/		
			表面平整度：卷材、板材	5mm	/		
			表面平整度：涂抹或其他	10mm	/		
			防潮层	应完整，且封闭良好；其搭连缝应顺水	/		
	5	风管绝热层采用粘结方法固定时，施工质量		第 10.3.5 条	/		
	6	风管绝热层采用保温钉连接固定，施工质量		第 10.3.6 条	/		
	7	绝热涂料作绝热层		第 10.3.7 条	/		
	8	玻璃纤维布作绝热保护层		第 10.3.8 条	/		
	9	管道阀门、过滤器及法兰部位的绝热结构		应能单独拆卸	/		
	10	管道绝热层的施工质量		第 10.3.10 条	/		
	11	管道防潮层的施工质量		第 10.3.11 条	/		
	12	金属保护壳的施工质量		第 10.3.12 条	/		
	13	冷热源机房内制冷系统管道的外表面，应做色标		第 10.3.13 条	/		
施工单位检查结果			专业工长：项目专业质量检查员：　　　　　年　月　日				
监理单位验收结论			专业监理工程师：　　　　　年　月　日				

2. 验收依据说明

【规范名称及编号】《通风与空调工程质量验收规范》GB 50243－2002

【条文摘录】

10　防腐与绝热（见《风管与设备防腐检验批质量验收记录》的验收依据说明，见本书第648页）。

8.2.18　空调制冷系统安装检验批质量验收记录

1. 表格

空调制冷系统安装检验批质量验收记录

06160101 _____ 06160301 _____
06160401 _____ 06160601 _____
06170101 _____ 06170301 _____
06170401 _____ 06170501 _____
06170601 _____ 06170801 _____

单位（子单位）工程名称				分部（子分部）工程名称		分项工程名称	
施工单位				项目负责人		检验批容量	
分包单位				分包单位项目负责人		检验批部位	
施工依据					验收依据	《通风与空调工程质量验收规范》GB 50243－2002	
验收项目			设计要求及规范规定	最小/实际抽样数量		检查记录	检查结果
主控项目	1	制冷设备与附属设备安装	第8.2.1-1、8.2.1-3条	/			
	2	设备混凝土基础验收	第8.2.1-2条	/			
	3	表冷器的安装	第8.2.2条	/			
	4	燃油、燃气系统设备安装	第8.2.3条	/			
	5	制冷设备严密性试验及试运行	第8.2.4条	/			
	6	制冷管道及管配件安装	第8.2.5条	/			
	7	燃油管道系统接地	第8.2.6条	/			
	8	燃气系统安装	第8.2.7条	/			
	9	氨管道焊缝无损检测	第8.2.8条	/			
	10	乙二醇管道系统规定	第8.2.9条	/			
	11	制冷管道试验	第8.2.10条	/			
一般项目	1	制冷及附属设备安装	平面位移（mm）	10	/		
			标高（mm）	±10	/		
	2	模块式冷水机组安装	第8.3.2条	/			
	3	泵安装	第8.3.3条	/			
	4	制冷管道安装	第8.3.4-1～8.3.4-4条	/			
	5	管道焊接	第8.3.4-5、8.3.4-6条	/			
	6	阀门安装	第8.3.5-2-5条	/			
	7	阀门试压	第8.3.5-1条	/			
	8	制冷系统吹扫	第8.3.6条	/			
施工单位检查结果				专业工长： 项目专业质量检查员： 年　月　日			
监理单位验收结论				专业监理工程师： 年　月　日			

2. 验收依据说明

【规范名称及编号】《通风与空调工程质量验收规范》GB 50243－2002

【条文摘录】

8　空调制冷系统安装

8.1　一　般　规　定

8.1.1　本章适用于空调工程中工作压力不高于 2.5MPa，工作温度在－20～150℃的整体式、组装式及单元式制冷设备（包括热泵）、制冷附属设备、其他配套设备和管路系统安装工程施工质量的检验和验收。

8.1.2　制冷设备、制冷附属设备、管道、管件及阀门的型号、规格、性能及技术参数等必须符合设计要求。设备机组的外表应无损伤、密封应良好，随机文件和配件应齐全。

8.1.3　与制冷机组配套的蒸汽、燃油、燃气供应系统和蓄冷系统的安装，还应符合设计文件、有关消防规范与产品技术文件的规定。

8.1.4　空调用制冷设备的搬运和吊装，应符合产品技术文件和本规范第 7.1.5 条的规定。

8.1.5　制冷机组本体的安装、试验、试运转及验收还应符合现行国家标准《制冷设备、空气分离设备安装工程施工及验收规范》GB 50274 有关条文的规定。

8.2　主　控　项　目

8.2.1　制冷设备与制冷附属设备的安装应符合下列规定：

1　制冷设备、制冷附属设备的型号、规格和技术参数必须符合设计要求，并具有产品合格证书、产品性能检验报告；

2　设备的混凝土基础必须进行质量交接验收，合格后方可安装；

3　设备安装的位置、标高和管口方向必须符合设计要求。用地脚螺栓固定的制冷设备或制冷附属设备，其垫铁的放置位置应正确、接触紧密；螺栓必须拧紧，并有防松动措施。

检查数量：全数检查。

检查方法：查阅图纸核对设备型号、规格；产品质量合格证书和性能检验报告。

8.2.2　直接膨胀表面式冷却器的外表应保持清洁、完整，空气与制冷剂应呈逆向流动；表面式冷却器与外壳四周的缝隙应堵严，冷凝水排放应畅通。

检查数量：全数检查。

检查方法：观察检查。

8.2.3　燃油系统的设备与管道，以及储油罐及日用油箱的安装，位置和连接方法应符合设计与消防要求。燃气系统设备的安装应符合设计和消防要求。调压装置、过滤器的安装和调节应符合设备技术文件的规定，且应可靠接地。

检查数量：全数检查。

检查方法：按图纸核对、观察、查阅接地测试记录。

8.2.4　制冷设备的各项严密性试验和试运行的技术数据，均应符合设备技术文件的规定。对组装式的制冷机组和现场充注制冷剂的机组，必须进行吹污、气密性试验、真空试验和充注制冷剂检漏试验，其相应的技术数据必须符合产品技术文件和有关现行国家标准、规范的规定。

检查数量：全数检查。

检查方法：旁站观察、检查和查阅试运行记录。

8.2.5　制冷系统管道、管件和阀门的安装应符合下列规定：

1　制冷系统的管道、管件和阀门的型号、材质及工作压力等必须符合设计要求，并应具有出厂合格证、质量证明书；

2　法兰、螺纹等处的密封材料应与管内的介质性能相适应；

3　制冷剂液体管不得向上装成"Ω"形。气体管道不得向下装成"□"形（特殊回油管除外）；液

665

体支管引出时，必须从干管底部或侧面接出；气体支管引出时，必须从干管顶部或侧面接出；有两根以上的支管从干管引出时，连接部位应错开，间距不应小于2倍支管直径，且不小于200mm；

　　4　制冷机与附属设备之间制冷剂管道的连接，其坡度与坡向应符合设计及设备技术文件要求。当设计无规定时，应符合表8.2.5的规定；

表8.2.5　制冷剂管道坡度、坡向

管道名称	坡　向	坡　度
压缩机吸气水平管（氟）	压缩机	≥10/1000
压缩机吸气水平管（氨）	蒸发器	≥3/1000
压缩机排气水平管	油分离器	≥10/1000
冷凝器水平供液管	贮液器	（1～3）/1000
油分离器至冷凝器水平管	油分离器	（3～5）/1000

　　5　制冷系统投入运行前，应对安全阀进行调试校核，其开启和回座压力应符合设备技术文件的要求。

　　检查数量：按总数抽检20%，且不得少于5件。第5款全数检查。

　　检查方法：核查合格证明文件、观察、水平仪测量、查阅调校记录。

　　8.2.6　燃油管道系统必须设置可靠的防静电接地装置，其管道法兰应采用镀锌螺栓连接或在法兰处用铜导线进行跨接，且接合良好。

　　检查数量：系统全数检查。

　　检查方法：观察检查、查阅试验记录。

　　8.2.7　燃气系统管道与机组的连接不得使用非金属软管。燃气管道的吹扫和压力试验应为压缩空气或氮气，严禁用水。当燃气供气管道压力大于**0.005MPa**时，焊缝的无损检测的执行标准应按设计规定。当设计无规定，且采用超声波探伤时，应全数检测，以质量不低于Ⅱ级为合格。

　　检查数量：系统全数检查。

　　检查方法：观察检查、查阅探伤报告和试验记录。

　　8.2.8　氨制冷剂系统管道、附件、阀门及填料不得采用铜或铜合金材料（磷青铜除外），管内不得镀锌。氨系统的管道焊缝应进行射线照相检验，抽检率为10%，以质量不低于Ⅲ级为合格。在不易进行射线照相检验操作的场合，可用超声波检验代替，以不低于Ⅱ级为合格。

　　检查数量：系统全数检查。

　　检查方法：观察检查、查阅探伤报告和试验记录。

　　8.2.9　输送乙二醇溶液的管道系统，不得使用内镀锌管道及配件。

　　检查数量：按系统的管段抽查20%，且不得少于5件。

　　检查方法：观察检查、查阅安装记录。

　　8.2.10　制冷管道系统应进行强度、气密性试验及真空试验，且必须合格。

　　检查数量：系统全数检查。

　　检查方法：旁站、观察检查和查阅试验记录。

8.3　一　般　项　目

8.3.1　制冷机组与制冷附属设备的安装应符合下列规定：

1　制冷设备及制冷附属设备安装位置、标高的允许偏差，应符合表8.3.1的规定；

表8.3.1　制冷设备与制冷附属设备安装允许偏差和检验方法

项　次	项　目	允许偏差（mm）	检　验　方　法
1	平面位移	10	经纬仪或拉线和尺量检查
2	标高	±10	水准仪或经纬仪、拉线和尺量检查

2 整体安装的制冷机组，其机身纵、横向水平度的允许偏差为 1/1000，并应符合设备技术文件的规定；

3 制冷附属设备安装的水平度或垂直度允许偏差为 1/1000，并应符合设备技术文件的规定；

4 采用隔振措施的制冷设备或制冷附属设备，其隔振器安装位置应正确；各个隔振器的压缩量，应均匀一致，偏差不应大于 2mm；

5 设置弹簧隔振的制冷机组，应设有防止机组运行时水平位移的定位装置。

检查数量：全数检查。

检查方法：在机座或指定的基准面上用水平仪、水准仪等检测、尺量与观察检查。

8.3.2 模块式冷水机组单元多台并联组合时，接口应牢固，且严密不漏。连接后机组的外表，应平整、完好，无明显的扭曲。

检查数量：全数检查。

检查方法：尺量、观察检查。

8.3.3 燃油系统油泵和蓄冷系统载冷剂泵的安装，纵、横向水平度允许偏差为 1/1000，联轴器两轴芯轴向倾斜允许偏差为 0.2/1000，径向位移为 0.05mm。

检查数量：全数检查。

检查方法：在机座或指定的基准面上，用水平仪、水准仪等检测，尺量、观察检查。

8.3.4 制冷系统管道、管件的安装应符合下列规定：

1 管道、管件的内外壁应清洁、干燥；铜管管道支吊架的型式、位置、间距及管道安装标高应符合设计要求，连接制冷机的吸、排气管道应设单独支架；管径小于等于 20mm 的铜管道，在阀门处应设置支架；管道上下平行敷设时，吸气管应在下方；

2 制冷剂管道弯管的弯曲半径不应小于 3.5D（管道直径），其最大外径与最小外径之差不应大于 0.08D，且不应使用焊接弯管及皱褶弯管；

3 制冷剂管道分支管应按介质流向弯成 90°弧度与主管连接，不宜使用弯曲半径小于 1.5D 的压制弯管；

4 铜管切口应平整、不得有毛刺、凹凸等缺陷，切口允许倾斜偏差为管径的 1‰，管口翻边后应保持同心，不得有开裂及皱褶，并应有良好的密封面；

5 采用承插钎焊焊接连接的铜管，其插接深度应符合表 8.3.4 的规定，承插的扩口方向应迎介质流向。当采用套接钎焊焊接连接时，其插接深度应不小于承插连接的规定。采用对接焊缝组对管道的内壁应齐平，错边量不大于 0.1 倍壁厚，且不大于 1mm。

表 8.3.4 承插式焊接的铜管承口的扩口深度表（mm）

铜管规格	≤DN15	DN20	DN25	DN32	DN40	DN50	DN65
承插口的扩口深度	9~12	12~15	15~18	17~20	21~24	24~26	26~30

6 管道穿越墙体或楼板时，管道的支吊架和钢管的焊接应按本规范第 9 章的有关规定执行。

检查数量：按系统抽查 20%，且不得少于 5 件。

检查方法：尺量、观察检查。

8.3.5 制冷系统阀门的安装应符合下列规定：

1 制冷剂阀门安装前应进行强度和严密性试验。强度试验压力为阀门公称压力的 1.5 倍，时间不得少于 5min；严密性试验压力为阀门公称压力的 1.1 倍，持续时间 30s 不漏为合格。合格后应保持阀体内干燥。如阀门进、出口封闭破损或阀体锈蚀的还应进行解体清洗；

2 位置、方向和高度应符合设计要求；

3 水平管道上的阀门的手柄不应朝下；垂直管道上的阀门手柄应朝向便于操作的地方；

4 自控阀门安装的位置应符合设计要求。电磁阀、调节阀、热力膨胀阀、升降式止回阀等的阀头均应向上；热力膨胀阀的安装位置应高于感温包，感温包应装在蒸发器末端的回气管上，与管道接触良好，绑扎紧密；

　　5　安全阀应垂直安装在便于检修的位置，其排气管的出口应朝向安全地带，排液管应装在泄水管上。

　　检查数量：按系统抽查 20%，且不得少于 5 件。

　　检查方法：尺量、观察检查、旁站或查阅试验记录。

8.3.6　制冷系统的吹扫排污应采用压力为 0.6MPa 的干燥压缩空气或氮气，以浅色布检查 5min，无污物为合格。系统吹扫干净后，应将系统中阀门的阀芯拆下清洗干净。

　　检查数量：全数检查。

　　检查方法：观察、旁站或查阅试验记录。

第9章　建筑电气分部工程检验批表格和验收依据说明

9.1　子分部、分项明细及与检验批、规范章节对应表

9.1.1　子分部、分项名称及编号

建筑电气分部包含子分部、分项如下表所示。

子分部、分项名称

分部工程	子分部工程	分项工程
建筑电气（07）	室外电气（01）	变压器、箱式变电所安装（01），成套配电柜、控制柜（屏、台）和动力、照明配电箱（盘）及控制柜安装（02），梯架、支架、托盘和槽盒安装（03），导管敷设（04），电缆敷设（05），管内穿线和槽盒内敷线（06），电缆头制作、导线连接和线路绝缘测试（07），普通灯具安装（08），专用灯具安装（09），建筑照明通电试运行（10），接地装置安装（11）
	变配电室（02）	变压器、箱式变电所安装（01），成套配电柜、控制柜（屏、台）和动力、照明配电箱（盘）安装（02），母线槽安装（03），梯架、支架、托盘和槽盒安装（04），电缆敷设（05），电缆头制作、导线连接和线路绝缘测试（06），接地装置安装（07），接地干线敷设（08）
	供电干线（03）	电气设备试验和试运行（01），母线槽安装（02），梯架、支架、托盘和槽盒安装（03），导管敷设（04），电缆敷设（05），管内穿线和槽盒内敷线（06），电缆头制作、导线连接和线路绝缘测试（07），接地干线敷设（08）
	电气动力（04）	成套配电柜、控制柜（屏、台）和动力、照明配电箱（盘）安装（01），电动机、电加热器及电动执行机构检查接线（02），电气设备试验和试运行（03），梯架、支架、托盘和槽盒安装（04），导管敷设（05），电缆敷设（06），管内穿线和槽盒内敷线（07），电缆头制作、导线连接和线路绝缘测试（08）
	电气照明（05）	成套配电柜、控制柜（屏、台）和动力、照明配电箱（盘）安装（01），梯架、支架、托盘和槽盒安装（02），导管敷设（03），管内穿线和槽盒内敷线（04），塑料护套线直敷布线（05），钢索配线（06），电缆头制作、导线连接和线路绝缘测试（07），普通灯具安装（08），专用灯具安装（09），开关、插座、风扇安装（10），建筑照明通电试运行（11）
	备用和不间断电源（06）	成套配电柜、控制柜（屏、台）和动力、照明配电箱（盘）安装（01），柴油发电机组安装（02），不间断电源装置及应急电源装置安装（03），母线槽安装（04），导管敷设（05），电缆敷设（06），管内穿线和槽盒内敷线（07），电缆头制作、导线连接和线路绝缘测试（08），接地装置安装（09）
	防雷及接地（07）	接地装置安装（01），防雷引下线及接闪器安装（02），建筑物等电位连接（03），浪涌保护器安装（04）

9.1.2　检验批、分项、子分部与规范、章节对应表

1. 建筑电气分部验收依据《建筑电气工程质量验收规范》(GB 50303—2002)。
2. 建筑电气分部包含检验批与分项、子分部、规范章节对应如下表所示。

检验批与分项、子分部、规范章节对应表

序号	检验批名称	编号	分项	子分部	标准章节	页码
1	变压器、箱式变电所安装检验批质量验收记录	07010101	变压器、箱式变电所安装	室外电气	第5章变压器、箱式变电所安装	672
		07020101		变配电室		
2	成套配电柜、控制柜(屏、台)和动力、照明配电箱(盘)安装检验批质量验收记录	07010201	成套配电柜、控制柜(屏、台)和动力、照明配电箱(盘)安装	室外电气	第6章成套配电柜、控制柜(屏、台)和动力、照明配电箱(盘)安装	673
		07020201		变配电室		
		07040101		电气动力		
		07050101		电气照明		
		07060101		备用和不间断电源		
3	梯架、支架、托盘和槽盒安装检验批质量验收记录	07010301	梯架、支架、托盘和槽盒安装	室外电气	第12章电缆桥架安装和桥架内电缆敷设 16槽板配线	677
		07020401		变配电室		
		07030301		供电干线		
		07040401		电气动力		
		07050201		电气照明		
4	导管敷设检验批质量验收记录	07010401	电线、电缆穿管和线槽敷设	室外电气	第14章电线导管、电缆导管和线槽敷设	679
		07030401		供电干线		
		07040501		电气动力		
		07050301		电气照明		
		07060501		备用和不间断电源		
5	电缆敷设检验批质量验收记录	07010501	电缆敷设	室外电气	第13章电缆沟内和电缆竖井内电缆敷设	681
		07020501		变配电室		
		07030501		供电干线		
		07040601		电气动力		
		07060601		备用和不间断电源		
6	管内穿线和槽盒内敷线检验批质量验收记录	07010601	管内穿线和槽盒内敷线	室外电气	第15章电线、电缆穿管和线槽敷线	682
		07030601		供电干线		
		07040701		电气动力		
		07050401		电气照明		
		07060701		备用和不间断电源		
7	电缆头制作、导线连接和线路绝缘测试检验批质量验收记录	07010701	电缆头制作、导线连接和线路绝缘测试	室外电气	第18章电缆头制作、接线和线路绝缘测试	684
		07020601		变配电室		
		07030701		供电干线		
		07040801		电气动力		
		07050701		电气照明		
		07060801		备用和不间断电源		
8	普通灯具安装检验批质量验收记录	07010801	普通灯具安装	室外电气	第19章普通灯具安装	685
		07050801		电气照明		

序号	检验批名称	编号	分项	子分部	标准章节	页码
9	室外电气专用灯具安装检验批质量验收记录	07010901	专用灯具安装	室外电气	第21章 建筑物景观照明灯、航空障碍标志灯和庭院灯安装	687
10	电气照明专用灯具安装检验批质量验收记录	07050901		电气照明	第20章专用灯具安装	689
11	建筑照明通电试运行检验批质量验收记录	07011001 07051101	建筑照明通电试运行	室外电气 电气照明	第23章建筑物照明通电试运行	692
12	接地装置安装检验批质量验收记录	07011101 07020701 07060901 07070101	接地装置安装	室外电气 变配电室 备用和不间断电源 防雷及接地安装	第24章接地装置安装	693
13	母线槽安装检验批质量验收记录	07020301 07030201 07060401	母线槽安装	变配电室 供电干线 备用和不间断电源	第11章裸母线、封闭母线、插接式母线安装	695
14	接地干线敷设检验批质量验收记录	07020801 07030801	接地干线敷设	变配电室 防雷及接地	第25章避雷引下线和变配电室接地干线敷设	697
15	电气设备试验和试运行检验批质量验收记录	07030101 07040301	电气设备试验和试运行	供电干线 电气动力	第10章低压电气动力设备试验和试运行	698
16	电动机、电加热器及电动执行机构检查接线检验批质量验收记录	07040201	电动机、电加热器及电动执行机构检查接线	电气动力	第7章低压电动机、电加热器及电动执行机构检查接线	700
17	开关、插座、风扇安装检验批质量验收记录	07051001	开关、插座、风扇安装	电气照明	第22章开关、插座、风扇安装	701
18	塑料护套线直敷布线检验批质量验收记录	07050501	塑料护套线直敷布线	电气照明	新《统一标准》增加的分项，暂无检验批表格	/
19	钢索配线检验批质量验收记录	07050601	钢索配线	电气照明	第17章钢索配线	703
20	柴油发电机组安装检验批质量验收记录	07060201	柴油发电机组安装	备用和不间断电源	第8章柴油发电机组安装	705
21	不间断电源装置及应急电源装置安装检验批质量验收记录	07060301	不间断电源装置及应急电源装置安装	备用和不间断电源	第9章不间断电源安装	706
22	防雷引下线及接闪器安装检验批质量验收记录	07070201	防雷引下线及接闪器安装	防雷及接地	第25章避雷引下线和变配电室接地干线敷设 第26章接闪器安装	707
23	建筑物等电位连接检验批质量验收记录	07070301	建筑物等电位连接	防雷及接地	第27章建筑物等电位联结	708
24	浪涌保护器安装检验批质量验收记录	07070401	浪涌保护器安装	防雷及接地	新《统一标准》增加的分项，暂无检验批表格	/

9.2　检验批表格和验收依据说明

9.2.1　变压器、箱式变电所安装检验批质量验收记录

1. 表格

变压器、箱式变电所安装检验批质量验收记录

07010101 _____
07020101 _____

单位（子单位）工程名称				分部（子分部）工程名称			分项工程名称	
施工单位				项目负责人			检验批容量	
分包单位				分包单位项目负责人			检验批部位	
施工依据					验收依据		《建筑电气工程施工质量验收规范》GB 50303－2002	
验收项目			设计要求及规范规定	最小/实际抽样数量		检查记录		检查结果
主控项目	1	变压器安装及外观检查	第5.1.1条	/				
	2	变压器中性点、箱式变电所 N 和 PE 母线的接地连接及支架或框架接地	第5.1.2条	/				
	3	变压器的交接试验	第5.1.3条	/				
	4	箱式变电所及落地配电箱的固定、箱体的接地或接零	第5.1.4条	/				
	5	箱式变电所的交接试验	第5.1.5条	/				
一般项目	1	有载调压开关检查	第5.2.1条	/				
	2	绝缘件和测温仪表检查	第5.2.2条	/				
	3	装有滚轮的变压器固定	第5.2.3条	/				
	4	变压器的器身检查	第5.2.4条	/				
	5	箱式变电所内外涂层和通风口检查	第5.2.5条	/				
	6	箱式变电所柜内接线和线路标记	第5.2.6条	/				
	7	装有气体继电器的变压器的坡度	第5.2.7条	/				
施工单位检查结果				专业工长：项目专业质量检查员：　　年　月　日				
监理单位验收结论				专业监理工程师：　　年　月　日				

2. 验收依据说明

【规范名称及编号】《建筑电气工程质量验收规范》GB 50303－2002

【条文摘录】

5　变压器、箱式变电所安装

5.1　主　控　项　目

5.1.1　变压器安装应位置正确，附件齐全，油浸变压器油位正常，无渗油现象。

5.1.2　接地装置引出的接地干线与变压器的低压侧中性点直接连接；接地干线与箱式变电所的 N 母线和 PE 母线直接连接；变压器箱体、干式变压器的支架或外壳应接地（PE）。所有连接应可靠，紧固件及防松零件齐全。

5.1.3　变压器必须按本规范第3.1.8条的规定交接试验合格。

5.1.4　箱式变电所及落地式配电箱的基础应高于室外地坪，周围排水通畅。用地脚螺栓固定的螺帽齐全，拧紧牢固；自由安放的应垫平放正。金属箱式变电所及落地式配电箱，箱体应接地（PE）或

接零（PEN）可靠，且有标识。

5.1.5 箱式变电所的交接试验，必须符合下列规定：

1 由高压成套开关柜、低压成套开关柜和变压器三个独立单元组合成的箱式变电所高压电气设备部分，按本规范3.1.8的规定交接试验合格。

2 高压开关、熔断器等与变压器组合在同一个密闭油箱内的箱式变电所，交接试验按产品提供的技术文件要求执行；

3 低压成套配电柜交接试验符合本规范第4.1.5条的规定。

5.2 一般项目

5.2.1 有载调压开关的传动部分润滑应良好，动作灵活，点动给定位置与开关实际位置一致，自动调节符合产品的技术文件要求。

5.2.2 绝缘件应无裂纹、缺损和瓷件瓷釉损坏等缺陷，外表清洁，测温仪表指示准确。

5.2.3 装有滚轮的变压器就位后，应将滚轮用能拆卸的制动部件固定。

5.2.4 变压器应按产品技术文件要求进行检查器身，当满足下列条件之一时，可不检查器身。

1 制造厂规定不检查器身者；

2 就地生产仅做短途运输的变压器，且在运输过程中有效监督，无紧急制动、剧烈振动、冲撞或严重颠簸等异常情况者。

5.2.5 箱式变电所内外涂层完整、无损伤，有通风口的风口防护网完好。

5.2.6 箱式变电所的高低压柜内部接线完整、低压每个输出回路标记清晰，回路名称准确。

5.2.7 装有气体继电器的变压器顶盖，沿气体继电器的气流方向有1.0%～1.5%的升高坡度。

9.2.2 成套配电柜、控制柜（屏、台）和动力、照明配电箱（盘）安装检验批质量验收记录

1. 表格

成套配电柜、控制柜（屏、台）和动力、照明配电箱（盘）安装检验批质量验收记录

07010201 _____
07020201 _____
07040101 _____
07050101 _____
07060101 _____

单位（子单位）工程名称			分部（子分部）工程名称		分项工程名称	
施工单位			项目负责人		检验批容量	
分包单位			分包单位项目负责人		检验批部位	
施工依据				验收依据	《建筑电气工程施工质量验收规范》GB 50303－2002	
验收项目			设计要求及规范规定	最小/实际抽样数量	检查记录	检查结果
主控项目	1	金属框架及基础型钢的接地或接零	第6.1.1条	/		
	2	电击保护和保护导体截面积	第6.1.2条	/		
	3	手车抽出式柜的推拉和动、静触头检查	第6.1.3条	/		
	4	高压成套配电柜的交接试验	第6.1.4条	/		
	5	低压成套配电柜的交接试验	第6.1.5条	/		
	6	柜间线路绝缘电阻测试	第6.1.6条	/		
	7	柜间二次回路耐压试验	第6.1.7条	/		
	8	直流屏试验	第6.1.8条	/		
	9	箱（盘）内结线及开关动作	第6.1.9条	/		

673

续表

验收项目				设计要求及规范规定	最小/实际抽样数量	检查记录	检查结果
一般项目	1	基础型钢安装	不直度（mm）	每米	≤1	/	
				全长	≤5	/	
			水平度（mm）	每米	≤1	/	
				全长	≤5	/	
			不平行度（mm/全长）		≤5	/	
	2	柜、屏、盘、台、箱、盘间或与基础型钢的连接			第6.2.2条	/	
	3	柜、屏、台、箱、盘安装	垂直度		1.5‰	/	
			相互间接缝		2mm	/	
			成列盘面		5mm	/	
	4	柜、屏、盘、台、箱、盘内部检查试验			第6.2.4条	/	
	5	低压电器组合			第6.2.5条	/	
	6	柜、屏、台、箱、盘间配线			第6.2.6条	/	
	7	连接柜、屏、台、箱、盘面板上的电器及控制台、板等可动部位的电线			第6.2.7条	/	
	8	照明配电箱（盘）安装	安装质量		第6.2.8条	/	
			垂直度		1.5‰		
			底边距地面为1.5m		第6.2.8条	/	
			照明配电板底边距地面不小于1.8m		第6.2.8条	/	

施工单位检查结果	专业工长： 项目专业质量检查员： 　　　　　　年　月　日
监理单位验收结论	专业监理工程师： 　　　　　　年　月　日

2. 验收依据说明

【规范名称及编号】《建筑电气工程质量验收规范》GB 50303－2002

【条文摘录】

　　6　成套配电柜、控制柜（屏、台）和动力、照明配电箱（盘）安装

6.1 主 控 项 目

6.1.1 柜、屏、台、箱、盘的金属框架及基础型钢必须接地（PE）或接零（PEN）可靠；装有电器的可开启门，门和框架的接地端子间应用裸编织铜线连接，且有标识。

6.1.2 低压成套配电柜、控制柜（屏、台）和动力、照明配电箱（盘）应有可靠的电击保护。柜（屏、台、箱、盘）内保护导体应有裸露的连接外部保护导体的端子，当设计无要求时，柜（屏、台、箱、盘）内保护导体最小截面积 S_p 不应小于表6.1.2的规定。

表6.1.2 保护导体的截面积

相线的截面积 S（mm^2）	相应保护导体的最小截面积 S_p（mm^2）
$S \leqslant 16$	S
$16 < S \leqslant 35$	16
$35 < S \leqslant 400$	$S/2$
$400 < S \leqslant 800$	200
$S > 800$	$S/4$

注：S 指柜（屏、台、箱、盘）电源进线相线截面积，且两者（S、S_p）材质相同。

6.1.3 手车、抽出式成套配电柜推拉应灵活，无卡阻碰撞现象。动触头与静触头的中心线应一致，且触头接触紧密，投入时，接地触头先于主触头接触；退出时，接地触头后于主触头脱开。

6.1.4 高压成套配电柜必须按本规范第3.1.8条的规定交接试验合格，且应符合下列规定：

1 继电保护元器件、逻辑元件、变送器和控制用计算机等单体校验合格，整组试验动作正确，整定参数符合设计要求；

2 凡经法定程序批准，进入市场投入使用的新高压电气设备和继电保护装置，按产品技术文件要求交接试验。

6.1.5 低压成套配电柜交接试验，必须符合本规范第4.1.5条的规定。

6.1.6 柜、屏、台、箱、盘间线路的线间和线对地间绝缘电阻值，馈电线路必须大于0.5MΩ；二次回路必须大于1MΩ。

6.1.7 柜、屏、台、箱、盘间二次回路交流工频耐压试验，当绝缘电阻值大于10MΩ时，用2500V兆欧表摇测1min，应无闪络击穿现象；当绝缘电阻值在1～10MΩ时，做1000V交流工频耐压试验，时间1min，应无闪络击穿现象。

6.1.8 直流屏试验，应将屏内电子器件从线路上退出，检测主回路线间和线对地间绝缘电阻值应大于0.5MΩ，直流屏所附蓄电池组的充、放电应符合产品技术文件要求；整流器的控制调整和输出特性试验应符合产品技术文件要求。

6.1.9 照明配电箱（盘）安装应符合下列规定：

1 箱（盘）内配线整齐，无绞接现象。导线连接紧密，不伤芯线，不断股。垫圈下螺丝两侧压的导线截面积相同，同一端子上导线连接不多于2根，防松垫圈等零件齐全；

2 箱（盘）内开关动作灵活可靠，带有漏电保护的回路，漏电保护装置动作电流不大于30mA，动作时间不大于0.1s。

3 照明箱（盘）内，分别设置零线（N）和保护地线（PE线）汇流排，零线和保护地线经汇流排配出。

6.2 一 般 项 目

6.2.1 基础型钢安装应符合表6.2.1的规定。

表6.2.1 基础型钢安装允许偏差

项 目	允许偏差	
	（mm/m）	（mm/全长）
不直度	1	5
水平度	1	5
不平行度	/	5

6.2.2 柜、屏、台、箱、盘相互间或与基础型钢应用镀锌螺栓连接，且防松零件齐全。

6.2.3 柜、屏、台、箱、盘安装垂直度允许偏差为1.5‰，相互间接缝不应大于2mm，成列盘面偏差不应大于5mm。

6.2.4 柜、屏、台、箱、盘内检查试验应符合下列规定：

1 控制开关及保护装置的规格、型号符合设计要求；

2 闭锁装置动作准确、可靠；

3 主开关的辅助开关切换动作与主开关动作一致；

4 柜、屏、台、箱、盘上的标识器件标明被控设备编号及名称，或操作位置，接线端子有编号，且清晰工整、不易脱色。

5 回路中的电子元件不应参加交流工频耐压试验；48V及以下回路可不做交流工频耐压试验。

6.2.5 低压电器组合应符合下列规定：

1 发热元件安装在散热良好的位置；

2 熔断器的熔体规格、自动开关的整定值符合设计要求；

3 切换压板接触良好，相邻压板间有安全距离，切换时，不触及相邻的压板；

4 信号回路的信号灯、按钮、光字牌、电铃、电笛、事故电钟等动作和信号显示准确；

5 外壳需接地（PE）或接零（PEN）的，连接可靠；

6 端子排安装牢固，端子有序号，强电、弱电端子隔离布置，端子规格与芯线截面积大小适配。

6.2.6 柜、屏、台、箱、盘间配线：电流回路应采用额定电压不低于750V、芯线截面积不小于2.5mm² 的铜芯绝缘电线或电缆；除电子元件回路或类似回路外，其他回路的电线应采用额定电压不低于750V、芯线截面不小于1.5mm² 的铜芯绝缘电线或电缆。二次回路连线应成束绑扎，不同电压等级、交流、直流线路及计算机控制线路应分别绑扎，且有标识；固定后不应妨碍手车开关或抽出式部件的拉出或推入。

6.2.7 连接柜、屏、台、箱、盘面板上的电器及控制台、板等可动部位的电线应符合下列规定：

1 采用多股铜芯软电线，敷设长度留有适当裕量；

2 线束有外套塑料管等加强绝缘保护层；

3 与电器连接时，端部绞紧，且有不开口的终端端子或搪锡，不松散、断股；

4 可转动部位的两端用卡子固定。

6.2.8 照明配电箱（盘）安装应符合下列规定：

1 位置正确，部件齐全，箱体开孔与导管管径适配，暗装配电箱箱盖紧贴墙面，箱（盘）涂层完整；

2 箱（盘）内接线整齐，回路编号齐全，标识正确；

3 箱（盘）不采用可燃材料制作；

4 箱（盘）安装牢固，垂直度允许偏差为1.5‰；底边距地面为1.5m，照明配电板底边距地面不小于1.8m。

9.2.3 梯架、支架、托盘和槽盒安装检验批质量验收记录

1. 表格

梯架、支架、托盘和槽盒安装检验批质量验收记录

07010301 _____
07020401 _____
07030301 _____
07040401 _____
07050201 _____

单位（子单位）工程名称		分部（子分部）工程名称		分项工程名称	
施工单位		项目负责人		检验批容量	
分包单位		分包单位项目负责人		检验批部位	
施工依据			验收依据	《建筑电气工程施工质量验收规范》GB 50303－2002	

		验收项目	设计要求及规范规定	最小/实际抽样数量	检查记录	检查结果
主控项目	1	金属电缆桥架、支架和引入、引出的金属导管的接地或接零	第12.1.1条	/		
	2	槽板敷设和木槽板阻燃处理	第16.1.2条	/		
一般项目	1	电缆桥架检查	第12.2.1条	/		
	2	槽板的盖板和底板固定	第16.2.1条	/		
	3	槽板盖板、底板的接口设置和连接	第16.2.2条	/		
	4	槽板的保护套管和补偿装置设置	第16.2.3条	/		

施工单位检查结果	专业工长： 项目专业质量检查员： 年　月　日
监理单位验收结论	专业监理工程师： 年　月　日

2. 验收依据说明

【规范名称及编号】《建筑电气工程质量验收规范》GB 50303－2002

【条文摘录】

摘录一：

12 电缆桥架安装和桥架内电缆敷设

12.1 主控项目

12.1.1 金属电缆桥架及其支架和引入或引出的金属电缆导管必须接地（PE）或接零（PEN）可靠，且必须符合下列规定：

1. 金属电缆桥架及其支架全长应不少于 2 处与接地（PE）或接零（PEN）干线相连接；

2. 非镀锌电缆桥架间连接板的两端跨接铜芯接地线，接地线最小允许截面积不小于 4mm²；

3. 镀锌电缆桥架间连接板的两端不跨接接地线，但连接板两端不少于 2 个有防松螺帽或防松垫圈的连接固定螺栓。

12.1.2 电缆敷设严禁有绞拧、铠装压扁、护层断裂和表面严重划伤等缺陷。

12.2 一般项目

12.2.1 电缆桥架安装应符合下列规定：

1. 直线段钢制电缆桥架长度超过 30m、铝合金或玻璃钢制电缆桥架长度超过 15m 设有伸缩节；电缆桥架跨越建筑物变形缝处设置补偿装置；

2. 电缆桥架转弯处的弯曲半径，不小于桥架内电缆最小允许弯曲半径，电缆最小允许弯曲半径见表 12.2.1-1；

表 12.2.1-1　电缆最小允许弯曲半径

序　号	电缆种类	最小允许弯曲半径
1	无铅包钢铠护套的橡皮绝缘电力电缆	10D
2	有钢铠护套的橡皮绝缘电力电缆	20D
3	聚氯乙烯绝缘电力电缆	10D
4	交联聚氯乙烯绝缘电力电缆	15D
5	多芯控制电缆	10D

注：D 为电缆外径

3. 当设计无要求时，电缆桥架水平安装的支架间距为 1.5～3m；垂直安装的支架间距不大于 2m；

4. 桥架与支架间螺栓、桥架连接板螺栓固定紧固无遗漏，螺母位于桥架外侧；当铝合金桥架与钢支架固定时，有相互间绝缘的防电化腐蚀措施；

5. 电缆桥架敷设在易燃易爆气体管道和热力管道的下方，当设计无要求时，管道的最小净距，符合表 12.2.1-2 的规定；

表 12.2.1-2　与管道的最小净距（m）

管道类别		平行净距	交叉净距
一般工艺管道		0.4	0.3
易燃易爆气体管道		0.5	0.5
热力管道	有保温层	0.5	0.3
	无保温层	1.0	0.5

6. 敷设在竖井内和穿越不同防火区的桥架，按设计要求位置，有防火隔堵措施；

7. 支架与预埋件焊接固定时，焊缝饱满；膨胀螺栓固定时，选用螺栓适配，连接紧固，防松零件齐全。

12.2.2　桥架内电缆敷设应符合下列规定：

1. 大于 45°倾斜敷设的电缆每隔 2m 处设固定点；

2. 电缆出入电缆沟、竖井、建筑物、柜（盘）、台处以及管子管口处等做密封处理；

3. 电缆敷设排列整齐，水平敷设的电缆，首尾两端、转弯两侧及每隔 5～10m 处设固定点；敷设于垂直桥架内的电缆固定点间距，不大于表 12.2.2 的规定。

表 12.2.2　电缆固定点的间距（mm）

电缆种类		固定点的间距
电力电缆	全塑型	1000
	除全塑型外的电缆	1500
控制电缆		1000

12.2.3　电缆的首端、末端和分支处应设标志牌。

摘录二：

16　槽板配线

16.1　主控项目

16.1.1　槽板内电线无接头，电线连接设在器具处；槽板与各种器具连接时，电线应留有余量，器具底座应压住槽板端部。

16.1.2　槽板敷设应紧贴建筑物表面，且横平竖直、固定可靠，严禁用木楔固定；木槽板应经阻燃处理，塑料槽板表面应有阻燃标识。

16.2 一般项目

16.2.1 木槽板无劈裂，塑料槽板无扭曲变形。槽板底板固定点间距应小于500mm；槽板盖板固定点间距应小于300mm；底板距终端50mm和盖板距终端30mm处应固定。

16.2.2 槽板的底板接口与盖板接口应错开20mm，盖板在直线段和90°转角处应成45°斜口对接，T形分支处应成三角叉接，盖板应无翘角，接口应严密整齐。

16.2.3 槽板穿过梁、墙和楼板处应有保护套管，跨越建筑物变形缝处槽板应设补偿装置，且与槽板结合严密。

9.2.4 导管敷设检验批质量验收记录

1. 表格

导管敷设检验批质量验收记录

07010401 _____
07030401 _____
07040501 _____
07050201 _____
07060501 _____

单位（子单位）工程名称			分部（子分部）工程名称		分项工程名称	
施工单位			项目负责人		检验批容量	
分包单位			分包单位项目负责人		检验批部位	
施工依据				验收依据	《建筑电气工程施工质量验收规范》 GB 50303－2002	
		验收项目	设计要求及规范规定	最小/实际抽样数量	检查记录	检查结果
主控项目	1	金属导管、金属线槽的接地或接零	第14.1.1条	/		
	2	金属导管的连接	第14.1.2条	/		
	3	防爆导管的连接	第14.1.3条	/		
	4	绝缘导管砌体剔槽埋设	第14.1.4条	/		
一般项目	1	埋地导管的选择和埋设深度	第14.2.1条	/		
	2	导管的管口设置和处理	第14.2.2条	/		
	3	电缆导管的弯曲半径	第14.2.3条	/		
	4	金属导管的防腐	第14.2.4条	/		
	5	柜、台、箱、盘内导管管口高度	第14.2.5条	/		
	6	暗配管的埋设深度，明配管的固定	第14.2.6条	/		
	7	线槽固定及外观检查	第14.2.7条	/		
	8	防爆导管的连接、接地、固定和防腐	第14.2.8条	/		
	9	绝缘导管的连接和保护	第14.2.9条	/		
	10	柔性导管的长度、连接和接地	第14.2.10条	/		
	11	导管和线槽在建筑物变形缝处的处理	第14.2.11条	/		
施工单位检查结果				专业工长：项目专业质量检查员：　　　　年　　月　　日		
监理单位验收结论				专业监理工程师：　　　　年　　月　　日		

2. 验收依据说明

【规范名称及编号】《建筑电气工程质量验收规范》GB 50303－2002

【条文摘录】

14　电线导管、电缆导管和线槽敷设

14.1　主　控　项　目

14.1.1　金属的导管和线槽必须接地（PE）或接零（PEN）可靠，并符合下列规定：

1　镀锌的钢导管、可挠性导管和金属线槽不得熔焊跨接接地线，以专用接地卡跨接的两卡间连线为铜芯软导线，截面积不小于 4mm²；

2　当非镀锌钢导管采用螺纹连接时，连接处的两端焊跨接接地线；当镀锌钢导管采用螺纹连接时，连接处的两端用专用接地卡固定跨接接地线；

3　金属线槽不作设备的接地导体，当设计无要求时，金属线槽全长不少于 2 处与接地（PE）或接零（PEN）干线连接；

4　非镀锌金属线槽间连接板的两端跨接铜芯接地线，镀锌线槽间连接板的两端不跨接接地线，但连接板两端不少于 2 个有防松螺帽或防松垫圈的连接固定螺栓。

14.1.2　金属导管严禁对口熔焊连接；镀锌和壁厚小于等于 2mm 的钢导管不得套管熔焊连接。

14.1.3　防爆导管不应采用倒扣连接；当连接有困难时，应采用防爆活接头，其接合面应严密。

14.1.4　当绝缘导管在砌体上剔槽埋设时，应采用强度等级不小于 M10 的水泥砂浆抹面保护，保护层厚度大于 15mm。

14.2　一　般　项　目

14.2.1　室外埋地敷设的电缆导管，埋深不应小于 0.7m。壁厚小于等于 2mm 的钢电线导管不应埋设于室外土壤内。

14.2.2　室外导管的管口应设置在盒、箱内。在落地式配电箱内的管口，箱底无封板的，管口应高出基础面 50～80mm。所有管口在穿入电线、电缆后应做密封处理。由箱式变电所或落地式配电箱引向建筑物的导管，建筑物一侧的导管管口应设在建筑物内。

14.2.3　电缆导管的弯曲半径不应小于电缆最小允许弯曲半径，电缆最小允许弯曲半径应符合本规范表 12.2.1-1 的规定。

14.2.4　金属导管内外壁应防腐处理；埋设于混凝土内的导管内壁应防腐处理，外壁可不防腐处理。

14.2.5　室内进入落地式柜、台、箱、盘内的导管管口，应高出柜、台、箱、盘的基础面 50～80mm。

14.2.6　暗配的导管，埋设深度与建筑物、构筑物表面的距离不应小于 15mm；明配的导管应排列整齐，固定点间距均匀，安装牢固；在终端、弯头中点或柜、台、箱、盘等边缘的距离 150～500mm 范围内设有管卡，中间直线段管卡间的最大距离应符合表 14.2.6 的规定。

表 14.2.6　管卡间最大距离

敷设方式	导管种类	导管直径（mm）				
		15～20	25～32	32～40	50～65	65 以上
		管卡间最大距离（m）				
支架或沿墙明敷	壁厚＞2mm 刚性钢导管	1.5	2.0	2.5	2.5	3.5
	壁厚≤2mm 刚性钢导管	1.0	1.5	2.0	—	—
	刚性绝缘导管	1.0	1.5	1.5	2.0	2.0

14.2.7　线槽应安装牢固，无扭曲变形，紧固件的螺母应在线槽外侧。

14.2.8　防爆导管敷设应符合下列规定：

1　导管间及与灯具、开关、线盒等的螺纹连接处紧密牢固，除设计有特殊要求外，连接处不跨接接地线，在螺纹上涂以电力复合酯或导电性防锈酯；

2　安装牢固顺直，镀锌层锈蚀或剥落处做防腐处理。

14.2.9　绝缘导管敷设应符合下列规定：

1　管口平整光滑；管与管、管与盒（箱）等器件采用插入法连接时，连接处结合面涂专用胶合剂，接口牢固密封；

2　直埋于地下或楼板内的刚性绝缘导管，在穿出地面或楼板易受机械损伤的一段，采取保护措施；

3　当设计无要求时，埋设在墙内或混凝土内的绝缘导管，采用中型以上的导管；

4　沿建筑物、构筑物表面和在支架上敷设的刚性绝缘导管，按设计要求装设温度补偿装置。

14.2.10　金属、非金属柔性导管敷设应符合下列规定：

1　刚性导管经柔性导管与电气设备、器具连接，柔性导管长度在动力工程中不大于0.8m，在照明工程中不大于1.2m；

2　可挠金属管或其他柔性导管与刚性导管或电气设备、器具间的连接采用专用接头；复合型可挠金属管或其他柔性导管的连接处密封良好，防液覆盖层完整无损；

3　可挠性金属导管和金属柔性导管不能做接地（PE）或接零（PEN）的接续导体。

14.2.11　导管和线槽，在建筑物变形缝处，应设补偿装置。

9.2.5　电缆敷设检验批质量验收记录

1. 表格

电缆敷设检验批质量验收记录

07010501 _____
07020501 _____
07030501 _____
07040601 _____
07060601 _____

单位（子单位）工程名称			分部（子分部）工程名称		分项工程名称	
施工单位			项目负责人		检验批容量	
分包单位			分包单位项目负责人		检验批部位	
施工依据				验收依据	《建筑电气工程施工质量验收规范》GB 50303－2002	
验收项目			设计要求及规范规定	最小/实际抽样数量	检查记录	检查结果
主控项目	1	金属电缆支架、电线导管的接地或接零	第13.1.1条	/		
	2	电缆敷设	第13.1.2条	/		
一般项目	1	电缆支架安装	第13.2.1条	/		
	2	电缆的弯曲半径	第13.2.2条	/		
	3	电缆的敷设固定和防火措施	第13.2.3条	/		
	4	电缆的首端、末端和分支处的标志牌	第13.2.4条	/		
施工单位检查结果				专业工长：项目专业质量检查员：　　　年　月　日		
监理单位验收结论				专业监理工程师：　　　年　月　日		

2. 验收依据说明

【规范名称及编号】《建筑电气工程质量验收规范》GB 50303－2002

【条文摘录】

　　13　电缆沟内和电缆竖井内电缆敷设

　　13.1　主控项目

　　13.1.1　金属电缆支架、电缆导管必须接地（PE）或接零（PEN）可靠。

　　13.1.2　电缆敷设严禁有绞拧、铠装压扁、护层断裂和表面严重划伤等缺陷。

　　13.2　一般项目

　　13.2.1　电缆支架安装应符合下列规定：

　　1.当设计无要求时，电缆支架最上层至竖井顶部或楼板的距离不小于150～200mm；电缆支架最下层至沟底或地面的距离不小于50～100mm；

　　2.当设计无要求时，电缆支架层间最小允许距离符合表13.2.1的规定；

表 13.2.1　电缆支架层间最小允许距离（mm）

电缆种类	支架层间最小距离
控制电缆	120
10kV 及以下电力电缆	150～200

　　3.支架与预埋件焊接固定时，焊缝饱满；用膨胀螺栓固定时，选用螺栓适配，连接紧固，防松零件齐全。

　　13.2.2　电缆在支架上敷设，转弯处的最小允许弯曲半径应符合本规范表12.2.1-1的规定。

　　13.2.3　电缆敷设固定应符合下列规定：

　　1.垂直敷设或大于45°倾斜敷设的电缆在每个支架上固定；

　　2.交流单芯电缆或分相后的每相电缆固定用的夹具和支架，不形成闭合铁磁回路；

　　3.电缆排列整齐，少交叉；当设计无要求时，电缆支持点间距，不大于表13.2.3的规定；

表 13.2.3　电缆支持点间距（mm）

电缆种类		敷设方式	
		水平	垂直
电力电缆	全塑型	400	1000
	除全塑型外的电缆	800	1500
控制电缆		800	1000

　　4　当设计无要求时，电缆与管道的最小净距，符合本规范表12.2.1-2的规定，且敷设在易燃易爆气体管道和热力管道的下方；

　　5　敷设电缆的电缆沟和竖井，按设计要求位置，有防火隔堵措施。

　　13.2.4　电缆的首端、末端和分支处应设标志牌。

9.2.6　管内穿线和槽盒内敷线检验批质量验收记录

　　1. 表格

管内穿线和槽盒内敷线检验批质量验收记录

07010601 _____
07030601 _____
07040701 _____
07050401 _____
07060701 _____

单位（子单位）工程名称			分部（子分部）工程名称		分项工程名称	
施工单位			项目负责人		检验批容量	
分包单位			分包单位项目负责人		检验批部位	
施工依据				验收依据	《建筑电气工程施工质量验收规范》GB 50303－2002	
验收项目			设计要求及规范规定	最小/实际抽样数量	检查记录	检查结果
主控项目	1	交流单芯电缆不得单独穿于钢导管内	第15.1.1条	/		
	2	电线穿管	第15.1.2条	/		
	3	爆炸危险环境照明线路的电线、电缆选用和穿管	第15.1.3条	/		
一般项目	1	电线、电缆管内清扫和管口处理	第15.2.1条	/		
	2	同一建筑物、构筑物内电线绝缘层颜色的选择	第15.2.2条	/		
	3	线槽敷线	第15.2.3条	/		
施工单位检查结果				专业工长：项目专业质量检查员：年　月　日		
监理单位验收结论				专业监理工程师：年　月　日		

2. 验收依据说明

【规范名称及编号】《建筑电气工程质量验收规范》GB 50303－2002

【条文摘录】

15　电线、电缆穿管和线槽敷线

15.1　主 控 项 目

15.1.1　三相或单相的交流单芯电缆，不得单独穿于钢导管内。

15.1.2　不同回路、不同电压等级和交流与直流的电线，不应穿于同一导管内；同一交流回路的电线应穿于同一金属导管内，且管内电线不得有接头。

15.1.3　爆炸危险环境照明线路的电线和电缆额定电压不得低于750V，且电线必须穿于钢导管内。

15.2　一 般 项 目

15.2.1　电线、电缆穿管前，应清除管内杂物和积水。管口应有保护措施，不进入接线盒（箱）的垂直管口穿入电线、电缆后，管口应密封。

15.2.2　当采用多相供电时，同一建筑物、构筑物的电线绝缘层颜色选择应一致，即保护地线（PE线）应是黄绿相间色，零线用淡蓝色；相线用：A相——黄色、B相—绿色、C相——红色。

15.2.3　线槽敷线应符合下列规定：

1　电线在线槽内有一定余量，不得有接头。电线按回路编号分段绑扎,绑扎点间距不应大于2m；

2　同一回路的相线和零线，敷设于同一金属线槽内；

3　同一电源的不同回路无抗干扰要求的线路可敷设于同一线槽内；敷设于同一线槽内有抗干扰要

683

求的线路用隔板隔离，或采用屏蔽电线且屏蔽护套一端接地。

9.2.7　电缆头制作、导线连接和线路绝缘测试检验批质量验收记录

1. 表格

电缆头制作、导线连接和线路绝缘测试检验批质量验收记录

07010701 _____

07020601 _____

07030701 _____

07040801 _____

07050701 _____

07060801 _____

单位（子单位）工程名称			分部（子分部）工程名称		分项工程名称	
施工单位			项目负责人		检验批容量	
分包单位			分包单位项目负责人		检验批部位	
施工依据				验收依据	《建筑电气工程施工质量验收规范》GB 50303－2002	
验收项目			设计要求及规范规定	最小/实际抽样数量	检查记录	检查结果
主控项目	1	高压电力电缆直流耐压试验	第18.1.1条	/		
	2	低压电线和电缆绝缘电阻测试	第18.1.2条	/		
	3	铠装电力电缆头的接地线	第18.1.3条	/		
	4	电线、电缆接线	第18.1.4条	/		
一般项目	1	芯线与电器设备的连接	第18.2.1条	/		
	2	电线、电缆的芯线连接金具	第18.2.2条	/		
	3	电线、电缆回路标记、编号	第18.2.3条	/		
施工单位检查结果			专业工长：项目专业质量检查员：　　　年　月　日			
监理单位验收结论			专业监理工程师：　　　年　月　日			

2. 验收依据说明

【规范名称及编号】《建筑电气工程质量验收规范》GB 50303－2002

【条文摘录】

18　电缆头制作、接线和线路绝缘测试

18.1　主　控　项　目

18.1.1　高压电力电缆直流耐压试验必须按本规范第3.1.8条的规定交接试验合格。

18.1.2　低压电线和电缆，线间和线对地间的绝缘电阻值必须大于0.5MΩ。

18.1.3　铠装电力电缆头的接地线应采用铜绞线或镀锡铜编织线，截面积不应小于表18.1.3的规定。

表18.1.3　电缆芯线和接地线截面积（mm²）

电缆芯线截面积	接地线截面积
120 及以下	16
150 及以下	25

注：电缆芯线截面积在16mm²及以下，接地线截面积与电缆芯线截面积相等。

18.1.4　电线、电缆接线必须准确，并联运行电线或电缆的型号、规格、长度、相位应一致。

18.2　一　般　项　目

18.2.1　芯线与电器设备的连接应符合下列规定：

1　截面积在10mm² 及以下的单股铜芯线和单股铝芯线直接与设备、器具的端子连接；

2　截面积在2.5mm² 及以下的多股铜芯线拧紧搪锡或接续端子后与设备、器具的端子连接；

3　截面积大于2.5mm² 的多股铜芯线，除设备自带插接式端子外，接续端子后与设备或器具的端子连接；多股铜芯线与插接式端子连接前，端部拧紧搪锡；

4　多股铝芯线接续端子后与设备、器具的端子连接；

5　每个设备和器具的端子接线不多于2根电线。

18.2.2　电线、电缆的芯线连接金具（连接管和端子），规格应与芯线的规格适配，且不得采用开口端子。

18.2.3　电线、电缆的回路标记应清晰，编号准确。

9.2.8　普通灯具安装检验批质量验收记录

1. 表格

普通灯具安装检验批质量验收记录

07010801 ____
07050801 ____

单位（子单位）工程名称			分部（子分部）工程名称		分项工程名称	
施工单位			项目负责人		检验批容量	
分包单位			分包单位项目负责人		检验批部位	
施工依据				验收依据	《建筑电气工程施工质量验收规范》GB 50303－2002	

验收项目			设计要求及规范规定	最小/实际抽样数量	检查记录	检查结果
主控项目	1	灯具的固定	第19.1.1条	/		
	2	花灯吊钩选用、固定及悬吊装置的过载试验	第19.1.2条	/		
	3	钢管吊灯灯杆检查	第19.1.3条	/		
	4	灯具的绝缘材料耐火检查	第19.1.4条	/		
	5	灯具的安装高度和使用电压等级	第19.1.5条	/		
	6	距地高度小于2.4m的灯具金属外壳的接地或接零	第19.1.6条	/		
一般项目	1	引向每个灯具的导线线芯最小截面积	第19.2.1条	/		
	2	灯具的外形，灯头及其接线检查	第19.2.2条	/		
	3	变电所内灯具的安装位置	第19.2.3条	/		
	4	装有白炽灯泡的吸顶灯具隔热检查	第19.2.4条			

续表

	验收项目	设计要求及规范规定	最小/实际抽样数量	检查记录	检查结果
一般项目	5　在重要场所的大型灯具的玻璃罩安全措施	第19.2.5条	/		
	6　投光灯的固定检查	第19.2.6条	/		
	7　室外壁灯的防水检查	第19.2.7条	/		
施工单位检查结果		专业工长： 项目专业质量检查员： 　　　　　　年　月　日			
监理单位验收结论		专业监理工程师： 　　　　　　年　月　日			

2. 验收依据说明

【**规范名称及编号**】《建筑电气工程质量验收规范》GB 50303－2002

【**条文摘录**】

19　普通灯具安装

19.1　主控项目

19.1.1　灯具的固定应符合下列规定：

1　灯具重量大于3kg时，固定在螺栓或预埋吊钩上；

2　软线吊灯，灯具重量在0.5kg及以下时，采用软电线自身吊装；大于0.5kg的灯具采用吊链，且软电线编叉在吊链内，使电线不受力；

3　灯具固定牢固可靠，不使用木楔。每个灯具固定用螺钉或螺栓不少于2个；当绝缘台直径在75mm及以下时，采用1个螺钉或螺栓固定。

19.1.2　花灯吊钩圆钢直径不应小于灯具挂销直径，且不应小于6mm。大型花灯的固定及悬吊装置，应按灯具重量的2倍做过载试验。

19.1.3　当钢管做灯杆时，钢管内径不应小于10mm，钢管厚度不应小于1.5mm。

19.1.4　固定灯具带电部件的绝缘材料以及提供防触电保护的绝缘材料，应耐燃烧和防明火。

19.1.5　当设计无要求时，灯具的安装高度和使用电压等级应符合下列规定：

1　一般敞开式灯具，灯头对地面距离不小于下列数值（采用安全电压时除外）：

1）室外：2.5m（室外墙上安装）；

2）厂房：2.5m；

3）室内：2m；

4）软吊线带升降器的灯具在吊线展开后：0.8m。

2　危险性较大及特殊危险场所，当灯具距地面高度小于2.4m时，使用额定电压为36V及以下的照明灯具，或有专用保护措施。

19.1.6　当灯具距地面高度小于2.4m时，灯具的可接近裸露导体必须接地（PE）或接零（PEN）可靠，并应有专用接地螺栓，且有标识。

19.2　一般项目

19.2.1 引向每个灯具的导线线芯最小截面积应符合表 19.2.1 的规定。

表 19.2.1 导线线芯最小截面积（mm²）

灯具安装的场所及用途		线芯最小截面积		
		铜芯软线	铜线	铝线
灯头线	民用建筑室内	0.5	0.5	2.5
	工业建筑室内	0.5	1.0	2.5
	室外	1.0	1.0	2.5

19.2.2 灯具的外形、灯头及其接线应符合下列规定：

1 灯具及其配件齐全，无机械损伤、变形、涂层剥落和灯罩破裂等缺陷；

2 软线吊灯的软线两端做保护扣，两端芯线搪锡；当装升降器时，套塑料软管，采用安全灯头；

3 除敞开式灯具外，其他各类灯具灯泡容量在 100W 及以上者采用瓷质灯头；

4 连接灯具的软线盘扣、搪锡压线，当采用螺口灯头时，相线接于螺口灯头中间的端子上；

5 灯头的绝缘外壳不破损和漏电；带有开关的灯头，开关手柄无裸露的金属部分。

19.2.3 变电所内，高低压配电设备及裸母线的正上方不应安装灯具。

19.2.4 装有白炽灯泡的吸顶灯具，灯泡不应紧贴灯罩；当灯泡与绝缘台间距离小于 5mm 时，灯泡与绝缘台间应采取隔热措施。

19.2.5 安装在重要场所的大型灯具的玻璃罩，应采取防止玻璃罩碎裂后向下溅落的措施。

19.2.6 投光灯的底座及支架应固定牢固，枢轴应沿需要的光轴方向拧紧固定。

19.2.7 安装在室外的壁灯应有泄水孔，绝缘台与墙面之间应有防水措施。

9.2.9 室外电气专用灯具安装检验批质量验收记录

1. 表格

室外电气专用灯具安装检验批质量验收记录

07010801 _____

单位（子单位）工程名称			分部（子分部）工程名称		分项工程名称	
施工单位			项目负责人		检验批容量	
分包单位			分包单位项目负责人		检验批部位	
施工依据				验收依据	《建筑电气工程施工质量验收规范》GB 50303-2002	
验收项目			设计要求及规范规定	最小/实际抽样数量	检查记录	检查结果
主控项目	1	建筑物彩灯灯具、配管及固定	第21.1.1条	/		
	2	霓虹灯灯管、专用变压器、导线的检查及固定	第21.1.2条	/		
	3	建筑物景观照明灯的绝缘、固定、接地或接零	第21.1.3条	/		
	4	航空障碍标志灯的位置、固定及供电电源	第21.1.4条	/		
一般项目	1	建筑物彩灯安装检查	第21.2.1条	/		
	2	霓虹灯、霓虹灯变压器相关控制装置及线路	第21.2.2条	/		
	3	建筑物景观照明灯具的构架固定和外露电线电缆保护	第21.2.3条	/		
	4	航空障碍标志灯同一场所安装的水平、垂直距离	第21.2.4条	/		
施工单位检查结果		专业工长：项目专业质量检查员：年 月 日				
监理单位验收结论		专业监理工程师：年 月 日				

2. 验收依据说明

【规范名称及编号】《建筑电气工程质量验收规范》GB 50303－2002

【条文摘录】

21　建筑物景观照明灯、航空障碍标志灯和庭院灯安装

21.1　主控项目

21.1.1　建筑物彩灯安装应符合下列规定：

1　建筑物顶部彩灯采用有防雨性能的专用灯具，灯罩要拧紧；

2　彩灯配线管路按明配管敷设，且有防雨功能。管路间、管路与灯头盒间螺纹连接，金属导管及彩灯的构架、钢索等可接近裸露导体接地（PE）或接零（PEN）可靠；

3　垂直彩灯悬挂挑臂采用不小于 10♯的槽钢。端部吊挂钢索用的吊钩螺栓直径不小于 10mm，螺栓在槽钢上固定，两侧有螺帽，且加平垫及弹簧垫圈紧固；

4　悬挂钢丝绳直径不小于 4.5mm，底把圆钢直径不小于 16mm，地锚采用架空外线用拉线盘，埋设深度大于 1.5m；

5　垂直彩灯采用防水吊线灯头，下端灯头距离地面高于 3m。

21.1.2　霓虹灯安装应符合下列规定：

1　霓虹灯管完好，无破裂；

2　灯管采用专用的绝缘支架固定，且牢固可靠。灯管固定后，与建筑物、构筑物表面的距离不小于 20mm；

3　霓虹灯专用变压器采用双圈式，所供灯管长度不大于允许负载长度，露天安装的有防雨措施；

4　霓虹灯专用变压器的二次电线和灯管间的连接线采用额定电压大于 15kV 的高压绝缘电线。二次电线与建筑物、构筑物表面的距离不小于 20mm。

21.1.3　建筑物景观照明灯具安装应符合下列规定：

1　每套灯具的导电部分对地绝缘电阻值大于 2MΩ；

2　在人行道等人员来往密集场所安装的落地式灯具，无围栏防护，安装高度距地面 2.5m 以上；

3　金属构架和灯具的可接近裸露导体及金属软管的接地（PE）或接零（PEN）可靠，且有标识。

21.1.4　航空障碍标志灯安装应符合下列规定：

1　灯具装设在建筑物或构筑物的最高部位。当最高部位平面面积较大或为建筑群时，除在最高端装设外，还在其外侧转角的顶端分别装设灯具；

2　当灯具在烟囱顶上装设时，安装在低于烟囱口 1.5～3m 的部位且呈正三角形水平排列；

3　灯具的选型根据安装高度决定；低光强的（距地面 60m 以下装设时采用）为红色光，其有效光强大于 1600cd。高光强的（距地面 150m 以上装设时采用）为白色光，有效光强随背景亮度而定；

4　灯具的电源按主体建筑中最高负荷等级要求供电；

5　灯具安装牢固可靠，且设置维修和更换光源的措施。

21.1.5　庭院灯安装应符合下列规定：

1　每套灯具的导电部分对地绝缘电阻值大于 2MΩ；

2　立柱式路灯、落地式路灯、特种园艺灯等灯具与基础固定可靠，地脚螺栓备帽齐全。灯具的接线盒或熔断器盒，盒盖的防水密封垫完整。

3　金属立柱及灯具可接近裸露导体接地（PE）或接零（PEN）可靠。接地线单设干线，干线沿庭院灯布置位置形成环网状，且不少于 2 处与接地装置引出线连接。由干线引出支线与金属灯柱及灯具的接地端子连接，且有标识。

21.2　一般项目

21.2.1　建筑物彩灯安装应符合下列规定：

1　建筑物顶部彩灯灯罩完整，无碎裂；

2 彩灯电线导管防腐完好，敷设平整、顺直。

21.2.2 霓虹灯安装应符合下列规定：

1 当霓虹灯变压器明装时，高度不小于3m；低于3m采取防护措施；

2 霓虹灯变压器的安装位置方便检修，且隐蔽在不易被非检修人触及的场所，不装在吊平顶内；

3 当橱窗内装有霓虹灯时，橱窗门与霓虹灯变压器一次侧开关有联锁装置，确保开门不接通霓虹灯变压器的电源；

4 霓虹灯变压器二次侧的电线采用玻璃制品绝缘支持物固定，支持点距离不大于下列数值：

水平线段：0.5m；垂直线段：0.75m。

21.2.3 建筑物景观照明灯具构架应固定可靠，地脚螺栓拧紧，备帽齐全；灯具的螺栓紧固、无遗漏。灯具外露的电线或电缆应有柔性金属导管保护；

21.2.4 航空障碍标志灯安装应符合下列规定：

1 同一建筑物或建筑群灯具间的水平、垂直距离不大于45m；2. 灯具的自动通、断电源控制装置动作准确。

21.2.5 庭院灯安装应符合下列规定：

1 灯具的自动通、断电源控制装置动作准确，每套灯具熔断器盒内熔丝齐全，规格与灯具适配；

2 架空线路电杆上的路灯，固定可靠，紧固件齐全、拧紧，灯位正确；每套灯具配有熔断器保护。

9.2.10 电气照明专用灯具安装检验批质量验收记录

1. 表格

电气照明专用灯具安装检验批质量验收记录

07050901 ____

单位（子单位）工程名称		分部（子分部）工程名称		分项工程名称		
施工单位		项目负责人		检验批容量		
分包单位		分包单位项目负责人		检验批部位		
施工依据			验收依据	《建筑电气工程施工质量验收规范》GB 50303－2002		

		验收项目	设计要求及规范规定	最小/实际抽样数量	检查记录	检查结果
主控项目	1	36V 及以下行灯变压器和行灯安装	第20.1.1条	/		
	2	游泳池和类似场所灯具的等电位联结，电源的专用漏电保护装置	第20.1.2条	/		
	3	手术台无影灯的固定、供电电源和电线选用	第20.1.3条	/		
	4	应急照明灯具的安装	第20.1.4条	/		
	5	防爆灯具的选型及其开关的位置和高度	第20.1.5条	/		

续表

验收项目		设计要求及规范规定	最小/实际抽样数量	检查记录	检查结果
一般项目	1 36V 及以下行灯变压器固定及电缆选择	第 20.2.1 条	/		
	2 手术台无影灯安装检查	第 20.2.2 条	/		
	3 应急照明灯具光源和灯罩选用	第 20.2.3 条	/		
	4 防爆灯具及开关的安装检查	第 20.2.4 条	/		
施工单位检查结果		专业工长： 项目专业质量检查员： 年　月　日			
监理单位验收结论		专业监理工程师： 年　月　日			

2. 验收依据说明

【规范名称及编号】《建筑电气工程质量验收规范》GB 50303－2002

【条文摘录】

20　专用灯具安装

20.1　主控项目

20.1.1　36V 及以下行灯变压器和行灯安装必须符合下列规定：

1　行灯电压不大于 36V，在特殊潮湿场所或导电良好的地面上以及工作地点狭窄、行动不便的场所行灯电压不大于 12V；

2　变压器外壳、铁芯和低压侧的任意一端或中性点，接地（PE）或接零（PEN）可靠；

3　行灯变压器为双圈变压器，其电源侧和负荷侧有熔断器保护，熔丝额定电流分别不应大于变压器一次、二次的额定电流；

4　行灯灯体及手柄绝缘良好，坚固耐热耐潮湿；灯头与灯体结合紧固，灯头无开关，灯泡外部有金属保护网、反光罩及悬吊挂钩，挂钩固定在灯具的绝缘手柄上。

20.1.2　游泳池和类似场所灯具（水下灯及防水灯具）的等电位联结应可靠，且有明显标识，其电源的专用漏电保护装置应全部检测合格。自电源引入灯具的导管必须采用绝缘导管，严禁采用金属或有金属护层的导管。

20.1.3　手术台无影灯安装应符合下列规定：

1　固定灯座的螺栓数量不少于灯具法兰底座上的固定孔数，且螺栓直径与底座孔径相适配；螺栓采用双螺母锁固；

2　在混凝土结构上螺栓与主筋相焊接或将螺栓末端弯曲与主筋绑扎锚固；

3　配电箱内装有专用的总开关及分路开关，电源分别接在两条专用的回路上，开关至灯具的电线采用额定电压不低于 750V 的铜芯多股绝缘电线。

20.1.4　应急照明灯具安装应符合下列规定：

1　应急照明灯的电源除正常电源外，另有一路电源供电；或者是独立于正常电源的柴油发电机组供电；或由蓄电池柜供电或选用自带电源型应急灯具；

2　应急照明在正常电源断电后，电源转换时间为：疏散照明≤15s；备用照明≤15s（金融商店交易所≤1.5s）；安全照明≤0.5s；

3　疏散照明由安全出口标志灯和疏散标志灯组成。安全出口标志灯距地高度不低于 2m，且安装在疏散出口和楼梯口里侧的上方；

4　疏散标志灯安装在安全出口的顶部，楼梯间、疏散走道及其转角处应安装在 1m 以下的墙面上。不易安装的部位可安装在上部。疏散通道上的标志灯间距不大于 20m（人防工程不大于 10m）；

5　疏散标志灯的设置，不影响正常通行，且不在其周围设置容易混同疏散标志灯的其他标志牌等；

6　应急照明灯具、运行中温度大于 60℃ 的灯具，当靠近可燃物时，采取隔热、散热等防火措施。当采用白炽灯，卤钨灯等光源时，不直接安装在可燃装修材料或可燃物件上；

7　应急照明线路在每个防火分区有独立的应急照明回路，穿越不同防火分区的线路有防火隔堵措施；

8　疏散照明线路采用耐火电线、电缆，穿管明敷或在非燃烧体内穿刚性导管暗敷，暗敷保护层厚度不小于 30mm。电线采用额定电压不低于 750V 的铜芯绝缘电线。

20.1.5　防爆灯具安装应符合下列规定：

1　灯具的防爆标志、外壳防护等级和温度组别与爆炸危险环境相适配。当设计无要求时，灯具种类和防爆结构的选型应符合表 20.1.5 的规定；

表 20.1.5　灯具种类和防爆结构的选型

爆炸危险区域防爆结构照明设备种类	Ⅰ区		Ⅱ区	
	隔爆型 d	增安型 e	隔爆型 d	增安型 e
固定式灯	○	×	○	○
移动式灯	△	—	○	—
携带式电池灯	○	—	○	—
镇流器	○	△	○	○

注：○为适用；△为慎用；×为不适用。

2　灯具配套齐全，不用非防爆零件替代灯具配件（金属护网、灯罩、接线盒等）；

3　灯具的安装位置离开释放源，且不在各种管道的泄压口及排放口上下方安装灯具；

4　灯具及开关安装牢固可靠，灯具吊管及开关与接线盒螺纹啮合扣数不少于 5 扣，螺纹加工光滑、完整、无锈蚀，并在螺纹上涂以电力复合酯或导电性防锈酯；

5　开关安装位置便于操作，安装高度 1.3m。

20.2　一般项目

20.2.1　36V 及以下行灯变压器和行灯安装应符合下列规定：

1　行灯变压器的固定支架牢固，油漆完整；

2　携带式局部照明灯电线采用橡套软线。

20.2.2　手术台无影灯安装应符合下列规定：

1　底座紧贴顶板，四周无缝隙；

2　表面保持整洁、无污染，灯具镀、涂层完整无划伤。

20.2.3　应急照明灯具安装应符合下列规定：

1 疏散照明采用荧光灯或白炽灯；安全照明采用卤钨灯，或采用瞬时可靠点燃的荧光灯；

2 安全出口标志灯和疏散标志灯装有玻璃或非燃材料的保护罩，面板亮度均匀度为1：10（最低：最高），保护罩应完整、无裂纹。

20.2.4 防爆灯具安装应符合下列规定：

1 灯具及开关的外壳完整，无损伤、无凹陷或沟槽，灯罩无裂纹，金属护网无扭曲变形，防爆标志清晰；

2 灯具及开关的紧固螺栓无松动、锈蚀，密封垫圈完好。

9.2.11 建筑照明通电试运行检验批质量验收记录

1. 表格

建筑照明通电试运行检验批质量验收记录

07011001 ____
07051101 ____

单位（子单位）工程名称			分部（子分部）工程名称		分项工程名称	
施工单位			项目负责人		检验批容量	
分包单位			分包单位项目负责人		检验批部位	
施工依据				验收依据	《建筑电气工程施工质量验收规范》GB 50303－2002	
验收项目			设计要求及规范规定	最小/实际抽样数量	检查记录	检查结果
主控项目	1	灯具回路控制与照明箱及回路的标识一致，开关与灯具控制顺序相对应	第23.1.1条	/		
	2	照明系统全负荷通电连续试运行无故障	第23.1.2条	/		
施工单位检查结果				专业工长：项目专业质量检查员：　　　年　月　日		
监理单位验收结论				专业监理工程师：　　　年　月　日		

2. 验收依据说明

【规范名称及编号】《建筑电气工程质量验收规范》GB 50303－2002

【条文摘录】

23 建筑物照明通电试运行

23.1 主控项目

23.1.1 照明系统通电，灯具回路控制应与照明配电箱及回路的标识一致；开关与灯具控制顺序相对应，风扇的转向及调速开关应正常。

23.1.2 公用建筑照明系统通电连续试运行时间应为24h，民用住宅照明系统通电连续试运行时间应为8h。所有照明灯具均应开启，且每2h记录运行状态1次，连续试运行时间内无故障。

9.2.12 接地装置安装检验批质量验收记录

1. 表格

接地装置安装检验批质量验收记录

07011101 ____
07020701 ____
07060901 ____
07070101 ____

单位（子单位）工程名称			分部（子分部）工程名称		分项工程名称	
施工单位			项目负责人		检验批容量	
分包单位			分包单位项目负责人		检验批部位	
施工依据				验收依据	《建筑电气工程施工质量验收规范》GB 50303-2002	

		验收项目	设计要求及规范规定	最小/实际抽样数量	检查记录	检查结果
主控项目	1	接地装置测试点的设置	第24.1.1条	/		
	2	接地电阻值测试	第24.1.2条	/		
	3	防雷接地的人工接地装置的接地干线埋设	第24.1.3条	/		
	4	接地模块的埋设深度、间距和基坑尺寸	第24.1.4条	/		
	5	接地模块设置应垂直或水平就位	第24.1.5条	/		
一般项目	1	接地装置埋设深度、间距和搭接长度和防腐措施	第24.2.1条	/		
	2	接地装置的材质和最小允许规格尺寸	第24.2.2条	/		
	3	接地模块与干线的连接和干线材质选用	第24.2.3条	/		

施工单位检查结果	专业工长： 项目专业质量检查员： 年 月 日
监理单位验收结论	专业监理工程师： 年 月 日

2. 验收依据说明

【规范名称及编号】《建筑电气工程质量验收规范》GB 50303-2002

【条文摘录】

24　接地装置安装

24.1　主控项目

24.1.1　人工接地装置或利用建筑物基础钢筋的接地装置必须在地面以上按设计要求位置设测试点。

24.1.2　测试接地装置的接地电阻值必须符合设计要求。

24.1.3　防雷接地的人工接地装置的接地干线埋设，经人行通道处埋地深度不应小于1m，且应采取均压措施或在其上方铺设卵石或沥青地面。

24.1.4　接地模块顶面埋深不应小于0.6m，接地模块间距不应小于模块长度的3~5倍。接地模块埋设基坑，一般为模块外形尺寸的1.2~1.4倍，且在开挖深度内详细记录地层情况。

24.1.5　接地模块应垂直或水平就位，不应倾斜设置，保持与原土层接触良好。

24.2　一般项目

24.2.1　当设计无要求时，接地装置顶面埋设深度不应小于0.6m。圆钢、角钢及钢管接地极应垂直埋入地下，间距不应小于5m。接地装置的焊接应采用搭接焊，搭接长度应符合下列规定：

1　扁钢与扁钢搭接为扁钢宽度的2倍，不少于三面施焊；

2　圆钢与圆钢搭接为圆钢直径的6倍，双面施焊；

3　圆钢与扁钢搭接为圆钢直径的6倍，双面施焊；

4　扁钢与钢管，扁钢与角钢焊接，紧贴角钢外侧两面，或紧贴3/4钢管表面，上下两侧施焊；

5　除埋设在混凝土中的焊接接头外，有防腐措施。

24.2.2　当设计无要求时，接地装置的材料采用为钢材，热浸镀锌处理，最小允许规格、尺寸应符合表24.2.2的规定：

表 24.2.2　最小允许规格、尺寸

种类、规格及单位		敷设位置及使用类别			
		地　上		地　下	
		室内	室外	交流电流回路	直流电流回路
圆钢直径（mm）		6	8	10	12
扁钢	截面（mm²）	60	100	100	100
	厚度（mm）	3	4	4	6
角钢（mm）		2	2.5	4	6
钢管管壁厚度（mm）		2.5	2.5	3.5	4.5

24.2.3　接地模块应集中引线，用干线把接地模块并联焊接成一个环路，干线的材质与接地模块焊接点的材质应相同，钢制的采用热浸镀锌扁钢，引出线不少于2处。

9.2.13 母线槽安装检验批质量验收记录

1. 表格

母线槽安装检验批质量验收记录

07020301 ____
07030201 ____
07060401 ____

<table>
<tr><td>单位（子单位）
工程名称</td><td></td><td colspan="2">分部（子分部）
工程名称</td><td></td><td colspan="2">分项工程
名称</td><td></td></tr>
<tr><td>施工单位</td><td></td><td colspan="2">项目负责人</td><td></td><td colspan="2">检验批容量</td><td></td></tr>
<tr><td>分包单位</td><td></td><td colspan="2">分包单位
项目负责人</td><td></td><td colspan="2">检验批部位</td><td></td></tr>
<tr><td>施工依据</td><td></td><td colspan="3">验收依据</td><td colspan="3">《建筑电气工程施工质量验收规范》
GB 50303－2002</td></tr>
<tr><td colspan="3">验收项目</td><td>设计要求及
规范规定</td><td>最小/实际
抽样数量</td><td colspan="2">检查记录</td><td>检查
结果</td></tr>
<tr><td rowspan="9">主控项目</td><td>1</td><td colspan="2">可接近裸露导体接地或接零</td><td>第11.1.1条</td><td>/</td><td colspan="2"></td><td></td></tr>
<tr><td>2</td><td colspan="2">母线与母线、母线与电器接线端子的螺栓搭接</td><td>第11.1.2条</td><td>/</td><td colspan="2"></td><td></td></tr>
<tr><td rowspan="3">3</td><td rowspan="3">封闭、插接式母线安装</td><td>母线与外壳同心</td><td>±5mm</td><td>/</td><td colspan="2"></td><td></td></tr>
<tr><td>段与段连接</td><td>第11.1.3条
第2款</td><td>/</td><td colspan="2"></td><td></td></tr>
<tr><td>母线的连接方法</td><td>第11.1.3条
第3款</td><td>/</td><td colspan="2"></td><td></td></tr>
<tr><td>4</td><td colspan="2">室内裸母线的最小安全净距</td><td>第11.1.4条</td><td>/</td><td colspan="2"></td><td></td></tr>
<tr><td>5</td><td colspan="2">高压母线交流工频耐压试验</td><td>第11.1.5条</td><td>/</td><td colspan="2"></td><td></td></tr>
<tr><td>6</td><td colspan="2">低压母线交接试验</td><td>第11.1.6条</td><td>/</td><td colspan="2"></td><td></td></tr>
<tr><td rowspan="5">一般项目</td><td>1</td><td colspan="2">母线支架的安装</td><td>第11.2.1条</td><td>/</td><td colspan="2"></td><td></td></tr>
<tr><td>2</td><td colspan="2">母线与母线、母线与电器接线端子搭接面处理</td><td>第11.2.2条</td><td>/</td><td colspan="2"></td><td></td></tr>
<tr><td>3</td><td colspan="2">母线的相序排列及涂色</td><td>第11.2.3条</td><td>/</td><td colspan="2"></td><td></td></tr>
<tr><td>4</td><td colspan="2">母线在绝缘子上的固定</td><td>第11.2.4条</td><td>/</td><td colspan="2"></td><td></td></tr>
<tr><td>5</td><td colspan="2">封闭、插接式母线的组装和固定</td><td>第11.2.5条</td><td>/</td><td colspan="2"></td><td></td></tr>
<tr><td colspan="3">施工单位
检查结果</td><td colspan="6">专业工长：
项目专业质量检查员：
年 月 日</td></tr>
<tr><td colspan="3">监理单位
验收结论</td><td colspan="6">专业监理工程师：
年 月 日</td></tr>
</table>

2. 验收依据说明

【规范名称及编号】《建筑电气工程质量验收规范》GB 50303－2002

【条文摘录】

11　裸母线、封闭母线、插接式母线安装

11.1　主控项目

11.1.1　绝缘子的底座、套管的法兰、保护网（罩）及母线支架等可接近裸露导体应接地（PE）或接零（PEN）可靠。不应作为接地（PE）或接零（PEN）的接续导体。

11.1.2　母线与母线或母线与电器接线端子，当采用螺栓搭接连接时，应符合下列规定：

1　母线的各类搭接连接的钻孔直径和搭接长度符合本规范附录 C 的规定，用力矩扳手拧紧钢制连接螺栓的力矩值符合本规范附录 D 的规定；

2　母线接触面保持清洁，涂电力复合脂，螺栓孔周边无毛刺；

3　连接螺栓两侧有平垫圈，相邻垫圈间有大于 3mm 的间隙，螺母侧装有弹簧垫圈或锁紧螺母；

4　螺栓受力均匀，不使电器的接线端子受额外应力。

11.1.3　封闭、插接式母线安装应符合下列规定：

1　母线与外壳同心，允许偏差为±5mm；

2　当段与段连接时，两相邻段母线及外壳对准，连接后不使母线及外壳受额外应力；

3　母线的连接方法符合产品技术文件要求。

11.1.4　室内裸母线的最小安全净距应符合本规范附录 E 的规定。

11.1.5　高压母线交流工频耐压试验必须按本规范第 3.1.8 条的规定交接试验合格。

11.1.6　低压母线交接试验应符合本规范第 4.1.5 条的规定。

11.2　一般项目

11.2.1　母线的支架与预埋铁件采用焊接固定时，焊缝应饱满；采用膨胀螺栓固定时，选用的螺栓应适配，连接应牢固。

11.2.2　母线与母线、母线与电器接线端子搭接，搭接面的处理应符合下列规定：

1　铜与铜：室外、高温且潮湿的室内，搭接面搪锡；干燥的室内，不搪锡；

2　铝与铝：搭接面不做涂层处理；

3　钢与钢：搭接面搪锡或镀锌；

4　铜与铝：在干燥的室内，铜导体搭接面搪锡；在潮湿场所，铜导体搭接面搪锡，且采用铜铝过渡板与铝导体连接；

5　钢与铜或铝：钢搭接面搪锡。

11.2.3　母线的相序排列及涂色，当设计无要求时应符合下列规定：

1　上、下布置的交流母线，由上至下排列为 A、B、C 相；直流母线正极在上，负极在下；

2　水平布置的交流母线，由盘后向盘前排列为 A、B、C 相；直流母线正极在后，负极在前；

3　面对引下线的交流母线，由左至右排列为 A、B、C 相；直流母线正极在左，负极在右；

4　母线的涂色：交流，A 相为黄色、B 相为绿色、C 相为红色；直流，正极为赭色、负极为蓝色；在连接处或支持件边缘两侧 10mm 以内不涂色。

11.2.4　母线在绝缘子上安装应符合下列规定：

1　金具与绝缘子间的固定平整牢固，不使母线受额外应力；

2　交流母线的固定金具或其他支持金具不形成闭合铁磁回路；

3　除固定点外，当母线平置时，母线支持夹板的上部压板与母线间有 1～1.5mm 的间隙；当母线立置时，上部压板与母线间有 1.5～2mm 的间隙；

4　母线的固定点，每段设置 1 个，设置于全长或两母线伸缩节的中点；

5　母线采用螺栓搭接时，连接处距绝缘子的支持夹板边缘不小于 50mm。

11.2.5 封闭、插接式母线组装和固定位置应正确，外壳与底座间、外壳各连接部位和母线的连接螺栓应按产品技术文件要求选择正确，连接紧固。

9.2.14 接地干线敷设检验批质量验收记录

1. 表格

接地干线敷设检验批质量验收记录

07020801 ____
07030801 ____

单位（子单位）工程名称			分部（子分部）工程名称		分项工程名称	
施工单位			项目负责人		检验批容量	
分包单位			分包单位项目负责人		检验批部位	
施工依据				验收依据	《建筑电气工程施工质量验收规范》GB 50303－2002	

验收项目			设计要求及规范规定	最小/实际抽样数量	检查记录	检查结果
主控项目	2	变配电室内接地干与接地装置引出线的连接	第25.1.2条	/		
一般项目	1	钢制接地线的连接和材料规格、尺寸	第25.2.1条	/		
	2	明敷接地引下线持件的设置	第25.2.2条	/		
	3	接地线穿越墙壁、楼板和地坪处的保护	第25.2.3条	/		
	4	变配电室内明敷接地干线敷设	第25.2.4条	/		
	5	电缆穿过零序电流互感器时，电缆头的接地线检查	第25.2.5条	/		
	6	配电间的栅栏门、金属门铰链的接地连接及避雷器接地	第25.2.6条	/		
	7	幕墙金属框架和建筑物金属门窗与接地干线的连接	第25.2.7条	/		

施工单位检查结果	专业工长： 项目专业质量检查员： 年 月 日
监理单位验收结论	专业监理工程师： 年 月 日

2. 验收依据说明

【规范名称及编号】《建筑电气工程质量验收规范》GB 50303－2002

【条文摘录】

25　避雷引下线和变配电室接地干线敷设

25.1　主控项目

25.1.1　暗敷在建筑物抹灰层内的引下线应有卡钉分段固定；明敷的引下线应平直、无急弯，与支架焊接处，油漆防腐，且无遗漏。

25.1.2　变压器室、高低压开关室内的接地干线应有不少于2处与接地装置引出干线连接。

25.1.3　当利用金属构件、金属管道做接地线时，应在构件或管道与接地干线间焊接金属跨接线。

25.2　一般项目

25.2.1　钢制接地线的焊接连接应符合本规范第24.2.1条的规定，材料采用及最小允许规格、尺寸应符合本规范第24.2.2条的规定。

25.2.2　明敷接地引下线及室内接地干线的支持件间距应均匀，水平直线部分0.5～1.5m；垂直直线部分1.5～3m；弯曲部分0.3～0.5m。

25.2.3　接地线在穿越墙壁、楼板和地坪处应加套钢管或其他坚固的保护套管，钢套管应与接地线做电气连通。

25.2.4　变配电室内明敷接地干线安装应符合下列规定：

1　便于检查，敷设位置不妨碍设备的拆卸与检修；

2　当沿建筑物墙壁水平敷设时，距地面高度250～300mm；与建筑物墙壁间的间隙10～15mm；

3　当接地线跨越建筑物变形缝时，设补偿装置；

4　接地线表面沿长度方向，每段为15～100mm，分别涂以黄色和绿色相间的条纹；

5　变压器室、高压配电室的接地干线上应设置不少于2个供临时接地用的接线柱或接地螺栓。

25.2.5　当电缆穿过零序电流互感器时，电缆头的接地线应通过零序电流互感器后接地；由电缆头至穿过零序电流互感器的一段电缆金属护层和接地线应对地绝缘。

25.2.6　配电间隔和静止补偿装置的栅栏门及变配电室金属门铰链处的接地连接，应采用编织铜线。变配电室的避雷器应用最短的接地线与接地干线连接。

25.2.7　设计要求接地的幕墙金属框架和建筑物的金属门窗，应就近与接地干线连接可靠，连接处不同金属间应有防电化腐蚀措施。

9.2.15　电气设备试验和试运行检验批质量验收记录

1. 表格

电气设备试验和试运行检验批质量验收记录

07030101 ____
07040301 ____

单位（子单位） 工程名称		分部（子分部） 工程名称		分项工程 名称	
施工单位		项目负责人		检验批容量	
分包单位		分包单位 项目负责人		检验批部位	
施工依据		验收依据		《建筑电气工程施工质量验收规范》 GB 50303－2002	

续表

验收项目			设计要求及规范规定	最小/实际抽样数量	检查记录	检查结果
主控项目	1	试运行前，相关电气设备和线路的试验	第10.1.1条	/		
	2	现场单独安装的低压电器交接试验	第10.1.2条	/		
一般项目	1	运行电压、电流及其指示仪表检查	第10.2.1条	/		
	2	电动机试通电检查	第10.2.2条	/		
	3	交流电动机空载起动及运行状态记录	第10.2.3条	/		
	4	大容量（630A及以上）电线或母线连接处的温升检查	第10.2.4条	/		
	5	电动执行机构的动作方向及指示检查	第10.2.5条	/		
施工单位检查结果			专业工长： 项目专业质量检查员： 年　月　日			
监理单位验收结论			专业监理工程师： 年　月　日			

2. 验收依据说明

【规范名称及编号】《建筑电气工程质量验收规范》GB 50303－2002

【条文摘录】

10　低压电气动力设备试验和试运行

10.1　主控项目

10.1.1　试运行前，相关电气设备和线路应按本规范的规定试验合格。

10.1.2　现场单独安装的低压电器交接试验项目应符合本规范附录B的规定。

10.2　一般项目

10.2.1　成套配电（控制）柜、台、箱、盘的运行电压、电流应正常，各种仪表指示正常。

10.2.2　电动机应试通电，检查转向和机械转动有无异常情况；可空载试运行的电动机，时间一般为2h，记录空载电流，且检查机身和轴承的温升。

10.2.3　交流电动机在空载状态下（不投料）可启动次数及间隔时间应符合产品技术条件的要求；无要求时，连续启动2次的时间间隔不应小于5min，再次启动应在电动机冷却至常温下。空载状态（不投料）运行，应记录电流、电压、温度、运行时间等有关数据，且应符合建筑设备或工艺装置的空载状态运行（不投料）要求。

10.2.4　大容量（630A及以上）导线或母线连接处，在设计计算负荷运行情况下应做温度抽测记录，温升值稳定且不大于设计值。

10.2.5　电动执行机构的动作方向及指示，应与工艺装置的设计要求保持一致。

9.2.16　电动机、电加热器及电动执行机构检查接线检验批质量验收记录

1. 表格

电动机、电加热器及电动执行机构检查接线检验批质量验收记录

07040201 ____

单位（子单位）工程名称				分部（子分部）工程名称		分项工程名称	
施工单位				项目负责人		检验批容量	
分包单位				分包单位项目负责人		检验批部位	
施工依据				验收依据		《建筑电气工程施工质量验收规范》GB 50303－2002	

验收项目			设计要求及规范规定	最小/实际抽样数量	检查记录	检查结果
主控项目	1	可接近的裸露导体接地或接零	第7.1.1条	/		
	2	绝缘电阻值测试	第7.1.2条	/		
	3	100kW以上的电动机直流电阻测试	第7.1.3条	/		
一般项目	1	设备安装和防水防潮处理检查情况	第7.2.1条	/		
	2	电动机抽芯检查前的条件确认	第7.2.2条	/		
	3	电动机的抽芯检查	第7.2.3条	/		
	4	接线盒内裸露导线的距离，绝缘防护措施	第7.2.4条	/		

施工单位检查结果	专业工长：项目专业质量检查员：　　　　　　　年　月　日
监理单位验收结论	专业监理工程师：　　　　　　　年　月　日

2. 验收依据说明

【规范名称及编号】《建筑电气工程质量验收规范》GB 50303－2002

【条文摘录】

7　低压电动机、电加热器及电动执行机构检查接线

7.1　主控项目

7.1.1 电动机、电加热器及电动执行机构的可接近裸露导体必须接地（PE）或接零（PEN）。

7.1.2 电动机、电加热器及电动执行机构绝缘电阻值应大于 0.5MΩ。

7.1.3 100kW 以上的电动机，应测量各相直流电阻值，相互差不应大于最小值的 2%；无中性点引出的电动机，测量线间直流电阻值，相互差不应大于最小值的 1%。

7.2 一般项目

7.2.1 电气设备安装应牢固，螺栓及防松零件齐全，不松动。防水防潮电气设备的接线入口及接线盒盖等应做密封处理。

7.2.2 除电动机随带技术文件说明不允许在施工现场抽芯检查外，有下列情况之一的电动机，应抽芯检查：

1 出厂时间已超过制造厂保证期限，无保证期限的已超过出厂时间一年以上；

2 外观检查、电气试验、手动盘转和试运转，有异常情况。

7.2.3 电动机抽芯检查应符合下列规定：

1 线圈绝缘层完好、无伤痕，端部绑线不松动，槽楔固定、无断裂，引线焊接饱满，内部清洁，通风孔道无堵塞；

2 轴承无锈斑，注油（脂）的型号、规格和数量正确，转子平衡块紧固，平衡螺丝锁紧，风扇叶片无裂纹；

3 连接用紧固件的防松零件齐全完整；

4 其他指标符合产品技术文件的特有要求。

7.2.4 在设备接线盒内裸露的不同相导线间和导线对地间最小距离应大于 8mm，否则应采取绝缘防护措施。

9.2.17 开关、插座、风扇安装检验批质量验收记录

1. 表格

开关、插座、风扇安装检验批质量验收记录

07051001 ____

单位（子单位）工程名称			分部（子分部）工程名称		分项工程名称	
施工单位			项目负责人		检验批容量	
分包单位			分包单位项目负责人		检验批部位	
施工依据				验收依据	《建筑电气工程施工质量验收规范》GB 50303－2002	

		验收项目	设计要求及规范规定	最小/实际抽样数量	检查记录	检查结果
主控项目	1	交流、直流或不同电压等级在同一场所的插座应有区别	第22.1.1条	/		
	2	插座的接线	第22.1.2条	/		
	3	特殊情况下的插座安装	第22.1.3条	/		
	4	照明开关的选用、开关的通断位置	第22.1.4条	/		
	5	吊扇的安装高度、挂钩选用和吊扇的组装及试运转	第22.1.5条	/		
	6	壁扇、防护罩的固定及试运转	第22.1.6条	/		

续表

验收项目		设计要求及规范规定	最小/实际抽样数量	检查记录	检查结果
一般项目	1　插座安装和外观检查	第 22.2.1 条	/		
	2　照明开关的安装位置、控制顺序	第 22.2.2 条	/		
	3　吊扇的吊杆、开关和表面检查	第 22.2.3 条	/		
	4　壁扇的高度和表面检查	第 22.2.4 条	/		
施工单位检查结果			专业工长： 项目专业质量检查员： 　　　　　年　月　日		
监理单位验收结论			专业监理工程师： 　　　　　年　月　日		

2. 验收依据说明

【规范名称及编号】《建筑电气工程质量验收规范》 GB 50303 - 2002

【条文摘录】

22　开关、插座、风扇安装

22.1　主控项目

22.1.1　当交流、直流或不同电压等级的插座安装在同一场所时，应有明显的区别，且必须选择不同结构、不同规格和不能互换的插座；配套的插头应按交流、直流或不同电压等级区别使用。

22.1.2　插座接线应符合下列规定：

1　单相两孔插座，面对插座的右孔或上孔与相线连接，左孔或下孔与零线连接；单相三孔插座，面对插座的右孔与相线连接，左孔与零线连接；

2　单相三孔、三相四孔及三相五孔插座的接地（PE）或接零（PEN）线接在上孔。插座的接地端子不与零线端子连接。同一场所的三相插座，接线的相序一致。

3　接地（PE）或接零（PEN）线在插座间不串联连接。

22.1.3　特殊情况下插座安装应符合下列规定：

1　当接插有触电危险家用电器的电源时，采用能断开电源的带开关插座，开关断开相线；

2　潮湿场所采用密封型并带保护地线触头的保护型插座，安装高度不低于 1.5m。

22.1.4　照明开关安装应符合下列规定：

1　同一建筑物、构筑物的开关采用同一系列的产品，开关的通断位置一致，操作灵活、接触可靠；

2　相线经开关控制；民用住宅无软线引至床边的床头开关。

22.1.5　吊扇安装应符合下列规定：

1　吊扇挂钩安装牢固，吊扇挂钩的直径不小于吊扇挂销直径，且不小于 8mm；有防振橡胶垫；挂销的防松零件齐全、可靠；

2　吊扇扇叶距地高度不小于 2.5m；

3　吊扇组装不改变扇叶角度，扇叶固定螺栓防松零件齐全；

4　吊杆间、吊杆与电机间螺纹连接，啮合长度不小于 20mm，且防松零件齐全紧固；

5 吊扇接线正确，当运转时扇叶无明显颤动和异常声响。

22.1.6 壁扇安装应符合下列规定：

1 壁扇底座采用尼龙塞或膨胀螺栓固定；尼龙塞或膨胀螺栓的数量不少于2个，且直径不小于8mm。固定牢固可靠；

2 壁扇防护罩扣紧，固定可靠，当运转时扇叶和防护罩无明显颤动和异常声响。

22.2 一般项目

22.2.1 插座安装应符合下列规定：

1 当不采用安全型插座时，托儿所、幼儿园及小学等儿童活动场所安装高度不小于1.8m；

2 暗装的插座面板紧贴墙面，四周无缝隙，安装牢固，表面光滑整洁、无碎裂、划伤，装饰帽齐全；

3 车间及试（实）验室的插座安装高度距地面不小于0.3m；特殊场所暗装的插座不小于0.15m；同一室内插座安装高度一致；

4 地插座面板与地面齐平或紧贴地面，盖板固定牢固，密封良好。

22.2.2 照明开关安装应符合下列规定：

1 开关安装位置便于操作，开关边缘距门框边缘的距离0.15～0.2m，开关距地面高度1.3m；拉线开关距地面高度2～3m，层高小于3m时，拉线开关距顶板不小于100mm，拉线出口垂直向下；

2 相同型号并列安装及同一室内开关安装高度一致，且控制有序不错位。并列安装的拉线开关的相邻间距不小于20mm；

3 暗装的开关面板应紧贴墙面，四周无缝隙，安装牢固，表面光滑整洁、无碎裂、划伤，装饰帽齐全。

22.2.3 吊扇安装应符合下列规定：

1 涂层完整，表面无划痕、无污染，吊杆上下扣碗安装牢固到位；

2 同一室内并列安装的吊扇开关高度一致，且控制有序不错位。

22.2.4 壁扇安装应符合下列规定：

1 壁扇下侧边缘距地面高度不小于1.8m；

2 涂层完整，表面无划痕、无污染，防护罩无变形。

9.2.18 钢索配线检验批质量验收记录

1. 表格

钢索配线检验批质量验收记录

07050601 ____

单位（子单位）工程名称		分部（子分部）工程名称		分项工程名称	
施工单位		项目负责人		检验批容量	
分包单位		分包单位项目负责人		检验批部位	
施工依据		验收依据		《建筑电气工程施工质量验收规范》GB 50303－2002	

		验收项目	设计要求及规范规定	最小/实际抽样数量	检查记录	检查结果
主控项目	1	钢索的选用	第17.1.1条	/		
	2	钢索终端固定及其接地接零	第17.1.2条	/		
	3	张紧钢索用的花篮螺栓设置	第17.1.3条	/		

续表

	验收项目		设计要求及规范规定	最小/实际抽样数量	检查记录	检查结果
一般项目	1	中间吊架及防跳锁定零件	第 17.2.1 条	/		
	2	钢索的承载和表面检查	第 17.2.2 条	/		
	3	钢索配线零件间和线间距离	第 17.2.3 条	/		
施工单位检查结果					专业工长： 项目专业质量检查员： 年　月　日	
监理单位验收结论					专业监理工程师： 年　月　日	

2. 验收依据说明

【规范名称及编号】《建筑电气工程质量验收规范》GB 50303－2002

【条文摘录】

17　钢索配线

17.1　主控项目

17.1.1　应采用镀锌钢索，不应采用含油芯的钢索。钢索的钢丝直径应小于 0.5mm，钢索不应有扭曲和断股等缺陷。

17.1.2　钢索的终端拉环埋件应牢固可靠，钢索与终端拉环套接处应采用心形环，固定钢索的线卡不应少于 2 个，钢索端头应用镀锌铁线绑扎紧密，且应接地（PE）或接零（PEN）可靠。

17.1.3　当钢索长度在 50m 及以下时，应在钢索一端装设花篮螺栓紧固；当钢索长度大于 50m 时，应在钢索两端装设花篮螺栓紧固。

17.2　一般项目

17.2.1　钢索中间吊架间距不应大于 12m，吊架与钢索连接处的吊钩深度不应小于 20mm，并应有防止钢索跳出的锁定零件。

17.2.2　电线和灯具在钢索上安装后，钢索应承受全部负载，且钢索表面应整洁、无锈蚀。

17.2.3　钢索配线的零件间和线间距离应符合表 17.2.3 的规定。

表 17.2.3　钢索配线的零件间和线间距离（mm）

配线类别	支持件之间的最大距离	支持件与灯头盒之间最大距离
钢管	1500	200
刚性绝缘导管	1000	150
塑料护套线	200	100

9.2.19 柴油发电机组安装检验批质量验收记录

1. 表格

柴油发电机组安装检验批质量验收记录

07060201 ___

单位（子单位）工程名称			分部（子分部）工程名称		分项工程名称	
施工单位			项目负责人		检验批容量	
分包单位			分包单位项目负责人		检验批部位	
施工依据				验收依据	《建筑电气工程施工质量验收规范》GB 50303-2002	

验收项目			设计要求及规范规定	最小/实际抽样数量	检查记录	检查结果
主控项目	1	电气交接试验	第8.1.1条	/		
	2	馈电线路的绝缘电阻值测试和耐压试验	第8.1.2条	/		
	3	相序检验	第8.1.3条	/		
	4	中性线与接地干线的连接	第8.1.4条	/		
一般项目	1	随带控制柜的检查	第8.2.1条	/		
	2	可接近裸露导体的接地或接零	第8.2.2条	/		
	3	受电侧低压配电柜的试验和机组整体负荷试验	第8.2.3条	/		

施工单位检查结果	专业工长： 项目专业质量检查员： 年 月 日
监理单位验收结论	专业监理工程师： 年 月 日

2. 验收依据说明

【规范名称及编号】《建筑电气工程质量验收规范》GB 50303-2002

【条文摘录】

8 柴油发电机组安装

8.1 主控项目

8.1.1 发电机的试验必须符合本规范附录 A 的规定。

8.1.2 发电机组至低压配电柜馈电线路的相间、相对地间的绝缘电阻值应大于 $0.5M\Omega$；塑料绝缘电缆馈电线路直流耐压试验为 2.4kV，时间 15min，泄漏电流稳定，无击穿现象。

8.1.3 柴油发电机馈电线路连接后，两端的相序必须与原供电系统的相序一致。

8.1.4 发电机中性线（工作零线）应与接地干线直接连接，螺栓防松零件齐全，且有标识。

8.2 一般项目

8.2.1 发电机组随带的控制柜接线应正确，紧固件紧固状态良好，无遗漏脱落。开关、保护装置的型号、规格正确，验证出厂试验的锁定标记应无位移，有位移应重新按制造厂要求试验标定。

8.2.2 发电机本体和机械部分的可接近裸露导体应接地（PE）或接零（PEN）可靠，且有标识。

8.2.3 受电侧低压配电柜的开关设备、自动或手动切换装置和保护装置等试验合格，应按设计的自备电源使用分配预案进行负荷试验，机组连续运行12h无故障。

9.2.20 不间断电源装置及应急电源装置安装检验批质量验收记录

1. 表格

不间断电源装置及应急电源装置安装检验批质量验收记录

07060301 ____

单位（子单位）工程名称				分部（子分部）工程名称			分项工程名称		
施工单位				项目负责人			检验批容量		
分包单位				分包单位项目负责人			检验批部位		
施工依据				验收依据			《建筑电气工程施工质量验收规范》GB 50303－2002		

验收项目			设计要求及规范规定	最小/实际抽样数量	检查记录	检查结果
主控项目	1	核对规格、型号和接线检查	第9.1.1条	/		
	2	电气交接试验及调整	第9.1.2条	/		
	3	装置间的连线绝缘电阻值测试	第9.1.3条	/		
	4	输出端中性线的重复接地	第9.1.4条	/		
一般项目	1	机架组装紧固及水平度、垂直度偏差	≤1.5‰	/		
	2	主回路和控制电线、电缆敷设及连接	第9.2.2条	/		
	3	可接近裸露导体的接地或接零	第9.2.3条	/		
	4	运行时噪声的检查	第9.2.4条	/		

施工单位检查结果	专业工长：项目专业质量检查员：　　年 月 日
监理单位验收结论	专业监理工程师：　　年 月 日

2. 验收依据说明

【规范名称及编号】《建筑电气工程质量验收规范》GB 50303－2002

【条文摘录】

9 不间断电源安装

9.1 主控项目

9.1.1 不间断电源的整流装置、逆变装置和静态开关装置的规格、型号必须符合设计要求。内部结线连接正确，紧固件齐全，可靠不松动，焊接连接无脱落现象。

9.1.2 不间断电源的输入、输出各级保护系统和输出的电压稳定性、波形畸变系数、频率、相位、静态开关的动作等各项技术性能指标试验调整必须符合产品技术文件要求，且符合设计文件要求。

9.1.3 不间断电源装置间连线的线间、线对地间绝缘电阻值应大于 0.5MΩ。

9.1.4 不间断电源输出端的中性线（N 极），必须与由接地装置直接引来的接地干线相连接，做重复接地。

9.2 一般项目

9.2.1 安放不间断电源的机架组装应横平竖直，水平度、垂直度允许偏差不应大于 1.5‰，紧固件齐全。

9.2.2 引入或引出不间断电源装置的主回路电线、电缆和控制电线、电缆应分别穿保护管敷设，在电缆支架上平行敷设应保持 150mm 的距离；电线、电缆的屏蔽护套接地连接可靠，与接地干线就近连接，紧固件齐全。

9.2.3 不间断电源装置的可接近裸露导体应接地（PE）或接零（PEN）可靠，且有标识。

9.2.4 不间断电源正常运行时产生的 A 声级噪声，不应大于 45dB；输出额定电流为 5A 及以下的小型不间断电源噪声，不应大于 30dB。

9.2.21 防雷引下线及接闪器安装检验批质量验收记录

1. 表格

防雷引下线及接闪器安装检验批质量验收记录

07070201 ___

单位（子单位）工程名称			分部（子分部）工程名称		分项工程名称	
施工单位			项目负责人		检验批容量	
分包单位			分包单位项目负责人		检验批部位	
施工依据				验收依据	《建筑电气工程施工质量验收规范》GB 50303－2002	

验收项目			设计要求及规范规定	最小/实际抽样数量	检查记录	检查结果
主控项目	1	引下线的敷设、明敷引下线焊接处的防腐	第25.1.1条	/		
	2	利用金属构件、金属管道作接地线时与接地干线的连接	第25.1.3条	/		
	3	避雷针、带与顶部外露的其他金属物体的连接	第26.1.1条	/		
一般项目	1	钢制接地线的连接和材料规格、尺寸	第25.2.1条	/		
	2	明敷接地引下线持件的设置	第25.2.2条	/		
	3	接地线穿越墙壁、楼板和地坪处的保护	第25.2.3条	/		
	4	幕墙金属框架和建筑物金属门窗与接地干线的连接	第25.2.7条	/		
	5	避雷针、带的位置及固定	第26.2.1条	/		
	6	避雷带的支持件间距、固定及承力检查	第26.2.2条	/		
施工单位检查结果			专业工长：项目专业质量检查员： 年 月 日			
监理单位验收结论			专业监理工程师： 年 月 日			

2. 验收依据说明

【规范名称及编号】《建筑电气工程质量验收规范》GB 50303－2002

【条文摘录】

摘录一：

25　避雷引下线和变配电室接地干线敷设

25.1　主控项目

25.1.1　暗敷在建筑物抹灰层内的引下线应有卡钉分段固定；明敷的引下线应平直、无急弯，与支架焊接处，油漆防腐，且无遗漏。

25.1.2　变压器室、高低压开关室内的接地干线应有不少于2处与接地装置引出干线连接。

25.1.3　当利用金属构件、金属管道做接地线时，应在构件或管道与接地干线间焊接金属跨接线。

25.2　一般项目

25.2.1　钢制接地线的焊接连接应符合本规范第24.2.1条的规定，材料采用及最小允许规格、尺寸应符合本规范第24.2.2条的规定。

25.2.2　明敷接地引下线及室内接地干线的支持件间距应均匀，水平直线部分0.5～1.5m；垂直直线部分1.5～3m；弯曲部分0.3～0.5m。

25.2.3　接地线在穿越墙壁、楼板和地坪处应加套钢管或其他坚固的保护套管，钢套管应与接地线做电气连通。

25.2.4　变配电室内明敷接地干线安装应符合下列规定：

1. 便于检查，敷设位置不妨碍设备的拆卸与检修；

2. 当沿建筑物墙壁水平敷设时，距地面高度250～300mm；与建筑物墙壁间的间隙10～15mm；

3. 当接地线跨越建筑物变形缝时，设补偿装置；

4. 接地线表面沿长度方向，每段为15～100mm，分别涂以黄色和绿色相间的条纹；

5. 变压器室、高压配电室的接地干线上应设置不少于2个供临时接地用的接线柱或接地螺栓。

25.2.5　当电缆穿过零序电流互感器时，电缆头的接地线应通过零序电流互感器后接地；由电缆头至穿过零序电流互感器的一段电缆金属护层和接地线应对地绝缘。

25.2.6　配电间隔和静止补偿装置的栅栏门及变配电室金属门铰链处的接地连接，应采用编织铜线。变配电室的避雷器应用最短的接地线与接地干线连接。

25.2.7　设计要求接地的幕墙金属框架和建筑物的金属门窗，应就近与接地干线连接可靠，连接处不同金属间应有防电化腐蚀措施。

摘录二：

26　接闪器安装

26.1　主控项目

26.1.1　建筑物顶部的避雷针、避雷带等必须与顶部外露的其他金属物体连成一个整体的电气通路，且与避雷引下线连接可靠。

26.2　一般项目

26.2.1　避雷针、避雷带应位置正确，焊接固定的焊缝饱满无遗漏，螺栓固定的应备帽等防松零件齐全，焊接部分补刷的防腐油漆完整。

26.2.2　避雷带应平正顺直，固定点支持件间距均匀、固定可靠，每个支持件应能承受大于49N（5kg）的垂直拉力。当设计无要求时，支持件间距符合本规范第25.2.2条的规定。

9.2.22　建筑物等电位连接检验批质量验收记录

1. 表格

建筑物等电位连接检验批质量验收记录

07070301 ____

单位（子单位）工程名称			分部（子分部）工程名称			分项工程名称		
施工单位			项目负责人			检验批容量		
分包单位			分包单位项目负责人			检验批部位		
施工依据					验收依据	《建筑电气工程施工质量验收规范》GB 50303－2002		

		验收项目	设计要求及规范规定	最小/实际抽样数量	检查记录	检查结果
主控项目	1	建筑物等电位联结干线的连接及局部等电位箱间的连接	第27.1.1条	/		
	2	等电位联结的线路最小允许截面积	第27.1.2条	/		
一般项目	1	等电位联结的可接近裸露导体或其他金属部件、构件与支线的连接可靠，导通正常	第27.2.1条	/		
	2	需等电位联结的高级装修金属部件或零件等电位联结的连接	第27.2.2条	/		

施工单位检查结果	专业工长： 项目专业质量检查员： 年　月　日
监理单位验收结论	专业监理工程师： 年　月　日

2. 验收依据说明

【规范名称及编号】《建筑电气工程质量验收规范》GB 50303－2002

【条文摘录】

27　建筑物等电位联结

27.1　主控项目

27.1.1　建筑物等电位联结干线应从与接地装置有不少于2处直接连接的接地干线或总等电位箱引

709

出，等电位联结干线或局部等电位箱间的连接线形成环形网路，环形网路应就近与等电位联结干线或局部等电位箱连接。支线间不应串联连接。

27.1.2　等电位联结的线路最小允许截面应符合表 27.1.2 的规定：

表 27.1.2　线路最小允许截面（mm²）

材　料	截　面	
	干　线	支　线
铜	16	6
钢	50	16

27.2　一般项目

27.2.1　等电位联结的可接近裸露导体或其他金属部件、构件与支线连接应可靠，熔焊、钎焊或机械紧固应导通正常。

27.2.2　需等电位联结的高级装修金属部件或零件，应有专用接线螺栓与等电位联结支线连接，且有标识；连接处螺帽紧固、防松零件齐全。

第 10 章 智能建筑分部工程检测记录、检验批表格和验收依据说明

10.1 子分部、分项明细及与检验批、规范章节对应表

10.1.1 子分部、分项名称及编号

智能建筑分部包含子分部、分项划分如下表所示。

智能建筑分部、子分部、分项划分表

分部工程	子分部工程	分 项 工 程
智能建筑（08）	智能化集成系统（01）	设备安装（01），软件安装（02），接口及系统调试（03），试运行（04）
	信息接入系统（02）	安装场地检查（01）
	用户电话交换系统（03）	线缆敷设（01），设备安装（02），软件安装（03），接口及系统调试（04），试运行（05）
	信息网络系统（04）	计算机网络设备安装（01），计算机网络软件安装（02），网络安全设备安装（03），网络安全软件安装（04），系统调试（05），试运行（06）
	综合布线系统（05）	梯架、托盘、槽盒和导管安装（01），线缆敷设（02），机柜、机架、配线架的安装（03），信息插座安装（04），链路或信道测试（05），软件安装（06），系统调试（07），试运行（08）
	移动通信室内信号覆盖系统（06）	安装场地检查（01）
	卫星通信系统（07）	安装场地检查（01）
	有线电视及卫星电视接收系统（08）	梯架、托盘、槽盒和导管安装（01），线缆敷设（02），设备安装（03），软件安装（04），系统调试（05），试运行（06）
	公共广播系统（09）	梯架、托盘、槽盒和导管安装（01），线缆敷设（02），设备安装（03），软件安装（04），系统调试（05），试运行（06）
	会议系统（10）	梯架、托盘、槽盒和导管安装（01），线缆敷设（02），设备安装（03），软件安装（04），系统调试（05），试运行（06）
	信息导引及发布系统（11）	梯架、托盘、槽盒和导管安装（01），线缆敷设（02），显示设备安装（03），机房设备安装（04），软件安装（05），系统调试（06），试运行（07）
	时钟系统（12）	梯架、托盘、槽盒和导管安装（01），线缆敷设（02），设备安装（03），软件安装（04），系统调试（05），试运行（06）
	信息化应用系统（13）	梯架、托盘、槽盒和导管安装（01），线缆敷设（02），设备安装（03），软件安装（04），系统调试（05），试运行（06）
	建筑设备监控系统（14）	梯架、托盘、槽盒和导管安装（01），线缆敷设（02），传感器安装（03），执行器安装（04），控制器、箱安装（05），中央管理工作站和操作分站设备安装（06），软件安装（07），系统调试（08），试运行（09）
	火灾自动报警系统（15）	梯架、托盘、槽盒和导管安装（01），线缆敷设（02），探测器类设备安装（03），控制器类设备安装（04），其他设备安装（05），软件安装（06），系统调试（07），试运行（08）

续表

分部工程	子分部工程	分项工程
智能建筑（08）	安全技术防范系统（16）	梯架、托盘、槽盒和导管安装（01），线缆敷设（02），设备安装（03），软件安装（04），系统调试（05），试运行（06）
	应急响应系统（17）	设备安装（01），软件安装（02），系统调试（03），试运行（04）
	机房（18）	供配电系统（01），防雷与接地系统（02），空气调节系统（03），给水排水系统（04），综合布线系统（05），监控与安全防范系统（06），消防系统（07），室内装饰装修（08），电磁屏蔽（09），系统调试（10），试运行（11）
	防雷与接地（19）	接地装置（01），接地线（02），等电位联接（03），屏蔽设施（04），电涌保护器（05），线缆敷设（06），系统调试（07），试运行（08）

10.1.2 检验批、分项、子分部与规范、章节对应表

1. 智能建筑分部包含检验批与分项、子分部、规范章节对应如下表所示。

检验批与分项、子分部、规范章节对应表

序号	检验批名称	编号	分项	子分部	依据规范	标准章节	页码
1	安装场地检查检验批质量验收记录	08020101	安装场地检查	信息接入系统	《智能建筑工程质量验收规范》GB 50339－2013	5 信息接入系统	719
		08060101		移动通信室内信号覆盖系统		9 移动通信室内信号覆盖系统	
		08070101		卫星通信系统		10 卫星通信系统	
2	梯架、托盘、槽盒和导管安装检验批质量验收记录	08050101	梯架、托盘、槽盒和导管安装	综合布线系统	《智能建筑工程施工规范》GB 50606－2010	4 综合管线	720
		08080101		有线电视及卫星电视接收系统			
		08090101		公共广播系统			
		08100101		会议系统			
		08110101		信息导引及发布系统			
		08120101		时钟系统			
		08130101		信息化应用系统			
		08140101		建筑设备监控系统			
		08150101		火灾自动报警系统			
		08160101		安全技术防范系统			
3	线缆敷设检验批质量验收记录	08030101	线缆敷设	用户电话交换系统	《智能建筑工程施工规范》GB 50606－2010	4 综合管线 5 综合布线系统	722
		08050201		综合布线系统			
		08080201		有线电视及卫星电视接收系统			
		08090201		公共广播系统			
		08100201		会议系统			

续表

序号	检验批名称	编号	分项	子分部	依据规范	标准章节	页码
3	线缆敷设检验批质量验收记录	08110201	线缆敷设	信息导引及发布系统	《智能建筑工程施工规范》GB 50606－2010	4 综合管线 5 综合布线系统	722
		08120201		时钟系统			
		08130201		信息化应用系统			
		08140201		建筑设备监控系统			
		08150201		火灾自动报警系统			
		08160201		安全技术防范系统			
		08190601		防雷与接地			
4	软件安装检验批质量验收记录	08010201	软件安装	智能化集成系统	《智能建筑工程施工规范》GB 50606－2010	6 信息网络系统 11 信息化应用系统 15 智能化集成系统	725
		08030301		用户电话交换系统			
		08040201	计算机网络软件安装	信息网络系统			
		08040401	网络安全软件安装				
		08050601	软件安装	综合布线系统			
		08080401		有线电视及卫星电视接收系统			
		08090401		公共广播系统			
		08100401		会议系统			
		08110501		时钟系统			
		08120401		信息化应用系统			
		08130401		信息化应用系统			
		08140701		建筑设备监控系统			
		08150601		火灾自动报警系统			
		08160401		安全技术防范系统			
		08170201		应急响应系统			

续表

序号	检验批名称	编号	分项	子分部	依据规范	标准章节	页码
5	系统试运行检验批质量验收记录	08010401	试运行	智能化集成系统	《智能建筑工程质量验收规范》GB 50339－2013	第 3.1.3 条	728
		08030501		用户电话交换系统			
		08040601		信息网络系统			
		08050801		综合布线系统			
		08080601		有线电视及卫星电视接收系统			
		08090601		公共广播系统			
		08100601		会议系统			
		08110701		信息导引及发布系统			
		08120601		时钟系统			
		08130601		信息化应用系统			
		08140901		建筑设备监控系统			
		08150801		火灾自动报警系统			
		08160601		安全技术防范系统			
		08170401		应急响应系统			
		08181101		机房			
		08190801		防雷与接地			
6	智能化集成系统接口及系统调试检验批质量验收记录	08010301	接口及系统调试	智能化集成系统	《智能建筑工程质量验收规范》GB 50339－2013	4 智能化集成系统	729
7	用户电话交换系统接口及系统调试检验批质量验收记录	08030401		用户电话交换系统		6 用户电话交换系统	730
8	信息网络系统调试检验批质量验收记录	08040501	系统调试	信息网络系统		7 信息网络系统	731
9	综合布线系统调试检验批质量验收记录	08050701		综合布线系统		8 综合布线系统	734

续表

序号	检验批名称	编号	分项	子分部	依据规范	标准章节	页码
10	有线电视及卫星电视接收系统调试检验批质量验收记录	08080501		有线电视及卫星电视接收系统		11 有线电视及卫星电视接收系统	735
11	公共广播系统调试检验批质量验收记录	08090501		公共广播系统		12 公共广播系统	738
12	会议系统调试检验批质量验收记录	08100501		会议系统		13 会议系统	739
13	信息导引及发布系统调试检验批质量验收记录	08110601		信息导引及发布系统		14 信息导引及发布系统	742
14	时钟系统调试检验批质量验收记录	08120501		时钟系统		15 时钟系统	743
15	信息化应用系统调试检验批质量验收记录	08130501	系统调试	信息化应用系统	《智能建筑工程质量验收规范》GB 50339－2013	16 信息化应用系统	744
16	建筑设备监控系统调试检验批质量验收记录	08140801		建筑设备监控系统		17 建筑设备监控系统	746
17	火灾自动报警系统调试检验批质量验收记录	08150701		火灾自动报警系统		18 火灾自动报警系统	749
18	安全技术防范系统调试检验批质量验收记录	08160501		安全技术防范系统		19 安全技术防范系统	757
19	应急响应系统调试检验批质量验收记录	08170301		应急响应系统		20 应急响应系统	760
20	机房工程系统调试检验批质量验收记录	08181001		机房工程系统		21 机房工程系统	761
21	防雷与接地系统调试检验批质量验收记录	08190701		防雷与接地系统		22 防雷与接地系统	763

续表

序号	检验批名称	编号	分项	子分部	依据规范	标准章节	页码
22	设备安装检验批质量验收记录	08010101	设备安装	智能化集成系统	《智能建筑工程施工规范》GB 50606－2010	6 信息网络系统 15 智能化集成系统	764
		08040101		信息网络系统			
		08040301		信息导引及发布系统			
		08110401					
		08130301		信息化应用系统			
		08170101		应急响应系统			
23	用户电话交换系统设备安装检验批质量验收记录	08030201	设备安装	用户电话交换系统		10 信息设施系统	766
24	机柜、机架、配线架安装检验批质量验收记录	08050301	机柜、机架、配线架安装	综合布线系统		5 综合布线系统	768
25	信息插座安装检验批质量验收记录	08050401	信息插座安装				770
26	链路或信道测试检验批质量验收记录	08050501	链路或信道测试				771
27	有线电视及卫星电视接收系统设备安装检验批质量验收记录	08080301	设备安装	有线电视及卫星电视接收系统	《智能建筑工程施工规范》GB 50606－2010	7 卫星接收及有线电视系统	772
28	公共广播系统设备安装检验批质量验收记录	08090301	设备安装	公共广播系统		9 广播系统	774
29	会议系统设备安装检验批质量验收记录	08100301	设备安装	会议系统		8 会议系统	776
30	信息导引及发布系统显示设备安装检验批质量验收记录	08110301	显示设备安装	信息导引及发布系统		10 信息设施系统	777
31	时钟系统设备安装检验批质量验收记录	08120301	设备安装	时钟系统		10 信息设施系统	778

续表

序号	检验批名称	编号	分项	子分部	依据规范	标准章节	页码
32	建筑设备监控系统设备安装检验批质量验收记录	08140301	传感器安装	建筑设备监控系统	《智能建筑工程施工规范》GB 50606－2010	12 建筑设备监控系统	780
		08140401	执行器安装				
		08140501	控制器、箱安装				
		08140601	中央管理工作站和操作分站设备安装				
33	火灾自动报警系统设备安装检验批质量验收记录	08150301	探测器类设备安装	火灾自动报警系统		13 火灾自动报警系统	783
		08150401	控制器类设备安装				
		08150501	其他设备安装				
34	安全技术防范系统设备安装检验批质量验收记录	08160301	设备安装	安全技术防范系统		14 安全防范系统	784
35	机房供配电系统检验批质量验收记录	08180101	供配电系统	机房	《智能建筑工程施工规范》GB 50606－2010	第17.2.2条	786
36	机房防雷与接地系统检验批质量验收记录	08180201	防雷与接地系统			第17.2.3条	788
37	机房空气调节系统检验批质量验收记录	08180301	空气调节系统			第17.2.6条	790
38	机房给水排水系统检验批质量验收记录	08180401	给水排水系统			第17.2.7条	792
39	机房综合布线系统检验批质量验收记录	08180501	综合布线系统			第17.2.4条	794
40	机房监控与安全防范系统检验批质量验收记录	08180601	监控与安全防范系统			第17.2.5条	795
41	机房消防系统检验批质量验收记录	08180701	消防系统			第17.2.9条	797

续表

序号	检验批名称	编号	分项	子分部	依据规范	标准章节	页码
42	机房室内装饰装修检验批质量验收记录	08180801	室内装饰装修	机房	《智能建筑工程施工规范》GB 50606－2010	第17.2.1条	798
43	机房电磁屏蔽检验批质量验收记录	08180901	电磁屏蔽			第17.2.8条	802
44	机房设备安装检验批质量验收记录	08180102	供配电系统	机房	《智能建筑工程施工规范》GB 50606－2010	第17.3.1、17.3.2条	805
		08180202	防雷与接地系统				
		08180302	空气调节系统				
		08180402	给水排水系统				
		08180502	综合布线系统				
		08180602	监控与安全防范系统				
		08180702	消防系统				
		08180802	室内装饰装修				
		08180902	电磁屏蔽				
45	接地装置检验批质量验收记录	08190101	接地装置	防雷与接地	《智能建筑工程施工规范》GB 50606－2010	16 防雷与接地	806
46	接地线检验批质量验收记录	08190201	接地线				808
47	等电位联接检验批质量验收记录	08190301	等电位联接				809
48	屏蔽设施检验批质量验收记录	08190401	屏蔽设施				810
49	电涌保护器检验批质量验收记录	08190501	电涌保护器				811

10.2 检验批表格和验收依据说明

10.2.1 安装场地检查检验批质量验收记录

1. 表格

安装场地检查检验批质量验收记录

08020101 ____
08060101 ____
08070101 ____

单位（子单位）工程名称			分部（子分部）工程名称		分项工程名称		
施工单位			项目负责人		检验批容量		
分包单位			分包单位项目负责人		检验批部位		
施工依据				验收依据	《智能建筑工程质量验收规范》GB 50339－2013		
验收项目			设计要求及规范规定	最小/实际抽样数量	检查记录		检查结果
主控项目	1	信息接入系统的检查和验收范围应符合设计要求	第5.0.2条	/			
	2	机房的净高、地面防静电、电源、照明、温湿度、防尘、防水、消防和接地等应符合通信工程设计要求	第5.0.3、9.0.2、10.0.2条	/			
	3	预留孔洞位置、尺寸和承重荷载应符合通信工程设计要求	第5.0.4、9.0.3、10.0.3条	/			
	4	屋顶楼板孔洞防水处理应符合设计要求	第10.0.3条				
	5	预埋天线的安装加固件、防雷和接地装置的位置和尺寸应符合设计要求	第10.0.4条	/			
施工单位检查结果			专业工长：项目专业质量检查员：年 月 日				
监理单位验收结论			专业监理工程师：年 月 日				

2. 验收依据说明

【规范名称及编号】《智能建筑工程质量验收规范》GB 50339 - 2013

【条文摘录】

摘录一：

5.0.2　信息接入系统的检查和验收范围应根据设计要求确定。

5.0.3　机房的净高、地面防静电、电源、照明、温湿度、防尘、防水、消防和接地等应符合通信工程设计要求。

5.0.4　预留孔洞位置、尺寸和承重荷载应符合通信工程设计要求。

摘录二：

9.0.2　机房的净高、地面防静电、电源、照明、温湿度、防尘、防水、消防和接地等，应符合通行工程设计要求。

9.0.3　预留孔洞位置和尺寸应符合设计要求。

摘录三：

10.0.2　机房的净高、地面防静电、电源、照明、温湿度、防尘、防水、消防和接地等，应符合通信工程设计要求。

10.0.3　预留孔洞位置、尺寸及承重荷载和屋顶楼板孔洞防水处理应符合设计要求。

10.0.4　预埋天线的安装加固件、防雷和接地装置的位置和尺寸应符合设计要求。

10.2.2　梯架、托盘、槽盒和导管安装检验批质量验收记录

1. 表格

梯架、托盘、槽盒和导管安装检验批质量验收记录

08050101 ____　　08080101 ____

08090101 ____　　08100101 ____

08110101 ____　　08120101 ____

08130101 ____　　08140101 ____

08150101 ____　　08160101 ____

单位（子单位）工程名称			分部（子分部）工程名称		分项工程名称		
施工单位			项目负责人		检验批容量		
分包单位			分包单位项目负责人		检验批部位		
施工依据			验收依据		《智能建筑工程施工规范》GB 50606 - 2010		
		验收项目	设计要求及规范规定	最小/实际抽样数量	检查记录		检查结果
主控项目	1	材料、器具、设备进场质量检测	第3.5.1条	/			
	2	敷设在竖井内和穿越不同防火分区的桥架及线管的孔洞，应有防火封堵	第4.5.1条第1款	/			
	3	桥架、线管经过建筑物的变形缝处应设置补偿装置，线缆应留余量	第4.5.1条第2款	/			
	4	桥架、线管及接线盒应可靠接地；当采用联合接地时，接地电阻不应大于1Ω	第4.5.1条第4款	/			
	5	火灾自动报警系统的材料必须符合防火设计要求，并按规定验收	第13.1.3条第3款	/			
	6	火灾自动报警系统应使用桥架和专用线管	第13.2.1条第1款	/			
	7	桥架、金属线管应作保护接地	第13.2.1条第3款	/			

续表

		验收项目	设计要求及规范规定	最小/实际抽样数量	检查记录	检查结果
一般项目	1	桥架切割和钻孔后，应采取防腐措施，支吊架应做防腐处理	第4.5.2条第1款	/		
	2	线管两端应设有标志，并应穿带线	第4.5.2条第2款	/		
	3	线管与控制箱、接线箱、拉线盒等连接时应采用锁母，线管、箱盒应固定牢固	第4.5.2条第3款	/		
	4	吊顶内配管，宜使用单独的支吊架固定，支吊架不得架设在龙骨或其他管道上	第4.5.2条第4款	/		
	5	套接紧定式钢管连接处应采取密封措施	第4.5.2条第5款	/		
	6	桥架应安装牢固、横平竖直，无扭曲变形	第4.5.2条第6款	/		

施工单位检查结果	专业工长： 项目专业质量检查员： 年 月 日
监理单位验收结论	专业监理工程师： 年 月 日

2. 验收依据说明

【规范名称及编号】《智能建筑工程施工规范》GB 50606-2010

【条文摘录】

摘录一：

3.5.1 材料、器具、设备进场质量检测应符合下列规定：

1 需要进行质量检查的产品应包括智能建筑工程各子系统中使用的材料、硬件设备、软件产品和工程中应用的各种系统接口；列入中华人民共和国实施强制性产品认证的产品目录或实施生产许可证和上网许可证管理的产品应进行产品质量检查，未列入的产品也应按规定程序通过产品质量检测后方可使用；

2 材料及主要设备的检测应符合下列规定：

1）按照合同文件和工程设计文件进行的进场验收，应有书面记录和参加人签字，并应经监理工程师或建设单位验收人员确认；

2）应对材料、设备的外观、规格、型号、数量及产地等进行检查复核；

3）主要设备、材料应有生产厂家的质量合格证明文件及性能的检测报告。

3 设备及材料的质量检查应包括安全性、可靠性及电磁兼容性等项目，并应由生产厂家出具相应检测报告。

摘录二：

4.5 质量控制

4.5.1　主控项目应符合下列规定：

1　敷设在竖井内和穿越不同防火分区的桥架及线管的孔洞，应有防火封堵；

2　桥架、线管经过建筑物的变形缝处应设置补偿装置，线缆应留余量；

3　线缆两端应有防水、耐摩擦的永久性标签，标签书写应清晰、准确；

4　桥架、线管及接线盒应可靠接地；当采用联合接地时，接地电阻不应大于 1Ω。

4.5.2　一般项目应符合下列规定：

1　桥架切割和钻孔后，应采取防腐措施，支吊架应做防腐处理；

2　线管两端应设有标志，并应穿带线；

3　线管与控制箱、接线箱、拉线盒等连接时应采用锁母，线管、箱盒应固定牢固；

4　吊顶内配管，宜使用单独的支吊架固定，支吊架不得架设在龙骨或其他管道上；

5　套接紧定式钢管连接处应采取密封措施；

6　桥架应安装牢固、横平竖直，无扭曲变形；

7　桥架、线管内线缆间不应拧绞，线缆间不得有接头。

摘录三：

13.2.1　桥架、管线敷设除应执行国家标准《火灾自动报警系统施工及验收规范》GB 50166 - 2007 第 3.2 节的规定和本规范第 4 章的规定外，尚应符合下列规定：

1　火灾自动报警系统的线缆应使用桥架和专用线管敷设；

3　桥架、金属线管应作保护接地。

10.2.3　线缆敷设检验批质量验收记录

1. 表格

线缆敷设检验批质量验收记录

08030101 ____	08050201 ____	08080201 ____	08090201 ____
08100201 ____	08110201 ____	08120201 ____	08130201 ____
08140201 ____	08150201 ____	08160201 ____	08190601 ____

单位（子单位）工程名称		分部（子分部）工程名称		分项工程名称	
施工单位		项目负责人		检验批容量	
分包单位		分包单位项目负责人		检验批部位	
施工依据			验收依据	《智能建筑工程施工规范》GB 50606 - 2010	

		验收项目	设计要求及规范规定	最小/实际抽样数量	检查记录	检查结果
主控项目	1	材料、器具、设备进场质量检测	第 3.5.1 条	/		
	2	线缆两端应有防水、耐摩擦的永久性标签，标签书写应清晰、准确	第 4.5.1 条第 3 款	/		
	3	报警线缆连接应在端子箱或分支盒内进行，导线连接应采用可靠压接或焊接	第 13.2.1 条第 2 款	/		
	4	火灾自动报警系统的线缆应符合防火设计要求	第 13.1.3 条第 3 款	/		
	5	火灾自动报警系统，按规范检查线缆的种类、电压等级	第 13.1.3 条第 4 款	/		

续表

		验收项目	设计要求及规范规定	最小/实际抽样数量	检查记录	检查结果
一般项目	1	桥架、线管内线缆间不应拧绞，线缆间不得有接头	第4.5.2条第7款	/		
	2	线缆的最小允许弯曲半径应符合国家标准规定	第4.4.3条	/		
	3	线管出线口与设备接线端子之间，应采用金属软管连接，金属软管长度不宜超过2m，不得将线裸露	第4.4.4条	/		
	4	桥架内线缆应排列整齐，不得拧绞；在线缆进出桥架部位、转弯处应绑扎固定；垂直桥架内线缆绑扎固定点间隔不宜大于1.5m	第4.4.5条	/		
	5	线缆穿越建筑物变形缝时应留置相适应的补偿余量	第4.4.6条	/		
	6 综合布线	线缆布放应自然平直，不应受外力挤压和损伤	第5.2.1条第1款	/		
		线缆布放宜留不小于0.15m余量	第5.2.1条第2款	/		
		从配线架引向工作区各信息端口4对对绞电缆的长度不应大于90m	第5.2.1条第3款	/		
		线缆敷设拉力及其它保护措施应符合产品厂家的施工要求	第5.2.1条第4款	/		
		线缆弯曲半径宜符合规定	第5.2.1条第5款	/		
		线缆间净距应符合规定	第5.2.1条第6款	/		
		室内光缆桥架内敷设时宜在绑扎固定处加装垫套	第5.2.1条第7款	/		
		线缆敷设施工时，现场应安装稳固的临时线号标签，线缆上配线架、打模块前应安装永久线号标签	第5.2.1条第8款	/		
		线缆经过桥架、管线拐弯处，应保证线缆紧贴底部，且不应悬空、不受牵引力。在桥架的拐弯处应采取绑扎或其他形式固定	第5.2.1条第9款	/		
		距信息点最近的一个过线盒穿线时应宜留有不小于0.15m的余量	第5.2.1条第10款	/		

施工单位检查结果	专业工长： 项目专业质量检查员： 年 月 日
监理单位验收结论	专业监理工程师： 年 月 日

2. 验收依据说明

【规范名称及编号】《智能建筑工程施工规范》GB 50606－2010

【条文摘录】

摘录一：

第 3.5.1 条　（见《梯架、托盘、槽盒和导管安装检验批质量验收记录》的表格验收依据说明，本书第 721 页）。

摘录二：

4.4　线缆敷设

4.4.1　线缆两端应有防水、耐摩擦的永久性标签，标签书写应清晰、准确。

4.4.2　管内线缆间不应拧绞，不得有接头。

4.4.3　线缆的最小允许弯曲半径应符合国家标准《建筑电气工程施工质量验收规范》GB 50303－2002 中表 12.2.1-1 的规定。

4.4.4　线管出线口与设备接线端子之间，应采用金属软管连接，金属软管长度不宜超过 2m，不得将线裸露。

4.4.5　桥架内线缆应排列整齐，不得拧绞；在线缆进出桥架部位、转弯处应绑扎固定；垂直桥架内线缆绑扎固定点间隔不宜大于 1.5m。

4.4.6　线缆穿越建筑物变形缝时应留置相适应的补偿余量。

4.4.7　线缆敷设除应执行本规范的规定外，尚应符合现行国家标准《有线电视系统工程技术规范》GB 50200、《建筑电气工程施工质量验收规范》GB 50303 和《安全防范工程技术规范》GB 50348 的有关规定。

4.5　质量控制

4.5.1　主控项目应符合下列规定：

3　线缆两端应有防水、耐摩擦的永久性标签，标签书写应清晰、准确；

4.5.2　一般项目符合下列规定：

7　桥架、线管内线缆间不应拧绞，线缆间不得有接头。

摘录三：

5.2.1　线缆敷设除应执行本规范第 4.4 节的规定外，尚应符合下列规定：

1　线缆布放应自然平直，不应受外力挤压和损伤；

2　线缆布放宜留不小于 0.15mm 余量；

3　从配线架引向工作区各信息端口 4 对对绞电缆的长度不应大于 90m；

4　线缆敷设拉力及其它保护措施应符合产品厂家的施工要求；

5　线缆弯曲半径宜符合下列规定：

1）非屏蔽 4 对对绞电缆弯曲半径不宜小于电缆外径 4 倍；

2）屏蔽 4 对对绞电缆弯曲半径不宜小于电缆外径 8 倍；

3）主干对绞电缆弯曲半径不宜小于电缆外径 10 倍；

4）光缆弯曲半径不宜小于光缆外径 10 倍。

6　线缆间净距应符合国家标准《综合布线系统工程验收规范》GB 50312－2007 第 5.1.1 条的规定。

7　室内光缆桥架内敷设时宜在绑扎固定处加装垫套。

8　线缆敷设施工时，现场应安装稳固的临时线号标签，线缆上配线架、打模块前应安装永久线号标签。

9　线缆经过桥架、管线拐弯处，应保证线缆紧贴底部，且不应悬空、不受牵引力。在桥架的拐弯处应采取绑扎或其他形式固定。

10 距信息点最近的一个过线盒穿线时应宜留有不小于0.15mm的余量。

摘录四：

13.2.1 桥架、管线敷设除应执行国家标准《火灾自动报警系统施工及验收规范》GB 50166－2007第3.2节的规定和本规范第4章的规定外，尚应符合下列规定：

2 报警线缆连接应在端子箱或分支盒内进行，导线连接应采用可靠压接或焊接；

10.2.4 软件安装检验批质量验收记录

1. 表格

软件安装检验批质量验收记录

08010201 ＿＿＿＿　08030301 ＿＿＿＿　08040201 ＿＿＿＿　08040401 ＿＿＿＿

08050601 ＿＿＿＿　08080401 ＿＿＿＿　08090401 ＿＿＿＿　08100401 ＿＿＿＿

08110501 ＿＿＿＿　08120401 ＿＿＿＿　08130401 ＿＿＿＿　08140701 ＿＿＿＿

08150601 ＿＿＿＿　08160401 ＿＿＿＿　08170201 ＿＿＿＿

单位（子单位）工程名称			分部（子分部）工程名称		分项工程名称		
施工单位			项目负责人		检验批容量		
分包单位			分包单位项目负责人		检验批部位		
施工依据				验收依据	《智能建筑工程施工规范》GB 50606－2010		
验收项目			设计要求及规范规定	最小/实际抽样数量	检查记录		检查结果
主控项目	1	软件产品质量检查应符合规定	第3.5.5条	/			
	2	应为操作系统、数据库、防病毒软件安装最新版本的补丁程序	第11.4.1条	/			
	3	软件和设备在启动、运行和关闭过程中不应出现运行时错误	第11.4.1条	/			
	4	软件修改后，应通过系统测试和回归测试	第11.4.1条	/			
	5	软件在启动、运行和关闭过程中不应出现运行时错误	第15.3.1条第2款	/			
	6	通信接口软件修改后，应通过系统测试和回归测试	第15.3.1条第3款	/			
	7	应根据集成子系统的通信接口、工程资料和设备实际运行情况，对运行数据进行核对	第15.3.1条第4款	/			
	8	系统应能正确实现经会审批准的智能化集成系统的联动功能	第15.3.1条第5款	/			
一般项目	1	应按设计文件为设备安装相应软件系统，系统安装应完整	第6.2.2条	/			
	2	应提供正版软件技术手册	第6.2.2条	/			
	3	服务器不应安装与本系统无关的软件	第6.2.2条	/			
	4	操作系统、防病毒软件应设置为自动更新方式	第6.2.2条	/			
	5	软件系统安装后应能够正常启动、运行和退出	第6.2.2条	/			

续表

		验收项目	设计要求及规范规定	最小/实际抽样数量	检查记录	检查结果
一般项目	6	在网络安全检验后，服务器方可以在安全系统的保护下与互联网相联，并应对操作系统、防病毒软件升级及更新相应的补丁程序	第6.2.2条	/		
	7	应检验软件系统的操作界面，操作命令不得有二义性	第6.3.2条	/		
	8	应检验软件系统的可扩展性、可容错性和可维护性	第6.3.2条	/		
	9	应检验网络安全管理制度、机房的环境条件、防泄露与保密措施	第6.3.2条	/		
	10	服务器和工作站上应安装防病毒软件，应使其始终处于启用状态	第11.3.7条	/		
	11	用户密码　密码长度不应少于8位	第11.3.7条	/		
		用户密码　密码宜为大写字母、小写字母、数字、标点符号的组合	第11.3.7条	/		
	12	多台服务器与工作站之间或多个软件之间不得使用完全相同的用户名和密码组合	第11.3.7条	/		
	13	应定期对服务器和工作站进行病毒查杀和恶意软件查杀操作	第11.3.7条	/		
	14	应依据网络规划和配置方案，配置服务器、工作站等设备的网络地址	第11.4.2条	/		
	15	操作系统、数据库等基础平台软件、防病毒软件应具有正式软件使用（授权）许可证	第11.4.2条	/		
	16	服务器、工作站的操作系统和防病毒软件应设置为自动更新的运行方式	第11.4.2条	/		
	17	应记录服务器、工作站等设备的配置参数	第11.4.2条	/		
	18	应依据网络规划和配置方案，配置服务器、工作站、通信接口转换器、视频编解码器等设备的网络地址	第15.3.2条第1款	/		
	19	操作系统、数据库等基础平台软件、防病毒软件应具有正式软件使用（授权）许可证	第15.3.2条第2款	/		
	20	服务器、工作站的操作系统应设置为自动更新的运行方式	第15.3.2条第3款	/		
	21	服务器、工作站上应安装防病毒软件，并应设置为自动更新的运行方式	第15.3.2条第4款	/		
	22	应记录服务器、工作站、通信接口转换器、视频编解码器等设备的配置参数	第15.3.2条第5款	/		

施工单位检查结果	专业工长： 项目专业质量检查员： 　　　　　年　月　日
监理单位验收结论	专业监理工程师： 　　　　　年　月　日

2. 验收依据说明

【规范名称及编号】《智能建筑工程施工规范》GB 50606－2010

【条文摘录】

摘录一：

3.5.5 软件产品质量检查应符合下列规定：

1 应核查使用许可证及使用范围；

2 用户应用软件，设计的软件组态及接口软件等，应进行功能测试和系统测试，并应提供包括程序结构说明、安装调试说明、使用和维护说明书等的完整文档。

摘录二：

6.2.2 软件系统的安装应符合下列规定：

1 应按设计文件为设备安装相应的软件系统，系统安装应完整；

2 应提供正版软件技术手册；

3 服务器不应安装与本系统无关的软件；

4 操作系统、防病毒软件应设置为自动更新方式；

5 软件系统安装后应能够正常启动、运行和退出；

6 在网络安全检验后，服务器方可以在安全系统的保护下与互联网相联，并应对操作系统、防病毒软件升级及更新相应的补丁程序。

摘录三：

6.3.2 一般项目应符合下列规定：

1 计算机网络的容错功能和网络管理等功能应符合国家标准《智能建筑工程质量验收规范》GB 50339－2003 中第 5.3.5、5.3.6 条的规定实施检测，并应认真填写记录；

2 应检验软件系统的操作界面，操作命令不得有二义性；

3 应检验软件系统的可扩展性、可容错性和可维护性；

4 应检验网络安全管理制度、机房的环境条件、防泄露与保密措施。

摘录四：

11.3.7 软件安装的安全措施应符合下列规定：

1 服务器和工作站上应安装防病毒软件，应使其始终处于启用状态；

2 操作系统、数据库、应用软件的用户密码应符合下列规定：

1）密码长度不应少于 8 位；

2）密码宜为大写字母、小写字母、数字、标点符号的组合。

3 多台服务器与工作站之间或多个软件之间不得使用完全相同的用户名和密码组合；

4 应定期对服务器和工作站进行病毒查杀和恶意软件查杀操作。

摘录五：

11.4 质量控制

11.4.1 主控项目的质量控制应符合下列规定：

1 应为操作系统、数据库、防病毒软件安装最新版本的补丁程序；

2 软件和设备在启动、运行和关闭过程中不应出现运行时错误；

3 软件修改后，应通过系统测试和回归测试。

11.4.2 一般项目的质量控制应符合下列规定：

1 应依据网络规划和配置方案，配置服务器、工作站等设备的网络地址；

2 操作系统、数据库等基础平台软件、防病毒软件应具有正式软件使用（授权）许可证；

3 服务器、工作站的操作系统和防病毒软件应设置为自动更新的运行方式；

4 应记录服务器、工作站等设备的配置参数。

摘录六：

15.3 质量控制

15.3.1 主控项目应符合下列规定：

1 集成子系统的硬线连接和设备接口连接应符合国家标准《智能建筑工程质量验收规范》GB 50339-2003 第 10.3.6 条的规定；

2 软件和设备在启动、运行和关闭过程中不应出现运行时错误；

3 通信接口软件修改后，应通过系统测试和回归测试；

4 应根据集成子系统的通信接口、工程资料和设备实际运行情况，对运行数据进行核对；

5 系统应能正确实现经会审批准的智能化集成系统的联动功能。

15.3.2 一般项目应符合下列规定：

1 应依据网络规划和配置方案，配置服务器、工作站、通信接口转换器、视频编解码器等设备的网络地址；

2 操作系统、数据库等基础平台软件、防病毒软件应具有正式软件使用（授权）许可证；

3 服务器、工作站的操作系统应设置为自动更新的运行方式；

4 服务器、工作站上应安装防病毒软件，并应设置为自动更新的运行方式；

5 应记录服务器、工作站、通信接口转换器、视频编解码器等设备的配置参数。

10.2.5 系统试运行检验批质量验收记录

1. 表格

系统试运行检验批质量验收记录

08010401 ____	08030501 ____
08040601 ____	08050801 ____
08080601 ____	08090601 ____
08100601 ____	08110701 ____
08120601 ____	08130601 ____
08140901 ____	08150801 ____
08160601 ____	08170401 ____
08181101 ____	08190801 ____

单位（子单位）工程名称		分部（子分部）工程名称		分项工程名称		
施工单位		项目负责人		检验批容量		
分包单位		分包单位项目负责人		检验批部位		
施工依据			验收依据	《智能建筑工程质量验收规范》GB 50339-2013		
验收项目		设计要求及规范规定	最小/实际抽样数量	检查记录		检查结果
主控项目	1 系统试运行应连续进行 120h	第 3.1.3 条				
	2 试运行中出现系统故障时，应重新开始计时，直至连续运行满 120h	第 3.1.3 条				
	3 系统功能符合设计要求	设计要求				
施工单位检查结果		专业工长： 项目专业质量检查员： 年 月 日				
监理单位验收结论		专业监理工程师： 年 月 日				

2. 验收依据说明

【规范名称及编号】《智能建筑工程质量验收规范》GB 50339－2013

【条文摘录】

3.1.3 系统试运行应连续进行120h。试运行中出现系统故障时，应重新开始计时，直至连续运行满120h。

10.2.6 智能化集成系统接口及系统调试检验批质量验收记录

1. 表格

智能化集成系统接口及系统调试检验批质量验收记录

08010301 ____

单位（子单位）工程名称		分部（子分部）工程名称		分项工程名称		
施工单位		项目负责人		检验批容量		
分包单位		分包单位项目负责人		检验批部位		
施工依据			验收依据	《智能建筑工程质量验收规范》GB 50339－2013		

		验收项目	设计要求及规范规定	最小/实际抽样数量	检查记录	检查结果
主控项目	1	接口功能	4.0.4	/		
	2	集中监视、储存和统计功能	4.0.5	/		
	3	报警监视及处理功能	4.0.6	/		
	4	控制和调节功能	4.0.7	/		
	5	联动配置及管理功能	4.0.8	/		
	6	权限管理功能	4.0.9	/		
	7	冗余功能	4.0.10	/		
一般项目	1	文件报表生成和打印功能	4.0.11	/		
	2	数据分析功能	4.0.12	/		

施工单位检查结果	专业工长：项目专业质量检查员： 年 月 日
监理单位验收结论	专业监理工程师： 年 月 日

2. 验收依据说明

【规范名称及编号】《智能建筑工程质量验收规范》GB 50339－2013

【条文摘录】

4 智能化集成系统

4.0.1 智能化集成系统的设备、软件和接口等的检测和验收范围应根据设计要求确定。

4.0.2 智能化集成系统检测应在被集成系统检测完成后进行。

4.0.3 智能化集成系统检测应在服务器和客户端分别进行，检测点应包括每个被集成系统。

4.0.4 接口功能应符合接口技术文件和接口测试文件的要求，各接口均应检测，全部符合设计要求的应为检测合格。

4.0.5　检测集中监视、储存和统计功能时，应匝下列规定：

1　显示界面应为中文；

2　信息显示应正确，相应时间、储存时间、数据分类统计等性能指标应符合设计要求；

3　每个被集成系统的抽检数量宜为该系统信息点数的 5%，且抽检点数不应少于 20 点，当信息点数少于 20 点时应全部检测；

4　智能化集成系统抽检点数不宜超过 1000 点；

5　抽检结果全部符合设计要求，应为检测合格。

4.0.6　检测报警监视及处理功能时，应现场模拟报警信号，报警信息显示应正确，信息显示响应时同应符合设计要求，每个被集成系坑的抽检数量不应少于该系统报警信息点数的 10%，抽检结果全部符合设计要求的，成为检测合格。

4.0.7　检测控制和调节功能时，应在服务器和客户端分别输入设置参数，调节和控制效果应符合设计要求，各被集成系统应为部检测，全部符合设计要求的应为检测合格。

4.0.8　检测联动配置及管理功能时，应现场逐项模拟触发信号，所有被集成系统的联功动作均应安全正确、及时和无冲突。

4.0.9　权限管理功能检测应符合设计要求。

4.0.10　冗余功能检测应符合设计要求。

4.0.11　文件报表生成和打印功能应逐项检测。全部符合设计要求的应为检测合格。

4.0.12　根据分析功能应对各被集成系统逐项检测，全部符合设计要求的应为检测合格。

4.0.13　验收文件除应符合本规范第 3.4.4 条的规定外，尚应包括下列内容；

1　针对项目编制的应用软件文档；

2　接口技术文件；

3　接口测试文件。

10.2.7　用户电话交换系统接口及系统调试检验批质量验收记录

1. 表格

用户电话交换系统接口及系统调试检验批质量验收记录

08030401 ____

单位（子单位）工程名称		分部（子分部）工程名称		分项工程名称		
施工单位		项目负责人		检验批容量		
分包单位		分包单位项目负责人		检验批部位		
施工依据			验收依据	《智能建筑工程质量验收规范》GB 50339-2013		
验收项目		设计要求及规范规定	最小/实际抽样数量	检查记录		检查结果
主控项目	1　业务测试	6.0.5	/			
	2　信令方式测试	6.0.5	/			
	3　系统互通测试	6.0.5	/			
	4　网络管理测试	6.0.5	/			
	5　计费功能测试	6.0.5	/			
施工单位检查结果			专业工长：项目专业质量检查员：　　　　　年　月　日			
监理单位验收结论			专业监理工程师：　　　　　年　月　日			

2. 验收依据说明

【规范名称及编号】《智能建筑工程质量验收规范》GB 50339-2013

【条文摘录】

6 用户电话交换系统

6.0.1 本章适用于用户电话交换系统、调度系统、会议电话系统和呼叫中心的工程实施的质量控制、系统检测和竣工验收。

6.0.2 用户电话交换系统的检测和验收范围应根据设计要求确定。

6.0.3 用户电话交换系统的机房接地应符合现行国家标准《通信局（站）防雷与接地工程设计规》GB 50689 的有关规定。

6.0.4 对于抗震设防的地区，用户电话交换系统的设备安装应符合现行行业标准《电信设备安装抗震设计规范》YD5059 的有关规定。

6.0.5 用户电话交换系统工程实施的质量控制除应符合本规范第 3 章的规定外，尚应检查电信设备入网许可证。

6.0.6 用户电话交换系统的业务测试、信令方式测试、系统互通测试、网络管理及计费功能测试等检测结果，应满足系统的设计要求。

10.2.8 信息网络系统调试检验批质量验收记录

1. 表格

信息网络系统调试检验批质量验收记录

08040501 ____

单位（子单位）工程名称		分部（子分部）工程名称		分项工程名称		
施工单位		项目负责人		检验批容量		
分包单位		分包单位项目负责人		检验批部位		
施工依据			验收依据	《智能建筑工程质量验收规范》GB 50339-2013		
验收项目		设计要求及规范规定	最小/实际抽样数量	检查记录		检查结果
主控项目	1 计算机网络系统连通性	7.2.3	/			
	2 计算机网络系统传输时延和丢包率	7.2.4	/			
	3 计算机网络系统路由	7.2.5	/			
	4 计算机网络系统组播功能	7.2.6	/			
	5 计算机网络系统 QoS 功能	7.2.7	/			
	6 计算机网络系统容错功能	7.2.8	/			
	7 计算机网络系统无线局域网的功能	7.2.9	/			
	8 网络安全系统安全保护技术措施	7.3.2	/			
	9 网络安全系统安全审计功能	7.3.3	/			
	10 网络安全系统有物理隔离要求的网络的物理隔离检测	7.3.4	/			
	11 网络安全系统无线接入认证的控制策略	7.3.5	/			

续表

	验收项目		设计要求及规范规定	最小/实际抽样数量	检查记录	检查结果
一般项目	1	计算机网络系统网络管理功能	7.2.10	/		
	2	网络安全系统远程管理时，防窃听措施	7.3.6	/		

施工单位检查结果	专业工长： 项目专业质量检查员： 　　　　　年　月　日
监理单位验收结论	专业监理工程师： 　　　　　年　月　日

2. 验收依据说明

【规范名称及编号】《智能建筑工程质量验收规范》GB 50339 - 2013

【条文摘录】

7　信息网络系统

7.1　一般规定

7.1.1　信息网络系统可根据设备的构成，分为计算机网络系统和网络安全系统。信息网培系统的检测和验收范围应根据设计要求确定。

7.1.2　对于涉及国家秘密的网络安全系统，应按国家保密管理的相关规定进行验收。

7.1.3　网络安全设备除应符合本规范第 3 章的规定外，尚应检查公安部计算机管理监察部门审批颁发的安全保护等信息系统安全专用产品销售许可证。

7.1.4　信息网络系统验收文件除应符合本规范第 3.4.4 条的规定外，尚应包括下列内容：

1　交换机、路自器、防火墙等设备的配置文件；

2　QoS 规划方案；

3　安全控制策略；

4　网络管理软件的相关文档；

5　网络安全软件的相关文档；

7.2　计算机网络系统检测

7.2.1　计算机网络系统的检测可包括连通性、传输时延、丢包率，路由、容错功能、网络管理功能和无线局域网功能检测等采用融合承载通信架构的智能化设备网，还应进行组播功能检测和 QoS 功能检测。

7.2.2　计算机网络系统的检测方法应根据设计要求选择，可采用输入测试命令进行测试或使用相应的网络测试仪器。

7.2.3　计算机网络系统的连通性检测应符合下列规定。

1　网管工作站和网络设备之间的通信应符合设计要求，并且各用户终端应根据安全访问规划只能访问特定的网络与特定的服务器；

2　统一 VLAN 内的计算机之间应能交换数据包，不在同 VLAN 内的计算机之间不应交换数据包；

3　应按接入层设备总数的 10％进行抽样测试，且抽样数不应少于 10 台；接入层设备步于 10 台的，应全部测试；

4　抽检结果全部符合设计要求的，应为检测合格。

7.2.4　计算机网络系统的传输时延和丢包率的检测应符合下列规定：

　　1　应检测从发送端口到目的端口的最大延时和丢包率等数值；

　　2　对于核心层的骨干链路，汇聚层到核心层的上联链路，应进行全部检测，对接入层高汇聚层的上联链路，应按不低于10%的比例进行抽样测试，且抽样数不应少于10条；上联链路数不足10条的，应全部检测；

　　3　抽检结果全部符合设计要求的，应为检测合格。

　　7.2.5　计算机网络系统的路由检测应包括路由设置的正确性和路由的可达 并应根据核心设置路由表采用路自测试工具或软件进行测试，检测结果符合设计要求的，应为检测合格

　　7.2.6　计算机网络系统的组播功能检测应采用模拟软件生成组播流，组播流的发送和接受检测结果符合设计要求的，应为检测合格。

　　7.2.7　计算机网络系统的QoS功能应检测队列调度机制。能够区分业务流并保障关键业务数据优先发送的，应为检测音格

　　7.2.8　计算机网络系统的容错功能应采用人为设置网络故障的方法进行检测，并应符合下列规定；

　　1　对具备容错能力的计算机网络系统，应具有错误恢复和故障隔离功能，并在出现故障时自动切换；

　　2　对有链路冗余配置的计算机网络系统，当其中的某条链路断开或有故障发生时，整个系统仍应保持正常工作，并在故障恢复后应能自动切换回主系统运行；

　　3　容错功能应全部检测，且全部结果符合设计要求的应为检测合格。

　　7.2.9　无线局域网的功能检测除应符合本规范第7.2.3～7.2.8条的规定外，尚应符合下列规定：

　　1　在覆盖范围内接入点的新导信号强度应不低于$-75dBm$；

　　2　网络传输速率不应低于5.5Mbit/s；

　　3　应采用不少于100个ICMP64Byte帧长的测试数据包，不少于95%路径的数据包丢失率应小于5%；

　　4　应采用不少于100个ICMP64Byte帧长的测试数据包，不少于95%且跳数小于6的路径的传输时延应小于20ms；

　　5　应按无线接入点总数的10%进行抽样测试，抽样数不应少于10个；无线接入点少于10个的，应全部测试。抽检结果全部符合本条第1～4款要求的，应为检测合格。

　　7.2.10　计算机网络系统的网络管理功能应在网站工作站检测，并应符合下列规定：

　　1　应搜索整个计算机网络系统的拓扑结构图和网络设备连接图；

　　2　应检测自诊断功能；

　　3　应检测对网络设备进行远程配置的功能，当具备远程配置功能时，应检测网络性能参数含网络节点的流量、广播率和错误率；

　　4　检测结果符合设计要求的，应为检测合格。

　　7.3　网路安全系统检测

　　7.3.1　网络安全系统检测宜包括结构安全、访问控制、安全审计、边界完整性检查、入侵防范、恶意代码防范和网络设备防护等安全保护能力等的检测。检测方法应依据设计确定的信息系统安全防护等级进行制定，检测内容应按现行国家标准《信息安全技术　信息系统安全等级保护基本要求》GB/T 22239执行。

　　7.3.2　业务办公网及智能化设备网与互联网连接时，应检测安全保护技术措施。检测结果符合设计要求的，应为检测合格。

　　7.3.3　业务办公网及智能化设备网与互联网连接时，网络安全系统应检测安全审计功能，并应具有至少保存60d记录备份的功能。检测结果符合下列规定的应为检测合格；

　　7.3.4　对于要求屋里隔离的网络，应进行物理隔离检测，且检测结果符合下列规定的应为检测合格：

1　物理实体上应完全分开；

2　不应存在共享的物理设备；

3　不应有任何链路上的连接。

7.3.5　无线接入认证的控制策略应符合设计要求，并应按设计要求的认证方式进行检测，且应抽取网络覆盖区域内不同地点进行 20 次认证。认证失败次数不超过 1 次的，应为检测合格。

7.3.6　当对网络设备进行远程管理时，应检测防窃听措施。检测结果符合设计要求的，应为检测合格。

10.2.9　综合布线系统调试检验批质量验收记录

1. 表格

综合布线系统调试检验批质量验收记录

08050701 ____

单位（子单位）工程名称			分部（子分部）工程名称			分项工程名称		
施工单位			项目负责人			检验批容量		
分包单位			分包单位项目负责人			检验批部位		
施工依据				验收依据		《智能建筑工程质量验收规范》GB 50339－2013		
验收项目			设计要求及规范规定	最小/实际抽样数量		检查记录		检查结果
主控项目	1	对绞电缆链路或信道和光纤链路或信道的检测	8.0.5	/				
一般项目	1	标签和标识检测，综合布线管理软件功能	8.0.6	/				
	2	电子配线架管理软件	8.0.7	/				
施工单位检查结果					专业工长：项目专业质量检查员：　　年　月　日			
监理单位验收结论					专业监理工程师：　　年　月　日			

2. 验收依据说明

【规范名称及编号】《智能建筑工程质量验收规范》GB 50339－2013

【条文摘录】

8　综合布线系统

8.0.1　综合布线系统检测应包括电驭系统和光缆系统的性能测试，且电缆系统测试项目应根据布线信道或链路的设计等级和布线系统的类别要求确定。

8.0.2　综合布线系统测试方法应按现行国家标准《综合布线系统工程验收规范》GB 50312 的规定执行。

8.0.3　综合布线系统检测单项合格判定应匹下列规定：

1　一个及以上被测项目的技术参数测试结果不合格的，该项目应判为不合格，某一被测项目的检测结果与相应规定差值在仪表准确范围内的，该被测项目应判为合格；

2　采用 4 对对绞电缆作为水平电缆或主干电缆，所组成的链路或信道有一项及以上指标测试结果不合格的，该链路或信道应判为不合格；

3 主干布线大对数电缆中按4对对绞线对组成的链路一项及以上测试指标不合格的，该线对应判为不合格；

4 光纤链路或信道测试结果不满足设计要求的，该光纤链路或信道应判为不合格；

5 未通过检测的链路或信道应在修复后复检。

8.0.4 综合布线系统检测的综合合格判定应符合下列规定：

1 对绞电缆布线全部检测时，无法修复的链路、信道或不合格线对数量有一项及以上超过被测总数的1‰的，结论应判为不合格；光缆布线检测时，有一条及以上光纤链路或信道无法修复的，应判为不合格；

2 对于抽样检测，被抽样检测点（线对）不合格比例不大于被测总数1‰的，抽样检测应判为合格，且不合格点（线对）应予以修复并复检；被抽样检测点（线对）不合格比例大于1‰的，应判为一次抽样检测不合格，并应进行加倍抽样，加倍抽样不合格比例不大于1‰的，抽样检测应判为合格；不合格比例仍大于1‰的，抽样检测应判为不合格，且应进行全部检测，并按全部检测要求进行判定；

3 全部检测或抽样检测结论为合格的，系统检测的结论应为合格；全部检测结论为不合格的，系统检测的结论应为不合格。

8.0.5 对绞电缆链路或信道和光纤链路或信道的检测应符合下列规定：

1 自检记录应包括全部链路或信道的检测结果；

2 自检记录中各单项指标全部合格时，应判为检测合格；

3 自检记录中各单项指标中有一项及以上不合格时，应抽检，且抽样比例不应低于10%，抽样点应包括最远布线点；抽检结果的判定应符合本规范第8.0.4条的规定。

8.0.6 综合布线的标签和标识应按10%抽检，综合布线管理软件功能应全部检测。检测结果符合设计要求的，应判为检测合格。

8.0.7 电子配线架应检测管理软件中显示的链路连接关系与链路的物理连接的一致性，并应按10%抽检。检测结果全部一致的，应判为检测合格。

8.0.8 综合布线系统的验收文件除应符合本规范第3.4.4条的规定外，尚应包括综合布线管理软件的相关文档。

10.2.10 有线电视及卫星电视接收系统调试检验批质量验收记录

1. 表格

有线电视及卫星电视接收系统调试检验批质量验收记录

08080501 ____

单位（子单位） 工程名称			分部（子分部） 工程名称		分项工程 名称	
施工单位			项目负责人		检验批容量	
分包单位			分包单位 项目负责人		检验批部位	
施工依据				验收依据	《智能建筑工程质量验收规范》 GB 50339-2013	
验收项目			设计要求及 规范规定	最小/实际 抽样数量	检查记录	检查 结果
主控 项目	1	客观测试	11.0.3	/		
	2	主观评价	11.0.4	/		

续表

		验收项目	设计要求及规范规定	最小/实际抽样数量	检查记录	检查结果
一般项目	1	HFC网络和双向数字电视系统下行测试	11.0.5	/		
	2	HFC网络和双向数字电视系统上行测试	11.0.6	/		
	3	有线数字电视主观评价	11.0.7	/		
施工单位检查结果			专业工长： 项目专业质量检查员： 年　月　日			
监理单位验收结论			专业监理工程师： 年　月　日			

2. 验收依据说明

【规范名称及编号】《智能建筑工程质量验收规范》GB 50339－2013

【条文摘录】

11　有线电视及卫星电视接收系统

11.0.1　有线电视及卫星电视接收系统的设备及器材的进场验收，除应符合本规范第3章的规定外，尚应检查国家广播电视总局或有资质检测机构颁发的有效认定标识。

11.0.2　对有线电视及卫星电视接收系统进行主观评价和客观测试时，应选用标准测试点，并应符合下列规定：

1　系统的输出端口数量小于1000时，测试点不得少于2个；系统的输出端口数量大于等于1000时，每1000点应选取（2~3）个测试点；

2　对于基于HFC或同轴传输的双向数字电视系统，主观评价的测试点数应符合本条第1款规定，客观测试点的数量不应少于系统输出端口数量的5%，测试点数不应少于20个；

3　测试点应至少有一个位于系统中主干线的最后一个分配放大器之后的点。

11.0.3　客观测试应包括下列内容，且检测结果符合设计要求应判定为合格：

1　应测试卫星接收电视系统的接收频段、视频系统指标及音频系统指标；

2　应测量有线电视系统的终端输出电平。

11.0.4　模拟信号的有线电视系统主观评价应符合下列规定：

1　模拟电视主要技术指标应符合表11.0.4-1的规定；

表 11.0.4-1 模拟电视主要技术指标

序号	项目名称	测试频道	主观评价标准
1	系统载噪比	系统总频道的10%且不少于5个，不足5个全检，且分布于整个工作频段的高、中、低段	无噪波，即无"雪花干扰"
2	载波互调比	系统总频道的10%且不少于5个，不足5个全检，且分布于整个工作频段的高、中、低段	图像中无垂直、倾斜或水平条纹
3	交扰调制比	系统总频道的10%且不少于5个，不足5个全检，且分布于整个工作频段的高、中、低段	图像中无移动、垂直或斜图案，即无"窜台"
4	回波值	系统总频道的10%且不少于5个，不足5个全检，且分布于整个工作频段的高、中、低段	图像中无沿水平方向分布在右边一条或多条轮廓线，即无"重影"
5	色/亮度时延差	系统总频道的10%且不少于5个，不足5个全检，且分布于整个工作频段的高、中、低段	图像中色、亮信息对齐，即无"彩色鬼影"
6	载波交流声	系统总频道的10%且不少于5个，不足5个全检，且分布于整个工作频段的高、中、低段	图像中无上下移动的水平条纹，即无"滚道"现象
7	伴音和调频广播的声音	系统总频道的10%且不少于5个，不足5个全检，且分布于整个工作频段的高、中、低段	无背景噪声，如丝丝声、哼声、蜂鸣声和串音等

2 图像质量的主观评价应符合下列规定：

1）图像质量主观评价评分应符合表 11.0.4-2 的规定：

表 11.0.4-2 图像质量主观评价评分

图像质量主观评价	评分值（等级）	图像质量主观评价	评分值（等级）
图像质量极佳，十分满意	5分（优）	图像质量差，勉强能看	2分（差）
图像质量好，比较满意	4分（良）	图像质量低劣，无法看清	1分（劣）
图像质量一般，尚可接受	3分（中）		

2）评价项目可包括图像清晰度、亮度、对比度、色彩还原性、图像色彩及色饱和度等内容；

3）评价人员数量不宜少于5个，各评价人员应独立评分，并应取算术平均值为评价结果；

4）评价项目的得分值不低于4分的应判定为合格。

11.0.5 对于基于 HFC 或同轴传输的双向数字电视系统下行指标的测试，检测结果符合设计要求的应判定为合格。

11.0.6 对于基于 HFC 或同轴传输的双向数字电视系统上行指标的测试，检测结果符合设计要求的应判定为合格。

11.0.7 数字信号的有线电视系统主观评价的项目和要求应符合表 11.0.7 的规定。且测试时应选择源图像和源声音均较好的节目频道。

表 11.0.7 数字信号的有线电视系统主观评价的项目和要求

项目	技术要求	备注
图像质量	图像清晰，色彩鲜艳，无马赛克或图像停顿	符合本规范第11.0.4条第2款要求
声音质量	对白清晰；音质无明显失真；不应出现明显的噪声和杂音	—
唇音同步	无明显的图像滞后或超前于声音的现象	—
节目频道切换	节目频道切换时不能出现严重的马赛克或长时间黑屏现象；节目切换平均等待时间应小于2.5s，最大不应超过3.5s	包括加密频道和不在同一射频频点的节目频道
字幕	清晰、可识别	—

11.0.8　验收文件除应符合本规范第 3.4.4 条的规定外，尚应包括用户分配电平图。

10.2.11　公共广播系统调试检验批质量验收记录

1. 表格

公共广播系统调试检验批质量验收记录

08090501 ____

单位（子单位）工程名称			分部（子分部）工程名称		分项工程名称	
施工单位			项目负责人		检验批容量	
分包单位			分包单位项目负责人		检验批部位	
施工依据				验收依据	《智能建筑工程质量验收规范》GB 50339－2013	
验收项目			设计要求及规范规定	最小/实际抽样数量	检查记录	检查结果
主控项目	1	当紧急广播系统具有火灾应急广播功能时，应检查传输线缆、槽盒和导管的防火保护措施	12.0.2	/		
	2	公共广播系统的应备声压级	12.0.4	/		
	3	主观评价	12.0.5	/		
	4	紧急广播的功能和性能	12.0.6	/		
一般项目	1	业务广播和背景广播的功能	12.0.7	/		
	2	公共广播系统的声场不均匀度、漏出声衰减及系统设备信噪比	12.0.8	/		
	3	公共广播系统的扬声器分布	12.0.9	/		
施工单位检查结果		专业工长： 项目专业质量检查员： 年　月　日				
监理单位验收结论		专业监理工程师： 年　月　日				

2. 验收依据说明

【规范名称及编号】《智能建筑工程质量验收规范》GB 50339－2013

【条文摘录】

12　公共广播系统

12.0.1　公共广播系统可包括业务广播、背景广播和紧急广播。检测和验收的范围应根据设计要求确定。

12.0.2　当紧急广播系统具有火灾应急广播功能时，应检查传输线缆、槽盒和导管的防火保护措施。

12.0.3　公共广播系统检测时，应打开广播分区的全部广播扬声器，测量点宜均匀布置，且不应在广播扬声器附近和其声辐射轴线上。

12.0.4　公共广播系统检测时，应检测公共广播系统的应备声压级，柱测结果符合设计要求的应判定为合格。

12.0.5　主观评价时应对广播分区逐个进行检测和试听。并应符合下列规定：

1　语言清晰度主观评价评分应符合表12.0.5的规定：

表 12.0.5　语言清晰度主观评价评分

主观评价	评分值（等级）	主观评价	评分值（等级）
语言清晰度极佳，十分满意	5分（优）	语言清晰度差，勉强能听	2分（差）
语言清晰度好，比较满意	4分（良）	语言清晰度低劣，无法接受	1分（劣）
语言清晰度一般，尚可接受	3分（中）		

2　评价人员应独立评价打分，评价结果应取所有评价人员打分的算术平均值；

3　评价结果不低于4分的应判定为合格。

12.0.6　公共广播系统检测时，应检测紧急广播的功能和性能，检测结果符合设计要求的应判定为合格，当紧急广播包括火灾应急广播功能时，还应检测下列内容：

1　紧急广播具有最高级别的优先权；

2　警报信号触发后，紧急广播向相关广播区播放警示信号、警报语声文件或实时指挥语声的响应时间；

3　音量自动调节功能；

4　手动发布紧急广播的一键到位功能；

5　设备的热备用功能、定时白检和故障自动告警功能；

6　备用电源的切换时间；

7　广播分区与建筑防火分区匹配。

12.0.7　公共广播系统检测时，应检测业务广播和背景广播的功能，符合设计要求的应判定为合格。

12.0.8　公共广播系统植测时，应检测公共广播系统的声场不均匀度、漏出声衰减及系统设备信噪比，检测结果符合设计要求的应判定为合格。

12.0.9　公共广播系统检测时，应检查公共广播系统的扬声器位置，分布合理、符合设计要求的应判定为合格。

10.2.12　会议系统调试检验批质量验收记录

1. 表格

会议系统调试检验批质量验收记录

08100501 ____

单位（子单位） 工程名称			分部（子分部） 工程名称		分项工程 名称		
施工单位			项目负责人		检验批容量		
分包单位			分包单位 项目负责人		检验批部位		
施工依据				验收依据	《智能建筑工程质量验收规范》 GB 50339－2013		

		验收项目	设计要求及 规范规定	最小/实际 抽样数量	检查记录	检查 结果
主控 项目	1	会议扩声系统声学特性指标	13.0.5	/		
	2	会议视频显示系统显示特性指标	13.0.6	/		
	3	具有会议电视功能的会议灯光系 统的平均照度值	13.0.7	/		
	4	与火灾自动报警系统的联动功能	13.0.8	/		
一般 项目	1	会议电视系统检测	13.0.9	/		
	2	其他系统检测	13.0.10	/		

施工单位 检查结果	
	专业工长： 项目专业质量检查员： 年　月　日
监理单位 验收结论	
	专业监理工程师： 年　月　日

2. 验收依据说明

【规范名称及编号】《智能建筑工程质量验收规范》GB 50339-2013

【条文摘录】

13 会议系统

13.0.1 会议系统可包括会议扩声系统、会议视频显示系统、告议灯光系统、会议同声传译系统、会议讨论系统、会议电视系统、会议表决系统、会议集中控制系统、会议摄像系统、会议录播系统和会议签到管理系统等。检测和验收的范围应根据设计要求确定。

13.0.2 会议系统检测时，应根据系统规模和实际所选用功能和系统，以及会议室的重要性和设备复杂性确定检测内容和验收项目。

13.0.3 会议系统检测前，宜检查会议系统引入电源和会场建声的检测记录。

13.0.4 会议系统检测应符合下列规定：

1 功能检测应采用现场模拟的方法，根据设计要求逐项检测；

2 性能检测可采用客观测量或主观评价方法进行。

13.0.5 会议扩声系统的检测应符合下列规定；

1 声学特性指标可检测语言传输指数，或直接检测下列内容；

1) 最大声压级；

2) 传输频率特性；

3) 传声增益；

4) 声场不均匀度；

5) 系统总噪声级。

2 声学特性指标的测量方法应符合现行国家标准《厅堂扩声特性测量方法》GB/T 495g 的规定，检测结果符合设计要求的应判定合格。

3 主观评价应符合下列规定：

1) 声源应包括语言和音乐两类；

2) 评价方法和评分标准应符合本规范第 12.0.5 条的规定。

13.0.6 会议视频显示系统的椅删成符合下列规定：

1 显示特性指标的检测应包括下列内容：

1) 显示屏亮度；

2) 图像对比度；

3) 亮度均匀性；

4) 图像水平清晰度；

5) 色域覆盖牢；

6) 水平视角，垂直视角。

2 显示特性指标的测量方法应符合现行国家标准《视频显示系统工程测量规范》GB/T 50025 的规定。检测结果符合设计要求的应判定为合格。

3 主观评价应符合本规范第 11.0.4 条第 2 款的规定。

13.0.7 具有会议电视功能的会议灯光系统，应检测平均照度值。检测结果符合设计要求的应判定为合格。

13.0.8 会议讨论系统和会议同声传译系统应检测与火灾自动报警系统的联动功能。检测结果符合设计要求的应判定为合格。

13.0.9 会议电视系统的检测应符合下列规定：

1 应对主会场和分会场功能分别进行检测；

2 性能评价的检测宜包括声音延时、声像同步、会议电视回声、图像清晰度和图像连续性；

3　会议灯光系统的检测宜包括照度、色温和显色指数；

4　检测结果符合设计要求的应判定为合格。

13.0.10　其他系统的检测应符合下列规定：

1　会议同声传译系统的检测应按现行国家标准《红外线同声传译系统工程技术规范》GB 50524 的规定执行；

2　会议签到管理系统应测试签到的准确性和报表功能；

3　会议表决系统应测试表决速度和准确性；

4　会议集中控制系统的检测应采用现场功能演示的方法，逐项进行功能控测；

5　会议录播系统应对现场视频、音频、计算机数字信号的处理、录制和播放功能进行检测，并检验其信号处理和录播系统的质量；

6　具备自动跟踪功能的会议摄像系统应与会议讨论系统相配合，检查摄像机的预置位调用功能；

7　检测结果符合设计要求的应判定为合格。

10.2.13　信息导引及发布系统调试检验批质量验收记录

1. 表格

信息导引及发布系统调试检验批质量验收记录

08110601 ____

单位（子单位）工程名称			分部（子分部）工程名称		分项工程名称	
施工单位			项目负责人		检验批容量	
分包单位			分包单位项目负责人		检验批部位	
施工依据				验收依据	《智能建筑工程质量验收规范》GB 50339－2013	

验收项目		设计要求及规范规定	最小/实际抽样数量	检查记录	检查结果
主控项目	1　系统功能	14.0.3	/		
	2　显示性能	14.0.4	/		
一般项目	1　自动恢复功能	14.0.5	/		
	2　系统终端设备的远程控制功能	14.0.6	/		
	3　图像质量主观评价	14.0.7	/		
施工单位检查结果				专业工长：项目专业质量检查员：年　月　日	
监理单位验收结论				专业监理工程师：年　月　日	

2. 验收依据说明

【规范名称及编号】《智能建筑工程质量验收规范》GB 50339-2013

【条文摘录】

14 信息导引及发布系统

14.0.1 信息引导及发布系统可由信息播控设备、传输网络、信息显示屏（信息标识牌）和信息导引设施或查询终端等组成，检测和验收的范围应根据设计要求确定。

14.0.2 信息引导及发布系统检测应以系统功能检测为主，图像质量主观评价为辅。

14.0.3 信息引导及发布系统功能检测应符合下列规定：

1 应根据设计要求对系统功能逐项检测；

2 软件操作界面应显示准确、有效；

3 检测结果符合设计要求的应判定为合格。

14.0.4 信息引导及发布系统检测时，应检测显示性能，且结果符合设计要求的应判定为合格。

14.0.5 信息引导及发布系统检测时，应检查系统断电后再次。恢复供电时的自动恢复功能，且结果符合设计要求的应判定为合格。

14.0.6 信息引导及发布系统检测时，应检测系统终端设备的远程控制功能，且结果符合设计要求的应判定为合格。

14.0.7 信息引导及发布系统的图像质量主观评价，应符合本规范第11.0.4条第2款的规定。

10.2.14 时钟系统调试检验批质量验收记录

1. 表格

时钟系统调试检验批质量验收记录

08120501 ____

单位（子单位） 工程名称		分部（子分部） 工程名称		分项工程 名称		
施工单位		项目负责人		检验批容量		
分包单位		分包单位 项目负责人		检验批部位		
施工依据			验收依据	《智能建筑工程质量验收规范》 GB 50339-2013		
验收项目			设计要求及 规范规定	最小/实际 抽样数量	检查记录	检查 结果
主控项目	1	母钟与时标信号接收器同步、母钟对子钟同步校时的功能	15.0.3	/		
	2	平均瞬时日差指标	15.0.4	/		
	3	时钟显示的同步偏差	15.0.5	/		
	4	授时校准功能	15.0.6	/		
一般项目	1	母钟、子钟和时间服务器等运行状态的监测功能	15.0.7	/		
	2	自动恢复功能	15.0.8	/		
	3	系统的使用可靠性	15.0.9	/		
	4	有日历显示的时钟换历功能	15.0.10	/		
施工单位 检查结果		专业工长： 项目专业质量检查员： 年 月 日				
监理单位 验收结论		专业监理工程师： 年 月 日				

2. 验收依据说明

【规范名称及编号】《智能建筑工程质量验收规范》GB 50339 - 2013

【条文摘录】

15 　时钟系统

15.0.1 　时钟系统测试方法应符合现行行业标准《时间同步系统》QB/T 4054 的相关规定。

15.0.2 　时钟系统检测应以接收及授时功能为主，其他功能为辅。

15.0.3 　时钟系统检测时，应检测母钟与时标信号接收器同步、母钟对子钟同步校时的功能，检测结果符合设计要求的应判定为合格。

15.0.4 　时钟系统检测时，应检测平均瞬时日差指标，检测结果符合下列条件的应判定为合格：

1 　石英谐振器一级母钟的平均瞬时日差不大于 0.01s/d；

2 　石英谐振器二级母钟的平均瞬时日差不大于 0.1s7d；

3 　子钟的平均瞬时日差在（－1.00～＋1.00）s/d。

15.0.5 　时钟系统检测时，应检测时钟显示的同步偏差，检测结果符合下列条件的应判定为合格：

1 　母钟的输出口同步偏差不大于 50ms；

2 　子钟与母钟的时间显示偏差不大于 1s。

15.0.6 　时钟系统检测时，应检测授时校准功能，检测结果符合下列条件的应判定为合格：

1 　一级母钟能可靠接收标准时间信号及显示标准时间，并向各二级母钟输出标准时间信号；无标准时间信号时，一级母钟能正常运行；

2 　二级母钟能可靠接收一级母钟提供的标准时间信号，并向子钟输出标准时间信号；无一级母钟时间信号时，二级母钟能正常运行；

3 　子钟能可靠接收二级母钟提供的标准时间信号；无二级母钟时间信号时，于钟能正常工作。并能单独调时。

15.0.7 　时钟系统检测时，应检测母钟、子钟和时间服务器等运行状况的监测功能，结果符合设计要求的应判定为合格，

15.0.8 　时钟系统检测时，应检查时钟系统断电后再次恢复供电时的自动恢复功能，结果符合设计要求的应判定为合格。

15.0.9 　时钟系统检测时，应检查时钟系统的使用可靠性，符合下列条件的应判定为合格；

1 　母钟在正常使用条件下不停走；

2 　子钟在正常使用条件下不停走，时间显示正常且清楚。

15.0.10 　时钟系统检测时，应检查有日历显示的时钟换历功能，结果符合设计要求的应判定为合格。

15.0.11 　时钟系统检测时，应检查时钟系统对其他系统主机的校时和授时功能，结果符合设计要求的应判定为合格。

10.2.15 　信息化应用系统调试检验批质量验收记录

1. 表格

信息化应用系统调试检验批质量验收记录

08130501 ____

单位（子单位）工程名称		分部（子分部）工程名称		分项工程名称	
施工单位		项目负责人		检验批容量	
分包单位		分包单位项目负责人		检验批部位	
施工依据		验收依据	《智能建筑工程质量验收规范》GB 50339 - 2013		

续表

		验收项目	设计要求及规范规定	最小/实际抽样数量	检查记录	检查结果
主控项目	1	检查设备的性能指标	16.0.4	/		
	2	业务功能和业务流程	16.0.5	/		
	3	应用软件功能和性能测试	16.0.6	/		
	4	应用软件修改后回归测试	16.0.7	/		
一般项目	1	应用软件功能和性能测试	16.0.8	/		
	2	运行软件产品的设备中与应用软件无关的软件检查	16.0.9	/		

施工单位检查结果	专业工长： 项目专业质量检查员： 年　月　日
监理单位验收结论	专业监理工程师： 年　月　日

2. 验收依据说明

【规范名称及编号】《智能建筑工程质量验收规范》GB 50339－2013

【条文摘录】

16 信息化应用系统

16.0.1 信息化应用系统可包括专业业务系统、信息设施运行营管系统、物业管理系统、通用业务系统、公众信息系统、智能卡应用系统和信息安全管理系统等，检测和验收的范围应根据设计要求确定。

16.0.2 信息化应用系统按构成要素分为设备和软件，系统检测应先检查证备，后检测应用软件。

16.0.3 应用软件测试应按软件需求规格说明编制测试大纲，并确定测试内容和测试用例，且宜采用黑盒法进行。

16.0.4 信息化应用系统检测时，应检查设备的性能指标，结果符合设计要求的应判定为合格。对于智能卡设备还应检测下列内容：

1 智能卡与读写设备间的有效作用距离；

2 智能卡与读写设备间的通信传输速率和读写验证处理时间；

3 智能卡序号的唯一性。

16.0.5 信息化应用系统检测时，应测试业务功能和业务流程，结果符合软件需求规格说明的应判

745

定为合格。

16.0.6　信息化应用系统检测时，应用软件的重要功能和性能测试应包括下列内容，结果符合软件需求规格说明的应判定为合格；

1　重要数据删除的警告和确认提示；

2　输入非法值的处理；

3　密钥存储方式；

4　对用户操作进行记录并保存的功能；

5　各种权限用户的分配；

6　数据备份和恢复功能；

7　响应时间。

16.0.7　应用软件修改后，应进行回归测试，修改后的应用软件能满足软件需求规格说明的应判定为合格。

16.0.8　应用软件的一般功能和性能测试应包括下列内容，结果符合软件需求规格说明的应判定为合格：

1　用户界面采用的语言；

2　提示信息；

3　可扩展性。

16.0.9　信息化应用系统检测时，应检查运行软件产品的设备中安装的软件，没有安装与业务应用无关的软件的应划定为合格。

16.0.10　信息化应用系统验收文件除应符合本规范第 3.4.4 条的规定外，尚应包括应用软件的被件需求规格说明、安装手册、操作手册、维护手册和测试报告。

10.2.16　建筑设备监控系统调试检验批质量验收记录

1. 表格

建筑设备监控系统调试检验批质量验收记录

08140801 ____

单位（子单位）工程名称			分部（子分部）工程名称		分项工程名称	
施工单位			项目负责人		检验批容量	
分包单位			分包单位项目负责人		检验批部位	
施工依据				验收依据	《智能建筑工程质量验收规范》GB 50339 - 2013	

验收项目		设计要求及规范规定	最小/实际抽样数量	检查记录	检查结果
主控项目	1　暖通空调监控系统的功能	17.0.5	/		
	2　变配电监测系统的功能	17.0.6	/		
	3　公共照明监控系统的功能	17.0.7	/		
	4　给排水监控系统的功能	17.0.8	/		
	5　电梯和自动扶梯监测系统启停、上下行、位置、故障等运行状态显示功能	17.0.9	/		
	6　能耗监测系统能耗数据的显示、记录、统计、汇总及趋势分析等功能	17.0.10	/		

续表

验收项目			设计要求及规范规定	最小/实际抽样数量	检查记录	检查结果
主控项目	7	中央管理工作站与操作分站功能及权限	17.0.11	/		
	8	系统实时性	17.0.12	/		
	9	系统可靠性	17.0.13	/		
一般项目	1	系统可维护性	17.0.14	/		
	2	系统性能评测项目	17.0.15	/		
施工单位检查结果			专业工长： 项目专业质量检查员： 　　　　　年　月　日			
监理单位验收结论			专业监理工程师： 　　　　　年　月　日			

2. 验收依据说明

【规范名称及编号】《智能建筑工程质量验收规范》GB 50339-2013

【条文摘录】

17 建筑设备监控系统

17.0.1 建筑设备监控系统可包括暖通空调监控系统、变配电监测系统、公共照明监控系统、给排水监控系统、电梯和自动扶梯监测系统及能耗监测系统等，检测和验收的范围应根据设计要求确定。

17.0.2 建筑设备监控系统工程实施的质量控制除应符合本规范第3章的规定外，用于能耗结算的水、电、气和冷/热量表等，尚应检查制造计量器具许可证。

17.0.3 建筑设备监控系统控制应以系统功能测试为主，系统性能评测为辅。

17.0.4 建筑设备监控系统检测应采用中央管理工作站显示与现场实际情况对比的方法进行。

17.0.5 暖通空调监控系统的功能检测应符合下列规定：

1 检测内容应按设计要求确定；

2 冷热源的监测参数应全部检测；空调、新风机组的监测参数应按总数的20%抽检，且不应少于5台，不足5台时应全部检测；各种类型传感器，执行器应按10%抽检，且不应少于5只，不足5只时应全部检测；

3 抽检结果全部符合设计要求的应判定为合格。

17.0.6 变配电监测系统的功能检测应符合下列规定：

1 检测内容应按设计要求确定；

2 对高低压配电柜的运行状态、变压器的温度、储油罐的液位，各种备用电源的工作状态和联锁控制功能等应全部检测，各种电气参数检测数最应按每类参数抽20%，且数量不应少于20点，数量少于20点时应全部检测；

3　抽检结果全部符合设计要求的应判定为合格。

17.0.7　公共照明监控系统的功能检测应符合下列规定：

1　检测内容应按设计要求确定；

2　应按照明回路总数的 10% 抽检，数量不应少于 10 路，总数少于 10 路时应全部检测；

3　抽检结果全部符合设计要求的应判定为合格。

17.0.8　给排水监控系统的功能检测应符合下列规定：

1　检测内容应按设计要求确定；

2　给水和中水监控系测应全部检测；排水监控系统应抽检 50%，且不得少于 5 套，总数少于 5 套时应全部检测；

3　抽检结果全部符合设计要求的应判定为合格。

17.0.9　电梯和自动扶梯监测系统应检测启停、上下行、位置、故障等运行状态显示功能。检测结果符合设计要求的应判定为合格。

17.0.10　能耗检测系统应检测能耗数据的显示、记录、统计、汇总及趋势分析等功能。检测结果符音设计要求的应判定为合格。

17.0.11　中央管理工作站与操作分站的检测应符合下列规定：

1　中央管理工作站的功能植测应包括下列内容：

1）运行状态和测量数据的显示功能；

2）故障报警信息的报告应及时准确，有提示信号；

3）系统运行参数的设定及修改功能；

4）控制命令应无冲突执行；

5）系统运行数据的记录、存储和处理功能；

6）操作权限；

7）人机界面应为中文。

2　操作分站的功能应检测监控管理权限及数据显示与中央管理工作站的一致性；

3　中央管理工作站功能应全部检测，操作分站应抽检 20%，且不得少于 5 个。不足 5 个时应全部检测；

4　检测结果符合设计要求的应判定为合格。

17.0.12　建筑设备监控系统实时性的检测应符合下列规定：

1　检测内容应包括控制命令响应时间和报警信号响应时间；

2　应抽检 10% 且不得少于 10 台，少于 10 台时应全部检测；

3　抽测结果全部符合设计要求的应判定为合格。

17.0.13　建筑设备监控系统可靠性的检测应符合下列规定；

1　检测内容应包括系统运行的抗干扰性能和电源切换时系统运行的稳定性；

2　应通过系统正常运行时，启停现场设备或投切备用电源，观察系统的工作情况进行检测；

3　检测结果符合设计要求的应判定为合格。

17.0.14　建筑设备监控系统可维护性的检测应符合下列规定：

1　检测内容应包括：

1）应用软件的在线编程和参数修改功能；

2）设备和网络通信故障的自检测功能。

2　应通过现场模拟修改参数和设置故障的方法检测；

3　检测结果符合设计要求的应判定为合格。

17.0.15　建筑设备监控系统性能评测项目的检测应符合下列规定：

1　检测宜包括下列内容：

　　1）控制网络和数据库的标准化、开放性；

　　2）系统的冗余配置；

　　3）系统可扩展性；

　　4）节能措施。

　2　检测方法应根据设备配置和运行情况确定；

　3　检测结果符合设计要求的应判定为合格。

17.0.16　建筑设备监控系统验收文件除应符合本规范第3.4.4条的规定外，还应包括下列内容：

　1　中央管理工作站软件的安装手册，使用和维护手册；

　2　控制器箱内接线图。

10.2.17　火灾自动报警系统调试检验批质量验收记录

1. 表格

火灾自动报警系统调试检验批质量验收记录

08150701 ____

单位（子单位）工程名称			分部（子分部）工程名称			分项工程名称		
施工单位			项目负责人			检验批容量		
分包单位			分包单位项目负责人			检验批部位		
施工依据				验收依据		《智能建筑工程质量验收规范》GB 50339-2013		

		验收项目	设计要求及规范规定	最小/实际抽样数量	检查记录	检查结果
主控项目	1	火灾报警控制器调试	第18.0.2条	/		
	2	点型感烟、感温火灾探测器调试	第18.0.2条	/		
	3	红外光束感烟火灾探测器调试	第18.0.2条	/		
	4	线型感温火灾探测器调试	第18.0.2条	/		
	5	红外光束感烟火灾探测器调试	第18.0.2条	/		
	6	通过管路采样的吸气式火灾探测器调试	第18.0.2条	/		
	7	点型火焰探测器和图像型火灾探测器调试	第18.0.2条	/		
	8	手动火灾报警按钮调试	第18.0.2条	/		
	9	消防联动控制器调试	第18.0.2条	/		
	10	区域显示器（火灾显示盘）调试	第18.0.2条	/		
	11	可燃气体报警控制器调试	第18.0.2条	/		
	12	可燃气体探测器调试	第18.0.2条	/		
	13	消防电话调试	第18.0.2条	/		
	14	消防应急广播设备调试	第18.0.2条	/		
	15	系统备用电源调试	第18.0.2条	/		
	16	消防设备应急电源调试	第18.0.2条	/		
	17	消防控制中心图型显示装置调试	第18.0.2条	/		
	18	气体灭火控制器调试	第18.0.2条	/		
	19	防火卷帘控制器调试	第18.0.2条	/		
	20	其他受控部件调试	第18.0.2条	/		
	21	火灾自动报警系统的系统性能调试	第18.0.2条	/		

施工单位检查结果	专业工长： 项目专业质量检查员： 　　　　　　　　　　　年　月　日
监理单位验收结论	专业监理工程师： 　　　　　　　　　　　年　月　日

2. 验收依据说明

【规范一名称及编号】《智能建筑工程质量验收规范》GB 50339－2013

【条文摘录】

18　火灾自动报警系统

18.0.1　火灾自动报警系统提供的接口功能应符合设计要求。

18.0.2　火灾自动报警系统工程实施的质量控制、系统检测和工程验收应符合现行国家标准《火灾自动报警系统施工及验收规范》GB 50166 的规定。

【规范二名称及编号】《火灾自动报警系统施工及验收规范》GB 50166－2007

【条文摘录】

4.3　火灾报警控制器调试

4.3.1　调试前应切断火灾报警控制器的所有外部控制连线，并将任一个总线回路的火灾探测器以及该总线回路上的手动火灾报警按钮等部件连接后，方可接通电源。

检查数量：全数检查。

检验方法：观察检查。

4.3.2　按现行国家标准《火灾报警控制器》GB 4717 的有关要求对控制器进行下列功能检查并记录，控制器应满足标准要求：

1　检查自检功能和操作级别；

2　使控制器与探测器之间的连线断路和短路，控制器应在100s 内发出故障信号（短路时发出火灾报警信号除外）；在故障状态下，使任一非故障部位的探测器发出火灾报警信号，控制器应在 1min 内发出火灾报警信号，并应记录火灾报警时间；再使其他探测器发出火灾报警信号，检查控制器的再次报警功能；

3　检查消音和复位功能；

4　使控制器与备用电源之间的连线断路和短路，控制器应在100s 内发出故障信号；

5　检查屏蔽功能；

6　使总线隔离器保护范围内的任一点短路，检查总线隔离器的隔离保护功能；

7　使任一总线回路上不少于 10 只的火灾探测器同时处于火灾报警状态，检查控制器的负载功能；

8　检查主、备电源的自动转换功能，并在备电工作状态下重复第 7 款检查；

9　检查控制器特有的其他功能。

检查数量：全数检查。

检验方法：观察检查、仪表测量。

4.3.3　依次将其他回路与火灾报警控制器相连接，重复4.3.2 中 2、6、7 项检查。

检查数量：全数检查。

检验方法：观察检查、仪表测量。

4.4　点型感烟、感温火灾探测器调试

4.4.1　采用专用的检测仪器或模拟火灾的方法，逐个检查每只火灾探测器的报警功能，探测器应能发出火灾报警信号。

检查数量：全数检查。

检验方法：观察检查。

4.4.2　对于不可恢复的火灾探测器应采取模拟报警方法逐个检查其报警功能，探测器应能发出火灾报警信号。当有备品时，可抽样检查其报警功能。

检查数量：全数检查。

检验方法：观察检查。

4.5　线型感温火灾探测器调试

4.5.1　在不可恢复的探测器上模拟火警和故障，探测器应能分别发出火灾报警和故障信号。

检查数量：全数检查。

检验方法：观察检查。

4.5.2　可恢复的探测器可采用专用检测仪器或模拟火灾的办法使其发出火灾报警信号，并在终端盒上模拟故障，探测器应能分别发出火灾报警和故障信号。

检查数量：全数检查。

检验方法：观察检查。

4.6　红外光束感烟火灾探测器调试

4.6.1　调整探测器的光路调节装置，使探测器处于正常监视状态。

检查数量：全数检查。

检验方法：观察检查。

4.6.2　用减光率为0.9dB的减光片遮挡光路，探测器不应发出火灾报警信号。

检查数量：全数检查。

检验方法：观察检查。

4.6.3　用产品生产企业设定减光率（1.0～10.0dB）的减光片遮挡光路，探测器应发出火灾报警信号。

检查数量：全数检查。

检验方法：观察检查。

4.6.4　用减光率为11.5dB的减光片遮挡光路，探测器应发出故障信号或火灾报警信号。

检查数量：全数检查。

检验方法：观察检查。

4.7　通过管路采样的吸气式火灾探测器调试

4.7.1　在采样管最末端（最不利处）采样孔加入试验烟，探测器或其控制装置应在120s内发出火灾报警信号。

检查数量：全数检查。

检验方法：观察检查。

4.7.2　根据产品说明书，改变探测器的采样管路气流，使探测器处于故障状态，探测器或其控制装置应在100s内发出故障信号。

检查数量：全数检查。

检验方法：观察检查。

4.8　点型火焰探测器和图象型火灾探测器调试

4.8.1　采用专用检测仪器和模拟火灾的方法在探测器监视区域内最不利处检查探测器的报警功能，探测器应能正确响应。

检查数量：全数检查。

检验方法：观察检查。

4.9　手动火灾报警按钮调试

4.9.1　对可恢复的手动火灾报警按钮，施加适当的推力使报警按钮动作，报警按钮应发出火灾报警信号。

检查数量：全数检查。

检验方法：观察检查。

4.9.2　对不可恢复的手动火灾报警按钮应采用模拟动作的方法使报警按钮发出火灾报警信号（当有备用启动零件时，可抽样进行动作试验），报警按钮应发出火灾报警信号。

检查数量：全数检查。

检验方法：观察检查。

4.10 消防联动控制器调试

4.10.1 将消防联动控制器与火灾报警控制器、任一回路的输入/输出模块及该回路模块控制的受控设备相连接，切断所有受控现场设备的控制连线，接通电源。

4.10.2 按现行国家标准《消防联动控制系统》GB 16806 的有关规定检查消防联动控制系统内各类用电设备的各项控制、接收反馈信号（可模拟现场设备启动信号）和显示功能。

检查数量：全数检查。

检验方法：观察检查。

4.10.3 使消防联动控制器分别处于自动工作和手动工作状态，检查其状态显示，并按现行国家标准《消防联动控制系统》GB 16806 的有关规定进行下列功能检查并记录，控制器应满足相应要求：

1 自检功能和操作级别。

2 消防联动控制器与各模块之间的连线断路和短路时，消防联动控制器能在 100s 秒内发出故障信号。

3 消防联动控制器与备用电源之间的连线断路和短路时，消防联动控制器应能在 100s 内发出故障信号。

4 检查消音、复位功能。

5 检查屏蔽功能。

6 使总线隔离器保护范围内的任一点短路，检查总线隔离器的隔离保护功能。

7 使至少 50 个输入/输出模块同时处于动作状态（模块总数少于 50 个时，使所有模块动作），检查消防联动控制器的最大负载功能。

8 检查主、备电源的自动转换功能，并在备电工作状态下重复第 7 款检查。

检查数量：全数检查。

检验方法：观察检查。

4.10.4 接通所有启动后可以恢复的受控现场设备。

检查数量：全数检查。

检验方法：观察检查。

4.10.5 使消防联动控制器的工作状态处于自动状态，按现行国家标准《消防联动控制系统》GB 16806 的有关规定和设计的联动逻辑关系进行下列功能检查并记录：

1 按设计的联动逻辑关系，使相应的火灾探测器发出火灾报警信号，检查消防联动控制器接收火灾报警信号情况、发出联动信号情况、模块动作情况、受控设备的动作情况、受控现场设备动作情况、接收反馈信号（对于启动后不能恢复的受控现场设备，可模拟现场设备启动反馈信号）及各种显示情况；

2 检查手动插入优先功能。

检查数量：全数检查。

检验方法：观察检查。

4.10.6 使消防联动控制器的工作状态处于手动状态，按现行国家标准《消防联动控制系统》GB 16806 的有关规定和设计的联动逻辑关系依次手动启动相应的受控设备，检查消防联动控制器发出联动信号情况、模块动作情况、受控设备的动作情况、受控现场设备动作情况、接收反馈信号（对于启动后不能恢复的受控现场设备，可模拟现场设备启动反馈信号）及各种显示情况。

检查数量：全数检查。

检验方法：观察检查。

4.10.7 对于直接用火灾探测器作为触发器件的自动灭火控制系统除符合本节有关规定外，尚应按现行国家标准《火灾自动报警系统设计规范》GB 50116 规定进行功能检查。

检查数量：全数检查。

检验方法：观察检查。

4.11　区域显示器（火灾显示盘）调试

4.11.1　将区域显示器（火灾显示盘）与火灾报警控制器相连接，按现行国家标准《火灾显示盘通用技术条件》GB 17429 的有关要求检查其下列功能并记录，控制器应满足标准要求：

1　区域显示器（火灾显示盘）能否在 3s 内正确接收和显示火灾报警控制器发出的火灾报警信号。

2　消音、复位功能。

3　操作级别。

4　对于非火灾报警控制器供电的区域显示器（火灾显示盘），应检查主、备电源的自动转换功能和故障报警功能。

检查数量：全数检查。

检验方法：观察检查。

4.12　可燃气体报警控制器调试

4.12.1　切断可燃气体报警控制器的所有外部控制连线，将任一回路与控制器相连接后，接通电源。

4.12.2　控制器应按现行国家标准《可燃气体报警控制器技术要求及试验方法》GB 16808 的有关要求进行下列功能试验，并应满足标准要求。

1　自检功能和操作级别。

2　控制器与探测器之间的连线断路和短路时，控制器应在 100s 内发出故障信号。

3　在故障状态下，使任一非故障探测器发出报警信号，控制器应在 1min 内发出报警信号，并应记录报警时间；再使其他探测器发出报警信号，检查控制器的再次报警功能。

4　消音和复位功能。

5　控制器与备用电源之间的连线断路和短路时，控制器应在 100s 内发出故障信号。

6　高限报警或低、高两段报警功能。

7　报警设定值的显示功能。

8　控制器最大负载功能，使至少 4 只可燃气体探测器同时处于报警状态（探测器总数少于 4 只时，使所有探测器均处于报警状态）。

9　主、备电源的自动转换功能，并在备电工作状态下重复本条第 8 款的检查。

检查数量：全数检查。

检验方法：观察检查、仪表测量。

4.12.3　依次将其他回路与可燃气体报警控制器相连接重复本规范第 4.12.2 条的检查。

检查数量：全数检查。

检验方法：观察检查、仪表测量。

4.13　可燃气体探测器调试

4.13.1　依次逐个将可燃气体探测器按产品生产企业提供的调试方法使其正常动作，探测器应发出报警信号。

检查数量：全数检查。

检验方法：观察检查。

4.13.2　对探测器施加达到响应浓度值的可燃气体标准样气，探测器应在 30s 内响应。撤去可燃气体，探测器应在 60s 内恢复到正常监视状态。

检查数量：全数检查。

检验方法：观察检查、仪表测量。

4.13.3　对于线型可燃气体探测器除符合本节规定外，尚应将发射器发出的光全部遮挡，探测器相应的控制装置应在 100s 内发出故障信号。

检查数量：全数检查。

检验方法：观察检查、仪表测量。

4.14　消防电话调试

4.14.1　在消防控制室与所有消防电话、电话插孔之间互相呼叫与通话，总机应能显示每部分机或电话插孔的位置，呼叫铃声和通话语音应清晰。

检查数量：全数检查。

检验方法：观察检查。

4.14.2　消防控制室的外线电话与另外一部外线电话模拟报警电话通话，语音应清晰。

检查数量：全数检查。

检验方法：观察检查。

4.14.3　检查群呼、录音等功能，各项功能均应符合要求。

检查数量：全数检查。

检验方法：观察检查。

4.15　消防应急广播设备调试

4.15.1　以手动方式在消防控制室对所有广播分区进行选区广播，对所有共用扬声器进行强行切换；应急广播应以最大功率输出。

检查数量：全数检查。

检验方法：观察检查。

4.15.2　对扩音机和备用扩音机进行全负荷试验，应急广播的语音应清晰。

检查数量：全数检查。

检验方法：观察检查。

4.15.3　对接入联动系统的消防应急广播设备系统，使其处于自动工作状态，然后按设计的逻辑关系，检查应急广播的工作情况，系统应按设计的逻辑广播。

检查数量：全数检查。

检验方法：观察检查。

4.15.4　使任意一个扬声器断路，其他扬声器的工作状态不应受影响。

检查数量：每一回路抽查一个。

检验方法：观察检查。

4.16　系统备用电源调试

4.16.1　检查系统中各种控制装置使用的备用电源容量，电源容量应与设计容量相符。

检查数量：全数检查。

检验方法：观察检查。

4.16.2　使各备用电源放电终止，再充电 48h 后断开设备主电源，备用电源至少应保证设备工作 8h，且应满足相应的标准及设计要求。

检查数量：全数检查。

检验方法：观察检查。

4.17　消防设备应急电源调试

4.17.1　切断应急电源应急输出时直接启动设备的连线，接通应急电源的主电源。

4.17.2　按下述要求检查应急电源的控制功能和转换功能，并观察其输入电压、输出电压、输出电流、主电工作状态、应急工作状态、电池组及各单节电池电压的显示情况，做好记录，显示情况应与产品使用说明书规定相符，并满足要求。

1　手动启动应急电源输出，应急电源的主电和备用电源应不能同时输出，且应在 5s 内完成应急转换；

　　2　手动停止应急电源的输出，应急电源应恢复到启动前的工作状态；

　　3　断开应急电源的主电源，应急电源应能发出声提示信号，声信号应能手动消除；接通主电源，应急电源应恢复到主电工作状态；

　　4　给具有联动自动控制功能的应急电源输入联动启动信号，应急电源应在5s内转入到应急工作状态，且主电源和备用电源应不能同时输出；输入联动停止信号，应急电源应恢复到主电工作状态；

　　5　具有手动和自动控制功能的应急电源处于自动控制状态，然后手动插入操作，应急电源应有手动插入优先功能，且应有自动控制状态和手动控制状态指示。

　　检查数量：全数检查。

　　检验方法：观察检查。

　　4.17.3　断开应急电源的负载，按下述要求检查应急电源的保护功能，并做好记录。

　　使任一输出回路保护动作，其他回路输出电压应正常；

　　2　使配接三相交流负载输出的应急电源的三相负载回路中的任一相停止输出，应急电源应能自动停止该回路的其他两相输出，并应发出声、光故障信号；

　　3　使配接单相交流负载的交流三相输出应急电源输出的任一相停止输出，其他两相应能正常工作，并应发出声、光故障信号。

　　检查数量：全数检查。

　　检验方法：观察检查。

　　4.17.4　将应急电源接上等效于满负载的模拟负载，使其处于应急工作状态，应急工作时间应大于设计应急工作时间的1.5倍，且不小于产品标称的应急工作时间。

　　检查数量：全数检查。

　　检验方法：观察检查、仪表测量。

　　4.17.5　使应急电源充电回路与电池之间、电池与电池之间连线断线，应急电源应在100s内发出声、光故障信号，声故障信号应能手动消除。

　　检查数量：全数检查。

　　检验方法：观察检查。

　　4.18　消防控制中心图型显示装置调试

　　4.18.1　将消防控制中心图型显示装置与火灾报警控制器和消防联动控制器相连，接通电源。

　　4.18.2　操作显示装置使其显示完整系统区域覆盖模拟图和各层平面图，图中应明确指示出报警区域、主要部位和各消防设备的名称和物理位置，显示界面应为中文界面。

　　检查数量：全数检查。

　　检验方法：观察检查。

　　4.18.3　使火灾报警控制器和消防联动控制器分别发出火灾报警信号和联动控制信号，显示装置应在3s内接收，准确显示相应信号的物理位置，并能优先显示火灾报警信号相对应的界面。

　　检查数量：全数检查。

　　检验方法：观察检查。

　　4.18.4　使具有多个报警平面图的显示装置处于多报警平面显示状态，各报警平面应能自动和手动查询，并应有总数显示，且应能手动插入使其立即显示首火警相应的报警平面图。

　　检查数量：全数检查。

　　检验方法：观察检查。

　　4.18.5　使显示装置显示故障或联动平面，输入火灾报警信号，显示装置应能立即转入火灾报警平面的显示。

　　检查数量：全数检查。

检验方法：观察检查。

4.19　气体灭火控制器调试

4.19.1　切断气体灭火控制器的所有外部控制连线，接通电源。

4.19.2　给气体灭火控制器输入设定的启动控制信号，控制器应有启动输出，并发出声、光启动信号。

检查数量：全数检查。

检验方法：观察检查。

4.19.3　输入启动设备启动的模拟反馈信号，控制器应在 10s 内接收并显示。

检查数量：全数检查。

检验方法：观察检查。

4.19.4　检查控制器的延时功能，延时时间应在 0～30s 内可调。

检查数量：全数检查。

检验方法：观察检查。

4.19.5　使控制器处于自动控制状态，再手动插入操作，手动插入操作应优先。

检查数量：全数检查。

检验方法：观察检查。

4.19.6　按设计控制逻辑操作控制器，检查是否满足设计的逻辑功能。

检查数量：全数检查。

检验方法：观察检查。

4.19.7　检查控制器向消防联动控制器发送的启动、反馈信号是否正确。

检查数量：全数检查。

检验方法：观察检查。

4.20　防火卷帘控制器调试

4.20.1　防火卷帘控制器应与消防联动控制器、火灾探测器、卷门机连接并通电，防火卷帘控制器应处于正常监视状态。

4.20.2　手动操作防火卷帘控制器的按钮，防火卷帘控制器应能向消防联动控制器发出防火卷帘启、闭和停止的反馈信号。

检查数量：全数检查。

检验方法：观察检查。

4.20.3　用于疏散通道的防火卷帘控制器应具有两步关闭的功能，并应向消防联动控制器发出反馈信号。防火卷帘控制器接收到首次火灾报警信号后，应能控制防火卷帘自动关闭到中位处停止；接收到二次报警信号后，应能控制防火卷帘继续关闭至全闭状态。

检查数量：全数检查。

检验方法：观察检查、仪表测量。

4.20.4　用于分隔防火分区的防火卷帘控制器在接收到防火分区内任一火灾报警信号后，应能控制防火卷帘到全关闭状态，并应向消防联动控制器发出反馈信号。

检查数量：全数检查。

检验方法：观察检查。

4.21　其他受控部件调试

4.21.1　对系统内其他受控部件的调试应按相应的产品标准进行，在无相应国家标准或行业标准时，宜按产品生产企业提供的调试方法分别进行。

检查数量：全数检查。

检验方法：观察检查。

4.22 火灾自动报警系统的系统性能调试

4.22.1 将所有经调试合格的各项设备、系统按设计连接组成完整的火灾自动报警系统，按《火灾自动报警系统设计规范》GB 50116 和设计的联动逻辑关系检查系统的各项功能。

检查数量：全数检查。

检验方法：观察检查。

4.22.2 火灾自动报警系统在连续运行120h无故障后，按本规范附录C规定填写调试记录表。

10.2.18 安全技术防范系统调试检验批质量验收记录

1. 表格

安全技术防范系统调试检验批质量验收记录

08160501 ____

单位（子单位） 工程名称		分部（子分部） 工程名称		分项工程 名称	
施工单位		项目负责人		检验批容量	
分包单位		分包单位 项目负责人		检验批部位	
施工依据		验收依据		《智能建筑工程质量验收规范》 GB 50339-2013	

		验收项目	设计要求及 规范规定	最小/实际 抽样数量	检查记录	检查 结果
主控项目	1	安全防范综合管理系统的功能	19.0.5	/		
	2	视频安防监控系统控制功能、监视功能、显示功能、存储功能、回放功能、报警联动功能和图像丢失报警功能	19.0.6	/		
	3	入侵报警系统的入侵报警功能、防破坏及故障报警功能、记录及显示功能、系统自检功能、系统报警响应时间、报警复核功能、报警声级、报警优先功能	19.0.7	/		
	4	出入口控制系统的出入目标识读装置功能、信息处理/控制设备功能、执行机构功能、报警功能和访客对讲功能	19.0.8	/		
	5	电子巡查系统的巡查设置功能、记录打印功能、管理功能	19.0.9	/		
	6	停车库（场）管理系统的识别功能、控制功能、报警功能、出票验票功能、管理功能和显示功能	19.0.10	/		

续表

验收项目		设计要求及规范规定	最小/实际抽样数量	检查记录	检查结果
一般项目	1 监控中心管理软件中电子地图显示的设备位置	19.0.11	/		
	2 安全性及电磁兼容性	19.0.12	/		

施工单位检查结果	专业工长： 项目专业质量检查员： 年　月　日
监理单位验收结论	专业监理工程师： 年　月　日

2. 验收依据说明

【规范名称及编号】《智能建筑工程质量验收规范》GB 50339－2013

【条文摘录】

19　安全技术防范系统

19.0.1　安全技术防范系统可包括安全防范综合管理系统、入侵报警系统、视频安防监控系统、出入口控制系统，电子巡查系统和停车库（场）管理系统等于系统。检测和验收的范围应根据设计要求确定。

19.0.2 高风险对象的安全技术防范系统除应符合本规范的规定外，尚应符合国家现行有关标准的规定。

19.0.3 安全技术防范系统工程实施的质量控制除应符合本规范第 3 章的规定外，对于列入国家强制性认证产品目录的安全防范产品尚应检查产品的认证证书或检测报告。

19.0.4 安全技术防范系统检测应符合下列规定：

1 子系统功能应按设计要求逐项检测；

2 摄像机、探测器、出入口识读设备、电子巡查信息识读器等设备抽检的数量不应低于 20%，且不应少于 3 台，数量少于 3 台时应全部检测；

3 抽检结果全部符合设计要求的，应判定子系统检测合格；

4 全部子系统功能检测均合格的，系统检测应判定为合格。

19.0.5 安全防范综合管理系统的功能检测应包括下列内容：

1 布防/撤防功能；

2 监控图像、报警信息以及其他信息记录的质量和保存时间；

3 安全技术防范系统中的各子系统之间的联动；

4 与火灾自动报警系统和应急响应系统的联动、报警信号的输出接口；

5 安全技术防范系统中的各子系统对监控中心控制命令的响应准确性和实时性；

6 监控中心对安全技术防范系统中的各子系统工作状态的显示、报警信息的准确性和实时性。

19.0.6 视频安防监控系统的检测应符合下列规定：

1 应检测系统控制功能、监视功能、显示功能、记录功能、回放功能，报警联动功能和图像丢失报警功能等，并应按现行国家标准《安全防范工程技术规范》GB 50348 中有关视频安防监控系统检验项目、检验要求及测试方法的规定执行；

2 对于数字视频安防监控系统，还应检测下列内容：

1) 具有前端存储功能的网络摄像机及编码设备进行图像信息的存储；

2) 视频智能分析功能；

3) 音视频存储、回放和检索功能；

4) 报警预录和音视频同步功能；

5) 图像质量的稳定性和显示延迟。

19.0.7 入侵报警系统的检测应包括入侵报警功能、防破坏及故障报警功能、记录及显示功能、系统自检功能、系统报警响应时间、报警复核功能、报警声级、报警优先功能等，并应按现行国家标准《安全防范工程技术规范》GB 50348 中有关入侵报警系统检验项目、检验要求及测试方法的规定执行。

19.0.8 出入口控制系统的检测应包括出入目标识读装置功能、信息处理/控制设备功能、执行机构功能、报警功能和访客对讲功能等，并应按现行国家标准《安全防范工程技术规范》GB 50348 中有关出入口控制系统检验项目、检验要求及测试方法的规定执行。

19.0.9 电子巡查系统的检测应包括巡查设置功能、记录打印功能、管理功能等，并应按现行国家标准《安全防范工程技术规范》GB 50348 中有关电子巡查系统检验项目、检验要求及测试方法的规定执行。

19.0.10 停车库（场）管理系统的检测应符合下列规定：

1 应检测识别功能、控制功能、报警功能、出票验票功能、管理功能和显示功能等，并应按现行国家标准《安全防范工程技术规范》GB 50348 中有关停车库（场）管理系统检验项目、检验要求及测试方法的规定执行。

2 应检测紧急情况下的人工开闸功能。

19.0.11 安全技术防范系统检测时，应检查监控中心管理软件中电子地图显示的设备位置，且与现场位置一致的应判定为合格。

19.0.12　安全技术防范系统的安全性及电磁兼容性检测应符合现行国家标准《安全防范工程技术规范》GB 50348 的有关规定。

19.0.13　安全技术防范系统中的各子系统可分别进行验收。

10.2.19　应急响应系统调试检验批质量验收记录

1. 表格

应急响应系统调试检验批质量验收记录

08170301 ____

单位（子单位）工程名称		分部（子分部）工程名称		分项工程名称		
施工单位		项目负责人		检验批容量		
分包单位		分包单位项目负责人		检验批部位		
施工依据			验收依据	《智能建筑工程质量验收规范》GB 50339－2013		
验收项目		设计要求及规范规定	最小/实际抽样数量	检查记录		检查结果
主控项目	1 功能检测	20.0.2	/			
	2					
	3					
施工单位检查结果		专业工长：项目专业质量检查员：　　　年　月　日				
监理单位验收结论		专业监理工程师：　　　年　月　日				

2. 验收依据说明

【规范名称及编号】《智能建筑工程质量验收规范》GB 50339－2013

【条文摘录】

20 应急响应系统

20.0.1 应急响应系统检测应在火灾自动报警系统、安全技术防范系统、智能，集成系统和其他关联智能化系统等通过系统检测后进行。

20.0.2 应急响应系统检测应按设计要求逐项进行功能检测。检测结果符合设计要求的应判定为合格。

10.2.20 机房工程系统调试检验批质量验收记录

1. 表格

机房工程系统调试检验批质量验收记录

08181001 ____

单位（子单位） 工程名称			分部（子分部） 工程名称		分项工程 名称		
施工单位			项目负责人		检验批容量		
分包单位			分包单位 项目负责人		检验批部位		
施工依据			验收依据		《智能建筑工程质量验收规范》 GB 50339－2013		
验收项目			设计要求及 规范规定	最小/实际 抽样数量	检查记录		检查 结果
主控项目	1	供配电系统的输出电能质量	21.0.4	/			
	2	不间断电源的供电时延	21.0.5	/			
	3	静电防护措施	21.0.6	/			
	4	弱电间检测	21.0.7	/			
	5	机房供配电系统、防雷与接地系统、空气调节系统、给水排水系统、综合布线系统、监控与安全防范系统、消防系统、室内装饰装修和电磁屏蔽等系统检测	21.0.8	/			
施工单位 检查结果			专业工长： 项目专业质量检查员： 年 月 日				
监理单位 验收结论			专业监理工程师： 年 月 日				

2. 验收依据说明

【规范名称及编号】《智能建筑工程质量验收规范》GB 50339－2013

【条文摘录】

21　机房工程

21.0.1　机房工程宜包括供配电系统、防雷与接地系统、空气调节系统、给水排水系统、综合布线系统、监控与安全防范系统、消防系统、室内装饰装修和电磁屏蔽等。检测和验收的范围应根据设计要求确定。

21.0.2　机房工程实施的质量控制除应符合本规范第 3 章的规定外，有防火性能要求的装饰装修材料还应检查防火性能证明文件和产品合格证。

21.0.3　机房工程系统检测前，宜检查机房工程的引入电源质量的检测记录。

21.0.4　机房工程验收时，应检测供配电系统的输出电能质量，检测结果符合设计要求的应判定为合格。

21.0.5　机房工程验收时，应检测不间断电源的供电时延，检测结果符合设计要求的应判定为合格。

21.0.6　机房工程验收时，应检测静电防护措施，检测结果符合设计要求的应判定为合格。

21.0.7　弱电间检测应符合下列规定：

1　室内装饰装修应检测下列内容，检测结果符合设计要求的应判定为合格：

1）房间面积，门的宽度及高度和室内顶棚净高；

2）墙、顶和地的装修面层材料；

3）地板铺装；

4）降噪隔声措施。

2　线缆路由的冗余应符合设计要求。

3　供配电系统的检测应符合下列规定：

1）电气装置的型号、规格和安装方式应符合设计要求；

2）电气装置与其他系统联锁动作的顺序及响应时间应符合设计要求；

3）电线、电缆的相序、敷设方式、标志和保护等应符合设计要求；

4）不间断电源装置支架应安装平整、稳固，内部接线应连接正确，紧固件应齐全、可靠不松动，焊接连接不应有脱落现象；

5）配电柜（屏）的金属框架及基础型钢接地应可靠；

6）不同回路、不同电压等级和交流与直流的电线的敷设应符合设计要求；

7）工作面水平照度应符合设计要求。

4　空调通风系统应检测下列内容，检测结果符合设计要求的应判定为合格；

1）室内温度和湿度；

2）室内洁净度；

3）房间内与房间外的压差值。

5　防雷与接地的检测应按本规范第 22 章的规定执行。

6　消防系统的检测应按本规范第 18 章曲规定执行。

21.0.8　对于本规范第 21.0.17 条规定的弱电间以外的机房，应按现行国家标准《电子信息系统机房施工及验收规范》GB 50462 中有关供配电系统、防雷与接地系统、空气调节系统、给水排水系统、综合布线系统、监控与安全防范系统、消防系统、室内装饰装修和电磁屏蔽等系统的检验项目、检验要求及测试方法的规定执行，检测结果符合设计要求的应判定为合格。

21.0.9　机房工程验收文件除应符合本规范第 3.4.4 条的规定外，尚应包括机柜设备装配图。

10.2.21 防雷与接地系统调试检验批质量验收记录

1. 表格

防雷与接地系统调试检验批质量验收记录

08190701 ____

单位（子单位）工程名称		分部（子分部）工程名称		分项工程名称	
施工单位		项目负责人		检验批容量	
分包单位		分包单位项目负责人		检验批部位	
施工依据			验收依据	《智能建筑工程质量验收规范》GB 50339－2013	

		验收项目	设计要求及规范规定	最小/实际抽样数量	检查记录	检查结果
主控项目	1	接地装置与接地连接点安装	22.0.3	/		
	2	接地导体的规格、敷设方法和连接方法	22.0.3	/		
	3	等电位联结带的规格、联结方法和安装位置	22.0.3	/		
	4	屏蔽设施的安装	22.0.3	/		
	5	电涌保护器的性能参数、安装位置、安装方式和连接导线规格	22.0.3	/		
	6	智能建筑的接地系统必须保证建筑内各智能化系统的正常运行和人身、设备安全	22.0.4	/		

施工单位检查结果	
	专业工长： 项目专业质量检查员： 年 月 日
监理单位验收结论	
	专业监理工程师： 年 月 日

2. 验收依据说明

【规范名称及编号】《智能建筑工程质量验收规范》GB 50339－2013

【条文摘录】

22　防雷与接地

22.0.1　防雷与接地宜包括智能化系统的接地装置，接地线、等电位联结、屏蔽设施和电涌保护器。检测和验收的范围应根据设计要求确定。

22.0.2　智能建筑的防雷与接地系统检测前，宜检查建筑物防雷工程的质量验收记录。

22.0.3　智能建筑的防雷与接地系统检测应检查下列内容，结果符合设计要求的应判定为合格：

1　接地装置及接地连接点的安装；

2　接地电阻的阻值；

3　接地导体的规格、敷设方法和连接方法；

4　等电位联结带的规格、联结方法和安装位置；

5　屏蔽设施的安装；

6　电涌保护器的性能参数、安装位置、安装方式和连接导线规格。

22.0.4　智能建筑的接地系统必须保证建筑内备智能化系统的正常运行和人身，设备安全。

22.0.5　智能建筑的防雷与接地系统的验收文件除应符合本规范第 3.4.4 条的规定外，尚应包括防雷保护设备的一览表。

10.2.22　设备安装检验批质量验收记录

1. 表格

设备安装检验批质量验收记录

08010101 ＿＿＿＿　　08040101 ＿＿＿＿

08040301 ＿＿＿＿　　08110401 ＿＿＿＿

08130301 ＿＿＿＿　　08170101 ＿＿＿＿

单位（子单位）工程名称			分部（子分部）工程名称		分项工程名称	
施工单位			项目负责人		检验批容量	
分包单位			分包单位项目负责人		检验批部位	
施工依据				验收依据	《智能建筑工程施工规范》GB 50606－2010	

验收项目			设计要求及规范规定	最小/实际抽样数量	检查记录	检查结果
主控项目	1	材料、器具、设备进场质量检测	第 3.5.1 条	/		
	2	系统安全专用产品必须具有公安部计算机管理监察部门审批颁发的计算机信息系统安全专用产品销售许可证	第 6.1.2 条	/		
	3	集成子系统提供的技术文件应符合规定，产品资料内容齐全	第 15.1.2 条	/		

续表

	验收项目		设计要求及规范规定	最小/实际抽样数量	检查记录	检查结果
一般项目	1	安装位置应符合设计要求，安装应平稳牢固，并应便于操作维护	第6.2.1条	/		
	2	机柜内安装的设备应有通风散热措施，内部接插件与设备连接应牢固	第6.2.1条	/		
	3	承重要求大于600kg/m² 的设备应单独制作设备基座，不应直接安装在抗静电地板上	第6.2.1条	/		
	4	对有序列号的设备应登记设备的序列号	第6.2.1条	/		
	5	应对有源设备进行通电检查，设备应工作正常	第6.2.1条	/		
	6	跳线连接应规范，线缆排列应有序，线缆上应有正确牢固的标签	第6.2.1条	/		
	7	设备安装机柜应张贴设备系统连线示意图	第6.2.1条	/		
	8	网络安全设备安装应符合设计要求	设计要求	/		
	9	集成子系统的硬线连接和设备接口连接应符合规定	第15.3.1条第1款	/		
	10	设备在启动、运行和关闭过程中不应出现运行时错误	第15.3.1条第2款	/		
	11	应急响应系统设备安装应符合设计要求	设计要求	/		

施工单位检查结果	专业工长： 项目专业质量检查员： 年 月 日
监理单位验收结论	专业监理工程师： 年 月 日

2. 验收依据说明

【规范名称及编号】《智能建筑工程施工规范》GB 50606 - 2010

【条文摘录】

摘录一：

第3.5.1条（见《梯架、托盘、槽盒和导管安装检验批质量验收记录》的表格验收依据说明，本书第721页）。

摘录二：

6.1.2　系统安全专用产品必须具有公安部计算机管理监察部门审批颁发的计算机信息系统安全专用产品销售许可证。

6.2.1　信息网络系统的设备安装应符合下列规定：

1　安装位置应符合设计要求，安装应平稳牢固，并应便于操作维护；

2　机柜内安装的设备应有通风散热措施，内部接插件与设备连接应牢固；

3　承重要求大于$600kg/m^2$的设备应单独制作设备基座，不应直接安装在抗静电地板上；

4　对有序列号的设备应登记设备的序列号；

5　应对有源设备进行通电检查，设备应工作正常；

6　跳线连接应规范，线缆排列应有序，线缆上应有正确牢固的标签；

7　设备安装机柜应张贴设备系统连线示意图。

摘录三：

10.2.3　信息导引及发布系统安装应符合下列规定：

1　系统服务器、工作站应安装于机房的机柜内，并应符合本规范的第6章的规定；

摘录四：

11.3.3　服务器、工作站等设备安装应符合本规范第6.2.1条的规定。

摘录五：

15.3.1　主控项目应符合下列规定：

1　集成子系统的硬线连接和设备接口连接应符合国家标准《智能建筑工程质量验收规范》GB 50339 - 2003第10.3.6条的规定；

2　软件和设备在启动、运行和关闭过程中不应出现运行时错误；

10.2.23　用户电话交换系统设备安装检验批质量验收记录

1. 表格

用户电话交换系统设备安装检验批质量验收记录

08030201____

单位（子单位）工程名称		分部（子分部）工程名称		分项工程名称	
施工单位		项目负责人		检验批容量	
分包单位		分包单位项目负责人		检验批部位	
施工依据			验收依据	《智能建筑工程施工规范》GB 50606 - 2010	

		验收项目	设计要求及规范规定	最小/实际抽样数量	检查记录	检查结果
主控项目	1	材料、器具、设备进场质量检测	第3.5.1条	/		

续表

		验收项目	设计要求及规范规定	最小/实际抽样数量	检查记录	检查结果
一般项目	1	机房的环境条件进行检查	第10.2.1条	/		
	2	交换机机柜，上下两端垂直偏差	≤3mm	/		
	3	机柜应排列成直线，每5m误差	≤5mm	/		
	4	各种配线架各直列上下两端垂直偏差	≤3mm	/		
	5	各种配线架底座水平误差（每米）	≤2mm	/		
	6	机架、配线架应按施工图的抗震要求进行加固	第10.2.1条	/		
	7	直流电源线连同所接的列内电源线，应测试正负线间和负线对地间的绝缘电阻，绝缘电阻均不得小于1MΩ	第10.2.1条	/		
	8	交换系统使用的交流电源线芯线间和芯线对地的绝缘电阻均不得小于1MΩ	第10.2.1条	/		
	9	交换系统用的交流电源线应有保护接地线	第10.2.1条	/		
	10	交换机设备通电前检查 — 各种电路板数量、规格、接线及机架的安装位置、标识	第10.2.1条	/		
	11	各机架所有的熔断器规格应符合要求，检查各功能单元电源开关应处于关闭状态	第10.2.1条	/		
	12	设备的各种选择开关应置于初始位置	第10.2.1条	/		
	13	设备的供电电源线，接地线规格应符合设计要求，并端接应正确、牢固	第10.2.1条	/		
	14	应测量机房主电源输入电压，确定正常后，方可进行通电测试	第10.2.1条	/		
	15	设备、线缆标识应清晰、明确	第10.3.2条	/		
	16	电话交换系统安装各种业务板及业务板电缆，信号线和电源应分别引入	第10.3.2条	/		
	17	各设备、器件、盒、箱、线缆等的安装应符合设计要求，并应做到布局合理、排列整齐、牢固可靠、线缆连接正确、压接牢固	第10.3.2条	/		
	18	馈线连接头应牢固安装，接触应良好，并应采取防雨、防腐措施	第10.3.2条	/		

施工单位检查结果	专业工长： 项目专业质量检查员： 年 月 日
监理单位验收结论	专业监理工程师： 年 月 日

2. 验收依据说明

【规范名称及编号】《智能建筑工程施工规范》GB 50606-2010

【条文摘录】

摘录一：

第3.5.1条（见《梯架、托盘、槽盒和导管安装检验批质量验收记录》的表格验收依据说明，本书第721页）。

摘录二:

10.2.1　电话交换系统和通信接入系统设备安装应符合下列规定:

1　电话交换设备安装前,应对机房的环境条件进行检查,机房的环境条件应满足行业标准《固定电话交换设备安装工程设计规范》YD/T 5076-2005 中第 14 章中的相关规定;

2　应按工程设计平面图安装交换机机柜,上下两端垂直偏差不应大于 3mm;

3　交换机机柜内部接插件与机架应连接牢固;

4　机柜应排列成直线,每 5m 误差不应大于 5mm;

5　机柜安装应位置正确、柜列安装整齐、相邻机柜紧密靠拢,柜面衔接处无明显高低不平;

6　总配线架安装位置应符合设计要求;

7　各种配线架各直列上下两端垂直偏差不应大于 3mm,底座水平误差每米不大于 2mm;

8　各种文字和符号标志应正确、清晰、齐全;

9　终端设备应配备完整、安装就位、标志齐全、正确;

10　机架、配线架应按施工图的抗震要求进行加固;

11　直流电源线连同所接的列内电源线,应测试正负线间和负线对地间的绝缘电阻,绝缘电阻均不得小于 $1M\Omega$;

12　交换系统使用的交流电源线芯线间和芯线对地的绝缘电阻均不得小于 $1M\Omega$;

13　交换系统用的交流电源线应有保护接地线;

14　交换机设备通电前,应对下列内容进行检查:

1)各种电路板数量、规格、接线及机架的安装位置应与施工图设计文件相符且标识齐全正确;

2)各机架所有的熔断器规格应符合要求,检查各功能单元电源开关应处于关闭状态;

3)设备的各种选择开关应置于初始位置;

4)设备的供电电源线,接地线规格应符合设计要求,并端接应正确、牢固。

15　应测量机房主电源输入电压,确定正常后,方可进行通电测试。

摘录三:

10.3.2　一般项目应符合下列规定:

1　设备、线缆标识应清晰、明确;

2　电话交换系统安装各种业务板及业务板电缆,信号线和电源应分别引入;

3　各设备、器件、盒、箱、线缆等的安装应符合设计要求,并应做到布局合理、排列整齐、牢固可靠、线缆连接正确、压接牢固;

4　馈线连接头应牢固安装,接触应良好,并应采取防雨、防腐措施。

10.2.24　机柜、机架、配线架安装检验批质量验收记录

1. 表格

机柜、机架、配线架安装检验批质量验收记录

08050301 ____

单位(子单位) 工程名称		分部(子分部) 工程名称		分项工程 名称	
施工单位		项目负责人		检验批容量	
分包单位		分包单位 项目负责人		检验批部位	
施工依据		验收依据		《智能建筑工程施工规范》 GB 50606-2010	

续表

		验收项目	设计要求及规范规定	最小/实际抽样数量	检查记录	检查结果
主控项目	1	材料、器具、设备进场质量检测	第3.5.1条	/		/
	2	机柜应可靠接地	第5.2.5条	/		/
	3	机柜、机架、配线设备箱体、电缆桥架及线槽等设备的安装应牢固，如有抗震要求，应按抗震设计进行加固	第5.3.1条	/		/
一般项目	1	机柜、机架安装位置应符合设计要求	第5.3.1条	/		/
	2	机柜、机架安装垂直度	≤3mm	/		/
	3	机柜、机架上的各种零件不得脱落或碰坏	第5.3.1条	/		/
	4	漆面不应有脱落及划痕，各种标志应完整、清晰	第5.3.1条	/		/
	5	配线部件应完整，安装就位，标志齐全	第5.3.1条	/		/
	6	安装螺丝必须拧紧，面板应保持在一个平面上	第5.3.1条	/		/

施工单位检查结果	专业工长： 项目专业质量检查员： 　年　月　日
监理单位验收结论	专业监理工程师： 　年　月　日

2. 验收依据说明

【规范一名称及编号】《智能建筑工程施工规范》GB 50606－2010

【条文摘录】

摘录一：

第3.5.1条　（见《梯架、托盘、槽盒和导管安装检验批质量验收记录》的表格验收依据说明，本书第721页）。

摘录二：

5.3.1　质量控制应执行现行国家标准《综合布线系统工程验收规范》GB 50312和《智能建筑工程质量验收规范》GB 50339有关规定。

【规范二名称及编号】《综合布线系统工程验收规范》GB 50312－2007

【条文摘录】

4.0.1　机柜、机架安装应符合下列要求：

1　机柜、机架安装位置应符合设计要求，垂直偏差度不应大于3mm。

2　机柜、机架上的各种零件不得脱落或碰坏，漆面不应有脱落及划痕，各种标志应完整、清晰。

3　机柜、机架、配线设备箱体、电缆桥架及线槽等设备的安装应牢固，如有抗震要求，应按抗震设计进行加固。

4.0.2　各类配线部件安装应符合下列要求：

1　各部件应完整，安装就位，标志齐全。

2　安装螺丝必须拧紧，面板应保持在一个平面上。

10.2.25　信息插座安装检验批质量验收记录

1. 表格

信息插座安装检验批质量验收记录

08050401 ____

单位（子单位）工程名称			分部（子分部）工程名称		分项工程名称	
施工单位			项目负责人		检验批容量	
分包单位			分包单位项目负责人		检验批部位	
施工依据				验收依据	《智能建筑工程施工规范》GB 50606 - 2010	

		验收项目	设计要求及规范规定	最小/实际抽样数量	检查记录	检查结果
主控项目	1	材料、器具、设备进场质量检测	第 3.5.1 条	/		
一般项目	1	信息插座模块、多用户信息插座、集合点配线模块安装位置和高度应符合设计要求	第 5.3.1 条	/		
	2	安装在活动地板内或地面上时，应固定在接线盒内，插座面板采用直立和水平等形式；接线盒盖面应与地面齐平	第 5.3.1 条	/		
	3	接线盒盖可开启，并应具有防水、防尘、抗压功能	第 5.3.1 条	/		
	4	信息插座底盒同时安装信息插座模块和电源插座时，间距及采取的防护措施应符合设计要求	第 5.3.1 条	/		
	5	信息插座模块明装底盒的固定方法根据施工现场条件而定	第 5.3.1 条	/		
	6	固定螺丝需拧紧，不应产生松动现象	第 5.3.1 条	/		
	7	各种插座面板应有标识，以颜色、图形、文字表示所接终端设备业务类型	第 5.3.1 条	/		
	8	工作区内终接光缆的光纤连接器件及适配器安装底盒应具有足够的空间，并应符合设计要求	第 5.3.1 条	/		
施工单位检查结果				专业工长：项目专业质量检查员：年　月　日		
监理单位验收结论				专业监理工程师：年　月　日		

2. 验收依据说明

【规范一名称及编号】《智能建筑工程施工规范》GB 50606－2010

【条文摘录】

摘录一：

第3.5.1条 （见《梯架、托盘、槽盒和导管安装检验批质量验收记录》的表格验收依据说明，本书第721页）。

摘录二：

5.3.1 质量控制应执行现行国家标准《综合布线系统工程验收规范》GB 50312 和《智能建筑工程质量验收规范》GB 50339 有关规定。

【规范二名称及编号】《综合布线系统工程验收规范》GB 50312－2007

【条文摘录】

4.0.3 信息插座模块安装应符合下列要求：

1 信息插座模块、多用户信息插座、集合点配线模块安装位置和高度应符合设计要求。

2 安装在活动地板内或地面上时，应固定在接线盒内，插座面板采用直立和水平等形式；接线盒盖可开启，并应具有防水、防尘、抗压功能。接线盒盖面应与地面齐平。

3 信息插座底盒同时安装信息插座模块和电源插座时，间距及采取的防护措施应符合设计要求。

4 信息插座模块明装底盒的固定方法根据施工现场条件而定。

5 固定螺丝需拧紧，不应产生松动现象。

6 各种插座面板应有标识，以颜色、图形、文字表示所接终端设备业务类型。

7 工作区内终接光缆的光纤连接器件及适配器安装底盒应具有足够的空间，并应符合设计要求。

10.2.26 链路或信道测试检验批质量验收记录

1. 表格

链路或信道测试检验批质量验收记录

08050501 ____

单位（子单位）工程名称		分部（子分部）工程名称		分项工程名称	
施工单位		项目负责人		检验批容量	
分包单位		分包单位项目负责人		检验批部位	
施工依据			验收依据	《智能建筑工程施工规范》GB 50606－2010	

验收项目		设计要求及规范规定	最小/实际抽样数量	检查记录	检查结果
主控项目	1 线缆永久链路的技术指标应符合现行国家标准《综合布线系统工程设计规范》GB 50311 的有关规定	第5.4.1条	/		
	2 电缆电气性能测试及光纤系统性能测试应符合现行国家标准《综合布线系统工程验收规范》GB 50312 的有关规定	第5.4.2条	/		

施工单位检查结果	专业工长： 项目专业质量检查员： 年 月 日
监理单位验收结论	专业监理工程师： 年 月 日

　　2. 验收依据说明

【规范名称及编号】《智能建筑工程施工规范》GB 50606 – 2010

【条文摘录】

　　5.4　通道测试

　　5.4.1　线缆永久链路的技术指标应符合现行国家标准《综合布线系统工程设计规范》GB50311 的有关规定。

　　5.4.2　电缆电气性能测试及光纤系统性能测试应符合现行国家标准《综合布线系统工程验收规范》GB 50312 的有关规定。

10.2.27　有线电视及卫星电视接收系统设备安装检验批质量验收记录

　　1. 表格

有线电视及卫星电视接收系统设备安装检验批质量验收记录

08080301 ＿＿＿

单位（子单位）工程名称			分部（子分部）工程名称		分项工程名称		
施工单位			项目负责人		检验批容量		
分包单位			分包单位项目负责人		检验批部位		
施工依据				验收依据	《智能建筑工程施工规范》GB 50606 – 2010		
验收项目			设计要求及规范规定	最小/实际抽样数量	检查记录		检查结果
主控项目	1	材料、器具、设备进场质量检测	第 3.5.1 条	/			
	2	有源设备均应通电检查	第 7.1.3 条	/			
	3	主要设备和器材，应选用具有国家广播电影电视总局或有资质检测机构颁发的有效认定标识的产品	第 7.1.3 条	/			
	4	天线系统的接地与避雷系统的接地应分开，设备接地与防雷系统接地应分开	第 7.3.1 条	/			
	5	卫星天线馈电端、阻抗匹配器、天线避雷器、高频连接器和放大器应连接牢固，并应采取防雨、防腐措施	第 7.3.1 条	/			
	6	卫星接收天线应在避雷针保护范围内，天线底座接地电阻应小于4Ω	第 7.3.1 条	/			
	7	卫星接收天线应安装牢固	第 7.3.1 条	/			

续表

		验收项目	设计要求及规范规定	最小/实际抽样数量	检查记录	检查结果
一般项目	1	有线电视系统各设备、器件、盒、箱、电缆等的安装应符合设计要求，应做到布局合理，排列整齐，牢固可靠，线缆连接正确，压接牢固	第7.3.2条	/		
	2	放大器箱体内门板内侧应贴箱内设备的接线图，并应标明电缆的走向及信号输入、输出电平	第7.3.2条	/		
	3	暗装的用户盒面板应紧贴墙面，四周应无缝隙，安装应端正、牢固	第7.3.2条	/		
	4	分支分配器与同轴电缆应连接可靠	第7.3.2条	/		
施工单位检查结果				专业工长： 项目专业质量检查员： 年 月 日		
监理单位验收结论				专业监理工程师： 年 月 日		

2. 验收依据说明

【规范名称及编号】《智能建筑工程施工规范》GB 50606-2010)

【条文摘录】

摘录一：

第3.5.1条（见《梯架、托盘、槽盒和导管安装检验批质量验收记录》的表格验收依据说明，本书第721页）。

摘录二：

7.1.3 设备器材准备除应符合本规范第3.3.2的规定外，尚应符合下列规定：

1 有源设备均应通电检查；

2 主要设备和器材，应选用具有国家广播电影电视总局或有资质检测机构颁发的有效认定标识的产品。

摘录三：

7.3　质量控制

7.3.1　主控项目应符合下列规定：

1　天线系统的接地与避雷系统的接地应分开，设备接地与防雷系统接地应分开；

2　卫星天线馈电端、阻抗匹配器、天线避雷器、高频连接器和放大器应连接牢固，并应采取防雨、防腐措施；

3　卫星接收天线应在避雷针保护范围内，天线底座接地电阻应小于4Ω；

4　卫星接收天线应安装牢固。

7.3.2　一般项目应符合下列规定：

1　有线电视系统各设备、器件、盒、箱、电缆等的安装应符合设计要求，应做到布局合理，排列整齐，牢固可靠，线缆连接正确，压接牢固；

2　放大器箱体内门板内侧应贴箱内设备的接线图，并应标明电缆的走向及信号输入、输出电平；

3　暗装的用户盒面板应紧贴墙面，四周应无缝隙，安装应端正、牢固；

4　分支分配器与同轴电缆应连接可靠。

10.2.28　公共广播系统设备安装检验批质量验收记录

1. 表格

公共广播系统设备安装检验批质量验收记录

08090301 ____

单位（子单位）工程名称			分部（子分部）工程名称			分项工程名称	
施工单位			项目负责人			检验批容量	
分包单位			分包单位项目负责人			检验批部位	
施工依据				验收依据		《智能建筑工程施工规范》GB 50606-2010	

验收项目		设计要求及规范规定	最小/实际抽样数量	检查记录	检查结果
主控项目	1　材料、器具、设备进场质量检测	第3.5.1条	/		
	2　扬声器、控制器、插座板等设备安装应牢固可靠，导线连接应排列整齐，线号应正确清晰	第9.3.1条	/		
	3　当广播系统具有紧急广播功能时，其紧急广播应由消防分机控制，并应具有最高优先权	第9.3.2条	/		
	4　在火灾和突发事故发生时，应能强制切换为紧急广播并以最大音量播出	第9.3.2条	/		
	5　系统应能在手动或警报信号触发的10s内，向相关广播区播放警示信号（含警笛）、警报语声文件或实时指挥语声	第9.3.2条	/		
	6　以现场环境噪声为基准，紧急广播的信噪比不应小于15 dB	第9.3.2条	/		

续表

		验收项目	设计要求及规范规定	最小/实际抽样数量	检查记录	检查结果
一般项目	1	同一室内的吸顶扬声器应排列均匀	第9.3.2条	/		
	2	扬声器箱、控制器、插座等标高应一致、平整牢固	第9.3.2条	/		
	3	扬声器周围不应有破口现象，装饰罩不应有损伤、且应平整	第9.3.2条	/		
	4	各设备导线连接应正确、可靠、牢固；	第9.3.2条	/		
	5	箱内电缆（线）应排列整齐，线路编号应正确清晰	第9.3.2条	/		
	6	线路较多时应绑扎成束，并应在箱（盒）内留有适当空间	第9.3.2条	/		
施工单位检查结果				专业工长： 项目专业质量检查员： 　　　　　年　月　日		
监理单位验收结论				专业监理工程师： 　　　　　年　月　日		

2. 验收依据说明

【规范名称及编号】《智能建筑工程施工规范》GB 50606－2010

【条文摘录】

摘录一：

第3.5.1条（见《梯架、托盘、槽盒和导管安装检验批质量验收记录》）的表格验收依据说明，本书第721页）。

摘录二：

9.3.1 主控项目除应符合现行国家标准《智能建筑工程质量验收规范》GB 50339—2003 第4.2.10条的规定外，尚应符合下列规定：

1 扬声器、控制器、插座板等设备安装应牢固可靠，导线连接应排列整齐，线号应正确清晰；

2 当广播系统具有紧急广播功能时，其紧急广播应由消防分机控制，并应具有最高优先权；在火灾和突发事故发生时，应能强制切换为紧急广播并以最大音量播出。系统应能在手动或警报信号触发的10s内，向相关广播区播放警示信号（含警笛）、警报语声文件或实时指挥语声。以现场环境噪声为基准，紧急广播的信噪比不应小于15dB。

9.3.2 一般项目的质量控制应符合下列规定：

1 同一室内的吸顶扬声器应排列均匀。扬声器箱、控制器、插座等标高应一致、平整牢固；扬声器周围不应有破口现象，装饰罩不应有损伤、且应平整；

2 各设备导线连接应正确、可靠、牢固；箱内电缆（线）应排列整齐，线路编号应正确清晰。线路较多时应绑扎成束，并应在箱（盒）内留有适当空间。

10.2.29　会议系统设备安装检验批质量验收记录

1. 表格

会议系统设备安装检验批质量验收记录

08100301 ____

单位（子单位）工程名称			分部（子分部）工程名称		分项工程名称	
施工单位		项目负责人			检验批容量	
分包单位		分包单位项目负责人			检验批部位	
施工依据			验收依据		《智能建筑工程施工规范》GB 50606－2010	

验收项目		设计要求及规范规定	最小/实际抽样数量	检查记录	检查结果
主控项目	1 材料、器具、设备进场质量检测	第3.5.1条	/		
	2 应保证机柜内设备安装的水平度，不得在有尘、不洁环境下施工	第8.3.1条	/		
	3 设备安装应牢固	第8.3.1条	/		
	4 信号电缆长度不得超过设计要求	第8.3.1条	/		
	5 视频会议应具有较高的语言清晰度和合适的混响时间	第8.3.1条	/		
一般项目	1 电缆敷设前应作整体通路检测	第8.3.2条	/		
	2 设备安装前应通电预检，有故障的设备应及时处理	第8.3.2条	/		

施工单位检查结果	专业工长：项目专业质量检查员： 年　月　日
监理单位验收结论	专业监理工程师： 年　月　日

2. 验收依据说明

【规范名称及编号】《智能建筑工程施工规范》GB 50606－2010

【条文摘录】

摘录一：

第 3.5.1 条（见《梯架、托盘、槽盒和导管安装检验批质量验收记录》的表格验收依据说明，本书第 721 页）。

摘录二：

8.3　质量控制

8.3.1　主控项目应符合下列规定：

1 应保证机柜内设备安装的水平度，不得在有尘、不洁环境下施工；

2 设备安装应牢固；

3 信号电缆长度不得超过设计要求；

4 视频会议应具有较高的语言清晰度和合适的混响时间；当会场容积在 200m³ 以下时，混响时间宜为 0.4s～0.6s；当视频会议室还作为其它功能使用时混响时间不宜大于 0.6s；当会场容积在 500m³ 以上时，应按现行国家标准《剧场、电影院和多用途厅堂建筑声学设计规范》GB/T 50356 标准执行。

8.3.2 一般项目应符合下列规定：

1 电缆敷设前应作整体通路检测；

2 设备安装前应通电预检，有故障的设备应及时处理

10.2.30 信息导引及发布系统显示设备安装检验批质量验收记录

1. 表格

信息导引及发布系统显示设备安装检验批质量验收记录

08110301 ____

单位（子单位）工程名称		分部（子分部）工程名称		分项工程名称			
施工单位		项目负责人		检验批容量			
分包单位		分包单位项目负责人		检验批部位			
施工依据		验收依据		《智能建筑工程施工规范》GB 50606－2010			
		验收项目	设计要求及规范规定	最小/实际抽样数量	检查记录		检查结果
主控项目	1	材料、器具、设备进场质量检测	第 3.5.1 条	/			
	2	多媒体显示屏安装必须牢固	第 10.3.1 条	/			
	3	供电和通讯传输系统必须连接可靠，确保应用要求	第 10.3.1 条	/			
一般项目	1	设备、线缆标识应清晰、明确	第 10.3.2 条	/			
	2	各设备、器件、盒、箱、线缆等的安装应符合设计要求，并应做到布局合理、排列整齐、牢固可靠、线缆连接正确、压接牢固	第 10.3.2 条	/			
	3	馈线连接头应牢固安装，接触应良好，并应采取防雨、防腐措施	第 10.3.2 条	/			
	4	触摸屏与显示屏的安装位置应对人行通道无影响	第 10.2.3 条	/			
	5	触摸屏、显示屏应安装在没有强电磁辐射源及干燥的地方	第 10.2.3 条	/			
	6	与相关专业协调并在现场确定落地式显示屏安装钢架的承重能力应满足设计要求	第 10.2.3 条	/			
	7	室外安装的显示屏应做好防漏电、防雨措施，并应满足 IP65 防护等级标准	第 10.2.3 条	/			
施工单位检查结果				专业工长：项目专业质量检查员：　　　年　月　日			
监理单位验收结论				专业监理工程师：　　　年　月　日			

2. 验收依据说明

【规范名称及编号】《智能建筑工程施工规范》GB 50606－2010

【条文摘录】

摘录一：

第 3.5.1 条（见《梯架、托盘、槽盒和导管安装检验批质量验收记录》）的表格验收依据说明，本书第 721 页）。

摘录二：

10.2.3　信息导引及发布系统安装应符合下列规定：

1　系统服务器、工作站应安装于机房的机柜内，并应符合本规范的第 6 章的规定；

2　触摸屏与显示屏的安装位置应对人行通道无影响；

3　触摸屏、显示屏应安装在没有强电磁辐射源及干燥的地方；

4　与相关专业协调并在现场确定落地式显示屏安装钢架的承重能力应满足设计要求；

5　室外安装的显示屏应做好防漏电、防雨措施，并应满足 IP65 防护等级标准。

摘录三：

10.3　质量控制

10.3.1　主控项目应符合下列规定：

4　多媒体显示屏安装必须牢固。供电和通讯传输系统必须连接可靠，确保应用要求；

10.3.2　一般项目应符合下列规定：

1　设备、线缆标识应清晰、明确；

3　各设备、器件、盒、箱、线缆等的安装应符合设计要求，并应做到布局合理、排列整齐、牢固可靠、线缆连接正确、压接牢固；

4　馈线连接头应牢固安装，接触应良好，并应采取防雨、防腐措施。

10.2.31　时钟系统设备安装检验批质量验收记录

1. 表格

时钟系统设备安装检验批质量验收记录

08120301 ____

单位（子单位）工程名称			分部（子分部）工程名称		分项工程名称		
施工单位			项目负责人		检验批容量		
分包单位			分包单位项目负责人		检验批部位		
施工依据				验收依据	《智能建筑工程施工规范》GB 50606－2010		

		验收项目	设计要求及规范规定	最小/实际抽样数量	检查记录	检查结果
主控项目	1	材料、器具、设备进场质量检测	第 3.5.1 条	/		
	2	时钟系统的时间信息设备、母钟、子钟时间控制必须准确、同步	第 10.3.1 条	/		
一般项目	1	设备、线缆标识应清晰、明确	第 10.3.2 条	/		
	2	各设备、器件、盒、箱、线缆等的安装应符合设计要求，并应做到布局合理、排列整齐、牢固可靠、线缆连接正确、压接牢固	第 10.3.2 条	/		

续表

	验收项目		设计要求及规范规定	最小/实际抽样数量	检查记录	检查结果
一般项目	3	馈线连接头应牢固安装，接触应良好，并应采取防雨、防腐措施	第10.3.2条	/		
	4	中心母钟、时间服务器、监控计算机、分路输出接口箱 应安装于机房的机柜内	第10.2.2条	/		
	5	按设计及设备安装图，应将分路接口与子钟等设备连接	第10.2.2条	/		
	6	中心母钟机柜安装位置与GPS天线距离不宜大于300m	第10.2.2条	/		
	7	时间服务器、监控计算机的安装应符合本规范第6.2.1、第6.2.2条的规定	第10.2.2条	/		
	8	子钟安装应牢固，安装高度符合要求	第10.2.2条	/		
	9	天线应安装于室外，至少应有三面无遮挡，且应在建筑物避雷区域内	第10.2.2条	/		
	10	天线应固定在墙面或屋顶上的金属底座上	第10.2.2条	/		
	11	大型室外钟的安装 支撑架安装方式符合规定	第10.2.2条	/		
	12	应按设计要求安装防雷击装置	第10.2.2条	/		
	13	应做好防漏、防雨的密封措施	第10.2.2条	/		
施工单位检查结果			专业工长： 项目专业质量检查员： 年 月 日			
监理单位验收结论			专业监理工程师： 年 月 日			

2. 验收依据说明

【规范名称及编号】《智能建筑工程施工规范》GB 50606－2010

【条文摘录】

摘录一：

第3.5.1条（见《梯架、托盘、槽盒和导管安装检验批质量验收记录》的表格验收依据说明，本书第721页）。

摘录二：

10.2.2 时钟系统设备安装应符合下列规定：

1 中心母钟、时间服务器、监控计算机、分路输出接口箱应安装于机房的机柜内，并符合下列规定：

1）按设计及设备安装图，应将分路接口与子钟等设备连接；

2）中心母钟机柜安装位置与 GPS 天线距离不宜大于 300m；

3）时间服务器、监控计算机的安装应符合本规范第 6.2.1、第 6.2.2 条的规定。

2　子钟安装应牢固；壁挂式子钟的安装高度宜为 2.3m～2.7m；吊挂式子钟的安装高度宜为 2.1m～2.7m；

3　天线应安装于室外，至少应有三面无遮挡，且应在建筑物避雷区域内；

4　天线应固定在墙面或屋顶上的金属底座上；

5　大型室外钟的安装应符合下列规定：

1）应根据室外钟的尺寸，考虑风力影响，宜做室外钟支撑架；

2）对于钢结构的建筑，应以焊接的方式安装室外钟支撑架；

3）对于混凝土结构的建筑应以预埋钢架的方式安装室外钟支撑架；

4）应按设计要求安装防雷击装置；

5）应做好防漏、防雨的密封措施。

摘录三：

10.3.1　主控项目应符合下列规定：

3　时钟系统的时间信息设备、母钟、子钟时间控制必须准确、同步；

10.3.2　一般项目应符合下列规定：

1　设备、线缆标识应清晰、明确；

3　各设备、器件、盒、箱、线缆等的安装应符合设计要求，并应做到布局合理、排列整齐、牢固可靠、线缆连接正确、压接牢固；

4　馈线连接头应牢固安装，接触应良好，并应采取防雨、防腐措施。

10.2.32　建筑设备监控系统设备安装检验批质量验收记录

1. 表格

建筑设备监控系统设备安装检验批质量验收记录

08140301 ____　　08140401 ____

08140501 ____　　08140601 ____

单位（子单位）工程名称			分部（子分部）工程名称			分项工程名称		
施工单位			项目负责人			检验批容量		
分包单位			分包单位项目负责人			检验批部位		
施工依据				验收依据		《智能建筑工程施工规范》GB 50606－2010		
验收项目			设计要求及规范规定	最小/实际抽样数量		检查记录		检查结果
主控项目	1	材料、器具、设备进场质量检测	第 3.5.1 条	/				
	2	电动阀和温度、压力、流量、电量等计量器具（仪表）进场检验	第 12.1.1 条	/				
	3	传感器的焊接安装应符合标准规定	第 12.3.1 条第 1 款	/				
	4	传感器、执行器接线盒的引入口不宜朝上，当不可避免时，应采取密封措施	第 12.3.1 条第 2 款	/				

续表

		验收项目	设计要求及规范规定	最小/实际抽样数量	检查记录	检查结果
主控项目	5	传感器、执行器的安装应严格按照说明书的要求进行，接线应按照接线图和设备说明书进行，配线应整齐，不宜交叉，并应固定牢靠，端部均应标明编号	第12.3.1条第3款	/		
	6	水管型温度传感器、水管压力传感器、水流开关、水管流量计应安装在水流平稳的直管段，应避开水流流束死角，且不宜安装在管道焊缝处	第12.3.1条第4款	/		
	7	风管型温、湿度传感器、压力传感器、空气质量传感器应安装在风管的直管段且气流流束稳定的位置，且应避开风管内通风死角	第12.3.1条第5款	/		
	8	仪表电缆电线的屏蔽层，应在控制室仪表盘柜侧接地，同一回路的屏蔽层应具有可靠的电气连续性，不应浮空或重复接地	第12.3.1条第6款	/		
一般项目	1	现场设备（如传感器、执行器、控制箱柜）的安装质量应符合设计要求	第12.3.2条第1款	/		
	2	控制器箱接线端子板的每个接线端子，接线不得超过两根	第12.3.2条第2款	/		
	3	传感器、执行器均不应被保温材料遮盖	第12.3.2条第3款	/		
	4	风管压力、温度、湿度、空气质量、空气速度等传感器和压差开关应在风管保温完成并经吹扫后安装	第12.3.2条第4款	/		
	5	传感器、执行器宜安装在光线充足、方便操作的位置；应避免安装在有振动、潮湿、易受机械损伤、有强电磁场干扰、高温的位置	第12.3.2条第5款	/		
	6	传感器、执行器安装过程中不应敲击、震动，安装应牢固、平正；安装传感器、执行器的各种构件间应连接牢固、受力均匀，并应作防锈处理	第12.3.2条第6款	/		
	7	水管型温度传感器、水管型压力传感器、蒸汽压力传感器、水流开关的安装宜与工艺管道安装同时进行	第12.3.2条第7款	/		
	8	水管型压力、压差、蒸汽压力传感器、水流开关、水管流量计等安装套管的开孔与焊接，应在工艺管道的防腐、衬里、吹扫和压力试验前进行	第12.3.2条第8款	/		
	9	风机盘管温控器安装 与其他开关并列安装时，高度差	<1mm	/		
	10	在同一室内，其高度差	<5mm	/		
	11	安装于室外的阀门及执行器应有防晒、防雨措施	第12.3.2条第10款	/		
	12	用电仪表的外壳、仪表箱和电缆槽、支架、底座等正常不带电的金属部分，均应做保护接地	第12.3.2条第11款	/		
	13	仪表及控制系统的信号回路接地、屏蔽接地应共用接地	第12.3.2条第12款	/		

施工单位检查结果	专业工长： 项目专业质量检查员： 年 月 日
监理单位验收结论	专业监理工程师： 年 月 日

2. 验收依据说明

【规范名称及编号】《智能建筑工程施工规范》GB 50606－2010

【条文摘录】

摘录一：

第 3.5.1 条（见《梯架、托盘、槽盒和导管安装检验批质量验收记录》的表格验收依据说明，本书第 721 页）。

摘录二：

12.1.1　材料、设备准备除应符合现行国家标准《智能建筑工程质量验收规范》GB 50339 和本规范第 3.3.2 条的规定外，尚应符合下列规定：

1　电动阀的型号、材质应符合设计要求，经抽样实验阀体强度、阀芯泄漏应满足产品说明书的规定；

2　电动阀的驱动器输入电压、输出信号和接线方式应符合设计要求和产品说明书的规定；

3　电动阀门的驱动器行程、压力和最大关闭力应符合设计要求和产品说明书的规定，必要时宜由第三方检测机构进行检测；

4　温度、压力、流量、电量等计量器具（仪表）应按相关规定进行校验，必要时宜由第三方检测机构进行检测。

摘录三：

12.3　质量控制

12.3.1　主控项目应符合下列规定：

1　传感器的安装需进行焊接时，应符合现行国家标准《现场设备、工业管道焊接工程施工及验收规范》GB 50236 的有关规定；

2　传感器、执行器接线盒的引入口不宜朝上，当不可避免时，应采取密封措施；

3　传感器、执行器的安装应严格按照说明书的要求进行，接线应按照接线图和设备说明书进行，配线应整齐，不宜交叉，并应固定牢靠，端部均应标明编号；

4　水管型温度传感器、水管压力传感器、水流开关、水管流量计应安装在水流平稳的直管段，应避开水流流束死角，且不宜安装在管道焊缝处；

5　风管型温、湿度传感器、压力传感器、空气质量传感器应安装在风管的直管段且气流流束稳定的位置，且应避开风管内通风死角；

6　仪表电缆电线的屏蔽层，应在控制室仪表盘柜侧接地，同一回路的屏蔽层应具有可靠的电气连续性，不应浮空或重复接地。

12.3.2　一般项目应符合下列规定：

1　现场设备（如传感器、执行器、控制箱柜）的安装质量应符合设计要求；

2　控制器箱接线端子板的每个接线端子，接线不得超过两根；

3　传感器、执行器均不应被保温材料遮盖；

4　风管压力、温度、湿度、空气质量、空气速度等传感器和压差开关应在风管保温完成并经吹扫后安装；

5　传感器、执行器宜安装在光线充足、方便操作的位置；应避免安装在有振动、潮湿、易受机械损伤、有强电磁场干扰、高温的位置；

6　传感器、执行器安装过程中不应敲击、震动，安装应牢固、平正；安装传感器、执行器的各种构件间应连接牢固、受力均匀，并应作防锈处理；

7　水管型温度传感器、水管型压力传感器、蒸汽压力传感器、水流开关的安装宜与工艺管道安装同时进行；

8　水管型压力、压差、蒸汽压力传感器、水流开关、水管流量计等安装套管的开孔与焊接，应在工艺管道的防腐、衬里、吹扫和压力试验前进行；

9 风机盘管温控器与其他开关并列安装时，高度差应小于1mm，在同一室内，其高度差应小于5mm；

10 安装于室外的阀门及执行器应有防晒、防雨措施；

11 用电仪表的外壳、仪表箱和电缆槽、支架、底座等正常不带电的金属部分，均应做保护接地；

12 仪表及控制系统的信号回路接地、屏蔽接地应共用接地。

10.2.33 火灾自动报警系统设备安装检验批质量验收记录

1. 表格

火灾自动报警系统设备安装检验批质量验收记录

08150301 ____ 08150401 ____ 08150501 ____

单位（子单位）工程名称			分部（子分部）工程名称		分项工程名称	
施工单位			项目负责人		检验批容量	
分包单位			分包单位项目负责人		检验批部位	
施工依据				验收依据	《智能建筑工程施工规范》GB 50606-2010	
		验收项目	设计要求及规范规定	最小/实际抽样数量	检查记录	检查结果
主控项目	1	材料、器具、设备进场质量检测	第3.5.1条	/		
	2	火灾自动报警系统的材料必须符合防火设计要求，并按规定验收	第13.1.3条第3款	/		
	3	探测器、模块、报警按钮等类别、型号、位置、数量、功能等应符合设计要求	第13.3.1条第1款	/		
	4	消防电话插孔型号、位置、数量、功能等应符合设计要求	第13.3.1条第2款	/		
	5	火灾应急广播位置、数量、功能等应符合设计要求，且应能在手动或警报信号触发的10s内切断公共广播，播出火警广播	第13.3.1条第3款	/		
	6	火灾报警控制器功能、型号应符合设计要求	第13.3.1条第4款	/		
	7	火灾自动报警系统与消防设备的联动应符合设计要求	第13.3.1条第5款	/		
一般项目	1	探测器、模块、报警按钮等安装应牢固、配件齐全，不应有损伤变形和破损	第13.3.2条第1款	/		
	2	探测器、模块、报警按钮等导线连接应可靠压接或焊接，并应有标志，外接导线应留余量	第13.3.2条第2款	/		
	3	探测器安装位置应符合保护半径、保护面积要求	第13.3.2条第3款	/		
施工单位检查结果			专业工长：项目专业质量检查员：　　　年　月　日			
监理单位验收结论			专业监理工程师：　　　年　月　日			

2. 验收依据说明

【规范名称及编号】《智能建筑工程施工规范》GB 50606－2010

【条文摘录】

摘录一：

第 3.5.1 条（见《梯架、托盘、槽盒和导管安装检验批质量验收记录》的表格验收依据说明，本书第 721 页）。

摘录二：

13.1.3　材料与设备准备应符合下列规定：

1　火灾自动报警系统的主要设备和材料选用应符合设计要求，并应符合国家标准《火灾自动报警系统施工及验收规范》GB 50166－2007 第 2.2 节的规定；

2　火灾应急广播与广播系统共用一套系统时，广播系统共用的设备应是通过国家认证（认可）的产品，其产品名称、型号、规格应与检验报告一致；

3　桥架、线缆、钢管、金属软管、阻燃塑料管、防火涂料以及安装附件等应符合防火设计要求；

4　应根据现行国家标准《火灾自动报警系统设计规范》GB 50116 的有关规定，对线缆的种类、电压等级进行检查。

摘录三：

13.3.1　主控项目应符合下列规定：

1　探测器、模块、报警按钮等类别、型号、位置、数量、功能等应符合设计要求；

2　消防电话插孔型号、位置、数量、功能等应符合设计要求；

3　火灾应急广播位置、数量、功能等应符合设计要求，且应能在手动或警报信号触发的 10s 内切断公共广播，播出火警广播；

4　火灾报警控制器功能、型号应符合设计要求；

5　火灾自动报警系统与消防设备的联动应符合设计要求；

13.3.2　一般项目应符合下列规定：

1　探测器、模块、报警按钮等安装应牢固、配件齐全，不应有损伤变形和破损；

2　探测器、模块、报警按钮等导线连接应可靠压接或焊接，并应有标志，外接导线应留余量；

3　探测器安装位置应符合保护半径、保护面积要求。

10.2.34　安全技术防范系统设备安装检验批质量验收记录

1. 表格

安全技术防范系统设备安装检验批质量验收记录

08160301 ____

单位（子单位）工程名称				分部（子分部）工程名称		分项工程名称	
施工单位				项目负责人		检验批容量	
分包单位				分包单位项目负责人		检验批部位	
施工依据				验收依据		《智能建筑工程施工规范》GB 50606－2010	
验收项目				设计要求及规范规定	最小/实际抽样数量	检查记录	检查结果
主控项目	1	材料、器具、设备进场质量检测		第 3.5.1 条	/		
	2	各系统主要设备安装应安装牢固、接线正确，并应采取有效的抗干扰措施		第 14.3.1 条第 1 款	/		
	3	应检查系统的互联互通，子系统之间的联动应符合设计要求		第 14.3.1 条第 2 款	/		

续表

		验收项目	设计要求及规范规定	最小/实际抽样数量	检查记录	检查结果
主控项目	4	监控中心系统记录的图像质量和保存时间应符合设计要求	第14.3.1条第3款	/		
	5	监控中心接地应做等电位连接，接地电阻应符合设计要求	第14.3.1条第4款	/		
一般项目	1	各设备、器件的端接应规范	第14.3.2条第1款	/		
	2	视频图像应无干扰纹	第14.3.2条第2款	/		
	3	防雷与接地工程应符合规定	第14.3.2条第3款	/		

施工单位检查结果	专业工长： 项目专业质量检查员： 年 月 日
监理单位验收结论	专业监理工程师： 年 月 日

2. 验收依据说明

【规范名称及编号】《智能建筑工程施工规范》GB 50606－2010

【条文摘录】

摘录一：

第3.5.1条（见《梯架、托盘、槽盒和导管安装检验批质量验收记录》的表格验收依据说明，本书第721页）。

摘录二：

12.1.1 材料、设备准备除应符合现行国家标准《智能建筑工程质量验收规范》GB 50339和本规范第3.3.2条的规定外，尚应符合下列规定：

1 电动阀的型号、材质应符合设计要求，经抽样实验阀体强度、阀芯泄漏应满足产品说明书的规定；

2 电动阀的驱动器输入电压、输出信号和接线方式应符合设计要求和产品说明书的规定；

3 电动阀门的驱动器行程、压力和最大关闭力应符合设计要求和产品说明书的规定，必要时宜由第三方检测机构进行检测；

4 温度、压力、流量、电量等计量器具（仪表）应按相关规定进行校验，必要时宜由第三方检测机构进行检测。

摘录三：

12.3 质量控制

12.3.1 主控项目应符合下列规定：

1 传感器的安装需进行焊接时，应符合现行国家标准《现场设备、工业管道焊接工程施工及验收规范》GB 50236 的有关规定；

2 传感器、执行器接线盒的引入口不宜朝上，当不可避免时，应采取密封措施；

3 传感器、执行器的安装应严格按照说明书的要求进行，接线应按照接线图和设备说明书进行，配线应整齐，不宜交叉，并应固定牢靠，端部均应标明编号；

4 水管型温度传感器、水管压力传感器、水流开关、水管流量计应安装在水流平稳的直管段，应避开水流流束死角，且不宜安装在管道焊缝处；

5 风管型温、湿度传感器、压力传感器、空气质量传感器应安装在风管的直管段且气流流束稳定的位置，且应避开风管内通风死角；

6 仪表电缆电线的屏蔽层，应在控制室仪表盘柜侧接地，同一回路的屏蔽层应具有可靠的电气连续性，不应浮空或重复接地。

12.3.2 一般项目应符合下列规定：

1 现场设备（如传感器、执行器、控制箱柜）的安装质量应符合设计要求；

2 控制器箱接线端子板的每个接线端子，接线不得超过两根；

3 传感器、执行器均不应被保温材料遮盖；

4 风管压力、温度、湿度、空气质量、空气速度等传感器和压差开关应在风管保温完成并经吹扫后安装；

5 传感器、执行器宜安装在光线充足、方便操作的位置；应避免安装在有振动、潮湿、易受机械损伤、有强电磁场干扰、高温的位置；

6 传感器、执行器安装过程中不应敲击、震动，安装应牢固、平正；安装传感器、执行器的各种构件间应连接牢固、受力均匀，并应作防锈处理；

7 水管型温度传感器、水管型压力传感器、蒸汽压力传感器、水流开关的安装宜与工艺管道安装同时进行；

8 水管型压力、压差、蒸汽压力传感器、水流开关、水管流量计等安装套管的开孔与焊接，应在工艺管道的防腐、衬里、吹扫和压力试验前进行；

9 风机盘管温控器与其他开关并列安装时，高度差应小于 1mm，在同一室内，其高度差应小于 5mm；

10 安装于室外的阀门及执行器应有防晒、防雨措施；

11 用电仪表的外壳、仪表箱和电缆槽、支架、底座等正常不带电的金属部分，均应做保护接地；

12 仪表及控制系统的信号回路接地、屏蔽接地应共用接地。

10.2.35 机房供配电系统检验批质量验收记录

1. 表格

机房供配电系统检验批质量验收记录

08180101 ____

单位（子单位）工程名称		分部（子分部）工程名称		分项工程名称	
施工单位		项目负责人		检验批容量	
分包单位		分包单位项目负责人		检验批部位	
施工依据		验收依据		《智能建筑工程施工规范》GB 50606－2010	

续表

		验收项目	设计要求及规范规定	最小/实际抽样数量	检查记录	检查结果
主控项目	1	材料、器具、设备进场质量检测	第3.5.1条	/		
	2	系统测试应符合设计要求	电气装置与其他系统的联锁动作的正确性、响应时间及顺序	第17.2.2条	/	
			电线、电缆及电气装置的相序的正确性	第17.2.2条	/	
			柴油发电机组的启动时间，输出电压、电流及频率	第17.2.2条	/	
			不间断电源的输出电压、电流、波形参数及切换时间	第17.2.2条	/	
一般项目	1	配电柜和配电箱安装支架的制作尺寸应与配电柜和配电箱的尺寸匹配，安装应牢固，并应可靠接地	第17.2.2条第1款	/		
	2	线槽、线管和线缆的施工应符合本规范规定	第17.2.2条第2款	/		
	3	灯具、开关和各种电气控制装置以及各种插座安装	灯具、开关和插座安装应牢固，位置准确，开关位置应与灯位相对应		/	
			同一房间，同一平面高度的插座面板应水平		/	
			灯具的支架、吊架、固定点位置的确定应符合牢固安全、整齐美观的原则	第17.2.2条第3款	/	
			灯具、配电箱安装完毕后，每条支路进行绝缘摇测，绝缘电阻应大于1MΩ并应做好记录			
			机房地板应满足电池组的符合承重要求		/	
	4	不间断电源设备的安装	主机和电池柜应按设计要求和产品技术要求进行固定	第17.2.2条第4款		
			类线缆的接线应牢固，正确，并应作标识		/	
			不间断电源电池组应接直流接地		/	

施工单位检查结果

专业工长：
项目专业质量检查员：
年 月 日

监理单位验收结论

专业监理工程师：
年 月 日

2. 验收依据说明

【规范一名称及编号】《智能建筑工程施工规范》GB 50606－2010

【条文摘录】

摘录一：

第 3.5.1 条（见《梯架、托盘、槽盒和导管安装检验批质量验收记录》的表格验收依据说明，本书第 721 页）。

摘录二：

17.2.2　机房供配电系统工程的施工除应执行国家标准《电子信息系统机房施工及验收规范》GB 50462－2008 第 3 章的规定外，尚应符合下列规定：

1　配电柜和配电箱安装支架的制作尺寸应与配电柜和配电箱的尺寸匹配，安装应牢固，并应可靠接地；

2　线槽、线管和线缆的施工应符合本规范第 4 章的规定；

3　灯具、开关和各种电气控制装置以及各种插座安装应符合下列规定：

1）灯具、开关和插座安装应牢固，位置准确，开关位置应与灯位相对应；

2）同一房间，同一平面高度的插座面板应水平；

3）灯具的支架、吊架、固定点位置的确定应符合牢固安全、整齐美观的原则；

4）灯具、配电箱安装完毕后，每条支路进行绝缘摇测，绝缘电阻应大于 1MΩ 并应做好记录；

5）机房地板应满足电池组的符合承重要求。

4　不间断电源设备的安装应符合下列规定：

1）主机和电池柜应按设计要求和产品技术要求进行固定；

2）各类线缆的接线应牢固，正确，并应作标识；

3）不间断电源电池组应接直流接地。

【规范二名称及编号】《电子信息系统机房施工及验收规范》GB 50462－2008

【条文摘录】

4.5.1　检验及测试应包括下列内容：

2　测试应包括下列内容：

1）电气装置与其他系统的联锁动作的正确性、响应时间及顺序；

2）电线、电缆及电气装置的相序的正确性；

4）柴油发电机组的启动时间，输出电压、电流及频率；

5）不间断电源的输出电压、电流、波形参数及切换时间。

10.2.36　机房防雷与接地系统检验批质量验收记录

1. 表格

机房防雷与接地系统检验批质量验收记录

08180201 ____

单位（子单位） 工程名称		分部（子分部） 工程名称		分项工程 名称	
施工单位		项目负责人		检验批容量	
分包单位		分包单位 项目负责人		检验批部位	
施工依据		验收依据		《智能建筑工程施工规范》 GB 50606－2010	

续表

		验收项目	设计要求及规范规定	最小/实际抽样数量	检查记录	检查结果
主控项目	1	材料、器具、设备进场质量检测	第3.5.1条	/		
	2 系统测试应符合设计要求	接地装置的结构、材质、连接方法、安装位置、埋设间距、深度及安装方法应符合设计要求	第17.2.3条	/		
		接地装置的外露接点外观检查应符合规定	第17.2.3条	/		
		浪涌保护器的规格、型号应符合设计要求；安装位置和方式应符合设计要求或产品安装说明书的要求	第17.2.3条	/		
		接地线规格、敷设方法及其与等电位金属带的连接方法应符合设计要求	第17.2.3条	/		
		等电位联接金属带的规格、敷设方法应符合设计要求	第17.2.3条			
		接地装置的接地电阻值应符合设计要求	第17.2.3条	/		

施工单位检查结果	专业工长： 项目专业质量检查员： 年　月　日
监理单位验收结论	专业监理工程师： 年　月　日

2. 验收依据说明

【规范一名称及编号】《智能建筑工程施工规范》GB 50606-2010

【条文摘录】

摘录一：

第3.5.1条（见《梯架、托盘、槽盒和导管安装检验批质量验收记录》）的表格验收依据说明，本书第721页）。

摘录二：

17.2.3 防雷与接地系统工程的施工应执行国家标准《电子信息系统机房施工及验收规范》GB 50462-2008第4章和本规范第16章的规定。

【规范二名称及编号】《电子信息系统机房施工及验收规范》GB 50462-2008

【条文摘录】

5.4.1 验收检测应包括下列内容：

1 检查接地装置的结构、材质、连接方法、安装位置、埋设间距、深度及安装方法应符合设计要求；

2 对接地装置的外露接点应进行外观检查，已封闭的应检查施工记录；

3 验证浪涌保护器的规格、型号应符合设计要求，检查浪涌保护器安装位置、安装方式应符合设计要求或产品安装说明书的要求；

  4 检查接地线的规格、敷设方法及其与等电位金属带的连接方法应符合设计要求；

  5 检查等电位联接金属带的规格、敷设方法应符合设计要求；

  6 检查接地装置的接地电阻值应符合设计要求。

10.2.37　机房空气调节系统检验批质量验收记录

1. 表格

机房空气调节系统检验批质量验收记录

08180301 ____

单位（子单位）工程名称			分部（子分部）工程名称		分项工程名称		
施工单位			项目负责人		检验批容量		
分包单位			分包单位项目负责人		检验批部位		
施工依据				验收依据	《智能建筑工程施工规范》GB 50606－2010		
验收项目			设计要求及规范规定	最小/实际抽样数量	检查记录		检查结果
主控项目	1	材料、器具、设备进场质量检测	第3.5.1条	/			
	2	空调机组安装符合设计要求和规范规定	第17.2.6条	/			
	3	管道安装符合设计要求和规范规定	第17.2.6条	/			
	4	检漏及压力测试及清洗	第17.2.6条	/			
	5	管道保温	第17.2.6条	/			
	6	新风系统设备与管道安装符合设计要求，安装牢固	第17.2.6条	/			
	7	管道防火阀和排烟防火阀应符合消防产品标准规定	第17.2.6条	/			
	8	管道防火阀和排烟防火阀必须有产品合格证及性能检测报告	第17.2.6条	/			
	9	管道防火阀和排烟防火阀安装应牢固可靠、启闭灵活、关闭严密。阀门的驱动装置动作应正确可靠	第17.2.6条	/			
	10	手动单叶片和多叶片调节阀的安装应牢固可靠、启闭灵活、调节方便	第17.2.6条	/			
	11	风管、部件制作符合设计要求和规范规定	第17.2.6条	/			
	12	风管、部件安装符合设计要求和规范规定	第17.2.6条	/			
	13	系统调试应符合设计要求和规范规定	第17.2.6条	/			
施工单位检查结果			专业工长：项目专业质量检查员：<div align="right">年　月　日</div>				
监理单位验收结论			专业监理工程师：<div align="right">年　月　日</div>				

2. 验收依据说明

【规范一名称及编号】《智能建筑工程施工规范》GB 50606－2010

【条文摘录】

摘录一：

第 3.5.1 条（见《梯架、托盘、槽盒和导管安装检验批质量验收记录》的表格验收依据说明，本书第 721 页）。

摘录二：

17.2.6　空调系统工程的施工应执行国家标准《电子信息系统机房施工及验收规范》GB 50462－2008 第 5 章的规定。

【规范二名称及编号】《电子信息系统机房施工及验收规范》GB 50462－2008

【条文摘录】

6　空气调节系统

6.1　一般规定

6.1.1　电子信息系统机房的空气调节系统应包括分体式空气调节系统设备与设施的安装、风管与部件制作及安装、系统调试及施工验收。

6.1.2　电子信息系统机房其他空气调节系统的施工及验收，应按现行国家标准《通风与空调工程施工质量验收规范》GB 50243 的有关规定执行。

6.2　空调设备安装

6.2.1　分体式空调机组基座或基础的制作应符合设计要求，并应在空调机组安装前完成。

6.2.2　室内机组安装时，在室内机组与基座之间应垫牢靠固定的隔震材料。

6.2.3　室外机组的安装位置应符合设计要求，并应满足设备技术档案对空气循环空间的要求。

6.2.4　室外空调冷风机组安装在地面时，应设置安全防护网。

6.2.5　连接室内机组与室外机组的气管和液管，应按设备技术档案要求进行安装。气管与液管为硬紫铜管时，应按设计位置安装存油弯和防震管。

6.2.6　空气设备管道安装完成后，应进行检漏和压力测试，并应做记录；合格后应进行清洗。

6.2.7　管道应按设计要求进行保温。当设计对保温材料无规定时，可采用耐热聚乙烯、保温泡沫塑料或玻璃纤维等材料。

6.3　其他空调设施的安装

6.3.1　空气调节系统其他设施应包括新风系统、管道防火阀、排烟防火阀、空调系统及排风系统的风口。

6.3.2　新风系统设备与管道应按设计要求进行安装，安装应便于空气过滤装置的更换，并应牢固可靠。

6.3.3　管道防火阀和排烟防火阀应符合国家现行有关消防产品标准的规定。

6.3.4　管道防火阀和排烟防火阀必须具有产品合格证及国家主管部门认定的检测机构出具的性能检测报告。

6.3.5　管道防火阀和排烟防火阀的安装应牢固可靠、启闭灵活、关闭严密。阀门的驱动装置动作应正确、可靠。

6.3.6　手动单叶片和多叶片调节阀的安装应牢固可靠、启闭灵活、调节方便。

6.4　风管、部件制作与安装

6.4.1　用镀锌钢板制作风管时应符合下列规定：

1　表面应平整，不应有氧化、腐蚀等现象；加工风管时，镀锌层损坏处应涂两遍防锈漆；

2　刷油漆时，明装部分的最后一遍应为色漆，宜在安装完毕后进行；

3　风管接缝宜采用咬口方式。板材拼接咬口缝应错开，不得有十字拼接缝；

4　风管内表面应平整光滑，安装前应除去内表面的油污和灰尘；

5　风管法兰制作应符合设计要求，并应按现行国家标准《通风与空调工程施工质量验收规范》GB 50243 的有关规定执行；法兰应涂刷两遍防锈漆；

6　风管与法兰的连接应严密，法兰密封垫应选用不透气、不起尘、具有一定弹性的材料；紧固法兰时不得损坏密封垫。

6.4.2　用普通薄钢板制作风管前应除去油污和锈斑，并应预涂一遍防锈漆，同时应符合本规范第 6.4.1 条的规定。

6.4.3　下列情况的矩形风管应采取加固措施：

1　无保温层的边长大于 630mm；

2　有保温层的边长大于 800mm；

3　风管的单面面积大于 $1.2m^2$。

6.4.4　金属法兰的焊缝应严密、熔合良好、无虚焊。法兰平面度的允许偏差应为 ±2mm，孔距应一致，并应具有互换性。

6.4.5　风管与法兰的铆接应牢固，不得脱铆和漏铆。管道翻边应平整、紧贴法兰，其宽度应一致，且不应小于 6mm。法兰四角处的咬缝不得开裂和有孔洞。

6.4.6　风管支架、吊架的防腐处理应与普通薄钢板的防腐处理相一致，其明装部分应增涂一遍面漆。

6.4.7　风管及相关部件安装应牢固可靠，并应在验收后进行管道保温及涂漆。

6.5　空气调节系统调试

6.5.1　空气调节系统进行调试时，宜有建设单位代表在场。

6.5.2　空调设备安装完毕后，应首先对系统进行检漏及保压试验，其技术指标应符合设计要求。设计无明确要求时，应按设备技术档案执行。

6.5.3　空调设备、新风设备应在保压试验合格后进行开机试运行。

6.5.4　空调系统的调试应在空调设备、新风设备试运行稳定后进行。空调系统调试应做记录。空调系统验收前，应按附录 C 的内容对系统进行测试，并应按附录 C 填写《空调系统测试记录表》。

6.6　施工验收

6.6.1　空气调节系统施工验收内容及方法应按现行国家标准《通风与空调工程施工质量验收规范》GB 50243 的有关规定执行。

6.6.2　施工交接验收时，施工单位提供的文件除应符合本规范第 3.3.3 条的规定外，尚应按附录 C 提交《空调系统测试记录表》。

10.2.38　机房给水排水系统检验批质量验收记录

1. 表格

机房给水排水系统检验批质量验收记录

08180401 ____

单位（子单位）工程名称		分部（子分部）工程名称		分项工程名称	
施工单位		项目负责人		检验批容量	
分包单位		分包单位项目负责人		检验批部位	
施工依据		验收依据		《智能建筑工程施工规范》GB 50606－2010	

续表

	验收项目	设计要求及规范规定	最小/实际抽样数量	检查记录	检查结果
主控项目	1 材料、器具、设备进场质量检测	第3.5.1条	/		
	2 镀锌管道连接方式符合规范规定	第17.2.7条	/		
	3 管道弯制符合设计要求和规范规定	第17.2.7条	/		
	4 管道支、吊、托架安装符合设计要求和规范规定	第17.2.7条	/		
	5 水平排水管道应用3.5‰~5‰的坡度，并坡向排泄方向	第17.2.7条	/		
	6 冷热水管道检漏和压力试验符合设计要求和规范规定	第17.2.7条	/		
	7 保温应采用难燃材料，保温层应平整、密实，不得有裂缝、空隙。防潮层应紧贴在保温层上，并应封闭良好；表面层应光滑平整不起尘	第17.2.7条	/		
	8 地面应坡向地漏处，坡度应不小于3‰；地漏顶面应低于地面5mm	第17.2.7条	/		
	9 空调器冷凝水排水管应设有存水弯	第17.2.7条	/		
	10 给水管道压力试验符合设计要求和规范规定	第17.2.7条	/		
	11 排水管应只做通水试验，流水应畅通，不得渗漏	第17.2.7条	/		

施工单位检查结果	专业工长： 项目专业质量检查员： 年　月　日
监理单位验收结论	专业监理工程师： 年　月　日

2. 验收依据说明

【规范一名称及编号】《智能建筑工程施工规范》GB 50606－2010

【条文摘录】

摘录一：

第3.5.1条（见《梯架、托盘、槽盒和导管安装检验批质量验收记录》的表格验收依据说明，本书第721页）。

摘录二：

17.2.7　给排水系统工程应的施工应执行国家标准《电子信息系统机房施工及验收规范》GB 50462－2008第6章的规定。

【规范二名称及编号】《电子信息系统机房施工及验收规范》GB 50462－2008

【条文摘录】

7.1　一般规定

7.1.1　给水排水系统应包括电子信息系统机房内的给水和排水管道系统的施工及验收。

7.1.2　电子信息系统机房给水与排水的施工及验收，除应执行本规范外，尚应符合现行国家标准《建筑给水排水及采暖工程施工质量验收规范》GB 50242的有关规定。

7.2　管道安装

7.2.1　管径不大于100mm的镀锌管道宜采用螺纹连接，螺纹的外露部分应做防腐处理；管径大于 100mm 的镀锌管道应采用焊接或法兰连接。

7.2.2 需弯制钢管时，弯曲半径应符合现行国家标准《建筑给水排水及采暖工程施工质量验收规范》GB 50242 的有关规定。

7.2.3 管道支架、吊架、托架的安装，应符合下列规定：

1 固定支架与管道接触应紧密，安装应牢固、稳定；

2 在建筑结构上安装管道支架、吊架，不得破坏建筑结构及超过其荷载。

7.2.4 水平排水管道应有 3.5‰～5‰ 的坡度，并应坡向排泄方向。

7.2.5 机房内的冷热水管道安装后应首先进行检漏和压力试验，然后进行保温施工。

7.2.6 保温应采用难燃材料，保温层应平整、密实，不得有裂缝、空隙。防潮层应紧贴在保温层上，并应封闭良好；表面层应光滑平整、不起尘。

7.2.7 机房内的地面应坡向地漏处，坡度应不小于 3‰；地漏顶面应低于地面 5mm。

7.2.8 机房内的空调器冷凝水排水管应设有存水弯。

7.3 施工验收

7.3.1 给水管道应做压力试验，试验压力应为设计压力的 1.5 倍，且不得小于 0.6MPa。空调加湿给水管应只做通水试验，应开启阀门、检查各连接处及管道，不得渗漏。

7.3.2 排水管应只做通水试验，流水应畅通，不得渗漏。

7.3.3 施工交接验收时，施工单位提供的文件除应符合本规范第 3.3.3 条的规定外，还应提交管道压力试验报告和检漏报告。

10.2.39 机房综合布线系统检验批质量验收记录

1. 表格

机房综合布线系统检验批质量验收记录

08180501 ____

单位（子单位）工程名称			分部（子分部）工程名称		分项工程名称	
施工单位			项目负责人		检验批容量	
分包单位			分包单位项目负责人		检验批部位	
施工依据				验收依据	《智能建筑工程施工规范》GB 50606－2010	

验收项目		设计要求及规范规定	最小/实际抽样数量	检查记录	检查结果
主控项目	1 材料、器具、设备进场质量检测	第 3.5.1 条	/		
	2 配线柜的安装及配线架的压接应符合规范规定	第 17.2.4 条	/		
	3 走线架、槽的安装应符合规范规定	第 17.2.4 条	/		
	4 线缆的敷设应符合设计要求和规范规定	第 17.2.4 条	/		
	5 线缆标识应符合规范规定	第 17.2.4 条	/		
	6 系统测试应符合设计要求和规范规定	第 17.2.4 条	/		

施工单位检查结果	专业工长： 项目专业质量检查员： 年 月 日
监理单位验收结论	专业监理工程师： 年 月 日

2. 验收依据说明

【规范一名称及编号】《智能建筑工程施工规范》GB 50606－2010

【条文摘录】

摘录一：

第 3.5.1 条（见《梯架、托盘、槽盒和导管安装检验批质量验收记录》的表格验收依据说明，本书第 721 页）。

摘录二：

17.2.4　综合布线系统工程的施工应执行国家标准《电子信息系统机房施工及验收规范》GB 50462－2008 第 7 章和本规范第 5 章的规定。

【规范二名称及编号】《电子信息系统机房施工及验收规范》GB 50462－2008

【条文摘录】

8.3　施工验收

8.3.1　验收应包括下列内容：

1　配线柜的安装及配线架的压接；

2　走线架、槽的安装；

3　线缆的敷设；

4　线缆的标识；

5　系统测试。

8.3.2　系统检测，应包括下列内容：

1　检查配线柜的安装及配线架的压接；

2　检查走线架、槽的规格，型号和安装方式；

3　检查线缆的规格、型号、敷设方式及标识；

4　进行电缆系统电气性能测试和光缆系统性能测试，各项测试应做详细记录，并应按附录 D 填写《电缆及光缆综合布线系统工程电气性能测试记录表》。

10.2.40　机房监控与安全防范系统检验批质量验收记录

1. 表格

机房监控与安全防范系统检验批质量验收记录　　　08180601 ____

单位（子单位）工程名称			分部（子分部）工程名称			分项工程名称		
施工单位			项目负责人			检验批容量		
分包单位			分包单位项目负责人			检验批部位		
施工依据				验收依据		《智能建筑工程施工规范》GB 50606－2010		
验收项目			设计要求及规范规定	最小/实际抽样数量		检查记录		检查结果
主控项目	1	材料、器具、设备进场质量检测	第3.5.1条	/				
	2	设备、装置及配件的安装应符合设计要求和规范规定	第17.2.5条	/				
	3	环境监控系统和场地设备监控系统的数据采集、传送、转化、控制功能应符合设计要求和规范规定	第17.2.5条	/				

续表

	验收项目		设计要求及规范规定	最小/实际抽样数量	检查记录	检查结果
主控项目	4	入侵报警系统的入侵报警功能、防破坏和故障报警功能、记录显示功能和系统自检功能应符合设计要求和规范规定	第 17.2.5 条	/		
	5	视频监控系统的控制功能、监视功能、显示功能、记录功能和报警联动功能应符合设计要求和规范规定	第 17.2.5 条	/		
	6	出入口控制系统的出入目标识读功能、信息处理和控制功能、执行机构功能应符合设计要求和规范规定	第 17.2.5 条	/		

施工单位检查结果	专业工长： 项目专业质量检查员： 　　　　　　　年　月　日
监理单位验收结论	专业监理工程师： 　　　　　　　年　月　日

2. 验收依据说明

【规范一名称及编号】《智能建筑工程施工规范》GB 50606-2010

【条文摘录】

摘录一：

第 3.5.1 条（见《梯架、托盘、槽盒和导管安装检验批质量验收记录》的表格验收依据说明，本书第 721 页）。

摘录二：

17.2.5　安全防范系统工程的施工应执行国家标准《电子信息系统机房施工及验收规范》GB 50462-2008 第 8 章和本规范 14 章的规定。

【规范二名称及编号】《电子信息系统机房施工及验收规范》GB 50462-2008

【条文摘录】

9.5　施工验收

9.5.1　验收应包括下列内容：

1　设备、装置及配件的安装；

2　环境监控系统和场地设备监控系统的数据采集、传送、转换、控制功能；

3 入侵报警系统的入侵报警功能、防破坏和故障报警功能、记录显示功能和系统自检功能；

4 视频监控系统的控制功能、监视功能、显示功能、记录功能和报警联动功能；

5 出入口控制系统的出入目标识读功能、信息处理和控制功能、执行机构功能。

10.2.41 机房消防系统检验批质量验收记录

1. 表格

机房消防系统检验批质量验收记录

08180701 ____

单位（子单位）工程名称			分部（子分部）工程名称			分项工程名称		
施工单位			项目负责人			检验批容量		
分包单位			分包单位项目负责人			检验批部位		
施工依据				验收依据		《智能建筑工程施工规范》GB 50606－2010		

		验收项目	设计要求及规范规定	最小/实际抽样数量	检查记录	检查结果
主控项目	1	材料、器具、设备进场质量检测	第3.5.1条	/		
	2	火灾自动报警与消防联动控制系统安装及功能应符合设计要求和规范规定	第17.2.9条	/		
	3	气体灭火系统安装及功能应符合设计要求和规范规定	第17.2.9条	/		
	4	自动喷水灭火系统安装及功能应符合设计要求和规范规定	第17.2.9条	/		

施工单位检查结果	专业工长： 项目专业质量检查员： 年　月　日
监理单位验收结论	专业监理工程师： 年　月　日

2. 验收依据说明

【规范一名称及编号】《智能建筑工程施工规范》GB 50606－2010

【条文摘录】

摘录一：

第3.5.1条（见《梯架、托盘、槽盒和导管安装检验批质量验收记录》的表格验收依据说明，本书第721页）。

摘录二：

17.2.9 消防系统工程的施工应执行现行国家标准《气体灭火系统施工及验收规范》GB 50263的有关规定及国家标准《电子信息系统机房施工及验收规范》GB 50462－2008第9章和本规范第13章的规定。

【规范二名称及编号】《电子信息系统机房施工及验收规范》GB 50462－2008

【条文摘录】

10 消防系统

10.0.1 火灾自动报警与消防联动控制系统施工及验收应符合现行国家标准《火灾自动报警系统施

工及验收规范》GB 50166 的有关规定。

10.0.2　气体灭火系统施工及验收应符合现行国家标准《气体灭火系统施工及验收规范》GB 50263 的有关规定。

10.0.3　自动喷水灭火系统施工及验收应符合现行国家标准《自动喷水灭火系统施工及验收规范》GB 50261 的有关规定。

10.2.42　机房室内装饰装修检验批质量验收记录

1. 表格

机房室内装饰装修检验批质量验收记录

08180801 ＿＿＿＿

单位（子单位）工程名称		分部（子分部）工程名称		分项工程名称		
施工单位		项目负责人		检验批容量		
分包单位		分包单位项目负责人		检验批部位		
施工依据			验收依据	《智能建筑工程施工规范》GB 50606－2010		
	验收项目		设计要求及规范规定	最小/实际抽样数量	检查记录	检查结果
主控项目	1	材料、器具、设备进场质量检测	第 3.5.1 条	/		
	2	在防雷接地等电位排安装完毕并引入机柜线槽和管线的安装完毕后方可进行装饰工程	第 17.2.1 条第 1 款	/		
	3	吊顶吊杆、饰面板和龙骨的材质、规格符合设计要求；	第 17.2.1 条	/		
	4	吊杆、龙骨安装间距和连接方式应符合设计要求；	第 17.2.1 条	/		
	5	吊顶板上铺设的防火、保温、吸音材料应包封严密，板块间应无缝隙，并应固定牢固	第 17.2.1 条	/		
	6	吊顶与墙面、柱面、窗帘盒的交接应符合设计要求，装饰面质量符合规定	第 17.2.1 条	/		
	7	隔断墙材料质量符合设计要求和规范规定	第 17.2.1 条	/		
	8	隔断墙安装质量符合规范规定	第 17.2.1 条	/		
	9	有耐火极限要求的隔断墙板安装应符合规定	第 17.2.1 条	/		
	10	地面材料质量和安装质量符合规定	第 17.2.1 条	/		
	11	防潮层材料和安装质量符合规定	第 17.2.1 条	/		
	12	活动地板支撑架应安装牢固，并应调平	第 17.2.1 条第 2 款	/		
	13	活动地板的高度应根据电缆布线和空调送风要求确定，宜为 200mm～500mm	第 17.2.1 条第 3 款	/		
	14	地板线缆出口应配合计算机实际位置进行定位，出口应有线缆保护措施	第 17.2.1 条第 4 款	/		
	15	内墙、顶棚及柱面的处理符合规定	第 17.2.1 条	/		
	16	门窗材质符合设计要求，质量符合规定	第 17.2.1 条	/		
	17	其他材料符合设计要求，安装符合规定	第 17.2.1 条	/		
施工单位检查结果			专业工长：项目专业质量检查员：　　　年　月　日			
监理单位验收结论			专业监理工程师：　　　年　月　日			

2. 验收依据说明

【规范一名称及编号】《智能建筑工程施工规范》GB 50606－2010

【条文摘录】

摘录一：

第 3.5.1 条（见《梯架、托盘、槽盒和导管安装检验批质量验收记录》的表格验收依据说明，本书第 721 页）。

摘录二：

17.2.1 机房室内装饰装修工程的施工除应执行国家标准《电子信息系统机房施工及验收规范》GB 50462－2008 第 10 章的规定外，尚应符合下列规定：

1 在防雷接地等电位排安装完毕并引入机柜线槽和管线的安装完毕后方可进行装饰工程；

2 活动地板支撑架应安装牢固，并应调平；

3 活动地板的高度应根据电缆布线和空调送风要求确定，宜为 200mm～500mm；

4 地板线缆出口应配合计算机实际位置进行定位，出口应有线缆保护措施。

【规范二名称及编号】《电子信息系统机房施工及验收规范》GB 50462－2008

【条文摘录】

11 室内装饰装修

11.1 一般规定

11.1.1 电子信息系统机房室内装饰装修应包括吊顶、隔断、地面处理、活动地板、内墙和顶棚及柱面处理、门窗制作安装及其他作业的施工及验收。

11.1.2 室内装饰装修施工宜按由上而下、从里到外的顺序进行。

11.1.3 室内环境污染的控制及装饰装修材料的选择应按现行国家标准《民用建筑工程室内环境污染控制规范》GB 50325 的有关规定执行。

11.1.4 各工种的施工环境条件应符合施工材料说明书的要求。

11.2 吊顶

11.2.1 吊点固定件位置应按设计标高及安装位置确定。

11.2.2 吊顶吊杆和龙骨的材质、规格、安装间隙与连接方式应符合设计要求。预埋吊杆或预设钢板，应在吊顶施工前完成。未做防锈处理的金属吊挂件应进行涂漆。

11.2.3 吊顶上空间作为回风静压箱时，其内表面应按设计做防尘处理，不得起皮和龟裂。

11.2.4 吊顶板上铺设的防火、保温、吸音材料应包封严密，板块间应无缝隙，并应固定牢靠。

11.2.5 龙骨与饰面板的安装施工应按现行国家标准《住宅装饰装修工程施工规范》GB 50327 的有关规定执行，并应符合产品说明书的要求。

11.2.6 吊顶装饰面板表面应平整、边缘整齐、颜色一致，板面不得变色、翘曲、缺损、裂缝和腐蚀。

11.2.7 吊顶与墙面、柱面、窗帘盒的交接应符合设计要求，并应严密美观。

11.2.8 安装吊顶装饰面板前应完成吊顶上各类隐蔽工程的施工及验收。

11.3 隔断墙

11.3.1 隔断墙应包括金属饰面板隔断、骨架隔断和玻璃隔断等非承重轻质隔断及实墙的工程施工。

11.3.2 隔断墙施工前应按设计划线定位。

11.3.3 隔断墙主要材料质量应符合下列要求：

1 饰面板表面应平整、边缘整齐，不应有污垢、缺角、翘曲、起皮、裂纹、开胶、划痕、变色和明显色差等缺陷；

2 隔断玻璃表面应光滑、无波纹和气泡，边缘应平直、无缺角和裂纹。

11.3.4　轻钢龙骨架的隔断安装应符合下列要求：

1　隔断墙的沿地、沿顶及沿墙龙骨位置应准确，固定应牢靠；

2　竖龙骨及横向贯通龙骨的安装应符合设计及产品说明书的要求；

3　有耐火极限要求的隔断墙板安装应符合下列规定：

1）竖龙骨的长度应小于隔断墙的高度 30mm，上下应形成 15mm 的膨胀缝；

2）隔断墙板应与竖龙骨平行铺设，不得沿地、沿顶龙骨固定；

3）隔断墙两面墙板接缝不得在同一根龙骨上，安装双层墙板时，面层与基层的接缝亦不得在同一根龙骨上；

4　隔断墙内填充的材料应符合设计要求，应充满、密实、均匀。

11.3.5　装饰面板的非阻燃材料衬层内表面应涂覆两遍防火涂料。粘接剂应根据装饰面板性能或产品说明书要求确定。粘接剂应满涂、均匀，粘接应牢固。饰面板对缝图案应符合设计规定。

11.3.6　金属饰面板隔断安装应符合下列要求：

1　金属饰面板表面应无压痕、划痕、污染、变色、锈迹，界面端头应无变形；

2　隔断不到顶棚时，上端龙骨应按设计与顶棚或梁、柱固定；

3　板面应平直，接缝宽度应均匀、一致。

11.3.7　玻璃隔断的安装应符合下列要求：

1　玻璃支撑材料品种、型号、规格、材质应符合设计要求，表面应光滑、无污垢和划痕，不得有机械损伤；

2　隔断不到顶棚时，上端龙骨应按设计与顶棚或梁、柱固定；

3　安装玻璃的槽口应清洁，下槽口应衬垫软性材料。玻璃之间或玻璃与扣条之间嵌缝灌注的密封胶应饱满、均匀、美观；如填塞弹性密封胶条，应牢固、严密，不得起鼓和缺漏；

4　应在工程竣工验收前揭去骨架材料面层保护膜；

5　竣工验收前在玻璃上应粘贴明显标志。

11.3.8　防火玻璃隔断应按设计要求安装，除应符合本规范第 11.3.7 条的规定外，尚应符合产品说明书的要求。

11.3.9　隔断墙与其他墙体、柱体的交接处应填充密封防裂材料。

11.3.10　实体隔断墙的砌砖应符合现行国家标准《砌体工程施工质量验收规范》GB 50203 的有关规定，抹灰及饰面应符合现行国家标准《住宅装饰装修工程施工规范》GB 50327 的有关规定。

11.4　地面处理

11.4.1　地面处理应包括原建筑地面处理及不安装活动地板房间的地面砖、石材、地毯等地面面层材料的铺设。

11.4.2　地面铺设宜在隐蔽工程、吊顶工程、墙面与柱面的抹灰工程完成后进行。

11.4.3　潮湿地区应按设计要求铺设防潮层，并应做到均匀、平整、牢固、无缝隙。

11.4.4　地面砖、石材、地毯铺设应符合现行国家标准《住宅装饰装修工程施工规范》GB 50327 的有关规定。

11.4.5　在水泥地面上涂覆特殊材料时，施工环境和施工方法应符合产品技术文件的要求。

11.5　活动地板

11.5.1　活动地板的铺设应在机房内其他施工及设备基座安装完成后进行。

11.5.2　铺设前应对建筑地面进行清洁处理，建筑地面应干燥、坚硬、平整、不起尘。

活动地板下空间作为送风静压箱时，应对原建筑表面进行防尘涂覆，涂覆面不得起皮和龟裂。

11.5.3　活动地板铺设前，应按设计标高及地板布置准确放线。沿墙单块地板的最小宽度不宜小于整块地板边长的 1/4。

11.5.4　活动地板铺设时应随时调整水平；遇到障碍物或不规则墙面、柱面时应按实际尺寸切割，并应相应增加支撑部件。

11.5.5 铺设风口地板和开口地板时，需现场切割的地板，切割面应光滑、无毛刺，并应进行防火、防尘处理。

11.5.6 在原建筑地面铺设的保温材料应严密、平整，接缝处应粘接牢固。

11.5.7 在搬运、储藏、安装活动地板过程中，应注意装饰面的保护，并应保持清洁。

11.5.8 在活动地板上安装设备时，应对地板面进行防护。

11.6 内墙、顶棚及柱面的处理

11.6.1 内墙、顶棚及柱面的处理应包括表面涂覆、壁纸及织物粘贴、装饰板材安装、墙面砖或石材等材料的铺贴。

11.6.2 新建或改建工程中的抹灰施工应符合现行国家标准《住宅装饰装修工程施工规范》GB 50327 的有关规定。

11.6.3 表面涂覆、壁纸或织物粘贴、墙面砖或石材等材料的铺贴应在墙面隐蔽工程完成后、吊顶板安装及活动地板铺设之前进行。表面涂覆、壁纸或织物粘贴应符合现行国家标准《住宅装饰装修工程施工规范》GB 50327 的有关规定。施工质量应符合现行国家标准《建筑装饰装修工程质量验收规范》GB 50210 的有关规定。

11.6.4 金属饰面板安装应牢固、垂直、稳定，与墙面、柱面应保留 50mm 以上的间隙，并应符合本规范第 11.3.6 条的规定。

11.6.5 其他饰面板的安装应按本规范第 11.3.5 条执行，并应符合现行国家标准《建筑装饰装修工程质量验收规范》GB 50210 的有关规定。

11.7 门窗及其他

11.7.1 门窗及其他施工应包括门窗、门窗套、窗帘盒、暖气罩、踢脚板等制作与安装。

11.7.2 安装门窗前应进行下列各项检查：

1 门窗的品种、规格、功能、尺寸、开启方向、平整度、外观质量应符合设计要求，附件应齐全；

2 门窗洞口位置、尺寸及安装面结构应符合设计要求。

11.7.3 门窗的运输、存放、安装应符合下列规定：

1 木门窗应采取防潮措施，不得碰伤、玷污和暴晒；

2 塑钢门窗安装、存放环境温度应低于 50℃；存放处应远离热源；环境温度低于 0℃ 时，安装前应在室温下放置 24h；

3 铝合金、塑钢、不锈钢门窗的保护贴膜在验收前不得损坏；在运输或存放铝合金、塑钢、不锈钢门窗时应竖直、稳定排放，并应用软质材料相隔；

4 钢质防火门安装前不应拆除包装，并应存放在清洁、干燥的场所，不得磨损和锈蚀。

11.7.4 门窗安装应平整、牢固、开闭自如、推拉灵活、接缝严密。

11.7.5 玻璃安装应按本规范第 11.3.7 条执行。

11.7.6 门窗框与洞口的间隙应填充弹性材料，并应用密封胶密封。

11.7.7 门窗安装除应执行本规范外，尚应符合现行国家标准《建筑装饰装修工程质量验收规范》GB 50210 的有关规定。

11.7.8 门窗套、窗帘盒、暖气罩、踢脚板等制作与安装应符合现行国家标准《建筑装饰装修工程质量验收规范》GB 50210 的有关规定。其表面应光洁、平整、色泽一致、线条顺直、接缝严密，不得有裂缝、翘曲和损坏。

11.8 施工验收

11.8.1 吊顶、隔断墙、内墙和顶棚及柱面、门窗以及窗帘盒、暖气罩、踢脚板等施工的验收内容和方法，应符合现行国家标准《建筑装饰装修工程质量验收规范》GB 50210 的有关规定。

11.8.2 地面处理施工的验收内容和方法，应符合现行国家标准《建筑地面工程施工质量验收规范》GB 50209 的有关规定。防静电活动地板的验收内容和方法，应符合国家现行标准《防静电地面施工及验收规范》SJ/T 31469 的有关规定。

11.8.3　施工交接验收时，施工单位提供的文件应符合本规范第3.3.3条的规定。

10.2.43　机房电磁屏蔽检验批质量验收记录

1. 表格

机房电磁屏蔽检验批质量验收记录

08180901 ＿＿＿

单位（子单位）工程名称		分部（子分部）工程名称		分项工程名称		
施工单位		项目负责人		检验批容量		
分包单位		分包单位项目负责人		检验批部位		
施工依据			验收依据	《智能建筑工程施工规范》GB 50606－2010		
验收项目			设计要求及规范规定	最小/实际抽样数量	检查记录	检查结果
主控项目	1	材料、器具、设备进场质量检测	第3.5.1条	/		
	2	焊接应牢固可靠，焊缝应光滑致密，不得有熔渣、裂纹、气泡、气孔和虚焊。焊接后应对全部焊缝进行除锈处理	第17.2.8条	/		
	3	可拆卸式电磁屏蔽室壳体安装应符合规定	第17.2.8条	/		
	4	自撑式电磁屏蔽室壳体安装应符合规定	第17.2.8条	/		
	5	直贴式电磁屏蔽室壳体安装应符合规定	第17.2.8条	/		
	6	铰链屏蔽门安装应符合规定	第17.2.8条	/		
	7	平移屏蔽门安装应符合规定	第17.2.8条	/		
	8	滤波器安装应符合规定	第17.2.8条	/		
	9	截止波导通风窗安装应符合规定	第17.2.8条	/		
	10	屏蔽玻璃安装应符合规定	第17.2.8条	/		
	11	所有屏蔽接口件应用电磁屏蔽检漏仪连续检漏，不得漏检，不合格处应修补	第17.2.8条	/		
	12	电磁屏蔽室的全频段检测应符合规定	第17.2.8条	/		
	13	其他施工不得破坏屏蔽层	第17.2.8条	/		
	14	所有出入屏蔽室的信号线缆必须进行屏蔽滤波处理	第17.2.8条	/		
	15	所有出入屏蔽室的气管和液管必须通过屏蔽波导	第17.2.8条	/		
	16	屏蔽壳体接地符合设计要求，接地电阻符合设计要求	第17.2.8条	/		
施工单位检查结果		专业工长：项目专业质量检查员：年 月 日				
监理单位验收结论		专业监理工程师：年 月 日				

2. 验收依据说明

【规范一名称及编号】《智能建筑工程施工规范》GB 50606-2010

【条文摘录】

摘录一：

第3.5.1条（见《梯架、托盘、槽盒和导管安装检验批质量验收记录》的表格验收依据说明，本书第721页）。

摘录二：

17.2.8　电磁屏蔽工程的施工应执行国家标准《电子信息系统机房施工及验收规范》GB 50462-2008 第10章的规定。

【规范二名称及编号】《电子信息系统机房施工及验收规范》GB 50462-2008

【条文摘录】

12　电磁屏蔽

12.1　一般规定

12.1.1　电子信息系统机房电磁屏蔽工程的施工及验收应包括屏蔽壳体、屏蔽门、各类滤波器、截止通风波导窗、屏蔽玻璃窗、信号接口板、室内电气、室内装饰等工程的施工和屏蔽效能的检测。

12.1.2　安装电磁屏蔽室的建筑墙地面应坚硬、平整，并应保持干燥。

12.1.3　屏蔽壳体安装前，围护结构内的预埋件、管道施工及预留空洞应完成。

12.1.4　施工中所有焊接应牢固、可靠；焊缝应光滑、致密，不得有熔渣、裂纹、气泡、气孔和虚焊。焊接后应对全部焊缝进行除锈防腐处理。

12.1.5　安装电磁屏蔽室时不宜与其他专业交叉施工。

12.2　壳体安装

12.2.1　壳体安装应包括可拆卸式电磁屏蔽室、自撑式电磁屏蔽室和直贴式电磁屏蔽室壳体的安装。

12.2.2　可拆卸式电磁屏蔽室壳体的安装应符合下列规定：

1　应按设计核对壁板的规格、尺寸和数量；

2　在建筑地面上应铺设防潮、绝缘层；

3　对壁板的连接面应进行导电清洁处理；

4　壁板拼装应按设计或产品技术文件的顺序进行；

5　安装中应保证导电衬垫接触良好，接缝应密闭可靠。

12.2.3　自撑式电磁屏蔽室壳体的安装应符合下列规定：

1　焊接前应对焊接点清洁处理；

2　应按设计位置进行地梁、侧梁、顶梁的拼装焊接，并应随时校核尺寸；焊接宜为电焊，梁体不得有明显的变形，平面度不应大于 $3/1000^2$；

3　壁板之间的连接应为连续焊接；

4　在安装电磁屏蔽室装饰结构件时应进行点焊，不得将板体焊穿。

12.2.4　直贴式电磁屏蔽室壳体的安装应符合下列规定：

1　应在建筑墙面和顶面上安装龙骨，安装应牢固、可靠；

2　应按设计将壁板固定在龙骨上；

3　壁板在安装前应先对其焊接边进行导电清洁处理；

4　壁板的焊缝应为连续焊接。

12.3　屏蔽门安装

12.3.1　铰链屏蔽门安装应符合下列规定：

1　在焊接或拼装门框时，不得使门框变形，门框平面度不应大于 $2/1000^2$；

2　门框安装后应进行操作机构的调试和试运行，并应在无误后进行门扇安装；

3　安装门扇时，门扇上的刀口与门框上的簧片接触应均匀一致。

12.3.2　平移屏蔽门的安装应符合下列规定：

1　焊接后的变形量及间距应符合设计要求。门扇、门框平面度不应大于 $1.5/1000^2$，门扇对中位移不应大于 1.5mm。

2　在安装气密屏蔽门扇时，应保证内外气囊压力均匀一致，充气压力不应小于 0.15MPa，气管连接处不应漏气。

12.4　滤波器、截止波导通风窗及屏蔽玻璃的安装

12.4.1　滤波器安装应符合下列规定：

1　在安装滤波器时，应将壁板和滤波器接触面的油漆清除干净，滤波器接触面的导电性应保持良好；应按设计要求在滤波器接触面放置导电衬垫，并应用螺栓固定、压紧，接触面应严密；

2　滤波器应按设计位置安装；不同型号、不同参数的滤波器不得混用；

3　滤波器的支架安装应牢固可靠，并应与壁板有良好的电气连接。

12.4.2　截止波导通风窗安装应符合下列规定：

1　波导芯、波导围框表面油脂污垢应清除，并应用锡钎焊将波导芯、波导围框焊成一体；焊接应可靠、无松动，不得使波导芯焊缝开裂；

2　截止波导通风窗与壁板的连接应牢固、可靠、导电密封；采用焊接时，截止波导通风窗焊缝不得开裂；

3　严禁在截止波导通风窗上打孔；

4　风管连接宜采用非金属软连接，连接孔应在围框的上端。

12.4.3　屏蔽玻璃安装应符合下列规定：

1　屏蔽玻璃四周外延的金属网应平整无破损；

2　屏蔽玻璃四周的金属网和屏蔽玻璃框连接处应进行去锈除污处理，并应采用压接方式将二者连接成一体。连接应可靠、无松动，导电密封应良好；

3　安装屏蔽玻璃时用力应适度，屏蔽玻璃与壳体的连接处不得破碎。

12.5　屏蔽效能自检

12.5.1　电磁屏蔽室安装完成后应用电磁屏蔽检漏仪对所有接缝、屏蔽门、截止波导通风窗、滤波器等屏蔽接口件进行连续检漏，不得漏检，不合格处应修补。

12.5.2　电磁屏蔽室的全频段检测应符合下列规定：

1　电磁屏蔽室的全频段检测应在屏蔽壳体完成后，室内装饰前进行；

2　在自检中应分别对屏蔽门、壳体接缝、波导窗、滤波器等所有接口点进行屏蔽效能检测，检测指标均应满足设计要求。

12.6　其他施工要求

12.6.1　电磁屏蔽室内的供配电、空气调节、给排水、综合布线、监控及安全防范系统、消防系统、室内装饰装修等专业施工应在屏蔽壳体检测合格后进行，施工时严禁破坏屏蔽层。

12.6.2　所有出入屏蔽室的信号线缆必须进行屏蔽滤波处理。

12.6.3　所有出入屏蔽室的气管和液管必须通过屏蔽波导。

12.6.4　屏蔽壳体应按设计进行良好接地，接地电阻应符合设计要求。

12.7　施工验收

12.7.1　验收应由建设单位组织监理单位、设计单位、测试单位、施工单位共同进行。

12.7.2　验收应按附录 G 的内容进行，并应按附录 G 填写《电磁屏蔽室工程验收表》。

12.7.3　电磁屏蔽室屏蔽效能的检测应由国家认可的机构进行；检测的方法和技术指标应符合现行国家标准《电磁屏蔽室屏蔽效能测量方法》GB/T 12190 的有关规定或国家相关部门制定的检测标准。

12.7.4 检测后应按附录F填写《电磁屏蔽室屏蔽效能测试记录表》。

12.7.5 电磁屏蔽室内的其他各专业施工的验收均应按本规范中有关施工验收的规定进行。

12.7.6 施工交接验收时，施工单位提供的文件除应符合本规范第3.3.3条的规定外，还应按附录F和附录G提交《电磁屏蔽室屏蔽效能测试记录表》和《电磁屏蔽室工程验收表》。

10.2.44 机房设备安装检验批质量验收记录

1. 表格

机房设备安装检验批质量验收记录

08180102 ____　　08180202 ____　　08180302 ____
08180402 ____　　08180502 ____　　08180602 ____
08180702 ____　　08180802 ____　　08180902 ____

单位（子单位）工程名称			分部（子分部）工程名称		分项工程名称	
施工单位			项目负责人		检验批容量	
分包单位			分包单位项目负责人		检验批部位	
施工依据			验收依据		《智能建筑工程施工规范》GB 50606－2010	

验收项目			设计要求及规范规定	最小/实际抽样数量	检查记录	检查结果
主控项目	1	电气装置应安装牢固、整齐、标识明确、内外清洁	第17.3.1条第1款	/		
	2	机房内的地面、活动地板的防静电施工应符合规定	第17.3.1条第2款	/		
	3	电源线、信号线入口处的浪涌保护器安装位置正确、牢固	第17.3.1条第3款	/		
	4	接地线和等电位连接带连接正确，安装牢固。接地电阻应符合本规范第16.4.1的规定	第17.3.1条第4款	/		
一般项目	1	吊顶内电气装置应安装在便于维修处	第17.3.2条第1款	/		
	2	配电装置应有明显标志，并应注明容量、电压、频率等	第17.3.2条第2款	/		
	3	落地式电气装置的底座与楼地面应安装牢固	第17.3.2条第3款	/		
	4	电源线、信号线应分别铺设，并应排列整齐，捆扎固定，长度应留有余量	第17.3.2条第4款	/		
	5	成排安装的灯具应平直、整齐	第17.3.2条第5款	/		

施工单位检查结果	专业工长：项目专业质量检查员：　　　　　　　年 月 日
监理单位验收结论	专业监理工程师：　　　　　　　　　　　年 月 日

2. 验收依据说明

【规范名称及编号】《智能建筑工程施工规范》GB 50606 - 2010

【条文摘录】

摘录一：

第 3.5.1 条（见《梯架、托盘、槽盒和导管安装检验批质量验收记录》的表格验收依据说明，本书第 721 页）。

摘录二：

17.3.1 主控项目应符合下列规定：

1 电气装置应安装牢固、整齐、标识明确、内外清洁；

2 机房内的地面、活动地板的防静电施工应符合行业标准《民用建筑电气规范》JGJ 16 - 2008 第 23.2 节的要求；

3 电源线、信号线入口处的浪涌保护器安装位置正确、牢固；

4 接地线和等电位连接带连接正确，安装牢固。接地电阻应符合本规范第 16.4.1 的规定。

17.3.2 一般项目应符合下列规定：

1 吊顶内电气装置应安装在便于维修处；

2 配电装置应有明显标志，并应注明容量、电压、频率等；

3 落地式电气装置的底座与楼地面应安装牢固；

4 电源线、信号线应分别铺设，并应排列整齐，捆扎固定，长度应留有余量；

5 成排安装的灯具应平直、整齐。

10.2.45 接地装置检验批质量验收记录

1. 表格

接地装置检验批质量验收记录

08190101 ____

单位（子单位）工程名称			分部（子分部）工程名称			分项工程名称		
施工单位			项目负责人			检验批容量		
分包单位			分包单位项目负责人			检验批部位		
施工依据				验收依据		《智能建筑工程施工规范》GB 50606 - 2010		
验收项目			设计要求及规范规定	最小/实际抽样数量		检查记录		检查结果
主控项目	1	材料、器具、设备进场质量检测	第 3.5.1 条	/				
	2	采用建筑物共用接地装置时，接地电阻不应大于 1Ω	第 16.2.1 条第 1 款	/				
	3	采用单独接地装置时，接地电阻不应大于 4Ω	第 16.2.1 条第 2 款	/				
	4	接地装置的焊接应符合规定	第 16.2.1 条第 3 款	/				
	5	接地装置测试点的设置	第 16.1.1 条	/				
	6	防雷接地的人工接地装置的接地干线埋设	第 16.1.1 条	/				
	7	接地模块的埋设深度、间距和基坑尺寸	第 16.1.1 条	/				
	8	接地模块设置应垂直或水平就位	第 16.1.1 条	/				

续表

	验收项目	设计要求及规范规定	最小/实际抽样数量	检查记录	检查结果
一般项目	1 接地装置埋设深度、间距和搭接长度和防腐措施	第16.1.1条	/		
	2 接地装置的材质和最小允许规格尺寸	第16.1.1条	/		
	3 接地模块与干线的连接和干线材质选用	第16.1.1条	/		
	4 接地体垂直长度不应小于2.5m，间距不宜小于5m	第16.1.1条第1款	/		
	5 接地体埋深不宜小于0.6m	第16.1.1条第2款	/		
	6 接地体距建筑物距离不应小于1.5m	第16.1.1条第3款	/		

施工单位检查结果	专业工长： 项目专业质量检查员： 年 月 日
监理单位验收结论	专业监理工程师： 年 月 日

2. 验收依据说明

【规范一名称及编号】《智能建筑工程施工规范》GB 50606－2010

【条文摘录】

摘录一：

第3.5.1条（见《梯架、托盘、槽盒和导管安装检验批质量验收记录》的表格验收依据说明，本书第721页）。

摘录二：

16.1.1 接地体安装除应执行国家标准《建筑物电子信息系统防雷技术规范》GB 50343－2004 第6.2节和《建筑电气工程施工质量验收规范》GB 50303－2002 第24章的规定外，尚应符合下列规定：

1 接地体垂直长度不应小于2.5m，间距不宜小于5m；

2 接地体埋深不宜小于0.6m；

3 接地体距建筑物距离不应小于1.5m；

摘录三：

16.2.1 主控项目应符合下列规定：

1 采用建筑物共用接地装置时，接地电阻不应大于1Ω；

2 采用单独接地装置时，接地电阻不应大于4Ω；

3 接地装置的焊接应符合国家标准《建筑电气工程施工质量验收规范》GB 50303－2002 第24.2.1条的规定。

【规范二名称及编号】《建筑电气工程质量验收规范》GB 50303－2002

【条文摘录】

24　接地装置安装（见《接地装置安装检验批质量验收记录》的表格验收依据说明，本书第 694页）。

10.2.46　接地线检验批质量验收记录

1. 表格

接地线检验批质量验收记录 08190201 ___

单位（子单位）工程名称			分部（子分部）工程名称			分项工程名称		
施工单位			项目负责人			检验批容量		
分包单位			分包单位项目负责人			检验批部位		
施工依据				验收依据		《智能建筑工程施工规范》GB 50606－2010		
验收项目			设计要求及规范规定	最小/实际抽样数量	检查记录			检查结果
主控项目	1	材料、器具、设备进场质量检测	第3.5.1条	/				
	2	利用金属构件、金属管道作接地线时与接地干线的连接	第16.1.2条	/				
一般项目	1	钢制接地线的连接和材料规格、尺寸	第16.1.2条	/				
	2	电缆穿过零序电流互感器时，电缆头的接地线检查	第16.1.2条	/				
	3	钢制接地线的焊接连接应焊缝饱满，并应采取防腐措施	第16.2.2条第1款	/				
	4	接地线在穿越墙壁和楼板处应加金属套管，金属套管应与接地线连接	第16.2.2条第2款	/				
施工单位检查结果			专业工长：项目专业质量检查员：　　　　　　　年　月　日					
监理单位验收结论			专业监理工程师：　　　　　　　年　月　日					

2. 验收依据说明

【规范一名称及编号】《智能建筑工程施工规范》GB 50606－2010

【条文摘录】

摘录一：

第3.5.1条（见《梯架、托盘、槽盒和导管安装检验批质量验收记录》的表格验收依据说明，本书第 721 页）。

摘录二：

16.1.2 接地线的安装除应执行国家标准《建筑物电子信息系统防雷技术规范》GB 50343 - 2004 第6.3节和《建筑电气工程施工质量验收规范》GB 50303 - 2002 第 25 章的规定外，尚应符合下列规定：

1 利用建筑物结构主筋作接地线时，与基础内主筋焊接，根据主筋直径大小确定焊接根数，但不得少于 2 根；

2 引至接地端子的接地线应采用截面积不小于 $4mm^2$ 的多股铜线。

【规范二名称及编号】《建筑电气工程质量验收规范》GB 50303 - 2002

【条文摘录】

25 避雷引下线和变配电室接地干线敷设（见《接地干线敷设检验批质量验收记录》的表格验收依据说明，本书第 698 页）。

10.2.47 等电位联接检验批质量验收记录

1. 表格

等电位联接检验批质量验收记录　　　　　　　　　08190301 ____

单位（子单位）工程名称			分部（子分部）工程名称		分项工程名称	
施工单位			项目负责人		检验批容量	
分包单位			分包单位项目负责人		检验批部位	
施工依据			验收依据		《智能建筑工程施工规范》GB 50606 - 2010	

	验收项目		设计要求及规范规定	最小/实际抽样数量	检查记录	检查结果
主控项目	1	材料、器具、设备进场质量检测	第 3.5.1 条	/		
	2	建筑物总等电位联结端子板接地线应从接地装置直接引入，各区域的总等电位联结装置应相互连通	第 16.1.3 条第 1 款	/		
	3	应在接地装置两处引连接体与室内总等电位接地端子板相连接	第 16.1.3 条第 2 款	/		
	4	接地装置与室内总等电位连接带的连接导体截面积，铜质接地线不应小于 $50mm^2$，钢质接地线不应小于 $80mm^2$	第 16.1.3 条第 2 款	/		
	5	等电位接地端子板之间应采用螺栓连接，铜质接地线的连接应焊接或压接，钢质地线连接应采用焊接	第 16.1.3 条第 3 款	/		
	6	每个电气设备的接地应用单独的接地线与接地干线相连	第 16.1.3 条第 4 款	/		
	7	不得利用蛇皮管、管道保温层的金属外皮或金属网及电缆金属护层作接地线；不得将桥架、金属线管作接地线	第 16.1.3 条第 5 款	/		
一般项目	1	等电位联结的可接近裸露导体或其他金属部件、构件与支线的连接可靠，导通正常	第 16.1.3 条	/		
	2	需等电位联结的高级装修金属部件或零件等电位联结的连接	第 16.1.3 条	/		
施工单位检查结果				专业工长： 项目专业质量检查员： 　　　　　　年　月　日		
监理单位验收结论				专业监理工程师： 　　　　　　年　月　日		

2. 验收依据说明

【规范一名称及编号】《智能建筑工程施工规范》GB 50606－2010

【条文摘录】

摘录一：

第 3.5.1 条（见《梯架、托盘、槽盒和导管安装检验批质量验收记录》的表格验收依据说明，本书第 721 页）。

摘录二：

16.1.3　等电位联结安装除应执行国家标准《建筑物电子信息系统防雷技术规范》GB 50343－2004 第 6.4 节和《建筑电气工程施工质量验收规范》GB 50303－2002 第 27 章的规定外，尚应符合下列规定：

1　建筑物总等电位联结端子板接地线应从接地装置直接引入，各区域的总等电位联结装置应相互连通；

2　应在接地装置两处引连接导体与室内总等电位接地端子板相连接，接地装置与室内总等电位连接带的连接导体截面积，铜质接地线不应小于 50mm^2，钢质接地线不应小于 80mm^2；

3　等电位接地端子板之间应采用螺栓连接，铜质接地线的连接应焊接或压接，钢质地线连接应采用焊接；

4　每个电气设备的接地应用单独的接地线与接地干线相连；

5　不得利用蛇皮管、管道保温层的金属外皮或金属网及电缆金属护层作接地线；不得将桥架、金属线管作接地线。

【规范二名称及编号】《建筑电气工程质量验收规范》GB 50303－2002

【条文摘录】

27　建筑物等电位联结（见《建筑物等电位连接检验批质量验收记录》的表格验收依据说明，本书第 709 页）。

10.2.48　屏蔽设施检验批质量验收记录

1. 表格

屏蔽设施检验批质量验收记录　　　　08190401 ＿＿＿

单位（子单位）工程名称			分部（子分部）工程名称		分项工程名称		
施工单位			项目负责人		检验批容量		
分包单位			分包单位项目负责人		检验批部位		
施工依据				验收依据	《智能建筑工程施工规范》GB 50339－2013		
验收项目			设计要求及规范规定	最小/实际抽样数量	检查记录		检查结果
主控项目	1	屏蔽设施接地安装应符合设计要求	第 22.0.3 条	/			
	2	接地电阻值应符合设计要求	第 22.0.3 条	/			
施工单位检查结果			专业工长：项目专业质量检查员：　　　　年　月　日				
监理单位验收结论			专业监理工程师：　　　　年　月　日				

2. 验收依据说明

【规范名称及编号】《智能建筑工程质量验收规范》GB 50339－2013

【条文摘录】

22.0.3 智能建筑的防雷与接地系统检测应检查下列内容，结果符合设计要求的应判定为合格：

1 接地装置复接地连接点的安装；

2 接地电阻的阻值；

3 接地导体的规格、敷设方法和连接方法；

4 等电位联结带的规格、联结方诸和安装位置；

5 屏蔽设施的安装；

6 电涌保护器的性能参数、安装位置、安装方式和连接导线规格。

10.2.49 电涌保护器检验批质量验收记录

1. 表格

电涌保护器检验批质量验收记录　　　　　　08190501＿＿＿＿

单位（子单位）工程名称			分部（子分部）工程名称		分项工程名称	
施工单位			项目负责人		检验批容量	
分包单位			分包单位项目负责人		检验批部位	
施工依据			验收依据		《智能建筑工程施工规范》GB 50606－2010	

		验收项目	设计要求及规范规定	最小/实际抽样数量	检查记录	检查结果
主控项目	1	材料、器具、设备进场质量检测	第3.5.1条	/		
	2	电源线路浪涌保护器 安装位置和连接设备	第16.1.4条	/		
		连接方式	第16.1.4条	/		
		连接导线最小截面积	第16.1.4条	/		
	3	天馈线路浪涌保护器 安装位置和连接设备	第16.1.4条	/		
		接地线路	第16.1.4条	/		
	4	信息线路浪涌保护器 安装位置和连接设备	第16.1.4条	/		
		导线和接地线路	第16.1.4条	/		
	5	浪涌保护器应安装牢固	第16.1.4条	/		
一般项目	1	室外安装时应有防水措施	第16.1.4条第1款	/		
	2	浪涌保护器安装位置应靠近被保护设备	第16.1.4条第2款	/		

施工单位检查结果	专业工长：项目专业质量检查员：　　　　　　年　月　日
监理单位验收结论	专业监理工程师：　　　　　　年　月　日

2. 验收依据说明

【规范一名称及编号】《智能建筑工程施工规范》GB 50606－2010

【条文摘录】

摘录一：

第 3.5.1 条（见《梯架、托盘、槽盒和导管安装检验批质量验收记录》的表格验收依据说明，本书第 721 页）。

摘录二：

16.1.4　浪涌保护器安装除应执行国家标准《建筑物电子信息系统防雷技术规范》GB 50343－2004 第 6.5 节的规定外，尚应符合下列规定：

1　室外安装时应有防水措施；

2　浪涌保护器安装位置应靠近被保护设备。

【规范二名称及编号】《建筑物电子信息系统防雷技术规范》GB 50343－2004

【条文摘录】

6.5　浪涌保护器

6.5.1　电源线路浪涌保护器（SPD）的安装应符合下列规定：

1　电源线路的各级浪涌保护器（SPD）应分别安装在被保护设备电源线路的前端，浪涌保护器各接线端应分别与配电箱内线路的同名端相线连接。浪涌保护器的接地端与配电箱的保护接地线（PE）接地端子板连接，配电箱接地端子板应与所处防雷区的等电位接地端子板连接。各级浪涌保护器（SPD）连接导线应平直，其长度不宜超过 0.5m；

2　带有接线端子的电源线路浪涌保护器应采用压接；带有接线柱的浪涌保护器宜采用线鼻子与接线柱连接；

3　浪涌保护器（SPD）的连接导线最小截面积宜符合表 6.5.1 的规定。

表 6.5.1　浪涌保护器（SPD）连接线最小截面积

防护级别	SPD 的类型	导线截面积（mm^2）	
		SPD 连接相线铜导线	SPD 接地端连接铜导线
第一级	开关型或限压型	16	25
第二级	限压型	10	16
第三级	限压型	6	10
第四级	限压型	4	6

注：组合型 SPD 参照相应保护级别的截面积选择。

6.5.2　天馈线路浪涌保护器（SPD）的安装应符合下列规定：

1　天馈线路浪涌保护器 SPD 应串接于天馈线与被保护设备之间，宜安装在机房内设备附近或机架上，也可以直接连接在设备馈线接口上；

2　天馈线路浪涌保护器 SPD 的接地端应采用截面积不小于 $6mm^2$ 的铜芯导线就近连接到直击雷非防护区（$LPZ0_A$）或直击雷防护区（$LPZ0_B$）与第一防护区（LPZ1）交界处的等电位接地端子板上，接地线应平直。

6.5.3　信号线路浪涌保护器（SPD）的安装应符合下列规定：

1　信号线路浪涌保护器 SPD 应连接在被保护设备的信号端口上。浪涌保护器 SPD 输出端与被保护设备的端口相连。浪涌保护器 SPD 也可以安装在机柜内，固定在设备机架上或附近支撑物上；

2　信号线路浪涌保护器 SPD 接地端宜采用截面积不小于 $1.5mm^2$ 的铜芯导线与设备机房内的局部等电位接地端子板连接，接地线应平直。

6.5.4　浪涌保护器 SPD 应安装牢固，其位置及布线正确。

10.3 检测记录表格、范例和检测依据说明

10.3.1 智能化集成系统子分部工程检测记录

1. 表格范例

智能化集成系统子分部工程检测记录

工程名称		××综合楼工程		编号		001
子分部名称		智能化集成系统		检测部位		A 系统
施工单位		××建筑公司		项目经理		丁××
执行标准 名称及编号		《智能建筑工程质量验收规范》GB 50339－2013				

	检测内容	规范条款	检测结果记录	结果评价 合格	结果评价 不合格	备注
主控项目	接口功能	4.0.4	功能达到设计要求	√		
	集中监视、储存和统计功能	4.0.5	功能达到设计要求	√		
	报警监视及处理功能	4.0.6	功能达到设计要求	√		
	控制和调节功能	4.0.7	功能达到设计要求	√		
	联动配置及管理功能	4.0.8	功能达到设计要求	√		
	权限管理功能	4.0.9	功能达到设计要求	√		
	冗余功能	4.0.10	功能达到设计要求	√		
一般项目	文件报表生成和打印功能	4.0.11	功能达到设计要求	√		
	数据分析功能	4.0.12	功能达到设计要求	√		

检测结论：

符合要求

监理工程师签字：手签　　　　　　　　　　检测负责人签字：手签

（建设单位项目专业技术负责人）

　　　　　　201×年××月××日　　　　　　　　　201×年××月××日

注：1　结果评价栏中，左列打"√"为合格，右列打"√"为不合格；

　　2　备注栏内填写检测时出现的问题。

2. 检测依据说明

【规范名称及编号】《智能建筑工程质量验收规范》GB 50339－2013

【条文摘录】

摘录一：

3.3.5　检测结论与处理应符合下列规定：

1　检测结论应分为合格和不合格；

2　主控项目有一项及以上不合格的，系统检测结论应为不合格；一般项目有两项及以上不合格的，系统检测结论应为不合格；

3　被集成系统接口检测不合格的，被集成系统和集成系统的系统检测结论均应为不合格；

4　系统检测不合格时，应限期对不合格项进行整改，并重新检测，直到检测合格。重新检测时抽检应扩大范围。

摘录二：

4　智能化集成系统

4.0.1　智能化集成系统的设备、软件和接口等的检测和验收范围应根据设计要求确定。

4.0.2　智能化集成系统检测应在被集成系统检测完成后进行。

4.0.3　智能化集成系统检测应在服务器和客户端分别进行，检测点应包括每个被集成系统。

4.0.4　接口功能应符合接口技术文件和接口测试文件的要求，各接口均应检测，全部符合设计要求的应为检测合格。

4.0.5　检测集中监视、储存和统计功能时，应匡下列规定：

1　显示界面应为中文；

2　信息显示应正确，相应时间、储存时间、数据分类统计等性能指标应符合设计要求；

3　每个被集成系统的抽检数量宜为该系统信息点数的5%，且抽检点数不应少于20点，当信息点数少于20点时应全部检测；

4　智能化集成系统抽检点数不宜超过1000点；

5　抽检结果全部符合设计要求，应为检测合格。

4.0.6　检测报警监视及处理功能时，应现场模拟报警信号，报警信息显示应正确，信息显示响应时同应符合设计要求，每个被集成系坑的抽检数量不应少于该系统报警信息点数的10%，抽检结果全部符合设计要求的，成为检测合格。

4.0.7　检测控制和调节功能时，应在服务器和客户端分别输入设置参数，调节和控制效果应符合设计要求，各被集成系统应为部检测，全部符合设计要求的应为检测合格。

4.0.8　检测联动配置及管理功能时，应现场逐项模拟触发信号，所有被集成系统的联功动作均应安全正确、及时和无冲突。

4.0.9　权限管理功能检测应符合设计要求。

4.0.10　冗余功能检测应符合设计要求。

4.0.11　文件报表生成和打印功能应逐项检测。全部符合设计要求的应为检测合格。

4.0.12　根据分析功能应对各被集成系统逐项检测，全部符合设计要求的应为检测合格。

4.0.13　验收文件除应符合本规范第3.4.4条的规定外，尚应包括下列内容；

1　针对项目编制的应用软件文档；

2　接口技术文件；

3　接口测试文件。

【说明】

1. 工程名称：工程名称填写全称，如为群体工程，则按群体工程名称—单位工程名称形式填写，子单位工程标出该部分的位置。

2. 编号：顺序号，按系统检测时间排序。

3. 检测部位：指所检测系统的范围，要按实际情况标注清楚。

4. 施工单位："施工单位"栏应填写总包单位名称，或与建设单位签订合同专业承包单位名称，宜写全称，并与合同上公章名称一致，并应注意各表格填写的名称应相互一致。

5. 项目经理："项目负责人"栏填写合同中指定的项目负责人名称，表头里人名由填表人填写即可，只是标明具体的负责人，不用签字。

6. 执行标准名称及编号：应填写系统检测执行标准的名称及编号，可以填写所采用的企业标准、地方标准、行业标准或国家标准；要将标准名称及编号填写齐全。

7. 检测结果记录：采用文字描述、数据说明的方式，说明本部位的检测情况，不合格和超标的必须明确指出；对于定量描述的项目，必须填写检测数据。

8. 结果评价：左列打"√"为合格，右列打"√"为不合格。

9. 备注：填写检测时出现的问题。

10. 检测结论：分"合格"、"不合格"两类，按《智能建筑工程质量验收规范》GB 50339－2013第3.3.5条确定。

11. 监理工程师和检测负责人签字确认；时间应为检测结论确定的当日。

10.3.2 用户电话交换系统子分部工程检测记录

1. 表格

用户电话交换系统子分部工程检测记录

工程名称			编号	
子分部名称	用户电话交换系统		检测部位	
施工单位			项目经理	
执行标准名称及编号				

	检测内容	规范条款	检测结果记录	结果评价		备注
				合格	不合格	
主控项目	业务测试	6.0.5				
	信令方式测试	6.0.5				
	系统互通测试	6.0.5				
	网络管理测试	6.0.5				
	计费功能测试	6.0.5				

检测结论：

监理工程师签字：　　　　　　　　　　　　　　检测负责人签字：
（建设单位项目专业技术负责人）
　　　　　　　　　　年　月　日　　　　　　　　　　　　　年　月　日

注：1 结果评价栏中，左列打"√"为合格，右列打"√"为不合格；

2 备注栏内填写检测时出现的问题。

2. 检测依据说明

【规范名称及编号】《智能建筑工程质量验收规范》GB 50339－2013

【条文摘录】

6 用户电话变换系统

6.0.1 本章适用于用户电话交换系统、调度系统、会议电话系统和呼叫中心的工程实施的质量控制、系统检测和竣工验收。

6.0.2 用户电话交换系统的检测和验收范围应根据设计要求确定。

6.0.3 用户电话交换系统的机房接地应符合现行国家标准《通信局（站）防雷与接地工程设计规》GB 50689 的有关规定。

6.0.4 对于抗震设防的地区，用户电话交换系统的设备安装应符合现行行业标准《电信设备安装抗震设计规范》YD5059 的有关规定。

6.0.5 用户电话交换系统工程实施的质量控制除应符合本规范第3章的规定外，尚应检查电信设备入网许可证。

6.0.6 用户电话交换系统的业务测试、信令方式测试、系统互通测试、网络管理及计费功能测试等检测结果，应满足系统的设计要求。

10.3.3　信息网络系统子分部工程检测记录

1. 表格

信息网络系统子分部工程检测记录

工程名称			编号	
子分部名称	信息网络系统		检测部位	
施工单位			项目经理	
执行标准 名称及编号				

	检测内容	规范条款	检测结果记录	结果评价 合格	结果评价 不合格	备注
主控项目	计算机网络系统连通性	7.2.3				
	计算机网络系统传输时延和丢包率	7.2.4				
	计算机网络系统路由	7.2.5				
	计算机网络系统组播功能	7.2.6				
	计算机网络系统 QoS 功能	7.2.7				
	计算机网络系统容错功能	7.2.8				
	计算机网络系统无线局域网的功能	7.2.9				
	网络安全系统安全保护技术措施	7.3.2				
	网络安全系统安全审计功能	7.3.3				
	网络安全系统有物理隔离要求的网络的物理隔离检测	7.3.4				
	网络安全系统无线接入认证的控制策略	7.3.5				
一般项目	计算机网络系统网络管理功能	7.2.10				
	网络安全系统远程管理时，防窃听措施	7.3.6				

检测结论：

监理工程师签字：
（建设单位项目专业技术负责人）

检测负责人签字：

年　月　日　　　　　　　　　　　　　　　　年　月　日

> 注：1　结果评价栏中，左列打"√"为合格，右列打"√"为不合格；
> 　　2　备注栏内填写检测时出现的问题。

2. 检测依据说明

【规范名称及编号】《智能建筑工程质量验收规范》GB 50339－2013

【条文摘录】

7　信息网络系统

7.1　一般规定

7.1.1　信息网络系统可根据设备的构成，分为计算机网络系统和网络安全系统。信息网络系统的检测和验收范围应根据设计要求确定。

7.1.2　对于涉及国家秘密的网络安全系统，应按国家保密管理的相关规定进行验收。

7.1.3　网络安全设备除应符合本规范第 3 章的规定外，尚应检查公安部计算机管理监察部门审批颁发的安全保护等信息系统安全专用产品销售许可证。

7.1.4　信息网络系统验收文件除应符合本规范第 3.4.4 条的规定外，尚应包括下列内容：

1　交换机、路自器、防火墙等设备的配置文件；

2　QoS 规划方案；

3　安全控制策略；

4　网络管理软件的相关文档；

5　网络安全软件的相关文档。

7.2　计算机网络系统检测

7.2.1　计算机网络系统的检测可包括连通性、传输时延、丢包率、路由、容错功能、网络管理功能和无线局域网功能检测等。采用融合承载通信架构的智能化设备网，还应进行组播功能检测和 QoS 功能检测。

7.2.2　计算机网络系统的检测方法应根据设计要求选择，可采用输入测试命令进行测试或使用相应的网络测试仪器。

7.2.3　计算机网络系统的连通性检测应符合下列规定。

1　网管工作站和网络设备之间的通信应符合设计要求，并且各用户终端应根据安全访问规划只能访问特定的网络与特定的服务器；

2　统一 VLAN 内的计算机之间应能交换数据包，不在同 VLAN 内的计算机之间不应交换数据包；

3　应按接入层设备总数的 10% 进行抽样测试，且抽样数不应少于 10 台；接入层设备步于 10 台的，应全部测试；

4　抽检结果全部符合设计要求的，应为检测合格。

7.2.4　计算机网络系统的传输时延和丢包率的检测应符合下列规定：

1　应检测从发送端口到目的端口的最大延时和丢包率等数值；

2　对于核心层的骨干链路，汇聚层到核心层的上联链路，应进行全部检测，对接入层高汇聚层的上联链路，应按不低于 10% 的比例进行抽样测试，且抽样数不应少于 10 条；上联链路数不足 10 条的，应全部检测；

3　抽检结果全部符合设计要求的，应为检测合格。

7.2.5　计算机网络系统的路由检测应包括路由设置的正确性和路由的可达，并应根据核心设置路由表采用路自测试工具或软件进行测试，检测结果符合设计要求的，应为检测合格。

7.2.6　计算机网络系统的组播功能检测应采用模拟软件生成组播流，组播流的发送和接受检测结果符合设计要求的，应为检测合格。

7.2.7　计算机网络系统的 QoS 功能应检测队列调度机制。能够区分业务流并保障关键业务数据优先发送的，应为检测音格。

7.2.8　计算机网络系统的容错功能应采用人为设置网络故障的方法进行检测，并应符合下列规定：

1　对具备容错能力的计算机网络系统，应具有错误恢复和故障隔离功能，并在出现故障时自动切换；

2　对有链路冗余配置的计算机网络系统，当其中的某条链路断开或有故障发生时，整个系统仍应保持正常工作，并在故障恢复后应能自动切换回主系统运行；

3　容错功能应全部检测，且全部结果符合设计要求的应为检测合格。

7.2.9　无线局域网的功能检测除应符合本规范第 7.2.3～7.2.8 条的规定外，尚应符合下列规定：

1　在覆盖范围内接入点的新导信号强度应不低于 -75dBm；

2　网络传输速率不应低于 5.5Mbit/s；

3　应采用不少于 100 个 ICMP64Byte 帧长的测试数据包，不少于 95% 路径的数据包丢失率应小于 5%；

4　应采用不少于 100 个 ICMP64Byte 帧长的测试数据包，不少于 95% 且跳数小于 6 的路径的传输时延应小于 20ms；

5　应按无线接入点总数的 10% 进行抽样测试，抽样数不应少于 10 个；无线接入点少于 10 个的，应全部测试。抽检结果全部符合本条第 1～4 款要求的，应为检测合格。

7.2.10　计算机网络系统的网络管理功能应在网站工作站检测，并应符合下列规定：

1　应搜索整个计算机网络系统的拓扑结构图和网络设备连接图；

2　应检测自诊断功能；

3　应检测对网络设备进行远程配置的功能，当具备远程配置功能时，应检测网络性能参数含网络节点的流量、广播率和错误率；

4　检测结果符合设计要求的，应为检测合格。

7.3　网路安全系统检测

7.3.1　网络安全系统检测宜包括结构安全、访问控制、安全审计、边界完整性检查、入侵防范、恶意代码防范和网络设备防护等安全保护能力等的检测。检测方法应依据设计确定的信息系统安全防护等级进行制定，检测内容应按现行国家标准《信息安全技术　信息系统安全等级保护基本要求》GB/T 22239 执行。

7.3.2　业务办公网及智能化设备网与互联网连接时，应检测安全保护技术措施。检测结果符合设计要求的，应为检测合格。

7.3.3　业务办公网及智能化设备网与互联网连接时，网络安全系统应检测安全审计功能，并应具有至少保存 60d 记录备份的功能。检测结果符合下列规定的应为检测合格；

7.3.4　对于要求屋里隔离的网络，应进行物理隔离检测，且检测结果符合下列规定的应为检测合格：

1　物理实体上应完全分开；

2　不应存在共享的物理设备；

3　不应有任何链路上的连接。

7.3.5　无线接入认证的控制策略应符合设计要求，并应按设计要求的认证方式进行检测，且应抽取网络覆盖区域内不同地点进行 20 次认证。认证失败次数不超过 1 次的，应为检测合格。

7.3.6　当对网络设备进行远程管理时，应检测防窃听措施。检测结果符合设计要求的，应为检测合格。

10.3.4　综合布线系统子分部工程检测记录

1. 表格

综合布线系统子分部工程检测记录

工程名称					编号	
子分部名称		综合布线系统			检测部位	
施工单位					项目经理	
执行标准名称及编号						
	检测内容		规范条款	检测结果记录	结果评价 合格　不合格	备注
主控项目	对绞电缆链路或信道和光纤链路或信道的检测		8.0.5			
一般项目	标签和标识检测，综合布线管理软件功能		8.0.6			
	电子配线架管理软件		8.0.7			
检测结论：						
监理工程师签字： （建设单位项目专业技术负责人） 　　　　　　　　年　月　日				检测负责人签字： 　　　　　年　月　日		

注：1　结果评价栏中，左列打"√"为合格，右列打"√"为不合格；
　　2　备注栏内填写检测时出现的问题。

2. 检测依据说明

【规范名称及编号】《智能建筑工程质量验收规范》GB 50339－2013

【条文摘录】

8 综合布线系统

8.0.1 综合布线系统检测应包括电驴系统和光缆系统的性能测试，且电缆系统测试项目应根据布线信道或链路的设计等级和布线系统的类别要求确定。

8.0.2 综合布线系统测试方法应按现行国家标准《综合布线系统工程验收规范》GB 50312 的规定执行。

8.0.3 综合布线系统检测单项合格判定应匜下列规定：

1 一个及以上被测项目的技术参数测试结果不合格的，该项目应判为不合格，某一被测项目的检测结果与相应规定差值在仪表准确范围内的，该被测项目应判为合格；

2 采用 4 对对绞电缆作为水平电缆或主干电缆，所组成的链路或信道有一项及以上指标测试结果不合格的，该链路或信道应判为不合格；

3 主干布线大对数电缆中按 4 对对绞线对组成的链路一项及以上测试指标不合格的，该线对应判为不合格；

4 光纤链路或信道测试结果不满足设计要求的，该光纤链路或信道应判为不合格；

5 未通过检测的链路或信道应在修复后复检。

8.0.4 综合布线系统检测的综合合格判定应符合下列规定：

1 对绞电缆布线全部检测时，无法修复的链路、信道或不合格线对数量有一项及以上超过被测总数的 1％的，结论应判为不合格；光缆布线检测时，有一条及以上光纤链路或信道无法修复的，应判为不合格；

2 对于抽样检测，被抽样检测点（线对）不合格比例不大于被测总数 1％的，抽样检测应判为合格，且不合格点（线对）应予以修复并复检；被抽样检测点（线对）不合格比例大于 1％的，应判为一次抽样检测不合格，并应进行加倍抽样，加倍抽样不合格比例不大于 1％的，抽样检测应判为合格；不合格比例仍大于 1％的，抽样检测应判为不合格，且应进行全部检测，并按全部检测要求进行判定；

3 全部检测或抽样检测结论为合格的，系统检测的结论应为合格；全部检测结论为不合格的，系统检测的结论应为不合格。

8.0.5 对绞电缆链路或信道和光纤链路或信道的检测应符合下列规定：

1 自检记录应包括全部链路或信道的检测结果；

2 自检记录中各单项指标全部合格时，应判为检测合格；

3 自检记录中各单项指标中有一项及以上不合格时，应抽检，且抽样比例不应低于 10％，抽样点应包括最远布线点；抽检结果的判定应符合本规范第 8.0.4 条的规定。

8.0.6 综合布线的标签和标识应按 10％抽检，综合布线管理软件功能应全部检测。检测结果符合设计要求的，应判为检测合格。

8.0.7 电子配线架应检测管理软件中显示的链路连接关系与链路的物理连接的一致性，并应按 10％抽检。检测结果全部一致的，应判为检测合格。

8.0.8 综合布线系统的验收文件除应符合本规范第 3.4.4 条的规定外，尚应包括综合布线管理软件的相关文档。

10.3.5 有线电视及卫星电视接收系统子分部工程检测记录

1. 表格

有线电视及卫星电视接收系统子分部工程检测记录

工程名称				编号	
子分部名称		有线电视及卫星电视接收系统		检测部位	
施工单位				项目经理	
执行标准 名称及编号					

	检测内容	规范条款	检测结果记录	结果评价		备注
				合格	不合格	
主控项目	客观测试	11.0.3				
	主观评价	11.0.4				
一般项目	HFC 网络和双向数字电视系统下行测试	11.0.5				
	HFC 网络和双向数字电视系统上行测试	11.0.6				
	有线数字电视主观评价	11.0.7				

检测结论：

监理工程师签字：
（建设单位项目专业技术负责人）

检测负责人签字：

年　月　日　　　　　　　　　　　　　　　　　　年　月　日

注：1　结果评价栏中，左列打"√"为合格，右列打"√"为不合格；
　　2　备注栏内填写检测时出现的问题。

2. 检测依据说明

【规范名称及编号】《智能建筑工程质量验收规范》GB 50339－2013

【条文摘录】

11　有线电视及卫星电视接收系统

11.0.1　有线电视及卫星电视接收系统的设备及器材的进场验收，除应符合本规范第 3 章的规定外，尚应检查国家广播电视总局或有资质检测机构颁发的有效认定标识。

11.0.2　对有线电视及卫星电视接收系统进行主观评价和客观测试时，应选用标准测试点，并应符合下列规定：

1　系统的输出端口数量小于 1000 时，测试点不得少于 2 个；系统的输出端口数量大于等于 1000 时，每 1000 点应选取（2～3）个测试点；

2　对于基于 HFC 或同轴传输的双向数字电视系统，主观评价的测试点数应符合本条第 1 款规定，客观测试点的数量不应少于系统输出端口数量的 5%，测试点数不应少于 20 个；

3　测试点应至少有一个位于系统中主干线的最后一个分配放大器之后的点。

11.0.3　客观测试应包括下列内容，且检测结果符合设计要求应判定为合格：

1　应测试卫星接收电视系统的接收频段、视频系统指标及音频系统指标；

2　应测量有线电视系统的终端输出电平。

11.0.4　模拟信号的有线电视系统主观评价应符合下列规定：

1　模拟电视主要技术指标应符合表 11.0.4-1 的规定；

表 11.0.4-1 模拟电视主要技术指标

序号	项目名称	测试频道	主观评价标准
1	系统载噪比	系统总频道的 10% 且不少于 5 个，不足 5 个全检，且分布于整个工作频段的高、中、低段	无噪波，即无"雪花干扰"
2	载波互调比	系统总频道的 10% 且不少于 5 个，不足 5 个全检，且分布于整个工作频段的高、中、低段	图像中无垂直、倾斜或水平条纹
3	交扰调制比	系统总频道的 10% 且不少于 5 个，不足 5 个全检，且分布于整个工作频段的高、中、低段	图像中无移动、垂直或斜图案，即无"窜台"
4	回波值	系统总频道的 10% 且不少于 5 个，不足 5 个全检，且分布于整个工作频段的高、中、低段	图像中无沿水平方向分布在右边一条或多条轮廓线，即无"重影"
5	色/亮度时延差	系统总频道的 10% 且不少于 5 个，不足 5 个全检，且分布于整个工作频段的高、中、低段	图像中色、亮信息对齐，即无"彩色鬼影"
6	载波交流声	系统总频道的 10% 且不少于 5 个，不足 5 个全检，且分布于整个工作频段的高、中、低段	图像中无上下移动的水平条纹，即无"滚道"现象
7	伴音和调频广播的声音	系统总频道的 10% 且不少于 5 个，不足 5 个全检，且分布于整个工作频段的高、中、低段	无背景噪声，如丝丝声、哼声、蜂鸣声和串音等

2 图像质量的主观评价应符合下列规定：

1）图像质量主观评价评分应符合表 11.0.4-2 的规定：

表 11.0.4-2 图像质量主观评价评分

图像质量主观评价	评分值（等级）	图像质量主观评价	评分值（等级）
图像质量极佳，十分满意	5 分（优）	图像质量差，勉强能看	2 分（差）
图像质量好，比较满意	4 分（良）	图像质量低劣，无法看清	1 分（劣）
图像质量一般，尚可接受	3 分（中）		

2）评价项目可包括图像清晰度、亮度、对比度、色彩还原性、图像色彩及色饱和度等内容；

3）评价人员数量不宜少于 5 个，各评价人员应独立评分，并应取算术平均值为评价结果；

4）评价项目的得分值不低于 4 分的应判定为合格。

11.0.5 对于基于 HFC 或同轴传输的双向数字电视系统下行指标的测试，检测结果符合设计要求的应判定为合格。

11.0.6 对于基于 HFC 或同轴传输的双向数字电视系统上行指标的测试，检测结果符合设计要求的应判定为合格。

11.0.7 数字信号的有线电视系统主观评价的项目和要求应符合表 11.0.7 的规定。且测试时应选择源图像和源声音均较好的节目频道。

表 11.0.7 数字信号的有线电视系统主观评价的项目和要求

项目	技术要求	备注
图像质量	图像清晰，色彩鲜艳，无马赛克或图像停顿	符合本规范第 11.0.4 条第 2 款要求
声音质量	对白清晰；音质无明显失真；不应出现明显的噪声和杂音	—
唇音同步	无明显的图像滞后或超前于声音的现象	—
节目频道切换	节目频道切换时不能出现严重的马赛克或长时间黑屏现象；节目切换平均等待时间应小于 2.5s，最大不应超过 3.5s	包括加密频道和不在同一射频频点的节目频道
字幕	清晰、可识别	

11.0.8　验收文件除应符合本规范第 3.4.4 条的规定外，尚应包括用户分配电平图。

10.3.6　公共广播系统子分部工程检测记录

1. 表格

公共广播系统子分部工程检测记录

工程名称				编号		
子分部名称	公共广播系统			检测部位		
施工单位				项目经理		
执行标准名称及编号						
	检测内容	规范条款	检测结果记录	结果评价 合格	结果评价 不合格	备注
主控项目	公共广播系统的应备声压级	12.0.4				
主控项目	主观评价	12.0.5				
主控项目	紧急广播的功能和性能	12.0.6				
一般项目	业务广播和背景广播的功能	12.0.7				
一般项目	公共广播系统的声场不均匀度、漏出声衰减及系统设备信噪比	12.0.8				
一般项目	公共广播系统的扬声器分布	12.0.9				
强制性条文	当紧急广播系统具有火灾应急广播功能时，应检查传输线缆、槽盒和导管的防火保护措施	12.0.2				
检测结论：						
监理工程师签字： （建设单位项目专业技术负责人） 　　　　　　　　　年　月　日				检测负责人签字： 　　　　　　　年　月　日		

注：1　结果评价栏中，左列打"√"为合格，右列打"√"为不合格；
　　2　备注栏内填写检测时出现的问题。

2. 检测依据说明

【规范名称及编号】《智能建筑工程质量验收规范》GB 50339－2013

【条文摘录】

12　公共广播系统

12.0.1　公共广播系统可包括业务广播、背景广播和紧急广播。检测和验收的范围应根据设计要求确定。

12.0.2　当紧急广播系统具有火灾应急广播功能时，应检查传输线缆、槽盒和导管的防火保护措施。

12.0.3　公共广播系统检测时，应打开广播分区的全部广播扬声器，测量点宜均匀布置，且不应在广播扬声器附近和其声辐射轴线上。

12.0.4　公共广播系统检测时，应检测公共广播系统的应备声压级，柱测结果符合设计要求的应判定为合格。

12.0.5　主观评价时应对广播分区逐个进行检测和试听，并应符合下列规定：

1　语言清晰度主观评价评分应符合表 12.0.5 的规定：

表 12.0.5 语言清晰度主观评价评分

主观评价	评分值（等级）	主观评价	评分值（等级）
语言清晰度极佳，十分满意	5分（优）	语言清晰度差，勉强能听	2分（差）
语言清晰度好，比较满意	4分（良）	语言清晰度低劣，无法接受	1分（劣）
语言清晰度一般，尚可接受	3分（中）		

2 评价人员应独立评价打分，评价结果应取所有评价人员打分的算术平均值；

3 评价结果不低于 4 分的应判定为合格。

12.0.6 公共广播系统检测时，应检测紧急广播的功能和性能，检测结果符合设计要求的应判定为合格，当紧急广播包括火灾应急广播功能时，还应检测下列内容：

1 紧急广播具有最高级别的优先权；

2 警报信号触发后，紧急广播向相关广播区播放警示信号、警报语声文件或实时指挥语声的响应时间；

3 音量自动调节功能；

4 手动发布紧急广播的一键到位功能；

5 设备的热备用功能、定时自检和故障自动告警功能；

6 备用电源的切换时间；

7 广播分区与建筑防火分区匹配。

12.0.7 公共广播系统检测时，应检测业务广播和背景广播的功能，符合设计要求的应判定为合格。

12.0.8 公共广播系统检测时，应检测公共广播系统的声场不均匀度、漏出声衰减及系统设备信噪比，检测结果符合设计要求的应判定为合格。

12.0.9 公共广播系统检测时，应检查公共广播系统的扬声器位置，分布合理、符合设计要求的应判定为合格。

10.3.7 会议系统子分部工程检测记录

1. 表格

会议系统子分部工程检测记录

工程名称				编号	
子分部名称		会议系统		检测部位	
施工单位				项目经理	
执行标准名称及编号					

	检测内容	规范条款	检测结果记录	结果评价 合格	结果评价 不合格	备注
主控项目	会议扩声系统声学特性指标	13.0.5				
	会议视频显示系统显示特性指标	13.0.6				
	具有会议电视功能的会议灯光系统的平均照度值	13.0.7				
	与火灾自动报警系统的联动功能	13.0.8				
一般项目	会议电视系统检测	13.0.9				
	其他系统检测	13.0.10				

检测结论：

监理工程师签字：
（建设单位项目专业技术负责人）
　　　　　　　　　　　　年 月 日

检测负责人签字：
　　　　　　　　　　　　年 月 日

注：1 结果评价栏中，左列打"√"为合格，右列打"√"为不合格；

　　2 备注栏内填写检测时出现的问题。

2. 检测依据说明

【规范名称及编号】《智能建筑工程质量验收规范》GB 50339－2013

【条文摘录】

13　会议系统

13.0.1　会议系统可包括会议扩声系统、会议视频显示系统，会议灯光系统、会议同声传译系统、会议讨论系统、会议电视系统、会议表决系统、会议集中控制系统、会议摄像系统、会议录播系统和会议签到管理系统等。检测和验收的范围应根据设计要求确定。

13.0.2　会议系统检测时，应根据系统规模和实际所选用功能和系统，以及会议室的重要性和设备复杂性确定检测内容和验收项目。

13.0.3　会议系统检测前，宜检查会议系统引入电源和会场建声的检测记录。

13.0.4　会议系统检测应符合下列规定：

1　功能检测应采用现场模拟的方法，根据设计要求逐项检测；

2　性能检测可采用客观测量或主观评价方法进行。

13.0.5　会议扩声系统的检测应符合下列规定：

1　声学特性指标可检测语言传输指数，或直接检测下列内容：

1）最大声压级；

2）传输频率特性；

3）传声增益；

4）声场不均匀度；

5）系统总噪声级。

2　声学特性指标的测量方法应符合现行国家标准《厅堂扩声特性测量方法》GB/T 495g 的规定，检测结果符合设计要求的应判定合格。

3　主观评价应符合下列规定：

1）声源应包括语言和音乐两类；

2）评价方法和评分标准应符合本规范第 12.0.5 条的规定。

13.0.6　会议视频显示系统的检测应符合下列规定：

1　显示特性指标的检测应包括下列内容：

1）显示屏亮度；

2）图像对比度；

3）亮度均匀性；

4）图像水平清晰度；

5）色域覆盖率；

6）水平视角，垂直视角。

2　显示特性指标的测量方法应符合现行国家标准《视频显示系统工程测量规范》GB/T 50025 的规定。检测结果符合设计要求的应判定为合格。

3　主观评价应符合本规范第 11.0.4 条第 2 款的规定。

13.0.7　具有会议电视功能的会议灯光系统，应检测平均照度值。检测结果符合设计要求的应判定为合格。

13.0.8　会议讨论系统和会议同声传译系统应检测与火灾自动报警系统的联动功能。检测结果符合设计要求的应判定为合格。

13.0.9　会议电视系统的检测应符合下列规定：

1　应对主会场和分会场功能分别进行检测；

2　性能评价的检测宜包括声音延时、声像同步、会议电视回声、图像清晰度和图像连续性；

3 会议灯光系统的检测宜包括照度、色温和显色指数；

4 检测结果符合设计要求的应判定为合格。

13.0.10 其他系统的检测应符合下列规定：

1 会议同声传译系统的检测应按现行国家标准《红外线同声传译系统工程技术规范》GB 50524 的规定执行；

2 会议签到管理系统应测试签到的准确性和报表功能；

3 会议表决系统应测试表决速度和准确性；

4 会议集中控制系统的检测应采用现场功能演示的方法，逐项进行功能检测；

5 会议录播系统应对现场视频、音频、计算机数字信号的处理、录制和播放功能进行检测，并检验其信号处理和录播系统的质量；

6 具备自动跟踪功能的会议摄像系统应与会议讨论系统相配合，检查摄像机的预置位调用功能；

7 检测结果符合设计要求的应判定为合格。

10.3.8 信息导引及发布系统子分部工程检测记录

1. 表格

信息导引及发布系统子分部工程检测记录

工程名称				编号		
子分部名称	信息导引及发布系统			检测部位		
施工单位				项目经理		
执行标准名称及编号						
	检测内容	规范条款	检测结果记录	结果评价 合格	结果评价 不合格	备注
主控项目	系统功能	14.0.3				
主控项目	显示性能	14.0.4				
一般项目	自动恢复功能	14.0.5				
一般项目	系统终端设备的远程控制功能	14.0.6				
一般项目	图像质量主观评价	14.0.7				

检测结论：

监理工程师签字：
（建设单位项目专业技术负责人）

　　　　　　　　　　　　　　年 月 日

检测负责人签字：

　　　　　　　　　　　　　　年 月 日

注：1 结果评价栏中，左列打"√"为合格，右列打"√"为不合格；

　　2 备注栏内填写检测时出现的问题。

2. 检测依据说明

【规范名称及编号】《智能建筑工程质量验收规范》GB 50339－2013

【条文摘录】

14 信息导引及发布系统

14.0.1 信息引导及发布系统可由信息播控设备、传输网络、信息显示屏（信息标识牌）和信息导引设施或查询终端等组成，检测和验收的范围应根据设计要求确定。

14.0.2 信息引导及发布系统检测应以系统功能检测为主，图像质量主观评价为辅。

14.0.3　信息引导及发布系统功能检测应符合下列规定：

1　应根据设计要求对系统功能逐项检测；

2　软件操作界面应显示准确、有效；

3　检测结果符合设计要求的应判定为合格。

14.0.4　信息引导及发布系统检测时，应检测显示性能，且结果符合设计要求的应判定为合格。

14.0.5　信息引导及发布系统检测时，应检查系统断电后再次。恢复供电时的自动恢复功能，且结果符合设计要求的应判定为合格。

14.0.6　信息引导及发布系统检测时，应检测系统终端设备的远程控制功能，且结果符合设计要求的应判定为合格。

14.0.7　信息导引及发布系统的图像质量主观评价，应符合本规范第 11.0.4 条第 2 款的规定。

10.3.9　时钟系统子分部工程检测记录

1. 表格

时钟系统子分部工程检测记录

工程名称					编号		
子分部名称		时钟系统			检测部位		
施工单位					项目经理		
执行标准 名称及编号							
	检测内容		规范条款	检测结果记录	结果评价		备注
					合格	不合格	
主控项目	母钟与时标信号接收器同步、母钟对子钟同步校时的功能		15.0.3				
	平均瞬时日差指标		15.0.4				
	时钟显示的同步偏差		15.0.5				
	授时校准功能		15.0.6				
一般项目	母钟、子钟和时间服务器等运行状态的监测功能		15.0.7				
	自动恢复功能		15.0.8				
	系统的使用可靠性		15.0.9				
	有日历显示的时钟换历功能		15.0.10				
检测结论： 监理工程师签字： （建设单位项目专业技术负责人） 　　　　　　　　　　年　月　日					检测负责人签字： 　　　　　　　　年　月　日		

注：1　结果评价栏中，左列打"√"为合格，右列打"√"为不合格；

　　2　备注栏内填写检测时出现的问题。

2. 检测依据说明

【规范名称及编号】《智能建筑工程质量验收规范》GB 50339－2013

【条文摘录】

15　时钟系统

15.0.1　时钟系统测试方法应符合现行行业标准《时间同步系统》QB/T 4054 的相关规定。

15.0.2　时钟系统检测应以接收及授时功能为主，其他功能为辅。

15.0.3 时钟系统检测时，应检测母钟与时标信号接收器同步、母钟对子钟同步校时的功能，检测结果符合设计要求的应判定为合格。

15.0.4 时钟系统检测时，应检测平均瞬时日差指标，检测结果符合下列条件的应判定为合格：

1 石英谐振器一级母钟的平均瞬时日差不大于 0.01s/d；

2 石英谐振器二级母钟的平均瞬时日差不大于 0.1s7d；

3 子钟的平均瞬时日差在（－1.00～＋1.00）s/d。

15.0.5 时钟系统检测时，应检测时钟显示的同步偏差，检测结果符合下列条件的应判定为合格：

1 母钟的输出口同步偏差不大于 50ms；

2 子钟与母钟的时间显示偏差不大于 1s。

15.0.6 时钟系统检测时，应检测授时校准功能，检测结果符合下列条件的应判定为合格：

1 一级母钟能可靠接收标准时间信号及显示标准时间，并向各二级母钟输出标准时间信号；无标准时间信号时，一级母钟能正常运行；

2 二级母钟能可靠接收一级母钟提供的标准时间信号，并向子钟输出标准时间信号；无一级母钟时间信号时，二级母钟能正常运行；

3 子钟能可靠接收二级母钟提供的标准时间信号；无二级母钟时间信号时，子钟能正常工作。并能单独调时。

15.0.7 时钟系统检测时，应检测母钟、子钟和时间服务器等运行状况的监测功能，结果符合设计要求的应判定为合格。

15.0.8 时钟系统检测时，应检查时钟系统断电后再次恢复供电时的自动恢复功能，结果符合设计要求的应判定为合格。

15.0.9 时钟系统检测时，应检查时钟系统的使用可靠性，符合下列条件的应判定为合格；

1 母钟在正常使用条件下不停走；

2 子钟在正常使用条件下不停走，时间显示正常且清楚。

15.0.10 时钟系统检测时，应检查有日历显示的时钟换历功能，结果符合设计要求的应判定为合格。

15.0.11 时钟系统检测时，应检查时钟系统对其他系统主机的校时和授时功能，结果符合设计要求的应判定为合格。

10.3.10 信息化应用系统子分部工程检测记录

1. 表格

信息化应用系统子分部工程检测记录

工程名称			编号		
子分部名称	信息化应用系统		检测部位		
施工单位			项目经理		
执行标准名称及编号					
	检测内容	规范条款	检测结果记录	结果评价 合格 / 不合格	备注
主控项目	检查设备的性能指标	16.0.4			
	业务功能和业务流程	16.0.5			
	应用软件功能和性能测试	16.0.6			
	应用软件修改后回归测试	16.0.7			

续表

	检测内容	规范条款	检测结果记录	结果评价		备注
				合格	不合格	
一般项目	应用软件功能和性能测试	16.0.8				
	运行软件产品的设备中与应用软件无关的软件检查	16.0.9				

检测结论：

监理工程师签字：

（建设单位项目专业技术负责人）

检测负责人签字：

年 月 日 　　　　　　　　　　　　　　　　　　　　　年 月 日

注：1 结果评价栏中，左列打"√"为合格，右列打"√"为不合格；

2 备注栏内填写检测时出现的问题。

2. 检测依据说明

【规范名称及编号】《智能建筑工程质量验收规范》GB 50339-2013

【条文摘录】

16 信息化应用系统

16.0.1 信息化应用系统可包括专业业务系统、信息设施运行管理系统、物业管理系统、通用业务系统、公众信息系统、智能卡应用系统和信息安全管理系统等，检测和验收的范围应根据设计要求确定。

16.0.2 信息化应用系统按构成要素分为设备和软件，系统检测应先检查证条，后检测应用软件。

16.0.3 应用软件测试应接软件需求规格说明编制测试大纲，并确定测试内容和测试用例，且宜采用黑盒法进行。

16.0.4 信息化应用系统检测时，应检查设备的性能指标，结果符合设计要求的应判定为合格。对于智能卡设备还应检测下列内存：

1 智能卡与读写设备间的有效作用距离；

2 智能卡与读写设备间的通信传输速率和读写验证处理时间；

3 智能卡序号的唯一性。

16.0.5 信息化应用系统检测时，应测试业务功能和业务流程，结果符合软件需求规格说明的应判定为合格。

16.0.6 信息化应用系统检测时，应用软件的重要功能和性能测试应包括下列内容，结果符合软件需求规格说明的应判定为合格；

1 重要数据删除的警告和确认提示；

2 输入非法值的处理；

3 密钥存储方式；

4 对用户操作进行记录并保存的功能；

5 各种权限用户的分配；

6 数据备份和恢复功能；

7 响应时间。

16.0.7 应用软件修改后，应进行回归测试，修改后的应用软件能满足软件需求规格说明的应判定为合格。

16.0.8 应用软件的一般功能和性能测试应包括下列内容，结果符合软件需求规格说明的应判定为合格：

1　用户界面采用的语言；

2　提示信息；

3　可扩展性。

16.0.9　信息化应用系统检测时，应检查运行软件产品的设备中安装的软件，没有安装与业务应用无关的软件的应划定为合格。

16.0.10　信息化应用系统验收文件除应符合本规范第3.4.4条的规定外，尚应包括应用软件的软件需求规格说明、安装手册、操作手册、维护手册和测试报告。

10.3.11　建筑设备监控系统子分部工程检测记录

1. 表格

建筑设备监控系统子分部工程检测记录

工程名称				编号		
子分部名称	建筑设备监控系统			检测部位		
施工单位				项目经理		
执行标准名称及编号						
	检测内容	规范条款	检测结果记录	结果评价 合格	结果评价 不合格	备注
主控项目	暖通空调监控系统的功能	17.0.5				
	变配电监测系统的功能	17.0.6				
	公共照明监控系统的功能	17.0.7				
	给排水监控系统的功能	17.0.8				
	电梯和自动扶梯监测系统启停、上下行、位置、故障等运行状态显示功能	17.0.9				
	能耗监测系统能耗数据的显示、记录、统计、汇总及趋势分析等功能	17.0.10				
	中央管理工作站与操作分站功能及权限	17.0.11				
	系统实时性	17.0.12				
	系统可靠性	17.0.13				
一般项目	系统可维护性	17.0.14				
	系统性能评测项目	17.0.15				
检测结论：						
监理工程师签字： （建设单位项目专业技术负责人） 　　　　年　月　日			检测负责人签字： 　　　　年　月　日			

注：1　结果评价栏中，左列打"√"为合格，右列打"√"为不合格；

　　2　备注栏内填写检测时出现的问题。

2. 检测依据说明

【规范名称及编号】《智能建筑工程质量验收规范》GB 50339－2013

【条文摘录】

17　建筑设备监控系统

17.0.1　建筑设备监控系统可包括暖通窖嗣监控系统、变配电监测系统、公共照明监控系统、给排水监控系统、电梯和自动扶梯监测系统及能耗监测系统等，检测和验收的范围应根据设计要求确定。

17.0.2　建筑设备监控系统工程实施的质量控制除应符合本规范第 3 章的规定外，用于能耗结算的水、电、气和冷/热量表等，尚应检查制造计量器具许可证。

17.0.3　建筑设备监控系统控制应以系统功能测试为主，系统性能评测为辅。

17.0.4　建筑设备监控系统检测应采用中央管理工作站显示与现场实际情况对比的方法进行。

17.0.5　暖通空调监控系统的功能检测应符合下列规定：

1　检测内容应按设计要求确定；

2　冷热源的监测参数应全部检测；空调、新风机组的监测参数应按总数的 20% 抽检，且不应少于 5 台，不足 5 台时应全部检测；各种类型传感器，执行器应按 10% 抽检，且不应少于 5 只，不足 5 只时应全部检测；

3　抽检结果全部符合设计要求的应判定为合格。

17.0.6　变配电监测系统的功能检测应符合下列规定：

1　检测内容应按设计要求确定；

2　对高低压配电柜的运行状态、变压器的温度、储油罐的液位，各种备用电源的工作状态和联锁控制功能等应全部检测，各种电气参数检测数最应按每类参数抽 20%，且数量不应少于 20 点，数量少于 20 点时应全部检测；

3　抽检结果全部符合设计要求的应判定为合格。

17.0.7　公共照明监控系统的功能检测应符合下列规定：

1　检测内容应按设计要求确定；

2　应按照明回路总数的 10% 抽检，数量不应少于 10 路，总数少于 10 路时应全部检测；

3　抽检结果全部符合设计要求的应判定为合格。

17.0.8　给排水监控系统的功能检测应符合下列规定：

1　检测内容应按设计要求确定；

2　给水和中水监控系测应全部检测；排水监控系统应抽检 50%，且不得少于 5 套，总数少于 5 套时应全部检测；

3　抽检结果全部符合设计要求的应判定为合格。

17.0.9　电梯和自动扶梯监测系统应检测启停、上下行、位置、故障等运行状态显示功能。检测结果符合设计要求的应判定为合格。

17.0.10　能耗检测系统应检测能耗数据的显示、记录、统计、汇总及趋势分析等功能。检测结果符合设计要求的应判定为合格。

17.0.11　中央管理工作站与操作分站的检测应符合下列规定：

1　中央管理工作站的功能检测应包括下列内容：

1) 运行状态和测量数据的显示功能；

2) 故障报警信息的报告应及时准确，有提示信号；

3) 系统运行参数的设定及修改功能；

4) 控制命令应无冲突执行；

5) 系统运行数据的记录、存储和处理功能；

6) 操作权限；

7) 人机界面应为中文。

2　操作分站的功舵应检测监控管理权限及数据显示与中央管理工作站的一致性；

3　中央管理工作站功能应全部检测，操作分站应抽检 20%，且不得少于 5 个。不足 5 个时应全部检测；

4　检测结果符合设计要求的应判定为合格。

17.0.12 建筑设备监控系统寅时性的检测应符合下列规定：

1 检测内容应包括拉制命令响应时间和报警信号响应时间；

2 应抽检10％且不得少于10台，少于10台时应全部检测；

3 抽测结果全部符合设计要求的应判定为合格。

17.0.13 建筑设备监控系统可靠性的检测应符合下列规定；

1 检测内容应包括系统运行的抗干扰性能和电源切换时系统运行的稳定性；

2 应通过系统正常运行时，启停现场设备或投切备用电源，观察系统的工作情况进行检测；

3 检测结果符合设计要求的应判定为合格。

17.0.14 建筑设备监控系统可维护性的检测应符合下列规定：

1 检测内容应包括：

1）应用软件的在线编程和参数修改功能；

2）设备和网络通信故障的自检测功能。

2 应通过现场模拟修改参数和设置故障的方法检测；

3 检测结果符合设计要求的应判定为合格。

17.0.15 建筑设备监控系统性能评测项目的检测应符合下列规定：

1 检测宜包括下列内容：

1）控制网络和数据库的标准化、开放性；

2）系统的冗余配置；

3）系统可扩展性；

4）节能措施。

2 检测方法应根据设备配置和运行情况确定；

3 检测结果符合设计要求的应判定为合格。

17.0.16 建筑设备监控系统验收文件除应符合本规范第3.4.4条的规定外，还应包括下列内容：

1 中央管理工作站软件的安装手册，使用和维护手册；

2 控制器箱内接线图。

10.3.12 安全技术防范系统子分部工程检测记录

1. 表格

安全技术防范系统子分部工程检测记录

工程名称			编号	
子分部名称	安全技术防范系统		检测部位	
施工单位			项目经理	
执行标准 名称及编号				

	检测内容	规范条款	检测结果记录	结果评价		备注
				合格	不合格	
主控项目	安全防范综合管理系统的功能	19.0.5				
	视频安防监控系统控制功能、监视功能、显示功能、存储功能、回放功能、报警联动功能和图像丢失报警功能	19.0.6				
	入侵报警系统的入侵报警功能、防破坏及故障报警功能、记录及显示功能、系统自检功能、系统报警响应时间、报警复核功能、报警声级、报警优先功能	19.0.7				

续表

检测内容		规范条款	检测结果记录	结果评价		备注
				合格	不合格	
主控项目	出入口控制系统的出入目标识读装置功能、信息处理/控制设备功能、执行机构功能、报警功能和访客对讲功能	19.0.8				
	电子巡查系统的巡查设置功能、记录打印功能、管理功能	19.0.9				
	停车库（场）管理系统的识别功能、控制功能、报警功能、出票验票功能、管理功能和显示功能	19.0.10				
一般项目	监控中心管理软件中电子地图显示的设备位置	19.0.11				
	安全性及电磁兼容性	19.0.12				

检测结论：

监理工程师签字：　　　　　　　　　　　　　　　　　　　　检测负责人签字：
（建设单位项目专业技术负责人）

　　　　　　　　　　　　　　年　月　日　　　　　　　　　　　　　　　　　年　月　日

注：1　结果评价栏中，左列打"√"为合格，右列打"√"为不合格；
　　2　备注栏内填写检测时出现的问题。

2. 检测依据说明

【依据】《智能建筑工程质量验收规范》GB 50339－2013

【条文摘录】

19　安全技术防范系统

19.0.1　安全技术防范系统可包括安全防范综合管理系统、入侵报警系统、视频安防监控系统、出入口控制系统，电子巡查系统和停车库（场）管理系统等子系统。检测和验收的范围应根据设计要求确定。

19.0.2　高风险对象的安全技术防范系统除应符合本规范的规定外，尚应符合国家现行有关标准的规定。

19.0.3　安全技术防范系统工程实施的质量控制除应符合本规范第3章的规定外，对于列入国家强制性认证产品目录的安全防范产品尚应检查产品的认证证书或检测报告。

19.0.4　安全技术防范系统检测应符合下列规定：

1　子系统功能应按设计要求逐项检测；

2　摄像机、探测器、出入口识读设备、电子巡查信息识读器等设备抽检的数量不应低于20%，且不应少于3台，数量少于3台时应全部检测；

3　抽检结果全部符合设计要求的，应判定子系统检测合格。

4　全部子系统功能检测均合格的，系统检测应判定为合格。

19.0.5　安全防范综合管理系统的功能检测应包括下列内容：

1　布防/撤防功能；

2　监控图像、报警信息以及其他信息记录的质量和保存时间；

3　安全技术防范系统中的各子系统之间的联动；

4　与火灾自动报警系统和应急响应系统的联动、报警信号的输出接口；

5　安全技术防范系统中的各子系统对监控中心控制命令的响应准确性和实时性；

6　监控中心对安全技术防范系统中的各子系统工作状态的显示、报警信息的准确性和实时性。

19.0.6　视频安防监控系统的检测应符合下列规定：

1　应检测系统控制功能、监视功能、显示功能、记录功能、回放功能，报警联动功能和图像丢失报警功能等，并应按现行国家标准《安全防范工程技术规范》GB 50348中有关视频安防监控系统检验项目、检验要求及测试方法的规定执行；

2 对于数字视频安防监控系统，还应检测下列内容：

1）具有前端存储功能的网络摄像机及编码设备进行图像信息的存储；

2）视频智能分析功能；

3）音视频存储、同放和检索功能；

4）报警预录和音视频同步功能；

5）用像质量的稳定性和显示延迟。

19.0.7 入侵报警系统的检测应包括入侵报警功能、防破坏及故障报警功能、记录及显示功能、系统自检功能、系统报警响应时间、报警复核功能、报警声级、报警优先功能等，并应按现行国家标准《安全防范工程技术规范》GB 50348 中有关入侵报警系统检验项目、检验要求及测试方法的规定执行。

19.0.8 出入口控制系统的检测应包括出入目标识读装置功能、信息处理/控制设普功能、执行机构功能、报警功能和访客对讲功能等，并应接现行国家标准《安全防范工程技术规范》GB 50348 中有关出入口控制系统检验项目、检验要求及测试方法的规定执行。

19.0.9 电子巡查系统的检测应包括巡查设置功能、记录打印功能、管理功能等，并应按现行国家标准《安全防范工程技术规范》GB 50348 中有关电子巡查系统检验项目、检验要求及测试方法的规定执行。

19.0.10 停车库（场）管理系统的检测应符合下列规定：

1 应检测识别功能、控制功能、报警功能、出票验票功能、管理功能和显示功能等，并应按现行国家标准《安全防范工程技术规范》GB 50348 中有关停车库（场）管理系统检验项目、检验要求及测试方法的规定执行。

2 应检测紧急情况下的人工开闸功能。

19.0.11 安全技术防范系统检测时，应检查监控中心管理软件中电子地图显示的设备位置，且与现场位置一致的应判定为合格。

19.0.12 安全技术防范系统的安全性及电磁兼容性检测应符合现行国家标准《安全防范工程技术规范》GB 50348 的有关规定。

19.0.13 安全技术防范系统中的各子系统可分别进行验收。

10.3.13 应急响应系统子分部工程检测记录

1. 表格

应急响应系统子分部工程检测记录

工程名称			编号	
子分部名称	应急响应系统		检测部位	
施工单位			项目经理	
执行标准名称及编号				
	检测内容	规范条款	检测结果记录	结果评价 备注

	检测内容	规范条款	检测结果记录	合格	不合格	备注
主控项目	功能检测	20.0.2				

检测结论：

监理工程师签字：
（建设单位项目专业技术负责人）

年 月 日

检测负责人签字：

年 月 日

注：1 结果评价栏中，左列打"√"为合格，右列打"√"为不合格；
2 备注栏内填写检测时出现的问题。

2. 检测依据说明

【规范名称及编号】《智能建筑工程质量验收规范》GB 50339－2013

【条文摘录】

20　应急响应系统

20.0.1　应急响应系统检测应在火灾自动报警系统、安全技术防范系统、智能，集成系统和其他关联智能化系统等通过系统检测后进行。

20.0.2　应急响应系统检测应按设计要求逐项进行功能检测。检测结果符合设计要求的应判定为合格。

10.3.14　机房工程子分部工程检测记录

1. 表格

机房工程子分部工程检测记录

工程名称				编号		
子分部名称		机房工程		检测部位		
施工单位				项目经理		
执行标准 名称及编号						
	检测内容		规范条款	检测结果记录	结果评价	备注
					合格　不合格	
主控项目	供配电系统的输出电能质量		21.0.4			
	不间断电源的供电时延		21.0.5			
	静电防护措施		21.0.6			
	弱电间检测		21.0.7			
	机房供配电系统、防雷与接地系统、空气调节系统、给水排水系统、综合布线系统、监控与安全防范系统、消防系统、室内装饰装修和电磁屏蔽等系统检测		21.0.8			
检测结论：						
监理工程师签字： （建设单位项目专业技术负责人） 　　　　　　　　　年　月　日				检测负责人签字： 　　　　　　　年　月　日		

注：1　结果评价栏中，左列打"√"为合格，右列打"√"为不合格；

　　2　备注栏内填写检测时出现的问题。

2. 检测依据说明

【规范名称及编号】《智能建筑工程质量验收规范》GB 50339-2013

【条文摘录】

21 机房工程

21.0.1 机房工程宜包括供配电系统、防雷与接地系统、空气调节系统、给水排水系统、综合布线系统、监控与安全防范系统、消防系统、室内装饰装修和电磁屏蔽等。检测和验收的范围应根据设计要求确定。

21.0.2 机房工程实施的质量控制除应符合本规范第3章的规定外，有防火性能要求的装饰装修材料还应检查防火性能证明文件和产品合格证。

21.0.3 机房下程系统检测前，宜检查机房工程的引入电源质量的检测记录。

21.0.4 机房工程验收时，应检测供配电系统的输出电能质量，检测结果符合设计要求的应判定为合格。

21.0.5 机房工程验收时，应检测不间断电源的供电时延，检测结果符合设计要求的应判定为合格。

21.0.6 机房工程验收时，应检测静电防护措施，检测结果符合设计要求的应判定为合格。

21.0.7 弱电间检测应符合下列规定：

1 室内装饰装修应检测下列内容，检测结果符合设计要求的应判定为合格：

1）房间面积，门的宽度及高度和室内顶棚净高；

2）墙、顶和地的装修面层材料；

3）地板铺装；

4）降噪隔声措施。

2 线缆路由的冗余应符合设计要求。

3 供配电系统的检测应符合下列规定：

1）电气装置的型号、规格和安装方式应符合设计要求；

2）电气装置与其他系统联锁动作的顺序及响应时间应符合设计要求；

3）电线、电缆的相序、敷设方式、标志和保护等应符合设计要求；

4）不间断电源装置支架应安装平整、稳固，内部接线应连接正确，紧固件应齐全、可靠不松动，焊接连接不应有脱落现象；

5）配电柜（屏）的金属框架及基础型钢接地应可靠；

6）不同回路、不同电压等级和交流与直流的电线的敷设应符合设计要求；

7）工作面水平照度应符合设计要求。

4 空调通风系统应检测下列内容，检测结果符合设计要求的应判定为合格；

1）室内温度和湿度；

2）室内洁净度；

3）房间内与房间外的压差值。

5 防雷与接地的检测应按本规范第22章的规定执行。

6 消防系统的检测应按本规范第18章的规定执行。

21.0.8 对于本规范第21.0.17条规定的弱电间以外的机房，应接现行国家标准《电子信息系统机房施工及验收规范》GB 50462中有关供配电系统、防雷与接地系统、空气调节系统、给水排水系统、综合布线系统、监控与安全防范系统、消防系统、室内装饰装修和电磁屏蔽等系统的检验项目、检验要求及测试方法的规定执行，检测结果符合设计要求的应判定为合格。

21.0.9 机房工程验收文件除应符合本规范第3.4.4条的规定外，尚应包括机柜设备装配图。

10.3.15　防雷与接地子分部工程检测记录

1. 表格

防雷与接地子分部工程检测记录

工程名称			编号		
子分部名称	防雷与接地		检测部位		
施工单位			项目经理		
执行标准名称及编号					

	检测内容	规范条款	检测结果记录	结果评价 合格	结果评价 不合格	备注
主控项目	接地装置与接地连接点安装	22.0.3				
	接地导体的规格、敷设方法和连接方法	22.0.3				
	等电位联结带的规格、联结方法和安装位置	22.0.3				
	屏蔽设施的安装	22.0.3				
	电涌保护器的性能参数、安装位置、安装方式和连接导线规格	22.0.3				
强制性条文	智能建筑的接地系统必须保证建筑内各智能化系统的正常运行和人身、设备安全	22.0.4				

检测结论：

监理工程师签字：　　　　　　　　　　　　　　　　检测负责人签字：
（建设单位项目专业技术负责人）
　　　　　　　　　　　年　月　日　　　　　　　　　　　　　　年　月　日

注：1　结果评价栏中，左列打"√"为合格，右列打"√"为不合格；
　　2　备注栏内填写检测时出现的问题。

2. 检测依据说明

【规范名称及编号】《智能建筑工程质量验收规范》GB 50339－2013

【条文摘录】

22　防雷与接地

22.0.1　防雷与接地宜包括智能化系统的接地装置，接地线、等电位联结、屏蔽设施和电涌保护器。检测和验收的范围应根据设计要求确定。

22.0.2　智能建筑的防雷与接地系统检测前，宜检查建筑物防雷工程的质量验收记录。

22.0.3　智能建筑的防雷与接地系统检测应检查下列内容，结果符合设计要求的应判定为合格：

1　接地装置及接地连接点的安装；

2　接地电阻的阻值；

3　接地导体的规格、敷设方法和连接方法；

4　等电位联结带的规格、联结方法和安装位置；

5　屏蔽设施的安装；

6　电涌保护器的性能参数、安装位置、安装方式和连接导线规格。

22.0.4　智能建筑的接地系统必须保证建筑内备智能化系统的正常运行和人身，设备安全。

22.0.5　智能建筑的防雷与接地系统的验收文件除应符合本规范第 3.4.4 条的规定外，尚应包括防雷保护设备的一览表。

第 11 章　建筑节能分部工程检验批表格和验收依据说明

11.1　子分部、分项明细及与检验批、规范章节对应表

11.1.1　子分部、分项名称及编号

建筑节能分部包含子分部、分项如下表所示。

建筑节能分部、子分部、分项划分表

分部工程	子分部工程	分项工程
建筑节能（09）	围护系统节能（01）	墙体节能（01）、幕墙节能（02）、门窗节能（03）、屋面节能（04）、地面节能（05）
	供暖空调设备及管网节能（02）	供暖节能（01）、通风与空调设备节能（02），空调与供暖系统冷热源节能（03），空调与供暖系统管网节能（04）
	电气动力节能（03）	配电节能（01）、照明节能（02）
	监控系统节能（04）	监测系统节能（01）、控制系统节能（02）
	可再生能源（05）	地源热泵系统节能（01）、太阳能光热系统节能（02）、太阳能光伏节能（03）

11.1.2　检验批、分项、子分部与规范、章节对应表

1. 建筑节能包含检验批与分项、子分部，规范章节对应如下表所示。可再生能源子分部为新《统一标准》增加的子分部，暂无检验批表格。

检验批与分项、子分部、规范章节对应表

序号	检验批名称	检验批编号	分　项	子分部	依据标准名称编号	标准章节	页码
1	墙体节能检验批质量验收记录	09010101	墙体节能	围护系统节能	《建筑节能工程施工质量验收规范》GB 50411－2007	4 墙体节能工程	839
2	幕墙节能检验批质量验收记录	09010201	幕墙节能			5 幕墙节能工程	844
3	门窗节能检验批质量验收记录	09010301	门窗节能			6 门窗节能工程	847
4	屋面节能检验批质量验收记录	09010401	屋面节能			7 屋面节能工程	850
5	地面节能检验批质量验收记录	09010501	地面节能			8 地面节能工程	852

续表

序号	检验批名称	检验批编号	分 项	子分部	依据标准名称编号	标准章节	页码
6	供暖节能检验批质量验收记录	09020101	供暖节能	供暖空调设备及管网节能	《建筑节能工程施工质量验收规范》GB 50411－2007	9 采暖节能工程	854
7	通风与空调设备节能检验批质量验收记录	09020201	通风与空调设备节能			10 通风与空调节能工程	857
8	空调与供暖系统冷热源及管网节能检验批质量验收记录	09020301	空调与供暖系统冷热源节能			11 空调与采暖系统冷热源及管网节能工程	861
		09020401	空调与供暖系统管网节能				
9	配电与照明节能检验批质量验收记录	09030101	配电节能	电气动力节能		12 配电与照明节能工程	864
		09030201	照明节能				
10	监测与控制系统节能检验批质量验收记录	09040101	监测系统节能	监控系统节能		13 监测与控制节能工程	867
		09040201	控制系统节能				

11.2 检验批表格和验收依据说明

11.2.1 墙体节能检验批质量验收记录

1. 表格

墙体节能检验批质量验收记录

09010101 ____

单位（子单位）工程名称		分部（子分部）工程名称		分项工程名称	
施工单位		项目负责人		检验批容量	
分包单位		分包单位项目负责人		检验批部位	
施工依据		验收依据		《建筑节能工程施工质量验收规范》GB 50411－2007	

验收项目		设计要求及规范规定	最小/实际抽样数量	检查记录	检查结果
主控项目	1	材料、构件等进厂验收	第4.2.1条	/		
	2	保温隔热材料的导热系数、密度、抗压强度或压缩强度、燃烧性能	第4.2.2条	/		
	3	保温材料和粘结材料，进场见证复验	第4.2.3条	/		
	4	严寒和寒冷地区外保温粘结材料的冻融试验结果	第4.2.4条	/		

续表

	验收项目		设计要求及规范规定	最小/实际抽样数量	检查记录	检查结果
主控项目	5	基层清理	第4.2.5条	/		
	6	各层构造做法	第4.2.6条	/		
	7	墙体节能工程施工	第4.2.7条	/		
	8	预制保温板浇注混凝土墙体	第4.2.8条	/		
	9	保温浆料作保温层时，保温浆料的同条件试件应见证取样送检	第4.2.9条	/		
	10	各类饰面层的基层及面层施工	第4.2.10条	/		
	11	保温砌块砌筑的墙体施工	第4.2.11条	/		
	12	预制保温板墙体施工	第4.2.12条	/		
	13	隔汽层的设置及做法	第4.2.13条	/		
	14	外墙或毗邻不采暖空间墙体上的门窗洞口、凸窗四周的侧面的保温措施	第4.2.14条	/		
	15	外墙热桥部位的施工	第4.2.15条	/		
一般项目	1	保温材料与构件的外观和包装	第4.3.1条	/		
	2	加强网的铺贴和搭接	第4.3.2条	/		
	3	设置空调房间外墙热桥部位	第4.3.3条	/		
	4	穿墙套管、脚手眼、孔洞等	第4.3.4条	/		
	5	墙体保温板材接缝方法	第4.3.5条	/		
	6	墙体采用保温浆料施工情况	第4.3.6条	/		
	7	阳角、门窗洞口及不同材料基体的交接处等特殊部位	第4.3.7条	/		
	8	采用现场喷涂或模板浇注的有机类保温材料做外保温	第4.3.8条	/		

施工单位检查结果	专业工长： 项目专业质量检查员： 年　月　日
监理单位验收结论	专业监理工程师： 年　月　日

2. 验收依据说明

【规范名称及编号】　《建筑节能工程施工质量验收规范》GB 50411－2007

【条文摘录】

4　墙体节能工程

4.1　一般规定

4.1.1　本章适用于采用板材、浆料、块材及预制复合墙板等墙体保温材料或构件的建筑墙体节能工程质量验收。

4.1.2　主体结构完成后进行施工的墙体节能工程，应在基层质量验收合格后施工，施工过程中应及时进行质量检查、隐蔽工程验收和检验批验收，施工完成后应进行墙体节能分项工程验收。与主体结构同时施工的墙体节能工程，应与主体结构一同验收。

4.1.3　墙体节能工程当采用外保温定型产品或成套技术时，其型式检验报告中应包括安全性和耐候性检验。

4.1.4　墙体节能工程应对下列部位或内容进行隐蔽工程验收，并应有详细的文字记录和必要的图像资料：

1　保温层附着的基层及其表面处理；

2　保温板粘结或固定；

3　锚固件；

4　增强网铺设；

5　墙体热桥部位处理；

6　预置保温板或预制保温墙板的板缝及构造节点；

7　现场喷涂或浇注有机类保温材料的界面；

8　被封闭的保温材料厚度；

9　保温隔热砌块填充墙。

4.1.5　墙体节能工程的保温材料在施工过程中应采取防潮、防水等保护措施。

4.1.6　墙体节能工程验收的检验批划分应符合下列规定：

1　采用相同材料、工艺和施工做法的墙面，每500～1000m² 面积划分为一个检验批，不足500m² 也为一个检验批。

2　检验批的划分也可根据与施工流程相一致且方便施工与验收的原则，由施工单位与监理（建设）单位共同商定。

4.2　主控项目

4.2.1　用于墙体节能工程的材料、构件等，其品种、规格应符合设计要求和相关标准的规定。

检验方法：观察、尺量检查；核查质量证明文件。

检查数量：按进场批次，每批随机抽取 3 个试样进行检查；

质量证明文件应按照其出厂检验批进行核查。

4.2.2　墙体节能工程使用的保温隔热材料，其导热系数、密度、抗压强度或压缩强度、燃烧性能应符合设计要求。

检验方法：核查质量证明文件及进场复验报告。

检查数量：全数检查。

4.2.3　墙体节能工程采用的保温材料和粘结材料，进场时应对其下列性能进行复验，复验应为见证取样送检：

1　保温板材的导热系数、材料密度、抗压强度或压缩强度；

2　粘结材料的粘结强度；

3　增强网的力学性能、抗腐蚀性能；

　　检验方法：随机抽样送检，核查复验报告。

　　检查数量：同一厂家同一种品种的产品，当单位工程建筑面积在 20000m² 以下时各抽查不少于 3 次；当单位工程建筑面积在 20000m² 以上时各抽查不少于 6 次。

　　4.2.4　严寒和寒冷地区外保温使用的粘结材料，其冻融试验结果应符合该地区最低气温环境的使用要求。

　　检验方法：检查质量证明文件。

　　检查数量：全数检查。

　　4.2.5　墙体节能工程施工前应按照设计和施工方案的要求对基层进行处理，处理后的基层应符合保温层施工方案的要求。

　　检验方法：对照设计和施工方案观察检查；核查隐蔽工程验收记录。

　　检查数量：全数检查。

　　4.2.6　墙体节能工程各层构造做法应符合设计要求，并应按照经过审批的施工方案施工。

　　检验方法：对照设计和施工方案观察检查；核查隐蔽工程验收记录。

　　检查数量：全数检查。

　　4.2.7　墙体节能工程的施工，应符合下列规定：

　　1　保温隔热材料的厚度必须符合设计要求。

　　2　保温板与基层及各构造层之间的粘结或连接必须牢固。粘结强度和连接方式应符合设计要求。保温板材与基层的粘结强度应做现场拉拔试验。

　　3　保温浆料应分层施工。当采用保温浆料做外保温时，保温层与基层之间及各层之间的粘结必须牢固，不应脱层、空鼓和开裂；

　　4　当墙体节能工程的保温层采用预埋或后置锚固件固定时，锚固件数量、位置、锚固深度和拉拔力应符合设计要求。后置锚固件应进行锚固力现场拉拔试验。

　　检验方法：观察；手扳检查；保温材料厚度采用钢针插入或剖开尺量检查；粘接强度和锚固力核查试验报告；核查隐蔽工程验收记录。

　　检查数量：每个检验批抽查不少于 3 处。

　　4.2.8　外墙采用预置保温板现场浇筑混凝土墙体时，保温板的验收应符合本规范第 4.2.2 条的规定；保温板的安装应位置正确、接缝严密，保温板在浇筑混凝土过程中不得移位、变形，保温板表面应采取界面处理措施，与混凝土粘结应牢固。

　　混凝土和模板的验收，应按《混凝土结构工程施工质量验收规范》GB 50204 的相关规定执行。

　　检验方法：观察检查；核查隐蔽工程验收纪录。

　　检查数量：全数检查。

　　4.2.9　当外墙采用保温浆料做保温层时，应在施工中制作同条件养护试件，检测其导热系数、干密度和压缩强度。保温浆料的同条件养护试件应见证取样送检。

　　检验方法：核茶试验报告。

　　检查数量：每个检验批应抽样制作同条件养护试块不少于 3 组。

　　4.2.10　墙体节能工程各类饰面层的基层及面层施工，应符合设计和《建筑装饰装修工程质量验收规范》GB 50210 的要求，并应符合下列规定：

　　1　饰面层施工的基层应无脱层、空鼓和裂缝，基层应平整、洁净，含水率应符合饰面层施工的要求。

　　2　外墙外保温工程不宜采用粘贴饰面砖做饰面层。当采用时，其安全性与耐久性必须符合设计要求。饰面砖应做粘结强度拉拔试验，试验结果应符合设计和有关标准的规定。

　　3　外墙外保温工程的饰面层不得渗漏。当外墙外保温工程的饰面层采用饰面板开缝安装时，保温层表面应具有防水功能或采取其他防水措施。

4 外墙外保温层及饰面层与其他部位交接的收口处，应采取密封措施。

检验方法：观察检查。核查试验报告和隐蔽工程验收记录。

检查数量：全数检查。

4.2.11 保温砌块砌筑的墙体，应采用具有保温功能的砂浆砌筑。砌筑砂浆的强度等级应符合设计要求。砌体的水平灰缝饱满度不应低于90％，竖直灰缝饱满度不应低于80％。

检验方法：对照设计核查施工方案和砌筑砂浆强度试验报告。用百格网检查灰缝砂浆饱满度。

检查数量：每楼层的每个施工段至少抽查一次，每次抽查5处。每处不少于3个砌块。

4.2.12 采用预制保温墙板现场安装的墙体，应符合下列规定：

1 保温墙板应有型式检验报告，型式检验报告中应包括安装性能的检验；

2 保温墙板的结构性能、热工性能及与主体结构的连接方法应符合设计要求，与主体结构连接必须牢固；

3 保温墙板的板缝处理、构造节点及嵌缝做法应符合设计要求；

4 保温墙板板缝不得渗漏。

检验方法：核查型式检验报告、出厂检验报告、对照设计观察和淋水试验检查；核查隐蔽工程验收记录。

检查数量：型式检验报告、出厂检验报告全数检查；其他项目每个检验批抽查5％，并不少于3块（处）。

4.2.13 当设计要求在墙体内设置隔汽层时，隔气层的位置、使用的材料及构造做法应符合设计要求和相关标准的规定。隔气层应完整、严密，穿透隔汽层处应采取密封措施。隔汽层冷凝水排水构造应符合设计要求。

检验方法：对照设计观察检查，核查质量证明文件和隐蔽工程验收记录。

检查数量：每个检验批应抽查5％并不少于3处。

4.2.14 外墙和毗邻不采暖空间墙体上的门窗洞口四周墙侧面，墙体上凸窗四周的侧面，应按设计要求采取节能保温措施。

检验方法：对照设计观察检查，必要时抽样剖开检查；核查隐蔽工程验收记录。

检查数量：每个检验批应抽查5％，并不少于5个洞口。

4.2.15 严寒和寒冷地区外墙热桥部位，应按设计要求采取节能保温等隔断热桥措施。

检验方法：对照设计和施工方案观察检查。核查隐蔽工程验收纪录。

检查数量：按不同热桥种类，每种抽查20％，并不少于5处。

4.3 一般项目

4.3.1 进场节能保温材料与构件的外观和包装应完整无破损，符合设计要求和产品标准的规定。

检验方法：观察检查。

检查数量：全数检查。

4.3.2 当采用加强网作防止开裂的措施时，加强网的铺贴和搭接应符合设计和施工方案的要求。砂浆抹压应密实，不得空鼓，加强网不得皱褶、外露。

检验方法：观察检查；核查隐蔽工程验收记录。

检查数量：每个检验批抽查不少于5处，每处不少于2m²。

4.3.3 设置空调的房间，其外墙热桥部位应按设计要求采取隔断热桥措施。

检验方法：对照设计和施工方案观察检查。核查隐蔽工程验收纪录。

检查数量：按不同热桥种类，每种抽查10％，并不少于5处。

4.3.4 施工产生的墙体缺陷，如穿墙套管、脚手眼、孔洞等，应按照施工方案采取隔断热桥措施，不得影响墙体热工性能。

检验方法：对照施工方案观察检查。

检查数量：全数检查。

4.3.5　墙体保温板材接缝方法应符合施工方案要求。保温板接缝应平整严密。

检验方法：观察检查。

检查数量：每个检验批抽查 10%，并不少于 5 处。

4.3.6　墙体采用保温浆料时，保温浆料层宜连续施工；保温浆料厚度应均匀、接茬应平顺密实。

检验方法：观察、尺量检查。

检查数量：每个检验批抽查 10%，并不少于 10 处。

4.3.7　墙体上容易碰撞的阳角、门窗洞口及不同材料基体的交接处等特殊部位，其保温层应采取防止开列和破损的加强措施。

检验方法：观察检查；核查隐蔽工程验收记录。

检查数量：按不同部位，每类抽查 10%，并不少于 5 处。

4.3.8　采用现场喷涂或模板浇筑的有机类保温材料做外保温时，有机类保温材料应达到陈化时间后方可进行下道工序施工。

检验方法：对照施工方案和产品说明书进行检查。

检查数量：全数检查。

11.2.2　幕墙节能检验批质量验收记录

1. 表格

幕墙节能检验批质量验收记录

09010201 ____

单位（子单位）工程名称			分部（子分部）工程名称		分项工程名称		
施工单位			项目负责人		检验批容量		
分包单位			分包单位项目负责人		检验批部位		
施工依据				验收依据	《建筑节能工程施工质量验收规范》GB 50411－2007		
	验收项目		设计要求及规范规定	最小/实际抽样数量	检查记录		检查结果
主控项目	1	用于幕墙节能工程的材料、构件等进场检验	第 5.2.1 条	/			
	2	保温隔热材料、幕墙玻璃的性能	第 5.2.2 条	/			
	3	保温材料、幕墙玻璃、隔热材料进场时应进行见证取样送检复验	第 5.2.3 条	/			
	4	幕墙的气密性能及抽样检测	第 5.2.4 条	/			
	5	使用的保温材料的厚度及安装	第 5.2.5 条	/			
	6	遮阳设施的安装	第 5.2.6 条	/			
	7	热桥部位的隔断热桥措施及施工	第 5.2.7 条	/			
	8	幕墙隔汽层的施工	第 5.2.8 条	/			
	9	冷凝水的收集和排放应畅通，并不得渗漏	第 5.2.9 条	/			

		验收项目	设计要求及规范规定	最小/实际抽样数量	检查记录	检查结果
一般项目	1	单元式幕墙板块的组装	第5.3.2条	/		
	2	幕墙与周边墙体间的接缝处理	第5.3.3条	/		
	3	伸缩缝、沉降缝、抗震缝的保温或密封做法	第5.3.4条	/		
	4	活动遮阳设施的调节机构	第5.3.5条	/		
	5	单元式幕墙板块的组装	第5.3.2条	/		
施工单位检查结果				专业工长： 项目专业质量检查员： 　　　　　　年　月　日		
监理单位验收结论				专业监理工程师： 　　　　　　年　月　日		

2. 验收依据说明

【规范名称及编号】 《建筑节能工程施工质量验收规范》GB 50411－2007

【条文摘录】

5　幕墙节能工程

5.1　一般规定

5.1.1　本章适用于透明和非透明的各类建筑幕墙的节能工程质量验收。

5.1.2　附着于主体结构上的隔汽层、保温层应在主体结构工程质量验收合格后施工。施工过程中应及时进行质量检查、隐蔽工程验收和检验批验收，施工完成后应进行幕墙节能分项工程验收。

5.1.3　当幕墙节能工程采用隔热型材时，隔热型材生产厂家应提供型材所使用的隔热材料的力学性能和热变形性能试验报告。

5.1.4　幕墙节能工程施工中应对以下部位或项目进行隐蔽工程验收，并应有详细的文字记录和必要的图像资料：

1　被封闭的保温材料厚度和保温材料的固定；

2　幕墙周边与墙体的接缝处保温材料的填充；

3　构造缝、结构缝；

4　隔汽层；

5　热桥部位、断热节点；

6　单元式幕墙板块间的接缝构造；

7　冷凝水收集和排放构造；

8　幕墙的通风换气装置。

5.1.5　幕墙节能工程使用的保温材料在安装过程中应采取防潮、防水等保护措施。

5.1.6　幕墙节能工程检验批划分，可按照《建筑装饰装修工程质量验收规范》GB 50210的规定执行。

5.2　主控项目

5.2.1　用于幕墙节能工程的材料、构件等，其品种、规格应符合设计要求和相关标准的规定。

检验方法：观察、尺量检查；核查质量证明文件。

检查数量：按进场批次，每批随机抽取 3 个试样进行检查；

质量证明文件应按照其出厂检验批进行核查。

5.2.2　幕墙节能工程使用的保温隔热材料，其导热系数、密度、燃烧性能应符合设计要求。幕墙玻璃的传热系数、遮阳系数、可见光透射比、中空玻璃露点应符合设计要求。

检验方法：核查质量证明文件和复验报告。

检查数量：全数核查。

5.2.3　幕墙节能工程使用的材料、构件等进场时，应对其下列性能进行复验，复验应为见证取样送检：

1　保温材料：导热系数、密度；

2　幕墙玻璃：可见光透射比、传热系数、遮阳系数、中空玻璃露点；

3　隔热型材：抗拉强度、抗剪强度。

5.2.4　幕墙的气密性能应符合设计规定的等级要求。当幕墙面积大于 3000m² 或建筑外墙面积的 50％时，应现场抽取材料和配件，在检测试验室安装制作试件进行气密性能检测，检测结果应符合设计规定的等级要求。

密封条应镶嵌牢固、位置正确、对接严密。单元幕墙板块之间的密封应符合设计要求。开启扇应关闭严密。

检查方法：观察及启闭检查；核查隐蔽工程验收记录、幕墙气密性能检测报告、见证记录。

气密性能检测试件应包括幕墙的典型单元、典型拼缝、典型可开启部分。试件应按照幕墙工程施工图进行设计。试件设计应经建筑设计单位项目负责人、监理工程师同意并确认。气密性能的检测应按照国家现行有关标准的规定执行。

检查数量：核查全部质量证明文件和性能检测报告。现场观察及启闭检查按检验批抽查 30％，并不少于 5 件（处）。气密性能检测应对一个单位工程中面积超过 1000m² 的每一种幕墙均抽取一个试件进行检测。

5.2.5　幕墙节能工程使用的保温材料，其厚度应符合设计要求，安装牢固，且不得松脱。

检验方法：对保温板或保温层采取针插法或剖开法，尺量厚度；手扳检查。

检查数量：按检验批抽查 10％，并不少于 5 处。

5.2.6　遮阳设施的安装位置应满足设计要求。遮阳设施的安装应牢固。

检验方法：观察；尺量；手扳检查。

检查数量：检查全数的 10％，并不少于 5 处；牢固程度全数检查。

5.2.7　幕墙工程热桥部位的隔断热桥措施应符合设计要求，断热节点的连接应牢固。

检验方法：对照幕墙节能设计文件，观察检查。

检查数量：按检验批抽查 10％，并不少于 5 处。

5.2.8　幕墙隔汽层应完整、严密、位置正确，穿透隔汽层处的节点构造应采取密封措施。

检验方法：观察检查。

检查数量：按检验批抽查 10％，并不少于 5 处。

5.2.9　冷凝水的收集和排水应通畅，并不得渗漏。

检验方法：通水试验、观察检查。

检查数量：按检验批抽查 10％，并不少于 10 处。

5.3　一般项目

5.3.1　镀（贴）膜玻璃的安装方向、位置应正确。中空玻璃应采用双道密封。中空玻璃的均压管应密封处理。

　　检验方法：观察；检查施工记录。

　　检验数量：每个检验批抽查10％，并不少于5件（处）。

　5.3.2　单元式幕墙板块组装应符合下列要求：

　1　密封条：规格正确，长度无负偏差，接缝的搭接符合设计要求；

　2　保温材料：固定牢固，厚度符合设计要求；

　3　隔汽层：密封完整、严密；

　4　冷凝水排水系统通畅，无渗漏。

　　检验方法：观察检查；手扳检查；尺量；通水试验。

　　检查数量：每个检验批抽查10％，并不少于5件（处）。

　5.3.3　幕墙与周边墙体间的接缝处应采用弹性闭孔材料填充饱满，并应采用耐候密封胶密封。

　　检查方法：观察检查。

　　检查数量：每个检验批抽查10％，并不少于5件（处）。

　5.3.4　伸缩缝、沉降缝、抗震缝的保温或密封做法应符合设计要求。

　　检验方法：对照设计文件观察检查。

　　检查数量：每个检验批抽查10％，并不少于10件（处）。

　5.3.5　活动遮阳设施的调节机构应灵活，并应能调节到位。

　　检验方法：现场调节试验，观察检查。

　　检查数量：每个检验批抽查10％，并不少于10件（处）。

11.2.3　门窗节能检验批质量验收记录

1. 表格

门窗节能检验批质量验收记录

09010301 ____

单位（子单位）工程名称			分部（子分部）工程名称		分项工程名称	
施工单位			项目负责人		检验批容量	
分包单位			分包单位项目负责人		检验批部位	
施工依据				验收依据	《建筑节能工程施工质量验收规范》GB 50411－2007	

		验收项目	设计要求及规范规定	最小/实际抽样数量	检查记录	检查结果
主控项目	1	建筑外门窗的品种、规格	第6.2.1条	/		
	2	外窗的性能参数	第6.2.2条	/		
	3	建筑外窗各项性能见证复验	第6.2.3条	/		
	4	建筑门窗采用的玻璃品种	第6.2.4条	/		
	5	金属外门窗隔断热桥措施	第6.2.5条	/		
	6	严寒、寒冷、夏热冬冷地区的建筑外窗气密性现场实体检验	第6.2.6条	/		
	7	间隙密封	第6.2.7条	/		
	8	严寒、寒冷地区的外门安装应采取保温、密封措施	第6.2.8条	/		
	9	外窗遮阳设施的性能及安装	第6.2.9条	/		
	10	特种门的性能及安装	第6.2.10条	/		
	11	天窗安装	第6.2.11条	/		

续表

验收项目		设计要求及规范规定	最小/实际抽样数量	检查记录	检查结果
一般项目	1　门窗扇镶嵌和玻璃的密封条的性能及安装	第 6.3.1 条	/		
	2　门窗镀（贴）膜玻璃的安装及密封	第 6.3.2 条	/		
	3　外门窗遮阳设置调节应灵活到位	第 6.3.3 条	/		
施工单位检查结果				专业工长： 项目专业质量检查员： 　　　　年　月　日	
监理单位验收结论				专业监理工程师： 　　　　年　月　日	

2. 验收依据说明

【规范名称及编号】　《建筑节能工程施工质量验收规范》GB 50411－2007

【条文摘录】

6　门窗节能工程

6.1　一般规定

6.1.1　本章适用于建筑门窗节能工程的质量验收，包括金属门窗、塑料门窗、木质门窗、各种复合门窗、特种门窗、天窗以及门窗玻璃安装等节能工程。

6.1.2　建筑门窗进场后，应对其外观、品种、规格及附件等进行检查验收，对质量证明文件进行核查。

6.1.3　建筑外门窗工程施工中，应对门窗框与墙体接缝处的保温填充做法进行隐蔽工程验收，并应有隐蔽工程验收记录和必要的图像资料。

6.1.4　建筑外门窗工程的检验批应按下列规定划分：

1　同一厂家的同一品种、类型、规格的门窗及门窗玻璃每 100 樘划分为一个检验批，不足 100 樘也为一个检验批。

2　同一厂家的同一品种、类型和规格的特种门每 50 樘划分为一个检验批，不足 50 樘也为一个检验批。

3　对于异型或有特殊要求的门窗，检验批的划分应根据其特点和数量，由监理（建设）单位和施工单位协商确定。

6.1.5　建筑外门窗工程的检查数量应符合下列规定：

1　建筑门窗每个检验批应抽查 5%，并不少于 3 樘，不足 3 樘时应全数检查；高层建筑的外窗，每个检验批应抽查 10%，并不少于 6 樘，不足 6 樘时应全数检查。

2　特种门每个检验批应抽查 50%，并不得少于 10 樘，不足 10 樘时应全数检查。

6.2　主控项目

6.2.1　建筑外门窗的品种、规格应符合设计要求和相关标准的规定。

检验方法：观察、尺量检查；核查质量证明文件。

检查数量：按本规范第 6.1.5 条执行；质量证明文件应按照其出厂检验批进行核查。

6.2.2 建筑外窗的气密性、保温性能、中空玻璃露点、玻璃遮阳系数和可见光透射比应符合设计要求。

检验方法：核查质量证明文件和复验报告。

检查数量：全数检查。

6.2.3 建筑外窗进入施工现场时，应按地区类别对其下列性能进行复验，复验应为见证取样送检：

1 严寒、寒冷地区：气密性、传热系数和中空玻璃露点；

2 夏热冬冷地区：气密性、传热系数玻璃遮阳系数、可见光透射比、中空玻璃露点；

3 夏热冬暖地区：气密性、玻璃遮阳系数、可见光透射比、中空玻璃露点。

检验方法：随机抽样送检；核查复验报告。

检查数量：同一厂家的同一品种同一类型的产品抽查不少于 3 樘（件）。

6.2.4 建筑门窗采用的玻璃品种应符合设计要求。中空玻璃应采用双道密封。

检验方法：观察检查；核查质量证明文件。

检查数量：按本规范第 6.1.5 条执行。

6.2.5 金属外门窗隔断热桥措施应符合设计要求和产品标准的规定，金属副框的隔断热桥措施应与门窗框的隔断热桥措施相当。

检验方法：随机抽样，对照产品设计图纸，剖开或拆开检查。

检查数量：同一厂家同一品种、类型的产品各抽查不少于 1 樘。金属副框的隔断热桥措施按检验批抽查 30%。

6.2.6 严寒、寒冷、夏热冬冷地区的建筑外床，应对其气密型做现场实体检验，检测结果应满足设计要求。

检验方法：随机抽样现场检验。

检查数量：同一厂家同一品种、类型的产品各抽查不少于 3 樘。

6.2.7 外门窗框或副框与洞口之间的间隙应采用弹性闭孔材料填充爆满，并使用密封胶密封；外门窗框与副框之间的缝隙应使用密封胶密封。

检验方法：观察检查；核查隐蔽工程验收纪录。

检查数量：全数检查。

6.2.8 严寒、寒冷地区的外门安装，应按照设计要求采取保温、密封等节能措施。

检验方法：观察检查。

检查数量：全数检查。

6.2.9 外窗遮阳设施的性能、尺寸应符合设计和产品标准要求；遮阳设施的安装应位置正确、牢固，满足安全和使用功能的要求。

检验方法：核查质量证明文件；观察、尺量、手扳检查。

检查数量：按本规范第 6.1.5 条执行；安装牢固程度全数检查。

6.2.10 特种门的性能应符合设计和产品标准要求；特种门安装中的节能措施，应符合设计要求。

检验方法：核查质量证明文件；观察、尺量检查。

检查数量：全数检查。

6.2.11 天窗安装的位置、坡度应正确，密封严密、嵌缝处不得渗漏。

检验方法：观察、尺量检查；淋水检查。

检查数量：按本规范第 6.1.5 条执行。

6.3 一般项目

6.3.1 门窗扇密封条和玻璃镶嵌的密封条，其物理性能应符合相关标准的规定。密封条安装位置应正确，镶嵌牢固，不得脱槽，接头处不得开裂。关闭门窗时密封条应接触严密。

检验方法：观察检查。

检查数量：全数检查。

6.3.2　门窗镀（贴）膜玻璃的安装方向应正确，中空玻璃的均压管应密封处理。

检验方法：观察检查。

检查数量：全数检查。

6.3.3　外门窗遮阳设施调节应灵活，能调节到位。

检验方法：现场调节试验检查。

检查数量：全数检查。

11.2.4　屋面节能检验批质量验收记录

1. 表格

屋面节能检验批质量验收记录

09010401 ____

单位（子单位）工程名称			分部（子分部）工程名称		分项工程名称	
施工单位			项目负责人		检验批容量	
分包单位			分包单位项目负责人		检验批部位	
施工依据				验收依据	《建筑节能工程施工质量验收规范》GB 50411－2007	

验收项目			设计要求及规范规定	最小/实际抽样数量	检查记录	检查结果
主控项目	1	保温隔热材料品种、规格	第7.2.1条	/		
	2	保温隔热材料的导热系数、密度、抗压强度或压缩强度、燃烧性能	第7.2.2条	/		
	3	保温隔热材料的各项性能见证复验	第7.2.3条	/		
	4	保温隔热层的施工	第7.2.4条	/		
	5	通风隔热架空层施工	第7.2.5条	/		
	6	采光屋面的性能及节点的构造做法	第7.2.6条	/		
	7	采光屋面的安装	第7.2.7条	/		
	8	屋面的隔汽层位置和质量	第7.2.8条	/		
一般项目	1	屋面保温隔热层外观质量	第7.3.1条	/		
	2	金属板保温夹芯屋面的施工	第7.3.2条	/		
	3	坡屋面、内架空屋面当采光敷设与屋面内侧保温材料作保温隔热层时的施工	第7.3.3条	/		
施工单位检查结果				专业工长：项目专业质量检查员：　　　　　　年　月　日		
监理单位验收结论				专业监理工程师：　　　　　　年　月　日		

2. 验收依据说明

【规范名称及编号】　《建筑节能工程施工质量验收规范》GB 50411－2007

【条文摘录】

7　屋面节能工程

7.1　一般规定

7.1.1　本章适用于建筑屋面节能工程，包括采用松散保温材料、现浇保温材料、喷涂保温材料、板材、块材等保温隔热材料的屋面节能工程的质量验收。

7.1.2　屋面保温隔热工程的施工，应在基层质量验收合格后进行。施工过程中应及时进行质量检查、隐蔽工程验收和检验批验收，施工完成后应进行屋面节能分项工程验收。

7.1.3　屋面保温隔热工程应对下列部位进行隐蔽工程验收，并应有详细的文字记录和必要的图像资料：

1　基层；

2　保温层的敷设方式、厚度；板材缝隙填充质量；

3　屋面热桥部位；

4　隔汽层。

7.1.4　屋面保温隔热层施工完成后，应及时进行找平层和防水层的施工，避免保温隔热层受潮、浸泡或受损。

7.2　主控项目

7.2.1　用于屋面节能工程的保温隔热材料，其品种、规格应符合设计要求和相关标准的规定。

检验方法：观察、尺量检查；核查质量证明文件。

检查数量：按进场批次，每批随机抽取 3 个试样进行检查；

质量证明文件应按照其出厂检验批进行核查。

7.2.2　屋面节能工程使用的保温隔热材料，其导热系数、密度、抗压强度或压缩强度、燃烧性能应符合设计要求。

检验方法：核查质量证明文件及进场复验报告。

检查数量：全数检查。

7.2.3　屋面节能工程使用的保温隔热材料，进场时应对其导热系数、密度、抗压强度或压缩强度、燃烧性能进行复验，复验应为见证取样送检。

检验方法：随机抽样送检，核查复验报告。

检查数量：同一厂家同一品种的产品各抽查不少于 3 组。

7.2.4　屋面保温隔热层的敷设方式、厚度、缝隙填充质量及屋面热桥部位的保温隔热做法，必须符合设计要求和有关标准的规定。

检验方法：观察、尺量检查。

检查数量：每 100m² 抽查一处，每处 10m²，整个屋面抽查不得少于 3 处。

7.2.5　屋面的通风隔热架空层，其架空高度、安装方式、通风口位置及尺寸应符合设计及有关标准要求。架空层内不得有杂物。架空面层应完整，不得有断裂和露筋等缺陷。

检验方法：观察、尺量检查。

检查数量：每 100m² 抽查一处，每处 10m²，整个屋面抽查不得少于 3 处。

7.2.6　采光屋面的传热系数、遮阳系数、可见光透射比、气密性应符合设计要求。节点的构造做法应符合设计和相关标准的要求。采光屋面的可开启部分应按本规范第 6 章的要求验收。

检验方法：核查质量证明文件；观察检查。

检查数量：全数检查。

7.2.7　采光屋面的安装应牢固，坡度正确，封闭严密，嵌缝处不得渗漏。

检验方法：观察、尺量检查；淋水检查；核查隐蔽工程验收记录。

检查数量：全数检查。

7.2.8　屋面的隔汽层位置应符合设计要求，隔汽层应完整、严密。

检验方法：对照设计观察检查；核查隐蔽工程验收记录。

检查数量：每 100m² 抽查一处，每处 10m²，整个屋面抽查不得少于 3 处。

7.3　一般项目

7.3.1　屋面保温隔热层应按施工方案施工，并应符合下列规定：

1　松散材料应分层敷设、按要求压实、表面平整、坡向正确；

2　现场采用喷、浇、抹等工艺施工的保温层，其配合比应计量准确，搅拌均匀、分层连续施工、表面平整，坡向正确。

3　板材应粘贴牢固、缝隙严密、平整。

检验方法：观察、尺量、称重检查。

检查数量：每 100m² 抽查一处，每处 10m²，整个屋面抽查不得少于 3 处。

7.3.2　金属板保温夹芯屋面应铺装牢固、接口严密、表面洁净、坡向正确。

检验方法：观察、尺量检查，核查隐蔽工程验收记录。

检查数量：全数检查。

7.3.3　坡屋面、内架空屋面当采用敷设于屋面内侧的保温材料做保温隔热层时，保温隔热层应有防潮措施，其表面应有保护层，保护层的做法应符合设计要求。

检验方法：观察检查，核查隐蔽工程验收记录。

检查数量：每 100m² 抽查一处，每处 10m²，整个屋面抽查不得少于 3 处。

11.2.5　地面节能检验批质量验收记录

1. 表格

地面节能检验批质量验收记录

09010501＿＿＿

单位（子单位）工程名称			分部（子分部）工程名称		分项工程名称		
施工单位			项目负责人		检验批容量		
分包单位			分包单位项目负责人		检验批部位		
施工依据				验收依据	《建筑节能工程施工质量验收规范》GB 50411－2007		
验收项目			设计要求及规范规定	最小/实际抽样数量	检查记录		检查结果
主控项目	1	保温材料品种、规格	第 8.2.1 条	/			
	2	保温材料各项性能	第 8.2.2 条	/			
	3	保温隔热材料的各项性能见证复验	第 8.2.3 条	/			
	4	基层处理	第 8.2.4 条	/			
	5	地面各层的设置和构造做法	第 8.2.5 条	/			
	6	地面节能工程的施工	第 8.2.6 条	/			
	7	有防水要求的地面节能保温	第 8.2.7 条	/			
	8	严寒、严冷地区的建筑首层保温措施	第 8.2.8 条	/			
	9	保温层表面防潮层、保护层	第 8.2.9 条	/			
一般项目	1	过滤器等配件的保温施工	第 9.3.1 条	/			
施工单位检查结果				专业工长：项目专业质量检查员：　　　　　年　月　日			
监理单位验收结论				专业监理工程师：　　　　　年　月　日			

2. 验收依据说明

【规范名称及编号】 《建筑节能工程施工质量验收规范》GB 50411-2007

【条文摘录】

8 地面节能工程

8.1 一般规定

8.1.1 本章适用于建筑地面节能工程的质量验收。包括底面接触室外空气、土壤或毗邻不采暖空间的地面节能工程。

8.1.2 地面节能工程的施工，应在主体或基层质量验收合格后进行。施工过程中应及时进行质量检查、隐蔽工程验收和检验批验收，施工完成后应进行地面节能分项工程验收。

8.1.3 地面节能工程应对下列部位进行隐蔽工程验收，并应有详细的文字记录和必要的图像资料：

1 基层；

2 被封闭的保温材料厚度；

3 保温材料粘结；

4 隔断热桥部位；

8.1.4 地面节能分项工程检验批划分应符合下列规定：

1 检验批可按施工段或变形缝划分；

2 当面积超过200m² 时，每200m² 可划分为一个检验批，不足200m² 也为一个检验批。

3 不同构造做法的地面节能工程应单独划分检验批。

8.2 主控项目

8.2.1 用于地面节能工程的保温材料，其品种、规格应符合设计要求和相关标准的规定。

检验方法：观察、质量或称重检查；核查质量证明文件。

检查数量：按进场批次，每批随机抽取3个试样进行检查。

质量证明文件应按其出厂检验批进行核查。

8.2.2 地面节能工程使用的保温材料，其导热系数、密度、抗压强度或压缩强度、燃烧性能应符合设计要求。

检验方法：核查质量证明文件和复验报告。

检查数量：全数检查。

8.2.3 地面节能工程采用的保温材料，进场时应对其导热系数、密度、抗压强度或压缩强度、燃烧性能进行复验，复验应为见证取样送检。

检验方法：随机抽样送检，核查复验报告。

检查数量：同一厂家同一品种的产品各抽查不少于3组。

8.2.4 地面节能工程施工前，应对基层进行处理，使其达到设计和施工方案的要求。

检验方法：对照设计和施工方案观察检查。

检查数量：全数检查。

8.2.5 地面保温层、隔离层、保护层等各层的设置和构造做法以及保温层的厚度应符合设计要求，并应按施工方案施工。

检验方法：对照设计和施工方案观察检查；尺量检查。

检查数量：全数检查。

8.2.6 地面节能工程的施工质量应符合下列规定：

1 保温板与基体之间、各构造层之间的粘结应牢固，缝隙应严密。

2 保温浆料应分层施工。

3 穿越地面直接接触室外空气的各种金属管道应按设计要求，采取隔断热桥的保温措施。

检验方法：观察检查；核查隐蔽工程验收记录。

检查数量：每个检验批抽查 2 处，每处 10m²，穿越地面的金属管道处全数检查。

8.2.7　有防水要求的地面，其节能保温做法不得影响地面排水坡度，保温层面层不得渗漏。

检验方法：用长度 500mm 水平尺检查；观察检查。

检查数量：全数检查。

8.2.8　严寒、寒冷地区的建筑首层直接与土壤接触的地面、采暖地下室与土壤接触的外墙、毗邻不采暖空间的地面以及底面直接接触室外空气的地面应按设计要求采取保温措施。

检验方法：对照设计观察检查。

检查数量：全数检查。

8.2.9　保温层的表面防潮层、保护层应符合设计要求。

检验方法：观察检查。

检查数量：全数检查。

8.3　一般项目

8.3.1　采用地面辐射供暖的工程，其地面节能做法应符合设计要求，并应符合《地面辐射供暖技术规程》JGJ142 的规定。

检验方法：观察检查。

检查数量：全数检查。

11.2.6　供暖节能检验批质量验收记录

1. 表格

供暖节能检验批质量验收记录

09020101 ____

单位（子单位）工程名称			分部（子分部）工程名称		分项工程名称		
施工单位			项目负责人		检验批容量		
分包单位			分包单位项目负责人		检验批部位		
施工依据				验收依据	《建筑节能工程施工质量验收规范》GB 50411－2007		
验收项目			设计要求及规范规定	最小/实际抽样数量	检查记录		检查结果
主控项目	1	材料设备材料进场验收	第9.2.1条	/			
	2	散热器和保温材料进场见证复验	第9.2.2条	/			
	3	采暖系统安装	第9.2.3条	/			
	4	散热器安装	第9.2.4条	/			
	5	散热器恒温阀的安装	第9.2.5条	/			
	6	低温热水地面辐射供暖系统安装	第9.2.6条	/			
	7	采暖热力入口装置的安装	第9.2.7条	/			
	8	采暖管道保温层和防潮层的施工	第9.2.8条	/			
	9	采暖系统的隐蔽验收记录	第9.2.9条	/			
	10	采暖系统安装完毕后的调试	第9.2.10条	/			
一般项目	1	过滤器等配件的保温施工	第9.3.1条	/			
施工单位检查结果				专业工长：项目专业质量检查员：　　　　年　月　日			
监理单位验收结论				专业监理工程师：　　　　年　月　日			

2. 验收依据说明

【规范名称及编号】　《建筑节能工程施工质量验收规范》GB 50411－2007

【条文摘录】

9　采暖节能工程

9.1　一般规定

9.1.1　本章适用于温度不超过95℃室内集中采暖系统节能工程施工质量的验收。

9.1.2　采暖系统节能工程的验收，可按系统、楼层等进行，并应符合本规范第3.4.1条的规定。

9.2　主控项目

9.2.1　采暖系统节能工程采用的散热设备、阀门、仪表、管材、保温材料等产品进场时，应按照设计要求对其类型、材质、规格及外观等进行验收，并应经监理工程师（建设单位代表）检查认可，形成相应的验收记录。各种产品和设备的质量证明文件和相关技术资料应齐全，并应符合国家现行有关标准和规定。

检验方法：观察检查；核查质量证明文件和相关技术资料。

检查数量：全数检查。

9.2.2　采暖系统节能工程采用的散热器和保温材料等进场时，应对其下列技术性能参数进行复验，复验应为见证取样送检。

1　散热器的单位散热量、金属热强度；

2　保温材料的导热系数、密度、吸水率。

检验方法：现场随机抽样送检；核查复验报告。

检查数量：同一厂家统一规格的散热器按其数量的1‰进行鉴证取样送检，但不得少于2组；同一厂家同材质的保温材料见证取样送检的次数不得少于2次。

9.2.3　采暖系统的安装应符合下列规定：

1　采暖系统的制式，应符合设计要求；

2　散热设备、阀门、过滤器、温度计及仪表应按设计要求安装齐全，不得随意增减和更换；

3　室内温度调控装置、热计量装置、水力平衡装置以及热力入口装置的安装位置和方向应符合设计要求，并便于观察、操作和调试；

4　温度调控装置和热计量装置安装后，采暖系统应能实现设计要求的分室（区）温度调控、分栋热计量和分户或分室（区）热量分摊的功能。

检验方法：观察检查。

检验数量：全数检查。

9.2.4　散热器及其安装应符合下列规定：

1　每组散热器的规格、数量及安装方式应符合设计要求；

2　散热器外表面应刷非金属性涂料。

检验方法：观察检查。

检验数量：按散热器组数抽查5‰，不得少于5组。

9.2.5　散热器恒温阀及其安装应符合下列规定：

1　恒温阀的规格、数量应符合设计要求；

2　明装散热器恒温阀不应安装在狭小和封闭空间，其恒温阀阀头应水平安装，且不应被散热器、窗帘或其他障碍物遮挡；

3　暗装散热器的恒温阀应采用外置式温度传感器，并应安装在空气流通且能正确反映房间温度的位置上。

检验方法：观察检查。

检验数量：按总数抽查5‰，不得少于5个。

9.2.6　低温热水地面辐射供暖系统的安装除了应符合本规范第 9.2.3 条的规定外，尚应符合下列规定：

1　防潮层和绝热层的做法及绝热层的厚度应符合设计要求；

2　室内温控装置的传感器应安装在避开阳光直射和有发热设备且距地 1.4m 处的内墙面上。

检验方法：防潮层和绝热层隐蔽前观察检查，用钢针刺入绝热层、尺量；观察检查、尺量室内温控装置传感器的安装高度。

检验数量：防潮层和绝热层按检验批抽查 5 处，每处检查不少于 5 点；温控装置按每个检验批抽查 10 个。

9.2.7　采暖系统热力入口装置的安装应符合下列规定：

1　热力入口装置中各种部件的规格、数量，应符合设计要求；

2　热计量装置、过滤器、压力表、温度计的安装位置、方向应正确，并便于观察、维护；

3　水力平衡装置及各类阀门的安装位置、方向应正确，并便于操作和调试。安装完毕后，应根据系统水力平衡要求进行调试并做出标志；

检验方法：观察检查；核查进场验收记录和调试报告。

检验数量：全数检查。

9.2.8　采暖管道保温层和防潮层的施工应符合下列规定：

1　保温层应采用不燃或难燃材料，其材质、规格及厚度等应符合设计要求；

2　保温管壳的粘贴应牢固、铺设应平整；硬质或半硬质的保温管壳每节至少应用防腐金属丝或难腐织带或专用胶带捆扎或粘贴 2 道，其间距为 300～350mm，且捆扎、粘贴应紧密，无滑动、松弛与断裂现象；

3　硬质或半硬质保温管壳的拼接缝隙不应大于 5mm，并用粘结材料勾缝填满；纵缝应错开，外层的水平接缝应设在侧下方；

4　松散或软质保温材料应按规定的密度压缩其体积，疏密应均匀；毡类材料在管道上包扎时，搭接处不应有空隙；

5　潮层应紧密粘贴在保温层上，封闭良好，不得有虚粘、气泡、褶皱、裂缝等缺陷；

6　防潮层的立管应由管道的低端向高端敷设，环向搭接缝应朝向低端；纵向搭接缝应位于管道的侧面，并顺水；

7　卷材防潮层采用螺旋形缠绕的方式施工时，卷材的搭接宽度宜为 30～50mm；

8　阀门及法兰部位的保温层结构应严密，且能单独拆卸并不得影响其操作功能。

检验方法：观察检查；用钢针刺入保温层、尺量。

检验数量：按数量抽查 10%，且保温层不得少于 10 段、防潮层不得少于 10m、阀门等配件不得少于 5 个。

9.2.9　采暖系统应随施工进度对与节能有关的隐蔽部位或内容进行验收，并应有详细的文字记录和必要的图像资料。

检验方法：观察检查；核查隐蔽工程验收记录。

检验数量：全数检查。

9.2.10　采暖系统安装完成后，应在采暖期内与热源联合试运转和调试。联合试运转和调试结果应符合设计要求，采暖房间温度相对于设计计算温度不得低于 2℃，且不高于 1℃。

检验方法：检查室内采暖系统试运转和调试记录。

检验数量：全数检查。

9.3　一般项目

9.3.1　采暖系统过滤器等配件的保温层应密实、无空隙，且不得影响其操作功能。

检验方法：观察检查。

检验数量：按类别数量抽查10％，且均不得少于2件。

11.2.7　通风与空调设备节能检验批质量验收记录

1. 表格

通风与空调设备节能检验批质量验收记录

09020201 ____

单位（子单位）工程名称			分部（子分部）工程名称		分项工程名称		
施工单位			项目负责人		检验批容量		
分包单位			分包单位项目负责人		检验批部位		
施工依据				验收依据	《建筑节能工程施工质量验收规范》GB 50411－2007		
验收项目			设计要求及规范规定	最小/实际抽样数量	检查记录		检查结果
主控项目	1	材料设备进场验收	第10.2.1条	/			
	2	风机盘管机组和绝热材料见证复验	第10.2.2条	/			
	3	通风与空调系统安装	第10.2.3条	/			
	4	风管的制作与安装	第10.2.4条	/			
	5	组合式空调机组、柜式空调机组、新风机组、单元式空调机组的安装	第10.2.5条	/			
	6	风机盘管机组的安装	第10.2.6条	/			
	7	通风与空调系统风机的安装	第10.2.7条	/			
	8	带热回收功能的双向换气装置和集中排风系统中的排风热回收装置的安装	第10.2.8条	/			
	9	电动两通调节阀、水力平衡阀、冷（热）量计量装置等自控阀门与仪表的安装	第10.2.9条	/			
	10	空调风管系统及部件的绝热层和防潮层的施工	第10.2.10条	/			
	11	空调水系统管道及配件的绝热层和防潮层的施工	第10.2.11条	/			
	12	冷热水管道与支架、吊架之间绝热衬垫设置	第10.2.12条	/			
	13	隐蔽部位的验收及记录	第10.2.13条	/			
	14	通风与空调系统安装完毕后调试情况	第10.2.14条	/			
一般项目	1	空气风幕机的安装	第10.3.1条	/			
	2	变风量末端装置与风管的连接	第10.3.2条	/			
施工单位检查结果				专业工长：项目专业质量检查员：　　　　　　年　月　日			
监理单位验收结论				专业监理工程师：　　　　　　　　　年　月　日			

2. 验收依据说明

【规范名称及编号】　《建筑节能工程施工质量验收规范》GB 50411－2007

【条文摘录】

10　通风与空调节能工程

10.1　一般规定

10.1.1　本章适用于通风与空调系统节能工程施工质量的验收。

10.1.2　通风与空调系统节能工程的验收，可按系统、楼层等进行，并应符合本规范第 3.4.1 条的规定。

10.2　主控项目

10.2.1　通风与空调系统节能工程所使用的设备、管道、阀门、仪表、绝热材料等产品进场时，应按设计要求对其类型、材质、规格及外观等进行验收，并应对下列产品的技术性能参数进行核查。验收与核查的结果应经监理工程师（建设单位代表）检查认可，并应形成相应的验收、核查记录。各种产品和设备的质量证明文件和相关技术资料应齐全，并应符合有关国家现行标准和规定：

1　组合式空调机组、柜式空调机组、新风机组、单元式空调机组、热回收装置等设备的冷量、热量、风量、风压、功率及额定热回收效率；

2　风机的风量、风压、功率及其单位风量耗功率；

3　成品风管的技术性能参数；

4　自控阀门与仪表的技术性能参数。

检验方法：观察检查；技术资料和性能检测报告等质量证明文件与实物核对。

检查数量：全数检查。

10.2.2　风机盘管机组和绝热材料进场时，应对其下列技术性能参数进行复验，复验应为见证取样送检。

1　风机盘管机组的供冷量、供热量、风量、出口静压、噪声及功率；

2　绝热材料的导热系数、密度、吸水率。

检验方法：现场随机抽样送检；核查复验报告。

检查数量：同一厂家的风机盘管机组按数量复验 2%，但不得少于 2 台；同一厂家同材质的绝热材料复验次数不得少于 2 次。

10.2.3　通风与空调节能工程中的送、排风系统、空调风系统、空调水系统的安装，应符合下列规定：

1　各系统的制式，应符合设计要求；

2　各种设备、自控阀门与仪表应按设计要求安装齐全，不得随意增减和更换；

3　水系统各分支管路水力平衡装置、温控装置与仪表的安装位置、方向应符合设计要求，并便于观察、操作和调试；

4　空调系统应能实现设计要求的分室（区）温度调控功能。对设计要求分栋、分区或分户（室）冷、热计量的建筑物，空调系统应能实现相应的计量功能。

检验方法：观察检查。

检验数量：全数检查。

10.2.4　风管的制作与安装应符合下列规定：

1　风管的材质、断面尺寸及厚度应符合设计要求；

2　风管与部件、风管与土建风道及风管间的连接应严密、牢固；

3　风管的严密性及风管系统的严密性检验和漏风量，应符合设计要求和现行国家标准《通风与空调工程施工质量验收规范》GB 50243 的有关规定；

4　需要绝热的风管与金属支架的接触处、复合风管及需要绝热的非金属风管的连接和内部支撑加固等处，应有防热桥的措施，并应符合设计要求。

检验方法：观察、尺量检查，核查风管及风管系统严密性检验记录。

检验数量：按数量抽查10%，且不得少于1个系统。

10.2.5　组合式空调机组、柜式空调机组、新风机组、单元式空调机组的安装应符合下列规定：

1　各种空调机组的规格、数量应符合设计要求；

2　安装位置和方向应正确，且与风管、送风静压箱、回风箱的连接应严密可靠；

3　现场组装的组合式空调机组各功能段之间连接应严密，并应做漏风量的检测；其漏风量必须符合现行国家标准《组合式空调机组》GB/T 14294 的规定；

4　机组内的空气热交换器翅片和空气过滤器应清洁、完好，且安装位置和方向必须正确，并便于维护和清理。当设计未注明过滤器的阻力时，应满足粗效过滤器的初阻力≤50Pa（粒径≥5.0μm，效率：80%＞E≥20%）；中效过滤器的初阻力≤80Pa（粒径≥1.0μm，效率：70%＞E≥20%）的要求。

检验方法：观察检查，核查漏风量测试记录。

检验数量：按同类产品的数量抽查20%，且不得少于1台。

10.2.6　风机盘管机组的安装应符合下列规定：

1　规格、数量应符合设计要求；

2　位置、高度、方向应正确，并便于维护、保养；

3　机组与风管、回风箱及风口的连接应严密、可靠。

4　空气过滤器的安装应便于拆卸和清理。

检验方法：观察检查。

检验数量：按总数抽查10%，且不得少于5台。

10.2.7　通风与空调系统中风机的安装应符合下列规定：

1　规格、数量应符合设计要求；

2　安装位置及进、出口方向应正确，与风管的连接应严密、可靠。

检验方法：观察检查。

检验数量：全数检查。

10.2.8　带热回收功能的双向换气装置和集中排风系统中的排风热回收装置的安装应符合下列规定：

1　规格、数量及安装位置应符合设计要求；

2　进、排风管的连接应正确、严密、可靠；

3　室外进、排风口的安装位置、高度及水平距离应符合设计要求。

检验方法：观察检查。

检验数量：按总数抽检20%，且不得少于1台。

10.2.9　空调机组回水管上的电动两通调节阀、风机盘管机组回水管上的电动两通（调节）阀、空调冷热水系统中的水力平衡阀、冷（热）量计量装置等自控阀门与仪表的安装应符合下列规定：

1　规格、数量应符合设计要求；

2　方向应正确，位置应便于操作和观察。

检验方法：观察检查。

检验数量：按类型数量抽查10%，且均不得少于1个。

10.2.10　空调风管系统及部件的绝热层和防潮层施工应符合下列规定：

1　绝热层应采用不燃或难燃材料，其材质、规格及厚度等应符合设计要求；

2　绝热层与风管、部件及设备应紧密贴合，无裂缝、空隙等缺陷，且纵、横向的接缝应错开；

3　绝热层表面应平整，当采用卷材或板材时，其厚度允许偏差为5mm；采用涂抹或其他方式时，其厚度允许偏差为10mm；

4　防潮层（包括绝热层的端部）应完整，且封闭良好，其搭接缝应顺水；

5　风管穿楼板和穿墙处的绝热层应连续不间断；

6　防潮层（包括绝热层的端部）应完整，且封闭良好，其搭接缝应顺水；

7　带有防潮层隔汽层绝热材料的拼缝处，应用胶带封严，粘胶带的宽度不应小于50mm；

8　风管系统部件的绝热，不得影响其操作功能。

检验方法：观察检查；用钢针刺入绝热层、尺量检查。

检验数量：管道按轴长度抽查10%；风管穿楼板和穿墙处及阀门等配件抽查10%，且不得少于2个。

10.2.11　空调水系统管道及配件的绝热层和防潮层施工，应符合下列规定：

1　绝热层应采用不燃或难燃材料，其材质、规格及厚度等应符合设计要求；

2　绝热管壳的粘贴应牢固、铺设应平整。硬质或半硬质的绝热管壳每节至少应用防腐金属丝或难腐织带或专用胶带进行捆扎或粘贴2道，其间距为300～350mm，且捆扎、粘贴应紧密，无滑动、松弛与断裂现象；

3　硬质或半硬质绝热管壳的拼接缝隙，保温时不应大于5mm、保冷时不应大于2mm，并用粘结材料勾缝填满；纵缝应错开，外层的水平接缝应设在侧下方；

4　松散或软质保温材料应按规定的密度压缩其体积，疏密应均匀；毡类材料在管道上包扎时，搭接处不应有空隙；

5　防潮层与绝热层应结合紧密，封闭良好，不得有虚粘、气泡、褶皱、裂缝等缺陷；

6　防潮层的立管应由管道的低端向高端敷设，环向搭接缝应朝向低端；纵向搭接缝应位于管道的侧面，并顺水；

7　卷材防潮层采用螺旋形缠绕的方式施工时，卷材的搭接宽度宜为30～50mm；

8　空调冷热水管与穿楼板和穿墙处的绝热层应连续不间断，且绝热层与穿楼板和穿墙的套管之间应用不燃材料填实不得有空隙，套管两端应进行密封封堵；

9　管道阀门、过滤器及法兰部位的绝热结构应能单独拆卸，且不得影响其操作功能。

检验方法：观察检查；用钢针刺入绝热层、尺量检查。

检验数量：按数量抽查10%，且绝热层不得少于10段、防潮层不得少于10m、阀门等配件不得少于5个。

10.2.12　空调水系统的冷热水管道与支、吊架之间应设置绝热衬垫，其厚度不应小于绝热层厚度，宽度应大于支、吊架支承面的宽度。衬垫的表面应平整，衬垫与绝热材料之间应填实无空隙。

检验方法：观察、尺量检查。

检验数量：按数量抽检5%，且不得少于5处。

10.2.13　通风与空调系统应随施工进度对与节能有关的隐蔽部位或内容进行验收，并应有详细的文字记录和必要的图像资料。

检验方法：观察检查；核查隐蔽工程验收记录。

检查数量：全数检查。

10.2.14　通风与空调系统安装完毕，应进行通风机和空调机组等设备的单机试运转和调试，并应进行系统的风量平衡调试。单机试运转和调试结果应符合设计要求；系统的总风量与设计风量的允许偏差均不应大于10%，风口的风量与设计风量的允许偏差不应大于15%。

检验方法：观察检查；核查试运转和调试记录。

检验数量：全数检查。

10.3　一般项目

10.3.1　空气风幕机的规格、数量、安装位置和方向应正确，纵向垂直度和横向水平度的偏差均不应大于2/1000。

检验方法：观察检查。

检验数量：按总数量抽查 10％，且不得少于 1 台。

10.3.2 变风量末端装置与风管连接前宜做动作试验，确认运行正常后再封口。

检验方法：观察检查。

检验数量：按总数量抽查 10％，且不得少于 2 台。

11.2.8 空调与供暖系统冷热源及管网节能检验批质量验收记录

1. 表格

空调与供暖系统冷热源及管网节能检验批质量验收记录

09020301 ____

09020401 ____

单位（子单位）工程名称			分部（子分部）工程名称		分项工程名称		
施工单位			项目负责人		检验批容量		
分包单位			分包单位项目负责人		检验批部位		
施工依据				验收依据	《建筑节能工程施工质量验收规范》GB 50411－2007		
验收项目			设计要求及规范规定	最小/实际抽样数量	检查记录		检查结果
主控项目	1	材料设备进场验收	第11.2.1条	/			
	2	绝热材料见证取样送检复验	第11.2.2条	/			
	3	空调与采暖系统冷热原设备和辅助设备及其管网系统的安装	第11.2.3条	/			
	4	隐蔽工程的验收及记录	第11.2.4条	/			
	5	冷热原侧的电动两通调节阀、水力平衡阀及冷（热）量计量装置等自控阀门与仪表的安装	第11.2.5条	/			
	6	锅炉、热交换器、电机驱动压缩机的蒸气压缩循环冷水（热泵）机组、蒸汽或热水型溴化锂吸收式冷水机组及直燃溴化锂吸收式冷（温）水机组等设备的安装	第11.2.6条	/			
	7	冷却塔水泵等辅助设备的安装	第11.2.7条	/			
	8	空调冷热水系统管道及配件绝热层和防潮层的施工	第11.2.8条	/			
	9	非闭孔绝热材料作绝热层时，其防潮层与保温层的施工	第11.2.9条	/			
	10	冷热原机房、换热站内部空调冷热水管道与支、吊架之间绝热衬垫的施工	第11.2.10条	/			
	11	空调与采暖系统冷热源和辅助设备及其管道和管网系统安装完毕后的调试	第11.2.11条	/			
一般项目	1	空调与采暖系统冷热原设备及其辅助设备、配件的绝热层的施工	第11.3.1条	/			
施工单位检查结果				专业工长：项目专业质量检查员：　　　　　　　　年　月　日			
监理单位验收结论				专业监理工程师：　　　　　　　　　　年　月　日			

2. 验收依据说明

【规范名称及编号】　《建筑节能工程施工质量验收规范》GB 50411－2007

【条文摘录】

11　空调与采暖系统冷热源及管网节能工程

11.1　一般规定

11.1.1　本章适用于空调与采暖系统中冷热源设备、辅助设备及其管道和室外管网系统节能工程施工质量的验收。

11.1.2　空调与采暖系统冷热源设备、辅助设备及其管道和管网系统节能工程的验收，可分别按冷源和热源系统及室外管网进行，并应符合本规范第 3.4.1 条的规定。

11.2　主控项目

11.2.1　空调与采暖系统冷热源设备及其辅助设备、阀门、仪表、绝热材料等产品进场时，应按照设计要求对其类型、规格和外观等进行检查验收，并应对下列产品的技术性能参数进行核查。验收与核查的结果应经监理工程师（建设单位代表）检查认可，应形成相应的验收、核查记录。各种产品和设备的质量证明文件和相关技术资料应齐全，并应符合国家现行有关标准和规定。

1　锅炉的单台容量及其额定热效率；

2　热交换器的单台换热量；

3　电机驱动压缩机的蒸汽压缩循环冷水（热泵）机组的额定制冷量（制热量）、输入功率、性能系数（COP）及综合部分负荷性能系数（IPLV）；

4　电机驱动压缩机的单元式空气调节机、风管送风式和屋顶式空气调节机组的名义制冷量、输入功率及能效比（EER）；

5　蒸汽和热水型溴化锂吸收式机组及直燃型溴化锂吸收式冷（温）水机组的名义制冷量、供热量、输入功率及性能系数；

6　集中采暖系统热水循环水泵的流量、扬程、电机功率及耗电输热比（EHR）；

7　空调冷热水系统循环水泵的流量、扬程、电机功率及输送能效比（ER）；

8　冷却塔的流量及电机功率；

9　自控阀门与仪表的技术性能参数。

检验方法：观察检查；技术资料和性能间擦报告等质量证明文件与实物核对。

检查数量：全数检查。

11.2.2　空调与采暖系统冷热源及管网节能工程的绝热管道、绝热材料进场时，应对绝热材料的导热系数、密度、吸水率等技术性能参数进行复验，复验应为见证取样送检。

检验方法：现场随机抽样送检；核查复验报告。

检查数量：同一厂家同材质的绝热材料复验次数不得少于 2 次。

11.2.3　空调与采暖系统冷热源设备和辅助设备及其管网系统的安装，应符合下列规定：

1　管道系统的制式，应符合设计要求；

2　各种设备、自控阀门与仪表应按设计要求安装齐全，不得随意增减和更换；

3　空调冷（热）水系统，应能实现设计要求的变流量或定流量运行；

4　供热系统应能根据热负荷及室外温度变化实现设计要求的集中质调节、量调节或质—量调节相结合的运行。

检验方法：观察检查。

检验数量：全数检查。

11.2.4　空调与采暖系统冷热源和辅助设备及其管道和室外管网系统，应随施工进度对与节能有关的隐蔽部位或内容进行验收，并应有详细的文字记录和必要的图像资料。

检验方法：观察检查；核查隐蔽工程验收记录。

检验数量：全数检查。

11.2.5 冷热源侧的电动两通调节阀、水力平衡阀及冷（热）量计量装置等自控阀门与仪表的安装，应符合下列规定：

1 规格、数量应符合设计要求；

2 方向应正确，位置应便于操作和观察。

检验方法：观察检查。

检验数量：全数检查。

11.2.6 锅炉、热交换器、电机驱动压缩机的蒸气压缩循环冷水（热泵）机组、蒸汽或热水型溴化锂吸收式冷水机组及直燃型溴化锂吸收式冷（温）水机组等设备的安装，应符合下列要求：

1 规格、数量应符合设计要求；

2 安装位置及管道连接应正确。

检验方法：观察检查。

检验数量：全数检查。

11.2.7 冷却塔、水泵等辅助设备的安装应符合下列要求：

1 规格、数量应符合设计要求；

2 冷却塔设置位置应通风良好，并应远离厨房排风等高温气体；

3 管道连接应正确。

检验方法：观察检查。

检查数量：全数检查。

11.2.8 空调冷热源水系统管道及配件绝热层和防潮层的施工要求，可按本规范第10.2.11条的规定执行。

11.2.9 当输送介质温度低于周围空气露点温度的管道，采用非闭孔绝热材料作绝热层时，其防潮层和保护层应完整，且封闭良好。

检验方法：观察检查。

检验数量：全数检查。

11.2.10 冷热源机房、换热站内部空调冷热水管道与支、吊架之间绝热衬垫的施工可按照本规范第10.2.12条执行。

11.2.11 空调与采暖系统冷热源和辅助设备及其管道和管网系统安装完毕后，系统试运转及调试必须符合下列规定：

1 冷热源和辅助设备必须进行单机试运转和调试。

2 冷热源和辅助设备必须同建筑室内空调或采暖系统进行联合试运转及调试。

3 联合试运转和调试结果应符合设计要求，且允许偏差或规定值应符合表11.2.11的有关规定。当联合试运转及调试不在制冷期或采暖期时，应先对表11.2.11中序号2、3、5、6四个项目进行检测，并在第一个制冷期或采暖期内，带冷（热）源补做序号1、4两个项目的检测。

表11.2.11 联合试运转及调试检测项目与允许偏差或规定值

序号	检测项目	允许偏差或规定值
1	室内温度	冬季不得低于设计计算温度2℃，且不应高于1℃； 夏季不得高于设计计算温度2℃，且不应低于1℃
2	供热系统室外管网的水力平衡度	0.9～1.2
3	供热系统的补水率	≤0.5%
4	室外管网的热输送效率	≥0.92
5	空调机组的水流量	≤20%
6	空调系统冷热水、冷却水总流量	≤10%

检验方法：观察检查；核查试运转和调试记录。

检验数量：全数检查。

11.3　一般项目

11.3.1　空调与采暖系统的冷热源设备及其辅助设备、配件的绝热，不得影响其操作功能。

检验方法：观察检查。

检验数量：全数检查。

11.2.9　配电与照明节能检验批质量验收记录

1. 表格

配电与照明节能检验批质量验收记录

09030101 ____

09030201 ____

单位（子单位）工程名称			分部（子分部）工程名称		分项工程名称	
施工单位			项目负责人		检验批容量	
分包单位			分包单位项目负责人		检验批部位	
施工依据				验收依据	《建筑节能工程施工质量验收规范》GB 50411-2007	
验收项目			设计要求及规范规定	最小/实际抽样数量	检查记录	检查结果
主控项目	1	照明光源、灯具及其附属装置进场验收	第12.2.1条	/		
	2	低压配电系统电缆、电线见证试验	第12.2.2条	/		
	3	低压配电系统调试和检测	第12.2.3条	/		
	4	通电试运行	第12.2.4条	/		
一般项目	1	母线与母线或母线与电器接线端子螺栓搭接连接	第12.3.1条	/		
	2	交流单芯电缆或分相后的每相电缆宜品字型（三叶型）敷设，且不得形成闭合铁磁回路	第12.3.2条	/		
	3	三相照明配电干线的各相负荷宜分配平衡	第12.3.3条	/		
施工单位检查结果				专业工长：项目专业质量检查员：　　　年　月　日		
监理单位验收结论				专业监理工程师：　　　年　月　日		

2. 验收依据说明

【规范名称及编号】《建筑节能工程施工质量验收规范》GB 50411－2007

【条文摘录】

12 配电与照明节能工程

12.1 一般规定

12.1.1 本章适用于建筑节能工程配电与照明的施工质量验收。

12.1.2 建筑配电与照明节能工程验收的检验批划分应按本规范第3.4.1条的规定执行。当需要重新划分检验批时，可按照系统、楼层、建筑分区划分为若干个检验批。

12.1.3 建筑配电与照明节能工程的施工质量验收，应符合本规范和《建筑电气工程施工质量验收规范》GB 50303的有关规定外、已批准的设计图纸、相关技术规定和合同约定内容的要求。

12.2 主控项目

12.2.1 照明光源、灯具及其附属装置的选择必须符合设计要求。进场验收时应对下列技术性能进行核查，并经监理工程师（建设单位代表）检查认可，形成相应的验收、核查记录。质量证明文件和相关技术资料应齐全，并应国家现行有关标准和规定。

1 荧光灯具和高强度气体放电灯灯具的效率不应低于表12.2.1-1的规定。

表 12.2.1-1 荧光灯灯具和高强度气体放电灯灯具的效率允许值

灯具出光口形式	开敞式	保护罩（玻璃或塑料）		格 栅	格栅或透光罩
		透 明	磨砂、棱镜		
荧光灯灯具	75％	65％	55％	60％	—
高强度气体放电灯灯具	75％	—	—	60％	60％

2 管型荧光灯镇流器能效限定值应不小于表12.2.1-2的规定。

表 12.2.1-2 镇流器能效限定值

标称功率（W）		18	20	22	30	32	36	40
镇流器能效因数（BEF）	电感型	3.154	2.952	2.770	2.232	2.146	2.030	1.992
	电子型	4.778	4.370	3.998	2.870	2.678	2.402	2.270

3 照明设备谐波含量限值应符合表12.2.1-3的规定。

表 12.2.1-3 照明设备谐波含量的限值

谐波次数 n	基波频率下输入电流百分比数表示的最大允许谐波电流（％）
2	2
3	$30 \times \lambda^*$
5	10
7	75
9	$\leqslant n \leqslant 39$
11（仅有奇次谐波）	3

注：λ 是电路功率因数。

检验方法：观察检查；技术资料和性能检测报告等质量证明文件与实物核对。

检查数量：全数检查。

12.2.2 低压配电系统选择的电缆、电线截面不得低于设计值，进场时应对其截面和每芯导体电阻值进行见证取样送检。每芯导体电阻值应符合表12.2.2的规定。

表 12.2.2　不同标称截面的电缆、电线每芯导体最大电阻值

标称截面（mm²）	20℃ 时导体最大电阻（Ω/km）圆筒导体（不镀金属）
0.5	36.0
0.75	24.5
1.0	18.1
1.5	12.1
2.5	7.41
4	4.61
6	3.08
10	1.83
16	1.15
25	0.727
35	0.524
50	0.387
70	0.268
95	0.193
120	0.153
150	0.124
185	0.0991
240	0.0754
300	0.0601

检验方法：进场时抽样送检，验收时核查检验报告。

检查数量：同厂家各种规格总数的 10%，且不少于 2 个规格。

12.2.3　工程安装完成后应对低压配电系统进行调试，调试合格后应对低压配电电源质量进行检测。其中：

1　供电电压允许偏差：三相供电电压允许偏差为标称系统电压的 ±7%；单相 220V 为 +7%、-10%。

2　公共电网谐波电压限值为：380V 的电网标称电压，电压总谐波畸变率（THDu）为 5%，奇次（1～25 次）谐波含有率为 4%，偶次（2～24 次）谐波含有率为 2%。

3　谐波点六不应超过表 12.2.3 中规定的允许值。

表 12.2.3　谐波电流允许值

标准电压（kV）	基准短路容量（MVA）	谐波次数及谐波电流允许值（A）										
		2	3	4	5	6	7	8	9	10	11	12	13
		78	62	39	62	26	44	19	21	16	28	13	24
0.38	10	谐波次数及谐波电流允许值（A）										
		14	15	16	17	18	19	20	21	22	23	24	25
		11	12	9.7	18	8.6	16	7.8	8.9	7.1	14	6.5	12

4　三相电压不平衡度允许值为 2%，短时不得超过 4%。

检验方法：在已安装的变频和照明灯可产生谐波的用电设备均可投入的情况下，使用三相电能质量分析仪在变压器的低压侧测量。

检查数量：全部检测

12.2.4　在通电试运行中，应测试并记录照明系统的照度和功率密度值。

1　照度值不得小于设计值的 90%。

2　功率密度值应符合《建筑照明设计标准》GB 50034 中的规定。

检验方法：在无外界光源的情况下，检测被检区域内平均照度和功率密度。

检查数量：每种功能区至少检查 2 处。

12.3 一般项目

12.3.1 母线与母线或母线与电器接线端子，当采用螺栓搭接连接时，应采用力矩扳手拧紧，制作应符合《建筑电气工程施工质量验收规范》GB 50303 标准中有关规定。

检验方法：使用力矩扳手对压接螺栓进行力矩检测。

检查数量：母线按检验批抽查 10%。

12.3.2 交流单芯电缆或分相后的每相电缆宜品字型（三叶型）敷设，且不得形成闭合铁磁回路。

检验方法：观察检查。

检查数量：全数检查。

12.3.3 三相照明配电干线的各相负荷宜分配平衡，其最大相负荷不宜超过三相负荷平均值的 115%，最小相负荷不宜小于三相负荷平均值的 85%。

检验方法：在建筑物照明通电试运行时开启全部照明负荷，使用三相功率计检测各相负载电流、电压和功率。

检查数量：全部检查。

11.2.10 监测与控制系统节能检验批质量验收记录

1. 表格

监测与控制系统节能检验批质量验收记录

09040101 ____

09040201 ____

单位（子单位）工程名称			分部（子分部）工程名称		分项工程名称		
施工单位			项目负责人		检验批容量		
分包单位			分包单位项目负责人		检验批部位		
施工依据				验收依据	《建筑节能工程施工质量验收规范》GB 50411－2007		

验收项目			设计要求及规范规定	最小/实际抽样数量	检查记录	检查结果
主控项目	1	材料设备进场验收	第13.2.1条	/		
	2	监测与控制系统安装质量	第13.2.2条	/		
	3	经过试运行的项目的各项功能	第13.2.3条	/		
	4	空调与采暖的冷热源、空调水系统的监测控制系统应成功运行，控制及故障报警功能	第13.2.4条	/		
	5	通风与空调监测控制系统的控制功能及故障报警功能	第13.2.5条	/		
	6	监测与计量装置的检测计量数据应准确，并符合系统对测量准确度的要求	第13.2.6条	/		
	7	供配电的监测与数据采集系统	第13.2.7条	/		
	8	照明自动控制系统的功能	第13.2.8条	/		
	9	综合控制系统应对建筑智能系统、采暖、通风与空调系统进行功能检测	第13.2.9条	/		
	10	建筑能源管理系统的能耗数据采集与分析功能，设备管理和运行管理功能，优化能源调度功能，数据采集功能	第13.2.10条	/		

验收项目			设计要求及规范规定	最小/实际抽样数量	检查记录	检查结果
一般项目	1	检测监测与控制系统的可靠性、实时性、可维护性等系统性能	第13.3.1条	/		
施工单位检查结果				专业工长： 项目专业质量检查员： 　　　　　年　月　日		
监理单位验收结论				专业监理工程师： 　　　　　年　月　日		

2.　验收依据说明

【规范名称及编号】　《建筑节能工程施工质量验收规范》GB 50411-2007

【条文摘录】

13　监测与控制节能工程

13.1　一般规定

13.1.1　本章适用于建筑节能工程监测与控制系统的施工质量验收。

13.1.2　监测与控制系统施工质量的验收应执行《智能建筑工程质量验收规范》GB 50339 相关章节的规定和本规范的规定。

13.1.3　监测与控制系统验收的主要对象应为采暖、通风与空气调节和配电与照明所采用的监测与控制系统，能耗计量系统以及建筑能源管理系统。

建筑节能工程所涉及的可再生能源利用、建筑冷热电联供系统、能源回收利用以及其他与节能有关的建筑设备监控部分的验收，应参照本章的相关规定执行。

13.1.4　监测与控制系统的施工单位应依据国家相关标准的规定，对施工图设计进行复核。当复核结果不能满足节能要求时，应向设计单位提出修改建议，由设计单位进行设计变更，并经原节能设计审查机构批准。

13.1.5　施工单位应依据设计文件制定系统控制流程图和节能工程施工验收大纲。

13.1.6　监测与控制系统的验收分为工程实施和系统检测两个阶段。

13.1.7　工程实施由施工单位和监理单位随工程实施过程进行，分别对施工质量管理文件、设计符合性、产品质量、安装质量进行检查，及时对隐蔽工程和相关接口进行检查，同时，应有详细的文字和图像资料，并对监测与控制系统进行不少于 168h 的不间断试运行。

13.1.8　系统检测内容应包括对工程实施文件和系统自检文件的复核，对监测与控制系统的安装质量、系统优化监控功能、能源计量及建筑能源管理等进行检查和检测。系统检测内容分为主控项目和一般项目，系统检测结果是监测与控制系统的验收依据。

13.1.9　对不具备试运行条件的项目，应在审核调试记录的基础上进行模拟检测，以检测监测与控制系统的节能监控功能。

13.2　主控项目

13.2.1　监测与控制系统采用的设备、材料及附属产品进场时，应按照设计要求对其品种、规格、型号、外观和性能等进行检查验收，并应经监理工程师（建设单位代表）检查认可，且应形成相应的质量记录。各种设备、材料和产品附带的质量证明文件和相关技术资料应齐全，并应符合国家现行有关标准和规定。

检验方法：进行外观检查；对照设计要求核查质量证明文件和相关技术资料。

检查数量：全数检查。

13.2.2　监测与控制系统安装质量应符合以下规定：

1　传感器的安装质量应符合《自动化仪表工程施工及验收规范》GB 50093 的有关规定；

2　阀门型号和参数应符合设计要求，其安装位置、阀前后直管段长度、流体方向等应符合产品安装要求；

3　压力和差压仪表的取压点、仪表配套的阀门安装应符合产品要求；

4　流量仪表的型号和参数、仪表前后的直管段长度等应符合产品要求；

5　温度传感器的安装位置、插入深度应符合产品要求；

6　变频器安装位置、电源回路敷设、控制回路敷设应符合设计要求；

7　智能化变风量末端装置的温度设定器安装位置应符合产品要求；

8　涉及节能控制的关键传感器应预留检测孔或检测位置，管道保温时应做明显标注。

检验方法：对照图纸或产品说明书目测和尺量检查。

检查数量：每种仪表按 20% 抽检，不足 10 台全部检查。

13.2.3　对经过试运行的项目，其系统的投入情况、监控功能、故障报警连锁控制及数据采集等功能，应符合设计要求。

检验方法：调用节能监控系统的历史数据、控制流程图和试运行记录，对数据进行分析。

检查数量：检查全部进行过试运行的系统。

13.2.4　空调与采暖的冷热源、空调水系统的监测控制系统应成功运行，控制及故障报警功能应符合设计要求。

检验方法：在中央工作站使用监测系统软件，或采用在直接数字控制器或冷热源系统自带控制器上改变参数设定值和输入参数值，检测控制系统的投入情况及控制功能；在工作站或现场模拟故障，检测故障监视、记录和报警功能。

检查数量：全部检测。

13.2.5　通风与空调的监测控制系统的控制功能及故障报警功能应符合设计要求。

检验方法：在中央工作站使用系统监测软件，或采用在直接数字控制器或通风与空调系统自带控制器上改变参数设定值和输入参数值，检测控制系统的投入情况及控制功能；在工作站或现场模拟故障，检测故障监视、记录和报警功能。

检查数量：按总数的 20% 抽样检测，不足 5 台全部检测。

13.2.6　监测与计量装置的检测计量数据应准确，并符合系统对测量准确度的要求。

检验方法：用标准仪器仪表在现场实测数据，将此数据分别与直接数字控制器和中央工作站显示数据进行比对。

检查数量：按 20% 抽样检测，不足 10 台全部检测。

13.2.7　供配电的监测与数据采集系统应符合设计要求。

检验方法：试运行时，监测供配电系统的运行工况，在中央工作站检查运行数据和报警功能。

检查数量：全部检测。

13.2.8　照明自动控制系统的功能应符合设计要求，当设计无要求时应实现下列控制功能：

1 大型公共建筑的公用照明区应采用集中控制并应按照建筑使用条件和天然采光状况采取分区、分组控制措施，并按需要采取调光或降低照度的控制措施；

2 旅馆的每间（套）客房应设置节能控制型总开关；

3 居住建筑有天然采光的楼梯间、走道的一般照明，应采用节能自熄开关；

4 房间或场所设有两列或多列灯具时，应按下列方式控制：

1) 所控灯列与侧窗平行；

2) 电教室、会议室、多功能厅、报告厅等场所，按靠近或远离讲台分组。

检验方法：

1 现场操作检查控制方式；

2 依据施工图，按回路分组，在中央工作站上进行被检回路的开关控制，观察相应回路的动作情况；

3 在中央工作站改变时间表控制程序的设定，观察相应回路的动作情况；

4 在中央工作站采用改变光照度设定值、室内人员分布等方式，观察相应回路的控制情况；

5 在中央工作站改变场景控制方式，观察相应的控制情况。

检查数量：现场操作检查为全数检查，在中央工作站上检查按照明控制箱总数的5%检测，不足5台全部检测。

13.2.9 综合控制系统应对以下项目进行功能检测，检测结果应满足设计要求：

1 建筑能源系统的协调控制；

2 采暖、通风与空调系统的优化监控。

检验方法：采用人为输入数据的方法进行模拟测试，按不同的运行工况检测协调控制和优化监控功能。

检查数量：全部检测。

13.2.10 建筑能源管理系统的能耗数据采集与分析功能，设备管理和运行管理功能，优化能源调度功能，数据集成功能应符合设计要求。

检验方法：对管理软件进行功能检测。

检查数量：全部检查。

13.3 一般项目

13.3.1 检测监测与控制系统的可靠性、实时性、可维护性等系统性能，主要包括下列内容：

1 控制设备的有效性，执行器动作应与控制系统的指令一致，控制系统性能稳定符合设计要求；

2 控制系统的采样速度、操作响应时间、报警反应速度应符合设计要求；

3 冗余设备的故障检测正确性及其切换时间和切换功能应符合设计要求；

4 应用软件的在线编程（组态）、参数修改、下载功能，设备及网络故障自检测功能应符合设计要求；

5 控制器的数据存贮能力和所占存储容量应符合设计要求；

6 故障检测与诊断系统的报警和显示功能应符合设计要求；

7 设备启动和停止功能及状态显示应正确；

8 被控设备的顺序控制和连锁功能应可靠；

9 应具备自动控制/远程控制/现场控制模式下的命令冲突检测功能；

10 人机界面及可视化检查。

检验方法：分别在中央站、现场控制器和现场利用参数设定、程序下载、故障设定、数据修改和事件设定等方法，通过与设定的显示要求对照，进行上述系统的性能检测。

检查数量：全部检测。

第 12 章　电梯分部工程检验批表格和验收依据说明

12.1　子分部、分项明细及与检验批、规范章节对应表

12.1.1　子分部、分项名称及编号

电梯分部包含子分部、分项如下表所示。

电梯分部、子分部、分项划分表

分部工程	子分部工程	分项工程
电梯 （10）	电力驱动的曳引式或强制式电梯 （01）	设备进场验收（01），土建交接检验（02），驱动主机（03），导轨（04），门系统（05），轿厢（06），对重（07），安全部件（08），悬挂装置、随行电缆、补偿装置（09），电气装置（10），整机安装验收（11）
	液压电梯 （02）	设备进场验收（01），土建交接检验（02），液压系统（03），导轨（04），门系统（05），轿厢（06），对重（07），安全部件（08），悬挂装置、随行电缆（09），电气装置（10），整机安装验收（11）
	自动扶梯、自动人行道 （03）	设备进场验收（01），土建交接检验（02），整机安装验收（03）

12.1.2　检验批、分项、子分部与规范、章节对应表

1. 电梯分部验收依据《电梯工程施工质量验收规范》GB 50310-2002。
2. 电梯分部包含检验批与分项、子分部、规范章节对应如下表所示。

检验批与分项、子分部、规范、章节对应表

序号	检验批名称	检验批编号	分项	子分部	标准章节	页码
1	电梯安装设备进场验收检验批质量验收记录	10010101	设备进场验收	电力驱动的曳引式或强制式电梯	4.1　设备进场验收	873
		10020101		液压电梯	5.1　设备进场验收	
2	电梯安装土建交接检验检验批质量验收记录	10010201	土建交接检验	电力驱动的曳引式或强制式电梯	4.2　土建交接检验	874
		10020201		液压电梯		
3	电梯安装驱动主机检验批质量验收记录	10010301	驱动主机	电力驱动的曳引式或强制式电梯	4.3　驱动主机	877
4	电梯安装导轨检验批质量验收记录	10010401	导轨	电力驱动的曳引式或强制式电梯	4.4　导轨	878
		10020401		液压电梯		

续表

序号	检验批名称	检验批编号	分项	子分部	标准章节	页码
5	电梯安装门系统检验批质量验收记录	10010501	门系统	电力驱动的曳引式或强制式电梯	4.5 门系统	879
		10020501		液压电梯		
6	电梯安装轿厢检验批质量验收记录	10010601	轿厢	电力驱动的曳引式或强制式电梯	4.6 轿厢	881
		10020601		液压电梯		
7	电梯安装对重检验批质量验收记录	10010701	对重	电力驱动的曳引式或强制式电梯	4.7 对重（平衡重）	882
		10020701		液压电梯		
8	电梯安装安全部件检验批质量验收记录	10010801	安全部件	电力驱动的曳引式或强制式电梯	4.8 安全部件	883
		10020801		液压电梯		
9	电梯安装悬挂装置、随行电缆、补偿装置检验批质量验收记录	10010901	悬挂装置、随行电缆、补偿装置	电力驱动的曳引式或强制式电梯	4.9 悬挂装置、随行电缆、补偿装置	884
10	电梯安装电气装置检验批质量验收记录	10011001	电气装置	电力驱动的曳引式或强制式电梯	4.10 电气装置	885
		10021001		液压电梯		
11	电梯安装整机安装验收检验批质量验收记录	10011101	整机安装验收	电力驱动的曳引式或强制式电梯	4.11 整机安装验收	886
12	电梯安装液压系统检验批质量验收记录	10020301	液压系统	液压电梯	5.3 液压系统	889
13	电梯安装悬挂装置、随行电缆检验批质量验收记录	10020901	悬挂装置、随行电缆		5.9 悬挂装置、随行电缆	890
14	电梯安装整机安装验收检验批质量验收记录	10021101	整机安装验收		5.11 整机安装验收	891
15	自动扶梯、自动人行道设备进场验收检验批质量验收记录	10030101	设备进场验收	自动扶梯、自动人行道	6.1 设备进场验收	894
16	自动扶梯、自动人行道土建交接检验检验批质量验收记录	10030201	土建交接检验		6.2 土建交接检验	895
17	自动扶梯、自动人行道整机安装验收检验批质量验收记录	10030301	整机安装验收		6.3 整机安装验收	896

12.2 检验批表格和验收依据说明

12.2.1 电梯安装设备进场验收检验批质量验收记录

1. 表格

电梯安装设备进场验收检验批质量验收记录

10010101 ____
10020101 ____

单位（子单位）工程名称			分部（子分部）工程名称		分项工程名称		
施工单位			项目负责人		检验批容量		
分包单位			分包单位项目负责人		检验批部位		
施工依据			验收依据		《电梯工程施工质量验收规范》GB 50310－2002		

		验收项目		设计要求及规范规定	最小/实际抽样数量	检查记录	检查结果
主控项目	1	随机文件必须包括	(1) 土建布置图	第4.1.1条、第5.1.1条	/		
			(2) 产品出厂合格证		/		
			(3) 门锁装置、退速器、安全钳及缓冲器的型式试验证书复印件		/		
一般项目	1	随机文件还应包括	(1) 装箱单	第4.1.2条第5.1.2条	/		
			(2) 安装、使用维护说明书		/		
			(3) 动力和安全电路的电气原理图		/		
			(4) 液压系统原理图		/		
	2	设备零部件与装箱单		内容相符	/		
	3	设备外观		无明显损坏	/		

施工单位检查结果	专业工长：项目专业质量检查员： 年　月　日
监理单位验收结论	专业监理工程师： 年　月　日

2. 验收依据说明

【规范名称及编号】　《电梯工程施工质量验收规范》GB 50310 - 2002

【条文摘录】

摘录一：

4.1　设备进场验收

主　控　项　目

4.1.1　随机文件必须包括下列资料：

1　土建布置图；

2　产品出厂合格证；

3　门锁装置、限速器、安全钳及缓冲器的型式试验证书复印件。

一　般　项　目

4.1.2　随机文件还应包括下列资料：

1　装箱单；

2　安装、使用维护说明书；

3　动力电路和安全电路的电气原理图。

4.1.3　设备零部件应与装箱单内容相符。

4.1.4　设备外观不应存在明显的损坏。

摘录二：

7.0.1　分项工程质量验收合格应符合下列规定：

1　各分项工程中的主控项目应进行全验，一般项目应进行抽验，且均应符合合格质量规定。可按附录C表C记录。

2　应具有完整的施工操作依据、质量检查记录。

12.2.2　电梯安装土建交接检验检验批质量验收记录

1. 表格

电梯安装土建交接检验检验批质量验收记录

10010201 ＿＿＿
10020201 ＿＿＿

单位（子单位） 工程名称			分部（子分部） 工程名称		分项工程 名称		
施工单位			项目负责人		检验批容量		
分包单位			分包单位 项目负责人		检验批部位		
施工依据				验收依据	《电梯工程施工质量验收规范》 GB 50310 - 2002		
		验收项目	设计要求及 规范规定	最小/实际 抽样数量	检查记录		检查 结果
主控项目	1	机房内部、井道土建（钢架）结构布置	必须符合电梯土建布置图要求	/			
	2	主电源开关	第4.2.2条	/			
	3	井道	第4.2.3条	/			

续表

		验收项目	设计要求及规范规定	最小/实际抽样数量	检查记录	检查结果
一般项目	1	机房还应符合的规定	第4.2.4条	/		
	2	井道还应符合的规定	第4.2.5条	/		

施工单位检查结果	专业工长： 项目专业质量检查员： 年 月 日
监理单位验收结论	专业监理工程师： 年 月 日

2. 验收依据说明

【规范名称及编号】 《电梯工程施工质量验收规范》GB 50310-2002

【条文摘录】

摘录一：

4.2 土建交接检验

主 控 项 目

4.2.1 机房（如果有）内部、井道土建（钢架）结构及布置必须符合电梯土建布置图的要求。

4.2.2 主电源开关必须符合下列规定：

1 主电源开关应能够切断电梯正常使用情况下最大电流；

2 对有机房电梯该开关应能从机房入口处方便地接近；

3 对无机房电梯该开关应设置在井道外工作人员方便接近的地方，且应具有必要的安全防护。

4.2.3 井道必须符合下列规定：

1 当底坑底面下有人员能到达的空间存在，且对重（或平衡重）上未设有安全钳装置时，对重缓冲器必须能安装在（或平衡重运行区域的下边必须）一直延伸到坚固地面上的实心桩墩上；

2 电梯安装之前，所有层门预留孔必须设有高度不小于 **1.2m** 的安全保护围封，并应保证有足够的强度；

3 当相邻两层门地坎间的距离大于 **11m** 时，其间必须设置井道安全门，井道安全门严禁向井道内开启，且必须装有安全门处于关闭时电梯才能运行的电气安全装置。当相邻轿厢间有相互救援用轿厢安全门时，可不执行本款。

一 般 项 目

4.2.4 机房（如果有）还应符合下列规定：

1　机房内应设有固定的电气照明，地板表面上的照度不应小于 200lx。机房内应设置一个或多个电源插座。在机房内靠近入口的适当高度处应设有一个开关或类似装置控制机房照明电源。

2　机房内应通风，从建筑物其他部分抽出的陈腐空气，不得排入机房内。

3　应根据产品供应商的要求，提供设备进场所需要的通道和搬运空间。

4　电梯工作人员应能方便地进入机房或滑轮间，而不需要临时借助于其他辅助设施。

5　机房应采用经久耐用且不易产生灰尘的材料建造，机房内的地板应采用防滑材料。

注：此项可在电梯安装后验收。

6　在一个机房内，当有两个以上不同平面的工作平台，且相邻平台高度差大于 0.5m 时，应设置楼梯或台阶，并应设置高度不小于 0.9m 的安全防护栏杆。当机房地面有深度大于 0.5m 的凹坑或槽坑时，均应盖住。供人员活动空间和工作台面以上的净高度不应小于 1.8m。

7　供人员进出的检修活板门应有不小于 0.8m×0.8m 的净通道，开门到位后应能自行保持在开启位置。检修活板门关闭后应能支撑两个人的重量（每个人按在门的任意 0.2m×0.2m 面积上作用 1000N 的力计算），不得有永久性变形。

8　门或检修活板门应装有带钥匙的锁，它应从机房内不用钥匙打开。只供运送器材的活板门，可只在机房内部锁住。

9　电源零线和接地线应分开。机房内接地装置的接地电阻值不应大于 4Ω。

10　机房应有良好的防渗、防漏水保护。

4.2.5　井道还应符合下列规定：

1　井道尺寸是指垂直于电梯设计运行方向的井道截面沿电梯设计运行方向投影所测定的井道最小净空尺寸，该尺寸应和土建布置图所要求的一致，允许偏差应符合下列规定：

1）当电梯行程高度小于等于 30m 时为 0～+25mm；

2）当电梯行程高度大于 30m 且小于等于 60m 时为 0～+35mm；

3）当电梯行程高度大于 60m 且小于等于 90m 时为 0～+50mm；

4）当电梯行程高度大于 90m 时，允许偏差应符合土建布置图要求。

2　全封闭或部分封闭的井道，井道的隔离保护、井道壁、底坑底面和顶板应具有安装电梯部件所需要的足够强度，应采用非燃烧材料建造，且应不易产生灰尘。

3　当底坑深度大于 2.5m 且建筑物布置允许时，应设置一个符合安全门要求的底坑进口；当没有进入底坑的其他通道时，应设置一个从层门进入底坑的永久性装置，且此装置不得凸入电梯运行空间。

4　井道应为电梯专用，井道内不得装设与电梯无关的设备、电缆等。井道可装设采暖设备，但不得采用蒸汽和水作为热源，且采暖设备的控制与调节装置应装在井道外面。

5　井道内应设置永久性电气照明，井道内照度应不得小于 50lx，井道最高点和最低点 0.5m 以内应各装一盏灯，再设中间灯，并分别在机房和底坑设置一控制开关。

6　装有多台电梯的井道内各电梯的底坑之间应设置最低点离底坑地面不大于 0.3m，且至少延伸到最低层站楼面以上 2.5m 高度的隔障，在隔障宽度方向上隔障与井道壁之间的间隙不应大于 150mm。

当轿顶边缘和相邻电梯运动部件（轿厢、对重或平衡重）之间的水平距离小于 0.5m 时，隔障应延长贯穿整个井道的高度。隔障的宽度不得小于被保护的运动部件（或其部分）的宽度每边再各加 0.1m。

7　底坑内应有良好的防渗、防漏水保护，底坑内不得有积水。

8　每层楼面应有水平面基准标识。

摘录二：

第 7.0.1 条　（见《电梯安装设备进场验收检验批质量验收记录》的表格验收依据说明，本书第 874 页）。

12.2.3 电梯安装驱动主机检验批质量验收记录

1. 表格

电梯安装驱动主机检验批质量验收记录

10010301 ____

单位（子单位）工程名称		分部（子分部）工程名称		分项工程名称	
施工单位		项目负责人		检验批容量	
分包单位		分包单位项目负责人		检验批部位	
施工依据		验收依据		《电梯工程施工质量验收规范》GB 50310-2002	

验收项目			设计要求及规范规定	最小/实际抽样数量	检查记录	检查结果
主控项目	1	驱动主机安装	第4.3.1条	/		
一般项目	1	主机承重埋设	第4.3.2条	/		
	2	制动器动作、制动间隙	第4.3.3条	/		
	3	驱动主机及其底座与承重梁安装	产品设计要求	/		
	4	驱动主机减速箱内油量	应在限定范围	/		
	5	机房内钢丝绳与楼板孔洞边间隙	第4.3.6条	/		

施工单位检查结果	专业工长： 项目专业质量检查员： 年　月　日
监理单位验收结论	专业监理工程师： 年　月　日

2. 验收依据说明

【规范名称及编号】　《电梯工程施工质量验收规范》GB 50310-2002

【条文摘录】

摘录一：

4.3　驱动主机

主　控　项　目

4.3.1　紧急操作装置动作必须正常。可拆卸的装置必须置于驱动主机附近易接近处，紧急救援操作说明必须贴于紧急操作时易见处。

一　般　项　目

4.3.2　当驱动主机承重梁需埋入承重墙时，埋入端长度应超过墙厚中心至少20mm，且支承长度不应小于75mm。

4.3.3　制动器动作应灵活，制动间隙调整应符合产品设计要求。

4.3.4　驱动主机、驱动主机底座与承重梁的安装应符合产品设计要求。

4.3.5　驱动主机减速箱（如果有）内油量应在油标所限定的范围内。

4.3.6　机房内钢丝绳与楼板孔洞边间隙应为 20～40mm，通向井道的孔洞四周应设置高度不小于 50mm 的台缘。

摘录二：

第 7.0.1 条　（见《电梯安装设备进场验收检验批质量验收记录》的表格验收依据说明，本书第 874 页）。

12.2.4　电梯安装导轨检验批质量验收记录

1. 表格

电梯安装导轨检验批质量验收记录

10010401 ____

10020401 ____

<table>
<tr><td colspan="4">单位（子单位）
工程名称</td><td colspan="2">分部（子分部）
工程名称</td><td colspan="2"></td><td colspan="2">分项工程
名称</td><td></td></tr>
<tr><td colspan="4">施工单位</td><td colspan="2">项目负责人</td><td colspan="2"></td><td colspan="2">检验批容量</td><td></td></tr>
<tr><td colspan="4">分包单位</td><td colspan="2">分包单位
项目负责人</td><td colspan="2"></td><td colspan="2">检验批部位</td><td></td></tr>
<tr><td colspan="4">施工依据</td><td colspan="2"></td><td colspan="2">验收依据</td><td colspan="3">《电梯工程施工质量验收规范》
GB 50310－2002</td></tr>
<tr><td colspan="4">验收项目</td><td colspan="2">设计要求及
规范规定</td><td>最小/实际
抽样数量</td><td colspan="3">检查记录</td><td>检查
结果</td></tr>
<tr><td rowspan="2">主控
项目</td><td>1</td><td colspan="2">导轨安装位置</td><td colspan="2">设计要求</td><td>/</td><td colspan="3"></td><td></td></tr>
<tr><td rowspan="10"></td><td rowspan="2">1</td><td rowspan="2">两列导轨顶面间
的距离偏差（mm）</td><td>轿厢导轨</td><td colspan="2">0～＋2</td><td>/</td><td colspan="3"></td><td></td></tr>
<tr><td>对重导轨</td><td colspan="2">0～＋3</td><td>/</td><td colspan="3"></td><td></td></tr>
<tr><td>2</td><td colspan="2">导轨支架安装</td><td colspan="2">第 4.4.3 条</td><td>/</td><td colspan="3"></td><td></td></tr>
<tr><td rowspan="2">3</td><td rowspan="2">每列导轨工作
面与安装基准线
每 5m 偏差值</td><td>轿厢导轨和设有
安全钳的对重导轨</td><td colspan="2">≤0.6mm</td><td>/</td><td colspan="3"></td><td></td></tr>
<tr><td>不设安全钳的对
重导轨</td><td colspan="2">≤1.0mm</td><td>/</td><td colspan="3"></td><td></td></tr>
<tr><td>4</td><td colspan="2">轿厢导轨和设有安全钳的对重导轨工
作面接头</td><td colspan="2">第 4.4.5 条</td><td>/</td><td colspan="3"></td><td></td></tr>
<tr><td rowspan="2">5</td><td rowspan="2">不设安全钳对
重导轨接头</td><td>接头缝隙</td><td colspan="2">≤1.0mm</td><td>/</td><td colspan="3"></td><td></td></tr>
<tr><td>接头台阶</td><td colspan="2">≤0.15mm</td><td>/</td><td colspan="3"></td><td></td></tr>
<tr><td colspan="5">施工单位
检查结果</td><td colspan="6">专业工长：
项目专业质量检查员：
　　　　　　　　年　　月　　日</td></tr>
<tr><td colspan="5">监理单位
验收结论</td><td colspan="6">专业监理工程师：
　　　　　　　　年　　月　　日</td></tr>
</table>

2. 验收依据说明

【规范名称及编号】　《电梯工程施工质量验收规范》GB 50310-2002

【条文摘录】

摘录一：

4.4 导轨

主 控 项 目

4.4.1 导轨安装位置必须符合土建布置图要求。

一 般 项 目

4.4.2 两列导轨顶面间的距离偏差应为：轿厢导轨 0～+2mm；对重导轨 0～+3mm。

4.4.3 导轨支架在井道壁上的安装应固定可靠。预埋件应符合土建布置图要求。锚栓（如膨胀螺栓等）固定应在井道壁的混凝土构件上使用，其连接强度与承受振动的能力应满足电梯产品设计要求，混凝土构件的压缩强度应符合土建布置图要求。

4.4.4 每列导轨工作面（包括侧面与顶面）与安装基准线每 5m 的偏差均不应大于下列数值：

轿厢导轨和设有安全钳的对重（平衡重）导轨为 0.6mm；不设安全钳的对重（平衡重）导轨为 1.0mm。

4.4.5 轿厢导轨和设有安全钳的对重（平衡重）导轨工作面接头处不应有连续缝隙，导轨接头处台阶不应大于 0.05mm。如超过应修平，修平长度应大于 150mm。

4.4.6 不设安全钳的对重（平衡重）导轨接头处缝隙不应大于 1.0mm，导轨工作面接头处台阶不应大于 0.15mm。

摘录二：

第 7.0.1 条 （见《电梯安装设备进场验收检验批质量验收记录》的表格验收依据说明，本书第 874 页）。

12.2.5 电梯安装门系统检验批质量验收记录

1. 表格

电梯安装门系统检验批质量验收记录

10010501 ____
10020501 ____

单位（子单位）工程名称			分部（子分部）工程名称		分项工程名称	
施工单位			项目负责人		检验批容量	
分包单位			分包单位项目负责人		检验批部位	
施工依据				验收依据	《电梯工程施工质量验收规范》GB 50310-2002	
验收项目			设计要求及规范规定	最小/实际抽样数量	检查记录	检查结果
主控项目	1	层门地坎至轿厢地坎间距离偏差	第 4.5.1 条	/		
	2	层门强迫关门装置	必须动作正常	/		
	3	水平滑动门关门开始 1/3 行程之后，阻止关门的力	≤150N	/		
	4	层门锁钩动作要求	第 4.5.4 条	/		

续表

		验收项目	设计要求及规范规定	最小/实际抽样数量	检查记录	检查结果
一般项目	1	门刀与层门地坎、门锁滚轮与轿厢地坎间隙	≥5mm	/		
	2	层门地坎水平度（单位：1/1000）	≯2/1000	/		
		层门地坎应高出装修地面	2～5mm	/		
	3	层门指示灯、盒及各显示安装	第4.5.7条	/		
	4	门扇及其与周边间隙	第4.5.8条	/		

施工单位检查结果	专业工长： 项目专业质量检查员： 　　　　　　年　月　日
监理单位验收结论	专业监理工程师： 　　　　　　年　月　日

2. 验收依据说明

【规范名称及编号】　《电梯工程施工质量验收规范》GB 50310－2002

【条文摘录】

摘录一：

4.5　门系统

主 控 项 目

4.5.1　层门地坎至轿厢地坎之间的水平距离偏差为 0～＋3mm，且最大距离严禁超过 35mm。

4.5.2　层门强迫关门装置必须动作正常。

4.5.3　动力操纵的水平滑动门在关门开始的 1/3 行程之后，阻止关门的力严禁超过 150N。

4.5.4　层门锁钩必须动作灵活，在证实锁紧的电气安全装置动作之前，锁紧元件的最小啮合长度为 7mm。

一 般 项 目

4.5.5　门刀与层门地坎、门锁滚轮与轿厢地坎间隙不应小于 5mm。

4.5.6　层门地坎水平度不得大于 2/1000，地坎应高出装修地面 2～5mm。

4.5.7　层门指示灯盒、召唤盒和消防开关盒应安装正确，其面板与墙面贴实，横竖端正。

4.5.8　门扇与门扇、门扇与门套、门扇与门楣、门扇与门口处轿壁、门扇下端与地坎的间隙，乘客电梯不应大于 6mm，载货电梯不应大于 8mm。

摘录二：

第 7.0.1 条　（见《电梯安装设备进场验收检验批质量验收记录》的表格验收依据说明，本书第 874 页）。

12.2.6 电梯安装轿厢检验批质量验收记录

1. 表格

电梯安装轿厢检验批质量验收记录

10010601＿＿＿＿
10020601＿＿＿＿

单位（子单位）工程名称		分部（子分部）工程名称		分项工程名称	
施工单位		项目负责人		检验批容量	
分包单位		分包单位项目负责人		检验批部位	
施工依据		验收依据		《电梯工程施工质量验收规范》GB 50310－2002	

验收项目			设计要求及规范规定	最小/实际抽样数量	检查记录	检查结果
主控项目	1	玻璃轿壁扶手的设置	第4.6.1条	/		
一般项目	1	反绳轮应设防护装置	第4.6.2条	/		
	2	轿顶防护及警示规定	第4.6.3条	/		

施工单位检查结果	专业工长： 项目专业质量检查员： 年　月　日
监理单位验收结论	专业监理工程师： 年　月　日

2. 验收依据说明

【规范名称及编号】　《电梯工程施工质量验收规范》GB 50310－2002

【条文摘录】

摘录一：

4.6　轿厢

主　控　项　目

4.6.1　当距轿底面在1.1m以下使用玻璃轿壁时，必须在距轿底面0.9～1.1m的高度安装扶手，且扶手必须独立地固定，不得与玻璃有关。

一　般　项　目

4.6.2　当轿厢有反绳轮时，反绳轮应设置防护装置和挡绳装置。

4.6.3　当轿顶外侧边缘至井道壁水平方向的自由距离大于0.3m时，轿顶应装设防护栏及警示性标识。

摘录二：

第7.0.1条　（见《电梯安装设备进场验收检验批质量验收记录》的表格验收依据说明，本书第874页）。

12.2.7 电梯安装对重检验批质量验收记录

1. 表格

电梯安装对重检验批质量验收记录

10010701 ____

10020701 ____

单位（子单位）工程名称		分部（子分部）工程名称		分项工程名称	
施工单位		项目负责人		检验批容量	
分包单位		分包单位项目负责人		检验批部位	
施工依据			验收依据	《电梯工程施工质量验收规范》GB 50310－2002	

验收项目			设计要求及规范规定	最小/实际抽样数量	检查记录	检查结果
一般项目	1	反绳轮和挡绳装置	第4.7.1条	/		
	2	对重（平衡重）块安装	第4.7.2条	/		

施工单位检查结果	专业工长： 项目专业质量检查员： 年　月　日
监理单位验收结论	专业监理工程师： 年　月　日

2. 验收依据说明

【规范名称及编号】 《电梯工程施工质量验收规范》GB 50310－2002

【条文摘录】

摘录一：

4.7 对重（平衡重）

一 般 项 目

4.7.1 当对重（平衡重）架有反绳轮，反绳轮应设置防护装置和挡绳装置。

4.7.2 对重（平衡重）块应可靠固定。

摘录二：

第7.0.1条 （见《电梯安装设备进场验收检验批质量验收记录》的表格验收依据说明，本书第874页）。

12.2.8 电梯安装安全部件检验批质量验收记录

1. 表格

电梯安装安全部件检验批质量验收记录

10010801 ____
10020801 ____

单位（子单位）工程名称			分部（子分部）工程名称		分项工程名称	
施工单位			项目负责人		检验批容量	
分包单位			分包单位项目负责人		检验批部位	
施工依据				验收依据	《电梯工程施工质量验收规范》GB 50310－2002	
		验收项目	设计要求及规范规定	最小/实际抽样数量	检查记录	检查结果
主控项目	1	限速器动作速度封记	第4.8.1条	/		
	2	安全钳可调节封记	第4.8.2条	/		
一般项目	1	限速器张紧装置安装位置	第4.8.3条	/		
	2	安全钳与导轨间隙	设计要求	/		
	3	缓冲器撞板中心与缓冲器中心相关距离及偏差	第4.8.5条	/		
	4	液压缓冲器垂直度及充液量	第4.8.6条	/		
施工单位检查结果				专业工长：项目专业质量检查员：　　　　　　　年　月　日		
监理单位验收结论				专业监理工程师：　　　　　　　年　月　日		

2. 验收依据说明

【规范名称及编号】　《电梯工程施工质量验收规范》GB 50310－2002

【条文摘录】

摘录一：

4.8 安全部件

主 控 项 目

4.8.1 限速器动作速度整定封记必须完好，且无拆动痕迹。

4.8.2 当安全钳可调节时，整定封记应完好，且无拆动痕迹。

一 般 项 目

4.8.3 限速器张紧装置与其限位开关相对位置安装应正确。

4.8.4　安全钳与导轨的间隙应符合产品设计要求。

4.8.5　轿厢在两端站平层位置时，轿厢、对重的缓冲器撞板与缓冲器顶面间的距离应符合土建布置图要求。轿厢、对重的缓冲器撞板中心与缓冲器中心的偏差不应大于 20mm。

4.8.6　液压缓冲器柱塞铅垂度不应大于 0.5%，充液量应正确。

摘录二：

第 7.0.1 条　（见《电梯安装设备进场验收检验批质量验收记录》的表格验收依据说明，本书第 874 页）。

12.2.9　电梯安装悬挂装置、随行电缆、补偿装置检验批质量验收记录

1. 表格

电梯安装悬挂装置、随行电缆、补偿装置检验批质量验收记录

10010901 ___

单位（子单位）工程名称			分部（子分部）工程名称			分项工程名称		
施工单位			项目负责人			检验批容量		
分包单位			分包单位项目负责人			检验批部位		
施工依据				验收依据		《电梯工程施工质量验收规范》GB 50310－2002		

验收项目			设计要求及规范规定	最小/实际抽样数量	检查记录	检查结果
主控项目	1	绳头组合	第 4.9.1 条	/		
	2	钢丝绳严禁有死弯	第 4.9.2 条	/		
	3	轿厢悬挂的二根绳（链）发生异常相对伸长时，电气安全开关动作可靠	第 4.9.3 条	/		
	4	随行电缆严禁打结和波浪扭曲	第 4.9.4 条	/		
一般项目	1	每根钢丝绳张力与平均值偏差不大于 5%	第 4.9.5 条	/		
	2	随行电缆的安装规定	第 4.9.6 条	/		
	3	补偿绳、链、缆等补偿装置的端部应固定可靠	第 4.9.7 条	/		
	4	张紧轮、补偿绳张紧的电气安全开关动作可靠，张紧轮应安防护装置	第 4.9.8 条	/		

施工单位检查结果	专业工长：项目专业质量检查员： 年　月　日
监理单位验收结论	专业监理工程师： 年　月　日

2. 验收依据说明

【规范名称及编号】　《电梯工程施工质量验收规范》GB 50310－2002

【条文摘录】

摘录一：

4.9　悬挂装置、随行电缆、补偿装置

主 控 项 目

4.9.1　绳头组合必须安全可靠，且每个绳头组合必须安装防螺母松动和脱落的装置。

4.9.2 钢丝绳严禁有死弯。

4.9.3 当轿厢悬挂在两根钢丝绳或链条上，且其中一根钢丝绳或链条发生异常相对伸长时，为此装设的电气安全开关应动作可靠。

4.9.4 随行电缆严禁有打结和波浪扭曲现象。

一 般 项 目

4.9.5 每根钢丝绳张力与平均值偏差不应大于5%。

4.9.6 随行电缆的安装应符合下列规定：

1 随行电缆端部应固定可靠。

2 随行电缆在运行中应避免与井道内其他部件干涉。当轿厢完全压在缓冲器上时，随行电缆不得与底坑地面接触。

4.9.7 补偿绳、链、缆等补偿装置的端部应固定可靠。

4.9.8 对补偿绳的张紧轮，验证补偿绳张紧的电气安全开关应动作可靠。张紧轮应安装防护装置。

摘录二：

第7.0.1条 （见《电梯安装设备进场验收检验批质量验收记录》的表格验收依据说明，本书第874页）。

12.2.10 电梯安装电气装置检验批质量验收记录

1. 表格

电梯安装电气装置检验批质量验收记录

10011001 ____
10021001 ____

单位（子单位） 工程名称			分部（子分部） 工程名称		分项工程 名称		
施工单位			项目负责人		检验批容量		
分包单位			分包单位 项目负责人		检验批部位		
施工依据				验收依据	《电梯工程施工质量验收规范》 GB 50310-2002		
验收项目			设计要求及 规范规定	最小/实际 抽样数量	检查记录		检查 结果
主控 项目	1	电气设备接地	第4.10.1条	/			
	2	导体之间、导体对地之间绝缘电阻	第4.10.2条	/			
一般 项目	1	主电源开关不应切断的电路	第4.10.3条	/			
	2	机房和井道内配线	第4.10.4条	/			
	3	导管、线槽敷设	第4.10.5条	/			
	4	接地支线色标	应采用黄 绿相间的 绝缘导线	/			
	5	控制柜（屏）的安装位置	设计要求	/			
施工单位 检查结果				专业工长： 项目专业质量检查员： <div align="right">年 月 日</div>			
监理单位 验收结论				专业监理工程师： <div align="right">年 月 日</div>			

2. 验收依据说明

【规范名称及编号】　《电梯工程施工质量验收规范》GB 50310－2002

【条文摘录】

摘录一：

4.10　电气装置

主　控　项　目

4.10.1　电气设备接地必须符合下列规定：

1　所有电气设备及导管、线槽的外露可导电部分均必须可靠接地（PE）；

2　接地支线应分别直接接至接地干线接线柱上，不得互相连接后再接地。

4.10.2　导体之间和导体对地之间的绝缘电阻必须大于$1000\Omega/V$，且其值不得小于：

1　动力电路和电气安全装置电路：$0.5M\Omega$；

2　其他电路（控制、照明、信号等）：$0.25M\Omega$。

一　般　项　目

4.10.3　主电源开关不应切断下列供电电路：

1　轿厢照明和通风；

2　机房和滑轮间照明；

3　机房、轿顶和底坑的电源插座；

4　井道照明；

5　报警装置。

4.10.4　机房和井道内应按产品要求配线。软线和无护套电缆应在导管、线槽或能确保起到等效防护作用的装置中使用。护套电缆和橡套软电缆可明敷于井道或机房内使用，但不得明敷于地面。

4.10.5　导管、线槽的敷设应整齐牢固。线槽内导线总面积不应大于线槽净面积60％；导管内导线总面积不应大于导管内净面积40％；软管固定间距不应大于1m，端头固定间距不应大于0.1m。

4.10.6　接地支线应采用黄绿相间的绝缘导线。

4.10.7　控制柜（屏）的安装位置应符合电梯土建布置图中的要求。

摘录二：

第7.0.1条　（见《电梯安装设备进场验收检验批质量验收记录》的表格验收依据说明，本书第874页）。

12.2.11　电梯安装整机安装验收检验批质量验收记录

1. 表格

电梯安装整机安装验收检验批质量验收记录

10011101 ____

单位（子单位）工程名称			分部（子分部）工程名称		分项工程名称		
施工单位			项目负责人		检验批容量		
分包单位			分包单位项目负责人		检验批部位		
施工依据				验收依据	《电梯工程施工质量验收规范》GB 50310－2002		
验收项目			设计要求及规范规定	最小/实际抽样数量	检查记录		检查结果
主控项目	1	安全保护验收	第4.11.1条	/			
	2	限速器安全钳联动试验	第4.11.2条	/			
	3	层门与轿门试验	第4.11.3条	/			
	4	曳引式电梯曳引能力试验	第4.11.4条	/			

续表

		验收项目	设计要求及 规范规定	最小/实际 抽样数量	检查记录	检查 结果
一般项目	1	曳引式电梯平衡系数	0.4～0.5	/		
	2	试运行试验	第4.11.6条	/		
	3	噪声检验	第4.11.7条	/		
	4	平层准确度检验	第4.11.8条	/		
	5	运行速度检验	第4.11.9条	/		
	6	观感检查	第4.11.10条	/		
施工单位 检查结果			专业工长： 项目专业质量检查员： 　　　　　　　　年　　月　　日			
监理单位 验收结论			专业监理工程师： 　　　　　　　　年　　月　　日			

2. 验收依据说明

【规范名称及编号】　《电梯工程施工质量验收规范》GB 50310－2002

【条文摘录】

摘录一：

4.11　整机安装验收

主　控　项　目

4.11.1　安全保护验收必须符合下列规定：

1　必须检查以下安全装置或功能：

1）断相、错相保护装置或功能

当控制柜三相电源中任何一相断开或任何二相错接时，断相、错相保护装置或功能应使电梯不发生危险故障。

注：当错相不影响电梯正常运行时可没有错相保护装置或功能。

2）短路、过载保护装置

动力电路、控制电路、安全电路必须有与负载匹配的短路保护装置；动力电路必须有过载保护装置。

3）限速器

限速器上的轿厢（对重、平衡重）下行标志必须与轿厢（对重、平衡重）的实际下行方向相符。限速器铭牌上的额定速度、动作速度必须与被检电梯相符。

4）安全钳

安全钳必须与其型式试验证书相符。

5）缓冲器

缓冲器必须与其型式试验证书相符。

6）门锁装置

门锁装置必须与其型式试验证书相符。

7）上、下极限开关

上、下极限开关必须是安全触点，在端站位置进行动作试验时必须动作正常。在轿厢或对重（如果有）接触缓冲器之前必须动作，且缓冲器完全压缩时，保持动作状态。

8）轿顶、机房（如果有）、滑轮间（如果有）、底坑停止装置

位于轿顶、机房（如果有）、滑轮间（如果有）、底坑的停止装置的动作必须正常。

2　下列安全开关，必须动作可靠：

1）限速器绳张紧开关；

2）液压缓冲器复位开关；

3）有补偿张紧轮时，补偿绳张紧开关；

4）当额定速度大于 3.5m/s 时，补偿绳轮防跳开关；

5）轿厢安全窗（如果有）开关；

6）安全门、底坑门、检修活板门（如果有）的开关；

7）对可拆卸式紧急操作装置所需要的安全开关；

8）悬挂钢丝绳（链条）为两根时，防松动安全开关。

4.11.2　限速器安全钳联动试验必须符合下列规定：

1　限速器与安全钳电气开关在联动试验中必须动作可靠，且应使驱动主机立即制动；

2　对瞬时式安全钳，轿厢应载有均匀分布的额定载重量；对渐进式安全钳，轿厢应载有均匀分布的 125% 额定载重量。当短接限速器及安全钳电气开关，轿厢以检修速度下行，人为使限速器机械动作时，安全钳应可靠动作，轿厢必须可靠制动，且轿底倾斜度不应大于 5%。

4.11.3　层门与轿门的试验必须符合下列规定：

1　每层层门必须能够用三角钥匙正常开启；

2　当一个层门或轿门（在多扇门中任何一扇门）非正常打开时，电梯严禁启动或继续运行。

4.11.4　曳引式电梯的曳引能力试验必须符合下列规定：

1　轿厢在行程上部范围空载上行及行程下部范围载有 125% 额定载重量下行，分别停层 3 次以上，轿厢必须可靠地制停（空载上行工况应平层）。轿厢载有 125% 额定载重量以正常运行速度下行时，切断电动机与制动器供电，电梯必须可靠制动。

2　当对重完全压在缓冲器上，且驱动主机按轿厢上行方向连续运转时，空载轿厢严禁向上提升。

一　般　项　目

4.11.5　曳引式电梯的平衡系数应为 0.4～0.5。

4.11.6　电梯安装后应进行运行试验；轿厢分别在空载、额定载荷工况下，按产品设计规定的每小时启动次数和负载持续率各运行 1000 次（每天不少于 8h），电梯应运行平稳、制动可靠、连续运行无故障。

4.11.7　噪声检验应符合下列规定：

1　机房噪声：对额定速度小于等于 4m/s 的电梯，不应大于 80dB（A）；对额定速度大于 4m/s 的电梯，不应大于 85dB（A）。

2　乘客电梯和病床电梯运行中轿内噪声：对额定速度小于等于 4m/s 的电梯，不应大于 55dB（A）；对额定速度大于 4m/s 的电梯，不应大于 60dB（A）。

3　乘客电梯和病床电梯的开关门过程噪声不应大于 65dB（A）。

4.11.8　平层准确度检验应符合下列规定：

1　额定速度小于等于 0.63m/s 的交流双速电梯，应在 ±15mm 的范围内；

2　额定速度大于 0.63m/s 且小于等于 1.0m/s 的交流双速电梯，应在 ±30mm 的范围内；

3　其他调速方式的电梯，应在 ±15mm 的范围内。

4.11.9　运行速度检验应符合下列规定：

当电源为额定频率和额定电压、轿厢载有 50% 额定载荷时，向下运行至行程中段（除去加速加减速段）时的速度，不应大于额定速度的 105%，且不应小于额定速度的 92%。

4.11.10　观感检查应符合下列规定：

1 轿门带动层门开、关运行，门扇与门扇、门扇与门套、门扇与门楣、门扇与门口处轿壁、门扇下端与地坎应无刮碰现象；

2 门扇与门扇、门扇与门套、门扇与门楣、门扇与门口处轿壁、门扇下端与地坎之间各自的间隙在整个长度上应基本一致；

3 对机房（如果有）、导轨支架、底坑、轿顶、轿内、轿门、层门及门地坎等部位应进行清理。

摘录二：

第7.0.1条 （见《电梯安装设备进场验收检验批质量验收记录》的表格验收依据说明，本书第874页）。

12.2.12 电梯安装液压系统检验批质量验收记录

1. 表格

电梯安装液压系统检验批质量验收记录

10020301 ____

单位（子单位）工程名称			分部（子分部）工程名称		分项工程名称	
施工单位			项目负责人		检验批容量	
分包单位			分包单位项目负责人		检验批部位	
施工依据				验收依据	《电梯工程施工质量验收规范》GB 50310－2002	

验收项目			设计要求及规范规定	最小/实际抽样数量	检查记录	检查结果
主控项目	1	液压泵站及顶升机构安装	顶升机构安装安装牢固	/		
			缸体垂直度严禁＞0.4‰			
一般项目	1	液压管路联接	第5.3.2条	/		
	2	液压泵站油位显示	第5.3.3条	/		
	3	显示系统工作压力的压力表	第5.3.4条	/		
施工单位检查结果			专业工长： 项目专业质量检查员： 年 月 日			
监理单位验收结论			专业监理工程师： 年 月 日			

2. 验收依据说明

【规范名称及编号】《电梯工程施工质量验收规范》GB 50310－2002

【条文摘录】

摘录一：

5.3 液压系统

主　控　项　目

5.3.1　液压泵站及液压顶升机构的安装必须按土建布置图进行。顶升机构必须安装牢固，缸体垂直度严禁大于 0.4‰。

一　般　项　目

5.3.2　液压管路应可靠联接，且无渗漏现象。

5.3.3　液压泵站油位显示应清晰、准确。

5.3.4　显示系统工作压力的压力表应清晰、准确。

摘录二：

第 7.0.1 条　（见《电梯安装设备进场验收检验批质量验收记录》的表格验收依据说明，本书第 874 页）。

12.2.13　电梯安装悬挂装置、随行电缆检验批质量验收记录

1. 表格

电梯安装悬挂装置、随行电缆检验批质量验收记录

10020901 ____

单位（子单位） 工程名称			分部（子分部） 工程名称		分项工程 名称		
施工单位			项目负责人		检验批容量		
分包单位			分包单位 项目负责人		检验批部位		
施工依据				验收依据	《电梯工程施工质量验收规范》 GB 50310－2002		
验收项目			设计要求及 规范规定	最小/实际 抽样数量	检查记录		检查 结果
主 控 项 目	1	绳头组合	第5.9.1条	/			
	2	钢丝绳	严禁有死弯	/			
	3	轿厢悬挂要求	第5.9.3条	/			
	4	随行电缆要求	第5.9.4条	/			
一般 项目	1	钢丝绳、链条张力	第5.9.5条	/			
	2	随行电缆一般要求	第5.9.6条	/			
施工单位 检查结果				专业工长： 项目专业质量检查员： 　　　　　　　　　年　月　日			
监理单位 验收结论				专业监理工程师： 　　　　　　　　　年　月　日			

2. 验收依据说明

【规范名称及编号】　《电梯工程施工质量验收规范》GB 50310－2002

【条文摘录】

摘录一：

5.9　悬挂装置、随行电缆

主　控　项　目

5.9.1　如果有绳头组合，必须符合本规范第 4.9.1 条的规定。

5.9.2 如果有钢丝绳，严禁有死弯。

5.9.3 当轿厢悬挂在两根钢丝绳或链条上，其中一根钢丝绳或链条发生异常相对伸长时，为此装设的电气安全开关必须动作可靠。对具有两个或多个液压顶升机构的液压电梯，每一组悬挂钢丝绳均应符合上述要求。

5.9.4 随行电缆严禁有打结和波浪扭曲现象。

一 般 项 目

5.9.5 如果有钢丝绳或链条，每根张力与平均值偏差不应大于5%。

5.9.6 随行电缆的安装还应符合下列规定：

1 随行电缆端部应固定可靠。

2 随行电缆在运行中应避免与井道内其他部件干涉。当轿厢完全压在缓冲器上时，随行电缆不得与底坑地面接触。

摘录二：

第7.0.1条 （见《电梯安装设备进场验收检验批质量验收记录》的表格验收依据说明，本书第874页）。

12.2.14 电梯安装整机安装验收检验批质量验收记录

1. 表格

电梯安装整机安装验收检验批质量验收记录

10021101 ___

单位（子单位）工程名称			分部（子分部）工程名称		分项工程名称	
施工单位			项目负责人		检验批容量	
分包单位			分包单位项目负责人		检验批部位	
施工依据				验收依据	《电梯工程施工质量验收规范》GB 50310-2002	

		验收项目	设计要求及规范规定	最小/实际抽样数量	检查记录	检查结果
主控项目	1	液压电梯的安全保护	第5.11.1条	/		
	2	限速器安全钳联动试验	第5.11.2条	/		
	3	层门与轿车门试验	第4.11.3条	/		
	4	超载试验，当轿厢载有120%额定载荷时液压电梯严禁启动	第5.11.4条	/		
一般项目	1	运行试验	第5.11.5条	/		
	2	噪声检验	第5.11.6条	/		
	3	平层准确度检验	第5.11.7条	/		
	4	运行速度检验	第5.11.8条	/		
	5	额定载重沉降量试验	第5.11.9条	/		
	6	液压泵站溢流阀压力检查	第5.11.10条	/		
	7	超压静载试验	第5.11.11条	/		
	8	观感检查	第4.11.12条	/		
施工单位检查结果			专业工长： 项目专业质量检查员： 　　　　年　月　日			
监理单位验收结论			专业监理工程师： 　　　　年　月　日			

2. 验收依据说明

【规范名称及编号】　《电梯工程施工质量验收规范》GB 50310 - 2002

【条文摘录】

摘录一：

5.11　整机安装验收

主　控　项　目

5.11.1　液压电梯安全保护验收必须符合下列规定：

1　必须检查以下安全装置或功能：

1）断相、错相保护装置或功能：当控制柜三相电源中任何一相断开或任何二相错接时，断相、错相保护装置或功能应使电梯不发生危险故障。

注：当错相不影响电梯正常运行时可没有错相保护装置或功能。

2）短路、过载保护装置：动力电路、控制电路、安全电路必须有与负载匹配的短路保护装置；动力电路必须有过载保护装置。

3）防止轿厢坠落、超速下降的装置：液压电梯必须装有防止轿厢坠落、超速下降的装置，且各装置必须与其型式试验证书相符。

4）门锁装置：门锁装置必须与其型式试验证书相符。

5）上极限开关：上极限开关必须是安全触点，在端站位置进行动作试验时必须动作正常。它必须在柱塞接触到其缓冲制停装置之前动作，且柱塞处于缓冲制停区时保持动作状态。

6）机房、滑轮间（如果有）、轿顶、底坑停止装置：位于轿顶、机房、滑轮间（如果有）、底坑的停止装置的动作必须正常。

7）液压油温升保护装置：当液压油达到产品设计温度时，温升保护装置必须动作，使液压电梯停止运行。

8）移动轿厢的装置：在停电或电气系统发生故障时，移动轿厢的装置必须能移动轿厢上行或下行，且下行时还必须装设防止顶升机构与轿厢运动相脱离的装置。

2　下列安全开关，必须动作可靠：

1）限速器（如果有）张紧开关；

2）液压缓冲器（如果有）复位开关；

3）轿厢安全窗（如果有）开关；

4）安全门、底坑门、检修活板门（如果有）的开关；

5）悬挂钢丝绳（链条）为两根时，防松动安全开关。

5.11.2　限速器（安全绳）安全钳联动试验必须符合下列规定：

1　限速器（安全绳）与安全钳电气开关在联动试验中必须动作可靠，且应使电梯停止运行。

2　联动试验时轿厢载荷及速度应符合下列规定：

1）当液压电梯额定载重量与轿厢最大有效面积符合表5.11.2的规定时，轿厢应载有均匀分布的额定载重量；当液压电梯额定载重量小于表5.11.2规定的轿厢最大有效面积对应的额定载重量时，轿厢应载有均匀分布的125％的液压电梯额定载重量，但该载荷不应超过表5.11.2规定的轿厢最大有效面积对应的额定载重量；

2）对瞬时式安全钳，轿厢应以额定速度下行；对渐进式安全钳，轿厢应以检修速度下行。

3　当装有限速器安全钳时，使下行阀保持开启状态（直到钢丝绳松弛为止）的同时，人为使限速器机械动作，安全钳应可靠动作，轿厢必须可靠制动，且轿底倾斜度不应大于5％。

4　当装有安全绳安全钳时，使下行阀保持开启状态（直到钢丝绳松弛为止）的同时，人为使安全绳机械动作，安全钳应可靠动作，轿厢必须可靠制动，且轿底倾斜度不应大于5％。

表 5.11.2 额定载重量与轿厢最大有效面积之间关系

额定载重量（kg）	轿厢最大有效面积（m²）	额定载重量（kg）	轿厢最大有效面积（m²）	额定载重量（kg）	轿厢最大有效面积（m²）	额定载重量（kg）	轿厢最大有效面积（m²）
100（1）	0.37	525	1.45	900	2.20	1275	2.95
180（2）	0.58	600	1.60	975	2.35	1350	3.10
225	0.70	630	1.66	1000	2.40	1425	3.25
300	0.90	675	1.75	1050	2.50	1500	3.40
375	1.10	750	1.90	1125	2.65	1600	3.56
400	1.17	800	2.00	1200	2.80	2000	4.20
450	1.30	825	2.05	1250	2.90	2500（3）	5.00

注：（1）一人电梯的最小值；

（2）二人电梯的最小值；

（3）额定载重量超过 2500kg 时，每增加 100kg 面积增加 0.16m²，对中间的载重量其面积由线性插入法确定。

5.11.3 层门与轿门的试验符合下列规定：层门与轿门的试验必须符合本规范第 4.11.3 条的规定。

5.11.4 超载试验必须符合下列规定：当轿厢载有 120％额定载荷时液压电梯严禁启动。

一 般 项 目

5.11.5 液压电梯安装后应进行运行试验：轿厢在额定载重量工况下，按产品设计规定的每小时启动次数运行 1000 次（每天不少于 8h），液压电梯应平稳、制动可靠、连续运行无故障。

5.11.6 噪声检验应符合下列规定：

1 液压电梯的机房噪声不应大于 85dB（A）；

2 乘客液压电梯和病床液压电梯运行中轿内噪声不应大于 55dB（A）；

3 乘客液压电梯和病床液压电梯的开关门过程噪声不应大于 65dB（A）。

5.11.7 平层准确度检验应符合下列规定：液压电梯平层准确度应在±15mm 范围内。

5.11.8 运行速度检验应符合下列规定：空载轿厢上行速度与上行额定速度的差值不应大于上行额定速度的 8％；载有额定载重量的轿厢下行速度与下行额定速度的差值不应大于下行额定速度的 8％。

5.11.9 额定载重量沉降量试验应符合下列规定：载有额定载重量的轿厢停靠在最高层站时，停梯 10min，沉降量不应大于 10mm，但因油温变化而引起的油体积缩小所造成的沉降不包括在 10mm 内。

5.11.10 液压泵站溢流阀压力检查应符合下列规定：液压泵站上的溢流阀应设定在系统压力为满载压力的 140％～170％时动作。

5.11.11 超压静载试验应符合下列规定：将截止阀关闭，在轿内施加 200％的额定载荷，持续 5min 后，液压系统应完好无损。

5.11.12 观感检查应符合本规范第 4.11.10 条的规定。

［附］：4.11.10 观感检查应符合下列规定：

1 轿门带动层门开、关运行，门扇与门扇、门扇与门套、门扇与门楣、门扇与门口处轿壁、门扇下端与地坎应无刮碰现象；

2 门扇与门扇、门扇与门套、门扇与门楣、门扇与门口处轿壁、门扇下端与地坎之间各自的间隙在整个长度上应基本一致；

3 对机房（如果有）、导轨支架、底坑、轿顶、轿内、轿门、层门及门地坎等部位应进行清理。

摘录二：

第 7.0.1 条 （见《电梯安装设备进场验收检验批质量验收记录》的表格验收依据说明，本书第 874 页）。

12.2.15　自动扶梯、自动人行道设备进场验收检验批质量验收记录

1. 表格

自动扶梯、自动人行道设备进场验收检验批质量验收记录

10030101 ____

单位（子单位）工程名称				分部（子分部）工程名称		分项工程名称	
施工单位				项目负责人		检验批容量	
分包单位				分包单位项目负责人		检验批部位	
施工依据				验收依据		《电梯工程施工质量验收规范》 GB 50310－2002	
验收项目			设计要求及规范规定	最小/实际抽样数量	检查记录		检查结果
主控项目	必须提供的资料	技术资料	梯级或踏板的型式试验报告复印件；或胶带的断裂强度证明文件复印件	/			
			对公共交通型自动扶梯、自动人行道应有扶手带的断裂强度证书复印件	/			
		随机文件	土建布置图	/			
			产品出厂合格证	/			
一般项目	1	整机文件还应供应	装箱单	/			
			安装、使用维护说明书	/			
			动力及安全电路的电气原理图	/			
	2	设备零部件	应与装箱单内容相符	/			
	3	设备外观	不存在明显损坏	/			
施工单位检查结果			专业工长： 项目专业质量检查员： 　　　　　　　年　月　日				
监理单位验收结论			专业监理工程师： 　　　　　　　年　月　日				

2. 验收依据说明

【规范名称及编号】　《电梯工程施工质量验收规范》GB 50310－2002

【条文摘录】

摘录一：

6.1　设备进场验收

主　控　项　目

6.1.1　必须提供以下资料：

1　技术资料

1）梯级或踏板的型式试验报告复印件，或胶带的断裂强度证明文件复印件；

2）对公共交通型自动扶梯、自动人行道应有扶手带的断裂强度证书复印件。

2 随机文件

1）土建布置图；

2）产品出厂合格证。

一 般 项 目

6.1.2 随机文件还应提供以下资料；

1 装箱单；

2 安装、使用维护说明书；

3 动力电路和安全电路的电气原理图。

6.1.3 设备零部件应与装箱单内容相符。

6.1.4 设备外观不应存在明显的损坏。

摘录二：

第 7.0.1 条 （见《电梯安装设备进场验收检验批质量验收记录》的表格验收依据说明，本书第 874 页）。

12.2.16 自动扶梯、自动人行道土建交接检验检验批质量验收记录

1. 表格

自动扶梯、自动人行道土建交接检验检验批质量验收记录

10030201 ____

单位（子单位）工程名称			分部（子分部）工程名称		分项工程名称	
施工单位			项目负责人		检验批容量	
分包单位			分包单位项目负责人		检验批部位	
施工依据				验收依据	《电梯工程施工质量验收规范》GB 50310-2002	

	验收项目		设计要求及规范规定	最小/实际抽样数量	检查记录	检查结果
主控项目	1	梯级、踏板或胶带上空垂直净高	≮2.3m	/		
	2	安装前井道周围的栏杆或屏隙高度	≮1.2m	/		
一般项目	1	土建主要尺寸允许偏差	提升高度（mm） -15～+15	/		
	2		跨度（mm） 0～+15	/		
	3	设备进场	通道和搬运空间	/		
	4	安装前土建单位提供	水准基准线标识	/		
	5	电源零件与接地线应分开，接地装置电阻	≯4Ω	/		

施工单位检查结果	专业工长：项目专业质量检查员：　　　年　月　日
监理单位验收结论	专业监理工程师：　　　年　月　日

2. 验收依据说明

【规范名称及编号】 《电梯工程施工质量验收规范》GB 50310－2002

【条文摘录】

摘录一：

6.2 土建交接检验

主 控 项 目

6.2.1 自动扶梯的梯级或自动人行道的踏板或胶带上空，垂直净高度严禁小于2.3m。

6.2.2 在安装之前，井道周围必须设有保证安全的栏杆或屏障，其高度严禁小于1.2m。

一 般 项 目

6.2.3 土建工程应按照土建布置图进行施工，且其主要尺寸允许误差应为：提升高度－15～＋15mm；跨度0～＋15mm。

6.2.4 根据产品供应商的要求应提供设备进场所需的通道和搬运空间。

6.2.5 在安装之前，土建施工单位应提供明显的水平基准线标识。

6.2.6 电源零线和接地线应始终分开。接地装置的接地电阻值不应大于4Ω。

摘录二：

第7.0.1条 （见《电梯安装设备进场验收检验批质量验收记录》的表格验收依据说明，本书第874页）。

12.2.17 自动扶梯、自动人行道整机安装验收检验批质量验收记录

1. 表格

自动扶梯、自动人行道整机安装验收检验批质量验收记录

10030301____

单位（子单位）工程名称			分部（子分部）工程名称		分项工程名称	
施工单位			项目负责人		检验批容量	
分包单位			分包单位项目负责人		检验批部位	
施工依据				验收依据	《电梯工程施工质量验收规范》GB 50310－2002	

验收项目			设计要求及规范规定	最小/实际抽样数量	检查记录	检查结果
主控项目	1	自动停止运行规定	第6.3.1条	/		
	2	不同回路导线对地绝缘电阻测量	第6.3.2条	/		
	3	电器设备接地	第4.10.1条	/		
一般项目	1	整机安装检查	第6.3.4条	/		
	2	性能试验	第6.3.5条	/		
	3	制动试验	第6.3.6条	/		
	4	电气装置	第6.3.7条	/		
	5	观感检查	第6.3.8条	/		
施工单位检查结果				专业工长：项目专业质量检查员：　　　年　月　日		
监理单位验收结论				专业监理工程师：　　　年　月　日		

2. 验收依据说明

【规范名称及编号】　《电梯工程施工质量验收规范》GB 50310－2002
【条文摘录】

摘录一：

6.3　整机安装验收

主 控 项 目

6.3.1　在下列情况下，自动扶梯、自动人行道必须自动停止运行，且第 4 款至第 11 款情况下的开关断开的动作必须通过安全触点或安全电路来完成。

1　无控制电压；

2　电路接地的故障；

3　过载；

4　控制装置在超速和运行方向非操纵逆转下动作；

5　附加制动器（如果有）动作；

6　直接驱动梯级、踏板或胶带的部件（如链条或齿条）断裂或过分伸长；

7　驱动装置与转向装置之间的距离（无意性）缩短；

8　梯级、踏板或胶带进入梳齿板处有异物夹住，且产生损坏梯级、踏板或胶带支撑结构；

9　无中间出口的连续安装的多台自动扶梯、自动人行道中的一台停止运行；

10　扶手带入口保护装置动作；

11　梯级或踏板下陷。

6.3.2　应测量不同回路导线对地的绝缘电阻。测量时，电子元件应断开。导体之间和导体对地之间的绝缘电阻应大于 $1000\Omega/V$，且其值必须大于：

1　动力电路和电气安全装置电路 0.5MΩ；

2　其他电路（控制、照明、信号等）0.25MΩ。

6.3.3　电气设备接地必须符合本规范第 4.10.1 条的规定：

一 般 项 目

6.3.4　整机安装检查应符合下列规定：

1　梯级、踏板、胶带的楞齿及梳齿板应完整、光滑；

2　在自动扶梯、自动人行道入口处应设置使用须知的标牌；

3　内盖板、外盖板、围裙板、扶手支架、扶手导轨、护壁板接缝应平整。接缝处的凸台不应大于 0.5mm；

4　梳齿板梳齿与踏板面齿槽的啮合深度不应小于 6mm；

5　梳齿板梳齿与踏板面齿槽的间隙不应小于 4mm；

6　围裙板与梯级、踏板或胶带任何一侧的水平间隙不应大于 4mm，两边的间隙之和不应大于 7mm。当自动人行道的围裙板设置在踏板或胶带之上时，踏板表面与围裙板下端之间的垂直间隙不应大于 4mm。当踏板或胶带有横向摆动时，踏板或胶带的侧边与围裙板垂直投影之间不得产生间隙。

7　梯级间或踏板间的间隙在工作区段内的任何位置，从踏面测得的两个相邻梯级或两个相邻踏板之间的间隙不应大于 6mm。在自动人行道过渡曲线区段，踏板的前缘和相邻踏板的后缘啮合，其间隙不应大于 8mm；

8　护壁板之间的空隙不应大于 4mm。

6.3.5　性能试验应符合下列规定：

1　在额定频率和额定电压下，梯级、踏板或胶带沿运行方向空载时的速度与额定速度之间的允许偏差为 ±5%；

2　扶手带的运行速度相对梯级、踏板或胶带的速度允许偏差为 0～＋2%。

6.3.6　自动扶梯、自动人行道制动试验应符合下列规定：

1　自动扶梯、自动人行道应进行空载制动试验，制停距离应符合表6.3.6-1的规定。

表 6.3.6-1　制停距离

额定速度（m/s）	制停距离范围（m）	
	自动扶梯	自动人行道
0.5	0.20～1.00	0.20～1.00
0.65	0.30～1.30	0.30～1.30
0.75	0.35～1.50	0.35～1.50
0.90	—	0.40～1.70

注：若速度在上述数值之间，制停距离用插入法计算。制停距离应从电气制动装置动作开始测量。

2　自动扶梯应进行载有制动载荷的制停距离试验（除非制停距离可以通过其他方法检验），制动载荷应符合表6.3.6-2规定，制停距离应符合表6.3.6-1的规定；对自动人行道，制造商应提供按载有表6.3.6-2规定的制动载荷计算的制停距离，且制停距离应符合表6.3.6-1的规定。

表 6.3.6-2　制动载荷

梯级、踏板或胶带的名义宽度（m）	自动扶梯每个梯级上的载荷（kg）	自动人行道每0.4m长度上的载荷（kg）
$z \leqslant 0.6$	60	50
$0.6 < z \leqslant 0.8$	90	75
$0.8 < z \leqslant 1.1$	120	100

注：1　自动扶梯受载的梯级数量由提升高度除以最大可见梯级踢板高度求得，在试验时允许将总制动载荷分布在所求得的2/3的梯级上；

2　当自动人行道倾斜角度不大于6°，踏板或胶带的名义宽度大于1.1m时，宽度每增加0.3m，制动载荷应在每0.4m长度上增加25kg；

3　当自动人行道在长度范围内有多个不同倾斜角度（高度不同）时，制动载荷应仅考虑到那些能组合成最不利载荷的水平区段和倾斜区段。

6.3.7　电气装置还应符合下列规定：

1　主电源开关不应切断电源插座、检修和维护所必需的照明电源。

2　配线应符合本规范第4.10.4、4.10.5、4.10.6条的规定。

6.3.8　观感检查应符合下列规定：

1　上行和下行自动扶梯、自动人行道，梯级、踏板或胶带与围裙板之间应无刮碰现象（梯级、踏板或胶带上的导向部分与围裙板接触除外），扶手带外表面应无刮痕。

2　对梯级（踏板或胶带）、梳齿板、扶手带、护壁板、围裙板、内外盖板、前沿板及活动盖板等部位的外表面应进行清理。

摘录二：

第7.0.1条　（见《电梯安装设备进场验收检验批质量验收记录》的表格验收依据说明，本书第874页）。

附录 A 《建筑工程施工质量验收统一标准》GB 50300—2013

中华人民共和国国家标准

建筑工程施工质量验收统一标准

Unified standard for constructional quality
acceptance of building engineering

GB 50300－2013

主编部门：中华人民共和国住房和城乡建设部
批准部门：中华人民共和国住房和城乡建设部
施行日期：２０１４年６月１日

中华人民共和国住房和城乡建设部
公　告

第 193 号

住房城乡建设部关于发布国家标准
《建筑工程施工质量验收统一标准》的公告

现批准《建筑工程施工质量验收统一标准》为国家标准，编号为 GB 50300-2013，自 2014 年 6 月 1 日起实施。其中，第 5.0.8、6.0.6 条为强制性条文，必须严格执行。原《建筑工程施工质量验收统一标准》GB 50300—2001 同时废止。

本标准由我部标准定额研究所组织中国建筑工业出版社出版发行。

中华人民共和国住房和城乡建设部

2013 年 11 月 1 日

前　言

本标准是根据原建设部《关于印发〈2007 年工程建设标准制订、修订计划（第一批）〉的通知》（建标［2007］125 号）的要求，由中国建筑科学研究院会同有关单位在原《建筑工程施工质量验收统一标准》GB 50300－2001 的基础上修订而成。

本标准在修订过程中，编制组经广泛调查研究，认真总结实践经验，根据建筑工程领域的发展需要，对原标准进行了补充和完善，并在广泛征求意见的基础上，最后经审查定稿。

本标准共分 6 章和 8 个附录，主要技术内容包括：总则，术语，基本规定，建筑工程质量验收的划分、建筑工程质量验收、建筑工程质量验收的程序和组织等。

本标准修订的主要内容是：

1　增加符合条件时，可适当调整抽样复验、试验数量的规定；

2　增加制定专项验收要求的规定；

3　增加检验批最小抽样数量的规定；

4　增加建筑节能分部工程，增加铝合金结构、地源热泵系统等子分部工程；

5　修改主体结构、建筑装饰装修等分部工程中的分项工程划分；

6　增加计数抽样方案的正常检验一次、二次抽样判定方法；

7　增加工程竣工预验收的规定；

8　增加勘察单位应参加单位工程验收的规定；

9　增加工程质量控制资料缺失时，应进行相应的实体检验或抽样试验的规定；

10　增加检验批验收应具有现场验收检查原始记录的要求。

本标准中以黑体字标志的条文为强制性条文，必须严格执行。

本标准由住房和城乡建设部负责管理和对强制性条文的解释，由中国建筑科学研究院负责具体技术内容的解释。在执行过程中，请各单位注意总结经验，积累资料，并及时将意见和建议反馈给中国建筑科学研究院（地址：北京市朝阳区北三环东路 30 号，邮政编码：100013，电子邮箱：GB 50300@163.com），以便今后修订时参考。

本标准主编单位：中国建筑科学研究院

本标准参编单位：北京市建设工程安全质量监督总站

　　　　　　　　中国新兴（集团）总公司

　　　　　　　　北京市建设监理协会

　　　　　　　　北京城建集团有限责任公司

　　　　　　　　深圳市建设工程质量监督检验总站

　　　　　　　　深圳市科源建设集团有限公司

　　　　　　　　浙江宝业建设集团有限公司

　　　　　　　　国家建筑工程质量监督检验中心

　　　　　　　　同济大学建筑设计研究院（集团）有限公司

　　　　　　　　重庆市建筑科学研究院

　　　　　　　　金融街控股股份有限公司

本标准主要起草人：邱小坛　陶　里（以下按姓氏笔画排列）

　　　　　　　　　吕　洪　李丛笑　李伟兴　宋　波　汪道金　张元勃　张晋勋　林文修

　　　　　　　　　罗　璇　袁欣平　高新京　葛兴杰

本标准主要审查人：杨嗣信　张昌叙　王　鑫　李明安　张树君　宋义仲　顾海欢　贺贤娟

　　　　　　　　　霍瑞琴　张耀良　孙述璞　肖家远　傅慈英　路　戈　王庆辉　付建华

目 次

Contents

1 总　　则

1.0.1 为了加强建筑工程质量管理，统一建筑工程施工质量的验收，保证工程质量，制定本标准。

1.0.2 本标准适用于建筑工程施工质量的验收，并作为建筑工程各专业验收规范编制的统一准则。

1.0.3 建筑工程施工质量验收，除应符合本标准外，尚应符合国家现行有关标准的规定。

2 术　　语

2.0.1 建筑工程　building engineering

通过对各类房屋建筑及其附属设施的建造和与其配套线路、管道、设备等的安装所形成的工程实体。

2.0.2 检验　inspection

对被检验项目的特征、性能进行量测、检查、试验等，并将结果与标准规定的要求进行比较，以确定项目每项性能是否合格的活动。

2.0.3 进场检验　site inspection

对进入施工现场的建筑材料、构配件、设备及器具，按相关标准的要求进行检验，并对其质量、规格及型号等是否符合要求作出确认的活动。

2.0.4 见证检验　evidential testing

施工单位在工程监理单位或建设单位的见证下，按照有关规定从施工现场随机抽取试样，送至具备相应资质的检测机构进行检验的活动。

2.0.5 复验　repeat test

建筑材料、设备等进入施工现场后，在外观质量检查和质量证明文件核查符合要求的基础上，按照有关规定从施工现场抽取试样送至试验室进行检验的活动。

2.0.6 检验批　inspection lot

按相同的生产条件或按规定的方式汇总起来供抽样检验用的，由一定数量样本组成的检验体。

2.0.7 验收　acceptance

建筑工程质量在施工单位自行检查合格的基础上，由工程质量验收责任方组织，工程建设相关单位参加，对检验批、分项、分部、单位工程及其隐蔽工程的质量进行抽样检验，对技术文件进行审核，并根据设计文件和相关标准以书面形式对工程质量是否达到合格作出确认。

2.0.8 主控项目　dominant item

建筑工程中对安全、节能、环境保护和主要使用功能起决定性作用的检验项目。

2.0.9 一般项目　general item

除主控项目以外的检验项目。

2.0.10 抽样方案　sampling scheme

根据检验项目的特性所确定的抽样数量和方法。

2.0.11 计数检验　inspection by attributes

通过确定抽样样本中不合格的个体数量，对样本总体质量做出判定的检验方法。

2.0.12 计量检验　inspection by variables

以抽样样本的检测数据计算总体均值、特征值或推定值，并以此判断或评估总体质量的检验方法。

2.0.13 错判概率 probability of commission

合格批被判为不合格批的概率，即合格批被拒收的概率，用 α 表示。

2.0.14 漏判概率 probability of omission

不合格批被判为合格批的概率，即不合格批被误收的概率，用 β 表示。

2.0.15 观感质量 quality of appearance

通过观察和必要的测试所反映的工程外在质量和功能状态。

2.0.16 返修 repair

对施工质量不符合标准规定的部位采取的整修等措施。

2.0.17 返工 rework

对施工质量不符合标准规定的部位采取的更换、重新制作、重新施工等措施。

3 基 本 规 定

3.0.1 施工现场应具有健全的质量管理体系、相应的施工技术标准、施工质量检验制度和综合施工质量水平评定考核制度。施工现场质量管理可按本标准附录 A 的要求进行检查记录。

3.0.2 未实行监理的建筑工程，建设单位相关人员应履行本标准涉及的监理职责。

3.0.3 建筑工程的施工质量控制应符合下列规定：

1 建筑工程采用的主要材料、半成品、成品、建筑构配件、器具和设备应进行进场检验。凡涉及安全、节能、环境保护和主要使用功能的重要材料、产品，应按各专业工程施工规范、验收规范和设计文件等规定进行复验，并应经监理工程师检查认可；

2 各施工工序应按施工技术标准进行质量控制，每道施工工序完成后，经施工单位自检符合规定后，才能进行下道工序施工。各专业工种之间的相关工序应进行交接检验，并应记录；

3 对于监理单位提出检查要求的重要工序，应经监理工程师检查认可，才能进行下道工序施工。

3.0.4 符合下列条件之一时，可按相关专业验收规范的规定适当调整抽样复验、试验数量，调整后的抽样复验、试验方案应由施工单位编制，并报监理单位审核确认。

1 同一项目中由相同施工单位施工的多个单位工程，使用同一生产厂家的同品种、同规格、同批次的材料、构配件、设备；

2 同一施工单位在现场加工的成品、半成品、构配件用于同一项目中的多个单位工程；

3 在同一项目中，针对同一抽样对象已有检验成果可以重复利用。

3.0.5 当专业验收规范对工程中的验收项目未作出相应规定时，应由建设单位组织监理、设计、施工等相关单位制定专项验收要求。涉及安全、节能、环境保护等项目的专项验收要求应由建设单位组织专家论证。

3.0.6 建筑工程施工质量应按下列要求进行验收：

1 工程质量验收均应在施工单位自检合格的基础上进行；

2 参加工程施工质量验收的各方人员应具备相应的资格；

3 检验批的质量应按主控项目和一般项目验收；

4 对涉及结构安全、节能、环境保护和主要使用功能的试块、试件及材料，应在进场时或施工中按规定进行见证检验；

5 隐蔽工程在隐蔽前应由施工单位通知监理单位进行验收，并应形成验收文件，验收合格后方可继续施工；

6 对涉及结构安全、节能、环境保护和使用功能的重要分部工程，应在验收前按规定进行抽样检验；

7 工程的观感质量应由验收人员现场检查，并应共同确认。

3.0.7 建筑工程施工质量验收合格应符合下列规定：

1 符合工程勘察、设计文件的要求；

2 符合本标准和相关专业验收规范的规定。

3.0.8 检验批的质量检验，可根据检验项目的特点在下列抽样方案中选取：

1 计量、计数或计量-计数的抽样方案；

2 一次、二次或多次抽样方案；

3 对重要的检验项目，当有简易快速的检验方法时，选用全数检验方案；

4 根据生产连续性和生产控制稳定性情况，采用调整型抽样方案；

5 经实践证明有效的抽样方案。

3.0.9 检验批抽样样本应随机抽取，满足分布均匀、具有代表性的要求，抽样数量应符合有关专业验收规范的规定。当采用计数抽样时，最小抽样数量应符合表 3.0.9 的要求。

明显不合格的个体可不纳入检验批，但应进行处理，使其满足有关专业验收规范的规定，对处理的情况应予以记录并重新验收。

表 3.0.9 检验批最小抽样数量

检验批的容量	最小抽样数量	检验批的容量	最小抽样数量
2～15	2	151～280	13
16～25	3	281～500	20
26～90	5	501～1200	32
91～150	8	1201～3200	50

3.0.10 计量抽样的错判概率 α 和漏判概率 β 可按下列规定采取：

1 主控项目：对应于合格质量水平的 α 和 β 均不宜超过 5%；

2 一般项目：对应于合格质量水平的 α 不宜超过 5%，β 不宜超过 10%。

4 建筑工程质量验收的划分

4.0.1 建筑工程施工质量验收应划分为单位工程、分部工程、分项工程和检验批。

4.0.2 单位工程应按下列原则划分：

1 具备独立施工条件并能形成独立使用功能的建筑物或构筑物为一个单位工程；

2 对于规模较大的单位工程，可将其能形成独立使用功能的部分划分为一个子单位工程。

4.0.3 分部工程应按下列原则划分：

1 可按专业性质、工程部位确定；

2 当分部工程较大或较复杂时，可按材料种类、施工特点、施工程序、专业系统及类别将分部工程划分为若干子分部工程。

4.0.4 分项工程可按主要工种、材料、施工工艺、设备类别进行划分。

4.0.5 检验批可根据施工、质量控制和专业验收的需要，按工程量、楼层、施工段、变形缝进行划分。

4.0.6 建筑工程的分部工程、分项工程划分宜按本标准附录 B 采用。

4.0.7 施工前，应由施工单位制定分项工程和检验批的划分方案，并由监理单位审核。对于附录 B 及相关专业验收规范未涵盖的分项工程和检验批，可由建设单位组织监理、施工等单位协商确定。

4.0.8 室外工程可根据专业类别和工程规模按本标准附录 C 的规定划分子单位工程、分部工程和分项工程。

5 建筑工程质量验收

5.0.1 检验批质量验收合格应符合下列规定：

1 主控项目的质量经抽样检验均应合格；

2 一般项目的质量经抽样检验合格。当采用计数抽样时，合格点率应符合有关专业验收规范的规定，且不得存在严重缺陷。对于计数抽样的一般项目，正常检验一次、二次抽样可按本标准附录 D 判定；

3 具有完整的施工操作依据、质量验收记录。

5.0.2 分项工程质量验收合格应符合下列规定：

1 所含检验批的质量均应验收合格；

2 所含检验批的质量验收记录应完整。

5.0.3 分部工程质量验收合格应符合下列规定：

1 所含分项工程的质量均应验收合格；

2 质量控制资料应完整；

3 有关安全、节能、环境保护和主要使用功能的抽样检验结果应符合相应规定；

4 观感质量应符合要求。

5.0.4 单位工程质量验收合格应符合下列规定：

1 所含分部工程的质量均应验收合格；

2 质量控制资料应完整；

3 所含分部工程中有关安全、节能、环境保护和主要使用功能的检验资料应完整；

4 主要使用功能的抽查结果应符合相关专业验收规范的规定；

5 观感质量应符合要求。

5.0.5 建筑工程施工质量验收记录可按下列规定填写：

1 检验批质量验收记录可按本标准附录 E 填写，填写时应具有现场验收检查原始记录；

2 分项工程质量验收记录可按本标准附录 F 填写；

3 分部工程质量验收记录可按本标准附录 G 填写；

4 单位工程质量竣工验收记录、质量控制资料核查记录、安全和功能检验资料核查及主要功能抽查记录、观感质量检查记录应按本标准附录 H 填写。

5.0.6 当建筑工程施工质量不符合要求时，应按下列规定进行处理：

1 经返工或返修的检验批，应重新进行验收；

2 经有资质的检测机构检测鉴定能够达到设计要求的检验批，应予以验收；

3 经有资质的检测机构检测鉴定达不到设计要求、但经原设计单位核算认可能够满足安全和使用功能的检验批，可予以验收；

4 经返修或加固处理的分项、分部工程，满足安全及使用功能要求时，可按技术处理方案和协商文件的要求予以验收。

5.0.7 工程质量控制资料应齐全完整。当部分资料缺失时，应委托有资质的检测机构按有关标准进行相应的实体检验或抽样试验。

5.0.8 经返修或加固处理仍不能满足安全或重要使用要求的分部工程及单位工程，严禁验收。

6 建筑工程质量验收的程序和组织

6.0.1 检验批应由专业监理工程师组织施工单位项目专业质量检查员、专业工长等进行验收。

6.0.2 分项工程应由专业监理工程师组织施工单位项目专业技术负责人等进行验收。

6.0.3 分部工程应由总监理工程师组织施工单位项目负责人和项目技术负责人等进行验收。

　　勘察、设计单位项目负责人和施工单位技术、质量部门负责人应参加地基与基础分部工程的验收。

　　设计单位项目负责人和施工单位技术、质量部门负责人应参加主体结构、节能分部工程的验收。

6.0.4 单位工程中的分包工程完工后，分包单位应对所承包的工程项目进行自检，并应按本标准规定的程序进行验收。验收时，总包单位应派人参加。分包单位应将所分包工程的质量控制资料整理完整，并移交给总包单位。

6.0.5 单位工程完工后，施工单位应组织有关人员进行自检。总监理工程师应组织各专业监理工程师对工程质量进行竣工预验收。存在施工质量问题时，应由施工单位整改。整改完毕后，由施工单位向建设单位提交工程竣工报告，申请工程竣工验收。

6.0.6 建设单位收到工程竣工报告后，应由建设单位项目负责人组织监理、施工、设计、勘察等单位项目负责人进行单位工程验收。

附录 A　施工现场质量管理检查记录

表 A　施工现场质量管理检查记录　　　　　开工日期：

工程名称			施工许可证号	
建设单位			项目负责人	
设计单位			项目负责人	
监理单位			总监理工程师	
施工单位		项目负责人	项目技术负责人	
序号	项　　目		主要内容	
1	项目部质量管理体系			
2	现场质量责任制			
3	主要专业工种操作岗位证书			
4	分包单位管理制度			
5	图纸会审记录			
6	地质勘察资料			
7	施工技术标准			
8	施工组织设计、施工方案编制及审批			
9	物资采购管理制度			
10	施工设施和机械设备管理制度			
11	计量设备配备			
12	检测试验管理制度			
13	工程质量检查验收制度			
14				
自检结果：			检查结论：	
施工单位项目负责人：　　　　　　年　月　日			总监理工程师：　　　　　　年　月　日	

附录 B　建筑工程的分部工程、分项工程划分

表 B　建筑工程的分部工程、分项工程划分

序号	分部工程	子分部工程	分项工程
1	地基与基础	地基	素土、灰土地基，砂和砂石地基，土工合成材料地基，粉煤灰地基，强夯地基，注浆地基，预压地基，砂石桩复合地基，高压旋喷注浆地基，水泥土搅拌桩地基，土和灰土挤密桩复合地基，水泥粉煤灰碎石桩复合地基，夯实水泥土桩复合地基
		基础	无筋扩展基础，钢筋混凝土扩展基础，筏形与箱形基础，钢结构基础，钢管混凝土结构基础，型钢混凝土结构基础，钢筋混凝土预制桩基础，泥浆护壁成孔灌注桩基础，干作业成孔桩基础，长螺旋钻孔压灌桩基础，沉管灌注桩基础，钢桩基础，锚杆静压桩基础，岩石锚杆基础，沉井与沉箱基础
		基坑支护	灌注桩排桩围护墙，板桩围护墙，咬合桩围护墙，型钢水泥土搅拌墙，土钉墙，地下连续墙，水泥土重力式挡墙，内支撑，锚杆，与主体结构相结合的基坑支护
		地下水控制	降水与排水，回灌
		土方	土方开挖，土方回填，场地平整
		边坡	喷锚支护，挡土墙，边坡开挖
		地下防水	主体结构防水，细部构造防水，特殊施工法结构防水，排水，注浆
2	主体结构	混凝土结构	模板，钢筋，混凝土，预应力，现浇结构，装配式结构
		砌体结构	砖砌体，混凝土小型空心砌块砌体，石砌体，配筋砌体，填充墙砌体
		钢结构	钢结构焊接，紧固件连接，钢零部件加工，钢构件组装及预拼装，单层钢结构安装，多层及高层钢结构安装，钢管结构安装，预应力钢索和膜结构，压型金属板，防腐涂料涂装，防火涂料涂装
		钢管混凝土结构	构件现场拼装，构件安装，钢管焊接，构件连接，钢管内钢筋骨架，混凝土
		型钢混凝土结构	型钢焊接，紧固件连接，型钢与钢筋连接，型钢构件组装及预拼装，型钢安装，模板，混凝土
		铝合金结构	铝合金焊接，紧固件连接，铝合金零部件加工，铝合金构件组装，铝合金构件预拼装，铝合金框架结构安装，铝合金空间网格结构安装，铝合金面板，铝合金幕墙结构安装，防腐处理
		木结构	方木与原木结构，胶合木结构，轻型木结构，木结构的防护
3	建筑装饰装修	建筑地面	基层铺设，整体面层铺设，板块面层铺设，木、竹面层铺设
		抹灰	一般抹灰，保温层薄抹灰，装饰抹灰，清水砌体勾缝
		外墙防水	外墙砂浆防水，涂膜防水，透气膜防水
		门窗	木门窗安装，金属门窗安装，塑料门窗安装，特种门安装，门窗玻璃安装
		吊顶	整体面层吊顶，板块面层吊顶，格栅吊顶
		轻质隔墙	板材隔墙，骨架隔墙，活动隔墙，玻璃隔墙
		饰面板	石板安装，陶瓷板安装，木板安装，金属板安装，塑料板安装
		饰面砖	外墙饰面砖粘贴，内墙饰面砖粘贴
		幕墙	玻璃幕墙安装，金属幕墙安装，石材幕墙安装，陶板幕墙安装
		涂饰	水性涂料涂饰，溶剂型涂料涂饰，美术涂饰
		裱糊与软包	裱糊，软包
		细部	橱柜制作与安装，窗帘盒和窗台板制作与安装，门窗套制作与安装，护栏和扶手制作与安装，花饰制作与安装

续表 B

序号	分部工程	子分部工程	分项工程
4	屋面	基层与保护	找坡层和找平层，隔汽层，隔离层，保护层
		保温与隔热	板状材料保温层，纤维材料保温层，喷涂硬泡聚氨酯保温层，现浇泡沫混凝土保温层，种植隔热层，架空隔热层，蓄水隔热层
		防水与密封	卷材防水层，涂膜防水层，复合防水层，接缝密封防水
		瓦面与板面	烧结瓦和混凝土瓦铺装，沥青瓦铺装，金属板铺装，玻璃采光顶铺装
		细部构造	檐口，檐沟和天沟，女儿墙和山墙，水落口，变形缝，伸出屋面管道，屋面出入口，反梁过水孔，设施基座，屋脊，屋顶窗
5	建筑给水排水及供暖	室内给水系统	给水管道及配件安装，给水设备安装，室内消火栓系统安装，消防喷淋系统安装，防腐，绝热，管道冲洗、消毒，试验与调试
		室内排水系统	排水管道及配件安装，雨水管道及配件安装，防腐，试验与调试
		室内热水系统	管道及配件安装，辅助设备安装，防腐，绝热，试验与调试
		卫生器具	卫生器具安装，卫生器具给水配件安装，卫生器具排水管道安装，试验与调试
		室内供暖系统	管道及配件安装，辅助设备安装，散热器安装，低温热水地板辐射供暖系统安装，电加热供暖系统安装，燃气红外辐射供暖系统安装，热风供暖系统安装，热计量及调控装置安装，试验与调试，防腐，绝热
		室外给水管网	给水管道安装，室外消火栓系统安装，试验与调试
		室外排水管网	排水管道安装，排水管沟与井池，试验与调试
		室外供热管网	管道及配件安装，系统水压试验，土建结构，防腐，绝热，试验与调试
		建筑饮用水供应系统	管道及配件安装，水处理设备及控制设施安装，防腐，绝热，试验与调试
		建筑中水系统及雨水利用系统	建筑中水系统、雨水利用系统管道及配件安装，水处理设备及控制设施安装，防腐，绝热，试验与调试
		游泳池及公共浴池水系统	管道及配件系统安装，水处理设备及控制设施安装，防腐，绝热，试验与调试
		水景喷泉系统	管道系统及配件安装，防腐，绝热，试验与调试
		热源及辅助设备	锅炉安装，辅助设备及管道安装，安全附件安装，换热站安装，防腐，绝热，试验与调试
		监测与控制仪表	检测仪器及仪表安装，试验与调试

续表 B

序号	分部工程	子分部工程	分项工程
6	通风与空调	送风系统	风管与配件制作，部件制作，风管系统安装，风机与空气处理设备安装，风管与设备防腐，旋流风口、岗位送风口、织物（布）风管安装，系统调试
		排风系统	风管与配件制作，部件制作，风管系统安装，风机与空气处理设备安装，风管与设备防腐，吸风罩及其他空气处理设备安装，厨房、卫生间排风系统安装，系统调试
		防排烟系统	风管与配件制作，部件制作，风管系统安装，风机与空气处理设备安装，风管与设备防腐，排烟风阀（口）、常闭正压风口、防火风管安装，系统调试
		除尘系统	风管与配件制作，部件制作，风管系统安装，风机与空气处理设备安装，风管与设备防腐，除尘器与排污设备安装，吸尘罩安装，高温风管绝热，系统调试
		舒适性空调系统	风管与配件制作，部件制作，风管系统安装，风机与空气处理设备安装，风管与设备防腐，组合式空调机组安装，消声器、静电除尘器、换热器、紫外线灭菌器等设备安装，风机盘管、变风量与定风量送风装置、射流喷口等末端设备安装，风管与设备绝热，系统调试
		恒温恒湿空调系统	风管与配件制作，部件制作，风管系统安装，风机与空气处理设备安装，风管与设备防腐，组合式空调机组安装，电加热器、加湿器等设备安装，精密空调机组安装，风管与设备绝热，系统调试
		净化空调系统	风管与配件制作，部件制作，风管系统安装，风机与空气处理设备安装，风管与设备防腐，净化空调机组安装，消声器、静电除尘器、换热器、紫外线灭菌器等设备安装，中、高效过滤器及风机过滤器单元等末端设备清洗与安装，洁净度测试，风管与设备绝热，系统调试
		地下人防通风系统	风管与配件制作，部件制作，风管系统安装，风机与空气处理设备安装，风管与设备防腐，过滤吸收器、防爆波活门、防爆超压排气活门等专用设备安装，系统调试
		真空吸尘系统	风管与配件制作，部件制作，风管系统安装，风机与空气处理设备安装，风管与设备防腐，管道安装，快速接口安装，风机与滤尘设备安装，系统压力试验及调试
		冷凝水系统	管道系统及部件安装，水泵及附属设备安装，管道冲洗，管道、设备防腐，板式热交换器，辐射板及辐射供热、供热地埋管，热泵机组设备安装，管道、设备绝热，系统压力试验及调试
		空调（冷、热）水系统	管道系统及部件安装，水泵及附属设备安装，管道冲洗，管道、设备防腐，冷却塔与水处理设备安装，防冻伴热设备安装，管道、设备绝热，系统压力试验及调试
		冷却水系统	管道系统及部件安装，水泵及附属设备安装，管道冲洗，管道、设备防腐，系统灌水渗漏及排放试验，管道、设备绝热
		土壤源热泵换热系统	管道系统及部件安装，水泵及附属设备安装，管道冲洗，管道、设备防腐，埋地换热系统与管网安装，管道、设备绝热，系统压力试验及调试
		水源热泵换热系统	管道系统及部件安装，水泵及附属设备安装，管道冲洗，管道、设备防腐，地表水源换热管及管网安装，除垢设备安装，管道、设备绝热，系统压力试验及调试
		蓄能系统	管道系统及部件安装，水泵及附属设备安装，管道冲洗，管道、设备防腐，蓄水罐与蓄冰槽、罐安装，管道、设备绝热，系统压力试验及调试
		压缩式制冷（热）设备系统	制冷机组及附属设备安装，管道、设备防腐，制冷剂管道及部件安装，制冷剂灌注，管道、设备绝热，系统压力试验及调试
		吸收式制冷设备系统	制冷机组及附属设备安装，管道、设备防腐，系统真空试验，溴化锂溶液加灌，蒸汽管道系统安装，燃气或燃油设备安装，管道、设备绝热，试验及调试
		多联机（热泵）空调系统	室外机组安装，室内机组安装，制冷剂管路连接及控制开关安装，风管安装，冷凝水管道安装，制冷剂灌注，系统压力试验及调试
		太阳能供暖空调系统	太阳能集热器安装，其他辅助能源、换热设备安装，蓄能水箱、管道及配件安装，防腐，绝热，低温热水地板辐射采暖系统安装，系统压力试验及调试
		设备自控系统	温度、压力与流量传感器安装，执行机构安装调试，防排烟系统功能测试，自动控制及系统智能控制软件调试

续表 B

序号	分部工程	子分部工程	分项工程
7	建筑电气	室外电气	变压器、箱式变电所安装，成套配电柜、控制柜（屏、台）和动力、照明配电箱（盘）及控制柜安装，梯架、支架、托盘和槽盒安装，导管敷设，电缆敷设，管内穿线和槽盒内敷线，电缆头制作、导线连接和线路绝缘测试，普通灯具安装，专用灯具安装，建筑照明通电试运行，接地装置安装
		变配电室	变压器、箱式变电所安装，成套配电柜、控制柜（屏、台）和动力、照明配电箱（盘）安装，母线槽安装，梯架、支架、托盘和槽盒安装，电缆敷设，电缆头制作、导线连接和线路绝缘测试，接地装置安装，接地干线敷设
		供电干线	电气设备试验和试运行，母线槽安装，梯架、支架、托盘和槽盒安装，导管敷设，电缆敷设，管内穿线和槽盒内敷线，电缆头制作、导线连接和线路绝缘测试，接地干线敷设
		电气动力	成套配电柜、控制柜（屏、台）和动力配电箱（盘）安装，电动机、电加热器及电动执行机构检查接线，电气设备试验和试运行，梯架、支架、托盘和槽盒安装，导管敷设，电缆敷设，管内穿线和槽盒内敷线，电缆头制作、导线连接和线路绝缘测试
		电气照明	成套配电柜、控制柜（屏、台）和照明配电箱（盘）安装，梯架、支架、托盘和槽盒安装，导管敷设，管内穿线和槽盒内敷线，塑料护套线直敷布线，钢索配线，电缆头制作、导线连接和线路绝缘测试，普通灯具安装，专用灯具安装，开关、插座、风扇安装，建筑照明通电试运行
		备用和不间断电源	成套配电柜、控制柜（屏、台）和动力、照明配电箱（盘）安装，柴油发电机组安装，不间断电源装置及应急电源装置安装，母线槽安装，导管敷设，电缆敷设，管内穿线和槽盒内敷线，电缆头制作、导线连接和线路绝缘测试，接地装置安装
		防雷及接地	接地装置安装，防雷引下线及接闪器安装，建筑物等电位连接，浪涌保护器安装
8	智能建筑	智能化集成系统	设备安装，软件安装，接口及系统调试，试运行
		信息接入系统	安装场地检查
		用户电话交换系统	线缆敷设，设备安装，软件安装，接口及系统调试，试运行
		信息网络系统	计算机网络设备安装，计算机网络软件安装，网络安全设备安装，网络安全软件安装，系统调试，试运行
		综合布线系统	梯架、托盘、槽盒和导管安装，线缆敷设，机柜、机架、配线架安装，信息插座安装，链路或信道测试，软件安装，系统调试，试运行
		移动通信室内信号覆盖系统	安装场地检查
		卫星通信系统	安装场地检查
		有线电视及卫星电视接收系统	梯架、托盘、槽盒和导管安装，线缆敷设，设备安装，软件安装，系统调试，试运行
		公共广播系统	梯架、托盘、槽盒和导管安装，线缆敷设，设备安装，软件安装，系统调试，试运行
		会议系统	梯架、托盘、槽盒和导管安装，线缆敷设，设备安装，软件安装，系统调试，试运行
		信息导引及发布系统	梯架、托盘、槽盒和导管安装，线缆敷设，显示设备安装，机房设备安装，软件安装，系统调试，试运行
		时钟系统	梯架、托盘、槽盒和导管安装，线缆敷设，设备安装，软件安装，系统调试，试运行
		信息化应用系统	梯架、托盘、槽盒和导管安装，线缆敷设，设备安装，软件安装，系统调试，试运行
		建筑设备监控系统	梯架、托盘、槽盒和导管安装，线缆敷设，传感器安装，执行器安装，控制器、箱安装，中央管理工作站和操作分站设备安装，软件安装，系统调试，试运行
		火灾自动报警系统	梯架、托盘、槽盒和导管安装，线缆敷设，探测器类设备安装，控制器类设备安装，其他设备安装，软件安装，系统调试，试运行

续表 B

序号	分部工程	子分部工程	分项工程
8	智能建筑	安全技术防范系统	梯架、托盘、槽盒和导管安装，线缆敷设，设备安装，软件安装，系统调试，试运行
		应急响应系统	设备安装，软件安装，系统调试，试运行
		机房	供配电系统，防雷与接地系统，空气调节系统，给水排水系统，综合布线系统，监控与安全防范系统，消防系统，室内装饰装修，电磁屏蔽，系统调试，试运行
		防雷与接地	接地装置，接地线，等电位联接，屏蔽设施，电涌保护器，线缆敷设，系统调试，试运行
9	建筑节能	围护系统节能	墙体节能，幕墙节能，门窗节能，屋面节能，地面节能
		供暖空调设备及管网节能	供暖节能，通风与空调设备节能，空调与供暖系统冷热源节能，空调与供暖系统管网节能
		电气动力节能	配电节能，照明节能
		监控系统节能	监测系统节能，控制系统节能
		可再生能源	地源热泵系统节能，太阳能光热系统节能，太阳能光伏节能
10	电梯	电力驱动的曳引式或强制式电梯	设备进场验收，土建交接检验，驱动主机，导轨，门系统，轿厢，对重，安全部件，悬挂装置，随行电缆，补偿装置，电气装置，整机安装验收
		液压电梯	设备进场验收，土建交接检验，液压系统，导轨，门系统，轿厢，对重，安全部件，悬挂装置，随行电缆，电气装置，整机安装验收
		自动扶梯、自动人行道	设备进场验收，土建交接检验，整机安装验收

附录 C 室外工程的划分

表 C 室外工程的划分

单位工程	子单位工程	分部工程
室外设施	道路	路基、基层、面层、广场与停车场、人行道、人行地道、挡土墙、附属构筑物
	边坡	土石方、挡土墙、支护
附属建筑及室外环境	附属建筑	车棚，围墙，大门，挡土墙
	室外环境	建筑小品，亭台，水景，连廊，花坛，场坪绿化，景观桥

附录 D 一般项目正常检验一次、二次抽样判定

D.0.1 对于计数抽样的一般项目，正常检验一次抽样可按表 D.0.1-1 判定，正常检验二次抽样可按表 D.0.1-2 判定。抽样方案应在抽样前确定。

D.0.2 样本容量在表 D.0.1-1 或表 D.0.1-2 给出的数值之间时，合格判定数可通过插值并四舍五入取整确定。

表 D. 0. 1-1 一般项目正常检验一次抽样判定

样本容量	合格判定数	不合格判定数	样本容量	合格判定数	不合格判定数
5	1	2	32	7	8
8	2	3	50	10	11
13	3	4	80	14	15
20	5	6	125	21	22

表 D. 0. 1-2 一般项目正常检验二次抽样判定

抽样次数	样本容量	合格判定数	不合格判定数	抽样次数	样本容量	合格判定数	不合格判定数
(1)	3	0	2	(1)	20	3	6
(2)	6	1	2	(2)	40	9	10
(1)	5	0	3	(1)	32	5	9
(2)	10	3	4	(2)	64	12	13
(1)	8	1	3	(1)	50	7	11
(2)	16	4	5	(2)	100	18	19
(1)	13	2	5	(1)	80	11	16
(2)	26	6	7	(2)	160	26	27

注：(1) 和 (2) 表示抽样次数，(2) 对应的样本容量为两次抽样的累计数量。

附录 E 检验批质量验收记录

表 E _____检验批质量验收记录　　　　　编号：____

单位(子单位)工程名称		分部(子分部)工程名称		分项工程名称	
施工单位		项目负责人		检验批容量	
分包单位		分包单位项目负责人		检验批部位	
施工依据			验收依据		

		验收项目	设计要求及规范规定	最小/实际抽样数量	检查记录	检查结果
主控项目	1					
	2					
	3					
	4					
	5					
	6					
	7					
	8					
	9					
	10					
一般项目	1					
	2					
	3					
	4					
	5					

施工单位检查结果		专业工长： 项目专业质量检查员： 　　　　年 月 日
监理单位验收结论		专业监理工程师： 　　　　年 月 日

附录 F 分项工程质量验收记录

表 F _____分项工程质量验收记录 编号：____

单位(子单位) 工程名称		分部(子分部) 工程名称			
分项工程数量		检验批数量			
施工单位		项目负责人		项目技术 负责人	
分包单位		分包单位 项目负责人		分包内容	
序号	检验批 名称	检验批 容量	部位/区段	施工单位检查结果	监理单位验收结论
1					
2					
3					
4					
5					
6					
7					
8					
9					
10					
11					
12					
13					
14					
15					
说明：					
施工单位 检查结果		项目专业技术负责人： 年 月 日			
监理单位 验收结论		专业监理工程师： 年 月 日			

915

附录 G　分部工程质量验收记录

表 G　_____ 分部工程质量验收记录　　　　　　　　　　　　　编号：___

单位(子单位)工程名称			子分部工程数量			分项工程数量	
施工单位			项目负责人			技术(质量)负责人	
分包单位			分包单位负责人			分包内容	

序号	子分部工程名称	分项工程名称	检验批数量	施工单位检查结果	监理单位验收结论
1					
2					
3					
4					
5					
6					
7					
8					
质量控制资料					
安全和功能检验结果					
观感质量检验结果					
综合验收结论					

施工单位 项目负责人： 　年　月　日	勘察单位 项目负责人： 　年　月　日	设计单位 项目负责人： 　年　月　日	监理单位 总监理工程师： 　年　月　日

注：1　地基与基础分部工程的验收应由施工、勘察、设计单位项目负责人和总监理工程师参加并签字；

　　2　主体结构、节能分部工程的验收应由施工、设计单位项目负责人和总监理工程师参加并签字。

附录 H 单位工程质量竣工验收记录

H.0.1 单位工程质量竣工验收应按表 H.0.1-1 记录，单位工程质量控制资料及主要功能抽查核查应按表 H.0.1-2 记录，单位工程安全和功能检验资料核查应按表 H.0.1-3 记录，单位工程观感质量检查应按表 H.0.1-4 记录。

H.0.2 表 H.0.1-1 中的验收记录由施工单位填写，验收结论由监理单位填写。综合验收结论经参加验收各方共同商定，由建设单位填写，应对工程质量是否符合设计文件和相关标准的规定及总体质量水平作出评价。

表 H.0.1-1 单位工程质量竣工验收记录

工程名称		结构类型		层数/建筑面积	
施工单位		技术负责人		开工日期	
项目负责人		项目技术负责人		完工日期	

序号	项目	验收记录	验收结论
1	分部工程验收	共 分部，经查符合设计及标准规定 分部	
2	质量控制资料核查	共 项，经核查符合规定 项	
3	安全和使用功能核查及抽查结果	共核查 项，符合规定 项，共抽查 项，符合规定 项，经返工处理符合规定 项	
4	观感质量验收	共抽查 项，达到"好"和"一般"的 项，经返修处理符合要求的 项	
综合验收结论			

参加验收单位	建设单位	监理单位	施工单位	设计单位	勘察单位
	（公章）项目负责人：年 月 日	（公章）总监理工程师：年 月 日	（公章）项目负责人：年 月 日	（公章）项目负责人：年 月 日	（公章）项目负责人：年 月 日

注：单位工程验收时，验收签字人员应由相应单位的法人代表书面授权。

917

表 H.0.1-2 单位工程质量控制资料核查记录

工程名称				施工单位				
序号	项目	资 料 名 称	份数	施工单位		监理单位	
				核查意见	核查人	核查意见	核查人
1	建筑与结构	图纸会审记录、设计变更通知单、工程洽商记录					
2		工程定位测量、放线记录					
3		原材料出厂合格证书及进场检验、试验报告					
4		施工试验报告及见证检测报告					
5		隐蔽工程验收记录					
6		施工记录					
7		地基、基础、主体结构检验及抽样检测资料					
8		分项、分部工程质量验收记录					
9		工程质量事故调查处理资料					
10		新技术论证、备案及施工记录					
1	给水排水与供暖	图纸会审记录、设计变更通知单、工程洽商记录					
2		原材料出厂合格证书及进场检验、试验报告					
3		管道、设备强度试验、严密性试验记录					
4		隐蔽工程验收记录					
5		系统清洗、灌水、通水、通球试验记录					
6		施工记录					
7		分项、分部工程质量验收记录					
8		新技术论证、备案及施工记录					
1	通风与空调	图纸会审记录、设计变更通知单、工程洽商记录					
2		原材料出厂合格证书及进场检验、试验报告					
3		制冷、空调、水管道强度试验、严密性试验记录					
4		隐蔽工程验收记录					
5		制冷设备运行调试记录					
6		通风、空调系统调试记录					
7		施工记录					
8		分项、分部工程质量验收记录					
9		新技术论证、备案及施工记录					
1	建筑电气	图纸会审记录、设计变更通知单、工程洽商记录					
2		原材料出厂合格证书及进场检验、试验报告					
3		设备调试记录					
4		接地、绝缘电阻测试记录					
5		隐蔽工程验收记录					
6		施工记录					
7		分项、分部工程质量验收记录					
8		新技术论证、备案及施工记录					

续表 H.0.1-2

工程名称				施工单位				
序号	项目	资 料 名 称	份数	施工单位		监理单位		
				核查意见	核查人	核查意见	核查人	
1	智能建筑	图纸会审记录、设计变更通知单、工程洽商记录						
2		原材料出厂合格证书及进场检验、试验报告						
3		隐蔽工程验收记录						
4		施工记录						
5		系统功能测定及设备调试记录						
6		系统技术、操作和维护手册						
7		系统管理、操作人员培训记录						
8		系统检测报告						
9		分项、分部工程质量验收记录						
10		新技术论证、备案及施工记录						
1	建筑节能	图纸会审记录、设计变更通知单、工程洽商记录						
2		原材料出厂合格证书及进场检验、试验报告						
3		隐蔽工程验收记录						
4		施工记录						
5		外墙、外窗节能检验报告						
6		设备系统节能检测报告						
7		分项、分部工程质量验收记录						
8		新技术论证、备案及施工记录						
1	电梯	图纸会审记录、设计变更通知单、工程洽商记录						
2		设备出厂合格证书及开箱检验记录						
3		隐蔽工程验收记录						
4		施工记录						
5		接地、绝缘电阻试验记录						
6		负荷试验、安全装置检查记录						
7		分项、分部工程质量验收记录						
8		新技术论证、备案及施工记录						

结论：

施工单位项目负责人：
　　　　　　　　年 月 日

总监理工程师：
　　　　　　　　年 月 日

表 H.0.1-3 单位工程安全和功能检验资料核查及主要功能抽查记录

工程名称				施工单位			
序号	项目	安全和功能检查项目	份数	核查意见		抽查结果	核查（抽查）人
1	建筑与结构	地基承载力检验报告					
2		桩基承载力检验报告					
3		混凝土强度试验报告					
4		砂浆强度试验报告					
5		主体结构尺寸、位置抽查记录					
6		建筑物垂直度、标高、全高测量记录					
7		屋面淋水或蓄水试验记录					
8		地下室渗漏水检测记录					
9		有防水要求的地面蓄水试验记录					
10		抽气（风）道检查记录					
11		外窗气密性、水密性、耐风压检测报告					
12		幕墙气密性、水密性、耐风压检测报告					
13		建筑物沉降观测测量记录					
14		节能、保温测试记录					
15		室内环境检测报告					
16		土壤氡气浓度检测报告					
1	给水排水与供暖	给水管道通水试验记录					
2		暖气管道、散热器压力试验记录					
3		卫生器具满水试验记录					
4		消防管道、燃气管道压力试验记录					
5		排水干管通球试验记录					
6		锅炉试运行、安全阀及报警联动测试记录					
1	通风与空调	通风、空调系统试运行记录					
2		风量、温度测试记录					
3		空气能量回收装置测试记录					
4		洁净室洁净度测试记录					
5		制冷机组试运行调试记录					

续表 H.0.1-3

工程名称			施工单位				
序号	项目	安全和功能检查项目	份数	核查意见	抽查结果	核查（抽查）人	
1	建筑电气	建筑照明通电试运行记录					
2		灯具固定装置及悬吊装置的载荷强度试验记录					
3		绝缘电阻测试记录					
4		剩余电流动作保护器测试记录					
5		应急电源装置应急持续供电记录					
6		接地电阻测试记录					
7		接地故障回路阻抗测试记录					
1	智能建筑	系统试运行记录					
2		系统电源及接地检测报告					
3		系统接地检测报告					
1	建筑节能	外墙节能构造检查记录或热工性能检验报告					
2		设备系统节能性能检查记录					
1	电梯	运行记录					
2		安全装置检测报告					

结论：

施工单位项目负责人：　　　　　　　　　　　　　　　　　　总监理工程师：

年　月　日　　　　　　　　　　　　　　　　　　　　　　　年　月　日

注：抽查项目由验收组协商确定。

表 H.0.1-4 单位工程观感质量检查记录

工程名称				施工单位	
序号		项 目	抽 查 质 量 状 况		质量评价
1	建筑与结构	主体结构外观	共检查 点，好 点，一般 点，差 点		
2		室外墙面	共检查 点，好 点，一般 点，差 点		
3		变形缝、雨水管	共检查 点，好 点，一般 点，差 点		
4		屋面	共检查 点，好 点，一般 点，差 点		
5		室内墙面	共检查 点，好 点，一般 点，差 点		
6		室内顶棚	共检查 点，好 点，一般 点，差 点		
7		室内地面	共检查 点，好 点，一般 点，差 点		
8		楼梯、踏步、护栏	共检查 点，好 点，一般 点，差 点		
9		门窗	共检查 点，好 点，一般 点，差 点		
10		雨罩、台阶、坡道、散水	共检查 点，好 点，一般 点，差 点		
1	给水排水与供暖	管道接口、坡度、支架	共检查 点，好 点，一般 点，差 点		
2		卫生器具、支架、阀门	共检查 点，好 点，一般 点，差 点		
3		检查口、扫除口、地漏	共检查 点，好 点，一般 点，差 点		
4		散热器、支架	共检查 点，好 点，一般 点，差 点		
1	通风与空调	风管、支架	共检查 点，好 点，一般 点，差 点		
2		风口、风阀	共检查 点，好 点，一般 点，差 点		
3		风机、空调设备	共检查 点，好 点，一般 点，差 点		
4		管道、阀门、支架	共检查 点，好 点，一般 点，差 点		
5		水泵、冷却塔	共检查 点，好 点，一般 点，差 点		
6		绝热	共检查 点，好 点，一般 点，差 点		
1	建筑电气	配电箱、盘、板、接线盒	共检查 点，好 点，一般 点，差 点		
2		设备器具、开关、插座	共检查 点，好 点，一般 点，差 点		
3		防雷、接地、防火	共检查 点，好 点，一般 点，差 点		
1	智能建筑	机房设备安装及布局	共检查 点，好 点，一般 点，差 点		
2		现场设备安装	共检查 点，好 点，一般 点，差 点		
1	电梯	运行、平层、开关门	共检查 点，好 点，一般 点，差 点		
2		层门、信号系统	共检查 点，好 点，一般 点，差 点		
3		机房	共检查 点，好 点，一般 点，差 点		
观感质量综合评价					

结论：

施工单位项目负责人： 总监理工程师：

年 月 日 年 月 日

注：1 对质量评价为差的项目应进行返修；
   2 观感质量现场检查原始记录应作为本表附件。

本标准用词说明

1 为了便于在执行本标准条文时区别对待，对要求严格程度不同的用词说明如下：

　1）表示很严格，非这样做不可的用词：

　　正面词采用"必须"，反面词采用"严禁"；

　2）表示严格，在正常情况下均应这样做的用词：

　　正面词采用"应"，反面词采用"不应"或"不得"；

　3）表示允许稍有选择，在条件许可时首先应这样做的用词：

　　正面词采用"宜"，反面词采用"不宜"；

　4）表示有选择，在一定条件下可以这样做的用词，采用"可"。

2 条文中指明应按其他有关标准、规范执行的写法为："应符合……规定"或"应按……执行"。

中华人民共和国国家标准

建筑工程施工质量验收统一标准

GB 50300 - 2013

条 文 说 明

修 订 说 明

《建筑工程施工质量验收统一标准》GB 50300-2013，经住房和城乡建设部 2013 年 11 月 1 日以第 193 号公告批准、发布。

本标准是在《建筑工程施工质量验收统一标准》GB 50300-2001 的基础上修订而成。上一版的主编单位是中国建筑科学研究院，参加单位是中国建筑业协会工程建设质量监督分会、国家建筑工程质量监督检验中心、北京市建筑工程质量监督总站、北京市城建集团有限责任公司、天津市建筑工程质量监督管理总站、上海市建设工程质量监督总站、深圳市建设工程质量监督检验总站、四川省华西集团总公司、陕西省建筑工程总公司、中国人民解放军工程质量监督总站。主要起草人是吴松勤、高小旺、何星华、白生翔、徐有邻、葛恒岳、刘国琦、王惠明、朱明德、杨南方、李子新、张鸿勋、刘俭。

本标准修订过程中，编制组进行了大量调查研究，鼓励"四新"技术的推广应用，提高检验批抽样检验的理论水平，解决建筑工程施工质量验收中的具体问题，丰富和完善了标准的内容。标准修订时与《建筑地基基础工程施工质量验收规范》GB 50202、《砌体结构工程施工质量验收规范》GB 50203、《建筑节能工程施工质量验收规范》GB 50411 等专业验收规范进行了协调沟通。

为便于广大设计、施工、科研、学校等单位有关人员在使用本标准时能正确理解和执行条文规定，《建筑工程施工质量验收统一标准》编制组按章、条顺序编制了本标准的条文说明，对条文规定的目的、依据以及在执行中应注意的有关事项进行了说明。但是，本条文说明不具备与标准正文同等的法律效力，仅供使用者作为理解和把握标准规定的参考。

目 次

1　总　　则

1.0.1　本条是编制统一标准和建筑工程施工质量验收规范系列标准的宗旨和原则，以统一建筑工程施工质量的验收方法、程序和原则，达到确保工程质量的目的。本标准适用于施工质量的验收，设计和使用中的质量问题不属于本标准的范畴。

1.0.2　本标准主要包括两部分内容，第一部分规定了建筑工程各专业验收规范编制的统一准则。为了统一建筑工程各专业验收规范的编制，对检验批、分项工程、分部工程、单位工程的划分、质量指标的设置和要求、验收的程序与组织都提出了原则的要求，以指导和协调本系列标准各专业验收规范的编制。

第二部分规定了单位工程的验收，从单位工程的划分和组成，质量指标的设置到验收程序都做了具体规定。

1.0.3　建筑工程施工质量验收的有关标准还包括各专业验收规范、专业技术规程、施工技术标准、试验方法标准、检测技术标准、施工质量评价标准等。

2　术　　语

本章中给出的 17 个术语，是本标准有关章节中所引用的。除本标准使用外，还可作为建筑工程各专业验收规范引用的依据。

在编写本章术语时，参考了《质量管理体系　基础和术语》GB/T 19000 - 2008、《建筑结构设计术语和符号标准》GB/T 50083 - 97、《统计学词汇及符号　第 1 部分：一般统计术语与用于概率的术语》GB/T 3358.1 - 2009、《统计学词汇及符号　第 2 部分：应用统计》GB/T 3358.2 - 2009 等国家标准中的相关术语。

本标准的术语是从本标准的角度赋予其含义的，主要是说明本术语所指的工程内容的含义。

3　基　本　规　定

3.0.1　建筑工程施工单位应建立必要的质量责任制度，应推行生产控制和合格控制的全过程质量控制，应有健全的生产控制和合格控制的质量管理体系。不仅包括原材料控制、工艺流程控制、施工操作控制、每道工序质量检查、相关工序间的交接检验以及专业工种之间等中间交接环节的质量管理和控制要求，还应包括满足施工图设计和功能要求的抽样检验制度等。施工单位还应通过内部的审核与管理者的评审，找出质量管理体系中存在的问题和薄弱环节，并制定改进的措施和跟踪检查落实等措施，使质量管理体系不断健全和完善，是使施工单位不断提高建筑工程施工质量的基本保证。

同时施工单位应重视综合质量控制水平，从施工技术、管理制度、工程质量控制等方面制定综合质量控制水平指标，以提高企业整体管理、技术水平和经济效益。

3.0.2　根据《建设工程监理范围和规模标准规定》（建设部令第 86 号），对国家重点建设工程、大中型公用事业工程等必须实行监理。对于该规定包含范围以外的工程，也可由建设单位完成相应的施工质量控制及验收工作。

3.0.3 本条规定了建筑工程施工质量控制的主要方面：

1 用于建筑工程的主要材料、半成品、成品、建筑构配件、器具和设备的进场检验和重要建筑材料、产品的复验。为把握重点环节，要求对涉及安全、节能、环境保护和主要使用功能的重要材料、产品进行复检，体现了以人为本、节能、环保的理念和原则。

2 为保障工程整体质量，应控制每道工序的质量。目前各专业的施工技术规范正在编制，并陆续实施，施工单位可按照执行。考虑到企业标准的控制指标应严格于行业和国家标准指标，鼓励有能力的施工单位编制企业标准，并按照企业标准的要求控制每道工序的施工质量。施工单位完成每道工序后，除了自检、专职质量检查员检查外，还应进行工序交接检查，上道工序应满足下道工序的施工条件和要求；同样相关专业工序之间也应进行交接检验，使各工序之间和各相关专业工程之间形成有机的整体。

3 工序是建筑工程施工的基本组成部分，一个检验批可能由一道或多道工序组成。根据目前的验收要求，监理单位对工程质量控制到检验批，对工序的质量一般由施工单位通过自检予以控制，但为保证工程质量，对监理单位有要求的重要工序，应经监理工程师检查认可，才能进行下道工序施工。

3.0.4 本条规定了可适当调整抽样复验、试验数量的条件和要求。

1 相同施工单位在同一项目中施工的多个单位工程，使用的材料、构配件、设备等往往属于同一批次，如果按每一个单位工程分别进行复验、试验势必会造成重复，且必要性不大，因此规定可适当调整抽样复检、试验数量，具体要求可根据相关专业验收规范的规定执行。

2 施工现场加工的成品、半成品、构配件等符合条件时，可适当调整抽样复验、试验数量。但对施工安装后的工程质量应按分部工程的要求进行检测试验，不能减少抽样数量，如结构实体混凝土强度检测、钢筋保护层厚度检测等。

3 在实际工程中，同一专业内或不同专业之间对同一对象有重复检验的情况，并需分别填写验收资料。例如混凝土结构隐蔽工程检验批和钢筋工程检验批，装饰装修工程和节能工程中对门窗的气密性试验等。因此本条规定可避免对同一对象的重复检验，可重复利用检验成果。

调整抽样复验、试验数量或重复利用已有检验成果应有具体的实施方案，实施方案应符合各专业验收规范的规定，并事先报监理单位认可。施工或监理单位认为必要时，也可不调整抽样复验、试验数量或不重复利用已有检验成果。

3.0.5 为适应建筑工程行业的发展，鼓励"四新"技术的推广应用，保证建筑工程验收的顺利进行，本条规定对国家、行业、地方标准没有具体验收要求的分项工程及检验批，可由建设单位组织制定专项验收要求，专项验收要求应符合设计意图，包括分项工程及检验批的划分、抽样方案、验收方法、判定指标等内容，监理、设计、施工等单位可参与制定。为保证工程质量，重要的专项验收要求应在实施前组织专家论证。

3.0.6 本条规定了建筑工程施工质量验收的基本要求：

1 工程质量验收的前提条件为施工单位自检合格，验收时施工单位对自检中发现的问题已完成整改。

2 参加工程施工质量验收的各方人员资格包括岗位、专业和技术职称等要求，具体要求应符合国家、行业和地方有关法律、法规及标准、规范的规定，尚无规定时可由参加验收的单位协商确定。

3 主控项目和一般项目的划分应符合各专业验收规范的规定。

4 见证检验的项目、内容、程序、抽样数量等应符合国家、行业和地方有关规范的规定。

5 考虑到隐蔽工程在隐蔽后难以检验，因此隐蔽工程在隐蔽前应进行验收，验收合格后方可继续施工。

6 本标准修订适当扩大抽样检验的范围，不仅包括涉及结构安全和使用功能的分部工程，还包括涉及节能、环境保护等的分部工程，具体内容可由各专业验收规范确定，抽样检验和实体检验结果应符合有关专业验收规范的规定。

7 观感质量可通过观察和简单的测试确定，观感质量的综合评价结果应由验收各方共同确认并达成一致。对影响观感及使用功能或质量评价为差的项目应进行返修。

3.0.7 本条明确给出了建筑工程施工质量验收合格的条件。需要指出的是，本标准及各专业验收规范提出的合格要求是对施工质量的最低要求，允许建设、设计等单位提出高于本标准及相关专业验收规范的验收要求。

3.0.8 对检验批的抽样方案可根据检验项目的特点进行选择。计量、计数检验可分为全数检验和抽样检验两类。对于重要且易于检查的项目，可采用简易快速的非破损检验方法时，宜选用全数检验。

本条在计量、计数抽样时引入了概率统计学的方法，提高抽样检验的理论水平，作为可采用的抽样方案之一。鉴于目前各专业验收规范在确定抽样数量时仍普遍采用基于经验的方法，本标准仍允许采用"经实践证明有效的抽样方案"。

3.0.9 本条规定了检验批的抽样要求。目前对施工质量的检验大多没有具体的抽样方案，样本选取的随意性较大，有时不能代表母体的质量情况。因此本条规定随机抽样应满足样本分布均匀、抽样具有代表性等要求。

对抽样数量的规定依据国家标准《计数抽样检验程序 第1部分：按接收质量限（AQL）检索的逐批检验抽样计划》GB/T 2828.1-2012，给出了检验批验收时的最小抽样数量，其目的是要保证验收检验具有一定的抽样量，并符合统计学原理，使抽样更具代表性。最小抽样数量有时不是最佳的抽样数量，因此本条规定抽样数量尚应符合有关专业验收规范的规定。表3.0.9适用于计数抽样的检验批，对计量-计数混合抽样的检验批可参考使用。

检验批中明显不合格的个体主要可通过肉眼观察或简单的测试确定，这些个体的检验指标往往与其他个体存在较大差异，纳入检验批后会增大验收结果的离散性，影响整体质量水平的统计。同时，也为了避免对明显不合格个体的人为忽略情况，本条规定对明显不合格的个体可不纳入检验批，但必须进行处理，使其符合规定。

3.0.10 关于合格质量水平的错判概率 α，是指合格批被判为不合格的概率，即合格批被拒收的概率；漏判概率 β 为不合格批被判为合格批的概率，即不合格批被误收的概率。抽样检验必然存在这两类风险，通过抽样检验的方法使检验批100%合格是不合理的也是不可能的，在抽样检验中，两类风险一向控制范围是：$\alpha=1\%\sim5\%$；$\beta=5\%\sim10\%$。对于主控项目，其 α、β 均不宜超过5%；对于一般项目，α 不宜超过5%，β 不宜超过10%。

4 建筑工程质量验收的划分

4.0.1 验收时，将建筑工程划分为单位工程、分部工程、分项工程和检验批的方式已被采纳和接受，在建筑工程验收过程中应用情况良好，本次修订继续执行该划分方法。

4.0.2 单位工程应具有独立的施工条件和能形成独立的使用功能。在施工前可由建设、监理、施工单位商议确定，并据此收集整理施工技术资料和进行验收。

4.0.3 分部工程是单位工程的组成部分，一个单位工程往往由多个分部工程组成。

当分部工程量较大且较复杂时，为便于验收，可将其中相同部分的工程或能形成独立专业体系的工程划分成若干个子分部工程。

本次修订，增加了建筑节能分部工程。

4.0.4 分项工程是分部工程的组成部分，由一个或若干个检验批组成。

4.0.5 多层及高层建筑的分项工程可按楼层或施工段来划分检验批，单层建筑的分项工程可按变形缝等划分检验批；地基基础的分项工程一般划分为一个检验批，有地下层的基础工程可按不同地下层划分检验批；屋面工程的分项工程可按不同楼层屋面划分为不同的检验批；其他分部工程中的分项工程，一般按楼层划分检验批；对于工程量较少的分项工程可划为一个检验批。安装工程一般按一个设计系统或设备组别划分为一个检验批。室外工程一般划分为一个检验批。散水、台阶、明沟等含在地面检验批中。

按检验批验收有助于及时发现和处理施工中出现的质量问题，确保工程质量，也符合施工实际需要。

地基基础中的土方工程、基坑支护工程及混凝土结构工程中的模板工程，虽不构成建筑工程实体，但因其是建筑工程施工中不可缺少的重要环节和必要条件，其质量关系到建筑工程的质量和施工安全，因此将其列入施工验收的内容。

4.0.6 本次修订对分部工程、分项工程的设置进行了适当调整。

4.0.7 随着建筑工程领域的技术进步和建筑功能要求的提升，会出现一些新的验收项目，并需要有专门的分项工程和检验批与之相对应。对于本标准附录 B 及相关专业验收规范未涵盖的分项工程、检验批，可由建设单位组织监理、施工等单位在施工前根据工程具体情况协商确定，并据此整理施工技术资料和进行验收。

4.0.8 给出了室外工程的子单位工程、分部工程、分项工程的划分方法。

5 建筑工程质量验收

5.0.1 检验批是施工过程中条件相同并有一定数量的材料、构配件或安装项目，由于其质量水平基本均匀一致，因此可以作为检验的基本单元，并按批验收。

检验批是工程验收的最小单位，是分项工程、分部工程、单位工程质量验收的基础。检验批验收包括资料检查、主控项目和一般项目检验。

质量控制资料反映了检验批从原材料到最终验收的各施工工序的操作依据、检查情况以及保证质量所必需的管理制度等。对其完整性的检查，实际是对过程控制的确认，是检验批合格的前提。

检验批的合格与否主要取决于对主控项目和一般项目的检验结果。主控项目是对检验批的基本质量起决定性影响的检验项目，须从严要求，因此要求主控项目必须全部符合有关专业验收规范的规定，这意味着主控项目不允许有不符合要求的检验结果。对于一般项目，虽然允许存在一定数量的不合格点，但某些不合格点的指标与合格要求偏差较大或存在严重缺陷时，仍将影响使用功能或观感质量，对这些部位应进行维修处理。

为了使检验批的质量满足安全和功能的基本要求，保证建筑工程质量，各专业验收规范应对各检验批的主控项目、一般项目的合格质量给予明确的规定。

依据《计数抽样检验程序 第 1 部分：按接收质量限（AQL）检索的逐批检验抽样计划》GB/T 2828.1-2012 给出了计数抽样正常检验一次抽样、二次抽样结果的判定方法。具体的抽样方案应按有关专业验收规范执行。如有关规范无明确规定时，可采用一次抽样方案，也可由建设、设计、监理、施工等单位根据检验对象的特征协商采用二次抽样方案。

举例说明表 D.0.1-1 和表 D.0.1-2 的使用方法：对于一般项目正常检验一次抽样，假设样本容量为 20，在 20 个试样中如果有 5 个或 5 个以下试样被判为不合格时，该检验批可判定为合格；当 20 个试样中有 6 个或 6 个以上试样被判为不合格时，则该检验批可判定为不合格。对于一般项目正常检验二次抽样，假设样本容量为 20，当 20 个试样中有 3 个或 3 个以下试样被判为不合格时，该检验批可判定为合格；当有 6 个或 6 个以上试样被判为不合格时，该检验批可判定为不合格；当有 4 或 5 个试样被判为不合格时，应进行第二次抽样，样本容量也为 20 个，两次抽样的样本容量为 40，当两次不合格试样之和为 9 或小于 9 时，该检验批可判定为合格，当两次不合格试样之和为 10 或大于 10 时，该检验批可判定为不合格。

表 D.0.1-1 和表 D.0.1-2 给出的样本容量不连续，对合格判定数有时需要进行取整处理。例如样本容量为 15，按表 D.0.1-1 插值得出的合格判定数为 3.571，取整可得合格判定数为 4，不合格判定数为 5。

5.0.2 分项工程的验收是以检验批为基础进行的。一般情况下，检验批和分项工程两者具有相同或相近的性质，只是批量的大小不同而已。分项工程质量合格的条件是构成分项工程的各检验批验收资料齐全完整，且各检验批均已验收合格。

5.0.3 分部工程的验收是以所含各分项工程验收为基础进行的。首先，组成分部工程的各分项工程已验收合格且相应的质量控制资料齐全、完整。此外，由于各分项工程的性质不尽相同，因此作为分部工程不能简单地组合而加以验收，尚须进行以下两类检查项目：

1 涉及安全、节能、环境保护和主要使用功能的地基与基础、主体结构和设备安装等分部工程应进行有关的见证检验或抽样检验。

2 以观察、触摸或简单量测的方式进行观感质量验收，并结合验收人的主观判断，检查结果并不给出"合格"或"不合格"的结论，而是综合给出"好"、"一般"、"差"的质量评价结果。对于"差"的检查点应进行返修处理。

5.0.4 单位工程质量验收也称质量竣工验收，是建筑工程投入使用前的最后一次验收，也是最重要的一次验收。验收合格的条件有以下五个方面：

1 构成单位工程的各分部工程应验收合格。

2 有关的质量控制资料应完整。

3 涉及安全、节能、环境保护和主要使用功能的分部工程检验资料应复查合格，这些检验资料与质量控制资料同等重要。资料复查要全面检查其完整性，不得有漏检缺项，其次复核分部工程验收时要补充进行的见证抽样检验报告，这体现了对安全和主要使用功能等的重视。

4 对主要使用功能应进行抽查。这是对建筑工程和设备安装工程质量的综合检验，也是用户最为关心的内容，体现了本标准完善手段、过程控制的原则，也将减少工程投入使用后的质量投诉和纠纷。因此，在分项、分部工程验收合格的基础上，竣工验收时再作全面检查。抽查项目是在检查资料文件的基础上由参加验收的各方人员商定，并用计量、计数的方法抽样检验，检验结果应符合有关专业验收规范的规定。

5 观感质量应通过验收。观感质量检查须由参加验收的各方人员共同进行，最后共同协商确定是否通过验收。

5.0.5 检验批验收时，应进行现场检查并填写现场验收检查原始记录。该原始记录应由专业监理工程师和施工单位专业质量检查员、专业工长共同签署，并在单位工程竣工验收前存档备查，保证该记录的可追溯性。现场验收检查原始记录的格式可由施工、监理等单位确定，包括检查项目、检查位置、检查结果等内容。

检验批质量验收记录应根据现场验收检查原始记录按附录 E 的格式填写，并由专业监理工程师和施工单位专业质量检查员、专业工长在检验批质量验收记录上签字，完成检验批的验收。

附录 E 和附录 F 及附录 G 分别规定了检验批、分项工程、分部工程验收记录的填写要求，为各专业验收规范提供了表格的基本格式，具体内容应由各专业验收规范规定。

附录 H 规定了单位工程质量验收记录的填写要求。单位工程观感质量检查记录中的质量评价结果填写"好"、"一般"或"差"，可由各方协商确定，也可按以下原则确定：项目检查点中有 1 处或多于 1 处"差"可评价为"差"，有 60% 及以上的检查点"好"可评价为"好"，其余情况可评价为"一般"。

5.0.6 一般情况下，不合格现象在检验批验收时就应发现并及时处理，但实际工程中不能完全避免不合格情况的出现，本条给出了当质量不符合要求时的处理办法：

1 检验批验收时，对于主控项目不能满足验收规范规定或一般项目超过偏差限值的样本数量不符合验收规定时，应及时进行处理。其中，对于严重的缺陷应重新施工，一般的缺陷可通过返修、更换予以解决，允许施工单位在采取相应的措施后重新验收。如能够符合相应的专业验收规范要求，应认为该检验批合格。

2 当个别检验批发现问题，难以确定能否验收时，应请具有资质的法定检测机构进行检测鉴定。当鉴定结果认为能够达到设计要求时，该检验批应可以通过验收。这种情况通常出现在某检验批的材料试块强度不满足设计要求时。

3 如经检测鉴定达不到设计要求，但经原设计单位核算、鉴定，仍可满足相关设计规范和使用功能要求时，该检验批可予以验收。这主要是因为一般情况下，标准、规范的规定是满足安全和功能的最低要求，而设计往往在此基础上留有一些余量。在一定范围内，会出现不满足设计要求而符合相应规范要求的情况，两者并不矛盾。

4 经法定检测机构检测鉴定后认为达不到规范的相应要求，即不能满足最低限度的安全储备和使用功能时，则必须进行加固或处理，使之能满足安全使用的基本要求。这样可能会造成一些永久性的影响，如增大结构外形尺寸，影响一些次要的使用功能。但为了避免建筑物的整体或局部拆除，避免社会财富更大的损失，在不影响安全和主要使用功能条件下，可按技术处理方案和协商文件进行验收，责任方应按法律法规承担相应的经济责任和接受处罚。需要特别注意的是，这种方法不能作为降低质量要求、变相通过验收的一种出路。

5.0.7 工程施工时应确保质量控制资料齐全完整，但实际工程中偶尔会遇到因遗漏检验或资料丢失而导致部分施工验收资料不全的情况，使工程无法正常验收。对此可有针对性地进行工程质量检验，采取实体检测或抽样试验的方法确定工程质量状况。上述工作应由有资质的检测机构完成，出具的检验报告可用于施工质量验收。

5.0.8 分部工程及单位工程经返修或加固处理后仍不能满足安全或重要的使用功能时，表明工程质量存在严重的缺陷。重要的使用功能不满足要求时，将导致建筑物无法正常使用，安全不满足要求时，将危及人身健康或财产安全，严重时会给社会带来巨大的安全隐患，因此对这类工程严禁通过验收，更不得擅自投入使用，需要专门研究处置方案。

6 建筑工程质量验收的程序和组织

6.0.1 检验批验收是建筑工程施工质量验收的最基本层次，是单位工程质量验收的基础，所有检验批均应由专业监理工程师组织验收。验收前，施工单位应完成自检，对存在的问题自行整改处理，然后申请专业监理工程师组织验收。

6.0.2 分项工程由若干个检验批组成，也是单位工程质量验收的基础。验收时在专业监理工程师组织下，可由施工单位项目技术负责人对所有检验批验收记录进行汇总，核查无误后报专业监理工程师审查，确认符合要求后，由项目专业技术负责人在分项工程质量验收记录中签字，然后由专业监理工程师签字通过验收。

在分项工程验收中，如果对检验批验收结论有怀疑或异议时，应进行相应的现场检查核实。

6.0.3 本条给出了分部工程验收组织的基本规定。就房屋建筑工程而言，在所包含的十个分部工程中，参加验收的人员可有以下三种情况：

1 除地基基础、主体结构和建筑节能三个分部工程外，其他七个分部工程的验收组织相同，即由总监理工程师组织，施工单位项目负责人和项目技术负责人等参加。

2 由于地基与基础分部工程情况复杂，专业性强，且关系到整个工程的安全，为保证质量，严格把关，规定勘察、设计单位项目负责人应参加验收，并要求施工单位技术、质量部门负责人也应参加验收。

3 由于主体结构直接影响使用安全，建筑节能是基本国策，直接关系到国家资源战略、可持续发展等，故这两个分部工程，规定设计单位项目负责人应参加验收，并要求施工单位技术、质量部门负责人也应参加验收。

参加验收的人员，除指定的人员必须参加验收外，允许其他相关人员共同参加验收。

由于各施工单位的机构和岗位设置不同，施工单位技术、质量负责人允许是两位人员，也可以是一位人员。

勘察、设计单位项目负责人应为勘察、设计单位负责本工程项目的专业负责人，不应由与本项目无关或不了解本项目情况的其他人员、非专业人员代替。

6.0.4 《建设工程承包合同》的双方主体是建设单位和总承包单位，总承包单位应按照承包合同的权利义务对建设单位负责。总承包单位可以根据需要将建设工程的一部分依法分包给其他具有相应资质的单位，分包单位对总承包单位负责，亦应对建设单位负责。总承包单位就分包单位完成的项目向建设单位承担连带责任。因此，分包单位对承建的项目进行验收时，总承包单位应参加，检验合格后，分包单位应将工程的有关资料整理完整后移交给总承包单位，建设单位组织单位工程质量验收时，分包单位负责人应参加验收。

6.0.5 单位工程完成后，施工单位应首先依据验收规范、设计图纸等组织有关人员进行自检，对检查发现的问题进行必要的整改。监理单位应根据本标准和《建设工程监理规范》GB/T 50319 的要求对工程进行竣工预验收。符合规定后由施工单位向建设单位提交工程竣工报告和完整的质量控制资料，申请建设单位组织竣工验收。

工程竣工预验收由总监理工程师组织，各专业监理工程师参加，施工单位由项目经理、项目技术负责人等参加，其他各单位人员可不参加。工程预验收除参加人员与竣工验收不同外，其方法、程序、要求等均应与工程竣工验收相同。竣工预验收的表格格式可参照工程竣工验收的表格格式。

6.0.6 单位工程竣工验收是依据国家有关法律、法规及规范、标准的规定，全面考核建设工作成果，检查工程质量是否符合设计文件和合同约定的各项要求。竣工验收通过后，工程将投入使用，发挥其投资效应，也将与使用者的人身健康或财产安全密切相关。因此工程建设的参与单位应对竣工验收给予足够的重视。

单位工程质量验收应由建设单位项目负责人组织，由于勘察、设计、施工、监理单位都是责任主体，因此各单位项目负责人应参加验收，考虑到施工单位对工程负有直接生产责任，而施工项目部不是法人单位，故施工单位的技术、质量负责人也应参加验收。

在一个单位工程中，对满足生产要求或具备使用条件，施工单位已自行检验，监理单位已预验收的子单位工程，建设单位可组织进行验收。由几个施工单位负责施工的单位工程，当其中的子单位工程已按设计要求完成，并经自行检验，也可按规定的程序组织正式验收，办理交工手续。在整个单位工程验收时，已验收的子单位工程验收资料应作为单位工程验收的附件。

附录 B 建科研工程资料整体解决方案介绍及软件安装说明

B.1 建科研工程资料整体解决方案

数字时代，信息化管理是大势所趋。办公室的信息化在建筑业早已普及，现在最需要解决的就是现场施工的信息化管理，即工作第一线的信息化管理。

北京建科研软件技术有限公司在建筑施工管理领域提供信息化服务已有十几年时间，致力于为企业提高生产效率、实现科学管理提供帮助。建科研在精准掌握《统一标准》管理要求的基础上，研发出"建科研工程资料整体解决方案"。方案使用移动互联网＋云平台＋大数据技术，实现从软硬件获取、更新，到现场质量验收，再到生成工程资料，最后所有工程质量数据存储和统计分析、应用全过程信息化管理的功能，适用于所有建筑工程的质量管理。研发此方案的目的就是充分利用当前发展最为迅猛的移动互联网、云平台和大数据分析技术，丰富工程质量验收手段，强化检验批质量验收，避免数据造假，提高工程质量管理水平，并为工程标准编制和工程建设大数据建设提供真实可追溯的数据。

"建科研工程资料整体解决方案"有六个组成部分，相互关联，又独立完成各自的任务。

B.1.1 质量验收移动终端—CPAD

CPAD 质量验收软件集图纸标识、拍照功能、查阅规范、检查用表功能于一体，大大提高了验收人员工作的效率和质量。

使用 CPAD 质量验收软件开展质量验收工作，只需三步即可完成验收工作，第一步：选择检验批；第二步：在图纸上标识验收部位并记录验收结果；第三步：连接电脑将验收结果导入工程资料管理软件。

首先我们打开 CPAD 中质量验收软件，选择分部、子分部及对应的检验批质量验收记录表，点击新建按钮，新建检验批。

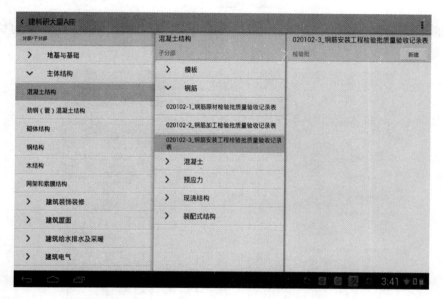

在验收部位对话框内输入检验批的部位、容量、选择验收部位对应的图纸，即可开展质量验收工作。

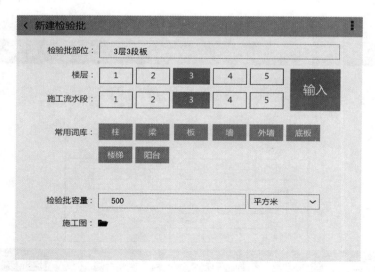

在施工现场使用移动终端设备非常方便，不需要带纸、笔、相机即可开展质量验收工作，且可将验收部位在图纸上进行标识，对于验收过程中发现的质量问题可直接拍照，留存证据。

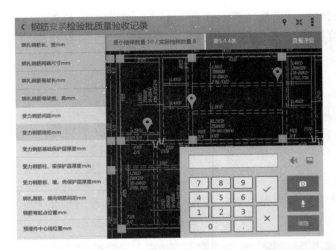

可通过质量验收汇总表查看验收结果。该汇总表即可作为质量验收原始记录，也可协助管理人员分析质量存在的问题。

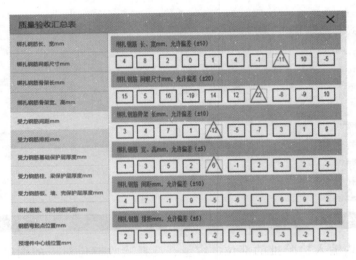

每张检验批验收记录表中的每一个条目都有对应的规范依据，点击可以查询，做到每一次验收都有据可依。

在现场做完质量验收，在检查用表内输入完数据，回到办公室可以将CPAD和电脑连接，将验收结果直接导入工程资料软件检验批表格内，不需要再一个个数据录入，避免重复工作。

移动终端设备不仅可以直接连接电脑将验收结果导入工程资料管理软件，还可通过 wifi 或 3G 直接将验收情况上传至施工现场综合管理云服务平台，将数据保存到云服务器，实现检查用表的长期保存，并且可以追溯，既满足了新版质量验收统一标准要求，又符合项目管理的需要。

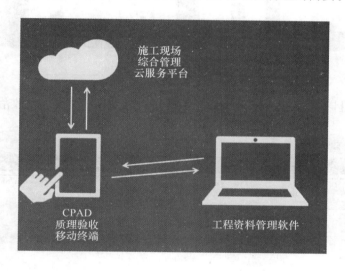

B.1.2　施工现场综合管理云服务平台

施工现场综合管理云服务平台是基于移动互联网和大数据等技术架构，以现场安全管理和质量管理为核心，对施工现场进行信息采集、分析和应用的综合管理平台，不仅满足了企业对安全、质量精细化管理的需要，还大大提高了现场检查、验收工作的效率。

管理人员可通过云服务平台实时掌握现场各类安全、质量风险及其风险分布情况。

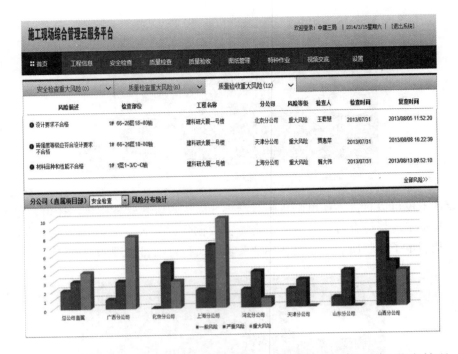

管理人员可以按项目查询安全、质量风险，了解每个风险详细情况和整改落实情况。

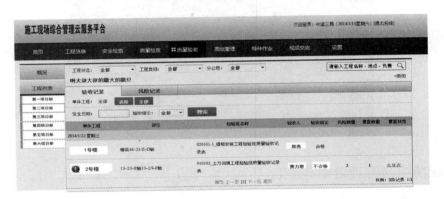

管理人员不仅可以查看每个检查、验收工作的详细情况，还可通过检查、验收部位照片信息分析风险的成因，核实风险。

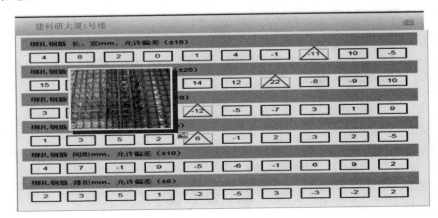

云服务平台可实时对所有风险发生的频次进行统计分析，并进行排序，形成符合本企业实际情况的安全质量通病，从而协助管理人员把握管理重点。

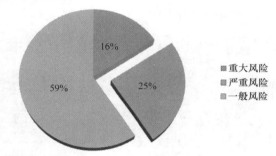

云服务平台对风险的管理分为：重大风险、严重风险、一般风险。违反强制性条文自动判断为重大风险、违反规范主控项目自动判断为严重风险、违反规范一般项目自动判断为一般风险。管理人员可按总公司、分公司、项目部设置风险关注层次，通过风险构成统计图，管理人员可了解各类风险构成情况，并可穿透统计图了解各类风险详情。

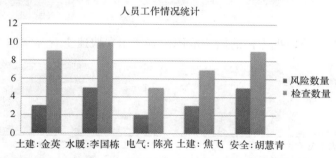

云服务平台可实时统计每个人工作情况和工作质量。为人员考评工作提供科学的数据支撑。

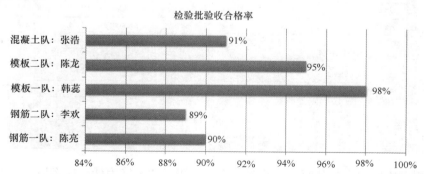

云服务平台可对质量验收合格率进行实时统计，并按照分包单位进行同比分析，可协助项目部实现对分包单位的量化考核。

B.1.3 工程资料管理软件

工程资料管理软件中的检验批表格数据来源有两种方式，第一种方式是资料编制人员使用 CPAD 移动验收终端进行现场质量验收，数据可自动导入工程资料管理软件；第二种方式是资料编制人员依据施工现场手写检查原始记录的内容，然后在工程资料管理软件中录入相应的数据。

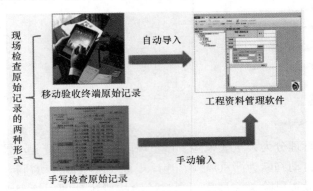

在工程资料管理软件中，资料编制人员可根据分部、子分部导航图，明确需要填报的表格，并可直接点击链接、新建表格，进行资料表格的填报工作。

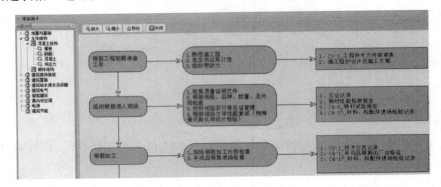

软件提供了规程表格和检验批表格的填表范例，方便用户快速查看并掌握"表格应当如何填写"。

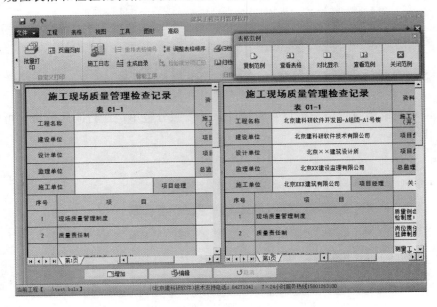

软件介绍了相应依据的规范并摘录了条文，详细说明了"表格为什么这么填"。

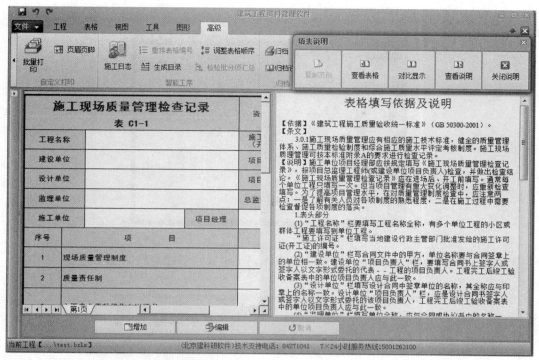

软件能自动提取数据，生成资料管理目录。

软件能自动做工作统计，按分部统计表格数量，统计该表格各分部资料数量，并以图表形式显示；能了解工程相应的施工进度。

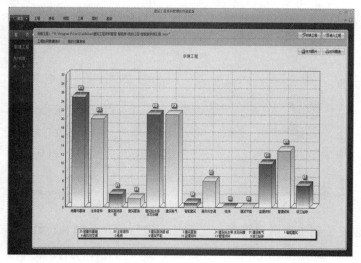

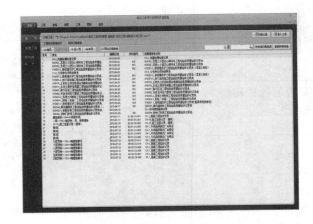

软件提供资料自动汇总功能，生成目录，扫描件同步组卷，形成完整的电子档案。

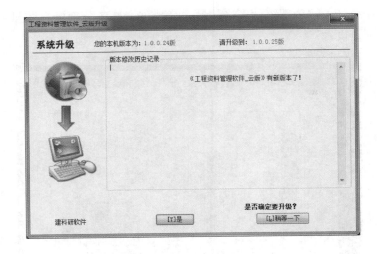

软件可在线自动搜索，发现新版本自动升级。

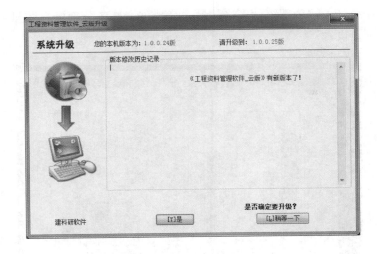

所有的表格数据能上传到工程资料管理信息系统，进行信息管理和统计分析。

B.1.4　工程资料管理信息系统

通过工程资料管理信息系统，可掌控全局，了解工程资料的上传情况。

通过工程资料管理信息系统，可以实时浏览全国各地项目部上传的资料数据。

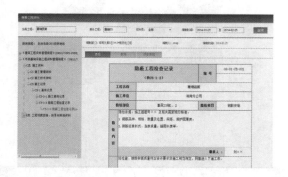

通过工程资料管理信息系统，可以掌控到期未报送资料或者报送资料不符合要求的风险，通过网页和短信发出风险预警。

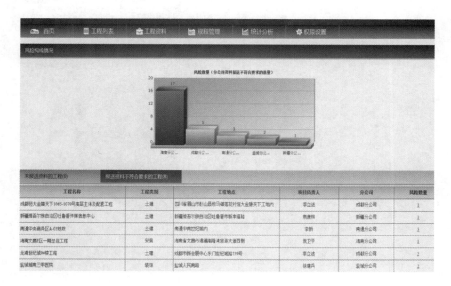

通过工程资料管理信息系统，可以对各个工程的资料填报的质量和管理数据进行统计分析，为决策提供依据。

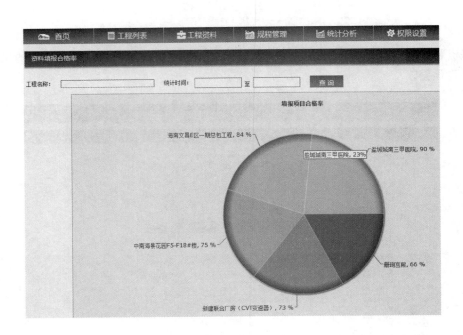

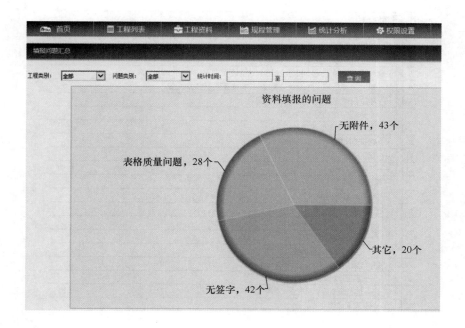

企业统一对各个规程的组卷规则进行维护，项目部可直接下载使用，按照公司统一的规则进行组卷；项目部按照规程要求，分单位进行组卷，报送给不同单位的组卷形式可以不同。一套基础资料库，多种组卷形式。

1	⊟ 地基与基础
2	— 有支护土方
3	— 无支护土方
4	— 地基及基础处理
5	— 桩基
6	— 地下防水
7	— 混凝土基础
8	— 砌体基础
9	— 劲钢（管）混凝土
10	— 钢结构
11	⊟ 地基与基础
12	— 有支护土方
13	— 无支护土方
14	— 地基及基础处理
15	— 桩基
16	— 地下防水
17	— 混凝土基础
18	— 砌体基础
19	— 劲钢（管）混凝土
20	— 钢结构
21	⊟ 地基与基础
22	— 有支护土方

1	単位工程				
2	C0工程管理与验收资料				
3	工程概况表				
4	単位(子単位)工程质量 竣工验收记录				
5	単位(子単位)工程质量 控制资料核查记录				
6	単位(子単位)工程安全和功能检查资料核查及主要功能检查				
7	単位(子単位)工程观感质量检查记录				
8	分部(子分部)工程验收记录				
9	室内环境检测报告				
10	建筑节能检测				
11	施工总结				
12	工程竣工报告				
13	建筑与结构工程				
14	地基与基础/主体结构				
15	B2监理工作记录				
16	工程技术文件报审表				
17	施工测量放线报验表				
18	工程物资进场报验表				
19	C1施工管理资料				
20	施工现场质量管理检查记录				
21	企业资质证书及专业人员岗位证书				
22	见证记录				

施工单位资料 监理单位资料 建设单位资料 城建档案资料

资料 盒号 附件

新增 × 删除 选择目录

	名称	案卷(资料)题名	案卷类型	盒号
1	移交目录			
2	建筑与结构工程施工文件			
3	卷内目录	建筑与结构工程—	文字材料	1
4	C1类施工资料			
5	见证记录(击实)	见证记录(击实)		
6	见证记录(回填土)	见证记录(回填土)		
7	见证记录(钢筋工艺)	见证记录(钢筋工艺)		
8	见证记录(钢筋连接)	见证记录(钢筋连接)		

企业知识库里提供了集团先进的施工技术工艺和工法，可快速生成技术交底。

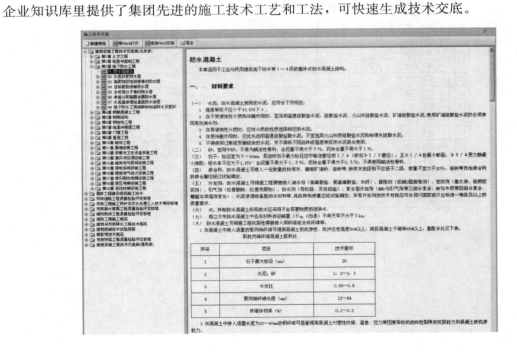

B.1.5　工程资料云平台

工程资料云平台给工程资料管理信息系统提供规程和表格库，给工程资料管理软件提供表格库。覆盖全国工程资料规程规范，并提供实时资讯，介绍规程规范更新、宣贯信息。

工程资料云平台包含海量表格，覆盖全国工程建设各地各专业资料，并及时更新库文件，保证表格时效性。

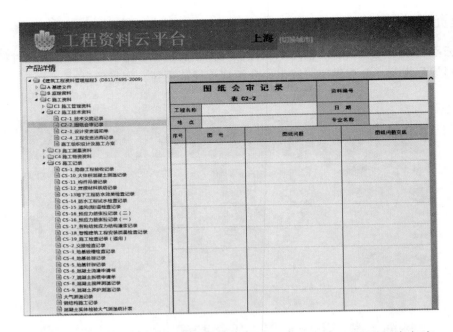

在工程资料云平台上，企业可发布招聘信息，专业人员报名应聘，促进人才交流。

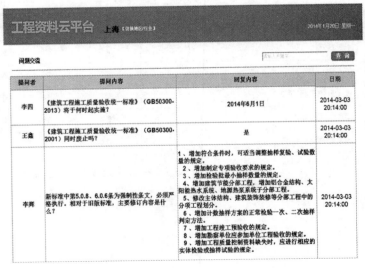

工程资料云平台提供规范咨询，专家回复，专业交流，有问必答。通过互动，提问者学到了知识，专家们收到了反馈。

工程资料云平台可通过 QQ、微信等多渠道为您服务，让您的工作学习更加方便。

B.1.6 应用商店

登录建科研网上商店，购买 CPAD 移动终端和配套软件，或更新软件。

B.1.7 与传统模式的对比

对比一下传统的工作模式与方案提出的信息化工作模式的差异：

项目	传统工作模式	信息化工作模式
查什么	靠个人经验	靠系统决策
经验积累	个人积累，速度慢，很难共享	企业积累，速度快，经验共享
风险实时性	差	好
企业可管控性	弱	强
工程资料	花费大量时间和精力，资料数据汇总统计困难、位置描述不明晰、字迹不清等	资料同步生成，多种形式取证，易查询、统计

可以看出，方案提出的信息化管理手段，实实在在地提升了我们的管理水平，让现场质量验收的管理工作变的更加轻松有效。

B.2 工程资料管理软件安装说明

B.2.1 软件简介

欢迎注册建科研"工程资料管理软件"！

本软件由北京建科研软件技术有限公司会同《建筑工程施工质量验收统一标准》GB 50300—2013 编制组及《建筑工程资料管理规程》JGJ/T185—2009 编制组共同开发，是《统一标准》配套资料软件。软件内容全面、格式规范、规则准确，符合《统一标准》和各专业验收规范的规定。

为方便读者掌握《统一标准》、学习和使用本软件，《指南》附带软件的安装程序。请您运行光盘后，在联网状态下，注册成为会员，成功注册激活后您将获得一个省份里的一个表格库的工程资料软件使用权。会员名及密码还可用于登录工程资料云平台（WWW. SGZL360. COM）和软件操作身份验证。请牢记您的会员名和密码。

B. 2. 2　注册激活与软件安装

1. 注册激活

运行光盘注册安装程序，会显示用户注册窗口（图 B. 2. 2-1）。

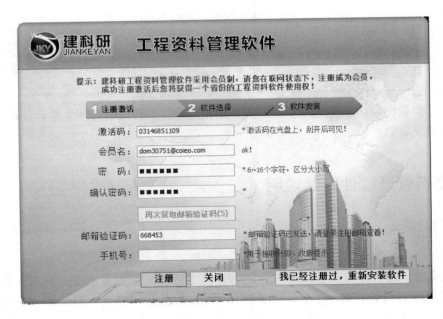

图 B. 2. 2-1

填写激活码、会员名（邮箱）、密码、确认密码，点击"获取邮箱验证码"后（图 B. 2. 2-2），登录您的注册邮箱，会在您的注册邮箱中收到一封带有验证码的邮件（图 B. 2. 2-3），将验证码填写到邮箱验证中，并填写手机号码后，点击注册按钮。

图 B. 2. 2-2

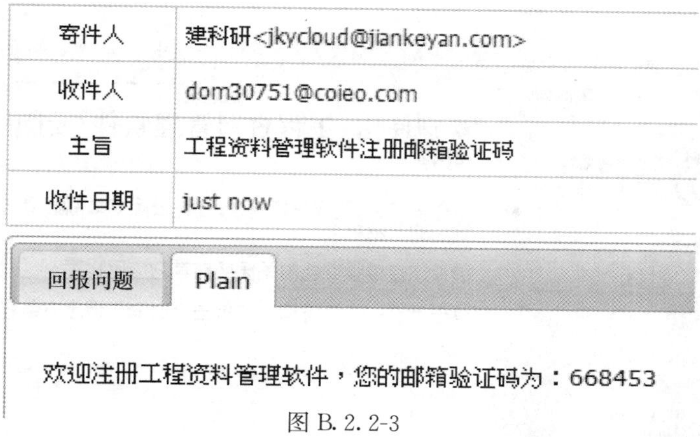

寄件人
建科研<jkycloud@jiankeyan.com>
收件人
dom30751@coieo.com
主旨
工程资料管理软件注册邮箱验证码
收件日期
just now
回报问题
Plain
欢迎注册工程资料管理软件，您的邮箱验证码为：668453

图 B. 2. 2-3

如果您之前已经注册过，只是想重新安装软件，请点击“我已经注册过，重新安装软件”。

2. 软件选择

注册激活成功后，您将免费获得一个省份的资料软件，请选择对应区域、省份、资料软件后，点击开始安装按钮进行安装（图 B. 2. 2-4）。

建科研
JIANKEYAN
工程资料管理软件
1 注册激活
2 软件选择
3 软件安装
会员名：
dom30751@coieo.com
区　域：
华北地区
省　份：
北京市
资料软件：
北京施工09规程.mllx
开始安装
关闭

图 B. 2. 2-4

3. 软件安装

安装程序将自动启动，请稍做等待（图 B. 2. 2-5、图 B. 2. 2-6）。

建科研
JIANKEYAN
工程资料管理软件
1 注册激活
2 软件选择
3 软件安装
开始安装软件到您的电脑中，请等待安装程序启动，本界面将在 3 秒后自动关闭！

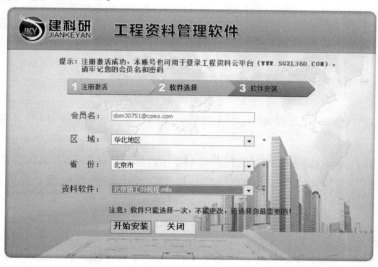

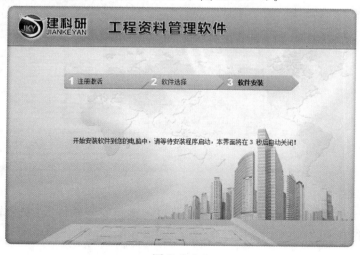

图 B. 2. 2-5

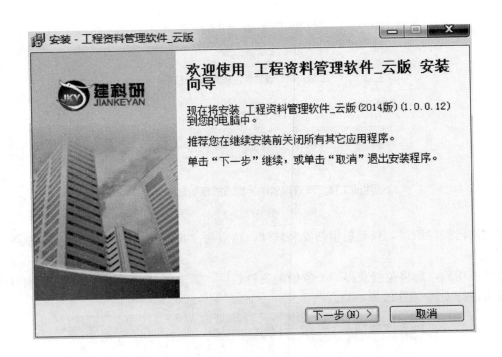

图 B. 2.2-6

4. 取消授权

一个激活码只能在一台电脑上使用，并且只能授权给一个规程库，用户不能在两台电脑上同时使用。

如果需要更换电脑，则先在原电脑上，打开软件，选择"工程"选项卡，点击"规程库升级"，弹出"规程库升级与授权"窗口，点击"取消授权"。取消在原电脑的授权后，您才可以在其他电脑上使用这些规程库。

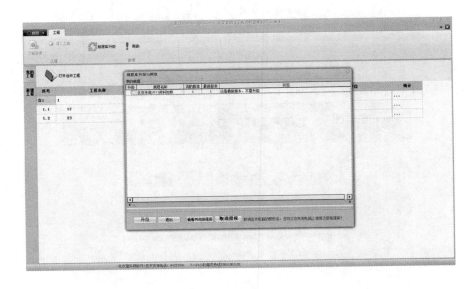

再在新电脑上运行光盘程序，点击"我已经注册过，重新安装软件"，安装软件后，打开软件，升级规程库，就能编制资料了。

B.2.3　系统运行环境

硬件环境要求：

CPU：双核 2.6G 以上；

内存：内存 2G 以上；

打印机：支持中文 Windows98 及以上的所有打印机；

软件环境要求：

Windows98 以上操作系统。

B.2.4　技术支持

如果您在注册安装"工程资料管理软件"的过程中遇到问题，请您先仔细阅读注册安装说明，如未能解决您所遇到的问题，请与我们的技术支持联系，您将会得到满意的答复。

软件内容与标准同步，保证软件有效性。软件具有自动升级功能，在线自动搜索最新版本，直接下载更新。读者可通过软件的帮助系统查询、了解软件的功能和操作。

公司名称：北京建科研软件技术有限公司

地　　址：北京市朝阳区和平西街 3 号三川商务园建科研大厦

邮　　编：100013

销售电话：010-64405889　010-84276197

服务电话：010-84271041　15801263100（7×24 小时）

公司网站：www.jiankeyan.com

工程资料云平台：WWW.SGZL360.COM

工程资料管理软件

《建筑工程施工质量验收统一标准》GB50300-2013 于 2014 年 6 月 1 日实施，配套软件内容全面、规则准确、格式规范，通过了 GB50300-2013 编制组的评审！

该软件由《建筑工程施工质量验收统一标准》GB50300-2013 配套编制指南主编单位—北京建科研软件技术有限公司研发，满足全国各地资料编制的需要。

统计分析功能 帮助您实时了解每个工程各阶段资料填报情况，随时查看已填表格，如编制日期、资料编号、名称等。

智能导航功能 协助您了解各施工阶段都需要生成哪些资料文件，每张资料表格均有填写说明及参考范例。

组卷归档功能 按需要实现资料智能组卷归档，生成组卷目录，提高组卷归档效率。

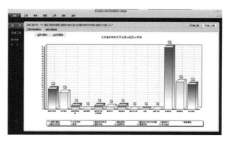
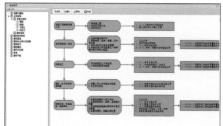
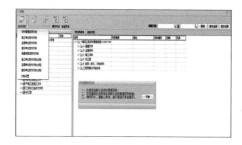

工程资料管理信息系统

本系统实现工程资料编制、审核、组卷到验收移交的全过程管理目标，能够对公司所有项目的工程资料进行统一有效的管理。

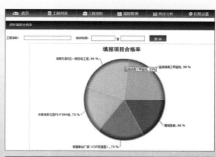

系统特点：

1. 掌控全局，实时浏览各地上传的工程资料；

2. 同步管理，过程检查细化；

3. 自动汇总计算，多项目统计分析；

4. 风险自动识别，多方式分级预警；

5. 资料规程和表格库齐全，覆盖全国各地和建筑各专业；

6. 企业知识库，系统资源共享；

7. 资料编制智能化，在线实时上传；

8. 实现电子归档，数据查询利用方便。

C-PAD | 建科研 JIANKEYAN

建设行业专用平板电脑

《建筑工程施工质量验收统一标准》GB50300-2013配套移动终端设备

CPAD是建科研软件历时两年研发完成,贡献给建设行业专业人士的一款高端的、新一代移动互联办公产品,是集工程质量、安全、技术管理和资料查阅功能于一体的建设行业专用平板电脑。

CAD
装下所有的施工设计图纸,一本搞定,按图施工新潮流。

OFFICE
移动办公无处不在

WEB
上网随心所欲

CPAD采用先进的Android操作系统,内置Office办公套件,随时随地无线上网,16G以上超大存储空间,为您提供超值的服务。

CPAD提供有"施工质量验收"、"施工质量检查"、"施工安全检查"、"施工创优管理"、"施工特种作业管理"、"施工水平仪"、"施工图纸管理"等各类专业应用软件。CPAD网上应用商店中有更多专业软件,使您的工作"移动"起来。

本产品由一百多位行业专家作为技术支持后盾,确保产品:专业、智能、实用、高效!

一、施工质量验收（右图）

建科研"施工质量验收"应用软件,依据《建筑工程施工质量验收统一标准》GB50300-2013配套开发,满足规范的现场检查原始记录应在单位工程竣工验收前保留,并可追溯的要求,内置完整的质量验收表格,方便施工现场实测实填质量验收数据,质量验收与资料生成同步,验收数据可以同步到工程资料软件内,避免重复录入,高质高效完成质量验收的工作。

二、施工质量检查（左图）

建科研"施工质量检查软件"是为检查工程各阶段的施工质量而研发的一款专业工具软件。软件中收录了建筑行业现行的国家标准、行业标准、地方标准数百本,并按照施工技术规范、质量验收规范、检验规范进行了分类,同时将标准规范中的每一个条款都关联到了具体的分部分项。

三、施工安全检查（右图）

建科研"施工安全检查软件"依照《建筑施工安全检查标准》JGJ59-2011开发完成，建科研软件作为此标准的编制单位，对标准有着深刻的理解，结合丰富的现场施工经验，研制开发了"施工安全检查软件"。

软件收录了安全管理、文明施工、脚手架、基坑工程等10个分项，19张检查评分表及安全检查评分汇总表，涉及检查项目共计189项。主要功能特点有"评分有依据、检查可留痕、统计能自动"。

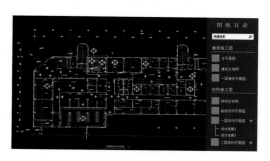

四、施工图纸管理（左图）

"照图施工"离不开图纸，传统纸质图纸在施工现场使用时携带、查看费力，长时间使用后"蓝图"变"烂图"，各种设计变更洽商不能及时反映到图纸上，有着诸多不便之处。建科研"施工图纸管理"应用软件是针对以上各种问题研发的一款专业工具软件，为施工图纸使用方式提供新工具。

五、 施工创优管理

百年大计，质量第一！建科研"施工创优管理软件"以建筑行业工程质量最高荣誉奖"鲁班奖"为目标，总结多年来几百个鲁班奖工程的施工经验，收集各分部分项的创优做法及质量通病开发研制完成。

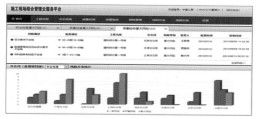

六、施工现场综合管理云服务平台（左图）

基于移动互联网和云计算等技术架构，以现场安全和质量管理为核心，对施工现场进行信息化综合管理的服务平台。

平台不仅满足了企业对安全、质量精细化管理的需要，还大大提高了现场检查、验收工作的效率。

更多产品见 JKY **C-PAD应用商店**

cpad.jiankeyan.com

北京建科研软件技术有限公司

北京市朝阳区和平西街3号 三川商务园 建科研大厦 （100013）

销售电话：010-64405889 84276197

服务电话：010-84271041 15801263100 (7X24小时)

北京建科研软件技术有限公司

企业简介

北京建科研软件有限公司成立于 2002 年，注册资本 1000 万元。公司成立以来，一直致力于提高建筑行业信息化的水平，是一家集标准编制、软件研发销售、咨询服务、信息化系统定制于一体的专业软件公司。

公司拥有资深的软件开发团队和专业的销售服务团队，多名行业内知名的专家顾问。

公司以"用科技构筑世界，以科技领先世界！"作为理念和目标，坚持为客户提供"专业、智能、实用、高效"的软件服务。

公司坚持"以市场为导向，以技术为核心，质量第一，用户至上"的经营思想，逐渐形成了工具类软件（第一代信息技术）、信息化类产品（第二代信息技术）、数字工地建设（第三代信息技术）三大产业方向。

公司先后承担了多项国家及住房城乡建设部课题的研究和国家、行业、地方标准的编制工作，包括：

标准编制

国家标准《建设工程文件归档整理规范》
国家标准《建筑施工脚手架安全技术统一标准》
国家标准《建设工程造价数据交换标准》
国家标准《建设工程造价指标指数编制标准》
国家标准《房屋建筑和市政工程电子招投标技术标准》
行业标准《建筑施工扣件式钢管脚手架安全技术规范》
行业标准《建筑工程施工现场视频监控技术规范》
行业标准《建筑施工安全检查标准》
行业标准《房屋代码编码标准》
行业标准《工程网络计划技术规程》
行业标准《建筑工程质量评价标准》
协会标准《竣工验收管理 P—BIM 软件技术与信息交换标准》
北京地标《建筑工程资料管理规程》
北京地标《房屋代码赋码规则》
北京地标《单位工程代码编码标准》
......

课题研究

国家十一五课题《建筑业信息化关键技术研究与应用》中的物联网研究部分
住房城乡建设部《工程建设标准咨询服务系统化》课题研究工作
住房城乡建设部《国家建设工程造价数据库建设》课题研究工作
《北京市建设工程质量监督执法工作手册》课题研究工作
《北京市建设工程质量监督执法标准化》课题研究工作
《北京市建设工程安全质量考核评价系统研究》课题研究工作
《北京市建设工程安全质量考核评价指标编制》课题研究工作
《建设工程安全质量状况测评数据分析及其行业应用》课题研究工作
《建设工程质量监督执法数据梳理与分析》课题研究工作
......

北京市朝阳区和平西街 3 号 三川商务园 建科研大厦 （100013）
销售电话：64405889 84276197
服务电话：010-84271041 15801263100（7X24 小时）
网　　址：www.jiankeyan.com